HANDBUCH
DER RADIUM-BIOLOGIE
UND THERAPIE.

EINSCHLIESSLICH DER ANDEREN

RADIOAKTIVEN ELEMENTE.

HANDBUCH DER RADIUM-BIOLOGIE UND THERAPIE

EINSCHLIESSLICH DER ANDEREN

RADIOAKTIVEN ELEMENTE.

UNTER MITWIRKUNG VON

PROF. DR. **E. F. BASHFORD**-LONDON, PROF. DR. **JEAN BECQUEREL**-PARIS, PROF. DR. **PAUL BECQUEREL**-PARIS, PROF. DR. **A. BICKEL**-BERLIN, GEH. RAT PROF. DR. **BRIEGER**-BERLIN, DR. **CAAN**-HEIDELBERG, WIRKL. GEH. RAT PROF. DR. **CZERNY**-HEIDELBERG, DR. **F. DAUTWITZ**-JOACHIMSTHAL, PROF. DR. **DEGRAIS**-PARIS, DOZENT DR. **FALTA**-WIEN, OBERARZT DR. **FÜRSTENBERG**-BERLIN, GEH. RAT PROF. DR. **GREEFF**-BERLIN, PROF. DR. **O. HAHN**-BERLIN, GEH. RAT PROF. DR. **O. HERTWIG**-BERLIN, PROF. DR. **C. KAISERLING**-BERLIN, GEH. RAT PROF. DR. **FR. KRAUS**-BERLIN, PROF. DR. **A. LABORDE**-PARIS, PROF. DR. **P. LAZARUS**-BERLIN, PROF. DR. **H. MACHE**-WIEN, DR. **L. MATOUT**-PARIS, PROF. DR. **ST. MEYER**-WIEN, PROF. DR. **C. NEUBERG**-BERLIN, HOFRAT PROF. DR. **v. NOORDEN**-WIEN, GEH. RAT PROF. DR. **PFEIFFER**-BRESLAU, OBERARZT DR. **PLESCH**-BERLIN, DOZENT DR. **PRAUSNITZ**-BRESLAU, PROF. DR. **E. SCHIFF**-WIEN, PROF. DR. **E. SOMMER**-ZÜRICH, PROF. DR. **STRASBURGER**-BRESLAU, DR. **SZILARD**-PARIS, PROF. DR. **WICKHAM**-PARIS.

HERAUSGEGEBEN VON

PROF. DR. **PAUL LAZARUS**

IN BERLIN.

MIT EINEM EINLEITENDEN VORWORT VON GEH. RAT PROF. DR. **FRIEDRICH KRAUS** IN BERLIN.

MIT 153 ABBILDUNGEN IM TEXT UND 2 TAFELN.

WIESBADEN.
VERLAG VON J. F. BERGMANN.
1913.

ISBN-13:978-3-642-90026-6 e-ISBN-13:978-3-642-91883-4
DOI: 10.1007/978-3-642-91883-4

Softcover reprint of the hardcover 1st edition 1913

Vorwort.

Sein abgeschlossen vorliegendes Sammelwerk brachte mir der Herausgeber, Herr P. Lazarus, mit dem Ersuchen, ich möchte, unbeschwert durch Autorität auf diesem Gebiete, lediglich als dankbarer erster Leser des weit über das gewöhnliche Maß hervorragenden Werkes und aus der Überzeugung heraus, wie viel Anregungen wir Alle durch die bisherige Entwickelung der Lehre von den radioaktiven Stoffen bereits gewonnen haben, der großen Arbeit einige empfehlende Worte für meine klinischen Kollegen mitgeben. Alle anfänglichen Bedenken, dazu wenig berufen zu sein, schwanden bei der Durchsicht des Werkes selbst.

Im Sinne eines völlig gewonnenen Berichterstatters unterziehe ich mich der Aufgabe, wie ich glaube, im Interesse der Sache. Man darf dem Herrn Herausgeber wirklich Glück wünschen zu dem, was er in verständnisvollem und emsig zähem Sammeleifer hier erzielt hat. Durch sich selbst scheint mir das ausgezeichnete Werk zu beweisen, daß der Gegenstand nicht bloß aktuell ist, sondern ebenso reif für eine auch den Interessen des ärztlichen Praktikers gerecht werdende Darstellung.

Wohl mit Recht ist der Herausgeber davon ausgegangen, daß ein Sammelwerk über radioaktive Substanzen heute seine Mitarbeiter in allen Kulturländern suchen müsse. Nicht nur, daß kein einzelnes Institut die einschlägigen Forschungsergebnisse für sich allein in Anspruch nehmen kann, ist auch die ganze einschlägige physikalische, chemische, biologische und klinische Entwickelung vielfach wahrhaft international gewesen. Es scheint mir sehr wünschenswert, daß das hier gegebene Beispiel auch auf anderen Forschungsgebieten Nachahmung fände. Für jedes Kapitel hat Herr P. Lazarus überdies gerade auch den richtigen Mann gefunden. Daß dem physikalisch-chemischen, sowie dem biologischen Teil sehr viel Raum in der Darstellung zugemessen ist, gereicht bei dem gegenwärtigen Stande der Dinge dem Werke zum Vorzug und dem Leser zum Vorteil. Sicher wird aber auch der Kliniker und Arzt seine Ernte finden.

Daß ich auch eine nur kurze spezielle Inhaltsangabe der Einzelkapitel versuche, wird man kaum erwarten oder verlangen, ebensowenig, wie eine vollständige Geschichte der Radiumforschung. Nur darüber möchte ich mich aussprechen, was wir Ärzte nach dem bis jetzt verhältnismäßig gesicherten Material von den radioaktiven Stoffen zu erwarten haben.

Meine eigene Aufmerksamkeit ist den radioaktiven Stoffen verhältnismäßig frühzeitig zugewendet worden, zunächst allerdings bloß in praktischtherapeutischem Sinne. Die ersten Anregungen empfing ich teils aus dem bekannten Vortrag v. Neussers (1905), teils durch Patienten, welche v. Neusser und ich selbst nacheinander zu behandeln hatten, teils endlich durch eine Reihe von theoretischen und klinischen Arbeiten der v. Leydenschen Klinik. Gern möchte ich hier dem therapeutischen Scharfblick des feinsinnigen Klinikers v. Neusser, der in dieser ganzen Entwickelung viel zu niedrig eingeschätzt wird, ein Denkmal setzen. Man hat später gemeint, man müßte für die Radiumtherapie exakte Grundlagen schaffen. Ganz richtig. Aber eine festere Begründung therapeutischer Dinge, als der klinische Beweis der Wirkung auf den kranken Menschen, existiert doch wohl kaum. Als dann bei uns die Industrie sich der radioaktiven Stoffe bemächtigte, war Jedermann Gelegenheit gegeben, die verschiedenen Formen speziell der Emanationstherapie praktisch zu erproben. Wie die Mehrzahl meiner Kollegen konnte ich mich nach meinen Erfahrungen nicht dazu entschließen, der Inhalation allein alles zu überlassen. Auch das wissenschaftliche Interesse am Gegenstande wurde seither von den verschiedensten Seiten immer wach erhalten. In den Berliner medizinischen Gesellschaften und auch am letzten Internistenkongreß spielten sich, anknüpfend an die vorliegenden Arbeiten theoretischen und praktischen Inhaltes, sehr lebhafte Diskussionen ab, welche allerdings die Sache nicht völlig zu klären vermochten, aber doch wichtige Gesichtspunkte festlegten und damit eine Versöhnung der zum Teil heftig aneinander prallenden Meinungen anbahnten. Die jüngst ermöglichte Verwendung des Thoriums brachte eine sehr wünschenswerte Erweiterung des therapeutischen Programms.

Wie vielen Anderen, ist auch mir selbst von Anfang an klar gewesen, daß erstlich über die v. Neusserschen Indikationen (Schmerzen, Gelenkkrankheiten), auf deren Festlegung sich zunächst, mit vielen Anderen, speziell für die Gicht, die Schüler von His bei ihren wissenschaftlichen Arbeiten in der Hauptsache konzentrierten, hinausgeschritten werden müsse und könne, und daß weiterhin die radioaktiven Stoffe auch in höherer Dosierung verwendet werden müßten und könnten. Die Möglichkeit, neue radioaktive Stoffe (Thorium X) für die Therapie heranzuziehen, die Anwendung neuer Applikationsweisen (der intravenöse Weg) und die Verwendung größerer und (unter entsprechenden Cautelen sogar) großer Dosen brachten diese berechtigten Wünsche auch bereits einer Verwirklichung näher. Elektive biologische Wirkungen des Thoriums X auf bestimmte zellige Elemente sind bereits sichergestellt, gewisse, wenn auch beschränkte, Aussichten für eine vorsichtige Therapie der Leukämie, der Lymphome, vielleicht auch der Anaemia perniciosa progressiva, eröffnet.

Voraussichtlich werden bei uns auch die klinischen Radiuminstitute Stätten der Sammlung einschlägiger Arbeit. Die Initiative von Bashford, Czerny, His, v. Noorden, Sommer, Wickham auf diesem Gebiete ist sicher anerkennenswert. Auch das Thorium ist zum Anlaß einer Assoziation von Forschern geworden, welche rein wissenschaftlich und auch praktisch therapeutisch vorgehen will.

Therapeutische Revolutionen, vergleichbar etwa denjenigen, welche das Radium auf allgemein naturwissenschaftlichem Gebiete hervorrief, sollte man von den radioaktiven Stoffen nicht gleich erwarten. Vor den eifernden Broschüren gewisser industrieller, die radioaktiven Stoffe verwertender Gesellschaften sind nicht bloß die Laien, sondern auch die Ärzte zu warnen! Es stehen überhaupt auch auf dem Wege wissenschaftlicher therapeutischer Entwickelungen Irrtümer als Marksteine. Eine therapeutische Wirksamkeit wenigstens starker Radiumbäder wird nur mehr von Wenigen angezweifelt. Die Radioaktivität ist ein spezieller Heilfaktor für sich; das Unterfangen, die Bedeutung der in der Therapie der chronischen Gelenkerkrankungen von Alters her erfolgreich verwendeten Heilquellen ausschließlich auf deren Emanationsgehalt zu reduzieren, kann schon jetzt bestimmt als mißglückt bezeichnet werden. Behandlung mit radioaktiven Stoffen kann nicht einfach an die Stelle dieser Heilbäder gesetzt werden. Eine Zeitlang hat die Trinkkur der Inhalationsbehandlung im geschlossenen Raum weichen müssen. Letztere Applikationsart der Emanation, zumal in der am meisten üblichen schwachen Dosierung („2 Mache-Inhalatorien"), hat aber in ihren chemisch-physikalischen und biologischen Grundlagen, ja selbst hinsichtlich der klinischen Ergebnisse, der Kritik in bestimmten Punkten nicht Stand zu halten vermocht („spezifische" Blutanreicherung, Stoffwechselbeeinflussung, gerade durch Radium bewirkte Umwandlung der schwer löslichen Form des Mononatriumurats in die leichtlösliche, bzw deren Überführung in Ammoniak und Kohlensäure, Beeinflussung der Harnsäureausscheidung bei Gichtischen, regelmäßiges Verschwinden der Bluthamsäure, definitives Aufhören der Anfälle). Die tatsächlichen Heileffekte der Inhalation sind in jedem Wohnraum, in welchem eine ausreichende Emanationsmenge zerstäubt ist, zu erreichen. Emanation kann auf verschiedenen Wegen, jedenfalls auch auf dem der Pfortaderkapillaren (Trinkkur) ins Blut gebracht werden. Die Trinkkur, z. B. das Trinken in Schlückchen erzielt, wie Lazarus u. A. gezeigt haben, in bequemer Weise und wesentlich wohlfeiler die Blutaktivierung und scheint mir auch nach meinen bisherigen ärztlichen Erfahrungen den Vorzug zu verdienen. Bei allen Applikationsarten der Emanation haben wir Erfolge und Mißerfolge gesehen. Am wichtigsten ist für unser Gesamturteil hier immer noch das nackte aber klinisch gesicherte therapeutische Resultat. Ob es bisher Dauererfolge gibt, ist, zumal für die Gicht, schwer zu beurteilen, denn, das habe ich schon irgendwo gesagt, die Diathese ist unsterblich. Sicher wissen wir bereits jetzt, daß wenn z. B. ein Gichtiker auch vorübergehend die Bluthamsäure verloren hat, er vor künftigen Gichtanfällen nicht gefeit ist. Ich fürchte, bei der Leukämie etc. wird es nicht anders sein. Wie viele Andere, sehe auch ich, wie schon angedeutet, die Zukunft der Therapie mit radioaktiven Stoffen noch in der höheren (nicht in der höchsten) Dosierung. Dies bezieht sich in gewissem Grade auf die Gelenkerkrankungen, vor allem aber auf das oben angedeutete erweiterte therapeutische Programm. Die radioaktiven Stoffe hönnen unter Umständen, das dürfen wir Ärzte nie vergessen, auch gefährliche Wirkungen haben.

Berlin, Herbst 1912. **F. Kraus.**

Vorrede des Herausgebers.

Motto: Die Wissenschaft ist und bleibt die unverrückbare Basis der ärztlichen Kunst.
E. v. Leyden, Deutsche Klinik 1903.

Dieses Handbuch soll dem Arzte und Biologen die Errungenschaften der physikalisch-chemischen, biologischen und therapeutischen Radioaktivitätsforschung (Radium, Thorium, Aktinium etc.) vermitteln, dargestellt von Fachgelehrten, die auf diesem wissenschaftlichen Neulande die Wege gewiesen haben.

Die Ausführung dieses Planes auf breiter Grundlage ermöglichte mir nur die Mitarbeit einer Anzahl führender Physiker, Biologen und Kliniker in Deutschland, England, Frankreich, Österreich und der Schweiz. Es finden sich nunmehr in diesem Werke sowohl die von den Mitarbeitern selbst geschaffenen wissenschaftlichen Grundlagen, als auch das von anderen bewährten Forschern der genannten Länder ermittelte und in deren Literatur niedergelegte Tatsachenmaterial.

Ich erachte es als meine erste Pflicht, allen Mitarbeitern, welche diesem Werke internationaler Wissenschaft wertvolle Beiträge von tiefgehender wissenschaftlicher und praktischer Bedeutung gewährt haben, meinen aufrichtigsten Dank auszusprechen. Dieses Handbuch ist gleichzeitig ein Ausdruck des Einheitsgedankens, der heute die wissenschaftliche Welt aller Länder über deren Grenzen hinaus verbindet. Ferner sage ich besten Dank dem Verleger, Herrn Dr. hon. med. J. F. Bergmann, welcher mit Tatkraft und Verständnis die technische Ausgestaltung des Buches gefördert hat.

Der Anlageplan des Handbuches ist aus der Inhaltsangabe ersichtlich; ein über 1000 Arbeiten umfassendes Verzeichnis der gesamten biologisch-klinischen Literatur und der spezielleren Fachschriften, ferner ein ausführliches Sachregister und zahlreiche Abbildungen erleichtern das Studium des Werkes.

Ich bin mir wohl bewußt, daß unsere gegenwärtigen Kenntnisse über die strahlende Materie eine Fortentwicklung oder gar Wandlung erfahren werden, ist doch die klinische Radioaktivitätslehre eine erst im Werden begriffene Wissenschaft. Aber die Vielgestaltigkeit der radioaktiven Strahlungstherapie, die in sämtliche Haupt- und Nebenfächer der Medizin Eingang gefunden hat, ist so bedeutend und ihre Literatur seit den im Anschlusse an Röntgen (1895) erfolgten Entdeckungen von H. Becquerel (1896: Radioaktivität der Uransalze), P. und M. Curie (1898: Radium), Rutherford und Soddy (1902: Atomzerfallstheorie), O. Hahn (1907: Mesothorium) derart umfangreich geworden, daß aus wissenschaftlichen und praktischen Gründen eine objektive Darstellung des gesamten erforschten Wissensgebietes zeitgemäß erschien.

Ein derartiges Werk ist aber um so mehr gerechtfertigt, als der Praktiker begreiflicherweise nicht gleich die Orientierung in dem neuentdeckten Wissenslande finden konnte. Hierzu bedurfte er eines Führers, der ihn nicht nur die Früchte therapeutischen Bemühens, sondern auch den physikalisch-biologischen Boden, dem diese entsprossen, kennen lehrt. Gerade die gegenseitig befruchtende Aufklärungsarbeit der wissenschaftlichen Dreiheit — Physiko-Chemie, Biologie, Medizin — wird sicherlich in jeder Hinsicht die Grundlagen der Radiumtherapie festigen.

So möge der Arzt in diesem mit vereinten Kräften geschaffenen Werke die physikalische, biologische und klinische Ausrüstung finden, die er unbedingt nötig hat, um Irrpfade zu vermeiden und Radiumtherapie auf fester wissenschaftlicher Grundlage zu treiben; aber auch der Biologe und Physiker wird aus dem therapeutischen Teile des Buches die Heilaufgaben der ärztlichen Kunst ersehen, um so in enger Fühlung mit dem Arzte an dem weiteren Ausbau der neuen Therapie mitzuarbeiten.

Berlin, Herbst 1912.

Paul Lazarus.

Inhaltsverzeichnis.

Seite

II. Teil.

Anwendung der radioaktiven Elemente Radium, Thorium, Aktinium in der Heilkunde . . . . 185—484

B. Spezieller Teil . . . . 318—484

Kapitel I.

Aus dem Muséum National D'Histoire Naturelle, Laboratoire de Physique. Paris.

Die Strahlung der radioaktiven Substanzen.

Von

Jean Becquerel und **Louis Matout**-Paris.

(Übersetzt von Dr. Brahn-Berlin.)

Mit 19 Abbildungen im Text.

Die Strahlung der radioaktiven Körper.

I. Entdeckung der neuen Naturerscheinung.

Vor 16 Jahren glaubte jedermann, daß kein Körper Energie aussenden könne, ohne daß man ihm solche zugeführt hätte; die Physiker glaubten, daß die Elektrizität immer an eine körperliche Unterlage gebunden und daß die Masse, der Körper bei allen Bedingungen unveränderlich ist. Die Chemiker waren fest überzeugt, daß das Atom eines Elementes unzerstörbar ist.

Die Radioaktivität ist eine wunderbare Entdeckung, die alle diese Dogmen erschüttert, ja, man kann sogar sagen, umstößt.

Kurz nach der Entdeckung der X-Strahlen durch Röntgen fiel Henri Becquerel die Tatsache auf, daß die X-Strahlen als Ausgangsort die Gegend der Wand der durch die Kathodenstrahlen fluoreszierend gemachten Röhren hatten, und er fragte sich, ob die Ursache dieser Emission nicht zum Teil in der Fluoreszenz zu suchen wäre.

Von jetzt ab suchte er zu ergründen, ob man nicht eine den X-Strahlen ähnliche Strahlung erhalten könnte, die frei von jeder elektrischen Ursache wäre, d. h. eine solche, die sich einfach als eine mit der Fluoreszenz verknüpfte Erscheinung darstellte. Zu Anfang der Untersuchungen war man noch unschlüssig in der Wahl der zum Experiment zu verwendenden, fluoreszierenden Substanzen, aber diese Ungewißheit dauerte nicht lange. Unter den fluoreszierenden Körpern fiel die Wahl Henri Becquerels auf die Uransalze, deren sehr intensives Emissionsspektrum, das vorher von Edmond Becquerel und dann von ihm selbst untersucht worden war, aus Streifen oder Streifengruppen gebildet wird, die nach einem bestimmten Gesetz verteilt sind, das einen bemerkenswerten Aufbau der vibrierenden Systeme zeigt. Die Gruppen sehen alle ähnlich aus, und von einer Gruppe zur andern, ist die Frequenzdifferenz zweier homologer Banden für ein und dasselbe Salz konstant, während sich ein Salz vom andern ein wenig unterscheidet. Außerdem haben alle Uransalze, mögen sie phosphoreszieren oder nicht, ein Absorptionsspektrum, das gleichfalls aus Streifen besteht, die demselben Verteilungsgesetz gehorchen wie die phosphoreszierenden. Gibt es eine Beziehung zwischen der Radioaktivität des Urans und den sonderbaren und einzig dastehenden Gesetzen über die Verteilung der Spektra seiner Salze? Man weiß es noch nicht. Wie dem auch sei, diese Wahl bewies eine bemerkenswerte Intuition, und in gewisser Hinsicht kann man die Reihe der Entdeckungen, die seit 75 Jahren im physikalischen Laboratorium des französischen Nationalmuseums gemacht worden sind, als eine logische Verkettung von Tatsachen betrachten.

Henri Becquerel versuchte zuerst, die Wirkung auf photographischen Platten zu veranschaulichen. In eine aus 2 mm dickem Aluminium bestehende und vollkommen für Licht undurchlässige Kassette brachte er eine empfindliche Platte mit der Schichtseite nach oben, schloß die Kassette und legte darauf einfach krystallinische Blättchen von Urankaliumsulfat, einem sehr stark fluoreszierenden und an der Luft unveränderlichen Doppelsalz. Nachdem er das Ganze einen Tag lang dem Sonnenlichte ausgesetzt hatte, um die Fluoreszenz konstant zu erhalten, entwickelte er die Platte und fand eine sehr schwache Einwirkung um die Blättchen herum. Wenn man das Experiment mehrere Male wiederholte, so ergab sich stets dasselbe Resultat. Als eines Tages jedoch alles vorbereitet war, und die Sonne, die zum Gelingen des Experimentes notwendig erschien, durch Wolken verdeckt wurde, legte Henri Becquerel seine fertige Kassette in eine Schublade und wartete einige Tage auf günstigeres Wetter. Als er dann seine Untersuchungen wieder aufnahm, wollte er das günstige Wetter beutzen, legte eine neue Platte in die Aluminiumkassette ein und entwickelte die, die er herausgenommen hatte.

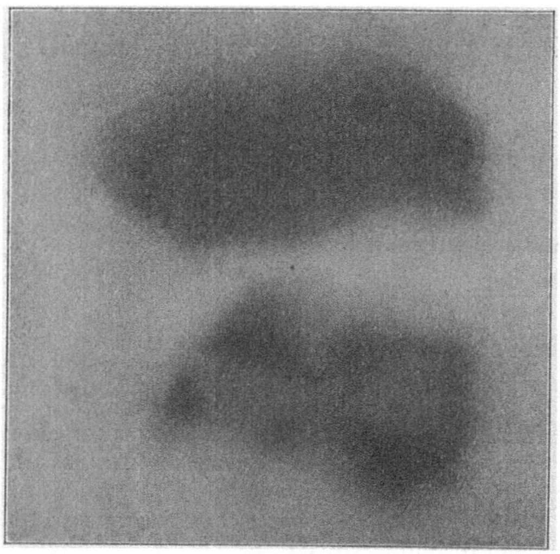

Fig. 1.
Erste photographische Aufnahme, die H. Becquerel den Beweis für die spontane Strahlung des Urans erbracht hat.

Zu seinem großen Erstaunen zeigte sich eine sehr starke Wirkung. Die Einwirkung war also in der Schublade, vor jeder Einwirkung der Sonne geschützt, weiter vor sich gegangen. Figur 1 ist eine Reproduktion dieses Abdruckes; man sieht darin die Form der Blättchen des Urankaliumsulfats. Henri Becquerel begriff sofort, daß er ein neues Phänom entdeckt hatte. Er nahm noch zahlreiche Versuche unter ähnlichen Bedingungen vor, d. h. ohne jeden äußerlich wirksamen Erreger, indem er alle möglichen Zusammensetzungen des Urans wie auch das metallische Uran selbst anwandte. Die Ergebnisse waren die gleichen. Die erzielten Abdrücke schienen immer der Zeit der Exposition proportional zu sein und nie von äußeren Umständen abzuhängen. Die Salze gaben einen um so deutlicheren Abdruck, je stärker ihr Urangehalt war, und das metallische Uran ergab eine kräftigere Wirkung als seine Salze. Eine neue Tatsache war damit gewonnen: Das Uran liefert in jeder chemischen Gestalt spontan, d. h. ohne daß man ihm Energie zuführt, eine annähernd den X-Strahlen ähnliche Strahlung. Wenn wir auf dem Ausdruck „spontan" bestehen, so verstehen wir darunter die Tatsache, daß ein Element durch die bloße Funktion einer Eigenschaft seiner Atome, eine Energie strahlender oder anderer Natur auszusenden vermag, und dies ist der grundlegende Zug der Entdeckung Henri Becquerels. In der Tat ist diese Spontanität der neuen Eigenschaft gewisser Elemente charakteristisch für das, was man später Radioaktivität nannte. Unmittelbar nach dieser Entdeckung zeigte Henri Becquerel, daß die Strahlen des Urans die Eigenschaft haben, die Gase zu ionisieren. Diese zweite Eigenschaft, die heute noch als Maß und Charakteristikum der Strahlen radioaktiver Körper dient, sollte die Untersuchung aller neuen Elemente ermöglichen, die dieselbe Eigenschaft besaßen.

Man weiß, wie fruchtbar der von Henri Becquerel der Wissenschaft erschlossene Weg gewesen ist, und man kann sich fragen, wielange die wunderbaren Ergebnisse, zu denen er geführt hat, in Nichts geruht hätten ohne die Entdeckung, deren geschichtliche Entwickelung wir soeben klargelegt haben.

II. Eigenschaften der neuen Strahlen.

Einige Leute haben versucht, eine Annäherung zwischen der Entdeckung Henri Becquerels und den Experimenten Niëpce de St. Victor herzustellen, der photographische Abdrücke mit Papieren erhielt, die mit Weinsteinsäure, Urannitrat und mit gewissen anderen Produkten imprägniert waren. Diese Papiere wurden dem Sonnenlicht ausgesetzt und dann auf die Platte gelegt; sie reduzierten die Silbersalze. Aber diese Experimente tragen keinen genauen charakteristischen Zug; alle Abdrücke, die man so erhielt, wurden von jedem Lichtschirm gehemmt, vorausgesetzt, daß er für Licht völlig undurchlässig war, und stellen so nur Abdrücke dar, die durch die chemische Einwirkung auf die Silbersalze der lichtempfindlichen Platten verursacht wurden. Um nicht wieder darauf zurückkommen zu müssen, wollen wir die Experimente von Gustav le Bon erwähnen, der seinen Namen für die Folge hat zu Unrecht mit diesem neuen Phänomen verknüpfen wollen. Die erlangten photographischen Abdrücke sind Strahlen zuzuschreiben, die von Lichtquellen ausgingen. Eine sonderbare Konfusion zwischen dem Sinn der Worte „schwarz" und „unsichtbar" hat Le Bon dazu geführt, diese Strahlen mit dem Namen „schwarzes Licht" zu belegen. Schließlich zeigen auch alle diese Versuche eine Komplikation, die die wahre Ursache der beobachteten Tatsachen verdeckt, und ihre Beschreibungen sind in so unbestimmten Ausdrücken gehalten, daß man sie schließlich auch auf alle Phänomene anwenden könnte. Im einfachsten Falle sind die Einwirkungen des angeblichen „schwarzen Lichtes" nur Folgen bekannter Tatsachen, ebenso wie ein Experiment, das augenblicklich Aufsehen erregt und das man später einfach durch die bekannte Durchlässigkeit des Ebonits für die infra-roten Strahlen erklärt.

Aber lassen wir uns nicht durch die Prüfung dieser Pseudostrahlen ablenken, die niemals ein Elektroskop entladen haben, und kommen wir auf die Strahlen des Urans zurück. Seit der Entdeckung der Spontanität der Strahlen des Urans und der Wirkung auf die elektrisierten Körper, unternahm Henri Becquerel eine Reihe von Versuchen, um den Charakter der neuen Strahlen festzustellen. Er gebrauchte dazu zwei Methoden:

1. Die photographische Methode, die qualitative Resultate ergab,
2. Die elektrische Methode, die quantitative Resultate zuließ.

Mit der ersten Methode konnte man feststellen, daß die Becquerelstrahlen nicht der atmosphärischen Strahlenbrechung und Beugung unterworfen waren. Eine Schutzwand aus Glaspulver wird genau so durchdrungen, wie eine polierte.

homogene Glasplatte. Ein Glas- oder Metallprisma wird von der Kante bis zur Basis ohne Ablenkung einfach mit zunehmender Absorption durchdrungen. Schließlich zerstreuen gewöhnliche oder Metallspiegel die Strahlen wie ein matt geschliffenes Glas das Licht. Diese Experimente, bei denen wir nicht zu lange verweilen wollen, zeigen deutlich einen grundlegenden Unterschied zwischen den Strahlen des Urans und dem gewöhnlichen Licht.

Mit der elektrischen Methode, d. h. indem er die Zeit maß, die verschiedene Salze brauchen, um das mit derselben Menge Elektrizität geladene Elektroskop zu entladen, zeigte Henri Becquerel, daß die Uransalze eine um so stärkere Wirkung ausüben, je stärker ihr Metallgehalt ist. So entlädt das metallische Uran das Elektroskop 3,66 mal schneller als das Kaliumuransulfat, d. h. vom Standpunkt der elektrischen Entladung aus ist es 3,66 mal aktiver als letzteres.

Um diese Vergleiche zu ziehen, wurden die zum Versuch verwandelten Strahlenflächen genau gleich groß gemacht und in konstante Entfernung von der Kugel des Elektroskopes gebracht. Die so ausgeführten, korrekten Messungen zeigten, daß die Zeit, die die Strahlen brauchen, um das Elektroskop zu entladen, stets dieselbe ist, welches auch die Vorzeichen der Ladung sein mögen (im Gegensatz zu der Erscheinung, wenn das ultraviolette Licht die elektrisierten Körper entlädt).

All diese Versuche sind so angestellt worden, daß man den elektrisch geladenen Körper direkt der Strahlenquelle gegenüberstellte, aber Henri Becquerel untersuchte weiter, ob die Entladung einer direkten Strahlenwirkung auf die Kugel des Elektroskops oder einer solchen auf die umgebende Luft zugeschrieben werden muß. Er brachte zu diesem Zweck die aktive Materie in eine Röhre und schickte durch sie auf die Kugel des Elektroskops einen Luftstrom, der die Substanz passiert hatte. So erzielte er eine um so schnellere Entladung, je schneller der Luftstrom darüber hinwegstrich. Wenn er ihn zum Stillstand brachte, zeigte sich keine Entladung mehr. Die Luft ist also der Sitz der Erscheinung des elektrischen Energieverlustes, und, nachdem sie einige Augenblicke den Uranstrahlen unterworfen ist, behält die Luft die Eigenschaft, elektrisierte Körper zu entladen; mit Kohlensäure sind die Ergebnisse die gleichen gewesen. Andere Versuche wurden so angestellt, daß man die Luft um den zu entladenden Körper herum verdünnte. Eine Urankugel wurde mit einem Elektroskop verbunden und in eine Röhre gebracht, die man allmählich luftleer machte. Der Verlust an elektrischer Energie wird mit der Verdünnung geringer und im Vakuum schließlich = Null. Unter diesen Bedingungen ist der Energieverlust fast proportional der Quadratwurzel aus dem Druck. Eine sehr hohe Temperatur zerstört die Eigenschaften des Urans nicht, da eine im elektrischen Ofen vorher geschmolzene Uranplatte die gleiche Aktivität besitzt wie ein anderes Metallstück irgendwelchen Ursprungs. Mit den Temperaturunterschieden verhält es sich ebenso: Eine Urankugel wurde isoliert in einem Kupferzylinder aufgehängt und mit Wasserdampf von $+ 83^0$ und dann mit einer Kältemischung von $— 20^0$ umgeben; der Energieverlust war beidemale gleich groß. Andere in der Folge angestellte Versuche haben gezeigt, daß sogar bei $— 188^0$, der Temperatur der flüssigen Luft, das Uran vollkommen aktiv bleibt. Aber der interessanteste dieser Versuche, die zu einer Zeit unternommen wurden, wo man die Eigenschaften der Ionisierung noch nicht kannte, ist folgender, der zwei Versuchsreihen in sich schließt.

Die ersten Messungen wurden mit einem Goldblattelektroskop angestellt, das in Volts eingeteilt war und nach markierten Teilungen auf einer hinter den Goldblättern angebrachten Skala ihren Ausschlagswinkel anzeigte. Kennt man die Kapazität des Apparates, so kann man daraus den Energieabfall als

Funktion der Zeit darstellen. Nun folgt dieser Abfall aber nicht dem Ohmschen Gesetz; er ist für schwache Ladungen fast dem Potential proportional und wird erst konstant für Spannungen von 300 Volts und darüber. Diese Erscheinung ist später beim Studium der Ionisierung wiedergefunden worden und hat dann den Namen „Sättigungsabfall" erhalten.

Die zweite Reihe von Messungen mit einem Quadrantelektrometer hat die vorherigen Resultate genauer bestätigt und zu dem Resultat geführt, daß die Menge der in der Luft durch eine Oberfläche von 1 qcm metallischen Urans frei gemachten Elektrizität einem Abfall von $2{,}6 \times 10^{-13}$ Ampère entspricht.

Unterschiede bei den Uranstrahlen.

Wenn man mit dem Elektroskop die Intensität der Strahlen des Urans oder seiner Salze mißt, nachdem sie gewisse Lichtschirme passiert haben, so beobachtet man, daß das Verhältnis der absorbierten Strahlen bei ein und demselben Schirm in beiden Fällen nicht das gleiche ist.

Untenstehende, von Henri Becquerel gleich zu Anfang seiner ersten Arbeiten über die neuen Strahlen aufgestellte Tabelle gibt Klarheit in dieser Hinsicht.

Schirme	Uran	Urankaliumsulfat	Verhältnis
Schwarzes Papier	0,116	0,186	1,6
Aluminium 0,1 mm	0,102	0,162	1,59
Kupfer 0,09 mm	09,7	0,107	1,63

Man sieht, daß bei der ganzen vom Urankaliumsulfat emittierten Strahlung der bei der Entladung des Elektroskops wirksame Teil im Verhältnis weniger absorbiert wird als der des metallischen Urans. Muß man in dieser Tatsache die Existenz einer tatsächlichen Verschiedenheit in der Natur der Emission zwischen verschiedenen Uranverbindungen sehen? Wir denken wohl nicht. Diesen deutlichen Unterschied der verschiedenen Körper bei der Durchdringung der Strahlen kann man auf sehr natürliche Weise durch die Absorption der Strahlen erklären, die von den tieferen Schichten der Körper herrühren; eine Absorption, die natürlich je nach der Dichte dieser Körper verschieden ist. So werden bei dem metallischen und folglich auch absorbierenden Uran die von den tiefen Schichten ausgehenden Strahlen zum größten Teil absorbiert, bevor sie die freie, obere Schicht erreichen. Späterhin werden wir noch die je von der Dichte der aktiven Stoffe abhängige Verteilung der Strahlen kennen lernen.

Im Verfolg der Arbeiten Henri Becquerels, von denen wir hier nur einen sehr kurzen Abriß gegeben haben, nahm Rutherford methodisch die Experimente auf denselben Grundlagen wieder auf. Diese, im Jahre 1899 begonnene Arbeit wurde im Laboratorium Cavendishs in Cambridge ausgeführt, wo J. J. Thomson neue Theorien über die Ionisierung aufstellte. Die Auslegung mit Hilfe dieser Theorie, daß durch die Strahlung des Urans elektrische Erscheinungen hervorgerufen werden, stellte einen wichtigen Fortschritt dar.

Rutherford hat sich ausschließlich der elektrischen Methode bedient. So wurde ein Plättchen Uransalz auf eine Zinkplatte von 20 qcm Größe gelegt. Darüber befand sich in 4 cm Entfernung eine zur ersten parallele Platte, isoliert und mit einem Elektrometer verbunden. Die untere Platte wurde auf einem

Potential von 50 Volts gehalten. Man bedeckte dann die Oberfläche des Uransalzes mit einer nach und nach wachsenden Zahl dünner Metallplättchen und setzte über das Ganze eine Bleifolie mit einer bestimmten Öffnung. Der Spannungsabfall ist zuerst bei jedem neu hinzugelegten Blättchen konstant und wird dann kleiner. Rutherford schloß daraus, wie es auch Henri Becquerel gesagt hatte, daß die Strahlung heterogen ist. Er nahm an, daß sie aus zwei verschiedenen Teilen bestehe, einer sehr intensiven, aber sehr stark absorbierbaren α-Strahlung und einer schwächeren, aber um so durchdringenderen β-Strahlung.

Um die Absorption der Strahlen von verschiedenen Gasen zu erforschen, hat Rutherford die beiden Platten seiner Versuchsanordnung mit einander verbunden. Die untere Platte wird mit einer von einer dünnen Aluminiumfolie bedeckten Öffnung versehen, durch die die Strahlen zwischen die beiden Platten eindringen. Den ganzen Apparat bringt man in verschiedene Entfernungen vom Uran. Man kann so zwischen die strahlende Schicht und das Ionisierungszentrum eine Schicht aus Luft oder einem andern Gas von gewünschter Dichte bringen und daraus die Absorption ableiten. Rutherford stellte so fest, daß die Absorption durch die Gase mit der Dichte wächst und dem durch folgende Formel ausgedrückten Gesetz folgt:

$$i = i_0 \cdot e^{-\lambda x}$$

wobei λ ein jedem Gas oder jeder absorbierenden Substanz eigentümlicher Absorptionskoeffizient ist, x die Dicke der Absorptionsschicht, i und i_0 die Ionisierungsspannungen. Für Luft ist λ ein Minimum, für Kohlensäure ein Maximum.

Rutherford hat ebenso das Phänomen Henri Becquerels wiedergefunden, das in der Konstanz des Energieverlustes in der den Uranstrahlen unterworfenen Luft besteht, wenn das Potential eine gewisse Größe erreicht und überschreitet. Diese Art Sättigung bei der Erscheinung des Leitvermögens der Gase nannte er „Sättigungsstrom". Rutherford hat weiterhin beobachtet, daß, wenn man die Platten von seinem elektrischen Stromschwächer entfernt, die ganze dazwischen liegende Luft die Intensität des Phänomens beeinflußt. Der Sättigungsstrom wächst mit der Entfernung bis zu einer gewissen Grenze. Diese Grenze wird bestimmt durch die der totalen Absorption der auf die Gase wirksamen Strahlen entsprechende Stellung. Die Vereinigung der freien Ionen in den Gasen durch die Becquerelstrahlen geschieht proportional zur Anzahl dieser Ionen; in Hinsicht auf ihre Beweglichkeit gleichen sie den von den X-Strahlen hervorgebrachten Ionen.

Zweck der Arbeit Rutherfords ist es gewesen, die Schlüsse zu prüfen, die von dem Entdecker der spontanen Strahlung des Urans gemacht wurden. Der Fortschritt, den man dieser Arbeit verdankt, ist die Feststellung der Identität der durch die Strahlung des Urans hervorgerufenen Wirkungen mit den durch die andern Strahlen (X-Strahlen, Lenard-Strahlen) erzeugten Wirkungen.

Andere radioaktive Substanzen.

Es war wahrscheinlich, daß das Uran nicht der einzige radioaktive Körper bleiben sollte. Im Jahre 1898 fanden Schmidt und Curie unabhängig voneinander diese Eigenschaft beim Thorium wieder.

Frau Curie, die mit der elektrischen Methode die Aktivität einer gewissen Zahl Uran- oder Thorium-haltiger Mineralien maß, stellte fest, daß gewisse dieser Mineralien aktiver als das metallische Uran waren. Nachdem das Ehepaar Curie festgestellt hatte, daß das Uran dieser Mineralien nur eine Normalaktivität besaß, schlossen sie daraus, daß diese ein aktiveres Element als das Uran enthalten müßten.

Sie untersuchten eins der aktivsten dieser Mineralien, eine Pechblende aus Joachimsthal, und sonderten ein aktives Wismut ab, in dem sie einen neuen Körper vermuteten, den sie Polonium nannten. Man weiß heute, daß das Polonium ein Zerfallprodukt des Radiums, das Radium F ist.

Kurze Zeit darauf erhielten das Ehepaar Curie und Bémont ein durch seine Vereinigung mit einem neuen Element, dem Radium, äußerst aktives Baryum.

Diese neuen Produkte wurden mittels fraktionierter Kristallisation gewonnen, die man verfolgen konnte, indem man am Elektrometer die Strahlung der nacheinander entstehenden Produkte der fraktionierten Krystallisation maß. Die Aktivität des Radiums ist ungefähr 2 500 000 mal größer als die des Urans.

Giesel ist es ebenfalls gelungen, sehr aktive Produkte zu erhalten. Debierne hat schließlich im Verlauf der Untersuchungen über die Pechblende einen neuen Körper, das Aktinium gefunden, das mit dem Thorium eng verbunden ist.

Analyse der Becquerelstrahlen.

Wie schon Henri Becquerel sagte, stellt die Analyse der radioaktiven Körper eine der Spektralanalyse des Lichts vergleichbare Wissenschaft dar. Diese Strahlung ist das allein anzuführende Charakteristikum, das uns erlaubt, eine neue Eigenschaft der Materie kennen zu lernen; die Erscheinungen, die sie hervorruft, haben zu der Entdeckung neuer Körper geführt, und die Komplexität, die sie darbietet, scheint ein Anzeichen für die verschiedensten Arten von Energietransformation zu sein.

Bei der Strahlung dieser Körper trifft man auf 3 Arten von Strahlen charakteristischer Natur, die getrennt oder gleichzeitig existieren können. Jede dieser Strahlenarten ist vielleicht selbst nicht homogen und umfaßt Strahlen, deren verschiedene Eigenschaften denen der Lichtstrahlen verschiedener Wellenlänge vergleichbar sind.

Wir haben vorher gesehen, daß Henri Becquerel die Heterogenität der Uranstrahlung erkannte. Von 1899 an beobachtete er bei der Durchdringung der Körper durch die Strahlen des Poloniums einerseits, des Radiums und des Urans andererseits einen Fundamentalunterschied. Die ersteren sind sehr stark absorbierbar, die letzteren sehr durchdringend.

In Anlehnung an die 2 Arten von Strahlen verschiedenen Durchdringungsvermögens, die Rutherford beim Uran beschrieben und mit den Indices α und β versehen hatte, bezeichnete man die absorbierbaren Strahlen des Poloniums mit dem Namen α-Strahlen und die des Radiums mit dem Namen β-Strahlen. In der Folge wies Henri Becquerel bei der Erforschung der von den Radiumstrahlen bei verschiedenen Substanzen hervorgerufenen Phosphoreszenz in dieser Strahlung die Existenz sehr stark absorbierbarer Strahlen nach, die wie die Poloniumstrahlen durch ein einfaches Blatt Papier aufgehalten wurden, während der zweite Teil der Strahlen, der viel durchdringender war, durch alle Schirme hindurch ging. Die ersten waren diejenigen, die gegenüber dem Diamanten und der hexagonalen Blende am meisten phosphoreszierten, während die zweiten ihre wirksame Kraft besonders auf die Uransalze auszudehnen scheinen.

Henri Becquerel und Giesel untersuchten unabhängig voneinander die Wirkung eines Magnetfeldes auf die Bahn der neuen Strahlen. Giesel hatte festgestellt, daß, wenn er die aktive Materie auf eine photographische Platte legte, die parallel zum Feld angebracht war, die emittierten Strahlen senkrecht von den Kraftlinien abgelenkt und wie es auch mit den Kathodenstrahlen geschieht, auf die Platte zurückgelenkt werden. Henri Becquerel beobachtete seinerseits, daß die Radiumstrahlen in einem ungleichförmigen Magnetfeld sich um die Kraftlinien herumrollen und sich an den Polen konzentrieren können. Wenig später erkannte derselbe Experimentator, daß die vom Ehepaar Curie hergestellten Poloniumstrahlen nicht abgelenkt wurden.

Dieser Unterschied in der Wirkung der Polonium- und der Radiumstrahlen zeigte besser noch als die Absorptionswirkungen, den natürlichen Unterschied der zwei Strahlenarten.

Mit der elektrischen Methode zeigte P. Curie, daß die zwei Strahlenarten, α und β, im Radium gleichzeitig vorhanden seien. Henri Becquerel

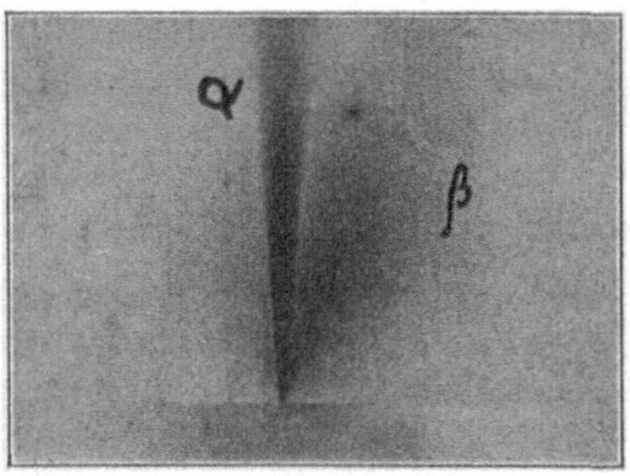

Fig. 2.

Trennung der α- und β-Strahlen durch das magnetische Feld. (Unbeschirmte Platte.)

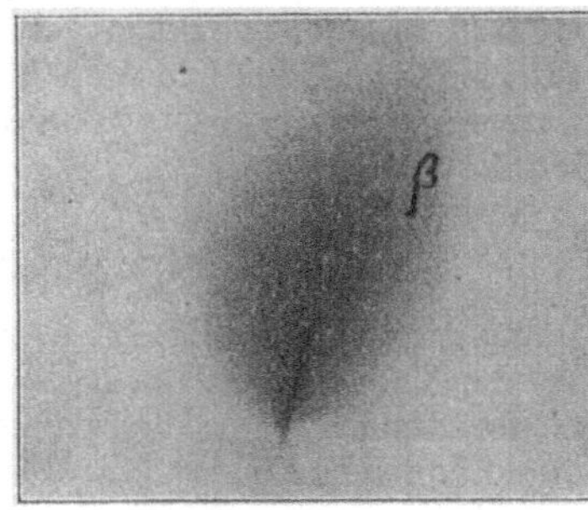

Fig. 3.

Dieselbe Versuchsanordnung wie bei der obigen Aufnahme, aber mit eingehüllter Platte. Die α-Strahlen sind weggelassen.

machte diese Gleichzeitigkeit der α- und β-Strahlen deutlich sichtbar, indem er sie auf einer photographischen Platte auffing. Figur 2 läßt deutlich die α- und β-Strahlen nebeneinander in der Strahlung des Radiums sehen. Er erhielt das Bild, indem er auf einer schräg stehenden photographischen Platte die Strahlen auffing, die von einer linearen Lichtquelle ausgehend durch einen Spalt hindurchgingen und durch ein magnetisches Feld abgelenkt wurden.

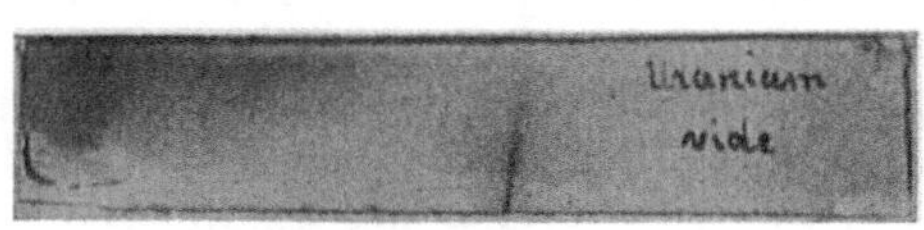

Fig. 4.

Ablenkung der Uraniumstrahlen mit unbeschirmter Platte und im leeren Raum. Die α-Strahlen haben keine photographische Wirkung ausgeübt.

Wenn man dasselbe Experiment wiederholt und zwischen Platte und Radium ein einfaches Blatt Papier stellt, so bleiben die β-Strahlen allein übrig und die absorbierten α-Strahlen geben kein Bild mehr. Fig. 3. Als man bei einem andern Versuch mit Uran unter den gleichen Bedingungen den ganzen Apparat ins Vakuum brachte, um die geringste Absorption zu vermeiden, zeigte sich nur das abgelenkte β-Strahlenbündel. Fig. 4. Die von Rutherford im Uran nachgewiesenen α-Strahlen beeinflussen die Platte nicht. Bei der Schwäche der Uranstrahlen hat dieser Nachweis eine Belichtung von 4 Monaten erfordert. Das Thorium und das Aktinium senden wie das Radium α- und β-Strahlen aus.

Eine dritte Strahlengattung, der Natur nach wahrscheinlich von ganz anderer Art, deren Gegenwart man bei den meisten Versuchen, die wir geschildert haben, beobachtet hatte, ist von P. Villard entdeckt worden, und zwar bei sehr langer Belichtung bei den photographischen Untersuchungen über das Radium. Diese Strahlen sind äußerst durchdringend und durch das magnetische Feld nicht ablenkbar; ihre Eigenschaften erinnern an die der X-Strahlen, obgleich ihr Durchdringungsvermögen viel größer ist. Man hat ihnen den Namen γ-Strahlen gegeben. Wir wollen jetzt nacheinander die Eigenschaften jeder der drei Strahlenarten besprechen.

Die β-Strahlen.

Die β-Strahlen sind mit den Kathodenstrahlen identisch; sie bilden eine Emission aus mehreren Arten von Strahlen, die verschieden ablenkbar sind. Danyez hat ganz kürzlich erkannt, daß sie aus etwa 20 verschiedenen, aber im Verhältnis homogenen Bündeln bestehen. Eine klare Trennung der Bündel kann man nur erhalten, wenn man unendlich dünne Schichten aktiver Materie anwendet. In der therapeutischen Praxis gebraucht man die radioaktiven Substanzen nur in relativ dichten Massen; in diesem Falle findet also eine Selektion der β-Strahlen nicht statt; denn sie bieten ein Bündel dar aus Strahlen, die von dem magnetischen Feld verschieden abgelenkt werden, jedoch ohne an

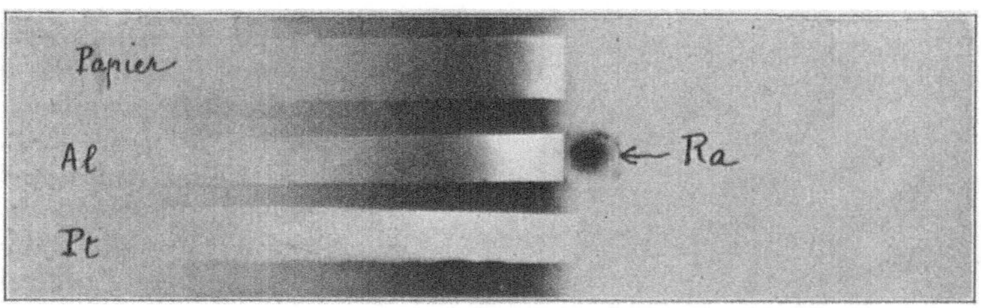

Fig. 5.
Magnetische Spektren der β-Strahlen beim Durchgang durch schwarze Papier-, Aluminium-$^1/_{10}$ und Platinstreifen $^1/_{10}$. Die vom Radium ausgehenden Strahlen sind links auf der Platte durch das magnetische Feld konzentriert.

Stetigkeit der Abweichung einzubüßen. Wenn man ein Bündel dieser Strahlen isoliert, so kann man feststellen, daß ihre Bahn geradlinig ist. Wenn das Strahlenbündel in ein gleichförmiges, magnetisches Kraftfeld senkrecht zu den Kraftlinien eindringt, so wird die Bahn kreisförmig und das Bündel wird zu seinem Ausgangspunkt im Felde zurückgeführt. Wenn es schräg in das Feld eintritt, so rollt es sich um die Kraftlinien und beschreibt eine Schraube. Man kann zum Beispiel nach Henri Becquerel folgendes Experiment machen:

Man legt eine sehr kleine Menge Radium auf eine Bleiplatte in eine Höhlung, die man mit einer Nadelspitze eingegraben hat, so daß man eine punktförmige Lichtquelle hat. Man legt die so gebildete Aushöhlung auf eine unbedeckte, photographische Platte und auf diese deckt man Schirme aus den verschiedensten Substanzen, Papier, Aluminium, Metallen in dünnen Folien; das Ganze bringt man in ein zur Platte paralleles, magnetisches Feld. Man beobachtet, daß die durch das Feld zerstreuten Strahlen auf die Platte zurückgeführt werden, und die verschiedenen Schirme, die auch eine Art Absorptionsspektrum bilden, sehr ungleich durchdringen. Die am meisten abgelenkten Strahlen, d. h. die, welche am nächsten zur Quelle zurückgeführt werden, sind die am besten absorbierbaren. Überdies findet man unterhalb der Lichtquelle eine sehr starke Einwirkung, verursacht durch die sehr stark durchdringenden Strahlen aus der kleinen Bleihöhlung, die das Ganze durchdringen und relativ dicht sind. (Figur 5.)

Wenn man bei diesem Experiment die Lichtquelle mit einem Halbzylinder aus Blei bedeckt, der über der Höhlung mit einem Nadelstich durchbohrt ist, so geht von der punktförmigen Lichtquelle durch diese Öffnung nur ein einziges Bündel aus, das man beliebig ablenken kann und das ein reines Spektrum bildet. Die so erzielten Resultate sind die gleichen wie vorher, aber man beobachtet außerdem eine sehr starke Einwirkung unter dem halben Bleizylinder, die einer sekundären Strahlung zugeschrieben werden muß.

Eine andere Versuchsanordnung hat deutlichere Resultate ergeben. Durch diese Anordnung erhält man ein sehr dünnes, vertikales Bündel, das von einer linearen, einige mm langen Lichtquelle ausgeht. Man erhält letztere, indem man die radioaktive Substanz auf eine tiefe, enge Furche in einem kleinen Bleistück legt. Man bringt diese lineare Lichtquelle in ein zum Felde paralleles, magnetisches, gleichförmiges Feld. Da die Belichtungsdauer sehr lang ist, gebraucht man sehr dicke, konstante Magnete. Um das phosphoreszierende Licht des Radiums auszuschalten, bedeckt man letzteres mit einer $^1/_{100}$ mm dicken Aluminiumfolie, die die anderen Strahlen durchläßt. Dann bringt man unter die Lichtquelle eine vertikale, photographische Platte, senkrecht zum Felde, die das abgelenkte Bündel durchschneidet, dessen verschiedene Strahlen die Platte unter fast horizontalem Einfall treffen. Wenn man unter diesen Bedingungen ein Bündel homogener Strahlen betrachtet, d. h. solche, die vom Felde alle gleich stark abgelenkt werden, so geben die Strahlen, die die Platte fast unter einem Winkel von 90^0 treffen, einen Abdruck, der von der wirklichen Bahn eines Strahles gleicher Natur, senkrecht zum Felde wenig abweicht. Man kann so zeigen, daß diese Bahn eine Kreislinie ist.

Fig. 6.
Aufeinanderfolge von magnetischen reinen Spektren, nach der Methode von H. Becquerel.

Um einfache Strahlen zu isolieren, fügt man zu dem ganzen Apparat in Verbindung mit der Platte Bleibänder, die mit kleinen, zur Platte senkrechten und zur linearen Lichtquelle parallelen Spalten versehen sind. Durch die ersten Spalten, die die Strahlen treffen, gehen Teile des reinen Spektrums hindurch und, wenn man auf ihrer Bahn einen zweiten Spalt anbringt, so isoliert man damit ein kreisförmiges Bündel eines bestimmten Strahles, der unten durch die beiden Spalten die Plattenoberfläche mit der linearen Lichtquelle durchdringt.

Die Bleibänder, die zu diesen Experimenten dienen, werden auf eine Glasplatte geklebt, die erlaubt, sie gegen die photographische Platte zu drücken derart, daß sie die Strahlen auffangen, die zwischen den aufeinander folgenden Spalten auftreten können.

Wir reproduzieren hier eine der von Henri Becquerel bekommenen Versuchsergebnisse (Figur 6). Jenseits einer Reihe von Öffnungen, durch die reine Spektra kommen, stellte man ein $^1/_{10}$ mm dickes Aluminiumblech. Man sieht zuerst durch die oberen Öffnungen Spuren von nicht abgelenkten γ-Strahlen hindurchgehen und man kommt zu dem Fundamentalschluß, daß diese Strahlen und die Bündel von β - Strahlen, die durch dieselben Öffnungen gehen, diskontinuierlich sind. Das Aluminiumblech ist durch einen Pfeil dargestellt, im einen Teil weiß, im andern schwarz. Die am wenigsten abgelenkten β-Strahlen gehen ohne Abweichung durch das Aluminiumblech hindurch, ohne daß ein sekundäres Phänomen seine Gegenwart verbirgt. In dem Maße, wie die Strahlen ablenkbar sind, bringen sie eine stärkere photographische Wirkung hervor, die bei ihrem Austritt aus dem Blech immer intensiver wird. Dieses zeichnet ich klar ab, besonders in dem am meisten abgelenkten Teil jedes partiellen Spektrums; die Strahlen, die durch das Blech hindurchgehen, werden abgeschwächt und rufen bei ihrem Austritt sekundäre, intensive Strahlen hervor, die ihre eigene photographische Wirksamkeit noch verstärken.

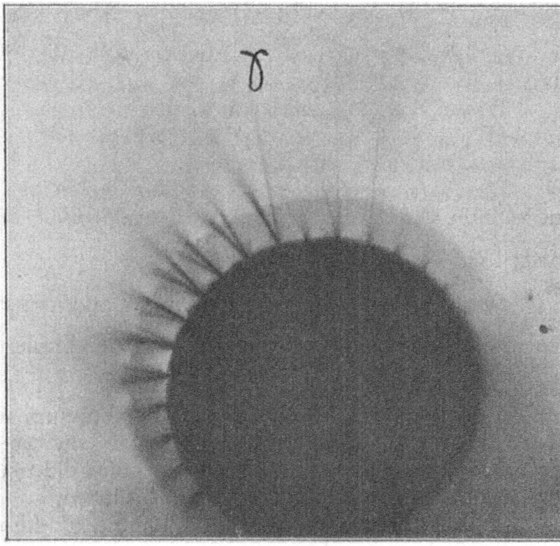

Fig. 7.
Folge der reinen Strahlen durch 3 Punkte definiert. 1. Strahlungsquelle, 2. Spalt, 3. zweiter Spalt. Dieses Negativ veranschaulicht die Diskontinuität zwischen den abgelenkten β-Strahlen und den γ-Strahlen der oberen Partie.

Vom zweiten und besonders vom dritten Spektrum zur Linken an ist die beim Austritt aus dem Aluminium von den Strahlen hervorgebrachte Wirkung intensiver als die von den auffallenden Strahlen. Vom 5. Spektrum an sieht man, sogar an der Austrittsoberfläche eine intensivere Einwirkung, die sich kaum über die äußeren Umrisse des Aluminiumschirmes erstreckt. Beim folgenden Spektrum ruft nur ein Teil der Strahlen auf der Austrittsoberfläche ein sekundäres Strahlenbündel hervor. Von dieser Grenze an zeichnen sich die Umrisse des Bleches nicht mehr deutlich ab; die Strahlen, die die photographische Platte auf dem Rand des Aluminiumblechs in Berührung mit der Platte treffen, rufen sofort absorbierte, sekundäre Strahlen hervor, so daß der Abschnitt des Bleches sich schwarz abzeichnet. Beim 8. Spektrum findet man auf dem am wenigsten abgelenkten Rand ein Bestreben zur Hervorbringung sekundärer Strahlen am Rande; dann rufen alle anderen, mehr abgelenkten Strahlen auf der Einfallsfläche intensive, sekundäre Strahlen h rvor. Diese erzeugen eine starke Einwirkung, bei der die der auffallenden Strahlen kaum in die Erscheinung tritt. Schließlich sieht man aus den Öffnungen rechts Bruchstücke von Bündeln austreten, die von den sekundären Strahlen im Blei hervorgebracht zu sein scheinen, und die vom magnetischen Felde im selben Sinne wie die primären β-Strahlen abgelenkt werden.

Das zum Versuch verwandte Feld hatte eine Stärke von 859 Gauß. Der Nachweis wurde mit denselben Größenmassen wiederholt. Das Wesentliche daran ist zu zeigen, wie die Ablenkbarkeit und die Produktion sekundärer Strahlen mit dem Durchdringungsvermögen der verschiedenen β-Strahlen des Radiums in Beziehung stehen. Man kann diese Erscheinungen studieren, indem man einfache Strahlen mittels einer zweiten Reihe von Öffnungen isoliert, die aus jedem Teil eines reinen Spektrums einen reinen Strahl austreten lassen.

Figur 7 zeigt das Resultat dieses Versuches. Man erforscht die Strahlenbahnen, indem man die β-Strahlen mit Kathodenstrahlen zusammenbringt, d. h. mit negativ geladenen Partikelchen von der gleichen Geschwindigkeit wie die des Lichtes.

e sei die Ladung, m die wirkliche oder gedachte Masse des Teilchens, und v die Geschwindigkeit; man stellt sehr einfach fest, daß für einen durch ein magnetisches Feld von der Stärke H gehenden Strahl seine zuerst gradlinige und zum Felde senkrechte Bahn eine Kreislinie vom Radius $R = \frac{m}{e} \cdot \frac{v}{H}$ wird; der Wert des Produktes R . H dient dazu, jede β-Strahlung zu charakterisieren. Man nennt das Produkt R . H die magnetische Starrheit eines Strahles.

Wenn die Anfangsrichtung des Strahles mit den Kraftlinien des Feldes einen Winkel α bildet, so wird die Bahn eine Schraube, die sich auf einem Zylinder vom Radius R. sin α aufrollt.

In einem elektrischen Felde von der Stärke F beschreibt eine gradlinige, zuerst zum Feld senkrechte Bahn eine Parabel, die parallel zum Feld schmaler wird; ihr Parameter ist $\frac{m}{e} \cdot \frac{v^2}{F}$.

Die Kenntnis der elektrischen und magnetischen Abweichung für denselben einfachen Strahl erlaubt die Berechnung der Größen $\frac{m}{e}$ und von v, die ihn charakterisieren.

Die Werte des Produktes RH, relativ zum magnetischen Feld, lassen sich leicht aus den vielen Versuchen bestimmen, die wir beschrieben haben; aber das Experiment, relativ zum elektrischen Feld, ist bei der gegebenen Schwäche der Ablenkung viel schwieriger auszuführen.

Henri Becquerel konnte dennoch diese Abweichung konstatieren. Der Versuch bestand darin, zwischen zwei vertikalen, elektrisierten Platten ein ebenes Bündel von zu den Platten parallelen Strahlen hindurchgehen zu lassen, und das Bündel auf einer mit schwarzem Papier umhüllten photographischen Platte aufzufangen. Die so erzielten Bilder waren zu breit und diffus. Becquerel stellte dann mitten in das Bündel einen sehr dünnen, ebenen Schirm, der mit dem nicht abgelenkten Bündel parallel stand, und der mit dem abgelenkten Bündel auf der photographischen Platte einen Schatten warf; wenn er den Sinn des Feldes änderte, wurde der Schatten im entgegengesetzten Sinne projiziert, und man konnte aus der Grenze des Schattens einen annähernden Wert für die Abweichung ableiten.

Durch diese ersten Resultate erkannte Henri Becquerel, daß die Werte $\frac{m}{e}$ und v der Größenordnung nach Zahlen wie bei den Kathodenstrahlen waren; die Geschwindigkeit war um die Hälfte größer als die des Lichtes.

Eine Fundamentalfrage war die, ob bei den ungleich abgelenkten Strahlen die Werte $\frac{m}{e}$ und v variabel sind; da die Identifizierung zweier Strahlen bei zwei getrennten Versuchen, einer elektrisch, der andere magnetisch eine gewisse Ungenauigkeit darstellt, so lagerte er schließlich beide Strahlenarten bei einem Versuch kreuzweise übereinander. Er erzielte dies, indem er ein elektrisches und parallel dazu ein magnetisches Feld herstellte. Das Experiment, das in

Luft ziemlich ungenau ausfällt, ist sehr genau im Vakuum von Kaufmann ausgeführt worden. Dieser beschickte eine photographische Platte mit einem fadenförmigen, von einem Korn Radiumsalz ausgehenden Lichtbündel, das aus einem sehr feinen Loch herauskam und zu gleicher Zeit durch ein magnetisches und ein elektrisches Feld zwischen zwei elektrisierten Platten hindurchging.

Kaufmann hat so erkannt, daß die Werte $\frac{m}{e}$ und v regelmäßig variieren, die auseinandergehendsten Werte dieser Messungen sind die folgenden gewesen, die wir untenstehend mit den charakteristischen Werten des Produktes R . H in Beziehung bringen:

RH	v. 10^{-10}	$\frac{e}{m}$
1764	2,278	1,291
5581	3	0,559.

Man kann aus den Versuchen Kaufmanns schließen, daß die Masse m eine Funktion der Geschwindigkeit v ist, und dieses Resultat regt eine Hauptfrage an:

Man betrachte einen elektrisierten Körper; zuerst besitzt dieser Körper eine materielle Masse im mechanischen Sinne des Wortes Masse (Beziehung einer Kraft, die dem Körper eine Beschleunigung erteilt); zweitens besitzt der Körper dadurch, daß er elektrisiert ist, eine andere Masse elektromagnetischen Ursprungs; wenn er in Bewegung ist, stellt er ein strömendes Elektrizitätsteilchen dar, das sich verschiebt; nun erfordert aber jede Änderung der Intensität oder der Richtung der Bewegung, d. h. der Größe oder der Richtung der Geschwindigkeit des Körpers Energie und veranlaßt so eine Induktionswirkung im Äther. Diese Induktion, die jeder Änderung entgegengesetzt ist (Lenzsches Gesetz), ist eine reguläre Trägheit elektrischen Ursprungs. Es scheint also, daß der elektrisierte Körper zwei Massen besitzt: seine materielle Masse und die elektromagnetische Masse der Ladung, die er trägt. Nun hat man gezeigt, daß die elektromagnetische Trägheit von der Geschwindigkeit abhängen soll; daß sie praktisch konstant bleiben soll, wenn die Geschwindigkeit keinen großen Wert erreicht, aber daß sie bis zur Unendlichkeit zunehmen soll, wenn sie sich der Lichtgeschwindigkeit nähert. (300 000 km pro Sek.)

Nun haben wir eben gesehen, daß die Masse m der β-Korpuskel mit v wächst; das ist das Ergebnis, und das Veränderungsgesetz der gesamten Masse m muß den relativen Teil der beiden Massen in der Gesamtmasse angeben.

Das Resultat ist überraschend: die Verschiedenheit der ganzen Masse ist die gleiche, als wenn die elektromagnetische Masse allein da wäre; folglich erscheint die materielle Masse = 0. Mit andern Worten: Das β-Korpuskel, identisch mit dem Kathodenkorpuskel, ist jeder elektrischen Energiezufuhr bar; es ist das elektrische Atom oder das Elektron.

Das Elektron ist etwas Körperliches an sich, da es eine Masse besitzt, was doch die Grundeigenschaft der Materie ist; es ist jedoch nicht Materie in dem Sinne, wie man ihn bis dahin dem Worte zugeteilt hatte, da seine Trägheit sich reduziert auf jene des Äthers, d. h. der Äther ist der Sitz dieser Trägheit. Das Elektron, das Materie darstellt, ist ein Mittelding zwischen Äther und wägbarer Materie. Versuche, die man der Länge wegen nicht beschreiben kann, haben gezeigt, daß die Ladung e des Elektrons der gleich ist, die ein einwertiges Ion im Elektrolyten transportiert ($e = 4{,}2 \,.\, 10^{-10}$ v. i. s.). Die Masse des negativen Elektrons ist also bei kleinen Geschwindigkeiten $0{,}5 \,.\, 10^{-27}$ Gramm, 1700 mal kleiner als die Masse eines Atoms Wasserstoff;

überträgt man das ins Körperliche, so kann man mit einer theoretischen Formel seinen Radius $r = 10^{-13}$ cm berechnen.

Wir wollen schließlich noch ein Experiment ähnlich dem J. Perrins über die Kathodenstrahlen anführen, durch das P. Curie die Existenz negativer Ladungen, die die β-Strahlen transportieren, nachweisen und die auf dem Radium ruhende positive Ladung sammeln konnte. Bei diesem Versuch müssen die Metallplatten, die die Ladung der β-Strahlen sammeln, und die lichtgebende Quelle selbst von einer dünnen Schicht aus Isoliermaterial umgeben sein, die sich, etwa wie das Paraffin, nur wenig ionisiert; noch besser ist es aber, sie ins Vakuum zu bringen.

Die letzten Versuche haben vollendet deutlich die Identität der β-Strahlen mit den Kathodenstrahlen gezeigt; sie haben bewiesen, daß man sie als Träger negativ-elektrischer Ladungen von annähernd der Geschwindigkeit des Lichtes betrachten kann; sie haben dazu beigetragen, unsere Kenntnis von dieser besonderen Form des Energieumsatzes zu vermehren und zu präzisieren.

Die α-Strahlen.

Die α-Strahlen, die eine Hauptrolle bei den Transformationen radioaktiver Körper zu spielen scheinen, offenbarten sich zuerst durch ihre ionisierende und photographische Kraft, ebenso wie durch ihr äußerst schwaches Durchdringungsvermögen durch feste Körper und selbst durch Gase, da die durchdringendsten unter ihnen von ungefähr 7 ccm Luft aufgehalten werden.

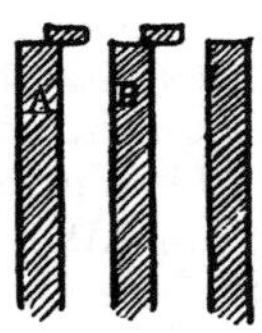

Fig. 8.
Versuchsanordnung von Rutherford zur Isolierung der ebenen und parallelen Strahlenbündel der α-Strahlen und Feststellung ihrer Ablenkung im Elektroskopgehäuse.

Die ersten Untersuchungen schienen zu zeigen, daß diese Strahlen für Wirkungen im magnetischen Felde unempfindlich sind, aber aus der Ähnlichkeit mit den Canalstrahlen der Crookeschen Röhren schloß Rutherford, daß sie positive Ladungen besäßen und folglich ablenkbar wären, allerdings viel schwächer als die β-Strahlen. Zur Untersuchung über die Richtigkeit dieser Vermutung unternahm er folgendes Experiment:

Auf den Boden einer rechteckigen Schachtel (37×7 mm) legte er eine Schicht radiumhaltigen Baryumsalzes. Darüber befand sich eine Reihe paralleler Platten in gleicher Entfernung von einander, die unter sich eine Reihe von Spalten mit Scheidewänden bildeten, und die an ihrem obern Ende auf derselben Seite halb verschlossen waren (Figur 8). Durch diese Spalten hindurch, es waren etwa 30 an der Zahl, gingen die Strahlen und trafen auf das Metallgitter eines Elektroskopes, dessen Entladung man als Funktion der Zeit maß.

Wenn die Vorrichtung mit den Spalten in ein normalelektrisches Feld (siehe Figur) gebracht wurde, so wurden die β-Strahlen abgelenkt und konnten nicht in das Metallgitter eindringen, die α-Strahlen wirkten allein auf das Elektroskop ein, und man konnte sich dessen versichern, indem man letztere mit dünnen Schirmen abfing, die wohl diese, aber nicht die β-Strahlen aufhielten.

Das Experiment hat gezeigt, daß die Geschwindigkeit des Energieverlustes am Elektroskop je nach dem Sinne des Feldes verschieden war, und daß er um so schneller vor sich ging, wenn die β-Strahlen nach A zurückgeworfen wurden — während die α-Strahlen aufgefangen wurden, wenn die β-Strahlen nach B zu abgelenkt werden.

Rutherford hat daraus geschlossen, daß die α-Strahlen im entgegengesetzten Sinne wie die β-Strahlen abgelenkt werden, und daß sie folglich positiv geladen sind. Jedenfalls müssen die zum Gelingen des Versuches nötigen magnetischen Felder bedeutend stärker sein als die, welche genügen, um aus derselben Menge die erste Strahlenart (β-Strahlen) abzulenken.

Für einen Beugungsstrahl der Bahn in dem benutzten Felde fand Rutherford durch diesen Versuch RH = 390 000, woraus er als Charakteristikum für die neuen Strahlen $v = 2 . 9 . 10^9$ und $\frac{e}{m} = 6 . 10^3$ ableitete. Es besteht also eine gewisse Größenbeziehung zwischen den Werten $\frac{e}{m}$ für die α-Strahlen und für die Canalstrahlen in Röhren mit verdünnten Gasen.

Aber dieser Versuch, so geistvoll er auch sein mag, gab noch einigen Einwänden Raum: In der Tat: Als die β-Strahlen nach A zurückgeworfen wurden, konnten sie die obere Wand mit Emissionen sekundärer Strahlen in Berührung bringen, die im selben Sinne wie die primären Strahlen durch die obere Öffnung in das Metallgitter des Elektroskopes eindringen konnten. Als umgekehrt die β-Strahlen nach B zurückgeworfen wurden, konnte der kleine, obere Schirm die von B kommenden sekundären Strahlen auffangen.

Wenn es sich um eine Strahlenwirkung sekundärer Strahlen handelte, so mußten sie sich in dem von Rutherford angegebenen Sinne zeigen.

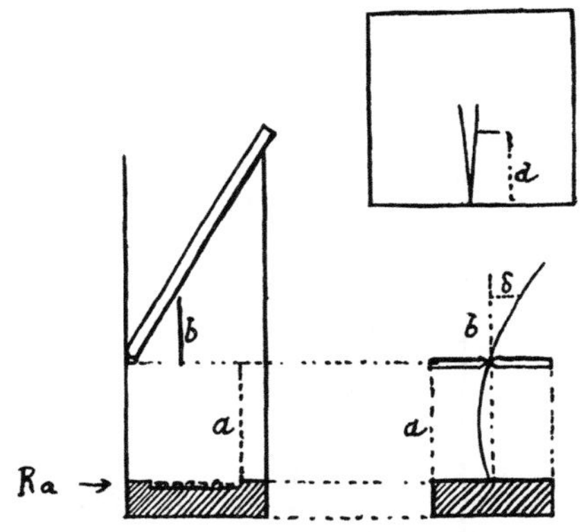

Fig. 9.
Versuchsanordnung von H. Becquerel zur Ermittelung des photographischen Eindrucks der durch ein magnetisches Feld abgelenkten α-Strahlen.

Wir wollen zunächst sagen, daß die Ableitungen Rutherfords exakt waren; trotzdem hat uns der erhobene Einwand ein entscheidendes Experiment eingetragen, das wir Henri Becquerel verdanken und das ermöglicht hat, die Ablenkung der α-Strahlen durch das magnetische Feld objektiv nachzuweisen.

Zur Ausführung dieses Versuches bediente sich Henri Becquerel einer Anordnung, die schon früher gebraucht worden war, um die α-Strahlen von den Kathodenstrahlen zu trennen, jedoch mit einigen Proportionsänderungen, um genügend starke magnetische Felder zu erzielen, s. Fig. 9.

Über einer linearen Radiumquelle Ra wurde parallel dazu ein aus 2 horizontalen Metallplättchen, von denen eins die Verlängerung des andern bildete, und die zwischen sich einen freien, gradlinigen Raum von ungefähr $^1/_{10}$ mm Breite frei ließen, ein feiner Spalt angebracht. Der so beschaffene Spalt F ließ eine ebene Strahlenfläche hindurch, deren Bahn durch die lineare Lichtquelle und den dazu parallelen Spalt bestimmt war. Schräg über diesem Spalt brachte man eine photographische Platte an, deren unterer Rand auf einem Ende des Spaltes ruhte; die Strahlenfläche senkrecht zu der der Platte, gab einen senkrechten Abdruck seitlich von der Platte. Aber wenn man unter diesen Bedingungen zweimal belichtete, ohne die Platte zu verschieben, und ein starkes magnetisches Feld erst in einem, dann im andern Sinne einwirken ließ, so wurde der Abdruck von seiner Anfangsrichtung nach beiden Seiten hin abgelenkt und diese doppelte Ablenkung gab dem Abdruck die Form eines V, dessen Enden leicht nach außen gebeugt waren. Dieser Abdruck erlaubte es, die Bahn der Strahlen vom

Spalt an zu bestimmen, und da der Wert H des Feldes bekannt war, so konnte man denselben Schluß machen wie bei der magnetischen Ablenkung der β-Strahlen.

Die ersten von Henri Becquerel angestellten Versuche gaben ähnliche Resultate wie die Rutherfords.

Diese Experimente wurden zum Teil mit Lichtquellen von gewisser Breite angestellt. Wir werden später zu genaueren Resultaten kommen mit schmalen Lichtquellen oder mit Metallfäden von induzierter Aktivität, so daß wir jede Strahlung ausschalten, die von Anfang an schon Veränderungen hervorbringt, die der Dicke der emittierenden Strahlenschichten zugeschrieben werden müssen.

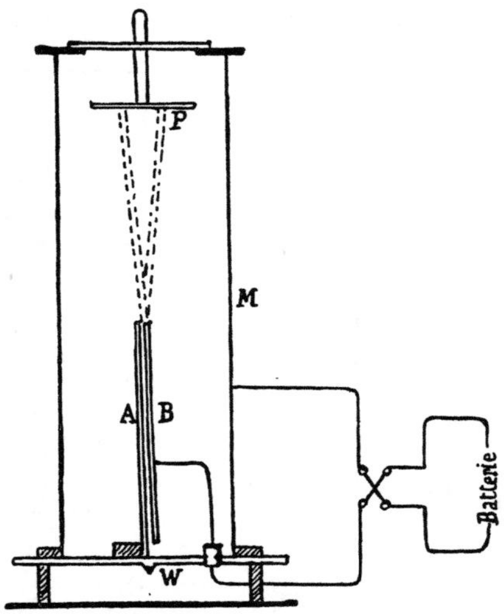

Fig. 10.
Versuchsanordnung von Rutherford zur Ermittelung der elektrischen Ablenkung der α-Strahlen. AB = Das elektrische Feld bildende Kondensatorplatte, P = photographische Platte, W = Radium.

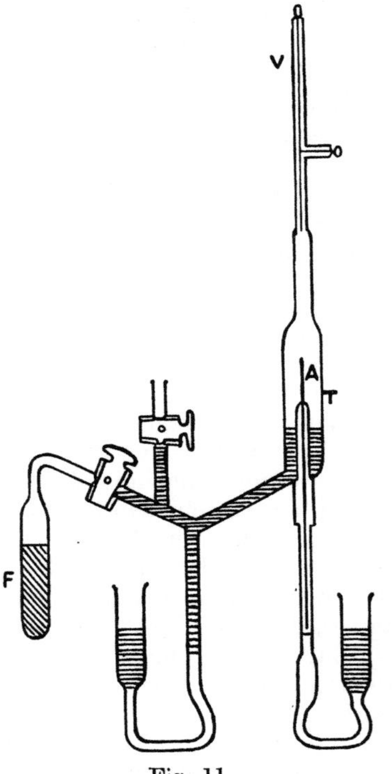

Fig. 11.
Versuchsanordnung von Rutherford zur Auffangung der α-Strahlenpartikel.

Wie für die β-Strahlen wurden auch hier gleichzeitig elektrische und magnetische Abweichungen festgestellt, diesmal von Des Coudres, der für $\frac{e}{m}$ den Wert $6{,}3 \cdot 10^3$ und für $v = 1{,}64 \cdot 10^9$, d. h. 16400 km/sek. fand.

Mackenzie hat mit reinem Radiumbromür auf demselben Wege die Existenz der α-Strahlen nachgewiesen, die für denselben Wert von $\frac{e}{m}$ verschiedene Geschwindigkeiten besaßen. Diese schwankten zwischen $1{,}3 \cdot 10^9$ und $1{,}96 \cdot 10^9$. Bei diesem letzten Versuch ist der Wert $\frac{e}{m} = 4{,}6 \cdot 10^3$ dem in der Folge als dem genauesten gefundenen Wert am nächsten.

Bei diesen Versuchen hat man konstatieren können, daß die α-Strahlen viel schwächer als die β-Strahlen im entgegengesetzten Sinne ablenkbar sind. Aber der Unterschied zwischen diesen beiden Strahlenarten hört hiermit noch nicht auf; wir haben gesehen, daß die β-Strahlen nicht nur vom magnetischen Feld abgelenkt sondern auch so zerstreut werden, daß man richtige Spektren erhält. Mit den α-Strahlen verhält es sich nicht so; sie werden alle fast gleich stark abgelenkt, so daß ihr Bündel wohl abgelenkt, aber nicht oder nur sehr wenig durch das magnetische Feld zerstreut wird. Rutherford unternahm dennoch neue Abweichungsmessungen, indem er diesmal nicht dicke Radiumschichten anwandte, sondern durch Radiumemanation aktiv gemachte Platinfäden, so daß er nur eine radioaktive Schicht hatte. Diese hatte keine materielle Schichte zu durchdringen, mußte also absolut homogen sein. Die Emanation wurde aus dem Radium C dargestellt; das Radium A verschwand fast bald nach der Exposition des Drahtes, und das Radium B gab keine α-Strahlen. Bei diesen Versuchen beobachtet man keine Dispersion. Der einzige Nachteil dieser Methode ist das schnelle Experimentieren, da die Aktivität sehr schnell abnimmt, derart daß zwei Stunden nach der Bestrahlung nur 14 % der Anfangsaktivität verbleiben.

Das Experiment wurde nach Henri Becquerels Versuchsanordnung gemacht, indem die Horizontalplatte über den Apparat gestellt wurde, anstatt sie ganz schräg zu stellen.

Beim Experimentieren in beiden Richtungen des Feldes erzielte man lineare, parallele Abdrücke, die die doppelte Abweichung gaben. (Figur 10.)

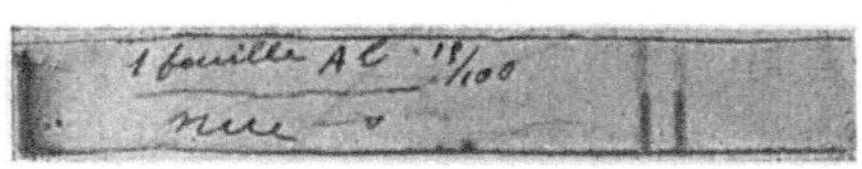

Fig. 12.
Verschiedene Ablenkung der α-Strahlen, je nachdem sie einen Schirm passiert haben oder nicht. Anordnung von H. Becquerel mit horizontal stehender Platte.

Der Autor gebrauchte dieselbe Versuchsanordnung, um die elektrische Abweichung zu erhalten. Diese beiden letzteren Versuche fanden im Vakuum statt.

Wir wollen nicht auf die Einzelheiten der Formeln zurückkommen, die fast gleich sind für die Zeitwerte und für die ähnlichen Charakteristika der β-Strahlen. Die Resultate bestätigen die der vorhergehenden Versuche für die Konstanz des Wertes $\frac{e}{m}$, der diesmal den genaueren Wert 5×10^3 ergab. Die Anfangsgeschwindigkeit der Radium-C-Strahlen ist $= 2 \,.\, 10^9$ cm/sek. Diese Geschwindigkeit der α-Strahlen hängt von dem radioaktiven Ausgangsmaterial ab; für Thorium ist sie 10 % größer als für das Radium C, aber $\frac{e}{m}$ ist immer konstant. Die Konstanz des Wertes $\frac{e}{m}$ bei den α-Strahlen führt uns natürlich dazu, die Natur des α-Partikelchens zu untersuchen. Nach dem Wert $\frac{e}{m}$ kann es nur ein Wasserstoffmolekül sein, das eine Elementarladung trägt, oder ein Atom Helium mit 2 Ladungen. Da Ramsay gezeigt hatte, daß die Radiumemanation Helium entstehen läßt, wurde es wahrscheinlich, daß das α-Partikelchen ein Ionatom Helium sein mußte. Ein bemerkenswertes Experiment Rutherfords und Royds (1909) hat die Genauigkeit dieser Hypothese bewiesen. Sie brachten Radiumemanation in eine Glasröhre, deren Wände wenigstens $^1/_{100}$ mm stark die α-Teilchen hindurchließen. Nach 2 Tagen konstatiert man, daß schon Helium durch die Röhre hindurchgegangen ist. Wenn man statt der Emanation in die Röhre Helium selbst bringt, so geschieht nichts, da die Teilchen selbst eine genügend große Geschwindigkeit besitzen, um durch die dünne Wand des Glases zu gelangen. (Figur 11.) Ebenso macht eine Bleiplatte, die genügend lange den α-Strahlen ausgesetzt und dann im Vakuum erwärmt wird, Helium frei, dessen Atome, die eine hinreichende Geschwindigkeit besitzen, tief in das Metall eindringen. Das α-Partikelchen ist also sicherlich ein Heliumatom, das 2 negative Elektronen verloren hat.

Im Verlauf seiner Untersuchungen über die Ablenkbarkeit dieser Strahlen hat Rutherford festgestellt, daß, wenn die α-Strahlen die sehr dünnen Metallplättchen durchstrahlen oder sogar dann, wenn sie sich in einer Gasatmosphäre ausbreiten, sie etwas von ihrer Anfangsgeschwindigkeit einbüßen. Er gebrauchte

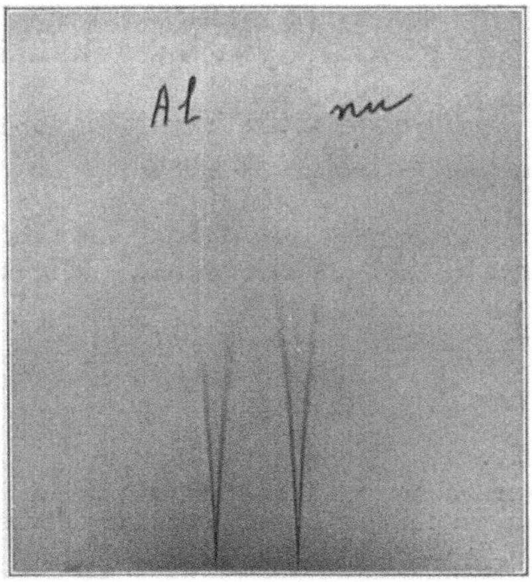

Fig. 13.
Versuchsanordnung von H. Becquerel zum Studium der Durchdringung der durch das magnetische Feld abgelenkten α-Strahlen. (Schräg stehende Platte.)

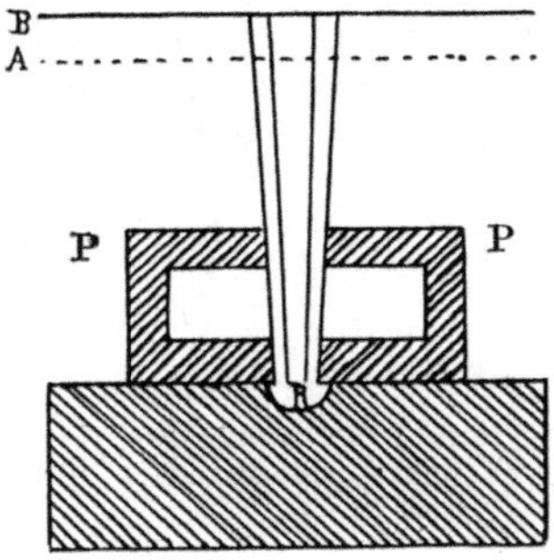

Fig. 14.
Versuchsanordnung von M. Bragg und Kleemann zum Studium des Ionisationsbereichs der α-Strahlen.

die Versuchsanordnung Henri Becquerels, trennte jedoch beide Teile am Spalt durch einen senkrechten Schirm und brachte auf die eine Seite, auf die Lichtquelle, Aluminiumfolien von einigen Tausendstel bis einigen Hundertstel mm Dicke; er beobachtete so, daß der Teil der Strahlen, der durch das Aluminium hindurchgegangen war, besser abgelenkt wurde, als der, der keine Hindernisse überwunden hatte.

Ebenso kann man das Bündel in dem Maße, wie es sich von der Lichtquelle entfernt und sich in der Luft zerstreut, besser ablenken.

Diese letzten Versuche wiederholte Henri Becquerel in der von Rutherford durch seine Anordnung angegebenen Form (Figur 12), benutzte jedoch dabei die schräge Platte, die es ermöglicht, die Bahn an verschiedenen Stellen des Raumes zu verfolgen.

In Figur 13, der Reproduktion eines Nachweises von Henri Becquerel, stellt man fest, daß die Strahlen, die durch das Aluminium hindurchgegangen sind, sich weiter ausbreiten und mehr abgelenkt werden, als die, die von der freien Lichtquelle kommen. Die Quelle für die α-Strahlen war bei diesem Versuch ein $^1/_{10}$ mm dicker Platindraht, der vorher in Radiumemanation getaucht und dann auf einem negativen Potential von ungefähr 800 Volts gehalten wurde. Der Draht ist so mit aktivem Radium C bedeckt.

Absorption der α-Strahlen.

Wir haben zu Anfang dieses Abschnittes über die Strahlung radioaktiver Körper gesehen, daß gewisse Strahlen von einer bestimmten Entfernung von der Quelle an keine Ionisierung mehr ausüben. Das sind die α-Strahlen. Im Jahre 1900 beobachtete Frau Curie, daß bei Polonium in einer Entfernung von mehr als 4 cm keine Ionisierung mehr stattfindet. Die Einwirkung hört bei 4 cm plötzlich auf. Wenn man das Polonium mit sehr dünnen Schirmen bedeckt, vermindert man diese Entfernung. Die Absorption der β-Strahlen geht nach einem Gesetz mit veränderlichem Exponenten vor sich; bei den α-Strahlen ist es ganz anders. Hat man eine dünne, homogene Schicht einer α-Strahlen aussendenden Substanz, die alle gleiche Geschwindigkeit besitzen, so werden sie auf ihrem Wege durch die Luft verlangsamt; aber auf der gleichen Strecke, von derselben Entfernung von der Quelle an, hat jedes α-Teilchen fast dieselbe Ionisierung bis auf die Geschwindigkeitsgrenze, unter der die Einwirkung plötzlich verschwindet. Unterhalb dieser kritischen Geschwindigkeit besitzt sie nicht mehr Energie genug, um der Materie Ionen zu entreißen, d. h. um zu ionisieren. Diese Wirkung ist der eines Geschosses vergleichbar, das ein bestimmtes Hindernis nicht mehr durchschlagen kann, wenn seine Geschwindigkeit unterhalb eines gewissen Wertes sinkt.

Die ionisierende Kraft ist nicht die einzige aufgehobene Eigenschaft unterhalb der kritischen Geschwindigkeit der α-Strahlen. Dieser besondere Punkt ist die Grenze, wo sowohl die photographischen als auch die phosphoreszierenden Wirkungen aufhören. Nach Rutherford ist dieses gleichzeitige Verschwinden der drei Eigenschaften bemerkenswert; es läßt den Gedanken an eine Verbindung zwischen ihnen aufkommen. Im besonderen könnte man die photographische Wirkung, die genau der ionisierenden Wirkung ähnlich ist, einer Ionisierung des Silbersalzes zuschreiben. Es gibt vielleicht auch einen Ionisierungseffekt, dem eine Kombination der Ionen bei der phosphoreszierenden Wirkung folgt. Die Entfernung von der Quelle, in dem Stadium, wo die ionisierende Wirkung aufhört, heißt Ionisierungsbereich. Das Ionisierungsbereich der α-Strahlen wechselt mit der Materie des radioaktiven Stoffes und hängt allein von der Anfangsgeschwindigkeit ab, da die andern Charakteristika e und m aller α-Strahlen identisch sind. Mit Schirmen aus derselben Substanz reduziert sich das Ionisierungsbereich proportional zur Dicke.

Nach der Hypothese von Bragg und Kleemann besitzen alle von einer einfachen radioaktiven Substanz emittierten α-Strahlen die gleiche Anfangsgeschwindigkeit, und müßten folglich alle das gleiche Ionisierungsbereich haben. Aber nur die von der freien Oberfläche der Substanz emittierten Strahlen können die ganze Strecke zurücklegen. Die Strahlen, die aus dem Innern kommen, haben eine gewisse dicke Schicht Materie zu durchdringen und gelangen folglich an die Oberfläche erst nachdem sie etwas von ihrer Geschwindigkeit verloren haben, die eine Verkürzung ihres Luftweges verursacht. Gewisse Strahlen, die aus den untersten Schichten der radioaktiven Materie kommen, können sogar nicht einmal bis zu der Oberfläche gelangen.

Wenn man eine Strahlungsquelle von gewisser Dicke benutzt, muß man also α-Strahlen von jeder Geschwindigkeit haben, vom Maximum bis zur Null. Man kann mit einer hinreichend dünnen Schicht, um die Absorption der vom Innern emittierten Strahlen praktisch = O zu machen, vollkommen homogene

Strahlen erhalten, die für jedes radioaktive Produkt gleiches Ionisierungsbereich haben. Um ihre Hypothese zu rechtfertigen, haben Bragg und Kleemann folgende Versuchsanordnung gebraucht: Bei R befindet sich die aktive Materie, von der ein Bündel von dem Bleischirm PP begrenzt, in die Platten eines horizontalen Kondensators eindringt, der im unteren Teile aus einem Metallvorhang A besteht, der die Strahlen hindurchläßt. (Figur 14). Die obere Platte B besteht aus massivem Metall. Die beiden Platten werden bis auf 1—2 mm genähert und eine mit einem Elektrometer, die andere mit einer starken Batterieverbunden. Die Entfernung zwischen den Platten war bekannt; wenn man das ganze System der Lichtquelle nähert, soll man den Wert der hervorgebrachten Ionisierung auf der ganzen Strecke der α-Strahlen messen können. Wir wollen noch hinzufügen, daß das Bündel sehr eng war und stets unversehrt in die Ionisierungskammer gelangte, die den Kondensator darstellt.

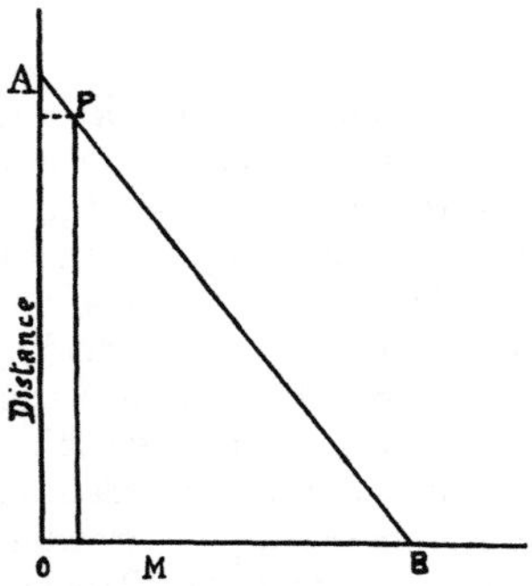

Fig. 15.
Versuchsanordnung von M. Bragg und Kleemann zum Studium des Ionisationsbereichs der α-Strahlen.

Die Messungen der Ionisierung auf der Bahn eines Bündels, das von einer dicken Radiumquelle kam, haben das vorhergesehene Resultat ergeben, d. h. daß die Ionisierung regelmäßig von der kritischen Geschwindigkeit der Strahlen an wächst, oder vielmehr von dem Punkte an, wo ihre Schnelligkeit unwirksam wird, bis nahe zu der Quelle hin. Dieses

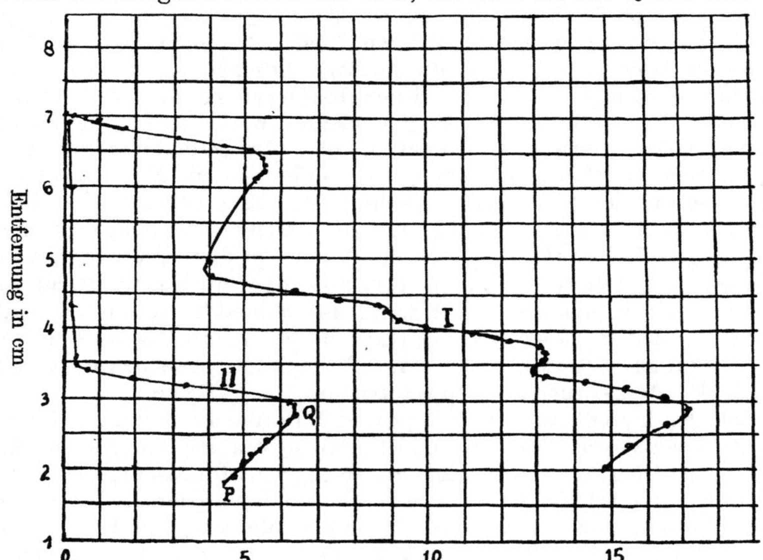

Fig. 16.
Kurven zur Darstellung des Ionisationsbereichs der superponierten α-Strahlen.

Wachsen geschieht in linearer Form als Funktion der Entfernung der Ionisierungskammer von der Quelle und kann durch die Kurve APB (Figur 15) dargestellt werden, bei der der Ionisierungsstrom als Abszisse und die Entfernung von der Quelle als Ordinate eingetragen sind. Der Teil AP der Kurve stellt von A bis P die Strecke des Ionisierungsbereiches von dem Augenblick an dar, wo das obere Ende der Strahlen beginnt, den Metallvorhang zu berühren, bis zu dem Moment, wo dieses Ende die obere Platte erreicht. Wenn wir statt einer dicken Lichtquelle die oben angegebene dünne Lichtquelle gebrauchen, so bleibt die Kurve von A—P die gleiche, dann wird sie von diesem Punkte an zur Ordinate parallel, was anzeigt, daß auf der ganzen Bahn eines homogenen α-Strahles die in der Luft hervorgebrachte Ionisierung denselben Wert besitzt. Die Kurve nimmt dann die Richtung APM ein. Diese letzte Kurve ist natürlich nur auf eine Substanz anzuwenden, die nur eine Art α-Strahlen aussendet.

Bragg und Kleemann haben die erlangte Kurve mit einer dünnen Radiumschicht in radioaktivem Gleichgewicht geliefert. Diese Kurve (I) zeigt die Existenz von 4 Arten von α-Strahlen, die nacheinander erscheinen in dem Maße, wie man sich der radioaktiven Substanz nähert. Die Strecken in der Luft sind 3,9 cm, 4,23 cm, 4,83 cm und 7,06 cm. (Siehe Figur 16.) Die Strahlen des kleinsten Ionisierungsbereiches (3,9 cm) kommen vom Radium selbst her. (Kurve II). Daß hier allein diese letzteren existieren, kann man in der Tat feststellen, wenn man andere Produkte ebenso wie die Emanation durch starke Temperaturerhöhung verdrängt. Das Bündel, dessen Bereich am größten ist, (7,06 cm) kommt von aktiver Radiumanhäufung her, denn es besteht weiter, wenn man es kurze Zeit erwärmt, um die Emanation allein zu verjagen, und es verschwindet dann in der nächsten halben Stunde.

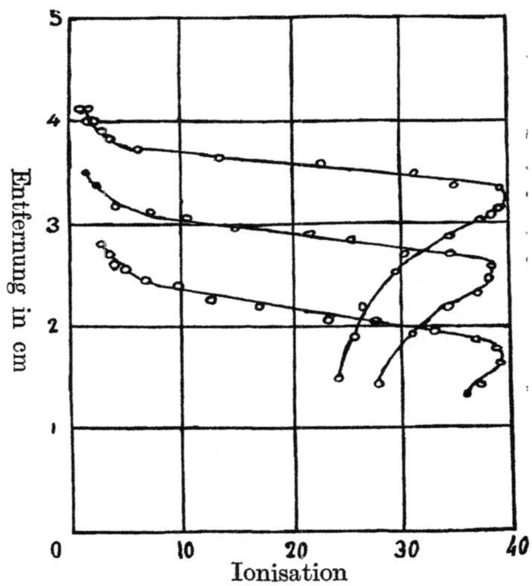

Fig. 17.

Kurven zur Veranschaulichung der Abnahme des Ionisationsbereichs der α-Strahlen als Funktion der durchdrungenen Schichtdicke von Aluminium.

Was die beiden anderen Gruppen anbetrifft, so können sie der Emanation selbst und dem Radium-A zugeschrieben werden.

Die Experimente Rutherfords und Henri Becquerels über die magnetische Ablenkbarkeit der α-Strahlen haben uns die Abnahme der Geschwindigkeit gezeigt, die diese Strahlen beim Durchdringen dünner, fester Schirme erleiden. Bragg und Kleemann haben ihr Interesse der Messung dieser Absorption zugewandt und gezeigt, daß ein Schirm von bestimmter Dicke die Kurve verschiebt im Sinne einer Verminderung des Bereiches, ohne daß diese Kurve in ihrer Gestalt geändert wird.

Wenn man die doppelte oder dreifache Zahl von Schirmen anwendet, so wird die Kurve niedriger proportional zur dazwischenliegenden Schicht. Die nach den Messungen der Autoren gemachte Figur 17 charakterisiert das Phänomen. Man kann also so die Beziehung zwischen den absorbierenden Kräften eines Gases und den verschiedenen festen Körpern abschätzen. Bemerkenswert ist die Analogie der Methode von Bragg und Kleemann, um die Absorption der α-Strahlen zu studieren und der Henri Becquerels ganz zu Anfang seiner Untersuchungen über die Absorption der Kugelstrahlen in Luft, indem er die Entfernung zwischen der Quelle und den phosphoreszierenden Schirmen variierte, wobei letztere die Ionisierungskammer ersetzten.

Wir haben eben gesehen, daß die absorbierende Kraft einer Substanz gegenüber den α-Strahlen der Dichte dieser Substanz proportional ist und folglich keineswegs dem Exporentialgesetz der Absorption anderer Strahlen folgt. Aber alle Substanzen haben nicht die gleiche absorbierende Kraft. Bragg und Kleemann haben die Absorptionskraft einer gewissen Zahl von Metallen und Gasen gemessen und festgestellt, daß sie ungefähr der Quadratwurzel aus dem Atomgewicht jeder Substanz proportional ist. Dieses Gesetz ist bemerkenswert; es bedeutet, daß die Absorption der Energie im Innern des Atoms der Quadratwurzel aus seinem Gewicht proportional ist. Man hat nun festgestellt, daß für die Gase, wie z. B. Wasserstoff, Sauerstoff, Stickstoff und Kohlensäure die Gesamtzahl der Ionen, die sich nach der vollständigen Absorption der α-Strahlen von gegebener Intensität gebildet haben, deutlich die gleiche ist. Man muß daraus schließen, daß zur Bildung eines Ions stets die gleiche Energie erforderlich ist. Da nun die Kraft eines Gases durch die zum Bilden von Ionen gebrauchte Energie bestimmt ist, so geben die Resultate von Bragg und Kleemann an, daß ein α-Teilchen auf dem gleichen Weg viermal mehr Sauerstoffionen als Wasserstoffionen entwickelt. Das ist ganz logisch; je größer die Moleküle sind, um so schwerer entgehen sie dem Einfluß eines α-Teilchens.

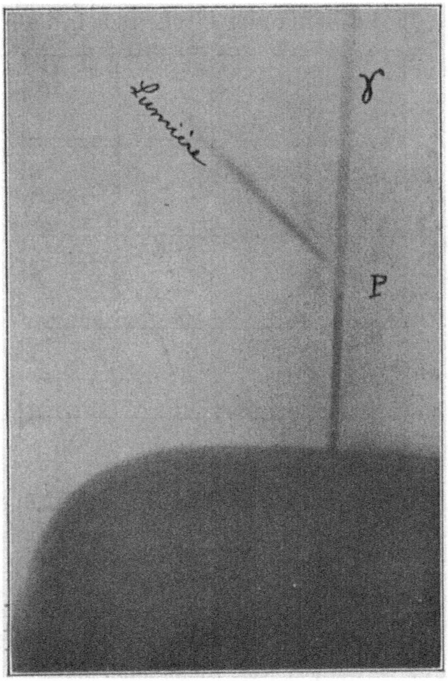

Fig. 18.
Trennung von γ- und leuchtenden Strahlen durch ein Prisma P.

Dieses Grundgesetz, das Ionisierung und Atomgewicht der Elemente verbindet, verdiente weiter ausgebaut zu werden, als man es bis zum heutigen Tage getan hat; seine Erforschung könnte vielleicht Aufschluß darüber geben, welches die letzten Kundgebungen der Energie sein könnten, die in dem Teilchen des α-Strahles unterhalb der kritischen Geschwindigkeit ruht.

Im Ganzen hat uns das Studium der α-Strahlen folgendes gezeigt:

1. Die α-Strahlen sind Heliumatome, die 2 negative Elektronen verloren haben; sie sind für alle radioaktiven Substanzen in bezug auf die Geschwindigkeit die gleichen.

2. Jede Substanz emittiert α-Teilchen von besonderer Geschwindigkeit, die dieses Produkt charakterisiert.

3. Die Ionisierung, die photographische Wirkung und die Wirkung auf die phosphoreszierenden Körper; ihr Wert v ist kleiner als 0,8 . 10^9.

4. Das Geschwindigkeitsmaximum der α-Strahlen befindet sich beim Thorium C; seine Größe ist 2,2 . 10^9.

5. Die Materie verlangsamt die α-Strahlen proportional zu ihrer Dichte.

6. Bei Radium im radioaktiven Gleichgewicht stellt ihre Energie $^9/_{10}$ der Gesamtenergie dar.

Wir haben gesagt, daß die γ-Strahlen von P. Villard mittels eines photographischen Nachweises bei langer Belichtung entdeckt worden sind. Die ersten Zeichen, durch die sie sich offenbarten, waren: Zunächst ihre Unempfindlichkeit gegen die Wirkung des Magnetfeldes, dann ihre schwache photographische Wirksamkeit und schließlich ihr Durchdringungsvermögen.

Ihre schwache photographische Wirksamkeit erlaubt es nicht ohne weiteres vorherzusehen, wie groß die Summe von Energie, die sie darstellen, sein kann; denn, wenn sie kaum absorbiert sind, haben sie nach dem Durchdringen der empfindlichen Schicht sowohl als auch der Glasplatte selbst immer noch eine Energie, die nicht von dieser Durchdringung und der chemischen Wirkung abgeschwächt ist.

Die γ-Strahlen.

Wenn die γ-Strahlen auf einen absorbierenden Körper treffen, wie z. B. auf Blei, so rufen sie eine starke Emission sekundärer Strahlen hervor, ähnlich der, die Sagnac für die X-Strahlen entdeckt hat.

Diese sekundären Strahlen, die viel aktiver als die primären Strahlen sind, sind von Anfang an schon von Henri Becquerel beobachtet worden, der mehrere Male auf den besonders starken Abdruck hinwies, den man unterhalb eines Bleigefäßes mit Radiumsalz erhielt; die Dicke dieses Gefäßes stellte einen Schirm dar, der mehr als genügte, um die sich darüber ausbreitenden Strahlen aufzufangen, aber nur wenn die photographische Platte nicht unmittelbar damit in Berührung stand (cf. Figur 5).

Diese Tatsache läßt sich durch das schwache Durchdringungsvermögen der sekundären γ-Strahlen erklären, die sich in alle Richtungen zerstreuen und folglich eine Wirkung fast nur an ihrem Austrittspunkt ausüben können.

Man erhält so diesen anscheinend paradoxen Effekt, wenn man einen Bleischirm auf eine photographische Platte stellt, die γ-Strahlen empfängt; der Abdruck ist stärker unter dem Bleischirm als um die nicht geschützten Teile herum. Die Absorption des größten Teiles der γ-Strahlen durch das Blei verursacht eine Emission sekundärer Strahlen, die sofort von der empfindlichen Schicht aufgenommen werden und einen starken Abdruck hinterlassen.

Wenn man aber bei einem Experiment dieser Art eine Säule von empfindlichen Platten anwendet und dann lange genug belichtet, so stellt man fest, daß auf allen Platten hinter der Ersten eine Schutzzone existiert, die von dem Bleischirm herrührt, denn die von diesem Schirm absorbierten sekundären Strahlen werden bei der ersten Platte aufgehalten und können deshalb die folgende nicht erreichen, und die andern noch viel weniger.

Durch diese Wirkung der sekundären Strahlen hat Henri Becquerel gezeigt, daß Thorium sowohl als auch Uran γ-Strahlen aussenden.

Die γ-Strahlen werden nicht gebrochen; bei folgendem Versuch Henri Becquerels, Figur 18, sehen wir ein doppeltes Bündel von Licht- und γ-Strahlen, die alle beide von einer phosphoreszierenden Radiumröhre ausgehend ein Prisma durchdringen. An der Stelle, wo dieses komplexe Bündel auf das Prisma trifft, findet eine Trennung statt; die γ-Strahlen setzen streng gradlinig ihre Bahn fort, während die Lichtstrahlen nach der Seite abgelenkt werden. Bei diesem Versuch werden die β-Strahlen durch ein magnetisches Feld aufgehalten, bevor sie den das Bündel eng begrenzenden Spalt erreichen. Die α-Strahlen können nicht durch die Wand der Glasröhre gelangen. Die Wirkung des magnetischen Feldes ist auf ihrer Bahn = O.

Henri Becquerel und L. Matout haben nun festgestellt, daß ein Feld von 32000 Gauß keine wesentliche Beugung der Bahn hervorbringt; die Strahlen wurden auf einem phosphoreszierenden Schirm in einer Entfernung von etwa 15 cm jenseits des Feldes beobachtet.

Wir haben gesagt, daß das Hauptcharakteristikum der γ-Strahlen ihr Durchdringungsvermögen ist. Kein Schirm kann sie in der Tat vollständig auffangen; Pierre Curie hat beobachtet, daß man sie sogar noch hinter einer ungefähr 20 cm dicken Bleiwand wahrnahm.

Man kann sie also nur teilweise absorbieren. Folgende Kurve (Figur 19) zeigt das Absorptionsgesetz der γ-Strahlen des Radiums für die verschiedenen Stärken des Bleis. In dieser Kurve ist der Ionisierungsstrom als Ordinate und die entsprechenden Stärken des Bleies als Abszisse eingetragen.

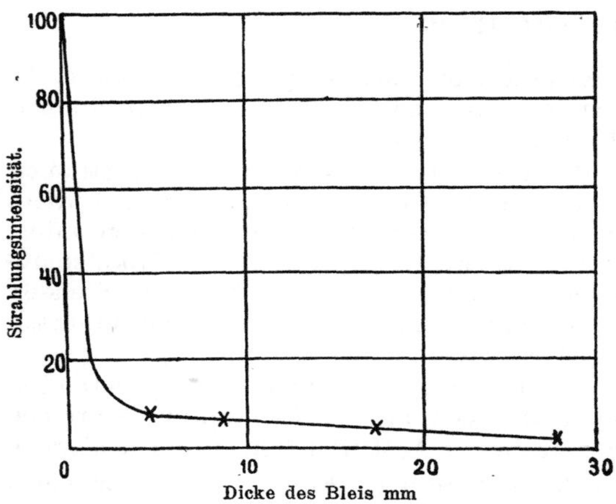

Fig. 19.

Intensitätskurven der γ-Strahlung des Radiums beim Durchgang durch Bleischichten von zunehmender Dicke.

Wenn man der Zeichnung folgt, ist es interessant zu sehen, daß die vier ersten mm der Dicke des Bleies den größten Teil der Strahlen absorbieren; die Absorption wird dann langsamer für Dicken von mehr als 4 mm. Durch diese Kurve kann man den Ursprung eines γ-Strahles bestimmen, d. h. die Substanz, von der er ausgestrahlt wird.

Im Gegensatz zu den α-Strahlen folgt die fortschreitende Absorption der γ-Strahlen einem Exponentialgesetz, das man durch folgende Formel ausdrücken kann:

$$J = J_0 \cdot e^{-\mu l},$$

wobei J die Intensität der Strahlen nach dem Durchgang durch einen Schirm von der Dicke l ist, J_0 die Intensität vor dem Durchgang, e die Basis der natürlichen Logarithmen und μ ein Koeffizient ist, der jeder der den Schirm darstellenden Substanz eigentümlich ist. Dieser Koeffizient ist der Dichte der absorbierenden Substanz deutlich proportional.

Die Diskussion der obenstehenden Kurve zeigt, daß μ in dem Maße abnimmt wie die durchdrungene Dicke wächst; dies ist ein Anzeichen dafür, daß die γ-Strahlen des Radiums nicht homogen sind. Ihre Heterogenität ist, wie wir später sehen werden, an die der β-Strahlen gebunden, die auf einem ähnlichen Wege entstehen wie die Kathodenstrahlen aus den X-Strahlen, die nur γ-Strahlen von sehr schwachem Durchdringungsvermögen zu sein scheinen.

Wenn wir die bekannten radioaktiven Substanzen nach abnehmendem Grade ihrer Durchdringungsfähigkeit für γ-Strahlen einteilen, so erhalten wir folgende Reihenfolge: 1. Radium und Thorium, 2. Uran, 3. Aktinium.

Ein großer physikalischer Nutzen der γ-Strahlen ist, daß sie durch ihren Ionisierungsstrom gestatten, die radioaktiven Substanzen im Zustand des Ausgleiches mit ihren Transformationsprodukten zu dosieren.

Um diese Dosierung vorzunehmen, braucht man nur die durchdringendsten Strahlen, die durch mehrere mm Blei hindurchgegangen sind. Wenn die Materialien in versiegelte Ampullen eingeschlossen werden, kann man also die Absorption durch die Wände vernachlässigen.

In der Therapie des Radiums zielt man mehr und mehr darauf hin, nur durch Bleischirme filtrierte γ-Strahlen zu benutzen. Dieses Verfahren erfordert bedeutend längere Anwendungszeiten; aber dieser kleine Nachteil wird, wie es scheint, bei weitem durch die Regelmäßigkeit der erzielten Resultate ausgeglichen.

Natur der γ-Strahlen.

Da die γ-Strahlen dieselben Eigenschaften wie die X-Strahlen besitzen, sind sie mit diesen Strahlen vergleichbar, ebenso wie die α-Strahlen den Kanalstrahlen und die β-Strahlen den Kathodenstrahlen ähnlich sind. Aber diese Ähnlichkeit gibt nichts über ihre Natur an; wir wollen daher die annehmbarsten Hypothesen prüfen.

Die die γ-Strahlen der Wirkung des magnetischen Feldes nicht ausgesetzt sind, kann man sie nicht mit den β-Strahlen vergleichen, denn wenn sie Masse und sogar elektrische Ladung besäßen, müßten sie magnetisch unendlich starr sein, was doch unmöglich ist; auch müßten sie in jedem Falle eine verfügbare, ungeheuere Energiemenge aufweisen, die mit der wenigen Wärme in keinem Verhältnis steht, die sie bei ihrer Absorption durch die Bleischirme frei machen.

Überdies bemerkt man bei allen diesen photographischen Experimenten, wo die γ-Strahlen neben β-Strahlen die von einem magnetischen Felde abgelenkt werden, eine sehr deutliche Scheidung zwischen beiden Strahlenarten (siehe Fig. 6 und 7).

Die wahrscheinliche Theorie ist die, welche von Schwingungen des Äthers spricht; sie läßt sich auch auf die X-Strahlen anwenden.

Die Ursache dieser Schwingungen ist in der plötzlichen Loslösung eines Elektrons zu suchen, einer Loslösung, die sein elektro-magnetisches Feld modifiziert und im Äther Störungen oder unperiodische Schwingungen hervorruft. Dies erklärt die Tatsache ihrer Unbrechbarkeit und folglich ihre Verschiedenheit von den Lichtstrahlen. Die Durchdringung würde dann um so größer sein, in je kürzerer Zeit die Loslösung (oder das Anhalten) des Elektrons geschieht; diese Durchdringung würde dann eine Beziehung zu der lebendigen Kraft des Elektrons darstellen, was genau mit der Tatsache übereinstimmt, daß die durchdringendsten X-Strahlen die sind, die ihr Entstehen den schnellsten Kathodenstrahlen verdanken.

Eine andere Tatsache zugunsten dieser Theorie der Schwingungen ist die, daß jedes X-Strahlenbündel als genauen Ursprungsort die Stelle der Absorption oder des plötzlichen Stillstandes der Kathodenstrahlen hat, und daß es in alle Richtungen ausgestrahlt wird.

Bragg und Kleemann haben eine zweite Theorie vorgeschlagen, nach der die γ-Strahlen atomartiger Natur wären. Die Neutralität ihrer Ladung könnte man mit der Annahme erklären, daß das γ-Korpuskel aus einem positiven Teilchen und einem negativen Elektron besteht.

Wenn ein so beschaffenes Korpuskel auf ein Hindernis trifft, so müßten die beiden Partikelchen sich trennen; das negative Teilchen würde einen sekundären β-Strahl darstellen, und das positive Partikelchen würde in der Materie zurückbleiben. Dieses positive Teilchen müßte nach Bragg kleiner sein als das Elektron.

Bragg meint, daß diese Theorie über alle Eigenschaften der γ-Strahlen Aufklärung gibt, und besonders über die Tatsache, daß die sekundären β-Strahlen hauptsächlich in der Richtung der primären γ-Strahlen ausgesandt werden.

Sekundäre Strahlen.

Die Oberflächen fester Körper und hauptsächlich der Metalle werden, wenn sie von den Strahlen der radioaktiven Körper getroffen werden, selbst ihr Sitz; sie werden von Emissionen neuer Strahlenarten, genannt sekundäre Strahlen getroffen, analog den sekundären Strahlen der X-Strahlen, die von Sagnac entdeckt worden sind.

Die Natur der auffallenden Strahlen ist nicht ohne Einfluß auf die Emission der sekundären Strahlen. So scheinen die α-Strahlen sehr wenig fähig zu sein, eine Emission dieser Art hervorzurufen. Hierüber sind viele Versuche gemacht worden, doch haben alle kein objektives Ergebnis geliefert. Sollten dennoch die sekundären Strahlen der α-Strahlen existieren, so müßten sie von der Natur der β-Strahlen sein, doch nur von sehr geringer Geschwindigkeit.

Die β-Strahlen sind im Gegensatz hierzu sehr aktiv; bei gewissen Versuchen, die wir geschildert haben, kann man bemerken, daß die Metallschirme unter dem Einfluß der primären abgelenkten β-Strahlen eine sekundäre Strahlung aussenden, die augenscheinlich mitunter kräftiger ist als die auffallende. Die sekundären Strahlen der β-Strahlen sind selbst β-Strahlen von kleinerer Geschwindigkeit als die ihrer Erzeuger. Ihre Emission ist nicht bestimmt; sie können entweder zerstreute primäre Strahlen sein oder wirkliche sekundäre Strahlen, d. h. neue Elektronen, die aus der Materie durch die elektromagnetischen Störungen herausgedrängt wurden. Diese Störungen resultierten aus der Absorption des Elektrons, das den primären Strahl bildet. Man kann schließlich ihre Gegenwart auf beide Arten erklären; sie bestehen aus einer Mischung von aus ihrer Anfangsrichtung abgelenkten primären Strahlen und aus wirklichen sekundären Strahlen.

Die Produktion der sekundären Strahlen durch die γ-Strahlen ist gleichfalls sehr stark und scheint von demselben Grade zu sein wie die der X-Strahlen.

Wir verdanken Henri Becquerel eine Anzahl von Experimenten über die photographischen Wirkungen der sekundären Strahlen der γ-Strahlen.

Es erscheint uns unnütz, uns über diese Frage der sekundären Strahlen zu verbreiten, da sie ihrer Natur nach immer mit den β-Strahlen identisch sind; es genügt, sich auf das zu beziehen, was wir über ihre Eigenschaften gesagt haben. Wir wollen nur die beiden Hauptregeln erwähnen:

1. Für dieselbe auffallende Strahlung ist die sekundäre Emission um so intensiver, je dichter das getroffene Metall ist.

2. Die sekundären Strahlen sind stets von geringerer Geschwindigkeit und schwächerem Durchdringungsvermögen als die primären Strahlen, aus denen sie entstehen.

Prinzipien der Messungsmethoden.

Das einzige Vorgehen, das eine direkte Vergleichsmöglichkeit zwischen den Werten der Strahlen radioaktiver Körper bietet, besteht in der Messung des Sättigungsstromes in der von den Strahlen ionisierten Luft.

Die Methoden sind nicht sehr zahlreich. Im Prinzip gebraucht man einen Kondensator aus zwei horizontalen Platten in einigen cm Entfernung von einander. Auf die untere Platte, die auf einem genügend hohen Potential (einige 100 Volts) gehalten wird, um die Sättigung zu erzielen, bringt man ein bestimmtes Stück aktiver Materie. Die obere Platte wird mit einem Elektrometer verbunden, dessen Entladungsgeschwindigkeit man für eine bestimmte Ablenkung mißt.

Man ersetzt dann die zu messende Materie durch dasselbe Stück einer Substanz von bekannter Aktivität, die als Vergleichungsmaßstab dient; man nimmt die Messung unter den gleichen Bedingungen wie vorher vor und vergleicht die Zeiten. Die Verhältnisbeziehung dieser Zeiten multipliziert mit der Aktivität der Normalmaterie erlaubt durch einfache Rechnung die Bestimmung der zu messenden Aktivität.

Wenn in der Praxis die Aktivitäten der zu vergleichenden Substanzen sehr verschieden sind und nur sehr schwer zu vergleichende Entladungsgeschwindigkeiten ergeben, bringt man letztere künstlich näher, indem man die Fläche dieser Substanzen variiert, und bei der Rechnung die Entfernung der Oberflächen berücksichtigt.

Wenn man es mit sehr aktiven Substanzen zu tun hat, kommt es vor, daß die Entladungsgeschwindigkeit viel zu groß ist, um eine genaue Messung zu ermöglichen. In diesem Falle fügt man zu der Kapazität des Meßapparates, Elektrometers oder graduierten Elektroskops, eine Ergänzungskapazität hinzu, die so beschaffen ist, daß man passende Zeiten erhält.

Auch kann man für die Substanzen reines Radium, Aktinium und Polonium den Sättigungsstrom mit einem sehr empfindlichen Galvanometer messen, der aus Leitrollen besteht, die das Maximum der möglichen Windungen enthalten; da der Widerstand der äußeren Spule praktisch unendlich ist, so kann man den eigentlichen Widerstand des Elektrometers vernachlässigen.

Die Messung des Sättigungsstromes kann auch mit der sogenannten Null-Methode erfolgen. In diesem Falle schickt man zu gleicher Zeit, während die Ladungen zum Elektrometer durch den Maßkondensator gelangen, eine Ladung entgegengesetzten Vorzeichens hindurch, die man vorher einen großen Widerstand durchlaufen läßt. Man gebraucht als elektromotorische Kraft einen Bruchteil eines Volt aus einem Spannungsmesser, und als Widerstand einen Graphitstöpsel auf einem isolierenden Körper. Leider fehlt einem solchen Rheostaten die Konstanz.

Um eine Messung mit diesem Verfahren auszuführen, reguliert man die elektromotorische Kraft nach dem Spannungsmesser solange, bis der Sättigungsstrom gleich Null ist; das Elektrometer zeigt dann auch auf O und man hat dann zwei gleiche Spannungen, von denen eine durch die elektromotorische Kraft an den Enden des Spannungsmessers bestimmt ist.

Ein anderes Verfahren, das in gut ausgerüsteten Laboratorien angewandt wird, ist das elektrische piezo-quarz System von P. Curie. Einer der Beschläge des Quarzstückes wird mit dem Ladungsende des Elektrometers verbunden, der andere mit der Erde. Dann übt man einen Zug mit einem bekannten Gewicht aus und läßt auf die Oberfläche des Quarzes eine zum Gewicht proportionale Menge Elektrizität wirken. Man mißt dann die Zeit, die diese Elektrizitätsmenge braucht, um die vom Sättigungsstrom kommende aufzuheben.

Wie sich auch die beiden Ladungen aufheben mögen, das Elektrometer zeigt stets Null; wenn die vom Quarz gelieferte Menge erschöpft ist, beginnt der Ausschlag. Genau in diesem Augenblick unterbricht man und notiert die Zeit. Man erhält so als absoluten Wert die Menge der unter dem Einfluß der aktiven Substanz hervorgebrachten Elektrizität.

Das schwierigste bei diesem Verfahren ist, das Gewicht stets gleich ziehen zu lassen, derart, daß man es stufenweise ziehen läßt, um das Elektrometer bis zum Ende der Messung auf Null zu halten. Immerhin gelingt es allen, die diese Methode gebrauchen, sehr schnell, diesen Griff auszuführen.

Bei all diesen Versuchen erhält man nur den Sättigungsstrom der Kugelstrahlung der Substanzen. Wenn die untersuchten Substanzen verschiedene

Strahlen besitzen, so geben die Messungen keine absolute Vorstellung von der wirklichen Energie, die die betreffenden Strahlen darstellen.

Um Substanzen zu vergleichen und sie quantitativ zu bestimmen, müssen sie alle ähnlich sein und man muß dieselben Strahlen benutzen. So mißt man sehr genau das Radium im radioaktiven Gleichgewicht durch die sogenannte γ-Strahlen-Methode. Man benutzt immer den Sättigungsstrom als Vergleichsmittel, und nimmt die Messungen vor, nachdem die Strahlen der zu vergleichenden Substanzen durch Bleischirme von ungefähr 4 mm Dicke filtriert worden sind. Um vergleichende Messungen auszuführen, muß man natürlich die zu vergleichenden Substanzen in gleiche Stellung zum Kondensator bringen und ihre Strahlen unter demselben festen Winkel auf letzteren auftreffen lassen.

Das sind in großen Zügen die Haupttypen der verwandten Methoden zur Strahlenmessung radioaktiver Körper. Wir können uns über dieses Thema nicht weiter verbreiten; übrigens ist es in einem besonderen Werk[1]) behandelt worden.

Allgemeine Schlußfolgerungen.

Die Tatsachen, die wir soeben klargelegt haben, zeigen, von wie großer Wichtigkeit es beim Studium der radioaktiven Körper ist, die Wirkungen der verschiedenen Strahlenarten getrennt zu erforschen.

Ihre Ablenkungseigenschaften erlauben im Notfalle, die β-Strahlen übereinander zu lagern oder zu eliminieren, mit einem magnetischen Feld, das man mit wenig voluminösen Elektromagneten erhalten kann. Die drei Strahlenarten existieren nicht notwendig bei allen radioaktiven Substanzen nebeneinander; man wird sogar in einem der folgenden Kapitel sehen, daß gewisse Evolutionsprodukte gewisser Substanzen keine wahrnehmbare Radioaktivität zeigen bis zu dem Augenblick, wo diese Produkte wieder neue entstehen lassen.

Das Studium des Erscheinens und des Verschwindens gewisser Strahlen als Funktion der Zeit und die Kenntnis ihrer charakteristischen Merkmale ist die Hauptreaktion gewesen, die erlaubte, alle Zerfallprodukte, die bei der Umwandlung radioaktiver Körper entstehen, zu verfolgen und zu charakterisieren.

Zur Nutzbarmachung der Becquerelstrahlen in der therapeutischen Praxis ist es ebenfalls notwendig, ihre Durchdringungseigenschaften zu kennen, ebenso ihre Intensitäten messen zu können, um zu sehen, ob eine gewisse Stelle des Organismus, den man behandeln will, je nach der Dicke seines Gewebes von ihnen erreicht oder überschritten werden kann, und hiernach die Intensität der auf diese Stelle anzuwendenden Strahlung richtig abschätzen zu können. Mit Hilfe der Kenntnis dieser Eigenschaften kann der Experimentator so die Wirkung, die er haben will, mit Schirmen von bekannter Absorptionsfähigkeit regeln.

Was die Kenntnis der Natur der korpuskulären Strahlen anbetrifft, so kennt jeder heute den ungeheuren Fortschritt, den sie uns über unsere allgemeinen Kenntnisse über den Aufbau der Materie verschafft hat.

---

[1]) A. Laborde. — Messungsmethoden der Radioaktivität. (Gauthier-Villars, Paris.)

Kapitel II.

Die radioaktiven Emanationen.

Von

A. Laborde-Paris.

(Übersetzt von H. Sachs, Assistentin am königl. tierphysiologischen Institut, Berlin.)

Mit 2 Figuren im Text.

Drei radioaktive Körper, das Radium, das Aktinium und das Thorium, entwickeln beständig in ganz minimalen Mengen radioaktive Gase, die man gemeinsam als „Emanationen" bezeichnet.

In den Jahren 1899 und 1900 untersuchten Mc Owens[1]) und Rutherford[2]) den Einfluß eines Luftstroms auf die Radioaktivität der Thoriumverbindungen. Sie fanden dabei, daß Luft nach Hinwegstreichen über Thoriumsalz vorübergehend radioaktive Eigenschaften erworben hatte.

1899 hatte das Ehepaar Curie beobachtet, daß jedem festen Körper, der im geschlossenen Raume in der Nähe eines Radiumsalzes sich befindet, eine temporäre Radioaktivität erteilt wird, die sie „induzierte Radioaktivität" nannten.

Dadurch daß Rutherford[3]) auf Grund dieser Studien den „radioaktiven Gasen" diese Erscheinungen genialer Weise zuschrieb und das Wort „Emanation" schuf, ist die Entwickelung auf diesem Gebiete der Radioaktivitätsforschung mächtig gefördert worden.

Daß die Emanationen als materielle Gase auftreten, ist experimentell bisher nur für die Radiumemanation bewiesen worden, aber man ist wohl zu der Annahme berechtigt, auch die Emanationen des Thoriums und des Aktiniums als radioaktive Gase anzusehen.

Ursprung der Emanationen.

Vom Standpunkt der radioaktiven Umwandlungstheorie aus betrachtet, gehören diese drei Emanationen zu der ihnen entsprechenden Familie des Radiums, des Aktiniums und des Thoriums.

Die Radiumemanation wird jetzt als ein direkt durch den Zerfall des Radiumatoms bedingtes Produkt aufgefaßt.

Die Aktiniumemanation wird erst nach der Bildung von zwei Zwischenkörpern, dem Radioaktinium und Aktinium X auf Kosten des Aktiniumatoms erzeugt.

---

[1]) Mc Owens, Phil. Mag. Oktober 1899.
[2]) Rutherford, Phil. Mag. Januar 1900.
[3]) Frau P. Curie, Traité de radioactivité. T. 1. p. 201.

Der Thoriumemanation gehen vier Umwandlungsprodukte des Thoriumatoms voran, nämlich Mesothorium 1, Mesothorium 2, Radiothorium und Thorium X.

Bildung der Emanationen.

Die Radiumemanation entweicht nur in sehr geringen Mengen aus den festen Radiumsalzen. Die emanierte Menge ist nicht für alle Radiumverbindungen die gleiche; sie hängt auch für ein und dasselbe Salz von dessen momentanem molekularen Zustand ab, von seiner Herstellungsweise, speziell auf welche Art es gefällt und getrocknet wurde, von Feuchtigkeit und Temperatur[1]).

Man kann annehmen, daß ein festes, durch Ausglühen vollständig trockenes Radiumsalz praktisch nur sehr wenig Emanation bei gewöhnlicher Temperatur aussendet.

Die Versuche von Kolowrat[2]) haben gezeigt, daß das Emanierungsvermögen eines festen Salzes mit Ansteigen der Temperatur von 400—500° an rapide zunimmt und das Maximum der Abgabe im Augenblick der Lösung des Salzes erreicht. (Radiumchlorid schmilzt bei ungefähr 950°.)

Dagegen produzieren die Lösungen irgend eines Radiumsalzes die Gesamtmenge an Emanation in dem Maße, wie sie sich bildet, mit der größten Leichtigkeit; ein Luftstrom oder leichtes Aufkochen beeinflussen das Heraustreten der Emanation im günstigen Sinne.

Die Aktiniumemanation entweicht spontan aus den festen Aktiniumsalzen bei gewöhnlicher Temperatur. Aus einem gelösten Salz führt sie a fortiori ein Luftstrom gänzlich mit sich fort.

Die Thoriumemanation wird leicht von den festen Thoriumsalzen entwickelt, hauptsächlich von den frisch gefällten und nicht geglühten Hydroxyden. Die Maximalmenge an Emanation produzieren die Lösungen der Thoriumsalze.

Eigenschaften der Emanationen.

Die drei Emanationen, die des Radiums, des Aktiniums und des Thoriums sind in bezug auf die wesentlichen Eigenschaften einander ziemlich ähnlich. Sie besitzen aber auch individuelle Merkmale, die sie scharf von einander charakterisieren.

Ionisationsfähigkeit.

Die Emanationen erteilen gemischt mit Gasen den letzteren elektrische Leitfähigkeit, denn sie senden α-Strahlen aus.

Die Gesamt-Ionisation eines die Emanation enthaltenden Gases rührt von den α-, β- oder γ-Strahlen her, emittiert von den radioaktiven Depots, welche sich aus der Emanation während ihres Transformationsprozesses bilden. Diese radioaktiven Depots schlagen sich auf allen in der Emanationsatmosphäre befindlichen Körpern nieder. Man nennt diese Erscheinung die „induzierte Aktivität". Wir kommen zu deren Besprechung auf Seite 35.

Wenn man die Gesetze genau studiert, nach denen sich die Wirkungen der Emanationen oder der induzierten Radioaktivität kundgeben, beobachtet man sehr markante Unterschiede, je nachdem es sich um Radium, Aktinium oder Thorium handelt.

Denn die zum spontanen Zerfall bis zur Hälfte der anfänglichen Emanationsmenge notwendige Zeit beträgt:

3,8 Tage	für	die	Emanation	des	Radiums,
53 Sek.	„	„	„	„	Thoriums,
3,9 „	„	„	„	„	Aktiniums.

[1]) Herschfinkel, Compt. rend. Acad. Sc. 1909.
[2]) Kolowrat, Le Radium, 1907 und 1909.

Bei Betrachtung der induzierten Radioaktivitätszersetzung findet man für die Halbzeiten folgende Werte:

26,7 Minuten für Radium B,
10,6 Stunden für Thorium A,
36,1 Minuten für Aktinium A.

Wir werden später die einzelnen Verfahren erläutern, welche es uns ermöglichen, diese verschiedenen, die drei Emanationen scharf von einander trennenden Gesetze zur Anschauung zu bringen.

Elektrische Ladung.

Die Emanationen haben keine elektrische Ladung. Die induziert aktiven Körper verhalten sich dagegen, als wenn sie mit positiver Elektrizität geladen wären, sie scheiden sich als Niederschlag auf negativ geladenen Körpern ab.

Diffusion der Emanationen.

Die drei Emanationen diffundieren durch Gase. Ihre Diffusionskoeffizienten sind fast miteinander identisch. Für Luft sind sie nach verschiedenen Autoren[1]) folgende:

0,1 für die Radiumemanation,
0,1 für die Thoriumemanation,
0,11 für die Aktiniumemanation.

Die drei Emanationen strömen also in der ruhigen Luft mit der gleichen Geschwindigkeit aus. Jedoch sind die maximalen Diffusionsstrecken, die sie zurücklegen können, sehr verschieden groß wegen des Unterschiedes in ihrer Lebensdauer. Die Radiumemanation kann mehrere Hundert Meter weit sich verteilen, die Emanation des Thoriums nur im Umkreis einiger Dezimeter von der aktiven Substanz und diejenige des Aktiniums nur einige Zentimeter

Löslichkeit der Emanationen.

Die Emanationen sind im Wasser und in verschiedenen anderen Flüssigkeiten löslich. Das Studium über die Löslichkeit der Radiumemanation im Wasser ist zuerst von Traubenberg[2]) und von Hofmann[3]) in Angriff genommen worden.

Diese Untersuchungen knüpfen direkt an diejenigen über die Radioaktivität der Mineralquellen an, die alle in mehr oder weniger hohem Grade eine Emanation enthalten, die durch Lösung in den tieferen Schichten der Erde entstanden ist.

Die Löslichkeit der Emanationen ist in Salzlösungen weniger stark als im destillierten Wasser; sie ist von beträchtlicher Höhe in manchen Fettsubstanzen.

Wenn wir als Löslichkeitskoeffizient das Verhältnis der Emanationsmengen k bezeichnen, die sich mit gleichen Volumina einer Flüssigkeit oder Luft ins Gleichgewicht setzen, so finden wir nach Angabe verschiedener Autoren die unten aufgeführten Resultate bezüglich der Löslichkeit der Emanationen in verschiedenen flüssigen Medien bei bestimmten Temperaturen.

---

[1]) Curie und Debierne, — Curie und Danne, — Rutherford und Miß Brooks — Chaumont — Makower — Perkins — Debierne — Bruhat.

[2]) Traubenberg, Phys. Zeitschr. 130, 1904.

[3]) Hofmann, Phys. Zeitschr. 337, 1905.

Die nachstehende Tabelle gibt die für Radiumemanation entsprechenden Werte:

Flüssigkeit	Temperatur	Koef.	Autor
Wasser	0° C	0,52	Eva Ramstedt 1911.
,,	9°	0,39	
,,	18°	0,285	
Wasser	3° C.	0,24	Hofmann 1905.
,,	20°	0,23	
,,	40°	0,17	
,,	60°	0,135	
,,	70°	0,12	
,,	80°	0,12	
Wasser	gewöhnliche Temperatur	0,34	v. Traubenberg,
,,		0,33	Mache,
,,		0,23	Hofmann,
,,		0,27	Kofler,
Meerwasser		0,165	Kofler,
Wasser	0° C.	0,506	R. W. Boyle 1911.
,,	14°	0,303	
,,	17,6°	0,280	
,,	20°	0,245	
,,	39,1	0,160	
Mineralwasser aus Aix-les-Bains	20°	0,254	Laborde.
Alkohol	18°	6,17	E. Ramstedt,
,,	?	5,6	Kofler,
,,	14°	7,34	R. W. Boyle,
Paraffinöl	18°	9,2	E. Ramstedt,
Benzin	18°	12,8	,,
Chloroform	18°	15,08	,,
Äther	18°	15,08	,,
Schwefelkohlenstoff	18°	23,14	,,

Der Löslichkeitskoeffizient für Thoriumemanation im Wasser ist 1, für Aktiniumemanation 2[1]. Plesch[2] hat festgestellt, daß Radiumemanation im Blute etwas weniger als im Wasser löslich ist. Dieses Ergebnis stimmt mit den Arbeiten von Kofler über die Löslichkeit der Emanation in Salzlösungen gut überein.

Absorption der Emanationen durch feste Körper.

P. Curie[3] im Jahre 1903, dann E. Henriot[4] im Jahre 1908 haben die Absorption der Radiumemanation durch gewisse Körper bei gewöhnlicher und erhöhter Temperatur studiert.

Sie haben in gewissen Fällen eine ausgesprochene, aber sehr schwache Absorption festgestellt, so absorbieren Zelluloid und Kautschuk Emanation bei gewöhnlicher Temperatur[5]. Andere Körper wie Holzkohle, absorbieren die Emanation in hohem Maße. Henriot konnte die Absorption bis zu Temperaturen von + 350° C. beobachten.

1) C. v. Hevesy, Phys. Zeitschr. 12, 1911. S. 1214—1224. Le Radium, Mars 1912.
2) Plesch, Mediz. Wochenschr. Nr. 11. 1911.
3) P. Curie, Journal de Chim. Phys. 1. 1903. S. 409 - 449.
4) E. Henriot, Le Radium, févr. 1908.
5) P. Curie u. Danne.

Bei niedrigen Temperaturen, z. B. bei der Verflüssigungstemperatur des Sauerstoffs (— 182,5°) erreicht die Absorption von Holz- und Kokosnußkohle[1]), von Meerschaum und Platinmohr[2]) für Emanation hohe Werte. **Rutherford** hat nachgewiesen, daß die durch Kohle von bestimmtem Gewicht bei bestimmter Temperatur absorbierte Menge nicht über einen gewissen Grad hinausgeht.

Kondensation der Emanationen.

Bei niedrigen Temperaturen verdichten sich die radioaktiven Substanzen an den Wandungen der abgekühlten Behälter.

Die Verdichtungstemperaturen sind folgende:

Emanation des Radiums:	— 155°	Rutherford,
„ „ Thoriums:	— 120°	„
„ „ Aktiniums	— 140°	Henriot.

Laborde hat ebenfalls gezeigt, daß die Verdichtungstemperatur nicht unabhängig von der Natur der Wandung des Gefäßes zu sein scheint, in welchem die Kondensation vor sich geht. In Glas sinkt die Kondensationstemperatur der Radiumemanation bis auf etwa —177° herunter.

Entwickelung von Helium.

Bei ihrer spontanen Umwandlung entwickeln diese drei Emanationen Helium. Die Bildung dieses Gases ist mit der Aussendung von α-Strahlen verknüpft. Rutherford und Geiger haben in der Tat festgetsellt, daß das Strahlenteilchen α nichts anderes ist als ein mit großer Geschwindigkeit fortgeschleudertes Heliumatom[3]).

Erscheinungen, die sich speziell auf die Radiumemanation beziehen.

Die Radiumemanation konnte dank ihrer relativ langen Lebensdauer zu verschiedenen, sehr wichtigen Untersuchungen als Versuchsobjekt herangezogen werden.

Es ist gelungen, sie in reinem Zustande[4]) herzustellen. Zu diesem Zwecke haben verschiedene Forscher die Emanation von Sauerstoff, Wasserstoff und kohlenstoffhaltigen Gasen nach den üblichen Analysenmethoden befreit. Das Helium wurde durch Kondensierung der Emanation bei der Temperatur des flüssigen Sauerstoffs — 182,5° C. entfernt.

Die in einer Kapillarröhre aufgefangene Emanationsmenge hat folgendes Resultat geliefert:

1 g Radium erzeugt, im Gleichgewichtszustand, 0,6 mm^3 Emanation bei atmosphärischem Druck. Diese Emanation folgt dem Mariotteschen Gesetz; im Anschluß an die Volumbestimmungen hat man auch ihr Spektrum feststellen können.

Radiumemanation ist durch Rutherford verflüssigt worden, und wir besitzen Angaben über den Druck des gesättigten Dampfes bei verschiedenen Temperaturen.

Schmelzpunkt: —71°.

Siedepunkt: —65° (Rutherford), —62° (Ramsay und Gray).

Kritische Temperatur: 104,5° (Ramsay und Gray),

[1]) Rutherford.

[2]) A. Laborde, Le Radium. VI. octobre 1909.

[3]) Rutherford und Geiger, Le Radium, 1909.

[4]) Ramsay und Soddy, Proc. Roy. Soc. 1904. Rutherford, Phil. Mag. 1908. Debierne, Compt. rend. Acad. Sc. Mai 1909.

Das Gewicht der Emanation ist von W. Ramsay mittels einer Quarzwage auf besonders sinnreiche Weise[1]) bestimmt worden.

Ihre Dichte beträgt 5,7. Auf Grund theoretischer, auf experimenteller Basis beruhender Betrachtungen von Debierne[2]) über die Ausströmung von Emanation hat man für das Atomgewicht der Radiumemanation den Wert 220 angenommen.

Unterscheidung der drei Emanationen von einander.

Induzierte Radioaktivität.

Wir haben schon eingangs auf die großen Unterscheidungsmerkmale der drei Emanationen hingewiesen. Wir werden nun die praktischen Erkennungsmethoden für eine oder die andere der Emanationen eingehender behandeln.

In einem zylinderförmigen, hermetischen Kondensator ist das Verhalten der drei Emanationen ein ganz verschiedenes:

1. Die **Radiumemanation** erzeugt einen Ionisierungsstrom, der sofort anwächst infolge der Bildung von Radium A, B, C etc. (induziert radioaktive Stoffe), deren Strahlung sich zu derjenigen der Emanation addiert.

Dieser Strom erreicht ein Maximum nach $3\frac{1}{2}$ Stunden, und nach Ablauf der 20. Stunde nimmt er gleichmäßig wieder ab[3]).

Die Radiumemanation kann sowohl während der rapiden Zunahmeperiode im Anfang wie während des regelmäßigen Abklingens am Schluß charakterisiert werden.

Das Studium des schnellen Anwachsens ist durch die Versuche von Duane[4]) erleichtert worden. Er hat in einer Tabelle die Werte zusammengestellt, die der Strom im Kondensator in Zeitintervallen von einer Minute in den ersten 10 Minuten im Verhältnis zum Anfangswert annimmt:

Tabelle:

Minuten	0	1	2	3	4	5	6	7	8	9	10
Strom	1	1,165	1,29	1,40	1,48	1,54	1,59	1,63	1,66	1,685	1,71

Die regelmäßige Abnahme verläuft gemäß dem Exponentialgesetz:

$$I_t = t_0 e^{-\lambda (t - t_0)}$$

I_0 und I_t bezeichnen die Stromintensität bei den Zeiten t_0 und t.

Der Wert für die Konstante λ ist:

$\lambda = 2{,}085 \times 10^{-6}$[5]), wenn die Zeit in Sekunden ausgedrückt ist.

Er entspricht der experimentell nachgewiesenen Tatsache, daß das Radium in 3,85 Tagen zur Hälfte zerfällt.

Wenn man die Kurve der Logarithmen der Stromwerte im Verhältnis zur Zeit zeichnet, so ergibt sich eine gerade Linie, deren Neigung für die Radiumemanation charakteristisch ist. In einem Zeitraum von 3,85 Tagen muß der Logarithmus für den Strom um 0,30103[6]) abnehmen.

---

1) W. Ramsay, Soc. franç. de physique. 20 avril 1911.
2) Debierne, Compt. rend. 1910.
3) Frau P. Curie, Le Radium, 7 février 1910.
4) Duane, Journ. de Phys. 4. 1905. p. 605.
5) Frau P. Curie, Le Radium. 7 février 1910.
6) 0,30103 = log 2.

Die durch Radiumemanation erzeugte induzierte Radioaktivität bleibt Metalldraht haften, der 3—4 Stunden lang in Emanationsatmosphäre an einem negativen Potential aufgeladen wird. Die auf diese Weise aktiviere Metallsubstanz sendet eine Strahlung aus, die gemessen werden kann, indem man den Draht in einen Kondensator von passender Form bringt.

Dieses Strahlungsvermögen ist jedoch nicht konstant; es setzt gleich eine schnelle Abnahme wegen der rapiden Zersetzung des Radiums A ein. Nach einigen Stunden, wenn sein Gleichgewicht mit Radium B und Radium C hergestellt ist, verläuft das Absinken gleichmäßig und in einer für das Radium B charakteristischen Weise, d. h. die Strahlung wird auf die Hälfte des Anfangwertes in 26,7 Minuten abgeschwächt. Diese fortschreitende Desaktivierung, durch eine Kurve der Intensitätslogarithmen veranschaulicht, ergibt wiederum eine gerade Linie.

Die Form der Kurve, welche den anfangs rapiden Abfall verbildlicht, hängt in hohem Grade von der Expositionsdauer ab.

Der in Radiumemanation gebrachte feste Körper absorbiert an seiner Oberfläche das Emanationsgas, dessen Gegenwart die Gestalt der Desaktivierungskurve beeinflussen kann.

Es ist daher ratsam vor dem Studium dieser Kurvenform, die Emanation durch Temperaturerhöhung, die aber 100^0 nicht überschreiten darf, auszutreiben. Eine noch höhere Temperatur wäre nicht zweckentsprechend, da das durch Radium induzierte Radioaktivitätsprodukt sich zwischen 600 und 1100^0 C. verflüchtigt.

2, Die **Thoriumemanation** kann, wenn sie schnell in einen zylindrischen abgedichteten Kondensator gebracht wird, trotz ihrer rapiden Desaggregation bestimmt werden. Es macht sich ein Strom bemerkbar, den man einige Minuten lang verfolgen kann, und der in 53 Sekunden auf die Hälfte seines Wertes absinkt.

$$I_t = I_{t_0} \cdot e^{-1{,}31 \cdot 10^{-2} (t - t_0)},$$

falls t in Sekunden ausgedrückt ist.

Diese Emanation läßt sich leichter durch die Methode der Gasionisierung bestimmen. Die durch den Luftstrom mitgeführte Emanation wird durch ein langes Rohr mit mehreren isolierten axialstehenden Elektroden geschickt. Diese verschiedenen Elektroden sind der Reihe nach mit einem Elektrometer verbunden, während alle anderen mit dem Potential der Erde in Leitung stehen.

Der die Ionisation bewirkende Emanationsstrom bewegt sich von einer Elektrode zur anderen, und ist seine Geschwindigkeit bekannt, so läßt sich die Zerfallszeit der Emanation ermitteln.

Der durch Thoriumemanation induzierte radioaktive Körper wird auf dieselbe Weise wie die Radiumemanation untersucht. Die Aktivierungszeit dauert ungefähr drei Tage lang; die Aktivität ist umso stärker, je näher die zu aktivierende Substanz, Metallplatte oder Draht sich dem Emanation abgebenden Thoriumsalz befindet, denn wir haben gesehen, daß die Thoriumemanation in einer ruhigen Atmosphäre nicht sehr weit von der emittierenden Verbindung diffundiert.

Eine nähere Beobachtung des Abklingens der auf diese Weise aktivierten Stoffe führt nach einigen Stunden zur Ermittelung eines gleichmäßigen exponentiellen Abklingungsgesetzes:

$$I^t = I_0 \cdot e^{-1{,}8 \cdot 10^{-5} (t - t_0)},$$

t in Sekunden ausgedrückt. Dieses Abklingungsgesetz entspricht der Geschwindigkeit, mit welcher das in 11 Stunden auf die Hälfte seines ursprünglichen Wertes absinkende Thorium A verschwindet.

3. Die **Aktiniummanation** wird durch die Methode des Gasstroms festgestellt. Ihre Lebensdauer ist eine überaus kurze; schon nach 3,9 Sekunden ist sie zur Hälfte zerfallen.

Das induzierte Radioaktivitätsprodukt des Aktiniums wird wie dasjenige des Thoriums nachgewiesen.

Eine Stunde Expositionszeit genügt ungefähr zur Aktivierung; innerhalb 36,1 Minuten erfolgt ein gesetzmäßig exponentielles Abklingen auf den halben Wert.

Emanationsmessungen. Radiumemanation.

Emanationseinheit.

Wenn ein Radiumsalz in einem hermetisch verschlossenen Rezipienten ist, so kann kein darin gebildetes Emanationsatom daraus entweichen. Die gesamte Emanation verteilt sich zwischen dem den leeren Raum des Gefäßes ausfüllenden Gas und dem festen Radiumsalz oder seiner Lösung.

Will man in einem gegebenen Augenblick bequem die ganze angesammelte Emanationsmenge auffangen, so muß das Salz in gelöstem Zustande sein.[1]) Es geht nun, wenn das Radium im Moment, wo der Behälter zugeschmolzen wird, vollständig emanationsfrei ist, im geschlossenen Raum eine progressive Anhäufung von Emanation nach einem genau ermittelten Gesetze vor sich[2]).

In der Tat erfolgt die Emanationserzeugung des Radiums im Verhältnis zum Gewicht des Salzes und zur Zeit. Doch die entwickelte Emanation ist nicht beständig und zerfällt spontan in der Zeiteinheit proportional zur gegenwärtigen Menge von Emanation.

Aus diesen zwei Tatsachen folgt nun, daß die im geschlossenen Gefäß vor sich gehende Ansammlung auf solch eine Menge begrenzt ist, daß der pro Zeiteinheit wieder verschwindende Emanationsbruchteil genau die erzeugte Menge kompensiert.

Für dieselbe Radiumkonzentration ist der Grenzwert für die Emanationsspeicherung immer der gleiche; er ist dem Radiumgewicht proportional und erreicht nach einem Monat ungefähr 0,5 %.

Diese begrenzte Emanationsmenge ist, wie man sich ausdrückt, mit der Menge Radium, die es entwickelt hat, im Gleichgewicht.

Auf dem Internationalen Kongreß für Radiologie und Elektrizität zu Brüssel 1910 ist man übereingekommen, als Einheit der Radiumemanation diejenige Emanationsmenge anzunehmen, die in einem abgeschlossenen Rezipienten mit 1 g Radium, im metallischen Zustande, im Gleichgewicht ist.

Diese Emanationseinheit hat den Namen „Curie“ erhalten.

Emanationsmessungen.

Die zu messende Menge wird in einen zylindrischen Kondensator gebracht und der entwickelte Ionisierungsstrom mittels eines Quadranten[3]) — Blatt[4]) — Faden[5]) oder Magnetnadelelektrometers oder auch Spiralelektrometers[6]) gemessen. Wir haben oben auseinandergesetzt, daß der Strom keinen konstanten Wert darstellt: während der ersten 10 Minuten wächst er rapide, dann

[1]) Siehe S. 30.
[2]) Frau P. Curie, Le Radium, 7. 1910. S. 65—70.
[3]) Curie-Dolezalek.
[4]) Curie-Wilson.
[5]) Wulf.
[6]) Szilard.

weniger schnell an, erreicht nach ca. $3\frac{1}{2}$ Stunden ein Maximum, um dann gleichmäßig und von der 20. Stunde ab gemäß dem exponientellen Zerfallsgesetz der Radiumemanation abzusinken.

Die eingeführte Emanationsmenge kann bestimmt werden, 1. durch den Anfangswert I_0 des genau im Augenblick der Emanationseinbringung erzeugten Stromes, 2. durch den Maximalwert des Stromes I_{max}, $3\frac{1}{2}$ Stunden nach Einführung der Emanation.

ad 1. Wir können den Anfangsstrom I_0 nicht direkt messen. Er muß durch Extrapolation ermittelt werden, indem man von Minute zu Minute den Strom mißt, der vom Augenblicke der Emanationsgegenwart den Kondensator durchströmt. Dieses von W. Duane[1]) angegebene Verfahren ist sehr genau und ermöglicht mit Hilfe der Tabelle der Zunahmewerte s. S. 34, eine leicht ausführbare Berechnung der Stromintensität.

Einige Autoren haben zur Ermittelung des Anfangswertes des Stromes vorgeschlagen, die Emanation, die eine gewisse Zeit im Kondensator verweilt hat, plötzlich zu verjagen. Die auf solche Weise vertriebene Emanation hinterläßt einen aktiven Niederschlag auf den Wandungen des Kondensators. Um den Wert des Stromes, der auf die Emanation allein zu beziehen ist, zu bestimmen, muß man vom gesamten gemessenen Ionisierungsstrom den restierenden, durch die induzierte Radioaktivität bedingten, abziehen. Jedochrepräsentiert der übrig bleibende Strom keine bestimmte Größe, er schwankt rapide in den ersten Minuten, und das Gesetz dieser Veränderungen hängt seinerseits von der Aufenthaltsdauer der Emanation im Kondensator ab. Die Extrapolation, die den durch induzierte Radioaktivität unmittelbar nach der Emanationsverdrängung erzeugten Strom zu bestimmen ermöglicht, gestaltet sich mühselig und dabei wenig zuverlässig.

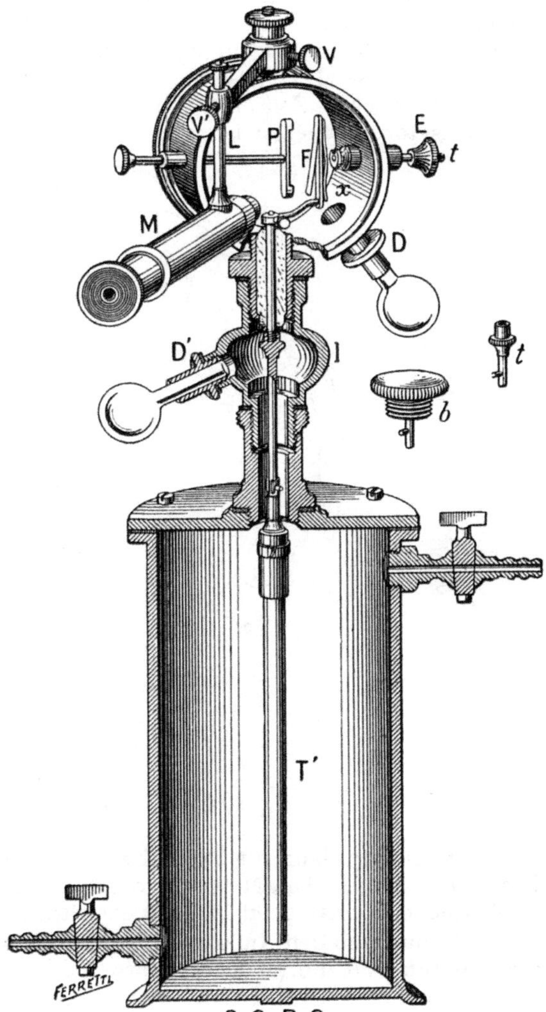

S C.P C
Fig. 20.
Elektroskop Curie modèle C. Chéneveau et A. Laborde.

[1]) W. Duane, Journ. de Physique l. c.

Noch wegen einer anderen Fehlerquelle ist diese Methode meines Erachtens zu verwerfen. Die gänzliche Austreibung der Emanation erfolgt nämlich nicht auf einmal, sondern erst nach einer geraumen Zeitdauer. Es ist also daher der genaue Augenblick schwer festzustellen, wann die Emanation aus dem Apparat vollständig entwichen ist.

Das zweite Verfahren ist jedoch in dem Falle das einzig anwendbare, um den durch die Emanation allein bewirkten Strom festzustellen, wenn die Emanation nicht in einem Augenblick in den Meßkondensator gebracht werden kann.

ad 2. Der Maximalstrom I_{max} wird direkt nach $3\frac{1}{2}$ Stunden gemessen, während welcher Zeit die Emanation in dem hermetisch verschlossenen Kondensator verblieben ist.

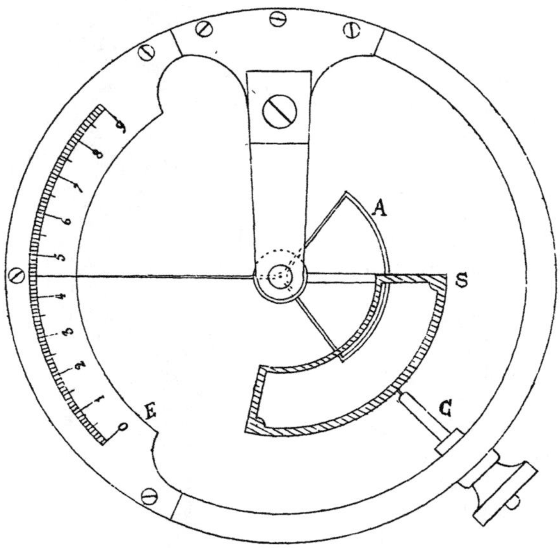

Fig. 21.
Spiralelektrometer Szilard.

Es genügt dann, und die obwaltenden experimentellen Bedingungen sind besonders günstig, eine Messung vorzunehmen, ohne daß man die Zeit mit außerordentlicher Genauigkeit zu berücksichtigen braucht.

Kennt man den Anfangs- I_0 und Maximalwert I_{max} des Stromes, so kann man daraus auf die im Kondensator vorhandene Emanationsmenge schließen: Zu diesem Zweck muß man nur eine Standardmenge Emanation zur Verfügung haben, d. h. eine Radiumlösung von bekanntem Gewicht in einem zugeschmolzenen Gefäß; so liefert z. B. 0,000001 g Radium, als Metall berechnet, im radioaktiven Gleichgewicht 0,001 milli-Curie.

Es ist aber auch möglich, eine Emanationsmenge zu messen, ohne eine titrierte Radiumlösung zu besitzen.

In der Tat haben auch W. Duane einerseits und W. Duane u. A. Laborde[1]) andererseits die Größe des Stromes I_0 und I_{max} bestimmt, der in verschiedenen Kondensatoren durch die Emanationseinheit erzeugt worden war.

[1]) W. Duane et A. Laborde Le Radium, **1910**, p. 162.

Diese Werte sind in dem Gesetz von Duane enthalten, welches den Umstand berücksichtigt, daß die Wandungen eines Kondensators die Emanationsstrahlen proportional zur Oberfläche S des Apparates und zur Konzentration der Emanation absorbieren.

I_0 sei der durch die Emanation allein bewirkte Anfangsstrom und C derjenige Strom, den diese Emanation erzeugen würde, wenn die Kondensatorwände keinen einzigen Strahl absorbierten. Nennen wir K noch einen experimentell ermittelten Koeffizienten, so lautet das Duanesche Gesetz wie folgt:

$$I_0 = C - K \frac{S}{V}$$

oder anders formuliert:

$$I_0 = C\left(1 - \frac{K}{C}\frac{S}{V}\right).$$

Die Konstanten dieser Formel sind von W. Duane und A. Laborde bestimmt worden, für den Höchstwert wie für die Anfangsaktivität.

Sie haben festgestellt, daß 1 milli-Curie Radiumemanation in einem Kondensator mit einer Innenfläche S, in qcm ausgedrückt, und Volumen V, in ccm ausgedrückt, einen meßbaren Anfangsstrom erzeugt:

$$I_0 = 2491\left(1 - 0{,}517\frac{S}{V}\right),$$ in elektrostatischen Einheiten ausgedrückt,

und einen Maximalstrom:

$$I_{max} = 6312\left(1 - 0{,}572\frac{S}{V}\right),$$ in elektrostatischen Einheiten ausgedrückt.

Um unter diesen Bedingungen in milli-Curie-Einheiten die Emanationsmenge q zu berechnen, welche im Kondensator einen Anfangsstrom i_0 UES oder einen Maximalstrom i_{max} UES gebildet hat, muß man die folgenden Formeln anwenden:

$$q = \frac{i_0}{2491\left(1 - 0{,}517\frac{S}{V}\right)} \text{ milli-Curie}$$

$$q = \frac{i_{max}}{6312\left(1 - 0{,}572\frac{S}{V}\right)} \text{ milli-Curie.}$$

Diese Formeln lassen sich nicht bei sehr kleinen Behältern anwenden, denn bei großen Werten für $\frac{S}{V}$ führen sie zu negativen Zahlen.

Die Bestimmung der Ströme i_0 und i_{max} in elektrostatischen Einheiten ist besonders leicht mit Hilfe der Curieschen Methode, die auf Benutzung des piezoelektrischen Quarzes beruht, deren Konstante als absolut sichere Größe bekannt ist.

Die auf Messung der elektrischen Influenz basierte Methode[1]) (Moulin, Lattes) ermöglicht auch, die Stärke eines Ionisationsstromes leichtin elektrostatischen Einheiten zu berechnen.

Sieht man von diesen zwei Verfahren ab, so bleibt noch die Möglichkeit, die Aktivitätsbestimmung mittels Messung der elektrischen Kapazität vorzunehmen.

---

[1]) A. Laborde, Méthode de mesure de radioactivité. p. 75—78.

Es ist zweckmäßig für derartige Untersuchungen einen Apparat zu besitzen, der in bezug auf Emanationsmengen ein für alle Mal geeicht ist.

Zu diesem Behufe haben C. Chéneveau und A. Laborde einen diese gewünschte Bedingung erfüllenden Apparat gebaut.

Der Kondensator ist mit einem Elektroskop mit Aluminiumblatt nach Curie versehen. Da jedoch die Empfindlichkeit der verschiedenen konstruierten Elektroskope nicht absolut dieselbe ist und andrerseits die Empfindlichkeit eines und desselben Elektroskops von dem einzelnen Aluminiumblättchen abhängt, werden alle Messungen auf einen Normalionisationsstrom bezogen, nämlich denjenigen, der durch eine geeichte Platte aus schwarzem Uranoxyd U_2O_5 von 6 cm Durchmesser in einem Kondensator erzeugt wird, an dem das zu gebrauchende Elektroskop angebracht ist.

Es ist experimentell nachgewiesen, daß $22{,}02 \times 10^{-6}$ milli-Curie in einem 3 Liter fassenden Kondensator einen Maximalstrom i_{max} erzeugen, (3½ Stunden nach Einbringung der Emanation) welcher dem durch die Normalmenge schwarzen Uranoxyds im Plattenelektroskop gebildeten gleich ist.

Um mit diesem Apparat in milli-Curie-Einheiten die Emanationsmenge q zu berechnen, welche die Entladungsgeschwindigkeit v_{max} des Blättchens, in Sekundenteilstrichen des Mikrometers ausgedrückt, hervorgerufen hat, muß man folgende Beziehung benutzen:

$$q = 22{,}02 \times 10^{-6} \cdot \frac{v}{V}.$$

Darin ist V die im Kondensator durch die Uranoxydscheibe hervorgerufene Ausschlagsgeschwindigkeit.

Mit Hilfe dieses Uraneinheitsmaßes kann man die Veränderungen in der Empfindlichkeit des Aluminiumblättchens wahrnehmen.

Wenn die Apparate nach einem bestimmten Schema gebaut sind, so ist der angegebene Koeffizient für die geläufigen Messungen genügend zuverlässig, namentlich für die Radioaktivitätsmessungen der Mineralwässer.

Es wäre wünschenswert, daß die zu diesem Zweck konstruierten verschiedenen Apparattypen alle einheitlich geeicht wären, ebenso wie in bezug auf ihre elektrische Kapazität und ihre Potentialempfindlichkeit.

Beziehungen zwischen den verschiedenen Radiumemanationseinheiten.

Im Laufe der letzten Jahre hat man mit verschiedenen Emanationseinheiten gerechnet. Um das Arbeiten auf diesem Gebiete zu vereinfachen, ist es angebracht, sie alle auf die internationale Einheit zu beziehen.

P. Curie[1]) gebührt das Verdienst, als erster die Radiumemenation quantitativ bestimmt zu haben.

Mit Rücksicht auf den Emanationsgehalt der natürlichen Mineralquellen hatte er als für die Praxis zweckmäßigste Einheit das Milligramm-Minute Emanation des Bromids $RaBr_2$ gewählt, d. h. die Emanationsmenge, welche 1 mg $RaBr_2$ in einer Minute entwickelt.

Er hatte zugleich die Emanationsmengen durch denjenigen Maximalstrom $i_{max} \times 10^3$ in elektrostatischen Einheiten ausgedrückt, den erstere in einem zylinderförmigen Kondensator von ungefähr 450 ccm Inhalt hervorbringen.

Später haben H. Mache[2]) und Mache und Meyer die Emanationsmengen durch den Anfangsstrom $i_0 \times 10^3$, in elektrostatischen Einheiten, bestimmt, der durch sie in einem ca. 10—15 Liter fassenden Kondensator gebildet wird.

---

[1]) P. Curie u. A. Laborde, Compt. rend. Acad. Sc. 9. mai. 1904.

[2]) Mache und Meyer, Wiener Berichte 1904. Phys. Zeitschr. 1905.

Diese Bestimmungsmethode führte zu dem Namen „Mache-Einheit", mit der man in Österreich und Deutschland vorzugsweise operiert.

Weiterhin hat W. Duane das Variationsgesetz des Anfangsstroms im Verhältnis zu den Dimensionen des Kondensators aufgestellt (siehe S. 38 ff.) M. Schmidt und K. Kurz haben dann dargetan, daß die Emanationsmengen nur dann unter einander mittels Kondensatoren von verschiedenem Inhalt vergleichbar sind, wenn man auf diese Kondensatoren die Duanesche Formel anwendet. Diese reduziert den Wert des Anfangsstroms auf denjenigen, den man in einem Kondensator von solchen Dimensionen erhalten würde, daß die Absorption durch die Wandungen vernachlässigt werden kann, mit anderen Worten in einem Kondensator von unendlichen Dimensionen[1]).

Im weiteren Sinne haben M. Schmidt und K. Kurz, wie auch noch andere Autoren, den Wert $I_0 \times 10^3 = 1$ des Anfangsstromes, der auf diese Weise in elektrischen Einheiten ausgedrückt ist, als Mache-Einheit bezeichnet.

Der Emanationseinheit ist endgültig der Name P. Curie gegeben worden, und dies nicht nur, um sein Andenken zu ehren, sondern um auszudrücken, daß er als erster die quantitativen Emanationsmeßmethoden angegeben hat.

1 millig. Min. Emanation von Ra	=	$125{,}0 \cdot 10^{-9}$ Curie,
1 „ „ „ „ $RaBr_2$	=	$73{,}4 \cdot 10^{-9}$ „
1 g Sek. Emanation von Ra	=	$2{,}08 \cdot 10^{-6}$ „
1 „ „ „ „ $RaBr_2$	=	$3{,}54 \cdot 10^{-6}$ „
1 Macheeinheit (Kondensator, Vol. 10 l.)	=	$0{,}4648 \cdot 10^{-9}$ Curie,
1 korrigierte Macheeinheit (Duanesche Ges.)	=	$0{,}4025 \cdot 10^{-9}$ „
1 Macheeinheit (Kondensator, Vol. 10 l)	=	0,00632 mg Min. $RaBr^2$
1 „ „ korrigiert	=	0,00548 „ „ „
1 mg Min. $RaBr_2$	=	157,9 Macheeinheit
1 „ „ „	=	182,5 „ korrigiert.
1 mg Sek. Emanation von Ra	=	$2{,}08 \cdot 10^{-9}$ Curie,
1 „ „ „ „ $RaBr_2$	=	$1{,}22 \cdot 10^{-9}$ „
1 „ „ „ $RaBr_2$ 2 H_2O	=	$1{,}116 \cdot 10^{-9}$ „

Radiumbestimmung durch die Emanationsmethode.

Wir haben oben (S. 36) gesehen, daß ein gelöstes Radiumsalz in einem verschlossenen Gefäß sich ansammelnde Emanation erzeugt, die in ungefähr einem Monat einen Grenzwert erreicht. Dieses Maximum ist dem in Funktion befindlichen Radiumgewicht proportional.

Es leuchtet sofort ein, daß hier alle nötigen Anhaltspunkte zur Bestimmung des Radiums vorhanden sind. Man braucht nur festzustellen, wieviel milli-Curie z. B. sich bei Gegenwart eines Radiumsalzes von bekannter Größe bis zum Maximum angesammelt haben, um seinen Gehalt in mg Radium zu bestimmen.

Zur Emanationsmessung ist es nicht nötig, bis zur Höchstansammlung zu warten, denn das Gesetz der Entwickelung im Verhältnis zur Zeit ist mit sehr großer Genauigkeit erforscht worden[2]).

[1]) H. W. Schmidt und Kurz, Phys. Zeitschr. 1905 und 1906.

[2]) Frau Curie, Le Radium, 7. 1910. p. 65.

Mathematisch wird dieses Gesetz in der Formel ausgedrückt:

$$q = \frac{\varDelta p}{\lambda}(1 - e^{-\lambda t}).$$

In dieser Gleichung ist

λ der charakteristische Koeffizient des Emanationszerfalls (wenn t in Stunden ausgedrückt ist, beträgt $\lambda = 0{,}0075$; p ist die zur Untersuchung benutzte Radiummenge, $\varDelta$ ist der Anfangswert der Emanation, in beliebigen Einheiten in einer Reihe mit dem Radiumgewicht bezogen.

Wenn die Emanation nicht dem spontanen Zerfall anheim fiele, so würden wir die gleiche Menge q Emanation in einer Zeit t_r erhalten, die Frau Curie die reduzierte Zeit nennt.

$$q = \varDelta \,.\, p \,.\, t_r$$

$$t_r = \frac{1}{\lambda}(1 - e^{-\lambda t}).$$

Kolowrat hat sehr komplette Tabellen über das Verhältnis der reduzierten zur Ansammlungszeit ausgerechnet[1]).

Wir führen einige Zahlen an, die der Tabelle von Kolowrat entnommen sind. Mit Hilfe dieser Werte ergibt sich die Kurve der reduzierten Zeiten t_r im Verhältnis zu den Ansammlungszeiten t.

Dauer der Ansammlung		Reduzierte Zeit
Tage	Stunden	Stunden
0	0	0,000
0	12	11,476
1	—	21,964
2	—	40,310
3	—	55,634
4	—	68,433
6	—	88.054
7	—	95,513
8	—	101,743
9	—	106,947
12	—	117,957
16	—	125,849
20	—	129,690
30	—	132,731
∞	—	133,333

Soll nun q in Curie-Einheiten z. B. ausgedrückt werden, wenn p in Gramm und t_r in Stunden angegeben ist in der Formel:

$$q = \varDelta p \,.\, t_r,$$

so muß, wenn die Ansammlungszeit unendlich, mithin $t_r = 133{,}33$ Stunden ist, q für p den Wert $1 = 1$ g einsetzen.

Dann lautet die Gleichung:

$$\varDelta = \frac{1}{133{,}33} = 0{,}0075 = \lambda.$$

[1]) Kolowrat, Le Radium, 6. 1909. p. 193.

Wenn für diesen Wert Δ, p in mg, t_r in Stunden ausgedrückt ist, so ergibt sich q in milli-Curie Einheiten.

Folglich finden wir das Radiumgewicht x bei einer Ansammlungsdauer t, wenn wir z. B. eine Emanationsmenge von q milli-Curie messen[1]), durch Einsetzen der Unbekannten x in die Formel:

$$x = 133{,}33 \times \frac{q}{t_r} \text{ mg.}$$

Radiumemanation und gelöstes Radium in Mineralquellen.

Die Gegenwart von Radiumemanation in Mineralwässern ist 1902 und 1903 von J. J. Thomson und von Adams in England nachgewiesen worden.

Elster und Geitel haben gezeigt, daß Radium in bestimmten Sedimenten, namentlich in den Quellablagerungen von Baden (1904) sich findet.

Um Emanation nachzuweisen und zu messen, ließ P. Curie (1904 und 1906) chemisch untersuchtes Wasser in einem mit Rückflußkühler versehenen Ballon kochen. Die durch Auskochen vertriebenen Gase wurden durch einen Luftstrom in ein Quecksilbermeßrohr und dann nach Trocknung in einen zylindrischen Kondensator geleitet.

Eine praktische und schnell zum Ziel führende Methode[2]) besteht darin, ein bekanntes Volumen Wasser mit einem gleich großen inaktiver Luft zu schütteln und dann die Luft in einen zylinderförmigen Kondensator auszusaugen. Mit Hilfe des Löslichkeitskoeffizienten der Emanation läßt sich die Menge Emanation berechnen, welche das geprüfte Wasser enthielt.

Die Gegenwart von gelöstem Radium kann ermittelt werden entweder durch Feststellung der kontinuierlichen Emanationsentwickelung im aufbewahrten Wasser oder verschlossenen Gefäß oder durch Abdampfen bis zur Trockne einer großen Wassermenge und Bestimmung des Radiums im Trockenrückstand.

In den Sedimenten wie auch in den Abdampfrückständen mißt man den Radiumgehalt nach der Emanationsmethode.

Nachstehend gebe ich den Gehalt von einigen Mineralquellen und ihren Gasen an Radiumemanation an, und zwar vergleichsweise nach den drei Einheitssystemen; 1. in millig. Min. von $RaBr_2$, 2. in Macheeinheiten, nach Duane korrigiert, 3. in der internationalen Einheit.

Vielleicht erweise ich damit denjenigen einen Dienst, welche speziell die physiologischen und therapeutischen Wirkungen der Radiumemanation studieren. Diese Übersicht könnte Ärzten und Interessenten die Auswahl der Quellen erleichtern und als Maßstab für ihre Verordnungen zu Heilzwecken dienen.

Szilard hat als bequeme Einheit 10^{-10} Curie vorgeschlagen. Der Vorteil dieser Einheit liegt darin, daß die damit berechneten, die natürliche Radioaktivitätsmengen ausdrückenden Zahlen im Bereich von 1 bis 1000 liegen.

Ich glaube jedoch, es ist vorteilhafter, eine 10 mal größere Einheitszahl $= 10^{-9}$ Curie anzunehmen.

In der Praxis wird der Fall oft vorkommen, daß man die angesammelte Emanationsmenge im geschlossenen Gefäß bei Anwesenheit eines Radiumsalzes zu bestimmen hat.

Im allgemeinen ist das verwendete Präparat das käufliche, kristallisierte Radiumbromid $RaBr_2 + 2\ H_2O$.

[1]) Vergl. S. 33 u. f.

[2]) Mache, l. c.

Quellwässer.

Quelle	mg. Min. RaBr$_2$ per l	Macheeinheit korr. p. l	10^{-9} Curie per l
Ischia — Altrömische Quelle	2,64	417	194,0
Gastein — Grabenbäcker Quelle	1,10	173,5	80,7
Gastein — Elisabeth Quelle	0,99	156	72,7
Agnas Lerez — Aceñas	0,885	140	65,0
Baden-Baden — Buttquelle	0,765	121	56,2
Karlsbad — Eisen quelle	0,387	61,2	28,4
La Bourboule — Choussyquelle	0,312	49,2	22,9
Luchon — Bordeuquelle	0,220	34,7	16,15
Plombières — Capucins	0,081	12,8	5,94
Aix-les-Bains-Alun	0,055	8,7	4,03
St. Lucasbad (Ungarn)	0,0456	8,32	3,35
Uriage — Hauptquelle	0,0015	0,237	0,11
Karlsbad — Sprudel	0,0014	0,22	0,103

Gase.

Gastein — Grabenbäckerquelle	4	632	294,0
La Bourboule — Choussyquelle	1,93	305	141,5
Luchon — Bordeuquelle	1,83	289	134,5
Plombières — Vauquelin	1,00	157,9	73,4
Karlsbad — Mühlbrunnen	0,66	104	48,4
Aix-les-Bains-Alun	0,30	47,3	22,0
St. Lucasbad (Ungarn)	0,123	22,5	9,08

Diese Zahlen sind zusammengestellt nach den Angaben von P. Curie und A. Laborde — M. Mache und Meyer — Engler und Sieveking — Ch. Moureau und A. Lepape — Brochet — Besson — Szilard.

Da 1 mg Sek. RaBr$_2$, 2 H$_2$O = 1,116 . 10^{-9} Curie ist, genügt es, um bis auf die 1. Dezimalstelle genau die angewachsene Emanationsmenge q in 10^{-9} Curieeinheiten zu ermitteln, die reduzierte Zeit der Ansammlung in Sekunden und das Gewicht in Milligrammen in der Formel auszudrücken:

$$q = p\,(\text{mg RaBr}_2,\ 2\,\text{H}_2\text{O})\,.\,t_r\,(\text{Sek.})\ (\text{mg—sek. RaBr}^2,\ 2\,\text{H}_2\text{O})$$

Die Formel lautet dann:

$$q = p\,(\text{mg RaBr}_2\,.\,2\,\text{H}_2\text{O})\,.\,t_r\,(\text{Sek.})\,.\,1{,}116\,.\,(10^{-9}\ \text{Curie}).$$

Emanationen des Thoriums und des Aktiniums.

Es gibt vorläufig weder Einheiten für die Thorium- noch für die Aktiniumemanation.

Diese Emanationen werden mit Hilfe der Gasstrommethode bestimmt, wenn es sich z. B. darum handelt, die Anfänge der Emanationsentwickelung von verschiedenen thoriumhaltigen oder aktiniumhaltigen Stoffen untereinander zu vergleichen.

Für Thorium jedoch führt diese Methode im allgemeinen nur zu annähernd richtigen Ergebnissen. Die vom Radiothorium entwickelte Thoriumemanation braucht 40 Jahre ungefähr, um mit dem Thorium in radioaktives Gleichgewicht zu kommen, nachdem das Mesothorium vom Thorium sich abgetrennt hat.

Man kennt das Umwandlungsgesetz des Radiothoriums nach seiner Trennung vom Thorium nicht genau. Mit Sicherheit läßt sich noch nicht behaupten, daß das gesamte Radiothorium sich vom Thorium abscheidet.

Aus dem Gesagten folgt, daß die von einem Thoriumsalz sich bildende Emanation von seiner Konzentration an Radiothorium abhängt, und diese Konzentration ist meist nur ungenau ermittelt.

A. Blanc[1]) und Joly[2]) haben jedoch wichtige quantitative Thoriumbestimmungen in gewöhnlichen Gesteinen durch Vergleich mit Thoriumteilchen, die in radioaktivem Zustande waren, durchgeführt. Der Gehalt der Gesteine an Thorium ist 10^{-5} g per g.

Der Anfang der Emanationsproduktion eines thoriumhaltigen Stoffes kann unabhängig von der Gasstrommethode festgestellt werden, indem die aufgefangene induzierte Radioaktivität unter wohl bekannten Bedingungen bestimmt wird.

Die Thoriumemanation ist in den Ablagerungsgesteinen gewisser Quellen nachgewiesen worden; sie beruht auf der Gegenwart von Radiothorium.

A. Blanc hat Radiothorium in den Sedimenten der Quellen in Echaillon und Salins-Moutiers (Savoyen) aufgefunden.

Vorkommen von Emanationen in der Atmosphäre.

Das in den Gesteinen enthaltene Radium und Thorium sendet eine Emanation aus, die sich in der Atmosphäre zugleich mit der durch die Mineralquellen entwickelten verbreitet.

Die Wirkung dieser Emanationen und ihrer radioaktiven Niederschläge gibt sich in einer intensiven Strahlung kund, die vom Erdboden herrührt und die atmosphärische Luft ionisiert.

1 cbm atmosphärische Luft enthält $60 \cdot 10^{-12}$ bis $100 \cdot 10^{-12}$ Curie, d. h. $60 \cdot 10^{-12}$ bis $100 \cdot 10^{-12}$ milli-Curie per Liter[3]).

Dieser Gehalt der Luft an Emanation ist 1500 mal schwächer als derjenige der schwächsten aktiven Mineralwässer und $2 \cdot 10^{-6}$ mal schwächer als derjenige von stark radioaktiven Quellen.

---

[1]) A. Blanc, Phys. Zeitschr. 1908.

[2]) Joly, Phil. Mag. 1909.

[3]) Ewe, Phil. Mag. 1906. Ashman, Am. Journ. of. Sc. 1908. Satterly, Phil. Mag. 1908.

Kapitel III.

Aus dem „Laboratoire de Recherches radioactives“ Paris.

Das Vorkommen und die chemischen Eigenschaften der radioaktiven Elemente.

Von

B. Szilard-Paris.

[Übersetzt von H. Sachs, Berlin.)

Mit 1 Abbildung.

I. Lagerstätten der radioaktiven Elemente.

1. Vorkommen der radioaktiven Substanzen.

Auf unserer Erde gibt es kaum Elemente, die so weit verbreitet wären wie die radioaktiven. Zwar in äußerst geringen Mengen verteilt, treten sie überall in der Natur auf, in der Erdrinde, in den Gewässern und in der Atmosphäre; wir können sie leicht nachweisen in den meisten Naturprodukten, da unsere Instrumente zur Messung von Radioaktivität an Empfindlichkeit alle anderen der analytischen Chemie übertreffen.

Es ist sehr wahrscheinlich, obgleich nicht sicher nachgewiesen, daß diese Elemente auch bei der Bildung der Welt der Gestirne in einem ähnlich großen Verhältnis beteiligt sind. Jedoch enthalten die analysierten Meteore nur geringe Spuren davon. Das Helium — ein Zerfallsprodukt der radioaktiven Substanzen — kommt in erkennbaren Mengen in der Atmosphäre mehrerer Himmelskörper vor.

Auf der Erde finden wir diese Stoffe in der konzentriertesten Form in den primären Erzen des Urans und des Thoriums und in den sekundären dieser selben Elemente. Es gibt außerdem noch verschiedene Minerale und mineralische Zerfallsprodukte, die gewisse radioaktive Elemente, aber nicht Uran und Thor, enthalten. Felsen, Bodenarten, Sedimente des Meeresgrundes, Mineralquellen, Fluß- und Meerwasser weisen Spuren davon auf, und endlich ist die Atmosphäre nie frei von gasförmigen radioaktiven Elementen oder ihren Umwandlungsprodukten.

Wie wir im folgenden sehen werden, stammen die radioaktiven Elemente von zwei Hauptfamilien ab: vom Uran und vom Thorium. Alle anderen radioaktiven Elemente — ihre Abkömmlinge — treten daher in ihrer Begleitung auf, außer daß sie durch sekundäre Einwirkungen von ihnen getrennt worden sind. Das erklärt auch den Umstand, warum die uranführenden Erze zugleich Lagerstätten des Radiums, Poloniums usw. sind.

Gegenwärtig kennen wir etwa 110 Varietäten von uran- und thoriumhaltigen Erzen, die, wie die nachstehende Karte[1]) schematisch zeigt, über ungefähr 500 Orte geographisch verteilt sind.

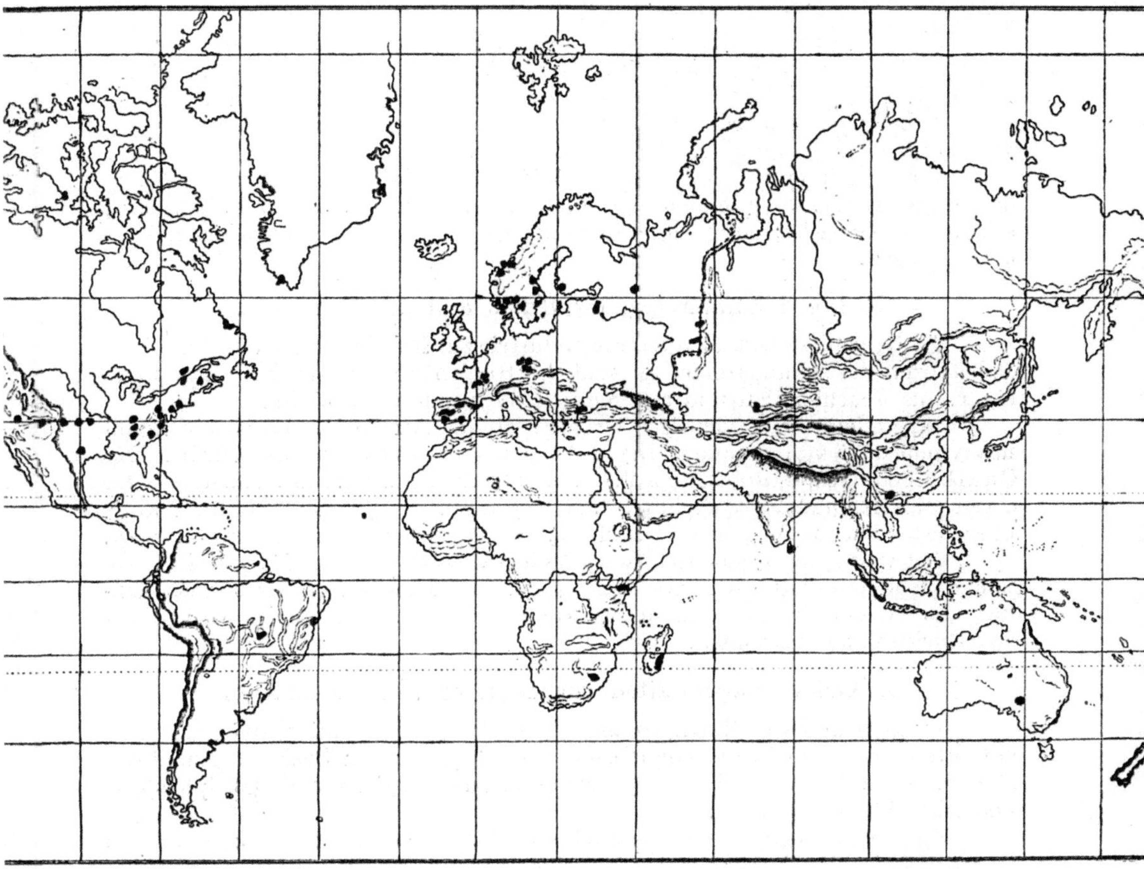

Fig. 22.
Topographie der uran- und thoriumhaltigen Erzlager.

2. Die Primärerze des Urans und des Thoriums.

Die hauptsächlichsten Typen dieser Gruppe sind das Uraninit und das Thorianit. Ersteres findet sich besonders in Norwegen, letzteres auf der Insel Ceylon. Gewöhnlich enthalten beide sowohl Thorium wie auch Uranium, aber in beiden Fällen im umgekehrten Verhältnis[2]):

Uraninit: 4—11 % Th. 65—74 % U (Oktaederkristalle),
Thorianit: 65—74 % Th., 4—11 % U. (Würfelkristalle).

Trotz ihrer einfachen kristallinischen Form stellen diese beiden Mineralien richtige Mikrokosmen dar, denn sie enthalten außer diesen beiden Stoffen,

[1]) Szilard, Tabellen der hauptsächlichsten Uran- und Thoriumerze. Le Radium, 1909. S. 233.
[2]) Szilard, Compt. rend. Ac. des Sc. 145, p. 463. 1907.

(U. und Th.), fast alle auf der Erde vorkommenden Elemente, selbst die Gase mitinbegriffen.

Die Farbe dieser Minerale ist schwarz oder dunkel bräunlich; ihr spezifisches Gewicht ist besonders hoch — das des ersten 9,7, des zweiten 9,3, wenn die Kristalle rein und unverwittert sind.

Die totale Radioaktivität dieser beiden Erze ist die höchste, die wir von allen natürlich vorkommenden irdischen Körpern kennen. Die des ersteren ist durch seinen Gehalt an Radium, die des zweiten durch den an Mesothorium bedingt. Die beiden Minerale sind im reinen Zustande relativ selten und werden daher kaum in der Industrie verarbeitet.

Andere Primärerze sind noch das Yttrotantalit, das Fergusonit und das Samarskit. Sie haben ein glänzendes, schwärzliches Aussehen, sind schwer von Gewicht; sie werden nur wenig zur Gewinnung radioaktiver Körper herangezogen.

3. Die Sekundärerze des Urans und des Thoriums.

Heute benutzt fast die gesamte Industrie zur Fabrikation der radioaktiven Substanzen die Sekundärerze. So sind die Pechblenden aus Johanngeorgenstadt, aus Joachimsthal und aus Kornwall sekundäre Uraninite.

Ein anderes sehr wichtiges Uranerz ist das Autunit. Es ist ein Kalkuranylphosphat von glimmerartigem Aussehen und zitronengelber Farbe. Das Chalkolith (Kupferuranylphosphat) ist oft dem Autunit beigemengt. Das Carnotit (Kaliumuranylvanadat) bildet ein gelbliches, kristallinisches Pulver oder feste Massen desselben Aussehens, gewöhnlich mit viel Kies vermengt.

Das wichtigste sekundäre Thoriummineral ist das Monazit, ein Gemenge von Phosphaten der Gruppe von Cermetalle. Das Thorium wird fast ausschließlich aus diesem Erz und das Mesothorium fast nur aus den dabei verbleibenden Rückständen gewonnen.

4. Andere Lagerstätten von radioaktiven Substanzen.

Es gibt gewisse Naturprodukte, die kurzlebige radioaktive Elemente enthalten, jedoch nicht die langlebigen, die in genetischer Beziehung zu ihnen stehen. So findet sich z. B. im Pyromorphyt aus Issy l'Evêque[1]) (Bleiphosphat und Blei chlorid) Radium.

Ebenso hat man die Gegenwart von Aktinium[2]) in der Ackererde von Capri und das Radiothorium in den Ablagerungen der Quellen von Echaillon und Salins-Moutiers[3]) nachgewiesen. Elster und Geitel[4]) haben diesen Stoff in den Quellsedimenten von Kreuznach entdeckt. Das Auftreten dieser Produkte ist in diesen Fällen rein neptunischen Ursprungs.

Die eben genannten Forscher[5]) haben verschiedene Bodenarten in bezug auf die Radioaktivität untersucht. Fast alle zeigten eine schwache, aber konstante Radioaktivität. Die Quarzsandarten erwiesen sich als die am wenigsten, die Tone als am stärksten aktiv. Der Ton aus Battaglia (Fango) war fast viermal so radioaktiv wie der Ton mit der größtmöglichen Aktivität anderer Herkunft. Man hat Radium daraus extrahieren und es als solches identifizieren können.

Im allgemeinen überschreitet die Aktivität dieser Stoffe selten zwei Tausendstel des Strahlungsvermögens des Urans.

---

[1]) Danne, Compt. rend. 140. p. 241. 1905.
[2]) Giesel, Phys. Zeitschr. 1905.
[3]) Blanc, Phil. Mag. 1905.
[4]) Elster und Geitel, Phys. Zeitschr. 1906.
[5]) Elster und Geitel, Phys. Zeitschr. 1904.

Nach Blanc enthält der gewöhnliche Erdboden ungefähr $1,5 \times 10^{-5}$ g Thorium auf 1 g Boden; dieselbe Menge enthält außerdem 10^{-12} g Radium und 3×10^{-6} g Uran.

Die Gegenwart von Emanationen in der Atmosphäre ist von Sella entdeckt worden, in den Mineralwässern von J. J. Thomson[1]) und von Pochettino und Sella[2]). Das Gehalt an Radiumemanation von Mineralwässern wurde quantitativ zum ersten Male von Curie und Laborde[3]) bestimmt.

5. Gehalt einiger Erdbestandteile an radioaktiven Substanzen.

Pechblende aus Joachimsthal[4])	10^{-7} g Ra per Gramm,
Granatfelsen	$1,5 - 4,8 \times 10^{-12}$ g Ra per Gramm,
Basaltfelsen	$0,5 - 0,6 \times 10^{-12}$ g Ra per Gramm,
Trachyt (Monte Olibano)	$10,6 \times 10^{-12}$ g Ra per Gramm,
Vesuvlava 1855	$19,2 \times 10^{-12}$ g Ra per Gramm,
Wasser aus dem Atlant. Ozean	$0,007 - 0,017 \times 10^{-12}$ g per ccm,
Meersedimente	$3 - 50 \times 10^{-12}$ g per Gramm,
Mineralquellen[5])	$1 - 1000 \times 10^{-10}$ Curie Ra.-Emanation per Liter.

Die Atmosphäre[6]) enthält per m^3 Luft die durch $8 \cdot 10^{-11}$ g $RaBr_2$ im Gleichgewichtszustand entwickelte Emanationsmenge.

Gewöhnlicher Erdboden enthält $1,5 \times 10^{-5}$ g Th, 3×10^{-6} g U, 1×10^{-12} g Ra. per g Boden.

II. Chemie der radioaktiven Substanzen.

6. Einleitung.

Von unseren Gesichtspunkten ausgehend können wir die radioaktiven Elemente in drei große Gruppen teilen: a) sehr langlebige Elemente (sehr schwaches Strahlungsvermögen), b) langlebige Elemente (intensive Strahlung), c) kurzlebige Elemente (sehr intensive Strahlung). Diese Klassifikation, in der jedoch die einzelnen Gruppen nicht scharf von einander getrennt sind, ergibt sich nicht aus rein chemischen Gesichtspunkten: der Einteilungsgrund wird vielmehr bedingt durch die sehr verschiedenen Konzertrationen, in denen uns diese Elemente begegnen.

So sind uns das Thorium und Uranium der ersten Gruppe in sehr konzentriertem Zustande leicht zugänglich; dagegen ist die Konzentration des Radiums (Gruppe II) in den Lösungen, mit denen wir operieren, ganz minimal, endlich ist der Konzentrationsgrad der Lösungen der Elemente mit kurzer Lebensdauer ein solcher, daß z. B. eine normale Uranylnitratlösung, die sich im Gleichgewicht mit Uran X befindet, als 10^{-10} an Uran X normal betrachtet wird. Man begreift also leicht, daß die chemischen Eigenschaften der unter so verschiedenen Bedingungen untersuchten Elemente sich unter einander nicht vergleichbar gestalten.

1) J. J. Thomson, Phil. Mag. 1902.
2) Pochettino und Sella, Rend. Acad. Lincei 1902.
3) Curie und Laborde.
4) Joly, Radioactivity and Geology.
5) Die französischen Mineralquellen wurden besonders durch A. Laborde bestimmt.
6) Eve, Phil. Mag. 1906; Satterly, Phil. Mag. 1908; Ashmann, Amer. Journ. of Science 1908.

7. Uran.

Uranverbindungen sind zum ersten Mal von Klaproth im Jahre 1789 aus der Pechblende und dem Uranit isoliert und nach dem Planeten Uranus „Uran" genannt worden.

Péligot stellte als erster reines Uran 1840 dar. Das Atomgewicht dieses Elementes beträgt 238,5; in seinen Verbindungen kann es 2, 4, 6, selten 5wertig sein. Mit Sauerstoff bildet es ein Radikal namens Uranyl (UO_2). Die käuflichen Uransalze sind gewöhnlich Verbindungen dieses Radikals.

Die hauptsächlichsten Reaktionen der Uranylionen sind folgende:

1. Sie werden durch Alkalilauge und durch Ammoniak gefällt, der Niederschlag ist ein Uranat, z. B.: $Na_2U_2O_7 . 6\ H_2O$, (Natriumdiuranat).

2. Sie werden durch die Phosphate des Natriums, Kaliums oder Ammoniaks als Uranylphosphate gefällt, entsprechend der Konstitution: $UO_2HPO_4 . 1\frac{1}{2}$ bis 4 H_2O. Dieser Niederschlag gehört zu den weniger löslichen. Bei Gegenwart von Ammoniakazetat und Essigsäure löst sich 1 g erst in 300 000 g Wasser auf.

3. Die Alkalikarbonate bringen das Uran zur Fällung. Der Niederschlag löst sich leicht bei Überschuß des Reagens.

Die quantitative Bestimmung[1]) geschieht mittels eines der Oxyde, U_3O_8 oder UO_2. Zu diesem Zweck trennt man das Uran von den anderen Metallen, indem man sie in Nitrate überführt, letztere durch Äther (Äther löst Uranylnitrat leicht auf) oder durch überschüssigen Ammoniakkarbonat extrahiert; durch Ausglühen kann man dann das eine oder andere Oxyd erhalten, je nachdem man eine Atmosphäre von Wasserstoff oder Sauerstoff wählt.

Es gibt auch zwei titrimetrische Bestimmungsmethoden: die eine beruht auf der Bildung von unlöslichen Phosphatverbindung die andere auf der Oxydation der Uranosalze in Uranylsalze durch Permanganat.

Die Uransalze sind immer farbig, zeigen manchmal unter Einwirkung von ultravioletten Strahlen Luminiszenzerscheinungen und häufig spontane Lichtentwickelung. Die Salze bilden leicht Kolloide.

Metallisches Uran ist pulverförmig oder bildet eine Masse mit metallischem Glanz. In beiden Gestaltsformen wird es an der Luft oxydiert, aber nur an der obersten Schicht. Als Produkt konstanter Aktivität wird es benutzt.

Das Urandioxyd — UO_2 — dient oft als Standard für Radioaktivitätsmessungen; es enthält ungefähr 88 % Uran.

Das schwarze Uranoxyd des Handels besteht gewöhnlich aus einem Gemisch der Oxyde U_3O_8 und UO_2.

Das grüne Uranoxyd ist eins der konstantesten Uranverbindungen und entspricht der Formel U_3O_8. Zu seiner Darstellung erhitzt man ein beliebiges reines Uransalz bei hoher Temperatur und Gegenwart von Luft. Es enthält ungefähr 84,5 % Uran.

Das Uranylnitrat ist das im Handel am meisten verwendete Salz = $UO_2(NO_3)_2 . 6\ H_2O$. Es bildet zitronengelbe, fluoreszierende, triboluminesszierende[2]) Kristalle, die unter Einwirkung von ultraviolettem Licht phosphoreszieren und spontane Leuchtkraft besitzen; sie sind in 0,5 Teilen Wasser und in 0,3 Teilen Alkohol löslich; auch Äther löst sie auf.

Die Uransalze sind starke Gifte; selbst in schwachen Dosen rufen sie heftige Nephritis (Bencze) hervor.

---

[1]) Brearly: The Analytical Chemistry of Uranium.
[2]) Tribolumineszenz = Phosphoreszenz unter mechanischer Einwirkung.

8. Thorium.

Das Thoriumoxyd wurde durch Berzelius im Jahre 1828 in einem seltenen Erz entdeckt und das Metall später von ihm isoliert. Das Atomgewicht dieses Elementes beträgt 232,5, seine Wertigkeit immer 4. Die reinen Salze sind stets weiß; sie sind weder fluoreszierend, noch selbst leuchtend. Sie bilden sehr leicht Kolloide.

Die hauptsächlichsten chemischen Reaktionen[1][2]) des Thoriumions sind: 1. Oxalsäure reißt es aus einer sauren Lösung nieder. 2. Das gefällte Oxalat ist in neutralem Ammoniumoxalat leicht löslich. 3. Durch Alkalihydrate wird es als unlösliches Hydroxyd angefällt. Dieses ist ein feines Pulver und kann leicht im kolloidalen Zustand[3]) erhalten werden. 4. Das Thoriumkarbonat ist bei Überschuß von Natrium- oder Kaliumkarbonat löslich.

Zur Bestimmung des Thoriums stellt man das unlösliche Oxalat her, glüht es und bestimmt dann die Menge des Oxyds ThO_2.

Das metallische Thorium ist entweder ein Pulver von metallischem Aussehen, oder es besteht aus gräulich silbernen, dünnen Metalllamellen.

Thoriumoxyd, ThO_2 erhält man durch Glühen irgend eines Thoriumsalzes bei hoher Temperatur. So dargestellt, ist es ein weißes, amorphes und voluminöses Pulver mit der bemerkenswerten Eigenschaft, daß es Gase auf seiner Oberfläche kondensiert. In einer Lösung von Thoriumnitrat oder Thoriumchlorid ist es löslich und ergibt dabei sehr stabile kolloidale Lösungen. Es enthält ungefähr 88 % Thorium.

Thoriumnitrat $Th(NO_3)^4 . 12\,H_2O$ ist das gebräuchlichste Salz und wird besonders zur Herstellung der Auer-Glühstrümpfe verwendet. In seiner gewöhnlichen Form ist es trocken und amorph.

Die radioaktiven Eigenschaften der Thoriumsalze sind bisher nur ungenau ermittelt. Sie enthalten, je nach ihrer Herstellungsmethode, mehr oder weniger große Mengen von Radiothorium. Im allgemeinen besitzen die Präparate, die etwa 20 Jahre alt sind, schwache Aktivität, die vor 2 oder 3 Jahren hergestellten Salze sind relativ stärker aktiv und endlich die vor kurzem gewonnenen haben außerordentlich wenig Strahlungsvermögen. Folgende Tatsachen erklären diesen auffallenden Umstand: die älteren Salze enthalten eine gewisse Quantität Radiothorium, welches aber schon bei der relativ kurzen Lebensdauer desselben aus ihnen allmählich verschwindet; in den Salzen jüngeren Datums ist das Element noch nicht ganz zerfallen. Die aus jüngster Zeit stammenden Präparate endlich sind in der Industrie nach anderen Methoden und zwar solchen hergestellt, daß das Radiothorium daraus fast ganz ausgetrieben wird, um allein als solches für andere Zwecke verwendet zu werden.

Unsere Kenntnisse über die physiologischen Eigenschaften der Thoriumsalze sind noch sehr mangelhaft, jedoch steht so viel fest, daß sie anscheinend keine Giftwirkung ausüben[4]).

9. Radium.

Das Radium wurde durch P. und S. Curie und Bémont[5]) entdeckt, das Metall durch Debierne und S. Curie im Jahre 1910[6]) in metallischem reinem Zustande dargestellt.

[1]) P. Truchot, L'Eclairage à Incandescence, Paris.
[2]) Herzfeld-Korn, Chemie der seltenen Erden, Berlin.
[3]) Szilard, Beiträge zur allgemeinen Kolloidchemie, Dresden.
[4]) Th. Bokorny, Chemiker-Zeitung 1894. S. 1739.
[5]) P. und S. Curie und Bémont, Comptes rendus 1898.
[6]) Curie und Debierne, Comptes de l'Ac. 1910. S. 523.

Herstellung: In der Industrie verwendet man heute vorzüglich zwei Muttersubstanzen zur Radiumgewinnung. Die eine ist der Rückstand der Pechblende, die andere die sekundären Uranerze, in erster Linie das Autunit. Der Rückstand der Pechblende besteht aus einer Reihe von Sulfaten, namentlich Blei- und Bariumsulfaten, die mit denjenigen der seltenen Erden vermengt sind. Diese schwefelsauren Salze werden erst durch Kochen in einer konzentrierten Natriumkarbonatlösung in Karbonate übergeführt. Die gut ausgewaschenen Karbonate werden in Chloride umgewandelt, und nach Trennung von Blei, Wismut und seltenen Erden erhält man das radioaktive Bariumchlorid. Seine Radioaktivität kann 60 mal so groß wie diejenige des Urans sein; eine Tonne Rückstand liefert bis zu 8 kg dieser Substanz.

Da das Autunit von viel einfacherem Bau ist, beschränkt sich die Behandlung auf seine Auflösung und anf Trennung von Uran und Kalzium. Das Radium wird durch wenig Zusatz von Barium mitgerissen, und das Endprodukt ist hier wieder, wie bei der ersten Methode, das radiumhaltige Bariumchlorid.

Dieses Chlorid wird dann einer fraktionierten Kristallisation, erst in reinem, dann in mit Salzsäure angesäuertem Wasser unterworfen. Das Radium bleibt in den zuerst sich bildenden Kristallen zurück. Gleich durch die erste Operation kann man leicht eine fünffache Anreicherung an Radium erzielen. Anfangs geht das Verfahren ziemlich regelmäßig vor sich, später weniger. Giesel zieht die Fraktionierung des Bromids der des Chlorids vor, die Anreicherung scheint im ersteren Falle schneller vorwärts zu schreiten.

Eigenschaften: Das schwach aktive Salz ist farblos; mit wachsender Aktivität nimmt es Farbe an. Die sehr stark aktiven Salze sind eher schwach gefärbt.

Die Radioaktivität des reinen Radiumchlorids kann auf 4 Millionen mal stärker als die des Urans veranschlagt werden.

Das Radium ist zweiwertig; sein Atomgewicht[1]) beträgt 226,45, unter der Annahme, daß dasjenige von Ag 107,93 und das von Cl 35,45 ist. Auf der Mendelejeffschen Tabelle ist seine Stellung im periodischen System hinter Barium in der senkrechten Reihe der Erdalkalimetalle und in der Querreihe mit Uran und Thorium.

Die bei Flammentemperatur flüchtigen Radiumsalze färben es karminrot. Die Wellenlängen der Hauptstrahlen des Flammenspektrums sind 665,3 $\mu\mu$, 660,0 $\mu\mu$, 630,0 $\mu\mu$, 482,6 $\mu\mu$. Durch Spektralanalyse ist es noch möglich nachzuweisen, wenn in den radiumhaltigen Bariumsalzen das Radium im Verhältnis von 1 : 10 000 sich befindet. Die Empfindlichkeit der spektroskopischen Methode durch elektrischen Funken ist noch größer.

Die Radiumsalze kommen selten in konzentriertem Zustande in den Handel, im allgemeinen sind es Bariumbromide oder -chloride, 1 bis 5 % Radiumbromid enthaltend. Die käuflichen Präparate sind manchmal mit Blei verunreinigt. Zu ihrer Reinigung bringt man sie in eine Lösung, welche mit SH_2 behandelt wird und dann mit absolutem Alkohol versetzt. Letztere löst das Bariumchlorid etwas besser als das Radiumchlorid auf.

Unter den Radiumsalzen sind das Chlorid, Bromid, Nitrat, Karbonat und Sulfat mehr oder weniger bekannt. Sie zeigen alle eine große Ähnlichkeit mit den entsprechenden Bariumsalzen. Heute gibt es noch kein einfaches analytisches Verfahren, das die Unterscheidung der einen Gruppe von der anderen ermöglicht.

Die Radiumsalze scheinen im Wasser weniger löslich als die entsprechenden Bariumsalze zu sein.

---

[1]) Mme. Curie, Compt. rend. de l'Ac. 1899 Nov.; 1900 Aug. 1902 Juli.

Radiumbromid	$RaBr_2\,2\,H_2O$	mol. Gew.	422,37	enthält	53,61 %	Ra.
Radiumbromid	$RaBr_2$	,, ,,	386,37	,,	58,61 ,,	,,
Radiumchlorid	$RaCl_2$	,, ,,	297,35	,,	76,15 ,,	,,
Radiumsulfat	$RaSO_4$	,, ,,	322,51	,,	70,21 ,,	

10. Polonium.

Dieses Element wurde durch Frau Curie[1]) 1898 entdeckt und von ihr selbst und Debierne[2]) im Jahre 1910 im metallischen Zustande dargestellt.

Gewinnung: Die uranhaltigen Erze enthalten immer, wenigstens in Spuren, Metalle, deren Sulfide in Säurelösung durch Schwefelwasserstoff gefällt wird. Das Polonium befindet sich in einem Gemisch dieser Sulfide und derjenigen gewisser radioaktiver und inaktiver Metalle. Man löst diese Sulfide in Königswasser auf, wandelt sie in Chloride um, versetzt sie dann mit einer Lösung von Stannochlorid. Der Niederschlag reißt den größten Teil des Poloniums mit, besonders wenn die Lösung genügend Wismut enthielt.

Eine andere sehr gute Methode besteht darin, dünne Silber- oder Wismutplatten in schwach erhitzte Salzsäure-Lösung zu tauchen. Der größte Teil des Poloniums setzt sich als Niederschlag auf der Metalllamelle fest.

Die aus den radiumhaltigen Erzen gewonnenen Blei-Bismuthsalze sind beständige Quellen Poloniums. Man braucht nur nach einer der obigen Methoden das Polonium aus ihnen zu extrahieren, und diese Extraktion läßt sich von Zeit zu Zeit mit gleichem Erfolge wiederholen.

Die Poloniumsalze von weißer Farbe, sogar diejenigen von schwacher Aktivität sind selbstleuchtend, doch die metallischen Niederschläge und schwefligen Rückstände senden kein Licht aus, gleichviel welche Konzentration sie besitzen.

Das Polonium zeichnet sich durch seine hervorragend homogene Strahlung aus. Sie ist durh eine sehr große Ionisationskraft und starke Absorbierbarkeit charakterisiert.

11. Radioblei.

Die durch Schwefelwasserstoff aus Säurelösung der Uranerze ausgefällten Sulfide[3]) bestehen zum größten Teil aus Schwefelblei. Wenn diese Sulfide als Ausgangsmaterial zur Darstellung von reinem Blei oder reinen Bleisalzen benutzt werden, erhält man ein Produkt, das in allen seinen Eigenschaften dem gewöhnlichen Blei identisch ist, außer daß es Strahlen aussendet. Durch gewisse Einwirkungen kann man ihm sein Strahlungsvermögen entziehen, jedoch nur auf einige Zeit.

Dieser Stoff ist im Grunde nichts anderes als Radium D, E, F beigemengt zu gewöhnlichem Blei. Von letzterem ist das Radium E und F leicht zu trennen; anders verhält es sich mit Radium D, das allen bisher angewendeten Methoden widerstanden hat.

Unter den von mir benutzten Methoden[4]) hat sich nur eine einzige als brauchbar erwiesen, eine geringe Anreicherung an Radium D zu erzielen. Dies gelingt mittels des spontan zersetzten Natriumbleihyposulfits, wobei das Radium D sich ein wenig in dem schwefligen Niederschlag anhäuft.

Das Gemisch Blei, Radium D, E, F ist im metallischen Zustand durch die gewöhnlichen Bleidarstellungsmethoden zu gewinnen. Das so erhaltene Material

---

[1]) Compt. rend. de l'Ac. Juli 1898.
[2]) Compt. rend. de l'Ac. 1910.
[3]) Hofmann und Strauß, Ber. d. Deutschen Chem. Ges. 1901.
[4]) Szilard, Compt. rend. de l'Ac. 1908.

kann gewisse Vorteile für die Anwendung radioaktiver Strahlen in dem Fall besitzen, wenn relativ konstante Strahlung, von einer scharf begrenzten, auf äußere physikalische Einflüsse relativ unempfindlichen Oberfläche herrührend, benötigt wird.

Das aus der Pechblende gewonnene Radiumblei kann eine 2 bis 4 mal größere Radioaktivität besitzen als die des metallischen Urans. Das Strahlungsvermögen stammt zum größeren Teile vom Radium F (Polonium). Das Nitrat dieses Produktes ist spontan phosphoreszierend und hat ungefähr dieselbe Leuchtkraft wie Uranylnitrat.

12. Aktinium.

Dieses Element wurde zu gleicher Zeit von Debierne[1]) und Giesel entdeckt. Letzterer nannte es „Emanium", aber später hat man es mit dem Aktinium Debiernes identifiziert.

Bei Fällung von Bariumsulfat aus der Lösung von uranhaltigen Erzen wird auch das Aktinium mitgerissen. Das in lösliche Form übergeführte Sulfat wird mit Ammoniak vermengt; die ausfallenden Hydroxyde (von Eisen, Thorium etc.) enthalten das Aktinium, das man durch Behandlung dieser Hydrate mit Fluorwasserstoffsäure konzentrieren kann.

Die am wenigsten löslichen Fluoride enthalten die größte Menge Aktinium; zur Lösung gebracht, werden sie durch Oxalsäure ausgefällt. Die Oxalate werden in die Doppelnitrate dieser Erden verwandelt und darauf einer fraktionierten Kristallisation unterworfen. Das Aktinium sammelt sich in den Mutterlaugen an. Dies Element weist eine permanente Radioaktivität auf. Bis zum heutigen Tage ist es nicht gelungen, es zu isolieren, selbst nicht in unreinem Zustande.

13. Ionium.

Auf die Existenz dieses Elementes hat zuerst Rutherford hingewiesen; entdeckt hat es Boltwood[2]).

Es scheint in seinen Reaktionen dem Thorium verwandt zu sein. Es fällt zu gleicher Zeit mit ihm aus einer mit überschüssigem Natriumhyposulfit vermischten Lösung aus. Das Ionium hat noch eine spezifisch charakteristische Reaktion, es wird nämlich durch Wasserstoffsuperoxyd mit Uran gefällt. Das sich bildende Uranperoxyd reißt den größten Teil des in der Lösung enthaltenen Ioniums nieder. Diese Reaktion ist besonders wichtig, wenn man ein von Emanation liefernden Metallen freies Ioniumpräparat, darstellen will.

Das gleichzeitige Auftreten von Ionium und Aktinium in Uranmineralien, die nicht Thorium enthalten, läßt zweifellos auf eine Verwandtschaft zwischen Uranium und Ionium schließen. Dies ist von umso größerer Bedeutung, als man im Ionium das direkte Mutterelement des Radiums ansieht.

Charakteristisch für diesen Stoff ist seine homogene Strahlung (es sendet nur α-Strahlen aus) und seine beständige Aktivität.

14. Mesothorium — Radiothorium.

Diese Gruppe radioaktiver Elemente ist von Hahn[3]) entdeckt worden. Sie scheinen das Thorium in seinen Erzen zu begleiten. Hahn ist vom Thorianit ausgegangen (vergl. § 2) und hat es in der üblichen Weise zwecks

[1]) Debierne, Compt. rend. de l'Ac. 1899.
[2]) Boltwood, Phys. Zeitschr. 1907; Phil. Mag. 1907.
[3]) Hahn, Jahrb. d. Radioaktivität, 1905.

Radiumextraktion behandelt. Im Laufe der fraktionierten Kristallisation konnte er feststellen, daß sich Aktivität in dem meist löslichen Salzteile angesammelt hatte, was für das Radium nicht der Fall gewesen wäre. Dieser Stoff wies alle Eigenschaften der Thoriumaktivität und zwar in sehr hohem Grade auf und war mit Thorium und Eisen verbunden. Durch weitgehende fraktionierte Kristallisation konnte man zwei sehr stark aktive Körper abscheiden.

Heute wird das Mesothorium schon in großem Maßstabe in der Industrie dargestellt, die zu diesem Zweck die bei der Fabrikation des Thoriums sich ergebenden Rückstände benutzt. Gewöhnlich enthalten diese Nebenprodukte den größten Bruchteil des Mesothoriums, das locker in dem Erz eingeschlossen ist. Denn bei der Trennung des Thoriums aus den Erzen durch Schwefelsäure bilden sich unlösliche, sehr fein zerstäubte Sulfate der Erden und seltenen Erden, die in diesem Zustand der größte Teil der aktiven Salze festhalten.

Das zur Herstellung des Mesothoriums im großen benutzte Mineral, der angereicherte Monazitsand, enthält in Rückstand auch viel Kies. Zwecks Abscheidung dieser Beimengung behandelt man das Monazit mit Fluorwasserstoffsäure oder mit Schwefelsäure und Fluoride. Auf diese Weise erhält man eine kiesfreie und für die endgültige Behandlung leicht zugängliche Substanz, die schließlich entweder einer fraktionierten Ausfällung oder fraktionierten Kristallisation unterworfen wird. Für ersteres Verfahren scheint Eisenhydroxyd Siliciumhydroxid gute Resultate zu liefern. Die käuflichen Mesothoriumsalze werden auf solche Konzentration gewöhnlich gebracht, daß sie diejenige Menge Mesothorium enthält, welche in bezug auf Aktivität einer an Gewicht gleichen Radiummenge entspricht.

Dieses Präparat ist meistens ein Barium- oder Thoriumsalz in Form von Chlorid oder Karbonat. Seine Aktivität ist bedeutend weniger beständig als diejenige des Radiums; sie kann auf die Hälfte ihres ursprünglichen Wertes, je nach der vorhandenen Mesothoriummenge, in zwei bis zehn Jahren abklingen.

Das käufliche Präparat dieses Salzes enthält auch oft Radiumsalze, die aus einem Gemenge von Thorium- und Uranerzen oder aus Uran, das von thoriumhaltigen Mineralien herrührt, stammen. Die Trennung des Radiums vom Mesothorium ist sehr schwierig; man kann jedoch den Radiumgehalt dieser Salze mit Hilfe der Emanationsmeßmethode bestimmen. (s. Kap. Laborde).

15. Uran X.

Uran X ist ein durch Crookes[1]) entdecktes Element. Mittels Fällung des Urans durch Ammoniumkarbonat und durch Wiederauflösung des Niederschlages im überschüssigen Reagens, bleibt das Uran X in dem schwachen, von Verunreinigungen bestehenden Rückstand gebunden. Eine andere von Crookes ausgebildete Trennungsmethode besteht darin, eine konzentrierte Nitratlösung mit Wasser zu vermischen; es erfolgt eine Abscheidung des Uran X in dem Wasser.

H. Becquerel[2]) brachte Uran X zur Fällung, indem er es durch Bariumsulfat in einer Uranlösung niederriß. Alle diese Reaktionen sind relativ unvollständig. Eine viel befriedigendere Reaktion ist von Schlundt und Moore[3]) angegeben worden. Demnach löst man Uranylnitrat in Aceton, dem man eine sehr geringe Menge Eisenhydroxyd zufügt, auf. Nach Filtration der Flüssigkeit sammelt sich das Uran X zum größten Teil im Rückstand an.

---

[1]) Crookes, Proc. Roy. Soc. 1900.
[2]) H. Becquerel, Compt. rend. de l'Ac. 1900.
[3]) Schlundt und Moore: Phys. Zeitschr. 1908.

Eine durchaus ergiebige Reaktion ist nach Szilard[1]) folgende: Uranylazetat wird unter Hinzufügung von kleinen Mengen Eisenazetat und Ammoniumazetat in Wasser aufgelöst. Dann erhitzt man die Lösung bis zum Kochen. Das unter solchen Bedingungen in der Lösung sich bildende Eisenhydroxyd reißt fast das gesamte Uran X mit fort. Man kann auf diese Weise Uran X erhalten, das an einer nur sehr geringen Menge fremden Substrats anhaftet.

Eine weitere Reaktion besteht darin, eine Uranlösung mit Kokosnußkohle zu vermischen und zu schütteln. Die Kohle reißt eine große Quantität des enthaltenen Uran X an sich. Zur Konzentrierung des Präparats wird die Kohle verascht. Diese Methode stammt von H. Becquerel.

16. Thorium X.

Dies Element ist von Rutherford und Soddy[2]) entdeckt worden und hat ihnen als Ausgangspunkt zur Aufstellung des Umwandlungsgesetzes der radioaktiven Elemente gedient.

Man erhält diesen Körper durch Mischen einer Thoriumlösung mit Ammoniak. Das Thoriumhydroxyd wird niedergerissen, und ein beträchtlicher Teil Thor X bleibt in der Lösung zurück, den man trocknet und glüht. Durch Wiederaufnahme des Niederschlags mittels einer Säure und durch wiederholte Fällung gelingt es, die Gesamtmenge Thor X, die mit Thorium im Gleichgewicht war, zu isolieren.

Lerch[3]) stellte fest, daß man das Thorium X auch auf elektrolytischem Wege, durch Elektrolyse einer alkalischen Flüssigkeit — in Säurelösung kam die Reaktion nicht zustande — abscheiden kann. Es setzt sich hauptsächlich an der Kathode, aber manchmal auch an der Anode ab. Aus den elektrolytischen Eigenschaften des Thoriums X schlossen einige Autoren, daß es zu der Gruppe der alkalischen Metalle gehöre. Andere wollten es, da es leicht mit Barium mitkristallisiert, zu den Erdalkalimetallen rechnen. Unserer Meinung nach entbehren Klassifikationen, die auf der Eigenschaft eines mit Verunreinigungen vermischten Elementes, die letzteres an Menge mehrere Millionen mal übertreffen, beruhen, wirklich exakter Grundlagen. Die unter solchen Bedingungen auftretenden und das Verhalten einer Reaktion bestimmenden Erscheinungen können ganz andersartige sein als die unter den wirklichen Verhältnissen beobachteten und untersuchten.

17. Andere radioaktive Elemente.

Die radioaktiven Emanationen werden in den folgenden Kapiteln behandelt werden, ebenso die durch Emanationen entwickelten sehr kurzlebigen Elemente. Das Radio-Aktinium, Radio-Uranium etc. finden sich selten in isoliertem Zustande und sind für unsere Gesichtspunkte von relativ wenig Interesse.

18. Allgemeines über die chemischen Reaktionen der radioaktiven Elemente von kurzer Lebensdauer.

Bei Betrachtung der verschiedenen Methoden zur Trennung und Konzentrierung der radioaktiven Elemente müssen wir feststellen, daß sie nicht nur Analogie sondern auch völlige Gleichheit unter einander aufweisen. Sie werden durch Fraktionierung konzentriert, durch Eisenhydroxyd, Barium-

[1]) Szilard, Compt. rend. de l'Ac. 1909.
[2]) Rutherford und Soddy, Phil. Mag. 1902.
[3]) Lerch, Annalen d. Phys. 1903.

sulfat, Kohle, Thoriumhydrat, Zirkoniumhydrat, Siliciumhydroxyd etc., gefällt. Diese Fällungsreaktionen gelingen gewöhnlich unterschiedslos mit der einen oder anderen „mitreißenden Substanz", einerlei ob es sich nun um Polonium, Radium, Aktinium oder Uran X handelt. Wir haben es also hier nicht mit spezifischen und charakteristischen Reaktionen eines jeweiligen Elementes zu tun.

Dieses Verhalten hat man schon auf verschiedene Weise zu deuten versucht. Wir[1]) schlagen unsererseits folgende Erklärungen vor:

Ein beliebiges, in Lösung befindliches radioaktives Element kann durch irgend welche Substanz, unter der Voraussetzung, daß sie in sehr fein verteiltem Zustande ist, niedergerissen werden. Die Erscheinung setzt gar keine verwandtschaftliche Beziehung zwischen der mitreißenden und mitgerissenen Substanz voraus und kann aus diesem Grunde den eigentlich chemischen Charakter des gefällten Elementes nicht bestimmen helfen.

Man kann sogar diese Reaktion einfach dadurch zustande bringen, indem man einen geeigneten pulverförmigen Niederschlag mit der Lösung einer radioaktiven Substanz mischt. Es ist also nicht das die neutrale Substanz niederreißende Reagens, das zugleich auf die radioaktive einwirkt, sondern es sind die schon a priori vorhandenen Partikel der neutralen Substanz, die diese mitreißende Funktion ausüben.

Diese Erscheinung erklärt sich leicht auf folgende Weise: Die kleinsten Teilchen einer fein zerteilten Substanz in einer Flüssigkeit werden elektrisch und benehmen sich wie wirkliche „feste" Ionen. So können sie andere, mit der entgegengesetzten Elektrizität geladene Teilchen anziehen und zusammen einen neutralen Komplex bilden. In bezug auf die Reaktionen der radioaktiven Elemente glaube ich, daß die Partikel der festen Substanz die Rolle der festen Ionen spielen — das elektrolytische Ion des radioaktiven Elementes diejenige des elektrolytischen Ions. Beide zusammen konstituieren den radioaktiven neutralen Niederschlag.

Wir wissen, daß es auch auf dem Gebiete der gewöhnlichen Elemente Reaktionen gibt, die eine analoge Deutung zulassen. Sie sind aber weniger scharf ausgeprägt als bei den radioaktiven.

In ihrer Wirkung sind diese Reaktionen im Grunde denen ähnlich, die uns von den Kolloiden her bekannt sind.

Nur wenige radioaktive Substanzen scheinen nicht mit den pulverförmigen Niederschlägen in ihrer Lösung mitgerissen zu werden. Als Beispiel hierfür sei das Aktinium X und Thorium X genannt. Aber dies Verhalten ist vielleicht keine Ausnahme, die Erscheinung hängt vielmehr auch von der Art der elektrischen Ladung der Flüssigkeit ab.

Es scheint also, als ob allen radioaktiven Substanzen dieses Phänomen des Mitgerissenwerdens gemeinsam ist und sie dadurch nicht individuell in dem gewöhnlichen Sinne der chemischen Reaktion charakterisiert werden.

19. Reaktionen der radioaktiven Substanzen in der Natur.

Unsere eben entwickelten Überlegungen können zur Aufklärung einiger sich in der Natur abspielenden Erscheinungen dienen.

Der relative Reichtum der Bodensätze und Ablagerungen des Ozeans erklärt sich teilweise durch die Bildung von unlöslichen Salzen im Meerwasser, die später das gelöste Radium mitreißen. Andererseits wird auch durch die

[1]) Szilard, Kongreß für Radiologie, Brüssel 1910.

kolloidalen Substanzen des Meeres, die von seinen zahlreichen Organismen und dem Flußschlamm herstammen, der Reichtum des Meeresgrundes an aktiven Substanzen vermehrt und zugleich der Vorrat des Wassers andauernd daran verringert. Für den großen Aktivitätsbestand der Bodensätze von Mineralquellen läßt sich eine analoge Erklärung heranziehen. Ein an die Oberfläche steigendes Quellwasser befindet sich noch nicht in stabilem Gleichgewicht mit den in ihm gelösten Stoffen; auf seinem ganzen Wege durch die Gesteine bis zum Austritt an die Oberfläche setzt es einen Teil seiner Substanzen als Ablagerung ab. Wenn wir in Betracht ziehen, daß die Vorgänge in der Natur von sehr langer Dauer und auf diese Weise besonders günstig für die Bildung von sehr feinen Teilchen sind, und andererseits bedenken, daß Mineralwasser immer eine beträchtliche Menge Eisen enthält, so sind alle Bedingungen vorhanden, damit die gelösten radioaktiven Substanzen mitgerissen, durch die Sedimente festgehalten und zugleich dem Wasser entzogen werden. Darin dürfen wir wohl den wahrscheinlichsten Grund dafür ansehen, daß Mineralquellen fast niemals gelöstes Radium enthalten, obgleich die Sedimentenablagerungen sehr deutlich dafür zeugen, daß dies ursprünglich der Fall war.

Schließlich möchte ich an den Gehalt an radioaktiven Substanzen der Tonarten und anderer staubförmigen Bodenbestandteile erinnern, ein Gehalt, der denjenigen an ihren Urbildungsstoffen übertrifft. Nicht nur das zu ihrem Entstehen notwendige Wasser hat ihre aktiven Stoffe aufgesogen, sondern die gebildeten kolloidalen Flocken haben noch das aktive Material des Wassers, mit dem sie später in Berührung gewesen sind, festgehalten.

Kapitel IV.

Aus dem Physikalischen Laboratorium an der k. k. techn. Hochschule in Wien und dem Institut für Radiumforschung der kaiserl. Akademie der Wissenschaften in Wien.

Maße und Meßmethoden.

Von

Heinrich Mache und **Stefan Meyer.**

Mit 6 Abbildungen im Text.

Bei den Messungen im Gebiete der Radioaktivität, soweit sie hier in Frage kommen, handelt es sich im wesentlichen um zweierlei Aufgaben;

erstens, die Definition der vorhandenen Strahlenarten;

zweitens, die Bestimmung des Gehaltes an radioaktiver Substanz.

Zur Messung kann jede konstante oder in ihrem zeitlichen Verlaufe bekannte Eigenschaft der radioaktiven Substanzen herangezogen werden; also die fluoreszenzerregende Wirkung (auf Bariumplatinzyanür oder Sidotblendenschirme, Diamant, Kunzit, Willemit etc.), die Beeinflussung der photographischen Platte, weiters die Wärmeentwickelung und die Eigenschaft, die Gase zu ionisieren und damit elektrisch leitfähig zu machen.

Die ersteren beiden Methoden eignen sich hauptsächlich zu raschen qualitativen Orientierungen. Quantitativ kommen sie nur bei der Zählung von α-Partikeln, Reichweitenbestimmungen und Messungen von Ablenkungserscheinungen im elektrischen oder magnetischen Felde zur Anwendung. Im übrigen dienen zu quantitativen Bestimmungen insbesondere die beiden zuletzt genannten Eigenschaften.

I. Definition der Art der Strahlen.

Für die Unterscheidung der drei Strahlenarten:

α = gleich: Heliumatome mit positiver Ladung von $9{,}3 \cdot 10^{-10}$ Elektrostat. Einheiten = $3{,}1 \cdot 10^{-19}$ Coulomb, mit Anfangsgeschwindigkeiten von $1{,}5 \cdot 10^9$ bis $2{,}3 \cdot 10^9$ cm/sek ausgeschleudert;

β = gleich: Elektronen (Größe ca. 1/1700 des H-Atomes) mit negativen Ladungen von $4{,}65 \cdot 10^{-10}$ Elektrostat. Einheiten = $1{,}55 \cdot 10^{-19}$ Coulomb und Geschwindigkeiten von $1 \cdot 10^{10}$ bis $2{,}98 \cdot 10^{10}$ cm/sek;

γ = gleich: Ätherimpulse oder ungeladene Korpuskeln;

kommt für die hier zu behandelnden Fragen hauptsächlich ihr verschiedenes Absorptionsvermögen in Betracht.

Die α-Partikel werden auf ihrer Bahn relativ stark gebremst und verlieren dabei an Geschwindigkeit. Hat diese einen unteren Grenzwert von ca. $5 \cdot 10^8$ cm/sek erreicht, so verschwinden die radioaktiven Eigenschaften und sie unterscheiden sich in nichts von ungeladenen Heliumatomen. Die Distanz in Luft, bei welcher dieser Grenzwert erreicht wird, heißt die Reichweite (r). Dieselbe hat für die verschiedenen α-Strahler die folgenden Werte: (cm Luft bei Zimmertemperatur)

Uran	(1,6 ?)	Radium	3,13	Radioactinium	4,55	Thorium cca	2
Uran	2,5	Ra—Emanation	4,23	Actinium X	4,2	Radiothorium	3,9
Uran	2,9	Ra—A	4,83	Ac-Emanation	5,4	Thorium X	5,7
Ionium	3,0	Ra-C	7,05	Ac—A	6,5	Thorium—Emanation	5,5
		Ra-F (Polonium)	3,6	Ac—C	5,1	Th—C_1	5
						Th—C_2	8,5

Mit großer Annäherung läßt sich annehmen, daß die Absorption in den verschiedenen Substanzen proportional ihrer Dichte ist. Die Reichweite ist demnach in den verschiedenen Substanzen der Dichte verkehrt proportional.

Die Dichte der Luft, bezogen auf Wasser ist d = 0,00129. Die Reichweite in Wasser also r $\times$ 0,00129 oder rund ein Tausendstel der oben angegebenen (z. B. für Ra-C = 0,094 mm). Daraus folgt, daß in Körpern von der Dichte des Wassers oder einer größeren, die Wirkung der α-Strahlen nirgends tiefer geht als 0,1 mm.

Die Absorption der β-Strahlen folgt im allgemeinen angenähert dem Gesetze $J = J_0 e^{-\mu x}$. μ heißt der Absorptionskoeffizient. (J_0 = Strahlung ohne Absorption, J = Strahlung nach Absorption durch die Schichtdicke x, e = Basis der natürlichen Logarithmen.) D = log. nat. $2/\mu = 0{,}6931/\mu$ heißt die Halbierungsdicke, das ist die durchstrahlte Schicht x, hinter welcher noch J/2 vorhanden ist. Für 10 D ist die Strahlung auf ein Promille abgesunken.

In manchen Fällen gehen von einer einzelnen Substanz mehrere (weichere und härtere) β-Strahlen aus. Diese lassen sich durch Supraposition (z. B. $J = AJ_0 e^{-\mu_1 x} + BJ_0 e^{-\mu_2 x}$) berechnen. Es sind für die Absorption durch Aluminium:

	μ in 1/cm Al	D in cm Al		μ in 1/cm Al	D in cm Al
Uran	510	0,00136	Radioactinium	175	0,004
Uran	14,4	0,0481	Ac—B	125	0,0055
Radium	320	0,0022	Ac-D	28,5	0,024
Ra-B	77	0,009	Mesothor 2	40—20	0,034-0,018
Ra—C	14,9	0,05	Th—B	130	0,0053
Ra-E	44	0,0162	Th—D	16,3	0,044

μ/d ist in erster Annäherung als konstant anzusehen. Genauer genommen ist es eine Funktion des Atomgewichtes a. Es wächst mit steigendem a, und zwar nicht proportional, sondern periodisch im gleichen Sinne wie die Atomvolumen-Atomgewichtskurve.

Die Absorption der γ-Strahlen erfolgt ebenso wie die der β-Strahlen angenähert entsprechend der Gleichung $J = J_0 e^{-\mu x}$. Für die Schwermetalle zeigt sich aber (vielleicht bedingt durch das Auftreten von Sekundärstrahlen, vgl. unten) für kleinere x größeres μ.

Gemessen in cm Blei ergibt sich

	μ in 1/cm	D in cm Pb		μ in 1/cm	D in cm Pb
Uran X	0,73	0,96	Ac-D	1,22	0,57
Ra—C	0,57—0,46	1,22—1,51	Mesothor 2	0,64	1,1
Ra-E	groß	klein	Th—D	0,46	1.5

Die Abhängigkeit von der durchstrahlten Schichtdicke zeigt für Ra—C die folgende Zusammenstellung der Werte von μ bei Absorption durch verschiedene Materialien.

	x = 0,25 cm	0,5 cm	1,0 cm	1,5 cm	
Quecksilber . .	0,726	0,661	0,538	0,493	
Blei	0,641	0,563	0,480	0,440	
Zink	0,282	0.266	0,248	0,266	
Aluminium . . .	0,104	0,104	0,104	0,104	konstant.
Glas	0,087	0,087	0,087	0,087	konstant.
Wasser	0,034	0,034	0,034	0,034	konstant.

μ/d ist für größere Schichtdicken annähernd konstant = 0,034.

β und γ-Strahlen erzeugen beim Auftreffen auf feste Körper und in deren Inneren Sekundärstrahlen vom Charakter der β-Strahlen, verschiedenen Härtegrades. Die Intensität wächst mit Atomgewicht und Dicke des getroffenen Materiales. Die Härte ist durchwegs geringer, als die der primären Strahlen[1]).

Die Entscheidung über die Art vorhandener Strahlen wird am einfachsten durch Absorptionsversuche getroffen. Geringe Schichten von Papier, Aluminium, Stanniol schirmen die α-Strahlen ganz ab; was erübrigt sind β und γ-Strahlen. Die β-Strahlen werden durch 2—3 mm Blei vollkommen absorbiert; was dann noch durch den Schirm hindurchgeht, sind γ-Strahlen.

Die β-Strahlen können auch durch magnetische Ablenkung entfernt werden. Die Intensität der β-Strahlen beträgt bei voller Ausnützung (totaler Absorption) 3,5 Prozent aller Strahlen; praktisch, bei nicht voller Ausnützung etwa ein Prozent; die der γ-Strahlen bei theoretisch vollkommener Ausnützung 4,8 Prozent der Gesamtstrahlung; praktisch, da die Absorption zumeist eine außerordentlich geringe ist, nur ca. ein Prozent der β-Strahlung.

II. Gehaltsbestimmungen.

Zu Gehaltsbestimmungen werden die ionisierenden Wirkungen der α-Strahlen, die gleichen der γ-Strahlen, die Wärmeentwickelung und die Emanationsentwickelung, bzw. der Emanationsgehalt eines gegebenen Quantums verwendet.

§ 1. Messung mittelst des Sättigungsstromes, der durch α-Strahlen unterhalten wird.

Diese Mehode kann nur für freiliegende (unbedeckte) Substanzen herangezogen werden. Da die α-Strahlen schon von sehr geringen Schichtdicken absorbiert werden, kommt dabei nur die oberste Schicht zur Geltung, das heißt es kommt wesentlich auf die Größe der Oberfläche und nicht auf das Gewicht an und eine Vermehrung der Dicke über Bruchteile eines Millimeters hinaus erhöht die Wirkung der α-Strahlen nicht. Da weiters, überall wo α-Strahler neben β-Strahlern vorkommen, die Wirkung der ersteren, die der letzteren etwa 100 mal übertrifft, so kann die Vergleichung bekannter Oberflächenstrahlung auch für solche Substanzen, die nicht ausschließlich α-Strahlen emittieren, benützt werden.

[1]) Es erscheint demach problematisch, ob die vielfach verwendeten Bleischürzen etc. zum Schutze gegen die Wirkung von harten γ-Strahlen zur Benützung zu empfehlen sind. Die nicht absorbierten γ-Strahlen dürften kaum physiologische Wirkungen äußern. An den Bleischirmen werden aber in Körpernähe weiche Sekundärstrahlen erzeugt, die vom Körper absorbiert werden müssen.

Die Messung geschieht entweder elektrometrisch oder galvanometrisch. In allen Fällen ist dafür Sorge zu tragen, daß Sättigungsstrom erreicht wird, wozu auf tunlichste Staubfreiheit der Luft und genügend große elektrische Spannungen im Meßraum zu achten ist.

Bei elektrometrischen Messungen wird die Ionisation in einem begrenzten Raume durch den elektrischen Strom gemessen, der von den Ionen von dem aufgeladenen Körper (z. B. dem Tischchen in beistehender Skizze oder einer mit dem Elektrometer verbundenen Kondensatorplatte) zur Erde (dem mit der Erde leitend verbundenen umhüllenden Gefäß oder der gegenüberliegende geerdeten Kondensatorplatte) unterhalten wird (Fig. 24). Oder es wird umgekehrt die Aufladung eines isolierten Körpers, z. B. des Tischchens oder der obigen Kondensatorplatte beobachtet, wenn der Umhüllungskörper oder eine Kondensatorplatte dauernd mit einer Batterie verbunden (auf konstantem Potential gehalten) ist. Die Größe des Meßraumes ist passend so zu wählen, daß die größte Reichweite der α-Partikel voll ausgenützt wird. (Also z. B. der Sturz Fig. 23, Durchmesser etwa 15—20 cm, Höhe zwischen Tischchen und Decke ca. 10 cm.)

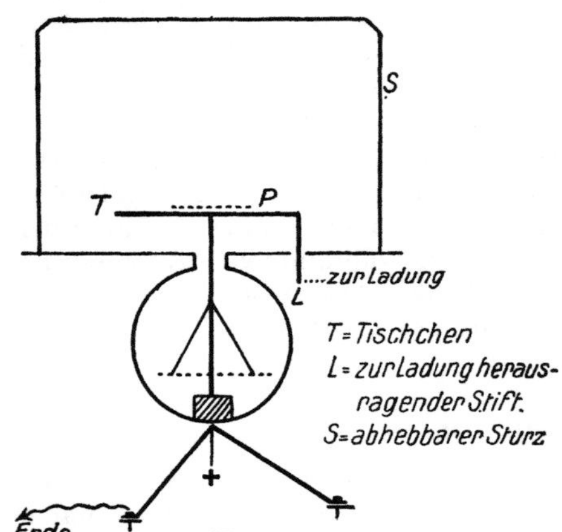

Fig. 23.

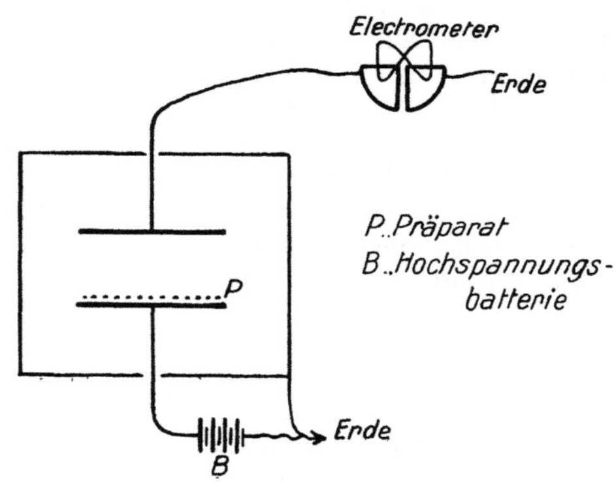

Fig. 24.

Für jeden geladenen Körper gilt die Beziehung: $e = V . C$ (e = Ladung, V = Spannung, C = Kapazität). Die Stromstärke (i) ist durch die pro Zeiteinheit transportierte Ladung gegeben, also $i = de/dt = dV/dt . C = \frac{V_1 - V_2}{t} . C$[1]).

Wird V in Volt, C in cm und t in Sekunden gemessen, so ist i in elektrostatischen Einheiten gegeben durch $\frac{(V_1 - V_2) . C}{300 . t}$; in Milliampère durch $\frac{(V_1 - V_2) . C}{9} . 10^{-8}$ [2]).

[1]) Selbstverständlich muß bei allen Messungen hier, wie im folgenden, die sogenannte natürliche Zerstreuung berücksichtigt werden, die auch dann vorhanden ist, wenn keine radioaktiven Substanzen eingebracht sind. Für gute Isolation ist dieselbe bei einem Meßraum von 1 Liter von der Größenordnung $i = 0,5 - 1 . 10^{-5}$ E. St. E. In Laboratorien wo sich radioaktive Substanzen befinden ist die „natürliche" Zerstreuung pro Liter gewöhnlich größer, bis etwa 10^{-4} E. St. E. und zuweilen noch höher, was für Messungen kleiner radioaktiver Mengen die Meßgenauigkeit beeinträchtigen kann.

[2]) Die manchmal zu findende Bezeichnung der Aktivität in „Volt" ist unsinnig, da es sich hier nicht um ein Maß in Spannungseinheiten, sondern in Stromeinheiten handelt. Die häufig gebrauchte Angabe in „Volt pro Stunde", oder einer anderen Zeiteinheit bleibt unverständlich, wenn nicht die spezielle Anordnung angegeben ist, da diese Größe nur den einen anzugebenden Faktor enthält und die Bekanntgabe der Kapazität erforderlich ist, um daraus die Stromstärke berechnen zu können.

Da die zu messenden Präparate auf einer Platte oder in einem flachen Schälchen angebracht sind, gelangt nur die einseitige Strahlung zur Messung, indem die der entgegengesetzten Richtung durch das Blech absorbiert wird.

Für die üblichen Anordnungen der ersten Art hat die Kapazität zumeist die Größenordnung 10 cm. Der Meßbereich erstreckt sich für die Elektrometer nach Exner, Elster - Geitel und ähnliche auf Ströme zwischen 0,1 und 0,001 Elektr. st. Einh. nach Wulf herab bis zu 0,0005 E. St. E. Sättigung ist bei 100 bis 200 Volt Spannung gewährleistet.

(Beispielsweise liefert
geröstete, feingepulverte Pechblende in einem Schälchen vom Durchmesser 3 cm einen Strom von 0,026 E. St. E. oder $8{,}7 \cdot 10^{-9}$ Milliampère;
das Ausgangsmaterial der Radiumgewinnung, die „Rückstände" 0,077 E. St. E. oder $25{,}7 \cdot 10^{-9}$ Milliampère.)

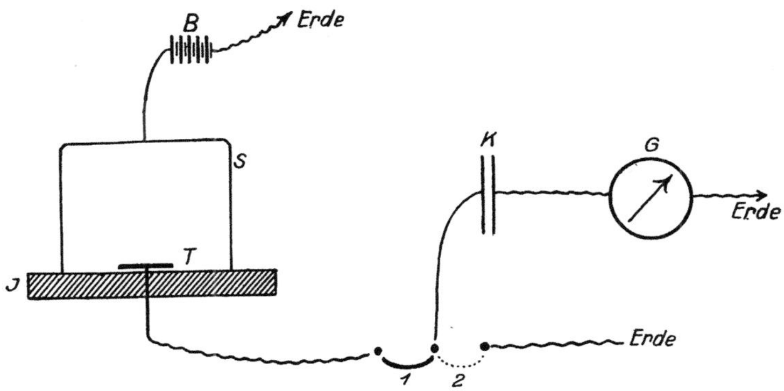

J = Jsoliermaterial (Paraffin), B = Hochspannungsbatterie, K = Glimmercondensator, G = Galvanometer.

Fig. 25.

Die Messungen auf galvanometrischem Wege erfolgen nach Anordnungen beistehender Skizze (Fig 25.), unter Anwendung hochempfindlicher Galvanometer (z. B. von Siemens und Halske). Man erzielt es dabei leicht, daß einem Ausschlag von einem Skalenteil im Ablesefernrohr etwa eine Elektrostat. Einh. ($3{,}3 \cdot 10^{-7}$ Milliampère) entspricht.

Der Meßbereich hängt davon ab, wie weit Sättigungsstrom erreicht werden kann. Bei ca. 1000 Volt Spannung wird für α-Strahler Sättigung für Ströme bis zu 10 bis 15 E. St. E. ($3.3 \cdot 10^{-6}$ bis $5 \cdot 10^{-6}$ Milliampère) erhalten; bei 2000 Volt für Ströme bis zu 25 bis 30 E. St. E. ($8 \cdot 10^{-6}$ bis 10^{-5} Milliampère).

Für stärkere Ströme muß eine Extrapolation auf den Sättigungswert durchgeführt werden. Ist man von der Sättigung nicht allzuweit entfernt, so geschieht diese am besten nach beistehender Skizze, unter Verwendung des Kurvenzuges, der sich aus der Eintragung von i und i/V ergibt (vgl. Fig. 26 S. 64).

Für schwächere Präparate bedient man sich einer ballistischen Methode, indem man den Glimmer-Kondensator K (etwa 1 Mikrofarad) durch eine bestimmte Zeit auflädt, dann durch Umschaltung auf die Schlüsselstellung 2 die aufgespeicherte Ladung zur Erde abströmen läßt (vgl. Fig. 25). Der ballistisch gemessene Strom ist mit großer Annäherung direkt proportional der Ladezeit zwischen einer solchen von etwa einer Minute bis zu einer halben Stunde. Die Relation zwischen den ballistischen Ausschlägen und den (natürlich in entgegengesetzter Richtung erfolgenden) Dauerausschlägen hängt von dem jeweilig benützten Instrument ab und muß ausgewertet werden. Für die oben erwähnte Type der Galvanometer entspricht beispielsweise einer Aufladezeit von einer Minute ein Ausschlag von ca. 25 Skalenteilen.

Der Meßbereich einer solchen Anordnung liegt für α-Strahlen angenähert zwischen 0,005 bis 5 E. St. E. oder $1{,}7 \cdot 10^{-9}$ bis $1{,}7 \cdot 10^{-6}$ Milliampère für ballistische Messungen und zwischen 1 bis ca. 50 E. St. E., oder $3{,}3 \cdot 10^{-7}$ bis $1{,}7 \cdot 10^{-5}$ Milliampère für Dauerausschläge.

Als Standard-Vergleichspräparate war zuerst von H. Becquerel metallisches Uran vorgeschlagen worden. St. Meyer und E. v. Schweidler hatten dann Uranylnitratlösungen bestimmter Oberfläche und Konzentration beantragt. H. N. Mc Coy hat zuletzt Schichten von Uranoxyduloxyd U_3U_8, an Luft bei 700° C. getrocknet, in Schälchen von 7 cm Durchmesser, 0,6 bis 0,8 g wiegend empfohlen. Auf den ersten Vorschlag beziehen sich die in früherer Zeit mehrfach benützten, in der letzten Zeit kaum mehr empfehlenswerten „Uraneinheiten". Der Mc Coysche Standard wird noch mannigfach benützt.

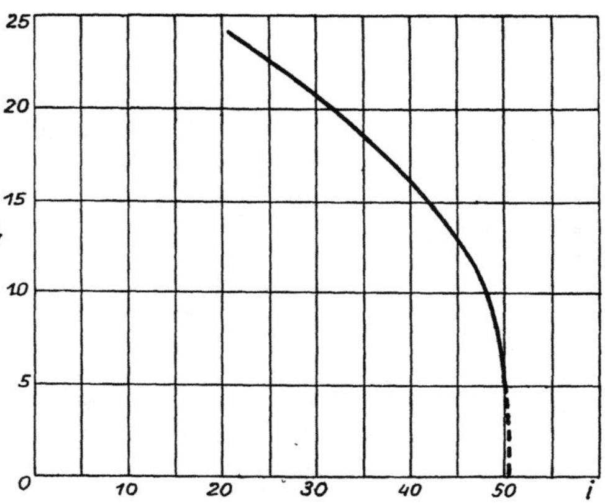

Fig. 26.

Kurve zur Veranschaulichung der Extrapolation auf den Sättigungswert.

Es sei daher noch angegeben, daß 1 cm² U_3O_8 in einer Dicke, für die die maximale Strahlung erreicht ist, $^1/_{790}$ der Gesamtaktivität von 1 g Uran in molekular dünner Schicht beträgt.[1])

In neuerer Zeit wird die Strahlung des Radium selbst, als Standard benützt. Nach den neuesten Zahlen ist anzusetzen, daß

1 g Radium (Element) pro Sekunde $3{,}4 \cdot 10^{10}$ α-Partikel emittiert,

1 α-Partikel des Ra auf seiner Bahn 153 000 Ionen erzeugt und daß jedes Ion das Elementarquantum von $\varepsilon = 4{,}65 \cdot 10^{-10}$ E. St. E. trägt.

Der gesamte Strom, den die α-Partikel von 1 g Ra unterhalten, ist demnach $i = 3{,}4 \cdot 10^{10} \cdot 1{,}53 \cdot 10^5 \cdot 4{,}65 \cdot 10^{-10} = 2{,}42 \cdot 10^6$ E. St. E. oder 0,807 Milliampère.

Hat man Ra in molekular dünner Schicht auf einem Blech aufgetragen, so nützt man nur nach der einen, vom Blech weggerichteten, Seite die Strahlung aus und hat also einseitig gemessen $i_1 = 1{,}21 \cdot 10^6$ E. St. E. oder 0,403 Milliampère.

[1]) 1 cm² U_3O_8 in α-satter Schicht, das ist für etwa 0,02 g pro 1 cm², liefert einen Strom von 0,00173 E. St. E. ($5{,}78 \cdot 10^{-13}$ Ampère) einseitig gerichtet. 1 g Uran in molekular dünner Schicht würde bei allseitiger Ausnützung seiner α-Strahlen 1,36 E. St. E. ($4{,}52 \cdot 10^{-10}$ Ampère) ergeben.

Dampft man einen Tropfen einer sehr verdünnten Radiumlösung auf einem kleinen Blechstück ein, so erhält man eine sehr dünne Schicht. Es gelingt dabei aber tatsächlich nicht, Radium ohne alle Zerfallsprodukte zu erhalten. Beim Verdampfen wird die Emanation vertrieben; Ra—A, Ra—B, Ra—C, sterben dann allmählich ab und nach ca. $3\frac{1}{2}$ bis 4 Stunden sind diese verschwunden, wenn keine neue Emanationsmenge auftritt. In dieser Zeit hat sich aber Emanation nachgebildet und diese bleibt in festen Salzen zu ca. 65 Prozent okkludiert.

Aus dem Absinken der ursprünglich vorhandenen Aktivitäten RaA, RaB, RaC, einerseits und dem Anwachsen der nachgebildeten Emanation und deren Zerfallsprodukten, folgt, daß sich ein Minimum der Aktivität, in der Zeit von 3 bis 4 Stunden nach dem (auch eine Weile dauernden) Eindampfen ergibt.

In diesem Minimum der Aktivität sind vorhanden: Das Radium selbst; von der nacherzeugten Emanation nach 3 Stunden, wenn die gesamte okkludiert bliebe, 2,2 Prozent, nach 4 Stunden, wenn die gesamte okkludiert bliebe, 3 Prozent, und wenn nur 65 Prozent okkludiert bleiben, nach 3 Stunden 1,4 und nach 4 Stunden 2 Prozent; von den induzierten Aktivitäten RaA, RaB, RaC, die zu dieser Emanationsmenge im Gleichgewicht stehenden Mengen[1]).

Da jeder im Gleichgewicht stehende α-Strahler pro Sekunde $3{,}4 \,.\, 10^{10}$ α-Partikel emittiert, und 1 α-Partikel der Emanation $1{,}74 \,.\, 10^5$, ein solches von Ra-A $1{,}87 \,.\, 10^5$ und eines von Ra-C $2{,}37 \,.\, 10^5$ Ionen erzeugt, so ist der Strom den die 65 Prozent der in 4 Stunden erzeugten Emanation, samt ihren Zerfallsprodukten, unterhalten, einseitig gemessen, $i_2 = \frac{1}{2} \,.\, 3{,}4 \,.\, 10^{10} \,.\, 2 \,.\, 10^{-2} \,.\, (1{,}74 + 1{,}87 + 2{,}37) \,.\, 10^5 \,.\, 4{,}65 \,.\, 10^{-10} = 0{,}94 \,.\, 10^5$ E. St. E. $= 0{,}031$ Milliampère (nach 3 Stunden $i_2 = 0 \,.\, 66 \,.\, 10^5$ E. St. E. $= 0.022$ Milliampère).

Der im Minimum der Strahlung, nach 4 Stunden, zu erwartende Wert ist demnach

$$i = i_1 + i_2 = 1{,}21 \,.\, 10^6 + 0{,}94 \,.\, 10^5 = 1 \,.\, 30 \,.\, 10^6 \text{ E. St. E.}$$
$$= 0 \,.\, 403 + 0 \,.\, 033 = 0 \,.\, 436 \text{ Milliampère}$$

(nach drei Stunden $1{,}28 \,.\, 10^6$ E. St. E. oder 0.427 Milliampère).

Da die eingedampfte Schicht nie wirklich molekular dünn ist, folgt, daß diese theoretischen Werte im allgemeinen nicht erreicht werden. (Man erhält praktisch, reduziert auf 1 g Ra im Minimum der Strahlung aus eingedampften Tropfen Werte von 10^6 bis $1{,}2 \,.\, 10^6$ E. St. E.)

Für andere α-strahlende Produkte als das Radium, wie das Ionium, Polonium, Aktinium etc. empfiehlt es sich, entweder den von sehr dünner Schicht der Substanz bewirkten Strom in E. St. E. oder Milliampère direkt als Kennzeichen anzugeben oder sich unter Zugrundelegung obiger Zahl in Radiumäquivalenten auszudrücken.

§ 2. Messungen mittelst der γ-Strahlung.

Die Vergleichung der durchdringendsten Strahlen kann ebenfalls elektrometrisch oder galvanometrisch erfolgen. Es eignet sich hierfür jede Anordnung, die einen definierten Ionisationsraum hat, wie beispielsweise eine solche der Fig. 23 oder ein Fontaktometer, oder ein Wulfscher Strahlungsapparat, oder

[1]) Man könnte auch durch 4stündiges Kochen, Schütteln, oder Durchquirlen Emanation + RaA + RaB + RaC entfernen und danach eine Probe eindampfen. Man erhielte dann nur soviel Emanation bezw. induzierte Aktivität, als sich in der Zeit zwischen Eindampfen und Messen entwickelt; d. h. i einseitig, nahezu blos $1 \,.\, 21 \,.\, 10^0$ E. St. E. Man wird aber wegen Konzentrationsänderungen, Verspritzen und Verunreinigung bei Normallösungen vermeiden, diesen Weg einzuschlagen.

Anordnungen der Type Fig. 27. Da die γ-Strahlung in so kleinen Räumen nur teilweise absorbiert werden kann, handelt es sich hicrbei stets nur um relative Messungen; d. h. man muß sich auf ein Standardpräparat beziehen.

Bei der Anordnung kann man die zwei Fälle unterscheiden, daß das zu messende Präparat innerhalb oder außerhalb des Apparates angebracht wird.

Im ersteren Falle ist eine tunlichst zentrale Anordnung zu empfehlen (vergl. die Skizze Fig. 27).

Im zweiten Falle hat man für die verschiedenen Präparate auf sehr genaue Einhaltung der Distanz (r) von der Ionisationskammer zu achten, da die Einstrahlung mit $^1/r^2$ variiert. Substanzen verschiedener Eigendimensionen sind außer für große r daher eher in der ersteren Form vergleichbar.

Weiters ist zu beachten, daß die Absorption der Strahlen für die zu messenden Substanzen tunlichst die gleiche sein soll, wofür die Koeffizienten μ (vergl. S. 60) maßgebend sind. Um sicher alle primären β-Strahlen zu absorbieren, müssen mindestens 3 mm Blei als absorbierende Schichtdicke gewählt werden. Ist das Präparat selbst in nicht sehr dünner Wandung eingeschlossen oder die

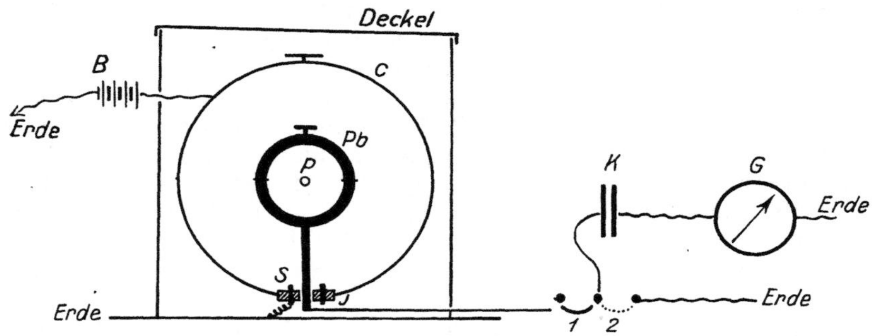

Pb = Kugel (aus 2 Halbkugeln zusammengesetzt); C = aufzuladende Kugel (aus 2 Halbkugeln), B = Batterie, S = geerdeter Schutzring, K = Glimmercondensator, G = Galvanometer.

Fig. 27.

Eigendicke des Präparates (also die Absorption im eigenen Salzmaterial) nicht gering, so empfehlen sich noch wesentlich größere Schirmdicken um die Korrektion für die Absorption in den anderen Materialien nicht zu groß werden zu lassen. Diese Korrektur ist entsprechend der Gleichung $J = J_0 e^{-\mu x}$ durchzuführen. (Beispielsweise macht 1 mm Glas neben 3 mm Pb noch $^1/_{17}$ oder 5,8 Prozent neben 10 mm Pb noch $^1/_{38}$ oder 2,6 Prozent aus). Da endlich die γ-Strahlen beim Auftreffen auf die Schirme und die Wände des Meßraumes Sekundärstrahlen erzeugen, ist auf möglichst genaue Übereinstimmung der geometrischen Verhältnisse bei den Vergleichen Sorge zu tragen. Um den Einfluß der Sekundärstrahlen einigermaßen zu eliminieren, empfiehlt es sich sowohl Präparat als Ionisationskammer abzuschirmen.

Während bei der α-Strahlung wegen der vollständigen Absorption, wenn der Ionisierungsraum immer größer bleibt, als die Reichweite, Druck- und Temperaturschwankungen für den Sättigungsstrom ohne Belang bleiben, ist für die nur teilweise absorbierte γ-Strahlung es in Rechnung zu ziehen, daß die Absorption proportional dem Druck und verkehrt proportional der absoluten Temperatur zunimmt. Zur Reduktion auf normalen Druck (760 mm) und Zimmertemperatur (15° C) ist dementsprechend für den gemessenen Strom i die Korrektionsformel

$$i_0 = i \frac{760}{p} + 0{,}0037 \; (t - 15^0)]$$

anzuwenden.

Sättigungsstrom ist für γ-Strahlung schon bei viel geringeren Spannungen erreicht als für α-Strahlen.

(Für i bis zu etwa 0,2 E. St. E. bei ca. 200 Volt)
„ „ „ „ 50 E. St. E. „ „ 1000 „

Der Meßbereich ist für die skizzierte galvanometrische Anordnung für Mengen zwischen ca. 0,1 mg und ca. 2 g Radium gelegen.

Für elektrometrische Anordnungen mit dem Präparat außerhalb des Apparates können noch 0,01 mg und weniger bestimmt werden und gibt es, da r beliebig groß gewählt werden kann, keine obere Grenze.

Um angenähert quantitative Vergleiche zu ermöglichen, wenn keine geeichten Standardpräparate zur Verfügung stehen, mögen beispielsweise die folgenden Angaben dienen:

10 mg Ra = 13,138 mg $RaCl_2$ = 17,074 mg $RaBr_2$ = 12,655 mg $RaCO_3$, abgeschirmt durch 3 mm Pb., vor dem Präparat, in der Distanz von Schirm zu Schirm r = 50 cm seitlich von einem durch eine 5 mm Pb platte abgeschirmten Mache-Meyerschen Fontaktometer mit der Zylindergröße 15 Liter (samt Elektroskop)[1] liefert einen Strom von 0,055 E. St. E. oder $1{,}8 \cdot 10^{-8}$ Milliampère;

dto abgeschirmt durch 4 mm Pb in der Distanz r = 50 cm seitlich der Stirnfläche eines Wulfschen Strahlungsapparates[1]), Wandstärke 3 mm Zink, Volumen 2 Liter, liefert einen Strom von 0,0116 E. St. E. oder $3{,}9 \cdot 10^{-9}$ Milliampère;

dto. in konzentrischer Kugelanordnung (vergl. oben), Bleihohlkugel vom Innendurchmesser 12 cm, Wandstärke 13 mm. Außenkugel vom Durchmesser 30 cm. liefert einen Strom von 0,88 E. St. E. oder $2{,}9 \cdot 10^{-7}$ Milliampère.

dto. in einem Schutzzylinder von 4 mm Bleidicka in 50 cm Distanz von einem geschlossenen Elster-Geitel'schen Elektroskop der Firma Günther und Tegetmeyer einen Strom von $1{,}32 \cdot 10^{-3}$ E. St. E. oder $4{,}4 \cdot 10^{-10}$ Milliampère.

Für andere γ-strahlende Substanzen, wie das Mesothor, oder Radiothor mit seinen Zerfallsprodukten etc., ist es angemessen, die Aktivität in Äquivalenten des Radium auszudrücken (also z. B.: Mesothor vom γ-Strahlungsäquivalent von n mg Radium).

§ 3. Messungen mittels der Wärmeentwickelung.

Statt die ionisierende Wirkung der von einer aktiven Substanz bei ihrem Zerfall emittierten α- oder γ-Strahlen zu messen, kann man unter günstigen Verhältnissen auch die ebenfalls der Menge proportionale Gesamtenergie der Strahlung auf kalorimetrischem Wege bestimmen. Es genügt hierzu die bei vollständiger Absorption der Strahlen produzierte Wärmemenge zu messen. Zudem wird wegen der relativ großen Masse der α-Teilchen der weitaus größte Teil der Energie durch die leicht absorbierbaren α-Strahlen transportiert, so daß das Einschließen des Präparats in ein Gefäß von mäßiger Wandstärke bereits für jeden α-Strahler die Sicherheit bietet, daß der weitaus größte Teil der den Zerfall begleitenden Energieentwickelung noch im Gefäß in Wärme umgesetzt wird. Erfolgt doch gewöhnlich schon im Präparat selbst die Absorption der im Innern emittierten α-Partikel vollständig und handelt es sich nur noch um die von der Oberfläche ausgeschleuderten Teilchen. Umgibt man das Präparat mit zwei oder drei Millimeter Blei, so wird auch die β-Strahlung in Wärme verwandelt.

---

[1]) Wie ihn die Firma Günther und Tegetmeyer in Braunschweig liefern.

Seit der ersten Beobachtung Curies, daß ein Radiumsalz stets wärmer ist, als seine Umgebung und den ersten quantitativen Versuchen über diese Wärmeproduktion, ist durch die Arbeiten Rutherfords und seiner Schule die Bestimmung der Konstanten der radioaktiven Substanzen bereits derart entwickelt worden, daß die Berechnung der Strahlenenergie und somit auch der zu erwartenden Wärmeentwickelung wenigstens für die Elemente der Radiumgruppe mit beträchtlicher Sicherheit erfolgen kann.

Setzen wir wieder die Zahl der α-Partikel von 1 g Radium selbst pro Sek. $= 3{,}4 \,.\, 10{,}^{10}$, das Gewicht des Heliumatoms (aus der von Rutherford durch direkte volumetrische Messung der Heliumentwickelung gefundenen Loschmidtschen Zahl $2{,}69 \,.\, 10^{19}$ berechnet) gleich $67{,}0 \,.\, 10^{-25}$ g; setzen wir ferner (nach Geiger und Nuttall) für die Anfangsgeschwindigkeiten der α-Partikel von Radium, Emanation, Ra. A, und Ra. C bezw. die Werte 1,61; 1,74; 1,81 und $2{,}06 \,.\, 10^9$ cm/sek., so ist die von 1 g Radium und dessen mit ihm im Gleichgewicht befindlichen Zerfallsprodukten (inkl. Ra. C) pro Sek. durch die α-Strahlung emittierte Energie $= 33{,}5 \,.\, 10^{-25} \,.\, 13{,}14 \quad 10^{18} \,.\, 3{,}4 \,.\, 10^{10} =$

$$14{,}96 \,.\, 10^5 \frac{\text{Erg}}{\text{sec}} = \frac{14{,}96 \,.\, 10^5}{419 \,.\, 10^5} \frac{\text{cal}}{\text{sec}} = 0{,}0357 \frac{\text{cal}}{\text{sec}} \text{ oder } 128{,}5 \frac{\text{cal}}{\text{Stunde}}$$

Hierzu kommt noch die Wirkung des Rückstoßes auf das emittierende Atom. Das gibt wenn wir das Atomgewicht der vier α-Strahler im Mittel mit 220 einsetzen 1/55 des obigen Betrages. Weiters können wir nach Geiger und Kovarik die Energie der β-Partikel von Ra. C. gleich 3,25 % derjenigen seiner α-Partikel setzen. Bei vollständiger Absorption der β-Strahlung bedeutet das für die obige Gesamtenergie eine Vermehrung um 1 %.

Die gesamte durch die Absorption der α und β-Strahlung eines Gramm emanationssatten Radium entwickelte Wärmemenge berechnet sich somit zu 132,1 cal/Stunde. Hieran beteiligen sich Ra, Ra-Emanation, Ra-A und Ra-C mit bezw. 19, 23, 25 und 33 %. Könnte schließlich auch die ganze γ-Strahlung des Ra-C absorbiert werden, was praktisch nicht möglich ist, so würde sich der Wert noch um etwa 4 %, also auf 137,5 cal/Stunde erhöhen.

Analog berechnet man für die Wärmemenge, welche das mit einem Gramm Radium im Gleichgewicht stehende Polonium stündlich entwickelt 27,6 cal.

So groß auch diese Wärmeentwickelungen sind, wenn man sie über die ganze Lebensdauer des betreffenden aktiven Elementes erstreckt denkt, so sind sie doch anderseits in Anbetracht der geringen Substanzmengen, die in der Regel zur Verfügung stehen und der Schwierigkeiten lang dauernder Wärmeisolationen so gering, daß ihre genaue Messung meistens zu einer schwierigen Aufgabe der Kalorimetrie wird.

Schon Curie hat die vom Radium entwickelte Wärmemenge nach verschiedenen Methoden gemessen und zu etwa 100 cal/Stunde gefunden. Angström verwendete später eine elektrische Kompensationsmethode. Das Radiumpräparat (86,5 mg $RaBr_2$) war in einem Glaskölbchen in einen dickwandigen Metallzylinder eingeschlossen und in einem zweiten möglichst gleichen Zylinder befand sich eine Manganinspirale, welche durch einen elektrischen Strom geheizt werden konnte. Der Strom wurde so einreguliert, daß beide Zylinder gleiche Temperatur hatten, was durch ein Thermoelement, dessen beide Lötstellen isoliert im Metall der Zylinder steckten, konstatiert wurde. Die Zylinder waren im übrigen mit Petroleum gefüllt. Zwei den Leitungsdrähten nachgebildete Drähte tauchten auch in den Zylinder, in welchem sich das Radium befand, um völlige Symmetrie in der Wärmeabgabe nach außen zu sichern Fig. 28. Der Einfluß etwaiger kleiner Verschiedenheiten der Zylinder wurde durch Vertauschen eliminiert. Es ergaben sich 68,5 cal pro g Bromid und Stunde, d. h. 117 cal-Stunde pro g Radium.

Nach einer im Wesentlichen gleichen Methode, aber mit einem ganzen Gramm $RaCl_2$ haben Schweidler und Heß für die Wärmeentwickelung des emanationssatten Radium 118 cal-Stunde gefunden. Nachdem hier die vom Radium hervorgerufene Temperatursteigerung über 5^0 C. betrug, konnte sehr genau gemessen werden. Neuestens hat sich aber gezeigt, daß die Reinheit des hierbei verwendeten Salzes nicht die auf Grund einer provisorischen Atomgewichtsbestimmung angenommene war. Es wurde darum in genau dem gleichen Apparat von Meyer und Heß mittels des von der Hönigschmidschen Atomgewichtsbestimmung (226,0) herrührenden Präparates des Wiener Radiuminstitutes eine Neubestimmung vorgenommen, die nun 132,3 cal-Stunde lieferte. Hiebei wurden im Zylinder etwa 15 % der γ-Strahlung absorbiert. Für die α- und β-Strahlung allein ergibt sich sonach der Wert 131,5. Die Übereinstimmung mit dem theoretisch zu erwartenden Werte ist bemerkenswert.

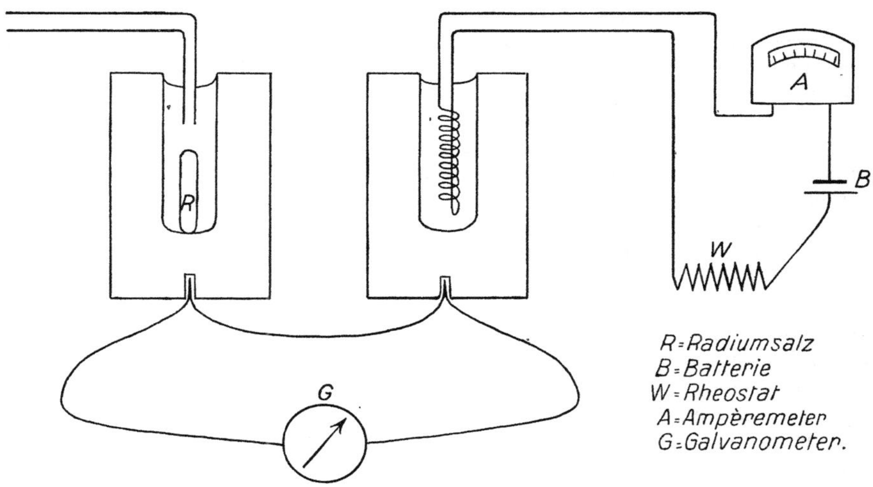

Fig. 28.

Weit geringer ist die bei Uran oder Thorium zu erwartende Wärmeentwickelung. Unter der Annahme, daß 1 g Uran im Gleichgewicht $3{,}2 \,.\, 10^{-7}$ g Radium enthält (Boltwood, Soddy u. Piret), daß Uran zwei Heliumatome ausschleudert und daß die Ionisierungen verschiedener α-Partikel sich so verhalten, wie die dritten Wurzeln aus dem Quadrat der Reichweiten (Geiger), berechnet man für das Verhältnis der Aktivität des emanationssatten Radium zu Uran $9{,}4 \,.\, 10^6$. Pro g Uranmetall wird dann in der Stunde eine Wärmemenge von $1{,}4 \,.\, 10^{-5}$ cal entwickelt. Für ein Gramm Thorium ergeben sich ebenfalls derartige kleine Werte.

Die Messung solcher schwacher Wärmeentwickelungen wird nur unter Anwendung großer Mengen der betreffenden Substanz möglich und ist auch dann mit beträchtlicher Unsicherheit verbunden. Die Messungen von Pegram und Webb am Thoriumoxyd, sowie die von Poole am Pecherz und Orangit zeigen nur, daß die tatsächliche Wärmeentwickelung mit der zu erwartenden in der Größenordnung übereinstimmt.

§ 4. Emanationsmessung.

Die quantitative Messung der Radiumemanation verfolgt entweder den Zweck den akzessorischen Emanationsgehalt irgend eines Körpers festzustellen oder aber aus der im Körper vor sich gehenden Emanationsentwickelung auf seinen Radiumgehalt zu schließen. Die den Messungen zugrunde zu legende Einheit kann in zweierlei Weise definiert werden. Einmal auf Grund der Erkenntnis, daß der Sättigungsstrom, den die Emanation zu leiten vermag, in einem genügend großen Meßgefäße gemessen, ihrer Menge proportional ist, so daß die Emanationsmenge direkt in statischen Stromeinheiten (wenn man wollte auch in Ampère) gemessen werden kann. Es ist dies das in Deutschland verbreitete Strommaß, wobei man noch gewöhnlich den in E. St. E. gemessenen Strom, um bequemere Zahlen zu erhalten, mit 1000 multipliziert und sich, wenn der Emanationsgehalt ein akzessorischer ist, auf den Liter der Substanzmenge bezieht („Mache-Einheit“). Oder man gibt, wie sich das in England eingebürgert hat, gewichtsmäßig diejenige Radiummenge (Radiumäquivalent) an, welche die betreffende Emanationsmenge entgegen ihrem spontanen Zerfall nach unendlich langer Zeit anzuhäufen und dauernd zu erhalten vermag. Speziell bezeichnet man nach einem Vorschlage des Brüsseler radiologischen Kongresses vom Jahre 1910 diejenige Emanationsmenge, welche dem Gleichgewichtszustand mit 1 g metallischem Radium entspricht, als ein „Curie“. Dieses Verfahren setzt den Besitz von Normallösungen mit genau bekanntem Radiumgehalt voraus. Man kann solche Lösungen mit für manche Zwecke ausreichender Zuverlässigkeit gewinnen, wenn man eine gewogene Menge Pecherz von ermitteltem Urangehalt in vollkommene Lösung bringt und die eben erwähnte Boltwoodsche Zahl verwendet, wonach in Uranmineralien von genügendem geologischem Alter pro g Uran etwa $3{,}2 \cdot 10^{-7}$ g Radium enthalten sind.

Entbehrlich werden die schwer erhältlichen und heiklen Normallösungen sein, wenn einmal der Wert des „Curie“ an einer mit aller Sorgfalt hergestellten Standardlösung gemessen, mit hinreichender Schärfe im Strommaß bekannt sein wird. Dieser Bestimmung stehen zurzeit noch zwei Schwierigkeiten im Wege. Erstens fehlt es noch an der nötigen, mit den internationalen Standards verglichenen einwandsfreien Normallösung. Zweitens ist auch der für eine bestimmte Emanationsmenge gemessene Sättigungsstrom infolge der nicht vollständigen Ausnützung der ionisierenden Wirkung der α-Strahlen in der Nähe der Gefäßwände von der Größe und Form des Meßraumes nicht unabhängig.

Man kann diesen Einfluß der Reichweite der Strahlung einigermaßen unterdrücken, indem man die Meßgefäße so groß wählt, daß die Wandfläche gegen das Volumen relativ klein wird. Diese Voraussetzung ist z. B. beim Fontaktometer soweit erfüllt, daß seine Angaben nur um etwa 12 % unter dem absoluten Stromwert liegen. Weit genauer ist es aber natürlich, wenn man dem Meßraum Formen gibt, für welche diese Abweichungen entweder empirisch (durch Extrapolation auf den unendlich großen Raum) bekannt oder rechnerisch zu ermitteln sind.

Das erste Verfahren schlagen Duane und Laborde ein, indem sie dieselbe Emanationsmenge in verschieden dimensionierte aber ähnliche Zylinder brachten (die Höhe gleich dem doppelten Durchmesser) und als Elektrode in der Achse der Zylinder isolierte Stäbe von einigen Millimetern Durchmesser verwendeten (Rutherfordsches Gefäß). Bedeutet O die Oberfläche und V das Volumen der Zylinder, so wird der gemessene Strom I in seiner Abhängigkeit von der Größe der Zylinder durch die empirische Formel $I = C\left(1 - 0{,}517\,\frac{O}{V}\right)$ dargestellt, worin offenbar C den absoluten Stromwert darstellt, d. h. denjenigen Wert, welchen man erhielte, wenn man in einem unendlich großen Zylinder messen könnte, für den $\frac{O}{V} = o$ wird.

Auch für einen nahezu gleichseitigen Zylinder fanden die Autoren die obige Formel noch erfüllt, so daß sie unmittelbar auf das Fontaktometer angewendet werden kann. Mit einer von Mme. Curie beigestellten Normallösung ergab sich für ein „Curie“ Emanation $C = 2{,}49 \cdot 10^6$ E. St. E.

Das zweite Verfahren der rechnerischen Ermittelung läßt sich für den Fall anwenden, daß man das emanationshaltige Gas in einen Plattenkondensator einführt. Dies hat gleichfalls Duane versucht, allerdings zu einer Zeit, zu welcher die notwendigen Voraussetzungen experimenteller und theoretischer Natur für eine solche Berechnung noch nicht gegeben waren. Neuerdings haben Flamm und Mache die Formel hiefür entwickelt und in einem Kreisplattenkondensator mit Schutzring und variabler Plattendistanz verifiziert.

Bezeichnet r_1 die Reichweite der α-Strahlen für Emanation (bei 20° C. und Atmosphärendruck = 4,23 cm) und d die Plattendistanz, so ist für

$$d > r_1: \quad I = C\left(1 - \frac{r_1}{4d}\right)$$

$$d < r_1: \quad I = C\frac{d}{2r_1}\left(\frac{3}{2} + \operatorname{lognat}\frac{r_1}{d}\right),$$

worin C wieder den absoluten Stromwert gibt, d. h. denjenigen Wert den man erhielte, wenn man die ionisierende Wirkung der α-Strahlen vollständig ausnützen könnte und der an sich ein absolutes Maß der Emanation darstellt. Mit einer Lösung, die aus einem Hönigschmid'schen Präparat hergestellt worden war, ergab sich pro „Curie“ $C = 2{,}67 \cdot 10^6$ E. St. E. = 0,89 Milliampère.

Eine beträchtliche Komplikation erfährt die quantitative Messung der Radiumemanation durch die sofort nach Einfüllung an den Wänden des Meßgefäßes eintretende Bildung ihrer Zerfallsprodukte, deren ionisierende Wirkung sich der der Emanation überlagert und in Abzug gebracht werden muß. Das kann mit für manche Zwecke hinreichender Genauigkeit in der Weise geschehen, daß man möglichst bald nach Einfüllen der Emanation und Ermittelung des von ihr und der Induktion zusammen gelieferten Sättigungsstromes die Emanation durch Ausblasen rasch aus dem Meßraum entfernt und nun durch einige Minuten den Abfall der induzierten Aktivität verfolgt. Die hierfür erhaltene Kurve auf den Zeitpunkt extrapoliert, in dem die Emanation entfernt wurde, gibt den abzuziehenden Betrag (in der Regel zu klein!).

Zeitraubend, aber erheblich genauer, weil einem nahezu stationären Zustand entsprechend, ist es, wenn man diese Messungen erst 3½ Stunden nach dem Einfüllen ausführt. Natürlich muß dann die Emanationsabklingung, die in dieser Zeit erfolgt und drei Prozent beträgt, in Rechnung gezogen werden. Unterhält man während dieser Zeit im Meßraum ein genügend starkes elektrisches Feld bestimmter Richtung, so ist zudem der auf die Induktion entfallende Betrag ein bestimmter (von Form und Dimensionen des Gefäßes abhängiger) Prozentsatz des Gesamtbetrages, der ein- für allemal bestimmt werden kann. Man kann diese Bestimmung auch ganz umgehen, wenn man für eine bestimmte, einer Normallösung entnommene Emanationsmenge den Betrag des nach 3½ Stunden erzielten Maximalstromes festgestellt hat, der ja, wie der von der Emanation allein herrührende Strom, in einem bestimmten Meßgefäß der Emanationsmenge proportional ist.

Für die oben erwähnten Zylinderkondensatoren finden Duane und Laborde diesen Maximalstrom

$$I_{max} = C' \left(1 - 0{,}572 \frac{O}{V}\right)$$

und für ein „Curie" Emanation + Ra-A + Ra-C (wieder mit Curiescher Normallösung) $C' = 6{,}31 \cdot 10^6$ E. St. E. Es beteiligt sich also z. B. im Fontaktometer nach $3\frac{1}{2}$ Stunden die Induktion mit 60 % am gesamten Effekt.

Für den Plattenkondensator ergibt sich theoretisch für den Maximalstrom das folgende Formelsystem:

Sind r_1, r_2, r_3 die Reichweiten der α-Strahlen von Emanation, Ra-A und Ra-C (bei 20° C. und Atmosphärendruck bezw. 4,23; 4,83, und 7,05 cm) und setzt man zur Abkürzung

$$\sqrt[3]{\frac{r_1}{r_2}} = \alpha, \quad \sqrt[3]{\frac{r_1}{r_3}} = \beta \text{ und } 2r_1 + r_2 \sqrt[3]{\frac{r_1}{r_2}} + r_3 \sqrt[3]{\frac{r_1}{r_3}} = \gamma$$

so ist für

$$d < r_1: \; J_{max} = \frac{C'}{\gamma} d \left[\left(\frac{3}{2} + \text{lognat}\frac{r_1}{d}\right) + \alpha\left(1 + \text{lognat}\,\frac{r_2}{d}\right) + \beta\left(1 + \text{lognat}\,\frac{r_3}{d}\right)\right]$$

$$r_1 < d < r_2 \quad J_{max} = \frac{C'}{\gamma}\left[2r_1 - \frac{r_1^2}{2d} + ad\left(1 + \text{lognat}\,\frac{r_2}{d}\right) + \beta d\left(1 + \text{lognat}\,\frac{r_3}{d}\right)\right]$$

$$r_2 < d < r_3 \quad J_{max} = \frac{C'}{\gamma}\left[2r_1 - \frac{r_1^2}{2d} + \alpha r_2 + \beta d\left(1 + \text{lognat}\,\frac{r_3}{d}\right)\right]$$

$$r_3 < d \quad J_{max} = \frac{C'}{\gamma}\left[2r_1 - \frac{r_1^2}{2d} + \alpha r_2 + \beta r_3\right].$$

Hierin ist C' wieder der Wert des Maximalstromes, den man in einem unendlich großen Meßgefäße, also für $d = \infty$ erhielte. Es ist $C' = \frac{\gamma}{2r_1} C$ und nach Einsetzung des oben für C gegebenen Wertes $C' = 6{,}02 \cdot 10^6$ E. St. E. = 2,01 Milliampère. Man kann diese Zahl auch genähert auf Grund der Bemerkung berechnen, daß im unendlich großen Meßgefäß die Ionisierung der α-Partikel der Emanation ganz, die von Ra-A und C halb zur Wirkung kommt. Setzt man die Seite 65 gegebenen Werte für die Zahl der emittierten Partikel und der erzeugten Ionen ein, so berechnet sich dieser Strom zu $6{,}10 \cdot 10^6$ E. St. E., in guter Übereinstimmung mit dem experimentell ermittelten Wert.

Erhellt aus dem vorstehenden das Prinzip quantitativer Emanationsmessung, so bedarf dessen Anwendung zur Radiumgehaltsbestimmung noch einiger Bemerkungen. Sie beruht auf der durch die Zerfallstheorie wohl begründeten Beobachtung, daß die sekundlich entwickelte Emanationsmenge dem Radiumgehalt proportional ist und daß, woferne wir diese Menge mit α, die Wandlungskonstante mit λ bezeichnen, die zur Zeit t vorhandene Emanationsmenge E durch die Gleichung $E = \frac{\alpha}{\lambda}(1 - e^{-\lambda t})$ gegeben ist. Man kann also auch umgekehrt durch Messung von E die dem Radiumgehalt proportionale Größe α ermitteln und durch Anschluß an Messungen mit reinen Radiumpräparaten oder unter Verwendung der oben für C bezw. C′ gegebenen Werte absolute Zahlen gewinnen. Ist α die sekundlich von einem g metallischen Radium entwickelte Emanationsmenge, so ist ja $\frac{\alpha}{\lambda}$ gleich ein „Curie“ Emanation.

Man hat also nur die zu untersuchende Substanz durch längere Zeit in einem abgeschlossenen Raume zu belassen und dann die durch sie in dieser Zeit entwickelte Emanationsmenge durch den Sättigungsstrom zu messen. Hierbei ist es aber notwendig, daß man auch wirklich die ganze Emanationsmenge oder einen genau bestimmten Bruchteil derselben in das Meßgefäß überführt. Das ist nur möglich, wenn die Substanz auf chemischem Wege in die Form einer klaren Lösung gebracht werden kann, da selbst in den feinsten Pulvern der weitaus größte Teil der Emanation okkludiert bleibt und nur beim Schmelzen oder Lösen frei wird. Aus der Lösung kann man die Emanation durch Auskochen, eventuell im Vakuum, austreiben. Bequemer und ebenso genau ist die Elster-Geitelsche Zirkulationsmethode. Man saugt mit einem kleinen, luftdichten Kautschukgebläse die Luft aus dem Meßgefäß, preßt sie durch die Flüssigkeit und führt sie hierauf wieder in das Meßgefäß zurück. Bei konzentrierten Salzlösungen muß dieser Prozeß der Durchmischung der Luft mit der Flüssigkeit längere Zeit betrieben und durch heftiges gleichzeitiges Schütteln der Flasche unterstützt werden. Ein dem Löslichkeitskoeffizienten der betreffenden Flüssigkeit für Radiumemanation entsprechender Emanationsbetrag bleibt aber hierbei stets in der Flüssigkeit zurück und bedingt neben der im Luftraum der Flasche und in den Schlauchverbindungen vorhandenen Emanation eine Korrektur. Es ist nicht rätlich die Waschflasche, in der sich die Lösung befindet, sowie das Volumen der Lösung selbst allzu klein zu wählen, da sonst beim Quirlprozeß durch das Verspritzen und Eintrocknen der Lösung an den Wänden der Flasche Fehler entstehen können. Man wird also bestrebt sein, diese Korrektur durch die Wahl eines entsprechend großen Meßgefäßes herabzudrücken. Dann genügt in den meisten Fällen eine approximative Kenntnis des Löslichkeitskoeffizienten, wie sie der Literatur entnommen werden kann. Für Wasser ist er bei den Temperaturen 0, 20, 40 und 60° C. bezw. 0,52; 0,28; 0,16 und 0,12. Organische Flüssigkeiten (mit Ausnahme von Glyzerin) haben weit höhere Löslichkeitskoeffizienten als Wasser, desgleichen Schwefelkohlenstoff. Von besonderem biologischen Interesse ist die von Ebler und Fellner festgestellte Eigenschaft kolloidaler Niederschläge Radium und Radiumemanation in reichlichem Maße zu adsorbieren. Man wird also den Radium- oder Emanationsgehalt einer kolloidalen Lösung erst nach Zerstörung des Kolloids bestimmen können.

Von festen Körpern hat Kohle die Eigenschaft Emanation in hohem Grade zu adsorbieren. Es ist darum bei Messungen in Städten durch Einschalten eines Wattefilters dafür zu sorgen, daß speziell Normallösungen nicht durch den rußigen Staub der Stadtluft verunreinigt werden.

Was endlich das zu den Emanationsmessungen zu verwendende Instrumentarium anlangt, so wird seine Wahl davon abhängen, ob man sich in den Besitz einer verläßlichen Radium-Normallösung setzen kann oder nicht. Im ersten Fall kann man jedes mit gut isolierter Elektrode ausgerüstete, luftdichte Gefäß beliebiger Größe und Form durch Verbindung der Elektrode mit einem Elektrometer nach erfolgter Eichung mittels der Normallösung zur Messung benützen, z. B. die oben zur Strahlungsmessung skizzierten Apparate (Fig. 23, 24 und 25), wenn sie luftdicht gestaltet werden und in allen Teilen Sättigungsstrom vorhanden ist. Im zweiten Fall, der wohl die Regel sein wird, hat man, woferne die Messungen nicht im vorhinein nur relative sein sollen, entweder wenigstens für einen großen Meßraum zu sorgen (Elster-Geitelscher Glockenapparat) oder ein Rutherfordsches Gefäß zu wählen (luftdichtes Fontaktometer). Messungen im Schutzring-Plattenkondensator können zwar genauer sein, verlangen aber, da sie nach der Auflademethode erfolgen müssen, den Besitz einer Hochspannungsbatterie oder mindestens eines Gleichstromkabels genügender Spannung, um sicher Sättigungsstrom zu erzielen.

Die Vorteile der Radiumgehaltsbestimmung mittels Emanationsmessung bestehen zunächst in der Empfindlichkeit des Verfahrens und in dem fast unbegrenzten Meßbereich. Es lassen sich einerseits noch Mengen von 10^{-12} g Radium messen, während andrerseits durch entsprechende Verdünnung der Lösungen auch der Gehalt der stärksten Präparate bestimmt werden kann. Die erzielbare Genauigkeit ist größer (ca. 1% absolut, relativ genauer) als die nach einer der früher skizzierten Methoden. Nur die γ-Strahlungsmethode kann für die Messung größerer Radiummengen bisweilen wegen ihrer großen Bequemlichlichkeit vorzuziehen sein und dort, wo ein genügend gleichartiges Standard-Präparat zur Verfügung steht, ebenso genaue Werte liefern. Ein weiterer Vorteil besteht darin, daß sich aus der Emanationsentwickelung auch der Radiumgehalt von Proben einwandsfrei ermitteln läßt, die neben dem Radium noch Thorium oder Aktinium und die weiteren Zerfallsprodukte enthalten, deren Strahlen nach den anderen Methoden von denen des Radium nicht getrennt werden können. Die in das Meßgefäß gelangende Th- oder Ac-Emanation stirbt so rasch ab, daß sie nicht weiter stört.

Diese kurze Lebensdauer der Th- und Ac-Emanation vereitelt allerdings zugleich die analoge Anwendung des Verfahrens zur Th- und Ac-Gehaltsbestimmung. Da die Überführung der betreffenden Emanation in den Meßraum und die Messung selbst eine gewisse Zeit braucht, muß die Methode modifiziert werden. Joly schätzt den Thoriumgehalt von Gesteinslösungen in der Weise, daß er einen schwachen Luftstrom durch die kochende Lösung und weiter durch eine Trockenvorlage und den Meßraum des Elektrometers saugt. Durch einen Parallelversuch mit einer Lösung bekannten Thoriumgehaltes oder durch Hinzufügen bekannter Thoriummengen zur Lösung wird die Eichung vorgenommen. Vor dem Versuch muß die Lösung durch Kochen oder Schütteln von einer eventuell in ihr enthaltenen Radiumemanation befreit worden sein.

Kapitel V.

Aus dem Chemischen Institut der Universität Berlin.

Der Einfluß der Radiumforschung auf die moderne Chemie.

Von

Otto Hahn-Berlin.

Soweit wir in der Geschichte der Wissenschaft zurückblicken können so weit erkennen wir das Bedürfnis der Menschen, die Vielheit der umgebenden Natur unter einheitlichen Gesetzen zusammenzufassen. Über die rein formellen — aber immer schon das einfache als die Ursache des zusammengesetzten lehrenden — Vorstellungen der griechischen Philosophen hinweg wurde mit der allmählichen Entwickelung der exakten Naturwissenschaft ein Begriff herausgearbeitet, der sich als der festeste Stützpunkt einer wissenschaftlich bearbeitbaren Naturerkenntnis erweisen sollte, nämlich der Begriff des Atoms, als unveränderlichem, unteilbarem kleinsten Bestandteil aller Materie. Aber trotz der außerordentlichen Fruchtbarkeit der Atomlehre als klarem Anschauungsmittel einer systematischen Forschung hat man doch kaum je mit der Möglichkeit rechnen können, das einzelne Atom oder die Wirksamkeit des einzelnen Atoms direkt nachweisbar zu machen und damit die Atomistik von der Stellung einer fruchtbaren Hypothese zu der einer wohlfundierten Weltanschauung zu erheben. Erst der Forschung unserer Tage ist dies vorbehalten geblieben, und die Lehre von der atomistischen Zusammensetzung aller Materie darf wohl heute kaum einem Zweifel mehr begegnen. Allerdings hat der Begriff des Atoms selbst dabei eine wesentliche Umwandlung erfahren; wir können das Atom nicht mehr als elementarsten, nicht weiter teilbaren Bestandteil der Materie auffassen.

Mit dem Begriff des Atoms ist der des chemischen Elementes eng verknüpft. Das chemische Element besteht aus lauter gleichartigen Atomen und die Erkenntnis, daß die Atome sich selbst noch aus einfacheren Gebilden zusammensetzen, führt notwendig zu einer gleichen Annahme für die chemischen Elemente. Daher muß von der früher allgemein angenommenen Definition, daß ein Element durch sein Atomgewicht, sein Spektrum und die absolute Unveränderlichkeit und Einheitlichkeit seiner Atome gekennzeichnet ist, der letzte Teil fallen gelassen werden. Denn sobald die komplexe Natur des Atoms erkannt war, mußte man auch mit der theoretischen Möglichkeit einer Spaltung desselben rechnen.

Daß die gewöhnlichen chemischen Elemente resp. die sie bildenden Atome möglicherweise eine recht komplizierte Struktur besitzen, ist schon seit langem in Erwägung gezogen worden. Prout hat schon vor 100 Jahren die Ansicht vertreten, daß alle Elemente sich von einem Urelement und zwar dem Wasserstoff ableiten. Ebenso läßt die Erkenntnis von den periodisch wiederkehrenden Eigenschaften gewisser Elementengruppen, wie sie in dem periodischen System der Elemente von Lothar Meyer und Mendelejeff zum Ausdruck kommen, auf einen Zusammenhang zwischen den verschiedenen Elementen schließen. Auch der komplizierte Bau der von den Elementen emittierten Linienspektra läßt sich eigentlich nur so erklären, daß das Atom nicht als Ganzes, sondern in verschiedenen Bestandteilen schwingt.

Alle diese Wahrscheinlichkeitsgründe sind durch die neueren Fortschritte, insbesondere durch die Erkenntnisse auf dem Gebiete der Radioaktivität zur Gewißheit geworden.

Mit der Feststellung des komplexen Aufbaues der chemischen Atome hängt nun eine andere neue Erkenntnis eng zusammen, die für die chemische Wissenschaft von größter Bedeutung ist. Nach jahrhundertelangen vergeblichen Versuchen der Alchimisten war der Gedanke an die Umwandlung der Elemente als unausführbar fallen gelassen worden. Und auch heute müssen wir noch bekennen: von einer willkürlichen Beeinflussung der chemischen Elemente in dem Sinne, daß wir sie nach unserem Belieben in andere umwandeln könnten, sind wir wohl ebenso weit entfernt, wie je zuvor. Aber was mit unseren unzulänglichen physikalischen und chemischen Hilfsmitteln nicht gelingen will, das führt uns die Natur in den radioaktiven Erscheinungen mit zwingender Gewißheit vor Augen. Sie zeigen uns den Traum der Alchimisten erfüllt, nämlich die Umwandlung wohlcharakterisierter chemischer Elemente in andere ebenso wohl charakterisierte. Die dabei in Wirkung tretenden Energiemengen sind derartig große, daß wir den radioaktiven und wohl auch den gewöhnlichen Atomen einen ungeheueren inneren Energiegehalt zusprechen müssen, und die Umsetzungen im Innern der Atome sind so gewaltig, daß wir sie mit äußeren Mitteln nicht erreichen können. Daher die Unmöglichkeit einer willkürlichen Umwandlung chemischer Atome in andere, daher auch die augenscheinliche Unmöglichkeit einer Beeinflußbarkeit radioaktiver Prozesse. Diese Atomvorgänge verlaufen mit eherner Gesetzmäßigkeit bei der Temperatur der flüssigen Luft, wie bei Weißglut und bestehen in einem stufenförmigen Abbau der Atome mit hohem Atomgewicht in solche mit niedrigerem. Die radioaktiven Elemente besitzen denn auch die höchsten bekannten Atomgewichte und wir sehen die Tendenz der Natur, die Gegensätze zu verringern, Elemente mit zu hohem Atomgewicht von der Erde verschwinden zu lassen.

Der Nachweis des stufenförmigen Abbaues oder Zerfalles chemischer Elemente ist eine der größten, vielleicht die größte Errungenschaft der radioaktiven Forschung, und hierin besteht vor allem ihr Einfluß auf die moderne chemische Wissenschaft. Und wenn auch in den weitaus meisten Fällen die Atomumwandlung mit rein chemischen Mitteln direkt nicht nachweisbar ist, sondern radioaktive Meßmethoden notwendig sind, so ist sie doch schon für einzelne Fälle auch ohne jede radioaktive Messung beobachtbar und man bedient sich zum Nachweise der üblichen Mitteln des Atomgewichtes und der Spektralanalyse.

Im folgenden soll im Zusammenhange der Zerfall der radioaktiven Elemente erläutert werden und vor allem sollten diejenigen Substanzen besondere Erwähnung finden, die ihrer Beständigkeit wegen oder aus anderen Gründen das Interesse des Mediziners verdienen. Vorher seien in kurzen Zügen die Haupteigenschaften der radioaktiven Substanzen wiedergegeben.

Die radioaktiven Substanzen sind dadurch gekennzeichnet, daß sie sog. dunkle Strahlen aussenden. Man erkennt diese an drei Haupteigenschaften. Einmal daran, daß sie die Fähigkeit haben, die photographische Platte zu schwärzen, andererseits, daß sie gewisse Leuchtschirme zur Fluoreszenz anregen, was aber nur für verhältnismäßig stark aktive Substanzen gilt. Die wichtigste Eigenschaft aber ist ihre Fähigkeit, die Luft zu einem Leiter der Elektrizität zu machen, ein Vorgang, der darin besteht, daß die ursprünglich unelektrischen Luftmoleküle in positive und negative Teilchen, sog. Ionen gespalten werden, die den Elektrizitätstransport vermitteln. Bringt man daher elektrisch geladene Körper in eine durch Radiumstrahlen ionisierte Luft, so verlieren sie ihre Ladung. Auf dieser Fähigkeit beruht die ganze Meßmethodik der radioaktiven Substanzen und vor allem durch sie wurde ihr quantitatives Studium ermöglicht.

Die genauere Untersuchung der Strahlen hat gezeigt, daß diese aus drei Hauptgruppen bestehen, die man als α, β und γ-Strahlen bezeichnet.

Die α-Strahlen sind materielle Teilchen, die mit großer Geschwindigkeit aus den radioaktiven Körpern ausgeschleudert werden. Sie sind positiv elektrisch geladen. Auf einem Zinksulfidschirm erregen die α-Strahlen sog. szintillierende Fluoreszenz.

Durch die Untersuchungen von Ramsay, Rutherford u. a. ist der Nachweis erbracht worden, daß die α-Strahlen nichts anderes sind als positiv geladene Heliumatome.

Die β-Strahlen sind gleich den Kathodenstrahlen negativ geladene Teilchen, deren Masse nur etwa 1/1800 von der des Wasserstoffatoms beträgt. Ihre Geschwindigkeit reicht nahe an die des Lichtes heran. Wegen dieser großen Geschwindigkeit und ihrer kleinen Masse sind die β-Strahlen befähigt, viel größere Luftstrecken und auch dickere Schichten fester Materie zu durchdringen als die α-Strahlen, doch ist ihr Ionisationsvermögen auf gleichen Strecken naturgemäß beträchtlich geringer.

Die γ-Strahlen sind wesensverwandt mit den Röntgenstrahlen und können mit Leichtigkeit dicke Metallschichten oder auch den menschlichen Körper durchdringen; ihr Ionisationsvermögen ist verhältnismäßig gering.

Was die radioaktiven Erscheinungen in den ersten Jahren nach der Herstellung des Radiums so schwer verständlich und unübersichtlich machte, waren die vielen sich oft scheinbar widersprechenden Befunde und Beobachtungen, und es konnte vorkommen, daß nach der einen Beobachtungsmethode eine Abnahme der Aktivität konstatiert wurde, während, unter anderen Bedingungen gemessen, dieselbe Substanz eine Zunahme erkennen ließ. Erst die Erkenntnis, daß es ganz wesentlich darauf ankam, was für eine Gruppe von Strahlen man zur Beobachtung heranzog, machte es möglich, diese scheinbar einander widersprechenden Tatsachen in Einklang zu bringen. Eine weitere Schwierigkeit boten die Wirkungen der sog. induzierten Aktivität, die darin besteht, daß Gegenstände, die sich in der Nähe von Radium und anderen radioaktiven Präparaten befinden, selbst temporär aktiv werden und diese Aktivität wieder in ganz verschiedener Weise verlieren.

Es ist das große Verdienst der englischen Forscher Rutherford und Soddy, durch eine kühn ausgedachte Hypothese den mysteriösen Schleier, der über dem neuen Gebiete lag, gehoben und in das Chaos komplexer Erscheinungen Ordnung gebracht zu haben. Es geschah dies durch die Hypothese vom Zerfall der radioaktiven Atome, die anfangs 1903 veröffentlicht wurde. Mit dieser Hypothese konnte man nicht nur das gesamte damals aufgesammelte experimentelle Material befriedigend erklären, man konnte auch weittragende Voraussagungen machen, die sich in der Folge bestätigten. Heute kann deshalb die Hypothese vom Atomzerfall den Anspruch erheben, zum mindesten eine fest begründete Theorie, wenn nicht eine experimentell erwiesene Tatsache vorzustellen.

Die Theorie vom Atomzerfall besagt, daß die radioaktiven Atome instabil sind. Aus irgend einem Grunde zerfällt von einer gegebenen Menge radioaktiver Substanz in der Zeiteinheit ein ganz bestimmter Bruchteil unter Emission von korpuskularen Strahlen in neue Atome mit neuen chemischen und physikalischen Eigenschaften. Die Strahlen der radioaktiven Stoffe sind also eine Begleiterscheinung des explosiven Zerfalles von Atomen; werden α-Strahlen emittiert, also Heliumatome, so besteht der Zerfallsprozeß eines radioaktiven Elementes in der Aufspaltung in zwei andere Elemente, von denen das eine Helium ist, während das andere ein neues Element vorstellt, das sich in seinem Atomgewicht von seinem Mutterelement um vier Einheiten, das Atomgewicht des Heliums, unterscheidet. Werden β-Strahlen emittiert, so bleibt wahrscheinlich das Atomgewicht des neuen Elementes gleich groß, aber der Energieinhalt ist ein anderer.

Je intensiver ein derartiger Zerfallsprozeß verläuft, ein desto größerer Bruchteil der vorhandenen Atome zerfällt in der Zeiteinheit, desto stärker aktiv ist die Substanz. Wegen ihrer Unbeständigkeit wird sich aber auch entsprechend weniger ansammeln können. Die stark aktiven Produkte können sich also nur in sehr geringen Gewichtsmengen vorfinden.

Für alle radioaktiven Körper ist die Zerfallsgeschwindigkeit eine charakteristische Konstante und von äußeren Einflüssen unabhängig. So nimmt die Aktivität der als Uran X bezeichneten Substanz in je 23 Tagen um die Hälfte ihres Betrages ab. Nach 23 Tagen ist also die Hälfte vorhanden, nach zweimal 23 Tagen ein Viertel, nach dreimal 23 Tagen ein Achtel usf. Als Beispiel einer unbeständigen Substanz, die später noch genauer besprochen werden wird, sei die Radiumemanation genannt. Diese verschwindet schon mit einer Periode von 3,85 Tagen. Hier ist also schon nach 3,85 Tagen nur noch die Hälfte vorhanden, nach 7,7 Tagen ein Viertel, nach 11,55 Tagen ein Achtel etc., nach einem Monat weniger als 1 %. Man nennt die Zeit, in der sich eine Substanz zur Hälfte umwandelt, die Halbwertzeit oder Zerfallsperiode und kann sich leicht aus dem größeren oder geringeren Werte dieser Konstante eine Vorstellung von der größeren oder geringeren Beständigkeit der zugrunde liegenden Substanzen machen. Selbstverständlich verschwindet hier ebensowenig Materie, als bei irgend einer chemischen Zersetzung, es handelt sich nur um eine Umwandlung in andere Substanzen.

Ich gehe nach diesen Vorausstellungen auf einige konkrete Beispiele des Atomzerfalls etwas näher ein.

Das Radium ist ein wohlcharakterisiertes chemisches Element mit allen Eigenschaften, die der Chemiker einem Elemente zuzuschreiben pflegt. Reine Radiumsalze besitzen ein eigenes Spektrum, das in seinem äußeren Aufbau sich den Spektren der ähnlichen Metalle Calcium, Strontium, Barium angliedert. Das Atomgewicht des Radiums beträgt rund 226. Auch hierin erweist es sich als höheres Homologes des Bariums. Aus reinem Radiumchlorid ließ sich nach Methoden, die man früher für die Herstellung der Erdalkalimetalle z. B. für das Barium angewendet hat, neuerdings das metallische Radium als silberweißes Metall abscheiden. Gibt es da noch einen Zweifel an der einheitlichen, chemischen Natur dieses früher so rätselhaften Körpers? Nur in einer Hinsicht unterscheidet er sich von den gewöhnlichen altbekannten Elementen. Das Element Radium ist nicht beständig. In einer gegebenen Menge Radium wird dauernd ein gewisser Prozentsatz instabil und zerfällt explosionsartig in einen neuen Körper. Der explosionsartige Zerfall macht sich dadurch bemerkbar, daß ein Bruchstück des Radiumatoms mit sehr großer Geschwindigkeit fortgeschleudert wird. Dieses Bruchstück ist ein Heliumatom, das wir als α-Strahl in unseren elektrischen Apparaten nachweisen, das wir auch durch seine szintillierende Wirkung auf einem Zinksulfidschirm sozusagen direkt sehen können.

Wenn das Radiumatom vom Gewichte 226 ein Heliumatom vom Gewichte 4 fortschleudert, so kann das zurückbleibende Atom natürlich nicht mehr Radium sein. Eine neue Substanz von einem um vier Einheiten kleineren Atomgewicht ist entstanden. Diese neue Substanz ist nun mit den vielen nicht zerfallenden Atomen Radium vermischt und sammelt sich in dem Maße, wie sie entsteht, an.

Im Falle des Radiumzerfalls konstatieren wir nun die interessante Tatsache, daß das aus dem Radium durch Fortfliegen eines Heliumatoms entstandene Produkt kein fester Körper, kein Metall mehr ist, sondern ein Gas. Dieses Gas bleibt, wenn es sich um ein festes Radiumsalz handelt, in demselben stecken und nur die geringen Mengen, die sich an der Oberfläche befinden, können herausdiffundieren. Löst man das Radiumsalz auf, so geschieht mit dem okkludierten Gase dasselbe, was etwa mit der in einem Stück Zucker okkludierten Luft vorgeht, wenn man den Zucker auflöst. Das Gas entweicht in die Luft und läßt sich unter geeigneten Bedingungen auffangen und untersuchen. Dieses aus dem Radium dauernd entstehende gasförmige Zerfallsprodukt wird als Radiumemanation bezeichnet. Der Zerfallsprozeß des Radiums besteht also in der Spaltung des Erdalkalimetalles Radium in zwei gasförmige Bestandteile, von denen der eine das schon länger bekannte Helium, der andere, schwerere, die sog. Radiumemanation vorstellt.

Dieses Gas Radiumemanation hat nun die uns vor allem interessierende Eigenschaft, selbst auch wieder radioaktiv zu sein, d. h. sich unter der Emission von α-Strahlen weiter zu verwandeln. Und zwar ist der sich in der Zeiteinheit umwandelnde Bruchteil bei der Emanation viel größer als beim Radium selbst. Mit anderen Worten, die Emanation ist noch viel unbeständiger als das Radium und zwar hat die Erfahrung gezeigt, daß von einer beliebigen Menge, wie schon oben erwähnt wurde, sich nach je 3,85 Tagen die Hälfte umwandelt. Nach einem Monat ist also nur noch weniger als 1 % der ursprünglichen Menge vorhanden. In dieser Zeit hat aber das Radium selbst wieder eine neue, ebenso große Menge produziert, und so ist es zu verstehen, daß man dauernd nach bestimmten Intervallen einem Radiumsalz durch Auflösen oder einer Radiumlösung durch Luftdurchsaugen konstante Mengen Emanation entnehmen kann. Ist ein Radiumpräparat etwa einen Monat alt, so befindet es sich, wie man sich ausdrückt, mit der Emanation im Gleichgewicht, d. h. es entsteht auf der einen Seite dauernd so viel, als auf der anderen verschwindet, so daß also die vorhandene Menge Radiumemanation praktisch unverändert bleibt. Zu einer jeden Gewichtsmenge Radium gehört also danach eine ganz bestimmte Gewichtsmenge resp. ein ganz bestimmtes Volumen Emanation.

Die absolute Menge der Emanation im Vergleich zum Radium ist nur sehr gering, aber dennoch ist die Emanation ebenso stark aktiv wie die dazu gehörige Menge Radium, denn nach dem oben Gesagten werden in einem Gemisch von Radium und Radiumemanation im Gleichgewicht in der Zeiteinheit von beiden Substanzen gleich viele Strahlen emittiert. Es ergibt sich daraus, daß die Aktivität der Emanation auf gleiche Gewichtsmengen umgerechnet viele hundert Mal stärker ist als die des Radiums und daß deshalb schon außerordentlich geringe Mengen Radiumemanation äußerst starke Wirkungen hervorrufen können. Man kann die Menge Radiumemanation, die z. B. 1 g Radium im Gleichgewicht entspricht, ohne Schwierigkeit berechnen. Es gelingt nämlich, die Anzahl von α-Strahlen resp. Heliumatomen experimentell zu bestimmen, die pro Sekunde aus 1 g Radium emittiert werden. Diese Zahl läßt sich z. B. dadurch ermitteln, daß man mit entsprechenden kleineren Mengen die Szintillationen auf einem Zinksulfidschirm auszählt. Auf 1 g Radium umgerechnet, ergibt sich dann, daß pro Sekunde $3{,}4 \times 10^{10}$ α-Strahlen emittiert werden. Da für jeden herausfliegenden α-Strahl ein Emanationsatom entsteht, so entstehen auch pro Sekunde aus 1 g Radium $3{,}4 \times 10^{10}$ Emanationsatome. Man kann daher leicht berechnen, wieviel Emanation etwa nach einem Tage oder nach einem Monat entstehen würde. Nun zerfällt aber die Emanation ihrerseits; sie sammelt sich nicht beständig an. Da man aber die Geschwindigkeit des Zerfalles aus der Halbwertzeit kennt, so läßt sich leicht der maximale Betrag an Emanation bestimmen. Aus der Halbwertzeit der Emanation ergibt sich, daß von einer gegebenen Menge in der Sekunde 1/480000 zerfällt. Unter der Annahme eines geradlinigen Abfalles würde also nach 480 000 Sekunden alles zerfallen sein, resp. nach 480 000 Sekunden aus einer gegebenen Radiummenge der maximale Betrag an Emanation entstanden sein. Da pro Sekunde $3{,}4 \times 10^{10}$ Atome gebildet werden, so ist die maximale Menge $3{,}4 \times 10^{10} \times 480\,000 = 1{,}662 \,.\, 10^{16}$ Atome. Nun ist aus der Physik bekannt, daß 1 ccm eines beliebigen Gases bei normalem Druck und Temperatur $2{,}8 \times 10^{19}$ Moleküle enthält. Die Radiumemanation ist ein einatomiges Gas, enthält also pro Kubikzentimeter $2{,}8 \times 10^{19}$ Atome. Die oben berechneten $1{,}662 \,.\, 10^{16}$ Atome nehmen also einen Raum ein von $\frac{1{,}662 \,.\, 10^{16}}{2{,}8 \times 10^{19}}$ ccm = rund 0,0006 ccm = 0,6 cmm. 0,6 cmm Emanation ist also die Menge, die man aus 1 g Radium im Maximum erhalten kann, mehr wird sich niemals ansammeln, denn in dem Maße, wie sich neue Emanation bildet, zerfällt sie wieder in andere Atome. Rutherford hat in jüngster Zeit die Menge Emanation, die 1 g Radium entspricht, mit großer Genauigkeit experimentell bestimmt und hat im Durchschnitt 0,58—0,59 cmm pro Gramm Radium gefunden. Die Übereinstimmung zwischen der theoretischen Menge und der experimentell bestimmten ist ausgezeichnet.

Die Umwandlung von Radium in die Radiumemanation gibt uns also einen lückenlosen Beweis für die Umwandlung eines Elementes in ein anderes und irgend ein Zweifel an der Deutung der Erscheinung ist nicht mehr möglich. Auch in den physikalischen Eigenschaften ist die Radiumemanation als Gas mit allen Eigenschaften der anderen Gase erkannt worden. Unter normalem Druck kondensiert sie sich bei minus 65° C und bildet dann eine farblose Flüssigkeit, die nach den Untersuchungen von Ramsay bei noch stärkerer Abkühlung auch in festem Zustande zu erhalten ist. Als Gas selbst folgt die Radiumemanation dem Boyleschen Gesetz. Ihr Volumen ist umgekehrt proportional dem Druck und der einzige Unterschied zwischen der Radiumemanation und etwa einem der schon lange bekannten Edelgase ist ihre Radioaktivität, ihre Unbeständigkeit.

Der radioaktive Umwandlungsprozeß der Emanation verläuft nun ähnlich wie beim Radium selbst. In der Zeiteinheit wandelt sich ein ganz bestimmter Bruchteil von Emanationsatomen um in andere Atome von anderen chemischen und physikalischen Eigenschaften, und gleichzeitig werden α-Strahlen, also Heliumatome emittiert. Es entsteht also außer dem Edelgas Helium ein neues Element, das sich in seinem Atomgewicht um vier Einheiten von dem der Emanation unterscheidet und aller Voraussicht nach ein Atomgewicht von ungefähr 218 haben wird. Im Gegensatz zur Emanation ist diese Substanz wieder ein fester Körper, den man als Radium A zu bezeichnen pflegt. Radium

A ist nun noch viel unbeständiger als die Emanation und verwandelt sich bereits in drei Minuten zur Hälfte in eine feste Substanz Radium B, diese ihrerseits in Radium C. Alle diese Körper — der aktive Niederschlag des Radiums — sind sehr unbeständig und der beständigste von ihnen, das Radium B, hat eine Halbwertzeit von 26 Minuten. In demselben Maße, wie sie zerfallen, werden diese Körper Radium A, B und C aber auch aus der Emanation nachgebildet und sind deshalb wenige Stunden, nachdem man die Radiumemanation etwa durch einen Luftstrom aus einer Radiumlösung entfernt hat, wieder in der Emanation vorhanden. Radium B und C senden durchdringende Strahlen aus, vor allem das Radium C auch γ-Strahlen, und diese Strahlen sind es, die man im Radium resp. in der Radiumemanation auf große Entfernungen nachweisen kann. Radium selbst und die Emanation senden, wie erwähnt, hauptsächlich die sehr leicht absorbierbaren α-Strahlen aus und ihre Wirkung läßt sich deshalb schon durch ganz dünne Metallschichten nicht mehr nachweisen. Daher kommt es auch, daß Radiumpräparate, wenn man sie auflöst oder glüht, wobei die Emanation entweicht, für einige Zeit ihre durchdringenden Strahlen verlieren; denn wenn die Emanation entfernt ist, zerfällt der aktive Niederschlag Radium A, B und C und mit dem Verschwinden des aktiven Niederschlages verschwinden natürlich auch die von diesem Produkte herrührenden durchdringenden Strahlen. In dem Maße, wie das Radium dann die Emanation nachbildet, also mit einer Halbwertzeit von 3,85 Tagen wird auch der aktive Niederschlag nachgebildet und die durchdringende Strahlung tritt wieder auf.

Radium A, B und C sind nun nicht die einzigen Zerfallsprodukte, die aus dem Radium resp. der Radiumemanation entstehen. Verfolgt man nämlich das Verschwinden des aktiven Niederschlages des Radiums bis auf möglichst geringe Aktivitäten, so zeigt es sich, daß die Aktivität nicht ganz auf Null herabsinkt, sondern daß ein zwar sehr geringer, aber deutlich nachweisbarer Rest zurückbleibt. Werden die Messungen noch länger fortgesetzt, so erkennt man, daß die Restaktivität wieder zunimmt und zwar dauert die Zunahme der durchdringenden Strahlung etwa 1—1½ Monate, während die leicht absorbierbare α-Strahlung noch nach einem Jahre nicht ihren Maxima wert erreicht hat. Diese Vorgänge sind dadurch zu erklären, daß Radium C sich in ein weiteres Produkt umwandelt, das Radium D, aus dem dann Radium E und F entstehen. Radium D emittiert keine elektroskopisch nachweisbaren Strahlen und ist eine verhältnismäßig beständige Substanz. Deshalb sinkt die Aktivität des aktiven Niederschlages Radium A, B und C auf einen sehr geringen Bruchteil, nimmt dann aber allmählich wieder zu, weil das entstandene Radium D das β-strahlende Radium E und dieses das α- strahlende Radium F hervorbringen. Radium F ist das letzte bekannte aktive Umwandlungsprodukt des Radiums.

Es hat sich gezeigt, daß der Körper Radium D erst in 16,5 Jahren zur Hälfte abnimmt, während das letzte Produkt Radium F eine Halbwertzeit von 136 Tagen aufweist. Diese beiden Produkte sind, wie oben skizziert, alle durch den sukzessiven Zerfall des Radiums entstanden, man muß sie also einerseits aus älteren Radiumprodukten herstellen können oder auch aus den in der Natur vorkommenden Radiummineralien. Nun sind in der Tat schon in den ersten Jahren der radioaktiven Forschung vor und kurz nach der Abscheidung des Radiums andere radioaktive Produkte in der Uranpechblende aufgefunden worden. Zuerst das P o l o n i u m und dann das sog. R a d i o b l e i. Das genauere Studium dieser Körper hat gezeigt, daß das Polonium α-Strahlen emittiert und allmählich seine Aktivität verliert. Das Radioblei zeigte ein verschiedenes Verhalten, je nachdem es frisch hergestellt war oder schon älter. So zeigten ganz frische Radiobleipräparate anfänglich fast gar keine Aktivität, die aber dann nach längerer Zeit zunahm. Durch chemische Mittel konnte dann wieder der Träger der α- und auch der β-Aktivität abgetrennt werden. Das schwach aktive Radioblei nahm dann wieder entsprechend zu.

Zu jener Zeit hatten Rutherford und Soddy ihre Hypothese vom Zerfall der radioaktiven Elemente aufgestellt und auf Grund ihrer Ansichten die Vermutung ausgesprochen, daß das aus der Pechblende abgeschiedene Polonium und das Radioblei Umwandlungsprodukte des Radiums seien, und zwar nahmen die Forscher an, daß das Radioblei nichts anderes sei als das langsame Umwandlungsprodukt Radium D und das α-strahlende Polonium das letzte Zerfallsprodukt des Radiums, das Radium F. Die dann folgende Entwickelung hat die Hypothese aufs vollkommenste bestätigt, und sie gibt uns einen Einblick in die Fruchtbarkeit der Atomzerfallshypothese.

Außer der Radiumemanation sind alle weiteren Zerfallsprodukte, also Radium A bis F, feste Körper, die teilweise α- und teilweise β-Strahlen emittieren. Bei der verhältnismäßig großen Beständigkeit von Radium D oder Radioblei sollte es eigentlich gelingen, diesen Körper mit chemischen Mitteln anzureichern und vielleicht seine elementare Natur etwa durch den Nachweis eines Spektrums zu beweisen. Aber es ist bis heute noch nicht gelungen, das Radium D vom Blei zu trennen, so daß man es nicht aus Pechblendeverarbeitungen herstellen kann. Leichter ist es, Radium D aus älteren Radiumpräparaten, in denen es ja beständig entsteht, abzuscheiden und tatsächlich sind alle Radiumlösungen ein bequemes Mittel zur Herstellung verhältnismäßig starker Radium-D-Präparate. Die Herstellung des Poloniums ist mit geringeren Schwierigkeiten verbunden, aber wegen seiner verhältnismäßig großen Unbeständigkeit ist es nur in außerordentlich kleinen Gewichtsmengen in der Uranpechblende enthalten.

Es sei aber erwähnt, daß Mme. Curie in den letzten Jahren sehr starke Polonium-Präparate aus großen Mengen Pechblenderückständen hergestellt hat und daß es ihr auch gelungen zu sein scheint, wenigstens eine oder einige neue Linien im Spektrum des Präparates nachzuweisen.

Es wurde schon mehrfach darauf hingewiesen, daß bei einem großen Teil der skizzierten Umwandlungsprozesse α-Strahlen emittiert werden, und daß diese nichts anderes vorstellen, als positiv geladene Heliumatome, die das radioaktive Atom mit großer Geschwindigkeit verlassen.

Der Beweis für die Heliumnatur der α-Strahlen ist lückenlos erbracht. Die ersten Vermutungen, daß das Helium in Beziehung zu radioaktiven Prozessen stehen müsse, hatte Rutherford geäußert, als er aus der elektrischen und magnetischen Ablenkung der α-Strahlen erkannte, daß ihre Masse größer als die des Wasserstoffatoms und von der Größenordnung des Heliumatoms ist. Eine Stütze erhielt die Vermutung in der Erkenntnis, daß alle radioaktiven Mineralien Helium enthielten, das man beim Glühen oder Aufschließen austreiben und seiner Menge nach bestimmen konnte. Rutherford zog daher schon im Jahre 1903 den Schluß, daß es vielleicht gelingen müsse, aus größeren Mengen Radium die Bildung von Helium nachzuweisen. Im Jahre 1904 wurde dann dieser Nachweis von Ramsay und Soddy erbracht. Die auch von anderer Seite wiederholten Versuche haben die Befunde von Ramsay und Soddy bestätigt und neuere Untersuchungen, vor allem von Rutherford und Boltwood haben eine genaue Bestimmung der von 1 g Radium in der Zeiteinheit gebildeten Heliummenge ermöglicht.

In sehr eleganter Weise hat Rutherford auch dem Einwand begegnen können, daß Helium etwa nur eine Begleiterscheinung der α-Strahlenemission sei und nicht die α-Strahlen selbst. Rutherford brachte eine große Menge Radiumemanation in ein möglichst dünnwandiges Glasröhrchen, das sich in einem evakuierten Raume befand. Wurde in dem evakuierten Raume, bevor das Röhrchen mit der Radiumemanation eingeführt war, das Spektrum der Gasreste aufgenommen, so konnte keine Spur von Helium beobachtet werden; ebensowenig unmittelbar nach dem Einführen des Röhrchens. Nachdem das dünne Glasröhrchen mit der Emanation einige Tage in der weiteren Vakuumröhre gestanden hatte, zeigte sich allmählich das Heliumspektrum. Das Helium konnte, wie ein zweiter Versuch gezeigt hatte, nicht etwa durch Diffusion aus der Luft oder dem Emanationsröhrchen in das Vakuumröhrchen hineingekommen sein. Das einzige, was in das Vakuumröhrchen hineinfliegen konnte, waren die mit großer Geschwindigkeit emittierten α-Strahlen. Diese sammelten sich, nachdem sie ihre Ladung verloren hatten, allmählich in dem Vakuumrohr an und gaben sich dann als Helium zu erkennen.

Mit dem Nachweis, daß alle α-Strahlen Heliumatome vorstellen, mußte man auch den Schluß ziehen, daß nicht nur Radium und Radiumemanation, sondern alle α-Strahlen emittierende Substanzen die Bildung von Helium erkennen lassen, und in der Tat hat sich gezeigt, daß dies der Fall ist, soweit man überhaupt in der Lage ist, hinreichend starke α-strahlende Substanzen außer Radium und der Radiumemanation zu untersuchen.

Als feststehendes Resultat ergibt sich aus den obigen Angaben, daß das Radium sich in eine große Reihe anderer radioaktiver Produkte umwandelt und daß überall da, wo α-Strahlen emittiert werden, Helium auftritt.

Die Berechnung hat gelehrt, daß Radium mit der Emanation und dem schnell zerfallenden Niederschlag Radium A, B und C pro Jahr 160 cmm Helium bildet, also über $^1/_{10}$ ccm. Die experimentellen Untersuchungen haben diese Zahl aufs beste bestätigt. Wir sehen also wie das chemische Element Radium beständig meßbare Mengen anderer Elemente, vor allem Helium produziert. Es kann dabei selbst nicht in unveränderter Menge erhalten bleiben, es muß allmählich weniger werden. In der Tat hat man auf verschiedene Weise den Nachweis erbringen können, daß das Radium selbst auch verschwindet und zwar hat sich ergeben, daß Radium in rund 1800 Jahren um die Hälfte abnimmt. Von 1 g Radium ist also nach 1800 Jahren nur noch $^1/_2$ g übrig, die andere Hälfte ist über die lange Reihe der Zerfallsprodukte in ein inaktives Endprodukt umgewandelt. Nach zweimal 1800 Jahren ist nur noch ein Viertel übrig usf. Nach 50 000 Jahren wäre selbst unter der Voraussetzung, daß die feste Erdkruste ursprünglich aus reinem Radium bestanden hätte, noch weniger vorhanden, als wir in einer gewöhnlichen Pechblende vorfinden. Nun ist die feste Erdkruste sicher viel älter als 50 000 Jahre, ihr Alter beträgt aller Voraussetzung nach mindestens einige Hundert Millionen Jahre. Da wir also immer noch Radium auf der Erde vorfinden, sind wir gezwungen, auch für das Radium eine Muttersubstanz zu suchen, die ihrerseits das Radium so produziert, wie dieses die Emanation oder das Polonium. Die Suche nach diesem Produkt kann nicht schwer fallen, denn die Auswahl ist nicht groß. Es kann sich nur um die höher atomigen Elemente Uran oder Thorium handeln. Daß das Uran die Ursubstanz des Radiums vorstellt, zeigt das Studium der in der Natur vorkommenden Uranmineralien. Bis auf ganz wenige Ausnahmen ist in allen Uranmineralien eine dem Urangehalt entsprechende Radiummenge vorhanden und zwar enthält ein beliebiges Uranmineral pro Gramm Uran $3{,}4 \times 10^{-7}$ g Radium. Aus der Konstanz dieses Verhältnisses ergibt sich die genetische Beziehung dieser beiden Produkte, und wir können daher aus dem Urangehalt eines Uranminerals auf den Radiumgehalt schließen, oder umgekehrt in uranarmen Mineralien aus der Menge des darin enthaltenen Radiums gewissermaßen eine analytische Bestimmung des Urangehaltes vornehmen. Diese Voraussetzungen gelten natürlich nur unter der Annahme, daß das betreffende Mineral alt genug ist, um Radium und Uran im Gleichgewichtszustande zu enthalten und daß nicht ein Teil des

Radiums oder auch des Urans durch irgend welche äußeren Einflüsse ausgewaschen worden ist.

Nachdem der Nachweis erbracht war, daß Radium und Uran in konstantem Verhältnis enthalten sind, konnte man leicht aus der Zerfalls- bzw. Bildungsgeschwindigkeit des Radiums berechnen, wieviel Radium sich in einem radiumfreien Uransalz in einer gegebenen Zeit bilden würde. Bei der Genauigkeit des Nachweises müßte man aus 1 kg Uran schon nach einem Tage die Bildung des Radiums nachweisen können, wenn das Radium mit seiner Halbwertszeit von 1800 Jahren direkt aus dem Uran entstände. Dies war aber keineswegs der Fall. In sorgfältig gereinigten Uransalzen gelang es selbst nach Monaten nicht, die Bildung des Radiums mit Sicherheit zu erkennen. Dies führte notwendigerweise zu der Annahme, daß zwischen dem Uran resp. dessen kurzlebigem Zerfallsprodukte Uran X und dem Radium sich ein unbekanntes Zwischenprodukt vorfindet, dessen Lebensdauer verhältnismäßig sehr groß ist. Ein Uransalz, das ursprünglich ganz radiumfrei ist, muß erst das langlebige Zwischenprodukt bilden und aus diesem kann erst dann allmählich das Radium entstehen. Die in den verschiedenen Ländern gleichzeitig vorgenommene Suche nach dem hypothetischen Zwischenprodukt war von Erfolg gekrönt und der erste, der die hypothetische Substanz einwandfrei als neues Produkt in Händen hatte, war Boltwood. Boltwood nannte das Zwischenprodukt Ionium. Es sendet α-Strahlen aus, ähnelt in chemischer Beziehung sehr dem Thorium, so daß es nicht von ihm getrennt werden kann und läßt die Bildung des Radiums mit größter Leichtigkeit erkennen. Es ist also die direkte Muttersubstanz des Radiums und füllt die letzte Lücke aus, die sich zwischen dem Uran und dem Polonium noch gefunden hatte.

Wir sehen so eine große Reihe von radioaktiven Substanzen, die sich sukzessive ineinander umwandeln. Für den Chemiker am interessantesten sind natürlich diejenigen, die man tatsächlich als chemische Elemente bezeichnen kann. So ist die Ursubstanz der ganzen Zerfallsreihe, das Uran, schon seit über 100 Jahren bekannt und kein Mensch zweifelt an seiner elementaren Natur. Es folgt das verhältnismäßig unbeständige Uran X und dieses bildet das Ionium. Sollte es einmal gelingen, das Ionium vom Thorium zu trennen, so wird man auch das Ionium als einheitliches chemisches Element herstellen können. Die seltene Erde Ionium bildet das Erdalkalimetall Radium, das Radium wandelt sich um in das Edelgas Emanation und so geht der Zerfall weiter bis er mit dem Polonium das letzte aktive Produkt erreicht hat. Dieses selbst wandelt sich seinerseits unter Emission von α-Strahlen in ein inaktives Endprodukt um, das sich, weil es keine Strahlen mehr emittiert, allmählich ansammelt und sich daher in Uranmineralien oder auch alten Radiumsalzen auffinden lassen muß.

Dieses inaktive Endprodukt wird natürlich eines unserer wohlbekannten chemischen Elemente vorstellen, denn die radioaktiven Prozesse verlaufen auf der festen Erdkruste seit Millionen von Jahren, müssen also zu recht beträchtlichen Mengen des inaktiven Endproduktes geführt haben. Obgleich ein direkter experimenteller Beweis noch nicht gelungen ist, ist heute doch wohl kaum ein Zweifel daran möglich, daß das Endprodukt der Umwandlung der Uran-Radiumreihe nichts anderes als unser gewöhnliches Blei ist. Das Atomgewicht des Radiums ist 226; bei dessen allmählichen Umwandlungsprozeß über die verschiedenen Glieder der Radiumreihe werden vom Radiumatom fünf α-Strahlen, also fünf Heliumatome abgespalten. Es bleibt also schließlich ein Atom vom Atomgewicht 206 übrig. Das Atomgewicht des Bleies ist 207, also sehr nahe dieser Zahl. Da nun weder das Atomgewicht des Heliums noch das des Radiums mit absoluter Genauigkeit bekannt sind, kann man die obigen

Zahlen 206 und 207 als ungefähr gleich betrachten. Nun enthalten alle in der Natur vorkommenden Uranmineralien Blei, und zwar enthalten die sog. primären Mineralien im allgemeinen mehr Blei als sekundäre Mineralien, die erst durch die Einwirkung der Atmosphärilien und des Wassers aus anderen Mineralien in neuerer Zeit entstanden sind. Unter den primären Mineralien kann man wieder zwischen denen der älteren und jüngeren geologischen Formationen unterscheiden, und auch hier hat die Untersuchung gezeigt, daß die geologisch ältesten Mineralien am meisten Blei enthalten.

Mme. Curie hat, wie oben erwähnt, in jüngster Zeit sehr starke Poloniumpräparate hergestellt und es ist zu hoffen, daß auch der direkte Nachweis der Bildung des Bleies aus dem Polonium gelingen wird. Es besteht kaum ein Zweifel, daß dieser experimentelle Beweis in absehbarer Zeit erbracht sein wird, und dann haben wir eine große Reihe radioaktiver Produkte, deren Anfangs- und Endglied altbekannte chemische Elemente vorstellen, nämlich Uran und Blei. Die dazwischen liegenden Substanzen haben nach allem, was man darüber weiß, denselben Anspruch darauf, als chemische Elemente zu gelten wie die Endglieder. Daß sich dies nicht für alle beweisen läßt, ist lediglich eine Folge der Unbeständigkeit der meisten dieser Substanzen.

Eine ganz ähnliche Reihe von Zerfallsprodukten wie das Uran bildet das Element mit dem zweithöchsten Atomgewicht, nämlich das Thorium. Auch vom Thorium leitet sich eine ganze Reihe radioaktiver Produkte ab, die durch ihre Fähigkeit, Strahlen zu emittieren, charakterisiert sind und sich je nach ihrer Beständigkeit in größerer oder geringerer Menge vorfinden. Bis vor wenigen Jahren waren in dieser Reihe nur solche Zerfallsprodukte bekannt, die so unbeständig sind, daß man an eine Herstellung derselben in größeren Mengen, etwa vergleichbar mit dem Radium, nicht denken konnte. Neuerdings hat man auch beim Thorium verhältnismäßig langlebige Produkte abscheiden gelernt und zwar das β- und γ-strahlende Mesothorium und das α-strahlende Radiothorium. Es besteht die theoretische Möglichkeit, diese Produkte als chemische Elemente zu isolieren und dann wird sich auch mit diesen Substanzen der experimentelle Nachweis der Umwandlung wohlcharakterisierter chemischer Elemente ineinander erbringen lassen.

Mesothorium und sein erstes Zerfallsprodukt Radiothor wandeln sich sukzessive um in Thorium X, Thoriumemanation, Thorium A, B, C und D, so daß es im Gleichgewicht alle diese Produkte mit ihren α-, β- und γ-Strahlen enthält. Was das inaktive Endprodukt dieser Umwandlungsreihe ist, können wir heute noch nicht angeben; der schnellen Entwickelung der radioaktiven Forschung wird es aber zweifellos gelingen, auch diese Frage zu beantworten.

In dem Nachweis der Umwandlung der radioaktiven Elemente ineinander ist ein weiterer Schritt zur Vereinheitlichung der Grundlagen der Chemie gewonnen. Der alte Gedanke des Aufbaues aller Materie aus einem oder wenigen Urelementen hat durch die radioaktive Forschung eine neue und bedeutungsvolle Stütze erfahren.

Kapitel VI.

Chemische und physikalisch-chemische Wirkungen radioaktiver Substanzen.

Von

Carl Neuberg-Berlin.

Die Einführung der radioaktiven Substanzen in die Medizin ist wie die vieler Mittel im wesentlichen auf dem Wege der Empirie erfolgt. Ist auch das Urteil über den therapeutischen Nutzen dieser Verbindungen keineswegs abgeschlossen, so steht es doch außer Zweifel, daß sie deutliche biologische Wirkungen zu äußern imstande sind. Letztere müssen sich natürlich in letzter Linie auf chemischer oder physikalischer Grundlage vollziehen. Was bisher über Wirkungen der radioaktiven Körper auf andere Stoffe bekannt geworden ist und im folgenden dargelegt werden kann, reicht freilich bei weitem nicht hin, sichere Grundlagen für die Radiumbiologie abzugeben. Im wesentlichen registrierend und sichtend kann über die bisherigen Ergebnisse berichtet werden.

I.

Allgemeine Wirkung radioaktiver Substanzen auf fremde Körper.

Im Jahre 1899 fanden P. und S. Curie [1], daß fast alle Substanzen radioaktiv werden, die in der Nähe einer Radiumverbindung verweilt haben. Rutherford [2]) stellte die gleiche Wirkung vom Radiothor und Debierne [3]) vom Actinium fest. Seit Erforschung der Emanationen, d. h. der von den radioaktiven Körpern entwickelten gasartigen materiellen Aussendungen, weiß man, daß die von radioaktiven Verbindungen auf beliebigen Substanzen sekundär erzeugte Aktivität, die sogenannte induzierte Aktivität, auf nichts anderem als auf der Bildung eines aktiven Niederschlags aus der Emanation beruht.

Dementsprechend wird unter gleichen Bedingungen jeglicher anorganische und organische Körper durch dasselbe Radiumpräparat in gleichem

---

[1]) P. und S. Curie, C. r. **129**, **714**, 1899.
[2]) E. Rutherford, Phil. Mag. **49**, 161, 1900.
[3]) A. Debierne, C. r. **1900**; **1901**.

Maße sekundär aktiviert. Die Natur (und also auch der Bestand) der induzierten Radioaktivität ist verschieden, je nachdem sie durch Ra, Th oder Ac hervorgebracht ist.

Beachtenswert für den Biologen ist, daß Körper mit negativer elektrischer Ladung durch die Emanationen der drei genannten Elemente erheblich stärker aktiviert werden als elektrisch neutrale. Infolgedessen kann man der negativ aufgeladenen Körperoberfläche eines Menschen in einem geschlossenen Raume eine zehnmal höhere induzierte Aktivität erteilen als einem unelektrischen Individuum (G. Eckmann[1]). Die Stärke der induzierten Aktivität kann auch durch die physikalische Beschaffenheit der Oberflächen beeinflußt werden. Körper mit glatten Oberflächen absorbieren nur minimale Menge von Radiumemanation; einige Metalle, wie Kupfer und Blei, nehmen jedoch meßbare, wenn auch absolut geringe Quantitäten auf. Eigentümlicherweise diffundiert Radiumemanation durch glühende Eisen- und Porzellanröhren, verhält sich also ähnlich wie Wasserstoffgas gegen Platin- oder Palladiumrohre; ein erhitztes Quarzrohr läßt jedoch keine Radiumemanation hindurchtreten. Wie Rutherford[2] fand und dann auch Laborde[3] zeigte, absorbieren poröse Substanzen, wie Holzkohle, Meerschaum, fein verteilte Metalle (Platinmohr), sehr energisch Radiumemanation. Wachs, Paraffin, Zelluloid und Kautschuk verhalten sich nach P. Curie und J. Danne[4] ähnlich, sie okkludieren[5]. Dieses Verhalten zu Metallen und Kautschuk usw. ist unter Umständen bei den angewendeten Apparaten zu beachten. Ton und Quarz binden Emanationen, besonders die des Radiums, ziemlich kräftig[6] und geben sie nur langsam ab, da die Emanation aus festen Körpern nur schwer austreten kann. (Z. B. verhält sich emanierendes festes Radiumsalz ebenso; beim Erhitzen entwickelt es weit mehr Emanation als beim Stehen.) Mit dem Okklusionsvermögen der Tone und Kiese hängt wohl zusammen, daß sie enthaltende Bodenarten besonders hohe Aktivität aufweisen.

Da die Umwandlungsprodukte der Emanation eben die sekundäre Aktivität bedingen, ist es klar, daß an rauhen oder porösen Oberflächen infolge stärkerer Konzentration der Emanation auch kräftigere induzierte Radioaktivität aufzutreten vermag. Das ist ein Punkt, der für die Beurteilung biologischer Wirkungen von Bedeutung sein kann.

Die genannten Faktoren haben zur Folge, daß feste Radiumsalze selbst beträchtliche Emanationsmengen zurückhalten; beim Erhitzen entweichen diese, um vom erkalteten Präparat wieder okkludiert bzw. zurückgehalten zu werden. Erst beim Schmelzen ist die Emanationsabgabe vollständig. Dieses Verhalten ist für die praktische Verwendung von Emanation, die neuerdings Niton genannt wird (Ramsay u. Grey 1910), von Wichtigkeit.

Die früher induzierte Aktivität genannte Erscheinung ist nichts als die Aktivität der von einem radioaktiven Stoff hervorgebrachten Umwandlungsprodukte, die selbst weiteren Veränderungen unterliegen können. Dabei können verschiedenartige Strahlen, so durchdringende vom Typus der sog. γ-Strahlen und leicht absorbierbare vom Typus der α-Strahlen usw., gleichzeitig oder nacheinander auftreten.

Nicht alle radioaktiven Substanzen erzeugen neue, sich weiter umwandelnde Zerfallsprodukte (Metabole), z. B. Polonium nicht, das nur Strahlen,

---

[1] G. Eckmann, Zeitschr. f. Balneolog. **5**, 67, 1912.
[2] E. Rutherford, Nature, **1904**.
[3] A. Laborde, C. r. **148**, 1592, 1909.
[4] P. Curie und J. Danne, C. r. **136**, 364, 1903.
[5] Vergl. auch R. Dittmar, Gummizeitung **19**, 3.
[6] J. Elster und H. Geitel, Physik. Zeitschr. **5**, 321, 1904; **6**, 67, 1905.

Radiumfamilie

(entsteht aus dem α-strahlenden Uran über das Radiouranium, über das β-γ-strahlende Uran X und die Körper der α-Strahlen emittierenden Ioniumgruppe)

Radium ↓	dem Ba ähnlich	α, β-strahlend	Zerfallsperiode von 2600 Jahren
Radiumemanation (Niton) ↓	Gas vom Molekulargew. ca. 222,5	α- „	„ „ 3,8 Tagen
Radium A ↓	feste Umwandlungsprodukte der Ra-Emanation, die den „aktiven Belag“ bilden und in starken Mineralsäuren löslich sind	α- „	„ „ 3 Minuten
Radium B ↓		β- „	„ „ 27 „
Radium C		α-, β- u. γ-strahlend	„ „ 20 „
→ Ra C_2 ↓	(noch wenig erforscht, scheint neben Ra D zu entstehen)	β- „ (?)	
Radium D ↓	dem Blei ähnlich	nicht strahlend (bezw. wenig ganz weiche β-Strahlen aussendend).	„ „ 15 Jahren
Radium E_1 ↓	fester Körper, der sich bei 1000° verflüchtigt	nicht strahlend	„ „ 6 Tagen
Radium E_2 ↓	fester, bei 1000° nicht flüchtiger Körper	β- „	„ „ 5 „
Radium F ↓	wahrscheinlich identisch mit Polonium bzw. Radiotellur; es folgt analytisch dem Tellur, Wismut u. z. T. auch Blei	α- „	„ „ 140 „
Radium G	Körper d. Platinreihe (?) [1][2]	?	?

[1] St. Meyer u. E. v. Schweidler, Ber. der Wiener Akad. **115**, 697, 1906.

[2] K. A. Hoffmann u. E. Strauß fanden im Radioblei einen Ruthenium ähnlichen Körper. Ber. **34**, 909, 1901; **40**, 2425, 1907.

Thoriumfamilie

entsteht aus dem α-strahlenden Thor über das inaktive Mesothorium I und über das β-strahlende Mesothorium II von O. Hahn [Ber. **40**, 1462, 3305, 1907]).

Radiothorium ↓	Charakter einwertiger Metalle, gehört zur NH_3-Gruppe	α-strahlend	Zerfallsperiode von 2 Jahren
Thorium X ↓	löslich in H_2O u. NH_3	α, β- „	„ „ 3,6 Tagen
Thoriumemanation ↓	hoch molekulares Gas, das sich bei —120° bis —150° condensiert (Mol.-Gew. etwa 200)	α- „	„ „ 54 Sekunden
Thorium A ↓	feste Körper, die in starken Säuren löslich sind	β- „	„ „ 11 Stunden
Thorium B ↓		α- „	„ „ 55 Minuten
Thorium C ↓		α- „	„ „ einigen Sek.
Thorium D		β- u. γ-strahlend	„ „ 3 Minuten

Aktiniumfamilie

(geht möglicherweise neben der Radiumgruppe aus dem Uran hervor, und zwar entsteht vielleicht das Aktinium beim Zerfall des Urans gleichzeitig mit dem Radiouranium).

Aktinium	dem Lanthan ähnlich	strahlenlos	— —
↓ Radioactinium	den Erdalkalien „	α, β-strahlend	Zerfallsperiode von 19,5 Tagen
↓ Aktinium X	löslich in NH_3	α- „	„ „ 10,5 „
↓ Aktiniumemanation	Gas	α- „	„ „ 4 Sekun.
↓ Aktinium A	feste Körper, die in starken Säuren löslich sind	β- „	„ „ 36 Min.
↓ Aktinium B		α- „	„ „ 2 „
↓ Aktinium B[1]		α- „	„ „ wenig. Min.
↓ Aktinium C.		β, γ- „	„ „ 5 Min.

aber keine Emanation abgibt. Dagegen können fremde Substanzen durch direkte Berührung mit Poloniumverbindungen (Radiotellur) aktiv werden, z. B. metallisches Silber, Wismut oder Kupfer. Wie Marckwald [1]), der Entdecker dieser Erscheinung, bereits gezeigt hat, handelt es sich hierbei jedoch um keine „induzierte Radioaktivität", sondern um eine elektrolytische Ausfällung des Radiotellurs selbst auf den angewandten Metallstücken. In ähnlicher Weise sind später auch andere Metabole elektrolytisch abgeschieden.

Über die selektive Adsorption radioaktiver Stoffe durch Kolloide siehe später (S. 100 u. 101).

Die induzierte Radioaktivität ist ein materielles Substrat, ein aktiver Niederschlag. Er befindet sich bei Körpern mit glatter Oberfläche an der äußersten Schicht; durch mechanisches Abkratzen oder durch Auflösen in starken Säuren kann er infolgedessen entfernt werden. Die Stoffe des Zerfalls einer radioaktiven Substanz sind größtenteils feste Körper, können jedoch auch gasförmig sein; so ist ein Umwandlungsprodukt aller α-strahlenden Körper das Gas Helium. Das haben Ramsay und Soddy für Radium, Soddy für Thorium und Uran und Debierne sowie Giesel für Polonium und Actinium gezeigt. Die α-Strahlen scheinen nichts anderes als mit großer Geschwindigkeit fortgeschleuderte Heliumatome von positiver Ladung zu sein.

Da, wie vorher (S. 87) erwähnt ist, die Emanation von den emanierenden Radiumpräparaten stark zurückgehalten wird, findet man in letzteren auch stets die Umwandlungsprodukte, die durch den Zerfall der Emanation entstehen. Hierdurch wird übrigens der Gewichtsverlust teilweise ausgeglichen, der bei völliger Austreibung der Emanation durch Erwärmung für 1000 mg Radium pro Jahr rund 0,25 mg ausmachen würde (O. Hahn) [2]).

Biologisches Interesse haben von den radioaktiven Elementen bisher vorwiegend das Radium und Mesothorium (J. Plesch, Ad. Bickel)[3]) erlangt. Zur Gruppe dieser beiden Grundstoffe gehören im wesentlichen die

[1]) W. Marckwald, Ber. d. Deutschen chem. Gesellsch. **35, 2285, 4239,** 1902 und **36,** 2662, 1903.

[2]) O. Hahn, Zeitschr. f. Elektrochemie, **13,** 387, 1907.

[3]) J. Plesch, Berl. klin. Wochenschr. **49, 739, 1912.** — Ad. Bickel, ebendaselbst **49, 777,** 1912.

mit den Mineralwässern verwendeten radioaktiven Bestandteile. Die Körper der Aktiniumgruppe sind physiologisch noch wenig erforscht[1]).

Die hauptsächlichsten Beziehungen zwischen Grundstoff und seinen Umwandlungsprodukten gibt die Tabelle auf Seite 88 und 89 wieder, in der zugleich der chemische Charakter, die Strahlungsart sowie die sog. Halbwerts- oder Zerfallsperiode (d. h. die Zeit, innerhalb welcher die Verbindung zur Hälfte zerfällt) verzeichnet sind.

II.

Chemische Veränderungen anorganischer Körper durch radioaktive Stoffe.

Die Mehrzahl der vorliegenden Beobachtungen über den Einfluß radioaktiver Substanzen auf fremde Körper betrifft die Mineralstoffe. Herrschte früher die Meinung, daß im Haushalte der Lebewesen die Rolle der anorganischen Verbindungen wohl hinter jener des organischen Baumaterials zurückträte, so wird jetzt allgemein anerkannt, daß die Bedeutung der Mineralbestandteile für den Organismus erst im Beginn der richtigen Würdigung steht [2]).

Das mag rechtfertigen, wenn im folgenden auch solche Beobachtungen aufgeführt werden, die im Augenblicke keine Beziehungen zu physiologischen Vorgängen erkennen lassen.

a) Wirkungen des Radiums.

Am genauesten sind die Veränderungen untersucht, die das eigentliche Radium hervorbringt.

Zuerst sind die Wirkungen auf Silbersalze bekannt geworden, haben doch die photographischen Effekte gerade zur Entdeckung der „Becquerelstrahlen" und der strahlenden Elemente überhaupt geführt. Doch scheinen hier Unterschiede zu bestehen, da Jodsilber nach Pellini und Vaccari [3]) eine abnorme Unempfindlichkeit aufweisen soll; dagegen wird natürliches Jodsilber, der Jodit oder Jodargyrit, durch Radiumbestrahlung deutlich in der Farbe verändert [4]).

Ein solcher Wechsel der Färbung tritt nach C. Doelter[4]), der hierüber sehr genaue Untersuchungen angestellt hat, und nach A. Miethe[5]) bei sehr vielen natürlichen Mineralien ein, ohne daß man über die Natur der neugebildeten Verbindungen unterrichtet ist.

So wird gelbroter Realgar (Arsensulfür As_2S_2) karminrot, Antimonblende (Rotspießglanz Sb_2OS_2) grau, farbloser Quarz färbt sich gelb- bis rotbraun, Rosenquarz schwarzbraun, Amethyst tiefer violett, Rauchquarz wird erheblich dunkler. Anhydrit ($CaSO_4$) wird gelb, Flußspat (CaF_2) färbt sich violett- oder grünblau; Bariumsulfat ($BaSO_4$) wird violettbräunlich. Aluminiumhydroxyd [$Al(OH)_3$] nimmt eine blaue Färbung an. Farblose Diamanten werden durch Radiumbestrahlung manchmal bläulich oder bräunlich, Aquamarin mehr blau, Ultramarin (Hauyn) mehr violett, Saphire werden gelblich.

Ähnlich den natürlichen Mineralien werden Glas und Porzellan bei längerer Bestrahlung verfärbt; sie nehmen eine violette bis braune bzw.

---

[1]) Vergl. V. Czerny u. A. Caan, Münchener med. Wochenschr. **1911**. Nr. **34**. — A. E. Stein, Berliner klin. Wochenschr. **49**, **784**, **1912**.

[2]) Siehe die Ausführungen im Lehrb. d. Mineralstoffwechsels von A. Albu und C. Neuberg. Berlin **1906**.

[3]) G. Pellini u. E. Vaccari, Accad. dei Lincei [5] **13**, 269, 1904; Ch. C. **05**. II. 1077.

[4]) C. Doelter, Das Radium und die Farben, Dresden **1910**.

[5]) A. Miethe, Ann. d. Phys. **19**, 633, 1906.

amethystene Färbung an. Die Ursachen der Farbenänderung sind nicht sicher aufgeklärt, der Gehalt der Glassorten an Mangan, Eisen, Blei und Alkalisalzen (s. unten) spielt dabei eine Rolle; vielleicht wirkt eine Ionisierung der Metallatome mit. Auch das Milieu, in dem die Bestrahlung erfolgt, ist von Bedeutung. Denn die Glassorten sowie die Edelsteine färben sich verschieden, je nachdem die Radiumstrahlen in Luft oder in einer reinen Sauerstoff- oder Stickstoffatmosphäre einwirken.

Auch viele einfache Mineralstoffe erleiden Veränderungen. Solche sind namentlich bei den Alkalisalzen und Alkalidoppelsalzen beobachtet. Kaliumsulfat nimmt eine blaugrüne Färbung an, Kaliumchlorid wird amethysten, Chlornatrium und Chlorkalium werden gelbbraun (auch in Gelform), Natriumbicarbonat wird rotviolett. Vermutlich handelt es sich hierbei um Ionisationen, doch ist es unentschieden, ob Anion oder Kation die Farben bedingt [1][2][3][4]. Letztere sind übrigens vergänglich. Auch bei Schwermetallsalzen kommen Farbenänderungen durch Radiumbestrahlung vor; z. B. wird das weiße Mercurosulfat braun; bestrahltes Didymglas wird rosarot [5]. So bedeckt sich reines Aluminium mit einer wie geschmolzenes Metall aussehenden Schicht, die starke induzierte Radioaktivität aufweisen soll [6].

Auch tiefer greifende Veränderungen sind beobachtet. Wasser, in dem eine Radiumverbindung aufgelöst ist, wird wie durch Elektrolyse zerlegt, wobei (neben Helium) freier Wasserstoff und Sauerstoff auftreten [7][8]. Auch kräftige Radiumemanation kann eine gleiche Zersetzung von Wasser [9] bewirken, ja die α-Strahlung allein ruft, wenn auch in schwächerem Maße, dieselbe Erscheinung hervor [10]. Läßt man dagegen lediglich die β-Strahlung auf Wasser zur Wirkung gelangen, so entwickelt sich Wasserstoff; der Sauerstoff dient zur Bildung von Hydroperoxyd, so daß die Reaktion im Sinne der Gleichung

$$2\,H_2O = H_2 + H_2O_2$$

verläuft.

Übrigens ist die Bildung von H und O aus Wasser durch Radiumsalze ein umkehrbarer Prozeß. Denn es wird auch aus dem Gemische der beiden Gase H_2O gebildet [11]. In analoger Weise wird auch das Gemenge von Chlor und Wasserstoffgas, das Chlorknallgas, nach Jorissen und Ringer [12] durch Radiumstrahlen, wie durch Licht, zu Chlorwasserstoff vereinigt:

$$H + Cl = HCl.$$

Umgekehrt wird wiederum eine wässerige Radiumchloridlösung unter Entwicklung von Chlor zerlegt; das erkennt man z. B. daran, daß beim Digerieren einer $RaCl_2$-Lösung in Platingefäßen Platinchlorid in Lösung geht. Auch

---

[1]) F. Giesel, Verh. d. deutsch. physik. Ges. **1900**, 9.
[2]) C. Doelter, l. c.
[3]) W. Ackroyd, Journ. chem. Soc. **85**, 812, 1904.
[4]) Siedentopf (Physik. Zeitschr. **6**, 855, 1905) wies in bestrahltem NaCl ultramikroskopisch direkt feinste Na-Kristalle nach.
[5]) Ch. Baskerville, Journ. chem. soc. **28**, 511, 1905.
[6]) N. Orloff, Journ. d. russ. chem. Ges. **36**, 41, 1904.
[7]) F. Giesel u. G. Bodländer, Ber. **36**, 347, 1903.
[8]) W. Ramsay u. R. Soddy, Royal Soc. Proced **72**, 204, 1903.
[9]) W. Ramsay, Journ. chem. Soc. **91**, 931, 1907.
[10]) A. Debierne, C. r. **148**, 703, 1909.
[11]) C. W. Edwards u. B. Davis, Journ. of Soc. of chem. Ind. **24**, 266, 1905.
[12]) W. P. Jorissen u. W. E. Ringer, Ber. **38**, 899, 1905; **39**, 2093, 1906. — [Pellini u. Vaccari (Ch. C. **1904**, II. 1197) beobachteten den Eintritt dieser Reaktion nicht; die angewendeten Radiumpräparate waren wohl von verschiedener Stärke.]

Chloroyxde werden gleichzeitig gebildet [1]). Trockenes Chlorgas ändert unter Radiumbestrahlung seine Farbe von gelbgrün in farblos, vermutlich durch Bildung von Oxydationsstufen des Chlors (Doelter). Analog entwickelt sich aus festem Bromradium freies Brom (neben Ozon), und gleichzeitig entsteht Bariumhydroxyd, das von der Kohlensäure der Luft in Bariumcarbonat übergeführt wird. Läßt man den Vorgang sich in wässeriger Lösung abspielen, so reagieren natürlich Barytwasser und freies Brom unter Bildung von Bariumhypobromid [2]). Diesen unzweifelhaften positiven Befunden stehen die Angaben Ramsays [3]) gegenüber, der in einer wässerigen Bromradiumlösung keine Bildung von Brom oder höheren Oxydationstufen des Broms noch von Hydroperoxyd und Ozon sah. Die Zerlegung von Salzsäure durch starke Radiumemanation in H und Cl wird jedoch auch von Ramsay und Cameron (s. S. 93) zugegeben.

Eine merkwürdige Beobachtung hat C. Doelter (l. c.) mitgeteilt. Bestrahlt man längere Zeit eine wässerige einprozentige Chlornatriumlösung mit Radium, so entsteht eine Orangefärbung, die auch beim Kochen und Eindampfen beständig ist; erst Glühen des Rückstandes auf 350° führt wieder zu einem weißen Salz. Verdünnte Salpetersäure beeinflußt die Gelbfärbung der Lösung nicht. Aus ihr fällt zweiprozentiges Silbernitrat einen gelben Niederschlag, der mit Wasserstoffsuperoxyd lila wird, sich in NH_3 aber gelb löst. Aus der ammoniakalischen Lösung fällt HNO_3 weißes Chlorsilber. Freies Chlor tritt in der bestrahlten Kochsalzlösung nicht auf.

Von besonderem Interesse ist die Bildung von Ozon, von aktivem Sauerstoff (O_3), das sich stets in der Nähe von Radiumpräparaten entwickelt. Die Entstehung von Ozon, welche Demarcay entdeckte und die Curies [4]) bestätigten, vollzieht sich stets, einerlei, ob feste oder gelöste Radiumverbindungen mit der atmosphärischen Luft in Verbindung stehen. Es genügt, wenn ein sehr enger Kanal die Kommunikation mit dem Luftsauerstoff vermittelt. Auch aus Radiumemanation entwickelt sich nach Curie Ozon, ebenso verhalten sich andere Emanationen, wie die des Actiniums.

Namentlich die α-Strahlung führt zur Ozonierung des Luftsauerstoffes; der Mechanismus der Reaktion beruht vermutlich darauf, daß ein durch Ionisierung (s. S. 101) entstandenes Sauerstoffion mit einem Sauerstoffmolekül zu Ozon ($O + O_2 = O_3$) zusammentritt (S. C. Lind) [4]).

Diese Bildung von Ozon wie die von Halogen bzw. Halogenoxyden ist für die Erklärung der Einwirkung von Radium auf organische Stoffe (siehe S. 95 bis 99) von großer Bedeutung.

Im Einklange mit der Ozonbildung stehen die Beobachtungen über energische Oxydationsreaktionen starker Emanationen [5]). Durch diese werden Kupfer, Aluminium und Quecksilber angegriffen und organische Substanzen zerstört. Auf die Oxydation der letzteren ist wohl die öfter beobachtete Kohlendioxydbildung zu beziehen (vergl. S. 98).

Jodwasserstoffsäure wird durch Radiumstrahlen im Dunkeln nach Pellini und Vaccari [6]) unter Jodabspaltung zerlegt; in ähnlicher Weise wird auch Bromwasserstoffsäure [7]) verändert.

---

[1]) P. u. S. Curie, C. r. **129**, 823, 1899.

[2]) F. Giesel, Ber. **35**, 3608, 1902; **36**, 347, 1903.

[3]) W. Ramsay, Journ. chem. Soc.. **91**, 931, 1907.

[4]) P. u. S. Curie, C. r. **129**, 823, **1899**. — S. C. Lind, Wien. Monatshefte **33**, 295, 1912.

[5]) W. Ramsay u. Cooke, Nature, **70**, 341, 1904.

[6]) G. Pellini u. M. Vaccari, Chem. Centralbl. **1904**, II. 1197. — S. ferner Creighton und Makenzie, Amer. chem. Soc. **39**, 474, 1908.

[7]) A. Kailan, Chemik. Ztg. **1912**, 1032.

Jodpentoxyd (Jodsäure) wird bei Lichtabschluß nach M. Berthelot [1]) in Jod und Sauerstoff gespalten, Salpetersäure färbt sich gelb unter Bildung von salpetriger Säure; letztere kann noch weiter verändert werden (Doelter, l. c.), wobei N_2O_4 bzw. freier N und O entstehen. Nach späteren Angaben von Berthelot [2]) sind es die glasdurchdringenden Strahlen, welche Salpeter- und Jodsäure zerlegen. Dieselben bewirken auch nach Kailan (l. c.) eine Reduktion von Ferrisulfat zu Oxydulsalz.

Glas kann durch Emanation ähnlich wie durch die Gesamtstrahlung gefärbt werden, besonders mit violetter Nuance.

Unter dem Einflusse von kräftiger Radiumemanation sahen Ramsay und Cameron [3]) noch folgende Reaktionen eintreten:

1. Zerlegung von Ammoniak in Stickstoff und Wasserstoff und die umgekehrte Bildung von NH_3 aus den Komponenten.
2. Spaltung von Chlorwasserstoff in Chlor und Wasserstoff.
3. Zersetzung von Kohlensäure in Sauerstoff und Kohlenoxyd und weitere Zerlegung des letzteren in Kohlenstoff und Sauerstoff.

Über den Umfang der durch Radiumverbindungen bewirkten Umwandlungen liegen nur verhältnismäßig wenige exakte Angaben vor. Im großen und ganzen sind sie sehr gering, ein Punkt, den man für die biologische Verwertung dieser Tatsachen nicht außer acht lassen darf!

Die Menge Knallgas beispielsweise, die 1000 mg 5 %iges Radiumbromid entwickelten, betrug in 16 Tagen 3,5 ccm [Giesel-Bodländer (l. c.)].

Die Gesamtgasmenge, die 1000 mg reines und festes Radiumbromid entwickeln, beträgt nach P. Curie 0,2 ccm pro Stunde, nach Debierne [4]) 0,54 ccm.

W. Ramsay [5]) gibt die von 1000 mg reinem Radium in 100 Stunden entwickelte Knallgasmenge zu 32 ccm an.

Nicht nur chemisch verständliche Reaktionen hat man dem Radium und seinen Strahlungen zugeschrieben, sondern auch unerhört neue. Es geschah dieses in den bekannten Experimenten von Ramsay und Cameron [6]), die zu beweisen schienen, daß unter dem Einflusse radioaktiver Körper die chemischen Grundstoffe ineinander verwandelbar seien.

Die Autoren behaupteten, daß Radiumemanation (Niton), die für gewöhnlich Helium erzeugt, in Gegenwart einer Kupfersalzlösung die Metalle Lithium, Natrium und Kalium neben den Edelgasen Argon und Neon bilde. Bei Gegenwart von Wasser sollte die Radiumemanation dagegen nur Neon liefern.

Allein diese Angaben haben sich als Irrtümer erwiesen. Rutherford und Royds [7]) zeigten, daß die Befunde von Neon und Argon auf ein Eindringen atmosphärischer Luft in die Apparatur zu beziehen sind.

Das Auftreten der Alkalimetalle und des Lithiums ist aber nach M. Curie und E. Gleditsch [8]) durch ein Herauslösen dieser Elemente aus den verwendeten Glas- bzw. Quarzgefäßen bedingt.

Die Angabe von Ramsay und Usher [9]), daß Lösungen von Silicium-, Titan-, Thorium- und Zirkonsalzen unter dem Einflusse von Radiumemanation Kohlendioxyd (neben Spuren Kohlenoxyd) produzieren, dürfte ihre Erklärung in der oxydierenden Wirkung der Radiumemanation bzw. des durch sie ge-

[1]) M. Berthelot, C. r. **133**, 659, 1901.
[2]) M. Berthelot, Ch. C. **07**, I. 1023.
[3]) A. Cameron u. W. Ramsay, Proc. chem. Soc. **1907**; Jahrb. f. Radioaktivität **5**, 237, 1908.
[4]) A. Debierne, C. r. **148**, 703, 1909.
[5]) W. Ramsay, Journ. chem. Soc. **91**, 931, 1907.
[6]) W. Ramsay u. A. Cameron, Journ. chem. Soc. **91**, 1593, 1907.
[7]) E. Rutherford u. Royds, Phil. Mag. [6] **16**, 812, 1908.
[8]) S. Curie u. E. Gleditsch, C. r. **147**, 345, 1908.
[9]) W. Ramsay u. F. L. Usher, Ber. **42**, 2930, 1909.

bildeten Ozons (s. S. 92) auf organische Substanzen finden. Denn letztere sind stets in Spuren zugegen: diese Deutung ist nach den zuvor gemachten Ausführungen wahrscheinlicher, als eine Umwandlung von Thorium oder von Zirkon in Oxyde des zur selben Reihe des periodischen Systems gehörigen Kohlenstoffs.

Bisher scheint also kein unwiderleglicher Grund für die Annahme einer Metamorphose der Elemente durch Strahlen oder Emanation des Radiums vorzuliegen[1]).

Außer dem eigentlichen Radium lassen auch

b) die übrigen radioaktiven Verbindungen

geringe chemische Einwirkungen auf fremde Stoffe erkennen.

Für die aktiven Thorverbindungen ist folgendes bekannt: Die Emanation verhält sich ähnlich der Radiumemanation, wie ein Edelgas. Die verursachte induzierte Radioaktivität stellt ein Gemisch fester Körper dar, das durch Säuren oder mechanisch abgelöst werden kann. Lebensdauer und Zerfall dieser Emanation sind jedoch völlig von den entsprechenden Eigenschaften der Radiumemanation verschieden[2]). Das Thorium des Handels ist schwach radioaktiv und zwar α-strahlend; es emaniert jedoch nicht selbst, sondern das ihm beigemengte Radiothor[3]), das selbst erst aus dem β-strahlenden Mesothorium II hervorgeht.

Ähnlich verhält sich die Emanation des Aktiniums[4]), die Giesel[5]) Emanium genannt hatte[6]). Thorium- und Aktiniumemanation erzeugen ebenfalls leicht Radioaktivität auf negativ geladenen Substanzen.

Die drei bisher bekannten Emanationen, die des Radiums, Thors und Aktiniums, unterscheiden sich im wesentlichen durch ihre Beständigkeit. Die Radiumemanation sinkt z. B. in einem Monat auf 1% ihres ursprünglichen Betrages herab, die des Thoriums in 10 Minuten, die des Aktiniums schon in 30 Sekunden. Der Zerfall der Aktiniumemanation vollzieht sich ca. 90000 mal schneller als der von Radiumemanation.

Die Emanationen des (lanthanähnlichen) Aktiniums und des Thoriums zerfallen gleichfalls unter Bildung von Helium [Debierne[7]), F. Giesel[8]), Soddy[9])]. Aktinium zerlegt Wasser unter Knallgasbildung [Debierne[4])]. Das nicht emanierende Polonium erzeugt in Berührung mit Wasser ebenfalls Helium[10]). Hier wie in allen übrigen Fällen ist die Heliumbildung eng mit der Fähigkeit zur Aussendung von α-Strahlen verknüpft, die nach Rutherfords Theorie nichts anderes als positiv geladene Heliumatome sind.

Chemische Wirkungen sind auch bei dem Aktinium beobachtet. In den Aufbewahrungsgefäßen entwickelt sich Ozon und ein eingehängtes Papier-

---

[1]) Ramsay hält jedoch neuerdings (C. r. **153**, 373, 1911) auch den gegenteiligen Befunden Herschfinkels (C. r. **153**, 255, 1911) gegenüber an seiner Auffassung vom Zerfall des Thoriums unter Radiumemanationswirkung in Kohlenstoff fest; er sieht ferner die Transmutation von Niton in das Edelgas Neon für erwiesen an (Ramsay und Cameron, Knowledge **1912**).

[2]) E. Rutherford, Phil. Mag. **1900**.

[3]) O. Hahn, Jahrb. d. Radioaktivmittel. **1905**; Physik. Zeitschr. **1907**.

[4]) A. Debierne, C. r. **1900** u. **1901**.

[5]) F. Giesel, Ber. **35**, 3608, 1902; **38**, 775, 1905.

[6]) Nach W. Marckwald (Ber. **38**, 2264, 1905) sind Aktiniumemanation und Emanium nicht identisch, vielmehr stehen beide Körper in einem genetischen Zusammenhange, indem das lanthanähnliche Emanium das thorähnliche Aktinium erzeugt.

[7]) A. Debierne, C. r. **141**, 383, 1905 u. **148**, 703, 1909.

[8]) F. Giesel, Ber. **40**, 3011, 1907.

[9]) F. Soddy, Nature **79**, 129, 1908.

[10]) S. Curie u. A. Debierne, C. r. **150**, 386, 1910.

stückchen wird bräunlich und brüchig. Die Wandungen des Glasgefäßes werden langsam gebläut.

Zweifelhaft ist es, ob die von Cameron und Ramsay [1]) in einer Thoriumnitratlösung beobachtete geringe Kohlendioxydentwickelung auf einer Neubildung von CO_2 beruht; auch hier wird man Oxydationswirkungen der gebildeten Thoriumemanation in Betracht ziehen müssen. (Vergl. S. 92 u. 98.)

III.
Chemische Veränderungen organischer Körper durch radioaktive Substanzen.

Spezifische chemische Reaktionen organischer Verbindungen mit radioaktiven Substanzen sind noch weniger bekannt als solche anorganischer Materialien. Sie lassen sich im ganzen auch hier auf die bei verschiedenen Strahlenarten allgemein beobachteten physikalischen Zustandsveränderungen oder auf die Aktivierung des Luftsauerstoffes, also auf sekundäre Oxydationen, zurückführen.

So wird die bekannte photochemische Reaktion zwischen Merkurichlorid und Oxalsäure, die in einer Oxydation der letzteren zu CO_2 besteht, auch durch Radiumstrahlen [2]) bewirkt.

$$(COOH)_2 + 2\,HgCl_2 = 2\,CO_2 + 2\,HCl + 2\,HgCl.$$

Dagegen ist Radium auf Ferrooxalat ohne Einfluß, und auch das Gemisch von Oxalsäure und Uranylnitrat tritt bei Bestrahlung mit Radium nicht in Reaktion. Freie Oxalsäure und Chinon werden gleichfalls nicht verändert, die Autoxydation von O-Nitrobenzaldehyd nur spurenweise beschleunigt. (Kailan, l. c.)

Ferrocyankalium $K_4Fe(CN)_6$, Ferricyankalium $K_3Fe(CN)_6$, Berlinerblau, $Fe_7(CN)_{18}$, Nitroprussidnatrium, $Na_2Fe(CN)_5NO$ werden an sich oder in photosensiblen Mischungen durch Radium gar nicht oder ganz schwach, nicht im entferntesten so wie durch Tageslicht, verändert [3]).

Dagegen wird Jodoform, CHJ_3, durch Radiumstrahlen leicht zersetzt. Die Lösungen dieses Stoffes in Schwefelkohlenstoff, in Chloroform oder in Pyridin werden auch im Dunkeln infolge Jodabscheidung rot [4]). Dabei sind nach Hardy und Willcock [4]) hauptsächlich die β-Strahlen und daneben auch γ-Strahlen wirksam, während die α-Strahlung unbeteiligt ist.

Eine Lösung von 0,5 g Jodoform in 50 g Chloroform spaltet nach Jorissen und Ringer [5]) unter Radiumwirkung in derselben Zeit 75% ihres gesamten Jods ab, wo einfache Belichtung nur 19% in Freiheit setzt.

Andere organische Jodide, wie Propyl- und Isopropyljodid, liefern gleichfalls freies Jod (Pellini und Vaccari) [3]).

Eine schwach zerstörende Wirkung der Radiumstrahlen will Orlow [6]) gegenüber Fettsäuren und hochmolekularen Kohlenwasserstoffen (Paraffin) gesehen haben.

Bei vielen organischen Stoffen besteht die Radiumwirkung in einer physikalisch-chemischen Zustandsänderung, so beim Diamant, bei der Zimtsäure und ihren Derivaten, bei bestimmten Proteinen, worüber später berichtet ist (s. S. 104 bis 105).

Selbst Umwandlungen, die man unter dem Einflusse des Lichtes, speziell der ultravioletten Strahlen, eintreten sieht und die großenteils in Abbauprozessen bestehen, hat man für radioaktive Substanzen unter den bisher üblichen Versuchsbedingungen nicht nachweisen können.

---

[1]) A. T. Cameron und W. Ramsay, Journ. chem. Soc. **91**, 1593, 1907.

[2]) H. Becquerel, C. r. **133**, 709, 1901.

[3]) G. Pellini u. M. Vaccari, Rend. Acad. dei Lincei **13**, 269, 1904; Ch. C. **50**, II, 1077.

[4]) W. B. Hardy u. E. G. Willcock, Ch. C. **1903**, II, 700; Zeitschr. f. physik. Chem. **47**, 347, 1904.

[5]) W. P. Jorissen u. W. E. Ringer, Ch. C. **1907**, II. 287.

[6]) N A. Orlow, Ber. d. russ. physik. chem. Ges. **1909**.

So haben Versuche von W. Caspari und C. Neuberg[1]) ergeben, daß Radium und seine Umwandlungsprodukte keine abbauende oder hydrolysierende Wirkungen auf Proteine (Peptone), Aminosäuren und Kohlenhydrate äußern.

Schließt man durch Verwendung von Radium-(Barium)-Karbonat sekundäre Einflüsse von freiem Halogen oder Halogensauerstoffverbindungen [2]) und namentlich bakterielle Infektion aus, so wird Seidenfibroinpepton nicht gespalten, Alanin nicht desaminiert, Stärke nicht verzuckert, ja selbst Rohrzucker nicht invertiert. Diese negativen Ergebnisse erhielten Caspari und Neuberg sowohl bei mehrtägigem Durchleiten von aus Radiumkarbonat sich entwickelnder Radiumemanation durch die Lösungen der genannten Stoffe, als auch bei mehrwöchentlicher direkter Berührung von $RaCO_3$ mit den Substraten in wässeriger Suspension; dabei wurden die Materialien zusammen in Glasgefäße eingeschmolzen, um alle vom Radiumpräparat ausgehenden Strahlen und Emanation nebst deren Umwandlungsformen zur Wirkung zu bringen, und stets für Sterilität gesorgt.

Besondere Angaben lagen über das Verhalten der Harnsäure bzw. ihrer Salze, der Urate, zu Radium vor. F. Gudzent [3]) hat angegeben, daß bei mehrtägigem Durchleiten von Radiumemanation durch eine Suspension von Mononatriumurat eine erhebliche Zunahme des Stickstoffgehaltes der Lösung einträte, die ohne Durchleiten von emanationshaltiger Luft ausbleibt.

Das α-strahlende Polonium und die durch Glas hindurchgehenden β- und γ-Strahlen von Radiumbromid sollen diese Umwandlung von Mononatriumurat nicht hervor bringen; sie soll vielmehr nach Gudzent eine Wirkung der Emanation und zwar lediglich des aus ihr entstehenden Radiums D sein. Dementsprechend gab Gudzent an, daß ganz ebenso ausgekochtes Emanationswasser wirke, das nach 48stündigem Stehen nur das unter diesen Bedingungen beständige [4]) und praktisch strahlenlose Radium D enthält.

In unvereinbarem Gegensatz hiermit behauptet jüngst P. Mesernitzky [5]), daß ausschließlich die α-Strahlung des Radiums einen Effekt auf das harnsaure Natrium äußere.

Gudzent hebt ausdrücklich hervor, daß dabei ein Abbau des harnsauren Mononatriumsalzes zu Kohlendioxyd und Ammoniak stattfände.

Die Sonderstellung, die diesen Behauptungen zufolge der Puringruppe zukäme, war im hohen Grade auffallend. Sorgfältige Nachprüfungen haben denn auch ergeben, daß Mononatriumurat so wenig wie andere organische Stoffe gegen die bisher angewandten Radiummengen eine spezifische Empfindlichkeit erkennen läßt. J. Kerb und P. Lazarus[6]) sowie E. von Knaffl-Lenz und W. Wichowski[7]) wiesen nach, daß die gegenteiligen Angaben unrichtig und bei Gudzent wie Mesernitzky in erster Linie durch Bakterienwirkung zu erklären sind. Die durchdringenden Strahlen des Radiums begünstigen geradezu die Entstehung von Pilzvegetationen in nicht sterilisierten organischen Medien [8]).

Die behauptete Umwandlung von Mononatriumurat hätte deshalb eine besondere Bedeutung gehabt, da sie die einzige wirklich chemische Reaktion eines Körpers der Radiumreihe mit einer organischen Substanz darstellen würde. Denn während die Einwirkung von Radiumemanation auf harnsaures Natrium immerhin auf entstandenes Ozon

[1]) W. Caspari und C. Neuberg, Berliner klin. Wochenschr. **1912**. Nr. 11.

[2]) Aus $RaCl_2$ oder $RaBr_2$ entwickelt sich, wie S. 92 ausgeführt wurde, freies Chlor oder Brom, bezw. entsteht stark oxydierendes Hypochlorit oder Hypobromit.

[3]) F. Gudzent, Deutsch. med. Wochenschr. **1909**. Nr. 21; Verhandl. der Kongr. f. innere Medizin **1910**, 539; Zeitschr. f. ärztl. Fortb. **1911**, Nr. 7; Zeitschr. für Kinderheilk. **1**, 321, 1911.

[4]) Radium D hat die Halbwertigkeit von 15 Jahren, ist demnach im Vergleich mit den übrigen Umwandlungsprodukten der Emanation (s. S. 88) langlebig.

[5]) P. Mesernitzky, Compt. rend. **154**, 770, 1912; Le Radium **9**, 145, 1912.

[6]) J. Kerb und P. Lazarus, Berliner klin. Wochenschr. **1912**, Nr. 12 und 14; Bioch. Zeitschr. **42**, 82, 1912.

[7]) E. von Knaffl-Lenz und W. Wichowski, Zeitschr. f. physiolog. Chemie **77**, 303, 1912.

[8]) A. Kailan, Sitzungsber. d. Wien. Akad. d. Wissenschaften **1912**; Chemiker-Zeit. **1912**, 1032.

hätte zurückgeführt werden können, so war das bei dem kaum strahlenden Radium D nicht mehr möglich gewesen.

Auch die dem Lezithin früher zugeschriebene spezifische Radiumempfindlichkeit existiert nach neueren Befunden nicht.

Die von G. Schwarz[1]) über eine besondere Wirkung der Gesamtradiumstrahlung auf Lezithin gemachten Angaben hat zuerst J. Wohlgemuth[2]) widerlegt; Löwenthal[3]) zeigte, daß auch die Radiumemanation keine merklichen Veränderungen des Lezithins herbeiführt.

Die Theorie der Lezithinzersetzung durch Radium ist vielfach zur Erklärung biologischer Wirkungen des Radiums herangezogen worden, so von Werner[4]), Schaper[5]), Mesernitzky[6]), Exner und Zdarek[7]) u. a. Nach dieser Theorie sollen giftige Spaltungsprodukte des Lezithins, insbesondere das durch Radium abgespaltene Cholin die biologischen Effekte bedingen. Sie hat jedoch einer Kritik auf chemischer Basis nicht stand gehalten (siehe vorher) und muß als erledigt gelten. Experimente mit einem so von selbst zersetzlichen Körper wie Lezithin haben wenig Wert, wenn mit dem Auftreten von Zersetzungsprodukten der Nachweis der Radiumwirkung geführt werden soll. Alle Autoren, die sich biologisch und chemisch mit Lezithin beschäftigt haben (P. Ehrlich, Erlandsen, Thierfelder, S. Fränkel, Bang, E. Schulze und viele andere) betonen die Neigung dieses Phosphatids zur Autoxydation und zum spontanen Zerfall.

Einen direkten eleganten Beweis für die Unrichtigkeit der Annahme einer spezifischen Radiumempfindlichkeit des Lezithins hat jüngst O. Hertwig[8]) auch auf biologischem Wege erbracht.

Hertwig zeigte bei entwickelungsmechanischen Studien, daß verkümmerte und in spezifischer Weise „radiumkranke" Froschlarven entstehen, wenn man Froscheier durch mit Radiumstrahlen affizierte Spermatozoen befruchtet. Bestrahlt man umgekehrt das Ei und befruchtet letzteres mit normalem Samen, so ist keine Schädigung des Entwickelungsvorganges zu konstatieren. Wohl enthalten Sperma wie Ei Lezithin, aber die Masse eines Spermatozoons ist geradezu verschwindend im Vergleich mit der des Eies. Dementsprechend müsste man durch Bestrahlung des Eies mit seinem gewaltigen Lezithindepot im Nahrungsdotter den Haupteffekt erwarten, wenn er durch Lezithinschädigung hervorgerufen wäre. Da aber nur die Bestrahlung des Samenfadens zu einer abnormen Entwickelung führt, muß man die radiumempfindlichen Agentien in den Kernelementen der männlichen Keimzelle suchen; denn diese wachsen im weiblichen Ei und vermehren sich nach Bindung an die äquivalenten Bestandteile der weiblichen Zelle periodisch auf dem Wege der Karyokinese. Man wird dabei wohl an enzymatische Vorgänge denken müssen.

Man hat besonderen Wert auf eine Farbenänderung von Lezithinpräparaten unter Radiumeinwirkung gelegt und darin einen Beweis für die spezifische Empfindlichkeit des genannten Lipoids erblicken wollen. Da Lezithin ein ausgesprochen autoxydabler Körper ist, kann eine Verfärbung, wie schon 1904 von Neuberg[9]) betont ist, leicht auf sekundäre Oxydationswirkung zurückgeführt werden. Dieser Ansicht schlossen sich auch Poehl und Tarchanow[10]) an für die Erklärung der Radiumwirkung auf organotherapeutische Präparate, wie auf Thyreoidin, Spermin, Ovarin usw.

Übrigens haben G. Dreyer und O. Hanssen[11]) geradezu eine aufhellende Wirkung der Radiumstrahlen auf Lezithin[12]) beobachtet,

[1]) G. Schwarz, Pflügers Arch. **100**, 532, 1903.
[2]) J. Wohlgemuth, Berl. klin. Wochenschr. **1904**, 704.
[3]) S. Löwenthal, Berl. klin. Wechenschr. **1910**, 287.
[4]) R. Werner, Zeitschr. f. Chirurgie **1904**, Nr. 43; Deutsche med. Wochenschr. **1905**, Nr. 2 u. 27.
[5]) Schaper, Deutsch. med. Wochenschr. **1904**, Nr. 39 u. 40.
[6]) P. Mesernitzky, Wratsch, **1910**, Nr. 12.
[7]) A. Exner u. Zdarek, Wiener klin. Wochenschr. **1905**, Nr. 4.
[8]) O. Hertwig, Deutsch. med. Wochenschr. **1911**, Nr. 48.
[9]) C. Neuberg, Zeitschr. f. Krebsforschung, **2**, 174, 1904.
[10]) Poehl u. Tarchanow, Berl. klin. Wochenschr. **1905**, 457.
[11]) G. Dreyer u. O. Hanssen, C. r. **145**, 234, 1907.
[12]) Neuerdings geben G. Schwarz u. L. Zehner (Deutsch. med. Wochenschr. **1912**, Nr. 38) an, daß Eidotteremulsionen durch Thorium X unter Weißgraufärbung u. Trimethylaminentwicklung zersetzt werden. Sie nehmen für Thorium X wie E. v. Knaffl-Lenz (Zeitschr. f. Balneologie **5**, 403, 1912) für Radiumemanation an, daß die hämolysierende Wirkung dieser beiden radioaktiven Stoffe auf einer Spaltung von Lezithin in der Hülle der roten Blutkörperchen beruht.

was mit der Annahme einer Ozonbleichung besonders gut vereinbar wäre; denn Ozon vermag je nach den Bedingungen Verharzung wie auch Entfärbung zu bewerkstelligen.

Als eine Oxydationsreaktion könnte wohl auch die von J. B. Burke[1]) beschriebene Gasentwickelung aufzufassen sein, die beim Aufbringen von festem Radiumsalz auf Gelatine zu beobachten sein soll. W. A. Douglas Rudge[2]) bestreitet überhaupt die Rolle des Radiums bei diesem Vorgange und betrachtet ihn als eine Reaktion des dem Radium beigemengten Bariumkarbonats mit Sulfaten oder schwefliger Säure, die der Gelatine von der technischen Darstellung her anhaften.

Nach eigenen Erfahrungen erleidet Gelatine auch bei Einwirkung aller vom Radium ausgehenden Effekte, d. h. der Strahlen, der Emanation und ihrer Umwandlungsprodukte, keine sichtbare Veränderung; Seidenfibroinpepton und Hefenukleinsäure ändern weder bei Behandlung in fester Form noch in wässeriger Lösung ihr Drehungsvermögen, d. h. bleiben unverändert, wenn man keimfrei arbeitet.

Ähnlich den sogenannten stillen elektrischen Entladungen bewirken schließlich die Radiumstrahlen die Absorption von gasförmigem Stickstoff und Sauerstoff durch organische Körper. Nach M. Berthelot[3]), der die Erscheinungen an der Aufnahme von O und N durch Papier studierte, scheint die Absorption von Sauerstoff unter dem Einflusse der glasdurchdringenden Strahlen zu erfolgen, die von Stickstoff jedoch nur durch direkte Bestrahlung. Hierbei scheint das Radium im wesentlichen die erforderliche Energie zuzuführen.

Unbekannt ist, worauf die Veränderungen von Papier, Seide, Battist, Celluloid, Kampher, Pflanzenblättern, Holz u. dergl. durch Radiumstrahlen beruhen; alle diese Körper (F. Giesel[4]), Blythwood[5]), Martin und Morton[6])), werden brüchig, zum Teil auch dunkel gefärbt, ähnlich wie durch Ozon. Bemerkenswert ist, daß die genannten Substanzen zumeist ein ausgesprochenes Okklusionsvermögen (vergl. S. 87) für die Radiumemanation aufweisen. Übrigens wirkt Aktiniumemanation, soweit untersucht, ebenso.

Über die Beeinflussung von organischen Farbstoffen hat C. Doelter (l. c.) eine Reihe von Angaben gemacht. Bei längerer, d. h. vieltägiger Bestrahlung wird die Nuance des Blutfarbstoffes ein wenig verändert. Das Blut von Maus und Kaninchen wird etwas dunkler rot, das vom Huhn und Frosch etwas heller rot, das vom Meerschweinchen scheinbar intensiver gefärbt. Hämatoporphyrin wird wenig beeinflußt, gelbgrünes Biliverdin wird grasgrün.

Chlorophyll blaßt nach Doelter durch Radiumbestrahlung langsam aus, blaue Lackmustinktur wird wie durch eine Säure allmählich gerötet. Bei Hämatoxylin wird die Farbe nach Karmin hin vertieft, Curcuma wird nur wenig, wie durch eine ganz schwache Säure, beeinflußt.

Künstlich organische Farbstoffe werden in fester Form im allgemeinen wenig alteriert, mit ihren Lösungen[7]) getränkte Filtrierpapierstreifen werden dagegen meist mehr oder weniger stark gebleicht.

---

[1]) J. B. Burke, Nature, **72**, 294, 1905.

[2]) W. A. Douglas Rudge, Ch. C. **06**, II. 96.

[3]) M. Berthelot, C. r. **143**, 149, 1906; Ann. **351**, 504, 1907; vergl. auch W. Ramsay u. W. T. Cooke, Nature, **70**, 341, 1904.

[4]) F. Giesel, Radioaktive Stoffe, S. 18.

[5]) Blythwood, Phil. Mag. **7**, 233, 1904.

[6]) H. P. Martin u. W. P. Morton, Nature, **72**, 365, 1905.

[7]) Farbstofflösungen, die im Tageslichte photodynamische Effekte auf Paramäcien oder Fermente äußern, sind unter Radiumbestrahlung wirkungslos (A. Jodlbauer, Dtsch. Arch. f. klin. Med. **80**, 1904). Dieser Unterschied ist beachtenswert, da sonst mancherlei Analogien zwischen dem Verhalten von Radium und „chemischen" Lichtstrahlen bestehen (s. S. 99).

Verschiedene Angaben in der Literatur weisen darauf hin, daß Spuren von Kohlensäure fast stets beobachtet werden können, wenn organische Substanzen mit hinreichend starken radioaktiven Substanzen in Berührung kommen. Je stärker die Präparate, desto kräftiger ist die Ozonbildung, also auch die sekundäre Oxydation. (Vergl. S. 92.)

Einen Einfluß von Radiumbestrahlung auf die Aromabildung in gegorenen Flüssigkeiten sah W. Caspari[1]). Da Röntgenstrahlen, ultraviolettes Licht sowie Hochfrequenzströme einen ähnlichen Effekt haben, so ist anzunehmen, daß es sich hier um eine Strahlenwirkung allgemeiner Art handelt, die mit dem chemischen Charakter des Radiums an sich nichts zu tun hat. Ähnlich dürften die Verhältnisse bei anderen Beeinflussungen durch Radium liegen, die man als Strahleneffekte von den direkten chemischen Wirkungen unterscheiden muß.

IV.

Physikalisch-chemische Veränderungen, die von radioaktiven Stoffen hervorgerufen werden.

Unzweifelhaft stellen die radioaktiven Stoffe Quellen von Energie dar. Letztere braucht sich durchaus nicht durch „chemische Reaktionen" im engeren Sinne kenntlich zu machen. Dieselben sind ja, wie im voraufgehenden auseinandergesetzt ist, meist schwach und vielfach gewiß erst sekundär hervorgerufen.

Dagegen sind physikalisch-chemische Änderungen des Milieus unter dem Einflusse von radioaktiven Stoffen zu erwarten und tatsächlich auch zahlreich bekannt.

Ihre Rolle ist bei der Bewertung von biologischen Radiumwirkungen bisher wenig gewürdigt. Man wird sie insbesondere zur Erklärung des Einflusses von radioaktiven Substanzen auf Fermentvorgänge[2]) heranziehen müssen; sind doch bisher von den biologischen Radiumwirkungen die Enzymreaktionen die einzig sicheren. (Vergl. auch die „Schlußbetrachtungen" S. 106.)

Aus dem umfangreichen Gebiete der physikalischen Literatur über diesen Gegenstand werden im folgenden die Erscheinungen herausgegriffen, deren Mitwirkung bei physiologischen Vorgängen am ehesten zu erwarten sein dürfte.

a) Absorptionskoeffizient der verschiedenen Emanationen.

Die Emanationen von Thorium, Radium und Aktinium stellen indifferente Gase dar. Letztere lösen sich gleich allen Gasen zum Teil in Wasser und anderen Flüssigkeiten. Es ist nun bemerkenswert, daß eine Anzahl von Substanzen weit mehr als Wasser von diesen Emanationen aufnehmen.

So ist bei Thoriumemanation nach Klaus[3]) der Absorptionskoeffizient für Wasser 1,05, für Petroleum aber 5, bei Radiumemanation nach Mache[4]) und R. Hofmann[5]) für Wasser von $+3^0$ 0,245, für Petroleum

[1]) W. Caspari, D. R. P. Klasse 6 C. Nr. 2?5173, 1911.

[2]) Vor Jahren (Zeitschr. f. Krebsforschung 2, 175, 1904) habe ich erwähnt, daß bei der Beeinflussung des autolytischen Fermentes vorwiegend die β- und γ-Strahlen des Radiums beteiligt seien. Zur Zeit, als diese Angabe gemacht wurde, war man sich über die mechanische Sonderung der Strahlungen nicht so klar wie heute; die Angabe ist dahin zu ergänzen, daß bei der damals gewählten Versuchsanordnung alle vom Radium entsandten Strahlen nebst der Emanation und ihren Zerfallsprodukten zur Wirkung gelangen konnten.

[3]) Klaus, Physik. Zeitschr. 6, 820, 1905.

[4]) Mache, Ber. d. Wien. Akad. 1904.

[5]) R. Hofmann, Physik. Zeitschr. 6, 339, 1905.

von + 3 ⁰ 12,87, für H_2O von 20 ⁰ 0,23, für Petroleum von 20 ⁰ 9,55, für H_2O von 40 ⁰ 0,17, für Petroleum von 40 ⁰ 8,13 [1]). Wie man sieht, nimmt der Absorptionskoeffizient mit steigender Temperatur natürlich ab.

Bei genügendem Kochen wird die Emanation aus wässeriger Lösung wie jedes Gas ausgetrieben. Die Umwandlungsprodukte der Emanation (RaB, RaC, RaD) sind feste, im Wasser gelöst bleibende Körper (vergl. S. 88.) die durch Kochen natürlich nicht mehr entfernbar sind.

Alkohol und Toluol lösen Emanation weit reichlicher als Wasser, salzreiche Mineralquellen sowie Meerwasser dagegen weniger als reines H_2O [2]).

Der wechselnde Betrag der Löslichkeit von Emanationen in verschiedenen Lipoidsolventien scheint biologisch beachtenswert.

Praktisch wichtig ist, daß feste Radiumpräparate selber die Emanation stark okkludieren. Sogar beim Evakuieren wird nur ein Teil der eingeschlossenen Emanation abgegeben. Unlösliche Radiumsalze wie Karbonat oder Sulfat halten selbst beim Schütteln mit Wasser eine beträchtliche Menge der Emanation fest.

b) Absorption der verschiedenen Strahlenarten und Adsorption von radioaktiven Stoffen.

Von den überaus komplizierten Absorptionsverhältnis der verschiedenen, von radioaktiven Substanzen ausgesandten Strahlungen seien nur folgende Ergebnisse in rohen Umrissen angeführt:

α-Strahlen. Die Absorption hängt in erster Linie von der Dichte ab, ein spezifischer Einfluß der absorbierenden Substanz ist erst in zweiter Linie vorhanden. Sehr dünne Schichten, z. B. ein Papierblatt oder eine Luftlänge von einigen Zentimetern, bewirken bereits völlige Absorption. Daher erstreckt sich die Wirkung der α-Strahlen nur auf die Oberfläche der getroffenen Körper.

β-Strahlen. Die Absorption wächst im allgemeinen mit der Dichte und mit steigendem Atomgewicht [3]) der Elemente. Bei Flüssigkeiten und zusammengesetzten Verbindungen erweist sich die Absorption im wesentlichen als eine additive Funktion der Bestandteile. Ein Aluminiumblättchen von 0,5 mm Stärke setzt die Intensität der β-Strahlung bereits auf die Hälfte herab. Es gibt jedoch verschiedene β-Strahlen, die z. T, noch leichter absorbierbar sind.

γ-Strahlen. Im Gegensatz zu den α-Strahlen, die positiv geladene materielle Teilchen (Heliumatome) sind, und den β-Strahlen, in denen negativ geladene korpuskuläre Elemente vorliegen, handelt es sich bei den γ-Strahlungen vermutlich um Vorgänge rein elektromagnetischer Natur im sog. Äther. Dementsprechend besitzen die γ-Strahlen, aus denen auch die Röntgenstrahlen bestehen, wahrscheinlich Lichtgeschwindigkeit; bekanntermaßen werden sie selbst durch Metallplatten von mehreren Zentimetern Dicke meist nicht zurückgehalten. Diese γ-Strahlen sind jedoch weit durchdringender als Röntgenstrahlen.

Die verschiedenen Sekundärstrahlen, die beim Auftreffen von α-, β- und γ-Strahlen auf feste Stoffe, bezw. beim Durchgang durch solche auftreten, können hier aus der Betrachtung ausscheiden; zu ihnen gehören auch die bisher wenig erforschten δ-Strahlen (langsame β-Strahlen).

In biologischer Hinsicht beachtenswert ist die Beobachtung von E. Ebler und M. Fellner [4]), daß Radiumsalze, Emanation sowie die Zerfalls-

---

[1]) Der große Absorptionskoeffizient des Erdöls für Radiumemanation ist der Grund für die oft beträchtliche Radioaktivität des Rohpetroleums; an der Luft entweicht dann die Emanation.

[2]) Kofler, Phys. Zeitschr. **1907.**

[3]) Zinn macht eine Ausnahme.

[4]) E. Ebler und M. Fellner, Ber. **44**, 2332, 1911; E. Ebler, Zeitschr. f. Balneologie. **4**, 387, 1911. Vergl. auch A. Klug, Zeitschr. f. Balneolog. **5**, 420, 1912.

produkte Radium D, Radium E, Radium F (Polonium) durch Kolloide selbst aus recht verdünnten Lösungen selektiv, d. h. weit stärker als begleitende indifferente Stoffe, absorbiert werden. Die Gele der Kieselsäure, des Arsentrisulfids und organischer Kolloide zeigen diese Absorptionsfähigkeit; sie könnte für die Frage des Verweilens und der Anreicherung radioaktiver Stoffe in den Organismen von Bedeutung sein. (Auch $BaSO_4$ hat, wie bekannt, ein Adsorptionsvermögen für radioaktive Stoffe; ausgeprägter aber ist es bei fein verteiltem Schwefel und bei Gelatine.) Selbst Kies und Quarz, die sich auf dem Grund von Quellen und Badebassins befinden, können Emanation binden (Klug). Uran X wird im Gegensatz zum Uran selbst aus einer Lösung der Nitrate durch Ruß oder Tierkohle fast quantitativ absorbiert[1]).

c) Ionisation.

α-, β- und γ-Strahlen haben die besonders charakteristische Fähigkeit, Gase zu ionisieren, d. h. elektrisch leitend zu machen, ein Vorgang, bei dem sie Energie abgeben. Entsprechend der ungleichen Durchdringungsfähigkeit der verschiedenen Strahlen wirken in der Nähe der strahlenden Substanz die α-Strahlen ionisierend, in weiterer Entfernung die γ-Strahlen, doch wird der absolut größte Betrag der Ionisation in Gasen durch die α-Strahlung ausgelöst. Da natürlich die Strahlen um so wirksamer sind. je stärker sie absorbiert werden, so ist es klar, daß die α-Strahlen am stärksten, die γ-Strahlen am schwächsten wirksam sind. Die Strahlenarten unterscheiden sich also durch ihr Ionisierungsbereich, d. h. in der Entfernung, auf welche sie ionisierend zu wirken vermögen.

Die α-Strahlen machen die Luft in hohem Maße leitend[2]). Einige Hunderttausendstel Gramme Polonium (Radiotellur) sind dabei an tausendmal so wirksam wie ein eingehülltes Radiumpräparat. Die elektrische Leitfähigkeit der Luft wird so erheblich, daß eine kräftige Leydener Flasche in wenigen Augenblicken ohne Funkenbildung bei Annäherung von einer Spur Radiotellur entladen wird.

Die Ionisation der Gase ist recht beträchtlich. In einem Kubikzentimeter atmosphärischer Luft erzeugt ein α-Teilchen bei 15^0 und 760 mm rund 76 000 Ionen. Diese Ionisierung kann natürlich auf die chemische Reaktionsfähigkeit der Gase von Einfluß sein. Mit zunehmender Wiedervereinigung der gebildeten Ionen sinkt selbstverständlich das Leitungsvermögen wiederum.

Für die Therapie könnten noch folgende Punkte von Bedeutung sein. Die Ionisation steigt in geschlossenen Räumen mit zunehmendem Druck des Gases (z. B. der atmosphärischen Luft). Von beträchtlichem Einflusse auf die Ionisation ist aber der Gehalt der Luft an Staub, der jede Ionisierung herabsetzt, indem er Entladung bewirkt[3]).

Mit Änderungen der Leitfähigkeit in Gasen hängt auch der Hemptinne-Effekt[4]) zusammen; er besteht darin, daß in verdünnten Gasen zum Eintritt der elektrodenlosen Entladung der Druck nicht so weit wie sonst erniedrigt zu werden braucht, wenn eine Bestrahlung durch Radium stattfindet. Die Erleichterung der Funkenentladungen zwischen zwei Konduktoren von konstanter Potentialdifferenz bei Annäherung eines Radiumpräparates haben Elster und Geitel[5]) aufgefunden. Hier handelt es sich wohl auch um Änderungen des Luftwiderstandes, die in diesem Falle nach P. Curie[6]) im wesent-

[1]) M. Levin, Physikal. Zeitschr. **8**, 129, 1907.
[2]) W. Marckwald, Ber. **35**, 2285, 1902.
[3]) Strutt, Phil. Mag. **5**, 680, 1903.
[4]) A. de Hemptinne, C. r. **133**, 934, 1901.
[5]) J. Elster u. H. Geitel, Wied. Ann. **69**, 673, 1899.
[6]) P. Curie, Thèse Paris, 1903.

lichen durch γ-Strahlen veranlaßt werden. Es kommt jedoch auch gelegentlich die umgekehrte Wirkung, d. h. eine Erschwerung der Entladung, zustande[1]).

Wie in Gasen, so erzeugen Radiumstrahlen auch in Flüssigkeiten freie Ionen.

Flüssige Dielectrica, wie Schwefelkohlenstoff, Ligroin, Benzol, Vaseline, Terpentin- und Olivenöl werden deutlich leitend (P. Curie[2]), Jaffé[3]), Righi[4]).

Auch festen Dielectricis, wie Paraffin oder Schwefel, erteilen nach Becquerel[5]) Radiumstrahlen ein Leitungsvermögen, ebenso nach Becker[6]) dem Hartgummi, Glimmer sowie Schellack. Beachtenswert ist, daß z. B. festes Paraffin auch nach Entfernung der radioaktiven Strahlenquelle längere Zeit (d. h. einige Stunden) seine erhöhte Leitfähigkeit beibehält (Becquerel).

Die Leitfähigkeit des metallischen Selens nimmt durch Bestrahlung mit Radium wie durch Tageslicht zu[7]).

Physiologisch am meisten interressiert von diesen Erscheinungen das Verhalten des Leitungsvermögens von Wasser unter dem Einflusse der verschiedenen Strahlungen und der Emanation.

F. Kohlrausch[8]) glaubte festgestellt zu haben, daß reines Wasser eine Leitfähigkeitserhöhung unter der Wirkung von Radiumstrahlen aufweist.

Die β- und γ-Strahlen sollen dabei nach B. Sabat[9]) ohne Effekt sein.

Radiumemanation bewirkt nach U. Grassis[10]) Messungen keine Zunahme der Leitfähigkeit, wenn das Wasser luftfrei ist. (Es hat also den Anschein, als ob bei der Leitfähigkeitsänderung des Wassers eine Aktivierung gelösten Sauerstoffes bzw. eine Bildung von Stickoxyden aus der absorbierten Luft eine Rolle spielt.)

Mit Oxydation wie mit Ionisation hängt auch das eigentümliche Phänomen der Nebelbildung in Wasserdampf zusammen, das durch Radiumstrahlen[11]) wie durch Emanationen[12]) ausgelöst wird. Wahrscheinlich bilden sich durch das Radium — Aktinium wirkt ebenso — in der durch eine Glasglocke abgeschlossenen Wasserdampfschicht über der Flüssigkeit Spuren von Stickoxyden, die als Kondensationskerne für den Wasserdampf dienen. Arbeitet man mit Radiumstrahlen, so muß zur Erzielung der Erscheinung der Wasserdampf übersättigt sein. Radiumemanation bewirkt die Nebelbildung, noch ehe vollständige Wasserdampfsättigung eingetreten ist. Die durch das Radium gebildeten Ionen führen wahrscheinlich nicht selbst die Kondensation herbei, sondern veranlassen die sie auslösende chemische Reaktion.

Für eine Mitwirkung von Oxydationsvorgängen spricht Curies Beobachtung, daß oxydable Substanzen besonders leicht und schön die Nebelbildung veranlassen. Es sind dieses Schwefelkohlenstoff, Äther, Ligroin, Kampfer, Kautschuk, Schwefel[13]); weniger deutlich ist die Erscheinung mit Jod. Die

---

1) R. S. Willows u. J. Peck, Proc. Phys. Soc. **19**. 464, 1905.
2) P. Curie, C. r. **134**, 420, 1902.
3) G. Jaffé, Ann. de Phys. **25**, 257, 1908.
4) A. Righi, Ch. C. **1905**, II, 1214.
5) H. Becquerel, C. r. **136**, 1173, 1903.
6) A. Becker, Ann. d. Physik **12**, 124, 1903.
7) F. Himstedt, Phys. Zeitschr. **1**, 476, 1900.
8) F. Kohlrausch, Ann. d. Phys. **20**, 87, 1906.
9) Sabat, Anz. d. Krakauer Akad. **1906**, 62.
10) U. Grassi, Rend. Acad. dei Lincei **16**, 179, 1907.
11) J. J. Thomson, Phil. Magaz. **1903**.
12) P. Curie, C. R. **145**, 1145, 1907; **147**, 379, 1907.
13) Bei Verwendung von elementarem Schwefel kann man nach einiger Zeit in destilliertem Wasser unter der Glasglocke H_2SO_4 nachweisen.

Nebel sind besonders stark, wenn man die Luft über der wässerigen Flüssigkeit ganz oder zum Teil durch Kohlendioxyd ersetzt. Die Nebel halten sich bis zu einem Monate schwebend und können sichtbar gemacht werden, wenn man sie in den Strahlenkegel einer Bogenlampe bringt.

d) Elektrische Ladung und Entladung.

Radiumsalze können beim Aufbewahren allmählich eine beträchtliche positive Ladung annehmen. Das gilt namentlich für in Glas eingeschlossene Präparate; die negativ geladenen β-Strahlen und die elektrisch neutralen γ-Strahlen durchdringen die Glashülle, während die Anhäufung der α-Teilchen zu einer kräftigen Selbstelektrisierung [1]) des Systems führt.

Wichtiger ist in diesem Zusammenhange, daß die α- wie β-Strahlen ihre Ladungen an andere Körper abgeben und damit sichtbare Zustandsänderungen bewirken können.

W. B. Hardy und E. G. Willcock [2]) haben allem Anscheine nach zuerst darauf hingewiesen, daß die positive α-Strahlung (von Bromradium) die Koagulation elektrisch negativer Kolloidteilchen herbeiführen und die Auflösung elektrisch positiver veranlassen kann. Speziell für gereinigtes Blutglobulin zeigte Hardy [3]), daß es in essigsaurer Lösung von der Anode zur Kathode, in alkalischer dagegen umgekehrt wandert; bestrahlt man dabei mit Radium, so wird die elektrisch negative Lösung gelblich und opak, die positive dagegen aufgehellt und weniger viskös.

Ähnliche Befunde an anorganischen Kolloiden haben dann V. Henri und A. Mayer [4]) erhoben. Versetzt man die kolloidalen Lösungen von Eisenhydroxyd oder von metallischem Silber mit so viel von einem Elektrolyten, daß gerade die Gerinnung noch ausbleibt, so bewirkt Bestrahlung mit Radium nunmehr die Koagulation des positiven Ferrihydrosols, während das negative Silbersol unbeeinflußt bleibt. Dabei können die positiven α-Strahlen die fällende Wirkung der negativen β-Strahlen auf das positive Eisensol aufheben; absorbiert man zuvor die α-Strahlung, so erfolgt die Koagulation (A. Righi) [5]).

Die Ausflockung von Eiweißlösungen durch Radiumstrahlen ist jedoch offenbar keine konstante Erscheinung. So sahen sie G. Dreyer und O. Hanssen [6]) nur beim Vitellin, während Globulin und Fibrinogen nicht beeinflußt wurden.

Eine größere Reihe anorganischer Kolloide hat Doelter (l. c.) auf ihre Koagulation durch Radiumstrahlen untersucht.

Chrom- und Aluminiumhydroxydsol, Goldpurpur, Manganhydrosol werden selbst bei 100-tägiger ununterbrochener Radiumbestrahlung nicht gefällt, auch nicht nach Ausschaltung der α-Strahlen. Arsen- und Antimontrisulfidlösungen werden spärlich, Chlornatriumsol wird etwas reichlicher und Natriumsilicatlösung völlig koaguliert.

Wenn auch keine sichtbare Ausfällung erfolgt, tritt jedoch öfter eine deutliche Färbung der betreffenden Sole ein, so bei den Solen des Aluminiums, Chroms und Mangans (vgl. S. 90 u. 91). Hierbei handelt es sich wohl zum Teil

---

1) Dieselbe kann sich bis zur Funkenbildung steigern, ja Explosionen der Radium enthaltenden Röhrchen bedingen, namentlich dann, wenn das Radiumsalz feucht ist und es also zu einer Bildung von Knallgas (s. S. 91) gekommen ist.

2) W. B. Hardy u. E. G. Willcock, Ch. C. **1903**, II, 700.

3) W. B. Hardy, Ch. C. **1903**, II, 1357.

4) V. Henri u. A. Mayer, C. r. de la Soc. de Biolog. **57, 33**, 1904; C. r. de l'Acad. **138**, 521, 1904.

5) A. Righi, Monographie, **1908**. Bologna.

6) G. Dreyer u. O. Hanssen, Maly **1907, 35.**

um Verdichtung und Vergrößerung der Kolloidteilchen unter dem Einflusse des Radiums, die man auch im Ultramikroskop direkt wahrnehmen kann.

Jedenfalls sind elektrische Entladungen und Umladungen bei diesen Kolloidfällungen im Spiele. Elektrische Phänomene könnten auch an manchen durch Radium erzeugten Färbungen überhaupt beteiligt sein; denn es ist bekannt, daß mit dem Vorzeichen der Ladung die Farbe der betreffenden Sole wechseln kann. A. Schmauß [1]) gibt an, daß negativ geladenes Eisenhydrosol rot, positiv geladenes grünlich ist.

e) Wärmeentwicklung.

Im Jahre 1903 fanden P. Curie und A. Laborde [2]), daß Radiumsalze in fester wie in gelöster Form dauernd Wärme entwickeln. Bringt man ein Thermometer in ein gut gegen Wärmeleitung isoliertes Gefäß mit ca. 700 mg Bromradium, so kann nach F. Giesel [3]) die Innentemperatur die der Umgebung um 5⁰ übersteigen. Diese anhaltende Wärmeentwicklung durch radioaktive Substanzen beruht nach E. Rutherfords Theorie auf dem beständigen Aufprall der mit enormer Geschwindigkeit fortgeschleuderten α-Teilchen (Heliumatome) auf das feste oder gelöste Radiumsalz, d. h. die Erwärmung ist ein Äquivalent dieser lebendigen Kräfte.

Dementsprechend besteht natürlich eine Beziehung zur Emanation. Treibt man letztere durch starkes Erhitzen aus, so sinkt die Wärmeentwicklung auf ¼ des ursprünglichen Betrages, um mit der Neuproduktion der Emanation wieder auf die alte Höhe zu steigen [4]).

Die Radiumemanation selbst [5]) sowie ihre Umwandlungsprodukte, namentlich RaC zeigen ebenfalls deutliche Wärmeeffekte.

Beim Radiothorium konnte O. Hahn [6]) keine deutliche Temperaturerhebung des aktiven Präparates gegen die Umgebung feststellen.

f) Umlagerungen. Übergang in allotrope Modifikationen und andere Phasen.

Schon frühzeitig ist beobachtet worden, daß Radiumstrahlen molekulare Umlagerungen zuwege bringen. Anorganische wie organische Körper können davon betroffen werden.

So geht weißer Phosphor (wahrscheinlich unter Wirkung der β-Strahlen) in die rote Modifikation über (H. Becquerel [7])), Diamant wird oberflächlich zu Graphit (W. Crookes) [8]). Der Übergang von monoklinem Schwefel in rhombischen wird nach Frischauer [9]) durch Radium beschleunigt; vermutlich sind hierbei hauptsächlich die β-Strahlen mit elektrischen Ladungseinflüssen beteiligt. Dagegen vollzieht sich die exotherm verlaufende Umwandlung von rhombischem Schwefel in einer CS_2-Lösung in unlöslichen Schwefel durch Bestrahlung nicht [10]).

---

[1]) A. Schmauß, Physik. Zeitschr. **6**, 1905.
[2]) P. Curie u. A. Laborde, C. r. **136**, 673, 1903.
[3]) F. Giesel, Ber. **36**, 2368, 1903.
[4]) E. Rutherford, Nature, **69**, 126, 1903.
[5]) W. Ramsay, Journ. chem. Soc. **91**, 932, 1907.
[6]) O. Hahn, Jahrb. d. Radioaktivität, **2**, 233, 1905.
[7]) H. Becquerel, Ch. C. **1901**, II, 1295.
[8]) W. Crookes, Chem. News. **90**, 1, 1904.
[9]) Frischauer, C. r. **148**, 1252, 1909.
[10]) M. Berthelot, Ch. C. **1901**, II. 1197.

Die Vergrößerung der Kolloidteilchen unter dem Einflusse von Radiumstrahlen kann, wie erwähnt, zur sichtbaren Koagulation führen. Es kann jedoch auch eine andersartige *Verschiebung des Dispersionsgrades* eintreten, die *Umwandlung in die kristallinische Phase* bewirkt.

Aus einer kolloidalen *Selenlösung* fällt so bei längerer Bestrahlung *kristallisiertes Selen* aus, während die unbestrahlte in dieser Zeit *amorphes Selen* ausscheidet[1]).

Ähnlich verhalten sich die kolloidalen Lösungen von Arsentrisulfid, Quecksilbersulfid und Schwefelzink.

Mit Änderungen der molekularen Struktur hängt wohl auch die manchmal eintretende *Wasserabgabe* zusammen, die man sowohl bei *Kristalloiden* als auch bei *Kolloiden* beobachtet hat. *Doelter* (l. c.) sah solches beim *Eisenvitriol*, $FeSO_4 + 7\,H_2O$, beim *Chromalaun*, $Al_2(SO_4)_3 . K_2SO_4 + 24\,H_2O$ und beim *Kieselsäurehydrat*. (Die Wärmeentwicklung durch Radium (s. S. 104) kommt für diese Entwässerung nicht in Betracht).

Bei *organischen Stoffen* ist der *Übergang von Allozimtsäuren in die stabilen Isomeren* durch langdauernde Radiumbestrahlung konstatiert (J. J. *Sudborough*[2]); *Gudzent* (s. S. 96) nimmt eine Umwandlung[3]) von *Laktimurat* in *Laktamurat* an.

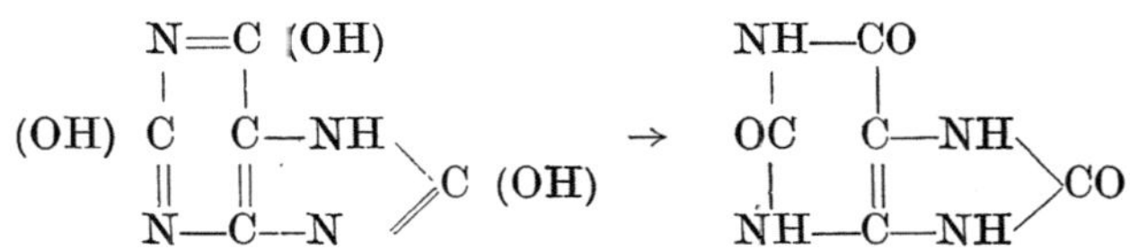

g) Leuchterscheinungen.

Mit chemischen Vorgängen sind in letzter Linie vielleicht auch die durch radioaktive Substanzen hervorgerufenen Strahlungserscheinungen verknüpft.

Welche chemischen Prozesse sich im einzelnen hier abspielen können, ist jedoch ebensowenig bekannt, wie bei analogen Erregungen durch ultraviolettes Licht oder Röntgenstrahlen.

In diesem Zusammenhange kann nur kurz darauf hingewiesen werden, daß eine große Zahl von Substanzen unter dem Einflusse der Radiumstrahlen *fluoresziert*.

Diese Eigenschaft dient bekanntlich zum Nachweise der radioaktiven Substanzen. *Bariumplatincyanür* wird durch alle Radiumstrahlen zur Fluoreszenz angeregt, *Zinksulfid* (Sidotblende) hauptsächlich durch α-Strahlen. Das Schwefelzink bleibt dabei auch nach Entfernung der Strahlen aussendenden Substanz einige Zeit selbstleuchtend, d. h. es wird *phosphoreszierend*; es strahlt nicht kontinuierlich, sondern nach *Crookes*[4]) *Entdeckung in Scintillationen*, d. h. in einzelnen leuchtenden Punkten.

Die *Emanationen* des Radiums und Aktiniums erregen die Scintillation gleichfalls; Aktiniumemanation wirkt besonders kräftig. Das Scintillieren tritt bei allen α-strahlenden Substanzen besonders glänzend auf. Daß chemische

---

1) C. *Doelter*, l. c.

2) J. J. *Sudborough*, Proc. chem. Soc. **20**, 166.

3) Ein solcher Übergang soll nach *Gudzent* bei der größeren Löslichkeit von Mononatriumrat in emanationshaltigem Serum eine Rolle spielen; H. *Bechhold* u. J. *Ziegler* (Bioch. Ztschr. **20**, 213, 1909) sahen keine Unterschiede im Ausfallen von *Mononatriumrat* aus Serum bei Gegenwart oder Abwesenheit von Emanation, während sie ihn für das Verhalten von *freier* Harnsäure anerkennen.

4) W. *Crookes*, Chem. News. **1903**.

Umwandlungen hierbei stattfinden, kann man daraus schließen, daß die Sidotblende nach längerer Bestrahlung die Fähigkeit zur Fluoreszenz verliert und daß letztere beim Bariumplatincyanür unter gleichzeitiger Verfärbung dieses Materials (Bräunung) abnimmt. Auch die Luminiszenzerscheinungen in Benzolderivaten und anderen Ringsystemen, die H. Kauffmann [1]) unter Radiumbestrahlung auftreten sah, weisen auf Molekularreaktionen hin; hauptsächlich scheinen dabei die β-Strahlen, gelegentlich auch die α-Strahlen, wirksam zu sein.

Alle festen Radiumverbindungen leuchten von selbst, auch unter Wasser, ebenso verhalten sich Radiothorverbindungen und Aktiniumsalze. In diesem spontan auftretenden Lichte der Radiumverbindungen liegt nach den spektralanalytischen Ergebnissen von Huggins leuchtender Stickstoff vor, auch Heliumlinien können nach Stark und Giesel auftreten.

Feuchtigkeit setzt die Intensität des Selbstleuchtens herab; sie sinkt auch mit zunehmender Reinheit der Radiumpräparate und ist z. B. stärker bei solchen, die noch bariumhaltig sind.

Das Leuchten unterbleibt im Vakuum, woraus die Mitwirkung der atmosphärischen Luft erhellt; in Wasserstoff-, Kohlenmono- und dioxyd erhält man kein Gasspektrum. Die Entstehung eines solchen ohne elektrische Entladungen steht überhaupt einzig da. Neben dem N-Spektrum tritt namentlich bei gut getrockneten Präparaten schwach auch ein kontinuierliches Spektrum auf, das wohl von der leuchtenden Salzmasse selbst erzeugt wird und in Kohlendioxydgas intensiver als in Luft oder Wasserstoff ist.

Etwas anders liegen die Verhältnisse bei den leuchtenden Aktiniumpräparaten; hier scheint es sich lediglich um Phosphoreszenz der begleitenden Edelerde, und zwar des Didyms, zu handeln [2]).

Hingegen strahlt beim Radiotellur (Polonium) wiederum die über dem Präparat befindliche Luft [3]), wobei das Bandenspektrum des Stickstoffs sichtbar wird. In reinem N ist der Leuchteffekt am glänzendsten.

Bemerkenswert ist, daß das durch Radium erzeugte Phosphoreszenzlicht Polarisationserscheinungen aufweisen kann [4]).

Auch organische Stoffe phosphoreszieren bei Radiumbestrahlung, wie Petroleum, das stark leuchtend wird; in schwächerem Maße zeigen Papier, Baumwolle, Hornsubstanz sowie Blut ein ähnliches Verhalten.

Der Eigentümlichkeit halber sei erwähnt, daß die therapeutisch vielfach benutzten Salicylsäurederivate durch die β-Strahlen des Radiums zu besonders lebhafter Luminiszenz angeregt werden, so die salicylsauren Salze, das Salicylsäureamid und das Salipyrin (salicylsaures Antipyrin) [5]). Der Leuchteffekt ist bei den Salicylaten sogar stärker als bei dem Fluoreszenzacceptor par excellence, dem Doppelcyanür von Platin und Barium.

Schlussbetrachtungen.

In den vorangehenden Darlegungen sind die verschiedensten Effekte beschrieben, die radioaktive Stoffe unter Umständen äußern können.

Keineswegs darf man erwarten, diesen Wirkungen überall zu begegnen. Namentlich ist zu bedenken, daß sie zum großen Teile nur mit den stärksten Präparaten und unter den günstigsten experimentellen Bedingungen erzielt

[1]) H. Kauffmann, Ber. **37**, 2496, 1904.
[2]) F. Giesel, Ber. **38**, 775, 1905.
[3]) W. Marckwald u. K. Hermann, Ber. der phys. Ges. **7**, 227, 1905.
[4]) St. Meyer, Physik. Zeitschr. **10**, 483. 1909.
[5]) Ch. v. Jensen, Zeitschr. f. wissensch. Photogr. **5**, 187, 1907.

worden sind und mit den feinsten physikalischen Methoden gerade nachgewiesen werden konnten.

In folgender kleiner Tabelle sind die Energieäußerungen der wichtigsten radioaktiven Substanzen verzeichnet.

1000 mg reines Ra entwickeln pro Stunde 117 Kal.
1000 „ „ $RaBr_2$ „ „ „ 70 „
1000 „ „ Ra „ „ „ ca. 0,00002 ccm Helium
1000 „ „ Ra „ „ „ ca. 0,00002 ccm Emanation
1000 „ „ Ra (in wässriger Lösung) entwickeln pro Stunde 0.32 ccm Knallgas
1000 „ Radiumemanation entwickeln während ihrer ganzen Lebensdauer, d. h. in mehreren Tausend Jahren (!), 10^9 Kal.

Diese Daten werden eine richtige Bewertung der direkten chemischen Effekte vermitteln, die man bei den üblichen therapeutischen Verwendungen radioaktiver Substanzen überhaupt erwarten kann, wenn man bedenkt, daß man zumeist mit hundert bis tausendfach geringeren Mengen arbeitet.

Die gelegentlich auftauchenden Vorstellungen, daß radioactive Stoffe in den medikamentös verabfolgten Dosen im lebenden Organismus eine Elektrolyse des Wassers, eine Spaltung des Ammoniaks, eine Zerlegung der Chloride, einen direkten Abbau organischen Materials bewirken, sind vorläufig von der Hand zu weisen. Am ehesten wird man bei Anwendung in der Biologie an katalytische Effekte der radioaktiven Substanzen und an Beziehungen derselben zu enzymatischen Prozessen denken müssen; denn dabei ist eine Wirkung auch minimalster Quantitäten immerhin vorstellbar.

Die Erforschung der radioaktiven Elemente ist keineswegs abgeschlossen. Die noch nicht 20jährige Beschäftigung mit diesem Gegenstande hat bisher enthüllt, daß für phantastische und unerhörte Wirkungen der strahlenden und emanierenden Substanzen kein Raum bleibt. Die Radioaktivität bestimmter Elemente ist eine atomare Eigenschaft, wie Dichte, Festigkeit, Valenz, Affinität u. dergl. Die chemischen Wirkungen der radioaktiven Stoffe auf andere Körper zeigen viele Analogien mit den chemischen Reaktionen, welche von verschiedenen Strahlenarten, namentlich von ultraviolettem Licht und von Kathoden- wie Anodenstrahlen, ausgelöst werden; zu diesen Effekten gesellen sich hauptsächlich noch sekundäre Oxydationsprozesse, ferner katalytische Wirkungen und elektrische Potentialverschiebungen. Auf die gleichen Faktoren müssen in letzter Linie die biologischen Wirkungen der radioaktiven Substanzen zurückzuführen sein.

Kapitel VII.

Aus der Experimentell-Biologischen Abteilung des Königl. Pathologischen Instituts der Universität Berlin.

Radioaktive Stoffe und Fermente.

Von

Adolf Bickel.

Unter den radioaktiven Elementen sind bislang zwei Gruppen zum Studium des Einflusses strahlender Materie auf fermentative Körperprozesse herangezogen worden: die Familie des Urans und diejenige des Thoriums. Aus der ersteren waren es Radium, Radiumemanation und einige ihrer Zerfallsprodukte, aus der letzteren Mesothorium, Radiothorium, Thorium X und Thoriumemanation, die diesen Untersuchungen dienten.

Die Beobachtungen von Schwarz im Jahre 1903 über die Einwirkung von Radium auf lebendiges Protoplasma lenkten zuerst nachdrücklich die Aufmerksamkeit auf die biologischen und speziell zellulärphysiologischen Wirkungen des Radiums hin. Schwarz hatte ein Hühnerei eine größere Anzahl von Stunden dem Einflusse des Radiums ausgesetzt und sah wie in der Folge sich die Eischale an der betreffenden Stelle verfärbte, das Eiweiß sich trübte und das Eigelb neben einer Konsistenzerhöhung eine gelbgrüne Tinktion erfuhr.

Gleichzeitig wurden Beobachtungen über die deletäre Wirkung der Radiumstrahlen auf die menschliche Haut bekannt, deren populärste, wenn auch nicht erste, von Becquerel stammt, dem das Mißgeschick widerfuhr, daß er durch ein starkes, in Glas eingeschmolzenes, Radiumpräparat, das er zufällig mehrere Stunden in seiner Tasche trug, ein Radiumgeschwür auf der darunter liegenden Haut sich zuzog.

Zwei Richtungen schlug im großen und ganzen die physiologische Radiumforschung zunächst ein: einmal galt die Arbeit den die lebendige Substanz einfach destruierenden Wirkungen des Radiums, zweitens wurden diejenigen Erscheinungen studiert, die darin begründet liegen, daß der Ablauf primitiver Lebensprozesse oder ihre Zusammenwirkung in größerem Verbande durch Umschaltung oder Ausschaltung der Kraftwirkungen einzelner Glieder aus den Geleisen der Norm herausgedrängt wird.

Zu der ersten Gruppe, den Untersuchungen über die destruierenden Wirkungen, gehören die Forschungen über den bakteriziden Einfluß des Radiums (Aschkinass und Caspari, Pfeiffer und Friedberger u. a.), die Beobachtungen über die Tötung verschiedener Arten von Körperzellen, besonders epithelialer und endothelialer Gebilde durch Radium, gehören z. B. auch die Mitteilungen über die Vernichtung der Keimkraft von Pflanzensamen. Die zweite Gruppe der oben genannten Arbeiten betrifft vor allem die reaktiven Vorgänge, betrifft die durch Radiumeinfluß erzeugten Entwickelungsanomalien, die zuerst im Jahre 1903 von Bohn entdeckt wurden und später von O. Hertwig eine glänzende Durcharbeitung erfahren haben. Zu dieser zweiten Gruppe gehören aber endlich alle jene Untersuchungen, die sich mit dem Einfluß des Radiums auf fermentative Prozesse befassen.

Wenn in der Medizin die Beziehungen der Radiumwirkung zum Fermentprozeß heute unbestritten mit im Brennpunkte des ärztlichen Interesses stehen, so beruht das nicht zuletzt darauf, daß eben die Kenntnis derartiger Beziehungen geeignet ist, unserem Verständnis die Genese wichtiger, durch Radium herbeigeführter Heilwirkungen näher zu bringen, wenn auch nicht ohne weiteres restlos zu erklären.

Mehr denn je neigt man der Auffassung zu, daß im Ablaufe markanter Lebensäußerungen der Zelle Fermente eine bedeutsame Rolle spielen und daß insonderheit die Richtlinien, die der Umsatz wichtiger Körpersubstanzen beobachtet, vorgezeichnet werden durch die Kleinarbeit und Eigenart unzähliger Fermente. Auch im Kampfe des Organismus mit pathogenen Reizen spielen Fermente ohne Zweifel eine Rolle. Die Verflüssigung von Infiltrationen, die Verdauung von Bakterien im Leukozytenleibe sind ohne die Annahme der Mitwirkung von Fermenten kaum verständlich, ganz abgesehen davon, daß z. B. die Existenz verdauender Enzyme in den weißen Blutkörperchen so gut wie sicher gestellt ist. In diesem Zusammenhange erscheinen die Beobachtungen von Reiter in unserem Laboratorium bemerkenswert, der wahrscheinlich machen konnte, daß Radiumemanation die phagozytäre Tätigkeit der Blutzellen anregt, während sie durch direkte Einwirkung auf die Bakterien diese auch unter Umständen vor der Phagozytose schützen kann.

Vielleicht haben wir es auch mit partiellen Schädigungen einzelner Zellbestandteile zu tun, mit partiellen Schädigungen, die erst nach längerem Bestehen infolge einer konsekutiven und mählich fortschreitenden Störung im Stoffwechsel der betroffenen Zellen zu sichtbaren Veränderungen führen, wenn wir beobachten, daß im unmittelbaren Anschluß an eine einmalige, kurzdauernde Bestrahlung eines Hautbezirkes mit Radium zunächst gar keine Zeichen auf die vorausgegangene Einwirkung hinweisen. Mehrere Tage können verstreichen, ehe die erste Rötung sich einstellt, und noch später setzt die Nekrose, die Geschwürsbildung und nur träge schließlich die Vernarbung ein. Gerade die Hartnäckigkeit, mit der das lädierte Gewebe der Heilung widersteht und die diese Radiumgeschwüre einen so außerordentlich protrahierten Verlauf nehmen läßt, kann wohl nur so erklärt werden, daß durch die Bestrahlung eine partielle Schädigung einzelner, vielleicht besonders empfindlicher Zellbestandteile herbeigeführt wird, und daß, soweit nicht die Schädigung den zur Geschwürsbildung führenden Zelltod bewirkt hat, die Bestrahlung die Zellen nur krank macht und die regenerativen und produktiven Eigenschaften des Gewebes in ihrer Einflußsphäre auf lange Zeit hinaus lähmt. Für diese Auffassung der Pathogenese der Radiumgeschwüre sprechen nicht zuletzt auch die Beobachtungen O. Hertwigs über die Entwickelungsanomalien mit Radium bestrahlter Eier.

Alle diese Beobachtungen deuten bereits an, daß die Radiumwirkung auf die Zelle außerordentlich kompliziert ist, und daß sie sich offenbar ähnlich anderen bekannten physiologischen Reizungen verhält, die je nach Art, Intensität und Dauer verschiedene Reaktionen auszulösen vermögen.

Bei der Beurteilung der Radiumwirkung ist daran festzuhalten, daß die komplexe Wirkung sich aus einer Summe von Einzelfaktoren zusammensetzt; einmal handelt es sich um die von dem Radium ausgehenden Strahlenarten, die als solche oder dank der elektrischen Ladung ihrer Träger die Wirkungen auszulösen vermögen; dann aber können Substratteilchen des Radiums oder seiner Zerfallsprodukte unmittelbar in Wechselwirkung mit der Zelle treten, das gilt vor allem für das vom Radium ausgehende Gas, die Emanation und ihre Zerfallsprodukte, die sich als „aktiver Niederschlag" überall da absetzen, wo Emanation hingelangt.

Aufgabe analytisch-physiologischer Forschung muß es nun sein, zu ermitteln, was an dem Gesamteinfluß des Radiums auf die zellulären Vorgänge den einzelnen Komponenten zusteht, welche Wirkungen insonderheit die negativen β-Strahlen und die durch deren Zusammenprall mit festen Körpern entstehenden negativen γ-Strahlen besitzen, welcher Einfluß den positiven α-Strahlen zusteht, und ob endlich überhaupt und zutreffendenfalls in welcher Weise die substanzielle Wirkung des Radiums und seiner elementaren Derivate auf die Biogene zu stande kommt.

Alle diese Probleme sind heute noch nicht annähernd gelöst. Das gilt insonderheit auch für die spezielle Frage der Radiumwirkung auf die Fermente, nicht nur der Radiumwirkung, sondern auch derjenigen der strahlenden Materie überhaupt. Aufgabe der folgenden Zeilen ist es, diese Fragen an der Hand eigener Beobachtung und des in der Literatur niedergelegten Tatsachenmateriales zu erläutern.

An die Spitze meiner Ausführungen muß ich den Satz stellen, daß einmal nicht sämtliche vom Uran sich ableitenden Elemente Wirkungen auf Fermente ausüben, und daß zweitens auch ein und dasselbe Element oder bestimmte, von ihm ausgehende Strahlenarten nicht jedes beliebige Ferment beeinflussen, sondern elektive Wirkungen erkennen lassen.

Bei der therapeutischen Verwendung von Radiumpräparaten kommen im wesentlichen zwei Anwendungsarten in Betracht: erstens die Bestrahlungsbehandlung mit Radium oder seinen Salzen unter Ausschluß der Emanationswirkung und zweitens die Emanation als solche. Nur ausnahmsweise verwendet man die beiden Faktoren in Verbindung miteinander, nämlich dann, wenn man Radium oder Radiumsalz dem Körper zuführt.

So kommt es, daß im Hinblick auf die Beeinflussung fermentativer Prozesse die experimentelle Untersuchung im großen und ganzen zwei Wege eingeschlagen hat. Einmal wurde der Einfluß der Bestrahlung der Fermentlösung mit einem Radiumsalz unter Ausschluß der Emanation studiert, dann aber galt die Arbeit dem Studium der isolierten Emanationswirkung auf die Fermenttätigkeit.

Nur ausnahmsweise wurde bei den Versuchen direkt das Radiumsalz der Fermentlösung zugesetzt und damit bewirkt, daß sämtliche vom Radium ausgehenden Energien sich Geltung verschaffen konnten.

Bei den Bestrahlungsversuchen kommen ausschließlich β- und γ-Strahlen in Betracht, wenn das verwandte Radiumpräparat in eine Metallkapsel hinter eine Glimmerplatte eingeschlossen oder wenn es in ein starkes Glasgefäß eingeschmolzen ist.

Es zeigte sich nun, daß bei strenger Einhaltung dieser Versuchsanordnung im allgemeinen Wirkungen auf Fermente entweder gar nicht oder nur schwach und inkonstant beobachtet wurden. Leider lassen die ersten Publikationen über den Einfluß der Bestrahlung mitunter die exakten Angaben vermissen, ob Emanationswirkung in den jeweiligen Versuchen bestimmt ausgeschlossen war. Und doch ist diese Feststellung deshalb von Wichtigkeit, weil Emanation selbst in geringen Mengen starke Fermentwirkungen zustande bringen kann, die den β- und γ-Strahlen häufig fehlen.

Keine Einwirkung der β- und γ-Strahlen konnte von London auf das Pepsin, von Henri und Mayer auf das Labferment wie auf die Blutgerinnung festgestellt werden. Nach Danysz soll das Trypsin eine Abschwächung erfahren, während es nach den zuvorgenannten Autoren unverändert bleibt. Bergell und Braunstein sahen gleichfalls die Hemmung der Trypsinwirkung.

Das autolytische Ferment wird nach unveröffentlichten Versuchen, die auf meine Veranlassung Wohlgemuth in meinem Laboratorium angestellt hat, gleichfalls nicht von den β- und γ-Strahlen des Radiums verändert.

Ich teile die diesbezügliche Versuchsreihe in extenso mit.

Der Versuch wurde folgendermaßen ausgeführt:

Die Leber eines frisch getöteten Kaninchens ward zu einem gleichmäßigen Brei fein zerhackt, in zwei Stehkolben wurden je 30 g des Leberbreies gebracht und mit 300 ccm Chloroformwasser versetzt. Diese beiden Portionen dienten als Kontrollen. Für den Hauptversuch wurde eine weithalsige Pulverflasche verwandt, in diese 30 g Leberbrei abgewogen und ebenfalls mit 300 ccm Chloroformwasser versetzt. Dann wurde die Radiumkapsel, mit 10 mg Radiumbromid, die sich, um sämtliche α-Strahlen bei dem Versuche auszuschließen, in einer vollkommen abgedichteten Glasröhre befand, in das Gefäß gestellt und die Flasche fest verkorkt. Darauf kamen sämtliche drei Portionen in den Thermostaten (37° C).

Nach zwei Tagen wurden jeder Portion 50 ccm entnommen, in der üblichen Weise enteiweißt und es wurde in einem aliquoten Teil des Filtrates der Stickstoff nach Kjeldahl quantitativ bestimmt. Das Ergebnis war folgendes:

Die Radiumportion enthielt, auf 100 ccm Lösung berechnet	=	0,0842 g N,
Kontrolle A ,, ,, ,, ,, ,, ,,	=	0,0884 g N,
Kontrolle B ,, ,, ,, ,, ,, ,,	=	0,0813 g N.

Nach vier Tagen enthielt

die Radiumportion, auf 100 ccm Lösung berechnet	=	0,1036 g N,
Kontrolle A ,, ,, ,, ,, ,,	=	0,1001 g N,
Kontrolle B ,, ,, ,, ,, ,,	=	0,1050 g N.

Nach acht Tagen enthielt

die Radiumportion, auf 100 ccm Lösung berechnet	=	0,1134 g N,
Kontrolle A ,, ,, ,, ,, ,,	=	0,1120 g N,
Kontrolle B ,, ,, ,, ,, ,,	=	0,1106 g N.

Eine Ausnahme von der allgemeinen Regel, daß die β- und γ-Strahlen des Radiums keine beträchtliche Beeinflussung der Fermente erkennen lassen, macht nach den Beobachtungen Schmidt-Nilsens das Chymosin, das eine Schädigung durch diese Strahlenarten erfährt. Gleiches soll auch für das Invertin und Emulsin nach den Angaben von Henri und Mayer der Fall sein.

In Übereinstimmung mit diesen Beobachtungen am Radium befinden sich die Erfahrungen, die ich in Gemeinschaft mit Minami mit den β- und γ-Strahlen des Mesothoriums machte.

Zunächst studierten wir das autolytische Ferment und benutzten zur Bestrahlung 30 mg Mesothoriumbromid, das in eine dickwandige Glaskapsel eingeschmolzen war. Wir arbeiteten mit Magenkarzinom, Mammakarzinom, Osteosarkom vom Menschen und normaler Hundeleber.

Versuchsprotokolle.

Versuch Nr. 1.

Magenkarzinom. 3 Portionen à 25 g Organbrei und 250 ccm Chloroformwasser wurden am 27. VI. 1911 um 1 Uhr 30 Min. angesetzt. Brutschranktemperatur 37° C. Am 30. VI. 1911 um 1 Uhr Abbruch des Versuchs und Aufarbeitung der ganzen Portionen. Die Mengen des in Lösung gegangenen Stickstoffes betrugen, auf 100 ccm Lösung berechnet, in der Mesothoriumportion: 0,0616 g, in der Kontrollprobe A: 0,0588 g, in der Kontrollprobe B: 0,0620 g.

Versuch Nr. II.

Weiches Osteosarkom. 3 Portionen à 20 g Organbrei und 200 ccm Chloroformwasser wurden am 30. VI. 1911 um 2 Uhr 30 Min. angesetzt. Brutschranktemperatur 37° C. Am 1. VII. 1911 um 2 Uhr 30 Min. wurden von jeder Portion 50 ccm der über dem Organbrei stehenden Lösung entnommen und analysiert. N der Mesothoriumportion auf 100 ccm Lösung berechnet: 0,0343 g, N der Kontrollprobe A: 0,0287 g, N der Kontrollprobe B: 0,0295 g.

Am 3. VII. 1911 um 2 Uhr 30 Min. wurden abermals von jeder Portion 50 ccm abgenommen und untersucht. N der Mesothoriumportion auf 100 ccm Lösung berechnet: 0,0490 g, N der Kontrollprobe A: 0,0476 g, N der Kontrollprobe B: 0,0392 g.

Am 5. VII. 1911 um 2 Uhr 30 Min. wurden abermals von jeder Portion 50 ccm abgenommen und untersucht. N der Mesothoriumportion auf 100 ccm Lösung berechnet: 0,0693 g, N der Kontrollprobe A: 0,0588 g, N der Kontrollprobe B: 0,0672 g.

Versuch Nr. III.

Mammakarzinom. 3 Portionen à 25 g Organbrei und 250 ccm Chloroformwasser wurden am 5. VII. 1911 um 2 Uhr 45 Minuten angesetzt. Brutschranktemperatur 37° C. Am 12. VII. 1911 um 1 Uhr wurden von jeder Portion 50 ccm abgenommen und analysiert. N der Mesothoriumportion auf 100 ccm Lösung berechnet: 0,0343 g, N der Kontrollprobe A: 0,0392 g, N der Kontrollprobe B: 0,0392 g.

Am 15. VII. 1911 wurden um 12 Uhr abermals von jeder Portion 50 ccm abgenommen und analysiert. N der Mesothoriumportion auf 100 ccm Lösung berechnet: 0,0476 g, N der Kontrollprobe A: 0,0427 g, N der Kontrollprobe B: 0,0455 g.

Versuch Nr. IV.

Normale Hundeleber. 3 Portionen à 25 g Organbrei und 250 ccm Chloroformwasser wurden am 15. VII. 1911 um 1 Uhr angesetzt. Brutschranktemperatur 37° C. Am 19. VII. 1911 wurden um 1 Uhr von jeder Portion 50 ccm abgenommen und analysiert. N der Mesothoriumportion auf 100 ccm Lösung berechnet: 0,1064 g, N der Kontrollprobe A: 0,0952 g, N der Kontrollprobe B: 0,1008 g.

Am 21. VII. 1911 um 12 Uhr wurden abermals 50 ccm von jeder Portion abgenommen und analysiert. N der Mesothoriumportion auf 100 ccm Lösung berechnet: 0,1288 g, N der Kontrollprobe A: 0,1120 g, N der Kontrollprobe B: 0,1036 g.

Diese Versuche zeigen in evidenter Weise, daß die β- und γ-Strahlen des Mesothoriums genau wie diejenigen des Radiums sich gegen das autolytische Ferment inaktiv verhalten.

Den Verdauungsfermenten, der Diastase, dem Pepsin und Trypsin gegenüber ist zwar auch kein stärkerer Einfluß dieser Strahlen nachweisbar, immerhin verliefen die Versuche doch nicht ganz so eindeutig negativ, wie diejenigen mit dem autolytischen Ferment.

Zur leichteren Orientierung über den Ablauf dieser Versuche teile ich einige Versuchsprotokolle mit.

I. Strahlenwirkung und Diastase.

Zur Verwendung kamen menschlicher Speichel und Hundepankreassaft, der von einem Pankreasfistelhunde frisch aufgefangen war.

Die Versuchsanordnung (Wohlgemuth'sche Methode) ward so gewählt, daß je zwei Reihen Reagenzgläser mit absteigenden Mengen verdünnten Speichels resp. Hundepankreassaftes und der gleichen Menge (je 5 ccm) 0,1 % (für ein- und zweistündigen Versuch) oder 1 % Stärkelösung (für 18- und 24stündigen Versuch) beschickt wurden. Zuerst wurde ein Vorversuch mit einer Reihe Reagenzgläsern ohne Mesothorium angestellt, um die unterste Grenze der Wirksamkeit des Fermentes festzustellen.

Nach der Feststellung der untersten Grenze wurde das in Glas eingeschmolzene Mesothoriumbromid, 30 mg in das nächststehende Gläschen und 52 mg desselben in das darauffolgende Gläschen hineingehängt. Der Hauptversuch und Kontrollversuch wurden in ganz entfernten Zimmern bei derselben Temperatur im Wasserbade angestellt. In anderen Versuchen wurde auch das in ein Glasröhrchen eingeschmolzene Mesothoriumbromid zwischen den Reagenzgläschen frei aufgehängt. Um eine Mitwirkung von Bakterien zu vermeiden, wurde jedes Gläschen mit ca. 0,5 ccm Toluol beschickt und fest verkorkt. Nach Ablauf der Verdauungsfrist wurde der Versuch unterbrochen und in der üblichen Weise zu Ende geführt.

1. Mit Speicheldiastase vom Menschen.

Tabelle I.

Nr	Menge des Speichels	Nach 1 Std.		Nach 2 Std.		Bemerkungen
		Mes.-Versuch	Kontrolle	Mes.-Versuch	Kontrolle	
I	0,2	+	+	+	+	Im Gläschen IV ein zugeschmolzenes Glasröhrchen mit 30 mg, im Gläschen V mit 52 mg Mesothoriumbromid aufgehängt.
II	0,1	+	+	+	+	
III	0,05	+	+	+	+	
IV	0,025	limes	limes	limes	limes	
V	0,0125	—	—	—	—	
VI	0,0062	—	—	—	—	
VII	0,0032	—	—	—	—	

Aus den Versuchen (Tabelle I) geht hervor, daß die Fermentwirkung von der Bestrahlung gar nicht beeinflußt wird.

Eine zweite — nicht die Kontrollprobe —, während der jeweiligen Versuchsdauer dicht bei den Gläschen des Hauptversuches stehende Versuchsreihe war auch immer ohne Beeinflussung geblieben.

Um zu wissen, ob eine Beschleunigung der Fermententwirkung bei 24stündiger Versuchsdauer eintritt, wurde der Versuch bei Zimmertemperatur angestellt.

Tabelle II.

Nr.	Menge des Speichels	Nach 18 Std.		Nach 24 Std.		Nach 24 Std.		Bemerkungen
		Mes.-Versuch	Kontrolle	Mes.-Versuch	Kontrolle	Mes.-Versuch	Kontrolle	
I	0,2	+	+	+	+	+	+	Das Glasröhrchen mit 52 mg Mesothoriumbromid wurde mitten zwischen die Versuchsgläschen gehängt.
II	0,1	+	+	+	+	+	+	
III	0,05	+	+	+	+	+	+	
IV	0,025	+	+	+	+	+	+	
V	0,0125	+	+	+	+	+	+	
VI	0,0062	±	+	limes	+	±	+	
VII	0,0032	limes	limes	—	limes	limes	limes	
VIII	0,0016	—	—	—	—	—	—	

Aus dieser Versuchsreihe (Tabelle II) geht hervor, daß die Strahlenwirkung des Mesothoriums im Verlaufe von 18 oder 24 Stunden die diastatische Kraft etwas hemmt. Der Grad der Beeinflussung hängt wahrscheinlich mit der Entfernung der Beleuchtungsquelle zusammen, d. h. je näher die Reagenzgläser dem Mesothorium stehen, desto intensiver kann die Wirkung des Fermentes gehemmt sein. Eine Reihe Gläser eines Parallelversuches, die dicht neben denjenigen des Hauptversuches gestanden hatten, ließen an ihrem Inhalt immer eine geringere Störung der Diastasewirkung erkennen, als sie beim Hauptversuche nachweisbar war.

2. Mit Pankreasdiastase vom Hunde.

Tabelle III.

Nr.	Menge des Pankreassaftes	Nach 1 Stunde		Nach 2 Stunden		Bemerkungen
		Reihe I	Kontrolle	Reihe II	Kontrolle	
I	0,012	+	+	+	+	Ins Gläschen VI wurden 52 mg, ins Gläschen VII 30 mg Mesothoriumbromid, die in Glasröhrchen eingeschmolzen waren, hineingehängt.
II	0,008	+	+	+	+	
III	0,004	+	+	+	+	
IV	0,002	+	+	+	+	
V	0,001	+	+	+	+	
VI	0,0005	limes	limes	+	+	
VII	0,00025	—	—	limes	limes	

Tabelle IV.

Nr.	Menge des Pankreassaftes	Nach 18 Stunden		Nach 24 Stunden		Bemerkungen
		Reihe I	Kontrolle	Reihe II	Kontrolle	
I	0,004	+	+	+	+	Das zugeschmolzene Glasröhrchen mit 52 mg Mesothoriumbromid wurde zwischen die Reagenzgläser gehängt.
II	0,002	±	+	±	+	
III	0,001	limes	limes	limes	limes	
IV	0,0005	+	—	—	—	
V	0,00025	+	—	—	—	
VI	0,000125	+	—	—	—	
VII	0,000062	+	—	—	—	

Aus den Tabellen III und IV geht hervor, daß die Diastase des Pankreassaftes durch die Bestrahlung in ihrer Wirkung zunächst unverändert bleibt, daß nach langer Bestrahlung höchstens eine kleine Beeinflussung — in diesen Versuchen im Sinne einer Hemmung — auftritt.

II. Strahlenwirkung und Pepsin.

Zur Bestimmung der Pepsinverdauung kam die Fuldsche Methode in Anwendung. Die Verdauungsdauer betrug 1, 2, 20 und 24 Stunden. Bei den längerdauernden Versuchen wurde Toluol als Antiseptikum verwendet. Die Gläschen blieben während der Verdauungsfrist bei Zimmertemperatur von 25^0 C stehen und wurden nach Ablauf der Frist mit 0,3 ccm gesättigter Kochsalzlösung versetzt. Dasjenige unterste Gläschen, das auf Zusatz von Kochsalz noch klar geblieben war, diente zur Berechnung der Pepsinkonzentration. Zu den Versuchen kam der frisch ausgeheberte, filtrierte menschliche Mageninhalt eines gesunden Mannes zur Verwendung.

In den Tabellen bedeutet + völlige Verdauung (keine Trübung), ± fast völlige Verdauung (minimale Opaleszenz), — unvollständige Verdauung (Trübung), — — keine Verdauung (unveränderte Trübung). (Tabelle V.)

Tabelle V.

Nr.	Menge des Mageninhalts	Nach 1 Stunde		Nach 2 Stunden		Bemerkungen
		Mes.-Reihe I	Kontrolle	Mes.-Reihe II	Kontrolle	
I	0,04	+	+	+	+	Das zugeschmolzene Röhrchen mit 52 mg Mesothoriumbromid ins Reagenzgläschen IV, dasjenige mit 30 mg in das Gläschen V gehängt.
II	0,02	+	+	+	+	
III	0,01	+	+	+	+	
IV	0,005	+	±	+	±	
V	0,0025	—	—	±	±	
VI	0,00125	— —	— —	—	—	
VII	0,00062	— —	— —	— —	— —	

Bei ein- oder zweistündiger Verdauung beförderten also die Strahlen des Mesothoriums ein wenig die peptische Kraft (Tabelle V).

Tabelle VI.

Nr.	Menge des Magensaftes	Nach 20 Stunden		Nach 24 Stunden		Bemerkungen
		Reihe I	Kontrolle	Reihe II	Kontrolle	
I	0,01	+	+	+	+	Das Mesothoriumröhrchen mit 52 mg wurde zwischen die Gläser gehängt.
II	0,005	+	+	+	+	
III	0,0025	+	+	+	+	
IV	0,00125	+	+	+	+	
V	0,00062	+	±	+	±	
VI	0,00032	—	—	—	—	
VII	0,00016	—	—	—	—	

Auch bei diesen Versuchen mit längerer Bestrahlung scheint eine geringe Begünstigung der Pepsinwirkung nachweisbar, aber in anderen Versuchen vermißte man öfters überhaupt jeden erkennbaren Einfluß.

III. Strahlenwirkung und Trypsin.

Unter Anwendung der Fuldschen Kaseinmethode wurde der Einfluß der Strahlung auf die Trypsinwirkung bestimmt. Die Verdauungsdauer war 1, 2, 18 und 24 Stunden. Bei längerer Dauer als zwei Stunden wurde Toluol zu jedem Gläschen (ca. 0,5 ccm) zugesetzt, um die Mitwirkung der Bakterien zu verhüten. Ein- und zweistündige Versuche wurden im Wasserthermostaten bei 37,5° C vorgenommen. Bei allen Versuchen wurde der Pankreassaft eines Hundes, der eine Pankreasfistel trug, verwendet. (Tabelle VII.)

Tabelle VII.

Nr.	Menge des Pankreas-saftes	Nach 1 Stunde Mes.-Reihe I	Nach 1 Stunde Kon-trolle	Nach 2 Stunden Mes.-Reihe II	Nach 2 Stunden Kon-trolle	Bemerkungen
I	0,004	+	+	+	+	Bei beiden Reihen waren ins Gläschen IV die 52 mg, ins Gläschen V die 30 mg Mesothorium in ihren zugeschmolzenen Glasröhrchen hineingehängt.
II	0,002	+	+	+	+	
III	0,001	+	+	+	+	
IV	0,0005	±	±	±	—	
V	0,00025	—	—	—	—	
VI	0,000125	—	—	—	—	
VII	0,000062	—	—	—	—	

Andere Bestrahlungsversuche, bei denen das Mesothoriumröhrchen nicht in die Flüssigkeit, sondern mitten unter die Reagenzgläser gehängt war, hatten dasselbe Resultat.

Aus diesen Versuchen ist ersichtlich, daß die Trypsinwirkung durch die Strahlen ein wenig beschleunigt wurde. In anderen Fällen jedoch war das Resultat so gut wie ganz negativ. (Tabelle VIII.)

Tabelle VIII.

Nr.	Menge des Pankreas-saftes	Nach 18 Std. Reihe I	Nach 18 Std. Kon-trolle	Nach 20 Std. Reihe II	Nach 20 Std. Kon-trolle	Nach 24 Std. Reihe III	Nach 24 Std. Kon-trolle	Bemerkungen
I	0,001	+	+	+	+	+	+	Das Mesothoriumröhrchen wurde während der Verdauungsfrist zwischen die Gläser gehängt.
II	0,0005	+	+	+	+	+	+	
III	0,00025	+	±	+	+	+	+	
IV	0,000125	—	—	—	—	—	—	
V	0,000062	—	—	—	—	—	—	
VI	0,000032	—	—	—	—	—	—	
VII	0,000016	—	—	—	—	—	—	
VIII	0,000008	—	—	—	—	—	—	

Diese und andere analoge Versuche hatten ein negatives Resultat.

Aus allen diesen Beobachtungen ergibt sich demnach, daß die β- und γ-Strahlen des Mesothoriums oft überhaupt keinen und in den positiven Fällen höchstens einen geringfügigen und wahrscheinlich öfters nur vorübergehenden Einfluß auf die Verdauungsfermente (Diastase, Pepsin und Trypsin) erkennen lassen, und daß dieser Einfluß bald als eine Aktivierung, bald als eine Hemmung der Fermentwirkung in die Erscheinung tritt.

Ich wende mich nunmehr der Emanationswirkung zu. Die Emanation entsendet sowohl beim Radium, wie beim Thorium lediglich α-Strahlen. Da, wie wir sahen, β- und γ-Strahlen den Fermenten nicht viel anhaben können, so werden wohl auch konsequenterweise die beim Zerfall der Emanation auftretenden neuen Elemente kraft ihrer teilweisen β- und γ-Strahlung den Ausfall der Versuche nicht in wesentlicher Weise zu beeinflussen vermögen. Allerdings bleibt es bei den Emanationsversuchen allemal dahingestellt, ob die α-Strahlung allein das treibende Agens für beobachtete Fermentbeeinflussung ist, oder ob gleichzeitig direkte Substanzwirkungen, etwa nach Analogie der Kochsalzwirkung auf die Diastase eine Rolle spielen.

Bei diesen Versuchen mit der Emanation müssen wir diejenigen Beobachtungen, bei denen lediglich Emanation zur Verwendung kam, von den anderen trennen, bei denen die Emanation nebst in der Zerfallsreihe ihr vorgeordneten Elementen Anwendung fand.

Zu dieser letzteren Kategorie von Versuchen gehören die Beobachtungen von Neuberg (1904) über den Einfluß des Radiums auf die Autolyse. Aus der Erläuterung, die dieser Forscher zu seinen Versuchen aus dem Jahre 1904 in diesem Handbuche (Seite 99 Anm.) macht, geht hervor, daß bei seiner damaligen Versuchsanordnung ein Einfluß der Emanation auf die Fermente durchaus möglich war.

Neuberg bediente sich eines Breies aus Leberkarzinom, von dem zweimal je 70 g mit 200 ccm Wasser, sowie 6 ccm Toluol und der gleichen Quantität Chloroform in zwei Stöpselflaschen im Brutschrank bei 38—39° C digeriert wurden. In die eine Flasche (a) wurde täglich 5—6 mal 10—15 Minuten ein zylindrisches Aluminiumgefäß von 0,5 mm Wandstärke eingetaucht, auf dessen Boden ein in einer Kapsel eingeschlossenes starkes Radiumpräparat lag. Das Aluminiumgefäß war oben luft- und wasserdicht verkorkt. Während der Versuche war aber gewöhnlich die Kapsel geöffnet, so daß Emanation über den Rand des Aluminiumgefäßes in die Fermentflüssigkeit übertreten konnte. Die Menge des in 10 ccm Flüssigkeit in Lösung gegangenen, unkoagulabelen Stickstoffes zeigt folgende Tabelle an, in der „a" die bestrahlte, „b" die unbestrahlte Probe bezeichnet.

	a	b
N-Menge zu Beginn des Versuches	0,0166 g	0,0169 g
N-Menge nach vier Tagen Versuchsdauer	0,0560 g	0,0314 g
N-Menge nach acht Tagen Versuchsdauer	0,1887 g	0,0488 g

Ein anderer Versuch hatte folgendes Ergebnis:

	a	b
N-Menge zu Beginn des Versuches	0,0104 g	0,0102 g
N-Menge nach fünf Tagen Versuchsdauer	0,0369 g	0,0207 g
N-Menge nach neun Tagen Versuchsdauer	0,0988 g	0,0209 g

Wurde der Organbrei vor der Digestion gekocht und dann bestrahlt, so trat eine Wirkung der Bestrahlung im Sinne einer Förderung oder Hemmung der Autolyse nicht ein; die Stickstoffmenge blieb vielmehr unverändert.

Im Anschluß an die Versuche Neubergs und unter Einhaltung der gleichen Versuchsanordnung stellte J. Wohlgemuth (1904) eine Beschleunigung der autolytischen Prozesse in tuberkulösem Lungengewebe durch die Radiumbestrahlung fest.

Hierher gehören ferner die Beobachtungen von Bergell und Braunstein über den Einfluß der Radiumsalze auf die Trypsinverdauung. Diese Autoren fanden, daß der Zusatz von Radiumbromid die Trypsinverdauung, welche in der Abspaltung des Tyrosins sich kennzeichnet, beträchtlich verstärkt; ferner aber beobachteten diese Autoren, daß das Glygylglyzin, das von dem gewöhnlichen Pankreatin nicht oder in nicht nachweisbarer Menge gespalten wird, von dem durch eine sehr geringe Menge Radiumbromid beeinflußten Enzym unter Abspaltung von Glykokoll zerlegt wird.

Es folgen nunmehr die Beobachtungen über den Einfluß der isolierten Radiumemanation auf Fermente.

Die ersten hierher gehörigen Mitteilungen stammen von Bergell und Braunstein (1905), die aus Radiumbromid durch Destillation und unter Anwendung intensiver Kühlung reine Emanation gewannen, und mit dieser Emanation Beobachtungen über die Verstärkung der Trypsinwirkung anstellten, wie von Bergell und mir (1905), die wir die Aktivierung des Pepsins durch Radiumemanation nachwiesen.

In der Folge wurden diese Versuche vielfach variiert und auf andere Fermente ausgedehnt. So stellten in meinem Laboratorium Löwenthal und Wohlgemuth (1909) fest, daß durch Radiumemanation bei der Diastase zunächst eine Hemmung, später eine Beschleunigung zustande kommt, so ermittelten Edelstein und Löwenthal (1908), daß reine Radiumemanation auf die Autolyse von normaler Leber und Lunge, von pneumonischer Lunge, wie vom Karzinom- und Sarkombrei einen begünstigenden Einfluß hat, alles Beobachtungen, die im wesentlichen die älteren Befunde von Bergell, Braunstein und mir im Prinzip bestätigten und die, soweit das autolytische Ferment in Frage kommt, die Beobachtungen von Neuberg und Wohlgemuth aus dem Jahre 1904 weiter analysierten. Auch das glykolytische Ferment soll durch Radiumemanation nach Engelmann und Wohlgemuth verstärkt werden. Indessen bedarf nach der Meinung der Autoren dieser Befund weiterer Nachprüfung, ehe man ihn als zu Recht bestehend akzeptieren kann, weil bei langdauernden Versuchen mit Blut stets die Gefahr einer Bakterieninfektion besteht, Antiseptika aber die Glykolyse vernichten.

Wenden wir uns nach dieser Übersicht über den Einfluß der Radiumemanation auf die Fermentwirkung nunmehr der Thoriumreihe zu, so finden wir, im Hinblick auf die außerordentliche Kurzlebigkeit der Thoremanation, es hier fast unmöglich, den Einfluß der isolierten Emanation auf die Fermente studieren zu können. Wir müssen schon die langlebigere Muttersubstanz der Thoriumemanation, das Thorium X heranziehen, und durch seine dauernde Vermittelung die Emanation auf die Fermente wirken lassen. So wurden denn auch alle Versuche, die Minami in meinem Laboratorium über den Einfluß der Thoremanation auf die Fermente anstellte, derart ausgeführt, daß den jeweiligen Fermenten das Thorium X in wässeriger Lösung zugesetzt ward.

Minami stellte fest, daß Thor X und Thoremanation die menschliche Speicheldiastase in der Regel zunächst hemmt, bei längerer Digestionsdauer aber in ihrer Wirkung verstärkt. Bei noch längerer Versuchsdauer zeigt sich dann ein unregelmäßiges Verhalten. Die Pankreasdiastase des Hundes verhält sich in ähnlicher Weise.

Das peptische Ferment wird durch Thor X und Thoremanation bei längerer Versuchsdauer in geringem Maße aktiviert, das Trypsin wird unregelmäßig beeinflußt, oft zunächst stark gehemmt; später läßt die Hemmung dann mehr oder minder nach.

Das autolytische Ferment der normalen Hundeleber wird durch Thor X und Thoremanation anfangs beträchtlich verstärkt; bei längerer Einwirkung kann dagegen Hemmung beobachtet werden. Der Zusatz von Radiothorium zu der Thor X- und Thoremanationslösung ändert das Versuchsresultat nicht.

Alles in allem lehren sowohl die Versuche mit Radiumemanation, wie diejenigen mit Thor X und Thoremanation, daß die Emanationen einen intensiven Einfluß auf die Fermenttätigkeit ausüben können, während den β- und γ-Strahlen, der den Emanationen vorgeordneten Elementen: Radium und Mesothorium, ein gleich intensiver Einfluß jedenfalls nicht zusteht.

Ob bei der Fermentbeeinflussung Hemmung oder Aktivierung zutage tritt, kann von der Eigenart des Fermentes, wie von der Dauer und Intensität der Emanationswirkung abhängen. Welche Faktoren im einzelnen ausschlaggebend sind, wissen wir nicht, und wir können speziell im Hinblick auf das Fehlen genauer Messungen der verwandten Emanationsmengen auch keinen Vergleich zwischen Radium- und Thoriumemanationswirkung oder gar Rückschlüsse aus graduell verschiedenen Versuchsresultaten auf verschiedene Wirkungsarten vorläufig ziehen.

Zum Schlusse sei noch der Zerfallsprodukte der Emanation gedacht. Auch sie sind zum Teil darauf hin untersucht worden, ob sie Fermentbeeinflussungen zustande zu bringen vermögen oder nicht. Eine besondere Beachtung fanden in dieser Hinsicht in der Radiumreihe das Radium D, E, F, beziehungsweise mehr oder weniger radioaktiver Gemische dieser drei Körper.

Mit derartigen Gemischen hat in meinem Laboratorium Th. Brown gearbeitet und ihren Einfluß auf das autolytische, diastatische und peptische Ferment studiert. Brown kam zu folgenden Resultaten: Weder Radium D, noch Radium DE, noch endlich Radium DEF hat irgend einen Einfluß auf das autolytische Ferment der Leber; auf das diastatische und peptische Ferment ist der Einfluß dieser Gemische um so geringer, je weniger radioaktiv sie sind; d. h. das strahleninaktive Radium D beeinflußt diese Fermente so gut wie nicht, während das strahlenreiche Radium F eine deutlichere Wirkung entfaltet.

Eine Beeinflussung der Diastase durch reines Radium F hatte auch bereits Loewenthal früher feststellen können.

Analoge Versuche mit den Zerfallsprodukten der Thor-Emanation besitzen wir noch nicht.

Daß alle diese Beobachtungen über den Einfluß strahlender Materie auf den Ablauf fermentativer Prozesse vorläufig nur Paradigmata sind, die uns die biologische Wirkung dieser Substanzen erläutern, ist selbstverständlich.

Aus diesen Reagenzglasversuchen bindende Schlüsse etwa auf den Ablauf von Stoffwechselprozessen im lebenden Körper unter dem Eindruck der Zufuhr radioaktiver Elemente ziehen zu wollen, würde ebensowenig statthaft sein, wie etwa eine spezifische und nur der strahlenden Materie eigentümliche Wirkung in alledem zu sehen.

Es ist notwendig, diese eigentlich selbstverständlichen Gedanken hier auszusprechen, weil gerade die Erfahrung der Beeinflussung fermentativer Prozesse durch radioaktive Substanzen, wie ich schon eingangs erwähnte, vielfach herangezogen wurde, wenn man Heilwirkungen bei der Radiumtherapie wissenschaftlich erklären wollte.

Wenn ich diese Einschränkung hier mache, so wird dadurch die fundamentale Bedeutung der Versuche über die Fermentbeeinflussung durch die strahlende Materie nicht im geringsten geschmälert.

Kapitel VIII.

Aus dem „Muséum National d'Histoire Naturelle" Paris.

Die Radioaktivität und die Pflanzenbiologie.

Von

Paul Becquerel-Paris.

(Übersetzt von Dr. Brahn-Berlin.)

Die so außerordentlich zahlreichen Untersuchungen, die in den letzten zehn Jahren über die Becquerel-Strahlen, über die Natur der verschiedenen Substanzen, die sie hervorbringen, und über ihre Verteilung auf der Erdoberfläche gemacht worden sind, haben beträchtlichen Widerhall auf dem Gebiete der Biologie gefunden. Zuerst hat man sich gefragt, ob die lebende Materie, deren Aktivität sich durch fortgesetzte Produktion von Wärme, Elektrizität und manchmal selbst von Licht kundgibt, nicht spontan Becquerel-Strahlen aussendet.

Sobald man dann in Erfahrung gebracht hatte, daß alle lebenden pflanzlichen oder tierischen Wesen sich immer in einer Umgebung entwickeln, die beständig minimale Spuren radioaktiver Substanz aufweist, begann man mit Versuchen über den Grad des Einflusses, den diese Substanzen im Zustande der Konzentration oder Diffusion auf die verschiedenen Lebensfunktionen ausüben könnten. Schließlich sind einige Gelehrte, denen die erstaunlichen Eigenschaften der radioaktiven Substanzen auffielen, noch weiter gegangen. Sie haben wissen wollen, ob diese letzteren nicht fähig wären, uns aufzuklären über die chemische Synthese der ersten lebenden Substanzen und so auch über das Geheimnis des Ursprunges alles Lebens. Dieses sind die wichtigsten biologischen Fragen, die die Entdeckung der Radioaktivität nach sich gezogen hat.

Wir wollen uns hier nur auf das Gebiet der Pflanzenbiologie beschränken und alle Arbeiten, die sich daran anknüpfen, im Folgenden besprechen.

I. Pflanzliche Bioradioaktivität.

Besitzen die Pflanzen eine Art besonderer Radioaktivität, die an ihren Lebensgewohnheiten Teil hat und die nach ihrem Absterben verschwindet, kurz: Sind sie bioradioaktiv?

Da die Lebewelt auf der Erdoberfläche nur mit Hilfe der chemischen Elemente und Kräfte des Mineralreiches existiert, in dem man die radioaktiven Substanzen überall in unendlich kleinen Spuren verteilt findet, so könnte die Idee einer gewissen pflanzlichen Radioaktivität eine ziemlich große Wahrscheinlichkeit für sich haben. In der Tat wurzeln die Pflanzen nicht nur in einem Boden, der auf 1 g Substanz einige Trillionstel Gramm Radium mit einigen 100 Millionstel Gramm Uran und einigen 100 Millionstel Gramm Thorium enthält, sondern ihr in der Luft befindlicher Teil entwickelt sich in einer Atmosphäre, die auch pro Kubikmeter einige Trillionstel Gramm Emanationen enthält, die entweder dem Radium oder dem Thorium zukommen. In den meisten dieser Fälle muß man noch berücksichtigen, daß auch unter den Stoffen, die von der Pflanze aufgenommen werden, immer der eine, das Kalium, sehr schwach radioaktiv ist.

So kann man die Möglichkeit nicht von der Hand weisen, daß die Pflanzen schon eine gewisse Radioaktivität besitzen, die der Intensität nach im Verhältnis zu der der Sedimente des Erdbodens und der atmosphärischen Luft äußerst schwach ist.

Die ersten experimentellen Untersuchungen sind im Jahre 1904 von Tommasina [1]) in Genf gemacht worden. Die Pflanzen, an denen er die Radioaktivität nachweisen wollte, wurden in eine Art Metallkäfig in Form einer Muffe, die auf einem Elektroskop ruhte, gebracht. In der Mitte der Muffe befand sich isoliert ein Zylinder aus geschwärztem Metall, der auf dem Säulenschaft befestigt war und die Goldblätter trug. Dieser geschwärzte Zylinder des Elektroskopes war dazu bestimmt, die radioaktiven Strahlen der zum Experiment verwandten Pflanzen zu sammeln. Außerdem war diese ganze Vorrichtung in einem großen, zylindrischen Metallrezipienten angebracht, der innen wie außen geschwärzt war, um die zerstreuende Wirkung der ultravioletten Strahlen zu verhindern.

So hat der Forscher feststellen können, daß frischgepflückte Pflanzen wie Gräser, Früchte, Blumen und Blätter schon eine ziemlich bedeutende Radioaktivität besaßen; und fernerhin, daß die Objekte im Laboratorium sowie dieselben Pflanzen ausgetrocknet waren, nur minimale Spuren davon zeigten. Es wäre also eine gewisse Radioaktivität vorhanden. Der Gelehrte hat kein genaues Maß für diese Radioaktivität angegeben. Es interessierte mich, die Wirkung des Lebens auf die Stärke der pflanzlichen Radioaktivität, etwa bei Körnern, die keimten und solchen, die ruhten, festzustellen und ob es nicht hierfür ein viel feineres Mittel gäbe, als die Analyse des Atmungsaustausches. Deshalb wiederholte ich im Januar 1905 [2]) die Experimente Tommasinas.

Das Elektroskop, dessen ich mich bediente, war ein Quadrantelektroskop, bestehend aus einer Glaswanne, die mit einem Deckel aus Ebonit verschlossen wurde; dieser trug einen Stöpsel aus Paraffin, durch den ein Kupferdraht ragte. Das obere Ende dieses Kupferdrahtes lief in eine kleine, kreisförmige Kupferplatte aus, die als Sammler diente, während das untere Ende in der Glaswanne Goldblätter von 4 cm Länge trug. Vor jedem Experiment wurde der Apparat sorgfältig an allen Teilen, zuletzt durch Anwärmen getrocknet; die zum Experiment verwandten Objekte wurden auf den Ebonitdeckel unter die kreisförmige Kupferplatte gelegt, die den empfangenden Sammler darstellte. Das Elektroskop wurde dann geladen; die Objekte und die Kupferplatte wurden

---

[1]) Tommasina, Über die Bioradioaktivität. Comptes rendus de l'Academie, Paris. 7. November 1904.

[2]) Paul Becquerel, Untersuchungen über die pflanzliche Radioaktivität. Comptes rendus de l'Academie des Sciences. Paris. 2. Januar 1905.

mit einem Becher aus Glas oder Ebonit bedeckt, dessen mit Talg bestrichene Ränder sich luftdicht auf den Ebonitdeckel schlossen.

Man notierte auf der Gradeinteilung des Transporteurs den Anfangswinkel α des Ausschlages der Goldblätter und dann nach einer gewissen Zeit den Schlußwinkel α^1, um die Verschiedenheit des Ausschlages der Goldblätter zu bestimmen.

Da die Verschiedenheit des Ausschlages der Goldblätter für ein und dieselbe Ladung und für eine gegebene Zeit bekannt war, ohne daß es Versuchsobjekte gab, haben wir dann Versuche angestellt mit Keimkörnern kleiner Zweige des Buchsbaumes und mit Moosen, die in eine kleine, offene Glasröhren gelegt wurden.

Folgende Tafel gibt die erzielten Resultate, wenn man die Objekte ungetrocknet auf dem Ebonitdeckel unter den Sammler des Elektroskops legt:

Zum Experiment verwandte Objekte	Dauer	Anfangswinkel α	Schlußwinkel α'	Stündliche Abnahme von α
10 trockene, abgetötete Erbsenkörner . . .	12h	18°, 10'	16°, 15'	0°, 9'
10 Erbsenkörner in latentem Leben	12h	18°, 35'	16°, 45'	0° 9'
10 Erbsenkeime + 1 ccm Wasser in einer Röhre	2h	17°	9°	4°
2 StieleMoos(Hypnum purum) + 1 ccm Wasser	3h	20°	8° 5'	3°, 58'
1 Zweig Buchsbaum in 1 ccm Wasser . . .	4h	20°	10°, 20'	2°, 25'

Diese Resultate beweisen, daß die toten Körner denselben Einfluß auf die Entladung des Elektroskopes haben wie die Körner im latenten Leben. Die Erbsenkeime, die Moos- und Buchsbaumzweige scheinen das Elektroskop ziemlich rasch zu entladen; — man könnte so glauben, daß die Pflanzen die Luft ionisieren und Becquerel-Strahlen aussenden — aber bei einer derartigen Annahme könnten Irrtümer unterlaufen. Die Quelle eines solchen Irrtums scheint mir die Emission des Wasserdampfes zu sein, die von der pflanzlichen Ausdünstung herrührt. Um zu wissen, ob dieser Irrtum wirklich besteht, habe ich noch Versuche mit und ohne Wasser, mit Trocknen und ohne Trocknen gemacht.

Folgende Tafel zeigt uns die Resultate:

Zum Experiment verwandte Okjekte	Dauer	Winkel α	Winkel α'	Stündliche Abnahme von α
Leere Glasröhre . . .	12h	17°, 35'	15°, 40'	0°, 9'
Leere Glasröhre + 1 ccm Wasser	2h	21°	10°	5°, 30'
Glasröhre + 1 ccm Wasser + 1 Stück Baryt. anhydr. neben der Röhre	12h	17°	15°, 10'	0°, 10'
Leere Glasröhre + radioaktives Plättchen Uran und Kalium	1½h	18°	0°	12°

Wiederholt angestellte Versuche haben immer ähnliche Ergebnisse geliefert. Wir haben so den Beweis, daß der Wasserdampf in unendlich kleinen Mengen (0,0075 g) genügt, um das Elektroskop zu entladen und daß man diesen Vorgang fast vollkommen verhindern kann, indem man die Wassermoleküle mit einem Stück Baryt. anhydr. absorbiert.

Mit diesen neuen Vorsichtsmaßregeln haben wir wieder unsere Experimente an Erbsenkeimen, Moosstengeln und Buchsbaumzweigen vorgenommen.

Zum Versuch verwandte Objekte	Dauer	Winkel α	Winkel α'	Stündliche Abnahme von α	Menge des verdampften Wassers
2 Erbsenkeime in der Röhre + 1 ccm Wasser + Baryt. anhydr. daneben	16h	19°	16°, 58'	0°, 7'	0,009 gr
2 Moosstengel + 1 ccm Wasser + Baryt. anhydr.	12h	18°, 15'	10°, 5'	0°, 10'	0,0085 gr
Buchsbaumzweig + 1 ccm Wasser + Baryt. anhydr.	16h	21°, 45'	19°	0°, 10'	0,0042 gr

So ist es mir mit meinem Apparat, der fein genug ist, um eine Radioaktivität zu veranschaulichen, die 100 mal kleiner ist als die, die von einem doppelten Plättchen Uran- und Kaliumsulfat ausgestattet wird, unmöglich gewesen, die geringste Spur von Ionisierung und folglich von Bioradioaktivität von seiten der zum Experiment verwandten Pflanzen zu entdecken.

Die von Tommasina erzielten Resultate bei frisch gepflückten Kräutern und Blättern und die Entladung seines Elektroskopes können also wohl durch die Ausdünstung des Wasserdampfes, gegen die er keine Vorsichtsmaßregel anwandte, veranlaßt sein. Während ich diese Arbeit veröffentlichte, zeigten zwei Physiker aus Krakau, Tarchanoff und Moldenhauer[1]) an, daß sie durch eine photographische Methode an gewissen Getreidekörnern eine beträchtliche Bioradioaktivität wahrgenommen hätten. Zwei Jahre später prüfte Camillo Acqua[2]) mit großer Sorgfalt die von den beiden Forschern angedeuteten Tatsachen. Er kam in gleicher Weise zu einem negativen Resultat. Endlich haben zuletzt Thomas und Lancien [3]) in sehr langen, genauen Untersuchungen, die sich auf mehr als 300 Pflanzen aus allen Familien des Pflanzenreiches und auf die ausgezogenen Zellsäfte dieser Pflanzen erstreckten, meine Experimente, sowie die von Tommasina kontrolliert. Die Methode, die sie benutzt haben, ist eine der genauesten; es ist die elektrometrische Quarz-Methode Curies. Diese Forscher haben die gleichen Resultate wie ich erzielt. Auch sie haben die Entladung des Elektroskopes elektrischen Erscheinungen zugeschrieben, die durch die Pflanzenausdünstung hervorgerufen werden.

Folglich steht es fest, daß mit den Mitteln, über die wir verfügen, man nicht hat beweisen können, daß eine pflanzliche Bioradioaktivität existiert. Wenn die Pflanzen eine äußerst schwache Radioaktivität zeigen, so hat diese keinerlei Beziehung zu ihrem Leben, und sie muß an Intensität nicht die gewöhnliche des Erdbodens und der Atmosphäre überschreiten.

---

[1]) Tarchanoff und Moldenhauer, Induktive und natürliche Radioaktivität der Pflanzen. Krakau. Internationales akademisches Blatt. 1905, S. 728—734.

[2]) Camillo Acqua, Bericht an die Akademie Lincei. 16. September 1907.

[3]) Thomas und Lancien, Bericht an die Französische Gesellschaft für Biologie. Buch VII, S. 559. 26. November 1909.

II. Einfluß der Radioaktivität auf die Pflanzen.

1. Wirkung der Becquerelstrahlen auf die Bakterien siehe IX. Kapitel.

---

2. Wirkung der Becquerelstrahlen auf die Pilze.

Die über die Bakterien veröffentlichten Resultate erlauben uns schon vorherzusehen, was man bei den Pilzen zu erwarten hat. Die erste Arbeit über diese Gruppe ist die Dauphins [1]).

Dieser Physiker hat sich nur mit den Mukorineen beschäftigt, er hat mit reinen Mortrerelle-, Mukor- und Thamnidium-Kulturen experimentiert. Die Strahlen, mit denen er arbeitete, waren ganz aus β- und γ-Strahlen zusammengesetzt, die von der Wand einer kleinen, versiegelten Glasröhre ausgingen, die einige mg Radiumbromür enthielt. Diese kleine Radiumröhre war nach Sterilisierung in eine Petrischale mitten in eine sterilisierte Gelatine-Bouillon gebracht worden, in der sich gleichmäßig verteilt eine große Zahl Chlamydosporen befanden. Am zweiten Tage keimten diese und begannen an der Oberfläche des Nährbodens zu erscheinen.

Aber von diesem Augenblick an sah man um die Radiumröhre sich eine elliptische, sterile Zone bilden, deren ganze Achse in der Längsrichtung der Röhre lag und die um 2—3 cm von dieser abwich.

In dieser Zone blieb das Wachstum des Myzeliums stehen, und die Sporenkeimung fand nicht statt. Die Fasern des Myzeliums, die nahe bei dieser Zone lagen, zogen sich zusammen und bildeten Zysten. Diese letzteren und die Sporen werden nicht getötet, denn wenn man ihnen wieder normale Lebensbedingungen zuweist, beginnen sie wieder sich ganz regelmäßig zu entwickeln.

Dautwitz [2]) hat diese Resultate auf die Askomyzeten ausgedehnt. Der direkten Wirkung ausgesetzt, entwickeln sich radioaktive Reste des Aspergillus und des Penizillus in Kultur auf flüssigem Nährboden nur schwer. Das Wachstum ihres Myzeliums bleibt nach zwei oder drei Tagen stehen. Die Fasern des Aspergillus werden gelb und bringen einige seltene, sehr verkrüppelte Gebilde mit farblosen Sporen hervor.

Wurden diese Sporen nochmals in der Mitte einer Kultur ausgesät und dem Einfluß radioaktiver Substanzen entzogen, so keimten sie langsam und entwickelten ein kümmerliches Myzelium, das nicht weiter keimt. Der Penizillus zeigte dieselben Erscheinungen.

Die α-Strahlen und die Emanation sollen eine noch kräftigere Wirkung haben, jedoch fehlen hier die Experimente. Dagegen sind von höchstem Interesse die sehr merkwürdigen Beobachtungen, die Dautwitz über die unterirdischen Wässer der Minen von Joachimsthal in Böhmen machte. In den Danielischen Stollen, die im Basalttuff ausgehöhlt sind, hat man in Berührung mit der Pechblende ein stark radioaktives Wasser gefunden, das zwei Brunnen von 10 m Tiefe ausfüllte. Das Wasser fließt von einem Brunnen zum anderen durch einen Gang, dessen Wände ganz aus Pechblende bestehen. Seine Radioaktivität verfünffältigt sich beim Durchfließen. Nun eine bemerkenswerte Tatsache: Die in das Wasser versenkten hölzernen Stützen des Gang

---

[1]) Dauphin, Comptes rendus de l'Academie des Sciences-Paris. 1904.
[2]) Dautwitz, Zeitschr. f. Heilk. XXVII, S. 87—96 1906.

stehen schon mehrere Jahrzehnte lang, ohne im geringsten vom Schimmel angegriffen zu werden.

3. Die Wirkung der Radiumemanation ist kürzlich von M. G. Fabre [1]) an verschiedenen Schimmelpilzen studiert worden. Die Dosis eines halben Mikrocurie per ccm Luft vermochte die Keimung des Sterigmatocystus nigrus aufzuhalten, erst vom vierten Tage ab wachsen die bestrahlten Schimmelpilze schneller als die Kontrollpilze. Ebenso begünstigt die Emanation in schwacher Dosis die Entwickelung der Gewebe des Mucor mucedo auf Kosten der Kugelform im Gelatinenährboden und die Ausbildung der Geschlechtsorgane auf Kosten der Sperozysten.

3. Wirkung auf die Samenkörner.

Im Laboratorium Henry Becquerels [2]) hat Matout die Wirkung der β- und γ-Strahlen auf Samenkörner der Gartenkresse und des weißen Senfes untersucht.

Diese Samen waren auf eine Unterlage am Boden zweier Papierzylinder gelegt worden. Einer der Zylinder wurde der Strahlung des Radiums ausgesetzt; der andere diente zur Kontrolle. Eine 24stündige Belichtung hat die Körner nicht wesentlich beeinflußt. Dehnte man aber die Exponierung auf eine Woche aus, so kam man zu dem Resultat, daß von den belichteten Samen, die neu ausgesät wurden, kein einziger keimte, während die Kontrollkörner dies im Verhältnis 8 : 10 taten. Die Strahlung des Radiums hat also das Samenkorn in dem Sinne verändert, daß sie seine Keimkraft vernichtete.

Koernicke [3]) vom botanischen Institut in Bonn hat Versuche mit Samen der Bohne und der Kohlrübe angestellt. Diese Samen, die eine Stunde lang den β- und γ-Strahlen von 75 cg 4 %igem Radiumchlorid ausgesetzt wurden, haben in einer Aluminiumkapsel regelrecht gekeimt. Aber nach drei Tagen, als die Wurzel eine Länge von 15—25 mm erreicht hatte, machten die Keimlinge der Bohnen in ihrer Entwickelung Halt. Diese begann wieder, sobald neue Seitenwurzeln sich gebildet hatten.

Wurden dieselben Körner, zuerst 2—10 Stunden, und dann 14 Tage den β- und γ-Strahlen ausgesetzt, so büßten sie ihre Keimfähigkeit nicht ein. Erst später, nach Anhalten des Wurzelwachstums, starben die Pflänzchen ab.

Schließlich haben Erbsen und Bohnen, 14 Tage lang im Samenzustand bestrahlt, auch gekeimt, und die Entwickelung der Knospen hat länger als die der Wurzeln angehalten. Nach Koernicke sollen die β- und γ-Strahlen des Radiums die Samen nicht am Keimen hindern, dagegen sollen sie auf das Wachstum der Wurzeln und der Knospen der jungen Keime einwirken.

Ein Jahr später hat Guilleminot [4]) die Versuche über Samen des Radieschen und des Poterium wieder aufgenommen. Er hat die β- und γ-Strahlen angewandt, die von 2 cg Radiumsulfat von einer Aktivität von 500 000 Einheiten ausgingen. Dieses war auf einer ebenen Fläche von $1\frac{1}{2}$ cm ausgebreitet und mit einem besonderen Firniß nach dem Verfahren Armet de Lisles' geklebt. Man untersuchte die Wirkung der Strahlung auf die Körner in latentem Leben und in der Keimung, und fand, daß Radieschensamen, die eine Woche lang den Strahlen ausgesetzt, dann ausgesät und

---

[1]) Fabre Comptes rendus de la Societé de Biologie-Paris. XII, Februar 1911.

[2]) Henry Becquerel, Physiologische Wirkungen des Radiums. Comptes rendus de l'Academie, Paris. XXXIII, 1903, S. 712.

[3]) Koernicke, Berichte. Deutsche botanische Gesellschaft.

[4]) Guilleminot, Bericht an den Kongreß des französischen Verbandes zum Fortschritt der Wissenschaften. XXXVI. u. XXXVII. 1907.

sich dann selbst überlassen wurden, nach 18 Stunden keimten und Embryonen entwickelten, die im ersten Entwickelungsstadium stehen blieben und später abstarben.

Bei Versuchen mit Samen des Poteriums konnte derselbe Physiker nachweisen, daß diese noch keimten, nachdem sie 28 Tage lang auf 2 cm Entfernung alle β- und γ-Strahlen seines radioaktiven Apparates empfangen hatten. Wurde die Bestrahlung aber 98 Tage lang fortgesetzt, so fand ein Keimen nicht mehr statt. Andere, während der Keimung der Körner ausgeführte Experimente lieferten nicht ganz klare Resultate. So sind Radieschenkörner, die in Erdreich gesät wurden, dessen Oberfläche die Strahlung des radioaktiven Apparates auf 25 mm Entfernung empfing, mit kleiner Verzögerung emporgekeimt und haben sich dann allmählich immer schneller entwickelt.

4. Einfluß auf die Pflanzengewebe.

Koernicke setzte seine schönen Versuche mit Bohnen fort und beobachtete, daß die Luftstengel der zum Experiment verwandten Pflänzchen äußerlich von den Kontrollexemplaren nur durch eine spärliche Blätterentwickelung abwichen, während die Wurzeln dicker und auf der Oberfläche runzlich wurden. Nach den Angaben des Autors muß diese Erscheinung der Anschwellung und der Runzelung der Wurzeln, die ebenso bei den direkt belichteten wie bei den der Wirkung der Becquerel-Strahlen ausgesetztem Samen stattfindet, einem Unterschied des osmotischen Druckes zwischen den verschiedenen Geweben der Pflanze zugeschrieben werden.

Da die Zellen des Parenchyms der inneren Rinde sich mehr in radialem als in longitudinalem Sinne verlängert hatten, so hat sich die Rinde verdickt und, da die Zellen der Epidermis nicht in longitudinalem Sinne nachgaben, in der Längsvorrichtung der Rindenzellen Risse bekommen. Der Zentralzylinder hat keine Veränderung erlitten, die Fasern des Holzes behalten ihre normale Lage bei; indessen ist es bemerkenswert, daß bei den bestrahlten Pflanzen die Tracheenbündel mehr dem Ende der Wurzeln zu lagen. Bei denselben Pflanzen blättert sich die Hülle fast vollständig ab und die bestehenden Zellen nehmen Würfelform anstatt ihrer gewöhnlichen Tafelform an.

Der Autor hat gleichermaßen festgestellt, daß die Belichtung der Samen mit β- und γ-Strahlen die Zellteilung erheblich stört.

Schnitte an verschiedenen Stellen der Wurzel zeigen unter dem Mikroskop zahlreiche Zellen, die zwei und mitunter selbst mehrere Kerne enthalten, die sich nach Aufhören der Entwickelung durch Mitose gebildet hatten.

Diese Teilungen des Zellkerns, die Koernicke nachwies, beginnen in dem Augenblick, wo das Wachstum sich verlangsamt. Zur Fortführung seiner Studien über die Teilung des Zellkernes unter der Einwirkung der β- und γ-Strahlen machte dann der Autor Versuche mit Mutterzellen der Pollenkörner der Mantagonlilie. Junge Blütenknospen wurden fünf Stunden lang der Wirkung der β- und γ-Strahlen ausgesetzt, dann fixiert und nach dem gewöhnlichen Verfahren gefärbt. Nach 20—24 Stunden konnte man beobachten, daß im Innern des Zellkernes die gefärbte Masse sich in kleine Häufchen aufteilte, in deren Mitte man noch Stücke des Spirems erkennen konnte. Nach fünf und noch mehr nach zwölf Tagen Belichtung mit denselben Strahlen sieht man nur noch kleine, homogene, durch Safranin gefärbte Massen. Die Teilung der Mutterzellen kann anfänglich noch aufgehalten werden; ist sie aber weit genug vorgeschritten, so nützt das Aufhören der Bestrahlung nichts mehr und der Zustand bleibt unverändert. Die Strahlen haben besonderen Einfluß auf die Karyokinese in derem ersten Stadium, wo das chromatische Gewebe sich aufrollt und teilt. In diesem Stadium bringt eine sehr kurze Einwirkung sehr sonderbare Erscheinungen hervor.

So erlangt man eine anormale Zahl von Chromosomen und Sanduhrfiguren, die sich infolge eines Mangels an Synchronismus bei der Trennung der Farbenhaufen gebildet haben. Die zweite Teilung, die man bei diesen Versuchen sehen konnte, zeigte die gleichen Abweichungen. Außerdem fand der Autor bei mehreren Mutterzellen eine unnatürlich große Zahl sehr ungleicher Pollenkörner.

Mehrere Jahre später hat Fabre[1]) ähnliche Experimente mit Blütenknospen der Lilie gemacht. Der Apparat enthielt Radiumsulfat von einer Aktivität von 500 000 Einheiten. Damit fand er durch eine zehnstündige Belichtung mit β- und γ-Strahlen eine größere Beeinflußung als durch eine 110stündige mit γ-Strahlen bei Abschirmung durch einen Bleischirm. Atrophie der Blütenteile, Stillstand in der Entwickelung des Embryonalsackes, Entartung des Zellkernes, der Antheren und der Keimkraft der Pollenkörner, das sind die wichtigsten Resultate dieser Experimente mit starken Dosen der vom Radiumsulfat emittierten Strahlen.

5. Wirkung auf die Tropismen.

Über die Beeinflussung der Tropismen durch die Becquerel-Strahlen wissen wir nur sehr wenig. Koernicke[2]) hat beobachtet, daß die Wurzeln der Keimlinge von den bestrahlten Samen der Bohne und der Kohlrübe stets die Eigenschaft, sich unter der Einwirkung der Schwere so zu biegen, daß ihr Wachstum regelrecht vor sich geht, unverändert beibehalten. Wird das Wachstum der Wurzeln langsamer, so nimmt auch der Geotropismus ab, um wiederzukehren, sobald das Wachstum weiter geht.

Der mikroskopischen Prüfung unterworfen, zeigten die in ihrer Entwickelung zurückgebliebenen Wurzeln in der Randzone keineswegs mehr Stärkekörner, dagegen erschienen die letzteren nach Beginn des Wachstums wieder.

Gleiche Beobachtungen wurden über dem Heliotropismus der Knospen gemacht; diese sind keineswegs lichtempfindlicher, wenn ihr Wachstum unter dem Einfluß der β- und γ-Strahlen aufgehalten wird.

Im Gegensatz zu Molisch, der bei seinen Versuchen die in geringem Maße wirksame Luminiszenz seines Radiumpräparates nicht abschirmte, waren hier die β- und γ-Strahlen nicht die Ursache eines Tropismus und zwar ebensowenig bei den Mukorineen wie bei den höheren Pflanzen. Koernicke[3]) hat das durch Versuche klar bewiesen. Guilleminot hat bei seinen vorher erwähnten Versuchen ebenfalls keinen Radiotropismus feststellen können.

6. Einwirkung auf den Gasaustausch, die Atmung und die Assimilation des Chlorophylls.

Hebert und Kling[4]) haben Versuche über den Einfluß der Strahlen des Radiums auf die Assimilation des Chlorophyls und die Atmung der Blätter angestellt. Sie bedienten sich der Versuchsanordnung, die zuerst Maquenne bei seinen schönen Untersuchungen über die Assimilation und die Atmung der Pflanzen anwandte. Sie nahmen zwei Röhren von 30 ccm Kapazität,

[1]) Fabre, Bericht an die Gesellschaft für Biologie. 10. Dezember 1910, S. 523.
[2]) Berichte der deutschen botanischen Gesellschaft. XXII, S. 148—167, 1904.
[3]) Berichte der deutschen botanischen Gesellschaft. XXII, S. 148—167, 1904.
[4]) Hebert und Kling, Comptes rendus de l'Academie des Sciences, Paris. 19. Juli 1909.

von denen jede auf der einen Seite mit einem dicht-schließenden Korken und auf der anderen mit einem Glashahn geschlossen wurde. In jede Röhre brachten sie ein Blatt desselben Zweiges und wählten die Blätter nach Alter, Oberfläche und Gewicht möglichst gleich aus. Eine der Röhren beschickten sie mit einem kleinen Glasgefäß, das 1 cg Radiumbromid von 500 000 Einheiten Aktivität enthielt. Die andere Röhre diente zur Kontrolle. Dann machte man die Röhren luftleer und ließ analysierte Luft eintreten, die künstlich mit Kohlensäure und Sauerstoff angereichert worden war. Nach einer bestimmten Zeit brach man das Experiment ab, um die hervorgerufenen Veränderungen festzustellen.

Darauf sammelte man die Luft aus den Röhren und analysierte sie.

Vier Versuchsreihen wurden ausgeführt: eine erste, um sicher zu sein, daß das Radium auf die Zusammensetzung der zum Experiment verwandten Gase keinen Einfluß hat, eine zweite Reihe, um zu sehen, ob nicht in Gegenwart des Radiums eine Assimilation des Chlorophylls durch die grünen Blätter stattfindet, eine dritte und vierte, um zu untersuchen, ob die der Einwirkung des Radiums ausgesetzten Blätter noch fähig waren, normal zu atmen und zu assimilieren. Die Analyse des Gasgemisches geschah durch Absorption mit Kalilauge für die Kohlensäure und mit Kalium-Pyrogalat für den Sauerstoff.

Die Ergebnisse von Hebert und Kling waren folgende:

1. Die β- und γ-Strahlen hatten bei einer dreitägigen Bestrahlung während der Dauer des Versuches keinen praktisch merkbaren Einfluß auf die Zusammensetzung der Anfangsatmosphäre, bestehend aus Kohlensäure und Sauerstoff, mit der die Blätter in Berührung gebracht worden waren.

2. Die Chlorophyllzellen eines Fliederblattes können Kohlensäure unter dem bloßen Einfluß der Radiumstrahlen nicht assimilieren. Findet eine Assimilation doch statt, so ist sie so schwach, daß sie durch die inverse Erscheinung der Atmung verkleidet wird.

3. Die Pflanzenzellen scheinen durch die Berührung mit der Radiumröhre doch verändert worden zu sein; denn wenn man die Erscheinungen der Atmung und der Assimilation unter dem Einfluß der Sonne studiert und zum Vergleich Blätter ähnlicher Art und ähnlichen Ursprungs, gleicher Oberfläche und gleichen Gewichts, bei derselben Temperatur eine gleiche Zeit lang nimmt, so konstatiert man eine Abnahme der Intensität dieser Erscheinungen für die Blätter, die vorher dem Einfluß der Radiumstrahlen unterworfen waren.

4. Die Beziehung:

$$\frac{O^2}{CO} \text{ und } \frac{CO^2}{O}$$

der Atmung und Assimilation scheint sich bei den untersuchten Blättern nicht geändert zu haben.

Die Änderung der Zellen des Blätterparenchyms unter dem Einfluß der β- und γ-Strahlen, die von Hebert und Kling vorausgesagt wurde, besteht in der Tat.

Schon lange Zeit vorher war auf diese Tatsache von Giesel [1]) hingewiesen worden.

7. Einfluß auf das Wachstum.

Wenn die natürliche Radioaktivität des Erdbodens eine gewisse Intensität erreicht, so muß sie einen merklichen Einfluß auf das Wachstum der Pflanzen haben.

---

[1]) Giesel, Naturforscherversammlung. München 1899.

Über dieses Thema wissen wir noch wenig. So wäre es interessant zu erfahren, wie sich Kulturen auf radioaktivem Boden verhalten, wie dem Fango, einer Thonart mit Kalk- und Eisenbasen, die in Norditalien von den heißen radioaktiven Quellen von Battaglia abgesetzt wird. Auch über die Verteilung der Vegetation rings um die radioaktiven Quellen von Gastein, Baden, Plombiéres sind Beobachtungen nicht bekannt. Die einzigen, die bis jetzt gemacht wurden, sind die von Dautwitz[1]) über die Vegetation um die Minen von Joachimsthal. In dieser Gegend war die Ausbeutung der alten Silberminen Ursache zu der Anhäufung einer beträchtlichen Masse Schutt, der von Gräsern und Bäumen überwuchert wurde. Unter diesem Schutt ist besonders eine Schicht von Beschotterung, die aus der Mitte des 16. Jahrhunderts stammt, und die man mit dem Namen Schweizerhalden bezeichnet, durch ihre Entblößung von Pflanzen auffallend. Alle dort gepflanzten Bäume sterben nach 2—3 Jahren ab.

Nun befindet sich dieser Erdhaufen in der Nachbarschaft eines Erzganges, der die größte Menge Pechblende geliefert hat und mit dem die alten Brunnen in Verbindung stehen. Diese Beobachtung läßt den Schluß zu, daß die Radioaktivität in einer gewissen Tiefe des Bodens groß genug ist, um das Absterben der Bäume zu veranlassen, wenn ihre Wurzeln auf diese Schicht auftreffen.

Diese Meinung ist zum Teil zwei Jahre später durch die schönen Experimente C. Acquas[2]) bestärkt worden, der feststellte, daß ziemlich verdünnte Lösungen von Urannitrat Stillstand in der Entwickelung der Wurzeln gewisser Keime hervorrufen. Dieser Gelehrte hat dieselben Resultate mit anderen Uransalzen, wie z. B. Uranbromat und Uransulfat erzielt. Dieselben Wirkungen brachte auch das Thoriumnitrat hervor, jedoch nur in konzentrierteren Lösungen. Die bei Uranlösungen von $2\frac{1}{2}$ auf 1000 beobachtete Hemmung des Wachstums wirkt mehr auf die vertikal wachsenden Würzelchen ein als auf die, die eine horizontale Richtung einnehmen. In einer Verdünnung 1/100000 übt das Urannitrat eine gewisse Wirkung auf den Geotropismus der Keime aus; denn die Würzelchen richten sich auf und verlängern sich horizontal. Bei größeren Dosen 5/1000 steht das Wachstum still und die Pflanze stirbt ab.

8. Schluß.

Aus allen an Bakterien, Pilzen, Samenkörnern, Keimlingen, Blumen und Blättern angeführten Versuchen geht hervor, daß die Becquerel-Strahlen in gewissen starken Dosen nicht nur das Wachstum und die Entwickelung der Pflanzen aufhalten, sondern sogar ihr Gewebe so weit verändern, daß sie ihren Tod hervorrufen. Die Strahlen, die die kräftigsten Wirkungen hervorbringen, sind die α-Strahlen. Da die β- und γ-Strahlen meistens gebraucht werden, ohne daß man sie trennt, kennt man die ihnen speziell zukommende Rolle in der physiologischen Wirkung nur schlecht.

Die am meisten absorbierbaren β-Strahlen scheinen eine chemische Wirkung auf das Protoplasma auszuüben, ähnlich der der ultravioletten Strahlen von sehr kurzer Wellenlänge. Die durchdringendsten γ-Strahlen verhalten sich wie die X-Strahlen sehr träge.

Vereinigt scheinen die β- und γ-Strahlen in gewissen genügenden Dosen den Zellen und besonders dem Zellkern eine Erregung mitzuteilen, die lange fortdauert, nachdem die Strahlen eingewirkt haben. Hier zeigen sich also

[1]) Dautwitz, Zeitschr. f. Heilk. XXVII, S. 87—96, 1906.

[2]) C. Acqua, Sullazione di soli radioattivi di uranio et di sono nella vegetatione. Malpighia. VI, III, S. 387—401, 1908.

einige Tage nach der Bestrahlung sehr wichtige Veränderungen im Innern der Zellen und folglich auch in der Entwickelung der Organe. In sehr großen Dosen lösen dieselben Strahlen das Protoplasma auf und zersetzen die Nährsubstanzen.

Die Wirkung schwacher Dosen radioaktiver Substanzen auf das Wachstum und die verschiedenen physiologischen Funktionen der Pflanzen bleibt noch zu erforschen. Es wäre sehr wohl möglich, daß die Strahlen in gewissen festzustellenden Dosen, sei es in Mischung, sei es isoliert, sich bei jeder Pflanzenart wie physiologische Reizmittel verhalten, die fähig sind, ihre Funktionen zu beleben. Wir hätten hier ein Mittel, wichtige Veränderungen zu erzielen, und so neue Varietäten, Rassen und Arten zu erhalten. Ihr Einfluß auf den Zellkern, der von Koernicke in seinen schönen Versuchen angedeutet wurde, scheint solche Hoffnungen zu rechtfertigen.

III. Das Radium und die Urzeugung.

Raphael Dubois[1]), der gelehrte Physiologe aus Lyon ist der erste, der versucht hat, ob es möglich wäre, durch die Energie der radioaktiven Substanzen in sterilen Kulturen neue organische Substanzen und selbst lebende Materie zu erhalten.

Im April 1904 legte er kleine Zellen von Radiumchlorür von einer Aktivität von 240 Einheiten auf die Oberfläche einer sterilisierten Gelatinebouillon aus zu 3 % gesalzenem Fisch; bald sah er eine beträchtliche Anzahl kleiner Korpuskel erscheinen, die schnell in die Tiefe vordrangen und dabei ihr Volumen vergrößerten. Ihr Gesamtbild sah aus wie eine richtige Bakterienkultur. Die unter dem Mikroskop untersuchten Granulationen zeigten die Form kleiner Vakuolen, deren größte sich auf dem Wege der Teilung befand, so als ob es sich um lebende Zellen handelte. Diese von einer Art Membran umgebenen Vakuolen besaßen einen durch Eosin färbbaren Inhalt. Nach Ablauf einer gewissen Zeit langten die Korpuskeln, nachdem sie sich geteilt hatten, bei ihrem letzten Entwickelungsstadium an, indem sie sich in kugelige Krystalle umwandelten. Säte man sie in diesem Zustande mitten in eine neue Nährboullion aus, so regenerierten sie nicht mehr. Zur Unterscheidung dieser organisch-mineralischen Korpuskel von den Mikroben hat sie Raphael Dubois mit dem Beinamen „Eoben" belegt, einen Namen, den er später in „Mikrobioiden" umgeändert hat. Niemals hat der Lyoner Gelehrte, wie gewisse Autoren behauptet haben, als er an die Erforschung der Natur dieser Korpuskel ging, geglaubt, daß die Mikrobioiden selbst lebende Wesen wären. Hat dieser Experimentator doch selbst entdeckt, daß man sie leicht reproduzieren könnte, wenn man das Radiumchlorür und das Radiumbromür durch nicht radioaktives Baryumchlorür und Baryumbromür ersetzte. Ein Jahr später hat Butler Burke[2]), der die Arbeiten Dubois nicht kannte, dieselben Experimente wiederholt. Der Nährboden, den er gebrauchte, war eine Fleischboullion, die 1 % Pepton Witte, 2 % Radiumchlorür und 10 % Gelatine enthielt. Dieser Nährboden wurde in Versuchsröhren gebracht und nach Sterilisierung mit einigen mg Radiumchlorür oder Radiumbromür besät.

---

[1]) Raphael Dubois, Bericht an die Gesellschaft für Biologie. 2. März und 30. April 1904.

[2]) Butler Burke, Natur. 25. Mai 1905.

Bei Anwendung von Radiumbromür begann nach 24 Stunden, bei Anwendung von Radiumchlorür nach drei Tagen die Entwickelung der bakterienartigen Korpuskel und hielt zwei Wochen an.

Eine erstaunliche Tatsache: Die Korpuskel verschwanden, wenn man die Kultur erwärmte und erschienen einige Tage später wieder. Diese Korpuskel waren gleichfalls in Wasser löslich. Unter dem Mikroskop sahen sie deutlich genau so aus, wie die schon von Raphael Dubois beschriebenen.

Burke hat sie infolge der Ähnlichkeit ihrer Vervielfältigung mit der von Mikroben Radioben genannt. William Ramsay[1]) hat die Bildung der Korpuskel durch eine sehr geistreiche Hypothese zu erklären versucht. Er machte die Annahme, daß die Radiumpartikelchen beim Eindringen in die Gelatine kleine mikrosokpische Blasen bilden. Diese beständen aus Wasserstoff und Sauerstoff, welche sich durch die Zersetzung des Wassers unter dem Einfluß der α-Strahlen und der Emanation bildeten. Dann umgeben sich die kleinen, mit Wasserdampf und Emanation gesättigten Blasen mit einer feinen Schicht, die von der Koagulation der Eiweißstoffe des Nährbodens unter den radioaktiven Einwirkungen herrührte.

Da der Wasserdampf, den die Vakuolen einschließen, durch die Emanation sich fortwährend zersetzt, so vergrößern die Vakuolen ihr Volumen unter beständiger Gasentwickelung. Sie werden immer größer, und ihre Membran platzt schließlich. Im Augenblick, wo die mit Emanation geladenen Gase in der Mitte der Kultur entweichen, sind sie zu derselben Arbeit fähig und bilden eine neue Vakuole auf der alten. Wenn sich diese Erscheinungen oft wiederholen, so erhält man schließlich eine ziemlich große Zahl von Korpuskeln, die der in Keimung befindlichen Hefe ähneln. Ich weiß nicht, ob diese Hypothese sich völlig auf die Radioben Burkes anwenden läßt. Jedenfalls ist festzustellen, daß im Jahre 1906 Douglas Rudge [2]) diese Experimente nachprüfte, und, wie Raphael Dubois fand, daß man auch mit nicht radioaktiven Salzen des Baryums, des Bleis und des Strontiums in Gelatinekulturen dieselben Resultate erzielen kann. Er stellte fest, daß es möglich war, Radioben hervorzubringen, wenn er sich eines Nährbodens bediente, der vollkommen rein und frei war von Radiumsalzen, von schwefelsauren Salzen und von Schwefelverbindungen.

Diese Pseudoorganismen würden demnach nichts anderes als organisch-mineralische Erzeugnisse, als Wirkung von Schwefelverbindungen oder schwefelsauren Verbindungen des Baryums, Radiums, Strontiums und Bleies sein. Die Radioben oder Mikrobioiden haben, wenn man von ihrer Teilungsart absieht, mit den Bakterien nichts gemein. Sie enthalten nicht einmal die sechs Metalloide und die vier zum Leben notwendigen Metalle, sie atmen nicht, sie assimilieren nicht, sie haben weder Protoplasma noch Zellkern, und in neuen Nährboden ausgesät, sind sie unfähig, sich zu vermehren. Wenn dieser höchst merkwürdige Versuch zu einer Synthese der lebenden Materie nicht von Erfolg gekrönt war, so will dies durchaus nicht sagen, daß man diese Art von Untersuchungen aufgeben soll und daß sie von vornherein jeden Interesses bar sind. In diesem Punkte teilen wir durchaus nicht die Meinung der Gegner der Urzeugung [3]). Die Experimente Pasteurs haben uns unzweideutig nur eins gezeigt, nämlich daß man gegenwärtig infolge unserer Unkenntnis der Bedingungen zur Er-

[1]) William Ramsay, Kann Radium Leben verleihen? Revue Générale des Sciences. 1905, S. 861.

[2]) Douglas Rudge, Berichte der Philosophischen Gesellschaft zu Cambridge. Mai 1906.

[3]) Paul Becquerel, Revue Scientifique. 18. Februar 1911. Paris.

zeugung des Lebens experimentell niemals Keime hat erhalten können. Die Experimente haben aber niemals bewiesen, daß die alten, jetzt verschwundenen Bedingungen zur Bildung von Keimen auf Kosten der mineralischen Materie nicht einstmals existiert haben. Aber sie haben auch nie bewiesen, daß es auch in Zukunft immer unmöglich sein wird, im Laboratorium die Ursachen und die physikalischen und chemischen Bedingungen zur Synthese der ersten lebenden Substanzen wiederzufinden. Nichts steht also der Hoffnung entgegen, daß man nicht eines Tages lernen wird, sich die Energie der radioaktiven Substanzen in der Weise zu Nutzen zu machen, daß man unter gewissen experimentellen Bedingungen lebende Materie schaffen kann.

Kapitel IX.

Aus dem kgl. hygienischen Institut der Universität Breslau.

Das Radium in der Mikrobiologie und Serologie.

Von

R. Pfeiffer und **C. Prausnitz.**

Mit 4 Abb. im Text.

Aus langjähriger Erfahrung ist es bekannt, daß das Sonnenlicht Bakterien, Antigene und Immunkörper zerstört. Diese Wirkung scheint besonders den kurzwelligen Teilen des Spektrums, speziell den für das Auge unsichtbaren ultravioletten Strahlen zuzukommen. Es lag daher nahe, auch den Einfluß der neuentdeckten Strahlen auf die Mikroben zu untersuchen. Bei den für höhere Organismen so differenten Röntgenstrahlen ist es auffallenderweise kaum gelungen, Schädigungen einzelliger Lebewesen, insbesondere der Bakterien einwandsfrei nachzuweisen. Soweit bisher bekannt ist, kommt diesen stark penetrierenden Strahlen höchstens eine geringfügige hemmende Wirkung auf deren Entwicklung zu.

Viel günstiger für die Forschung liegen die Verhältnisse bei den Becquerel-Strahlen, über die zahlreiche Versuche mit vorwiegend positivem Ergebnisse vorliegen. Allerdings ist auch bei diesen nachstehend zu beschreibenden Arbeiten das übereinstimmende Ergebnis festgestellt worden, daß die Wirkung eine verhältnismäßig langsame ist. So haben fast alle Autoren eine mehr oder minder deutliche Hemmung des Bakterienwachstums beobachtet, aber nur von einem kleinen Teil konnte die völlige Abtötung der betreffenden Bakterien sicher nachgewiesen werden. Die Radiumstrahlen wirken daher in vitro ungleich schwächer als die gewöhnlich verwendeten Desinfektionsmittel. Es liegt dies zum Teil an der außerordentlich geringen Menge des verfügbaren Materiales, welches in einigen Versuchen nur Bruchteile eines Milligramms repräsentiert. Andererseits darf gleich hier erwähnt werden, daß zahlreiche Forscher gerade die wirksamsten Bestandteile der Radiumstrahlung nur zu einem geringen Teil ausgenutzt haben.

Die Beurteilung der vorliegenden Verhältnisse ist durch die Komplexität der vom Radium abgegebenen Strahlen und Substanzen sehr erschwert. In Betreff der Einzelheiten wird auf die einschlägigen Kapitel hingewiesen.

I. Wirkung der Radiumstrahlen auf Bakterien.

In den nachstehenden Versuchen sind in der Regel die wasserlöslichen Haloidverbindungen des Radiums, hauptsächlich das Radiumbromid, teils allein, teils als Doppelverbindung mit Baryumbromid angewandt worden. Da diese Substanzen außerordentlich hygroskopisch sind, wurden sie vielfach in Glasröhrchen eingeschmolzen, bei welcher Anordnung natürlich nur die stärker durchdringenden β- und γ-Strahlen zur Wirkung kamen. In anderen Versuchen wurden die Radiumpräparate in Hartgummischächtelchen mit einem Deckel aus feinem Glimmer benutzt. Wenn dieser Deckel dicht schließt, wird keine Emanation frei, dagegen gelangen wohl fast alle stärker durchdringenden Strahlen ungehemmt durch die Glimmerplatte hindurch, während von den α-Teilchen entsprechend der Dicke der Platte nur ein mehr oder weniger großer Bruchteil mit herabgesetzter Geschwindigkeit hindurchdringt. Nur bei der offenen Verwendung des Radiums konnten alle drei Strahlengattungen, sowie die Emanation zur Wirkung gelangen.

Die ältesten einschlägigen Versuche sind von Pacinotti und Porcelli 1899 ausgeführt worden. Sie verwendeten frisch hergestelltes Uranpulver, welches dem Sonnenlicht ausgesetzt und dann unter Luftabschluß auf 44—55^0 erhitzt wurde. Wahrscheinlich war dies Präparat ziemlich radioaktiv, wenn auch seine Herstellungsart auf heute nicht mehr stichhaltige Erwägungen gegründet war. Kulturen von Staphylococcen, Streptococcen, Proteus, Choleravibrionen, Tuberkel-, Diphtherie- und Typhusbazillen wurden mit angeblich positivem Erfolg bestrahlt. Nach 3—24 Stunden waren die Kulturen „abgetötet". Ferner berichteten diese Autoren über mikroskopisch sichtbare Veränderungen der Bakterien, die sie einer chemischen Einwirkung auf das Protoplasma zuschrieben. Von einer Bouillonkultur virulenter Streptokokken wurde die Hälfte bestrahlt. Einem Kaninchen injizierten sie dann an einem Ohre 5 ccm bestrahlter, am anderen Ohre ebensoviel unbestrahlter Kultur subkutan. Das erstere Ohr blieb reizlos, am anderen traten die charakteristischen Entzündungserscheinungen auf.

Vergleichende Untersuchungen an photochemisch gut wirksamer Pechblende, Urannitrat und Radium (Bromid?) hat Strebel angestellt. In drei Glasschälchen wurde Agar-agar gefüllt, dessen Oberfläche nach dem Erkalten mit Prodigiosus beimpft wurde. Den Rand der Schalen bedeckte er mit paraffiniertem Papier; auf die Mitte dieses Papieres kam eine kleine Zinnschablone und hierauf das radioaktive Präparat. Hierbei erwies sich nur das Radium als wirksam. Es bestand aus 0,02 g eines Radiumsalzes, welches sich in einer mit paraffiniertem Papier verschlossenen Glasröhre befand und welches mit der Papierfläche nach unten auf die Schablone gestellt wurde. Unter diesem Präparate blieb das Wachstum fast vollständig beschränkt auf die vor den direkten Strahlen durch die Schablone geschützten Partien, während auf dem bestrahlten Teile der Oberfläche sich nur vereinzelte, kümmerliche Kolonien entwickelten. Bei dieser Anordnung sind die durchdringenden Strahlen ungehemmt, und wohl auch die α-Partikeln in beträchtlicher Menge zur Wirkung gelangt. Die Emanation aber war ausgeschlossen.

L. Freund hat im selben Jahre (1900) trotz der Verwendung größerer Mengen Radiums absolut negative Resultate gehabt. Er verfügte über drei Präparate, von denen eines von Curie stammte, während die anderen beiden von der Fabrik de Haen in List bei Hannover bezogen waren. Von jedem waren „mehrere Gramme" vorhanden, über den Grad ihrer Aktivität liegen jedoch keine Angaben vor. Die Präparate wurden in Pergamentpapier eingeschlagen, dies kam in ein „ziemlich dickes Aluminiumblech", dessen Lücken mit einem für Luft und Feuchtigkeit undurchlässigen Kitt abgedichtet wurden. Auf die Mitte der mit Staphylococcus pyogenes aureus oder Typhusbazillen beimpften Agarplatten wurde, nur durch ein Stück sterilen Papieres getrennt, das Radiumpräparat gelegt. Indessen ergab sich selbst bei dreitägiger Bestrahlung nicht der geringste Effekt. Bei der verwendeten Anordnung war naturgemäß die Emanation, sowie die Gesamtheit der α-Strahlen, die 0,05 mm Aluminiumblech nicht passieren, zurückgehalten, und auch die stärker durchdringenden Strahlen dürften eine merkliche Abschwächung erlitten haben. Die von Freund weiter berichteten Versuche mit einem von Saubermann aus Berlin bezogenen Präparat, welches aus nächster Nähe ohne Aluminiumschirm auf Bakterien keinen Einfluß übte, sind schwer zu beurteilen, da wir über die Wirksamkeit des Präparates und der verwendeten Bakterien nähere Angaben vermissten.

Zu einwandsfreien Ergebnissen von größerer Tragweite kamen erst Aschkinaß und Caspari (1901). Das von ihnen benutzte Präparat, 1 g Radium-

Baryum-Bromid, befand sich in einer Messingkapsel von 6 mm Höhe und 30 mm Durchmesser mit aufgeschraubtem Deckel aus 0,1 mm dickem Aluminiumblech. Mit Prodigiosus oberflächlich beimpfte Agarplatten wurden nicht beeinflußt, wenn das Präparat von der Kultur durch die Aluminiumplatte und den Glasboden der Petrischale getrennt war. Wurde aber das Präparat offen in die Petrischale gestellt, so daß es 4—10 mm unter der Kulturoberfläche lag, so trat nach 2—4stündiger Bestrahlung und nachfolgender Bebrütung keine Spur von Wachstum auf, während die Kontrollkultur üppig gedieh. (Fig. 29 und 30). Auch an Kulturen, die einige Stunden bebrütet waren, wurde bei entsprechender Anordnung die gleiche Hemmung beobachtet. Sie blieb aber

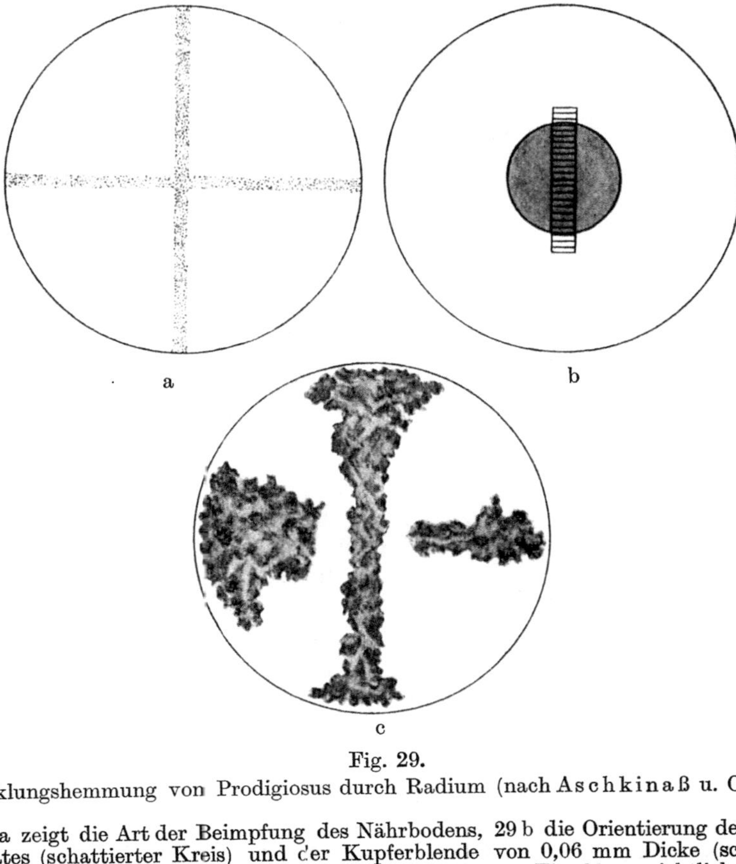

Fig. 29.

Entwicklungshemmung von Prodigiosus durch Radium (nach Aschkinaß u. Caspari).

Fig. 29a zeigt die Art der Beimpfung des Nährbodens, 29b die Orientierung des Radiumpräparates (schattierter Kreis) und der Kupferblende von 0,06 mm Dicke (schraffiertes Rechteck), Die resultierende Entwicklungshemmung ist aus Fig. 29c ersichtlich. Die Teile des Impfstrichs, die dem Radium ausgesetzt, aber nicht durch die Blende geschützt waren, sind steril geblieben.

aus, wenn der Aluminiumdeckel auf die Kapsel aufgeschraubt wurde. Wurde das Radiumpräparat durch eine nur 0,001 mm dicke Aluminiumschicht abgeschlossen, so beobachteten sie bei doppelt so langer Expositionszeit noch die gleiche Entwickelungshemmung. Wir wissen aus den Versuchen von Rutherford, daß die α-Partikeln noch 0,004 mm dicke Aluminiumschichten durchdringen können, allerdings unter beträchtlichem Verlust an ihrer Geschwindigkeit. Mit dem Abstande des Radiumpräparates von den Bakterien nahm die

Hemmung ab und hörte bei 60 mm vollkommen auf. Auch diese Werte stimmen durchaus mit den für die Absorption der α-Partikeln in Luft bekannten Werten. Hiernach mußte es sich bei der bakterienfeindlichen Wirkung des Radiums hauptsächlich um einen Einfluß der leichtabsorbierbaren Strahlungen oder der Emanation handeln. Die Wirkung der letzteren schlossen sie durch folgende Anordnung aus. Sie umgaben das am Boden der Petrischale liegende Radiumpräparat mit einem Metallring, derart, daß keine direkten Strahlen vom Radium auf die mit Prodigiosus beimpfte Agarpartie gelangen konnten. Nunmehr trat normale Entwicklung der Bakterien auf. Es kamen demnach nur die α-Teilchen und die langsamsten β-Strahlen in Frage. Die Entscheidung zwischen diesen beiden Gattungen ergaben spätere Versuche derselben Autoren, wo die Strahlung von 10—20 mg reinen Radiumbromids zunächst durch ein magnetisches Feld geführt wurde, ehe sie den mit Prodigiosus beimpften Agar erreichten. Trotz der hierdurch bewirkten Ablenkung der β-Strahlen trat die charakteristische Entwicklungshemmung auf. Daß die einschlägigen Ergebnisse nicht auf einer Beeinflussung des Nährbodens, sondern einer unmittelbaren

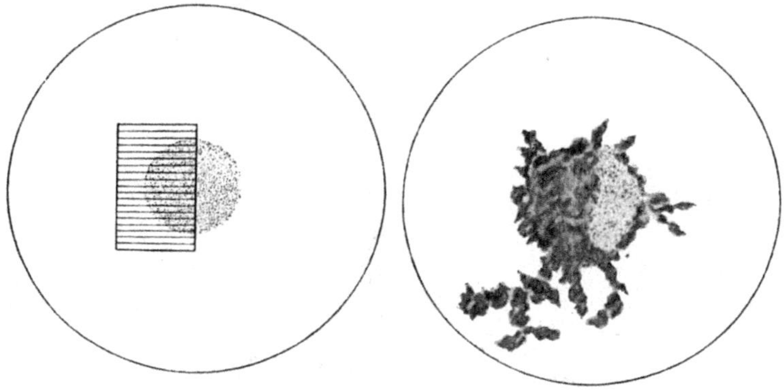

a Fig. 30. b

Entwicklungshemmung von Prodigiosus durch Radium (Aschkinaß und Caspari).

Fig. 30 a zeigt in einem anderen Versuch die Art der Beimpfung (punktierter Kreis) dem auch die Orientierung des Radiumpräparates entspricht, und die Kupferblende (schraffiertes Rechteck). Fig. 30 b zeigt, daß unter der Blende üppiges Wachstum stattgefunden hat, während die dem Radium direkt ausgesetzte beimpfte Nährbodenpartie nur schwache Bakterienentwickelung aufweist.

Schädigung der Bakterien selbst beruhten, ergaben Kontrollversuche, in denen gezeigt wurde, daß Prodigiosus auf vorher bestrahltem Agar in normaler Weise sich entwickelte.

Unabhängig von Aschkinaß und Caspari haben R. Pfeiffer und Friedberger als erste mit einwandsfreier Technik den Nachweis geführt, daß pathogene Bakterien durch Radium aufs schwerste geschädigt oder getötet werden. Sie verwendeten 25 mg reines Radiumbromid von Buchler, welches sich in einer mit Glimmerplatte verschlossenen Hartgummikapsel befand. Mit Typhusbazillen oder Choleravibrionen reichlich besäte Gelatineplatten zeigten keine Hemmung, wenn das Präparat 60—100 mm von der Schichtseite entfernt aufgestellt wurde. Stülpten sie aber den Boden der Petrischale mit der infizierten Gelatine direkt über die Radiumkapsel, so daß das Präparat etwa 10 mm von den Bakterien entfernt war, so trat in dem bestrahlten Umkreis von etwa 20 mm Durchmesser kein Wachstum auf. Dieses glashelle durchsichtige Feld war von der im übrigen gut bewachsenen Platte getrennt durch eine Zone, in der nur spärliche Kolonien sich entwickelten. Dasselbe Resultat wurde bei Typhusbazillen nach 48stündiger, bei Choleravibrionen nach 16stündiger Bestrahlung beobachtet. Ferner wurde auf einer 16 Stunden bebrüteten Choleraplatte, welche dichtes Kolonienwachstum zeigte, nach zwölfstündiger Radiumeinwirkung vollkommene Wachstumshemmung der bestrahlten Partie erzielt. Von hier entnommene Gelatinestückchen wurden auf Agar überimpft und erwiesen sich als steril. Kontrollversuche ergaben, daß der Nährboden selbst durch die Radiumbestrahlung für das Bakterienwachstum nicht untauglich wird. Unter analogen Versuchsbedingungen zeigte es sich, daß an Seidenfäden angetrocknete Milzbrandsporen nach 48stündiger Bestrahlung noch entwicklungsfähig sind, aber nach 72 Stunden getötet sind. Wenn aber das Radiumpräparat von den Fäden nur 3—4 mm entfernt aufgestellt wurde, so genügte schon eine 30stündige Bestrahlung zur vollkommenen Sterilisierung. Die Autoren hatten es seiner Zeit unentschieden gelassen, ob bei den vorstehenden Versuchsergebnissen eine vollständige Abtötung oder nur eine langdauernde Entwickelungshemmung vorgelegen habe. Nach neueren Untersuchungsergebnissen dürfte wohl völlige Sterilisierung meistens eingetreten sein.

Im gleichen Jahre berichtete Danysz über Versuche, die er gemeinsam mit P. Curie an einem Präparate von Radium-Baryum-Chlorid ausgeführt hatte, welches 500 000 mal so wirksam wie Uran war. Hiernach würden alle Mikroben durch Radium gehemmt, aber nur einige, speziell die Bildner proteolytischer, autodigestiver Enzyme, wie Milzbrand, unter geeigneten Bedingungen abgetötet.

Mit einer entsprechenden Anordnung, wie Pfeiffer und Friedberger erhielt W. Hoffmann bei Prodigiosus, Staphylococcus pyogenes aureus und Milzbrand ähnliche Ergebnisse. Auch seine Radiumpräparate, 5 bzw. 12 mg des Bromids, waren in Schächtelchen unter Glimmer untergebracht. Eine drei Stunden lang mit 5 mg aus 3,5 mm Entfernung bestrahlte Prodigiosusagarplatte zeigte nach eintägiger Bebrütung bei 23^0 eine unregelmäßig begrenzte sterile Partie von etwa 15 mm Durchmesser, die von einem Saum kleiner, farbloser Kolonien umgeben war. Bei Staphylococcus aureus beobachtete er eine weit größere Resistenz, indem 5 mg selbst bei 21stündiger Bestrahlung aus nächster Nähe keine Beeinflussung hervorriefen und auch 12 mg bei 24stündiger Bestrahlung noch vereinzelte Kolonien zur Entwicklung gelangen ließen. An Seidenfäden angetrocknete Milzbrandsporen, die von strömendem Dampf in einer Minute noch nicht getötet wurden, erwiesen sich nach 72stündiger Bestrahlung mit 12 mg im Tierversuch als steril. Dagegen gelang es nicht, den Milzbrand in Bouillonkulturen zu töten, obwohl die Bedingungen für die Radiumwirkung recht günstig schienen. Es wurde nämlich in ein Schälchen von 20 mm Durchmesser nur so viel Kultur eingefüllt, daß die Flüssigkeitshöhe 2 mm betrug; und die Bestrahlung erfolgte aus 2 mm Entfernung fünf Tage lang. Zu entsprechenden negativen Resultaten sind auch andere Autoren gekommen.

Scholtz verwendete dasselbe Präparat wie Pfeiffer und Friedberger. Er erzielte völlige Abtötung von Typhusbazillen und Staphylococcen, wenn er die Kulturen dem Radium drei Stunden in einer Entfernung von 2 mm oder 5—6 Stunden in einer Entfernung von 3—4 mm exponierte. Auch Bouillonkulturen von Staphylococcen, die er in die Höhlung eines konkaven Objektträgers füllte, und aus 5 mm Entfernung bestrahlte, wurden abgetötet. Um die Frage nach dem Durchdringungsvermögen der Strahlen durch tierische Gewebe zu entscheiden, bestrahlte er eine Typhuskultur durch ein etwa 2 mm dickes Kaninchenohr hindurch und erzielte in 6—10 Stunden völlige Abtötung. Hiernach scheint es, als ob in seinen Versuchen auch die β-Strahlen eine bedeutende bakterizide Wirksamkeit entfaltet hätten.

D'Ormea beobachtete bei Verwendung zweier Präparate von Stahmer zu 10 000, bzw. 100 000 Uran-Einheiten weitgehende Abschwächung von Typhuskulturen und überzeugte sich bei einer bestimmten Anordnung von einer negativ chemotropen Einwirkung der Radiumstrahlen auf Typhusbazillen in Bouillonkulturen.

Green konnte bei Verwendung eines Buchlerschen Radiumbromid-Präparates von 10 mg in Hartgummikapsel mit Glimmerdeckel bei verschiedenen Bakterien noch eine gewisse Hemmungswirkung beobachten, wenn er Glasplatten, ja sogar 0,1 mm dicke Bleiplatten zwischen Kultur und Radium brachte und schloß hieraus auf die vorwiegende Beteiligung der penetrierenden Strahlen. Er hat an einer größeren Zahl von Bakterien experimentiert und kommt zu dem Schluß, daß bei Bestrahlung aus nächster Nähe die meisten nichtsporenbildenden Bakterien in 2—14, die Sporenbildner in etwa 72 Stunden abgetötet würden. Indessen dürfte bei seinen Versuchen doch auch die Emanation wirksam gewesen sein, da 1—5 Tage lang bestrahlte Kulturen auf der photographischen Platte eine schwache aber deutliche Einwirkung hervorriefen, also induzierte Aktivität erworben hatten.

Dixon und Wigham erhielten eine deutliche Hemmung bei Prodigiosus, Pyocyaneus, Typhus und Milzbrandbazillen, wenn sie 5 mg Radiumbromid, in einer Glasröhre eingeschmolzen, einige Tage lang in einem Abstand von 2—3 mm auf die Kultur wirken ließen. Aus der mangelhaften Wirkung auf die tieferen Schichten des Agars entnehmen sie, daß die γ-Strahlen keine Wirkung hätten; die von ihnen erreichte, allerdings nur schwache Bakterienhemmung ist wohl auf die β-Strahlen zurückzuführen.

Dorn, Baumann und Valentiner erzielten bei Typhuskulturen Abtötung, wenn sie die in einem Glasrohr eingeschmolzenen 5 mg Radiumbromid (von Giesel) fünf Tage lang aus 10—15 mm Abstand auf die beimpfte Gelatineplatte wirken ließen, während eintägige Bestrahlung nur Abschwächung der Kultur hervorrief. Auch hier handelt es sich demnach um eine Einwirkung der stärker durchdringenden Strahlen[1]).

Im allgemeinen scheint jedoch eine stärkere bakterienvernichtende Wirkung den leichter absorbierbaren Strahlen inne zu wohnen. Das geht auch hervor aus den durch v. Baeyer mit schwach radioaktivem Material ausgeführten Versuchen. Darnach hemmte ein in Seidenpapier eingehülltes Präparat von α-Radioblei (2300 Einheiten) bei 26stündiger Bestrahlung aus 2 bis 5 mm Entfernung die Entwicklung von Prodigiosus — die Kultur wuchs ganz dünn und farblos — während 24stündige Bestrahlung mit einem induziert aktiven Silberpräparat von doppelt so großer Wirksamkeit die Kultur abtötete. Noch klarer erhellt die Wirkung der leicht absorbierbaren Strahlen aus den Versuchen von Goldberg. Er stülpte eine mit Typhusbazillen beimpfte große Agarplatte über zwei Schachteln, von denen die eine 25 mg Radiumbromid unter einem Glimmerdeckel, die andere 20 mg Radiumbromid ohne Deckel enthielt. Der Abstand beider Präparate von der Agaroberfläche betrug 3 mm, die Einwirkungszeit zwei Stunden. Über beiden Schachteln blieb die Kultur steril, aber das offen einwirkende Präparat von 20 mg sterilisierte einen etwa 3—4 mal so großen Bezirk wie das geschlossen einwirkende von 25 mg. Wohl mit Recht schließt der Autor, daß die Unterschiede vorwiegend auf Differenzen in den zur Wirkung gelangenden α-Teilchen zurückzuführen sind; denn da die Schale nicht hermetisch abgedichtet war, dürfte in der kurzen Zeit keine nennenswerte Menge von Emanation zur Wirkung gelangt sein.

Sorgfältige Versuche unter Berücksichtigung der zeitlichen Verhältnisse hat an einer größeren Zahl von Mikroben Straßmann ausgeführt. Er benutzt 10 mg Radiumbromid in einer mit Glimmerdeckel versehenen Ebonitkapsel. In einer Versuchsreihe wurden die Kapseln in ein steriles Kondom gehüllt und unmittelbar auf den beimpften Nährboden gebracht. In der zweiten Reihe fand die Bestrahlung in einer luftdicht verschlossenen Petrischale aus 10 mm Entfernung statt. Beide Versuchsanordnungen ergaben annähernd gleiche Werte. In der dritten Reihe befand sich zwischen dem Radium und der Kultur Glas — entweder lag die Kapsel auf der Nährbodenseite der Petrischale, oder sie war auf dem Deckel, bzw. außen am Reagenzglas fixiert. Wie aus nachstehenden Tabellen ersichtlich ist, war die Wirkung in der letzteren Versuchsreihe (Tabelle 2), wo nur die penetrierenden Strahlen zur Wirkung kamen, wesentlich schwächer als in den ersteren Reihen (Tabelle 1), wo alle drei Strahlengattungen zur Wirkung gelangten. Die verwendeten Kulturen waren zum Teil aus frischen Läsionen gezüchtet — die Staphylococcen aus einer Sycosis vulgaris, die Streptococcen stammten aus einem Erysipel und waren kaninchenvirulent, die Tuberkelbazillen waren aus dem Sputum eines Phthisikers gewonnen.

Zu analogen Resultaten kam auch Werner bei ähnlicher Anordnung und unter Verwendung von 10 mg Radiumbromid. Er hatte Versuche angestellt mit mehreren an Alter, Wachstumsfähigkeit und Virulenz verschiedenen Stämmen von Strepto- und Staphylococcen, Coli- und Tuberkelbazillen. Eine gewisse Entwicklungshemmung der frisch beimpften Kulturen war nach 6—12 stündiger

[1]) Diesen Ergebnissen reihen sich die Beobachtungen Strebels an, der mit Kathodenstrahlen in einer halben Stunde Kulturen von Prodigiosus und Pyocyaneus tötete. Er ließ die Strahlen nach der Lenardschen Anordnung durch ein Aluminiumfenster aus der Kathodenröhre ins Freie gelangen.

Bestrahlung aus 30—40 mm Entfernung feststellbar. Bereits angewachsene Kulturen wurden jedoch nur beeinflußt, wenn das Radium höchstens 10 mm entfernt war. Bemerkenswerterweise war die Kultur um so empfindlicher, je rascher und massiger sie wuchs. Die Virulenz der Kultur spielte keine Rolle. Sichere Abtötung erfolgte erst nach mindestens 36stündiger Bestrahlung. Mikroskopische Veränderungen wurden nicht beobachtet.

Tabelle 1 (Straßmann).

Wirkung der Radiumstrahlen durch Glimmer.

Expositionszeit Stunden	Prodigiosus	Staphylococcus	Streptococcus	Trichophyton tonsurans	Achorion Schoenleini	Tuberkelbazillen (Impferfolg am Meerschwein)
6	Wachstumshemmung	unbeeinflußt	unbeeinflußt	unbeeinflußt	Wachstumshemmung	† nach 3 Wochen
12	desgl.	desgl.	Wachstumshemmung	Wachstumshemmung	desgl.	desgl.
18	desgl.	desgl.	desgl.	abgetötet	desgl.	desgl.
24	abgetötet	Wachstumshemmung	abgetötet	desgl.	desgl.	† nach 4 Wochen
36	—	desgl.	—	—	desgl.	desgl.
48	—	abgetötet	—	—	abgetötet	desgl.
60	—	—	—	—	—	desgl.
72	—	—	—	—	—	desgl.
84	—	—	—	—	—	† nach 6 Wochen
96	—	—	—	—	—	† nach 10 Wochen
108	—	—	—	—	—	lebt
120	—	—	—	—	—	lebt

Im Gegensatz zu vorstehenden Versuchen konnte Wickham bei bis zu 72stündiger Bestrahlung mit 5 mg reinem Radiumsulfat keine Einwirkung auf Gonococcen oder Staphylococcus aureus erzielen. Das (unlösliche) Salz war offen, nur durch Firnis auf einer Platte befestigt verwendet und gab 10000 Einheiten ab, von denen 5% α, 80% β, 15% γ-Strahlen waren.

Negative Ergebnisse erzielten ferner Iredell und Minett mit Radiumsulfat, das ebenfalls mit Lack auf einer flachen Metallscheibe befestigt war, welche unmittelbar auf die Oberfläche der Kultur gelegt wurde. Nach allerdings nur einstündiger Exposition erwiesen sich Pyocyaneus, Staphylococcus aureus, Milzbrand, Subtilis und Megatherium unbeeinflußt, während ein Colistamm sogar nach 17stündiger Exposition völlig unverändert war.

Die negativen Ergebnisse von Prescott bei Bestrahlung von Kulturen von Typhus- und Diphtheriebazillen, sowie von Bierhefe aus 10 mm Entfernung mit einem unter Glimmer befindlichen Radiumbromidpräparat von angeblich 1 500 000 Einheiten erklären sich wohl aus der zu kurzen Bestrahlungszeit von weniger als 90 Minuten. Ebenfalls technisch nicht ganz einwandsfrei sind die negativen Ergebnisse von Van Beuren und Zinsser an Pyocyaneus-, Typhusbazillen und Staphylococcus aureus. Die Radiumstrahlen aus einem Präparat von 300 000 Einheiten mußten zunächst ein Glasröhrchen, dann den Deckel der Petrischale und eine 10 mm dicke Luftschicht passieren, ehe sie die beimpfte Gelatineplatte erreichten. Die Exposition dauerte nur 8—19 Stunden.

Von Interesse sind auch die folgenden Beobachtungen über partielle Schädigung oder einseitige Beeinflussung von Bakterien. So berichtet Goldberg ebenso wie d'Ormea, Chambers und Russ als erste Erscheinung bei Typhuskulturen, die sie im hängenden Tropfen durch dünne Deckgläser hindurch bestrahlten, das rasche Auftreten von Bewegungshemmung und agglutinationsähnlicher Verklumpung.

Koernicke konnte an Leuchtbakterien durch die penetrierenden Strahlen von 5 mg Radium das Leuchtvermögen sistieren, ohne die Bakterien zu töten. Ähnliche Resultate erzielte in Londons Laboratorium Omeliansky. Jedoch konnte dieser Antor bei längerer Expositionsdauer auch Abtötung erzielen.

Tabelle 2 (Straßmann).

Wirkung der Radiumstrahlen durch Glimmer und Glas.

Expositions-zeit Stunden	Prodigiosus	Staphylo-coccus	Strepto-coccus	Trichophyton tonsurans	Achorion Schoenleini	Tuberkel-bazillen (Impferfolg am Meerschwein)
6	unbeeinflußt	unbeeinflußt	unbeeinflußt	unbeeinflußt	unbeeinflußt	† nach 3 Wochen
12	Wachstums-hemmung	desgl.	Wachstums-hemmung	desgl.	desgl.	desgl.
18	desgl.	desgl.	desgl.	Wachstums-hemmung	Wachstums-hemmung	desgl.
24	desgl.	desgl.	desgl.	desgl.	desgl.	desgl.
36	abgetötet	desgl.	abgetötet	abgetötet	desgl.	desgl.
48	desgl.	Wachstums-hemmung	—	—	desgl.	desgl.
60	desgl.	abgetötet	—	—	abgetötet	desgl.
84	—	—	—	—	—	† nach 7 Wochen
96	—	—	—	—	—	desgl.
108	—	—	—	—	—	lebt
120	—	—	—	—	—	lebt

Ferner sei an dieser Stelle die bemerkenswerte Angabe Shirnoffs erwähnt. Im Gegensatz zu allen anderen Autoren, die über Bestrahlung von Bakterien gearbeitet haben, will er vor dem Eintreten der Absterbeerscheinungen der Mikroorganismen eine Reizwirkung des Radiums auf Bakterien beobachtet haben. Nach ihm soll durch die Bestrahlung die abgeschwächte Virulenz der Choleravibrionen in ähnlichem Maße wie durch Tierpassage wieder erhöht werden.

II. Versuche über die Wirkung der Emanation.

Mit der bakteriziden Wirkung der Emanation haben sich verschiedene Forscher beschäftigt. Schon 1903 teilte Danysz mit, daß Milzbrandbazillen nach 24stündigem Aufenthalt in einer mit Radiumemanation beladenen Atmosphäre nicht mehr zur Entwickelung kommen. London goß in zwei nicht sterile Reagenzgläser, deren eines vor einem Monat mit Emanation gefüllt und seitdem luftdicht verschlossen gehalten war, Gelatine, die er zu Rollröhrchen verarbeitete. Während sich im Kontrollröhrchen zahlreicheKolonien entwickelten, blieb das Emanationsröhrchen steril. Auch gab er an, daß sich bei Anwesenheit der Emanation Typhus- und Milzbrandbazillen nicht entwickelten.

Den ersten unter genauerer Dosierung angestellten Versuch verdanken wir Dorn, Baumann und Valentiner. Sie verwendeten 30 mg reines Radiumbromid von Giesel, das in einigen Tropfen Wasser gelöst sich in einem kleinen offenen Fläschchen am Boden eines Reagenzglases mit doppelt durchbohrtem Stopfen befand. Das mit Nährboden beschickte, beimpfte Röhrchen wurde mit einem doppelt durchbohrten Gummistopfen verschlossen, durch den ein langes Glasrohr bis fast auf den Boden und ein kurzes eben unter den Stopfen führte. Beide waren mit Wattefiltern versehen. Ein Saug- und Druckgebläse wurde mit dem Radiumröhrchen und dem Kulturgefäß so verbunden, daß die Luft durch beide Gefäße in geschlossenem Kreise zur Zirkulation gebracht werden konnte. Die Messung des Präparates ergab, daß es in einer Minute etwa 3×10^7 elektrostatische Einheiten entlud. Typhusbazillen kamen auf der Oberfläche von Schrägagar nicht zur Entwicklung, wenn unmittelbar nach der Beimpfung und an den zwei folgenden Tagen die Emanation je zehn Minuten lang durchgeblasen wurde. Mehrfach wurde völlige Sterilität erzielt; nur wenn der Agar sehr feucht war, trat Wachstum im Kondenswasser und auf der Oberfläche des Nährbodens ein, das aber gegen die Kontrolle stark zurückblieb. Ferner wurden Röhrchen mit hochgefüllter Gelatine verflüssigt, mit Emanation durchblasen, mit Typhusbazillen beimpft und an den folgenden Tagen wiederholt durchblasen. Hierbei zeigte sich nur in den obersten 2 mm der Gelatine fast vollständige Hemmung. Auch Bouillonkulturen wurden bei ähnlicher Behandlung beträchtlich in der Entwicklung zurückgehalten. Mäusetyphusbazillen und Choleravibrionen wuchsen auf Schrägagar in emanationshaltiger Luft nur im Kondenswasser. Unter analogen Bedingungen entwickelten sich Diphtheriebazillen auf Schrägagar gar nicht, auf Löfflers Serum nur kümmerlich. Die relativ schwache Wirkung der Emanation auf die in der Flüssigkeit befindlichen Keime erklärt sich durch die geringe Löslichkeit der Emanation in Wasser, welche bei Zimmertemperatur nur 0,3 mal so viel wie die entsprechende Sättigungsmenge in Luft beträgt und bei höherer Temperatur noch geringer sein dürfte.

Goldberg beobachtete die Wirkung der aus 10 mg Radiumbromid von Buchler gewonnenen Emanation auf die in Rollröhrchen befindlichen Kulturen von Typhus-, Coli- und Milzbrandbazillen. Nach dreitägiger Einwirkung der Emanation wurde niemals Wachstum beobachtet, während die kürzeste wirksame Einwirkungszeit 8—10 Stunden betrug.

Die Beeinflussung chromogener Bakterien durch die Emanation untersuchten Bouchard und Balthazard. Bei gefärbten Bakterien (Prodigiosus und Ruber Kieliensis) wurde keine oder nur geringe Entwickelung in Emanationsluft beobachtet. Das von anderen Autoren festgestellte Auftreten farbloser Kolonien als Zeichen schwacher Entwicklungshemmung haben sie nicht bestätigt. Für die Wirkung auf farbstoffsezernierende Bakterien fanden sie die in folgender Tabelle zusammengestellten Ergebnisse.

Wirkung der Emanation, die gebildet wurde	auf Fluorescens	auf Pyocyaneus
in 1 Stunde aus $\frac{6}{10000}$ mg $RaBr_2$	schwache Färbung, sonst normales Wachstum	kaum gefärbt
„ $\frac{3}{1000}$ „ „	ungefärbt, Wachstum gehemmt	ungefärbt
„ $\frac{15}{100}$ „ „	kein Wachstum	ungefärbt
„ 5 „ „	—	komplette Hemmung
in 4 Tagen aus 25 „ „	—	Abtötung

Die Wirkung auf B. Fluorescens in Gelatineschüttelkulturen war nur auf wenige Millimeter in die Tiefe erkennbar. Bei Pyocyaneus beobachteten sie unter der Einwirkung der Emanation ein Überwiegen eigentümlich langer und gekrümmter Formen. Die mit der Emanation von 5 mg Radiumbromid behandelte Pyocyaneuskultur erwies sich nach Verjagung der Emanation als entwicklungsfähig, wuchs aber in den nächsten zwei bis drei Generationen noch farblos. Unter der Wirkung des Radiums wurde auch die Virulenz der Kultur mehr oder minder abgeschwächt, konnte aber durch einige Kultur- oder Tierpassagen auf das normale Maß zurückgebracht werden. Durch direkten Zusatz der Emanation zu Bouillonkulturen wurde die Virulenz in 12—24 Stunden auf etwa die Hälfte herabgesetzt.

Die Untersuchungen von Dorn, Baumann und Valentiner wurden durch Hans Jansen für Prodigiosus erweitert. Er benutzte 16 mg Radium-Baryum-Bromid mit einer Aktivität von 500 000 Einheiten in einer geeigneten, nicht ganz dicht schließenden Kapsel. Die Anordnung ist aus Figur 31 ersichtlich. Die Radiumkapsel wurde (bei A) in einen geschlossenen Röhrenkreis gebracht,

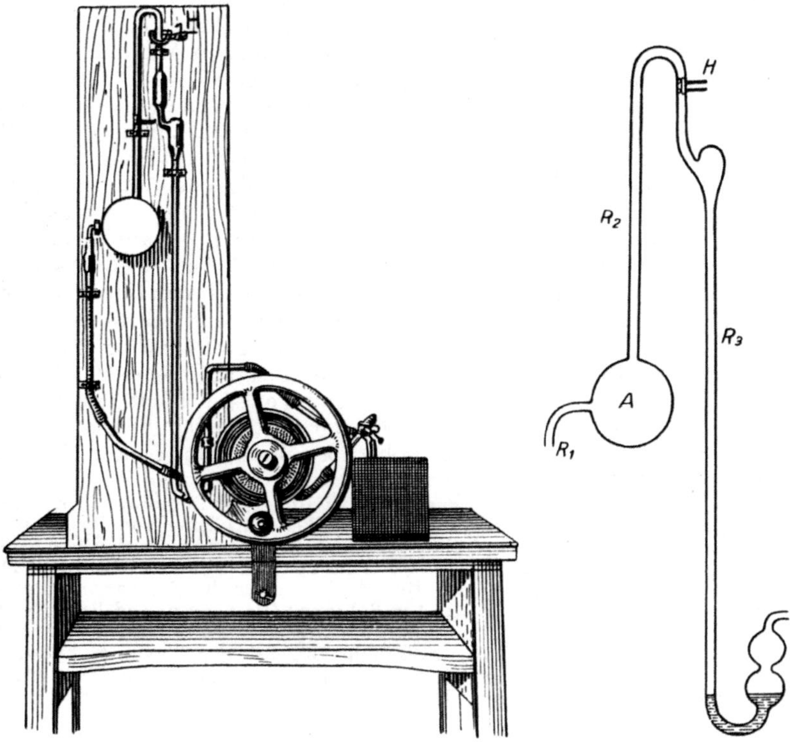

Fig. 31.
Einrichtung des Emanationsapparates von Jansen.

in den auch eine Pumpe (zwischen R_1 und R_3) eingeschaltet war. Eine mit Quecksilber gefüllte Kugel-U-Röhre sorgte dafür, daß während des Pumpens im Röhrensystem periodisch Unterdrucke entstanden, die aus der Radiumkapsel Emanation heraussogen. Ferner war (bei H) ein Dreiweghahn angebracht, aus dem die zirkulierende Luft zwecks Bestimmung ihrer Aktivität entnommen werden konnte. Da die Emanation vom Radium ständig produziert, aber in der Ruhe nur zum Teil nach außen abgegeben wird, sammelt sie sich im Präparat bis zur Erreichung eines Maximums an. Dies ist nach etwa einem Monat der Fall. Daher erhält man die emanationsreichste Luft nach einmonatlicher Ruhe des Präparates. Die in den Kreis der Emanationsluft eingeschalteten Kulturen bestanden aus sterilen Präparatengläsern von 100 mm Höhe und 30 mm Durchmesser, in welche 6 ccm Agar eingefüllt und schräg erstarren gelassen wurde. Die Gläser wurden verschlossen mit einem doppelt durchbohrten Gummistopfen, durch den zwei Glasröhrchen führten — das eins bis 1 cm über den Agar, das andere direkt unter den Stopfen. Vollkommene Abtötung konnte auf der Agaroberfläche bei einem Emanationsgehalt von 400 M.-E. (32 000 Voltfall pro Stunde) pro ccm Luft erreicht werden, wenn die Luft häufig durchgeblasen wurde und mehrere Tage lang fortwirkte. Bei nur 48stündiger Einwirkung waren 766 M.-E. erforderlich, um komplette Hemmung hervorzurufen. Um eine eben sichtbare Wirkung in ruhender Luft zu erhalten, mußte man mindestens 127,5 M.-E. pro 1 ccm verwenden. Bei leichteren Graden von Entwicklungshemmung beobachtete er zunächst mangelhafte Pigmentierung der Kolonien, die nach Entfernung der Emanation wieder einer normalen Farbstoffbildung wich. Zahlreiche Kontrollversuche zeigten, daß die Emanation nicht auf den Nährboden, sondern unmittelbar auf die Bakterien einwirkt, und entkräfteten den Einwand, daß die Abtötung der Bakterien durch sekundär gebildetes Ozon verursacht sein könnte.

In diesem Zusammenhang wären zu erwähnen die Versuche von Dautwitz, welcher mit der aus Uranpecherzrückständen gewonnenen Emanation bei Prodigiosus deutliche Hemmung und verminderte Farbstoffbildung beobachtete. Mit dem natürlich emanationshaltigen Quellwasser bzw. der Quelluft haben in Gastein Kalmann, sowie am Kissinger Rakoczybrunnen Rheinboldt Versuche ausgeführt, die für eine Schädigung von Prodigiosus sprachen. Ferner teilt Braunstein mit, daß er Streptococcen und Typhusbazillen durch künstliches Emanationswasser in der Entwicklung hemmen konnte. Dagegen gelang es S. Löwenthal nicht, bei Zusatz von Emanationswasser zu Bouillonkulturen von Staphylococcus aureus, Coli und Prodigiosus irgend eine Hemmung festzustellen. Im Hinblick auf diese Resultate ist Vorsicht geboten bei der Bewertung der Angabe Jessens, daß er mit aus Davoser Luft gesammelter Radioaktivität das Wachstum von Staphylococcus aureus und Prodigiosus hemmen konnte.

Chambers und Russ schalteten die Radiumeinwirkung auf den Nährboden dadurch aus, daß sie Aufschwemmungen der Kulturen in sterilem destillierten Wasser in kleinen, mit Hahnöffnungen versehenen Ampullen der Emanationsluft aussetzten und von den bei 4° gehaltenen Proben von Zeit zu Zeit auf Schrägagar abimpften. Bei einem Emanationsgehalt der Luft von ca. ½ Millicurie (entsprechend etwa einem halb so großen Gehalt der Flüssigkeit) trat zunächst Immobilisierung, dann Ausflockung der Bakterien ein, die Flüssigkeit wurde sauer, und nach 4—5 Stunden waren alle nicht sporenbildenden Bakterien, nach 6 Stunden auch fast alle Sporen abgetötet. Die Vernichtung der Bakterien soll nach diesen Autoren einem Exponentialgesetz folgen.

Von besonderem Interesse ist in letzter Zeit die Frage nach der Einwirkung des Radiums auf Tuberkelbazillen geworden, da es sich herausgestellt hat, daß diese Bakterien dagegen unverhältnismäßig resistent sind. Schon Sueß vermochte mit einer Emanation von etwa 40 000 M.-E. Tuberkelbazillenkulturen nicht ihrer Pathogenität zu berauben (er verimpfte 0,1 mg Kultur an Meerschweinchen). Ähnliche Resultate beschrieb auch Puntoni. Max Wolff exponierte Tuberkelbazillen in dünner Schicht, in einer Platinöse, der Strahlung von 10 mg eines Radiumpräparates, bzw. im luftverdünnten Raum der Emanation davon (10 000 M.-E.) 5—6 Tage lang ohne jeden Erfolg. Auch Emulsionen von Tuberkelbazillen in Radiogenwasser von 4000—5000 M.-E. erwiesen sich nach zweitägigem Stehen noch virulent. Erst wenn er die bazillenhaltige Platinöse von beiden Seiten bestrahlte, trat eine mäßige Abschwächung der Virulenz ein.

De Szendeffy und Augustin erzielten mit den gewöhnlichen Radiumpräparaten und mit Emanation analoge Resultate. Dagegen wollen sie bei Verwendung eines radioaktiven Jodmenthols („Dioradin") völlige Entwicklungshemmung von Tuberkelbazillenkulturen und Aufhebung des tuberkulösen Prozesses im geimpften Meerschweinchen und Kaninchen beobachtet haben. Inwieweit allerdings dies Resultat der Radioaktivität des Präparates zuzuschreiben ist, erscheint uns zweifelhaft; denn nach den Angaben der Autoren sollen 6 cg „Dioradin" etwa die gleiche Einwirkung auf das Tier gehabt haben wie 10 cg des radiumfreien Jodmenthols. Aus diesen Gründen muß es auch zunächst dahingestellt sein, ob die von verschiedenen Seiten beschriebenen klinischen Erfolge mit dem Mittel überhaupt auf seine Radioaktivität zurückzuführen sind.

Mit Bezug auf die Abtötung von Mikroben im Gewebe muß auf den speziellen klinischen Teil des Buches verwiesen werden. Hier seien nur kurz einige einschlägige Beobachtungen und Versuche erwähnt, da aus ihnen der fundamentale Unterschied zwischen den in vitro angestellten Experimenten und den Versuchen zur Sterilisierung in vivo hervorgeht. Aschkinaß und Caspari injizierten Tieren ein Baryumsulfatpräparat, das in mäßigem Grade induziert radioaktiv gemacht war. Bei Diphtherie-infizierten Meerschweinchen glauben sie wiederholt die Allgemeininfektion vermieden zu haben, allerdings um den Preis schwerer (vielleicht durch das Radium selber bedingter?) Nekrosen. Ein mit Milzbrand infiziertes Kaninchen erhielt im Verlaufe von vier Wochen vier Injektionen von je einem Milligramm reinen Radiumbromids in wässeriger Lösung. Das Tier ging unter marastischen Erscheinungen zugrunde, seine Organe aber erwiesen sich als steril. Bei Augentuberkulose konnte im Tierversuch kein Resultat erzielt werden; dagegen sahen sie bei der Lymphdrüsentuberkulose des Meerschweinchens nach lokaler Einspritzung des Präparates eine Rückbildung der verkästen Drüse zu einer kleinen harten Drüse — freilich erlag das Tier einer generalisiertcn Tuberkulose.

Bouchard und Balthazard konnten Meerschweinchen gegen die zweifach tödliche Dosis von Pyocyaneus-Kultur schützen, wenn sie gleichzeitig die in einer Stunde aus einem Gramm Radiumbromid gewonnene Emanation injizierten. Bei nachträglicher Einspritzung des Radiums war dagegen der Heilerfolg inkonstant.

Wickham betont den auffallenden Unterschied zwischen der relativ geringen bakteriziden Wirkung in vitro auf Staphylococcen und Gonococcen einerseits und der auffallenden Heilwirkung der penetrierenden Radiumstrahlen bei Staphylococcenerkrankungen der Haut andererseits. Im Gegensatz zu ihm ist es Werner trotz der (auch von den meisten anderen Autoren festgestellten) starken bakteriziden Eigenschaften der Radiumstrahlen nicht gelungen, eine beginnende Wundinfektion im Keime zu ersticken, noch weniger, infizierte Wunden zu sterilisieren. Dagegen beobachtete er eine sehr auffallende Resistenz künstlich hervorgerufener Radium-Dermatitiden und Radium-Nekrosen gegen Infektion mit Streptococcen, Staphylococcen und Coli. Wurden solche Nekrosen mit virulenten Infektionserregern beimpft, dann exstirpiert und gesunden Tieren implantiert, so erfolgte keine Infektion. Ja sogar wenn die Nekrose 24 Stunden nach der Beimpfung durch Kreuzschnitte eröffnet und dann implantiert wurde, blieb jegliche Infektion aus. Kontrollversuche mit aseptischen Abszessen, die durch Terpentininjektion o. ä. erzeugt waren, ergaben niemals dies Resultat der Sterilisierung. Den Grund für seine Ergebnisse sieht Werner einerseits in der durch behinderte Resorption bedingten Zurückhaltung der Keime, andererseits in der Selbststerilisierung des unter der Strahlenwirkung autolysierenden Gewebes.

Daß dem Radium ein gewisser Einfluß auf den Kampf zwischen den Bakterien und den Geweben zukommt, scheint aus Versuchen von Flemming und Krusius hervorzugehen. Die Autoren injizierten die 10fach tödliche Dosis von Perlsuchtbazillen Kaninchen in die vordere Augenkammer oder intrakorneal. Sie untersuchten die Einwirkung der penetrierenderen Strahlen von Radium (2,6 mg) oder Mesothorium (12 mg) und zwar (1) auf die zu verimpfende Kultur, (2) auf das Auge kurz vor der Injektion, (3) unmittelbar darnach, (4) nach dem Ausbruch der klinischen Erscheinungen. Trotz relativ kurzdauernder Bestrahlung (5 Minuten bis etwa 1 Stunde) war überall deutliche Wirkung vorhanden; allerdings gelang es nur, den tuberkulösen Prozeß zu verzögern. Da die Erfolge etwas günstiger bei Bestrahlung des infizierten Tiers als bei Behandlung der Kultur waren, dürfte auch eine günstige Beeinflussung der tierischen Zellen vorgelegen haben.

Nach Untersuchungen von Schütze scheint wiederholte intravenöse Einspritzung von Radiogen (je 1000 M.-E.) die Agglutininbildung bei Kaninchen, die mit Typhus, Cholera oder Prodigiosus vorbehandelt waren, zu verstärken. Dagegen konnte bei einmaliger Injektion keine Einwirkung auf die Normalhämolysine des Kaninchens gegen Hammelblut festgestellt werden.

III. Die Wirkung des Radiums auf niedere Pflanzen und Tiere.

Die Einwirkung des Radiums auf **Schimmelpilze** scheint zuerst Dauphin an Mortierella untersucht zu haben. Er verwendete ein Curiesches, in Glasröhrchen eingeschmolzenes Präparat, dessen Wirksamkeit nicht angegeben ist. Das Röhrchen wurde vier Tage lang auf die Oberfläche von Agarplatten gelegt, die mit Chlamydosporen besät waren. 1 cm im Umkreis dieses Röhrchens blieb der Agar steril, dann folgte eine Zone sehr schwachen Myzelwachstums, die allmählich in normal gewachsenen Pilzrasen überging. Mikroskopisch fanden sich auffallend viele Chlamydosporen, keine glatten Sporen oder Sporangien. Die Keimfähigkeit der bestrahlten Pilze war stark beeinträchtigt, aber nicht völlig gehemmt. In feuchter Kammer wachsende Pilzmyzelien, die dem Radium 2½ Tage lang exponiert wurden, zeigten morphologische Veränderungen gegenüber der Kontrolle. Die Myzelfäden waren zwei- bis dreimal so dick wie normale und zeigten keine Verzweigungen oder Anastomosen. Stellenweise fanden sich Anschwellungen mit Zystenbildung des Plasmas (Abwehrerscheinung?). Nach Entfernung des Radiums trat wieder normale Entwicklung ein.

Ähnliche Befunde beschrieb Koernicke an Kulturen von Aspergillus niger. Ein Schälchen mit Pilznährlösung wurde mit Aspergillus-Konidien beimpft und unmittelbar darüber wurde ein Röhrchen mit 5 mg Radiumbromid aufgehängt. Nach zwei Tagen Bebrütung bei 28° war die Oberfläche der Nährlösung mit Myzelien bedeckt bis auf die Stelle, wo das Radium lag. Hier war ein Loch geblieben, welches auch einen Monat nach Entfernung des Radiums bestehen blieb. (Fig. 32. S. 146.) Die am dritten Tage weit vorgeschrittene Konidienträgerbildung der Myzeldecke machte peripher vom Loche Halt. Mikroskopische Untersuchung ergab außer einem dicken Anschwellen der Hyphenenden keine auffälligen Unterschiede gegenüber der Norm.

Ceresoli beobachtete bei Verwendung eines in Glasrohr eingeschmolzenen Radiumbaryumchlorids von 700 radioaktiven Einheiten deutliche Wachstumshemmung bei frisch beimpften Kulturen von Oidium albicans, Trichophyton tonsurans, sowie von Aspergillus niger und Mucor mucedo. Selbst in voller Entwicklung begriffene Kulturen wurden noch schwach aber deutlich gehemmt.

Dautwitz beobachtete ausgeprägte Hemmung verschiedener Schimmelpilze (Aspergillus niger, ochraceus, clavatus, varians, Penicillium glaucum) durch die Emanation aus Joachimsthaler Uranpecherz. Die Sporen keimten verspätet, das Myzel blieb in der Entwicklung zurück und war nach einigen Tagen gelb verfärbt, während es in der Kontrolle glänzend weiß blieb. Sporenbildung trat nicht oder nur verspätet ein. Mikroskopisch beobachtete er Verkümmerung der Fruchthyphen, sowie Kleinheit und Pigmentmangel der Sporen. Nach Entfernung der Emanation erholten sich die Kulturen allmählich.

In diesem Zusammenhange seien noch einige Versuche über die Wirkung des Radiums auf die Gärungsprozesse erwähnt. Richet untersuchte den Einfluß der Emanation auf den Verlauf der Milchsäuregärung, indem er Rohmilch mit wechselnden Mengen von Radiumemanation, die er in Luft oder Wasser aufgenommen hatte, in Berührung brachte. Er glaubte aus seinen Versuchen schließen zu dürfen, daß zwar anfangs eine Verzögerung, später aber zuweilen eine Beschleunigung des Prozesses stattfände. Leider fehlen Experimente mit Reinkulturen, weshalb auch die Versuchsreihen schwer zu beurteilen sind.

Die Hefegärung konnten Fürstenberg und Höstermann durch Radiumemanation um etwa ein Drittel reduzieren. Indessen hob sich die Tätigkeit der Hefezellen wieder rasch, wenn keine frische Emanation zugeführt wurde. Im Gegensatz dazu haben Plesch und Karczag durch das ungleich stärker wirkende Thorium X und dessen Zerfallsprodukte keine Einwirkung auf den Verlauf der Hefegärung von Dextrose, Saccharose und Galaktose erzielen können.

Über die Wirkung des Radiums auf **Algen** und **niedere Tiere** liegen verschiedene, zum Teil widersprechende Ergebnisse vor. Dixon und Wigham konnten keine Beeinflussung von Volvox globator, einer beweglichen, für Licht- und Luftzufuhr sehr empfind-

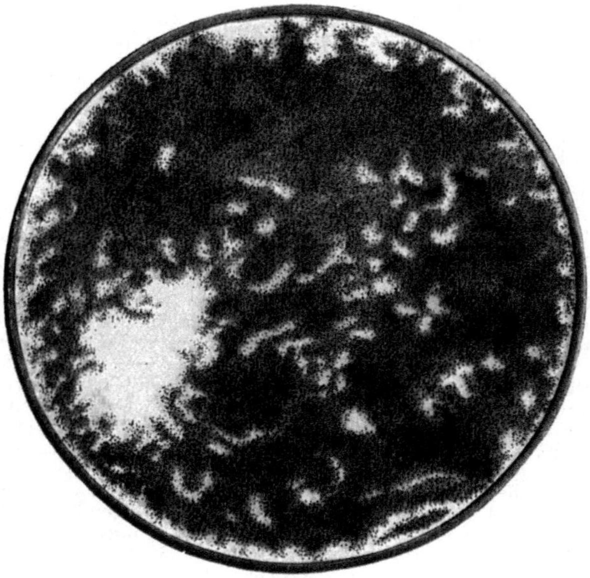

Fig. 32. s. S. 145.

Entwicklungshemmung von Aspergillus durch Radium nach Koernicke. Über dem klaren Feld der Kultur war das Radiumröhrchen aufgehängt.

lichen Alge beobachten, wenn das 5 mg Radiumbromid enthaltende Röhrchen unmittelbar in das Reagenzglas mit der Kultur gebracht wurde.

Goldberg fand bei Spirogyra keine ausgesprochene Einwirkung der β-Strahlen von 75 mg Radiumbromid. In seinen Versuchen wurde die Glasplatte des Kulturgefäßes verfärbt, noch ehe die Pflänzchen die geringste Beeinflussung zeigten.

Bei niederen Tieren sah Willcock bemerkenswerte Unterschiede in der Empfindlichkeit. So wurden Aktinosphaerium und Hydra fusca durch die aus 4 mm Entfernung wirkenden glasdurchdringenden Strahlen von 50 mg „Radium" in wenigen Stunden zerstört, während Opalina, Euglaena, Balantidium, Nyctotherus und Hydra viridis nach 24-stündiger Bestrahlung keine Zeichen der Zerstörung aufwiesen. Dafür traten aber bei den chlorophyllhaltigen Formen (Euglaena, Hydra viridis) Reizerscheinungen auf. Eingekapselte Euglaenen wurden aktiv. Hydra viridis-Exemplare machten koordinierte Bewegungen, um den Strahlen zu entgehen, während bei Hydra fusca solche Symptome nicht beobachtet wurden, sondern nur Lähmung und Tod erfolgte. Ausgehend von der Annahme, daß das Chlorophyll der Hydra in Form parasitärer Algen enthalten wäre, wirft Verfasser die Frage auf, ob diese Parasiten vielleicht als Sinnesorgane für die β-Strahlen funktionierten. Bei wiederholter Exposition wurde die Reaktion immer schwächer und blieb schließlich aus. Durch die gleichzeitige Einwirkung aller Strahlen des Radiums wurde auch Hydra viridis in zwei Stunden zum völligen Zerfall gebracht.

Veneziani will dagegen bei Opalina ranarum nach Bestrahlung mit einem im Glasröhrchen eingeschmolzenen Radium-Baryum-Bromid von 10 000 R.-E. eine erhöhte Beweglichkeit der Wimpern und des ganzen Tierchens, und ein längeres Überleben in Kochsalzlösung als bei den Kontrollen beobachtet haben.

Jodlbauer ließ ein in Glimmerkapsel befindliches Präparat von 50 mg Radiumbromid von Giesel 24 Stunden auf ein Uhrschälchen, bzw. 48 Stunden auf einen hängenden Tropfen mit Paramaecien aus nächster Nähe einwirken, ohne irgend eine Beeinflussung wahrzunehmen.

Danilewsky[1]) beobachtete bei Einwirkung des Radiums aus 5 mm Entfernung das Eintreten völliger Immobilisierung bei jungen Paramaecien, während ältere Individuen unbeeinflußt blieben.

Von besonderem Interesse sind die sorgfältigen Untersuchungen, die Frl. Zuelzer an verschiedenen Protozoen unternommen hat. Verfasserin benutzte ein unter dünnem Aluminiumblech befindliches Präparat von 1,8 g Radium-Baryum-Bromid und ein unter Glimmer befindliches Präparat von 10 mg reinem Radiumbromid. Die Protozoen befanden sich in einer 3—4 mm tiefen Kammer, deren Boden von einem 4 μ dicken Glimmerobjektträger gebildet wurde. Das Radium wurde meist unmittelbar unter diesen Objektträger, in einem Versuche 4 mm über die Oberfläche des Tropfens gebracht. Pelomyxa palustris zeigte nach einigen Minuten lebhaftere Bewegung und verstärkte Plasmaströmung, die aber bald sistierte. Dann trat Einkapselung ein; nach spätestens 1—4 Stunden quollen die Tierchen auf und zerplatzten. Ähnliche Erscheinungen wurden bei zahlreichen anderen Protozoen gesehen (Amoeba limax, Arcella vulgaris, Difflugia pyriformis, Actinosphaerium Eichhorni, Spirostomum ambiguum, Lionotus und Paramaecium). Jedoch wurden große Differenzen in der Widerstandsfähigkeit beobachtet, und einige Exemplare konnten noch nach mehrtägiger Bestrahlung durch Übertragen in frisches Wasser gerettet werden. Die charakteristische Schädigung betraf den Kern, bei dem beginnende Teilung sistiert wurde und dessen Substanz späterhin zerfiel. Erst nach längerer Bestrahlung äußerte sich auch eine Schädigung des Plasmas durch Aufhören der Pulsation der Vakuolen und Plasmazerfall. Ähnlich wie Willcock beobachtete auch Zuelzer die relativ höhere Resistenz chlorophyllhaltiger Formen (Paramaecium bursaria). Den Unterschied zwischen den eigenen Ergebnissen und denjenigen von Veneziani sucht sie durch die Annahme zu erklären, daß die Radiumstrahlen der Zelle Sauerstoff entzögen, und deshalb sauerstoffbedürftige Protozoen schwerer schädigen würden, als die im Darm lebende Opalina.

Salomonsen und Dreyer bestrahlten mit einem Präparat von 50 mg Radiumbromid von Giesel ein Infusorium (Nassula) und zystenbildende Amoeben, sowie Trypanosoma Brucei. Die ersteren beiden erlagen erst einer ein- bis zweitägigen Bestrahlung mit dem unter einer überaus feinen Glimmerplatte befindlichen Präparat, erwiesen sich aber schon nach kürzerer Behandlung in ihrer Lebenstätigkeit schwer geschädigt. Das Trypanosoma wurde bereits in 2—3 Stunden von demselben Präparat abgetötet, selbst wenn es davon durch eine 1,8 mm dicke Quarzschicht getrennt war.

Ähnliche Resultate beobachteten Laveran und Mesnil bei Trypanosoma Lewisi, während Ross, Landsteiner und Freund, W. Löwenthal und v. Rutkowski keine Schädigung von Trypanosomen feststellen konnten. Die Differenzen sind wohl durch quantitative Verschiedenheiten der Präparate bedingt.

IV. Wirkung des Radiums auf submikroskopische Infektionserreger.

Die Wirkung des Radiums auf **filtrierbares Virus** ist bei Vaccine und besonders bei Lyssa eingehender studiert worden. Green exponierte eine ½ mm dicke Schicht von Vaccine aus 1—2 mm Entfernung den Strahlen eines in Glimmerkapsel befindlichen Präparates von 10 mg reinem Radiumbromid von Buchler. Durch 22stündige Bestrahlung wurde die Vaccine stets unwirksam. Bei vorsichtigerer Behandlung aber gelang es, die Bakterien der Lymphe zu zerstören, ehe ihre vakzinierende Wirkung aufgehoben wurde. Auch Sereni fand bei Verwendung von 5 mg des entsprechenden Präparates und analoger Anordnung keine Abschwächung der Vakzine bei bis zu 6tägiger Bestrahlung.

Die Angaben über die Wirksamkeit des Radiums auf das Tollwutvirus stehen zum Teil in scharfem Widerspruch miteinander. Die ersten von Tizzoni und Bongiovanni herrührenden Veröffentlichungen erweckten große Hoffnungen. Die Verfasser berichteten, daß 1% ige Emulsionen von Virus fixe in vitro durch einstündige Bestrahlung mit einem Präparat von 10 000 R.-E. beträchtlich abgeschwächt, durch zweistündige Bestrahlung ganz unschädlich gemacht würden. Das so behandelte Virus fixe würde dadurch zu einem ausgezeichneten Vakzin. Schon die intraokulare Injektion von einem Tropfen der 4—6—36

[1]) Laut freundlicher privater Mitteilung von Herrn Professor London.

Stunden bestrahlten Emulsion schützte gegen die subdurale Injektion von Straßenvirus. In späteren Arbeiten sind die Autoren der Frage näher getreten, welchem der Radiumprodukte diese Wirkung zukommt. Hiernach wäre die Emanation für sich ebenso unwirksam wie die durch Glas durchdringenden (β- und γ-) Strahlen allein. Nur bei gleichzeitiger Einwirkung der Strahlen und der Emanation beobachteten sie eine Zerstörung des Giftes. Ob jedoch diese Zerstörung ganz so regelmäßig eintritt, wie es nach den anfänglichen Mitteilungen dieser Forscher der Fall zu sein schien, dürfte zweifelhaft sein, da sie — zwei Jahre nach der ersten Mitteilung — eine große Zahl von Kautelen als unerläßlich angeben. Danach müßte die Aufstellung des Apparates so erfolgen, daß ein Minimum von Dispersion eintritt; die Gehirnemulsion muß möglichst dünn und gleichmäßig sein, zu welchem Zwecke sie durch Papier filtriert wird, und muß in möglichst dünner Schicht dem Radium ausgesetzt werden. Nach ihnen sind nur Röhrchen aus Aluminium zu verwenden, während in entsprechend konstruierten Gefäßen aus Glas, Kupfer, Zink oder Blei eine Abtötung des Virus nicht erzielt wird. Die verwendeten Gefäße sind 112 mm hoch, haben eine Wandstärke von 0,3 mm und besitzen eine ebene Grundfläche. Daß das Aluminium als solches das Virus nicht schädigt, sollen Kontrollversuche ergeben haben. Jedenfalls sind die vorliegenden Versuchsergebnisse sehr schwer zu deuten.

Ferner berichten die Verfasser über Schutz- und Heilerfolge im Tierkörper. Mit Virus fixe subdural, intraokular oder in den Nervus ischiadicus geimpfte Kaninchen konnten durch sofortige Bestrahlung vom Auge aus gerettet werden. Die erforderliche Zeit betrug acht Stunden, die entweder an acht aufeinander folgenden Tagen in je einstündigen Sitzungen oder gleich hintereinander in einer achtstündigen Sitzung bestanden. Bei Bestrahlung des Rückens mußte intensiver, unter Verwendung eines zehnfach wirksameren Präparates, vorgegangen werden. Bei energischer Behandlung mit einem derartigen Präparate wollen die Autoren auch an Tieren Heilerfolge erzielt haben, welche sich im zweiten Drittel der Krankheit befanden und Fieber, Gewichtsverlust und beginnende Parese der Hinterbeine zeigten. Auch gegen Straßenwut wurde dasselbe Verfahren angewendet. Es war jedoch nur von Erfolg begleitet, wenn die Bestrahlung etwa in der Mitte der Krankheitsperiode begonnen wurde. Bei früherer Behandlung gingen die Tiere an typischer Wut ein, anscheinend weil die Wirkung des Radiums vor dem Abschluß der langen Inkubationszeit verraucht war. Es wird betont, daß das Auge selbst durch mehrstündige Applikation des Radiums aus nächster Nähe nicht geschädigt wird. Der Grund hierfür ist vielleicht in dem Abschluß der Emanation zu suchen.

Die Frage nach der Art der im Tierversuche wirksamen Strahlen versuchten die Autoren wie folgt zu entscheiden. Da sich sowohl in glimmerbedeckten Kapseln befindliche, wie im Glasröhrchen eingeschmolzene Präparate als wirksam erwiesen, waren weder die Emanation noch die α-Partikeln notwendig. Es blieben die β- und γ-Strahlen übrig. Ein kräftiger Hufeisenmagnet wurde am Kopf des Tieres so befestigt, daß seine Schenkel senkrecht zur Hornhaut standen und die Radiumkapsel zwischen sich faßten. Hierdurch wurden die β-Strahlen abgelenkt. Ein „Wandern" der β-Strahlen wurde dadurch verhindert, daß der Kopf des Tieres durch eine Bleischürze, die nur direkt über dem Auge ein kleines Loch enthielt, vor solchen aberrierenden Strahlen bewahrt wurde. Nunmehr trat bei entsprechend langer Behandlung nur eine geringe Verzögerung des Todes gegenüber dem Kontrolltier auf. Sie schreiben daher die Hauptrolle an dem im Tierversuch erzielten Erfolge den β-Strahlen zu.

Shirnoff untersuchte in Londons Laboratorium die Wirkung des Radiums auf das Virus fixe. Er verwendete aber nicht Emulsionen, sondern gewisse Zeit lang getrocknete Rückenmarksstückchen, die in einer Petrischale mit Glimmerboden der Einwirkung von 30 mg Radiumbromid ausgesetzt wurden. Einstündige Bestrahlung hatte keinen Einfluß, mehrstündige Bestrahlung schwächte das Virus; zur sicheren Zerstörung waren 12—24 Stunden erforderlich. Wurde jedoch anstatt des Glimmers Glas verwendet, so konnte auch in 24 Stunden keine Zerstörung erzielt werden. Ganz unsicher verlief die Entgiftung von Gehirnemulsion. Ferner wurden zur Feststellung der Radiumwirkung am Tiere kleine Hautwunden mit Virus fixe infiziert und dann bestrahlt. Wenn die Bestrahlung innerhalb von 3/4 Stunden begonnen und drei Stunden lang fortgesetzt wurde, blieben die Tiere geschützt. Jedoch genügte eine nur zweistündige Bestrahlung, selbst bei Verwendung von 75 mg Radium, nicht. Ferner wurden auch bei Wunden, deren Ausdehnung die der Radiumkapsel übertraf, keine sicheren Erfolge erzielt.

Eine Nachprüfung der Versuche von Tizzoni und Bongiovanni (die in russischer Sprache veröffentlichte Shirnoffsche Arbeit ist wenig bekannt geworden) hat die optimistischen Erwartungen jener Autoren nur zum Teil zu bestätigen vermocht. Rehns verwendete die im Pariser Institut Pasteur regelmäßig benutzte Virus fixe Emulsion, aus der die gröberen Bröckel durch Papierfiltration entfernt wurden. Diese Emulsion wurde in dünnwandige Glasröhrchen gefüllt; 5 mm über das Virus kam das Präparat (30 mg Radiumbromid). Bei dieser Anwendung rief selbst die 72stündige Exposition keine Virulenzabschwächung hervor. Wurde aber die Emulsion in einem evakuierten Gefäß mit der aus

30 mg Radiumbromid entwickelten Emanation in Berührung gebracht, so erwies sie sich bereits nach 24 Stunden als avirulent.

Eine zwar sichere, aber nur geringe Abschwächung des Virus fixe in vitro hat auch Danysz beobachtet. Die im Institut Pasteur verwendete (10 %) Emulsion wurde durch 20stündige Bestrahlung mit 20 mg reinen Radiumbromids nicht beeinflußt. Erst bei Verwendung verdünnterer (2 %) und durch Leinwand filtrierter Emulsion erzielte er bei gleicher Behandlungsdauer eine gewisse Abschwächung, aber niemals völlige Zerstörung des Virus. Dagegen ist es bemerkenswerterweise Danysz nicht gelungen, im Tierversuch Heilwirkung zu erzielen. Subdural infizierte Kaninchen wurden den durch eine zarte Glimmerwand kommenden Radiumstrahlen nach der Tizzonischen Anordnung ausgesetzt. Die Bestrahlung begann 1 bzw. 22, bzw. 48 Stunden nach der Infektion und dauerte am ersten Tage 6—8 und an jedem folgenden Tage zwei Stunden. Die Tiere starben jedoch gleichzeitig mit den Kontrollen. Novi erzielte mit 5 mg Radiumbromid weder in vitro noch im Tierversuch den geringsten Erfolg. Auch Calabrese konnte bei einer sorgfältigen Nachprüfung die Tizzonischen Arbeiten nicht bestätigen, betonte aber wie auch Danysz, die von Tizzoni und Bongiovanni anfangs in Abrede gestellte Schädigung der exponierten Partien des Tieres, speziell des Auges.

Der Gesamteindruck dieser vielfach widersprechenden Arbeiten ist wohl dahin zusammenzufassen, daß unter ausgesuchten Bedingungen und besonderen Vorsichtsmaßregeln das Virus in kleinsten Mengen in vitro zerstört werden kann. Bei der enormen Virulenz des Materiales muß aber eine unvollkommene Bestrahlung eines noch so geringen Teiles der Emulsion stets zum Tode des Tieres führen. Die von mehreren Autoren beobachteten Mißerfolge sind teils hierauf, teils auf den Umstand zurückzuführen, daß bei ihren Versuchen die α-Partikeln und die Emanation nicht genügend zur Wirkung kamen.

Noch schwieriger ist die Beurteilung der durch Bestrahlung des lebenden Tieres erzielten Erfolge. Daß es unter besonders günstigen Umständen gelingt, Tiere durch lokale (Shirnoff) oder okulare (Tizzoni und Bongiovanni) Radiumapplikation vor der Tollwut zu schützen, darf wohl als erwiesen angesehen werden. Jedoch ist diese therapeutische Maßnahme, wie auch aus den späteren Arbeiten der letztgenannten Autoren hervorzugehen scheint, schwierig zu dosieren. Auch ist die Gefahr schwerer lokaler Veränderungen der bestrahlten Partien, insbesondere der Augen durch mehrere Autoren erwiesen. Praktisch kann daher die Methode zur prophylaktischen Behandlung gebissener Personen offenbar nicht in Frage kommen, da sie gerade bei der Straßenwut nach Tizzoni und Bongiovanni nur dann aussichtsvoll ist, wenn sie etwa in der Mitte des Inkubationsstadiums einsetzt. Gerade beim Menschen ist dieses Stadium so variabel, daß es kaum gelingen dürfte, den richtigen Zeitpunkt mit auch nur einiger Wahrscheinlichkeit abzupassen. Daher ist die Unsicherheit dieser Methode so groß, daß man nicht daran denken könnte, sie der erprobten Pasteurschen Schutzimpfung vorzuziehen. Andererseits könnte eventuell die intensive Radiumanwendung in den glücklicherweise spärlichen Fällen versucht werden, wo bereits die Prodrome der Wut aufgetreten sind, also in einem Stadium, wo die Schutzimpfung keinen Erfolg mehr verspricht. In solchen Fällen würde man, angesichts der desolaten Prognose, auch schwere Schädigungen des Körpers durch das Radium in den Kauf nehmen.

V. Wirkung des Radiums auf Antigene und Antikörper.

Während durch die in den vorigen Abschnitten beschriebenen Versuchsergebnisse eine Einwirkung des Radiums auf Mikroorganismen und andere Kleinlebewesen durch sehr zahlreiche Beobachter festgestellt worden ist, sind die Angaben über die Beeinflussung bakterieller Gifte vorwiegend negativer Art.

Nach Danysz, der mit einem etwa 12 mg Radium enthaltenden Präparate von Radium-Baryum-Chlorid im zugeschmolzenen Glasröhrchen arbeitete, ist es selbst nach langdauernder Bestrahlung so gut wie unwirksam auf das Diphtherietoxin, das proteolytische Enzym der Milzbrandbazillen und das Rizin. Auch Goldberg bestätigt die Unwirksamkeit des Radiums auf Diphtherietoxin, welches im Glaszylinder sieben Tage lang bestrahlt wurde (β- und γ-Strahlen).

Von Versuchen mit Bakterienproteinen wären die Versuche desselben Autors zu erwähnen, die — bei allerdings nicht einwandsfreier Anordnung — eine Schwächung des Malleins durch siebentägige Bestrahlung zu ergeben schienen.

Dagegen konnte Puntoni beim Tuberkulin weder durch die Strahlung noch die Emanation eine Abschwächung erzielen.

Eine gewisse Verringerung der Giftigkeit wollen Fabre und Ostrowsky bei mehrtägiger Bestrahlung von Diphtherietoxin und einen tuberkulinartigen Präparat, dem „Nekrotuberkulin", sowie bei Zusatz einer Radiumsulfatemulsion zu diesen Substanzen beobachtet haben.

Werner berichtet, daß durch Radium abgetötete Kulturen von Staphylococcen, Streptococcen und Coli für das Kaninchen etwa zwei- bis dreimal so stark entgiftet sind wie die durch einfaches Erhitzen abgetöteten Kulturen, daß aber trotzdem die Sera der mit bestrahlten Kulturen geimpften Tiere eine ungemein kräftige bakteriolytische (?) und antitoxische (?) Fähigkeit besässen. Es mag dahingestellt sein, ob nicht diese Angaben, die wohl nur auf den Schutzwert im Tierversuch zu beziehen sind, als Ergebnis der Einspritzung von einer nicht abgetöteten, sondern nur abgeschwächten Kultur zu deuten sind.

Die Wirkung auf tierische Gifte untersuchte Phisalix. Er vermochte Kreuzotterngift durch 58stündige Radiumbestrahlung vollkommen zu entgiften. Dasselbe gelang bei dem ungleich hitzebeständigeren Kobragift. Auch durch die Emanation wurde Kreuzotterngift, das im evakuierten Glasröhrchen eingeschlossen war, in 24 Stunden entgiftet. Hierbei entstand eine Trübung, die nicht durch Bakterien, sondern durch Ausflockung feinster korpuskulärer Elemente bedingt war. Dagegen erwiesen sich die Gifte des Erdsalamanders und der Kröte den Strahlen, sowie der Emanation gegenüber als resistent. Den Grund hierfür erblickt Verfasser in den chemischen Verschiedenheiten dieser Substanzen von den „albuminoiden" Schlangengiften. Die Entgiftung des Schlangengiftes konnte auch Rehns bestätigen.

Danysz gelang es, ein hämolytisches Hundeserum durch dreitägigen „Kontakt" mit 23 mg eines zur Hälfte aus Radium bestehenden Radium-Baryum-Chlorids seiner hämolytischen Eigenschaften völlig zu berauben. Allerdings wurde dieses Ergebnis bei einer Nachprüfung von Goldberg nicht bestätigt.

Nach den überaus spärlichen Mitteilungen der Literatur scheint das Radium auch die Antikörper zu zerstören. Nach Rehns wird das Calmettesche Schlangengift-Antitoxin durch die Bestrahlung sowie die Emanation unwirksam. Ebenso sollen nach Versuchen, die Jagn mit den Seris von neun Typhuskranken ausführte, die Typhus-Agglutinine durch zwei- bis dreitägige Bestrahlung mit Radium völlig zerstört werden.

Über die Einwirkung der Radiumemanation auf die Tätigkeit der Phagocyten (im Wright'schen Versuch) liegen einige untereinander abweichende Versuche vor. So will Reiter eine Steigerung der Phagocytose der Tuberkelbazillen bis zu 30% gesehen haben, läßt es aber dahingestellt, ob nicht in einigen seiner Versuche eine direkte Einwirkung der Emanation auf die Bazillen deren Phagocytierung verhindert habe. v. Klecki sah eine ähnliche Vermehrung der Phagocytose gegenüber Coli und Staphylococcus aureus, während merkwürdigerweise gerade Tuberkelbazillen unter der Radiumeinwirkung weniger phagocytiert wurden als in der Kontrolle. Es handelte sich bei diesen Versuchen um einen Emanationsgehalt der im Gefäße befindlichen Flüssigkeit von etwa 1000000 M.-E. pro Liter.

Nach den Versuchen von Chambers und Russ soll dagegen die Phagocytose sowohl durch die Emanation wie die Strahlung von Radium gegenüber Staphylococcen verhindert werden, und zwar äußert sich diese schädigende Wirkung in erster Linie auf die Bakterien, aber auch deutlich nachweisbar auf die Opsonine und die Phagocyten. Diese Zerstörung soll einem Exponentialgesetz folgen.

Dieselben Autoren beobachteten auch Zerstörung des Komplementes durch die Emanation.

Kapitel X.

Aus dem Kgl. Pathologischen Institut der Universität Berlin.

Histologie der Radiumwirkung.

Von

C. Kaiserling-Berlin.

Mit 4 Abbildungen im Text.

Die genaue Kenntnis der durch das Radium, bzw. durch die Radiumstrahlen hervorgebrachten Gewebsveränderungen haben nicht nur ein rein wissenschaftliches Interesse, sondern sind auch für den Arzt von hervorragender praktischer Bedeutung. Sie bilden geradezu die Grundlage, die Vorbedingung für eine erfolgreiche und bewußte therapeutische Anwendung. Demgemäß sind von den verschiedensten Autoren zahlreiche Experimentalarbeiten über die Wirkung der Radiumstrahlen auf die verschiedensten Gewebe angestellt und ausführlich veröffentlicht worden. Es erscheint auf den ersten Blick als leichte Aufgabe, aus der Literatur und eigener Erfahrung eine erschöpfende Zusammenstellung der Ergebnisse zu machen. Während aber schon bei einer genaueren Analyse der bisherigen Ergebnisse die Schwierigkeiten zunehmen, werden sie fast unüberwindlich, wenn man eigene Untersuchungen angestellt hat. Ein einigermaßen umfassender Bericht über die vorhandenen Arbeiten würde ungefähr soviel Bogen erfordern, als mir im Rahmen dieses Buches Seiten zur Verfügung stehen. Dazu kommt noch eine weitere große Schwierigkeit für den Autor und was damit gleichbedeutend ist, eine große Unannehmlichkeit für den Leser, daß zahlreiche Autoren, die voneinander nichts wissen, die einzelnen Spezialkapitel bearbeiten und soweit ich das vorauszusehen vermag, sicher auch jeder für sich die bekannt gewordenen anatomisch-histologischen Veränderungen der von ihm bearbeiteten Spezialorgane anführen werden. Das würde eine öftere Wiederholung der gleichen Dinge ergeben. So entwickelte sich der Plan in diesem Kapitel nur eine möglichst allgemeine Histologie der Radiumwirkung zu geben, die großen Züge herauszuheben, welche sich als allgemein gültig ergeben haben. Da kommt mir nun die eigene Erfahrung störend in den Weg, weil sie mir die noch lange nicht überwundenen Hindernisse, eine ununterbrochene Reihe von Wenns bei diesem Unternehmen gezeigt hat. Was wir bisher kennen, sind Bausteine, zahlreich zwar, aber von so ungleichartiger Beschaffenheit nach Größe, Bearbeitung, Material, daß sich daraus kein architektonisch zusammengehendes Bauwerk errichten läßt.

Auch die Vergleichung der Untersuchungsergebnisse untereinander werden erschwert. Die verschiedenen Autoren haben verschiedene Versuchstiere, verschiedene Radiummengen, verschiedene Applikationsformen und Bestrahlungsdauer gewählt. Die nächstliegende Methode besteht darin, daß die betreffende Radiumkapsel direkt den zu untersuchenden Organen aufgelegt wird, wie das Thies, Guyot, Werner, Halkin, London, Scholtz, Goldberg und viele andere getan haben. Das kann aber nur bei der Haut zu brauchbaren Versuchsreihen führen. Die Tiefenwirkung der Radiumstrahlen ist eine geringe und überschreitet bei den Versuchen an normalen Tieren kaum 1 cm. Will man tiefer liegende Organe, wie Leber, Niere, Gehirn und dergleichen untersuchen, so muß das Radium in irgendeiner Weise eingeführt werden, entweder durch eine vorbereitende chirurgische Operation oder durch Versenkung von besonders konstruierten Gefäßen. Beides bedingt Fehlerquellen. Bei den operativen Methoden kommen entzündliche Veränderungen hinzu, bedingt durch das Trauma, oder durch die während der Exposition gegen die Norm veränderte Temperatur, Störungen im Kreislauf, ungewohnte Berührung der Gewebe mit der Luft oder dem Radiumträger u. a. m. Ebensowenig sind Versuche ganz einwandfrei, wenn sie wie Horowitz und London das taten, durch Einstechen von radiumgefüllten Glaskapillaren (von 10 : 1 mm Dimension) in die zu prüfenden Organe geschehen. Zwar ist der Kontrollversuch mit radiumfreien Kapillaren geeignet gewisse Unterschiede festzustellen, aber immer handelt es sich um geschädigte Organe, ganz abgesehen davon, daß in der Qualität der Strahlung durch das Einschmelzen beträchtliche Veränderungen sich ergaben. Lose versenkte Radiumträger lassen sich nach Lage und Wirkungsdauer an bestimmten Stellen nicht genügend kontrollieren und wirken auch zunächst stets als Fremdkörper.

Bei letzteren Anwendungsformen ist es fast unmöglich, eine genügende Variation der Strahlungsintensität und Dauer zu üben, so daß derartige Versuche stets nur einen Spezialfall behandeln, keine allgemein gültige Regel herzuleiten gestatten. Für die rein wissenschaftliche Arbeit ist das ja auch belanglos, da es ja nur darauf ankommt, bestimmte Tatsachen um ihrer selbst willen festzustellen. Wer aber seiner Zeit einen Tribut zollen will, und die gegenwärtige scheint mir durch eine weitgehende Zweckstrebigkeit ausgezeichnet zu sein, der möge bedenken, daß der Zweck des Radiums in der Medizin seine therapeutische Anwendung ist. In der Verfolgung dieses Zweckes würde es darauf ankommen, festzustellen, wie eine therapeutische Anwendung möglich und erwünscht ist. Wenn etwas Neues auftaucht, so bemächtigt sich die Praxis, gedrängt von der sehnsüchtigen Heilhoffnung der Kranken, des Neuen viel schneller, als eine wissenschaftliche Begründung und Indikationsstellung möglich ist. Das ist bedauerlich und schadet dem Ansehen der Medizin als Wissenschaft nicht nur bei den Laien, sondern auch bei den Vertretern anderer Disziplinen. Es ist viel weniger schädlich, wenn eine Neuheit erst einige Jahre im Stillen geprüft wird durch möglichst exakte wissenschaftliche Methoden von seiten kritischer Forscher der verschiedensten Richtung, als wenn ein großer Schlager, der fast die ganze Menschheit anfangs erregt, nach dem anderen durch die Prüfung und nachträgliche Erfahrung auf ein Minimum oder ein Nichts reduziert wird. Wie wirds mit dem Radium in der Medizin ergehen? Jedenfalls wird es die Aufgabe der mit Radium arbeitenden Mediziner sein, den medizinischen Zweck, wenn nicht ganz außer acht zu lassen, so doch sich zu hüten, gar zu schnell einseitige Versuchsresultate in die Praxis einzuführen. Einseitig ist aber alles, was nur auf einer Teilmethode basiert ist. Es ist betrübend, wie wenig die Beherrscher dieser Teilmethoden, die medizinischen, praktischen und theoretischen Spezialisten zusammen arbeiten. Dem Kliniker fehlt der

Anatom, der Experimentalbiologe und Physiologe, der Chemiker und Bakteriologe von Fach und diese wieder untereinander. Es ist bei dem Umfange der heutigen Wissenschaft ausgeschlossen, daß ein Mensch alle diese Disziplinen beherrscht, so wie es zu strengster Arbeit nötig ist. Nicht die Gründung neuer Institute an den Universitäten ist notwendig, sondern nur das Aufgeben des Partikularismus, der gegenseitigen Eifersüchtelei und Unterschätzung, der Konkurrenzfurcht. Statt dessen arbeite man zusammen, jeder seiner Spezialausbildung entsprechend, erörtere in häufigen Konferenzen das Thema, teile die Resultate mit, vergleiche, beschließe neue Versuchsreihen, bis endlich ein abgeschlossenes Ganzes vorliegt. Dann freilich würde die Zahl der Veröffentlichungen dezimiert, aber die Universitas litterarum schwebte über dem Ganzen und die ganz verschroben gewordenen Anschauungen über wissenschaftliche Publikationen würden sich von selber regenerieren. Diese Einsicht muß allgemein werden, wenn, wie manches andere auch die Radiumforschung zu einem festfundierten harmonisch gegliederten Bau werden soll.

Während an der Haut durch direkte Auflegung des Radiums Gelegenheit gegeben ist, nicht nur die Wirkung beliebiger Expositionszeiten in kontinuierlicher Reihe zu verfolgen, die Latenzzeit und den allmählichen Verlauf der Reaktion zu beobachten, ist eine andere Art weniger exakt. Guyot hat Mäuse in einem engen Behälter bestimmte Zeit bestrahlt. Dabei bewegt sich das Tier und man erhält keinen scharf abgegrenzten Wirkungsherd, sondern einen Komplex sehr verschieden lange bestrahlter Stellen, ohne daß es möglich ist zu sagen, wie lange die jeweils untersuchte Partie bestrahlt ist. Das ist nach eigenen Versuchen namentlich bei Mäusen der Fall, die in keinem, noch so engen Behälter unbeweglich bleiben. Nur bei festgebundenen Tieren können die Strahlen eine bestimmte Stelle während einer kontrollierbaren Zeit treffen. Bei Versuchen über allerhöchstens eine halbe Stunde ist dieses Fixieren aber eine arge Quälerei. Noch unbestimmter liegen die Verhältnisse bei Fernbestrahlungen, wie sie London vornahm, ganz abgesehen davon, daß Expositionen von monatelanger Dauer ganz ungewöhnliche Versuchsbedingungen darstellen.

Eine weitere Schwierigkeit liegt in der anatomischen Untersuchung. Die Versuche haben ergeben, daß makroskopische und mikroskopische Veränderungen sich nach Zeit und Intensität weder allgemein noch in den verschiedenen Gewebselementen decken. Ohne die mikroskopische Untersuchung ist kein brauchbares Resultat zu erhalten und sie ist wieder unvollkommen, wenn nicht die verschiedensten Fixationsmittel mit allen möglichen differentiellen Färbungen zur Anwendung kommen. Die Untersuchung frischen Materials, die Anwendung physikalischer und optischer Methoden, wie des Spektral- und Polarisationsapparates scheint noch gar nicht geübt zu sein. Überall sind nur Anfänge, nirgends abgeschlossene Resultate.

Auch die Prüfung der Wirkungen der verschiedenen Strahlenarten ist noch nicht über die ersten Versuche hinausgediehen. Am einfachsten ist es, wie die meisten Autoren es getan haben, das aus der gedeckten Radiumkapsel hervortretende Strahlengemenge zu verwenden und die leicht absorbierbaren durch Filter auszuschalten. Die vom Magneten ablenkbaren Strahlen hat anscheinend nur Exner geprüft und keine wesentlichen Unterschiede gefunden.

Aus der Fülle der Arbeiten lassen sich außer den schon erwähnten Tatsachen noch einige allgemeine herausschälen. Das sind kurz die folgenden:

1. Sehr große Strahlendosen vermögen bis zu einer geringen Tiefe alle Gewebe zu nekrotisieren. Der Nekrose geht ein hypertrophisches Stadium voraus.

2. Die Wirkung geht direkt auf die Zellen.

3. Bei mittleren Dosen findet eine gewisse differenzierte Wirkung auf die verschiedenen Zellarten statt, so daß bei geeigneter Dosierung eine voraussehbare elektive Beeinflussung möglich ist.

4. Schwache Dosen bewirken vielfach nur eine Wachstumsanregung und hypertrophische Prozesse. Sie finden sich auch regelmäßig am Rande stärkerer Einwirkungsgebiete.

5. Alle Wirkungen treten nach einer im umgekehrten Verhältnis zur Strahlendosis stehenden Latenzzeit auf.

Fig. 33.
Normale Mäusehaut S. 156.

6. Die Wirkung ist in der Regel eine nahezu lokale.

7. Zu den unmittelbar ausgelösten regressiven oder progressiven Zellveränderungen kommt eine teils primär, teils sekundär exsudativ entzündliche hinzu, seitens des gefäßführenden Bindegewebes.

8. Die Gefäße reagieren oft am schnellsten, jedoch ist das nicht die Hauptursache der übrigen Veränderungen.

9. Jüngere und zellreichere Gewebe, auch in Regeneration befindliche und entzündlich zellig infiltrierte, sind empfindlicher als ausgebildete normale, während hyperämische und ödematöse unempfindlicher sind.

Am wichtigsten erscheint die Möglichkeit einer elektiven Wirkung. Welche Strahlenintensität und Wirkungsdauer dazu nötig ist, hängt selbst bei einem Organ wie die Haut es ist, nicht nur von der Tierart, sondern auch von der Körperregion ab und ist kaum anders als durch Serienversuche zu ermitteln, ein beim Menschen nicht gerade leicht mögliches Verfahren. Nach Werner ist die Epidermis des Menschen ungefähr so empfindlich wie die des Meerschweinchens, soweit die Haarbälge in Betracht kommen, noch empfindlicher,

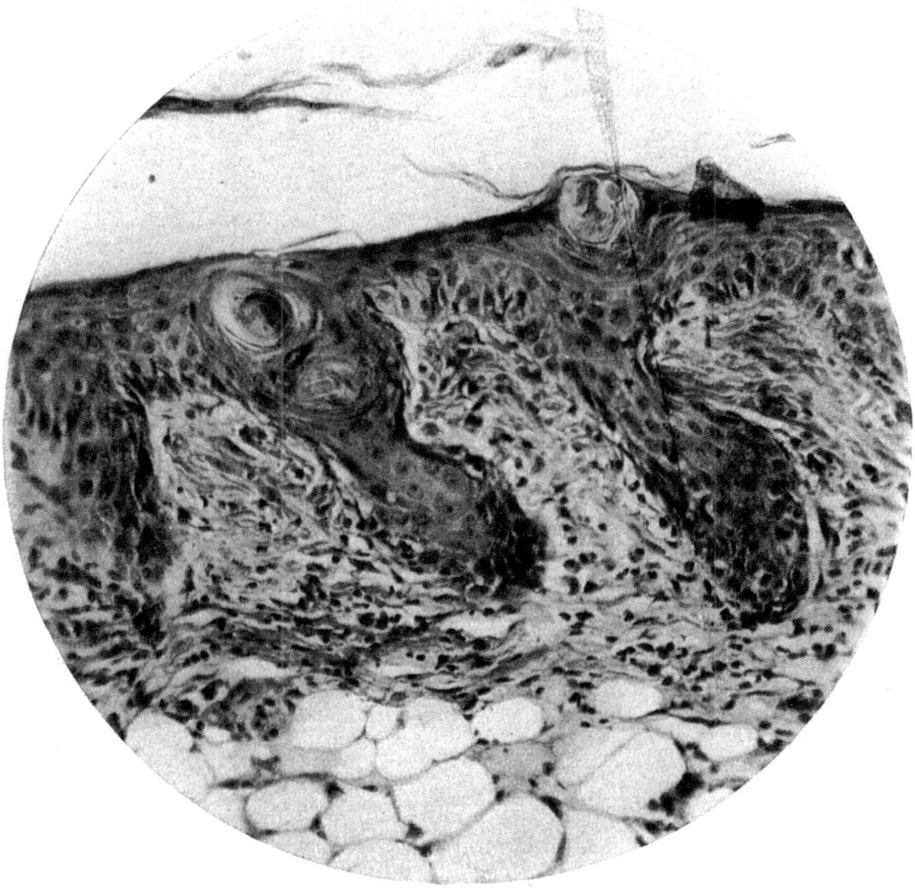

Fig. 34.
Bestrahlte Mäusehaut im Stadium der „Radiumhypertrophie" S. 157.

während im Korium zwar ungefähr ebenso leicht die Gefäße reagieren, aber weniger zur Leukozytenauswanderung und Nekrose neigen.

Danach würden hier die Experimente von Thies besonders lehrreich sein, aber er hat nur eine konstante Applikation geprüft, 20 mg Radiumbromid bei sechsstündiger Wirkungsdauer. Sie führt bereits nach einer Stunde zur Auswanderung eosinophiler Zellen ins Korium, weniger in die Epidermis und Haarwurzelscheiden. Dann schwinden sie, Lymphozyten und später Leukozyten treten an ihre Stelle. Mit ihnen setzt eine exsudative Entzündung ein, die zur Blasenbildung in der inzwischen nekrotisierenden Epidermis führt.

Die Epithelien verändern sich anfangs unter Zeichen einer Zellvermehrung nach dem Modus der trüben Schwellung, dann treten Kernveränderungen, eine vakuolenartige helle Zone um den Kern, Protoplasmadestruktionen auf, bis zum völligen Kern- und Zellzerfall. Die Reste werden durch Phagozytose oder einfache Auflösung und Resorption beseitigt. Nach und nach wird auch das Bindegewebe schichtweise nekrotisch und abgehoben, bis endlich der Prozeß zum Stehen kommt. Schon vom dritten Tage beginnt die Epidermis nament-

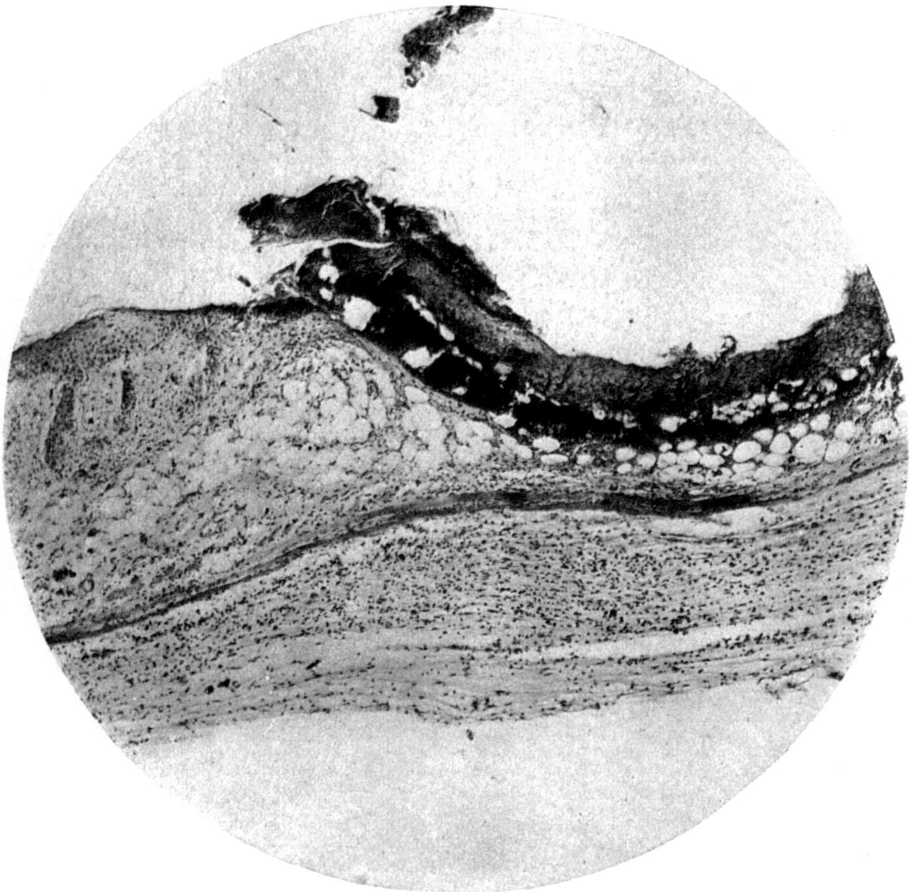

Fig. 35.
Bestrahlte Mäusehaut, Radiumgeschwür S. 157.

lich am Rande der Nekrose zu wuchern und am 14. Tage bekommt man durch Verlängerung der Epidermiszapfen und Hornperlenbildung stellenweise ein ganz kankroidähnliches Aussehen.

Zur Veranschaulichung der Verhältnisse gebe ich einige Photogramme von bestrahlter Mäusehaut bei, die wegen der Dünne des Epithels besonders deutlich alle Veränderungen zeigt. Fig. 33 gibt bei 267facher Vergrößerung einen mit Eisenhämatoxylin van Gieson gefärbten Schnitt wieder von normaler Haut. Die Epidermis besteht aus einer nur zwei Zellagen dicken Schicht mit oberflächlicher Verhornung. Es sind zwei Haarbälge getroffen, der eine nahezu in der Ebene des Haares, der andere fast an seiner oberen Peripherie. Die Kerne sind dicht, stark gefärbt, die hellen großen Zellen der Talgdrüsen deutlich. Das Bindegewebe des Koriums ist derb, grobfaserig, stark rot gefärbt, zellarm. Das subkutane

Fettgewebe ist nur um die Gefäße etwas zellreicher, zartfaserig mit mittelgroßen Fettvakuolen. Die quergestreifte Muskulatur ist gut erkennbar.

In Fig. 34 ist bei gleicher Vergrößerung und Färbung ein Stückchen Haut desselben Tieres im Stadium der Radiumhypertrophie wiedergegeben. Zunächst fällt auf, daß nicht einmal die ganze subkutane Fettgewebsschicht ins Gesichtsfeld hineinzubringen war, geschweige denn die Muskulatur. Die Maschen des Fettgewebes sind erheblich größer als vorhin. Die Verdickung der Epidermis ist sehr deutlich, die Zellen sind erheblich größer, ebenso die Kerne, derenChromatin randständig ist, mit einem oder mehreren Kernkörperchen. Die Zellvermehrung geht in die Haarbälge hinein, deren ursprüngliche Zellen ebenso wie

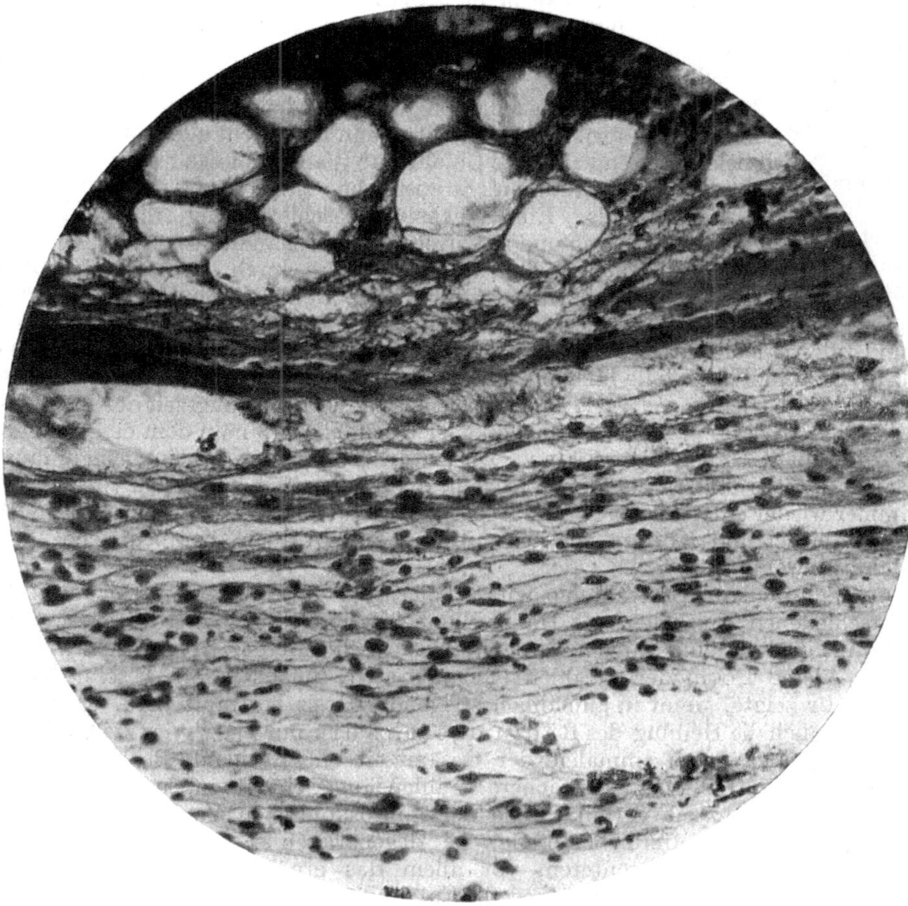

Fig. 36.
Bestrahlte Mäusehaut. Radiumnekrose.

die Haare und die Talgdrüsen fast ganz verschwunden sind. An der Oberfläche bildet das Epithel starke Hornschuppen, aber auch in seinen inneren Lagen findet eine atypische Verhornung statt, um deren konzentrisch angeordnete Hornplatten eine Zone stark gekörnter Zellen liegt, die auch bis fast an die Oberfläche der Haut deutlich sind. Zwischen den tieferen Schichten der Epidermiszellen sind mehrfache Wanderzellen eingedrungen. Das Bindegewebe des Koriums ist, lockerer, feinfaseriger, zellreicher geworden als im normalen Präparate. An der Zellvermehrung sind nicht nur Fibroblasten beteiligt, sondern auch spärliche Leukozyten, Lymphozyten, große einkernige, stark mit Eosin färbbare Zellen. Gelegentlich finden sich große mit Detritus gefüllte Phagozyten.

In Fig. 35 ist bei 65facher Vergrößerung ein Übersichtsbild gegeben von dem Rande eines Radiumgeschwürs (Hämatoxylin-Eosinfärbung). Der oberste Teil des Schorfes wird aus Resten der Epidermis, durchsetzt von Leukozyten und Fibrin gebildet. Dann folgt bereits die Hälfte des subkutanen Fettgewebes einnehmend eine eiterig infiltrierte Demarkationszone. Das übrige Fettgewebe ist stark mit Leukozyten durchsetzt bis zur Muskulatur und durch sie hindurch. Die Infiltration erstreckt sich auch seitlich weit in die tieferen Fettgewebsschichten. Am Rande des Schorfes ist die starke Verdickung der Epidermis nach dem Typus von Fig. 34 eingetreten und unter ihm erstreckt sich ein Stück weit unmittelbar dem Fettgewebe aufsitzend eine Schicht regenerierter Epidermiszellen. Die nekrotische Muskellage ist sehr ungleichartig gefärbt und hört am rechten Rande des Bildes auf. Diese Stelle ist in Fig. 36 bei starker Vergrößerung abgebildet.

Es sei hier eingefügt, daß dieser Prozeß aber niemals die für Kankroide charakteristische Progredienz bekommt, sondern nach der Heilung sich wieder ausgleicht. Ich habe in zahlreichen vielfach variierten Versuchen vergeblich versucht, eine echte Geschwulst zu erzeugen.

Dennoch ist aber diese Tatsache von größter Bedeutung bei der Behandlung von echten Krebsen. Hier besteht, wenn man nicht alle pathologischen Zellen schnell nekrotisieren kann, die Gefahr, ihr Wachstum neu anzuregen, ganz besonders wenn die Tiefenwirkung nicht ausreicht. Fälle derart sind wiederholt beobachtet, z. B. am Penis. Eine Wachstumsbeschleunigung erhöht aber die Gefahr der Metastasenbildung und so würde ich die Behandlung solcher Tumoren mit Radium als gefährlich ablehnen, wenn nicht durch starke Bestrahlung mit hochwirksamer Substanz das ganze kranke Gewebe schnell getötet wird.

Die progrediente Wirkung der Radiumstrahlen ist in die Breite nur gering und pflanzt sich wenig über die direkt getroffene, von der Größe der Kapselöffnung abhängige Stelle hinaus nach der Peripherie fort. In die Tiefe hingegen schreitet sie leichter weiter, je nach der Intensität und Wirkungszeit der Strahlen. Für die Behandlung ist es ein unbequemer Umstand, daß man dem eingeleiteten Prozeß nicht Halt gebieten kann. Die natürliche Heilung geht ungemein langsam vorwärts und es hat den Anschein, als ob von den befallenen Stellen aus immer wieder ein nekrotisierendes Agens wirkt und alle regenerativen Leistungen von Epithel und Korium vereitelt. Daran ändern auch therapeutische Maßnahmen wenig.

Schwächere Bestrahlung wirkt langsamer und differenzierter auf die verschiedenen Epithelien der Haut, Haarscheiden und Anhangsdrüsen, worauf hier nicht näher eingegangen werden kann. Noch differenzierter wirken wiederholte kleine Dosen der Strahlen (Straßmann, Thies u. a.), besonders wie Werner zeigte, wenn in allmählich steigender Dosis bestrahlt wird. Dann erfordert auch die Heilung des Radiumgeschwürs nur ca. $^3/_5$ der Zeit, die zur Heilung einer durch einmalige der Gesamtzeit entsprechende Behandlung erforderlich ist. Läßt man schwächere Strahlen länger einwirken, so ist die makroskopische Latenzzeit verkürzt, die der mikroskopischen Veränderungen vermindert. Die empfindlicheren Gewebe degenerieren schneller und in stärkerer Weise, die resistenteren, vor allem das ernährende Bindegewebe hingegen langsamer und schwächer, die Entzündungserscheinungen sind geringer, ebenso die Tiefenwirkung und die Heilungsdauer verkürzt. Viel widerstandsfähiger als Hautepithel ist das Epithel der Mundhöhle, Zunge, die Schleimhautepithelien des Magens, während seine Drüsenepithelien schneller reagieren.

Bei Organen mit verschiedenen Epithelarten tritt eine bemerkenswerte Differenzierung ein, wie wir sie auch bei anderen pathologischen Erkrankungen kennen. Leberzellen sind empfindlicher als Gallenepithelien, die gewundenen Kanälchen in der Niere leiden eher als die Glomeruli, die Drüsenepithelien der Mamma sind labiler als die der Milchgänge, in den Hoden (London und Goldberg, Thies, Seldin, Frieden) gehen zuerst die Spermatozoen und Spermatozoen bildenden Epithelien, in den Ovarien die Graafschen Follikel zugrunde. Dabei sind nicht alle Organe gleich empfindlich. Die Leber scheint schneller als die Niere zu leiden. Die Mund- und Bauchspeicheldrüsen sind sehr wenig empfindlich. Wenig studiert sind die Wirkungen auf Prostata, Schilddrüse und ihre Anhänge. Die Nebenniere hat ungefähr die Resistenz der Niere. Bei fast allen diesen Versuchen stehen feinere zytologische Untersuchungen sowohl in formaler als chemischer Beziehung noch aus.

Das empfindlichste Gewebe scheint das lymphatische zu sein, bei dem die Lymphozyten schnell absterben, ähnlich wie bei Verwendung der Röntgenstrahlen (Heineke, London, Thies, Senn, Bryant, Werner usw.) und zwar sowohl in den Lymphdrüsen wie in den Milz- und Darmlymphknötchen, sowie im Knochenmark.

Widerstandsfähiger als Epithelien sind die Endothelien der serösen Häute, auch der Blutgefäße, während sie in den Lymphknötchen empfindlicher sind. Wahrscheinlich mag hier die sekundäre Beeinflussung durch die schnell geschädigten Lymphozyten mitwirken. Vielleicht hängt auch die verschiedene Empfindlichkeit der Gefäßendothelien, die Werner betont, von sekundären Momenten ab, zumal es kaum möglich ist, sie so unmittelbar den Radiumstrahlen auszusetzen, wie die Epidermis und die überliegenden Gewebe teils eine Art Filterwirkung ausüben, teils durch ihre Schädigung schädliche Stoffwechselprodukte liefern. Thies und Werner konstatierten eine größere Empfindlichkeit des Arterienendothels als des der Venen und sind geneigt den Unterschied auf den höheren Sauerstoffgehalt des arteriellen Blutes zurückzuführen. Eine häufigere Spätwirkung der Radiumbestrahlung oder schwächerer Dosen ist eine Anregung der Gefäßneubildung. Das ist nicht ohne Bedeutung für die Behandlung der Angiome, die vielfach mit überraschend gutem Erfolge geübt ist, gelegentlich aber auch das Übel stark verschlimmert hat.

Bindegewebe und Muskulatur sind wenig und nur für starke Bestrahlungen empfindlich. Die Wirkung auf die quergestreifte Muskulatur einer Maus zeigt die beigegebenen Abbildungen. Die Querstreifung wird mangelhaft und die Längsstreifung durch die Auseinanderfaserung der Primitivfibrillen auffallend deutlich. Im Zentrum ist die Muskelsubstanz geschwunden, das Sarkolemm scheint noch erhalten, die Kerne fehlen teilweise. In der oberen Muskelfaser rechts sind an ihrem Ende anscheinend regeneratorisch mehrere dicht nebeneinanderliegende Muskelkerne vorhanden. Fig. 36. Unterhalb der Muskeln ist das Bindegewebe aufgelockert, zellreich, mit vielen stark eosingefärbten großen ovalen Zellen durchsetzt. Danysz, Okada und Goldberg berichten zwar über minimale Beeinflussung, während Thies deutliche Wirkung fand, Werner beschreibt namentlich bei Einwirkungen, die auch die Gefäße verändern, Muskelstörungen. Doch ist er der Meinung, daß die Gefäßschädigung allein nicht ausreicht, um die Muskelveränderungen zu erklären. Bei meinen Mäuseversuchen ist die Hautmuskulatur fast stets verändert, um so stärker, je weiter die Epidermisnekrose vorschreitet. Ich habe wie Werner den Eindruck gewonnen, daß sekundäre Wirkungen von der nekrotisierenden Zone aus erheblich die primäre unterstützen. Welcher Art diese Wirkungen freilich sind, ob nur Zerfallsprodukte des Gewebes, oder etwa aus den Radiumstrahlen hervorgegangene, hat sich mit Sicherheit nicht entscheiden lassen. Die glatte Muskulatur ist noch resistenter als die quergestreifte, was man fast bei allen Versuchen an den Gefäßwänden feststellen kann. Werner fand das gleiche Verhalten bei der Bestrahlung des Magens.

Ähnlich in der Resistenz wie der Muskel verhält sich das Nervensystem, worüber in einem besonderen Kapitel berichtet werden wird.

Sehr dauerhaft sind die Bindesubstanzgewebe, das faserige, elastische, knorpelige und knöcherne Gewebe. Abgesehen von sehr intensiver Bestrahlung reagiert es in der Regel mit exsudativer Entzündung bei mittlerer, mit produktiver Entzündung bei schwächerer. Besonders ist der Knorpel ein Gewebe von großer Resistenz und Neigung zu proliferierender Vermehrung (Horowitz-London, Werner, Thies). Das Periost verhält sich resistent wie das gewöhnliche Bindegewebe. Ich konnte die Beobachtung Werners, daß das Periost, wenn es erst zur Nekrose kommt, sehr gründlich abstirbt, aber die Abstoßung und Heilung solcher bis zum Knochen und in seine obersten Schichten gehenden Sequester sehr viel langsamer erfolgt, als die einfacher Hautnekrosen — Werner gibt $1\frac{1}{2}$fache Heildauer an — wiederholt bestätigen. Dies Verhalten ist ganz entsprechend dem bei Röntgenwunden. Therapeutisch hat sich mir da Glutol (Schleich) mehrfach bewährt. Dabei ist mir aufgefallen, daß septische Allgemeininfektionen selbst bei ca. fünfmarkstückgroßen und wochenlang offenbleibenden Wunden nicht eingetreten sind.

Eigenartig ist die Narbe von durch Radium erzeugten Bindegewebsdefekten. Sie zeigt eine sehr regelmäßige Schichtung parallel zur Oberfläche. Es fehlen ihr die unregelmäßigen, schrumpfenden, den Gefäßzügen folgenden Bindegewebsstränge und die obliterierende Endovaskulitis (Dominici und Barcat). Daß freilich auch gelegentlich eine Gefäßneubildung entsteht mit starker Ektasie, ist schon gesagt. Ob nach längerer Zeit nicht doch Sklerosen eintreten, ist mit Sicherheit nicht zu sagen.

Ein weiterer manchmal unerwünschter Umstand ist der Haarausfall bei stärkerer Bestrahlung. Bei mäßigen Strahlungsdosen kann der anfängliche Defekt wieder durch Neubildung der Haare von dem resistenten Haarbulbus aus gehoben werden, während bei kräftiger Bestrahlung eine dauernde Alopezie bestehen bleibt.

Sehr interessant ist das Verhalten pathologischer Gewebe. Hier sind besonders die Versuche Werners anzuführen, der die Gewebe verschiedenen Einwirkungen, Kälte, Wärme, Traumen, entzündlichen Reizen wie Kroton- und Terpentinöl-Einreibungen aussetzte und dann bestrahlte oder umgekehrt vorbestrahlte Hautstellen nachträglich reizte. Durch wiederholte Kälteeinwirkungen, durch Gefrierenlassen mit dem Ätherspray, läßt sich eine starke Hyperplasie besonders im Epithel mit Bildung atypischer Mitosen und vielkernigen oder abnorm großen Zellen erzeugen, weniger stark im Korium, die sich nach einiger Zeit wieder völlig ausgleicht. Bei mittelstarker Bestrahlung der auf diese Weise hyperplastisch gemachten Haut, konstatierte er einen sehr frühen Zerfall der neugebildeten Zellen, insbesondere der mehrkernigen Epithelien. Die Kerne schrumpfen, es treten Vakuolen in ihnen und um sie herum auf und alsbald erfolgt der Austritt des Chromatin, welches diffus das Protoplasma als feine Körnchen durchsetzt. Die Zellen des Rete Malpighii und der Haarbälge sind empfindlicher als die der Hautdrüsen, das Bindegewebe ist widerstandsfähiger. Die Radiumnekrose greift schon nach schwachen Bestrahlungen viel stärker in Breite und Tiefe um sich, als bei normaler Haut und erlangt bei starker Einwirkung ganz ungewöhnliche Ausdehnung. Auch die Gefäße waren labiler, da die Kälteeinwirkung ihr Endothel ebenfalls zur Wucherung gebracht hatte.

Beim umgekehrten Verfahren tritt eine Hemmung der Kältehypertrophie ein, insbesondere bilden sich keine mehrkernigen Epithelien. Ist die Bestrahlung zur Bildung einer Nekrose ausreichend, tritt diese in erheblicherem Umfange auf, als bei normaler, aber geringer als bei der zuerst mit Kälte behandelten Haut. Durch diese Kältebehandlung ist die Haut für die Radiumstrahlen „sensibilisiert“.

Ähnlich wirkten Wärmetraumen auf die Epidermis sensibilisierend, während das dabei durch exsudatives Ödem infiltrierte Korium auch hier sich resistenter verhielt, offenbar weil durch die Auseinanderdrängung der Fasern und Zellen das gleiche Strahlenquantum weniger Gewebselemente trifft.

Fast genau wie bei Wärmetraumen war bei kleinen häufig wiederholten mechanischen Reizen in analoger Weise eine deutliche Sensibilisierung der Epidermis vorhanden, aber das Umsichgreifen der Radiumnekrosen fehlte. Die Versuche mit Krotonöl zeigten, daß die Zellen, welche dadurch zur Wucherung angeregt wurden, empfindlicher waren gegen Radiumeinwirkungen, und wenn eine leukozytäre Entzündung des Koriums eintrat bei stärkerer Einreibung, dann auch dies ganz bedeutend sensibilisiert war.

Wenn aber die Haut durch Kälte oder Krotonöleinwirkung durch längere Zeit hindurch an den Entzündungsreiz gewöhnt und widerstandsfähiger gemacht war, dann war sie auch gegen die Schädigung durch die Radiumstrahlen ganz deutlich geschützt und unterempfindlich.

Auf andere Versuche mit Eosin- und Lezithinsensibilisierung ist hier nicht der Ort einzugehen, weil sie mir in enger Beziehung zu der Fermentwirkung in den Geweben zu stehen scheinen und an anderer Stelle besprochen werden.

Aus diesen Versuchen, sowie aus vielen Beobachtungen anderer Autoren geht mit einiger Sicherheit hervor, daß Zellen im Zustande des Wachstums um so empfindlicher sind, je rapider, atypischer dies vor sich geht. Das wiederum ist vor allem in den malignen Geschwülsten, Epitheliomen wie Sarkomen der Fall. So läßt sich schon vermuten, daß sie wenigstens teilweise ein dankbares Objekt für die Radiumbehandlung darstellen.

Daß dem in der Tat so ist, werden andere Autoren zu berichten haben. Auch bei diesen Tumoren besteht eine deutliche Differenzierung zwischen labilerem, pathologischen Gewebe und dem resistenteren normalen. Besonders haben Wickham und Degrais viele hierher gehörige Beobachtungen mitgeteilt und durch gute Bilder illustriert (s. Kap. XXI u. XXII dieses Werkes). Sie haben bei Epithelial- und Bindegewebstumoren durch Probeexzisionen festgestellt, daß die Tumorzellen wesentlich empfindlicher sind, als das normale Muttergewebe. Bei kräftiger Bestrahlung tritt nach einer Latenzzeit in den Geschwülsten eine vorübergehende Vergrößerung und überstürzte Zellteilung ein, oft mit Bildungen von Riesenkernen, atypischen Kernen oder mehrkernigen Zellen. Dann folgt eine Pyknose der Kerne, Karyolysis und völliger Zellzerfall. Während des Stadiums der Nekrose ist das Stützgewebe in eine Entzündung geraten mit vermehrter Extravasation von Leukozyten und Bildung junger, wanderungsfähiger Fibroblasten. Diese Zellen besorgen die phagozytäre Beseitigung des Detritus der vernichteten Geschwulstzellen.

Für die größte Tiefenwirkung bei Tumoren geben die genannten Autoren 9 cm an. Allerdings haben sie mit großen Radiummengen (19 cg) und 48stündiger Bestrahlung experimentiert. Die so behandelten Tumoren wurden nach 16—18 Tagen exstirpiert. Es ist also nicht zu sagen, was aus ihnen geworden wäre, wenn man sie nicht chirurgisch entfernt hätte.

Es wird noch lange Zeit nötig sein, bis eine genaue Kenntnis der Wirkungen des Radiums auf pathologische Gewebe gewonnen sein wird, insbesondere histologisch und zytologisch unsere Kenntnis so lückenlos gefördert ist, wie es den wissenschaftlichen Anforderungen der allgemeinen und speziellen pathologischen Anatomie entspricht, die ja auch in ähnlicher Weise für die normalen Verhältnisse vielfach noch unerfüllt sind. Wie das meiner Meinung nach relativ leicht geschehen könnte, durch zielbewußte Zusammenarbeit, habe ich oben gesagt. Rein wissenschaftlich hat das Studium der Radiumwirkung eine besondere Bedeutung, weil damit ein neuer Weg gegeben ist, in die noch immer dunklen Verhältnisse des Zellebens und Sterbens hineinzuleuchten. Denn das Radium stellt eine gut kontrollierbare Ursache oder, wenn man will, einen physikalisch und chemisch zu analysierenden Reiz dar. Man kann seine Wirkung auch außerhalb der Zellen an einzelnen Zellbestandteilen untersuchen, aus deren Veränderungen auf gleichartige Vorgänge im Protoplasma oder Kern und bei abweichenden Ergebnissen entweder auf konkurrierende, hemmende oder beschleunigende Stoffe oder aber auf die Unhaltbarkeit der Annahme schließen. Meiner Meinung nach dürfte auch der weitere Ausbau der Carelschen Gewebskulturen außerhalb des Körpers für die histologische Radiumwirkung von hoher Bedeutung sein, weil durch Zusatz bestimmter Stoffe zum Kulturplasma die Lebensbedingungen der überlebenden Zellen variabel werden. Zudem hat man die Möglichkeit, die Einwirkungen der Strahlen an denselben Zellen von Zeitintervall zu Zeitintervall direkt zu verfolgen, während man beim Tierversuch aus Serienversuchen an verschiedenen Stellen seine Schlüsse deduzieren muß. Wohl hat man schon allerhand Theorien, z. B. auf die Wirkung auf Lezithin aufbauend, für die Radiumwirkung aufzustellen versucht, aber die sichere Tatsachengrundlage ist hierfür in mehr als einer Beziehung noch allzu lückenhaft. Aber gerade diese große Lückenhaftigkeit kann ein Ansporn zu neuer Arbeit sein, denn es ist auf Schritt und Tritt Neues zu finden, und wo man das Problem anfaßt, ist es interessant und harrt der Lösung und Vertiefung. Sie wird um so leichter und objektiver zu erreichen sein, je mehr sich die Forscher von der überstürzten Hoffnung auf therapeutische Ausnutzbarkeit ihrer Resultate fern halten.

Kapitel XI.

Aus dem anatomisch-biologischen Institut der Universität Berlin.

Radiumeinwirkung auf das lebende Gewebe und auf embryonale Entwickelungsprozesse.

Von

Oscar Hertwig-Berlin.

Mit 12 Abbildungen im Text.

Bei dem Studium der Aufsehen erregenden Eigenschaften der radioaktiven Substanzen wurden die Physiker bald auch auf die intensiven Wirkungen aufmerksam, welche Radiumstrahlen auf die Haut des Menschen ausüben. Indem einzelne Forscher bei ihren physikalischen Experimenten aus Unkenntnis der mit ihnen verbundenen Gefahren die erforderlichen Vorsichtsmaßregeln anfangs außer Acht ließen, zogen sie sich an Hautstellen, die einige Zeit der Radiumstrahlung ausgesetzt worden waren, Entzündungen zu, die sich langsam ausbildeten, aber von langer Dauer waren und bei stärkerer Schädigung zu chronischen und nur schwer heilbaren Geschwüren führten.

Diese Wahrnehmungen gaben den Anstoß, daß sich die Mediziner mit der Wirkung der Radiumstrahlen auf den tierischen, besonders aber den menschlichen Körper in Experimenten zu beschäftigen begannen und namentlich ihre zerstörende Wirkung zur Entfernung und Heilung bösartiger Geschwülste an Stelle chirurgischer Eingriffe zu verwerten suchten. Bald wandte sich dann auch die biologische Forschung aus rein wissenschaftlichen Gesichtspunkten dem Studium der Einwirkungen der neu entdeckten radioaktiven Substanzen auf die Lebensprozesse der Organismen zu und zwar gleichzeitig auf botanischem und auf tierischem Gebiete.

Es zeigte sich, daß längere Bestrahlung die pflanzlichen und tierischen Zellen nach einiger Zeit abtötet, daß aber auch schon bei schwacher und kurzer Einwirkung ihr Lebensprozeß in wahrnehmbarer Weise beeinflußt werden kann. Waren in den Jahren 1903—1906 nur wenige Untersuchungen von vereinzelten Forschern, wie von den Pflanzenphysiologen Koernike und Guilleminot, oder auf tierischem Gebiete von Bohn, Perthes, Schwarz, Schaper etc. erschienen, so beginnt in der Neuzeit die Zahl der Arbeiten rasch zu wachsen, und es ist bei dem Interesse, welches die neue Forschungsrichtung immer mehr auf sich zu lenken beginnt, zu erwarten, daß schon in kurzer Zeit auch eine umfangreiche, biologische Radiumliteratur entstanden sein wird.

Als ein allgemeines Ergebnis der Radiumforschung auf biologischem Gebiete läßt sich wohl der Satz aufstellen, daß nicht alle pflanzlichen und tierischen Zellen in gleicher Weise und gleich stark auf die Bestrahlung reagieren.

Ältere und ausdifferenzierte Gewebszellen zeigen auch bei längerer Einwirkung des Radiums bald keine, bald nur wenig wahrnehmbare Veränderungen, oder sie haben, was wohl als das wahrscheinlichste bezeichnet werden kann, Veränderungen erfahren, die sich mit unseren mikroskopischen Untersuchungsmethoden nicht sichtbar machen lassen; dagegen sind junge, embryonale Zellen oder Keimzellen, wie Eier und Samenfäden, schon gegen eine sehr kurze Bestrahlung sehr empfindlich.

Die Schädigung von befruchteten Eiern erkennt man bei mikroskopischer Untersuchung in einer Veränderung der Kernteilungsfiguren, oder wenn solche noch nicht eingetreten ist, in einer mehr oder minder großen Verlangsamung der Zellteilung. Diese führt dann zu einer entsprechenden Verzögerung der einzelnen, aufeinander folgenden Entwickelungsstadien, und schließlich zu einem mehr oder minder frühen Stillstand der Entwickelung überhaupt, entweder am zweiten, dritten, vierten oder achten Tag etc. Der Stillstand geht dann aber allmählich unter Zerfall der Zellen in den Tod des Keimes über.

Aber auch in den Fällen, wo bei geringer Radiumwirkung die Entwickelung noch längere Zeit, selbst wochenlang andauert, können sich mannigfache Abweichungen von der Norm in der Bildungsweise einzelner Organe, besonders des Nervensystems, der Sinnesorgane, des Blutes und der Blutgefäße, oder Störungen des normalen Wachstums etc. erkennen lassen. Daher läßt sich in den Fällen, wo Bestrahlung der Keimzellen zunächst keine sichtbaren Veränderungen in denselben hervorruft, doch der sich anschließende Entwickelungsprozeß infolge seiner Störungen, wie ich in einer meiner Untersuchungen bemerkt habe, als ein außerordentlich feines Reagens für die Beurteilung der in den Keimzellen hervorgerufenen Radiumwirkung verwerten. Der Schluß liegt nahe, daß bestrahlte Zellen Veränderungen erlitten haben, auch in den Fällen, wo sie im Vergleich zu normalen Zellen bei Anwendung der stärksten Vergrößerungen für unser Auge unverändert erscheinen.

Die Veränderungen liegen dann nur auf einem für unsere direkte Wahrnehmung unzugänglichen Gebiet und lassen sich nur aus funktionellen Störungen erschließen. In dieser Hinsicht gewinnt aber gerade die Beeinflussung von embryonalen Zellen und von Keimzellen durch Radiumstrahlen ein erhöhtes Interesse. Denn es eröffnet sich hier ein Forschungsgebiet, dessen weitere Bearbeitung zu den bereits bekannt gewordenen Erscheinungen noch eine Fülle neuer Befunde bei Ausdehnung der Untersuchungen auf zahlreichere Tierklassen hinzufügen wird.

Da in den drei vorausgegangenen Abschnitten des Handbuches die Radiumwirkung in der Pflanzenbiologie, Bakteriologie und Histologie schon besprochen worden ist, werde ich mich in diesem Kapitel auf die Radiumeinwirkung auf embryonale Entwickelungsprozesse im Tierreich beschränken.

Ich bespreche zuerst die Veränderung der Kernteilungsfiguren infolge von Bestrahlung, zweitens die Bestrahlung der Embryonalzellen auf einzelnen frühen Stadien der Keimesentwickelung, drittens die Bestrahlung der männlichen oder weiblichen Keimzellen vor ihrer Verwendung zur Befruchtung.

I. Abschnitt.

Beeinflussung der Kernteilungsfiguren und der Zellteilung durch Radiumbestrahlung.

Wie bekannt, bilden die Keimzellen von Ascaris megalocephala eines der besten Objekte zum Studium der Kernteilungsfiguren wegen der außergewöhnlichen Größe und geringen Anzahl ihrer Chromosomen. Es wird daher verständlich, daß gerade an diesem Objekt auch schon Radiumuntersuchungen von verschiedenen Seiten, von Perthes, von Barlow und Bonney und zuletzt von Paula Hertwig vorgenommen worden sind. In diesen wie in ähnlichen Fällen werden die Experimente am besten in folgender Weise ausgeführt. Die Eier werden in einem kleinen Wassertropfen, welcher der Größe des mit Radiumbromid gefüllten Raumes der gebräuchlichen Kapseln entspricht, auf einen Objektträger gebracht. Genau über den Tropfen wird dann die Radiumkapsel gelegt, gestützt auf Glasleisten, so daß der Abstand von den Eiern einige wenige Millimeter beträgt; sie wird dabei so orientiert, daß alle Eier sich gleichmäßig direkt in dem Bereich der Radiumstrahlung befinden. Das so hergerichtete Präparat und gleichzeitig ein Objektträger mit Eiern, die nicht bestrahlt werden und als Kontrolle zum Vergleich dienen sollen, werden zur Verhütung des Eintrocknens in eine feuchte Kammer gebracht und bei geeigneter Temperatur

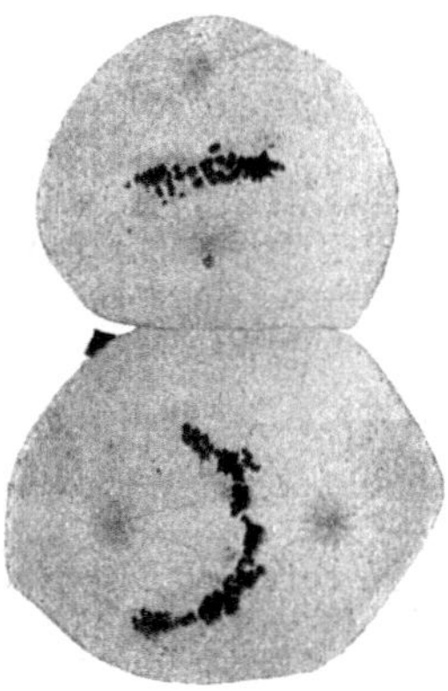

Fig. 37.
Schnitt durch ein zweigeteiltes Ei von Ascaris megalocephala univalens, das kurz vor der Zweiteilung eine Stunde mit Radium (I) bestrahlt und 24 Stunden später auf dem Spindelstadium fixiert worden war. Nach Paula Hertwig.

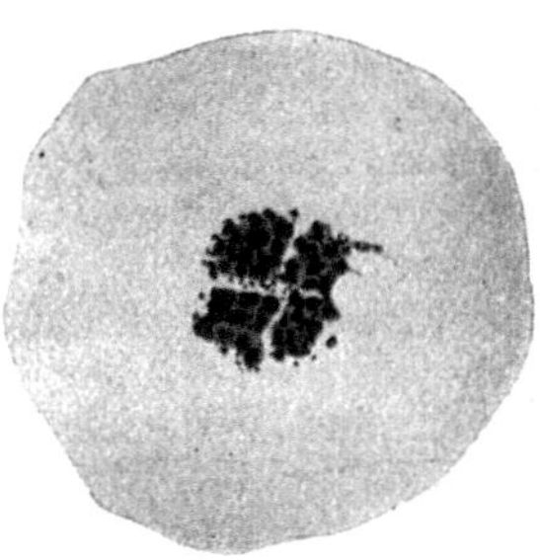

Fig. 38.
Schnitt durch ein Ei von Ascaris megalocephala bivalens, das nach Entnahme aus dem Uterus mit Radium I zwei Stunden lang bestrahlt und zwei Tage später auf dem Stadium des Muttersterns mit vier Chromosomen fixiert worden war. Nach Paula Hertwig.

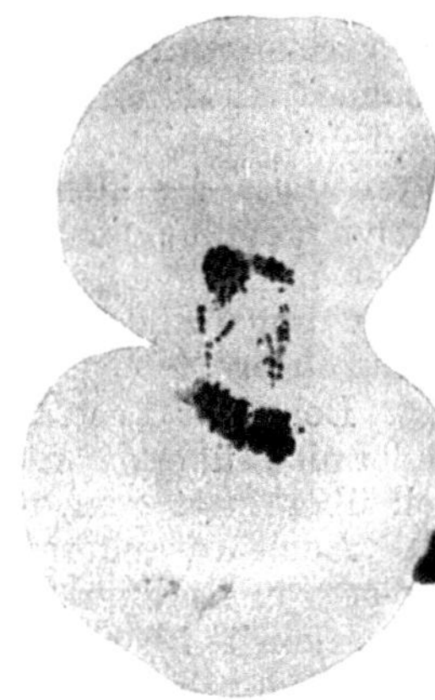

Fig. 39.
Schnitt durch ein in Zweiteilung begriffenes Ei von Ascaris megalocephala bivalens, das nach der Entnahme aus dem Uterus zwei Stunden mit Radium I bestrahlt und zwei Tage später fixiert worden war. Nach Paula Hertwig.

(eventuell im Thermostaten) aufbewahrt. Je nachdem die Bestrahlung $\frac{1}{2}$—24 Stunden gedauert hat, werden die Kernteilungsfiguren von Eiern, die dem Ende des Uterusschlauches, wo sie noch Ei- und Samenkern enthalten, entnommen worden sind, weniger oder stärker verändert. Bei schwächerer Radiumwirkung werden noch in typischer Weise zwei resp. vier große Kernschleifen, je nachdem es sich um Ascaris megal. univalens oder bivalens handelt, angelegt; dagegen kommt es bei größerer Schädigung infolge längerer Bestrahlung oder Verwendung kräftigerer Präparate überhaupt nicht mehr zu einer Chromosomenbildung: Auf dem Stadium des Muttersternes finden sich in der Mitte der Spindel, an deren Enden die beiden Zentrosomen nachweisbar sind, größere und kleinere unregelmäßige Haufen von Chromatinkörnchen, so daß die Teilungsfiguren eine gewisse Ähnlichkeit mit denen der somatischen Zellen erhalten (Fig. 37). Bei der Polansicht der Spindel ist die Masse der durch Linin verbundenen Körner zuweilen noch in vier platte Haufen, entsprechend den vier typischen Chromosomen in mehr oder minder deutlicher Weise getrennt (Fig. 38). Auf späteren Stadien, wo ein normaler Verlauf der Längsspaltung der Mutterfäden in Tochterfäden und ihre Umordnung in die Tochtersterne Flemmings erfolgt ist, haben sich in den Radiumpräparaten auch die Haufen der Chromatinkörnchen in zwei Gruppen getrennt, die nach den Enden der Spindelfigur auseinander gewichen sind. Dabei werden aber häufig einzelne Chromatinkörnchen beobachtet, die in der Mitte beider Gruppen beim Auseinanderweichen zurückgeblieben sind. (Fig. 39.)

Bei der Durchschnürung des Protoplasma werden die beiden unregelmäßigen Haufen der Chromatinkörnchen auf zwei Zellen verteilt, in denen sie sich dann in zwei bläschenförmige Kerne umwandeln. Wie man hieraus sieht, sind durch die Radiumbestrahlung die charakteristischen Stadien der Kernteilungsfiguren in so hohem Grade verändert, daß man sie nicht mehr als solche von Ascaris megolocephala erkennen würde.

In solchen Fällen wird auch der Prozeß der Zellteilung ganz außerordentlich verlangsamt. Bei einstündiger Bestrahlung mit einem Präparat von 2,0 mg reinem Radiumbromid waren die Eier erst nach 48 Stunden zweigeteilt, während die Kontrollobjekte schon in vier Stücke zerfallen waren; einen Tag später waren diese zu kleinen Morulae von 6—8 Blastomeren entwickelt, jene aber erst viergeteilt oder noch in Vorbereitung zur Vierteilung begriffen. Vier Tage später begannen die Radiumeier, die inzwischen sich zu einem Haufen von Zellen umgewandelt hatten, zu zerfallen und abzusterben, während aus allen Kontrolleiern lebende Würmer gezüchtet wurden.

Bei einer Bestrahlungsdauer von 21—48 Stunden gelangen die Eier entweder nicht über das Stadium der Zweiteilung hinaus, oder sie bleiben zum großen Teil überhaupt ganz ungeteilt.

Auch an anderen Objekten sind Veränderungen der Kernteilungsfiguren infolge von Radiumbestrahlung beobachtet, wenn auch nicht in so eingehender Weise Schritt für Schritt verfolgt worden. So berichtet Koernicke von seinen Studien an pflanzlichen Objekten, daß bei langer Bestrahlung von Vegetationskegeln oder von den Pollenmutterzellen die Chromosomen in den Spindeln untereinander verklumpen, daß im Knäuelstadium der Kernfaden seine Abgrenzung verliert und daß der Knäuel auf diese Weise schließlich ein vollständig homogener Klumpen wird, welcher begierig Safranin aufnimmt.

In den Tochterkernen von Pollenmutterzellen sah er eine übergroße Menge extranukleärer Nukleolen im umgebenden Plasma auftreten, was deutlich auf eine Störung der normalen Verhältnisse hinweist. Koernicke schließt hieraus mit Recht auf eine direkte Schädigung der chromatischen Bestandteile des Kernes durch die Radiumstrahlen.

II. Abschnitt.

Bestrahlung junger tierischer Embryonalstadien wie des zweigeteilten Eies, der Morula, der Blastula, der Gastrula, der Neurula etc.

Die am genauesten und häufigsten studierten Objekte in der durch die Überschrift angegebenen Richtung sind die Eier von verschiedenen Amphibien, wie vom Frosch, vom Axolotl, von der Kröte. Die Reihe der Untersuchungen eröffneten 1903 der französische Forscher Bohn und 1904 Schaper, dessen Untersuchungen nach seinem frühzeitig erfolgten Tod auf Grund hinterlassener Präparate von Levy (1906) zu Ende geführt wurden. Ihnen schlossen sich später Schmidt (1907) und Bardeen (1909), sowie in einer Reihe umfangreicherer Arbeiten Oscar und Günther Hertwig an.

Als gemeinsames, allgemeinstes Resultat aller dieser Untersuchungen läßt sich das Ergebnis bezeichnen, zu welchem auch schon die Botaniker Koernicke und Guilleminot bei Experimenten mit pflanzlichen Keimen geführt worden waren, daß β- und γ-Strahlen einen hemmenden und schädigenden Einfluß auf die embryonalen Prozesse ausüben.

Die Schädigung fällt um so stärker aus, je jünger die bestrahlten Keime sind. Außerdem hängt sie auch von der Dauer der Behandlung und von der Stärke des verwandten Präparates ab.

In der Regel läßt sich während der Bestrahlung und geraume Zeit nach derselben eine Reaktion auf den Eingriff nicht wahrnehmen. Die Entwickelung der bestrahlten Eier nimmt zunächst wie bei den Kontrollobjekten ungestört ihren Fortgang. Erst nach längerer Latenzperiode machen sich die nachteiligen Folgen in den verschiedenartigsten Entwickelungsstörungen bemerkbar.

Veranschaulichen wir diese allgemeinsten Ergebnisse durch eine kurze Besprechung einiger besonderer Fälle.

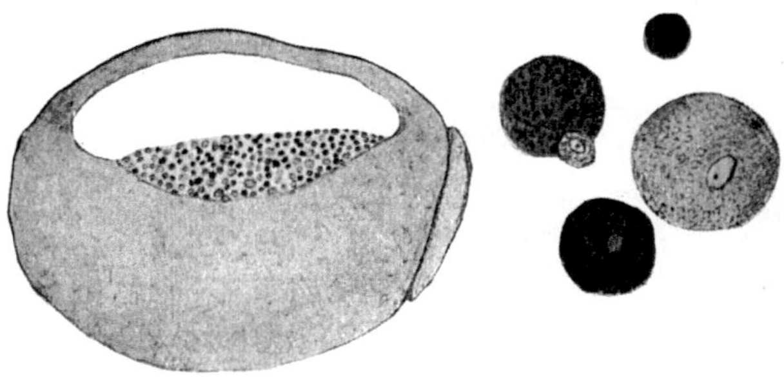

Fig. 40.

Durchschnitt durch die Keimblase eines Eies von Rana fusca, welches auf dem Stadium der Zweiteilung $1\frac{1}{4}$ Stunde mit Radium bestrahlt wurde. Zwei Tage nach der Befruchtung in Formalin konserviert. a, b, c = stärker vergrößerte, isolierte, kugelige Zellen vom Boden der Keimblase. a = große, unpigmentierte, vegetative Zelle, b = mehr oder minder stark pigmentierte, animale Zellen. c = kleinste, pigmentierte, kugelige Zelle. Nach Oscar Hertwig.

Froscheier, die während der ersten Teilungen bestrahlt wurden, fahren ohne Störungen sich zu teilen fort, und wandeln sich in eine Maulbeerkugel und dann in eine Keimblase um; sie sind in den zwei ersten Tagen von den Kontrollobjekten kaum zu unterscheiden, höchstens bei genauer Prüfung durch geringe Unterschiede in der Größe der Zellen, besonders am vegetativen Pol. (Stadium der latenten Radiumwirkung.) Von diesem Stadium an hört jedoch jede weitere Entwickelung auf, wenn stärkere Radiumpräparate kurze Zeit, oder schwächere eine halbe Stunde und mehr eingewirkt hatten.

Während die Kontrolleier den Urmund und die Rückenwülste bilden, bleiben die bestrahlten Eier auch am dritten und vierten Tage Keimblasen und sterben schließlich in diesem Zustand ab. Man erkennt dies daran, daß die perivitelline Flüssigkeit sich durch Fällung in ihr gelöster organischer Substanzen zu trüben beginnt, und daß die Oberfläche der Blastula eine feinkörnige Beschaffenheit annimmt. Wie Durchschnitte an konserviertem Material lehren, sind auch im Inneren pathologische Veränderungen eingetreten. Es haben sich nämlich während der vorausgegangenen Entwickelungsstadien Zellen, wahrscheinlich infolge stärkerer Schädigung durch die Radiumbestrahlung, in größerer Anzahl aus dem Verband mit den übrigen Zellen der Wandung abgelöst, sind in die Keimblasenhöhle gefallen und bilden an ihrem Boden noch eine besondere, deutlich abgegrenzte Schicht. Die isolierten Elemente liegen nur locker zusammen, sind kugelig, von sehr verschiedener Größe, und bald stärker, bald weniger oder gar nicht pigmentiert. Hieraus folgt, daß sie entweder von den animalen oder von den vegetativen Zellen, erstere von der Decke, letztere von dem Boden der Keimblase abstammen müssen. (Fig. 40 siehe S. 167.) An die Trübung der perivitellinen Flüssigkeit schließt sich dann auch bald der Tod und der Zerfall des embryonalen Zellenmaterials an.

Wenn die Bestrahlung während der Zweiteilung mit schwächeren Radiumpräparaten und nur kurze Zeit, etwa 5—10 Minuten, vorgenommen wurde, so schreitet zwar die Entwickelung noch etwas über das Keimblasenstadium hinaus, wird aber eine so pathologische, daß das Absterben und der Zerfall der Eier nur um einen oder wenige Tage weiter hinausgeschoben wird. Schon die Umwandlung der Keimblase in eine Gastrula vollzieht sich jetzt in einer eigentümlich anormalen Weise. Eine Urmundrinne bildet sich um die ganze vegetative Hemisphäre herum. (Fig. 41.) Anstatt die bekannten Stadien einer Sichelrinne, eines Hufeisens und eines runden, immer enger werdenden Blastoporus zu durchlaufen, bleibt der Urmund in diesem Falle eine kolossal weite Öffnung, aus welcher die ganze vegetative Hemisphäre, als ein Riesendotterpfropf hervorsieht. So ist durch die Radiumbestrahlung eine Art Hemmungsbildung hervorgerufen worden, indem der Verschluß des Urmundes bei seiner Anlage nicht hat eintreten können. Gewöhnlich sterben derart beschaffene Eier in diesem Zustande ab, oder machen nur noch geringfügige und dann gleichfalls abnorme Veränderungen bei weiterer Entwickelung durch.

Fig. 41.
Pathologische Gastrula mit sehr weit geöffnetem, ringförmigem Urmund und einem Riesendotterpfropf, entstanden aus einem Ei, das nach etwa beendeter Zweiteilung fünf Minuten mit einem Präparat von 5,3 mg reinem Radiumbromid bestrahlt und am Ende des zweiten Tages nach der Befruchtung konserviertwurde. Nach Oscar Hertwig.

Eine eigentümliche und mit großer Konstanz auftretende Reaktion zeigt sich bei Eiern, die während des Stadiums der Keimblase oder am Beginn der Urmundbildung ½—4 Stunden bestrahlt werden. In der schon oben erwähnten Latenzperiode beginnt zwar in normaler Weise der Einstülpungsprozeß, der von seinem ersten Auftreten bis zur vollen Ausbildung der Gastrula bei gewöhnlicher Wassertemperatur etwa einen Tag erfordert; während desselben beginnen aber nach einiger Zeit auffällige Störungen einzutreten. Bei den Verschiebungen und Verlagerungen des Zellenmaterials, auf denen die Gastrulation beruht, werden kleinere und größere Brocken von Dotterzellen in den perivitellinen Raum abgestoßen, wo sie sich zwischen Embryo und Dotterhaut ansammeln. Am zweiten und dritten Tag nach der Bestrahlung erscheinen die Eier wie abgestorben. Während die Kontrollen schon gestreckte Embryonen geworden sind und sich schwach zu bewegen beginnen, ist an den bestrahlten Objekten von einem Embryo oft nichts mehr zu sehen. Man könnte glauben, daß er in einen Detritus zerfallen sei. Denn der perivitelline Raum ist bald stärker bald weniger mit einer trüben, feinkörnigen, und durch verteiltes Pigment grau gefärbten Flüssigkeit erfüllt. Trotzdem sind in der Dotterhaut noch lebende, wenn auch stark veränderte, pathologische Embryonen vorhanden. Dieselben lassen sich, wenn man mit Scheere und Nadel die Dotterhaut abpräpariert, aus der trüben perivitellinen Flüssigkeit isolieren; sie sind im Vergleich zu den Kontrolltieren erheblich verkleinert, da sie während der Gastrulation viele geschädigte Dotterzellen durch den Urmund nach außen ausgestoßen haben.

Trotz ihrer kümmerlichen Entwickelung sind sie etwas in die Länge gestreckt, lassen Kopf- und Schwanzende erkennen und führen sogar rotierende Bewegungen im Wasser aus; denn es hat sich auf der oberflächlichen Zellschicht ihrer Epidermis ein Flimmerkleid gebildet, wie es auch in der normalen Entwickelung der Amphibienembryonen vorübergehend beobachtet wird. Infolge der Flimmerung der Körperoberfläche und der dadurch bewirkten Rotation der Embryonen, sind die während der Gastrulation ausgestossenen, zelligen Dottermassen in kleine Partikelchen zerlegt worden, welche die allgemeine, oben erwähnte Trübung der perivitellinen Flüssigkeit hervorgerufen und den Anschein erweckt haben, als ob die Eier ganz abgestorben und zerfallen seien. Obwohl die aus den Eihüllen isolierten, mißgebildeten Zwergembryonen noch am Leben waren, sind sie doch Gebilde, die sich nicht viel weiter entwickeln können und beim gewöhnlichen Verlauf der Dinge bald innerhalb der Eihüllen abgestorben und zerfallen sein würden.

Viel günstiger als in den bisher besprochenen Fällen gestaltet sich die weitere Entwickelung der Amphibienembryonen, wenn die Bestrahlung erst nach vollendeter Gastrulation vorgenommen wird, also zur Zeit, wo die Medullarplatte entweder noch flach ausgebreitet oder zu einer mehr oder minder tiefen Rinne zusammengekrümmt oder bereits zum Nervenrohr ganz geschlossen ist.

Zunächst kommen alle die Störungen in Wegfall, die sich bei früher vorgenommener Bestrahlung während der jüngeren, jetzt schon abgelaufenen Entwickelungsstadien einzustellen pflegen, die Ansammlung ausgestoßener Zellen im Blastocoel, die Entleerung von Dotterbrocken in den Urdarm und in den Raum zwischen Ei- und Dottermembran. Die perivitelline Flüssigkeit bleibt daher jetzt klar. Aber hiervon abgesehen, scheinen überhaupt die embryonalen Zellen, wenigstens zum Teil, nicht mehr so empfindlich wie am Anfang gegen die Bestrahlung mit β- und γ-Strahlen zu sein.

Die Entwickelung nimmt, je nachdem die Bestrahlung eine oder zwei Stunden oder nur 15—30 Minuten gedauert hat, entweder eine oder zwei bis vier Wochen ihren Fortgang. Die Embryonen strecken sich von Tag zu Tag mehr, erhalten ein Kopf- und Schwanzende, beginnen Bewegungen in der Eihülle auszuführen, und diese schließlich zu sprengen und auszuschlüpfen. In der Zeit haben sich die verschiedensten Organe und Gewebe entwickelt, deren Entstehung man zum Teil schon bei äußerlicher Betrachtung verfolgen kann; am Kopf werden frühzeitig zwei große Haftnäpfe ausgebildet, mit denen sich die ausgeschlüpften Larven dann an die Gallerthülle fest ansetzen. Kiemenfäden treten als kleine Höcker auf, die nach und nach zu kurzen Zotten auswachsen; das Schwanzende umgibt sich mit einem Flossensaum. Von inneren Organen werden Darmkanal und Nervenrohr, Chorda, Gallertgewebe, Herz mit Blutgefäßen, Ursegmente, Muskulatur, die Vornieren, die Sinnesorgane wie Auge mit Linse und die Hörbläschen angelegt.

Trotzdem wird auch jetzt noch durch die vorübergehende Bestrahlung der Embryonen auf dem Stadium, auf welchem sich die Anlage des Nervensystems vollzieht, ein großer Einfluß auf den Entwickelungsprozeß vieler Organsysteme ausgeübt und ihm ein pathologisches Gepräge in ganz charakteristischer Weise erteilt. Es entstehen ganz besondere Formen von Mißbildungen, für welche im Hinblick auf ihre Entstehungsursache der Name Radiumembryonen und Radiumlarven wohl anwendbar ist. Auch kann man den durch vorübergehende Radiumbestrahlung mehr oder minder stark beeinflußten und gestörten Entwickelungsprozeß der Amphibieneier, wie ich es in meiner letzten Abhandlung getan habe, wohl geradezu als eine Radiumkrankheit bezeichnen.

Mißgebildete Larven, welche ausgeschlüpft sind, kann man übrigens auch aus Froscheiern züchten, die während der Zweiteilung (vgl. S. 168) bestrahlt worden sind, dann allerdings nur kürzere Zeit, 5, 10 oder 15 Minuten und mit schwächeren Radiumpräparaten. Eine so gewonnene, sechs Tage alte Radium larve mit dem dazu gehörigen, gleichalterigen, normalen Kontrolltier zeigt uns Fig. 42.

Im Vergleich zu den Kontrolltieren (b) bleiben die Radiumlarven (a), wie uns Fig. 42 lehrt, in ihrer Entwickelung mehr oder minder erheblich zurück. Schon beim Ausschlüpfen aus den Hüllen sind sie viel kleiner. Je älter sie werden, um so mehr tritt dieser Größenunterschied hervor; bei vorgenommenen Messungen sind sie oft nur halb, ja sogar nur ein drittel so lang, als die genau gleichalterigen Kontrolltiere. Die Größendifferenz beruht namentlich auf der geringen Entwickelung des Schwanzes (Fig. 42a). Während dieser sich bei gesunden Tieren (Fig. 42b) bekanntlich zu einem kräftigen, mit einem breiten Flossensaum ausgestatteten Ruderorgan umwandelt, bleibt er hier, obwohl er auch aus vielen aufeinander folgenden Muskelsegmenten zusammengesetzt ist, außerordentlich klein und ist oft unter Verkümmerung des Flossensaumes zu einem unscheinbaren Anhängsel des Rumpfes entwickelt (Fig. 42a). Ferner gewinnen die Radiumlarven nach ihrem Ausschlüpfen, von ihrer Kleinheit

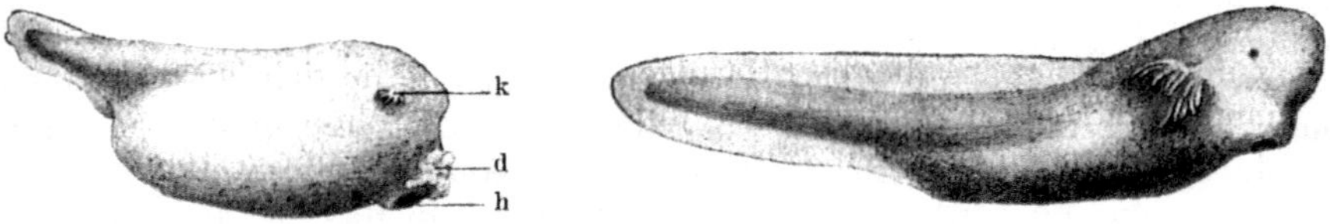

a) Fig. 42. b)

a) Sechs Tage alte Radiumlarve, entstanden aus einem Ei, das nach beendeter Zweiteilung 15 Minuten mit einem sehr schwachen Radiumpräparat von 2,0 mg Aktivität bestrahlt wurde. Starke Bauchwassersucht. Oberhalb der Haftnäpfe am Kopf mehrere Dotterbrocken, die während der Gastrulation ausgestoßen worden sind. d = ausgestoßene Dottermasse, welche dem Kopf aufliegt. h = Haftnapf. k = rudimentäre Kiemenhöckerchen.

b) Zu dem Versuch gehörige, gleichfalls sechs Tage alte, normale Kontrollarve, mit reich entwickelten, großen Kiemenbüscheln, während bei der Radiumlarve 6a die Kiemen zu kurzen Höckerchen (k) verkümmert sind.

abgesehen, auch noch von Tag zu Tag mehr ein unförmliches Aussehen. Dasselbe wird durch eine sich frühzeitig ausbildende und von Tag zu Tag an Intensität zunehmende Wassersucht hervorgerufen. Infolgedessen wird die Bauchgegend (Fig. 42a) immer mehr trommelartig aufgetrieben und die Bauchwand schließlich so verdünnt und durchsichtig, daß man das Herz und den Darmkanal durch sie deutlich hindurchschimmern sieht und das Schlagen des Herzens beobachten kann. Die durchscheinende, im Leben prall gespannte Rumpfwand besteht dann nur aus zwei sehr dünnen Zellenblättern, der Epidermis und dem zu einer feinen Endothelmembran umgewandelten Hautfaserblatt. Bei höheren Graden der Auftreibung lassen sich Kopf und Rumpf nicht mehr wie bei schlanken normalen Larven durch eine Einschnürung voneinander abgrenzen; beide zusammen haben entweder die Form einer Tonne oder eines Ballons angenommen, an welchem sich nach hinten als mehr oder minder kleines Anhängsel der kurze, stümmelförmige Schwanz ansetzt. Dieser hat häufig auch eine veränderte Stellung erhalten. Denn er liegt nicht normalerweise in der Verlängerung der Rumpfachse, sondern ist unter einem stumpfen oder gar unter einem rechten Winkel über die Rückenfläche nach oben gekrümmt. Die meisten Radiumlarven sind daher zu einem dorsalwärts offenen Halbring zusammengekrümmt.

Infolge der Bauchwassersucht, der geringen Entwickelung des Ruderschwanzes und der mangelhaften Differenzierung des Muskelgewebes sind die Radiumlarven nach dem Ausschlüpfen aus den Hüllen gewöhnlich außerstande, sich im Wasser fortzubewegen. Sie bleiben fast unbeweglich auf dem Boden des Gefäßes liegen, während die schlanken Kontrolltiere nach Befreiung aus der Gallerte hurtig im Wasser herumschwimmen. Auch ihre Sensibilität scheint herabgesetzt. Wenn man die Oberfläche ihrer Haut mit einer Nadelspitze berührt, so löst man dadurch nur einige schwache, zitternde, konvulsivische Bewegungen des Rumpfes und des Schwanzes aus, auf die nach kurzer Dauer wieder vollkommene Bewegungslosigkeit folgt. Berührung und Zuckung sind gewöhnlich durch ein verschieden langes Intervall voneinander getrennt. Wenn man durch Erschütterung das Wasser im Zuchtgefäß in Bewegung versetzt, so flottieren die am Boden befindlichen Radiumlarven mit den Wasserwellen hin und her, und nur wenige, die sich der Norm am meisten nähern und am lebenskräftigsten sind, werden hierdurch zu Schwimmbewegungen vorübergehend angeregt. So befinden sie sich denn mehr oder minder in einem lähmungsartigen Zustand. Zum Teil ist dies auch mit einer der Gründe, daß sich die Radiumlarven nur schwer längere Zeit am Leben erhalten lassen. Denn trotz täglichen Wasserwechsels und sorgfältiger Beobachtung der Kultur kommt es leicht zur Entwickelung von Pilzkolonien auf der Epidermis der unbeweglich am Boden liegenden Larven, die dann bald absterben und zerfallen. Bei geringer Pflege kann eine ganze Kultur durch eine rasch sich ausbreitende, allgemeine Infektion vorzeitig an einem Tage zugrunde gehen, während normale Tiere selbst in verunreinigtem Wasser ohne Schaden wochenlang am Leben bleiben.

Was endlich die Entwickelung der einzelnen Organe betrifft, so läßt sich deutlich eine verschiedene Reaktionsweise, man könnte auch sagen, eine verschiedene Empfindlichkeit der Embryonalzellen, welche die einzelnen Anlagen bilden, gegenüber der Radiumbestrahlung feststellen, so daß einzelne Organe sehr stark, andere fast gar nicht geschädigt wurden. Zu den ersteren gehören in erster Linie das Zentralnervensystem, Gehirn und Rückenmark, dann Herz und Blut, nächstdem die höheren Sinnesorgane und die Muskulatur. Dagegen leiden alle übrigen Organe und Gewebe wenig oder fast gar nicht unter der Radiumbestrahlung. So wird die Chorda auch bei Mißbildungen, bei denen das Zentralnervensystem ganz degeneriert ist, als ein scharf abgegrenzter Strang von großen blasigen Zellen unter einer degenerierten Zellenplatte, welche das Rückenmark repräsentiert, ganz dicht unter der Oberfläche des Rückens angetroffen. Ebenso werden Darmkanal, Urnierengang, Vornierenkanälchen, Gallertgewebe und Blutgefäße im Ganzen normal angelegt. Die aus langen Zylinderzellen zusammengesetzten beiden Haftnäpfe (Fig. 42a) am Kopfe werden auch bei den größten Mißbildungen niemals vermißt. Die Epidermis ist normalerweise in die bekannte Grund- und Deckschicht gesondert, zeigt aber an bestimmten Örtlichkeiten, wie in der Herz- und Bauchgegend die krankhafte Neigung zu zottigen Wucherungen, an denen aber nur das Epithelgewebe beteiligt ist.

Die Degenerationen im Bereich des Zentralnervensystems, der Muskulatur des Herzens und des Blutes fallen je nach der Stärke des Radiumpräparates und der Dauer seiner Anwendung sehr verschieden aus. Wenn die Nervenplatte im ersten Stadium ihrer Ausbildung, wo ihre Ränder sich kaum gegen die Umgebung etwas abgrenzen lassen, intensiver bestrahlt wird, so läßt sich ihre Umwandlung zum Hirn- und Nervenrohr ganz verhindern. Während im Bereiche des Hornblattes die Zellen sich abplatten und zur doppelschichtigen Epidermis fest zusammenschließen, verlieren sie im Bereiche der Medullarplatte allmählich ihren festen Zusammenhang, werden kugelig und beginnen zum Teil zu degenerieren. Aus der Medullarplatte geht nur eine pathologische Gewebsmasse hervor, die aus locker zusammenliegenden Rundzellen ohne feste Anordnung und Struktur besteht. Die Rundzellen sind sehr verschieden groß und zeigen an ihren Kernen charakteristische Veränderungen, welche die pathologischen Anatomen als Karyorhexis und als Pyknose zu bezeichnen pflegen. Entweder hat sich das Chromatin als eine stark färbbare, homogene Kugelschale, meist nur als eine Kalotte der Kernmembran angelagert, oder der Kern ist ganz auf ein kleines, kompaktes und homogenes Kügelchen zusammengeschrumpft, das bei Färbung mit Boraxkarmin durch seine rote Färbung aus dem normalen Gewebe hervorleuchtet.

In den Fällen, wo die Nervenplatte so hochgradig geschädigt ist, unterbleibt häufig auch die Ausbildung der Rückensegmente und die Differenzierung zu Muskelfasern. Wenn man daher durch Radium geeignete Embryonalstadien von Amphibieneiern in passender Weise, das heißt, bei richtig gewählter Intensität des Präparates und Dauer der Bestrahlung, behandelt, kann man nervenlose und muskellose Monstra erhalten, an denen gewissermaßen die Rückengegend fehlt, während die übrigen Organe und Gewebe (Chorda, Darm, Vorniere, Hörbläschen, Haftnäpfe) sich weiter entwickelt haben.

Bei weniger starker Bestrahlung oder wenn dieselbe erst auf dem schon älteren Stadium der Nervenrinne erfolgt, kommt es zwar zur Bildung des Hirn- und Rückenmarkrohrs; bei ihrer weiteren Differenzierung stellen sich aber die allerverschiedensten Schädigungen entsprechend dem Grade der vorausgegangenen Radiumwirkung ein. Die hier sich darbietende Mannigfaltigkeit habe ich in meinem Werk: „Die Radiumkrankheit tierischer Keimzellen“ in wenigen Sätzen dahin zusammengefaßt: „Der in dem oben beschriebenen Fall schon auf dem Stadium der flachen Medullarplatte eintretende Zerfall beginnt erst nach Verschluß des Rohres; dann füllen sich Ventrikel und Zentralkanal mit ausgestoßenen und kugelig gewordenen Zellen, sowie mit ihren Zerfallsprodukten. Da die äußerste Epithelschicht am längsten intakt bleibt, entsteht ein dünnwandiges, mit Detritus erfülltes Epithelrohr, das in extremen Fällen die Fähigkeit zu weiterer Differenzierung verloren hat. In leichteren Fällen dagegen, in denen eine geringere Neigung zum Zerfall besteht und daher weniger Zellen in den inneren Hohlraum abgelöst worden sind, beginnt das Epithelrohr sich auf der äußeren Fläche mit einer dünnen Schicht von Nervenfibrillen zu bedecken. Von hier finden sich alle möglichen Übergänge zum normalen Gestaltungsprozeß von Hirn und Rückenmark. Selten aber wird man eine leidlich gut entwickelte und älter gewordene Radiumlarve antreffen, an welcher bei mikroskopischer Untersuchung des Zentralnervensystems nicht an dieser oder jener Stelle pathologische Veränderungen verschiedener Art zu beobachten waren, teils in den gröberen Formen, teils in der feineren Struktur: Schwund der zentralen Höhle, unregelmäßige Verteilung der Nervenfibrillen in der Wand des Hirns, Nester pyknotischer Kerne, größere Pigmentschollen, vereinzelte, ausgestoßene Zellen in den Ventrikeln und im Zentralkanal.“

Die Augenanlage zeigt entsprechend ihrer Abstammung vom Hirnrohr stärkere Schädigungen als das Gehörorgan. Selbst bei hochgradigen Mißbildungen, wie z. B. bei vollständigem Schwund des Hirnrohres, können noch zwei kleine Hörbläschen, entweder von nahezu normaler Größe oder als mehr und minder kümmerliche Rudimente von dem äußeren Keimblatt aus entwickelt werden. Stark geschädigt wird das Herz durch die Radiumbestrahlung in seiner Entwickelung. Im Vergleich zu den Kontrolltieren stellt es ein nur enges Endothelrohr dar, in welchem nur vereinzelte Blutkörperchen ebenso wie in den spärlich als Endothelröhren ausgebildeten Blutgefäßen vorgefunden werden. Wahrscheinlich steht hiermit die gleichfalls kümmerliche Entwickelung der äußeren Kiemen (vgl. Fig. 42a und 42b) in Zusammenhang. Während dieselben bei den Kontrolltieren zu mächtigen, blutreichen, verzweigten Zottenbüscheln heranwachsen, bilden sie sich bei den Radiumtieren nicht nur später aus, sondern werden kleine Höcker oder kurze Zöttchen, die einfach bleiben oder sich nur wenig verästeln. Wahrscheinlich fehlt dadurch, daß bei der schwachen Herzaktion das Blut nicht kräftig in sie hineingetrieben wird, der erforderliche Anstoß zur besseren normalen Entwickelung.

In ähnlicher Weise, wie einzelne Embryonalstadien der Amphibien durch Bohn, Schaper, Levy, Oscar und Günther-Hertwig, sind auch meroblastische Eier, und zwar die Keime von Hühnern und von Selachieren durch Tür mit Radium bestrahlt und Ergebnisse erzielt worden, welche sich ergänzend an die bisher beschriebenen anschließen. Tür hat die Bestrahlung von Hühnereiern in zweifach verschiedener Weise vorgenommen. In einer Reihe der Versuche wurden die Eier gleich vom Beginn der Bebrütung an entweder einen oder zwei oder sogar drei Tage lang, in einer anderen Reihe dagegen erst nach Ablauf der Anfangsstadien der Entwickelung in der 24—48 sten Stunde nach Beginn der Bebrütung bestrahlt und auf diese Weise etwas abweichende Ergebnisse erzielt. Im ersten Fall hatten sich zwar die Keimblätter gebildet und über einen großen Teil der Dotteroberfläche ausgebreitet, doch war die Bildung eines embryonalen Körpers in der Mitte des hellen Fruchthofes vollkommen unterblieben. Die Bebrütung der Hühnereier hatte also nur Keimhäute ohne Embryobildung, „Blastodermes sans embryo“ oder „germes anidiens“ geliefert, wie sie von Tür bezeichnet und auch früher schon infolge anderer Eingriffe von Dareste beobachtet und in seiner großen Teratologie des Hühnereies beschrieben worden sind. In den embryolosen Keimhäuten kann bei höheren Graden der Radiumwirkung die Gefäßbildung ganz unterbleiben, bei geringeren Graden dagegen beginnen sich Blutinseln zu entwickeln, sich zu Gefäßnetzen zu verbinden und eine normale Area vasculosa zu liefern, deren Randsinus ebenfalls gut ausgeprägt ist (Anidiens à aire vasculaire).

In der zweiten Reihe der Experimente breitet sich das Blastoderm nicht nur in der Peripherie weiter aus und sondert sich normalerweise zu einer Area vasculosa und vitellina, in der häufig auch Kernteilungsfiguren beobachtet werden, sondern es machen sich in seiner Mitte auch die Anfänge der Embryobildung bemerkbar; Nervenrohr, Chorda, Mesodermsegmente werden angelegt, beginnen aber mit Ausnahme der Chorda, bald wieder zu degenerieren. In der Wand der Hirnblasen und des Medullarrohres lassen sich dieselben Veränderungen, wie sie für die Amphibien schon beschrieben wurden, beobachten die Zellen verlieren ihren Zusammenhang, fallen in die zentralen Höhlen, die sie mehr oder minder vollständig ausfüllen und lösen sich allmählich in Detritus auf. Ebenso unterliegen die Mesodermsegmente einer vollständigen Desorganisation und beginnen von hinten nach vorn schließlich vollständig zu verschwinden. Von dem Zerstörungsprozeß bleibt nur die schon angelegte Chorda dorsalis verschont, wie wir dies ja auch für die Amphibienkeime bereits hervorgehoben haben.

Im ganzen ähnliche Ergebnisse erhielt Tür bei Bestrahlung von Selachiereiern. Auch er gelangt zu dem schon aus den Amphibienuntersuchungen von uns abgeleiteten Schluß, daß die Radiumstrahlen eine Art selektive Wirkung auf die Embryonalzellen ausüben und sie in sehr ungleicher Weise beeinflussen. „L'influence du radium“ bemerkt Tür, „se représente moins sur les territoires de blastoderme encore non différenciées, encore inactifs au point de vue organogénique, tandis qu'elle se manifeste d'une façon beaucoup plus accentuée dans ces territoires embryonaires qui se trouvent déjà entrainées dans la voie des différenciations actives.“ „Tandis que le corps même de l'embryon cesse d'évoluer et même peut faire complètement défaut, les formations périphériques se montrent douées d'une vitalité surprenante."

Schließlich sei noch mit wenigen Worten auf ein letztes embryonales Objekt eingegangen, das zu Untersuchungen der β- und γ-Strahlen gedient hat; es sind dies die Raupen und Puppen von Schmetterlingen. Auf diesem Gebiete hat Hasebrock eine kleine Abhandlung: „Über die Einwirkung der Röntgenstrahlen auf die Entwickelung von Plusia moneta" veröffentlicht. Er bestrahlte zu wiederholtem Male vier Raupen kurz vor der Verpuppung und dann die Puppen selbst. Er rief hierdurch im ausgeschlüpften Schmetterling verschiedene Veränderungen hervor, wie Abnahme in der Zahl der Schuppen, Verkleinerung derselben und Verkürzung der Haare.

Bei Beobachtung der eigentümlichen Wirkungen der Radiumstrahlen auf tierische Gewebe haben sich einzelne Forscher schon früh auch die Frage vorgelegt, in welcher Weise sich dieselben wohl erklären lassen. Man glaubte vorübergehend eine Erklärung in der von Schwarz zuerst aufgestellten Lezithinhypothese gefunden zu haben. Beim Bestrahlen von Hühnereiern bemerkte Schwarz Veränderungen in der Konsistenz, der Farbe und dem Geruch des Dotters und führte sie auf eine durch die Radiumstrahlen hervorgerufene Zersetzung des Lezithins zurück. „So wie im Ei" folgert er dann weiter, „müsse auch das in der lebenden, sauerstoffverzehrenden Zelle vorhandene Lezithin zersetzt werden" und er fügt hinzu: „Sei es nun, daß der Mangel an disponiblem Lezithin, sei es, daß die entstandenen Zersetzungsprodukte als Reiz wirken — zwingende, logische Folge ist es jedenfalls, daß immer diejenigen Gewebe am stärksten auf die Radiumstrahlen reagieren werden, die gemäß ihrer stärksten Entwickelungsfähigkeit den größeren Gehalt an Lezithin beanspruchen und besitzen."

Auch Schaper hat die Schwarzsche Hypothese zur Erklärung der Entwickelungsstörungen bestrahlter Amphibieneier angenommen; er läßt die Radiumstrahlen eine elektive Wirkung auf die Dottermassen des embryonalen Organismus ausüben, insbesondere das Lezithin zersetzen und seine Zersetzungsprodukte weiterhin schädigend auf die übrigen Zellsubstanzen einwirken, die selbst nicht direkt durch die Becquerelstrahlen geschädigt werden.

Daß die an sich nur schwach begründete Lezithinhypothese die zu beobachtenden Verhältnisse nicht erklärt und daher unhaltbar ist, läßt sich am besten durch die im dritten Teil zusammengestellten Experimente beweisen, zu denen wir jetzt übergehen.

III. Abschnitt.

Bestrahlung männlicher und weiblicher Keimzellen vor ihrer Verwendung zur Befruchtung.

Da die sich entwickelnden tierischen Keime, von den Fällen der Parthenogenese abgesehen, aus der Verschmelzung zweier Komponenten, der Ei- und der Samenzelle hervorgehen, so kann man bei der Bestrahlung mit Radium vier verschiedene Arten von Experimenten vornehmen. Dieselben habe ich in meinen hierüber handelnden Untersuchungen als A-, B-, C- und D-Serie zur bequemeren und rascheren Verständigung bezeichnet. In der A-Serie wird die Bestrahlung nach der Vereinigung von Ei und Samenfaden während des Beginnes der Zweiteilung des befruchteten Keimes vorgenommen. Über die Ergebnisse derartiger Versuche an Amphibieneiern wurde schon im ersten Abschnitte berichtet. In der B-Serie wird die Samenzelle allein bestrahlt und zur Befruchtung eines unbestrahlten, also normalen Eies verwandt. Die C-Serie liefert das Gegenstück hierzu, indem jetzt umgekehrt die Eizelle vor der Befruchtung bestrahlt und mit normalen Samenfäden befruchtet wird. In der D-Serie werden beide Komponenten für sich bestrahlt und dann durch Vornahme der Befruchtung untereinander verbunden.

Je nachdem man in dieser oder jener Weise die Versuche ausführt, ergeben sich im Verlaufe des Entwickelungsprozesses bei den Amphibien sehr auffällige, interessante Verschiedenheiten, und diese lassen sich, wie am Schlusse des Abschnittes bewiesen werden soll, bei der Beantwortung der Frage, welche Substanzen in den Keimzellen durch die Bestrahlung verändert werden, als Beweismittel verwerten.

Da von der Bestrahlung des befruchteten Eies während der Zweiteilung (A-Serie) schon im ersten Abschnitte gehandelt wurde, haben wir uns jetzt nur noch mit den Versuchen der B-, C- und D-Serie zu beschäftigen.

B-Serie. Bestrahlung der Samenfäden allein vor ihrer Verwendnng zur Befruchtung normaler Eier.

Derartige Versuche wurden an 3 Objekten, am reifen Samen von Seeigeln, von Rana fusca und R. viridis ausgeführt, am besten in folgender Weise: Bei den Seeigeln wird der aus dem Genitalporus entleerte Samen mit einer Spur von Seewasser verdünnt; bei dem Frosche kann der Samen entweder aus der Samenblase, wenn sie prall gefüllt ist, oder aus dem Hoden entnommen werden, nachdem er in einigen Tropfen von 0,3%, mit Leitungswasser hergestellter Kochsalzlösung gut zerzupft worden ist. Es wird dann ein kleiner Tropfen der konzentrierten Samenflüssigkeit in die Mitte eines hohlgeschliffenen Objektträgers gebracht, auf welchem zu beiden Seiten der Aushöhlung zwei dünne Glasleistchen aufgekittet worden sind. Auf diese wird die Radiumkapsel aufgelegt und genau zum Tropfen orientiert, der nicht größer sein darf, als der mit Radiumbromid erfüllte Raum, damit alle Samenfäden in nahezu gleicher Intensität ohne Ausnahme bestrahlt werden. Das Präparat wird in der feuchten Kammer vor Verdunstung geschützt. Es empfiehlt sich, in dieselbe auch gleichzeitig einen hohlgeschliffenen Objektträger zu bringen, mit einem gleichgroßen Samentropfen, der nicht mit Radium bestrahlt und zur Kontrollbefruchtung verwandt wird. Die Bestrahlung kann von einer Minute bis auf viele Stunden ausgedehnt werden.

Sehr bequem ist das Experimentieren mit Seeigelsamen. Seine Widerstandsfähigkeit gegen Radiumbestrahlung ist ganz erstaunlich. Selbst nach 16—23 Stunden war er lebendig. Wenn er mit frischem Seewasser verdünnt wurde, begannen sofort die vorher regungslosen Spermatozoen sich auf das lebhafteste zu bewegen und wenn sie zu frisch entleerten, reifen Eiern zugesetzt wurden, diese in normaler Weise zu befruchten. Denn in allen Fällen trat fast unmittelbar nach dem Samenzusatz die Bildung und Abhebung der Dotterhaut als leicht sichtbares Zeichen der erfolgten Besamung ein. Weder der stundenlange Aufenthalt in der feuchten Kammer, noch die gleichzeitige Bestrahlung mit Radium hat die Fähigkeit der Spermatozoen ins Ei einzudringen, irgendwie zu beeinträchtigen vermocht. Wohl aber wird die Entwickelung der von ihnen besamten Eier in hohem Maße und um so mehr beeinflußt und zu einer pathologischen gemacht, je länger die Samenfäden dem Radium exponiert gewesen waren. Während bei halbstündiger Bestrahlung die ersten Teilungen noch zu gleicher Zeit wie bei den normalen Kontrolleiern erfolgen, bleiben sie bei zwei- bis vierstündiger Bestrahlung von Anfang an ein wenig hinter ihnen zurück. In späteren Stadien aber ist die Verzögerung in der Entwickelung immer deutlicher zu erkennen. Während aus den Kontrolleiern schon Keimblasen geworden sind, die sich mit Flimmern an der Oberfläche des Wassers rotierend fortbewegen, stehen die Radiumeier noch auf dem Morulastadium und schlagen von jetzt ab überhaupt eine pathologische Entwickelung ein; sie wandeln sich in Stereoblastulae um, wie mein Bruder und ich diese auch auf andere Weise erhaltenen Mißbildungen bezeichnet haben; das heißt: sie bilden Keimblasen, deren Inneres anstatt mit einem durchsichtigen Gallertkern mit Zerfallsprodukten von Zellen erfüllt wird, die vom Epithel nach innen ausgestoßen worden sind. Auch wenn sie Flimmern entwickeln, vermögen sie nicht wie gesunde Larven an die Wasseroberfläche emporzusteigen, sondern bleiben auf dem Boden liegen. In der Mehrzahl treten sie später überhaupt nicht mehr in den Gastrulationsprozeß ein; sie beginnen nach 1—2 Tagen abzusterben, während in der Kontrollkultur aus der Gastrula schon normal entwickelte Plutei hervorgegangen sind, die sich längere Zeit auch unter relativ ungünstigen Bedingungen am Leben erhalten lassen.

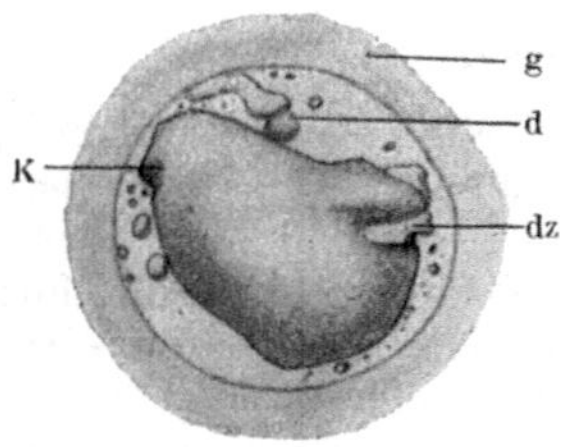

Fig. 43.
Vier Tage alter Radiumembryo von Rana esculenta in Hüllen. Das Ei wurde mit Samenfäden befruchtet, die zwei Stunden mit Radium bestrahlt worden waren. Das Nervenrohr ist gebildet, aber aus dem abnorm beschaffenen Urmund sind während der Gastrulation viele Brocken von Dottersubstanz in den perivitellinen Raum ausgestoßen worden. Ein Zapfen vom Dotter (dz) ragt auch aus dem Urmund nach außen hervor. g = Gallerthülle. d = ausgestoßene, im perivitellinen Raum gelegene Dottermassen. K = Kopfende. Nach Oscar Hertwig.

Durch diese Versuche ist zum ersten Male der Beweis erbracht worden, daß von dem Samenfaden Veränderungen, welche er durch Radiumbestrahlung in seiner Konstitution erfahren hat, bei der Befruchtung auf das Ei übertragen werden. Das Ergebnis wurde gleich darauf im Anschluß an die Echinodermenuntersuchung durch Experimente mit den Geschlechtsprodukten des Frosches im einzelnen noch weiter sicher gestellt und mehr vervollständigt. Auch ein von Haus aus gesundes Froschei wird durch Befruchtung mit einem bestrahlten Samenfaden radiumkrank gemacht. Bei seiner weiteren Entwickelung werden ähnliche Störungen der mannigfachsten Art, wie in der A-Serie, beobachtet, wobei ebenfalls die Stärke des angewandten Präparates und die Dauer seiner Einwirkung für den Grad der Störung maßgebend sind. Es wird also auch in der B-Serie die Entwickelung mehr oder weniger verlangsamt und entsprechend dem Grad der Radiumschädigung früher oder später zum Stillstand gebracht.

Abnorme Gastrulation, Riesendotterpfropf, Ausstoßung zahlreicher Dotterzellen und Trübung des perivitellinen Raumes, während der Urmund enger geworden ist (Fig. 43) eventuell Stillstand der Entwickelung und Zerfall auf diesem Stadium werden beobachtet. Wenn bei schwächerer Bestrahlung ausgeschlüpfte Larven erhalten werden, so sind dieselben in ähnlicher Weise, wie es schon im zweiten Abschnitte beschrieben wurde, monströs und zwerghaft ausgebildet (Fig. 44a und b). Wenn sie ein etwas höheres Alter erreichen, werden sie wassersüchtig und sind außerstande, normale Schwimmbewegungen auszuführen; von der Radiumschädigung werden dieselben Organe wie in der A-Serie am stärksten getroffen: das Zentralnervensystem, das Auge, das Herz und das Blut, die Epidermis, auf der sich wieder an gewissen Stellen zottige Wucherungen bilden, so daß es überflüssig ist, in dieser gedrängten Zusammenfassung noch näher darauf einzugehen.

Bei einem sorgfältigeren, genauen Vergleich zwischen entsprechenden Experimenten beider Serien treten uns jedoch noch in zwei Punkten sehr wichtige und interessante Unterschiede entgegen.

Erstens ist bei Verwendung desselben Radiumpräparates und bei gleich langer Bestrahlung die Schädigung in der B-Serie eine viel geringere als in der

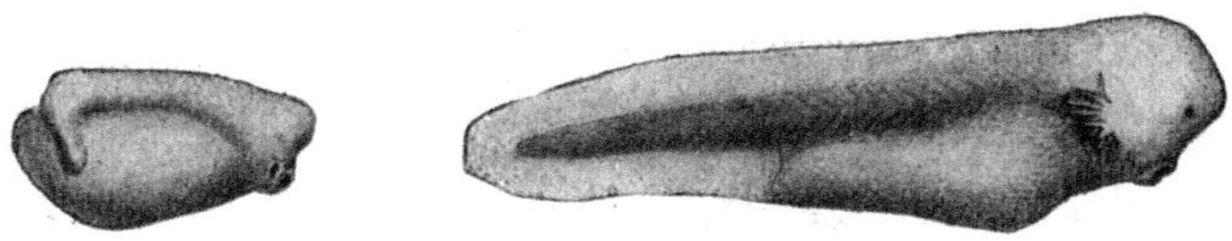

a) b)

Fig. 44.

a) Sieben Tage alte Larve von Rana esculenta gezüchtet aus einem Ei, das mit Samenfäden befruchtet wurde, die zwei Stunden lang mit Radium bestrahlt worden waren.
b) Zu dem Versuch gehörige, ebenfalls sieben Tage alte, normale Kontrollarve. Nach Oskar Hertwig.

A-Serie. Wenn in letzterer die befruchteten Eier nur fünf Minuten lang mit 7,4 mg reinem Radiumbromid bestrahlt werden, so bleiben sie schon auf dem Keimblasenstadium in ihrer Entwickelung stehen und beginnen rasch zu zerfallen; dagegen wandeln sich die B-Eier, die nur mit bestrahlten Samenfäden befruchtet wurden, noch in die Gastrula um, wenn auch in einer etwas verlang-

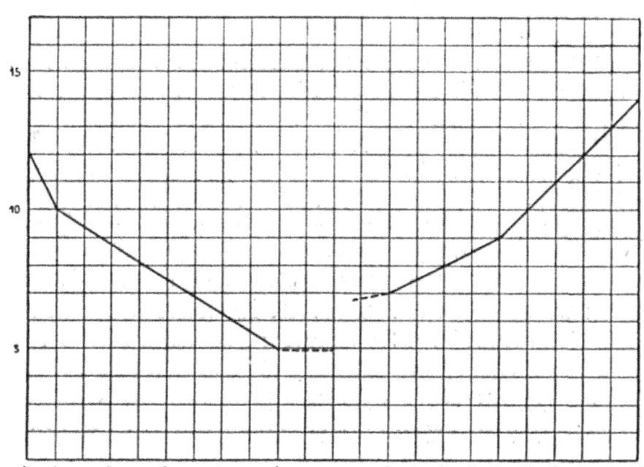

Fig. 45.

Anfangs- und Endabschnitt einer zusammengehörigen Kurve von der Entwickelung von Froscheiern, die mit Samenfäden befruchtet wurden, die ½, 1—5 Minuten oder 3—12 Stunden mit Mesothorium von einer Aktivität von 55 mg, bzw. 30 mg reinem Radiumbromid bestrahlt worden waren. Die Dauer der Bestrahlung der Samenfäden ist als Abszisse, die Länge der durchschnittlichen Entwickelungsdauer der Eier als Ordinate genommen. Im links stehenden Abschnitt der Kurve ist die Dauer der Bestrahlung in Minuten (½, 1—5), im rechts stehenden Abschnitt der Kurve in Stunden (3—12), die Länge der Entwickelung ist für beide Abschnitte der Kurve in Tagen (5—15) angegeben. Nach Oskar Hertwig.

samten und gestörten Weise, und entwickeln sich zu mehr oder minder monströsen Larven mit Nervenrohr, Chorda und anderen Organen, bis sie auch im Laufe der zweiten Woche, eine nach der anderen, durch Zerfall zugrunde gehen.

Daß die A- und B-Serie Unterschiede darbieten, wird jeder von vornherein erwarten, da im ersten Fall das ganze Ei, sogar mit dem schon eingedrungenen Samenfaden, im zweiten Fall dieser allein bestrahlt worden ist; im Gegenteil kann man eher erstaunt sein, daß der Unterschied nicht ein sehr viel größerer ist, und daß die winzig kleinen Samenfäden auf das vergleichsweise riesengroße Ei überhaupt noch eine so große Wirkung ausüben und auf seine ganze Substanzmasse die Radiumkrankheit in so intensiver Weise übertragen können.

Noch merkwürdiger aber erscheint von vornherein der zweite Divergenzpunkt, der zu beobachten ist, wenn wir in der A- und B-Serie die Radiumwirkung entweder durch Verwendung verschieden starker Präparate oder durch Verlängerung der Zeitdauer der Bestrahlung von einer Minute bis auf viele Stunden durch Vornahme einer größeren Anzahl entsprechender, vergleichbarer Experimente von einem Minimum bis zu einem Maximum steigern. In der A-Serie erhalten wir dann die Regel, daß die Bestrahlung des befruchteten Eies während der ersten Furchungsstadien um so mehr die Entwickelung schädigt und sie um so früher zum Stillstand führt, je stärker das verwandte Radiumpräparat und die Dauer seiner Einwirkung ist. In der B-Serie dagegen ist das Ergebnis ein viel komplizierteres. Nur anfangs stimmt das Verhalten mit dem der A-Serie überein. Wenn wir uns dasselbe unter dem Bild einer Entwickelungskurve (Fig. 45 siehe S. 177) darstellen, so fällt dieselbe zunächst ziemlich rasch nach abwärts je mehr die Radiumwirkung von dem Ausgangsminimum an in den Experimenten verstärkt wird. Dann beginnt sie aber von einem Tiefpunkt an, der bald erreicht wird, sich bei noch länger ausgedehnter Bestrahlung der Samenfäden allmählich wieder zu heben. Anstatt der erwarteten weiteren Verschlechterung, wird die Entwickelung der B-Eier proportional der Dauer der Bestrahlung der Samenfäden gebessert.

Fig. 46.

Ei mit weit geöffnetem Urmund und Riesendotterpfropf, drei Tage nach der Befruchtung konserviert. Es wurde mit Samenfäden befruchtet, die 30 Minuten lang mit einem Präparat von 7,4 mg reinem Radiumbromid bestrahlt worden waren. Die Urmundlippen sind verdickt und im Begriff, sich in halbe Medullarplatten und Chordaanlagen zu sondern (Spina bifida). Vom Dotterpfropf lösen sich Zellgruppen ab. Nach Oscar Hertwig.

Der Gegensatz zwischen zwei Kulturen, in denen die zur Befruchtung verwandten Samenfäden im einen Fall 30 Minuten, im anderen 12 Stunden bestrahlt werden, ist ein ganz frappanter. Im ersten Fall sterben fast alle Eier, ähnlich wie solche, die während der Zweiteilung nur fünf Minuten bestrahlt wurden (Fig. 41), schon auf dem monströs veränderten Gastrulastadium am dritten und vierten Tag

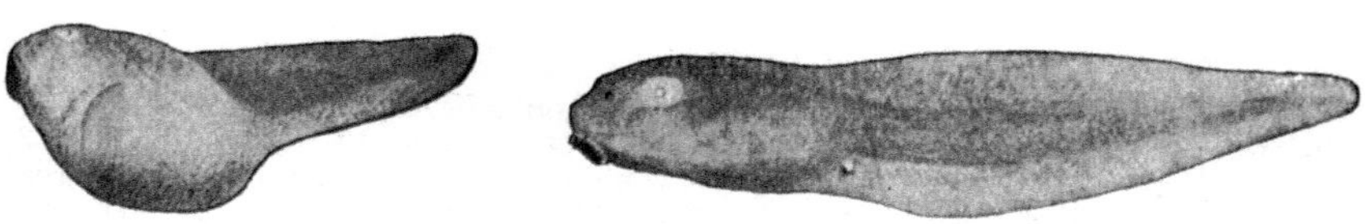

a) Fig. 47. b)

Zwölf Tage alte Radiumlarve a und zugehörige, gleichalterige Kontrolle b. Das Ei von a wurde mit Samenfäden befruchtet, die zwölf Stunden lang mit Radium I (Aktivität von 7,5 reinem Radiumbromid) bestrahlt worden waren. Nach Oscar Hertwig.

ab; sie zeigen den Urmund weit geöffnet (Fig. 46) und mit einem Riesendotterpfropf ausgefüllt, dem zuweilen ausgestoßene Dotterbrocken aufliegen. Im zweiten Falle dagegen gastrulieren die Eier nicht nur in normaler Weise, sondern liefern ausschlüpfende Larven, die zwar noch einige Anzeigen der Radiumkrankheit (Bauchwassersucht, schlechte Bewegungsfähigkeit, Wucherungen der Epidermis etc.) darbieten (Fig. 47a und b), aber sich doch 2—3 Wochen lang am Leben erhalten lassen und dementsprechend weit und ziemlich gut in ihren Organen und Geweben ausgebildet sind. Auch für diese so auffällige Gestaltung der Entwickelungskurve wird sich eine befriedigende Erklärung bei der allgemeinen Besprechung der verschiedenen experimentellen Ergebnisse gewinnen lassen.

C-Serie. Bestrahlung der Eier vor der Befruchtung, zu welcher alsdann normale, unbestrahlte Samenfäden verwandt werden.

Die Experimente zur C-Serie, welche ein Gegenstück zur B-Serie bilden, wurden von Günther Hertwig ausgeführt. Das Ergebnis ist von hohem Interesse. Denn wenn man mit Schwarz, Schaper u. a. annimmt, daß die Eisubstanz im ganzen, oder, wie man gewöhnlich sagt, die Dottermasse durch die Radiumbestrahlung verändert wird, so müßten notwendigerweise die Eier der

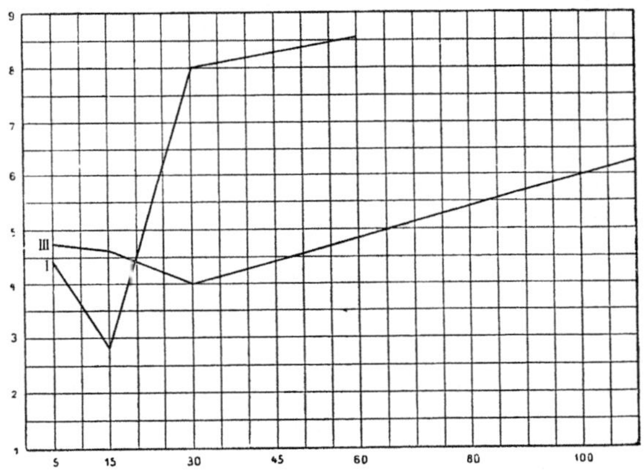

Fig. 48.

Die zwei Kurven I und II zeigen, wie lange sich Froscheier, die vor der Befruchtung 5 oder 15 oder 30 Minuten, 1 oder 2 oder mehr Stunden mit Radium I bzw. III bestrahlt und dann mit unbestrahlten Samenfäden befruchtet worden sind, im Durchschnitt entwickelt haben. Die Dauer der Bestrahlung ist als Abszisse, die Länge der durchschnittlichen Entwickelungsdauer bis zur Konservierung als Ordinate genommen. Die Dauer der Bestrahlung ist in Minuten (5, 15, 35, 60, 80, 100). die Länge der Entwickelung in Tagen (1—9) angegeben. Bei Kurve I ist ein Radiumpräparat I von 7,4 mg reinem Radiumbromid, bei Kurve III ein Radiumpräparat III von 2,0 mg reinem Radiumbromid benutzt worden. Nach Günther Hertwig.

C-Serie sich nahezu ebenso schlecht wie diejenigen der A-Serie entwickeln. Erhält doch in der C-Serie das Ei durch die Befruchtung mit einem normalen Samenfaden einen kaum nennenswerten Zusatz unbestrahlter Substanz. Man könnte daher a priori erwarten, daß auch bei dieser Ausführung der Experimente die Eier nicht über das Morula- und Blastulastadium hinauskommen würden. In Wirklichkeit fällt aber das Resultat entgegengesetzt aus. Die Befruchtung durch einen normalen Samenfaden macht sich für den Ausfall der Entwickelung in so hohem Maße geltend, daß die Eier der C-Serie sich im allgemeinen ebensogut und ebensoweit und unter denselben Erscheinungen entwickeln, als die Eier der B-Serie. Sie werden ebenso alt wie diese je nach den verschiedenen Graden der Radiumwirkung und liefern dieselben Arten von Mißbildungen und von Störungen in der Organentwickelung, so daß in dieser Beziehung einfach auf das früher Gesagte verwiesen werden kann.

Demnach führt ein Vergleich zwischen der B- und C-Serie zu dem in mancher Hinsicht überraschenden und in theoretischer Beziehung sehr wichtigen Ergebnis, daß es für den Ablauf des Entwickelungsprozesses im großen und ganzen keinen Unterschied ausmacht, ob das unbefruchtete Ei bestrahlt und dann mit einem unbestrahlten Samenfaden befruchtet worden ist oder ob umgekehrt ein normales Ei sich mit einem bestrahlten Samenfaden im Befruchtungsprozeß vereinigt hat.

Die Übereinstimmung geht so weit, daß man aus einer Reihe von Experimenten, in denen die Dauer der Bestrahlung von einem Minimum allmählich gesteigert wurde, eine entsprechende Kurve, wie in der B-Serie, erhält (Fig. 48 siehe S. 179). Ihr Ergebnis hat Günther Hertwig kurz dahin zusammengefaßt: „Wenn unbefruchtete Eier mit Radium bestrahlt und dann mit normalem Samen befruchtet werden, so wächst zuerst die Schädigung der Embryonen mit der Dauer der Bestrahlung, nimmt aber alsdann bei noch längerer Bestrahlung wieder ab, und zwar auch entsprechend der Dauer der Bestrahlung. Das Maximum der Schädigung liegt für 7,4 mg und 5,3 mg reines Radiumbromid bei viertelstündiger, für 2,0 mg bei halbstündiger Bestrahlung.“ Während die beiden Kurven in ihrer Form übereinstimmen, besteht dagegen eine Verschiedenheit in der Lage des tiefsten und des höchsten Punktes. Denn bei gleich langer Bestrahlung der Samenfäden mit denselben Radiumpräparaten wird der Tiefpunkt erst nach halbstündiger bis einstündiger Exposition erreicht und der aufsteigende Teil der Kurve stellt sich erst bei viel längerer Bestrahlung der Samenfäden ein, da diese überhaupt eine viel stärkere Dosis als die Eizelle vertragen.

Auf die Bedeutung und Erklärung dieser Ergebnisse wird auch erst in einer kritischen Besprechung am Schluß näher eingegangen werden.

D-Serie. Eier und Samenfäden werden getrennt bestrahlt und dann erst durch Vornahme der Befruchtung untereinander verbunden.

Derartige Versuche sind anstatt mit Radiumbromid mit dem in seiner Wirkungsweise ganz gleichen Mesothorium ausgeführt worden, von dem zwei sehr kräftige Präparate mit einer Aktivität von 55 resp. 30 mg (Mes. I resp. II) benutzt werden konnten. Sie wurden in der Absicht ausgeführt, um sie mit gleichzeitig und entsprechend vorgenommenen Experimenten der B-Serie zu vergleichen.

Wenn normale Eier mit Samenfäden, die entweder fünf oder acht Minuten mit Mesothorium I bestrahlt worden sind, befruchtet werden, so entwickeln sich die pathologisch werdenden Embryonen zum kleineren Teil bis zum fünften resp. siebenten Tag. Werden dagegen mit einem zurückbehaltenen Rest dieser Samenflüssigkeit Eier befruchtet, die gleichzeitig mit Mesothorium II entweder fünf oder eine Minute bestrahlt worden waren, so fällt das Ergebnis sehr abweichend aus. Denn jetzt entwickelt sich kein einziges Ei über das Keimblasenstadium hinaus. Alle sterben am zweiten oder dritten Tag ab. In diesem Falle stimmt die Entwickelungsfähigkeit genau mit derjenigen in der A-Serie überein. Denn als in einem Versuch normale zweigeteilte Eier mit Mesothorium I fünf Minuten lang bestrahlt wurden, gingen alle ebenfalls auf dem Keimblasenstadium zugrunde.

In entsprechender Weise wurde Samen, der zwölf Stunden lang mit Mesothorium II bestrahlt worden war, zu zwei Parallelversuchen benutzt. Mit einem Teil wurden normale Eier befruchtet (B-Serie), mit dem anderen dagegen Eier, die ebenfalls mit Mesothorium I 20 Minuten bestrahlt worden waren. Im ersten Fall entwickelten sich Radiumlarven der B-Serie; ausgerüstet mit allen Organen ließen sie sich zum Teil bis zum 14. Tage am Leben erhalten. Im zweiten Falle kam die Entwickelung schon am zweiten Tage auf dem Keimblasenstadium zum Stillstand.

Theoretische Ergebnisse.

Angesichts der verschiedenen wichtigen Tatsachen, welche die zahlreichen, sich ergänzenden Experimente der vier mit den Anfangsbuchstaben des Alphabets bezeichneten Serien geliefert haben, kann es wohl keinen Augenblick zweifelhaft sein, daß hier die schon oben besprochene Lezithinhypothese in jeder Beziehung vollständig versagt. Einmal fehlt ein auf streng chemischem Wege geführter Nachweis, daß durch die Radiumbestrahlung wirklich das Lezithin in fünf Minuten zersetzt wird, und daß dabei giftige Zersetzungsprodukte entstehen, welche die Zellfunktionen schädigen. Ferner steht sie mit allen durch unsere Experimente ermittelten Tatsachen in Widerspruch, namentlich mit dem wichtigen Satz, daß die Entwickelung des befruchteten Eies in gleicher Weise geschädigt wird, mag vor der Befruchtung der Samenfaden allein oder das Ei allein mit gleicher Intensität bestrahlt worden sein. Dies könnte aber bei Richtigkeit der Lezithinhypothese unmöglich der Fall sein; denn wenn sich auch Lezithin aus dem Samen gewinnen läßt, so stellt doch das Hauptdepot desselben der Nahrungsdotter des Eies dar. Daher müßten durch Bestrahlung des letzteren viel mehr giftige Zersetzungsprodukte als durch Bestrahlung des winzigen Samenfadens entstehen und folglich in der C-Serie die Entwickelung in ungleich stärkerer Weise als in der B-Serie geschädigt werden, während in Wirklichkeit der Grad der Schädigung nahezu der gleiche ist. Dagegen erklären sich alle die zahlreichen Tatsachen der in so verschiedener Weise variierten Experimente in der einfachsten Weise durch die Annahme, daß durch die Radiumbestrahlung in erster Linie die Kernsubstanzen der beiden Geschlechtszellen affiziert werden und für den pathologischen Ablauf des Entwickelungsprozesses radiumkranker Eier verantwortlich zu machen sind.

Aus der Morphologie des Befruchtungsprozesses wissen wir ja durch sichere Beobachtung, daß äquivalente Mengen von Kernsubstanz in Ei- und Samenzelle vorhanden sind und bei der Befruchtung zur gemischten Anlage des Keimkerns zusammentreten, daß ferner beide Komponenten des Keimkerns das Vermögen unbegrenzter Vermehrungsfähigkeit und periodisch wiederkehrender Teilbarkeit besitzen.

In der B- und C-Serie bestehen also die aus Amphimixis hervorgegangenen Kerne aus je einer Komponente gesunder und einer Komponente radiumkranker Substanz, welche zusammen den Verlauf der Entwickelung bestimmen.

Der gleichartige Ausfall der Ergebnisse der B- und C-Serie, der im Hinblick auf den kolossalen Unterschied in der bestrahlten Substanzmasse vom Ei und vom Samenfaden so überraschend und für die Lezithinhypothese vollständig unerklärlich ist, läßt sich von dem hier entwickelten Standpunkt aus sofort in jeder Beziehung begreifen. Denn ob die gesunde oder die radiumkranke Substanz vom Ei- oder Samenkern abstammt, kann doch wohl keinen großen Unterschied für den Ausfall des Entwickelungsproduktes ausmachen.

Ferner scheint mir unsere Annahme den einzigen Weg darzubieten, um die Wirkung verstehen zu können, welche Samenfäden, wenn sie auch nur fünf Minuten bestrahlt worden sind, doch schon auf die Entwickelung von gesunden, unbestrahlten Eiern ausüben. Denn wie ich in einer früheren Publikation bemerkt habe, „ist der winzige Samenfaden im Vergleich zum großen Froschei eine so verschwindend kleine Substanzmenge, wie in einem mehrere

Zentner schweren, mit Weizenkörnern gefüllten Sack ein einzelnes Weizenkorn. Trotzdem ist die vom Samenfaden ausgehende Radiumwirkung eine so große, daß sie die Entwickelung des Eies in allen Teilen beeinflußt, sich auf späteren Stadien in den verschiedensten Organen durch Veränderung ihrer Formbildung und Degeneration einzelner Zellen geltend macht und schließlich den Tod des ganzen Entwickelungsproduktes noch nach vielen Tagen und auf vorgerückten Stufen der Entwickelung herbeiführt.“

In der großen Wirkung einer kleinen Substanzmenge wie der Samenfaden ist, liegt indessen durchaus nichts Wunderbares vor, wenn wir berücksichtigen, daß die im Samenkern enthaltene Substanz das Vermögen besitzt, im Ei zu wachsen und sich auf dem Wege der Karyokinese periodisch zu vermehren. Solange die Radiumbestrahlung einen bestimmten Grad der Intensität nicht übersteigt, wird in der durch sie affizierten Kernsubstanz die Fähigkeit zur Vermehrung und Teilung nicht zerstört, wie uns die Experimente der A-Serie etc. lehren. Auf diesem Wege wird die radiumkranke Substanz schließlich im gesamten Eiinhalt verteilt und jeder Embryonalzelle zugeführt, und es wird so ohne weiteres verständlich, daß sie, obwohl sie im bestrahlten Samenfaden anfangs nur eine homöopathische Dosis vorstellt, schließlich die mehr als tausendmal größere Masse des Eies im Entwickelungsprozeß vergiftet. Denn sie wirkt, wenn ich mich eines früher gebrauchten, aber die Sachlage gut aufklärenden Vergleiches auch hier bediene, wie ein Contagium vivum. „Der kranke Samenfaden verhält sich genau wie ein Bakterium, wenn er im tierischen Organismus eine Infektionskrankheit verursacht. Ein einzelner Milzbrandbazillus, durch eine Wunde in den menschlichen Körper eingeführt, ist ein sehr harmloser Eindringling, so lange er sich nicht vermehrt, auch wenn er einem allergiftigsten Stamm angehört. Durch seine chemischen Eigenschaften allein kann er gewiß auch nicht die geringfügigste Erkrankung hervorrufen, solange er vereinzelt bleibt, dagegen in wenigen Tagen das Leben vernichten, wenn er in rapider Vermehrung eine Nachkommenschaft erzeugt hat, welche mit dem Blut alle Organe und Gewebe des erkrankten Tieres überschwemmt. In dieser Beziehung ist die biologische der rein chemischen Hypothese sehr weit überlegen.“

Durch unsere Hypothese werden ebenfalls in einfachster Weise die Unterschiede erklärt, welche die Ergebnisse der A- und D-Serie beim Vergleich zu denen der B- und C-Serie darbieten. Wenn beide Komponenten des Keimkernes bestrahlt worden sind, muß sich die Radiumwirkung im Verlaufe der Entwickelung doppelt so stark geltend machen, als in den Fällen, in denen eine gesunde mit einer kranken Hälfte verbunden ist, wobei es gleichgültig ist, ob die letztere vom Ei- oder Samenkern abstammt. Speziell das Verhältnis zwischen A- und B-Serie kann man auch in der Weise ausdrücken, daß man sagt, das vor der Befruchtung bestrahlte Ei entwickele sich um vieles besser als das nach der Befruchtung bestrahlte, weil in ersterem Falle sein Entwickelungsvermögen durch die Einführung eines normalen Samenkerns vom unbestrahlten Samenfaden eine Aufbesserung oder eine Auffrischung erfahren habe.

Daß die Ergebnisse der A- und D-Serie untereinander vollkommen übereinstimmen, bedarf kaum eines Wortes der Erklärung, da bei dem hier vertretenen Standpunkt es kaum einen Unterschied wird ausmachen können, ob die beiden Komponenten des befruchteten Eies nach der Befruchtung zusammen oder vor der Befruchtung ein jeder für sich mit Radium bestrahlt worden sind.

Die Leistungsfähigkeit der Hypothese zeigt sich endlich noch in bestem Licht, wenn es sich darum handelt, die eigentümlichen Kurvenbildungen, durch welche sich die bei verschiedener Intensität der Bestrahlung erhaltenen B- und C-Serien von den A-Serien unterscheiden, unserem Verständnis näher zu bringen. Das ist aber leicht möglich, wenn man die Vermehrungsfähigkeit der Kernsubstanz und ihre Beeinflussung durch die Bestrahlung bei der Erklärung mit in Rechnung zieht. Bei der A-Serie kann die Kurve mit Zunahme der Bestrahlungsintensität nur eine einfach absteigende werden, die zu einem Tiefpunkt führt, wo die Entwickelungsfähigkeit aufhört, da ja hier der ganze Kern geschädigt wird und seine Schädigung proportional zur Intensität der Bestrahlung zunehmen und schließlich zur Vernichtung des Wachstums und der Vermehrungsfähigkeit seiner Substanz, überhaupt zum Tod, führen muß. In der B- und C-Serie dagegen wird das Verhältnis dadurch komplizierter, daß sich bei ihnen die Kernsubstanz aus einer normalen und einer radiumkranken Komponente zusammensetzt. Erst das Zusammenwirken beider bestimmt das Maß der Entwickelungsfähigkeit des Eies; es findet in der Eigentümlichkeit der Kurvenbildung in der B- und C-Serie einen für uns wahrnehmbaren Ausdruck und läßt sich in folgender Weise erklären:

Der erste Teil der Kurve kommt dadurch zustande, daß die radiumkranke Komponente zwar noch die Fähigkeit zur Teilbarkeit besitzt, aber entsprechend der Dauer und Stärke der Bestrahlung in höherem Grade geschädigt worden ist. Denn unter diesen Bedingungen erhalten alle Embryonalzellen eine Dosis weniger oder mehr geschädigter Kernsubstanz und dieses weniger oder mehr muß in einem entsprechend schlechten Verlauf der Entwickelung, also in einem Abfall der Kurve, zum Ausdruck kommen.

Um den aufsteigenden Teil der Kurve zu verstehen, muß man im Auge behalten, daß bei zu langer Dauer und Intensität der Bestrahlung die Kernsubstanz so verändert und geschädigt wird, daß sie das Vermögen des Wachstums und der Teilbarkeit schließlich vollständig verliert. Von diesem Moment an erhalten daher alle Embryonalzellen nur noch gesunde Kernsubstanz der nicht bestrahlten Komponente; dadurch sind ihre Kerne, wie man nach der Terminologie der Botaniker sich auszudrücken pflegt, aus diploiden in haploide mit der halben Zahl von Chromosomen umgewandelt worden. Nach Ausschaltung der kranken Substanz wird sich die Eientwickelung dann wieder günstiger gestalten müssen. Denn daß Embryonen mit Zellen, deren Kerne haploid sind, nicht nur lebensfähig sind, sondern sich auch wie normal entwickeln können, ist eine bekannte Tatsache. Ein beweisendes Beispiel hierfür ist die Parthenogenese, bei welcher alle Embryonalzellen nur halbe oder haploide Kerne mit mütterlichem Chromatin besitzen.

„Nach diesen Ausführungen läßt sich das Schlußergebnis unserer Betrachtung dahin zusammenfassen, daß sich der bei extremen Radiumwirkungen zu beobachtende aufsteigende Teil der Kurve aus einer parthenogenetischen Entwickelung erklärt, hervorgerufen durch eine frühzeitige, teilweise oder vollständige Elimination des erkrankten, bestrahlten Chromatins. Es handelt sich bei dem eigentümlichen Verlauf der Experimente in der B- und C-Serie gewissermaßen um eine Sanierung der Embryonalzellen dadurch, daß ihren Kernen die Dosis bestrahlten Chromatins nicht mehr beigemischt wird, weil dieses durch zu intensive Bestrahlung seine Vermehrungs- und Teilfähigkeit verloren hat. Je früher dies eintritt, je früher das schädigende Agens aus den Embryonalzellen eliminiert wird, um so besser muß sich die Entwickelung gestalten. Kurz und gut: um die eigentümlichen Ergebnisse der B- und C-Serie zu verstehen, muß man berücksichtigen, daß hier zwei Chromatinarten, eine gesunde und eine kranke, nebeneinander vorhanden sind und daß das bestrahlte Chromatin nur so lange die Entwickelung intensiver schädigen kann, als es sich vermehrt und auf alle Embryonalzellen als Contagium vivum übertragen wird (absteigender Teil der Kurve), daß dagegen das gesunde Chromatin in der Entwickelung um so mehr zur Geltung kommt, je früher bei höheren Graden der Bestrahlung das kranke unwirksam gemacht wird (aufsteigender Teil der Kurve)."

Das allgemeine Ergebnis, zu dem die Bestrahlung der Keimzellen und die verschiedene Ausführung der Experimente in der A-, B-, C- und D-Serie geführt hat, ist ein in theoretischer Hinsicht sehr wichtiges. Denn es stellt einen experimentellen Beweis für die Richtigkeit der von Nägeli aufgestellten Idioplasmatheorie und für die Übertragung derselben auf die Kernsubstanzen dar, in der Weise, wie sie 1884 von Oscar Hertwig und E. Strasburger auf tierischem und pflanzlichem Gebiet gleichzeitig durchgeführt worden und trotz vielfacher Einwände aufrecht erhalten und mit immer neuen Gründen gestützt worden ist.

Kapitel XII.

Therapeutische Anwendung der Radio-Elemente (Radium, Thorium, Aktinium).

Von

Paul Lazarus-Berlin.

Mit 17 Abb. im Text und Tafel I.

I. Methodik der Radiumtherapie.

Radioaktivität, Strahlenabsorption und Penetration.

Ein Jahrzehnt Radiumtherapie liegt hinter uns. Ungewöhnlich zahlreiche Arbeiten über mannigfache, mit radioaktiven Stoffen erzielte Heilerfolge

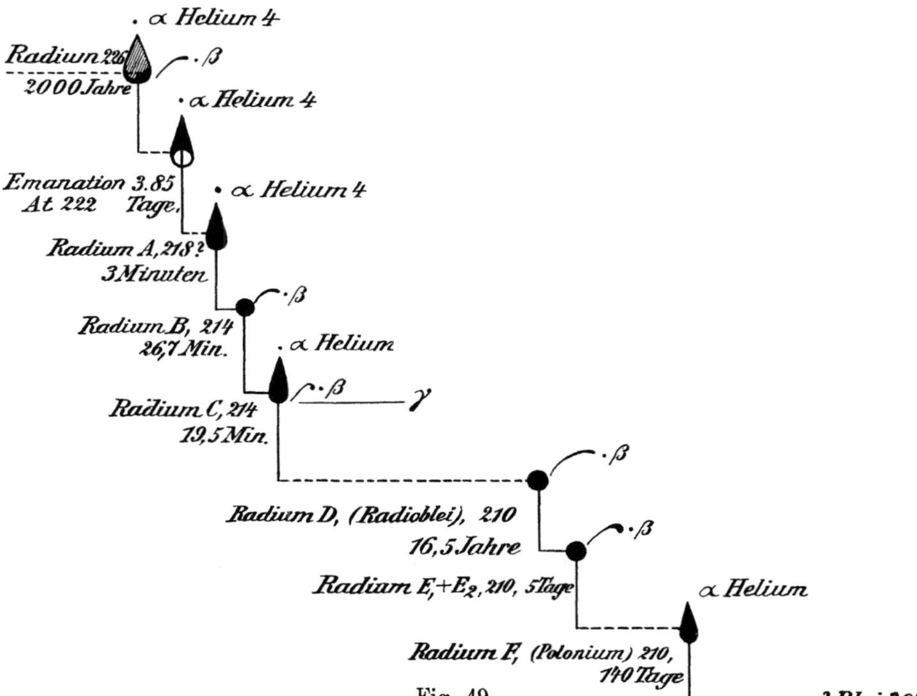

Fig. 49.

Kaskadenförmiger Abbau des Radiums, Stoffumwandlung des Radiums, Atomgewicht 226,5 minus 5 × α (Helium At.-Gew. 4, bzw. 3,94) zu Blei (?) At.-Gew. 207. Die Atomgewichte und die Halbwertsperioden sind neben den einzelnen Elementen verzeichnet.

sind erschienen; trotzdem herrschen auf dem Gebiete der Technik und Methodik dieser Therapie erhebliche wissenschaftliche Meinungsverschiedenheiten. Für das Verständnis des gegenwärtigen Standes der Therapie mit radioaktiven Stoffen ist es jedoch erforderlich, vor allem deren biologische Wirkungen zu erörtern.

Die Radioaktivität ist die stärkste Energiequelle. Nach den zurzeit geltenden Anschauungen sind die Träger der Wirkung nicht allein die radioaktiven Elemente, sondern vor allem die bei ihrem Zerfall erfolgenden unsichtbaren Energieentladungen. Die Umwandlung des Radiums zu Polonium und Blei geschieht, wie ich in Fig. 49 schematisch dargestellt habe, kaskadenartig in 8 verschieden hohen Absätzen. Jedes Zwischenprodukt entsteht aus dem vorhergehenden mit einem Ausbruch von strahlender Energie und geht mit einer weiteren Abspaltung von Energie in das folgende Element über (s. S. 264ff, u. Tafel I).

Die 4 Erscheinungsformen dieser Energie sind kinetisch - mechanischer, thermischer, chemischer und elektrischer Natur.

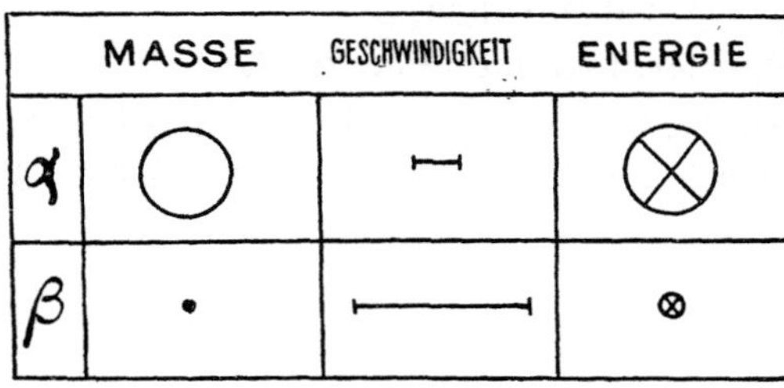

Fig. 50.

Vergleich zwischen den α- und den β-Strahlen des Radiums.

Beziehungen zwischen der Masse, der Geschwindigkeit und der Energie der α- und β-Partikel des Radiums. (Nach Rutherford Radioaktivität.)

Die 4 Ursachen dieser Energie sind die unsichtbaren, einander differenten α-, β-, γ- und Sekundärstrahlen. Der Hauptteil der Strahlungskraft (99%) entfällt auf die α-Strahlen, die wegen ihrer großen Masse (4 mal so groß als ein Wasserstoffatom) und Geschwindigkeit (20 000 km in der Sekunde), sowie ihrer raschen und totalen Absorption im Gewebe die kräftigste Wirkung entfalten (Fig. 50). 1 g Radium entsendet im aktiven Gleichgewichtszustande (Radium + Emanation + Radium A + C + F, somit 5 Alpha - Strahler) $2{,}5 \times 10^{11}$ α-Teilchen und 7×10^{10} β-Teilchen pro Sekunde. Somit werden mit jedem β-Partikelchen 4 α-Teilchen ausgesandt, deren lebendige Kraft von der Materie total absorbiert wird und sich hierbei in ihre Äquivalente, Wärme und Ionisation umwandelt (Fig. 50). So sind bei den von 1 g Radium pro Stunde entwickelten 118 Gramm-Calorien 99% auf die Energie der α-Strahlen zurückzuführen, der Rest entfällt auf die β- und γ-Strahlen, die bei ihrem Durchtritt durch Gewebe den β-Elektronen ähnliche Sekundärstrahlen auslösen. Zwar ist die α-Energie fast 100 mal so groß als jene der β- und γ-Strahlen, und die Bewegungsenergie eines α-Strahles auf gleiche Massen umgerechnet 6×10^8 so groß wie die einer Flintenkugel (Rutherford), dafür ist aber das Penetrationsvermögen der α-Strahlen gering. Die Wirkung der α-Strahlen ist daher zwar eine irritierende, aber stets nur oberflächliche (Kontaktreiz). Nach Battelli betragen bei den einzelnen Strahlen die

	Ionisierungskraft	Penetration	Absorption auf die Hälfte durch Aluminiumfilter
α	10 000	1	0,005 mm
β	100	100	0,5 „
γ	1	10 000	80,0 „

Die letztere Eigenschaft ermöglicht eine Trennung der Strahlen durch Filter und die isolierte Anwendung der β- und γ-Strahlen, oder auch der γ-Strahlen allein (s. Fig. 51).

In ihrer momentanen Wirkung sind das Radium und das von ihm ständig produzierte Gas, die Emanation (von Ramsay Niton genannt), ungefähr gleich, sobald sie mit ihren Zerfallsprodukten im Gleichgewicht stehen und den gleichen Raum einnehmen; sie sind bloß durch eine α-Emission verschieden.

Wir verwenden das substantielle in Kapseln und Tuben, auf Firnis, Leinwand, Zelluloidplatten usw. fixierte Radiumpräparat zur Erzielung intensiver Lokal- und insbesondere Tiefenwirkungen; nur die von der kleinen Oberfläche des Radiumsalzes ausgehenden α-Strahlen dringen in den Raum, während die im Innern produzierten α-Strahlen von den tieferen Salzschichten größtenteils absorbiert werden. Anders die β- und γ-Strahlen, die in kon-

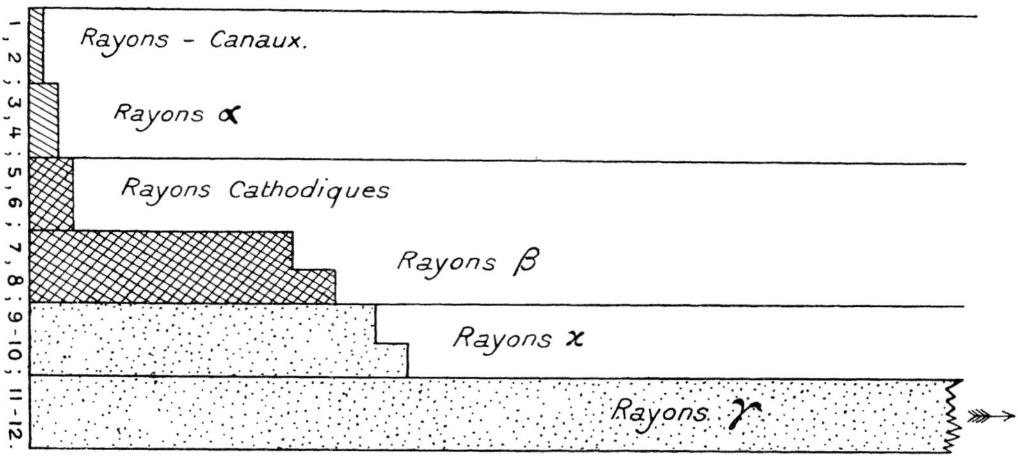

Fig. 51.
Vergleichstabelle für das Penetrationsvermögen der Röntgen- und Radiumstrahlen.
Vergleichsskala für das Durchdringungsvermögen der Radium- und Röntgenstrahlen.
Die Ziffern geben die Dicken des Radiumchronometers von Benoist aus Aluminium an.
Die Dicken nehmen millimeterweise zu (nach Bayet, le Radium 1912).

zentrierter Ansammlung fast ungehindert entweichen können. Entfaltet man jedoch das Radiumsalz in dünnen Lösungen oder Schichten über eine große Oberfläche, so wird die α-Strahlenemission gewissermaßen freigemacht, während die β- und γ-Strahlen in dieser Verdünnung praktisch nicht mehr so intensiv wirken, daß man — selbst bei langdauernden Bestrahlungen — Hautverbrennungen zu befürchten hätte.

Am intensivsten gestaltet sich die α-Wirkung bei der frei entbundenen Emanation. Infolge ihres gasförmigen Aggregatzustandes kann sie sich auf beliebig große Räume und Flächen verteilen und dieselben mit ihrem unsichtbaren, aber stark radioaktiven Niederschlag imprägnieren. Sie diffundiert durch Gase und Flüssigkeiten, durch poröse sowie auch gewisse feste Körper und entsendet proportional ihrer großen Wirkungsfläche unermeßlich mehr α-Strahlen, als ein eben so aktives fixiertes Radiumsalz vermag.

Das Emissionsvermögen der α-, β- und γ-Strahlen ist noch vielen Vertretern der beiden anderen radioaktiven Familien, Thorium und Aktinium, zu eigen, die sich von der Radiumgruppe mehr quantitativ als qualitativ unterscheiden (Tab. 1). Beigefügt ist die Reichweite der α-Strahlen in Luft in cm (nach Soddy 1912). In Curies „Radioaktivität" (1911) sind die entsprechenden Werte fast durchwegs um einige Millimeter grösser angegeben

Tabelle 1.

Die Alpha-Strahler.

Uran	2,58 cm	Thorium	3,5 (?) cm		
Ionium	2,84 „	Radiothorium	3,9 „	Radioaktinium	4,55 cm
Radium	3,13 „	Thorium X	5,7 „	Aktinium X	4,17 „
Emanation	3,94 „	Emanation	5,5 „	Emanation	5,4 „
Radium A	4,5 „	Thorium A	?	Aktinium A	6,16 „
Radium C [1]	6,57 „	Thorium C_1	5,0 „	Aktinium C_1 u. C_2	5,12 „
Polonium	3,58 „	Thorium C_2	8,6 „		

Die Halbwertsperiode der Emanation beträgt beim Radium 92,6 Stunden, beim Thorium 53 Sekunden, beim Aktinium 3,9 Sekunden, die mittlere Lebensdauer der Emanation beträgt beim Radium 133,68 Stunden, beim Thorium 76 Sekunden, beim Aktinium 5,6 Sekunden.

Die Aufgabe der nächsten Zukunft besteht in dem weiteren Studium der

speziellen Wirkung dieser Strahlenenergien

in biologischer und therapeutischer Beziehung. Bis jetzt stehen experimentell fest:

1. Die bakterizide Wirkung größerer Mengen hochaktiver Präparate, insbesondere der α-Strahlen (Caspari und Aschkinaß, Pfeiffer und Friedberger).
2. Die elektiv zerstörende Wirkung auf physiologisch weniger widerstandsfähige Zellen, insbesondere ektodermaler Herkunft, auf Geschwulstzellen, auf Gefäßgewebe, auf die Zellkerne (O. Hertwig) und die Leukozyten.
3. Die entzündungserregende bzw. gewebsirritierende Wirkung, insb. auf das Knochenmark (Plesch u. a.).
4. Die Beeinflussung der Körperfermente (Autolyse, Pepsin, Trypsin, Diastase, Milchsäure), deren Erforschung namentlich den Berliner Autoren Neuberg, Braunstein, Bergell, Bickel, Wohlgemuth zu verdanken ist.

Auch klinisch hat sich neben der Wiener Schule (v. Neusser, Dautwitz, Strasser, v. Noorden, Falta) die Berliner Schule große Verdienste um den Ausbau der internen Radiumtherapie erworben.

Die Leydensche Schule war die erste in Deutschland, welche die klinische Radiumforschung auf eine wissenschaftlich fest begründete Basis gestellt hat. Es erschienen im Anschluß an Neubergs Arbeiten 1904 die neue Wege eröffnenden Studien 1. über die Aktivierung von Fermenten (Braunstein, Bergell und Bickel, Wohlgemuth), 2. über die physiologische Bedeutung der Radioaktivität der Mineralwässer (Bergell und Bickel), 3. über die technische Herstellung brauchbarer Emanationslösungen (Bergell, 1905) durch fraktionierte Kühlung beim Abdestillieren von Radiumsalzlösungen, sowie induziert aktiv gemachter Präparate (Bismut ρ, X. Braunstein, 1904), 4. über die Karzinombehandlung mittelst Radium, bzw. Emanation, resp. Injektion unlöslicher Radiumsalze (Braunstein 1904, Kuhn, F. Meyer 1904, H. Wolff 1904); 5. von meinen bescheidenen Versuchen mit der Radiumbehandlung von Gicht und Rheumatismus (publiziert in den Charité-Annalen, Bd. 31, Berichtsjahr

[1]) In Glas 0.041 mm (Rutherford).

1905/06) will ich hierbei absehen, zumal bekanntlich die erste grundlegende Mitteilung Januar 1905 von Neusser erfolgte. Ich verweise sodann auf die zahlreichen Arbeiten aus dem Briegerschen Institut (Laqueur, Fürstenberg, Riedel, Lion), sowie von Lassar, London, Wichmann, Werner, Sommer, Kionka, Sticker, Löwenthal, Nagelschmidt, Kohlrausch, und Plesch aus der Krausschen Klinik. Für die Frage der Methodik wurden grundlegend die Arbeiten Strasburgers und seiner Schüler, sowie der Kreuznacher Forscher (Kemen, Mesernitzky, Eichholz, Neumann, Engelmann, Aschoff).

Ich verweise ferner auf die ersten Stoffwechselversuche über die Beeinflussung der Gicht und des Rheumatismus durch Krieg und Wilke (1909), auf die Arbeiten von Gottlieb, Langhans, Kraus E., Dautwitz (1906) über das gleiche Thema, wozu sich seit 1910 noch die Arbeiten von Gudzent und His gesellen.

Die französischen Autoren widmeten sich mehr der Bestrahlungstherapie; um ihren Ausbau haben sich insbesondere Soupault, Darier, Wickham und Degrais, Dominici, Bayet, und bei uns Czerny und seine Schule (Caan, Werner) verdient gemacht.

In welcher Weise sind nun die therapeutischen Indikationen des Radiums in Einklang zu bringen mit seinen biologischen Eigenschaften? Ähnlich wie es Heile (Verhandl. d. deutsch. Gesellsch. f. Chir. 1905) von den Röntgenstrahlen behauptet hat, kann man auch bei den Radiumstrahlen annehmen, daß sie die Fermentträger, die Gewebszellen und Leukozyten, zerstören und dadurch die intrazellulären Fermente in Freiheit setzen. Dafür spricht Noorden - Falta's Beobachtung, daß bei der von ihnen erfolgreich geübten hoch aktiven Inhalationsbehandlung (bis zu 1200 M.-E. pro Luftliter) hauptsächlich die Träger der wirksamsten Fermente, nämlich die neutrophilen Leukozyten von dem gesteigerten Zerfall betroffen werden und dadurch die Fermente frei werden lassen. Diese können alsdann die labilen Zellen der chronischen Entzündungsprodukte auflösen. Als Zeichen deren Resorption ist die Steigerung der Temperatur sowie der Gesamtstickstoff-, Harnsäure- und Purinbasenausscheidung im Urin anzusehen. Diese Erscheinungen sind sowohl den Röntgenstrahlen, als auch der Bier'schen Hyperämie, wie überhaupt allen Vorgängen gemeinsam, bei welchen eine Hyperleukozytose und ein Leukozytenuntergang, ein Kernschwund oder ein autolytischer Zerfallsprozeß vorkommt (s. v. Leyden und P. Lazarus, Gedenkschrift für v. Leuthold. 1906. Bd. 1). Sie haben also in dieser Hinsicht nichts Spezifisches für das Radium. Vielleicht trifft auch für die den Röntgenstrahlen verwandten γ-Strahlen die den ersteren von Holzknecht, Exner u. a. zugeschriebene Wirkung auf den Stoffwechsel zu; danach soll die Strahlung nach ihrer Absorption in den Geweben eine Energieumwandlung chemisch-physikalischer Natur erleiden, welche dissoziative Wirkungen auszuüben vermag. Bezüglich der Wirkungen des Radiums auf die Fermente, auf das Lezithin, sowie auf die einzelnen Organe und Gewebe verweise ich auf die Arbeiten von Neuberg, Bickel, Kaiserling, Hertwig, (s. Kap. VI, VII, X, XI), sowie auf die von Werner beschriebene „chemische Imitation der Strahlenwirkung" durch das aus dem Lezithin abgespaltene Cholin.

Die wegen ihrer raschen und totalen Absorption das Gewebe besonders irritierenden α-Strahlen üben einen Entzündungsreiz aus, der, wie bei der Hautbestrahlung zu sehen ist, je nach ihrer Intensität alle Stadien vom leichten Erythem bis zur schwersten Nekrose herbeiführt (s. Wickham und Degrais, Kap. XXI. d. Werk.). In den innerlich, z. B. bei chronischen Gelenkerkrankungen, verwendeten schwachen (1000—20 000 M.-E.) Dosierungen führt der Emanationsreiz häufig zu der bekannten kurativen Reaktion (s. S. 231 ff.)

entzündliche Hyperämie, Schwellung und Schmerzhaftigkeit, an die sich Heilungsvorgänge anschließen können, die in ihren schmerzstillenden, auflösenden und resorbierenden Wirkungen den Vorgängen der Bierschen Hyperämieheilung ähneln. Der durch das Radium gesetzte akute Entzündungsreiz vermochte, wie auch ich an einer Reihe von chronischen Arthritiden beobachten konnte, den chronischen Entzündungsprozeß zu Heilvorgängen anzuregen.

In welcher Art werden die bisherigen Methoden der Forderung gerecht, den Organismus einer möglichst intensiven und langdauernden Strahlenwirkung zu unterziehen?

Die kutane Anwendung

will ich nur soweit besprechen, als sie in der inneren Medizin Anwendung findet. Die in der Chirurgie und Dermatologie üblichen Anwendungsformen finden ihre Darstellung in den entsprechenden Spezialkapiteln dieses Werkes. Ich möchte hierbei nur bemerken, daß für die Wirkung des Präparates nicht allein die Aktivität des Radiumsalzes maßgebend ist, sondern auch dessen Präparation.

Mit Recht betont P. Wichmann, daß die elektrische Wirksamkeit des Präparates nicht mit der biologischen parallel zu gehen braucht. Er empfiehlt daher die biologische Leistungsfähigkeit des Präparates an der Tier- oder Menschenhaut festzustellen, indem man mit einer Exposionszeit von wenigen Minuten anfangend, die zur Erzeugung eines Erythems notwendige Dosis ermittelt. Als Bestrahlungskörper dienen Kapseln, Platten, Tuben, die gewöhnlich eine Kapazität von 10 bis 50 mg Radiumbromid haben; ihnen sind wegen der besseren Strahlenausnutzung die sog. Radiumträger vorzuziehen. Bei diesen sind die Radiumsalze mittelst eines Klebestoffes auf Leinwand fixiert; die α-Strahlen werden hierbei größtenteils in der Klebemasse absorbiert, so daß fast nur die β- und γ-Strahlen zur Wirkung kommen. Die Joachimsthaler Radiumträger sind mittelst eines eigenen Verfahrens so präpariert, daß sich eine bessere Ausnutzung der radiumhaltigen Ausschichtung einschließlich der insbesondere an der Ozonbildung in der Umgebung vorzugsweise beteiligten α-Strahlen ermöglichen läßt. Will man die α-Strahlen möglichst ausschalten, dann muß man die Träger in Leinwand oder Gummipapier hüllen. Die Joachimsthaler Träger sind biegsam und lassen sich nach Gebrauch durch Formalindampf desinfizieren. Bayet verwendet 2 Radiumplatten, eine größere 4×4 cm, 0,1 Radiumbariumsalz enthaltend, von einer aktiven Stärke von 130 000 U.-R. und eine kleinere von 2×2 cm, 0,04 Radiumbariumsalz enthaltend, von einer aktiven Stärke von 45 000 U.-R. Die große Platte entsendet keine α-Strahlen, hingegen 91% β- und 9% γ-Strahlen, die kleine 5% α-, 84% im wesentlichen weiche und mittlere β- und 11% γ-Strahlen.

Diese Platten verwendete Bayet insbesondere bei den Schmerzen der Tabiker und Ischiadiker, sowie beim Pruritus. Gewöhnlich genügte nach seinen Erfahrungen eine 1tägige Kur, 3mal an einem Tage eine Applikation von 5 Minuten. Rezidive wurden angeblich meist leicht behoben.

Versuche zur „Sensibilisierung" der Gewebe gegenüber der Radiumstrahlung sind von R. Werner mittelst Injektion von Eosin und Lezithin gemacht worden. Nach P. Wichmann läßt sich die Strahlenwirkung durch Provozierung entzündlicher Reaktionen erhöhen; er empfiehlt daher pathologische Gebilde vor der Bestrahlung durch Injektion von Leukozytose erregenden Mitteln (Terpentinöl, Nukleinsäure usw.) zu sensibilisieren. Im übrigen wird ein einmal bestrahltes Gewebe für die nächste Bestrahlung viel empfindlicher und so kann infolge Kumulation eine spätere schwächere Dosis lebhafte Reizwirkungen auslösen.

Das Entgegengesetzte bezwecken die Desensibilisierungsversuche von K. Reicher und E. Lenz (Über die Verwendung der Adrenalinanämie als Hautschutz in der Röntgen- und Radiumtherapie. Deutsche med. Wochenschr. 1912. Nr. 1); sie imprägnierten die Haut auf elektrophoretischem Wege mit Adrenalin und beobachteten, daß die Resistenz einer derart anämisierten Haut gegen Radiumstrahlung größer war, als die der normalen Haut. Es soll mit dieser Methode gelingen, erhebliche Tiefenwirkungen zu erzielen, da die Absorptionskraft der blutleeren Gewebsschichten insbesondere für die weichen Strahlen gering ist.

Die Radiumtherapie in der inneren Medizin setzte mit der Verwendung von Auflegepräparaten auf die erkrankten Körperstellen, z. B. auf gichtische, rheumatische, gonorrhoische Gelenke, Neuralgien ein. (Darier 1903, Soupault 1904, Raymond und Zimmern 1904.) Sie wurde jedoch wegen der damit verbundenen Gefahr der Radiumverbrennung verlassen. Diese einfache und schmerzlose Methode verdient aber mit der Modifikation der Strahlenfiltration oder der Fernapplikation, wobei eine Luftsäule in einem hohlen Bleikegel als Filter dient (Bayet), eine ausgedehntere Anwendung in der inneren Medizin, insbesondere bei hartnäckigem Pruritus, z. B. im Gefolge des Diabetes oder Ikterus, bei Herpes zoster und Ischias.

Eine zweite alte Anwendungsform ist die der

Bäder,

welche entweder die in Wasser bekanntlich gut lösliche Emanation (s. Seite 215) oder auch direkt radioaktive Salze enthalten. Hierbei spielen drei Momente eine Rolle: die Hautabsorption, die Einatmung und die Strahlenwirkung der Emanation und ihrer Zerfallsprodukte.

Die Absorption der Emanation.

Die Anschauung, daß die Emanation die Epidermis des Körpers nicht durchdringt und, „im Bade nur insoweit wirksam sein kann, als sie aus dem Wasser in die Luft entweicht und eingeatmet wird“ (His), daß somit „die radioaktiven Bäder nur eine modifizierte Inhalationsweise“ darstellen (Löwenthal), hat einer Nachprüfung nicht standgehalten. Die Emanation durchdringt wie andere Gase die intakte Haut in beiden Richtungen; es sei nur an die Hautatmung erinnert. Engelmann hat das Eindringen der Emanation durch die Haut zahlenmäßig ermittelt, aber naturgemäß die Resorptionsquote nur sehr gering gefunden. Ich konnte den Austritt der stomachal oder per pulmones aufgenommenen Emanation durch die Haut nachweisen; der Schweiß enthält nach meinen Messungen an im elektrischen Glühlichtkasten ½ Stunde lang einer starken Transpiration ausgesetzten Personen deutliche Spuren der per os oder per pulmones aufgenommenen Emanation.

Tabelle 2.

Ausscheidung durch die Haut.

1. 2 × 1000 M.-E. in 1 Stunde getrunken, 10 ccm Schweiß (elektrisches Lichtbad) = 1 M.-E.
2. 108 Einheiten pro 1 l Stunde inhaliert, 10 ccm Schweiß (elektrisches Lichtbad) = 1,6 M.-E. Ausscheidung in die Lichtbad-Kastenluft: 100 bis 150 M.-E.

Neuerdings konnte Kemen auch eine Aktivierung des Blutes nach stark aktiven, lang dauernden Bädern nachweisen und zwar etwa 4 bis 9 M.-E. pro Blutliter nach einem $1/4$ bis 2stündigen Bad von 100 M.-E. pro Liter Wasser. Ist somit auch die Haut in beiden Richtungen für die Emanation permeabel, so beruht doch die Hauptwirkung der Emanationsbäder nicht auf dieser geringen Durchlässigkeit, zumal die angewendeten Emanationsdosen meist schwach, und ihre Einwirkungsmöglichkeit während des Bades zu kurz ist.

Eine intensivere Imprägnation der Haut kann man mittelst der

Kataphorese oder Jontophorese

erzielen. So hat Haret beschrieben, daß man durch Elektrolyse mittelst der positiven Elektrode das Jon-Radium durch die intakte Haut in die darunter gelegenen Organe bis zu 9 cm Tiefe bringen kann, daß sich die auf diesem Wege einverleibte Menge nach wiederholter Applikation allmählich accumuliert und etwa 2 Wochen an Ort und Stelle bleibt. Zimmern und Fabre haben die Kataphorese des Radiums zur Schmerzstillung bei Arthritiden mit Erfolg verwandt. Ferner konnte Schnee mittelst der Emanationskataphorese im 4-Zellenbade die Emanation in den Körper einführen und sowohl in der Ausatmungsluft wie im Harn nachweisen. Neuerdings verwende ich hochkonzentrierte Thorium X-Lösungen (50 000 bis 200 000 M.-E. in 5—10 cm³) zur kataphoretischen Behandlung von Arthritiden und schmerzhaften Affektionen.

Auch die

Einatmung der aus dem Badewasser entweichenden Emanation

eine Zeitlang als ausschließliche Wirkungserklärung propagiert, ist nicht sehr wesentlich. Ich fand über dem Niveau künstlicher und natürlicher Radiumbäder nur etwa 1% der Bademanation. In Gemeinschaft mit Herrn Primararzt Dozent Wick in Gastein habe ich die Luft unmittelbar über dem Niveau der Grabenbäcker-Quelle in Gastein, die pro Liter 155 M.-E. enthält, untersucht und im Luftliter nur 0,37 (nach 10 Minuten), 0,49 (nach 2stündigem), 0,44 M.-E. (nach 13stündigem Verweilen in der Meßkanne des 15 Liter-Fontaktometers von Mache und Meyer) gefunden. Zehn Schritte von der Grabenbäcker-Quelle war die Luft überhaupt kaum noch als aktiv zu bezeichnen, die 15 Literkanne ergab einen Vorverlust von 55,2, somit pro Liter 3,7 Volt.

Ebenso konnte ich keine nennenswerte Aktivität in der Badehausluft in St. Moritz Bad feststellen, trotzdem die Emanation mit der den Bädern (St. Mauritius-Quelle 4,5 bis 5,3 M.-E.) reichlich entströmenden Kohlensäure ausgetrieben wird. Die Luftaktivität im Kurhaustrakte oberhalb der Badeabteilung betrug an 4 Tagen hintereinander, zur gleichen Zeit gemessen, 19,8, 20, 24, 18 Voltabfall in der 2-Literkanne. Das sind praktisch gleiche Werte, wie die des natürlichen Spannungsabfalles der Kanne. Selbst die Luft in dem ca. 10 m tiefen, gemauerten St. Mauritius-Quellschachte, direkt über dem brodelnden Wasser gemessen, hatte nur eine Aktivität von 0,73 bis 0,75 M.-E. pro Liter. Ein andermal prüfte ich einen Hofraum, 20 Schritte entfernt von einem mit hochaktiven Uranerzrückständen (9000 kg) gefüllten Depot, das mindestens 50 M.-E. pro Liter und etwa 5 Millionen M.-E. in der ganzen Kammerluft enthielt. Die Luft des allseits von mehrstöckigen Häusern umgebenen Hofes ließ das Elektroskop kaum schneller entladen, als dem natürlichen Vorverluste der 10-Literkanne entsprach; der Voltabfall betrug total 52 oder 5,2 Volt pro Liter. Die steten Luftströmungen der Atmosphäre, Diffusion und Winddurchmischung sind die Ursachen des minimalen Emanationsgehaltes, selbst in der Nähe hochaktiver Quellen. Eine therapeutische Wirkung solcher Inhalationen ist wohl kaum anzunehmen.

Auch Kemen und Mesernitzky, sowie Gottlieb fanden, daß nur ein kleiner Teil der Emanation aus dem Bade in die Luft dringt. Emanationsverlust des Badewassers nach einem ½ bis 1stündigem Bade nur 10 bis 15%! Die aus dem Bade entweichende Emanation verteilt sich sonach in kaum wirksamer Verdünnung in der Luft des Baderaumes; so haben die erstgenannten Autoren bei einem Solwasserbade (200 Liter) vor dem Bade 116 M.-E. pro Liter = 23,200 M.-E. in toto, und 1 Stunde nachher 108 M.-E. (21,600 M.-E.) gefunden. Die Luft in Atemhöhe des Patienten betrug nur etwa 0,1 Mache Einh. per Liter.

Die Wirkung des Emanationsbades ist daher nur zum geringsten Teile auf die Einatmung der aus dem Bade entweichenden Emanation

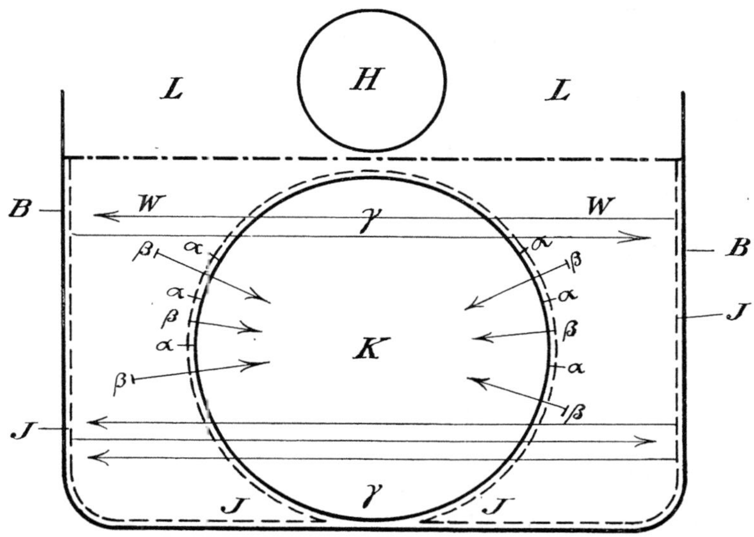

Fig. 52.

Schematische Darstellung der Radium - Bad - Wirkung als hauptsächlichstes Resultat der Strahlungen.

H = Haupt. K = Körper. L = aktive Luft (per Liter höchstens ca. 10 % Emanation des Liter Wassers). W = Wasser (per Liter ca. 90 % der verwendeten Emanation). B = Badewanne. J = Induzierte Aktivität (Radium A, B, C, D). α = Wirkung der α-Strahlung (Reichweite ca. 0,05 mm in Wasser). β = Wirkung der β-Strahlung (Reichweite ca. 50 mm im Körper und in Wasser. γ = Wirkung der γ-Strahlen. NB. Mittlere Lebensdauer der Emanation 133,6 Stunden. Mittlere Dauer eines Bades 0,5 Stunde. Nutzungskoeffizient 0,004 = 0,4 %.

zu beziehen; bietet doch auch die Analyse der Exspirationsluft die gleichen Verhältnisse, mag der Patient frei in der Badekammer oder (mittelst einer eigenen Vorrichtung zugeführte) Außenluft geatmet haben. Im Gegensatz zu der irrigen Vorschrift Gudzents, „das Badewasser vor dem Baden tüchtig umzurühren", halte ich mich bereits seit 1905 an die ursprüngliche Vorschrift Neussers, das Bad durch Einbringen von radioaktiven Salzen und ruhiges Stehenlassen zu aktivieren (auf mindestens 33,000 M.-E.), sowie die Wanne mit einem gasdichten Stoff zu überdecken, um ein Entweichen der Emanation zu verhindern. Aus den gleichen Gründen ist es zwecklos, gashaltige

Emanationsbäder zu verordnen, da die Durchperlung der Gasblasen die Emanation austreibt. Will man die Zeit während des Bades ausnützen, so kann man entweder gleichzeitig radioaktives Wasser trinken oder die Emanation mittelst einer eigenen Inhaliervorrichtung einatmen lassen.

Der eigentliche Zweck der Radiumbäder ist die Erzielung einer

Kontaktstrahlenwirkung auf den Hautmantel

es sei denn, daß wie z. B. in Münster a. St., die Wanne tiefgelagert ist und das emanationshaltige Wasser permanent zu- und abfließt; wobei eine Anreicherung der Badezimmerluft mit Emanation stattfinden kann.

Allem Anscheine nach bleibt sonach für die Erklärung der Radiumbäderwirkung das wesentlichste Moment die direkte Strahlenwirkung der Emanation und ihrer Zerfallsprodukte, die eintritt bei stark konzentrierten Applikationen, bzw. bei der gleichzeitigen Einbringung strahlender Radiumsalze in das Bad oder bei der Konzentration des aktiven Niederschlages auf der Haut mittelst negativ elektrischer Ladung des Körpers. Dieser Strahlenreiz kommt bei den schwachen, zurzeit von der Industrie gelieferten Bädern (Maximum 5000 M.-E., während z. B. die Bäder in Gastein 33000 M.-E., in Joachimsthal bis zu 150000 M.-E., in Kreuznach 12000 M.-E., dazu noch strahlende Radiumsalze enthalten können), kaum wesentlich in Betracht. Außerdem kann er nur von den der Haut unmittelbar anliegenden Wasserschichten ausgehen, da die α-Teilchen bereits von etwa $^1/_{10}$ mm dicken Schichten Wasser absorbiert werden; auch den von den Zerfallsprodukten herrührenden β- und γ-Strahlen kommt bei schwach aktiven Bädern keine erhebliche Rolle zu, weil während der gewöhnlichen, $^1/_2$stündigen Badedauer wenig von ihnen (Radium B und C) zur Wirkung kommen kann. Die sehr spärlichen, dem Radium D entstammenden β-Strahlen werden gleichfalls von weit unter 1 mm dünnen Wasserschichten absorbiert. Aus alledem geht hervor, daß bei den schwach aktiven Radiumbädern das warme Wasser die wertvollste Substanz darstellt.

Es haben also wieder die alten Empiriker recht, welche in der Wirkung der einfachen warmen Bäder auf die Zirkulation, Respiration und Sekretion der Haut, auf den Gesamtstoffwechsel, auf die Anregung der Resorption, die Erzeugung einer peripheren Hyperämie, die Durchfeuchtung der Gewebe, die Reizung der sensiblen Hautnerven ein wichtiges physikalisches Agens, insbesondere bei der Behandlung chronischer Rheumatosen und Arthritiden erblickten.

Nur bei stark emanationshaltigen Bädern gesellt sich hierzu der Einfluß der direkten Aktivierung der Haut durch die mehrere Stunden lang ihr anhaftenden Zerfallsprodukte, die vielleicht reflektorisch Wirkungen durch Erregung der Haut- und Gefäßnerven erzeugen können.

Bädertechnik.

Die ursprünglich in Joachimsthal verwendeten Bäder wurden nicht wie gegenwärtig mit dem natürlichen Quellwasser bereitet, sondern mittelst der Uranpecherzrückstände künstlich aktiviert. Die Aktivierung erfolgte in 100 Liter fassenden Steingutgefäßen mit luftdicht schließendem Deckel (Tourillen), die einen perforierten Zylinder enthielten. In diesen wurde ein Säckchen mit 10 kg Uranpecherzrückständen gelegt, das Gefäß mit H_2O gefüllt und 24 Stunden stehen gelassen. Die von den Rückständen gebildete Emanation sammelte sich im Wasser an und zwar in einer Literaktivität von rund 50000 Volt = in 15 Minuten gemessen (s. H. *Gottlieb*, *Joachimsthal*, 1911.)

Zu einer Badekur gehören etwa 20—30 Bäder von 33 bis 38° C Temp. und 30 bis 60 Min. Dauer. Nach dem Bade sollen die Kranken zwecks Erhaltung des radioaktiven Beschlags nicht stark abgetrocknet werden und 1 bis 2 Stunden nachruhen. Am zweckmäßigsten ist die alte *Neussersche* Methode des Einbringens der aktivierenden Stoffe in das Bad selbst. Bei den künstlichen Bädern kann man entweder aus einem sog. Aktivator Fig. 56 S. 211 oder aus einem irrigatorartigen Gefäß das emanationshaltige Wasser langsam auf den Wannenboden einlaufen lassen, nachdem der Patient bereits ins Bad gestiegen ist (s. ferner S. 193).

Die Ingredienzen zur Herstellung der Emanationslösungen sind erhältlich entweder in den bekannten Fabriken oder in der K. K. Bergwerksverschleißdirektion Wien (IX, Porzellangasse), welche die aus der Joachimsthaler Pechblende gewonnenen Radiumsalze liefert, ferner auch in der Kreuznacher Salinendirektion, die aus dem Quellsinter Radiumsalze (Radiol) erzeugt. Zu therapeutischen Zwecken werden nicht das kaum erhältliche reine Radiummetall, sondern dessen Salze — Bromid, Chlorid, Jodid, Fluorid, Nitrat, Karbonat, Sulfat — verwendet, ev. auch der Kreuznacher Quellsinter, der außer Spuren von Radium noch Radiothorium und Aktinium enthält. Bezüglich der *Thorium-X-Bäder* s. S. 247.

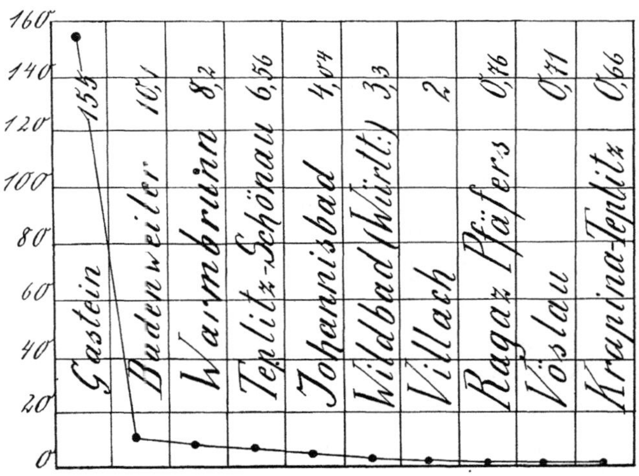

Fig. 53.
Radioaktivitätsmaxima der Wildbäder (in Mache-Einheiten) ad S. 199.

Da die spezifische Wirkung der Bäder vornehmlich von dem Kontakt zwischen Haut und benachbarten Wasserschichten herrührt, verwendet man zweckmäßiger *Teilkastenbäder*, *Emanationsteilbäder*, ev. auch in Gasform, *impermeabel bedeckte Umschläge*, getränkt mit konzentriert emanationshaltigem Wasser von 25000 bis 200000 M.-E., ev. mit Zusatz von Alkohol. Hierbei entladet sich auf der Haut nicht allein die Emanation, sondern auch der von ihr herrührende *aktive Niederschlag mit der gesamten Strahlenwirkung*. Ein einfacher Versuch vermag diese zu demonstrieren.

Betupft man eine mit Sidotkollodium bestrichene Hautstelle mit stark konzentrierter Emanationslösung, so leuchtet diese Stelle im Dunkeln sichtbar auf und ergibt, unter dem Okular betrachtet, ein Sternengefunkel, das von den in ständiger Abstoßung befindlichen α-Strahlen ausgeht, ähnlich wie beim Radium in Crookes Scintillationsversuche. Dieses Phänomen wird neuerdings industriell zum Nachweise des wirklichen Vorhandenseins von Radium in den fabrikmäßig hergestellten Präparaten und Apparaten benützt, indem diese mittelst gleichzeitig eingetragenen Baryumplatincyanürs (bzw. Sidotblende) zur Phosphorescenz gebracht werden. Eine Verdichtung der Zerfallsprodukte der Emanation und Vermehrung der Strahlenwirkung auf der Haut ist bekanntlich durch negative elektrische Ladung des Körpers zu erzielen (s. Seite 202), auch läßt sich der radioaktive Beschlag verstärken, wenn man die Haut mit stark radiumhaltigen Stoffen, Salben, Watte, Pasten usw. bedeckt.

Bekanntlich hat v. Neusser als erster 1905 die künstlichen radioaktiven Bäder bei Rheumatismus und anderen Krankheitszuständen empfohlen; seine durch 14stündiges Belassen von 5 kg Uranerzrückständen (heutiger Preis 500 Mark) im Badewasser erzeugten Bäder enthielten wie die Gasteiner Bäder 33 000 M.-E., wozu sich noch die mächtige, von den Erzen ausgehende Strahlenwirkung gesellte. Neussers Bäder waren somit viele Male intensiver als selbst die heutigen, von der Industrie gelieferten Lösungen (Radiogen 5000 M.-E., R. Keils Badetabletten 3000 M.-E.), ich kann daher die mit diesen schwach dosierten Radiumbädern beschriebenen Reaktionen und Heilerfolge weder physikalisch noch mathematisch erklären.

Zwar gab die Entdeckung der Radioaktivität der Gasteiner Thermen den Anlaß zu der Meinung, daß in ihr das spezifische Agens der

Heilquellen,

insbesondere der Wildbäder, gefunden sei. Aber gerade eine Betrachtung des Emanationsgehaltes der indifferenten Thermen hätte lehren können, daß bei diesen der Aktivitätsgehalt innerhalb weiter Grenzen schwankt. Wildbäder, wie Ragaz und Krapina-Teplitz, deren glänzender Heilwert, insbesondere bei gichtischen und rheumatischen Erkrankungen durch jahrundertlange Erfahrungen fest begründet ist, haben einen Emanationsgehalt von nur 0 3 bis 0,66 M.-E., ungefähr gleich dem Wiener Tagwasser. (s. Fig. 53 S. 195 und Tab. 3 S. 199).

Außerdem hat uns die Natur selbst in den Bädern Wildbad Gastein und Hofgastein ein klassisches Exempel für diese Frage geliefert. Seit dem Jahre 1830 bis zum Jahre 1906 bezog Hofgastein sein Thermalwasser aus der Hauptquelle des Wildbades. Auf dem etwa $2\frac{1}{4}$ Stunden dauernden Transport durch die $8\frac{1}{2}$ km lange Lärchenholzröhrenleitung ging fast die ganze Emanation verloren, so daß nur noch 3% der Wildbademanation in Hofgastein anlangten. Trotzdem wurden in beiden Orten die gleichen Reaktionen und Heilerfolge erzielt. Noch 1894 erklärte die Kurkommission in Hofgastein: „Ausdrücklich muß hervorgehoben und mit aller Entschiedenheit der absolut unrichtigen Anschauung entgegengetreten werden, daß das Thermalwasser auf seinem Wege von Bad- nach Hofgastein an seiner Wirksamkeit etwas verlöre“[1]).

Selbst ein so erfahrener Kliniker, wie Wick, der seit Jahrzehnten in Gastein praktiziert und in ausgezeichneten Arbeiten seine Erfahrungen niedergelegt hat, konnte in der Wirkung der Thermen keinen Unterschied feststellen[2]).

In seinem jüngsten Werke „Die warmen Quellen Gasteins, 1907“ wendet sich Wick gegen die Auffassung, als sei die Radioaktivität die einzig heilbringende Eigenschaft der Gasteiner Thermen. Mit Recht betont er, daß die

---

[1]) Hofgastein, herausgegeben von der Kurkommission 1894.
[2]) Die Bäder von Hofgastein 1883.

primären Badewirkungen besonders von der Temperatur abhängen und deren Bestimmung somit den wichtigsten Punkt des Kurverfahrens bildet. Der Gesamterfolg der Kur ist auf einen Komplex von Ursachen zurückzuführen und nicht auf den Radiumemanationsgehalt allein. Seit 1906 hat übrigens Hofgastein, dem Geiste der Zeit folgend, durch eine neue eiserne Fassung der Leitung fast dieselbe Aktivität seines Thermalwassers, wie die der Hauptquelle in Bad Gastein (84,7 bis 72,9 M.-E.) erlangt; dank ausgezeichneter Isolierleitungen geht auch auf dem Wege vom Reservoir bis zum Wannenauslaufe nichts an Emanation verloren: — aber ob die Kurerfolge darum wesentlich bessere sind, steht noch nicht fest.

Der therapeutische Wert starker Radiumbäder ist nicht anzuzweifeln, ebenso sicher ist, daß v. Neußer mit seinen künstlichen Gasteiner Bädern, die wie die natürlichen etwa 33 000 M.-E. enthielten, und besonders mit den im Bade befindlichen 5 kg Uranerzrückständen eine erhebliche Strahlenwirkung erzielte.

Eine Änderung dieser empirisch bewährten und von vornherein richtig dosierten Radiumtherapie setzte ein mit dem Eingreifen der Industrie. So hat die von Loewenthal zur Durchführung seiner therapeutischen Ideen begründete Radiogenfabrik gleichfalls künstliche Gasteiner Bäder erzeugt, die auch 30 000 bis maximal 100 000 sog. Einheiten enthielten. Diese Einheiten waren aber nicht die Mache-Einheiten, in denen, wie auch aus Sommers ausgezeichneter Zusammenstellung hervorgeht, bereits 1908 sämtliche Quellenanalysen angegeben waren, sondern es waren „Volts" (s. dieses Handbuch Anm. S, 62), von denen erst 75 bis 150 eine Mache-Einheit bilden. Die 30 000 bzw. 100 000 Einheiten entsprachen somit nur etwa 286 bzw. 860 M.-E., somit pro Liter Badewasser etwa 1 bis 3,4 M.-E.! Selbst die heutigen, fast von der gesamten Industrie gelieferten Radiumbadezusätze enthalten maximal nur 5000 M.-E., wobei noch Meßmultiplikationen zu berücksichtigen sind; sie vermögen nicht mit den natürlichen Bädern (250 l pro Bad gerechnet), z. B. Joachimsthal (bis zu 150 000 M.-E.), Landeck (etwa 40 bis 50 000 M.-E.), Gastein (bis 40 000 M.-E.), Kreuznach (bis 12 000 M.-E., wozu sich noch die Strahlenwirkung der Radiumsalze und der Soolegehalt gesellen), zu konkurrieren.

Die Anschauung, daß gerade die Quellen, die den besten Ruf als Gichtbäder genießen, als stark radioaktiv befunden worden sind, ist durch die Erfahrung nicht bestätigt. Ich habe in den folgenden Tabellen diese Quellen nebeneinandergestellt; hiebei stützte ich mich zum Teil auf die grundlegenden Arbeiten Sommers[1]), zum Teil entnehme ich sie offiziellen Berichten aus den betreffenden Kurorten. Es geht aus ihnen hervor, daß

1. gerade die bewährtesten Heilquellen oft nur so geringe Spuren von Radiumemanation enthalten, daß sie als therapeutisches Agens nicht wesentlich in Betracht kommen. Die angegebenen Aktivitätswerte beziehen sich stets auf 1 Liter, eine Menge, die wohl gegenwärtig nur in den seltensten Fällen als Einzeltrinkdosis verordnet wird.

Manche Quellen, die seit altersher erfolgreich gegen gichtische Beschwerden verabfolgt wurden, haben sogar eine geringere Aktivität als die anderen Quellen dieses Ortes. Ich verweise z. B. auf die Rudolfsquelle in Marienbad (0,66 bis 1,09 M.-E.), auf die Nataliequelle in Franzensbad (2,8 M.-E.), auf den Kochbrunnen in Wiesbaden (1,23 M.-E.), auf die Friedrichsquelle in Baden-Baden (6,7 M.-E.), auf den Sprudel in Karlsbad (0,4 M.-E.). Selbst Quellen mit einem Emanationsgehalt von 50 M.-E. pro Liter können bei der Trinkkur wohl kaum eine besondere Wirkung entfalten. Gewöhnlich wird als

[1]) Sommer, bei Gmelin 1908 und 1910.

Einzeldosis 1 Becher verordnet (somit enthält bei 50 M.-E. im Liter, $^1/_5$ Liter = 10 M.-E.), die im Organismus mit der Körperflüssigkeit fast unwirksam verdünnt und übrigens in kurzer Zeit ausgeschieden werden. Ferner ist zu bemerken, daß auch der Aktivitätsgehalt hoher Quellen je nach der Zuleitungsart von dem Meßorte an der Quelle bis zur Entnahmestelle eine mehr weniger große Abnahme erleidet und sehr von äußeren Momenten z. B. der Witterung abhängt. So ergab die Messung der Büttquelle (Baden-Baden) bei andauerndem Regen relativ niedrige (82 M.-E.) und bei Wasserklemme sehr hohe (über 120 M.-E.) Werte (Engler u. Sieveking).

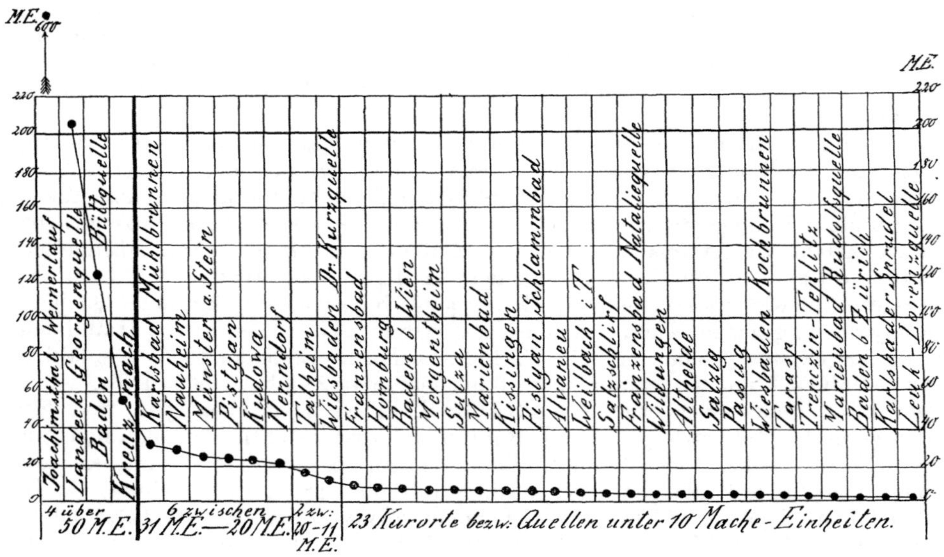

Fig. 54.

Radioaktivitätsmaxima der gegen Gicht und Rheumatismus bewährten Bäder (in M.-E.).

Rationeller wäre die Zerstäubung in entsprechend großen und gut ventilierbaren Quellinhalatorien, wobei die Luftaktivität entsprechend den Gasgesetzen sogar auf höhere Werte gebracht werden kann als die Wasseraktivität. Der Löslichkeitskoeffizient der Emanation in Wasser beträgt nur etwa 0,2 (s. S. 215), indes sie in die Luft unbegrenzt diffundiert.

Noch zweckmäßiger ist die direkte Verwendung emanationsreicher Quellgase für Inhalatoriumszwecke. Derartige Quellinhalatorien sind in Teplitz-Schönau, Landeck, Kreuznach, Münster a. St. und anderen Orten eingerichtet worden.

2. Der Heilwert der Quellen ist nicht proportional dem Emanationsgehalt (s. Figg. 53 u. 54). Quellen mit gleichem Emanationsgehalt haben je nach ihrer chemischen Zusammensetzung oft ganz verschiedene Wirkungen, Quellen mit hohem Emanationsgehalt haben oft ähnliche Wirkungen wie solche mit niedrigem; die Radiumemanation mit samt ihren Zerfallsprodukten ist nur bei hochaktiven Quellen als Heilfaktor anzuerkennen. Der Gehalt an radioaktiven Salzen ist bei den meisten Quellen so gering, daß er als therapeutisches Agens kaum nennenswert in Betracht kommt.

Tabelle 3.

Radioaktivität der Wildbäder. (s. Fig. 53, S. 195).

1. Wildbad Gastein (36,3 bis 47,1° C)		
Grabenbäcker Quelle . . .	155,0	M.-E.
Elisabethstollen, Hauptquelle	133,0	,,
Chorinsky-Quelle, Hauptstollen	121,9	,,
Wasserfall-Quelle	106,0	,,
Rudolf-Stollen	68,8	,,
Franz-Joseph-Stollen . .	64,5	,,
Chirurgen-Quelle	54,5	,,
Fledermaus-Stollen	32,8	,,
Doktor-Quelle	31,5	,,
2. Badenweiler 22,5 bis 27,5° C)	7,5 bis 10,1	,,
3. Warmbrunn (36,2° C)	5,2 ,, 8,2	,,
4. Teplitz-Schönau*) (21,9 bis 32,5° C)	3,13 bis 6,56	M.-E.
5. Johannisbad (29° C)	0,24 ,, 4,04	,,
6. Wildbad (Württ.) (35,8 bis 37,9° C)	1,6 ,, 3,3	,,
7. Villach (29° C)	0,8 ,, 2,0	,,
8. Ragaz-Pfäfers . (37,5° C)	0,33 ,, 0,76	,,
9. Vöslau (24° C)	0,7 ,, 0,71	,,
10. Krapina-Teplitz (37 bis 44° C) .	0,665	M.-E.

*) Nach neueren Messungen 9–25 M.-E.

Tabelle 4

Radioaktivität der übrigen bei Gicht und Rheumatismus bewährten Quellen. (s. Fig. 54.)

Alkalische Trinkquellen.

1. Karlsbad		
a) Mühlbrunnen	31,5	M.-E.
b) Vordere Quelle, Schloßbrunnen	17,4	,,
c) Felsenquelle	4,11	,,
d) Hinterer Mühlbrunnen .	3,11	,,
e) Marktbrunnen	2,45	,,
f) Franz Josephsquelle .	1,76	,,
g) Sprudel (72,5° C) . . .	0,4	,,
2. Mergentheim	7,10	,,
3. Marienbad		
a) Waldquelle	4,57	M.-E.
b) Kreuzbrunnen	4,26	,,
c) Ambrosiusquelle	1,62	,,
d) Rudolphsquelle 1,09 bis	0,66	,,
e) Ferdinandsbrunnen . .	0,66	,,
4. Salzschlirf, Bonifac. ca.	3,—	,,
5. Salzig, Quelle 2	1,4	,,
6. Passug, VII Quell. 1,31 bis	0,73	,,
7. Tarasp		
a) Carolaquelle	1,13	,,
b) Lucius	1,01	,,
c) Emerita	0,93	,,
d) Bonifacius	0,2	,,
Vergl. Wiener Tagwässer . .	0,26	,,

Kochsalzquellen.

1. Baden-Baden		
a) Büttquelle	126,—	M.-E.
b) Murquelle	24,—	,,
c) außerdem acht Quellen 9,9 bis	3,3	,,
2. Kreuznach		
a) Quelle a. Gradierhaus 2	56,8	,,
b) ,, 1	27,9	,,
c) ,, 5	27,6	,,
d) Inselquelle	32,8	E.-M.
e) Karlshaller Quelle . .	20,—	,,
f) Oranienquelle . . .	17,4	,,
g) Elisabethquelle . . .	13,—	,,
3. Nauheim		
a) Karlsbrunnen . . .	28,6	,,
b) Kurbrunnen.	25,4	,,
c) außerdem drei Quellen 16,2 bis	0,29	,,
Badestrudel VII .	1,8	,,
,, XII . .	1,6	,,
,, XIV. .	1,5	,,
4. Münster a. St.		
a) Hauptbrunnen . . .	23,4	,,
b) Solquelle 2	13,65	,,
5. Soden i. T.		
a) Champagnerbrunnen .	21,9	,,
b—f) die übrigen 5 Quellen . . . . . 16,4 bis	0,79	,,
6. Wiesbaden		
a) Kurzquelle	11,95	,,
b) Kochbrunnen	1,23	,,
c) Schützenhofquelle . . .	7,8	,,
d) Pariser Hofquelle . . .	3,42	,,
e) Spiegelquelle	0,8	,,
7. Homburg		
a) Elisabethbrunnen . . .	8,0	,,
b, c, d die übrigen 3 Quellen 4,0 bis	2,3	,,
8. Kissingen		
a) Maxquelle	4,3	M.-E.
b) Rakoczy	2,85	,,
9. Sulza, 5 Quellen 5,15 bis	1,16	,,

Schwefelquellen.

1. Landeck . .		
Georgenquelle	206,—	M.-E.
Friedrichsquelle	119,8	,,

Wiesenquelle	53,8	M.-E.
Marienquelle	51,5	„
Mariannenquelle	19,4	„
Trinkquelle . . . 2,6 bis	1,7	„
2. Talheim	16,3	„
3. Nenndorf		
Gewölbequelle	20,—	„
4. Aachen	(?)	
5. Pistyan		
Schöpfbrunnen	2,18	„
Schlammbassin a. d. Oberfl.	4,3	„
Bodensatz	8,8	„
6. Baden b. Wien		
6 Quellen . . . 7,88 bis	1,94	„
7. Trenczin-Teplitz		
Quelle I	1,02	„
Gas	1,59	„
8. Weilbach i. Taunus 3,40 bis	1,70	„
9. Alvaneu, 4 Quell. 3,77 bis	0,51	„
10. Baden b. Zürich		
15 Quellen . . 0,58 bis	0,03	„

Alkalisch-erdige Quellen.

Wildungen, Helenenquelle (264 bis 246 Volt) ca.	2,5	M.-E.
Georg-Victor-Quelle (195 bis 171 Volt, Plesch) ca.	2,—	„

Eisenquellen u. Moorbäder.

1. Joachimsthal		
Wernerlauf	600,—	M.-E.
2. Franzensbad		
Franzensquelle	8,16	„
Wiesenquelle	3,52	„
Herkulesquelle	3,13	„
Stephaniequelle	3,08	„
Loimannsquelle	2,82	„
Nataliequelle	2,8	„
Eisenmineralmoor	5,92	„
3. Altheide . . . 2,48 bis	1,15	„
4. Kudowa . . . 22,5 bis	2,—	„
5. Leukerbad, Lorenzqu. (auch arsenhaltige Gipstherme)	0,26	„

Wir ersehen somit aus dieser Zusammenstellung, daß die meisten gegen Gicht und chronischen Rheumatismus verwandten Heilquellen, z. B. Franzensbad, Homburg, Kissingen, Tarasp, Karlsbad, Leuk, Marienbad, Pistyan, Salzschlirf, Trenczin-Teplitz, Wiesbaden, ferner Aix les Bains (8,7 M.-E.), ihre oft durch jahrhundertelange Erfahrung erprobten Erfolge entweder gar nicht oder höchstens nur zu einem ganz geringen Teil ihrer Radioaktivität zu verdanken haben, daß Quellen von gleicher Temperatur trotz verschiedenen Emanationsgehaltes ähnliche Wirkungen entfalten und daß nur 6 Kurorte! Joachimsthal (Die neuentdeckte Quelle am Barbarastollen soll 5600 M.-E. p. l. haben), Brambach (Neue Quelle) 1965 M.-E.), Landeck, Gastein, Baden-Baden, Kreuznach zum Teil Quellwässer von mehr als 50 M.-E. pro Liter enthalten. Nur bei diesen Quellwässern ist ein Teil ihrer Wirkung, keineswegs aber ihre Gesamtwirkung auf die Radioaktivität zu beziehen. Bei allen anderen Quellen mit geringen Aktivitäten (insbesondere unter 10 M.-E. pro Liter) spielt die Emanation als Heilfaktor nur eine ganz unwesentliche Rolle, zumal wir keineswegs imstande sind, mit der Emanation allein in derartigen und selbst größeren Dosierungen Kurerfolge zu erzielen, wie sie diese Badeorte zu verzeichnen haben.

Die Radioaktivität ist eben eine Heilenergie für sich und gehört in die Gruppe der aktinotherapeutischen Mittel. Verschiedene chemisch wirksame Strahlen, insbesondere die ultravioletten können qualitativ ähnliche biologische Wirkungen entfalten, mögen sie vom Sonnenlicht, der Bogen-, Finsen-, Quecksilberlampe, der Röntgenröhre und ihren Sekundärstrahlungen oder den Radio-Elementen entstammen. Letztere bergen bei kleinster Masse das relativ konzentrierteste Energiequantum.

Es ist somit unrichtig, in der Radiumemanation das spezifische Heilagens der Quellen zu sehen, weil sie unter vielen anderen Bestandteilen auch Emanation enthalten. Es ist daher auch unrichtig, die Emanationsbehandlung zu einer Anti-Bäderbewegung auszugestalten und, wie es sogar in Laienblätter lanziert wurde, zu behaupten, daß die Kuren in den Emanatorien jene in den Kurorten übertreffen, weil bei ihnen „die eingeatmete und ins Blut übergegangene Radiumemanation die Harnsäure auflöst (s. S. 225ff.) und ihre Ausscheidung aus dem Körper befördert — Erfolge, die durch eine Badekur niemals erzielt werden, da beim Baden und Trinken nicht genug Emanation in den Körper gelangen kann"; deshalb ist auch Löwenthals Behauptung, daß man mit seinem künstlichen Radiogen „auch den weniger Bemittelten die Wohltat einer vollwertigen Badekur ohne Badereisen" zugänglich machen könne (Umschau 1908) unrichtig.

Der „Brunnengeist" ist weder die Radiumemanation, noch ein anderer Quellenbestandteil, sondern der Geist des Arztes, der die spezifischen, palnischen, klimatischen und hygienischen Vorzüge seines Kurortes mit den bsychischen, physikalisch-diätetischen und sonstigen therapeutischen Maßnahmen zu einer harmonischen Gesamtwirkung zu komponieren vermag. Das Radium ist ebensowenig wie irgend ein anderer fester oder gasförmiger Quellenbestandteil, z. B. Jod, Brom, Arsen, Magnes. sulfur. Helium etc. imstande, die unübertreffliche Gesamtwirkung eines Kurortes zu ersetzen; außerdem ist Niton ein allgegenwärtiger Stoff und findet sich ebenso wie andere Edelgase z. B. das Argon, in allen Quellen. S. S. 265 u. Taf, I. So enthält z. B. das Brunnenwasser von Mühlhausen i. E. einen Emanationsgehalt von 8 M.-E. und die Luft der obersten Erdschichten sowie das Sumpfgas einen solchen von $3 \cdot 10^{-10}$ Curie (Satterly); der Radium(metall)gehalt im Ozean schwankt zwischen $0{,}74 \times 10^{-12}$ g bis $1{,}50 \times 10^{-12}$ g in 1 g Wasser (Eve). Die Gesamtmenge Radium(met.) im Weltmeer wird auf 20000 Tonnen geschätzt (Joly zit. nach Ebler, Handwörterbuch der Naturwissensch.) Die alte Inschrift über den antoninischen Bädern in Rom hat noch heute die gleiche Geltung:

„Curae vacuus hunc adeas locum
Ut morborum vacuus abire queas
Non enim hic curatur — qui curat!"

Meine Erfahrungen sprechen zugunsten jener Ärzte (Strasburger, Görner, Stein), welche die lokale Anwendung hochkonzentrierter Emanations- und Schlammpackungen oder der

radioaktiven Kompressen

mit ihrer großen Strahlenwirkung den künstlichen Bädern vorziehen. Der Wert der letzteren wird durch die Aktivitätsverdünnung auf die ganze Körperoberfläche und durch die kurze Dauer beeinträchtigt, während man erstere wochenlang täglich 6 bis 12 Stunden (über Nacht) in ungeschwächter Konzentration liegen lassen kann. So entfallen z. B. bei einem Bade von 5000 M.-E. auf den cm^2 der Hautoberfläche etwa ¼ M.-E., während bei einer gleichaktiven Radiumkompresse von 200 ccm Größe auf den Hautquadratzentimeter das Hundertfache (25 M.-E.) einwirkt. Eine Schädigung der Haut ist bei den im Handel befindlichen Kompressen nicht zu befürchten, denn die hierbei zur Anwendung gelangenden Aktivitäten sind so gering, daß sie höchstens zum Stadium irritationis führen können. Ich verwende neuerdings radiumhaltige Decken zum Umhüllen größerer Körperteile oder auch des ganzen Körpers (mit 5 mg Radiumsulfat — ca. 50000 bis 60000 M.-E. per dcm^2 Gesamtstrahlung — imprägniert). Die durch die Strahlen bewirkte Scintillation kann man mit dem Okular an diesen Radiumtüchern ersehen, deren Herstellung ich der Radiumheil-Gesellschaft Charlottenburg verdanke.

Sehr verbreitet und insbesondere bei schmerzhaften Affektionen als wirksam empfohlen sind ferner die verschiedenen Modifikationen der alten „Joachimsthaler Säckchen" (Lederbeutel mit Uranpecherzrückständen gefüllt), Radiol- und Markus-Radiofirm-Kompressen, desgl. die Mesothorium- und Aktiniumkompressen. Bezüglich der Radiothoriumkompressen s. S. 248.

Man appliziert die Kompressen direkt auf die erkrankten ev. befeuchteten Stellen (Schmerzpunkte, Austrittsstellen der Nerven, hyperalgetische Zonen), befestigt sie mit Binden oder Heftpflaster und läßt sie am besten etwa 12 Stunden (über Nacht) liegen. Es kann bei wiederholter Anwendung zu kumulativer Wirkung kommen. Durch Hyperämisierung der Haut, z. B. durch Elektrotherme oder Thermophore kann man die Wirkung des Strahlenreizes erhöhen. Die Kombination der radioaktiven mit der Wärmestrahlung ist insbesondere bei schmerzhaften Affektionen wirksam, kann aber bei übermäßiger Anwendung zu leichten Hautirritationen führen.

Die Umflutung des Hautmantels mit α-Partikelchen, die Durchflutung der Kutis mit β-Strahlen, das Durchsetzen des Körpers mit γ-Strahlen, die reflektorische Hervorrufung der Sekundärstrahlen im Gewebe und die durch die langdauernde Exposition veranlaßte Induzierung des Hautmantels mit den Zerfallsprodukten werden bei der Kompressenapplikation besonders zur Geltung kommen. Diese lokalen Dauerapplikationen werden sich insbesondere eignen zur Applikation auf Drüsen, z. B. leukämischer oder tuberkulöser Natur, Schwellungen, Exsudate, chronische Entzündungen der Haut, der Gelenke und der serösen Häute. Deane Butcher führt die analgesierende Wirkung des Radiums auf eine direkte Beeinflussung des Neurilemms und der Hautnervenenden zurück.

Über die Anwendung der lokalen Bestrahlung bei chirurgischen und Hautkrankheiten finden sich die näheren Angaben in den Arbeiten von Schiff, Wickham und Degrais, Czerny und Caan (s. die Kapitel XX, XXI, XXII, XXIV). Bei den zu Bestrahlungszwecken verwendeten Apparaten spielen die β- und γ-Strahlen die Hauptrolle; die α-Strahlen werden teils in den tieferen Schichten des Präparates selbst okkludiert, teils werden die von der Oberfläche ausgehenden α-Strahlen durch Filter abgehalten. Die Emanation spielt bei diesen Bestrahlungen keine nennenswerte Rolle, da ja die von unlöslichen Radiumsalzen ausgehende Emanationsmenge nur 2 bis 3% der Totalaktivität beträgt; außerdem sind die Präparate häufig luftdicht eingeschlossen oder werden in impermeable Stoffe gehüllt, appliziert.

Haut-Aufladung mit dem radioaktiven Niederschlag.

Zur besseren therapeutischen Ausnutzung der radioaktiven Zerfallsprodukte habe ich (April 1911, Verh. d. Kongr. f. inn. Med.) folgendes Verfahren angegeben; die Wände des Emanationsentwicklers werden auf ein positiv elektrisches oder magnetisches Potential gebracht, wodurch die positiv elektrischen Zerfallsprodukte ausgetrieben und auf den Körper des Patienten niedergeschlagen werden. Eine Verstärkung dieser Hautaufladung tritt ein, wenn man den aktiven Niederschlag auf negativ elektrisch geladenen Körpern konzentriert. Hiervon hat man praktischen Gebrauch gemacht, indem man diesen Niederschlag teils direkt aus der Atmosphäre (Grabley), teils aus einem aktivierten Raume (5 M.-E. Kreuznacher Inhalatorium, Aschoff und Haese) auf die Haut von Versuchspersonen dirigierte, die man unbekleidet auf isolierten Stühlen auf eine hohe negativ-elektrische Aufladung brachte. Es gelingt hierdurch, auf dem Hautmantel eine große Menge der elektropositiven Zerfallsprodukte der Emanation anzusammeln, und ev. auch eine gewisse Absorption der Emanation zu erzielen. Als Elektrizitätsquelle dient ein Röntgeninduktor mittlerer Größe; der Plus-Pol endigt in einer Metallscheibe, der Minus-Pol wird durch einen Draht mit einem auf einem Isolierschemel stehenden Stuhl aus Metall verbunden, so daß die auf diesem Stuhl sitzende Versuchsperson auf eine hohe negative Ladung gebracht werden kann ohne eine Empfindung hiervon zu haben, s. Fig. 55. Aschoff und Haese konnten nachweisen, daß der radioaktive Niederschlag nach 2stündigem Aufenthalt in dem radio-elektrischen Luftbade etwa 4 mal so stark war, als ohne die negative Ladung. Sie berechneten den Voltabfall, der von dem radioaktiven Niederschlag der Haut herrührte und fanden 141,6 bzw. 628,8 Volt prc Stunde, d. i. auf die 60 mal so große Körperoberfläche umgerechnet 8496 bzw. 37728 Volt pro Stunde. Im Wasserbade waren diese Differenzen weitaus geringer; der radioaktive Niederschlag der Hand, die auf 1 Stunde in 2 Liter Emanations-H_2O von 200 M.-E. gelegt wurde, betrug nachher 841,2 Volt pro Stunde mit und 537,6 Volt pro Stunde ohne elektrische Aufladung. Es scheint ferner nach den Messungen von Aschoff, daß die

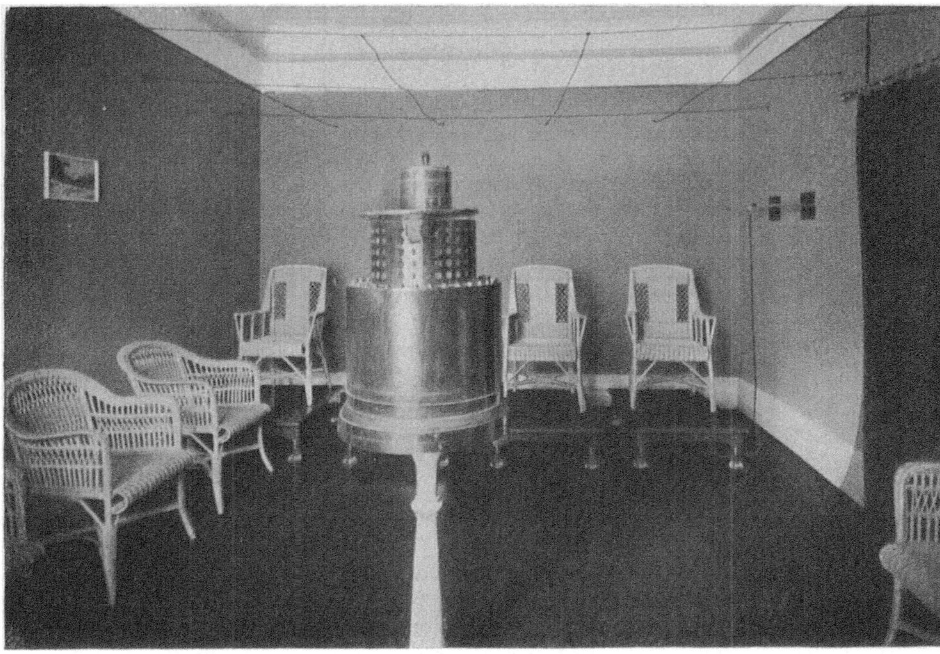

Fig. 55.
Raum für radio-elektrische Luftbäder nebst Kreuznacher Aktivator, Isolierstühlen und Elektrizitätsquelle im neuen Badehaus des Radium-Solbades Kreuznach.

elektrische Aufladung der Versuchspersonen im Inhalatorium auch eine geringe Vermehrung der vom Blute aufgenommenen Emanationsmenge bewirkt.

Hieran wollen wir die von Steffens eingeführte Anionenbehandlung reihen; er führt die Wirkung der radioaktiven Bäder auf die β-Strahlen zurück und glaubt, mindestens die gleichen Effekte mittelst hochgespannter, negativ-elektrischer Ausstrahlungen zu erzielen, die vom negativen Pole eines Induktoriums ausgehen. Über diese Methode liegen noch nicht genügende Erfahrungen vor. Theoretische Erwägungen scheinen nicht sicher für den großen Nutzen der Anionenbehandlung zu sprechen. So sagt J. K. A. Wertheim - Salamonson (in Sommers Jahrbuch über Leistungen der physik. Med. Bd. 56): „Die Wirkungen der statischen Elektrizität, wie dieselbe von der Influenzmaschine geliefert wird, scheint mir zum größten Teil auf Suggestion zu beruhen. Die

Tatsache, daß die Außenseite des Körpers mit Elektronen bedeckt ist, oder auch, daß bei positiven Ladungen die Elektronen im Körperinnern zusammengedrängt sind, scheint mir nach dem heutigen Standpunkte der Wissenschaft nicht imstande, irgendwelche Veränderungen in den physiologischen Verrichtungen des Organismus auszulösen. Die Ströme der Elektrizität, welche bei der Entladung in der Luft entstehen, sind zu schwach für irgendwelche physiologischen oder therapeutischen Effekte, während die plötzlichen Entladungen bei dem Funkenziehen der statischen Ströme usw. nur die Wirkungen von Kondensationsentladungen oder einzelner Induktionsströme zeigen."

Eine zu ausgedehnten Versuchen geeignete Anlage ist in Kreuznach geschaffen worden (Aschoff), die voraussichlich über den praktischen Wert dieser theorelisch sicherlich interessanten Idee Aufklärung bringen wird.

Die Trinkkur.

Tracy empfahl bereits 1904 die Trinkkur mittelst aktivierter Kochsalzlösungen, insbesondere bei Magen- und Darmkrankheiten. Tommasina (1904) glaubte durch die Aktivierung von Nahrungsmitteln deren bessere Assimilation zu erzielen, da die Emanation die Fermente aktiviert. Die zu aktivierenden Gegenstände wurden in der Nähe eines Radiumpräparates auf ein Drahtnetz isoliert niedergelegt und durch dessen negative Ladung die positiven Zerfallsprodukte auf ersteren konzentriert.

Da es sich aber hierbei im wesentlichen nur um eine Imprägnation mit dem fermentunwirksamen Radium-D handeln konnte, blieb der Erfolg aus, die Methode geriet in Vergessenheit und wurde durch die Trinkkur ersetzt.

Die Trinkkur hat gegenüber den anderen Verfahren folgende Vorteile:

1. Die vom Magen- und Darmtrakt ausgehende direkte Strahlung durch den Körper hindurch; die α-Teilchen werden in der Mucosa absorbiert, die β- und γ-Strahlen penetrieren, insbesondere bei der Aufnahme von Radiumsalzlösungen auch die Nachbarorgane. Es ist klar, daß bei den letzteren die Kontaktwirkung auf den Fermentsekretionsapparat am ehesten zur Geltung kommen kann.

2. Die direkte Diffusion des Emanationsgases durch die Magendarmwand in die umgebenden Gewebe. Ich konnte experimentell am Rindermagen und -darm das Durchdringen der Emanation, also nicht allein der Strahlung, sondern des Gases selbst, nachweisen, und zwar beträgt dieser Durchtritt nach meinen Messungen bei leerem Cavum etwa 10% in der Stunde. Diese direkte Wanderung der Emanation durch Organgewebe spielt eine erhebliche Rolle im Organismus.

3. Die direkte Resorption der Emanation durch die Kapillaren des Lymph- und Pfortadersystems oder der indirekte Transport mit den Verdauungsprodukten, von denen viele ein weitaus höheres Lösungsvermögen für die Emanation besitzen als Wasser.

4. Die direkte Kontaktwirkung der Emanation und ihrer Zerfallsprodukte auf die Verdauungs- und Blutfermente während ihres ganzen Weges vom Darmtrakte durch das Pfortader- und Lymphsystem, durch die Cava ascendens, den Ductus thoracicus und die Cava descendens, sowie das rechte Herz und die Lungen, ehe die Emanation in den letzteren zum teilweisen Übergange ins arterielle Blut gelangt. Die Bedeutung des Umstandes ist sicherlich einleuchtend, daß wir in dieser Art fast die ganze getrunkene Emanation stundenlang durch ein für den Gesamtstoffwechsel so wichtiges Organ wie die Leber und ihr Sekret hindurchleiten. Bei der Trinkkur werden

somit die in vitro nachgewiesenen Fermentaktivierungsversuche kopiert, indem sich die Verdauungssekrete mit dem radioaktiven Chymus mischen. Auch auf die aus den Drüsen innerer Sekretion stammenden Fermente wird während ihrer Blutpassage die Emanation einwirken. Von diesen Gesichtspunkten aus ist die Trinkkur während der Verdauungsphase in bezug auf den Verdauungsstoffwechsel unzweifelhaft allen indirekt wirkenden Einführungsmethoden außerordentlich überlegen.

Durch die Lunge wird die getrunkene Emanation bereits bald nach ihrer Aufnahme allmählich ausgeatmet. Die elektroskopische Prüfung der Ausatmungsluft ergibt je nach der Konzentration des Präparates und des Zustandes des Verdauungstraktes eine zeitlich und quantitativ verschieden hohe Aktivität. Entsprechend der großen Diffusionsgeschwindigkeit der transportierten Emanation erstreckt sich die Dauer der Emanationsausatmung auf höchstens 3 Stunden, in der ersten das Maximum erreichend.

Die Anschauung Gudzents, „daß die (getrunkene) Emanation mit den nächsten Atemzügen den Körper wieder verläßt und die wirklich zur Wirkung gelangende Menge recht winzig sei im Vergleich zu der die verabfolgt werde", hat Eichholz durch exakte Versuche über die Aufnahme und Ausscheidungsbedingungen der Emanation entkräftet. (Berl. klin. Wochenschr. Nr. 37. 1911. S. 1684.) Eichholz hat gefunden, daß 1. der gefüllte Magen und kleine Wassermengen (10 bis 100 g) die Resorption der Emanation verzögern und deren Verbleiben im Körper verlängern, 2. Leere des Magens und größere Wassermengen (500 bis 1000 g) die Resorption der Emanation beschleunigen und deren Verbleiben im Körper verkürzen, was ich auf Grund eigener Untersuchungen bestätigen kann.

So konnte ich im Venenblute eines nüchternen Patienten 40 Minuten nach Genuß von 10 000 M.-E. nur Spuren von Emanation nachweisen, während das Venenblut 5,3 bzw. 53 M.-E. pro Liter enthielt bei Aufnahme von 500 bzw. 8000 M.-E. auf gefülltem Magen (s. Tab. 5 u. 6).

Im allgemeinen findet man in dem Liter Ausatmungsluft der ersten Stunde durchschnittlich etwa 2‰ der getrunkenen Emanation; von 1000 M.-E. per os aufgenommen, werden somit mindestens 700 bis 800 M.-E. in der ersten Stunde ausgeschieden. So fand ich in der Ausatmungsluft 20 Minuten nach Genuß von 20 000 M.-E. 10 bis 12 M.-E. pro Liter. Die Erneuerung der Alveolenluft geht insbesondere bei flacher Atmung recht langsam vor sich. Nach Dreser stellt sich der Ventilationseffekt bei einem gleichen Minutenvolumen (der Atmungsgröße), z. B. 6 l, folgendermaßen dar:

Atmungsluft	Erneuerung nach einem Atemzuge			
300 ccm	4,4 %	nach	20 Atemzügen	55 %
500 „	10 „	„	12 „	71 „
1000 „	21 „	„	6 „	76 „

Man ersieht aus diesen Zahlen, daß selbst bei tiefster Atmung die Lungenluft nach 1 Minute noch nicht völlig erneuert ist. Bei normaler Atmung entfernt jeder Atemzug nur $^1/_8$ bis $^1/_{10}$ der Alveolenluft, so daß noch fast 3 Liter der alten Luft (Residualluft = 1500 ccm + Reserveluft = 1600 ccm) in der Lunge zurückbleiben, die, durch die nachrückende Einatmungsluft (etwa 500 ccm, vermehrt, für die nächste Inspirationsphase zur Verfügung stehen. Es wird somit ein erheblicher Rest der in die Lunge gelangten Emanation rückresorbiert bzw. das aus den Venen in die Alveolarkapillaren strömende Blut kann stets nur einen Teil der Emanation an die Alveolarluft abgeben, der Rest und namentlich die durch das Alveolarepithel schwer durchgelangenden festen Zerfallsprodukte der Emanation werden mitarterialisiert und gelangen in der gleichen Art in den großen Kreislauf, wie ich es vorhin für die primäre Inhalation geschildert habe. Für die Richtigkeit dieses, als Retrospiration zu bezeichnenden dritten Aufnahmeweges der genossenen Emanation sprechen meine beim Menschen und Versuchstiere erhobenen Blutbefunde nach Darreichung der Emanation per os. Es ist daraus verständlich, daß ein erheblicher Teil der getrunkenen Emanation ins arterielle Blut gelangt.

Meine diesbezüglichen Anschauungen (s. Deutsche med. Wochenschr. 1912. Nr. 8 Vortrag im Verein f. inn. Med., 17. Juli 1911) fanden durch die exakten Nachprüfungen von Strasburger volle Bestätigung; er zeigte im Gegensatze zu der Anschauung von His-Gudzent, daß das Blut beim Fließen durch die Lungengefäße bei Ausatmung in emanationsfreie Luft nur etwa 60% seines Emanationsgehaltes an diese abgibt, der Rest verbleibt noch eine Zeitlang im Blute und wird durch die nur allmählich erfolgende Resorption der getrunkenen Emanation (insbesondere bei Aufnahme auf vollen Magen) während der nächsten Stunden immer wieder ergänzt.

Auch ich fand beim Kaninchen eine halbe Stunde nach Eingießung der Emanation in den Magen das Femoralisblut aktiv, desgleichen beim Hunde jenes der A. pancreatica, sowie das in vivo resezierte Pankreas selbst.

Inwieweit hierdurch in vivo die bereits in vitro festgestellte (Braunstein, Bergell, Bickel, Wohlgemuth, Löwenthal) Aktivierung der Pankreasfermente, sowie eine Beeinflussung der inneren Pankreassekretion erfolgt, mögen erst weitere Versuche zeigen; es darf nicht übersehen werden, daß bisher zur Fermentaktivierung in vitro eine kontinuierliche Einwirkung bis zu Millionen Mache-Einheiten benutzt wurden.

Ich erwähne in parenthesi, daß Reicher an einem mit meiner Methode der Inhalation hoher Dosen (s. 219) behandelten Diabetiker eine Abnahme des Blutzuckergehaltes um 50% gefunden hat, allerdings war der Harnzuckergehalt gleichzeitig gestiegen. (Vgl. hierzu J. Weidenfelds Arbeit, siehe Literaturverzeichnis).

Tabelle 5.

Emanations-Trinkmethode. 1. Beim Tier.

1000 bzw. 2000 M.-E. per Sonde verabreicht. Im Arterienblut (nach der letzten Dosis)
Nr. 1. Kaninchen: 34 (Femoralis) Mache-Einheiten.
„ 2. Hund: 84 (Arteria pancreatica) Mache-Einheiten.
„ „ 98 (Pankreas reseziert) „ „

Beim Kranken.

Nr.	Dosis (M.-E.) einzeln	Dosis (M.-E.) total	Std.	Venenblut pro l	Exspir.-luft	
1.	100	860	5	8,3—9,4	0,7	Mache-Einheiten
2.	250	500	1	5,9—6,9	0,1	„
3.	250	1000	2	19—19	0,2	„
4.	150	1500	3	11,4		„
5.	200	2000	3	21—31*)	0,44	*) Im gekochten Blut 15 M.-E.
6.	4000	8000	0,4	53—50		
7.		20000	1/2	20,7—23,7 unmittelbar nach d. Trinken venaeseziert	10,2*) 10,4	*) 20 Minuten nach dem Trinken.

Recht erhebliche Aktivitätsmengen konnte ich wiederholt im Aderlaßblute beim Menschen nachweisen, z. B. 8,3 M.-E. bzw. 53 M.-E. pro Liter eine halbe Stunde nach Genuß von 1000 bzw. 8000 M.-E. = somit etwa 400 bis 2600 M.-E. in der ganzen diffusiblen Körpersubstanz. Es unterliegt somit keinem Zweifel, daß die Emanation im Blute zirkuliert, ob sie nun per os oder per pulmones aufgenommen worden ist. Bei der Inhalation gelangt die Emanation primär in die Lunge und sekundär in den Darm, bei der Trinkkur primär in den Darm und sekundär in die Lunge. Das Trinken bedeutet somit zum Teil auch eine Inhalation durch Diffusion. Der Unterschied zwischen beiden Systemen liegt im wesentlichen im Tempo der Emanationspassage. Bei der primären Inhalation wird die Emanation vom Blute rascher aufgenommen und nachher rascher abgegeben, sie kreist somit im Blute fast nur so lange, als sie geatmet wird, und zwar in einer dem Aktivitätsgehalte der Atmungsluft entsprechend schwankenden Konzentration. Bei der Trinkkur kommt es zu einer allmählichen Aufnahme der Emanation von den Verdauungsorganen und der Leber aus in die allgemeine Zirkulation und zu einer relativ langsamen Ausscheidung. Die genossene Emanation kreist im Blute solange, als sie resorbiert wird; dazu gesellt sich bei der Aufnahme von Radium- bzw. Thorium-X-Salzen deren länger dauernde Strahlenwirkung, welche im Gegensatze zu der flüchtigen Emanation eine Zeitlang im Organismus retiniert werden können (s. S. 260).

Die Wirkungsdauer der Emanation währt nur so lange, als die Emanation und ihre Zerfallsprodukte im Körper zirkulieren; da sie als Gas den ganzen Organismus rasch durchdringt, so wird ihre Applikationsfläche sehr verdünnt; anders bei den radioaktiven Substanzen, die längere Zeit retiniert werden können und sich in bestimmten Organen, z. B. dem Knochenmark anhäufen können, wodurch die Dauer und Intensität der Strahlenwirkung erhöht werden.

Resorptionsgeschwindigkeit und Diffusibilität der Emanation sind im Organismus sehr groß. Erwähnen möchte ich folgende bei der Trinkmethode erhobenen Befunde.

Tabelle 6.

1. Mutter und Kind.

Zeit	
10.30	1. Dosis 4000 Mache-Einheiten.
10.55	2. „ 4000 „
11.00	Geburt
11.15	Nabelschnurblut 53—50 M.-E. pro Liter.
11.30	Plazenta 3—5 M.-E. in 250 ccm Plazenta (nach 1 Stunde stehen).
11.40	Meconium etwa 25 ccm 3 M.-E. (RaA + C).

2. Ausscheidung durch die Milch.

I.	4000	M.-E. getrunken	½	Stunde, darauf	21	M.-E.	pro Liter.
II.	4000	„ „	1	„ „	23	„	„ „

Ich ließ gewöhnlich in einem Intervall von 20 bis 30 Minuten die Emanationslösungen (in $^1/_{10}$ Liter H_2O) schluckweise trinken und untersuchte hierauf die Ausscheidungen. Erstens konnte ich die Ausatmung der Emanation durch die Haut nachweisen; ich fand bei zwei Fällen im Schweiße etwa 1% der getrunkenen Emanation wieder. Die beiden anderen Befunde konnte ich, dank dem gütigen Entgegenkommen des Prof. Paul Straßmann in seiner Frauenklinik machen. Der eine erweist einen schnellen Übergang der Emanation in die Muttermilch zweier Wöchnerinnen. Die Bedeutung dieser Tatsache wird vielleicht in der Eigenschaft der Emanation, das Labferment wie die anderen Verdauungsfermente zu aktivieren, liegen. Der Säugling könnte somit eine seine Verdauungsfermente aktivierende Milch zu sich nehmen. Ferner ließ sich das Übertreten der Emanation in die Plazenta (11 M.-E.), in das Nabelschnurblut (50 M.-E.) und in den Fotus nachweisen, in dessen Meconium ich außer dem erwähnten Ra A + C (s. Tabelle 6) einen Bruchteil (0,5 M.-E.) von der der Mutter gereichten Emanation (4000 bis 8000 M.-E.) wiederfand. Wir wissen nun einerseits aus der Pflanzen- und Tierbiologie, welch unverkennbaren Einfluß die Emanation auf Entwicklungs- und Wachstumsprozesse ausübt, andererseits, daß zahlreiche vererbbare Krankheiten, insbesondere die Diathesen, wie die Gicht, auf besonderen Keimveranlagungen beruhen dürften. Doch bevor nicht konkrete Tatsachen und Versuche für die Beeinflussung der Disposition durch frühzeitige Radioaktivierung des Blutes von Mutter und Fötus vorliegen, ist es verfrüht, aus einer Beobachtung rein hypothetische Schlüsse zu ziehen.

Das radioaktive Blut

wird zum Schauplatz heftiger Energieexplosionen. Die Emanation verliert nach Abgabe der α-Partikel ihren Gascharakter und wandelt sich unter fortwährender Strahlenemission der Reihe nach in ihre festen Zerfallsprodukte — Radium A, B, C, D — um. S. Fig. 49 S. 185. Das Blut enthält alsdann nebst der Emanation noch deren feste Zerfallsprodukte und außerdem das aus den α-Partikeln nach Abgabe ihrer positiven Ladung gewordene Helium, dessen biologische Bedeutung nur gering sein dürfte, da es strahlenlos ist.

Bei der Emanationsaufnahme ins Blut spielen vielleicht auch kapillarchemische Vorgänge eine Rolle. Die festen Zerfallsprodukte der Emanation sind in der Blutflüssigkeit kolloid gelöst und gelangen durch das Lungenfilter nur schwer hindurch. Auch scheinen möglicherweise beim Kreisen der Emanation im Blute Gasadsorptionsvorgänge an den Gefäßwänden und an den unendlich großen Grenzflächen der Blutkörperchen — die Gesamtoberfläche der roten Blutkörperchen wird auf 3200 qm geschätzt. — mitzuspielen. Für diese Auffassung spricht der für Adsorptionsvorgänge charakteristische Umstand, daß bei der Aufnahme kleiner Emanationsmengen, gleichgültig, ob per os oder per pulmones gereicht, prozentual relativ mehr vom Blute aufgenommen zu werden scheint, als bei sehr großen Dosen.

Die retrospirierte Emanation verhält sich ebenso wie die primär inhalierte, sie gelangt mit dem Arterienblut in die Organe und Gewebszellen, die sich entsprechend ihrer spezifischen Lösungsaffinität die Emanation entnehmen. Während ihrer Zellpassage kann die Emanation unter Hinterlassung des radioaktiven Niederschlages biologische Wirkungen entfalten. Diese dauern nur so lange an, als die Emanation, vielmehr ihre Zerfallsprodukte, im Körper verbleiben.

Daß bei der Trinkmethode die diffusible Flüssigkeit des Körpers mit Emanation imprägniert wird, beweisen meine Untersuchungen über

die Ausscheidung der Emanation.

Die Lunge stellt das Hauptausscheidungsorgan der Emanation dar. Der Rest wird durch die Nieren, die Haut, den Schweiß, die Speichel- und Brustdrüsen, sowie den Verdauungstrakt entfernt, insbesondere werden die festen Zerfallsprodukte der Emanation per vias naturales eliminiert. So konnte ich den Übertritt der Emanation in den Mundspeichel (20 Minuten nach Trinken von 600 M.-E. enthielten 5 ccm 0,35 M.-E., somit auf den Liter umgerechnet 70 M.-E.), sowie in ein Pleuratransudat und in die Ödemflüssigkeit (Fall I, Carcinoma uteri, Cavakompression, 4000 M.-E. getrunken, 1 Liter Ödemflüssigkeit enthielt 2,36 M.-E.; Fall II, Nephritis, 2000 M.-E. per os, 1 Liter Ödemflüssigkeit enthielt 6,1 M.-E.) nachweisen. Die gefundenen kleinen Zahlen haben nur qualitativen Wert, da bei der Gewinnung des Speichels, bzw. bei der Ödemdrainage, begreiflicherweise viel Emanation entwichen ist.

Unter diesen Umständen kam ich (Kongr. f. inn. Med. 1911) zur Überzeugung, daß auch bei der Trinkmethode die diffusible Flüssigkeit des Körpers mit Emanation imprägniert wird.

Im übrigen fanden meine Berichte allmählich und auf allen Seiten volle Bestätigung. Kionka hat an Kaninchen, welche in den Magen Emanationswasser eingegossen erhielten, noch nach 4 Stunden meßbare Mengen (über 7 M.-E.) im Blut gefunden, er hat ferner darlegen können, daß die getrunkene Emanation sich im Harn nachweisen läßt, somit auch ins arterielle System gelangt sein muß, und daß die Emanation im Harn viel länger nachweisbar bleibt nach der peroralen Aufnahme, als nach der Inhalationsmethode. Die Ausscheidung der Emanation durch den Harn ist eine erheblichere und länger dauernde, wenn das Emanationswasser in den vollen Magen getrunken wird. (Radiol. Mitteil. Bad Kreuznach, 4. Jahrg. 1912.) Ferner hat Kionka mit Recht gegen die Auffassung von His, daß nach Trinken von emanationshaltigem Wasser fast die gesamte Emanation mit dem nächsten Atemzuge den Körper verläßt, die entgegengesetzten Befunde anderer Autoren angeführt; es beobachteten Kemen und Mesernitzky nach Trinken von emanationshaltigem H_2O (100 bis 400 M.-E.) bei gleichzeitiger purinfreier Kost eine Steigerung der endogenen Harnsäureausscheidung. Ferner konnten Nagelschmidt und Kohlrausch resorbierte Emanation in Leber und Galle, Bouchard, Balthasard und Curie in Milz, Nebennieren und Nierenkapseln nachweisen und Nahmmacher, Laska, Berg und Welker fanden sie auch in den Fäzes.

Zu den geschilderten Vorteilen der Trinkkur gesellt sich noch jener der 6. erhöhten Flüssigkeitsaufnahme, die den osmotischen Druck des Blutes und den Gesamtstoffwechsel erheblich beeinflußt, was ja bei den Mineralwasserschwemmkuren bekanntlich eine erhebliche Rolle spielt.

Will man aus Gründen der Ökonomie, insbesondere bei hochkonzentrierten Trinkkuren, die sonst in den freien Raum ausgeatmete Emanation wieder nutzbar machen (so fand ich z. B. nach der Aufnahme von 20 000 M.-E. bald nachher in der Exspirationsluft 10 M.-E. pro Liter), so kann man den Patienten einfach in einer kleinen Kammer (z. B. improvisiertes Himmelbett oder noch zweckmäßiger in den von mir Seite 218 ff. beschriebenen, geschlossenen Radiumsauerstoffkreis ausatmen lassen, wobei man auch einen der gewöhnlichen Rettungsapparate, wie sie bei der Feuerwehr in Gebrauch sind, bequem verwenden kann.

Auch die in schwach-aktiven Quellen vorhandene Emanation läßt sich in den sog.

Quellinhalatorien

rationell verwerten. So wird z. B. in Kreuznach die aus den Porphyrspalten der Stollenwände ausströmende Emanation (bis zu 47,4 M.-E.) mittelst eigener Exhaustoren in einen Inhalationspavillon (100 cbm groß) gepumpt, in welchem durch die fortwährende Zuführung der reinen Stollenluft der erforderliche Luftwechsel bewirkt wird. Unter dem Pavillon befindet sich eine zu Trinkkuren dienende Solquelle, deren radioaktive Gase gleichfalls in den Inhalationsraum geleitet werden. Derartige Quellinhalatorien haben vor den künstlichen (s. S. 222) den Vorzug, daß die Quellgase ständig zuströmen, daß daher eine bessere Ventilationsmöglichkeit vorhanden ist und die Patienten nicht die eigene und fremde Ausatmungsluft stundenlang wieder einzuatmen gezwungen sind.

Ferner haben die schwächer aktiven Quellorte auf diesem Wege die Möglichkeit, ihre Emanation besser auszunützen als mit der Trink- oder Badekur. So liefert z. B. die Thermalquelle in Bad Münster a. St. in 1 Stunde 41 220 Liter à 19,7 M.-E. (Engler und Sieveking) und 300 bis 1400 Liter Quellgas à 78,6 M.-E. (Glaesgen I). Die Quellgase werden mittelst einer kupfernen Gasleitung nach dem darüber gelegenen Inhalatorium geleitet und langen daselbst mit einer Aktivität von 63,2 M.-E. an. In 7 Stunden wird das 60 000 Liter fassende Inhalatorium auf 2 M.-E. pro Liter und in ca. 14 Stunden auf 5 M.-E. pro Liter gebracht. (In einem kleineren (20 cbm) Raume kann man eine noch stärkere Emanationskonzentration erreichen.) Der Patient kann somit mit zwei tiefen Atemzügen soviel Emanation zu sich nehmen, wie mit 1 Liter einer schwach aktiven Quelle. Mit etwa 1000 Atemzügen in der Stunde nimmt er etwa 15 000 M.-E. pulmonal auf, wozu etwa 761 Liter des Quellwassers bzw. etwa 200 Liter des Quellgases erforderlich wären.

Auch in anderen Kurorten, Joachimsthal, Teplitz-Schönau, Landeck u. a. werden nach ähnlichen Prinzipien (Flüssigkeitszerstäubung, Quellentgasung) die Quellinhalatorien gespeist. Bei den Teplitzer natürlichen, feuchtwarmen Emanationskammern (nach Päßler) spielt nebst dem Radiumgehalt die natürliche Quellwärme (28 bis 40° C) gewiß eine große Rolle; sie sind ca. 6 cbm groß und enthalten etwa 5 M.-E. im Luftliter. Die Patienten halten sich darin nackt auf, so daß sich die Effekte des Dampfbades mit der Inhalation der Emanation und der Emanationseinwirkung auf die Haut summieren. Bei den stark aktiven Quellen, z. B. Joachimsthal oder Landeck genügt bereits ein relativ geringer Quellwasserverbrauch zur Luftaktivierung; so könnte die Landecker Quelle (bis zu 206 M.-E. pro Liter) mit einem Aufwand von 4 cbm einen Raum von 100 cbm Größe auf einen Emanationsgehalt von 5 M.-E. pro Liter Luft dauernd aktivieren. Ähnlich ließen sich, wie aus folgender Zusammenstellung hervorgeht, auch aus anderen Quellen die Quellgase besser verwerten. (In M.-E. pro Liter):

	Gastein (Grabenbäckerquelle)	Aix les Bain	Karlsbader Mühlbrunn
Quellgas	632	47,3	94,2
Quellwasser	155 bis 173,5 (korr.)	8,7	31,5

Das sind aber im wesentlichen betriebstechnische und ökonomische Vorteile, welche für die bessere Verwertung der Emanation schwach aktiver Quellen von Bedeutung sind, nicht aber für die praktisch wichtige Frage, warum von verschiedenen Seiten die Inhalationskur wirkungsvoller als die Trinkkur dargestellt wird und weshalb sie in eigenen komplizierten Apparaturen, z. B. in luftdichten, meist nur 10 cbm großen Kästen, den sog. Emanatorien, verabfolgt wird, in welchen die Kranken täglich etwa 3 Stunden verbleiben sollen.

Technik der Trinkkur.

Die Trinkkur geriet in Mißkredit

1. durch schlechte Präparate, in denen die Emanation gänzlich oder zum Teil bereits zerfallen, bzw. auf dem Transport (Schütteln) verloren gegangen war. Die Lebensdauer der Emanation ist zudem kurz: in 90 Stunden ist sie bereits zur Hälfte, in 4 Wochen total zerfallen. Deshalb enthalten die ursprünglich aktiven, abgelagerten Mineralwässer nur noch Radium D. in Spuren. Ob aber

dieses tatsächlich ein ernst zu nehmendes therapeutisches Agens ist, steht noch nicht fest, stimmt auch mit der Praxis der Mineralwasserbehandlung nicht

Fig. 56.

Leicht zusammenstellbarer *Aktivator aus Glas zur Erzeugung von emanationshaltigem Wassei*: Volumen ca. 2 Liter. Die in den Aufsatz eingegossenen Flüssigkeitsmengen müssen durch das Glasrohr in und durch eine poröse Zelle fließen, in der sich ein unlösliches Radium-Präparat befindet. Die Leistung des Apparates beträgt täglich normalerweise 2500 bis 10000 M.-E. in $^1/_2$ Liter, doch läßt sich durch Erhöhung des Radium-Gehaltes jede beliebige Steigerung des Emanationsgehaltes hervorrufen.

überein s. S. 233. Den geschilderten Nachteil der Unhaltbarkeit der Emanation kann man durch Darreichung von *radiumsalzhaltigen Lösungen* (ev. durch Auflösung radioaktiver Präparate, z. B. *Keils* Tabletten) oder mittelst Apparaten beheben, in denen Wasser permanent aktiviert wird. Letztere hatten ehedem (bis 1910)

2. den Fehler der zu schwachen Aktivität und der zu großen Verdünnung; so lieferten die ersten Radiogentrinkemanatoren A seinerzeit nur 3 bis 5 M.-E. pro Dosis, die stärkeren Emanatoren B nur 4 bis 50 M.-E. (gegenwärtig 333 M.-E.) pro Dosis, und selbst die Badeemanatoren C nur 40 bis 500 M.-E. (gegenwärtig 5000 M.-E.) pro Dosis. So berichtet A. Hoffmann (Rhein.-westfäl. Gesellsch. 12. März. 1911), „wir versuchten im Jahre 1909 ein halbes Jahr lang die von der Radiogen-Gesellschaft gelieferten Emanatoren für Trink- und Badekur. Die an etwa 30 Rheumatikern erzielten Erfolge waren jedoch so geringfügig, daß ich nach $\frac{1}{2}$ Jahre die Emanatoren der Gesellschaft zurückstellen ließ, zumal der Gehalt des Wassers an Emanation sehr gering war". Mit einer stärker konzentrierten Trinkkur erzielte er aber an sich selbst (Muskel-Gelenkschmerzen) einen guten Erfolg. Über ebenso negative Erfolge mit den Radiogentrinkkuren hatten v. Klecki und Görner berichtet. Vergleicht man damit die natürlichen Radiumquellen, so ergibt sich, daß z. B. die Grabenbäckerquelle in Gastein 155 M.-E. im Liter, die Joachimsthaler Bäder bis zu 600 M.-E. pro Liter (somit 150 000 M.-E. in einem Bade von 250 Litern (Dautwitz) enthalten können, demnach eine ungleich (30 mal) höhere Aktivität besitzen. Dazu gesellt sich

3. die Inkonstanz der käuflichen Radiumpräparate. Ich habe meine Versuche teils mit einem von der Wiener K. K. Montandirektion (s. S. 233) bezogenen Präparate, teils mit den von der Radium-Heilgesellschaft Charlottenburg gelieferten Radiumpräparaten gemacht und keinen Emanator verwendet, der nicht vorher von der Physikalisch-technischen Reichsanstalt Charlottenburg geeicht, attestiert und von mir nachgeprüft worden ist. Wir besitzen in der Physikalisch-technischen Reichsanstalt bereits die staatliche Institution, die dem praktischen Arzt, soweit er nicht selbst die wirklich allergrößte Sorgfalt und Sachkenntnis erfordernden Messungen vornehmen kann, die Aktivität seiner Apparate prüft.

Die Radiumsalzlösungen müssen möglichst frisch sein, da sich häufig Zersetzungen des Wassers, Verschlammungen und Aktivitätsverluste des Präparates einstellen. Es ist daher zweckmäßiger, die Aktivierungsgefäße aus Glas herzustellen, als aus Metall, da in letzterem die Zersetzung der Präparate und die Verunreinigung der Gefäßwände dem Auge verborgen bleiben (Fig. 56).

Früher wurden auch induziert radioaktiv gemachte Substanzen, welche entsprechend lange der Emanationseinwirkung ausgesetzt waren, z. B. poröse Körper, Pulver, insbesondere Bimuth subnitric., zum inneren, wie zum äußeren Gebrauch (radioaktive Watte) vielfach verwendet. Diese Substanzen strahlen zwar α-, β-, γ-Strahlen aus, verlieren aber in kurzer Zeit ihre Aktivität und sind gegenwärtig wohl nicht mehr im Gebrauch. All diese Stoffe sind ohne den Zusatz von wirklichen Radiumsalzen nicht verwertbar, denn weder die Emanation, noch ihre kurzlebigen Zerfallsprodukte (A, B, C) sind haltbar und das Radium D höchst wahrscheinlich biologisch unwirksam. Man trinkt entweder aus einer dem Aktivator unmittelbar entnommenen Einzelportion oder direkt aus einer Trinkflasche (ev. mittelst eines Trinkröhrchens); am besten für den ambulanten Gebrauch eignet sich eine graduierte Feldflasche mit Patentverschluß, die je nach der verordneten Dosierung ein bestimmtes unlösliches Radiumpräparat (in einem perforierten Porzellanzylinder oder in einem Bronzedrahtgeflecht gehüllt, Radiolith u. dergl.) enthält. Die von der radioaktiven Substanz ständig ausgehende Emanation wird von H_2O aufgenommen und zwar nach dem Absorptionsgesetze etwa im Verhältnis von $^1/_4$, während die Luft $^3/_4$ aufnimmt (s. S. 215) Es ist daher zweckmäßig, das Gefäß mit inaktivem H_2O oder destilliertem H_2O- bezw. Mineralwasser vollaufen zu lassen, luftdicht zu verschließen und möglichst wenig zu schütteln.

Man muß hierbei beachten, daß die Aktivität des Wassers bei längerem Kontakt mit dem Radiumsalz steigt. Ist z. B. das Präparat auf eine verordnete Dosis von 1000 M.-E. in 24 Stunden eingestellt, so entspricht dies etwa $^1/_6$ der Maximalleistung.

Nach	24	Stunden	beträgt	die	Aktivität	$^1/_6$ =	1000	M.-E.
,,	48	,,	,,	,,	,,	0,3 =	1800	,,
,,	72	,,	,,	,,	,,	0,4 =	2500	,,
,,	96	,,	,,	,,	,,	0,5 =	3000	,,
,,	30	Tagen	,,	,,	,,	1,0 =	6000	,,

Es ist somit erforderlich, das Präparat alle 24 Stunden mit frischem Wasser aufzufüllen oder je nach der Zahl der unbenützten Tage diesem Schema entsprechend die Trinkdosis zu variieren.

Auf Rutherfords Entdeckung, daß die Kohle der Kokosnuß Radium- und Thoriumemanation in hohem Maße absorbiert — Kohle vermag 200 bis 300 mal so viel Emanation zu absorbieren als H_2O und behält ihre radioaktive Kraft mindestens 2 Wochen — gründete Shober die Anwendung der Kohleemanation in Tuben, Kapseln, Salben. A. Sticker und E. Falk haben diese Eigenschaft der Kohle zur Herstellung eines trypsinhaltigen Präparates, des Carbenzyms, benützt, das sie insbesondere bei Tumoren verwenden; sie glauben durch die kombinierte Anwendung des tryptischen Ferments mit der radioaktiven Kohle ermutigende Resultate erzielt zu haben, und haben dieselbe in Form von Injektionen, Suppositorien, Vaginalkugeln, Streupulvern usw. verwendet. Die Injektionen sind mit großer Vorsicht zu gebrauchen, da Laubenheimer und Caan einen Fall von letalem Tetanus nach Injektion von Carbenzym beobachtet hatten. Außerdem ist der Radiumgehalt dieser Präparate ein so minimaler, daß er speziell für die Behandlung von Tumoren kaum in Betracht kommt.

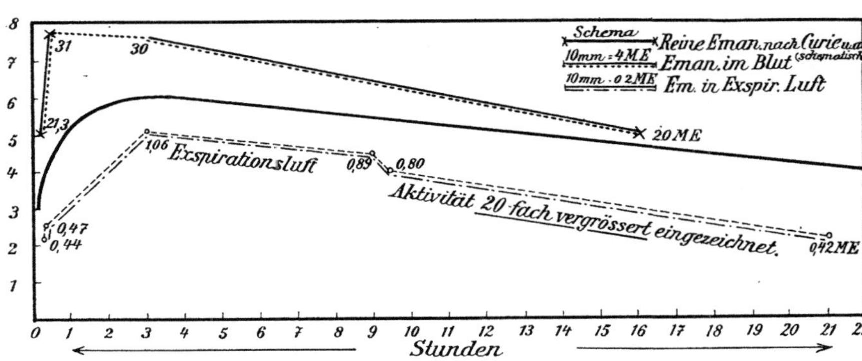

Fig. 57.

Patient hat von 7 Uhr bis 10,20 alle 20 Minuten je 203 M.-E. (in $^1/_{10}$ l) schlückchenweise getrunken (sipping), somit im ganzen 2030 M.-E.; unmittelbar nachher finden sich im Blute 21,3 bis 31 M.-E. pro Liter.

4. Der vierte Nachteil lag in der Zersplitterung der Wirkung der Trinkkur durch mehrere zu weit voneinander entfernte Intervalle, so daß die erste Gabe bereits ausgeschieden war, als die zweite gereicht wurde. Bei der Emanationsbehandlung kommt es jedoch darauf an, den Körper kumulierend mit Emanation

zu sättigen, was man bei meiner nach altbewährten Kurregeln modifizierten Darreichungsart, dem Kranken alle 20 bis 30 Minuten durch 2 bis 3 Stunden während und nach einer größeren Mahlzeit, ev. mehrmals täglich je eine Dosis in 50 bis 100 g H_2O zu verabfolgen und schluckweise trinken zu lassen, ohne weiteres erzielt. Ich bezeichne diese Trinkart als Nippkur oder

Sippingkur

(von sip, engl. schlürfen). Durch solche Ketten von Einzeldosen bzw. Schlückchen, aus einer die Gesamtmenge enthaltenden Halbliterflasche erzielt man eine langdauernde, konstante und konzentrierte Imprägnation des Körpers mit Emanation, wie sie durch einmalige Darreichung der ganzen Menge nicht erreicht werden kann (Fig. 57). Diese Etappenzufuhr der Emanation vermag das Blut und die Gewebe protrahiert und intensiv zu ionisieren (s. S. 213).

Die grundlegenden Arbeiten von Strasburger und seiner Schule (Spartz), ferner von Kemen, Neumann, Mesernitzky, Eichholz haben die Frage der besten Methodik der Emanationseinverleibung in durchaus exakter Weise gelöst, und ich verweise ausdrücklich auf deren Studium.

Spartzs Untersuchungen zeigten, daß bei der Darreichung der Emanation in kleinen Trinkdosen alle 5 bis 10 Minuten auf nüchternen Magen durch 1 bis 2 Stunden eine höhere Emanationsspannung erzielt wird als bei Darreichung auf vollen Magen. Es ist daher dort, wo es auf die Erzielung stärkerer Blutaktivitäten ankommt, zweckmäßig, früh auf nüchternen Magen die Emanation in fraktionierter Dosis mit Intervallen von 10 Minuten zu reichen und außerdem während und nach den Mahlzeiten in größerer Einzeldosis, wodurch man fast den ganzen Tag Emanation im Blute hätte.

Dies ist besonders der Fall, wenn man die Emanationsdosis in nicht zu kleinem Wasserquantum reicht. So fand Kemen, daß Verdoppelung der H_2O-Menge bei gleichbleibender Konzentration einen ungefähr doppelt so hohen Emanationsspiegel im Blute erzeugt.

Ich beginne die Trinkkur bei der Gicht und dem Rheumatismus gewöhnlich mit 1000 M.-E. pro die und steige von 2 zu 2 Tagen um je 1000 bis auf etwa 5000 bis 10 000 M.-E und mehr. Bei anderen Krankheiten, z. B. den Blutkrankheiten kann man weitaus höhere Dosierungen insbesondere in Form radiumsalzhaltiger Lösungen verabfolgen. Deren Darreichung erscheint — abgesehen von der Konstanterhaltung der Aktivität — rationeller als die der Emanationslösungen; nur bei ersteren kann es zu einer längeren Retention strahlender Substanzen, z. B. im Knochenmark, kommen, während die gesamte Wirkungsdauer der aufgenommenen Emanation nur wenige Stunden beträgt.

Bei der Inhalationsmethode wird es wegen der rascheren Resorption der Emanation eher zur Reaktion kommen als bei der entsprechend gleich dosierten Trinkkur, wo die Aufnahme der Emanation in die Zirkulation und ihre Ausscheidung langsamer erfolgt.

Vergiftungserscheinungen

durch Aufnahme des inerten Gases sind beim Menschen noch nicht zur Beobachtung gelangt, höchstens Hautverbrennungen beim Hantieren mit hochkonzentrierter Emanation (100—300 Millionen M.-E.!) (Mesernitzky). Derartige Konzentrationen kommen aber therapeutisch nicht zur Anwendung. Experimentell waren zur Tötung von kleinen Tieren enorme Mengen von Emanation erforderlich. So gingen Frösche und weiße Mäuse, welche der Emanation von 10 mg $RaBr_2$ ausgesetzt waren, erst nach 3 bis 4 Tagen ein (London). Meerschweinchen und Mäuse, die in einem geschlossenen Gefäße mit Emanation von 1 g Radium gehalten wurden, starben nach 50stündiger Einwirkung am 4. Tage und nach 15stündiger Einwirkung am 9. Tage. (Ch. Bouchard, P. Curie, Balthasard). Es war also zur Tötung dieser Tiere ein längerer konstanter Aufenthalt in einer viele Millionen von M.-E. enthaltenden Atmosphäre nötig. Beim Menschen beobachtete man bei Einwirkung stärkerer Dosierungen Kopfschmerzen, Schwindel, Herzklopfen, Ohnmachtsanwandlungen, Albuminurie, jedoch nie bleibende Störungen.

Die Aufnahme per inhalationem.

Zum besseren Verständnis dieser Anfnahmemöglichkeit der Emanation ist es erforderlich, sie auf ihrer Wanderung durch den Organismus zu verfolgen, sowie die Bedingungen ihrer Absorption und Diffusion, ihrer Zirkulation und Umwandlung sowie ihrer Ausscheidungsverhältnisse zu erörtern.

Die Lunge ist das rascheste Aufnahme- und Abgabeorgan der Radiumemanation. Die große Resorptionsfläche der Alveolen (über 100 qm, ungefähr das 50fache der Hautoberfläche) ermöglicht mit jedem Atemzuge eine direkte Aufnahme in das strömende Lungenblut. Im Blute wird die Radiumemanation nach den für die indifferenten, respirablen Gase, z. B. die Inhalationsanästhetica, geltenden Gesetzen rein physikalisch gelöst; eine chemische Bindung, wie es z. B. beim Kohlenoxyd der Fall ist, konnte bis jetzt nicht nachgewiesen werden. Die Aufnahme der Radiumemanation hängt, wie bei allen körperfremden Gasen, hauptsächlich ab von dem Absorptionskoeffizienten, von der Temperatur und dem Partialdruck, den wir bei dem verschwindend geringen Volumen der Radiumemanation zurzeit in elektrometrischen Werten angeben, denn 1 g Radiummetall befindet sich im Gleichgewicht mit nur 0,57 cmm Emanation, was 3 Millionen elektrostatischen Einheiten = etwa 3000 Millionen Macheeinheiten entspricht (s. S. 243).

Die Löslichkeit der Emanation im Blute ist vermutlich, wie in allen Salzlösungen, geringer als im Wasser. Für letzteres ist sie genau bestimmt, sie nimmt mit steigender Temperatur ab. Folgende Tabelle entnehme ich der Arbeit von Hofmann[1]).

Löslichkeit der Radiumemanation.

in Wasser bei $3^0 = 0{,}245$		$60^0 = 0{,}135$
$20^0 = 0{,}23$	In Meerwasser 0,165	$70^0 = 0{,}12$
$40^0 = 0{,}17$		$80^0 = 0{,}12$

Je konzentrierter die Salzlösung, desto weniger löslich ist die Emanation. In organischen Flüssigkeiten nimmt die Löslichkeit der Emanation zu, sie beträgt z. B. in Petroleum 9,55%, in Toluol 11,75%, in Alkohol 5,6%.

Der Absorptionskoeffizient für das Blut soll bei Körpertemperatur nach den Untersuchungen von Plesch[2]) in vitro noch um 10% niedriger sein als für Wasser, demnach bei 0,2 liegen; da dieser Faktor konstant ist, hängt die Aufnahmemenge der Emanation wesentlich ab von dem Aktivitätsgehalte der Atmungsluft, bzw. dem Konzentrationsgefälle $>$ Alveolenluft nach dem Blute und den Geweben hin. Die Emanation dringt somit aus der Einatmungsluft in die Alveolenluft, von dieser ins Blut und mit ihm in die Organe und Gewebszellen, die sich entsprechend ihrer spezifischen Lösungsaffinität

[1]) Zit. bei Curie, Die Radioaktivität, 1911. S. 252.
[2]) Deutsche med. Wochenschr. 1911. Nr. 11.

die Emanation entnehmen. Während ihrer Zellpassage kann die Emanation unter Hinterlassung des radioaktiven Niederschlages ihre biologischen Wirkungen entfalten. Diese dauern wie bei der Narkose größtenteils nur so lange an, als die Emanation und ihre Zerfallsprodukte im Körper verbleiben. Je gleichmäßiger die Konzentration der Emanation ist, die man einatmet, desto eher wird sich ein konstanter Sättigungszustand des Blutes einstellen, der der Inhalationsdauer synchron geht. Mit dem Augenblicke, wo die Emanationszufuhr sistiert, ändert das Gefälle seine Richtung, die Emanation entweicht aus dem Blute nach der Lungenluft, die Gewebsemanation rückt nach, und in kurzer Zeit diffundiert die gesamte Körperemanation zum großen Teil durch die Alveolen heraus. Entsprechend dem inerten Gascharakter der Emanation ist ihre Ausscheidungsgeschwindigkeit eine rasche, sie bewirkt größtenteils im Verlauf der ersten halben Stunde nach dem Aufhören der Inhalation die Entemanierung des Körpers.

Die Lunge stellt aber nicht das einzige Ausscheidungsorgan selbst der eingeatmeten Emanation dar; ein Teil — und zwar ein sehr geringer, etwa 1‰ — verläßt innerhalb der ersten 3 Stunden den Körper durch die Nieren, ohne sie zu schädigen; eine Radiumalbuminurie habe ich bei Gesunden selbst nach Darreichung von großen Emanationsdosen — 30 000 bis 100 000 M.-E. innerhalb einer halben Stunde per os oder nach Inhalation von 100 bis 1000 M.-E. pro Liter Luft — nie beobachtet. Die radioaktiven Salze werden im Gegensatze zu der gasförmigen Emanation zum großen Teile per renes und per intestina eliminiert, ein Teil wird längere Zeit, insbesondere im Knochenmarke retiniert. Ein zweiter, nicht unerheblicher Teil, etwa 0,1% der eingeatmeten Emanation verläßt den Organismus nach meinen Untersuchungen durch die Haut und ist im Schweiße leicht nachweisbar, ein Befund, den die bekannte Hautausscheidung von 4 Liter O_2 und 6 Liter CO_2 (in 24 Stunden) stützt.

Ferner habe ich beim Menschen und Versuchstiere nachweisen können, daß ein Teil der eingeatmeten Emanation durch den Magendarmkanal ausgeschieden wird, und zwar vorwiegend in Form des aktiven Niederschlages, während der nicht zerfallene Rest der Emanation vorzugsweise das Filter der Lungen in Gasform passiert.

So fand ich z. B. bei einem nüchternen Manne nach 3stündiger Inhalation von 0,8 M.-E. pro Liter Kammer-Luft in 10 ccm aspirierten Magensaftes 3,5 M.-E., bei einem anderen Manne, der ebensolange in der gleichen Inhalationskammer gesessen, fanden sich in den ½ Stunde nachher entleerten 15 ccm Fäzes noch 3 M.-E. Gesamtaktivität, von denen 1 M.-E. noch nach 5½ Stunden nachweisbar, also durch Emanation bedingt war, während die inzwischen abgeklungene Aktivität ersichtlich aus ihren Zerfallsprodukten bestand.

Daß es sich nicht um spontan aus dem Blute ausgepreßte, sondern in die Darmgase und Fäzes eingedrungene Emanation samt ihren Zerfallsprodukten handelt, beweist ein Tierversuch.

Ein 1,9 kg schweres Kaninchen wurde nach 3½stündigem Aufenthalt in der Emanationskammer von 1,15 bis 1,30 M.-E. pro Liter Luft durch Entbluten getötet, der total anämische Magen und Darm hatten noch eine Aktivität von 3,3 M.-E.

Ich lege großes Gewicht auf dieses Eindringen der inhalierten Emanation und ihrer Zerfallsprodukte in den Verdauungskanal, weil in ihm entsprechend seiner großen Kapazität (etwa 12 bis 13 Liter beim Erwachsenen) und seinem großen Flächeninhalt (nach Ausbreitung aller Falten etwa 26 000 qcm), sowie dank seiner ausgezeichneten Resorptionseinrichtungen eine Wiederaufsaugung der Emanation erfolgt. Die ein geatmete Emanation wird also ähnlich wie bei der Trinkkur zum Teile auch durch den Darm abgeschieden und teils resorbiert, teils per Fäzes entleert. Die Emanation sammelt sich demnach im Darmlumen in ähnlicher Art an, wie es von Elster und Geitel (Physik. Zeitschr. Bd. 3. S. 67) für die aus dem Erdboden in geschlossene Räume, z. B. Keller und Höhlen diffundierende Emanation nachgewiesen wurde. So wird ein intermediärer Kreislauf zwischen Lungenemanation und Darmemanation geschaffen und, wie ich S. 205 gezeigt habe, wird auch umgekehrt bei der primären Trinkkur ein Teil der in die Lunge ausgeschiedenen Emanation retrospiriert. Die Wirkung der eingeatmeten Emanation und der Aktivitätsgehalt der Körpersäfte werden also durch die sekundäre intestinale Resorption verstärkt, und umgekehrt. Damit ist die Brücke von der Inhalationszur Trinkkur geschlagen.

Technik der Inhalationstherapie.

Für die gewöhnliche Inhalation genügt eine einfache, mit In- und Exspirationsventil versehene, das Radiumsalz enthaltende Flasche, aus der man konstant die emanierte Luft einatmet. Es ist dann gleichgültig, ob man in emanationshaltige oder gewöhnliche Atmosphäre ausatmet. Der springende Punkt ist die gleichmäßige Emanationszufuhr in der Einatmungsphase. Diese meine Anschauung ist neuerdings von Kionka vollinhaltlich bestätigt worden.

Fig. 58.
Ventil-Respirationsröhrchen gänzlich aus Glas bestehend.

Läßt man eine Versuchsperson z. B. aus einer Radiumflasche (man kann hierzu auch den auf S. 211 abgebildeten Aktivator Fig. 56 verwenden, dessen Radiumzelle durch Glasrohr und Schlauch mit einem einfachen Respirationsventilröhrchen verbunden wird), die konstant 15 bis 25 M.-E. pro Minute liefert, somit etwa 20 000 M.-E. pro Tag, die Emanation einatmen, so enthält das Blut bereits nach 20 Minuten 13 bis 20 M.-E. pro Liter. Einen derartigen Apparat — von Junghahn zur Respiration in giftigen Gasen empfohlen (Preis 1½ Mk. Lungenschutz-Respirator Ver. Fabr. f. Labor.-Bedarf Berlin — stellt Fig. 58 dar. Der Patient atmet mittelst des unteren Inspirationsventils und Schlauches die Emanation aus der Flasche ein, wobei die Zuklemmung der Nase verhindert, daß emanationsfreie Luft mit hinein kommt, und atmet durch das obere Exspirationsventil ins Freie aus. Es gelangt somit die Emanation in wirksamer Stärke ins Blut, trotzdem in die freie Atmosphäre ausgeatmet wird; desgleichen können für diese Auffassung die Erfolge der O-Einatmung bei Feuerwehrleuten, Luftballonfahrern, Caissonarbeitern usw. herangezogen werden, die in O arme, bzw. CO_2 reiche oder mit giftigen Gasen gefüllte Atmosphäre ausatmen, deren Lungengaswechsel jedoch nicht gestört ist, wenn nur für konstante Zufuhr O haltiger Luft gesorgt ist. Für die Richtigkeit meiner Auffassung sprechen die jedem Arzte geläufigen Tatsachen über die Inhalationsanästhetica (vgl. auch die Äthernarkose per rectum), die ins Blut gelangen und die beabsichtigte Wirkung ausüben, trotzdem die Exspiration in eine vom Narkotikum freie Atmosphäre erfolgt.

Die Verhältnisse der Alveolenluft sind ja wesentlich andere als jene der Außenluft; die Luft in den Lungenalveolen kann sich nur langsam durch Diffusion gegen die frisch in den Bronchialraum gelangte Luft erneuern, dagegen strömt unablässig venöses Blut durch die Lungenkapillaren und gleicht seine Gasspannung gegen den Partiardruck der Alveolarluft und erst sekundär gegen jenen der Atmosphäre aus (Du Bois Reymond, Physiol. 1907). Die Blutaufnahme der Emanation ist somit unabhängig von der Beschaffenheit der Außenluft, in die man ausatmet.

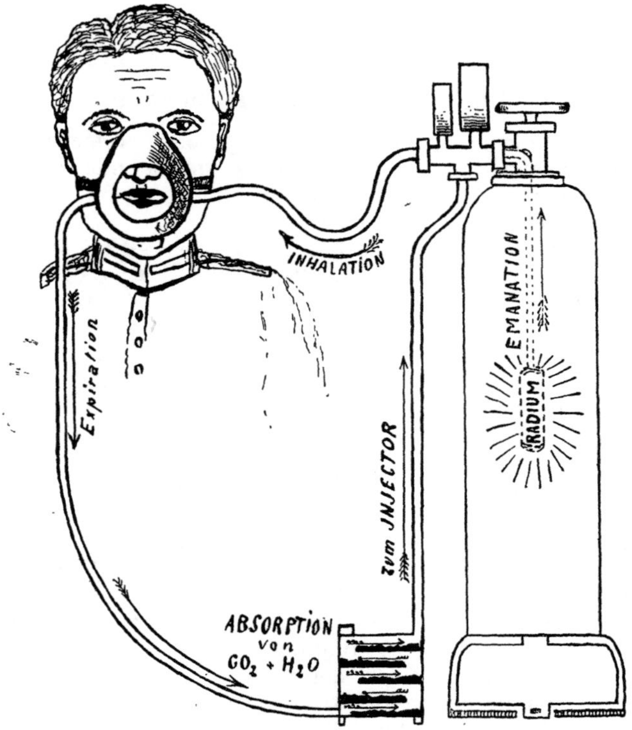

Fig. 59.
Emanations-Inhalationsapparat im geschlossenen Radium-Sauerstoff-Anreicherungskreis.

Der Bickel-Engelmannsche Apparat zeichnet sich dadurch aus, daß die Luft in der Atmungsflasche durch langsam tropfenweises Auffallen von Emanationswasser permanent auf etwa 3 bis 5 M.-E. aktiviert wird. Es läßt sich so mit 300 ccm Emanationswasser von 3000 M.-E. Aktivität eine 2 Stunden dauernde Inhalation erzielen. Als Emanationsquelle dient ein Kreuznacher Aktivator. Die gegen ihn von Gudzent und Löwenthal erhobenen Einwände, daß die Emanation wohl in die Lunge hineingeht, jedoch zum allergrößten Teil mit dem nächsten Atemzuge bereits wieder die Lunge verläßt, sind von Bickel als nicht stichhaltig zurückgewiesen worden (s. Berl. klin. Wochenschr. 6. März 1911. S. 447).

Für besondere Zwecke, wo es auf ungemein hohe Aktivierung des Körpers ankommt, ist das Inhalationssystem meines Anreicherungsapparates im geschlossenen Radiumsauerstoffkreis am Platze. Selbst die Inhalation von 1000 M.-E. pro Luftliter erwies sich, wenigstens bei nicht Stoffwechselkranken als unschädlich, und hatte insbesondere keine renalen Erscheinungen im Gefolge.

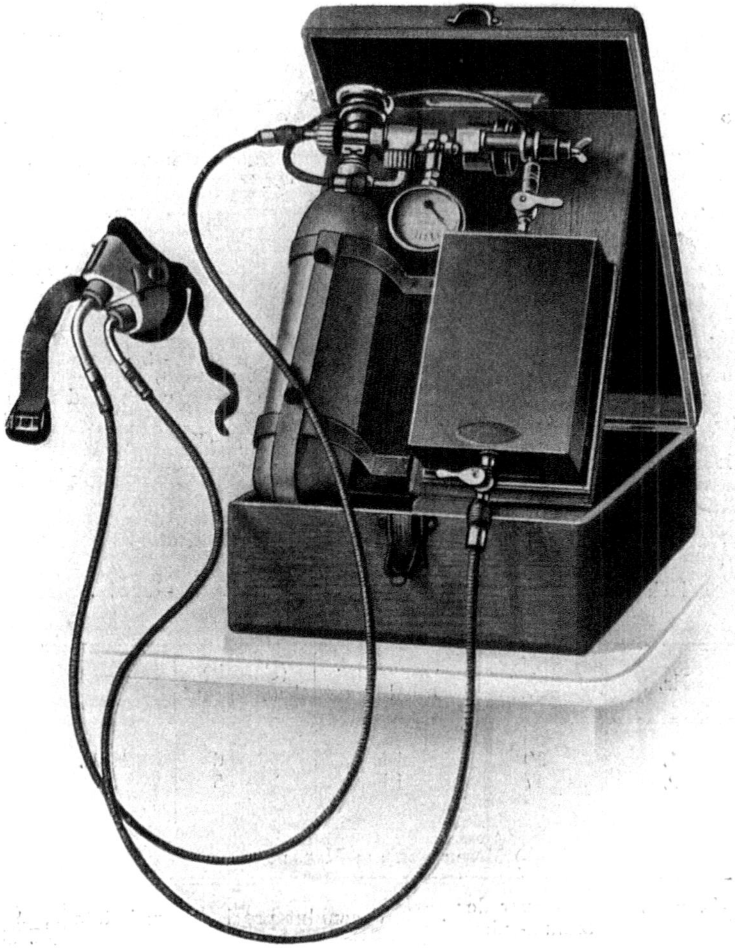

Fig. 60.
Radium-Sauerstoff-Inhalationsapparat mit geschlossenem Stromkreis und Anreicherungssystem, normal eingestellt auf 300 M.-E. per 1/2 Minute. Der Sauerstoff, wird von dem im Innern der Kassette befindlichen Radiumpräparat konstant und gleichmäßig aktiviert.

Im Gegensatz zu allen bisherigen mit aktiviertem H_2O arbeitenden Methoden beruht mein System (s. Fig. 59 u. 60):

1. auf der direkten Aktivierung eines respirablen komprimierten Gases, des O_2, der sich mit der Radiumemanation unbegrenzt vermischen kann, während H_2O nur etwa ein Viertel der vorhandenen Emanation zu lösen vermag;

2. auf der Herstellung eines auf den kleinsten Raum reduzierten, geschlossenen Respirationskreislaufes, verbunden mit einem Anreicherungssystem, welches die volle Ausnutzung der Emanation gewährleistet.

In die Achse eines leicht transportablen Stahlzylinders wird ein perforiertes Stahlrohr eingeführt, gefüllt mit einem Radiumsalz. Dieser Zylinder wird nunmehr in der üblichen Weise mit Sauerstoff gefüllt und enthält dann je nach der Potenz des eingeführten Radiumpräparates eine bestimmte Aktivität. Ich verwendete seit 1910 100—300 M.-E. pro Liter O^2 (siehe Verhandl d. Kongr. f. innere Med. April 1911), der Stahlzylinder enthält demnach je nach seiner Größe und seiner Füllung mit komprimiertem 0_2 $^1/_{10}$—$^1/_3$ Million M.-E.; durch Verstärkung des Radiumpräparats läßt sich selbstredend die Aktivität des 0_2 entsprechend erhöhen. Ein Reduzierventil gestattet die genaue Regulierung der Ausströmungsmenge von ¼ bis 1 Liter per Minute. Von dieser Emanationsgasquelle führt ein Inspirationsschlauch zu einer luftdicht schließenden Atmungsmaske, von der ein Exspirationsschlauch zu einem auf einen kleinen Raum konzentrierten Regenerationssystem abgeht. In diesem, nach den altbewährten Regenerationsprinzipien der O-Rettungsapparate konstruierten Absorber wird die ausgeatmete Emanation von der CO_2 und dem H_2O-Dampf gereinigt und alsdann mittelst eines Injektors in den Inspirationsschlauch zurückgesaugt. Durch diese Art des enggeschlossenen Respirationskreislaufs geht theoretisch nicht viel von der Emanation verloren; von Atemzug zu Atemzug, von Liter zu Liter steigt die Emanations-Anreicherung der Einatmungsluft und somit auch die des Blutes. Dazu gesellen sich die vermehrte Emanationsaufnahme infolge der Vertiefung der Respiration bei der Maskenatmung, sowie der erhöhten Absorption infolge von Tensionserhöhung der Emanation in der Einatmungsluft. Auch kann man den Apparat bzw. auch nur dessen AnreicherungsO_2kreis mit der Trinkkur kombinieren zur Wiederverwertung der sonst mit der Ausatmungsluft verloren gehenden Emanation.

Der beschriebene Apparat reicht für 100 Inhalationsstunden, ist unbeschränkt oft reaktivierbar und läßt sich auch für die Thorium-Inhalation verwenden, insbesondere in der Kassettenmodifikation, s. Fig. 60, wobei das Präparat in einen leicht transportablen Kasten kommt, der in seinem unteren Teile die CO_2 Absorptionsmasse enthält. Der kleine Sauerstoffzylinder reicht für 10 Inhalationsstunden und kann ebenso wie die Absorptionsmasse leicht gewechselt werden. Die technische Ausführung erfolgte durch die Radium-Heilgesellschaft, Charlottenburg.

Tabelle 7.

Inhalation im geschlossenen Radium O_2-Kreis.

a) Tierversuche (Kaninchen).

Nr.	M.-E. pro l	Dauer der Inhalation	(Carotis) Arterienblut	
1.	50	1 h	53—66	M.-E.
2.	47	1 h	34—35	„

b) Messungen am Menschen.

Nr.	M.-E. pro l Anfangsaktiv.	Dauer der Radium-Inhalation	Venenblut pro l	Harn in toto	Exsp.-Luft pro l (etwa 10—15 Min. nach der Inhalation)
1.	47	1 h	51—64	-	
2.	47	1 h	55—80	1,5	
3.	50	1 h	9—12 nach 3 Stunden stehen auf Eis	1,4 = 1,7	
4.	50	1 h	63—87	1,7 = 2,2	0,16
5.	65	1 h	69—99	2,4	0,32
6.	71	1 h	78—98	2,3 = 2,7	0,25
7.	120	3 h 0,5 pro 1 Min.	119—169	0,3 = 0,7	

Mit Hilfe dieses Systems, und zwar bereits mit 100 M.-E. pro Liter, gelang es mir, das Arterienblut beim Kaninchen nach 1 Stunde bis auf 66,5 M.-E.

pro $^{1}/_{10}$ Liter und das Venenblut beim Menschen bis über 150 M.-E. pro Liter im Aderlaßblute (mit dem Fontaktoskop bestimmt) zu sättigen, was einem Gehalte von mindestens 500 M.-E. im Gesamtblute = 4000 bis 5000 M.-E. in der Gesamtkörperflüssigkeit entspricht (Tab. 7). Die Ladung des Blutes mit so hohen Emanationsdosen erwies sich, wie ich bereits im April 1911 (Verhandl. d. Kongr. f. inn. Med.) hervorgehoben habe, zum mindesten als unschädlich; verteilt sich doch die Strahlenwirkung der die Blutkörperchen umströmenden Emanation auf eine sehr große Oberfläche, von der die Erythrozyten allein etwa das 1600fache des Hautmantels bedecken würden (3200 qm). Der Verlängerung der Inhalation geht eine Aktivitätserhöhung der Einatmungsluft parallel, das Ausatmen erfolgte in eine hochaktive Atmosphäre, die im Absorber von CO_2 und H_2O gereinigt, wieder dem Inspirationsstrome zugeführt wird. Dort, wo man den Organismus mit hohen Emanationsdosen rasch laden will, wird diese bequeme, am Krankenbette leicht anwendbare Methode am Platze sein. Ich unterlasse es heute, die therapeutische Perspektive zu schildern, die sich aus dieser Möglichkeit ergibt, das Blut in dosierbarer Art mit Emanation bis zu den höchsten Mengen zu sättigen und rasch zu entladen, verweise aber vorläufig auf die bakteriziden Eigenschaften der Emanation, sowie auf die Faltasche Beobachtung aus der v. Noordenschen Klinik von der Abnahme der Leukozytenzahl bereits bei Inhalation von 27 M.-E. per Liter Luft, sowie auf die neueren Arbeiten über die bis zu Millionen M.-E. hochdosierte Thoriumtherapie.

In solchen Konzentrationen steigert die Emanation das Gewebsleben, aktiviert die Fermenttätigkeit, in noch größeren Dosen erhöht sie den Zerfall von Eiweiß und von Gewebselementen, insbesondere pathologischer Natur (Neuberg), wie unter anderem die radiotherapeutischen Versuche beim Karzinom beweisen (Czerny, Wickham und Degrais). Das Radium verhält sich in dieser Beziehung ähnlich anderen Elementen, z. B. dem Arsen, das in kleinen Dosen assimilatorisch, in größeren Dosen dissimilatorisch wirkt.

Will man aber aus Gründen der Bequemlichkeit an Stelle der Einzelinhalation eine

Rauminhalation

vornehmen, dann läßt sich dies in jedem geschlossenen Raume in der wohlfeilsten und einfachsten Weise ausführen, indem man die Emanation aus dem RaO_2-Zylinder s. S. 219 ff. oder einer einfachen Gaswaschflasche ausbläst oder ein mit Emanationsgas abgefülltes Kölbchen eröffnet, oder indem man die emanationshaltige Lösung einfach zerstäubt bezw. auskocht, da ja beim Kochen alle Gase entweichen. So läßt sich auch Sommers Inhalationsapparat verwenden, wobei die emanationshaltige Flüssigkeit durch Kochen entgast wird.

Die Effusion der Emanation aus einem gewöhnlichen aktivierten Zimmer ist nach meinen Messungen eine geringe, etwa 10% pro Stunde. Als Beispiel diene eine in einem gewöhnlichen Zimmer angestellte Aktivitätsmessung; die Luftaktivierung wurde durch Zerschlagen eines die abgezapfte Emanation enthaltenden Glaskölbchens und nachfolgende Luftdurchmischung mittelst Tuchschwenken erzeugt. Die erste Messung ergab 96 M.-E., nach etwa 4 Stunden waren noch 73 M.-E. pro Liter im Raume vorhanden. Die Emanation ist ein sehr träges Gas, so daß es schwieriger ist, sie rasch aus einem Raum heraus-, als in ihn hineinzubringen.

Die sog. Gesellschaftsinhalationen gasförmiger Substanzen wurden seit altersher in verschiedenen Kurorten geübt. Bereits 1856 hat Sales Girons in Pierrefonds einen Inhalationssaal zur Einatmung von mittelst Luftdruck zerstäubten, schwefligen Mineralwasser verwendet. Gasinhalationen von

Stickstoff (Lippspringe, Inselbad), SH_2 (Aachen, Nenndorf, Landeck, Weilbach), von O_2 und O_3, von HNO_3 (meist in den Asthmapulvern enthalten), von Lignosulfit, von verdichteter Luft usw. finden auch sonst vielfache Verwendung. Emanationsinhalationen wurden empirisch bereits seit dem Mittelalter (1349) über der Büttquelle in Baden-Baden und seit einem Jahrhundert in Landeck geübt. Zielbewußt haben die Emanationsinhalation zuerst Bulling (1909) in Kammern, Lieber (1904) und Lion (1908) in Einzelapparaten angewendet. Süß hat (1908, Zeitschr. f. Tuberk.) experimentell konzentrierte Emanation als Inhalationsmittel gegen Tuberkulose versucht, indem er Meerschweinchen in mit ersterer erfüllte Glasglocken brachte. Bulling hat mittelst seines bekannten Zerstäubers (Guttafer) die an Soolwasser oder destilliertes Wasser gebundene Emanation in einfachen Kammern zerstäuben lassen und bei 38 Gichtikern und Rheumatikern unter 112 Patienten deutliche Reaktionen und zum Teil Besserungen erzielt (Berl. klin. Wochenschr. 1909).

Es ist daher nicht verständlich, wie eine Inhalationsmethode zum Ausgangspunkte einer Propaganda werden konnte, welche mehr der Industrie als den Ärzten und Kranken zugute kam und wobei ein für die Trink- oder Einzelinhalationskur von 8 Patienten ausreichendes Emanationsquantum von 20 000 M.-E. mit 10 000 Litern Luft verdünnt wurde, so daß unter den günstigsten Umständen, selbst bei 3stündigem Verweilen des Patienten, nur ein Bruchteil davon zur Wirkung gelangen konnte. Hunderte von Heilanstalten, Kurorten und Ärzten wurden veranlaßt, Millionen in derartigen Einrichtungen zu investieren, welche nur für einen geringen Bruchteil dieser Summen, die therapeutisch wirksame Substanz, das Radium, enthielten, im übrigen mit einer großen Menge von schwerwiegenden, bedenklichen hygienischen und technischen Gebrechen behaftet sind. Da diese Überflutung der internen Medizin mit solchen Einrichtungen den

Emanatorien

nur mit Hilfe von wissenschaftlichen Publikationen erreicht wurde, da heute noch immer tausende von Patienten in Städten und Kurorten täglich mehrere Stunden lang zum Einatmen eines so minimal dosierten Medikaments in diesen luftdicht abgeschlossenen Kästen veranlaßt werden, das sie viel bequemer auch daheim bei den Mahlzeiten als Trinkkur oder in jedem Zimmer als Inhalationskur oder mittelst der sehr wirksamen Injektionen zu sich nehmen können, da die Emanatoriumsbehandlung sogar als Ersatz der Badeortkuren angepriesen wird, so hielt ich es an der Zeit, die wissenschaftlichen Grundlagen dieser Therapie einer kritischen Nachprüfung zu unterziehen.

Das 2 M.-E.-Emanatorium wurde zuerst vor $2^1/_2$ Jahren von His, Gudzent und Löwenthal, dem Begründer der Radiogen-Gesellschaft m. b. H., in die Praxis eingeführt und als souveräne Methode über die anderen Emanationsmethoden gestellt. Durch das Einbringen der Kranken in diesen schwach aktivierten, luftdicht abgedichteten Raum sollte verhindert werden, daß die eingeatmete Emanation aus dem Körper entweiche, weil angeblich bei der Ausatmung in Freiluft „fast die gesamte Emanation mit den nächsten Atemzügen den Organismus verlassen" soll (Gudzent, Berl. klin. Wochenschr. 1911. S. 447). Nach meinen Untersuchungen aber ist es gleichgültig, in welche Atmosphäre man ausatmet, wenn man nur für konstante Emanationseinatmung sorgt (s. S. 217 ff.). Es ist nicht erforderlich, die Kranken in die den alten Regnaultschen Respirationskästen ähnlichen Kammern zu bringen, deren einmonatliche Betriebskosten allein den Wert des vorhandenen Radiums wesentlich übersteigen.

Dazu gesellen sich die anderen erheblichen Nachteile der Emanatorienbehandlung: Verlust an Zeit, horrende Verteuerung der Kur, Ausschluß der bettlägerigen Kranken usw.; vor allem aber ist der stundenlange, durch Wochen und Monate fortgesetzte Gruppenaufenthalt in den luftdichten Kästen als unhygienisch zu bezeichnen; infolge der Erhöhung des Bazillengehaltes in dem geschlossenen, von allerlei Kranken von früh bis abends okkupiertem kleinen Raume (meist 10 cbm!) besteht eine direkte Infektionsgefahr. Zudem ist der Gehalt der Kammerluft an CO_2 (2,45‰ P. Lazarus, ja selbst bis zu 2%, Fürstenberg und Löwy (Med. Klin. 1911), an Wasserdampf und an schädlichen Ausdünstungen von Haut und Darm (SH_2, CH_4, Kenotoxine) sehr vermehrt. Nach Pettenkofer ist Luft als schlecht und für den beständigen Aufenthalt als untauglich zu bezeichnen, wenn sie infolge Respiration von Menschen mehr als 1‰ CO_2 enthält. Es ist daher notwendig, Luftverbesserungsapparate, CO_2- und Wasserdampfabsorber aufzustellen, für stete O_2-Zufuhr zu sorgen, Ventilatoren aufzustellen. Diese Apparate funktionieren nicht immer; außerdem arbeiten die Emanatoren ungleichmäßig. Die O_2-Zufuhr funktioniert nicht selten ungenügend und der Emanationsgehalt der Kammerluft ist inkonstant (Schwankungen bis zu 0,7 M.-E. bei insgesamt 2 M.-E. pro Liter.)

Die Wirksamkeit des Emanatoriums wurde von His insbesondere mit einem Tierexperiment gestützt (Med. Klin. 1910), bei dem der Blutgehalt eines Kaninchens nach dem Aufenthalt im Emanationsraume „900 Volt-E. pro Liter“ betrug und, wie ausdrücklich hervorgehoben wurde, „etwa dem Emanationsgehalte der mittleren Gasteiner Quellen entsprach“. Das war jedoch sicherlich ein Irrtum, denn die therapeutisch verwendeten mittleren Gasteiner Quellen sind 10 mal so stark wie angegeben, und außerdem inhalierte dieses Kaninchen, wie erst später aus einer Arbeit von Fofanoff (Zeitschr. f. klin. Med. Bd. 71) hervorging, 3 Stunden lang in einer Bleikammer, die 12 bis 15 mal aktiver (3000 Volt) war, als das für den Menschen bestimmte Emanatorium (200 Volt). Nicht zu verwechseln mit diesen minimal aktiven Emanatorien sind die von v. Noorden und Falta angewendeten hochaktiven Emanationsinhalationen, wobei die Kranken von 22,5 M.-E. bis zu 1200 M.-E. (etwa 140 000 Volt) pro Luftliter, täglich 2 bis 17 Stunden einatmen und dementsprechende, intensive physiologische und therapeutische Wirkungen erzielt werden.

Auch bei den von His zur Unterstützung der Emanatoriumstherapie zitierten Stoffwechselversuchen von Silbergleit und Kikkoji (aus der I. med. Klinik Berlin) liegt eine Verwechslung vor, denn die Versuchspersonen sind, soweit ich aus den Originalarbeiten (Berl. klin. Wochenschr. 1909 und Radium in Biol. u. Heilk. 1911. S. 46) entnehme, tatsächlich nicht der Emanatoriums-, sondern der Trinkmethode unterzogen worden; dagegen haben Löwy und Plesch erwiesen, daß der respiratorische Stoffwechsel im 2 M.-E.-Emanatorium nicht beeinflußt wurde (Berl. klin. Wochenschr. 1911).

Besondere Beachtung fand die von Gudzent aufgestellte und von anderen ohne Nachprüfung übernommene Behauptung, daß, wohlgemerkt, nicht das Radium, nicht dessen Emanation und nicht die α-, β- und γ-Strahlen, sondern ein einziges Abbauprodukt,

das Radium D,

der spezifische Zerstörer der Harnsäure und ihrer Salze, des Mononatriumurats zu Kohlensäure und Ammoniak sei. Sagte er doch wörtlich: „Ich habe gerade von einem Zerfallsprodukte, dem Radium D, das nachweisbare Strahlen nicht aussendet, nachweisen können, daß es ganz gewaltige chemische und physikalische Wirkungen hervorzurufen vermag" (Verhandl. d. Ver. f. inn. Med. Sitzg. von 20. Juni 1910, s. Deutsche med. Wochenschrift 1910. Nr. 29). Auf Radium D seien das Verschwinden der Blutharnsäure (angeblich noch 1 Jahr nach der Emanationskur beobachtet), die Vermehrung der Harnsäureausscheidung, sowie die Dauererfolge zurückzuführen, da „das im Körper deponierte Radium D" infolge seiner langen Lebensdauer jahrelang seine elektiven Heilwirkungen ausüben soll. Ja, Gudzent ersah als Hauptwert des Emanatoriums, daß in ihm „in idealer Weise die Bedingung erfüllt werde", Radium D in genügender Menge im Organismus anzusammeln. Heute gehören all diese Spekulationen, denen die wichtigste wissenschaftliche Grundlage, das beweisende und bestätigte Experiment fehlte, bereits der Vergangenheit an. Und es mußte so kommen, denn:

1. Hängt die bei der Umwandlung eines Elementes erzeugte Kraftmenge nicht nur vom vorhandenen Quantum, sondern von dessen Lebensdauer ab. Es gibt Elemente, die sich in Sekunden, und solche, die sich in Jahrmillionen umwandeln. Erstere geben naturgemäß in der Zeiteinheit mehr Energie ab, sind daher physikalisch wirksamer als die langsam sich transformierenden. So beträgt die Radioaktivitätskonstante λ, d. h. die Gesamtumwandlung pro Sekunde bei der Emanation etwa $^1/_{500\,000}$, d. h. in jeder Sekunde zerfallen zwei von jeder Million der Emanationsatome, indem sie α-Teilchen austreiben und einen festen Rückstand hinterlassen. Dies macht pro Stunde $^{3600}/_{500\,000}$, pro 50 Stunden etwa $^1/_3$ und für 3,8 Tage etwa die Hälfte der Emanation aus. Während einer Emanationskur von ca. 24 je 2stündigen Sitzungen in der 2 M.-E.-Kammer, zirkuliert somit die Emanation im Blute etwa 50 Stunden. Entsprechend der Zerfallsgeschwindigkeit der Emanation würden — selbst wenn wir von ihrer Ausscheidung durch die Nieren, die Haut, den Darm, die Lungen usw. absehen — von der in einer 2stündigen Sitzung dem Körper einverleibten Emanation sich nur etwa $^2/_{133}$ umwandeln und die Intensität der radioaktiven D-Wirkung würde nur einem minimalen Bruchteile davon entsprechen (Tabelle 8).

Tabelle 8.

	Umwandlungskonstante	Halbwertsperiode	Strahlung nach Curie
Radium	$1{,}1 \;.\, 10^{-11}$	2000 Jahre	α β
Emanation	$2{,}08 \,.\, 10^{-6}$	3,85 Tage	α
Radium A	$3{,}85 \,.\, 10^{-3}$	3 Minuten	α
„ B	$4{,}83 \,.\, 10^{-4}$	26,7 „	β
„ C	$5{,}93 \,.\, 10^{-4}$	19,5 „	α β γ
„ D	$1{,}8 \;.\, 10^{-9}$	15 Jahre	β
„ E_2	$1{,}7 \;.\, 10^{-6}$	4,8 Tage	β
„ F	$5{,}73 \,.\, 10^{-8}$	140 „	α

Pro Minute zerfällt von einer gegebenen Menge

Emanation $^1/_{8000}$
Radium A $^1/_{24}$
„ D $^1/_{10\,000\,000}$.

1 mg $RaBr_2$ entspricht im Gleichgewichtszustande 2—3000000 M.-E., 1 mg Ra entsendet pro Sek. 136000000 α-Teilchen, d. h. pro Sekunde entsenden 2 M.-E. 136 α-Teilchen, die sich auf den ganzen Körper verteilen.

Eine Anreicherung der Emanation im Blute, d. h. das Faktum, daß nach 2 bis 3stündigem Aufenthalt der Patienten im Emanatorium der Blutliter etwa 7mal soviel Emanation enthalte als der Luftliter (Gudzent), habe ich nicht bestätigen können, bei vielen hundert Blutmessungen niemals gesehen und daher bestritten, trotzdem es für die Frage des besten Einverleibungsweges der Emanation geradezu bedeutungslos war. Denn fraglos verhält sich das Blut der Emanation gegenüber gleich, auf welchem Wege immer (per os, per pulmones, per injectionem, per rectum) sie in die Zirkulation gebracht wird.

2. Die Umwandlung des Radiums D, das nur einen schwachen β-Strahl aussendet, in die wirksamer strahlenden Elemente Radium E und Polonium erfolgt derart langsam — sechs Milliontstel pro Stunde —, daß die auf Stunden und Monate entfallende Energieabgabe praktisch nicht in Betracht kommt, gewiß nicht bei den therapeutisch angewendeten Emanationsmengen (vgl. die Tab. 8).

3. Nach meinen Untersuchungen werden die festen radioaktiven Zerfallsprodukte genau so wie die meisten Metalle, z. B. Quecksilber (Colitis bei Quecksilberinhalation), Eisen, Wismut, Strontium, Blei in den Darm abgeschieden; es kann daher selbst bei unendlich höheren Dosen als 2 M.-E. die Umwandlung in die aktiveren Produkte E und Polonium in kaum nennenswerter Menge innerhalb des Körpers erfolgen.

Hieraus ergibt sich die Folgerung, daß das Radium D physikalisch und physiologisch bei den Emanatoriumskuren keine Rolle spielen kann.

Aber auch die irrtümlich dem Radium D zugeschriebenen und dieses Element zum Angelpunkte der ganzen

Radiumtherapie der Gicht

stempelnden chemischen und biologischen Effekte[1]) beruhen auf Täuschungen. — Die Nachprüfung der Gudzentschen Versuche war wegen ihrer ungewöhnlich komplizierten Anordnung außerordentlich schwierig. Nachdem jedoch eigene Vorversuche die Unwahrscheinlichkeit seiner Befunde dartaten, habe ich im tierphysiologischen Institut eine exakte Nachprüfung der Arbeit vereinbart. Die in Prof. Neubergs Laboratorium von dem Assistenten der Abteilung, Herrn Dr. Kerb und mir unter allen Kautelen genau nach den Gudzentschen Angaben (Verhandl. d. Kongr. f. inn. Med. 1910. S. 542) angestellten Untersuchungen an einem kristallinischen, absolut reinem Mononatriumurat, sowie an einem zweiten, von Gudzent selbst uns überlassenen Präparate (II) ergaben mit unverkennbarer Deutlichkeit folgende Resultate:

1. Bei peinlich genauem Einhalten absolut gleicher Versuchsbedingungen zeigen die Versuche mit Radiumemanation oder Radium D keine irgendwie wesentlichen Unterschiede gegenüber den Kontrollversuchen ohne Radiumsubstanzen.

2. Die Größe der Zunahme des Stickstoffgehaltes der Filtrate ist abhängig von der Art der Versuchsbedingungen, insbesondere von mehr oder weniger sterilem Arbeiten. Bei absolutem Ausschlusse von Luftkeimen und bei völlig indifferentem Gefäßmaterial (Glas) findet auch in Gegenwart größerer Mengen von Radium D keine Zerlegung des harnsauren Natriums statt.

---

[1]) Gudzent, Therap. d. Gegenwart 1910: „Erst die von mir gemachte Feststellung, daß eines der Zerfallsprodukte der Radiumemanation, das Radium D, das Mononatriumurat in leichter löslichere Körper umzusetzen vermag, und die sich daran anschließenden Arbeiten in Gemeinschaft mit Loewenthal und Fofanow gaben die Grundlage ab für die gegenwärtige so erfolgreiche Behandlung dieser Krankheit mit Radiumemanation"; und, im Anschlusse daran, His (Berl. klin. Wochenschr. 1911): „Weder das Radium noch die Emanation, sondern ein weiteres Abbauprodukt, das Radium D, bringt die Zerstörung der Harnsäure und ihrer Salze zu CO_2 und NH_3 hervor."

3. Unter dem Einflusse von Schimmelpilzen und Bakterien tritt schon in kurzer Zeit eine sehr bedeutende Zunahme des Stickstoffgehaltes im Filtrate, bzw. ein Abbau des harnsauren Natriums bis zum Ammoniak ein.

4. Gudzents Resultate betreffs des Abbaues von Mononatriumurat sind nicht anders zu erklären, als daß bei seiner Versuchsanordnung keine Sterilität herrschte (tatsächlich erwähnt er nichts davon) und infolgedessen eine ständige bakterielle Zersetzung des Mononatriumurats stattfand.

Immerhin war noch an folgende Fehlerquellen zu denken: a) sekundäre Oxydation durch Ozonentwickelung, b) Zersetzung des Mononatriumurats durch Alkaliabgabe aus den angewandten Glasgefäßen und c) Zerstörung des harnsauren Salzes durch Licht.

Aus der Reihe unserer Versuche[1]) seien folgende angeführt:

a) 50 mg eines starken Radium-D-Präparates (= 50 Millionen M.-E.) wurden in physiologischer Kochsalzlösung mit Mononatriumurat (0,5 g) 72 Stunden im Thermostaten bei 37° C lang geschüttelt.

	a) Radium-D-Präparat 50 mg = 50 000 000 M.-E.; steril	b) Zusatz von Schimmelsporen
Std.	mg N pro 100 ccm	mg N pro 100 ccm
2	2,7	2,8
72	2,7	38,6
	im Filtrat kein Ammoniak nachweisbar.	im Filtrat starke Reaktion auf Ammoniak.

b) Eine ebenso bereitete Suspension von Mononatriumurat in physiologischer Kochsalzlösung wurde statt mit Radium D mit Schimmelsporen (Penicillium glaucum) versetzt und gleichfalls 72 Stunden geschüttelt.

Die Füllung der Flasche a) geschah unter Einhaltung aller Regeln absoluter Asepsis.

Der nun zu beschreibende Versuch wurde gleichzeitig mit aus Emanation nach Gudzent bereitetem Radium D und mit Fäulnisbakterien angesetzt. Zur Verwendung kam die Suspension von 0,5 g Mononatriumurat in ausgekochtem und mit 0,89 % NaCl versetztem Emanationswasser. Die Bakterien wurden einer nach E. Salkowski angesetzten, 24 Stunden alten Fäulnismischung entnommen. Die Einsaat in die Mononatriumuratsuspension geschah mit einer Normal-Platinöse; die übertragene Menge war also verschwindend.

	a) Ra D aus Emanation = 5000 M.-E. sterilisiert	b) Zusatz von Fäulnisbakterien
Std.	mg N pro 100 ccm	mg N pro 100 ccm
2	2,7	2,8
72	2,9	36,0

Nachdem die Resultate unserer Untersuchungen in den Sitzungen d. Berl. med. Gesellsch. vom 14. Febr. 1912 und 6. März 1912 mitgeteilt worden waren, erschien im Aprilheft der Zeitschr. f. physiol. Chem. eine Arbeit von E. v. Knaffl-Lenz und Wilhelm Wiechowski, welche die von uns festgestellte absolute Unwirksamkeit der Radiumzerfallsprodukte, insbesondere auch des Radiums D, auf den Abbau des Mononatriumurats vollauf bestätigten. Ich zitiere wörtlich:

[1]) S. Biochem. Zeitschr. 1912. 42. Bd. 1. H.

„Radiumemanation, selbst in großen Mengen, führt weder eine Löslichkeitsvermehrung, noch eine Zersetzung des Mononatriumurats herbei. Die gegenteiligen Behauptungen von F. Gudzent können einer ernsten Kritik nicht standhalten; sie konnten in keiner Weise bestätigt werden und müssen als unrichtig fallen gelassen werden. Es können daher auch nicht die auf diesen Beobachtungen basierten Schlüsse zu Recht bestehen" (aus dem pharm. Instit. d. Univers. Wien, Wien. klin. Wochenschr. 1912 und Zeitschr. f. physiol. Chem. 1912. Bd. 77).

Es besteht außerdem kein Parallelismus zwischen den Vorgängen in vivo und den experimentellen Untersuchungen. Bilden doch die therapeutisch angewendeten Emanationsmengen (2 bis 5 M.-E. pro Liter während 2 Stunden) und die in vitro während 72 Stunden verwendeten 5000 M.-E. keine reale Vergleichsbasis, ferner lassen sich wegen der grundverschiedenen Löslichkeitsverhältnisse die Beobachtungen an wässerigen Lösungen nicht auf Serumlösungen oder gar auf das strömende Blut übertragen. Nach Bechhold und Ziegler, welche die ersten Studien über Radiumemanation und Urate veröffentlichten[1]), ist das Mononatriumurat in H_2O rund 60 mal leichter löslich als im Serum; bei der Harnsäure verhält es sich umgekehrt. Es beträgt die Löslichkeit bei 37° C:

Harnsäure in Wasser	1 : 15 500	
Harnsäure in Serum	1 : 1 100	(Übersättigung),
	1 : 1 925	(Sättigung);
Mononatriumurat in Wasser		1 : 665,
Mononatriumurat in Serummischprodukt		1 : 40 000,
d. h. H_2O : Serum		= 1 : 60.

Auch biologische Wirkungen des Radium D nach Art der Fermentbeeinflussung ließen sich nach Versuchen, die auf meine Anregung Herr Dr. Brown in Prof. Bickels Laboratorium anstellte, nicht nachweisen. Empirisch wissen wir das längst, denn im Einklang mit Gudzents Theorien müßte das abgelagerte Mineralwasser besonders wirksam sein, da es nur noch Radium D enthält. Auch die von Plesch bei einem Gichtiker versuchten intravenösen Radium-D-Injektionen hatten keinerlei Effekt, was vorauszusehen war.

Ob nun das beschriebene

Verschwinden der Blutharnsäure

überhaupt mit der Emanation in Beziehung zu bringen ist, bedarf noch des weiteren Studiums. Denn die Harnsäureausscheidung schwankt beim Gichtiker stets innerhalb weiter Grenzen. Auch die gleichfalls von mir beobachtete diuretische Wirkung ist hierbei genügend zu berücksichtigen. Eine in der I. medizinischen Universitätsklinik in München angestellte Nachprüfung von Mandel ergab im Gegensatz zu den Angaben von His und Gudzent, daß selbst in den wenigen Fällen, wo eine unzweifelhafte Besserung beobachtet wurde, die Harnsäurekurve absolut unbeeinflußt blieb, somit die Besserung in keinem ursächlichen Zusammenhange mit der Harnsäureausscheidung steht und daher keiner Rückverwandlung von Laktimurat in Laktamurat benötigt.

Das Emanatorium verdankt seinen Siegeslauf der Behauptung von His, „daß ein 2stündiger Aufenthalt täglich in einer Luft, die pro Liter 2 bis 4 M.-E. enthält, in der Regel ausreicht, zur Erzielung deutlicher Heilerfolge und zur Befreiung des Blutes Gichtkranker von Harnsäure". Dies steht im Widerspruche mit den Untersuchungen von Brasch, in der I. medi-

[1]) Biochem. Zeitschr. 1909. Bd. 20 u. Bd. 24. S. 146.

zinischen Klinik (München), der bei den an 31 Patienten vorgenommenen Emanatoriumskuren (7—16 M.-E. pro Luftliter) nur bei 7 Patienten eine erkennbare Besserung gefunden hat, ohne daß Veränderungen im Harnsäuregehalte des Blutes nachweisbar waren. Die genaue Kontrolle der Harnsäureausscheidung ergab bloß bei 3 Fällen kleine Schwankungen, wie sie auch sonst bei der Gicht vorkommen (Berl. klin. Wochenschr. 1912. Nr. 23. S. 1108). Mit ebensolcher Bestimmtheit negiert auch Brugsch (aus der Krausschen Klinik) das behauptete Verschwinden der Blutharnsäure nach Emanatoriumskuren. „Bei keinem Gichtiker aber habe ich noch das Verschwinden der Harnsäure aus dem Blute konstatiert, auch nicht bei Patienten, die selbst monatelang in zwei Mache-Emanatorien mit Radium behandelt worden waren" (Berl. klin. Woch. S. 1598, 1912).

Dagegen habe ich bei meinen Trinkkuren eine Vermehrung der Blutharnsäure nach Radiumgebrauch (von 3 auf 6 mg in 100 ccm), wie wir es auch beim Atophan zuweilen im Beginn der Kur beobachten, gefunden.

Bei der Emanatoriumstherapie wurde übersehen, daß selbst ihre Begründer sie „in fast allen Fällen" mit zahlreichen anderen Heilagentien kombinierten. Ich zitiere aus Gudzent (Berl. klin. Wochenschr. 1911. S. 2098): „Unbedingte Ruhe, womöglich strikte Bettruhe, Massage, Bewegungsübungen, Heißluft, Solbäder, elektrische Lichtbäder, Thermopenetration u. a. m., ferner gute Ernährung und Roborantien, sowie Radiumtrinkkuren und Packungen, wie „in fast allen Fällen" Radiumsalzinjektionen, die nach meinen Erfahrungen wegen der kontinuierlichen Strahlen- und Emanationsentwickelung nicht selten viel wirksamer sind, als die Emanatorienbehandlung.

Vor allem aber wurden die Gichtiker gleichzeitig einer purinfreien Diät unterzogen — „die diätetische Behandlung muß auch bei Anwendung der Radiumkur unbedingt nebenher gehen" (His, Berl. klin. Wochenschr. 1911) —, und in den Fällen, wo neben der Emanatoriumskur Gichtanfälle, Reaktionen auftraten, wurden gerade von Gudzent Colchicum und Atophan verwendet.

Ich behaupte darum, daß man von einer eindeutigen Wirkung des Emanatoriums nicht sprechen darf, wenn man gleichzeitig die besten der anderen Radiummethoden, sowie die idealsten Gichtmedikamente bei purinfreier Diät mit in Anwendung bringt.

Zu Unrecht für Arzt und Kranke hat die Industrie eine harmlose und wohlfeile Therapie in eine komplizierte und kostspielige umgewandelt und immer neue Emanatorien eingerichtet (in Deutschland mindestens 300). Wohin soll es aber führen, wenn für die Applikation eines noch nicht einmal sicher fundierten Heilmittels gleich besondere Institute geschaffen werden! (vergl. hierzu die Äußerung Kraus gegen die Emanatoriumsbewegung Berl. klin. Woch. S. 613, 1912). Wohl erfordert die Kompliziertheit der modernen Diagnostik den Spezialisten, aber die interne Therapie soll Gemeingut des praktischen Arztes bleiben. Gerade bei der Emanationstherapie ist jeder Arzt ohne weiteres befähigt, seinen hierfür geeigneten Patienten Radiumkompressen, eine Sippingtrinkkur von 1000 bis 50000 M.-E. zu verordnen oder zur Depotbehandlung in loco morbi Radiumsalzinjektionen ($^2/_{100}$ bis $^5/_{100}$ mg) zu verabfolgen, zumal die toxischen Wirkungen der Radiumemanation zweifellos noch weit jenseits der von mir zuerst angegebenen hohen Dosierung liegen.

Wie aus meinen Blutuntersuchungen hervorgeht, liegt somit der Schlüssel zur richtigen Radiummethodik in der richtigen Dosierung; bei der Inhalationskur liegt das „Emanatorium" außerhalb des Körpers, bei der Trinkkur verlege ich es in sein Inneres. Es ist zum mindesten physikalisch dasselbe, ob man die 2000 M.-E. im Verlauf von 3 Stunden per inhalationem oder schlückchenweise nippend (sipping) per os, ev. auch per injectionem oder per clysma dem Körper einverleibt. Daß aber beim Ein- und Ausatmen von ca. 700 Liter Luft à 2 M.-E. in der Stunde sämtliche 1400 M.-E. ganz ins Blut dringen und die Ausatmungsluft total von Emanation gereinigt austritt, ist genau so unmöglich, wie wenn beim Trinken der 1400 M.-E. die gleichen 700 Liter Exspirationsluft inaktiv blieben.

Tabelle 9.

Vergleich des Emanatoriums mit der Radium-Trinkkur.

Emanationsgehalt des Emanatoriums 20000 M.-E. in 10 cbm à ca. 2 M.-E. per Liter Luft. Aufenthalt ca. 3 Stunden					Trinkkur, bestehend aus ca. 10 Portionen Radium-Wasser à 270 M.-E. = 2700 M.-E in 3 Stunden. (Sippingkur).					
Aktivität in M.-E.					Aktivität in M.-E.					
Jede Einatmung (0,5 l)	der gefüllten Lunge (3 l)	der Residualluft (2,5 l × 2 M.-E.)	bei ca. 15 Atemzügen p. Minute	Reiner Nutzeffekt der 3 stündigen Inhalation ist die Erhaltung von	jede Einatmung (0,5 l)	der vollen Lunge (3 l)	der Ausatmung (0,5 l)	der Residualluft (2,5 l)	des zur Deckung des Ausatmungsverlustes bzw. zur Erhaltung des Gleichgewichtsnötigen Nachschubes aus dem Blute, per Stunde	Minimum-Nutzeffekt des über 3 Stunden verteilten Trinkens von 2700 M.-E.
1 Mache-Einheit	6 Mache-Einheiten	5 Mache-Einheiten	900 M.-E. p. Stunde	6 M.-E. in der Lunge 2 M.-E. p. 1 Alveolenluft	0 M.-E.	6 M.-E.	1 M.-E.	5 M.-E.	900 M.-E. p. Stunde	6 M.-E. in der Lunge 2 M.-E. p. 1 Alveolenluft

Aufenthalt von 3 Stunden in einem Inhalatorium von 2 M.-E. p. l Luft (20,000 M.-E. in 10 cbm), bei bester CO_2-Absorption für maximal 4 Personen = 5000 M.-E. p. Person, wobei ein großer Teil der eingeatmeten M.-E. beim nächsten Atemzuge ungenützt herauskommt. Dreistündige Sippingkur von 2700 M.-E. ohne wesentlichen Zeitverlust, wobei alle M.-E. unbedingt wenigstens einmal im Blutkreislauf waren.

Man hat übersehen, daß man den 3stündigen Aufenthalt in einem Emanatorium von 2 bis 4 M.-E. nicht mit der einmaligen Aufnahme von 50 oder 100 M.-E. per os gleichstellen kann. Wie aus Tabelle 9 ersichtlich, nimmt der Patient in ersterem per inhalationem etwa 2700 M.-E. insgesamt zu sich, welche Menge per os gereicht, im Körper zur vollen Ausnutzung gelangt und mindestens den gleichen Effekt entfaltet, dabei ökonomischer ist, als die zu Emanatoriumszwecken erforderliche Verteilung von 20 000 M.-E. in einer 10 cbm fassenden Kammer.

Aus Tabelle 5 u. 6 S. 206 u. 207 ersehen wir, daß die Aktivierung des Blutes bei der Trinkkur recht hoch sein kann. Der Emanationsgehalt der Ausatmungsluft bei der Trinkkur ist bereits von Strasburger, Kemen, Neumann, Mesernitzky, Eichholz l. c. relativ höher als bei entsprechend dosierter Emanationsinhalation gefunden worden. Ich verweise insbesondere auf die vergleichenden Untersuchungen. Kemen (Fig. 61) veranschaulicht seine Resultate über Blutaktivierung bei der Aufnahme des gleichen Emanationsquantums, das eine Mal auf dem Wege der 2stündigen Inhalation in einer Luft von 5 M.-E. (Emanationsverbrauch = 3600 M.-E.), wobei nur eine Blutaktivierung von etwa 1 M.-E. erzielt wird; das andere Mal nach einmaliger Aufnahme von 3600 M.-E. in 200 g H_2O, wobei die Emanationsspannung im Blute weitaus höher ist. Noch zweckmäßiger erscheint die Verabreichung in 4 Trinkdosen von je 900 M.-E.

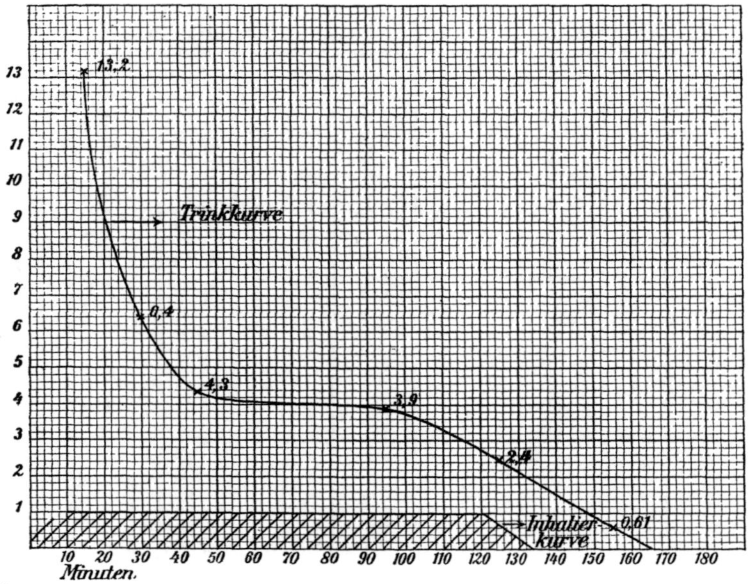

Fig. 61.

Emanationsgehalt des Blutes nach Trinken und Inhalieren.

Obere Kurve: Trinkdosis 3600 M.-E. in 200 g Wasser. Untere Kurve: Äquivalenter Emanationsaufwand bei 120 Minuten Inhalation in Luft von 5 M.-E. per Liter (schraffiert) nach Kemen.

Die Aktivität der Ausatmungsluft während der 70 Minuten dauernden Emanationsaufnahme veranschaulicht Fig. 62.

1. nach dem Trinken von 1000 M.-E. in Einzelschlückchen a 70 M.-E.,

2. während und nach der 75 Minuten dauernden Inhalation mit nicht unter 4 M.-E. pro Luftliter.

Bei der Trinkmethode gelangt die Emanation ins Blut, zirkuliert etwa $2\frac{1}{2}$ bis 3 Stunden in demselben und wird besser ausgenutzt, als bei der Inhalationsmethode, wobei nur ein Teil von der in die Lungen gelangten Emanation vom Blut absorbiert wird und nur so lange darin zirkuliert, als die emanationshaltige Luft eingeatmet wird.

Dementsprechend erzielte man die gleichen klinischen Erfolge, z. B. das angebliche Verschwinden (?) der Harnsäure aus dem Blute, s. S. 227 das Zurückgehen der Tophi, auch der experimentell bei Tieren erzeugten (Engelmann), die vermehrte Ausscheidung der Purinkörper (Krieg, Wilke, Mesernitzky, Kemen) durch genügend wirkungsstarke Trinkkuren, deren besonderer Vorteil noch die Abstufbarkeit der absoluten Gabengröße durch Erhöhung der Konzentration der Emanation ohne Vermehrung des Flüssigkeitsvolumens darstellt.

Vor allem aber tritt als Zeichen der Einwirkung auf den Organismus die sog.

Reaktion

auf. Diese hat bereits in der Diskussion zu der Neusserschen Mitteilung in der Wien. med. Gesellsch. 1905 Wieck (Gastein) beschrieben, der sie in 10 bis 20 % der in Gastein behandelten Fälle beobachtet hat. Fürstenberg hat die kurative Bedeutung der Reaktion hervorgehoben. Löwenthal hat gleichfalls lebhafte Reaktionen bei Bade- und Trinkkuren

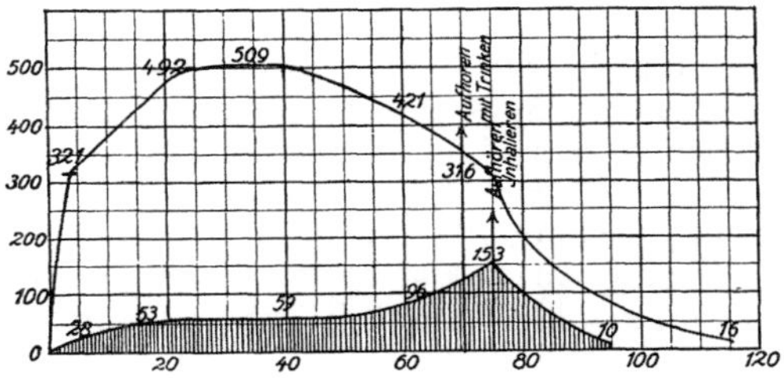

Fig. 62.

Emanationsgehalt der Ausatmungsluft nach fraktioniertem Trinken und Inhalieren.

Obere Kurve: Trinkversuch mit 1000 M.-E. in 80 ccm Flüssigkeit. Patient trank bei Beginn 10 ccm, dann alle weiteren 5 Minuten je 5 ccm.

Untere Kurve (schraffiert): Inhalationsversuch gleichfalls mit 1000 M.-E. Emanationsaufwand in 80 ccm. Bei Beginn wurden 10 ccm H_2O in die Atemflasche mit Pipette eingeführt, alle weiteren 5′ je 5 ccm. Anfang der Messung nach 5′ Inhalation. (Zusammengestellt nach Spartz und Strassburger).

Bei gleichem Emanationsaufwand (1000 M.-E.), verhalten sich die Flächen der beiden Kurven, die als Vergleichsmaß der ausgeatmeten Mengen dienen können, wie 528 (Trinkkurve zu 100 (Inhalationskurve).

beschrieben, freilich hat er sie in seinen ersten Versuchen mit einer stärkeren Konzentration erzielt als sie in den nach seinen Angaben fabrikmäßig hergestellten Emanationslösungen vorhanden war. So stellte er seine Stammlösung durch Einbringen von 0,3 mg Radiumbromid in Pergamentpapier in $\frac{1}{4}$ Liter Wasser her. Ein Radiumsalz von 0,3 mg produziert täglich in gelöster Form etwa 120000—150000 M.-E. Emanation, in fester Form nur etwa 2—3 % hiervon, also 2200—6000 M.-E, Die Radiogen-Emanatoren lieferten aber seinerzeit in jeder Portion (10 ccm) nur 100,000 Volt pro Balneo = 860 M.-E. und 1000 Volt = 8,6 M.-E. als Einzeldosis für Trinkkuren.

Man kann mehrere Grade von Reaktion unterscheiden.

Der erste Grad markiert sich nur durch Störungen in der sensiblen Sphäre (Kopfdruck, Schwindel, Mattigkeit, Erregungs- und Reizzustände, Schmerzvermehrung in erkrankten oder erkrankt gewesenen Gelenken), die insbesondere bei nervösen und psycholabilen Personen aufzutreten pflegen. Oft ist eine suggestive Beeinflussung nicht auszuschließen; die objektiven lokalen Symptome sind nur gering.

Der zweite Grad charakterisiert sich durch das Auftreten objektiv nachweisbarer Veränderungen in erkrankten oder erkrankt gewesenen latenten Teilen, zuweilen tritt eine Vermehrung der Diurese ein. Pathologische Gewebe sind wie gegen alle Reize, so auch gegen den Strahlenreiz vulnerabler. Die Reaktion kann alle Grade von der einfachen Schmerzvermehrung bis zu den heftigsten Entzündungserscheinungen aufweisen (Schwellung, Rötung erkrankter Gelenke) mehrere Tage anhalten und selbst mit Fieber verbunden sein (III. Grad).

Die Ursache der Reaktion liegt zum Teil vielleicht in vasomotorischen Störungen, zum Teil in einer durch den Strahlenreiz veranlaßten Anfachung der chronischen Entzündungsprozesse (Hyperämisierung usw., vgl. auch die lokalen Reaktionen bei der Hautbestrahlung s. S. 189). Die Reaktion kann Stunden bis Tage dauern und nachher oft, jedoch nicht immer, von kurativen Erscheinungen begleitet sein. Ganz besonders empfindlich sind Rheumatiker und Gichtiker. Man beginne daher bei diesen Kranken mit schwachen Dosierungen (1000 M.-E. pro die bei der Trinkkur, 20 000 M.-E. als Bad), um die Reaktionsfähigkeit der Kranken zu prüfen und steige allmählich zu höheren Konzentrationen. Bei Applikation von Radiumkompressen oder selbst stark aktiven Radiumpräparaten fehlt meist die Reaktion; es scheinen also im wesentlichen die bei den allgemeinen Einführungsarten zur Entfaltung gelangenden α-Strahlen die Ursache der Reaktion zu sein. Die während der Emanationskur auftretenden Reaktionen der Gichtiker (Gichtanfälle) werden von der Schule His auf die nekrotisierende Wirkung des in den Gelenken in Lösung gehenden Mononatriumurats zurückgeführt. Diese Ansicht steht im Widerspruche mit der Tatsache, daß Gelenk-Reaktionen auch bei Nichtgichtikern auftreten und vor allem, daß weder die Radiumemanation, noch Radium D imstande sind, das Urat zu lösen.

Bei heftigeren Reaktionen ist jedenfalls die Kur auf einige Tage zu unterbrechen und während der Reizperiode Analgetika (Aspirin, Chineonal usw.) oder Atophan, bezw. Colchicum, zu reichen. Die Trinkkur soll mindestens 1 bis 2 Monate dauern und ev. nach 6 Monaten wiederholt werden. Die Wirkungen der Emanationskuren sind ja meist passagere, es ist daher ein intermittierender Gebrauch angezeigt. Mit Vorsicht ist die Emanationskur anzuwenden bei schweren Fällen von inveterierter Gicht oder Rheumatismus, wegen der oft sehr heftigen Reaktionen, ferner bei Neigung zu Blutungen (Ulcus ventriculi), bei Kindern und stark nervösen Personen, bei akuten Nephritiden. Gewöhnlich tritt die Reaktion bei der Trinkkur in der zweiten Hälfte der ersten Woche bis zur Mitte der zweiten Woche auf, bei der Badebehandlung zwischen dem 3. und 10. Bade.

Zur

Injektion von Emanation und Radiumsalzen

verwendet man:

1. wässerige Lösungen von Emanation[1]). Braunstein erzielte bereits 1904 durch intratumorale Injektion von allerdings enorm konzentriertem Emanationswasser, aus 5 mg $RaBr_2$ gewonnen (Aqua ϱ), sterilen Zerfall, bzw. Hydrolysierung von Tumoren.

2. Wässerige Lösungen radioaktiver Substanzen. Auch diese bleiben nicht lange an Ort und Stelle, sie gelangen rasch in die Zirkulation, insbesondere bei der intravenösen Einspritzung, und werden allmählich ausgeschieden.

[1]) Bei den Emanationsinjektionen, seien sie nun intravenös, subkutan oder intramuskulär, verteilt sich die Emanation rasch im ganzen Körper und wird in kurzer Zeit ausgeschieden. Dasselbe gilt für die Injektion emanationshaltiger Luft, wie sie von manchen Autoren ursprünglich geübt wurde.

Aschkinaß und Caspari haben bereits 1904 derartige Injektionen von Radiumbromid experimentell bei einem mit Milzbrand infizierten Kaninchen versucht und im Verlaufe 1 Monats 4mal je 1 mg Radiumbromid eingespritzt; die Infektion wurde verhütet, das Tier ging aber an Kachexie zugrunde. Ohne Zweifel können Injektionen von Lösungen radioaktiver Stoffe erhebliche biologische Wirkungen entfalten, die dem Emanatorium versagt bleiben. — A. Schütze vermochte im Serum von Kaninchen, die mit abgetöteten Kulturen von Bac. prodigiosus, typhi und Choleravibrionen vakziniert waren, keine wesentliche Steigerung der Agglutinine nachzuweisen, trotzdem sie $1\frac{1}{2}$ Monate täglich 2 Stunden lang ins Emanatorium gebracht worden waren. Die gespritzten Kontrolltiere zeigten hingegen eine deutliche Erhöhung des Agglutinationstiters. (Med. Klin. 1911. Nr. 45. S. 1730.)

Freilich enthalten die von den verschiedenen Fabriken in den Handel gebrachten Radiumampullen bestenfalls nur Spuren von Radium; nach O. Brill und L. Zehner durchschnittlich etwa $^2/_{10000}$ mg Radiummetall. Sie sind außerdem vielfach nicht zuverlässig und konstant. Nach meinen Untersuchungen enthält ein neuerdings gegen Tuberkulose angepriesenes Präparat (Dioradin) nur 3 bis 10 M.-E. pro Ampulle! Ein Sättigungsstrom von etwa 1000 M.-E., mit dem Fontaktoskop gemessen, würde etwa $^{17}/_{100000}$ mg Radiummetall entsprechen. Ich habe derartige Einspritzungen (1000 bis 50000 M.-E.) in loco morbi bereits vor 6 Jahren teils bei Tumoren, teils bei Exsudaten, Gelenkerkrankungen oder in seröse Höhlen angewendet, eine schädliche Wirkung der dauernden Verankerung so geringer Radiummengen im Organismus habe ich bis jetzt nicht beobachtet.

Außerdem zeigen alle Radiumlösungen die Neigung zur Ausscheidung, ferner erfolgt bei starken Lösungen eine Ausfällung des Radiums durch im Glase enthaltene Bestandteile. So kommt es, daß alle untersuchten käuflichen Radiumlösungen nach einiger Zeit eine Abnahme ihrer Aktivität zeigen (Engler und Sieveking). Es ist zweckmäßiger, sich die Radiumlösungen selbst frisch herzustellen durch Auflösung von Radiumsalzen (zu beziehen von dem K. K. österr. Montanverkaufsamt, Wien IX, Porzellangasse) in physiologischer Kochsalzlösung. Mit solchen haben Brill und Zehner Hunden und Kaninchen subkutane Injektionen von $2{,}5/_{1000}$ bis $9{,}3/_{100}$ mg Radiumchlorid (also entsprechend 0,002 und 0,07 mg Radiummetall, somit 10 bis 350mal so stark, als die im Handel zurzeit befindlichen Präparate) verabfolgt und eine erhebliche Beeinflussung des gesamten hämatopöetischen Apparates (Polyglobulie) erzielt. Insbesondere kommt es zu einer mächtigen Anregung der Erythrozytenbildung, die unmittelbar nach der Injektion einsetzt. Es stieg die Zahl der roten Blutkörperchen innerhalb der ersten beiden Stunden nach der Injektion (0,064 mg Radium Metall entsprechend) von 5,4 auf 7,2 Millionen und nach Injektion von 0,0475 mg Radium (Metall entsprechend) von 6,5 auf 8,3 Millionen an. Die Wirkung dauert eine Reihe von Wochen an und klingt erst allmählich ab. Bei Dosen unter etwa $^2/_{1000}$ mg pro kg Körpergewicht bleibt die Wirkung auf die Erythrozytenkonzentration in mäßigen Grenzen. Auch auf den Leukozytenapparat und zwar etwa gleichmäßig auf die einzelnen Formen erfolgt gleichfalls eine starke Reizwirkung (Leukozytenzunahme bis zu 200% der ursprünglichen Leukozytenzahl) bei mäßigen Dosen, die bei größeren Dosen, 0,04 bis 0,07 mg Radium(metall), in eine zerstörende Wirkung (Leukopenie) übergeht. Die lang währende Wirkung der Radiuminjektionen auf den Erythrozytenapparat ist ein Ausdruck der langdauernden Retention der injizierten Radiumsalze; innerhalb der ersten 4 Tage werden nur etwa 4 bis 19% des eingepritzten Radiums, hauptsächlich durch die Fäzes und nur zu äußerst geringem Teil durch den Harn abgeschieden;

von da ab werden bloß noch sehr geringe Mengen eliminiert. Die genannten Autoren haben stets nur eine Injektion verabfolgt und dadurch die Gefahr der Kumulation verhütet. Das Allgemeinbefinden und das Körpergewicht der Versuchstiere wurden hierdurch nicht beeinflußt, ebenso wurden die Injektionen lokal reaktionslos vertragen.

3. Die Emulsionen: a) von Emanation in stark gasadsorbierenden Substanzen (Kohle, Strebel) sind wenig zweckmäßig und als kostspielige Surrogate der relativ billigen Radiumlösungen zu vermeiden.

b) von radioaktiven Salzen (Aktinium, Radium, Radiol) in Glyzerin, Paraffin oder Gelatine, die sich nur zu lokalen Injektionen, jedoch nicht zur intravenösen Einspritzung eignen. Ebler hat empfohlen, bestimmte Kolloide z. B. Gelatine durch „fraktionierte Adsorption" mit radioaktiven Stoffen anzureichern.

Bei diesen Injektionen kommt die lokale α-Wirkung natürlich weitaus intensiver zur Geltung, als bei der äußerlichen Bestrahlung. Die injizierten Emulsionen bilden ein lokales Strahlendepot; sie verbleiben viele Monate fast unverändert an Ort und Stelle (Werner) und ermöglichen eine weitaus intensivere Tiefenwirkung als jede andere Applikationsart. Die Entwicklung von Emanation ist jedoch naturgemäß eine geringe, da unlösliche Radiumsalze nur etwa 2 bis 3% Emanation abgeben, während die löslichen Salze das volle Emanationsvermögen entfalten. 1904 hat F. Meyer eine 10%ige Barium-Radiumsulfataufschwemmung in ein inoperables Mammakarzinom eingespritzt, den Tumor zur Erweichung gebracht und die Erweichungssekrete zur Herstellung eines antizellulären Serums benützt.

Die Injektionen unlöslicher Radiumsalze sind öfters schmerzhaft und daher nur dann indiziert, wenn eine länger dauernde Einwirkung auf den Organismus und eine lokale Beeinflussung, insbesondere tief gelegener Krankheitsherde erstrebt wird. Man verabfolgt gewöhnlich $^1/_{100}$ bis $^5/_{100}$ mg unlösliches Radiumsalz pro Injektion in etwa 2 ccm suspendiert. Die Injektion löslicher Radiumsalze (mögen sie nun subkutan oder intravenös oder intramuskulär verabfolgt sein, letzteres wird am schmerzlosesten vertragen, Mendel) zur Beeinflussung lokaler Prozesse hat wenig Zweck, da diese — im Gegensatze zu den unlöslichen Salzen — nicht an Ort und Stelle bleiben, so daß eine lokale Wirkung meistens ausbleibt (Wichmann).

Nur unlösliche Radiumsalze werden zu einem Teile in den Organen retiniert und kreisen noch nach Monaten im Blute, können daher Dauerwirkungen erzielen. So konnte H. Dominici in verschiedenen Organen — Milz, Lunge, Pleura, Leber — eine langdauernde Aktivität nachweisen; er verwendete eine Suspension von präzipitiertem, unlöslichen, schwefelsauren Radium in physiologischer NaCl-Lösung. In einem gemeinsam mit G. Petit und A. Jaboin angestellten Versuche injizierte er einem Pferde in die rechte Jugularis eine Suspension von 1 mg Radiumsulfat in 250 ccm physiologischer Kochsalzlösung. Noch ½ Jahr darauf ließen sich im Urin radioaktive Substanzen nachweisen. Infolge dieser Ausscheidung ist die Gefahr einer lebenslänglichen Retention von Radiumsalzen in den Organen keine allzugroße und in der Dosierung von 10000 bis 100000 M.-E. überhaupt ungefährlich. Andererseits soll man zur Verhütung der Kumulation die hochdosierten Radiuminjektionen nur in größeren Zeitintervallen wiederholen.

Nach dem Vorgange von Dominici hat Chevrier bei gonorrhoischem Rheumatismus entweder intraartikulär oder bei größeren periartikulären Infiltraten an zahlreichen Stellen unlösliches Radiumsulfat eingespritzt, und zwar 20 bis 40 Mikrogramm pro Gelenk, insgesamt bis 70 Mikrogramm (= 0,07 mg). Der schmerzstillende Erfolg war offenkundig. Wickham und Degrais spritzten in Lupusknötchen 1 bis 2 ccm einer Lösung von radiumhaltigen Wasser (1 mg reines Radiumbromid auf 1 Liter). Die Radiogenoltuben sollen eine 2%ige Emulsion von Radiumbariumkarbonat in Paraffinum liquidum mit Bismuthum subnitricum als Schwemmittel enthalten; ihre Aktivität soll etwa 100 000 M.-E. in 2 ccm betragen. Die Kreuznacher Radioltuben, welche von Czerny und Caan verwendet werden, enthalten je 1 ccm einer Mischung von Radiol 10,0, Gelatine 1,0, NaCl, $0{,}8/_{100}$ ccm H_2O; sie konnten nachweisen, daß das angelegte Radiumdepot noch 4 Monate nach seiner Einspritzung seine Aktivität bewahrt hatte.

Auf die anderen

lokalen Applikationsarten

bei Wunden, bei Fisteln usw., ferner auf die Konzentration der Emanation in Gelenken durch Verbindung mit aktiver und passiver Hyperämie will ich hier nicht näher eingehen und nur erwähnen, daß die rektal einverleibte Emanation besonders rasch absorbiert wird, da sie durch die Vena haemorrhoidalis inferior und media direkt in den großen Kreislauf gelangt, ohne erst die Leber zu passieren. Für die Richtigkeit dieser Auffassung sprechen die jedem Arzte geläufigen Tatsachen über die Inhalationsanästhetika (vgl. auch die Äthernarkose per rectum), die in wirksamer Menge ins Blut gelangen, trotzdem die Ausatmung in die freie, in unserem Falle emanationsfreie Atmosphäre erfolgt.

Stegmann und Just haben Darmspülungen mit dem stark aktiven Wasser der Büttquelle (Baden-Baden) empfohlen. Eichholz hat die Emanations-Bleibeklystiere (1000 bis 2000 M.-E. in 200 g H_2O) bei Krankheitsherden im Becken, Exsudaten, bei habitueller Obstipation und bei gynäkologischen Leiden verwendet.

In diese Gruppe gehören auch die, insbesondere in Kreuznach erzeugten Suppositorien — Globuli, Ovuli, Radioli —, welche in einer Grundmasse von Kakaobutter oder Gelatine 10% Radiol enthalten; sie werden in der gynäkologischen und rektalen Therapie verwendet.

Auch dieses Kapitel muß ich kritisch mit der Feststellung abschließen, daß die angewendeten Dosierungen, auch wenn sie die ursprünglichen Dosen von Löwenthal (8.6 M.-E.) weit hinter sich lassen, noch immer viel zu wenig Radium enthalten. Daß 1 mg Radium im aktiven Gleichgewicht rund 3 Millionen M.-E. entspricht und daher die verabreichten Mengen (1000 bis 3000 M.-E. = 1 bis 3 Mikrogramm) doch zu winzig sind, läßt die behaupteten Erfolge wenig glaubwürdig erscheinen. Die Industrie trifft jedoch auch hier der Vorwurf, daß sie durch unberechtigt hohe Preise (1000 M.-E. = höchstens 20 Pfg. Herstellungskosten = ca. 2 Mk. Verkaufspreis) dem praktischen Arzte die Ausübung der richtigen, stark dosierten Therapie geradezu versperrt hat. Mit aus diesem Grunde hat auch die wohlfeilere Thorium X-Therapie gleich in ihrem Beginne ein viel weiter gestecktes und von vornherein richtig dosiertes Anwendungsgebiet gefunden (s. S. 254 ff.), 1 Million M.-E. einer Thorium X-Lösung steril kosten 10 Mk. (Auergesellschaft Berlin). Die gleiche Aktivität in Form der haltbaren Radiogeninjektionen (3000 M.-E. steril = 5 M.) kosten 1667 Mk.! 1000 M.-E. Thorium X kosten 1 Pfennig, 1000 M.-E. Radiogen 1.75 Mk. (Radiumwert = etwa 12 Pfennig).

Über die

Meßmethoden

haben in diesem Werke Mache und Meyer, Laborde und Becquerel, sowie Sommer ihre Erfahrungen und Ratschläge niedergelegt. Es erübrigt sich daher, auf die Technik des Messens des näheren einzugehen, zumal jedem Meßapparate ohnehin eine genaue Gebrauchsanweisung beigegeben ist.

In Deutschland sind die gebräuchlichsten Apparate:

1. Das Fontaktoskop von Engler und Sieveking.

2. Das Fontaktometer von Mache und Meyer (beide zu beziehen von Günther und Tegetmayer, Braunschweig), die sowohl zur Schüttel-, wie auch zur Verdrängungsmethode verwendbar sind. Der Apparat von Mache und Meyer vermeidet die Diffusion der Kannenluft durch die beim Fontaktoskop am Elektroskopfuß offene Kommunikation des Meßraumes mit der Außenluft; außerdem ist an Stelle des 200 ccm großen, voluminösen Zerstreuungskörpers ein dünner Zerstreuungsstab getreten, der Verschluß der 15 Liter fassenden Kanne erfolgt durch einen Metallstopfen, ist somit sicherer, als der breite Gummipfropfen des Fontaktoskops und ermöglicht auch eine länger dauernde Verfolgung der Aktivitätskurve.

3. Elektroskop nach Schmidt (konstruiert von Spindler und Hoyer).

4. Emanometer von Becker, die mit der Zirkulationsmethode arbeiten.

5. Das Quarzfadenelektrometer nach Wulff, hauptsächlich für die γ-strahlenmessung.

Eine in Massen fabrizierte und namentlich in Ärztekreisen verbreitete Modifikation des Fontaktoskops rührt von Löwenthal her. Hierüber äußern sich geschulte Fachmänner:

„Die Löwenthalsche Modifikation mit ihrer parallelepipedischen 2 Literkanne ist weder ein Platten- noch ein Zylinderkondensator, sondern ein Zwischending zwischen beiden. Engler-Sievekings Fontaktoskop (10 Liter) und das Mache-Meyersche Fontaktometer (15 Liter) sind reine Zylinderkondensatoren und deshalb schon theoretisch einwandsfreier als die Löwenthalsche Abänderung. Eine weitere Fehlerquelle der Löwenthalschen Modifikation, die es namentlich für die Untersuchung gashaltiger warmer Quellen unbrauchbar macht, ist der nach dem Schütteln auftretende Überdruck. Selbst wenn man die mit Thermalwasser gefüllte Meßkanne vorher abkühlt (am besten durch Einsenken in kaltes fließendes Wasser), entweicht beim Öffnen des Kannenstopfens aktivierte Luft in einer Menge, die man nicht einmal schätzen kann. Das Löwenthalsche Instrument ist daher zur Quellmessung nicht zu empfehlen, zumal die zu dessen Gunsten angestellten Berechnungen unrichtig sind; es liefert erheblich niedrigere Werte.“ (Henrich und Glaser, Zeitschr. f. angew. Chemie 1912, Bd. 25. S. 16.)

Die Meßmethoden der Körperflüssigkeiten

sind das Schmerzenskind der medizinischen Radiumforschung; es ist darum unabweislich, ungeachtet der einschlägigen Kapitel dieses Buches, der Aktivitätsmessung der Sekrete und Exkrete des Organismus spezielle Aufmerksamkeit zu widmen, zumal gerade diese mit besonderen Schwierigkeiten und Fehlerquellen verbunden ist. Dieselben führten begreiflicher Weise bei einer so empfindlichen wie der elektroskopischen Methode (bei Radiummessungen etwa 25000 mal empfindlicher als die Spektralanalyse! bei den Emanationsmessungen noch erheblich empfindlicher), in den ersten Jahren, wie die Radiumliteratur zeigt, leider zu Irrtümern, ganz besonders bei den Aktivitätsmessungen des Blutes. Erst durch wiederholte, über Tage und Wochen ausgedehnte Messungen lernte man allmählich die zahlreichen Fehlerquellen des Meßverfahrens kennen und vermeiden.

Die Meßmethodik.

Man kann den Aktivitätswert der Emanation entweder unmittelbar nach deren Einbringen in die Meßkanne bestimmen (Anfangswert ev. genau durch Extrapolation ermittelbar) oder nach 3½ Stunden, wo der durch die Emanation erzeugte Ionisationsstrom infolge der progressiven Anhäufung hochaktiver Zerfallsprodukte (Radium A, B, C) sein Maximum erreicht hat und reduziert das Resultat durch Extrapolation auf den Anfangswert. Fig. 63 (nach Curie) veranschaulicht diese Aktivitätszunahme der Emanation in den ersten 3 bis 4 Stunden, an die sich dann die Abklingungsperiode der Emanation schließt, die in 3,85 Tagen auf die Hälfte des Anfangswertes gesunken ist. Man kann auch in der Abklingungsperiode der Emanation die Messung ausführen, muß aber nach den exponentialen Abklingungsgesetzen den Anfangswert durch Extrapolation ermitteln.

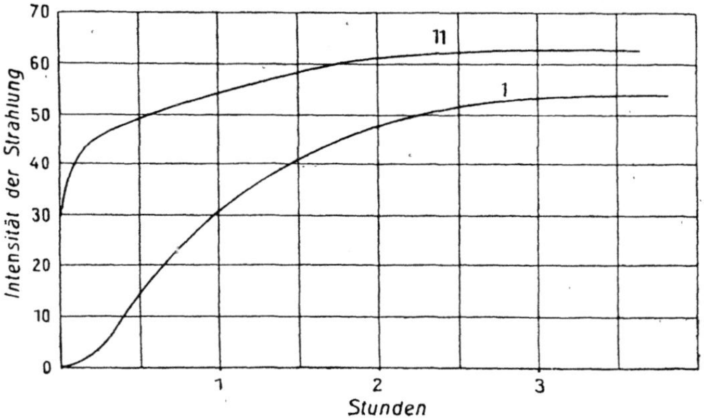

Fig. 63.

Kurve I demonstriert das Wachstum der Stromstärke als Funktion der Zeit, herrührend von der induzierten Aktivität, die nach 3 Stunden ihren maximalen Grenzwert erreicht, der Menge der vorhandenen Emanation entsprechend.

Kure II. Das Anwachsen der α-Stromintensität erfolgt im Anfang viel schneller, als wenn man nur die durchdringenden γ-Strahlen (Kurve I) verwendet. Nach 3 Stunden erreicht die Stromstärke ihren maximalen Wert, der doppelt so hoch ist wie der nach 3 Minuten gemessene Anfangswert. Siehe Curie Seite 206 ff. Radioaktivität. 1911.

Die Berechnung geschieht nach der bekannten Formel

$$i \cdot 10^3 = \frac{C}{1080} [\text{A.-W.} - 1.1 (\text{A.-J.} - \text{A.-N.}) - \text{A.-N.}]\ 1{,}023 \text{ resp. } 1{,}016,$$

worin bedeutet:

A.-W. = der gemessene Voltabfall für die Aktivität des Wassers,
A.-J. = der gemessene Voltabfall für die Kannenluft (Normalverlust),
A.-N. = der gemessene Voltabfall für die induzierte Aktivität,
C = Kapazitätsfaktor des Instrumentes
1,023 resp. 1,016 = Absorptionskoeffizient der Emanation in 1 Liter H_2O für die 10 resp. 15 Literkanne (s. Henrich und Glaser).

Ich vertrete im Gegensatz zu Marckwald den Standpunkt, daß für den Mediziner die Feststellung der wirklich vorhandenen Integralaktivität, d. h. im Moment der Anwendung oder Entnahme ausgedrückt durch die reine Emanation, abzüglich aller Zerfallsprodukte erforderlich ist, nicht aber durch das Gemisch von X Emanation + Y Zerfallsprodukte. Sind doch auch sämtliche Quellenaktivitäten unter Abzug der von den Zerfallsprodukten herrührenden Restaktivität publiziert worden.

Bei der Marckwaldschen Methode, wobei die zu messende Flüssigkeit, speziell das dem Körper frisch entnommene Blut erst drei Stunden lang zusammen mit der ionisierten Luft in der Meßkanne verbleibt, addiert sich die ionisierende Wirkung der in dieser Zeit neugebildeten hochaktiven Zerfallsprodukte (Radium A, B, C) zu der reinen Emanations-Ionisation und dadurch entstehen Werte, die die anfänglichen um 40 bis 60 % übersteigen (vgl. hierzu Prof. Stefan Meyer und V. Heß, Institut für Radiumforschung Wien, Sitzungsber. d. Königl. Akad. d. Wissensch. 1912. Bd. 17. S. 24.) Desgl. Ebler (Radium, Handwörterbuch d. Naturwiss. 1912), der auf Rutherfords Formel zur Bestimmung des durch die „Emanation allein" unterhaltenen Ionisationsstromes verweist

$$J'_t = J_0 \left[(1 - e^{-\lambda_1 \cdot t}) + c\,(1 - e^{\lambda' t}) \right]$$

Hierin bedeutet J_0 die zur Zeit $t = o$ von der „Emanation allein", J'_t die zur Zeit t (bis etwa 30 Minuten) von den „aktiven Beschlägen allein" bewirkte Ionisation.

$$\left.\begin{array}{l} \lambda_1 = 48 \times 10^{-4} \times \sec^{-1} \\ \lambda' = 3{,}8 \times 10^{-4} \times \sec^{-1} \\ c = 0.72 \end{array}\right\} \text{sind Konstanten}$$

Es ist wohlbekannt, daß zwischen der dritten und vierten Stunde ein Gleichgewichtszustand in dem Ionisationsgefäß eintritt; die Bestimmung der reinen Emanation erfordert aber stets den Abzug des auf die Induktion entfallenden Betrages, zumal die Konstrukteure des Fontaktoskops, Engler und Sieveking, und die Verbesserer dieses Apparates, Mache und Meyer es ausdrücklich so vorschreiben.

Wenn wir nach Marckwald messen wollten, müßten sämtliche Quellenanalysen nochmals gemacht werden, denn er erzielt mit seiner Methode doppelt so hohe Werte. Wir könnten hingegen auch nach 3 Stunden messen und dann den Anfangswert durch Reduktion auf die Hälfte bestimmen.

Dasselbe, was für die Messung der aufzunehmenden Emanation gilt, hat auch für die Untersuchung des Blutes Bedeutung. Für den Arzt ist es wichtig, den Gehalt des Blutes an reiner Emanation im Moment der Entnahme zu wissen und nicht erst nach dreistündigem Verweilen des Blutes in der Meßkanne, wobei sich an den Kannenwänden neugebildete, hochaktive Zerfallsprodukte ablagern, die Marckwald mitzählt, obgleich sie zur Zeit der Blutentnahme im Organismus noch gar nicht gebildet waren und daher auch gar nicht eine Wirkung ausüben konnten. Es kommt also darauf an, festzustellen, wieviel Emanation und welches Quantum der Zerfallsprodukte tatsächlich im gesamten Organismus zirkuliert, wobei der gefundene Emanationsgehalt des Blutes nur als ungefährer Maßstab dient. Die Emanation als Gas wird zum allergrößten Teil durch die Lungen ausgeschieden, während ihre — viel aktiveren — Zerfallsprodukte als feste Körper mit hohem Atomgewicht — wie ich nachgewiesen habe — größtenteils auf anderem Wege, durch den Darmkanal, hinausgeschafft werden und auf ihrer Passage durch den Organismus kräftige α-, β-, γ-Strahlen ausschleudern, während die Emanation nur α-Strahlen emittiert.

Es kommt somit bei der internen Radiumemanationskur nicht auf die Menge der in der Luft oder im Wasser nach dreistündigem Verweilen in der Meßkanne sich bildenden Zersetzungsprodukte der Emanation an, denn diese gelangen als feste Körper überhaupt kaum in toto ins Blut; es kommt vielmehr darauf an, daß man möglichst lange, und wie ich zuerst empfohlen habe, beträchtliche Dosen der reinen Emanation dem Organismus zuführt, um ihm, da dieses inerte Gas in jedem Fall den Körper bald zu verlassen trachtet, große Mengen der strahlenden Zerfallsprodukte, die sich während des Verweilens der Emanation im Organismus bilden, einzuverleiben.

Es besteht ferner ein Unterschied zwischen der Aktivitätsmessung von Flüssigkeiten und Gasen; Engler und Sieveking, die Erfinder des Fontaktoskops, mit dem Marckwald seine Luftmessungen gemacht und in M.-E. angegeben hat, erklären für die Gasmessungen, „die oft angewandte Angabe in M.-E. ist direkt zu verwerfen" (Radium in Biol. Nr. 11 1912) und verlangen für die Luftmessungen am zweckmäßigsten die Angabe in Ionen, die in einem Kubikzentimeter enthalten sind. Die Umrechnung auf den Liter wie es bei den M.-E. der Fall ist, sollte somit nur auf radioaktive Wässer reserviert werden. Es fehlt somit jede Vergleichsbasis zwischen der Luft- und Blutaktivität, wenn schon die Meinungen der Physiker so weit auseinandergehen.

Ferner verweise ich darauf, daß die Meßinstrumente von P. und S. Curie (Die Radioaktivität 1911), Rutherford und Soddy und alle anderen, wissenschaftlichen Zwecken dienenden neueren Apparate, wie die von Prof. Schmidt und das Emanometer von Prof. Becker usw. das Prinzip verfolgen, die Zerfallsprodukte nicht in die Meßkammer hineinkommen zu lassen und daher anders als beim Fontaktoskop die Ionisationskammer von dem Behälter der aktiven Substanz (Radium- oder Emanationslösung) trennen. Gerade für die Blutmessungen, desgleichen für die Urinmessungen und überhaupt für die Messungen schäumender und visköser Flüssigkeiten eignet sich die Zirkulationsmethode besser als die Schüttelmethode, da bei letzterer die Schaumbildung, der Feuchtigkeitsgehalt der Luft die Ionisation beeinflußt (vergl. den sog. Lenardschen Effekt der langanhaltenden Ionisation geschlossener Gefäße, in denen Flüssigkeiten geschüttelt und teilweise disoziiert worden sind).

Es steht somit meine Anschauung, daß die Induktion von der Emanation abgezogen werden muß, durchaus in Übereinstimmung mit den maßgebenden Physikern, zumal auch Rutherford und Soddy die Leitfähigkeit unmittelbar nach dem Hineinblasen der Emanation in den Kondensator bestimmen, ehe sich also ein merklicher Betrag an induzierter Aktivität gebildet hat. Rutherford betont sogar die Meßanomalien, die man beobachtet, wenn die Emanation in dem Aktivierungsgefäß mehrere Stunden lang ruhig gestanden hat.

Wohl geschieht bei Curie bereits seit Jahren die Messung der Emanation teils sogleich, teils nach drei Stunden. „Man bestimmt die in einem Liter Wasser enthaltene Emanation unmittelbar nach der Entnahme desselben“ (S. 501 l. c., Gebrauchsvorschrift für Wasseranalysen insbesondere Quellen). Bei der Bestimmung des Sättigungsstromes der Emanation (somit nach drei Stunden) sind die Zerfallsprodukte abzuziehen, die im Fontaktometer über 50 % der Gesamtaktivität betragen (Prof. St. Meyer, l. c.): Curie hat stets ein Überleitungsgefäß benutzt und in luftdicht geschlossenen Kondensatoren mittelst eines piezo-elektrischen Quarzes gemessen, die Druck- und Temperaturverhältnisse berücksichtigt, das Gas getrocknet und filtriert, konstant ein genügend starkes elektrisches Feld unterhalten: — alle diese Kautelen einer exakten Emanationsbestimmung hat Marckwald nicht berücksichtigt, trotzdem in der Literatur genügend viele Veröffentlichungen hierüber existieren. Ich erinnere an die Beobachtungen Tommasinas über die bedeutende „Radioaktivität“ des frisch gepflückten Grases, welche aber verschwand, sobald durch Ätzbarium die Feuchtigkeit absorbiert wurde, wie P. Becquerel nachwies, demzufolge Wasserdampf in unendlich kleinen Mengen (0,0075 g) genügt, um ein Elektroskop zu entladen (s. S. 122 d. Werk.). Deshalb ist (namentlich bei den so wichtigen Blutmessungen) für Trocknung der Emanation vermittels Durchleitung durch Chlorkalziumröhren zu sorgen, zumal jeder noch so kleine Fehler durch die übliche Umrechnung auf Liter und Stunde außerordentlich vergrößert wird. Dies trifft besonders zu bei dem ungleichmäßigen Vorgehen Marckwalds, der zur Vergleichsmessung einerseits 2 Liter Luft, andererseits kaum $^1/_{10}$ Liter Blut nimmt, dort dividiert er durch 2, hier multipliziert er mit mindestens 10, ganz abgesehen davon, daß die von ihm verwendeten 2 L-Kannen für derartige Messungen unrichtig konstruiert sind (s. S. 236).

Ebenso sind die durch Zerstäubung, Verdunstung und Schaumbildung des in der Meßkanne geschüttelten Blutes veranlaßten Effekte (Elektrizitätsänderungen, Kontaktpotentialdifferenzen usw., Lenard) zu berücksichtigen. Das gleiche gilt von dem Staubgehalte der Luft, dessen Filtration durch Glaswolle, Watte usw. erforderlich ist, da die Staubteilchen der Luft als Zentren für den Niederschlag der induzierten Aktivität dienen und starke Aktivitäten vortäuschen, worauf Miß Brooks und Madame Curie ausdrücklich hinweisen.

Selbstredend darf man nur in emanationsfreien Räumen und auch nur geschützt vom Einflusse aktiver Nachbarräume messen, ebenso sollen keine Hochfrequenzströme in der Nähe produziert werden. Desgleichen soll man der Temperatureinflüsse wegen nicht bei elektrischem oder Gaslicht arbeiten.

Die Entnahme der zu messenden Körperflüssigkeiten

soll unter möglichster Vermeidung jedes Kontaktes mit der Atmosphäre erfolgen.

a) Die Blutentnahme.

Ich benützte hierzu ein sogenanntes Grammenröhrchen mit lang ausgezogenem schmalen Halse und die Straußsche Kanüle, deren breites Schild unter Watteabschluß dicht auf den Kölbchenhals gepreßt wurde, während das distale Kanülenende hineinragte. Zur Verhütung der Blutgerinnung wurde in das Kölbchen vorher etwas Hirudin oder Ammoniumoxalat oder Fluornatrium getan. Das Kölbchen wurde vollgefüllt, hierauf mit einem eingeschliffenen Glaspropfen luftdicht verschlossen und umsiegelt, sodann in die mit etwa 100 ccm inaktiven (eventuell auch mit einer Prise Fluornatrium versetzten) Wasser gefüllte Meßkanne gebracht, zerschlagen und mindestens eine Minute lang tüchtig geschüttelt. Man kann die Blutentnahme auch mittelst einer Spritze machen, muß jedoch den Kolben ganz langsam ohne Aspiration gleiten lassen, um den negativen Druck zu vermeiden. s. unten.

Die Spritze — eine gutgleitende 100 ccm Rekordspritze mit Schlauchansatz verwende ich vornehmlich zum Aufziehen von nicht visciden Flüssigkeiten z. B. Quellwässern, die ich alsdann direkt in die Meßkanne tropfen lasse. Man kann sich zu dem gleichen Zwecke auch einer Pipette bedienen (Curie).

Entnimmt man aber das Blut mittelst evakuierter Kölbchen und langsamen Abzapfens aus der Vene wie es Marckwald getan hat, so erzielt man künstlich höhere Werte, als sie dem entnommenen Blutquantum tatsächlich entsprechen. Dies beweisen unwiderleglich meine mit Plesch gemeinsam angestellten Versuche, bei denen wir uns einer Kanüle bedienten, die mittelst eines Dreiweghahnes einerseits zu einem evakuierten Glaskölbchen, andererseits zu einem mit Hg gefüllten Kölbchen führte, wie es bei den Blutgasbestimmungen in der Physiologie allgemein verwendet wird. Mit dem Quecksilberkolben wurde (unter absoluter Ausschaltung jedes Kontaktes mit der Atmosphäre) das Blut mit der in der physiologischen Praxis üblichen Art entnommen, mit dem ersteren das Blut nach der Marckwald - Gudzentschen Art langsam abgesaugt. Die nachfolgende Messung ergab, daß diese Evakuationsmethode die Blutaktivität (aus einer und derselben Armvene) weitaus größer als bei der Normalentnahme erscheinen ließ, wo auch unter Luftabschluß, aber ohne künstlichen negativen Druck gearbeitet wurde. Die Blutaktivität betrug z. B. im Versuche 5

1. bei der Entnahme unter Hgverschluß 9,8 M.-E.;
2. bei der raschen Evacuation 22 M.-E.;
3. bei einer langsamen, 7 Minuten dauernden Evacuation 34,7 M.-E.

Die Evakuationsmethode ist längst in der Physik zur Gewinnung der Emanation gebräuchlich: „Bringt man ein radiumhaltiges Salz in ein Vakuum, so entzieht man ihm die gesamte freie Emanation" (Curie l. c., S. 289).

Die Übertragung auf die Verhältnisse im lebenden Organismus ist jedoch falsch, denn in ihrem Verkennen der physikalischen und physiologischen Tatsachen führt sie eine Entgasung der ganzen am Kanülenende vorbeiströmenden Blutquantität sowie des perivaskulären Gewebes (außerdem einen Venenkollaps!) herbei.

Zu derselben Überzeugung zwingen die Versuchsergebnisse der Gudzent-Marckwaldschen Messung (Radium in Biol. 1911. Nr. 3 und Berl. klin. Wochenschr. 1911. Nr. 47), welche teils infolge von Umrechnungsfehlern bei der Multiplikation teils infolge der Anwendung des Vakuumaderlasses durchwegs höhere Werte gaben. s. Plesch Nachweis, daß Gudzent im Blute 4mal so viel Emanation gefunden, als er verabfolgt hat (Med. Klinik 1911 S. 1142), vergl. meine Ausführungen in der Berl. klin. Wochenschr. 1912. Nr. 25.

Niemals darf man sich bei den Aktivitätsmessungen auf den ersten Ablesungswert beschränken, sondern muß die Aktivitätskurve stunden-, selbst tagelang verfolgen, um deren eigentlichen Charakter (Radium-Thoriumemanation, Verunreinigung usw.) festzustellen. Zu diesen Dauermessungen eignet sich das Fontaktoskop nicht, da durch die kleine Öffnung des Kannendeckels, der zugleich als Elektroskopfuß dient, stetig Emanationsverluste stattfinden. Ferner kann das Gas, wenn die Radiumemanation mehrere Stunden in dem Aktivierungsgefäß ruhig gestanden hat, neben der Emanation schon ziemlich große Quantitäten (die Gleichgewichtsmengen) von Radium B und C enthalten (Rutherford) und daher bei der ersten Messung nicht selten einen höheren Wert ergeben. Also nochmals: man darf nicht die erste Entladung als Maß wählen, sondern muß die Aktivitätskurve stundenlang verfolgen, beziehen sich doch auch die Messungsresultate stets auf den Stundenwert.

Im Blute befinden sich somit bald nach Aufnahme der Emanation bereits ihre Zerfallsprodukte Radium A, B, C, D. Da wir aber als Maßstab bei den Radiummessungen die größtenteils den α-Strahlen zukommende Eigenschaft benutzen, in der Luft beim Hindurchgehen „geladene Elektrizitätsträger" oder Ionen zu produzieren, so ist es klar, daß das Blut nach einiger Zeit der Emanationsaufnahme noch stärker ionisiert sein muß, als seinem reinen Emanationsgehalte entspricht. Es kommen fünf Arten von α-Strahlen in Betracht, die vom Radium und seinen einzelnen Zerfallsprodukten (Emanation A, C, F) herrühren und einen verschiedenen Ionisationsbereich haben; die α-Strahlen der Emanation haben z. B. nur einen Ionisationsbereich von 42 mm, die des Radiums C von 71 mm (in Gasen unter Atmosphärendruck). Die von Radium F stammenden α-Strahlen spielen bei den Emanationskuren wegen der langen Lebensdauer von Radium D keine Rolle).

Die Verteilung der Aktivität auf die einzelnen Produkte der Radium-Emanation ist nach Boltwood folgende:

Emanation	25,6%
+ Radium A	29,4%
+ Radium B	1,9%
+ Radium C	43,1%
Summe	100%.

Nach dem gleichen Autor beteiligen sich die einzelnen Produkte des Radiums im Gleichgewichtszustand an der Gesamtaktivität annähernd in folgenden Prozentverhältnissen:

Radium	17,6%
Emanation	21,1%
Radium A	24,2%
Radium B	1,5%
Radium C	35,6%
Summe	100%.

Entnimmt man somit dem Körper Blut, nachdem es mehrere Stunden mit Emanation beschickt wurde, so findet man eine dem Gemisch von Emanation und dem im Blute selbst suspendierten Radium A bis C entsprechende Gesamtaktivität, was ich bereits vor längerer Zeit nachgewiesen habe.

Die Behauptung, daß nach 3 Stunden Aufenthalt im Emanatorium das Blut 7 bis 8mal soviel Emanation als die Außenluft enthält (Gudzents Anreicherung), steht im Widerspruch mit den Gasgesetzen und mit Pleschs Absorptionsbefunden[1]), sowie mit meinen Untersuchungen s. S. 224ff. u. S. 239ff. und mit Gudzent eigenen, noch im September 1910 auf dem Brüsseler Kongreß vorgetragenen Untersuchungen, wonach der „Emanationsspiegel im Körper nach kurzer Zeit dieselbe Höhe hat wie in der umgebenden Luft und während des ganzen Versuchs auf dieser Höhe bleibt. Versuche an Kaninchen haben diese Voraussetzung bestätigt" (Med. Klin. 1910). Im Gegensatze hierzu steht Fofanows Versuch am Kaninchen, das 3 Stunden in einer Bleikammer mit 25,8 M.-E. pro Luftliter gehalten wurde und nur etwa 8 M.-E. (mindestens) pro Liter Blut enthielt. Das Blut enthielt damals nur etwa 0,32 der Luftaktivität, d. h. etwa soviel, als dem Absorptionskoeffizienten entspricht.

Die Lösung dieser Frage ist auch durch die verschiedenen Meßmethoden erschwert. Ob bei der Emanationsaufnahme außer der Absorption durch Lösung noch andere physikalische Vorgänge (Adsorptions-Gasverdichtung an den Körperkolloiden, Osmose usw.) eine Rolle spielen, ist noch nicht klargestellt, trotzdem schon Cahn als erster auf die Möglichkeit einer Anreicherung insbesondere radioaktiver Zersetzungsprodukte durch kolloidale Adsorption hingewiesen hat. (Sitzungsber. d. Heidelberger Akad. d. Wissensch. 1911. 5. Abhandl. Winters Verlag.)

Jedenfalls müßte als Basis der Anreicherungshypothese eine erhebliche Affinität der Emanation zu den Blutkolloiden bestehen; dagegen sprechen aber die Untersuchungen Kemens u. a., wonach die Emanation aus dem Blute bereits 15 Minuten nach dem Verlassen des Emanatoriums total ausgeatmet ist.

Um diese schwierige, praktisch-medizinisch bedeutungslose, aber von den Emanatoriums-Interessenten in den Vordergrund gerückte Frage zu erklären, hat der Physiker Dr. Saubermann, früherer Mitarbeiter Raoul Pictets, in einem Tierversuche die Emanation von ihren Metabolen durch Kochen und zwar im Autoklaven gereinigt und untersucht. Er fand (s. Artikel von Plesch s. S 343), daß das kg Körpergewicht etwa $1/5$ des Luftemanationsgehaltes enthielt. Aber selbst wenn es wahr wäre, daß bei der üblichen Emanatoriumsdosierung von etwa 2 M.-E. nach 2stündigem Verweilen eine Anreicherung von etwa 10 M.-E. zustande käme, so ist das doch wirklich irrelevant, zum mindesten für die Therapie.

[1]) Deutsche med. Wochenschr. 1911 Nr. 11 und Med. Klinik 1911. S. 1142.

Gerade die jüngsten Ausführungen von Kraus und Plesch im Anschluß an den Bickelschen Vortrag (Berl. klin. Woch. 1912) haben uns ganz fraglos darüber aufgeklärt, daß die Verabreichung so kleiner Emanationsdosen in den umständlichen Emanatorien mehr oder weniger therapeutische Spielereien gewesen sind, und höchstens passagere symptomatische Besserungen erzielen konnten. Die Radiumtherapie muß mit Tausenden bis zu Millionen von M.-E. arbeiten und es müssen die therapeutischen Dosen je nach den Bedürfnissen viel mehr variiert werden. Die Emanatorien mit ihrer bisherigen konstanten und einseitig schwachen Dosierung (2 bis 4 M.-E.) scheinen nach alledem heute bereits antiquiert. Die Devise „Blutanreicherung nur im Emanatorium" hat einer besseren Erkenntnis Platz gemacht. Die Radiumtherapie mußte von solchen Schlacken gereinigt werden, insbesondere um die Praktiker vor dem Ankauf teurer und wertloser Apparate zu schützen.

b) Die Urinmessung

ist bei reinen Emanationskuren schwierig, da alle Gase nur in minimaler Menge per renes zur Ausscheidung gelangen (1 : 4000) (nach Laqueur und Bergwitz) und die Emanation ja sehr rasch aus dem Körper, größtenteils per exhalationem, verschwindet. Günstiger liegen diese Ausscheidungsverhältnisse bei der Einverleibung radioaktiver Salze, welche teils per intestina, teils per renes zur Ausscheidung gelangen, die sehr langsam erfolgt und sich über Monate erstrecken kann. Am exaktesten wäre natürlich die Entnahme mittelst Katheter, was aber zu nichttherapeutischen Versuchszwecken am Menschen nicht angängig ist. Ich ließ daher bei Männern gewöhnlich direkt in die Meßkanne urinieren, schüttelte hierauf die Meßkanne in üblicher Weise und bestimmte nach der Messung die Harnmenge. Bei derartigen Urinmessungen bildet sich ein starker Schüttelschaum, der durch seine Entstehung und den späteren Zusammenfall während der Meßzeit erhebliche Kapazitätsschwankungen erzeugt und daher Emanationswirkungen vortäuschen kann. Die Bildung des Schüttelschaumes läßt sich durch Zusatz weniger Tropfen Olivenöl oder rektifizierten Terpentinöls verhindern. Man bringt zuerst eine Ölschicht in das Meßgefäß (oder Alkohol nach Kemen) und läßt dann die zu prüfende Flüssigkeit derart ein, daß der zuführende Schlauch in die Ölschicht eintaucht. (Kohlrausch und Nagelschmidt.) Komplizierter, aber sicherer ist die Gewinnung der Emanation durch Auskochen der zu prüfenden Flüssigkeit und Hinüberpressen des Dampfes in das eigentliche Meßgefäß. S. S. 238ff.

c) Messungen von Speichel, Schweiß, Wundsekret, Ödemflüssigkeit, Transsudaten, Exsudaten und Fäzes.

Diese Stoffe werden entweder mit Saugnäpfen gewonnen oder mittelst eines Drainrohres direkt in die luftdicht geschlossene Kanne geleitet. Der Schweiß kann auch mit einem inaktiven und vorher gewogenen Schwamm von der Haut abgewischt werden; er wird alsdann zur Bestimmung der Schweißmenge nachgewogen und hierauf in die Meßkanne, in der sich etwas inaktives Wasser befindet, hineingeworfen und nun mit der üblichen Schüttelmethode die Bestimmung vorgenommen. Speichel wird — ev. nach vorheriger Anregung der Salivation (Kaugummi) — mittelst eines großkalibrigen Rohres in ein Meßkölbchen entleert (unter möglichstem Luftabschluß).

Derartige Messungen haben natürlich nur einen qualitativen Wert, da sich die Emanationsverluste bei der Entnahme nicht verhindern lassen. Transsudate und Exsudate in den serösen Höhlen, sowie in den Gelenken lassen sich mit einer Spritze ganz langsam, unter Vermeidung stärkeren negativen

Druckes aspirieren; der Inhalt wird direkt in die Meßkanne entleert. — Die zu messenden Fäzes werden am zweckmäßigsten direkt oder mittelst eines Darmschlauches in die Kanne entleert.

d) Die Messung der Ausatmungsluft

darf natürlich nicht in dem Raume erfolgen, in dem der Patient die Emanation zu sich genommen hat. Man bedient sich gewöhnlich einer etwas primitiven Methode; die umgestülpte Meßkanne wird mit offenem Hals unter Wasser gesetzt, ein mäßig dicker Schlauch wird an den Boden der Meßkanne geführt, mit einem Ventil-Respirationsröhrchen versehen und durch dasselbe ausgeatmet. Nach etwa 1 Minute langem Atmen ist die Luft in der 2-Literkanne und nach etwa 30 Atemzügen (à ½ Liter) die Luft in der 10-Literkanne durch Exspirationsluft ersetzt. Hierauf wird der Stopfen unter Wasser eingeführt und die Öffnung verstopft, sodann in der üblichen Art der Voltabfall gemessen. Eine Verbesserung dieses primitiven Verfahrens rührt von Spartz her, der durch einen mit der Kannenluft kommunizierenden Gummisack (von 1 Liter Inhalt) 1 Minute lang in die Meßkanne ein- und ausatmen läßt, bis ein Ausgleich der Luftaktivität geschaffen ist. Bei einer dritten Methode wird die Kanne bzw. ein mit 2 Hähnen versehenes Gefäß (z. B. eine Gaswaschflasche) mit inaktivem H_2O gefüllt, das nun durch die Ausatmungsluft verdrängt wird.

Neuerdings bediene ich mich einer einfachen und wie ich glaube, recht präzisen Methode, zu der ich eine 100 bis 200 ccm fassende Rekordspritze aus Glas mit leicht gleitendem Metallkolben benütze, deren Kanülenansatz mittelst eines Schlauches mit Klemme und Mundstück versehen ist. Vorerst werden aus der Meßkanne, z. B. dem Fontaktometer, mit dieser Spritze z. B. 100 ccm Luft entnommen, ins Freie entleert, der Hahn geschlossen. Die Versuchsperson atmet nun in die wagerecht gehaltene Spritze langsam aus, bis der Kolben am Teilstrich 100 angelangt ist. Der Kolben wird nicht bis zum Ende hoch getrieben, um Verdichtungserscheinungen zu verhüten. Hierauf wird der Schlauch abgeklemmt und die Luft in das Fontaktometer langsam eingepumpt. Selbstverständlich muß die Versuchsperson sich vorher den Mund ordentlich, am besten mit etwas salzsaurem Wasser gespült haben und einige Atemzüge mit offenem Munde gemacht haben, um die in den oberen Luftwegen vorhandene Emanation auszuschalten. Dieses Verfahren der Entnahme mittelst Rekordspritze läßt sich auch bequem zur Prüfung von H_2O oder zur Luftmessung in emanierten Räumen verwenden.

Maßeinheiten für die Emanationsmessungen.

1 Curie ist diejenige Emanationsmenge, die 1 g Radiummetall im Gleichgewichte liefert; sie hat ein Volumen von 0,57 cmm und liefert einen Sättigungsstrom von $2{,}67 \cdot 10^6$ E.-St.-E. = 2670 Millionen M.-E. = 0,89 Milliampere, (ohne die Zerfallsprodukte) nach Mache u. Mayer.

1 Millicurie ($^1/_{1000}$ Curie) ist diejenige Emanationsmenge, die 1 mg Radiummetall im Gleichgewichte liefert = ca. 2700 E.-St.-E.

1 Mikro-Curie ($^1/_{1\,000\,000}$ Curie) ist diejenige Emanationsmenge, die 1 Mikrogramm = $^1/_{1000}$ mg Radiummetall im Gleichgewichte liefert.

1 Milligrammminute ist diejenige Emanationsmenge, die 1 mg $RaBr_2$ in 1 Minute entwickelt (von P. Curie und Laborde als Einheit angenommen).

1 Milligrammsekunde ist diejenige Emanationsmenge, die 1 mg $RaBr_2$ in 1 Sekunde entwickelt = 0,0056 E.-St.-E. = 5,6 M.-E.

1 elektrostatische Einheit (E.-S.-E.) ist ein elektrisches Strommaß, gleich 3,33 $\times$ 10^{-10} Ampere = 1000 M.-E., wenn diese Aktivität von 1 Liter Flüssigkeit geliefert wird. Falls diese Aktivität sich nicht auf den Liter bezieht, darf eigentlich die Bezeichnung M.-E. nicht gebraucht werden. Bei der heutigen, hochdosierten und auf ein kleines Flüssigkeitsquantum konzentrierten Thor X-Therapie wäre es zweckmäßiger von E.-S.-E. zu sprechen. So liefert z. B. $\frac{1}{100\,000}$ Milligramm Thor X ungefähr 1500 E.-S.-E. etwa so viel wie 0,6 Milligr. Ra = $1^1/_2$ Millionen M.-E.

1 Mache-Einheit (i $\times$ 10^3) (M.-E.) ist die Stärke des Sättigungsstromes, den die in 1 Liter H_2O oder Gas enthaltene Emanation (allein, ohne ihre Zerfallsprodukte) entwickeln kann, in elektrostatischen Einheiten angegeben, mit 1000 multipliziert, und bezogen auf den Anfangsstrom in einem zylindrischen Kondensator von 10 bis 15 Liter Inhalt.

Voltabfall pro Stunde (oder fälschlich „Volt") = Spannungsabfall pro Stunde und Liter Wasser, am Elektroskop gemessen und laut besonderer Eichtabelle berechnet, unzweckmäßiges Maß, da es nicht die Kapazität berücksichtigt und daher nicht die Stromstärke angibt.

Uran - Einheit ist der Ionisationsstrom, der durch eine geeichte Platte von metallischem Uran in einem bestimmten Kondensator erzeugt wird (H. Bequerels Vergleichs-Standardpräparat). 1 Uran-Einheit (gebildet durch den Maximalstrom einer geeichten Platte aus schwarzem Uranoxyd — U_2O_5 von 6 cm Durchmesser) entspricht dem von 22,02 $\times$ 10^{-6} Milli-Curie erzeugten Maximalstrom (Laborde).

Verhältniszahlen der üblichen Maßeinheiten.

1 Gramm-Sekunde-Emanation von Radiummetall = 2,08 $\times$ 10^{-6} Curie
1 Gramm-Sekunde-Emanation von $RaBr_2$ = 3,54 $\times$ 10^{-6} „
1 Milligramm-Sekunde-Emanation von Radiummetall = 2,08 $\times$ 10^{-9} Curie
1 Milligramm-Sekunde-Emanation von $RaBr_2$ = 1,22 $\times$ 10^{-9} „
1 Milligramm-Sekunde-Emanation von $RaBr_2 . 2 H_2O$ (das gewöhnl. käufl. $RaBr_2$) = 2,4 M.-E. = 1,116 $\times$ 10^{-9} „
1 Milligramm-Minute-Emanation von Radiummetall = 125,0 $\times$ 10^{-9} „
1 Milligramm-Minute-Emanation von $RaBr_2$ = 157,9 M.-E. (bzw. 182,5 M.-E., korrigiert) bezw. nach Engler u. Sieveking 141 M.-E. = 73,4 $\times$ 10^{-9} „
1 elektrostat. Einheit (1 E.-S.-E.) = 1000 M.-E. = 2,86 $\times$ 10^{-7} „
1 Mache-Einheit (10 Liter Kondensator) = 0,006 32 mg Minuten $RaBr_2$ (bzw. 0,00548 mg Minuten $Ra Br_2$ nach Douane korrigiert) = 3.7 . 10^{-10} Curie (Mache u. Meyer), bezw. nach Laborde = 0,465 $\times$ 10^{-9} Curie
1 Mache-Einheit (10 Liter Kondensator) = 75 bis 150 Voltabfall.
10^{-9} Curie (von Laborde als Einheit vorgeschlagen) = 2,15 M.-E. = 0,0137 mg Minuten $RaBr_2$. Diese Zahlen sind im wesentlichen nach den Angaben von Mache und Mayer sowie von Laborde zusammengestellt; dem letzterem entnehme ich folgendes Beispiel:

	M.-E. pro Liter (korrigiert)	mg-Minute $RaBr_2$ pro Liter	10^{-9} Curie pro Liter
Gastein (Grabenbäcker)	173,5	1,10	80,7
Karlsbad (Sprudel)	0,22	0,0014	0,103

II. Methodik der Thorium- und Aktiniumtherapie.

Bereits im Jahre 1904 haben Tracy, Gordon, Sharps und Reinwald die Inhalation mit Thoriumemanation insbesondere bei Lungentuberkulose verwendet. Diese Versuche gerieten bald in Vergessenheit, zumal sie technisch unvollkommen und klinisch nicht ausgearbeitet waren. Erst nach der Entdeckung des Mesothors und Radiothors durch Hahn (1907) ist es eigentlich möglich geworden, die Elemente der Thoriumreihe sachgemäß in der Heilkunde zu verwenden.

Das Mesothorium

besteht aus 2 Produkten, dem strahlenlosen, langlebigen Mesothorium I (Halbwertsperiode 5,5 Jahre) und seinem Zerfallsprodukte, dem kurzlebigen (6,2 Stunden Halbwertsperiode) Mesothorium II, das im reinen Zustande β- und γ-Strahlen aussendet, die denen des Radium C (und damit denen der festen Radiumsalze) sehr ähnlich, aber weniger durchdringend sind. Das Mesothorium I ist in seinem chemischen Verhalten durchaus identisch mit dem Radium (Soddy), läßt sich daher von dem Thorium, von dem es chemisch verschieden ist, trennen; es wird aus dem in Brasilien vorkommenden Monazitsand, dem wichtigsten Thormineral gewonnen, das etwa 4 bis 5% Thoriumoxyd enthält. Da dieses Erz stets etwas Uran und dadurch auch Radium enthält, sind die Mesothorpräparate immer radiumhaltig. Es ist anzunehmen, daß das Mesothorium, welches aus den Thoriumabfällen bei der Glühstrumpfindustrie gewonnen wird, in der Praxis eine größere Verbreitung finden wird, als das viel teurere Radium, trotzdem es eine viel kürzere Lebensdauer als dieses hat.

Das Mesothorium wird bereits heute bei einer Reihe von Hauterkrankungen, insbesondere karzinomatöser Natur verwendet und zwar ungefähr in den gleichen Formen (Röhrchen, Kapseln, lokale Einspritzungen unlöslicher Mesothoriumsalze, Kompressen) wie das Radium. Seine Wirkungen sind denjenigen des Radiums mindestens ebenbürtig; da die β-Strahlen des Mesothoriums zum Teil weicher sind, ist seine oberflächliche Wirkung eher noch stärker. Die Dosierung des Mesothors erfolgt durch Vergleich der γ-Aktivität mit der eines Radiumpräparates von bekanntem Gewicht. Die Mesothoriumpräparate enthalten etwa 25% Radiumbromid. Diesem Prozentsatz entsprechend entsenden die technisch hergestellten Mesothorpräparate auch ein Quantum von α-Strahlen, zu denen sich noch die vom Radiothor — dem Tochterprodukt des Mesothoriums — stammenden α-Strahlen gesellen. Der Nachteil der kurzen Lebensdauer des Mesothoriums (Halbwertszeit 5,5 Jahre) wird in einer Hinsicht kompensiert durch seine relativ höhere Strahlungsintensität, seinen etwas billigeren Preis und durch die Tatsache, daß (praktisch) häufig genug im Verlaufe von 5 Jahren die Radiumpräparate verloren gehen oder beschädigt werden, so daß die längere Lebensdauer des Radiums (2000 Jahre) mehr einen theoretischen Wert hat. Die speziellere Technik der Mesothoriumanwendung findet sich in dem von Czerny und Caan bearbeiteten Kapitel XXIV, die für die Behandlung der oberflächlichen Geschwüre, Angiome, Lupus, Keloide das Mesothorium wohl wegen des großen Reichtums an weichen β-Strahlen für wirkungsvoller halten als das Radium.

Die β-Strahlen des Mesothoriums II werden zur Hälfte absorbiert in 0,34 bis 0,18 mm Aluminium (Radium C ungefähr 0,5 mm), die γ-Strahlen in 1,1 cm Blei (Radium C in 1,38 cm).

In der inneren Medizin haben die α-Strahlen wegen ihrer Einwirkung auf Fermente und ihrer besseren Absorbierbarkeit eine größere Bedeutung erlangt. Für diese Zwecke kommt das Radiothorium mit seinen kurzlebigen Zerfallsprodukten, dem

Thorium X und der Thoremanation

in Betracht, deren Stellung in der Zerfallsreihe des Thoriums folgende Tabelle (nach Marsden und Barat) zeigt.

Thoriumfamilie.

Tabelle 10.

Name des Elements	Strahlung (Reichweite)	Halbwertszeit	
Thorium (Atom-Gew. 232,5) ↓	α (3,5 cm)	ca. 10^{10} Jahre	
Mesothorium I	0	5,5 Jahre	Es werden zur Hälfte absorbiert die β-Strahlen in 0,34 mm Aluminium, die γ-Strahlen in 1,1 cm Blei
Mesothorium II ↓	β, γ	6,2 Stunden	
Radiothorium	α (3.9 cm)	2 Jahre	
Thorium X	α (5,7 cm) (β)	3,7 Tage	
Thorium-Emanation ↓	α (5,5 cm)	53 Sekunden	„Emanation“
Thorium A	α	0,14 Sekunden	
Thorium B (65% → Thorium C', 35% → Thorium C_1)	(β) (0,05 mm Alum. für die Absorpt. der Hälfte).	10,6 Stunden	Aktiver Thorium-Niederschlag
Thorium C' ↓	0	55 Minuten	
Thorium C_2 ↓ ?	α (8,6 cm)	10–12 Sek.	
Thorium C_1 ↓	α (5 cm)	5,5 Minuten	
Thorium D ↓ ?	β, = 0,441 mm Alum., γ = 1,5 cm Blei für die Absorption der Hälfte.	3,1 Minuten	

Die wichtigste therapeutische Rolle unter diesen Substanzen spielt das Thorium X, welches fortwährend die bereits in kaum 1 Minute zerfallende Thoremanation bildet, von der, wie von ihren Zerfallsprodukten (Thorium A, C_1, C_2) insgesamt 4 α-Strahlungen ausgehen, zu denen sich noch den α-Strahlen ähnliche, wenig durchdringende β-Strahlen des Thorium B zugesellen.

Die Emanation des Thoriums ist somit nicht wie die des Radiums, das primäre Tochterprodukt, sondern sie ist erst das fünfte Zerfallsprodukt der Grundsubstanz des Thoriums. Wir verwenden daher zur Gewinnung der Emanation das Radiothor und Thor X. Das Emanationsvermögen der unlöslichen Radiumsalze ist sehr gering (etwa 2 bis 3%), während die Radiumsalzlösungen in hohem Maße Emanation abgeben. Aktinium- und Thoriumemanation entwickeln sich hingegen auch aus festen Salzen rasch. Deshalb kann man die festen Thoriumsalze, welche sofort nach ihrer Gewinnung die Gleichgewichtsmenge des Radiothors enthalten, auch zu Inhalationszwecken benützen. So hat L. E. Chesney bereits 1909 das Thoriumnitrat in eine U-förmige Röhre gebracht, aus der der Patient mittelst eines Mundstückes 2 mal täglich je 15 Minuten inspirierte; die auf solche Weise zu erzielenden Aktivitäten sind jedoch relativ gering.

Die kurzlebigen Zerfallsprodukte des Radiothors besitzen ein erhebliches medizinisches Interesse.

Das Radiothor selbst ähnelt in chemischer Hinsicht dem Thorium außerordentlich, so daß eine Trennung bzw. Anreicherung ausgeschlossen ist. Das gesamte im Monazit enthaltene wertvolle Radiothor geht also für radioaktive Zwecke verloren, es befindet sich im Thornitrat und wandert in die Glühstrümpfe. Es ist jedoch möglich, konzentriertes Radiothor aus Mesothor zu gewinnen. Da aber die Bildungsgeschwindigkeit eines radioaktiven Elementes seiner Zerfallsgeschwindigkeit entspricht, geht die Erzeugung größerer Mengen Radiothors sehr langsam vor sich (Halbwertszeit 2 Jahre!). Infolgedessen sind die vorläufig zur Verfügung stehenden Mengen der Zerfallsprodukte noch relativ gering.

Das wichtigste Zwischenprodukt der Reihe ist das Thor X. In der Umwandlungsreihe des Thoriums nimmt es denselben Platz ein wie das Radium in der Uranreihe, es ist nur bedeutend kurzlebiger. Es erzeugt fortwährend die Thoremanation, welche wegen ihrer kurzen Lebensdauer rasch, und im Gegensatze zu der etwa 100 mal langlebigeren und daher zum größten Teile ausgeatmeten Radiumemanation fast völlig zur Wirkung gelangt. Die rasch entstehenden kurzlebigen Zerfallsprodukte Thor A, B, C, D erhöhen die Aktivität. Die Bedeutung des Thor X für die Medizin wurde zuerst im Laboratorium der Deutschen Gasglühlicht-Aktien-Gesellschaft (Auer-Gesellschaft) erkannt und daselbst auch die Versuche zur Isolierung des Thor X in der notwendigen Reinheit und hohen Konzentration gemacht. Das bisherige biologische und therapeutische Versuchsmaterial stammt fast ausschließlich aus dieser Quelle. Das Thor X wird entweder in konzentrierter Form in physiologischer Kochsalzlösung injiziert und zwar intravenös (nach Plesch) oder subkutan (nach Falta, Kriser und Zehner), oder es wird, in schwächeren Dosen, getrunken bzw. auch inhaliert, ferner verwandte ich es auch zu Bädern, Packungen und Kompressen sowie zur Kataphorese bzw. Jontophorese.

Thorium X-Bäder und Packungen.

Nach meinen Darlegungen auf S. 193 ff. beruht die Wirkung der Radiumbäder im wesentlichen auf der von den Zerfallsprodukten der Emanation ausgehenden, die Haut und den Körper durchsetzenden β- und γ-Strahlung, zum geringeren Teile auf der Hautabsorption bzw. Einatmung der Emanation. Die strahlende Energie dürfte die gleiche Wirkung entfalten, mag sie nun vom Radium oder Thorium herstammen. Von dieser Erwägung geleitet, habe ich ein an β- und γ-Strahlen reiches Thorium X-Präparat (einen Tag alt) als Badezusatz (am zweckmäßigsten in Porzellanwannen) in die Therapie eingeführt. Es hat vor den Radiumbädern große Vorzüge. Da sich die Thoremanation im Wasser 4—5 mal so gut löst wie die Radiumemanation (s. S. 249), und da sie sehr rasch nachgebildet wird, so kann sich der Patient im Bade tüchtig bewegen, ohne daß ein merklicher Verlust an Thor-X bzw. Emanation erfolgt; man kann daher die Thor-X-Applikationen auch mit gashaltigen Bädern (O_2, CO_2) kombinieren, ohne daß das Thor X, wie es bei der Radiumemanation der Fall ist, entweicht. Dasselbe gilt von den Thorium-X-Packungen, die entschieden den Emanationspackungen überlegen sind. Dazu gesellt sich der wohlfeilere Preis. 1 Million M.-E. Thorium X, steril zur Injektion, kosten (Auergesellschaft Berlin) 10 Mark, pro Bad mit 100 000 M.-E. (ungefähr die Stärke eines Joachimsthaler Bades, doch habe ich auchviel stärkere Bäder und Packungen verwendet, bis zu 600 000 M.-E.) entfallen also etwa 1—1½ Mark. Die gleiche Konzentration in Radiogenbädern würde 20 Flaschen à 5000 M.-E. erforderlich machen = 70 Mark! Man erhält somit in Thorium-X-Bäderndie gleiche Strahlung für etwa $^1/_{70}$ des Radiumpreises. Der Nachteil der Unhaltbarkeit der Thorium-X-Präparate (jeden Tag ein Aktivitätsverlust um zirka $^1/_5$) ist leicht zu beheben. Die Präparate müssen eben wie eine Arznei frisch bezogen und angewendet werden. Thoriumemanationsbäder ließen sich durch Einbringen von Radiothorpräparaten (nach Art der Inhalationsapparate, eventuell mit Gebläse versehen, s. S. 255) herstellen. Diese sind aber den X-Bädern nicht gleichwertig, da ersteren die durch dringenden Strahlen der Zerfallsprodukte fast fehlen.

Radio-Thoriumkompressen.

sind nach meinen Angaben aus radiothorhaltigem Thoriumhydroxyd hergestellt (½ cm dicke, schmiegsame, weiche Schichte in zwei Leinenbeutel eingenäht).

Ich ließ diese Kompressen in starker Aktivität anfertigen, so daß pro cm² 120—250 M.-E. entfallen; eine kleine Kompresse von 1 dcm² hat demnach eine Gesamtaktivität von 12 000—25 000 M.-E. (pro cm² 250 M.-E. Totalstrahlung). Durch mehrfache Lagerung kann man diese Konzentration (im wesentlichen) der γ-Strahlung verdoppeln bzw. entsprechend vervielfachen. Die Kompresse von 25 000 M.-E. Daueraktivität (in 1 dcm², etwa 100 mal so aktiv als die meisten in den Handel gebrachten Radiumkompressen s. S. 201) ist äquivalent einer γ-Aktivität von $^1/_{100}$ Milligramm $RaBr_2$, sie produziert pro Sekunde 1,3% der Gleichgewichtsmenge an Thoriumemanation, die völlig herauskommt; es wirken also an Emanation insgesamt pro 1 dcm² etwa 300 M.-E., pro cm³ somit etwa 3 M.-E.

Es muß sich also ein entsprechend starker, radioaktiver Niederschlag auf der Haut ansetzen, dazu gesellt sich die durchdringende γ-Strahlung. Ich habe diese Kompressen gewöhnlich trocken aufgebunden und etwa zwölf Stunden täglich liegen lassen; bei schmerzhaften Affektionen, Schwellungen von Gelenken, Exsudatresten habe ich sie erfolgreich gefunden. Neuerdings verwende ich sie auch zur Drüsenbestrahlung und auch bei Allgemeinerkrankungen, z. B. der perniziösen Anämie, indem ich die Kompresse der Reihe nach um die markreichen Knochenteile umbinde und tagelang tragen lasse. Die von den Kompressen ausgehende γ-Strahlung dürfte ähnliche Wirkungen wie die Röntgenstrahlung entfalten, und deren höhere Intensität durch die zeitlich und räumlich größere Ausdehnung ersetzen. Doch müssen erst weitere Versuche darüber Klarheit bringen, ob und unter welchen Umständen die Strahlung hochaktiver Präparate jene der Röntgenröhre zu ergänzen bzw. zu ersetzen vermag.

Die Aktivität der Radio-Thoriumkompressen sinkt entsprechend der Zerfallszeit des Radio-Thoriums in zwei Jahren auf die Hälfte, in vier Jahren auf ¼, in sechs Jahren auf $^1/_8$ der ursprünglichen Aktivität. Es soll daher stets das Datum der Anfertigung bezeichnet sein. Zwecks Tiefenbestrahlung kann man die Haut durch Desensibilisierung (Adrenalin s. S. 191) schützen. Zwecks Erhöhung der Wirkung kann man die äußere Bestrahlung mit der internen Aufnahme von Thorium X kombinieren.

Thorium X-Kataphorese.

Der kataphoretische Prozeß geht beim Thorium X vorwiegend von der Kathode zur Anode; es handelt sich also eigentlich um eine Anaphorese. Möglicherweise findet hierbei eine Zersetzung der Thorium-X-Lösung durch den elektrischen Strom statt. Das Eindringen in den Körper dürfte wahrscheinlich durch Elektrostenolyse erfolgen, d. h. zugleich mit einem Teil des von der Kathode zur Anode wandernden Wassers. Zu meinen Versuchen benützte ich entweder die elektrischen Bäder (4 Zellen-Bad) oder eine Kataphorese-Elektrode aus einem Hartgummibecher von zirka 2 cm Tiefe und 3 cm Durchmesser, mit Platinspirale am Boden, desgleichen die Hartgummielektrode nach Muschold. In den Becher kam ein mit Kochsalz bestäubtes Wattebäuschchen, das mit der Thorium-X-Lösung (30 000bis 200 000 M.-E. in 5 cm^3) imprägniert wurde. Bei stärkeren Konzentrationen (200 000 in 1 cm^3) beobachtete ich einmal eine leichte Hautverätzung; das Thorium X dürfte sich in noch stärkeren Konzentrationen zu elektrolytischen Ätzungen und Imprägnationen von Tumoren therapeutisch verwenden lassen. Ich benützte gewöhnlich eine Stromstärke von 5—10 M.-A. und eine Stromdauer von einer Stunde.

Von diesem Verfahren habe ich insbesondere bei chronischen Gelenkentzündungen uratischer und rheumatischer Natur Gebrauch gemacht und den Eindruck gewonnen, daß Schwellungen, Exsudate und Schmerzen abnahmen, sowie die Beweglichkeit freier wurde.

Ich ließ vor und nach diesen Elektrolyseversuchen die Aktivität der Thorium-X-Lösung messen, welcher Aufgabe sich Dr. Keetman unterzog; er fand regelmäßig, daß von der Anode fast nichts in den Körper eindringt, hingegen gelangen von der Kathode aus etwa 70—80 % der Thorium-X-Lösung in den Organismus. So waren z. B. im Wattebausch der Kathode vor der Kataphorese 200 000 M.-E. in 5 cm^3 vorhanden, nachher das eine Mal 35 000, das andere 33 000 M.-E., in einem anderen Versuche gingen von 160 000 M.-E. 134 000 in den Organismus usf. Es ist daher zur Thorium-X-Kataphorese die Kathode als Einführungselektrode zu wählen.

Die Aktinium X und Thorium X Trinkkur.

Im Gegensatze zu der Radiumemanation ist es nicht zweckmäßig, die Thoriumemanation in Wasser gelöst zu verabfolgen, da sie bereits im Verlaufe einer Minute zerfällt. Hingegen kann man die Muttersubstanz der Thoriumemanation das Thorium X, das sich in Wasser leicht löst, in ähnlicher Art verabfolgen wie die radiumsalzhaltigen Lösungen. Es unterscheidet sich von den letzteren dadurch, daß es erstens viel rascher zerfällt als das Radium — die Halbwertsperiode des Radiums beträgt ca. 2000 Jahre, jene des Thorium X 3,7 Tage, (in der Stunde zerfällt somit bei ersterem ein verschwindend geringer Teil, bei letzterem $^1/_{125}$). Bei der Einverleibung von unlöslichen Radiumsalzen, sei es per os oder injectionem, wirkt im wesentlichen deren Strahlung und nur zum geringeren Teile die freiwerdende Emanation; bei den Thorium X-Salzen kommt es hingegen durch deren Übertritt ins Blut zu einer relativ raschen Emanierung des Organismus. Da die Löslichkeit der Thoriumemanation bzw. auch der Aktiniumemanation in H_2O etwa 4 bzw. 8 mal so groß ist als bei der Radiumemanation (Löslichkeitskoeffizient: R.-E. : Th.-E. : Akt.-E. verhält sich ungefähr wie 0,25 : 1,00 : 2,00), so dürfte auch deren Aufnahme vom Blute eine weitaus bessere sein. So konnte Bickel durch Trinkenlassen von Thorium X große Emanationsmengen ins arterielle Blut bringen — in einem Falle bis zu 4611 M.-E. pro Liter Blut durch Thorium X bedingt. Das insBlut gelangte Thorium X zerfällt in ähnlicher Art, wie ich es für das radioaktive Blut dargestellt habe, in die Emanation und deren weitere Zerfallsprodukte; da die hauptsächlichsten Allgemein- und insbesondere die Fermentwirkungen von den α-Strahlen ausgelöst werden, dürften hierbei nebst der Emanation deren Zerfallsprodukte Thorium A und $C_1 + C_2$ eine Rolle spielen, vielleicht auch das nur leicht absorbierbare (β-)Strahlen aussendende Thorium B, dessen Strahlen auf kurze Strecken eine beträchtliche Ionisation veranlassen (Soddy) und früher mit den α-Strahlen verwechselt wurden.

Aktiniumfamilie.

Tabelle 11.

	Halbwertszeit	Strahlung und Reichweite in Luft	Durchdringungsvermögen durch Aluminium in mm bzw. Blei in cm (Absorption auf die Hälfte
Aktinium	30 Jahre ?	0	—
↓ Radioaktinium	19,5 Tage	α 4,55 cm (β)	β 0,04 mm Aluminium
↓ Aktinium X [1])	10,2 Tage	α 4,17 cm	—
↓ Emanation	3,9 Sekunden	α 5,40 cm	—
↓ Aktinium A	0,002 Sekunden	α 6,16 cm	—
↓ Aktinium B	36,1 Minuten	β	< 0,04 mm Aluminium
↓ Aktinium C_1 und C_2	2,15 Minuten	α 5,12 cm	—
↓ Aktinium D	5,10 Minuten	β	0,24 mm Aluminium
		γ	0,57–0,8 cm Blei
↓ ?	—	—	

In der ganzen Reihe der radioaktiven Substanzen hat das Aktinium die kurzlebigste Emanation und den kurzlebigsten Niederschlag. Aus theoretischen Erwägungen müßte daher jenes Element, welches den rapidesten Energiezerfall zeigt, die intensivste Wirkung ausüben. Die Aktiniumemanation zerfällt 85 000 mal schneller als die Radiumemanation, in ½ Minute auf 1 % ihres ursprünglichen Betrages, während die Radiumemanation erst in einem Monate und die Thoriumemanation in zehn Minuten auf 1 % sinkt. Die Aktiniumemanation müßte während ihrer Passage durch den Organismus innerhalb vier Sekunden zur Hälfte zerfallen und auch ihr Niederschlag müßte innerhalb einer Stunde zum größten Teil explodiert sein. Dazu gesellt sich der Umstand, daß die Reichweite der Emanations-α-Strahlen, welche für die Allgemeinwirkungen das ausschlaggebende Moment darstellen, beim Aktinium sogar größer ist als beim Radium (5,5 cm bzw. 3,94 in der Luft). Im Gewebe dürfte der Absorptionseffekt allerdings ein ähnlicher sein, da sämtliche α-Strahlen in flüssigen Medien nirgends tiefer als $^1/_{10}$ mm gehen.

Hingegen bestehen erheblichere Differenzen bezüglich der β- und γ-Strahlen, die beim Aktinium (siehe Tabelle 12) weitaus besser absorbiert werden und daher auch im Gewebe der Oberfläche eine intensivere Wirkung entfalten werden als die ultrapenetrierenden γ-Strahlen des Radium C oder Thorium D.

Es ist daher verständlich, daß das Aktinium ähnlich intensive chemische Wirkungen, wie wir sie vom Radium her kennen, entfaltet. Es erzeugt Ozon, zerlegt Wasser unter Knallgasbildung, erregt Radioaktivität auf negativ elektrisch geladenen Substanzen, ebenso sind ihm bzw. seiner Emanation das Phänomen der Szintillation, der Glasfärbung etc. zu eigen. Trotzdem hat das Aktinium, abgesehen von Czerny-Caans Injektionsversuchen bei Karzinomen und

[1]) Zerfallskonstante pro Tag = 6,5 %.

Sarkomen noch keine Anwendung in der Therapie gefunden. Diese Autoren verwendeten zu intratumoralen Depotinjektionen eine Emulsion von Aktinium (0,01—0,2 g, jeden zweiten Tag), nachdem Kaninchenversuche die relative Ungiftigkeit dieser Dosierung erwiesen hatten. Die Einspritzungen hatten lebhafte Lokalreaktionen und im übrigen ähnliche regressive Veränderungen, wie die Radiuminjektionen zur Folge.

Tabelle 12.

Durchdringungsvermögen für die Absorption der Hälfte der β- und γ-Strahlen.

	β-Strahlen Alumin. mm	γ-Strahlen Blei cm
Radium B	0,09	—
Radium C	0,5	1,38
Radium E	0,16	—
Mesothorium II	0,34	1,1
Thorium C_2	0,05	—
Thorium D	0,441	1,5
Aktinium C_2	$< 0{,}04$	—
Aktinium D	0,24	0,57—0,8

Ferner findet sich Aktinium in gewissen Mischpräparaten; das Kreuznacher Radiol enthält eine Kombination von Radium, Aktinium und Thorium, und soll diesem Umstande eine höhere Wirksamkeit verdanken, als sie dem isolierten Radiumgehalt allein entspricht. Dasselbe gilt von den Markusschen Radiofirmkompressen, 1 dcm^2 enthält 7 g Substanz einer Mischung von aktiven Nitraten und Boraten von Thorium, Radium, Aktinium und Kalium, und liefert eine Gesamtaktivität von 250 M.-E. Das Aktinium findet sich in diesen Mischungen mit Radium und Thorium (spurweise) in den uranhaltigen Erzen; seine isolierte Darstellung ist noch nicht gelungen.

Von den oben dargestellten physikalischen Eigenschaften des Aktiniums ausgehend, habe ich nun

das Aktinium X

und die von ihm ausgehende Emanation samt deren aktiven Zerfallsprodukten therapeutisch versucht. Prof. Giesel, der Entdecker des Emaniums (1902), welches identisch ist mit Debiernes Aktinium), stellte mir liebenswürdigerweise mehrmals ein von ihm fast rein dargestelltes (baryumfreies) Aktinium X zur Verfügung, wofür ich ihm auch an dieser Stelle bestens danke. Das Aktinium X ist ein gelb-bräunliches Pulver, das sich nur schwer in Wasser löst und deshalb zu intravenösen Injektionen nur im filtrierten Zustand verwendet werden kann. Hierbei bleibt aber etwa $1/3$ der Aktivität im Rückstande. Ich habe daher das Aktinium X teils subkutan (30 000 M.-E. in 10 cm^3 physiol. NaCl-Lösung), teils als Trinkkur (3 mal täglich 5000—30 000 M.-E.) verwendet und zwar bei Fällen von chronischem Gelenkrheumatismus, Gicht, Fettleibigkeit, Arteriosklerose, Anaemia perniciosa, Ischias und Bleigicht. Ähnlich wie bei der Radiumanwendung habe ich auch bei den Aktinium-X-Trinkkuren lebhafte, lokale Reaktionen I. und II. Grades (s. S. 231) beobachtet, die sich aber in einigen Tagen zurückbildeten und von Schmerznachlaß und Abschwellung der Gelenke gefolgt waren. An mit Aktinium X intravenös gespritzten Mäusen konnte ich dessen Organotropie zum Knochenmarke und der Leber nachweisen, kenntlich an deren starker Photoaktivität. Eine weitere Ausdehnung dieser Versuche war mir aber nicht möglich, da das Aktinium X nur in sehr spärlicher Menge erhältlich ist (im Handel zurzeit überhaupt noch nicht), und ich einen vorhandenen Rest zur Behandlung eines sehr schweren Falles von perniziöser Anämie benützen wollte, bei welcher Krankheitsform bekanntlich Plesch die Thorium-X-Behandlung inauguriert hat.

Es handelte sich um eine 51 jährige Fuhrmannsfrau Th. P., die am 1. VIII. in das Marienkrankenhaus aufgenommen wurde. Anamnese: Seit einem halben Jahre zunehmende Schwäche, Appetitlosigkeit, Erbrechen, Durchfall, Schlingbeschwerden, lancinierende Schmerzen in den Beinen und Armen, ataktische Tetraparese, rapide Abmagerung; 3 Partus, kein Abort, zur Zeit in der Menopause begriffen.

Status: Hochgradig kachektische Frau, völlig geh- und stehunfähig, gelbgrüne Farbe, 88 Pfund Gewicht, Temperatur 36,6—37,2, Puls 90—100, sehr schwach. Magenausheberung: außer HCl mangel nichts Abnormes, Urin und Stuhl ohne pathol. Befund. Genitalien: probeexzidiertes Stück einer Portioerosion ergibt histologisch sicher kein Karzinom. Innere Organe — außer systolischem Blasen über der Herzbasis und den Jugularis nichts Abnormes.

Blut wässerig, Zählung siehe Tabelle 13, histologisch: Rote Blutkörperchen stark abnorm, ziemlich viel Makrozyten, viel Poikilozyten, viel Polychromatophilie, ein- und mehrkernige Normoblasten (polychromatisch), wenige Megaloblasten, ziemlich viel basophil granulierte Rote.

Diagnose: Schwere perniciöse Anämie mit relativer Lymphozytose

Tabelle 13.

	Applikation	Hämoglobin	Rote Blutkörperchen	Weisse Blutkörperchen	Verhältnis roter und weisser Blutkörperchen	Polynukleäre Neutrophile	Eosinophile	Lymphozyten
2. VIII.	Arsen innerlich und per injektionem	40	2,000,000	9000	222 : 1	—	—	—
10. VIII.		40	1,850,000	—	—	—	—	—
24. VIII.		32	**1,300,000**	9000	**144 : 1**	**44%**	3%	**53%**
26. VIII.	**intramuscul. Injektion von 50,000 M.-E. Aktinium X.**						—	—
30. VIII.	—	45	2,116,000	—	—	—	—	—
30. VIII.	**3 × täglich 50,000 M.-E. Aktinium X per os.**						—	—
2. IX.—10. IX.	**3 × täglich 30—20,000 M.-E. Aktinium X per os.**						—	—
6. IX.	—	48	2,600,000	—	—	—	—	—
14. IX.	—	43	**2,500,000**	7000	**359 : 1**	**70**	5	**25**
24. IX.	—	52	2,500,000	6000	417 : 1	46	6	48

Trotz einer dreiwöchentlichen üblichen Kur (Arseninjektionen, Arsen per os, roborierende Diät), verschlimmerte sich das Befinden zusehends, bis die Patientin in einen fast präagonalen Zustand geriet.

Die intramusculäre Injektion (26. VIII.) von Aktinium X in den linken Oberschenkel wurde, abgesehen von geringen, 2 Tage andauernden Schmerzen und einer einmaligen Temperatursteigerung (37,5) gut vertragen. Das Blutbild zeigte bereits 4 Tage nachher eine entschiedene Tendenz zur Besserung, die unter der nun angeschlossenen Aktiniumtrinkkur noch weitere Fortschritte machte. Die Zahl der roten Blutkörperchen stieg auf das Doppelte, der Hämoglobingehalt nahm, wenn auch nicht in diesem Maße, gleichfalls zu und auch das Verhalten der weißen Blutkörperchen zeigte einen Anstoß zur normalen Blutbildung, die eosinophilen und polynukleären Zellen nahmen bis etwa zu normalen Werten zu, die ursprüngliche relative Lymphozytose machte einer normalen Verteilung Platz. Das histologische Blutbild besserte sich gleichfalls, wenn auch noch immer pathologische Formen der roten Blutkörperchen nachweisbar sind. Vor allem aber hoben sich das Allgemeinbefinden und der Apetit der Patientin, desgleichen das Körpergewicht (um 5 Pfund in 4 Wochen). Das Blutbild läßt, nach der Ansicht des Haematologen Engel, der die Präparate liebenswürdiger Weise mituntersuchte, entschieden auf Regenerationsprozesse im Knochenmark schließen.

Fazit: Schwere perniziöse Anämie, ergebnislose übliche Behandlung mit Arsen etc. Subkutane resp. perorale Verabreichung von Aktinium X in kleinen Dosen, 30—50 000 M.-E., keine Intoxikationserscheinungen. Rasche Besserung des Allgemeinbefindens und des Blutbildes.

Es ist selbstredend, daß die Aktinium X-Kuren noch einer ausgedehnten und kritischen Nachprüfung, insbesondere nach der Seite der Dauererfolge bedürfen. Ich habe bis jetzt den Eindruck, daß sich die Aktiniumkuren sicherlich bei allen Krankheiten, bei denen die Behandlung mit strahlender Materie als hilfreich gilt, gleichfalls nutzbringend erweisen dürften. Leider steht aber gegenwärtig der weiteren therapeutischen Erprobung das Aktinium X, dessen mühsame Darstellung (mittelst fraktionierter Kristallisation) nud die geringe vorhandene Menge ($^1/_{10}$ der Radiummenge) im Wege, so daß es überhaupt viel schwerer erhältlich als ist das Thorium X, das als Abfall der Glühstrumpfindustrie in größeren Mengen gewonnen wird und daher zurzeit für die Anwendung in der Praxis viel leichter zu beschaffen ist.

Technik der Thorium X-Trinkkur.

Man kann durch täglich mehrmalige Verabfolgung größerer Thorium X-Dosen im Blute gewissermaßen eine konstante Emanationsquelle schaffen; diese Applikationsweise ist durch die relativ viel billigere Herstellungsmöglichkeit des Thorium X weitaus ökonomischer als bei den Radiumsalzlösungen. Diesem Umstande ist es wohl mit zuzuschreiben, daß die Thorium X-Therapie sich von vornherein nicht — wie es bei der Radiumtherapie der Fall war — bei schwachen Dosierungen aufhielt, sondern gleich mit entsprechend großen Dosen einsetzte; dementsprechend erzielte man weitaus höhere biologische Effekte als es bei den schwach dosierten und in einseitiger Weise fast nur bei Stoffwechselkrankheiten erprobten Radiumemanationskuren der Fall war.

Bei der Behandlung der Stoffwechselkrankheiten beginnt man die Thorium X-Trinkkur zweckmäßigerweise mit etwa 1000 M.-E. pro Tag, steigt bald auf 3000 bis 5000 M.-E. pro die. Treten Reaktionserscheinungen ein, so verfährt man wie bei der Radiumemanationskur. Bei reaktionslosen Fällen kann man bis zu 3 mal 10 000 M.-E. und mehr (nach den Hauptmahlzeiten) steigen. Bei dieser und noch höherer Dosierung konnten keine Schädigungen, insbesondere keine Nierenreizungen beobachtet werden. Derart dosierte Trinkkuren läßt man vornehmlich bei Patienten mit chronischem Gelenkrheumatismus, Gicht und Arthritis deformans 4 bis 6 Wochen lang gebrauchen und kombiniert sie in zweckmäßiger Weise mit den von mir angegebenen lokalen Thor. X-Applikationen (s. S. 247). Wie bei der Radiumtherapie sieht man neben therapeutischen Effekten (insbesondere Schmerznachlaß und Abschwellung der Gelenke) auch Mißerfolge; meine diesbezüglichen Erfahrungen decken sich mit denen Bickels:

1. Bei einer Anzahl von Kranken — also nicht regelmäßig — stellte sich bald nach Beginn der Kur eine Reaktion ein, die durchaus den Charakter derjenigen Reaktion hat, die wir von Radiumkuren her kennen. Auftreten und Intensität dieser Reaktion schienen bis zu einem gewissen Grade mit abzuhängen von der Größe der gereichten Thorium X-Dosis.

2. Die Besserung, die man an den erkrankten Gelenken feststellt, ist teils eine anatomische, teils eine funktionelle; anatomisch insofern, als vorhandene Schwellungen sich zurückbilden oder die intermittierend auftretenden flüchtigen Schwellungen seltener werden; die Schmerzhaftigkeit läßt nach oder verschwindet ganz, und die gesamte Gebrauchsfähigkeit der Gelenke bessert

sich, oft sogar in recht erheblichem Maße. Manifeste Mißbildungen der Gelenke werden natürlich nicht beeinflußt.

Weiterhin wurde das Thorium X bei den Blutkrankheiten und zwar bei der perniziösen Anämie in mittleren Dosen (50 000 M.-E. pro die, in 3 Einzelportionen nach den Hauptmahlzeiten) und bei Leukämie in noch höheren Dosierungen bis zu 500 000 M.-E. täglich gereicht. Bei den höheren Dosierungen stellen sich aber leicht Reizerscheinungen von seiten des Darmes ein, weshalb speziell für die Leukämiebehandlung die Injektionsmethode vorzuziehen ist. Bei einem Falle von perniziöser Anämie gelang es Bickel mit der peroralen Darreichung von 50 000 M.-E. pro die bereits nach 10 Tagen einen bemerkenswerten therapeutischen Erfolg zu erzielen (die Zahl der roten Blutkörperchen stieg von 960 000 auf 4 610 000 und der Hämoglobingehalt von 50% auf 90% am Ende der Kur). Die von Plesch inaugurierte Thorium X-Behandlung der perniziösen Anämie (20000 M.-E. intravenös s. S. 259) ließ sich somit auch mit der Trinkkur erzielen; es bleibt abzuwarten, wie sich die Dauererfolge der Kur gestalten. G. Klemperer hat neben unzweifelhaften Erfolgen auch über Mißerfolge berichtet. Jedenfalls scheint die Aufnahme so hoher Aktivitätsmengen — selbst von 100 000 M.-E. per os pro die wochenlang gegeben — zum mindesten unschädlich zu sein.

Anders steht es mit der direkten Einverleibung hoher Dosen ins Blut, welche weitaus rascher und intensiver wirkt als die perorale und selbst subkutane Darreichung. Bei der Trinkmethode dringt das Thorium X allmählich ins Blut, so daß zwar der Emanationsgehalt des Blutes rasch ansteigt, bald jedoch abklingt und zwar proportional der Ausscheidung des Thorium X per renes und per faeces sowie der Depotbildung in Leber und Knochenmark. Ähnlich wie bei der Radiumtrinkkur, kann man auch hier durch öftere, über den Tag verteilte Darreichung und durch entsprechende Dosierung sowohl die Dauer, wie auch die Stärke der Aufspeicherung von Thoriumsubstanzen im Organismus variieren (s. S. 256). Die Retention von Thorium X und seinen Zerfallsprodukten hat, wie Bickel richtig hervorhebt, nichts zu tun mit der sog. Anreicherung des Blutes mit gasförmiger Emanation bei deren Einatmung (s. S. 241). Sollte es zu einer Retention der Zerfallsprodukte kommen, so dürften diese bei der Radiumemanation rascher ihre biologische Wirksamkeit verlieren als bei der Thoriumemanation; bei ersterer klingt der aktive Niederschlag (A bis C) bereits in den ersten 2 Stunden ab und geht alsdann in das biologisch so gut wie unwirksame Radium D über, bei letzterer hingegen erfolgt zunächst die Bildung 1. von dem α-strahlenden Thorium A, das aber wegen seiner minimalen Lebenszeit ganz in der Wirkung der Thoriumemanation aufgeht, 2. von dem β-strahlenden Thorium B, das erst im Verlaufe einer Tageshälfte in aktive, rasch zerfallende α-Strahler (Thorium $C_1 + C_2$), sowie abermals einen β- und γ-Strahler (Thorium D — 3,1') abgebaut wird (s. S. 246). Es ist a priori anzunehmen, daß die kurzlebigen Elemente mit einer stärkeren Energieentfaltung einhergehen und daß daher die Nachwirkung des kurzlebigen Thoriumniederschlages eine erheblichere ist, als die des langlebigen und sowohl auf Fermente wie auch auf Urate als unwirksam befundenen Radium D. Freilich wird erst die Erfahrung am Krankenbette über den praktischen Wert dieser oder jener Therapie entscheiden. Vor allem aber ist es erforderlich zur Klarstellung der Wirkungen der Radium- und Thoriumtherapie die gleichstarken Dosierungen anzuwenden und es erscheint mir recht wahrscheinlich, daß man auch mit der hochdosierten Radium- oder Aktiniumtherapie ähnliche biologische Wirkungen wie mit dem Thorium wird erreichen können (s. Tafel I S. 264ff.). Das Radium hat dabei allerdings den Vorteil der unverminderten Dauerstrahlung.

Die Thoriumemanation kann noch auf eine andere Weise, allerdings nicht so vollkommen, dem Körper zugeführt werden, nämlich durch Einatmen.

Inhalation der Thoremanation.

Besitzt man ein Radiothoriumpräparat, welches sich mit Thorium X im Gleichgewicht befindet, und saugt Luft darüber, so wird die vorhandene und sich ständig nachbildende Emanation mit dem Luftstrom fortgeführt, kann also bei geeigneter Anordnung in die Lungen geleitet werden. Da die Thoriumemanation und ebenso die Aktiniumemanation eine sehr viel kürzere Lebensdauer besitzt als die Radiumemanation — die Verhältniszahlen der Halbwertszeiten in Sekunden lauten: R.-E. : Th.-E.: A.-E. = 334 368 : 53 : 3.9 —, so lassen sich daher Thorium- und Aktiniumemanation nicht in einem geschlossenen Raum (Emanatorium) aufbewahren bzw. zur Anwendung bringen. Deshalb kann sich nur die Radiumemanation in großen Räumen ausbreiten; sie erfüllt das ganze Luftmeer, während die Thorium- bzw. Aktiniumemanation trotz fast des gleichen Diffusionskoeffizienten (0,1) sich nicht über den Umkreis einiger Dezimeter bzw. Zentimeter von der aktiven Substanz entfernt, verteilen. Die rapide Zerfallsgeschwindigkeit der Thorium- und Aktiniumemanation bedingt einen energischeren Energieumsatz und kann deshalb möglicherweise kräftigere biologische Reaktionen auslösen. Von der Thoriumemanation zerfallen in 1 Sekunde 1,3 % und von der Aktiniumemanation 18 % von einer vorhandenen Menge, umgekehrt bildet ein Radiothoriumpräparat in 1 Sekunde 1,3 % bzw. das Aktinium X 18 % der Gleichgewichtsmenge, während ein Radiumpräparat, wegen der langen Lebensdauer der Emanation, pro Sekunde nur etwa 0,0002 % = $^1/_{133 \times 3600}$ der Gleichgewichtsmenge erzeugt.

Während man also die Radiumemanation entweder in einem geschlossenen Raum (welcher nicht gelüftet werden darf!) oder in einem geschlossenen Kreislauf atmen muß, kann man beim Thorium auf die Wiedergewinnung der ausgeatmeten Emanation verzichten. Rechnet man auf 1 Atemzug 3 Sekunden, so würde dem Körper bei jedem Atemzug etwa 4 % der Gleichgewichtsmenge zugeführt werden. Diese Ausbeute ist ja gewiß schlecht, aber verglichen mit den Mengen Radiumemanation, die sich in einem viele Kubikmeter fassenden Emanatorium befinden müssen, und von denen nur ein ganz minimaler Bruchteil in die Lungen gelangt, kann dieser Prozentsatz noch als sehr annehmbar bezeichnet werden.

Die Inhalationsmethode ist wohlfeiler als die anderen Einverleibungsarten, denn bei diesen wird das Thorium X direkt verabfolgt und muß wegen seiner Kurzlebigkeit, Halbwertszeit 3.7 Tage immer frisch hergestellt werden, während die Thoriumemanation von dem Radiothoriumpräparate (etwa 2 Jahre Halbwertszeit) permanent entwickelt wird. Bei den von der Auergesellschaft konstruierten Thoriuminhalationsapparaten ist das Radiothorpräparat in Blechkästchen untergebracht, die an der einen Schmalseite eine Reihe von Öffnungen besitzen, während an der Gegenfläche eine größere Öffnung sich befindet, die mit einem weitkalibrigen kurzen Schlauch verbunden ist. Durch diesen ließ ich mittelst einer Maske oder des Ventilatemröhrchens (s. Fig. 58 S. 217) einatmen, wobei die über das Radiothorpräparat aspirierte Außenluft die Emanation mitreißt. Die Apparate liefern Aktivitäten bis zu 10 000 M.-E. pro Sekunde und auch mehr. Ich habe die Thoriuminhalationen bei einer Reihe von akuten und chronischen Rheumatismen, Gichtkranken, Chlorosen, einfachen und sekundären Anämien (Karzinom) angewendet (täglich bis zu 3 mal ½ Stunde), doch kann ich der kurzen Beobachtungsdauer wegen zurzeit noch kein Urteil über deren therapeutischen Wert abgeben.

Jedenfalls habe ich keine intensivere oder schädigende Wirkung, hingegen öfters lebhafte Gelenkreaktionen, zuweilen anscheinend Besserungen jedoch nicht erheblicher Art gesehen. Es ist jedoch klar, daß die Thoriumemanation wegen ihrer kurzen Lebensdauer (53 Sekunden) bald nach ihrer Aufnahme im Blut in ihre Zerfallsprodukte übergeht, vor allem in das am längsten lebende und nur β-Strahlen entsendende Thorium B, welches aber rasch Thorium C und D nachbildet. Deshalb kann man im Blute bereits nach einigen Minuten die Thoriumemanation nicht mehr nachweisen, sondern nur deren Zerfallsprodukte, vorausgesetzt, daß die Meßanordnung geeignet ist; hierzu wäre es zweckmäßig, das Blut zu verkohlen, damit die α-Strahlen frei in die Luft des Meßraumes austreten können. Nach den Untersuchungen von Emsmann ist die Thorium X-Trinkkur der Thoriuminhalation entschieden überlegen. Bei Kaninchen, die in einer 30 Liter fassenden Glasglocke 2 Stunden lang Thoriumemanation von mindestens 18 bis 54 M.-E. pro Liter, einatmeten, ließ sich im Blute keine Emanation nachweisen, während sich bei Eingießung einer Thorium X-Lösung in den Magen von Kaninchen eine bedeutende Blutaktivität erzielen läßt, die nicht nur von der Emanation, sondern von dem direkten Übertritte des Thorium X in das Blut herrührt, das während seines Verweilens im Organismus eine stete Emanatio quelle bildet.

Nach ihm erreicht die Blutaktivierung ihren Höhepunkt in der vierten halben Stunde nach der stomachalen Aufnahme des Thor X, worauf je nach dem einverleibten Quantum ein rascher oder protrahierter Abfall innerhalb 4—24 Stunden erfolgt. Experimentell fand er nach stomachaler Eingießung einer starken bzw. schwachen Dosis (5400 M.-E. bzw. 14 M.-E. Thorium X pro Kilogramm des Versuchstieres) folgende Blutaktivitäten pro Liter berechnet.

	Hund 3,7 kg erhält in 100 ccm 20000 M.-E.	Hündin 35 kg erhält in 100 ccm 500 M.-E.
unmittelbar vor Eingabe	0 M.-E.	0 M.-E.
$^1/_2$ Stunde nach „	10 „	
1 „ „ „	61 „	3,2 „
$1^1/_2$ „ „ „	110 „	
2 „ „ „	84 „	8,0 „
$2^1/_2$ „ „ „	68 „	
3 „ „ „	75 „	5,0 „
24 „ „ „	17 „	nach 4 Stunden 0 M.-E.

Bei Aufnahme starker Konzentrationen enthält somit das Blut noch nach 24 Stunden Thorium X, während bei schwachen Konzentrationen das Blut bereits nach 4 Stunden desaktiviert ist.

Eine Wiederholung dieser Versuchsmethodik beim Menschen ergab, daß bald nach Trinken von 10000 M.-E. in 100 ccm Wasser Urin und Atemluft in zunehmender Menge Thorium X bzw. Emanation enthielten, daß der Höhepunkt der Ausscheidung nach 4 Stunden lag und daß noch am folgenden Tage Atemluft und Urin deutliche Mengen aktiver Substanz bzw. Emanation enthielten, erstere mehr als letztere. Die Trinkkur leistet somit weitaus mehr als die Emanationsinhalationskur, ist daherdieser vorzuziehen.

Als Beispiel führe ich folgende eigene Beobachtung an:

Tabelle XIV.

	27. VI.	10. VII. Nach 2 wöchiger Inhalation von Thorium-Eman 8700 M.-E. pro Sekunde 2mal ½ Stunde täglich	27. VII. täglich 50000 M.-E. Thorium X per os nach 14 Tagen
Hämoglobingehalt	70 %	73 %	70 %
Zahl der roten Blutkörperchen	4,1 Mill.	4,2 Mill.	4,1 Mill.
Zahl der weißen Blutkörperchen	9000	7000	4500
Verhältnis der roten zu den weißen Blutkörperchen	456 : 1	600 : 1	950 : 1
Lymphozyten	29 %	29 %	21 %
Leukozyten polynukleäre neutrophile	68 %	67 %	76 %
„ „ eosinophile	1 %	3 %	2,7 %
„ „ basophile	2 %	1 %	0,3 %
Körpergewicht	121 Pfd.	124 Pfd.	121,4 Pfd.

Der Patient, ein 42jähriger, kräftiger, noch sehr mobiler Mann, litt an sekundärer leichter Anämie im Gefolge von Carcinosis peritonei. Er bestand leichte Anisocytose; kernhaltige sowie polychromatophile Erythrozyten waren nicht nachweisbar. Der Patient wurde zuerst 2 Wochen lang einer Inhalationskur unterzogen — täglich 2- bis 3mal je ½ Stunde lang Inhalation aus einem Apparate, der **8700 M.-E.** Thoriumemanation pro Sekunde lieferte. Nach 2 Wochen war die Zahl der weißen Blutkörperchen etwas niedriger geworden unter relativer Zunahme der eosinophilen Elemente. Entschiedener war der Einfluß der Verabfolgung von Thorium X in Lösung (50 000 M.-E. pro Tag, 3mal täglich nach den Mahlzeiten). Die Zahl der weißen Blutkörperchen sank noch tiefer. — Das Verhältnis der weißen zu den roten Blutkörperchen sank fast auf die Hälfte des Anfangswertes unter relativer Abnahme der Lymphozyten, sowie als Ausdruck der Knochenmarkreizung Zunahme der Polynucleären Elemente. Der Hämoglobingehalt blieb jedoch konstant etwa 70%. Gleichzeitig sank auch trotz Überernährung das Körpergewicht um 2 Pfund.

Die Injektion von Mesothorium (I + II) und Thoriumsalzen.

Hierbei würden sich zunächst β- und γ-Strahlungen entwickeln; erst allmählich würde sich die α-Strahlung des sich aus dem Mesothor bildenden Radiothors hinzugesellen. Die Injektion von Radiothor in unlöslicher Form würde ein lang dauerndes Depot setzen, das ständig Thorium X entwickelt, wäre also sicherlich rationell, hat aber bis jetzt noch keine praktische Anwendung gefunden, wohl mitbedingt durch den hohen Preis des Radiothors. Bis jetzt wurden hauptsächlich die konzentrierten Thorium X-Lösungen zu Injektionszwecken verwendet und zwar erfolgten die Injektionen entweder intratumoral (Czerny-Caan) oder intravenös (Czerny-Caan, Plesch), oder subkutan (Falta, Kriser-Zehner). Die ersten Versuche wurden mit einer Emulsion aus Zerkarbonat und Thorium X in physiologischer NaCl-Lösung angestellt (Czerny-Caan); diese hochaktiven, unlöslichen, festen Salze waren nur zur Depotbehandlung geeignet und wurden bald abgelöst durch die klaren Thorium X-Lösungen (in physiologischer Kochsalzlösung).

2 ccm der von der Auergesellschaft bereiteten Lösung enthielten etwa einige hunderttausendstel mg Thorium X und besaßen eine Aktivität von etwa 1—3 Millionen M.-E. Die Injektionen sollen stets mit etwa 10 ccm physiologischer NaCl-Lösung verdünnt, verabfolgt werden. Der Effekt der Ein-

spritzung (auch der subkutanen) ist sowohl ein lokaler durch den Reiz der Strahlen veranlaßt, als auch ein allgemeiner durch die sich ständig neu bildende Thoriumemanation, die in den gesamten Organismus allmählich diffundiert und zum Teile ausgeatmet wird, zum Teile in die stark aktiven festen Produkte zerfällt. Die intratumoralen Injektionen (von 1—3 Millionen M.-E.) führten nach 24 Stunden zu einer heftigen Entzündung, die gewöhnlich nach etwa 3 Tagen abklang; meist kam es zu einer bindegewebigen Induration und zuweilen Verkleinerung der Geschwülste, auch zu einer hämorrhagischen Verflüssigung. Auch bei der intravenösen Einverleibung des Thorium X kam es zu einer lokalen Reaktion in den Tumoren, die gleichfalls zuweilen kleiner wurden. Hingegen waren die Allgemeinerscheinungen intensiver als bei der intratumoralen Injektion. Die Wiederholungen hochkonzentrierter, intravenöser Injektionen in allzu kurzen Zwischenräumen sind gefährlich.

Die Untersuchungen von Plesch und Karczag brachten Licht in die Ausscheidungsverhältnisse des Thorium X. Darnach wird in den ersten Tagen nur ein Teil (12 bis 18 %) durch den Harn und den Darm ausgeschieden, durch letzteren etwa 5 mal soviel (2 . 9 % : 16,6 %) und zwar erfolgt die Hauptausscheidung am 1. Tage. Etwa 80 % des Thorium X werden im Körper retiniert, es resultiert daraus die Gefahr der kumulativen Wirkung.

Ein derartiger tödlicher Vergiftungsfall mit Thorium X hat sich vor kurzem auf der Hisschen Klinik ereignet. Wie Bickel (Berl. klin. Wochenschrift 1912, S. 1322) hervorhebt, „kommt es bei der Injektionstherapie mit hohen Thorium X-Dosen nicht allein darauf an, daß die einmalige Dosis richtig gewählt wird, sondern es muß bei wiederholten Injektionen darauf geachtet werden, daß die Injektionen in großen Intervallen ausgeführt werden. Gegen diese Vorschrift, die man aus der tierexperimentellen, pharmakologischen Untersuchung der Thorium X-Wirkungen ableiten kann, ist in dem von Gudzent und His mitgeteilten Vergiftungsfalle offenbar gefehlt worden; jede einzelne der hier zur Injektion gelangten Dosen brauchte an sich nicht tödlich zu wirken; aber die rasche Aufeinanderfolge der Injektionen innerhalb 16 Tagen mußte mit Wahrscheinlichkeit den Tod herbeiführen, wenn ich auch den individuellen Faktor, der bei jeder Giftwirkung eine Rolle spielt, mit berücksichtige. Das lehren die Versuche, die Löhe an Hunden im hiesigen Laboratorium anstellte (Virchows Archiv 1912) und über die zum Teil Herr Geheimrat Orth seinerzeit schon kurz berichtete" (Berl. klin. Wochenschr. 1912, S. 912 und 913). In dem genannten Falle handelte es sich um eine 58jährige, sonst organgesunde Frau, die an chronischem Gelenkrheumatismus litt und innerhalb von 16 Tagen 4 intravenöse Injektionen von Thorium X, 900000 M.-E., 550000 M.-E., Thorium A (10000 M.-E.) und schließlich noch 3000000 M.-E. Thorium X erhalten hatte. Die deletären Erscheinungen traten erst einige Tage nach der letzten Dosis auf und bestanden in Fieber, Blutbrechen, Blutstühlen, Leukozytenschwund. Nach Falta liegt die tödliche Dosis für Kaninchen zwischen 0,6 bis 1 Million M.-E., bei Hunden von 6 bis 8 kg ungefähr bei $1\frac{1}{2}$ bis 2 Millionen M.-E. bei subkutaner Injektion. Bei intravenöser Injektion dürfte die Giftgrenze niedriger liegen. Freilich scheint die Resistenz der Versuchstiere gegen die Radioelemente eine intensivere zu sein als beim Menschen.

Auf Grund tierexperimenteller Erfahrungen hält Löhe 1 Million M.-E. als unschädliche Dosis für den Menschen, in zeitlichen Intervallen von einer Woche verabfolgt; nicht allein die Größe der einverleibten Dosis, sondern die zu schnelle zeitliche Folge der Injektionen veranlaßt die hämorrhagische Diathese, die Darm- und Nierenblutungen.

Jedenfalls ist bei der Anwendung von Thorium X in großen Dosierungen besondere Vorsicht erforderlich und ohne bestimmte Indikationsstellung davon abzusehen. Es ist natürlich ein Unterschied, ob man eine bösartige Geschwulst, einen einfachen chronischen Gelenkrheumatismus oder ob und welche maligne Erkrankung des hämatopoetischen Systems man zu behandeln hat; wissen wir doch seit den Untersuchungen von Kraus, Plesch, Noorden und Falta, daß das Thorium X eine besondere Affinität zum Knochenmark hat und daß es in relativ kleinen Dosen angewandt als Knochenmarksreiz (Anregung der Bildung von Erythrozyten) und in großen Dosen als Leukozytenzerstörer wirkt. Außerdem steigert die Injektion ebenso wie die Bestrahlung die Empfindlichkeit der betroffenen Gewebe und versetzt sie in einen latenten Reizzustand, so daß die folgenden Applikationen heftigere Reaktionen auslösen können, während die ersten scheinbar ohne Wirkung waren. Dazu gesellt sich infolge der relativ langsamen Ausscheidung des Thorium X die Gefahr der Kumulation. Man wiederhole die Injektionen nur unter steter Kontrolle des Blutbildes, der Darmfunktion und des Allgemeinbefindens (Gewicht). Zur subkutanen oder intramuskulären Einverleibungsart verwende man nicht stärkere Konzentrationen (als 300000 M.-E.), die außerdem in physiologischer Kochsalzlösung verdünnt sind und durch Massieren auf eine größere Resorptionsfläche verbreitet werden.

Gewöhnlich treten an der Injektionsstelle mehr oder weniger intensive Entzündungserscheinungen auf, die meist in wenigen Tagen abklingen. Die subkutane Methode birgt in sich die Gefahr der Hautnekrose, wie sie von verschiedenen Autoren, insbesondere nach mißglückter intravenöser Injektion von 2 Millionen M.-E. beobachtet wurde, wobei das perivaskuläre Gewebe sich mit Thorium X imbibierte und in wenigen Tagen nekrotisch zerfiel. Noorden und Falta verwenden zur Behandlung der Leukämie ausschließlich die subkutane und intramuskuläre Injektion und zwar bis zu höchstens 800000 M.-E., welche Menge eventuell auf mehrere Stellen verteilt wird; sie haben bei dieser Technik wohl zuweilen an der Injektionsstelle Hautentzündungen und Pigmentierungen, jedoch nie Nekrosen beobachtet. Bei der intravenösen Injektion von Thorium X kommt es zu einer raschen gleichmäßigen Verdünnung desselben mit dem Gesamtblute, zu einer raschen Allgemeinwirkung und zu einem, der Dosierung entsprechenden organotropen Effekt.

Plesch verabfolgt bei perniziöser Anämie eine Reizdosis von 20000 M.-E. und bei der Leukämie, eine zerstörende Dosis von 1 bis 3000000 M.-E. (jedoch meist nur als einmalige intravenöse Injektion). Als Maximaldosis für den Menschen gibt Plesch 3 bis 5 Millionen M.-E. an.

In Gemeinschaft mit Karczag und Keetman studierte er die Verteilungs- und Ausscheidungsverhältnisse des Thorium X im Organismus. Die genannten Autoren haben ihre Versuche an Kaninchen vorgenommen, von denen das erste 1 Stunde, das zweite bzw. dritte 24 Stunden nach der intravenösen Injektion von Thorium X bzw. 0,1 mg Radiumbromid getötet wurde. Die Verteilung des Thorium X und seiner Zerfallsprodukte in den einzelnen Organen, auf den Augenblick des Todes zurückgerechnet, ergab folgendes Bild (Verh. d. Kongr. f. inn. Med. 1912): Tabelle XV. S. 260.

Es besteht somit eine entschiedene Organotropie der radioaktiven Substanzen zu dem hämatopoetischen System. Bereits eine Stunde nach der Injektion finden sich im Knochen resp. Knochenmark 33 % vom Thorium X und 21 % vom Thorium A abgelagert. Nach 24 Stunden befinden sich bereits 64 % des einverleibten Thorium X und 75 % des einverleibten Radiums im Knochenmark, dann fand sich das meiste im Darm, in der Lunge, Niere und Leber vor. Zwischen dem Radium und Thorium besteht somit in der Affinität zum Knochenmark kein wesentlicher Unterschied.

Tabelle XVI.

	I Verteilung nach 1 **Stunde** im Kaninchen von 2450 g Lebendgewicht von					II Verteilung nach 24 **Stunden** im Kaninchen von 1460 g Lebendgewicht von					III Verteilung nach 24 **Stunden** im Kaninchen von 2210 g Lebendgewicht von		
		Thorium X		Thorium A			Thorium X		Thorium A			0,1 mg Radiumbromid	
	Organgewicht in g	in Proz. der gegebenen Menge	in 100 g des Organs	in Proz. der gegebenen Menge	in 100 g des Organs	Organgewicht in g	in Proz. der gegebenen Menge	in 100 g des Organs	in Proz. der gegebenen Menge	in 100 g des Organs	Organgewicht in g	in Proz. der gegebenen Menge	in 100 g des Organs
Darmtrakt mit Inhalt	514	6	1,1	6	1,1	353	13	3,7	10	2,8	290	8,2	2,8
Leber und Gallenblase	94	10	10,6	33	35,2	68	9	13,3	9	13,2	90	3,4	3,7
Blut	131	16	12,2	17	12,9	57	1,4	2,4	4,6	8,8	140	0,8	0,5
Uropoetisches System mit Harn*)	25	9	36,0	4	16,0	U34	1,5	4,4	3,7	1,8	150	4,0	3,6
						H86	3,6	4,2	11,8	2,3			
Knochen	412	**38**	**9,2**	**14**	**3,4**	173	**64**	**37,0**	**26**	**15,0**	485	**75,0**	**15,4**
Muskel und Herz	789	12	1,5	12	1,5	524	8	1,5	6,4	12,2	755	0	0
Haut	327,5	4	1,2	4	1,2	146	0	0	0	0	340	0	0
Lungen und Trachea	13,5	4	29,6	4	29,6	12	0	0	0	0	14	5	35,6
Milz	1,4	0	0	0	0	0,5	0	0	0	0	2	0,3	15,0
Gehirn, Rückenmark	14,5	0	0	0	0	8,0	0	0	0	0	13	1,2	9,2
Schilddrüse	2,0	0	0	0	0	1,0	0	0	0	0	2	0	0
Augen	7,0	0	0	0	0	5,0	0	0	0	0	7	0	0
Hoden, Ovarien	7,5	0	0	0	0	0,5	0	0	0	0	7	1,6	22,8
Summa	2336,5	99	—	94	—	1453	100	—	60	—	2195	99,5	—

*) In Versuch II: U = Uropoetisches System, H = Harn.

Die Ausscheidung in den Darm führt wohl durch direkte Strahlenschädigung zum Auftreten von heftigen Diarrhoen, selbst Blutungen. Plesch legt daher großen Wert auf die rasche Entfernung der Thorium X-Massen aus dem Darm, was er teils durch Darreichung einer reichlichen, schlackenreichen Kost erzielt, teils durch wiederholte Dickdarmspülungen in den ersten 3 Tagen.

Es ist ein unbedingtes Erfordernis, daß nur absolut reine Präparate verwendet werden, und daß durch Bestimmung der Radiothoriumabklingungskurve die Reinheit des Thorium X-Präparates klargestellt wird, daß ferner durch Tierversuche vorerst die biologische Reaktion des betreffenden Präparates geprüft wird, daß nicht vor Ablauf einiger Wochen und nicht ohne Kontrolle des Blutbildes die hochdosierten Injektionen wiederholt werden und daß vor der Anwendung durch eine exakte Messung die Aktivität des Präparates klargestellt wird. Mit der letzteren Aufgabe hat sich insbesonders Keetman beschäftigt, dessen eingehende Untersuchungen den folgenden Ausführungen zugrunde liegen.

Zur

Messung des Thoriums X und der Emanation

benutzt man entweder die γ-Strahlung oder die durch die α-Strahlen bedingte Ionisation. Man verdampft zu letzterem Zwecke eine abgemessene Menge reiner Thorium X-Lösung auf einem flachen Aluminiumteller, welcher schwach konkav gewölbt sein kann, aber keinen hohen Rand besitzen darf. Man setzt das Schälchen mit dem unwägbaren Trockenrückstand in den Elster-Geitelschen Universalapparat und mißt die Aktivität etwa 6—10 Minuten später. Diese Zeit ist erforderlich, damit sich die Emanation in der Gleichgewichtsmenge ansammelt. Von da an steigt die Aktivität im Laufe des ersten Tages um ca. 8% an und sinkt alsdann im Verlaufe von 3 . 7 Tagen (also ähnlich der Radiumemanation) auf die Hälfte. Es ist übrigens darauf zu achten, daß der Zerstreuungsstab bis zu einer Entfernung von wenigen Zentimetern vom Boden des Ionisierungsgefäßes reicht, da die Hauptmenge der Emanation sich im unteren Teil des Zylinders ansammelt und infolgedessen bei zu großem Abstande des Zerstreuungsstifts kein Sättigungsstrom erreicht wird. Hat man größere Aktivitäten zu messen, so bedient man sich an Stelle des Elektroskops am besten eines hochempfindlichen Spiegelgalvanometers. Die Elster-Geitelsche Glocke wird dabei mit einem Hartgummistopfen verschlossen, durch den ein starker Messingstab bis fast zum Boden reicht. Das Gefäß selbst wird mittelst einer Akkumulatorenbatterie auf 1000 bis 2000 Volt aufgeladen.

Bestimmt man ein frisch hergestelltes Thorium X-Präparat in der beschriebenen Weise, läßt es unter der Kanne stehen und mißt die Aktivität nach verschiedenen Zeiträumen von neuem, so beobachtet man folgendes. Während des ersten Tages erfolgt ein Anstieg der Aktivität und vom zweiten Tage an nimmt die Stärke regelmäßig nach einem Exponentialgesetz entsprechend der Zerfallsgeschwindigkeit des Thorium X ab. Die beifolgende Kurve (Fig. 64) zeigt den Verlauf der α-Aktivität. Die γ-Messung gibt im Beginne nach Plesch und Keetmans Untersuchungen zu kleine Werte. In der frisch hergestellten Thorium X-Lösung ist noch nichts von dem γ-strahlenden Thorium D vorhanden. Der Gleichgewichtszustand stellt sich erst in 2 Tagen ein. Die γ-Strahlenmessung ergibt also bis dahin zu niedrige Werte, es sei denn, daß man aus 2 Anfangsmessungen den maximalen Wert extrapoliert; außerdem ist es zur Zeit nicht möglich, aus der Thorium X-γ-Strahlung, wie es beim Radium möglich ist, auf die α-Aktivität zu schließen, da im Gegensatze zum Radium beim Thorium das Verhältnis von α- und γ-Strahlen noch nicht exakt bestimmt ist. Man muß daher die γ-Aktivität in mg Radiumbromid und nicht in Mache-Einh. ausdrücken. Nach Keetman und Plesch ergibt die α-Strahlenmethode zu jeder Zeit, also ganz unabhängig von dem Alter des Präparates, den wahren Wert in elektrostatischen Einheiten bezw. auf den Liter bezogen in M.-E. s. S. 244.

Zur Messung der Thoriumemanation, die von den Inhalierapparaten abgegeben wird, kann man sich ebenfalls mit Vorteil der Elster-Geitelschen Kanne bedienen. Da man aber in diesem Falle die aktive Substanz nicht verdünnen kann, wie bei den Lösungen der Radiumemanation (oder des

Kurve 1.

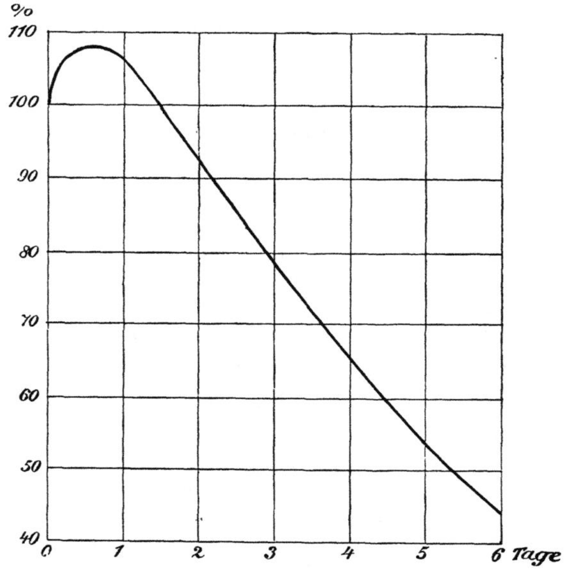

Fig. 64.

Verlauf der α-Aktivität des Thorium X (nach Keetman). Geringe Aktivitätszunahme während des ersten Tages, um etwa 8%, herrührend von der Superposition der Zerfallsprodukte des Thor X (Thor. A, B, C D), erst vom 2. Tage ab regelmäßige Abklingung, täglich um 17,5%, wie bei der Abklingungskurve der γ-Strahlen. Charakteristische Abklingung auf die Hälfte in 3.7 Tagen.

Thorium X), sondern die gesamte Aktivität zu messen hat, muß man dabei in fast allen Fällen eine Hochspannungsbatterie und ein Galvanometer benutzen. Man verfährt dabei wie folgt. Die Hähne der Kanne werden geöffnet und der untere Hahn mit einem einfachen Gummi-Handgebläse verbunden, dessen Ansaugestutzen an den Inhalierapparat angeschlossen ist. Diese Anordnung läßt man etwa 6 bis 10 Minuten stehen, schaltet den Stromkreis ein und treibt nun mit Hilfe des Gebläses die angesammelte Emanation in die Kanne; die abgelesene Aktivität entspricht dem Gleichgewichtswert. Um die von demselben Apparat pro Sekunde erzeugte Emanationsmenge zu berechnen, wird der gemessene Wert mit der sekundlichen Zerfallskonstante der Emanation, also mit 0,013 multipliziert. Selbstverständlich wird in allen diesen Fällen zugleich mit der Emanation auch das ganz kurzlebige Thorium A (Halbwertszeit 0,14 Sekunden) gemessen.

Beim Vergleich der Kurve 1 (Fig. 64 α-Aktivität) mit Kurve 2 (Fig. 65 γ-Aktivität) zeigt sich, daß γ-Strahlen bei ganz frisch hergestelltem Thorium X überhaupt nicht vorhanden sind. Der γ-Strahler ist erst das vierte Zerfallsprodukt der Emanation, das Thorium D (s. S. 246), welches erst allmählich aus dem langlebigen Thorium A (Halbwertszeit 10 Stunden), dem Zerfallsprodukt der Emanation, entsteht. Es steigt daher die γ-Strahlung vom Beginn der Herstellung des Präparates sehr stark an und erreicht nach etwa $1\frac{1}{2}$ Tagen den Maximal- und nach 2 Tagen den Gleichgewichtswert. Von da ab hat die Abklingungskurve der γ-Strahlung eine Gestalt, die derjenigen der α-Aktivität gleicht und der Zerfallsgeschwindigkeit des Thor. X entspricht, also nach einem Exponentialgesetz erfolgt.

Die praktische Bedeutung dieser Frage liegt auf der Hand; der Patient kann viel mehr Aktivität erhalten, als nach der

Kurve 2.

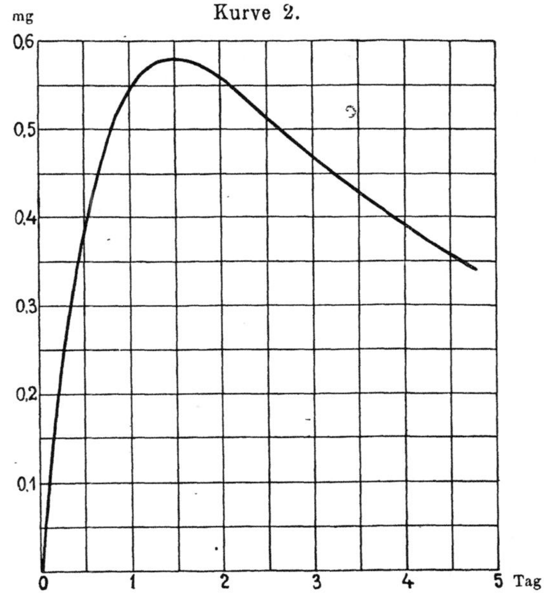

Fig. 65.

Anstieg- und Abklingungskurve der γ-Aktivität des Thorium X 2200000 M.-E. Anfangsaktivität nach der α-Strahlung bestimmt = 0,57 mg Ra zur Zeit des Maximums nach Keetman.

Auf der Ordinate ist die γ-Strahlung in mg Radiumbromid verzeichnet.

nichtextrapolierten γ-Messung in den ersten $1^1/_2$ Tagen bestimmt wurde und kann dadurch naturgemäß gefährdet werden.

Erst vom zweiten Tage an erhält man nach beiden Methoden nicht allzusehr abweichende Zahlen (die α-Strahlenwerte liegen immer etwa 10 % höher). Nach Kenntnis der Kurven 1 und 2 ist allerdings bereits zu einem früheren Zeitpunkt eine Dosierung nach der γ-Messung möglich, vorausgesetzt, daß man aus 2 Anfangsmessungen den maximalen Wert extrapoliert. Indessen ist einleuchtend, daß die α-Messung den Vorzug verdient, da sie zu jeder Zeit ohne Benutzung eines Umrechnungsfaktors richtige Werte gibt, und ferner auch deswegen, weil wegen des hohen Wertes des Thorium X die Präparate möglichst schnell verwendet werden müssen, damit unnötige Verluste vermieden werden. Innerhalb zweier Tage zerfällt nämlich ein Drittel der vorhandenen Menge.

Es ist ferner nötig, die Aufmerksamkeit noch auf einen weiteren Punkt zu lenken, der von außerordentlicher Wichtigkeit für die Thorium-

X-Therapie ist, nämlich die Beschaffenheit der zur Verwendung kommenden Präparate.

Falls Thorium X-Präparate Radiothor enthalten, was durch eine einmalige Messung der Aktivität nicht festzustellen ist, so liegt die Möglichkeit vor, daß sich im Körper eine dauernd strahlende und Thorium X erzeugende Substanz, nämlich das Radiothorium (Halbwertszeit zwei Jahre!) aufspeichert, während das Thorium X bei Abwesenheit von Radiothorium innerhalb weniger Wochen vollkommen verschwindet. Da nach intravenöser Injektion nur etwa höchstens 20 % des Thorium X und Thorium A aus dem Körper entweichen, ist es nicht ausgeschlossen, daß auch das Radiothorium zu einem großen Teil im Körper verbleibt. So lange also über die Ausscheidung des Radiothoriums nichts bekannt ist, können zur Feststellung der letalen Dosis von Thorium X nur Präparate verwendet werden, welche garantiert radiothoriumfrei sind. Mit Hilfe der Abklingungskonstante läßt sich ein Gehalt an Radiothorium leicht feststellen (die Abnahme der Aktivität erfolgt nur bei Abwesenheit von Radiothorium nach einem Exponentialgesetz). Nach unseren Erfahrungen macht es erhebliche Schwierigkeiten, das Thorium X vollkommen frei von Thorium und Radiothorium herzustellen. Es ist auch ganz besonders darauf zu achten, daß keine sonstigen Verunreinigungen in den Thorium X-Lösungen vorhanden sind. Bevor man daher für das Thorium X eine Grenzdosis festsetzt, muß der Einfluß von Radiothorium und Thorium genau festgelegt werden. (Aus Keetman und Mayer (s. Literaturverzeichnis).

Zum Schlusse füge ich noch ein Schema bei, aus dem die Stellung der radioaktiven Stoffe im Reich der Elemente hervorgeht. Daran schließe ich eine Vergleichung der Eigenschaften der biologisch zur Zeit bedeutungsvollsten Radio-Elemente des Radiums und des Thoriums an.

Ich habe in diesem Schema, Tafel I, eine graphische Darstellung des periodischen Systems der Grundstoffe gegeben, aus der sich der physikalisch-chemische Charakter der Radioelemente gut erkennen läßt. Die Grundstoffe sind nach der Größe ihrer Atomgewichte auf einer Spirale derart geordnet, daß deren Abstand vom Zentrum dem Atomgewichte entspricht (1 mm = ca. 2,5 Atomgewicht). Es geht aus dieser Zusammenstellung folgendes hervor.

I. Die höchstatomigen Elemente sind sämtlich radioaktiv. Sie nehmen die äußerste Peripherie im Reich der Grundstoffe ein. Den höchsten Atomgewichten entspricht der größte innere Energiegehalt und das konstante Zerfallsbestreben, erkennbar an der Strahlung. Nur zwei Stoffe von geringerem Atomgewicht, das Kalium (39) und Rubidium (85) besitzen gleichfalls Radioaktivität, die sich in einer minimalen β-Strahlung (annähernd 4/milliardstel der Radium-β-Aktivität, $^1/_{1000}$ der Uranaktivität) äußert.

II. Die Atomumwandlung der Materie von der höchstatomigen Ursubstanz Uran (238,5) bis zum Blei (206,9) s. auch Fig. 49 S. 183; dieser Abbau des Urans läßt sich auf der Spirale deutlich verfolgen; es sind darauf als Hauptstationen des auf Jahrmillionen sich erstreckenden Zerfallsprozesses bezeichnet das Jonium (230,5), das am anderen Pol des Urandurchmessers befindliche Erdalkalimetall Radium (226,5), welches in das Edelgas Emanation (222,5) übergeht, das sich schließlich in den letzten Strahler, das Polonium (210,5) umwandelt, dessen Endprodukt wahrscheinlich das inaktive Blei (206,9) bildet. Die übrigen nicht verzeichneten Zwischenglieder dürften folgende Atomgewichte

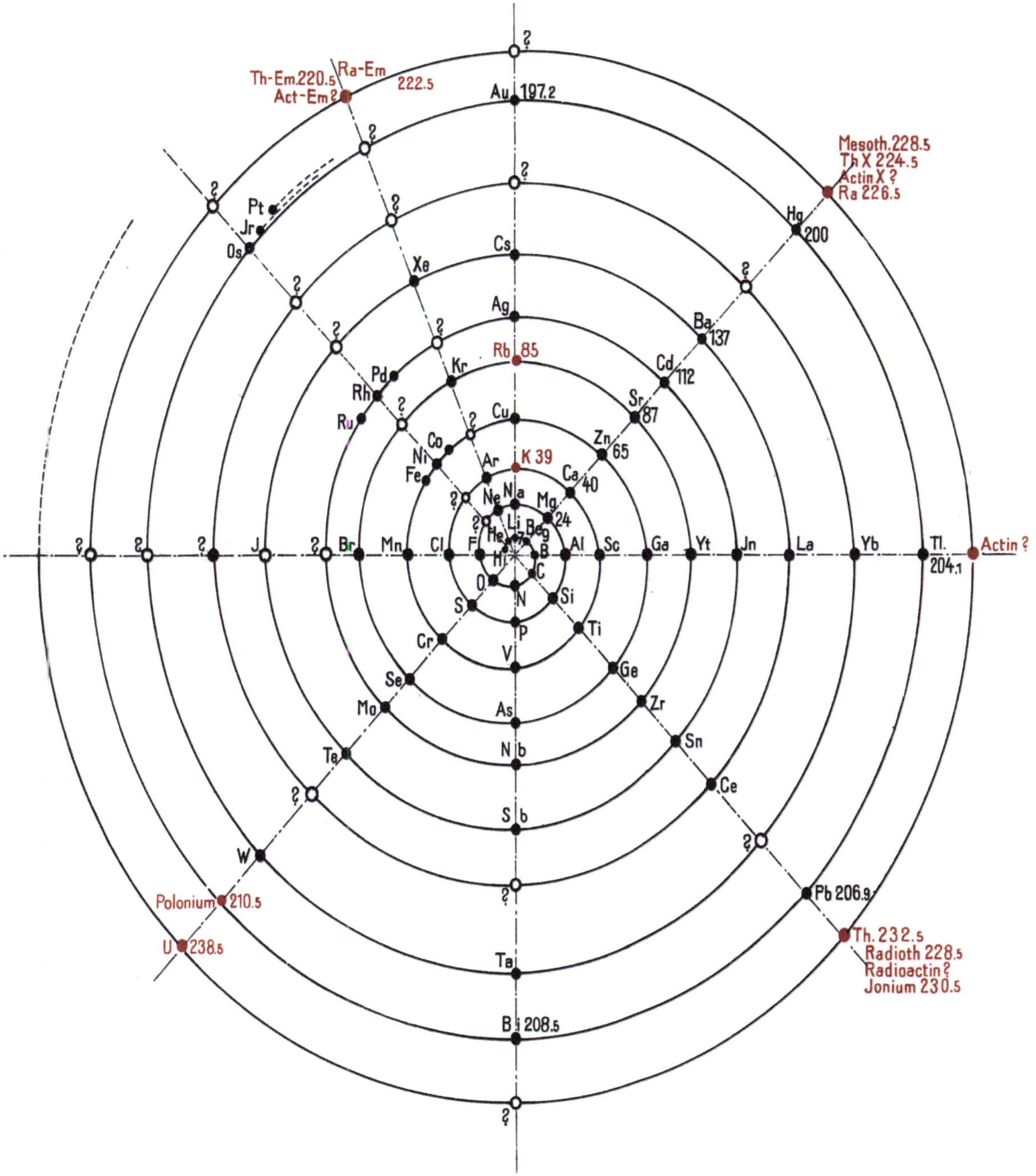

Die Stellung der radioaktiven Stoffe im Reich der Elemente.
(Die Abstände der Elemente vom Zentrum der Spirale entsprechen den Atomgewichten: 1.2 mm = Atomgewicht 2.)

haben: 230,5 Uranium X, 218 Radium A, 214,5 Radium B und C, 210,5 Radium D, so daß fast durchwegs die Differenz zwischen den Generationen der Radiumreihe eine α-Emission (Atomgewicht des Helium 3,94) bildet, die sich somit im Laufe dieses elementaren Transformationsprozesses achtmal wiederholt.

III. Die in ihrem Atomgewichte einander nahestehenden Elemente haben sehr ähnliche chemische Eigenschaften. So bilden das Radium, Thorium X, Aktinium X und Mesothorium I eine Gruppe; aus all ihnen, außer dem letzteren, gehen nahezu gleichatomige, gasförmige Emanationen hervor, die sich dann in feste Metalle umwandeln. Insbesondere besteht zwischen dem Thorium und Aktinium eine große Ähnlichkeit, sind doch auch deren Produkte sehr kurzlebig.

Es reihen sich somit die radioaktiven Stoffe sehr gut in das von Mendeleieff (1869), Lothar Meyer (1871) begründete, von Erdmann graphisch klassifizierte periodische System der Elemente ein. — Die chemischen Eigenschaften der Elemente und ihrer Verbindungen stellen periodische Funktionen der Atomgewichte dar. — Ganz besonders ist dieser Zusammenhang zwischen den verschiedenen Elementen daran erkennbar, daß die chemisch verwandten Stoffe auf einen gemeinsamen Ast zu liegen kommen. So erweist sich das Radium als ein höheres Analogon der mit ihm die Gruppe der Erdalkalien bildenden und ähnliche Spektra aufweisenden Elemente Baryum, Strontium, Kalzium, sowie der sich ihnen anschließenden anderen Gruppe zweiwertiger Metalle (Quecksilber, Kadmium, Zink, Magnesium, Beryllium).

Das Quecksilber leitet z. B. wie die erhitzten Erden gut den elektrischen Strom und produziert — jedoch nur, wenn ihm von außen Energie zugeführt wird (Hg-Lampe) — ein Licht, das ähnlich der spezifisch spontanen radioaktiven Strahlung chemisch stark wirksame (ultraviolette) Strahlen enthält.

Eine ähnliche Gruppierung mit periodisch wiederkehrenden Eigenschaften besteht zwischen dem Aktinium und Lanthan, dem Thorium, Radioaktinium, Radiothorium, Jonium und dem Cerium, Zirkon, Titan, die den Erdmetallen angehören, sowie dem Polonium, das analytisch dem Edelmetall Tellur und zum Teile auch dem Wismut folgt.

Am bemerkenswertesten ist aber die Übereinstimmung der drei radioaktiven gleichartig (α-)strahlenden Emanationen mit den Edelgasen, die bekanntlich allen chemischen Einflüssen widerstehen. Das schwerste Gas, die Radiumemanation (222) und ihr Tochterprodukt, das nächst H leichteste Gas, Helium (3,94) bilden das Anfangs- und Endglied der Familie der Edelgase, die sich sämtlich in der atmosphärischen Luft und in zahlreichen Quellen finden. Insbesondere findet sich das Helium (1 g Radium produziert täglich 0,43 cmm He), in einigen stickstoff- und schwefelhaltigen Quellen, z. B. Raillère (Pyrenäen); ein erst recht allgegenwärtiger Stoff ist das Argon, das sich überall in Meer-, Fluß-, See- und Regenwässer, in den isländischen Geysirquellen (1 % in Reykjavik), in Wildbad (Schwarzwald) und in zahlreichen Pyrenäenquellen findet. Die atmosphärische Luft enthält von diesen Edelgasen prozentual meist um so mehr, je leichter sie sind. Eine Ausnahme hiervon bildet das Argon.

Ein Kubikmeter Luft enthält

Edelgas	Atomgewicht	in Litern	in Gramm
Helium	3,94	$4 \cdot 10^{-3}$	$7 \cdot 10^{-4}$
Neon	19,86	$1{,}2 \cdot 10^{-2}$	$1{,}1 \cdot 10^{-2}$
Argon	39,60	9,4	16,76
Krypton	82,37	$5 \cdot 10^{-5}$	$1{,}9 \cdot 10^{-4}$
Xenon	129,7	$6 \cdot 10^{-6}$	$3{,}5 \cdot 10^{-5}$
Niton = Radiumemanation	222,6	$4{,}8 \cdot 10^{-17}$	$8 \cdot 10^{-11}$ Curie.

Auch für die medizinische Auffassung der Bedeutung der radioaktiven Stoffe läßt deren universellere Betrachtung im Kreis der übrigen Elemente neue Aufschlüsse erwarten, jedenfalls dürften die biologischen Effekte der von Aktinium, Thorium und Radium ausgehenden Emanationen und Strahlenarten im allgemeinen ähnliche sein, wenn sich auch im speziellen einzelne Differenzen ergeben.

Gegenüberstellung der Eigenschaften von

Radium	**Thorium X**
1. Die Radiumemanation ist ein chemisch indifferentes Gas. Wird es dem Blutkreislauf auf irgend eine Weise einverleibt, so entweicht es innerhalb relativ kurzer Zeit aus dem Körper, wesentlich auf dem Wege der Ausatmung. Die während der Emanationspassage im Organismus gebildeten aktiven Zerfallsprodukte (RaA—RaC) haben zusammen nur eine mittlere Lebensdauer von nur 72,8 Minuten, so daß sie praktisch eine Stunde nach dem Entweichen der Emanation keine wesentliche Wirkung ausüben können. Die langlebigen Umwandlungsprodukte (Ra D — Ra F) dürften wegen ihres außerordentlich langsamen Zerfalls, der Strahlenarmut von Radium D, sowie ihrer sehr geringen Menge und allmählichen Ausscheidung überhaupt keine meßbare biologische Wirkung entfalten.	1. Die Thoriumemanation zerfällt wegen ihrer kürzeren Lebensdauer (76", kaum $^1/_{6000}$ der mittleren Lebensdauer der Radiumemanation) viel rascher. Sie wird allerdings in ähnlicher Weise ausgeatmet wie die Radiumemanation, hinterläßt aber — da sie in 53 Sekunden bereits zur Hälfte zerfallen ist — einen erheblicheren aktiven Niederschlag. Dessen Nachwirkung dürfte eine stärkere sein wie bei der Radiumemanation, da ein langlebigeres, (10 Stunden, Halbwertszeit) retinierbares festes Zerfallsprodukt Thorium B eingeschaltet ist, das zwar praktisch strahlenarm ist (nur sehr weiche β-Strahlung), aus dem sich aber im Verlaufe weniger Stunden kräftige, rasch zerfallende α-Strahler entwickeln. Unter ihnen entsendet das Thorium C_2 die durchdringungskräftigsten α-Strahlen (8,6 cm Reichweite in der Luft, Radium C-α nur 7,06 cm). Es können sich somit die aktiven Zerfallsprodukte der Thoriumemanation im Organismus in wirkungsvollen Aktivitätsmengen länger ansammeln als es bei der Radiumemanation der Fall ist.
2. Die Radiumemanation läßt sich ihrer längeren Lebensdauer wegen in geschlossenen Räumen ansammeln und deshalb auch zu Gesellschaftsinhalationen verwenden.	2. Die Thoremanation dringt ihrer kurzen Lebensdauer wegen nur — höchstens auf Dezimeterweite — von Ursprungsstelle, läßt sich daher nur in Einzelinhalierapparaten verwenden.
3. Die Radiumemanation entweicht aus ihren Lösungen beim Stehen und besonders beim Schütteln, sie läßt sich ferner nicht aufbewahren, da sie bereits nach 3.86 Tagen zur Hälfte zer-	3. Das Thorium X verliert seine Wirksamkeit nicht beim Durchperlen von Luft, aber es zerfällt ebenso rasch wie die Radiumemanation; es muß daher stets frisch aus dem Radio-

fallen ist und nach 2 Wochen praktisch unwirksam geworden ist.

Die dauernd haltbaren Emanationslösungen enthalten reines Radiumbromid, das jedoch sehr teuer ist und bei der Verabfolgung auf dem Wege der Trink- oder Injektionskur verloren geht. Die Radiumsalzkuren sind daher viel teurer als die Thorium X-Kuren.

4. Bringt man gelöste Radiumsalze in den Körper, so verlieren sie innerhalb weniger Stunden die gesamte, vorhandene Emanation, also den bei weitem größten Teil ihrer Aktivität durch Ausatmung. Die von den Radiumsalzen, insbesondere in unlöslicher Form pro Sekunde nacherzeugte Emanationsmenge ist äußerst gering und kann sich nicht in wesentlicher Menge ansammeln, da sie beständig ausgeatmet wird, fast in dem Maße, wie sie entsteht.

5. Die Lösungen der Radiumemanation können wegen des geringen Absorptionskoeffizienten in H_2O (ca. 0,3) nur in verhältnismäßig großer Verdünnung hergestellt werden, eignen sich daher — abgesehen von ihrer raschen Ausscheidung — nicht zu Injektionen. Die Injektion von konzentrierten Radiumsalzlösungen dürfte ähnliche biologische Effekte entfalten wie die Thorium X-Injektionen, verbietet sich aber wegen des sehr hohen Wertes (1 Radiumsalzlösung 1 Million M.-E. stark), stellt sich auf etwa 120 M., behält aber praktisch stets ihre Aktivität.

6. Die Radiumemanation hat keine erhebliche Organotropie, insbesondere zu den blutbildenden Organen. Um auf diese einzuwirken, müßten Radiumsalze einverleibt werden, bei denen die Anwendung aus den bereits angegebenen Gründen erschwert ist. Außerdem besteht die Möglichkeit,

thor bereitet werden. Eine Thorium X-Lösung, die 3.7 Tage gestanden hat, ist praktisch als zur Hälfte zerfallen anzusehen. Auch das Radiothor, die Muttersubstanz des Thorium X zerfällt bereits in 2 Jahren auf die Hälfte.

4. Bei der Einnahme von Thorium X wird gleichzeitig mit der Emanation auch deren Muttersubstanz einverleibt, wie es bei der Einverleibung von Radiumsalzlösungen der Fall ist. Während aber im letzteren Falle die nacherzeugte, langsam zerfallende Emanation in der kurzen Zeit, in der sie sich im Körper aufhält, nur eine minimale Aktivität entwickeln kann, zerfällt die Thoremanation in viel kürzerer Zeit und erzeugt daher, solange sich das Thorium X im Blute befindet, eine hohe Aktivität. Die ausgeatmete Thoremanation ersetzt sich stetig aus dem Thorium X, das als fester Körper eine Zeitlang im Organismus retiniert wird.

5. Die Lösungen des Thorium X können durch Eindampfen auf eine beliebig hohe Konzentration gebracht werden (bis zu mehreren Millionen M.-E. in 1 ccm). Da die jeweils vorhandene absolute Gewichtsmenge von Thorium X außerordentlich gering ist (höchstens einige Hunderttausendstel Milligramme), kann von einer chemischen Giftwirkung nicht die Rede sein. Eine Thorium-X-Lösung von 1 Million M.-E. stellt sich auf 10 Mk., verliert aber täglich etwa $^1/_5$ ihrer Aktivität.

6. Das Thorium X geht innerhalb einiger Tage zum größten Teil in die Knochenmarksubstanz und beeinflußt die Blutbildung in intensiver Weise. Da es in 3.7 Tagen zur Hälfte abklingt, läßt die Wirkung allmählich nach und sinkt nach einigen Wochen praktisch auf Null.

daß der Körper nach Aufnahme der so langlebigen Radiumsalze auf Jahre hinaus unter Strahlungseinflüsse gesetzt werden kann, wodurch bei hohen Dosierungen Schädigungen auftreten können.

Man kann also die Dauer der Wirkung durch einmalige oder häufigere, in bestimmten längeren Zeitabständen vorgenommene Anwendungen insbesondere unter Kontrolle des Blutbildes beeinflussen.

Die gesamte, biologisch-therapeutische Literatur habe ich in einem über 1000 Arbeiten enthaltenden Verzeichnisse am Schlusse des Handbuches zusammengestellt.

Kapitel XIII.

Aus der hydrotherapeutischen Anstalt der Universität Berlin.

Radioaktive Bäder, Kompressen, Packungen, Radioaktiver Schlamm.

Von

Ludwig Brieger und **Alfred Fürstenberg.**

Die künstlich emanationshaltig gemachten Bäder haben in der Radiumtherapie eine gewisse historische Bedeutung erlangt. Von ihnen nämlich nimmt die eigentliche Emanationstherapie, wie wir sie jetzt haben, ihren Ausgang. Und wenn wir heute mehr trinken oder inhalieren lassen, so sind wir hierzu erst auf dem Umwege über die Bäder gelangt.

Im Jahre 1904 veranlaßten Maches Untersuchungen der Gasteiner Quellen auf Emanation, Neußer, mit Hilfe radioaktiver Substanzen „künstliche" Gasteiner Wässer zu erzeugen. Er ließ sich Uranpecherzrückstände aus Joachimsthal in Böhmen senden. Durch 14stündiges Belassen von 5 kg dieser Uranpecherzrückstände in einer Badewanne von 250 Liter Wasser erzeugte er die gleiche Konzentration der Emanation wie sie die radioaktivste Quelle in Gastein zeigt. Das Erz wurde in einen Sack aus dichtem Chiffon eingenäht und derselbe über Nacht in der zu ⅓ mit kaltem Wasser gefüllten Wanne ge lassen. Die Wanne wurde mit einem gasdichten Stoff überzogen, um ein Entweichen der Emanation zu verhindern. Unmittelbar vor Gebrauch des Bades wurde langsam Wasser bis zur Menge von 250 Liter zugesetzt und dasselbe dann temperiert. So sollte festgestellt werden, ob in Gastein lediglich die Emanation wirksam ist. Die Uranpecherzrückstände wurden außerdem auch in Säcken als Umschläge appliziert. Bei zwei Fällen von tuberkulöser Peritonitis zeigte sich eine Resorption des Exsudates. Auch auf Interkostalneuralgien wirkten die Umschläge günstig. Leider verhinderten die räumlichen Verhältnisse der Klinik, wie Neußer selbst hervorhebt, weitere Untersuchungen nach dieser Richtung hin. In der Diskussion, die sich an diesen von Neußer in der K. K. Gesellschaft der Wiener Ärzte gehaltenen Vortrag knüpfte, hob Wick die Schwierigkeit hervor, in Gastein die Wirkung der Emanation allein festzustellen, da dortselbst verschiedene Faktoren in Betracht kämen, wie Höhenlage, Temperatur, Länge des Bades und schließlich auch die Suggestion. Bemerkenswert ist, daß Wick schon damals die Frage der Aufnahme der Emanation, ob durch Lunge, Darm oder Haut, anregte.

Die sogenannten Wildbäder, wie u. a. Gastein, enthalten bekanntlich nur sehr wenig gasige und feste Bestandteile. Ihre Temperatur schwankt zwischen 20 und 65° C. Man bezeichnet im allgemeinen heute Quellen von gleichbleibender 20° C übersteigender Temperatur mit weniger als 1 g festen Bestandteilen und weniger als 1 g freier Kohlensäure in 1 kg Wasser als Akratothermen oder Wildbäder. Außer u. a. Wildbad Gastein und Teplitz-Schönau in Österreich, Ragaz-Pfäfers in der Schweiz, Bormio in Italien, verfügen wir im Deutschen Reiche über eine größere Anzahl derartiger Quellen, wie z. B. Badenweiler, Warmbad i. S., Warmbrunn i. Schl., Wildbad i. Württ., Wildbad-Trarbach und Wildstein. Diese Quellen haben alle verschiedene Temperaturen, so z. B. Warmbrunn 24,5—43,1° C. Sie steigen sämtlich unmittelbar aus großer Tiefe in den Gesteinsspalten an die Oberfläche. Während, wie Frankenhäuser hervorhebt, das Berliner Leitungswasser bis 1 g feste Bestandteile im Liter enthält, enthält z. B. die Quelle von Warmbrunn nur 0,62—0,73 g feste Bestandteile in 1000 g Wasser. Infolgedessen konnte man sich früher die physiologische und therapeutische Wirkung der Wildwässer, die ja allerseits anerkannt wurde, auf den menschlichen Organismus nicht erklären. Man wußte, daß Bäder, aus ihnen hergestellt, andere Wirkungen haben, als die gleichwarmen Süßwasserbäder und glaubte nun in der Emanation einen neuen Faktor gefunden zu haben, aus dem man zum Teil ihre Wirkung ableiten könne. So enthalten die Grabenbäcker Quelle in Bad Gastein bis 155 Macheeinheiten, die Quellen in Warmbrunn i. Schl. bis 8 Macheeinheiten in 1 l Wasser. Aber auch andere Quellen, wie z. B. die Kochsalzthermen in Baden-Baden und Wiesbaden, fernerhin die Solquellen Kreuznachs und Münster am Steins, die Schwefelthermen in Landeck i. Schl. und Pistyan, die CO_2-Thermen in Karlsbad i. B., Homburg, Kissingen und Nauheim sind radioaktiv. Es enthält, um einige der stärksten herauszugreifen, die Büttquelle in Baden-Baden 125 Macheeinheiten, die Georgenquelle in Landeck i. Schl. 206 Macheeinheiten, die Inselquelle in Kreuznach 33 Macheeinheiten. Im Karlsbader Mühlbrunnen sind 31,5 Macheeinheiten, in den Grubenwässern von Joachimsthal i. B. bis 185 Macheeinheiten pro 1 l enthalten. Bei einer Anzahl Mineralwässer hat man nun festgestellt, daß sie einen Teil ihrer Aktivität dauernd besitzen. In ihnen müssen also radioaktive Substanzen selbst enthalten sein, die ihre Emanation an das Wasser dauernd abgeben. Die meisten Mineralwässer verlieren aber ihre Aktivität in wenigen Tagen und in ihnen findet man nur Emanation und nicht radioaktive Substanzen.

Der starke Gehalt Gasteins an Emanation hatte Neußer zu seinen ersten Versuchen Veranlassung gegeben. Neußers Assistent Dautwitz berichtet später über weitere Versuche mit künstlich radioaktiv gemachten Bädern. Er erzielte beim chronischen Gelenkrheumatismus, bei Arthritiden und Neuralgien günstige Erfolge. Die Patienten, welche diese Bäder gebrauchten, hatten früher erfolglos reine Bade-, Heißluft- und Fangokuren durchgemacht. Interessant ist, daß Dautwitz nachforschte, ob nicht bei den Bergleuten Joachimsthals ein Einfluß der radioaktiven Atmosphäre auf ihren Organismus festzustellen sei. Da erfuhr er, daß unter ihnen Gicht, Rheumatismus und Neuralgien nicht vorkommen, obwohl sie oft starken Durchnässungen und Erkältungen in der Grube und im Freien ausgesetzt sind. Den Leuten dieser Gegend ist diese Tatsache bekannt, und wenn jemand von rheumatischen oder gichtischen

Schmerzen geplagt ist, trägt er die radioaktiven Rückstände in Ledertäschchen eingenäht bei sich und verspürt angeblich nach einiger Zeit Besserung, ja selbst Heilung der Beschwerden. Löwenthal in Braunschweig untersuchte nun die Wirkungsweise der Emanation des näheren und zwar ließ er künstlich emanationshaltig gemachtes Wasser trinken oder in solchem baden. Schon in seiner ersten Mitteilung aus dem Jahre 1906 kommt er zu dem Schlusse, daß eine Hautresorption nicht anzunehmen ist, und die Emanation durch Einatmung in den Körper gelangt. Aber auch nach Bädern beobachtete er günstige Erfolge. (Siehe S. 273.)

Es kamen in der Folgezeit eine ganze Anzahl von Arbeiten, die von einer günstigen Wirkungsweise solcher künstlich radioaktiv gemachter Bäder Kunde gaben. Die natürlich radioaktiven Joachimsthaler Grubenwässer benutzte Gottlieb (Joachimsthal) für eine Reihe von Bäderversuchen. Er rühmt die Wirkung dieser Vollbäder in 43 Fällen von Gicht, chronischem Rheumatismus, Neuralgien und bei Exsudaten. Er gibt aber hierbei ebenso wie in einer Arbeit aus dem Jahre 1910 über weitere 484 Fälle nicht die Dauer und Temperatur des Bades an, so daß durchaus nicht ersichtlich ist, was auf Kosten des thermischen und mechanischen Reizes des Bades selbst zu setzen ist, wenngleich auch die Joachimsthaler Grubenwässer gar keine chemisch wirksamen Stoffe enthalten. Man kann aus diesen Berichten Gottliebs keine bindenden Schlüsse ziehen.

Aug. Laqueur, Davidsohn, der Trinkkuren gab, und nur wo der Erfolg nicht befriedigte, diese mit einer Badekur kombinierte, Stern, der auch Bade- und Trinkkur kombinierte, Laska, Kemen, sowie Mannes und Wellmann haben ebenfalls bei Badekuren günstige Erfolge erzielt. Kemen behandelte im ganzen 126 Fälle mit Radiumemanationsbädern. Hierbei ist zu beachten, daß dieselben in Kreuznach, also einem Badeorte verabfolgt wurden, wo die Patienten besonders günstigen Lebensbedingungen ausgesetzt sind. Die Erfolge sollen gute gewesen sein. Mannes und Wellmann erzeugten das emanationshaltige Wasser vermittelst der Kreuznacher Badewasseraktivatoren. Die Temperatur des Bades betrug 36 ° C und die Patienten blieben eine halbe bis eine Stunde im Bade, wobei eine stärkere Bewegung des Wassers vermieden wurde. Nach dem Bade wurden sie nicht abgetrocknet, sondern mußten in dem betreffenden Baderaum, in Decken eingeschlagen, noch eine Stunde ruhen. So sollte einerseits die etwa der Haut induzierte Radioaktivität noch eine Zeitlang einwirken, andererseits dem Patienten die Möglichkeit geboten werden, die mit Emanation erfüllte Luft einzuatmen. Zur Behandlung kamen hauptsächlich chronische Gelenkerkrankungen insbesondere chronischer Gelenkrheumatismus, ferner Gicht, Neuralgien, Ischias und Tabes. Die besten Erfolge wurden bei Gicht, chronischer Arthritis und Tabes dorsalis erzielt. Bei der Tabes wurden besonders die lanzinierenden Schmerzen beeinflußt. Bei der Ischias waren die Erfolge nicht günstig. Mannes und Wellmann kommen zu dem Schlusse, daß die besten Resultate da erreicht wurden, wo Badekuren oder gleichzeitig Badekuren und Trinkkuren verordnet waren. Trinken allein hatte nicht einen derartigen Erfolg. Bei diesen Versuchen ist aber zu bedenken, daß abgesehen von der thermischen Wirkung eines bis einstündigen Bades hier wie in allen anderen Fällen die inhalierte Radiummenge sicherlich eine große Rolle spielt. Mannes und Wellmann heben ja selbst hervor, daß sie die Patienten nach Möglichkeit recht ausgiebig Emanation beim Ruhen inhalieren ließen. Von einer eigentlichen spezifischen Bäderwirkung kann also nicht die Rede sein.

Nun handelt es sich natürlich um die Frage: wird von der Haut wirklich Radiumemanation resorbiert, und wenn letzteres der Fall ist, sind die resorbierten Mengen groß genug, um von ihnen eine Heilwirkung erwarten zu dürfen? Oder handelt es sich um eine äußere Strahlenwirkung, da ja die Emanation und ihre Zerfallsprodukte Strahlen aussendet? Flüchtige Substanzen werden unter Umständen durch die Haut in den Körper aufgenommen und H. Winternitz hat ja nachgewiesen, daß nach kohlensäurehaltigen Bädern Kohlensäure durch die Haut in den Körper dringt.

Versuche, die all diese Fragen betreffen, sind von verschiedenen Seiten gemacht worden. Zunächst einmal hat W. Engelmann (Kreuznach) nach dieser Richtung hin Untersuchungen angestellt. Er ließ die betreffenden Personen meist eine Stunde in dem emanationshaltigen Wasserbade verweilen. Um das Eindringen von Emanation in den Organismus auf einem anderen Wege, vor allem durch Einatmung, auszuschließen, wurde den Patienten die Nase dicht verschlossen. Die Atmung geschah vermittels eines dicht eingepaßten Mundstückes durch einen 2 cm weiten Schlauch, der durch das geöffnete Fenster in das Freie geführt wurde, so daß sicher ~~nur~~ emanationsfreie Luft in den Schlauch gelangte. Die Stärke der Bäder bewegte sich zwischen 7000 und 15000 Macheeinheiten. Die Untersuchung der Ausatmungsluft auf Emanation erfolgte in der Weise, daß zu bestimmten Zeiten nach dem Versuche eine bestimmte und jedesmal gleiche Menge von Luft in die Untersuchungskanne des Fontaktoskops von Engler und Sieveking geatmet und der Voltabfall dann festgestellt wurde. Letzteren verglich man mit dem Voltabfall der unter gleichen Verhältnissen gemessenen Ausatmungsluft derselben oder einer anderen Person, wenn Emanation nicht auf den Körper eingewirkt hatte. An- und Auskleiden geschah im Nebenraume, die Abtrocknung in der Weise, daß der Mann bis zum Verlassen des Raumes den Ventilschlauch zur Atmung benutzte. Das Ankleiden im Nebenraum wurde sehr schnell vorgenommen, um zu verhindern, daß Emanation der am Körper haftenden Emanationsteilchen eingeatmet wurde. Auf Grund der so angestellten Versuche kommt Engelmann zu dem Resultate, daß es gelingt, nach Emanationsbädern Emanation in der Ausatmungsluft nachzuweisen, auch wenn Einatmung der Emanation mit Sicherheit ausgeschlossen ist. Er nimmt also an, daß die Emanation durch die Haut hindurchgehen kann. Der Nachweis gelang ihm besonders dann, wenn die radioaktiven Bäder in erheblicher Stärke und Dauer einwirkten (12—15000 Macheeinheiten). Dabei ist jedoch zu berücksichtigen, daß diese emanationshaltigen Bäder von Engelmann in einer besonderen Form gegeben wurden; zunächst betrug die Dauer der Bäder eine Stunde und dann waren die Bäder gut zugedeckt, so daß also die Emanation, da sie nicht aus dem Bade entweichen konnte, besonders intensiv auf die Haut einwirkte. Wollte man also diese Engelmannschen Versuche auf die Praxis übertragen, so müßten zunächst sämtliche Bäder bedeutend länger gegeben und außerdem auch die Formen der Bäder durch besondere Abdeckungsvorrichtungen modifiziert werden.

Auch Kemen und Neumann (Kreuznach), die ebenfalls die Atmungsluft auf Emanation untersuchten, weil der Nachweis im Urin nur unsichere Resultate ergibt, bestätigen die Versuche Engelmanns, aber sie sind doch schon der Überzeugung, daß die durch die Haut diffundierte und dann im Blut zirkulierende Emanation in der Hauptsache nicht zu der Erklärung der therapeutischen Wirkung der Bäder ausreicht.

Zu nicht denselben Resultaten wie Engelmann, Kemen und Neumann sind andere Autoren gekommen. So haben Kohlrausch und Plate untersucht, ob die Emanation durch die Haut oder durch die Lungen beim Bade aufgenommen wird. Zu diesem Zwecke stellten sie Untersuchungen an, bei denen die Patienten mit Rauchhelmen badeten. Dabei zeigte sich, daß mit großer Wahrscheinlichkeit eine Aufnahme der Emanation nicht durch die Haut, sondern nur durch die Lungen erfolgt. Sie benutzten für ihre Feststellungen das empfindliche Elektrometer für radioaktive Messungen nach H. W. Schmidt. Doch darf man diese Resultate nicht als ganz sichere Nachweise betrachten, denn die Ausatmungsluft wurde erst nach einer halben Stunde untersucht. Die Verfasser betonen aber die große Wahrscheinlichkeit, daß die Emanation nicht die Haut durchdringt. Schon viel früher hatte sich Löwenthal mit dieser Frage beschäftigt. Bekannt ist sein Versuch, bei dem er einen Patienten in ein feuchtes Laken hüllte, das mit Emanationswasser getränkt war. Ringsherum über das feuchte Laken wurde eine impermeable Wachstuchdecke geschlagen und festgesteckt, um eine Verdunstung, besonders auch am Halse zu verhindern. Über das ganze wurde eine wollene Decke gedeckt. Bei dieser Anordnung konnte durch den Mund fast nichts eingeatmet werden. Der Patient wurde nach einer Stunde ausgewickelt und möglichst rasch und gründlich abgespült. Es ließ sich keine Emanation in dem unmittelbar nachher gelassenen Urin nachweisen. Auf Grund dieses Versuches, der durch einen Kontrollversuch mit Trinken unterstützt wurde, kam Löwenthal damals schon zu der Überzeugung, daß die Aufnahme der Emanation bei Bädern vorwiegend oder ausschließlich durch die Lungenatmung, nicht aber durch die äußere Haut geschieht, ein Standpunkt, der wohl heute noch seine Geltung haben dürfte.

Auch Stegmann und Just haben an der Baden-Badener Büttquelle, die doch eine der stärksten radioaktiven Quellen in Deutschland ist, die Frage der Durchlässigkeit der Haut betreffende Experimente angestellt. Sie ließen Luft durch einen Schlauch bei verschlossener Nase aus dem Nebenzimmer einatmen, ähnlich wie Engelmann, während die Versuchsperson im Bade von reinem Büttquellenwasser saß, das wie oben angedeutet, sehr radioaktiv ist (125 Macheeinheiten pro 1 l). Eine ausgedehnte Beeinflussung der Haut durch die Emanation findet, wie sie behaupten, nicht statt, wenngleich sie auch selbst hervorheben, daß ihren Untersuchungen zahlreiche Fehlerquellen anhaften. Es finden auch andere Versuche von ihnen jetzt Widerspruch. Um die Haut für ihre Durchgängigkeit auf Emanation zu studieren, stellten sie auch Prüfungen in umgekehrter Richtung an; sie ließen Büttquellenwasser trinken und setzten nun Blechkannen ohne Boden direkt auf die Haut. Stegmann und Just kamen dabei zu einem negativen Resultate; nach ihrer Meinung könnte es sich höchstens um eine ganz geringe Menge von Emanation handeln, die von innen nach außen kommt. Diese Versuche stehen, wie schon oben hervorgehoben, in einem gewissen Widerspruch zu neueren Versuchen von P. Lazarus, der gefunden hat, daß die Haut in umgekehrter Richtung für die Emanation durchgängig ist.

P. Lazarus ließ emanationshaltiges Wasser trinken oder inhalieren, und konnte in dem durch ein elektrisches Lichtbad gewonnenen Schweiße sowie in der Lichtbadkammerluft Emanation, wenn auch nur in deutlichen Spuren, nachweisen.

Es weichen also vorläufig die verschiedenen Ansichten über die Aufnahme der Emanation durch die Haut noch stark voneinander ab, und wenn auch die Untersuchungen Kohlrausch und Plates, Löwenthals, der nach dem Stande der damaligen Wissenschaft nur Urinuntersuchungen für die Bestimmung der ausgeschiedenen Emanation anstellte, sowie die Stegmann und Justs keine vollgültigen Beweise lieferten, so steht doch soviel fest, daß, wenn Emanation durch die Haut aufgenommen wird, dieses nur in ganz geringem Maße der Fall sein kann. Auch die oben erwähnte Aufnahme der Kohlensäure im Kohlensäurebad durch die Haut findet nur in minimaler Menge statt und für Sauerstoffbäder ist von Salomen experimentell nachgewiesen worden, daß sie in praktisch bedeutungsvollen Mengen dem Körper Sauerstoff nicht zuführen. Salomen kommt zu dieser Ansicht auf Grund von exakt durchgeführten Gaswechselversuchen. W. Winternitz betont deshalb auch gelegentlich der Besprechung der sauerstoffhaltigen Wasserbäder, daß letztere nur auf die Haut durch die physikalischen und chemischen Reize des Sauerstoffes, der im Wasser in der Form von kleinsten Bläschen enthalten ist, also nicht durch Resorption wirken.

Hinsichtlich des Hautgaswechsels im allgemeinen sagen Löwy und Zuntz, daß dieser sich in so geringem Umfange vollzieht, daß er praktisch unter gewöhnlichen Umständen kaum in Betracht kommt. Daß die Resorption der Gase keine gleichmäßige ist, beweisen die Untersuchungen von Schwenkenbecher, der z. B. für Leuchtgas ebenso wie reines Kohlenoxyd nachwies, daß solches von der Haut der Versuchstiere nicht absorbiert wird, während dies bei Schwefelwasserstoff nach seinen Untersuchungen der Fall ist. Alle diese Versuche betreffen natürlich immer nur die normale Haut. Daß die kranke Haut sich in dieser Beziehung anders verhält, bedarf wohl keiner besonderen Erwähnung. Für gewöhnlich haben wir es aber doch bei den Kranken, die wir Emanationskuren unterziehen wollen, mit Patienten zu tun, die über eine intakte Haut verfügen.

Auf die Resorption aus Salben hier einzugehen, würde zu weit führen. Salizylsäure z. B. wird von der Haut resorbiert. Im allgemeinen muß eine Substanz gleichzeitig fett- und wasserlöslich sein, um die menschliche Haut zu durchdringen (Filehne). Und wenn das Jod in Form von Salben perkutan angewandt wird, so hat dies seinen Grund darin, daß unter dem Einflusse der Körperwärme flüchtiges Jod frei wird und so zur Resorption gelangt. Joddämpfe werden von der Haut resorbiert. Darüber geben Versuche Aufschluß, bei denen geschorene Hunde in abgedichteten Kästen unter Freilassung des Kopfes gehalten wurden. Inhalation war in diesen Fällen ausgeschlossen. Schon nach wenigen Minuten gelang der Jodnachweis im Urin. H. Engel hebt aber mit Recht hervor, daß es sicherlich keine großen Mengen sind, die von der Haut resorbiert werden und daß therapeutische Effekte durch diese mangelnde Dosierbarkeit nicht leicht zu erzielen sind. Auch bei der Schwefelbadtherapie, die sich hauptsächlich auf die Durchlässigkeit der Haut für Schwefelwasserstoff stützt, spielt natürlich auch die Resorption des Schwefelwasserstoffes durch die Atmung während des Bades eine Rolle, wenngleich es auch nach den oben erwähnten Untersuchungen Schwenkenbechers möglich ist, daß eine gewisse Menge Schwefelwasserstoff durch die Haut aufgenommen wird.

Engel hat daher recht, wenn er sagt, daß die praktische Balneotherapie nicht rechnen kann mit dem Faktor der Resorption im Bade, ein Begriff, der an Wert hinter den anderen balneologischen Wirkungsweisen weit zurückstehen muß. Wasser, Salze und sonstige flüssige und gasförmige chemische Bestandteile werden in zu minimalen oder zu ungewissen und unbestimmbaren Quantitäten durch die Haut resorbiert, als daß einer solchen Resorption eine sichere therapeutische Aktion zudiktiert werden darf. Begünstigt kann die eventuelle Resorption im Bade werden durch eine möglichst mehrstündige Dauer des Bades. Dem stehen aber häufig klinische Bedenken im Wege. Auch Gudzent hält die Frage, ob Emanation durch die Haut resorbiert werden kann, noch für offenstehend.

His glaubt nicht an eine Resorption, dagegen will H. Winternitz die Annahme, daß in Radiumbädern die Emanation in dem Körper nur auf dem Wege der Inhalation, nicht aber durch die Hautresorption gelangt, nicht in vollem Umfange für berechtigt halten.

So ist denn soviel sicher, daß es, wenn überhaupt, nicht große Mengen von Emanation sind, um die es sich bei der Resorption durch die Haut handelt. Ein spezifisch-therapeutischer Effekt kann von ihnen nicht erwartet werden. Wir müssen uns bei den emanationshaltigen Bädern doch immer fragen, ist die Hautresorption genügend, um auf Grund dieser emanationshaltige Bäder zu verordnen? Handelt es sich um eine reine Inhalation, so ist es ja nicht nötig, die umständlichen Bäder zu empfehlen, sondern wir können die Emanation in einfacherer Weise inhalieren lassen. Auch die Kreuznacher Ärzte sind deshalb, wie schon oben erwähnt, in letzter Zeit von ihrem früheren Standpunkt in der Bäderfrage abgekommen. Kemen hat noch unlängst betont, daß die beim Bade inhalierten wie durch die Haut gedrungenen Emanationsmengen nicht sehr große sind. Er empfiehlt deshalb, um die Gichtkranken der bestmöglichsten Wirkung der Radiumemanation auszusetzen, eine Kombination von Trink-, Inhalations- und Badekur. Wenn Kemen, trotz dieser von ihm selbst betonten geringen Aufnahme von Emanation im emanationshaltigen Bade, ganz bedeutende subjektive und objektive Besserungen beim Gichtiker feststellen konnte, so dürfte doch daran nicht ganz unbeteiligt die Wirkung des protrahierten indifferenten Bades sein. Daß die Badekur schwächer und milder als die Trinkkur anzusehen und die Reaktion infolgedessen nicht so häufig ist, betont auch Nagelschmidt, der eine reine Inhalationswirkung annimmt und die therapeutische Wirkung der emanationshaltigen Bäder infolgedessen nicht sehr hoch einschätzt.

Nagelschmidt und Kohlrausch kommen auf Grund einer experimentellen Arbeit zu der Ansicht, daß die Radiumemanation von der Lunge, sowie vom Magen- und Darmkanal resorbiert wird, nicht jedoch, wenigstens unter gewöhnlichen Verhältnissen, von der Haut aus. Sie führen die Wirkung in den Badeorten darauf zurück, daß die ganze Luft dort mit Emanation angefüllt ist und so letztere inhaliert wird.

Natürlich ist diese Gelegenheit zur Inhalation des wirksamen Gases in den Baderäumen der Heilquellen bedeutend größer als bei einem künstlichen Bade. Auch Görner meint, daß die mit unseren jetzigen Mitteln herstellbaren emanationshaltigen Bäder die Möglichkeit zur Inhalation in vielfach geringerem Maße gewähren als die Quellbäder. Interessant nach dieser Richtung hin sind die Versuche von Löwenthal und Laqueur (Ems), die die Luft in den Badehäusern Wiesbadens und Baden-Badens untersuchten und dieselbe stark emanationshaltig fanden. Aus ihr wird von den Patienten eine nicht zu unterschätzende Menge von Emanation bei den Badekuren in diesen Badehäusern durch Inhalation aufgenommen. Die Leute kleiden sich aus, sie baden, ruhen, ziehen sich an, und nehmen so während dieser ganzen Zeit Emanation durch die Lungen auf. Löwenthal und W. Laqueur betonen deshalb, wie wichtig eine richtige Ventilation für die Baderäume ist, damit nicht zu viel Emanation verloren geht. Instinktiv werden meist die Quelldämpfe mit in die Baderäume hineingeleitet und die einzelnen Kabinen kommunizieren mit ihren Lufträumen, so daß fortdauernd innerhalb des Badehauses eine Zirkulation der Emanation statt hat. Rein instinktiv also haben die alten Badehäuser in dieser Frage das Richtige getroffen.

Nun könnte aber noch ein anderer Punkt bei der Heilwirkung der emanationshaltigen Bäder in Betracht kommen, und das ist die sogenannte induzierte Aktivität. Durch den Zerfall der Emanation entsteht der radioaktive Niederschlag, der sich in fester Form auf der Haut absetzt. Diese induzierte Aktivität ist von Kemen und Neumann ihrer Menge nach geprüft worden. Sie gaben zu diesem Zwecke einstündige radioaktive Solwasserbäder. Nach Verlassen des Bades wurde der Körper nicht abgetrocknet, vielmehr ließ man das Badewasser eintrocknen. Dabei zeigte sich, sowohl bei einer Messung nach 30 Minuten wie nach einer Stunde nach Verlassen des Bades beim Abwaschen mittelst eines Schwammes mit Leitungswasser, in dem Abwaschwasser deutliche Radioaktivität.

Abgesehen davon, daß gegen die Art der Messung dieses radioaktiven Niederschlages von Löwenthal berechtigte Einwände erhoben worden sind, dürfte die reine Reizwirkung auf die Hautnerven wohl so gering sein, daß von ihr nicht derartige Wirkungen wie etwa bei der Trink- oder Inhalationsmethode erwartet werden können. Den aktiven Niederschlag mit der gesamten Strahlenwirkung hat P. Lazarus in einfacher Weise auf der Haut nachweisen können. Betupft man nämlich eine mit Sidotkollodium bestrichene Hautstelle mit stark konzentrierter Emanationslösung, so leuchtet diese Stelle im Dunkeln sichtbar auf, und unter dem Okular kann man die Abstoßung der Strahlen beobachten. Die α-Strahlen dürften aber von vornherein bei den Bädern keine große Rolle spielen, da sie ja nur eine ganz minimale Durchdringungsfähigkeit besitzen und deshalb nur die direkt dem Körper anliegenden Wassermengen für ihre Wirkung in Betracht kommen. Lediglich den β- und γ-Strahlen, besonders den ersteren, dürfte ein gewisser Reizeffekt zuzuschreiben sein, der aber auch bei den heutigen Dosen gering zu veranschlagen ist. Darauf muß noch gelegentlich der Besprechung der radioaktiven Umschläge und Kompressen zurückgekommen werden.

Die Heilwirkung der radioaktiven Bäder sucht Steffens in neuester Zeit noch in anderer Weise zu deuten. Er meint, daß sich ihre therapeutische Wirkung zum Teil wenigstens damit erklären läßt, daß in einem Medium, das an Ionen weit reicher ist als die Atmosphäre, ein Teil der negativen Ionen der β-Strahlen Gelegenheit hat, in den Körper einzudringen und dort eine Heilwirkung auszuüben. Er schreibt den negativen Ionen eine gewisse Bedeutung zu, da er eine vollkommene Übereinstimmung gefunden hat zwischen dem Auftreten bzw. Stärkerwerden rheumatischer und gichtischer Beschwerden und dem Heruntergehen der Ionenzahl in der Luft speziell mit dem Mangel an negativen Ionen einerseits, und zwischen einem Nachlassen der genannten Beschwerden und höherer Ionisierung speziell mit Vermehrung der negativen Ionen andererseits. Ein ungewöhnlich hohes Überwiegen der positiven Ionen hat denselben nachteiligen Einfluß wie eine Verminderung der negativen Ionen. Finden wir nun in den angeführten Veränderungen der Ionisierung der Luft eine Erklärung für die vielfachen Wechselbeziehungen zwischen Witterungswechsel und dem Befinden von rheumatischen und gichtischen Kranken, so hat Steffens diese Beobachtungen für die Erklärung der Heilwirkung radioaktiver Bäder heranzuziehen versucht. Er hat, um diese Fragen noch näher zu studieren, eine elektrische Behandlung, sogenannte Anionen-Behandlung angegeben, bei der ein Strom frisch erzeugter freier negativer Ionen dem Organismus zugeführt wird. An der Hand dieser Behandlung wird man die Bedeutung der ganzen Frage prüfen können.

Sicherlich spielt bei der Anwendung radioaktiver Bäder, besonders wenn sie, wie meist von den Untersuchern, in protrahierter Form gegeben werden, der thermische und mechanische Reiz des protrahierten indifferenten Bades eine Rolle. Das soll man nie außer acht lassen, zumal größtenteils keine Kontrollversuche mit reinen protrahierten Bädern angestellt wurden. Ein derartiges Bad ist durchaus nicht ohne jeden Einfluß auf den Organismus. In jedem Wannenbade ist der Einfluß der Schwerkraft verringert, denn das spezifische Gewicht des ganzen menschlichen Körpers beträgt etwas weniger als das des Wassers. Die Glieder werden gewissermaßen schwebend erhalten und jede Bewegung ist erleichtert. Glieder mit Kontrakturen können im Wasser bewegt werden, die an der freien Luft unbeweglich sind. Durch die Entlastung der Muskeln erschlaffen diese und die Blut- und Lymphbahnen können sich erweitern. Sämtliche Hautreize, welche Reflexe auf die Muskulatur ausüben, sowie alle Temperaturunterschiede der bewegten Luft fallen weg. Die Wärmeabgabe von der Haut durch Strahlung, Verdunstung und Leitung ist, was die beiden ersteren anbetrifft, ausgeschaltet. Die Wärmeabgabe findet allein durch Leitung statt und der Organismus ermöglicht dies durch Erweiterung der peripherischen Blutgefäße. Die Schmerzen lassen infolge der Wärmestauung nach. Dem Herzen wird seine Tätigkeit erleichtert, Puls und Atmung werden langsamer. Das Nervensystem wird beruhigt. Auf diese Wirkungen des reinen indifferenten Bades haben für Wildbäder Frankenhäuser, für künstlich emanationshaltig gemachte Bäder Straßer und Selka sowie Fürstenberg hingewiesen und hervorgehoben, daß indifferente protrahierte Bäder den Kreislauf und den Stoffwechsel ganz bedeutend beeinflussen können und mithin nicht ohne Bedeutung bei den mannigfachsten Krankheiten sind. Gerade bei rheumatischen und gichtischen Prozessen wirken sie, wie wir bestimmt wissen, häufig äußerst günstig. Was also bei solchen emanationshaltigen protrahierten Bädern von indifferenter Temperatur auf die Rechnung der Emanation bei der Heilwirkung zu setzen ist, ist für jeden einzelnen Fall vollkommen unsicher, doch dürfte der Anteil der thermischen und mechanischen Wirkung des indifferenten Wasserbades hoch zu veranschlagen sein.

Daß natürlich durch die Inhalation im Bade eine größere Menge Emanation in den Körper gelangen kann, dafür sprechen auch die sicherlich nach Bädern beobachteten Reaktionen. Schon im Anschluß an die ersten Ausführungen Neußers hatte Wick auf die Wichtigkeit dieser Reaktion hingewiesen. Beim Gichtiker zeigt sie sich gewöhnlich in der Form eines neuen leichten Gichtanfalls, beim Rheumatiker in einer Vermehrung der Schmerzen in den früher erkrankten und jetzt schmerzfreien oder nur wenig schmerzhaften Gelenken. Dabei können die Gelenke akut anschwellen, sich röten und alle Zeichen der Entzündung tragen. Wick hat nur in 10—20 % von 3000 Fällen in Gastein nach dem Bädergebrauch eine Reaktion gesehen. Wenn man die große Zahl der Reaktionen bei Trink- und Inhalationskuren demgegenüber in Betracht zieht, so muß man doch sagen, daß dieser Prozentsatz wirklich nur sehr gering ist. Hierauf hat Fürstenberg in einer Arbeit aus dem Jahre 1908 hingewiesen und diese geringe Zahl von Reaktionen auch bei dem Gebrauch künstlich radioaktiv gemachter Bäder im Vergleich zu den Trinkkuren hervorgehoben. Da nun, wie Fürstenberg nachgewiesen hat, ein gewisser Zusammenhang zwischen Reaktion und Besserung besteht und das Auftreten der Reaktion eine günstige Prognose stellen läßt, so können wir auch schon aus diesem verminderten Auftreten der Reaktion bei Anwendung der Bäder auf eine geringere Heilwirkung schließen. Zu derselben Ansicht sind Straßer und Selka gekommen, die auch die höhere Anzahl von Reaktionen bei Trinkkuren für die interne Einverleibung der Emanation ins Feld führen. Sie schließen auch daraus, daß die Aufnahme der Emanation aus dem Badewasser nur eine geringe sein dürfte. Im übrigen scheint besondere Beachtung zu verdienen, daß in früheren Zeiten, speziell auch im 18. Jahrhundert, die radioaktiven Wässer, wie z. B. die Gasteiner, mehr zu Trinkkuren als heute verwendet wurden und Trinkkuren sich großer Beliebtheit erfreuten.

Wenden wir uns nun der Technik emanationshaltiger Bäder zu, so wird es sich zunächst um die Frage handeln, in welcher Weise ist es möglich, emanationshaltige Bäder herzustellen? Da gibt es drei Möglichkeiten. Zunächst einmal kann man dem Bade emanationshaltiges Wasser zusetzen. Dieses emanationshaltige Wasser ist aus Fabriken resp. Apotheken etc. direkt zu beziehen. Doch wird besonders darauf zu achten sein, daß es stets frisch bereitet ist, da ja die Emanation in 3,8 Tagen auf die Hälfte zerfällt. Außerdem müssen die Gefäße festverschlossen und ihr Inhalt muß ohne Schütteln unmittelbar vor Beginn des Bades letzterem zugesetzt werden. Verfügt man über die nötigen Apparate, so läßt sich dieses emanationshaltige Wasser überall herstellen. Es dürften für die Anschaffung derartiger kostspieliger Apparate nur größere Anstalten, wie Kliniken, Sanatorien, Ambulatorien etc. in Frage kommen. Eine andere Methode besteht darin, daß man unlösliche Körper, die Radiumsalze enthalten, vorübergehend direkt in das Badewasser bringt. In dieser Weise stellte ja Neußer seine ersten Versuche an, indem er Uranpecherzrückstände in einen Beutel genäht, längere Zeit in dem Badewasser verweilen ließ. Während dieser Zeit gaben die radioaktiven Rückstände ihre Emanation an das Badewasser ab. Auch jetzt hat die Industrie solche Körper hergestellt, die jedem Bade eine bestimmte Menge Emanation zuführen, wobei jedoch zu beachten ist, daß derartige Körper nur immer in bestimmten Zeitabständen gebraucht werden dürfen, da ja die Emanation sich erst in ihnen regenerieren muß. Die dritte Methode schließlich besteht darin, daß man radiumhaltige Flüssigkeiten oder Salze dem Wasser zusetzt. Derartige Flüssigkeiten, die also Radium in Substanz enthalten, sind in Apotheken und einschlägigen Geschäften vorrätig und dauernd haltbar. Natürlich ist diese Methode die teuerste.

Was nun die Dosierung der Emanationsbäder anbetrifft, so ist es leicht verständlich, daß man anfangs mit viel zu schwachen Dosen arbeitete. Man konnte ja nicht wissen, ob nicht doch die Emanation einen schädlichen Einfluß in irgend einer Weise auf den Organismus ausübt und war durch die bösen Erfahrungen mit den Röntgenstrahlen in der ersten Zeit ihrer Anwendung gewarnt worden. Heute, nachdem man schon über eine vieljährige Erfahrung verfügt, weiß man natürlich, daß die damals gegebenen Mengen viel zu geringe waren, und auch die heutigen Mengen sind sicherlich noch bei weitem nicht stark genug, wenn man mit solchen Bädern die natürlichen, z. B. die Gasteiner, vergleicht. Dabei ist aber zu beachten, daß es verkehrt wäre, einfach die Aktivität der Grabenbäckerquelle, die pro Liter 155 M.-E. beträgt, mit 250 zu multiplizieren, wenn man die Aktivität eines Gasteiners 250 Liter-Bades feststellen wollte. Denn sicherlich geht auf dem weiten Wege von der Ursprungsstelle der Quelle bis zur Wanne selbst in den Leitungen eine größere Menge Aktivität verloren. Strasburger, der wohl bisher die stärksten künstlich radioaktiv gemachten Bäder gab, hat auch dementsprechend bessere Erfolge erzielt. Die Stärke seiner Bäder schwankt zwischen 10—15 000 M.-E. Vielleicht wird es in Zukunft möglich sein, durch Zusatz von Thorium X in irgend einer Form die Stärke der Bäder ohne wesentliche Preissteigerung bedeutend zu erhöhen. Die Emanation des Thorium allein wird man den Bädern, abgesehen von der technischen Schwierigkeit sie zu isolieren, kaum zusetzen können, da sie ja in zu kurzer Zeit zerfällt. Durch exorbitant hohe Dosen im Vergleich zu jetzt könnte man dann eventuell auch zu anderen Resultaten gelangen. Darauf, daß die Emanationsdosen der Bäder verstärkt werden müssen, ist schon von Fürstenberg vor längerer Zeit hingewiesen worden.

Bei der Dosierung der Bäder kommt noch ein anderer Faktor in Betracht, das ist der des Entweichens der Emanation während des Bades. Riedel fand bei seinen Untersuchungen, daß in einem Bade nach ½—1 Stunde nur noch die Hälfte der Emanation enthalten war. Auch Straßer und Selka stellten bei einem unbewegten ruhig dastehendem Bade nach etwa 1¼ Stunde nur noch ⅔ der Emanation fest. Die neueren Untersuchungen von Kemen und Neumann haben zu günstigeren Resultaten geführt insofern, als sie fanden, daß aus einem einstündigen Bade bei ruhigem Verhalten des Patienten aus dem

Wasser nur 10—15 % der Emanation entweicht. Auch H. Winternitz hat in einem Bade von 35° C und halbstündiger Dauer bei ruhigem Verhalten des Patienten einen Emanationsverlust von nur 5—10 %, höchstens 20 % festgestellt. Bei Bädern von 38—40° C ist der Verlust vielleicht etwas größer, doch kommt dieser Verlust dem Badenden durch Inhalation noch zum Teil zugute. Solezusatz macht keinen Unterschied; Kohlensäure- und Sauerstoffbäder dagegen, die man emanationshaltig gemacht hat, zeigen einen außerordentlich starken Verlust während des Bades, da die Gase, ähnlich wie Luftblasen, die Emanation mit sich fortreißen.

Ebenso wie in bezug auf die Dosierung der Bäder, haben sich auch die Ansichten geändert hinsichtlich des Verhaltens der Patienten im Bade selbst. Während man früher, als man noch eine beträchtliche Aufnahme der Emanation durch die Haut annahm, die Patienten aufforderte, sich im Bade möglichst ruhig zu verhalten, um die Emanation nicht zum Entweichen zu bringen, steht man heute gerade auf einem entgegengesetzten Standpunkte. Da man jetzt weiß, daß sicherlich der größte Teil der Bäderwirkung auf Inhalation während des Bades beruht, muß man dafür Sorge tragen, daß die Emanation in dieser Weise möglichst umfangreich zur Geltung kommt. Der Patient soll sich deshalb in der Wanne recht ausgiebig bewegen. Die Baderäume müssen tunlichst klein und ohne Ventilation während des Badens nach allen Seiten hin abgeschlossen sein. Natürlich gilt dies besonders für die künstlich radioaktiv gemachten Bäder; denn wenn auch die dem Wasser zugesetzte Emanation mit der den Heilquellen natürlich anhaftenden vollkommen identisch ist, so muß doch dabei, wie schon oben erwähnt, beachtet werden, daß die ständig benutzten Baderäume der Badeorte durch fortdauernde Anreicherung schon an und für sich stark emanationshaltig sind wie das die vorher geschilderten Versuche von W. Laqueur und Löwenthal z. B. für Wiesbaden ergeben haben. Der Patient selbst soll möglichst tief, etwa bis zum Kinn, im Badewasser sitzen oder liegen, damit er so recht ausgiebig die durch die Bewegung des Wassers entweichende Emanation inhaliert. Außerdem ist es sicherlich von Vorteil, wenn die Badedauer nach Möglichkeit verlängert wird. Wie weit das für den einzelnen Kranken ohne Schaden möglich ist, muß der Arzt entscheiden.

Dieser veränderten Anschauungen haben auch schon Badeorte wie z. B. Münster am Stein Rechnung getragen. Dort sind dementsprechend neue Anlagen geschaffen worden. Die Badezellen sind dicht geschlossen und in einen Luftreinigungskreislauf mit Ozonisierung eingefügt. Dadurch wird die Emanation den Baderäumen immer wieder zugeführt und durch die neuerdings dem Bade entströmende Emanation weiter angereichert, wozu dann noch als weiterer Faktor, wie Gläßgen I. hervorhebt, die sich bildende induzierte Aktivität hinzukommt. Auch die Badewannen selbst sind so eingerichtet, daß möglichst wenig Emanation unnötig verloren geht. Sie liegen an tiefster Stelle der Badezelle, die sich dort wesentlich verengt. Die Wannen sind am oberen Rande ringsum bis zur Wand abgedichtet, so daß alle dem Bade entweichende Emanation seitlich nicht versinken kann und sich in dem kleinen Raume über der Wanne und weiterhin ansammeln muß und so zugleich in reichem Maße zur Inhalation dient.

Da man nun heute teilweise geneigt ist auch den Strahlen der zerfallenden Emanation im Bade einen Effekt zuzuschreiben, so muß hier noch kurz der Sensibilisierungsmethoden gedacht werden, wie sie von Polland versucht und später von Werner angegeben wurden. In Anbetracht dessen, auch daß man durch Aufpinseln von Eosinlösungen eine Sensibilisierung nicht erzielen kann, sondern nur durch intrakutane Injektion von Eosin, Lezithin oder Nukleinsäure, dürfte wohl jegliche Anwendung dieser Sensibilisierungsmethoden für Bäder nicht in Frage kommen. Außerdem haben sie nur für große Strahlenmengen Geltung und für lange Belichtungszeiten. All das kommt ja bei Bädern nicht in Betracht. Diese Methoden können deshalb nur bei richtigen Radiumbestrahlungen Verwendung finden, wo z. B. die Latenzzeit abgekürzt werden soll und rasche und umfangreiche Zerstörungen des Gewebes erzielt werden müssen.

Zusammenfassend läßt sich also bezüglich der Emanationsbäder im allgemeinen folgendes sagen: Will man Patienten einer Emanationskur unterziehen, so ist hierfür die Form der künstlich radioaktiv gemachten Bäder die am wenigsten wirksame. Da durch die normale Haut, wenn überhaupt, nur wenig Emanation in den Körper gelangt, und die Strahlenwirkung im Bade nur eine untergeordnete Rolle spielt, so kommt therapeutisch nur die während des Bades inhalierte Menge an Emanation in Betracht. Für die Größe der im Bade inhalierten Menge haben wir aber keinen Anhaltspunkt. Es fehlt uns also jede Möglichkeit der Dosierung und, da auch viel Emanation unnötig verloren geht, lassen wir wirksamer und zugleich ökonomischer nach den gebräuchlichen Methoden die Emanation direkt inhalieren oder an Flüssigkeiten gebunden trinken. Hierbei sind wir imstande, genau zu dosieren. Möglich ist es, daß nach exorbitanter Steigerung der dem Badewasser zugesetzten Emanationsmengen die Resultate andere werden.

Was nun die radioaktiven Umschläge und Kompressen betrifft, so sind auch diese seit längerer Zeit angewandt worden. Zunächst einmal hat Neußer schon bei seinen ersten Versuchen die Uranpecherzrückstände, in Säcken eingenäht, als Umschläge appliziert. Zwei Fälle von tuberkulöser Peritonitis zeigten eine Resorption des Exsudates. Bei der Interkostalneuralgie hebt Neußer die schmerzstillende Wirkung dieser Umschläge hervor. Auch Löwenthal berichtete bereits in seiner ersten Mitteilung über radioaktiv gemachte feuchte Einpackungen und Kraus erzielte mit Umschlägen von Uranpecherzrückständen bei Kranken mit Gelenkrheumatismus günstige Erfolge. Salzmann verwandte radioaktive Kompressen bei schweren tuberkulösen Lungenerkrankungen. Die Kompressen wurden von ihm direkt auf die zu bestrahlende Stelle gelegt. Schwere tuberkulöse Lungenerkrankungen, besonders Pleuritiden und tuberkulöse Darmerkrankungen verloren bald ihre Schmerzhaftigkeit. Ob eine Aufsaugung des Exsudates bei den Pleuritiden zustande kam, erscheint Salzmann noch fraglich. Auch ließ sich eine unmittelbare Einwirkung auf den tuberkulösen Prozeß nicht nachweisen. Er behandelte im ganzen 19 Fälle in dieser Weise und zwar anfänglich mit von Aschhoff in Kreuznach hergestellten und dann mit nach seinen Angaben von der Radiogen-Gesellschaft verfertigten radioaktiven Kompressen. Kontrollversuche mit feuchten Einpackungen zeigten nicht dieselben Resultate. Die Kompressen blieben 1—2 Stunden liegen. Auch die in Kreuznach verfertigten Radioldauerkompressen sollen, wie Kemen berichtet, besonders vergrößerte Lymphdrüsen, wie sie z. B. nach Infektionskrankheiten zurückbleiben, wenn sie im Innern nicht vereitert sind, verkleinern und zum Schwinden bringen. Die Konzentration aller diese Kompressen kann natürlich nur so gewählt werden, daß das Gewebe nicht direkt wie durch hochkonzentrierte Radiumpräparate geschädigt wird. Verbrennungen müssen vollkommen unmöglich sein, selbst bei sehr langer Anwendungsdauer. Die von Kemen hervorgehobenen Einwirkungen der radioaktiven Kompressen auf vergrößerte Lymphdrüsen sind in neuerer Zeit besonders von Plate beobachtet worden. Er hat gefunden, daß unter den Fällen von chronischen Arthritiden fast regelmäßig nur die günstig beeinflußt wurden, bei denen sich die zu den erkrankten Gelenken gehörenden regionären Drüsen geschwollen zeigten. Letzteres ist der Fall bei den Arthritiden, die mit einem sonstigen Erkrankungsherde (Tonsillitis, Pyorrhoea alveolaris, Bronchektasien, Gonorrhoe usw.) in Verbindung stehen. Die Drüsenschwellung entsteht durch Resorption fester

Bestandteile aus den erkrankten Gelenken. Die Resorptionsvorgänge, die durch die entzündlich veränderten Drüsen beeinträchtigt sind, werden nun durch Auflegen von feuchten Kissen mit radioaktiver Substanz auf die geschwollenen Drüsen günstig beeinflußt. Das Radium soll dort ähnlich wirken wie die Röntgenstrahlen es in solchen Fällen zu tun pflegen.

Des ferneren berichten Görner und Päßler über günstige Erfolge von radioaktiven Kompressen bei gichtisch und rheumatisch grobveränderten Gelenken, bestehend in Verbesserung der Beweglichkeit unter Abnahme der Schmerzen Manche von diesen Fällen wurden derartig gebessert, daß die Autoren, trotzdem sie sonst der ganzen Radiumfrage sehr skeptisch gegenüberstehen, in diesen Fällen an eine spezifische Heilwirkung durch die Dauerbestrahlung glauben. Sie benutzten anfangs nach ihren Angaben verfertigte kleine Beutel, in denen radioaktive Pecherzrückstände eingenäht waren. Diese Säckchen wurden für längere Zeit — meist eine Anzahl Wochen — ununterbrochen auf die erkrankten Gelenke gelegt. Später benutzten sie dann von Markus in Berlin hergestellte radioaktive Kompressen, die trocken aufgelegt werden und deren Radioaktivität, wie sie hervorheben, eine sehr starke ist. Auerbach, der diese Kompressen ebenfalls anwandte, hatte auch recht günstige Erfolge, die er u. a. an sich selbst bei einer Interkostalneuralgie feststellen konnte. Außerdem besserten sich Gelenkversteifungen nach Phlegmonen.

Ebenfalls sehr günstige Resultate, ja auffallende Heilerfolge bei chronischen Gelenkleiden hat Strasburger mit Hilfe von impermeabel verbundenen Emanationswasserumschlägen erzielt. Bei rein örtlichen Erkrankungen hält er daher auf Grund seiner experimentellen wie auch klinischen Erfahrungen die Verordnung von radioaktiven Umschlägen für die rationellste Methode. Sie bringt die Emanation in möglichst hoher Konzentration an den erkrankten Teil heran und ist zugleich das sparsamste und für den Patienten bequemste Verfahren. Dabei ist zu berücksichtigen, daß wir hier gerade, weil wir nur wenig gebrauchen, imstande sind, ein Wasser mit so hoher Konzentration künstlich für Umschläge zu erzeugen, daß es den natürlichen Wässern an Aktivität ungeheuer überlegen ist. Strasburger benutzte für die Packungen ein Wasser, das 15 000 M.-E. in 1 l enthielt. Diese Umschläge haben aber nur für örtliche Erkrankungen Geltung. Bei einem allgemeinen Leiden, wie es die Arthritis urica darstellt, hält auch Strasburger eine Einführung des Stoffes in das Körperinnere für am Platze.

Mit dem Gehalt an Radium dürfte auch die Heilwirkung des Fangos in einem gewissen Zusammenhang stehen, wenngleich den thermischen Einwirkungen gerade bei Fangokuren eine große Rolle eingeräumt werden muß. Man hat auch anderen Schlamm künstlich radioaktiv gemacht und in den Handel gebracht. Dieser kann genau in der Form der gewöhnlichen Fangopackung bei örtlichen Erkrankungen, sei es bei Gelenkerkrankungen oder Neuralgien, angewandt werden. Der Fango (Battaglia) ist an und für sich nur wenig radioaktiv (etwa 2 M.-E. pro 1 kg Fango).

Die örtliche Wirkung sowohl von radioaktiven Umschlägen, Kompressen wie Schlammpackungen kann nur durch die beim Zerfall der radioaktiven Produkte emittierten Strahlen bedingt sein. Die Emanation dürfte als solche nur eine nebensächliche Rolle spielen, da eine Inhalation in nennenswertem Maße nicht stattfinden kann. Ganz außer Acht zu lassen ist nie die stets vorhandene thermische Wirkung.

Kohlrausch und Meyer haben versucht, die Radiumemanation durch Kataphorese dem Körper einzuverleiben. Benutzt wurde dazu die kataphoretische Anlage des Augusta-Viktoria-Bades in Wiesbaden. Als Badeflüssigkeit diente das Wiesbadener Thermalwasser, das durch einen Zusatz von Radiogen auf einen Emanationsgehalt von 5000 M.-E. gebracht wurde. Die Untersuchungen des Urins ergaben das Vorhandensein von Emanation im Harn im Gegensatz zu Kontrollversuchen, die negativ ausfielen. Von Neumann sind auch Untersuchungen über die perkutane Einverleibung der Radiumemanation durch den elektrischen Strom gemacht worden. Bei allen lokalisierten schmerzhaften Affektionen, insbesondere bei lokalisierten Entzündungsprozessen, hatte die Radiumiontophorese gute Erfolge. Auch Reaktionen zeigten sich. Da man aber heute imstande ist auf anderem Wege leichter und schneller Emanation in den Körper hineinzubringen, so muß diese Art der Anwendung für die Praxis als überflüssig bezeichnet werden, wenngleich sie auch vom wissenschaftlichen Standpunkt aus interessant ist.

Kapitel XIV.

Aus der Universitätspoliklinik für physikalische Heilmethoden Zürich.
Direktor: Prof. Dr. E. Sommer.

Radium-Heilquellen.

Von

E. Sommer-Zürich.

Einleitend möchte ich kurz die bahnbrechenden Entdeckungen auf naturwissenschaftlich-medizinischem Gebiet um die Wende des vergangenen Jahrhunderts skizzieren.

Im Jahre 1895 machte Röntgen die staunende Welt mit seinen neuen Strahlen bekannt. 1896 berichtete Becquerel über die von ihm gefundene Erscheinung der Radioaktivität der Uransalze. 1898 entdeckte Schmidt, und unabhängig von ihm, Curie die Radioaktivität des Thor und seiner Verbindungen. 1898 gelang dem Ehepaar Curie, in Verbindung mit Bémont, die Isolierung des Radium aus der Pechblende. Bald darauf machte Giesel unabhängig dieselbe Entdeckung; Mme. Curie stellte das Polonium her. 1899 entdeckte Debierne das Aktinium, Giesel hält dasselbe für identisch mit dem von ihm gefundenen Emanium. 1907 fand Hahn das Mesothorium. 1910 gelang der Mme. Curie die Reindarstellung des metallischen Radium.

Die fünf Radioelemente Uran, Thor, Radium, Polonium (Radiotellur) und Aktinium (Emanium) lassen sich voneinander in der Hauptsache durch folgende Eigenschaften unterscheiden:

1. Durch die abgegebene Emanation. Halbwertskonstante der bekannteren Elemente: Radiumemanation 3,8 Tage, Thoremanation 54 Sekunden, Aktiniumemanation 4 Sekunden.

2. Durch die induzierte Aktivität. Halbwert derselben z. B. bei Radium nach 28 Minuten, bei Thor nach 11 Stunden etc.

3. Durch die ausgesandten Strahlen. Uran, Thor und Radium senden α-, β- und γ-Strahlen aus, Aktinium keine γ-Strahlen, Polonium nur α-Strahlen etc.

1901 beschrieben Elster und Geitel den von ihnen gefundenen Gehalt der atmosphärischen Luft an radioaktiver Emanation. 1902 machten Sella und Pocchettino die Entdeckung, daß auch Wasser radioaktiv sein kann und seine Aktivität hindurchperlender Luft abgibt. 1902/03 machten Thomson und Himstedt, unabhängig voneinander, dieselbe Beobachtung. Thomson fand Wasserproben verschiedener Herkunft verschieden radioaktiv. Himstedt, auch Elster und Geitel, gingen diesen Erscheinungen weiter nach: Wasser aller Quellen, sowie frisch heraufgeholtes Grundwasser, verleiht hindurchgepreßter Luft elektrische Leitfähigkeit. Wasser, welches längere Zeit an freier Luft gestanden hat, Wasser von Seen, Teichen und Flußwasser zeigt diese Fähigkeit nicht. Ursache dieser Wirkung ist die im Wasser absorbierte Emanation, die an durchgepreßte Luft übergeht. Ihre dadurch erreichte elektrische Leitfähigkeit liefert uns einen Maßstab für den Emanationsgehalt des Wassers.

Die Wasseraktivität stammt aus dem Erdboden. Weit verbreitet finden sich in der Tiefe der Erde radioaktive Stoffe in äußerst geringen Mengen. Sie strahlen fortwährend Emanation aus, welche durch die Spalten der Erdrinde teils in die Atmosphäre übertritt, teils von Quellen aufgenommen wird, in denen sich bei besonders günstigen Verhältnissen, neben der Emanation, Spuren radioaktiver Stoffe gelöst vorfinden können. Besonders hohen Aktivitätsgehalt weisen die natürlichen Heilquellen auf, so daß die Vermutung nahe lag (Himstedt), es möchte ihr Radioaktivitätsgehalt mit ihrer Heilkraft in ursächlichem Zusammenhang stehen.

1903 wiesen Elster und Geitel die Radioaktivität verschiedener Erdarten und besonders der Quellsedimente einiger Heilquellen nach; hohe Aktivität fanden sie auch im Fango di Battaglia.

Durch solche Entdeckungen und Untersuchungen wurde wissenschaftliches Interesse, aber auch praktische Spekulation, wachgerufen. Man erinnerte sich an die Untersuchungen vergangener Jahrhunderte, die über das Wesen der Heilquellenwirkung, besonders indifferenter Quellen, niemals befriedigende Erklärungen geben konnten. Früh schon zwar erkannte man den Unterschied in der Wirkung zwischen natürlichen Heilwässern und künstlichen Nachahmungen: obschon die letzteren genau nach dem Rezept der chemischen Analyse hergestellt worden waren, kam ihre Wirkung doch nicht derjenigen des Naturproduktes gleich. Es fehlte ihnen etwas, das Menschenhand nicht zu erzeugen vermag, der Geist der lebendigen Natur, der „Brunnengeist“, der nur an Ort und Stelle, wo das Heilwasser der Erde entquillt, seine Wirksamkeit entfaltet! Dieser Brunnengeist hat jetzt körperliche Gestalt angenommen und lebt unter anderem Namen als Emanation weiter!

Es gibt also kaum eine, natürlich aus dem Erdboden austretende Quelle, deren Wasser nicht radioaktiv wäre. Das Quantum der in ihr enthaltenen Emanation ist aber ein außerordentlich verschiedenes, im allgemeinen immer recht klein. Quellen mit hohem Emanationsgehalt sind nur recht spärlich anzutreffen. Als Heilquellen sind aber nur diejenigen radioaktiven Quellen zu bezeichnen, deren Aktivitätsgehalt erheblich größer ist als derjenige des gewöhnlichen Quellwassers.

In einer Arbeit habe ich die mir zugänglichen Aktivitätszahlen der natürlichen Heilquellen des deutschen Sprachgebietes [1]) (422 Quellen, 1 Mineralmoor, 15 Quellgase) zusammengestellt. Lachmann [2]) hat die ein-

[1]) Verlag Otto Gmelin, München. In demselben Verlag erschienen vom gleichen Autor von einschlägigen Arbeiten: Radium und Radioaktivität; Emanation und Emanationstherapie. Cf. auch Sommer, Jahrbuch I, Verlag Otto Nemnich, Leipzig.

[2]) Balneol. Zeitung 1912.

zelnen Werte gruppiert. Die folgende Tabelle gibt darüber Aufschluß. Es haben eine Aktivität von

0,00	bis	1,00	Mache-Einheiten:	96	Quellen	=	22,7 %
1,01	,,	2,00	,,	89	,,	=	21,1 ,,
2,01	,,	3,00	,,	47	,,	=	11,1 ,,
3,01	,,	4,00	,,	40	,,	=	9,5 ,,
4,01	,,	5,00	,,	20	,,	=	4,7 ,,
5,01	,,	6,00	,,	19	,,	=	4,5 ,,
6,01	,,	7,00	,,	10	,,	=	2,4 ,,
7,01	,,	8,00	,,	13	,,	=	3,1 ,,
8,01	,,	9,00	,,	10	,,	=	2,4 ,,
9,01	,,	10,00	,,	3	,,	=	0,7 ,,
10,01	bis	20,00	Mache-Einheiten:	31	Quellen	=	7,4 %
20,01	,,	30,00	,,	15	,,	=	3,6 ,,
30,01	,,	40,00	,,	6	,,	=	1,4 ,,
40,01	,,	50,00	,,	6	,,	=	1,4 ,,
50,01	bis	100,00	Mache-Einheiten:	8	Quellen	=	1,9 %
mehr als		100,00	,,	9	,,	=	2,1 ,,
				422	Quellen	=	100,0 %

Es ist bemerkenswert, daß die **höchst aktiven Qellen** dieser Zusammenstellung zuweilen Kurorten angehören, die zum Teil auf eine **Jahrhunderte alte Benutzung** zurückblicken: Karlsbad (Mühlbrunnen) 31,5 Mache-Einheiten, Landeck (Georgenquelle) 206,00 Mache-Einheiten, Gastein (Chorinskiquelle) 121,90 Mache-Einheiten etc.

Bezüglich der **Herkunft** der Heilquellenaktivität haben wir zu unterscheiden zwischen

I. Lediglich **Emanation** führenden Quellen, die ihre Emanation radioaktive Verbindungen enthaltenden Gesteinen der natürlichen Wasserwege verdanken. Die ständig von ihnen ausgestrahlte Emanation geht in das darüberfließende Wasser über. Durch **Zerfall** dieser gasförmigen Emanation verliert sie ihre radioaktiven Eigenschaften. Dieser Zerfallsprozeß in inaktive, für die Therapie bedeutungslose Stoffe, kann durch nichts aufgehalten werden. In 3,8 Tagen ist nur noch die Hälfte der ursprünglichen Radiumemanationsmenge vorhanden. Die **Identität** der Quellwasseremanation mit der Radiumemanation ist durch ihre gemeinsamen Eigenschaften nachzuweisen und zwar dadurch, daß

1. beide das gleiche Abklingen zeigen, in 3,8 Tagen auf die Hälfte;
2. die mit der Wasseremanation induzierte Aktivität das Abklingen der induzierten Aktivität zeigt, in etwa ½ Stunde Abfall auf die Hälfte;
3. Wasser- und Radiumemanation den gleichen Kondensationspunkt haben, -150^0;
4. verschiedene Flüssigkeiten für beide Emanationen denselben Absorptionskoëffizienten besitzen;
5. man mit Wasseremanation an einem Sidotblendenschirm die Erscheinung des Scintillierens in derselben Weise hervorrufen kann, wie das **Crookes** zuerst mit Radiumemanation getan hat (**Himstedt**).

II. Heilquellen, welche radioaktive **Salze** in Spuren **gelöst** enthalten. Letztere, gewöhnlich Radiumsalze und Radiothorverbindungen, schlagen sich im Quellwasser nieder. In dieser Kategorie kommen namentlich **sulfatfreie** Mineralquellen in Frage: wegen der Schwerlöslichkeit des Radiumsulfates sind in sulfathaltigen Wässern Radiumspuren nicht zu erwarten. Daß es sich in allen Fällen nur um äußerst geringe Mengen handelt, ist wiederholt betont worden.

Heilquellen mit gelösten radioaktiven Substanzen behalten ihre Radioaktivität ständig. Nachweis: Man läßt das in Flaschen gefüllte Wasser mehrere Wochen lang stehen und unterwirft es alsdann der Aktivitätsuntersuchung. War nur Emanation darin enthalten, so ergibt die Untersuchung völlige Inaktivität, da die Emanation sich unterdessen schon längst zersetzt hat. Enthält es aber radioaktive Substanzen gelöst, so wird sich die von ihnen konstant erzeugte Emanation ohne weiteres nachweisen lassen.

Auch der radioaktive Quellschlamm zeigt sich unbegrenzt lange aktiv, seine Aktivität kann jederzeit, z. B. auf Wasser, übertragen werden. In Kreuznach werden solche Sedimente von Dr. Aschoff fabrikmäßig auf Radiumverbindungen verarbeitet. Durch häufige fraktionierte Kristallisation läßt der aktive Bestandteil sich erheblich anreichern und es können derart hochaktive Radium-Baryumsalze hergestellt werden, welche den Fluoreszenzschirm erregen und im Dunkeln mit bläulichem Licht leuchten. Solche Salze können, neben ihrer Wirkung durch Abgabe von Emanation, auch zur direkten Radiumtherapie gebraucht werden.

Ein Zusammenhang zwischen Emanationsgehalt der Heilquellen und geologischem Aufbau des betreffenden Quellgebietes läßt sich für die meisten Orte vermuten. Über diesen Zusammenhang zwischen Radioaktivität und geologischen Faktoren äußert sich v. d. Borne folgendermaßen [1]).

1. Der Gehalt an radioaktiven Gasen ist in erster Linie abhängig von der petrographischen (speziell wohl chemischen) Beschaffenheit des Gesteins. Die intensivsten Emanationen liefern in den meisten Fällen dabei die tonhaltigen Gesteine. Mit sinkendem Tongehalt sinkt auch die Emanationskraft und ist beispielsweise in dem fast tonfreien Diluvialsand beinahe gleich Null.

2. Ebenso fehlen radioaktive Äußerungen in den auf rein organischem Wege entstandenen Kohlenflötzen; sie erscheinen vielmehr gebunden an Urgebirgsgesteine, an Erguß- und eruptive Tiefengesteine und an deren klastische Umlagerungsprodukte.

3. Wanderungen der Emanationen im Erdboden sind nur von untergeordneter Bedeutung. Gelegentlich kommen zwar, durch die tektonischen Verhältnisse veranlaßt, oder infolge künstlicher Eingriffe, hie und da größere Ansammlungen radioaktiver Gase vor, doch zwingt das nicht zu der Annahme, daß das Erdinnere stärker emaniere, als die Gesteine der Erdoberfläche. Die Gesteine als solche und nicht das Erdinnere sind also die Träger der Aktivität.

4. Bedeutungsvoll ist die starke Aktivität der Erzgebirgsgranite und die geringere ihrer Schieferhülle, die wohl damit zusammenhängt, daß erstere das Muttergestein der bekannten Uranpecherzgänge sind (wenn sie auch im Schiefer aufsetzen); eine Proportionalität zwischen Urangehalt und Radioaktivität besteht jedoch nicht. Es erscheint daher nach diesem Ergebnis höchst zweifelhaft, ob der Urangehalt dieser Gesteine das Ausgangselement des Radiums ist, denn im allgemeinen müßte der Radiumgehalt der Gesteine und Mineralien dem an seinem Mutterelement proportional sein.

5. Die Form, in der die Radioaktivität der Bodenluft auftritt, deutet auf die allgemeine Verbreitung auch der Thoriumaktivität neben der des Radium hin.

6. Dieser Umstand erschwert im übrigen außerordentlich die Erkenntnis der Beziehungen zwischen dem numerischen Gehalt eines Gesteines an Radioelementen und ihren Wirkungen an den benutzten Apparaten, sowie bei der Unkenntnis der Energietönung der radioaktiven Umsetzung des Thoriums auch die Beantwortung der Frage nach dem Energieäquivalent der radioaktiven Vorgänge in den Gesteinen der Erdkruste und nach der Rolle, welche dieselben im Wärmehaushalt der Erde spielen.

[1]) zit. nach Sommer, Jahrbuch I. Verlag Otto Nemnich in Leipzig.

In den natürlichen Heilquellen finden sich ferner — neben der Emanation, den festen und gelösten Bestandteilen — Quellgase, und zwar neben den gewöhnlichen Gasen, wie z. B. O, CO_2, N etc., in verschiedenen derselben sog. Edelgase in geringen Mengen vor, gewöhnlich mit der Emanation zusammen. Zu den Edelgasen rechnen wir Argon, Helium, Krypton, Neon und Xenon. Es kommen gewöhnlich mehrere zusammen in derselben Quelle vor, die sich bei der Analyse durch ihre differente Absorptionskraft für verschiedene Substanzen und durch ihre verschiedenen Spektren voneinander unterscheiden lassen. Sie bilden eine homogene Gruppe, welche sich durch große chemische Inaktivität auszeichnet.

Unter diesen seltenen Quellgasen ist das wichtigste das Helium, eines der Produkte der spontanen Zersetzung des Radiums resp. der Emanation. Helium ist ein beständiges, homogenes, chemisch völlig inaktives Element vom Atomgewicht 4. Ohne selbst radioaktiv zu sein, scheint es doch mit der Quellenaktivität in einem bestimmten Zusammenhang zu stehen, aber nicht etwa derart, daß zwischen Wassergehalt an Helium einer- und Radioaktivitätsgehalt und Heilwirkung andererseits ein besonderer Kausalnexus bestände. Die gegenseitigen Beziehungen scheinen rein quantitativ. Die folgende Tabelle gibt über den Gehalt einiger Quellen an Edelgasen Aufschluß (Moureu, Monde méd. Nr. 411).

Quelle	Radioaktivität mgr Min. pro 10 Liter Gas	CO_2 %	O %	Brennbare Gase %	N %	Edelgase zusammen %	Argon u. Spuren v. Krypton u. Xenon %	Helium und Spuren von Neon %
La Bourboule (Puits de Choussy)	22,00	94,5	Spuren	0,05	5,34	0,20	0,10	0,10
Bagnères-de-Luchon, Gde. source Bordeu de la Galerie François	18,36	0,33	0	unbestimmbar	98,275	1,395	1,31	0,085
Bagnères-de-Luchon, Bordeu Nr. 2	14,43	0,85	0	1,30	96,45	1,40	1,249	0,151
Bagnères-de-Luchon, Pré Nr. 1	10,23	Spuren	0	6,00	92,40	1,60	1,315	0,285
Bagnères-de-Luchon, Saule Nr. 2	9,42	„	0	3,58	94,826	1,594	1,273	0,321
Plombières, Sce. Vauquelin .	14,90	„	Spuren	unbestimmbar	98,15	1,846	1,641	0,205
„ Source Nr. 3 .	13,60	„	4,0	„	94,505	1,495	1,373	0,122
La Chaldette (Lozère) . .	12,80	2,75	0	Spuren	95,17	2,08	1,31	0,77
Grisy, Source d' Ys . . .	3,38	1,15	Spuren	„	95,50	3,36	1,18	2,18
Bussang, Sce. desDemoiselles	nicht bestimmbar	82,72	„	„	16,72	0,57	0,242	0,328
Dax, Trou des Pouvres . .	2,92	1,9	0,7	unbestimmbar	96,20	1,20	1,195	0,005
„ Source Nehe	0,56	1,3	0,1	„	96,26	1,44	1,427	0,017
Bagnères-de-Bigorre, Sces Salies	2,32	3,14	Spuren	„	95,25	1,60	1,52	0,04
Aix, Source Viguerie . . .	2,32	0	0	„	98,45	1,55	1,453	0,097
Bourbon-Lancy, Source Lymbe	2,06	2,8	2,2	„	91,96	3,04	1,20	1,84
Maizières, Source Romaine .	1,48	1,7	Spuren	„	91,91	6,39	0,91	5,48
Luxeuil, Bain des Dames .	1,24	0,83	„	Spuren	97,15	2,02	1,28	0,74
„ Grand Bain . . .	0,50	1,60	0	„	96,29	2,11	1,35	0,76
Néris, Source César . . .	0,92	11,86	0	unbestimmbar	86,29	1,85	0,88	0,97
Salins-Moutiers	0,62	41,50	Spuren	„	57,83	0,67	0,446	0,224

Aus meiner früher erwähnten Zusammenstellung ergibt sich die merkwürdige Tatsache, daß die Quellgase mancher Quellen emanationsreicher sind als das Quellwasser selbst. Zur Illustration führe ich einige Zahlen an.

Ort	Name der Quelle	Aktivität der Quelle in Mache-Einheiten (M. E.)	Aktivität des Quellgases in Mache-Einheiten (M. E.)
Gleichenberg	Constantinquelle	5,70	15,00
Karlsbad	Bernhardsbrunnen	1,58	4,00
Karlsbad	Mühlbrunnen, vordere Quelle	31,50	94,20
Karlsbad	Schloßbrunnen	17,40	50,20
Marienbad	Kreuzbrunnen	4,26	8,68
Marienbad	Waldquelle	4,57	10,90
Teplitz-Schönau	Urquelle	4,96	21,90
Vöslau	Hauptquelle	0,71	2,60
Vöslau	Vollbadquelle	0,70	2,48

In den natürlichen Heilquellen erscheint also die Radiumemanation, oft in besonders erheblicher Menge, deponiert zu sein. Bei dieser Sachlage schien es, daß sie, namentlich bei hochaktiven Quellen, eine große Rolle spiele, ja vielleicht geradezu als spezifisches Agens zu betrachten sei, quasi als der körperliche Brunnengeist der Alten, dem die Quelle ihre Wirkung verdanke. Zu ähnlichem Resultat führt auch die kritische Vergleichung der durch einschlägige Untersuchung erhaltenen Quellenemanationswerte: wir finden dabei oft eine bemerkenswerte Übereinstimmung zwischen der Höhe der Aktivitätswerte einerseits und der zum Teil auf Jahrhunderte zurückgehenden Beobachtungen und Anwendungen basierten Wertschätzung seitens der Ärzte und des Publikums andererseits: Unter die anerkanntermaßen heilkräftigsten, stärksten, gehören zuweilen die emanationsreichsten. Ein gewisser Zusammenhang zwischen Emanationsgehalt und Heilwirkung scheint auch durch diese Ergebnisse bestätigt zu sein.

Für die Emanationswirkung als Grund oder doch wenigstens Anteil der therapeutischen Einwirkung spricht auch die bestimmte Erfahrung, daß ein Mineralwasser, an seiner Quelle frisch getrunken, bessere Wirkung entfaltet, als das auf Flaschen gefüllte Wasser derselben Provenienz, zu Hause getrunken: neben anderen Faktoren wird der Grund darin zu suchen sein, daß die Emanation im Wasser innerhalb kurzer Frist verschwindet und mit ihr die durch ihre Anwesenheit bedingte Heilwirkung.

Zwischen Aktivitätsgehalt und Heilwirkung besteht aber in vielen Fällen wieder eine große Differenz: Quellen mit nur geringen Aktivitätszahlen können anerkanntermaßen heilkräftige Wirkungen entfalten. Viele Bäder sind bekannt, (Wildbäder, indifferente Bäder), die zum Teil seit Jahrhunderten von Kranken mit bestem Erfolg besucht werden, deren Emanationsgehalt aber merkwürdigerweise ein sehr geringer ist, ja unter Umständen geradezu verschwindend klein, fast noch innerhalb der Fehlergrenze der Messung. Die anerkannten Wirkungen der genannten Bäder können kaum beruhen auf dem Gehalt der im Wasser gelösten, durch die chemische Analyse nachweisbaren Stoffe, sie können aber auch nicht allein bedingt sein durch die so geringe Aktivität des Wassers. Wie ist dieser Zwiespalt zu lösen? (Inhalation der Emanation, siehe später.)

Von jeher war man über die Art und Weise der Wirkung der Badekuren geteilter Meinung: ob ihre Aktion rein physikalischer Natur sei, durch thermische, chemische oder mechanische Reize ausgelöst werde, ob elektrische oder magnetische Wirkungen im Spiel seien etc. Am einfachsten gestaltete sich natürlich die Erklärung auf Grund der chemisch-physiologischen Wirkung der durch die chemische Analyse bestimmten festen Bestandteile des Wassers. Wo aber, wie beispielsweise bei den Wildbädern, die Menge der festen Bestandteile äußerst gering ist oder bei indifferenten Quellen, da kann durch die Wirkung der lediglich in so minimalen Dosen enthaltenen chemischen Bestandteile eine befriedigende Erklärung ihrer Wirkung auf Grund der chemischen Analyse nicht erbracht werden.

Alt ist die Vermutung, daß nicht das Wasser allein die Heilung zustande bringe, alt das Suchen nach diesem Heilung bringendem Stoff im Wasser und wie ein roter Faden zieht sich durch alle Untersuchungen der Mineralwässer in den verschiedensten Zeitepochen ein fieberhaftes Suchen nach diesem Unbekannten, Unfaßbaren, Unwägbaren, das Physik und Chemie nicht auffinden konnten, das Suchen nach dem Stoff, der uns die Heilwirkung erklärt. Haben wir ihn gefunden? Die Heilwirkung der Bäder ist im Laufe der Jahrhunderte dieselbe geblieben, Temperatur und chemische Zusammensetzung haben sich kaum geändert, neu hinzugekommen ist die Erkenntnis, daß gerade diese an chemischen Bestandteilen so armen Quellen, deren Analyse ihre Wirkung nicht zu erklären vermag, ein hervorragendes Leitungsvermögen für den elektrischen Strom besitzen, durch welches sie sich einerseits von künstlichen Nachahmungen, andererseits von destilliertem Wasser unterscheiden. Das Rätsel der Wirkung hochaktiver, indifferenter Quellen scheint die Emanation zu lösen berufen zu sein, welche ja die Ursache der Leitfähigkeit des Wassers ist.

Volkstümliche Überlieferungen berichten uns von instinktiven, empirischen, selbstverständlich unbewußten Anwendungen von Radium und Emanation zu Heilzwecken. Das Baden in den Joachimstaler Grubenwässern gegen Rheumatismus und Gicht ist alt: heute ist die alte Joachimstaler Herrlichkeit wieder auferstanden, aber nicht durch den Bergbau an sich, sondern durch rationelle Nutzbarmachung dieser als hochaktiv erkannten Grubenwässer! Die Leute in der dortigen Gegend pflegen der Historie zufolge zum Schutz gegen Erkältung und zur Heilung von rheumatischen Erkrankungen seit langen Zeiten Säcklein mit uranhaltigen Erzrückständen nach Art von Amuletten zu tragen, weil sie durch Erfahrung deren Wirksamkeit kennen gelernt haben. Dieselbe Verwendung findet das Mineral heute auf Grund wissenschaftlicher Basis, nämlich der Kenntnis der Wirkung der in demselben enthaltenen Radiumspuren. Schon vor hundert und mehr Jahren errichteten die Anwohner in Landeck über den Quellen „Inhalierhäuschen“ und atmeten den „Brunnengeist der Quelle“ ein; heutzutage redet man speziell der Inhalation der Emanation das Wort und errichtet, wiederum auf Grund wissenschaftlicher Erkenntnis, über den Quellen besondere Quellenemanatorien zur Inhalation der radioaktiven Quellgase. Ben Akiba hat also wieder einmal mit seinem Spruch: Alles schon dagewesen, recht!

Es war nun durchaus konsequent, zur Klärung der Sachlage Versuche darüber anzustellen, ob die Emanation, für sich allein angewendet, Heilwirkungen zu erzeugen vermöge (Löwenthal). Dabei fand sich die merkwürdige Tatsache, daß auch durch künstliche Emanationsbäder, die außer Emanation nur pures Brunnenwasser enthielten, Krankheiten, für welche Wildbäder in erster Linie angewendet zu werden pflegen, z. B. chronischer Gelenkrheumatismus, vollständig geheilt werden können. In den meisten Fällen trat sogar auch eine Reaktion auf, die sich äußerte in Schmerzvermehrung in den schmerzhaften Körperstellen, Wiederauftreten von Schmerzen in zur Zeit schmerzfreien, früher schmerzhaft gewesenen Gelenken, Anschwellen der von der Krankheit befallenen Gelenke, kurz eine Reaktion also, wie wir sie so und so oft in den natürlichen Heilbädern auftreten sehen, woselbst sie im allgemeinen, besonders vom Publikum, als gute Vorbedeutung für das Gelingen der Kur betrachtet zu werden pflegt. Auch der sogenannte Brunnenrausch, von dem namentlich ältere Autoren berichten, wird mit der Radiumemanation in kausale Verbindung gebracht.

Über die Art der Aufnahme der Emanation beim Gebrauch von Emanationsbädern sind auch heute noch die Meinungen geteilt. Löwenthal bestritt von Anfang an die perkutane Resorption und wollte nur die Inhalation der Emanation zur Erklärung der Wirkung heranziehen. Der Patient liegt bei seiner Badekur in emanationshaltigem Wasser. Aus dem Wasser tritt die Emanation in die umgebende Luft über, die schon von früher her von Emanation erfüllt ist. Für die Zeit seines Aufenthaltes im Baderaum wirkt die Umgebung nach Art eines natürlichen Inhalatoriums auf den Patienten ein, der Aktivitätsgehalt der Luft ist dabei in der Regel erheblich größer als derjenige der Quelle resp. des Badewassers.

Unsere Anschauungen gehen dahin, daß die therapeutische Wirkung radioaktiver Heilbäder nur zum geringsten Teil durch die perkutane Resorption der Emanation aus dem Badewasser resp. durch die Aktion ihre strahlenden Umsetzungsprodukte bedingt sei, die Hauptwirkung vielmehr auf dem Wege der Inhalation der Emanation zustande komme. Die Resultate unserer Untersuchungen über die Art der Emanationswirkungen decken sich dabei merkwürdigerweise vielfach mit empirisch in der Badetechnik von jeher angewandten Maßnahmen: wenig ausgiebige Ventilation der Baderäume (durch ausgiebige wird die Emanation weggeführt), Kommunikation der einzelnen Badekabinen durch oben offene Scheidewände (gleichmäßige Verteilung der Emanation im Gesamtbaderaum), Einleitung von Quelldämpfen und Gasen direkt in die Baderäume, Anlage von Bädern direkt an der Stelle, wo die Quelle zutage tritt (alles Maßnahmen zur Verhütung von Emanationsverlusten usw.). Nach heutigen Begriffen unzweckmäßig sind die früher — und gelegentlich auch jetzt noch — beliebten langen Mineralwasserleitungen vom Ursprung der Quelle bis zur Brauchstelle, da auf dem Leitungswege durch Undichtigkeiten die Emanation zum größten Teil entweichen kann (weswegen unter Umständen eine an der Ursprungsstelle stark radioaktive Quelle am Ort des Gebrauches nahezu inaktiv werden kann), ebenso in solchen Anlagen, wo (z. B. in Brunnentempeln) das Wasser hoch von oben oder in weitem Bogen in die Trinkbecher gefüllt wird; durch solche Anordnung entweicht die Emanation teilweise.

Auf Grund unserer Anschauungen über die Emanationswirkung wird vielleicht eine Art der Bäderanwendung, die nach und nach aus der Mode gekommen ist, den ihr gebührenden Platz wieder einnehmen können: die Piszine. Tripold plädiert für ihre Vorzüge, besonders bei Thermen: Temperaturkonstanz, bedingt durch den permanenten Zu- und Abfluß, damit verbunden die unausgesetzt fortlaufende Anreicherung mit neuen Emanationsmengen, die fortwährend aus dem Wasser in den Luftraum übertreten und stets sich wieder erneuern. Außerdem gewährt die Piszine dem Badenden große Bewegungsfreiheit im Wasser. Durch den Auftrieb im Wasser wird die Muskelarbeit erleichtert, verstärkte Muskelarbeit aber führt zur Anregung der Atemtätigkeit und diese wiederum hat reichere Aufnahme von Emanation durch die Lungen zur Folge. Eine einfache Rechnung führt zu bemerkenswerten Zahlen. Unter Voraussetzung keinerlei Verlustes durch die Leitungen enthält ein Wannenbad von 500 Liter Wasser z. B. in Gastein, mit der Aktivität von 155 M.-E., 500 mal 155 = 77500 M.-E. Die Piszine im Warmbad Villach faßt 314,600 Liter Wasser, Wasseraktivität 2,0, gesamte zur Verfügung stehende Emanationsmenge 629,200 M.-E.

Einfacher, in bezug auf die Erklärung der Art der Wirkung, liegen die Verhältnisse bei der Trinkkur emanationshaltiger Brunnen. Mit dem Wasser gelangt die Emanation in den Körper, wird aber zum größten Teil rasch wieder ausgeschieden, nur ein kleiner Teil bleibt zurück und gelangt zur Wirkung. Die wirksame Emanationsmenge ist also hier nur klein im Verhältnis zur eingeführten. Um den Körper möglichst lange Zeit der Wirkung der Emanation zu unterwerfen, sind also besondere Vorkehrungen nötig: die Emanationsmenge soll nicht auf einmal gegeben werden, sondern ist auf wiederholte Dosen über den ganzen Tag zu verteilen. Aufnahme und Abgabe der Emanation bei Trinkkuren sind, neben der eingeführten Emanationsmenge, abhängig vom Füllungszustand des Magens zur Zeit ihrer Einverleibung: bei nüchternem Magen und größerer Wassermenge erreicht die Absorption der Emanation viel früher ihren höchsten Stand als bei Aufnahme kleinerer Mengen bei vollem Magen.

Die Wirksamkeit radioaktiver Quellen hängt nicht prinzipiell von der Art ihrer Anwendung ab. Inhalation radioaktiver Quellgase allein kann, ohne Bäder und Trinkkur, zum Erfolg genügen. Die Balneotechnik hat es sich angelegen sein lassen, an natürlich aktiven Quellen, zur rationellen Ausnützung der vorhandenen Emanation besondere Inhalierräume zur Anreicherung der Emanation zu errichten, in welchen den Patienten die natürliche Emanation der Quelle zur Verfügung steht, und zwar entweder in Form von Trockenemanatorien (durch bloße Inhalation der emanationshaltigen Luft, entweder im Freien in der Nähe der Quelle oder in besonderen Räumen, in welche die Emanation hineingeleitet und angereichert wird) oder natürlicher Dunstkammern, z. B. in Teplitz, woselbst über die Wände derselben beständig das emanationshaltige Thermalwasser herunterträufelt und derart seine Emanation an die Luft des Inhalierraumes, wo sie vom Patienten eingeatmet wird, abgibt. Für solche Inhalierräume ist eine Aktivität von mindestens 5—10 M.-E. pro Liter Luft erforderlich und um allen individuellen Indikationen gerecht werden zu können, sollten eigentlich mehrere solcher Kammern, mit verschiedener Temperatur und verschiedenem Emanationsgehalt bereit gestellt werden können.

Injektionen von radioaktivem Thermalwasser zu Heilzwecken hat Hirz-Brennerbad empfohlen, und sah davon, obschon die Aktivität des benutzten Wassers nur 1,30 M.-E. beträgt, schöne Erfolge besonders bei Gicht. Morgens eine Stunde nach dem Frühstück wurde die Injektion mit dem direkt der Quelle entnommenen Wasser, ohne Sterilisierung, nach den Regeln der Aseptik vorgenommen.

Daß natürlicher Fango di Battaglia radioaktiv ist, haben wir früher schon bemerkt. Weiterhin kommen für lokale Anwendungen in Frage Kompressen, die mit natürlich radioaktiven Quellrückständen bereitet werden (z. B. Radiol-Kreuznach).

Die Beurteilung des Einflusses der Emanation in natürlich hochaktiven Quellen ist nicht so leicht. Daß sie der wichtigste Bestandteil ist, unterliegt keinem Zweifel. Daß sie allein die Wirkung ausmache, ist zum mindesten fraglich. Wir dürften wohl der Wahrheit am nächsten kommen mit der Annahme, daß die Wirkung einer solchen Quelle, besonders eines Wildbades, einer indifferenten Therme, sich aus mehreren Faktoren zusammensetze. Für die Badewirkung z. B. kommen in Betracht:

1. Die Emanation. Darunter soll nicht etwa nur die in Einheiten ausgedrückte Radioaktivität der Quelle, am Ort ihres Zutagetretens, verstanden sein, sondern die gesamte, dem Badenden zur Verfügung stehende Emanationsmenge. Denn Radioaktivität einer Quelle und Radioaktivität des mittelst ihres Wassers bereiteten Bades brauchen nicht notwendig dieselbe

numerische Größe zu sein: beide würden nur dann übereinstimmen, wenn das Bad direkt am Auslauf der Quelle, aus dem Erdboden oder aus dem Gestein errichtet ist oder die Quelle in dem entsprechend gefaßten Baderaum selbst zutage tritt. Radioaktivitätsbestimmungen des Badewassers sind für die Balneotherapie wichtiger als deren Bestimmung am Quellenursprung: man soll das eine tun und das andere nicht lassen! Der Zusammenhang zwischen Emanationsgehalt und Heilwirkung verlangt, daß die Emanation ohne oder doch wenigstens ohne nennenswerte Verluste zu den Baderäumen geleitet werde. Von Wichtigkeit sind daher die rationelle Fassung der Quelle und ihre zweckentsprechende Leitung bis zur Verbrauchsstelle. Die Fassung der Quelle ist, dem Radiumgehalt entsprechend, vollkommen geschlossen zu erstellen, so daß Durchtritt von Tagwasser zur Quelle und jeder Gasverlust unmöglich wird. Heben des Quellwassers durch Pumpen ist unrationell; es empfiehlt sich, an Orten, wo besondere Umstände den freien Quellenauslauf nicht ermöglichen, die Brunnenstube derart zu vertiefen, daß das Wasser am Grund derselben austritt. Austritt unter Glasglocken beugt jedem Gasverlust vor. Durch Erwärmen geht die Emanation verloren. Radioaktive Thermalquellen sind deshalb im Vorteil. Falls das Wasser für Badezwecke erwärmt werden muß, so geschieht das am besten in geschlossenen Gegenstromapparaten. Die Leitungen sind derart technisch zu erstellen, daß Emanationsverluste nicht vorkommen. Bei Messungen ist übrigens daran zu erinnern, daß der Emanationsgehalt einer Quelle kein konstanter Faktor ist, sondern zu verschiedenen Zeiten der Messung innerhalb beträchtlichen Grenzen schwanken kann.

2. Die im Wasser gelösten radioaktiven Salze.

3. Die pharmakodynamische Wirkung der im Wasser gelösten, durch die chemische Analyse nachzuweisenden Stoffe.

4. Neben weiteren physikalischen Eigenschaften des Wassers, z. B. der Temperaturkonstanz u. a., klimatische und diätetische Faktoren, die bei einer Brunnenkur ins Gewicht fallen: die Luftaktivität, die landschaftliche Umgebung etc., besondere Diät usw. Daneben das Losgelöstsein von der heimischen Scholle, von Berufsgeschäften u. a. m.

Ob radioaktive natürliche Heilquellen, die in ihrer Grundlage das Produkt geologischer Zeiträume sind, durch künstliche Radiumpräparate vollständig ersetzt werden können, erscheint nach dem Gesagten zum mindesten fraglich. Denn nicht die Emanation allein bildet das gesamte Heilprinzip, sondern noch eine ganze Reihe anderer Faktoren kommen als Adjuvantien hinzu.

Die Nachwirkung nach Brunnenkuren kann vielleicht auch mit der Wasseremanation in ursächlichen Zusammenhang gebracht werden: die Emanation zerfällt im Körper in Substanzen, welche α-, β- und γ-Strahlen aussenden. Die Wirkung bleibt haften, summiert sich und wäre ganz wohl imstande, die Erscheinungen der Nachwirkung zu erklären.

Dank der intensiven Forscherarbeit ist auch auf dem Gebiete der Aktivität der Heilquellen das Stadium philosophischer Spekulation überwunden: das Traditionelle der Überlieferung hat den Ergebnissen chemisch-biologischer Experimentalversuche den Platz räumen müssen, dem Versuch folgt die Therapie auf der Grundlage der Erkenntnis der Wirkungsweise mit präziser Indikationsstellung und wissenschaftlicher Technik. Dem anfänglich fast unbegrenzten Enthusiasmus sind die gebührenden Schranken gezogen. Die ganze Bewegung hat festen Fuß gefaßt. Ein Schmerzenskind ist aber leider immer noch die Art der radioaktiven Quelluntersuchungen. Wiederholt haben wir für diesbezügliche einheitliche Normen plädiert: Untersuchung der Radioaktivitätsverhältnisse aller Heilquellen (qualitative und quantitative Untersuchung der Aktivitätsverhältnisse am Ursprung der Quelle, auf ihrem Lauf und am Ausfluß, des Badewassers in der Wanne, des Trinkwassers im Becher, der Luft in natürlichen und künstlichen Emanatorien, besondere Bestimmung der radioaktiven Salze und der Quellgase) nach einheitlichem Schema, in einheitlichen Werten und übersichtlicher, streng wissenschaftlicher Darstellung und Wahl besonderer Landeskommissionen zur Ausführung dieser Messungen und Publikation der Resultate.

Anhang.

Technik der Radioaktivitätsmessung.

Es sind zu bestimmen:

a) Die im Wasser gelöste Emanation (nach Art und Menge) und zwar am Ursprung der Quelle, im Verlauf der Leitung (zur Kontrolle ihrer Dichtigkeit), an der Zapfstelle und im Bad; eventuell auch noch der Emanationsgehalt der Luft. Gewöhnlich handelt es sich um Radiumemanation.

b) Die Quellgase, neben der Radiumemanation. In erster Linie kommen in Betracht Thor- und Aktiniumemanation. Unterscheidung durch die differenten Abklingungskurven: Halbwert der Radiumemanation nach 3,8 Tagen, der Thoremanation nach 54 Sekunden, der Aktiniumemanation nach vier Sekunden.

c) Die radioaktiven Salze, die im Wasser in Spuren gelöst sein können, sind gesondert von der Emanation zu bestimmen.

d) Die Sedimente emanationshaltiger Quellen. Sie enthalten oft derartig beträchtliche Mengen von Radium- und Thorverbindungen, daß sich die Herstellung derselben im Großen lohnt, wie z. B. in Kreuznach.

In der überwiegenden Mehrzahl der Fälle handelt es sich also um die Bestimmung der Radiumemanation. Die Methoden der Aktivitätsbestimmung der Heilquellen beruhen auf der Tatsache, daß die durch Aufnahme der im Wasser enthaltenen Emanation aktivierte Luft elektrische Leitfähigkeit, die ihr in gewöhnlichem Zustand abgeht, erhält. Diese emanationsbeladene Luft läßt man auf ein Elektroskop besonderer Konstruktion einwirken und aus der Schnelligkeit seiner Entladung wird der Emanationsgehalt berechnet.

An Apparaten zur Aktivitätsbestimmung stehen uns zur Verfügung solche von Elster & Geitel, H. W. Schmidt, Curie und Danne; sodann das Fontaktoskop von Engler und Sieveking, das Emanometer nach Becker, das Fontaktometer nach Mache und Mayer etc. Nach zwei Methoden wird hauptsächlich gearbeitet: Die Zirkulationsmethode entzieht dem zu untersuchenden Wasser durch Hindurchpumpen von Luft mittelst eines Gebläses in geschlossenem Kreislauf seine Emanation, die Schüttelmethode durch Schütteln des Wassers in einer geschlossenen Kanne. Letztere Methode, in Verbindung mit dem Fontaktoskop, ist die zur Zeit gebräuchlichste.

Die Emanationsbestimmung mit Hilfe des Fontaktoskopes geht folgendermaßen vor sich: An Utensilien sind notwendig eine Meßkanne von bestimmten Dimensionen (verschieden für Flüssigkeiten und Gase einer- und für feste Körper andererseits), ein Elektroskop besonderer Konstruktion mit Volttabelle für jede Blättchenstellung, eine Ladevorrichtung für dasselbe. Das Elektroskop besteht in der Hauptsache aus einem Glasgehäuse mit isoliertem Träger, an welchem sich zwei rechteckige Aluminiumblättchen, die über einer Skala mit Lupenablesung spielen, befinden. Durch eine Zamboni-Säule oder, einfacher und besser, durch Reiben mit einem Pinsel oder Hartgummistab, werden die Blättchen elektrisch geladen. Die Ladung bewirkt ein Auseinandergehen derselben, das so lange anhält, als sie geladen bleiben. Ableitung der Ladung läßt sie zusammenfallen. Das geladene Elektroskop besitzt bei jeder Blättchenstellung eine bestimmte, in Volt anzugebende Ladung. Durch vorhandene Emanation erfolgt ein Ausgleich, die Divergenz der Blättchen wird geringer und dieser Spannungsabfall ist ein Maß für die Emanationsmenge. Es wird erst der Normalverlust, der sich innerhalb Grenzen von 20—50 Volt/Stunden bewegt, bei leerer Kanne gemessen. Hernach wird das zu untersuchende Wasser, je nach der Aktivität in Mengen von $\frac{1}{4}$—1 Liter, durch die seitliche Öffnung sehr vorsichtig in die Kanne eingefüllt und nach Verschluß ihrer Öffnungen dieselbe eine halbe Minute lang tüchtig geschüttelt, um die im Wasser enthaltene Emanation demselben zu entziehen. Hernach wird nach Entfernung des Stopfens am Hals der Kanne das Elektroskop aufgesetzt, geladen, der Spannungsabfall und die Zeit beobachtet, notiert und nach einer Tabelle in Volt umgerechnet. Das Resultat wird nach der Formel

$$\frac{\text{Voltabfall/Stunde/Liter}}{300} \times \frac{\text{Kapazität}}{3600} \times 10^3$$

in internationalen Mache-Einheiten ausgedrückt. In üblicher Weise ist noch die induzierte Aktivität zu berücksichtigen, resp. der Normalverlust und der Absorptionskoëffizient des Wassers für Emanation.

Richtige Resultate sind nur bei völliger Beherrschung der Methodik und unter peinlichster Vermeidung all der vielfachen Fehlerquellen, auf die wir hier nicht eingehen können, zu erzielen.

Kapitel. XV.

Radiumkuranstalten und Radiumkurorte in geologischer, biologischer und klimatischer Beziehung.

Vom

K. K. Badearzt Dr. **Fritz Dautwitz**-St. Joachimstal.

Mit 6 Abbildungen im Text und 2 auf Tafel II.

In weiter Vergangenheit liegt jene Zeit, wo der reiche Bergsegen dem von Nordosten nach Südwesten streichenden und zum größten Teile die nordwestliche Grenze Böhmens bildenden Gebirgszuge den Namen „Erzgebirge“ gegeben hat. Dem reichen Vorkommen wertvoller Erze, besonders reicher Silbererze, in diesem Gebirge verdankten damals viele Orte des Erzgebirges, darunter auch St. Joachimstal, ihre Gründung und ihren Wohlstand.

Als aber dann im Laufe von Jahrhunderten dieser reiche Bergsegen allmählich immer mehr versiegte, und es daher für die Generationen der neueren Zeit beinahe den Anschein hatte, daß dieser Gebirgszug heute nur mehr zur Erinnerung an seine einstigen Erzschätze seinen Namen führe, da entdeckte das Ehepaar Curie an der Schwelle des XX. Jahrhunderts in den Uranerzen des Erzgebirges ein neues Element, ein Metall, viel kostbarer als alle bisher bekannten edlen Metalle und mit Eigenschaften ausgestattet, welche die Welt in Staunen setzten: Das Radium.

In seinem Schoße birgt das Erzgebirge dieses kostbare, hochinteressante Erz, und dieser Gebirgszug trägt somit nun auch in der Gegenwart und für die Zukunft wieder mit voller Berechtigung den Namen „Erzgebirge“, ja er ist zu noch mehr Ansehen und größerer Bedeutung als früher gelangt.

Denn ein am südwestlichen Abhange des Erzgebirges gelegener Ort ist jene Stelle, wohin die Natur das reichste Vorkommen von Erzen, aus welchen das Radium gewonnen wird, verlegt hat: St. Joachimstal.

Nicht nur für den Physiker und Chemiker ist das Radium mit seinen wunderbaren Eigenschaften von höchstem Interesse, sondern auch Biologie und Medizin nehmen lebhaften Anteil auf dem Gebiete der Radiumforschung; die zahlreichen diesbezüglichen Arbeiten sowie die Errichtung eigener Institute geben beredtes Zeugnis davon und das vorliegende Handbuch kann als Beweis gelten, daß das vor einigen Jahren nur auf eine kleinere Gruppe von Ärzten konzentrierte Interesse an der therapeutischen Verwertung des Radiums immer weitere ärztliche Kreise erfaßt.

Als Hauptfundort des das Radium enthaltenden Uranpecherzes und als wichtigste Gewinnungsstätte von Radiumpräparaten lenkte von Anfang an St. Joachimstal einen nicht geringen Teil dieses Interesses auf sich. Dadurch jedoch, daß in St. Joachimstal außerdem noch hochradioaktive Quellen ihren Ursprung haben — ein Naturprodukt, das die Richtigkeit der von Neußer und Dautwitz experimentell gefundenen Hauptindikationen für die Radiumemanationstherapie bestätigte —, deren hohem Radiumemanationsgehalte allein die ausgezeichneten therapeutischen Erfolge bei Applikation dieses Heilwassers zugeschrieben werden müssen, und weiters der Umstand, daß das K. K. Ministerium für öffentliche Arbeiten zur medizinischen Verwertung des Radiums und der hochaktiven Quellen die mit den modernsten Behelfen ausgestattete K. K. Kuranstalt für Radiumtherapie in St. Joachimstal errichtet hat, erhöht in nicht geringem Maße die Bedeutung St. Joachimstals für die Medizin.

Mit vollem Recht wird deshalb in Zukunft St. Joachimstal in die Reihe jener Orte eingereiht werden, die unter dem Namen „Radiumkurorte" zusammengefaßt werden dürften. Unter diesen wieder wird St. Joachimstal eine ganz exzeptionelle Stellung dadurch einnehmen, daß es gleichzeitig die Hauptfundstätte hochwertiger radiumhaltiger Uranerze und der Ursprungsort von an Radiumemanation ganz hervorragend reichen Quellen ist.

Daß diese Ansicht in den bereits gegenwärtig bestehenden Verhältnissen begründet ist, soll nun im folgenden gezeigt werden.

Es entbehrt sicherlich auch für ärztliche Kreise nicht eines gewissen Interesses

die geologischen Verhältnisse

der Urfundstätten dieser Naturschätze St. Joachimstals kennen zu lernen. Deshalb sollen zunächst die in der einschlägigen Fachliteratur[1]) niedergelegten wichtigsten geologischen Untersuchungsergebnisse, soweit selbe das ärarische Uranerz-Bergwerk von St. Joachimstal[2]) zugleich auch den Ursprungsort der hochaktiven Quellen betreffen, im Zusammenhang kurz mitgeteilt werden.

St. Joachimstal liegt am Südabhange des Erzgebirges in einem nordsüdlich verlaufenden Hochtale, dem Stadtgrund, in dessen Nähe die meisten Erzgänge streichen; der Kaiser-Josef-Schacht und der Einigkeitsschacht bildeten den Zugang zu diesen Erzgängen, die durch den im „Untertal" genannten (südlichen) Stadtteile angeschlagenen (im Jahre 1526) Danielistollen entwässert wurden und zuletzt die K. K. östliche Grubenabteilung bildeten; ihr Betrieb in den tieferen Horizonten (bis 350 m unter dem Danielistollen) schon vorher

---

1) Ältere Literatur in: F. Babanek, Geologisch-bergmännische Karte mit Profilen von St. Joachimstal nebst Bildern von Erzgängen etc. Herausgegeben vom K. K. Ackerbauministerium Wien 1891.

René d'Andimont, Les Filons de Pechblende de Joachimstal (Boheme). Annales de la Société géologique de Belgique. t. XXXI. Bulletin Liège 1904.

J. Stěp und F. Becke, Das Vorkommen des Uranpecherzes zu St. Joachimstal. Sitzungsber. d. Kaiserl. Akademie d. Wissenschaften in Wien. Mathem.-naturw. Klasse. Bd. CXIII. Abt. I. Nov. 1904.

W. Petraschek, Geologisches über die Radioaktivität der Quellen, insbesondere derer von St. Joachimstal. Verhandl. d. K. K. geologischen Reichsanstalt. 1908. Nr. 16.

J. Stěp, Die geologischen Verhältnisse des St. Joachimstaler Bergbaues und der Einfluß der Gesteinsbeschaffenheit auf die Radioaktivität der Grubenwässer in: „St. Joachimstal". Herausgegeben vom K. K. Ministerium f. öffentl. Arb. Wien 1911.

2) In jüngster Zeit ging auch der „Sächsisch-Edelleutstollen" und die „Hilfe Gottes Zeche" in ärarischen Besitz über.

durch wiederholte Wassereinbrüche gestört wurde im Jahre 1900 eingestellt. Uranpecherz ist hier nur selten und in wenigen Gängen angetroffen worden.

Uns interessieren hier nur die im Betriebe befindlichen, weiter westlich von St. Joachimstal gelegenen Erzbaue, als die Hauptfundstätte des Uranpecherzes, des Ausgangsmateriales für die Radiumgewinnung und als Ursprungsort der an Radiumemanation in so hervorragender Weise reichen Quellen. Dieser Bergbau ist durch den in 917,7 m Meereshöhe angeschlagenen Wernerschacht zugänglich und bildet die K. K. westliche Grubenabteilung, die bis zu einer Tiefe von 430 m unter dem Tagkranz des Wernerschachtes aufgeschlossen ist und im Niveau des Danieli- und Barbarastollens mit den Bauen der östlichen Grubenabteilung zusammenhängt. (Karte 1.) Fig. 66.

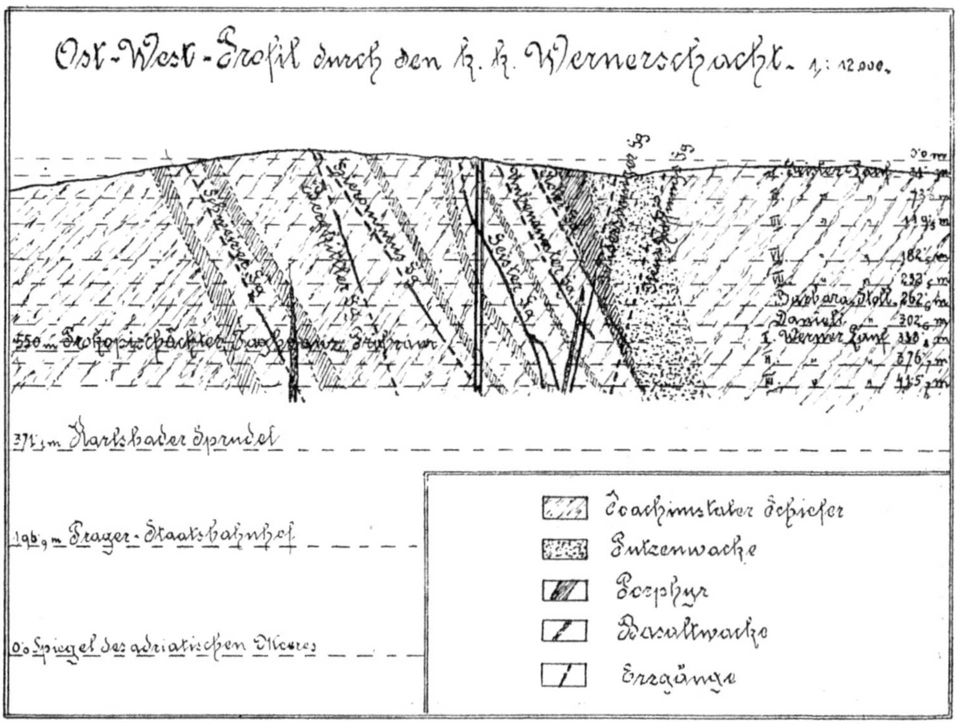

Fig. 66.

Das herrschende Gestein in der Umgebung St. Joachimstals ist der Glimmerschiefer, der den ganzen Abhang des Gebirges von seinem Fuße bei der Ortschaft Ober-Brand bis zur Kammhöhe einnimmt. Östlich von St. Joachimstal bildet Gneis die Höhen und Abhänge des Erzgebirges, wo er als Kern von ungefähr ostwestlich streichenden Gewölben auftritt.

Die ganze Glimmerschieferpartie um St. Joachimstal erscheint als eine von O—W mit merklicher Abweichung nach SW streichende, in Falten gelegte Hülle um die weiter östlich sich heraushebenden Kernmassen von Gneis. Südwestlich ist diese in Falten gelegte Glimmerschieferhülle abgeschnitten durch das Neudeck-Eibenstocker Granitmassiv und im Norden von Phylliten überlagert. Da besonders in der Nähe St. Joachimstals die Glimmerschiefer ziemlich große Mannigfaltigkeit sowohl in der Struktur als auch in dem Mengenverhältnis ihrer Hauptbestandteile (Quarz und Glimmer) und in ihren erzigen Bestandteilen erkennen lassen, ergeben sich daraus eine Anzahl von Varietäten dieses Glimmerschiefers, wovon hier nur die dunkleren, biotitreichen und feldspatführenden, zumeist granatfreien, oft etwas rostigen Glimmerschiefer, genannt „St. Joachimstaler Glimmerschiefer" (da sie unter der Stadt St. Joachimstal gelagert sind), deshalb hervorgehoben werden sollen, weil sie die reichen Gänge beherbergen (Stěp und Becke).

Die von Becke angestellte mikroskopische Untersuchung des Joachimstaler Glimmerschiefers ergab als Hauptgemengteile Biotit, Muskovit, Quarz, Oligoklas-Albit und als akzessorische Gemengteile Turmelin, Apatit, Titanit, Pyrit, Eisenglanz und Rutil. Je nachdem unter den Hauptgemengteilen vo allem der Quarzgehalt oder die glimmerigen Gemengteile überwiegen, unterscheidet Becke die milden Joachimstaler Schiefer von den kurzklüftigen; erfahrungsgemäß sind die Erzgänge im ersteren reicher als im letztgenannten.

Vom Joachimstaler Glimmerschiefer eingeschlossen soll ein für die Silbererzführung günstiges, von Osten nach Westen streichendes Kalklager erwähnt werden, dessen Farbe rauchgrau bis grauweiß ist.

Zahlreiche Porphyrgänge durchziehen die Glimmerschiefer des St. Joachimstaler Gebietes.

In ihrem recht unregelmäßigen Netzwerk herrscht die mit dem Granitrande parallel verlaufende Richtung vor. Dieser vielfach verzweigte Gangzug tritt besonders im Wernerschächter Grubenrevier in zahlreichen 2—50 m mächtigen Gangtrümmern mit südwestlichem Einfallen auf.

Die Struktur der Porphyre ist mittelkörnig, ihre Farbe grau oder braunrot. Ihr Aussehen ist hornsteinartig, wenn sie nur eine homogene Grundmasse aufweisen, oder granitartig, falls in der Grundmasse Körner von Quarz, Orthoklas, Oligoklas und feine Glimmerblättchen vorhanden sind. Sie werden von verschiedenen Forschern und dieser Ansicht schließen sich auch Stěp und Becke an, als Apophysen des Neudeck-Eibenstocker Granitmassivs aufgefaßt.

Die Basalte treten in der Umgebung St. Joachimstals entweder als isolierte Kuppen wie z. B. am Pfaffengrüner Spitzberg und am Blößberge (Pleßberge) auf, oder sie durchziehen die übrigen Gesteine als Gänge.

Diese Basaltgänge, vom Bergmann als „Basaltwacken" oder Wackengänge bezeichnet, erreichen eine Mächtigkeit von 0,1—1 m und durchsetzen den Glimmerschiefer, den Porphyr und die Erzgänge.

Bemerkenswert ist das Vorkommen der sogenannten „Putzenwacke", eines basaltischen Brockentuffs, welcher im Norden des Gebietes als ca. 60 m mächtige Ausfüllung einer vom Tag aus bis zur Tiefe von 400 m nachweisbaren Spalte mit nahezu senkrechten Wänden auftritt.

Obertags kann sie in der Streichrichtung ca. 4 km weit verfolgt werden. Die Putzenwacke, welche in der westlichen Grubenabteilung wiederholt in verschiedenen Tiefen durchfahren wurde, besteht aus einer erdigen, zerreiblichen Grundmasse, in welcher nicht nur zahlreiche kleinere und größere Bruchstücke von allen im Erzrevier vorkommenden Gesteinen, sondern wiederholt auch fossiles, von Laubbäumen (Ulme) stammendes Holz (im Jahre 1556 z. B. in einer Tiefe von 268 m) gefunden wurde, das die Bergleute „Sündflutholz"[1]) benannten.

Eine Unzahl von Erzgängen durchzieht das aus den beschriebenen Gesteinsarten zusammengesetzte St. Joachimstaler Erzrevier. Das Aufreißen der Gangspalten erfolgte nach der Porphyreruption (die Erzgänge durchsetzen die Porphyrgänge), aber vor dem Ausbruche der Basalte, so daß die Bildung der Joachimstaler Erzgänge vor der Oligokänzeit erfolgt sein muß.

Die Erzgänge St. Joachimstals zerfallen in zwei scharf geschiedene Gruppen: In die jüngeren Morgengänge und in die älteren Mitternachts- oder Nordgänge. Beide Gruppen sind im Streichen, in der Ausfüllung und in der Erzführung voneinander verschieden.

Die Morgengänge streichen fast geradlinig annähernd parallel zum Streichen des Glimmerschiefers nach Stunde 6—7 und kreuzen sich mit den Nordgängen fast unter einem rechten Winkel. Ihre Mächtigkeit beträgt im allgemeinen einige Zentimeter bis zu einem halben Meter, ihr Einfallen ist ein flach nördliches und ihre Gangfüllung besteht vorwiegend aus Letten und zersetztem Nebengestein; in einigen Morgengängen ist eine kalzitische Füllung vorwiegend. Zahlreiche Pingen und Halden deuten darauf hin, daß die Morgengänge in der Nähe des Ausbisses ziemlich erzführend (Bleiglanz, Zinkblende

[1]) J. Fl. Vogel, Gangverhältnisse und Mineralreichtum St. Joachimstals. Teplitz 1856.

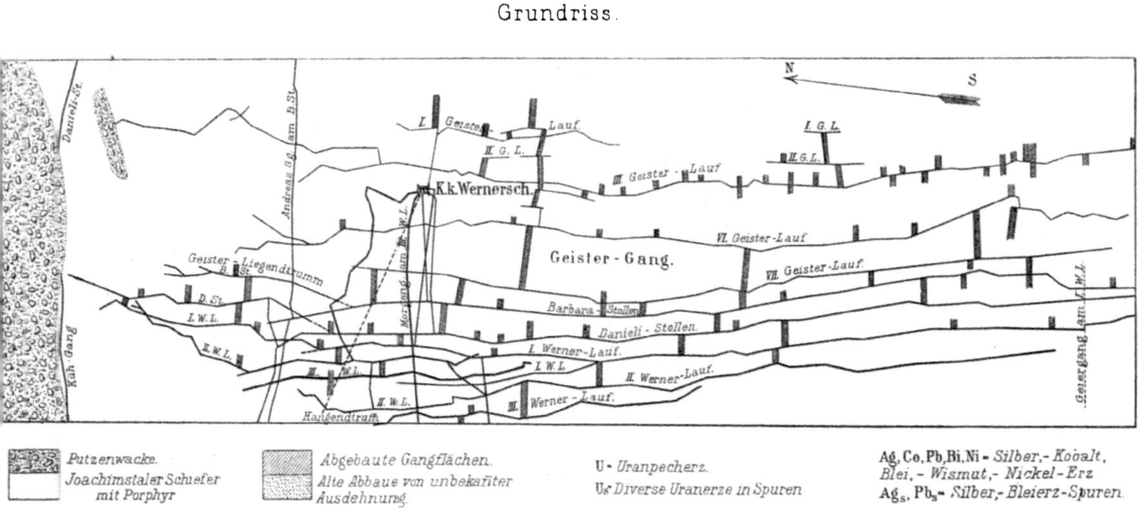

Fig. 67.
Übersichtskarte aus Stěp und Becke: Uranpecherz von Joachimstal.

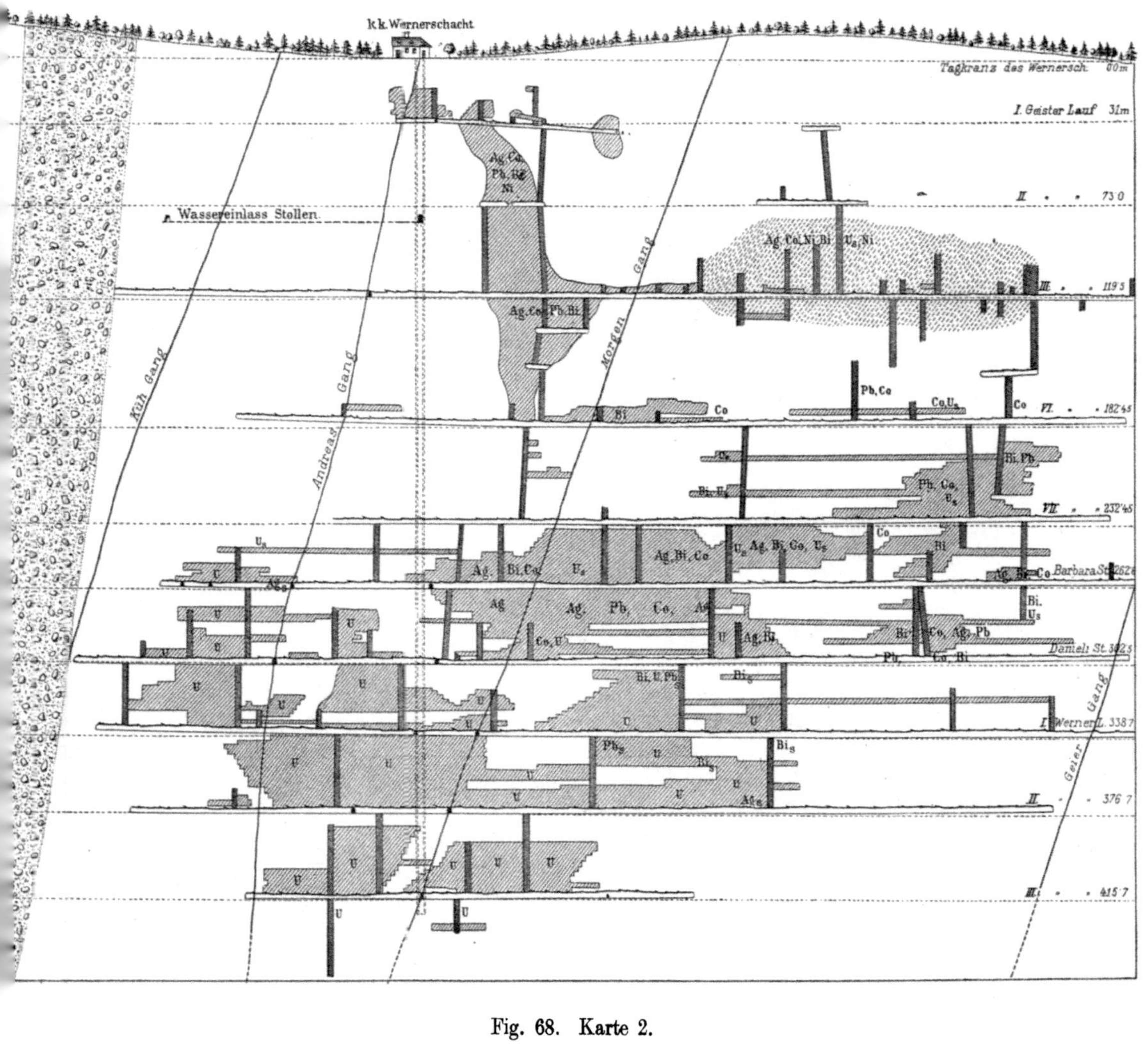

Fig. 68. Karte 2.

und Silbererze) gewesen sein müssen; in der Tiefe hingegen erweisen sie sich mit wenigen Ausnahmen (die in der Nähe des Kalklagers streichenden Gänge) taub. Folgende Morgengänge sind in der K. K. östlichen Grubenabteilung die wichtigsten: Geiergang, Andreasgang, Kühgang, Segen Gottesgang, Dorotheagang und Eliasgang.

Die Nordgänge weisen in den staatlichen Gruben eine größere Mannigfaltigkeit im Streichen, im Verflächen, in der Mächtigkeit und Erzführung auf. Sie zeigen, von wenigen Ausnahmen abgesehen, ein steiles, westliches, gegen den Granit gerichtetes Einfallen, und ihre Gangmasse besteht aus Kalkspat, Braunspat, Quarz, Hornstein, Steinmark und eingeschlossenen Bruchstücken des Nebengesteins. Vorwiegend nur die Nordgänge gehören zu den Haupterzträgern. Unter den Nordgängen des Wernerschächter Grubenreviers sind folgende die wichtigsten: Schweizergang, Bergkittlergang, Hieronymusgang, Geistergang, Widersinniger Gang, Roter Gang, Fludergang. Die Erzführung und die Erzarten in den Nordgängen sind verschieden, je nach der Tiefe und dem Nebengestein.

Im Wernerschachte kann man zwei voneinander getrennte Erzzonen deutlich unterscheiden und zwar eine obere Silbererz- und eine tiefere Uranerzzone. (Karte 2, siehe Tafel II. Fig. 67 u. 68.)

Die Übersichtskarte zeigt, daß die Grenze beider Erzzonen bzw. der Übergang von einer Erzzone in die andere ungefähr in die Tiefe vom Barbara- und Danielistollen (262 bis 302 m unter Tage) zu verlegen ist. Weiters ist daraus ersichtlich, daß in der oberen Erzzone sehr häufig neben Silbererzen auch Kobalt-, Blei-, Wismut- und Nickelerze, Uranerze aber nur selten angetroffen wurden, daß hingegen das letztgenannte Mineral in den tieferen Horizonten das allein herrschende Erz ist, welches den Nordgängen den bergmännischen Wert verleiht.

Charakteristisch ist, daß das Uranpecherz nur in solchen Gangpartien angetroffen wird, die im Schiefer oder am Kontakte des Schiefers mit dem Porphyr streichen. Im St. Joachimstaler Erzrevier ist das Uranpecherz (Pechblende, Pecherz, Schwarzuranerz, Uranit) das ursprüngliche Mineral, das allein den Gegenstand des Bergbaues bildet und in chemischer Hinsicht eine Verbindung von Uran mit Sauerstoff (Uranoxyduloxyd) darstellt.

Von anderen uranhaltigen Mineralien, die als Zersetzungsprodukte des Uranpecherzes anzusehen sind, findet sich eine große Mannigfaltigkeit vor, und besonders die oberen Horizonte zeichnen sich durch ihren Reichtum an den seltensten Uranmineralien[1]) aus, die aber in St. Joachimstal keinerlei Bedeutung für die Urangewinnung haben.

Das Uranpecherz hat in St. Joachimstal eine ganz bestimmte eigenartige Paragenese[2]); es findet sich eine konstante Aufeinanderfolge von:

1. Quarz,
2. Uranerz,
3. Dolomit.

Der Quarz erscheint als die älteste Bildung, über dem Quarz setzt sich dann das Uranerz in Krusten ab, und über dem Uranerz folgt dann ein meist rötlich gefärbter Dolomit, dessen ursprüngliche, nicht durch Oxydationsvorgänge veränderte Farbe schwach erbsengelb ist (Štěp und Becke).

Über die Altersbeziehung des Uranerzes zum Silbererz läßt sich sagen, daß das Uranerz älter ist als das Silbererz.

---

[1]) Gummierz (Gummit),
Eliasit,
Johannit (Uranvitriol),
Urangrün,
Uranblüte (Zippeit),
Uranocker,
Medjidit,
Voglit,
Liebigit,
Uranotil,
Kalkuranit,
Kupferuranit.

[2]) Paragenesis der Mineralien: Lehre von dem Zusammenvorkommen der Mineralien und den daraus abzuleitenden Schlüssen auf Art und Reihenfolge ihrer Bildung.

Das Uranpecherz bricht meistens nur in dünnen Schnüren oder in einzelnen linsenförmigen, nierenförmigen oder unregelmäßig gestalteten, selten über einen Dezimeter mächtigen Nestern ein; derbe Stücke (bis 50 kg Gewicht) kommen sehr selten vor. In St. Joachimstal wurden noch nie Kristalle von Uranpecherz angetroffen, deren Vorkommen in Schweden und Afrika bekannt ist.

Über die Bildungsweise des Uranpecherzes machen Stěp und Becke folgende Angaben: „Was die Bildungsweise des Uranerzes in den St. Joachimstaler Erzgängen anlangt, so kann man aus der Ausbildung in deutlichen Krusten über Quarz, aus der Art der Oberfläche, die durchaus an die Oberfläche von Sinterbildungen erinnert, aus dem gesetzmäßigen Mitvorkommen von Dolomit, endlich aus der Art der Zersetzungserscheinungen im Nebengestein auf Bildung aus wässerigen Lösungen schließen.“

Auch Rutherford[1]) teilt diese Meinung; er spricht von einem sekundären Vorkommen des Uranpecherzes in St. Joachimstal: das Erz bildet nicht einen primären Bestandteil des Urgesteins, sondern ist durch sekundäre Vorgänge in die Gänge gebracht worden.

Nach Stěp und Becke „hat man die Herkunft des Uranerzes wohl in der Tiefe zu suchen, und der Umstand, daß das Uranerz von allen Erzen der Joachimstaler Gänge im Westrevier am tiefsten herabreicht, ist dieser Annahme offenbar günstig. Trägt man die bekannten Uranerzfundpunkte in eine Karte ein, so tritt die Abhängigkeit von der Intrusivmasse der westerzgebirgischen Granitstöcke sehr deutlich hervor, und mit vollem Rechte wird man die Meinung vertreten können, daß durch diese Intrusionen[2]) zeitweilig eine Verbindung zwischen Teilen der Lithosphäre und sehr tief gelegenen Partien des Erdinneren hergestellt wurde, welche die Herbeifuhr solcher Elemente mit hohem Atomgewicht ermöglichte.“

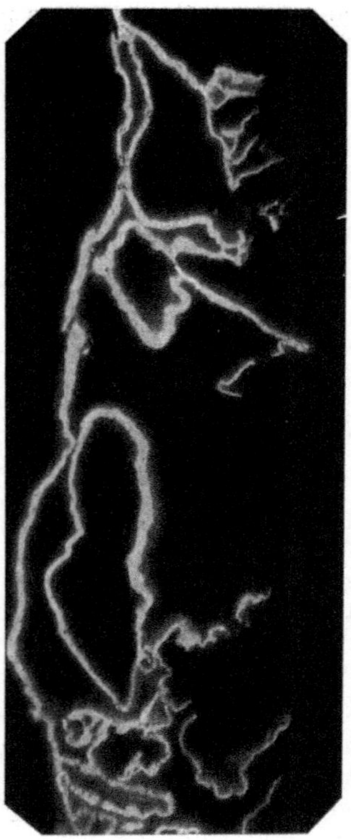

Fig. 69.

Bis zur Mitte des vergangenen Jahrhunderts wurden in den staatlichen Gruben St. Joachimstals nur Silbererze gewonnen; die Pechblende war vom Bergmann als wertlos gemieden.

Erst als im Jahre 1852 der Hüttenchemiker Bergrat Patera im Laboratorium der Joachimstaler K. K. Silberschmelzhütte aus der Pechblende die ersten Uranfarben (Urangelb) hergestellt und ihre Eignung zum Färben von Porzellan und Glasflüssen entdeckt hatte, wurde mit der Verarbeitung dieses Erzes begonnen.

Wie schon früher erwähnt, besteht das Uranpecherz hauptsächlich aus Uranoxyduloxyd (U_3O_8), enthält aber außerdem Kieselsäure, Eisen, Kobalt, Blei, Wismut, Arsen, Schwefel, Kalkerde, Magnesia, Mangan, Silber, Kupfer, Selen, eine ganze Reihe seltener Erden und vor allem das Radium mit seinen Umwandlungsprodukten und Aktinium. Als Muttergestein des kostbaren und seltenen Elementes Radium erregt das Uranpecherz nicht nur in wissenschaftlichen Kreisen, sondern auch in den breiten Schichten der Bevölkerung wegen seiner radioaktiven Eigenschaften allgemeines Interesse.

Vor allem deshalb, um manche biologische Beobachtungen, die in St. Joachimstal gemacht wurden und später mitgeteilt werden sollen, begründen zu können, erscheint es nötig, anschließend an die Beschreibung der geologischen Verhältnisse St. Joachimstals einiges über

---

[1]) Rutherford, Radioaktivity. 2. Aufl. Anh. B. 1905.

[2]) Intrusion = das gewaltsame Eindringen von Eruptivmassen (Intrusivgestein) in Spalten und Höhlen.

die Radioaktivität der Erze, Mineralien und Gesteine, sowie der Grubenluft

in St. Joachimstal, anzuführen.

Stěp und Becke haben als erste in der Grube von St. Joachimstal Versuche angestellt, welche die Wirkung des Uranpecherzes auf fluoreszierende Körper und auf die photographische Platte beweisen.

Wenn ein Schirm von Calciumsulfid bei gelöschtem Grubenlicht auf eine Stufe von Uranpecherz gelegt wird, so leuchtet er nach einigen Minuten in deutlichem Lichte, ja man kann sogar das Szintillieren wahrnehmen. Auch auf Baryumplatinzyanürschirmen rufen nach meiner Beobachtung Uranpecherzstufeu Leuchterscheinungen hervor. Bringt man Stücke von Uranerz im Dunkeln der Grube auf eine mit lichtdichtem Papier belegte photographische Platte, so sehen wir an der entwickelten Platte eine deutliche Schwärzung, gleichgültig ob hierzu frisch gebrochenes Uranerz oder solches Uranerz verwendet wurde, das vor dem Versuche längere Zeit der Einwirkung der Sonnenstrahlen ausgesetzt war (Stěp und Becke). Prof. Sueß[1]) hat seinerzeit gezeigt, daß die Wirkung des Joachimstaler Uranerzes durch jahrhundertlange Aufbewahrung in der Sammlung keine merkliche Abschwächung seiner Wirkung auf die Leitfähigkeit der Luft und auf die photographische Platte erfahren hat.

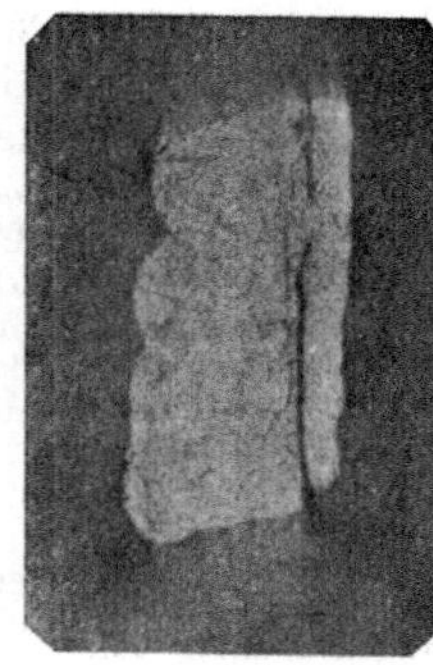

Fig. 70.

Die der Abhandlung von Stěp und Becke entnommenen Bildern zeigen die Einwirkung von Erzstufen, wenn glatte Schliffflächen im Dunkeln direkt auf die lichtempfindliche Schichte gelegt und die Platten dann entwickelt werden.

Die in Fig. 69 „stellenweise wie ein zarter Randschleier an den Adern hervortretende Schattierung ist Folge von der schrägen Lage der betreffenden Uranerzpartie in der Erzplatte, derzufolge sie auf der Schnittfläche von einer keilförmigen Dolomitschichte bedeckt ist. Durch den Dolomitkeil vermag die Strahlung in rasch abnehmender Intensität noch durchzuwirken.“ Es erfolgt mithin eine Filtrierung der Strahlen.

Substanz	Fundort	Tiefe in m	Volt in 15′	U_3O_8 %	Anmerkung
Uranerz	Geistergang	245	2442	70,3	Ganz reines Erz
Uranerz	Geisterhangendtrum	398	2418	69,8	„ „ „
Uranscheiderz . .	—	—	2208	61,9	Erzeugt im Jahre 1905
Uranschlich I . .	—	-	1826	52,7	Erzeugt im Jahre 1905
Uranschlich II . .	—	—	1045	29,7	Erzeugt im Jahre 1905
Dolomit mit Eisenkies	Bergkittlergang	376	—	—	Ohne Uranerzspuren
Kobalt-Nickelerz .	Widersinniger Gang	376	—	—	Silberhaltig
Schwärze	Schweizergang	370	44,3	Spur	—
Schwärze	„	370	—	—	Ohne nachweisbare Uranspuren
Wismutschwärze .	Geistergang	262	40,4	Spur	—
Uranocker . . .	Roter Gang	298	1168	34	—
Putzenwacke . .	Geistergang	262	Spur	—	Schmaler Gang
Putzenwacke . .	Danielistollen	298	Spur	—	60 m mächtig
Basaltwacke . .	Geistergang	262	Spur	—	Schmaler Gang
Glimmerschiefer .	Schweizer Querschlag	376	—	—	—
Porphyr	Widersinniger Gang	338	—	—	Unverwittert
Porphyr	Geiergang	119	—	—	Verwittert
Letten	Schweizergang	330	—	—	Aus tauber Gangpartie
Roter Dolomit . .	„	360	—	—	Ohne Uranspuren

[1]) n. Stěp u. Becke.

„Interessant sind noch die auf Fig. 70 wahrnehmbaren Intensitätsunterschiede der aufeinander folgenden Lagen von Uranerz. Wenn ein Schluß aus der Intensität der Schwärzung auf den Radiumgehalt erlaubt ist, so müßte man aus der in mehreren Fällen nach außen zunehmenden Intensität schließen, daß der größere Radiumgehalt in den letzten Uranerzausscheidungen konzentriert sei. Es würde sich also hier das Radium gerade umgekehrt verhalten wie bei der fraktionierten Kristallisation mit Chlorbarium" (Stěp und Becke).

Stěp [1]) untersuchte auch alle in der westlichen Grubenabteilung vorkommenden Mineralien und Gesteine in lufttrockenem, feingepulverten Zustande auf ihre Radioaktivität. Einige dieser Beobachtungen sind in vorhergehender Tabelle (s. Seite 301) zusammengestellt. Der angegebene Radioaktivitätswert entspricht einem Gewicht von 50 g jeder der untersuchten Substanzen. Beim Uranpecherz konnte immer auch die Abgabe von Emanation beobachtet werden.

Aus der Tabelle geht hervor, daß die Radioaktivität des Uranpecherzes proportional ist dem Gehalte an Uranoxyduloxyd (U_3O_8) und unabhängig von der Teufe, in welcher das Erz vorkommt; die Schwärzen (= Kobalterze in zersetzter Form), sind nur dann radioaktiv, wenn sie chemisch nachweisbare Spuren von U_3O_8 enthalten. Die Nebengesteine (Schiefer, Porphyr) der Erzlagerstätten sind inaktiv, und die jüngeren Eruptivgesteine zeigen in St. Joachimstal keine größere Aktivität als Eruptivgesteine überhaupt. Denn H. W. Schmidt [2]), welcher feingepulverte Putzenwacke untersuchte, fand, daß ihre Aktivität auf gleiche Gewichtsmengen bezogen $2{,}7 \cdot 10^{-5}$ (= 0,000027) mal so groß ist als die von feingepulverter bester Pechblende, von der 1 g nach Strutt [3]) $7{,}4 \cdot 0{,}64 \cdot 10^{-7}$ g Radium enthält; in einem Gramm Putzenwacke ist mithin $7{,}4 \cdot 0{,}64 \cdot 2{,}7 \cdot 10^{-12}$ = ca. $12 \cdot 10^{-12}$ g Radium und nach Strutt in dem aktivsten Eruptivgestein $10 \cdot 10^{-12}$ g Radium enthalten.

Das Vorhandensein an Uranpecherz reicher Lagerstätten und der im folgenden noch zu beschreibenden hochaktiven Quellen in der westlichen Grubenabteilung einerseits, sowie auffallende biologische Beobachtungen in diesem Bergwerke andererseits führten mich im Jahre 1905 zu der Annahme [4]), daß die Luft in der Grube in hohem Grade radioaktiv sein müsse.

Die Luftprobe wurde genommen	Volt in 15 Minuten pro 1 Liter Luft
Beim Reservoir I	1 154
Im Wassereinlaßstollen (I. Platte)	1 619
Beim Schachtsturz	1 506
Bei der Wasserhaltung	928
Im Roten Gang	12 000
Am Danielistollen, Umbruch (durch alte Baue streichende Luft)	6 138
Bei Quelle III (Tabelle Mache und Meyer)	1 578
Am Barbarastollen	1 767
Am Roten Gang M Ost	7 700

Die von dem damaligen Betriebsleiter der Grube (K. K. Oberbergverwalter Stěp) angestellten Radioaktivitätsmessungen der Grubenluft [5]) stellten nun fest, „daß die Grubenluft mehr oder weniger aktiv ist: in Grubenräumen, wo die Luft stagniert, enthält sie mehr Emanation als in Strecken, wo ein lebhafter Wetterzug herrscht. Auch an Stellen, wo an Emanation reiches Wasser ausfließt, ist die Luft in hohem Grade ionisiert." Interessant war die Beobachtung,

[1]) Bericht an das K. K. Ackerbauministerium 1906.
[2]) H. W. Schmidt, Radioaktivitätsmessungen in St. Joachimstal. Physik. Zeitschrift. VIII. Jahrg. Nr. 1.
[3]) R. J. Strutt, Proc. Roy. Soc. 77, 472. 1906. Zit. n. H. W. Schmidt.
[4]) Vortrag auf der 77. Versammlung deutscher Naturforscher und Ärzte. Meran 1905.
[5]) Bericht an das K. K. Ackerbau-Ministerium. September 1906.

daß der einziehende Wetterstrom, der nur die gewöhnliche Elektrizitätszerstreuung der freien Atmosphäre zeigte, nach dem Passieren der Grube eine solche von 1600 Volt in 15' pro Liter Luft nachweisen ließ. Aus der vorstehenden Tabelle sind einige dieser Meßresultate ersichtlich, welche stellenweise einen ganz außergewöhnlichen hohen Radiumemanationsgehalt der Grubenluft ergeben.

Wie aus meinen Untersuchungen hervorgeht, ist eine gewisse Konstanz des Emanationsgehaltes in der Grubenluft nachweisbar. Denn die nach sechs Jahren angestellten Messungen lassen keine beträchtliche Differenz von den zuerst erhaltenen Resultaten erkennen.

Auch H. W. Schmidt [1]) machte Radioaktivitätsbestimmungen der Grubenluft in St. Joachimstal. Er bestimmte in der westlichen Grubenabteilung „die Zerstreuung, die der völlig geschlossene Apparat [2]) im Bergwerke zeigt." Ich führe die Tabelle H. W. Schmidts an „und zwar sind die Resultate zusammengestellt in derselben Reihenfolge, wie sie beim allmählich tieferen Eindringen im Bergwerk gefunden wurden."

Ort	Natürliche Zerstreuung in Millivolt/sec.
Vorher in Dresden und hinterher in Zwickau	0,45
Ca. 100 m vom Eingang am Kreuz des Roten Ganges mit dem Wassereinlaßstollen	56,0
Danielistollen 302 m unter Tagkranz des Wernerschachtes, Kreuz des Querschlages mit Geistergang	114,0
Desgl. Querschlag zwischen Geisterhauptgang und Geisterliegendgang	122,0
Desgl. Unbenannter Gang	128,0
Desgl. Roter Gang (Putzenwacke mit anstehendem Uranerz)	208,0

Betrachten wir die Tabelle, so finden wir für die „natürliche Zerstreuung" in der Grube ca. 100—400 mal so hohe Werte als unter normalen Verhältnissen. H. W. Schmidt bestätigt auch die von Stěp gefundene Tatsache, daß der beim Grubeneingang das Bergwerk verlassende Wetterzug stark radioaktiv ist. Bei der Radioaktivitätsmessung der Grubenluft, die H. W. Schmidt an derselben Stelle vornahm, wo die letzte in der Tabelle angeführte Messung gemacht wurde, erhielt H. W. Schmidt einen ca. zehnfach höheren Wert als für die an diesem Orte vorhandene „natürliche Zerstreuung", nämlich 1900 Millivolt pro Sekunde. Die bei dieser Messung erhaltene induzierte Aktivität war so stark, daß sie noch nach vier Stunden eine Zerstreuung von drei Millivolt/Sek. verursachte. Der Radiumemanationsgehalt der Grubenluft ist an manchen Stellen so groß, daß H. W. Schmidt an einem Sidotblendeschirm (frei in der Luft gehalten) Szintillations- und Fluoreszenzerscheinungen beobachten konnte.

Alle diese Untersuchungen bestätigten meine Annahme hinsichtlich der hohen Radioaktivität der Grubenluft.

Radioaktivität der Quellen (Grubenwässer).

Das reiche Vorhandensein von Uranerzen in dem Wernerschächter Grubenrevier ließ vermuten, daß die in diesem Bergwerk entspringenden **Quellen** (vom Bergmann genannt „Grubenwässer") infolge eines gasförmigen Zerfallsproduktes des Radiums — der Emanation — in hohem Grade radioaktiv sein

[1]) Siehe S. 302.

[2]) β- und γ-Strahlenwirkung.

müßten. Mache und Meyer[1]) — damals beschäftigt bei einer größeren Anzahl österreichischer Heilquellen Radioaktivitätsmessungen anzustellen — waren die ersten, welche die im ärarischen Bergwerk von St. Joachimstal, dem Hauptfundorte des Uranpecherzes, vorhandenen Quellen auf ihr radioaktives Verhalten hin untersuchten. Sie nahmen an drei in verschiedener Tiefe aus Gesteinsspalten ausbrechenden, zu jener Zeit noch wenig ergiebigen Quellen, die Bestimmung des Emanationsgehaltes vor, deren Resultate aus nebenstehender Tabelle ersichtlich sind.

Nr.	Austritt der Quellen	Tiefe in m	Volt in 15 Minuten	i. 10^3 in E. S. E.	Temperatur in Grad C	Korrigierte Zeit in Stunden
1	Wasserstollen	60	761	33,0	5,5	9
2	Barbarastollen	266	1140	49,5	11,0	9
3	Nordort am Schweizergang II Wernerlauf	375	4270	185,0	14,2	$8^1/_2$

„Zunächst zeigt sich, daß das Wasser, wie ja zu erwarten war, große Mengen von Emanation führt; das zu unterst entnommene (Nr. 3) wies den größten Emanationsgehalt auf, der bis dahin überhaupt im Wasser einer Quelle gefunden werden konnte. Als die radioaktive Substanz, deren Emanation das Wasser führt, wird man hier wohl im voraus Radium vermuten, und in der Tat zeigt die durch diese Emanation induzierte Aktivität ganz das charakteristische Verhalten der Radiumemanation. Der an den drei untersuchten Quellen sich reichlich absetzende eisenhaltige Quellocker ist nur sehr schwach aktiv."

Die zahlreichen von dem damaligen Betriebsleiter des Wernerschachtes K. K. Oberbergverwalter Stěp systematisch durchgeführten Wasseruntersuchungen haben die von obengenannten Forschern erwiesene Tatsache nicht nur bestätigt, sondern auch den Beweis geliefert, daß das Wasser, welches in einem uranerzführenden Gange angezapft wird, reicher an Emanation zu sein pflegt als das, welches einer tauben Gangpartie in der gleichen Teufe entstammt.

Nur bei einer am Danielistollen im Wernerschachte 302 m tief unter seinem Tagkranze, am Kreuz des im Schiefer streichenden roten Ganges mit der Putzenwacke erschrotenen Quelle stellte Stěp[2]) eine Ausnahme von dieser Regel fest: das Wasser dieser Quelle zeigte nämlich die überraschend hohe Aktivität von 1200 M.-E.

Als bemerkenswert führt Stěp an, daß sämtliche im Danielistollen erschrotenen Quellen an der Stollensohle aufsteigen.

Daß die Ursache der hohen Aktivität der in der Nähe der Putzenwacke austretenden Quelle nicht in der Radioaktivität der Wacke zu suchen ist, geht aus den früher mitgeteilten, von Stěp und H. W. Schmidt vorgenommenen Radioaktivitätsmessungen der Putzenwacke hervor, zufolge welcher sich die Putzenwacke nicht aktiver erweist als gewöhnliches Eruptivgestein.

Während Petraschek[3]) den außergewöhnlich hohen Radiumemanationsgehalt der St. Joachimstaler Quellen dem Umstand zuschreibt, daß diese Quellen in Lagerstätten von Uranerzen ihren Ursprung haben, hält Stěp auf Grund seiner eingehenden Untersuchungen und Erfahrungen die Annahme für berechtigt, daß der unter der Glimmerschieferhülle lagernde Granitstock emanationsreiche Wasserdämpfe ausstoße, welche durch die vorhandenen Gang-

[1]) H. Mache und St. Meyer, Über die Radioaktivität der Quellen d. böhm. Bädergruppe etc. Sitzungsber. d. kais. Akad. d. Wiss. Mathem.-naturw. Kl. Bd. CXIV. Abt. IIa. Febr. 1905. — Dieselben, Über die Radioaktivität österr. Thermen. Phys. Zeitschr. VI. Jahrg. Nr. 21.

[2]) Siehe S. 300.

[3]) Siehe S. 296.

spalten und Gesteinsklüfte zur Erdoberfläche emporsteigen. Eine ganze Reihe von Beobachtungen spricht zugunsten dieser Ansicht: Wie schon früher bemerkt, liegt der staatliche Bergbau von St. Joachimstal in nächster Nähe der Grenze des Neudeck-Eibenstocker Granitmassives, das von Nordwesten her allmählich unter die Glimmerschiefer einfällt. Einerseits ist bekannt, daß überhaupt Quellen, welche in Eruptivgesteinen, insbesondere in den quarzreichen ihren Ursprung nehmen, stets radioaktiver sind, als die Wässer, welche aus Sedimentgesteinen stammen, sowie daß der Granit unter allen Eruptivgesteinen gemäß den Untersuchungen Strutts, das meiste Radium zu enthalten pflegt, und andererseits ist durch Beobachtungen (G. von dem Borne und C. Schiffner) [1]) erwiesen, daß speziell alle in dem Neudeck-Eibenstocker Granitmassiv angetroffenen Quellen eine höhere Radioaktivität zeigen als die Quellen, welche dem Glimmerschiefer und den Phylliten entströmen. Die Glimmerschieferhülle ist nun in der Umgebung St. Joachimstals durch zahlreiche Spalten (Erzgänge, Porphyre, Basaltwacken) zerklüftet, welche gemäß den Annahmen der Geologen bis in den Granit hinabreichen dürften. Diese Spalten bieten daher besonders an ihren Scharungen und Kreuzungen den aufsteigenden Wässern einen bequemen Weg. Diese Annahme Stěps findet eine weitere Stütze noch darin, daß seinerzeit mehrere warme Quellen [2]) mit großer Ergiebigkeit im Einigkeitsschachte in einer Tiefe von 497 m unter seinem Tagkranze erschlossen wurden, und daß die Menge und Radioaktivität der im Wernerschachte entspringenden Quellen mit der Tiefe zunimmt.

Daß die im Wernerschächter Grubenrevier erschlossenen radioaktiven Quellen nicht warm sind, erklärt Stěp daraus, daß diese Wässer wegen teilweiser Verstopfung der Ausflußöffnungen nicht rasch genug heraussprudeln können und auf ihrem langsamen Wege die Gesteinstemperatur annehmen. Denn es ist einleuchtend, daß das Wasser oder die Gase sich desto schneller bewegen können und desto weniger auch an Radioaktivität und Temperatur einbüßen, je weniger Widerstand sie beim Aufsteigen finden. Je tiefer bzw. in je geringerer Entfernung vom Granit eine solche Spalte angeritzt wird, desto leichter kann das Wasser aus ihr heraufströmen.

Daß das Studium der im ärarischen Bergwerk von St. Joachimstal entspringenden Quellen auch für den Bergmann von hohem Nutzen ist, geht daraus hervor, daß die über Jahre planmäßig geführten Untersuchungen über den Emanationsgehalt dieser Quellen ein wichtiges Hilfsmittel für das Auffinden von Erzadern bilden.

Der zielbewußten, unermüdlichen Arbeit Stěps ist es nicht nur zu danken, daß durch Ausrichtungsarbeiten die Ergiebigkeit der von Mache und Meyer als emanationsreichsten bezeichneten Quelle ganz beträchtlich erhöht wurde, sondern daß noch eine ganze Reihe wasserreicher Quellen erschlossen wurde, deren Emanationsgehalt das Sechs- bis Fünfzehnfache der zuerst erschrotenen Quellen aufweist.

In folgender Tabelle (s. Seite 306) sind die wichtigsten Quellen und deren Aktivität angegeben.

Die grundlegenden Untersuchungen v. Neußers [3]) auf dem Gebiete der Radiumemanationstherapie sowie eigene diesbezügliche Versuche und in St. Joachimstal angestellte Beobachtungen waren für mich der Anlaß, auf der 77. Versammlung deutscher Naturforscher und Ärzte (1905) die Meinung

[1]) Zit. n. Stěp s. S. 296.

[2]) Nach Petrascheck steht das Thermalwasser von St. Joachimstal mit dem Karlsbader Thermalbezirk in keinem Zusammenhange; es ist vielmehr ein eigener Thermenkomplex vorhanden.

[3]) Vortrag i. d. K. K. Gesellschaft d. Ärzte in Wien. Januar 1905.

auszusprechen, daß die hochaktiven Quellen St. Joachimstals in Zukunft Verwendung finden dürften zum Heile hilfesuchender Kranken. Damals hatte noch niemand in St. Joachimstal das hochaktive Quellwasser therapeutisch verwendet. In ruhiger, zielbewußter Arbeit wurden in der Folge die hiezu erforderlichen Vorbereitungen in Angriff genommen; sie begannen mit dem Aufschließen neuer hochaktiver Quellen, mit den Quellfassungen, weiters mit dem Legen der Heilwasserleitung und fanden ihren Abschluß mit der Errichtung der K. K. Kuranstalt für Radiumtherapie, deren Eröffnung im Jahre 1911 stattgefunden hat.

Ausfluß-Stelle	Tiefe in Meter	$i \cdot 10^3 =$ Mache-Einh.	Name des Untersuchers
Schweizer-Hangend Abteufen II. Werner Lauf .	380	206	Štěp
II. Überbruch zum Radiumgange am Danielistollen	300	1131	„
a) Radiumgang am Danielistollen	300	2142	„
b) „ „ „	300	1502	„
Am Schweizer Südmittelort	380	433	„
Am Roten Gang (aus Urangang)	300	2050	H. W. Schmidt
Aus dem Hangenden des Radiumganges . . .	300	271	Štěp
Im Reservoir I. (Quellenmündung)	—	2884	„
a) Im Reservoir II	—	275	„
b) „ „ II	—	114	„

Sämtliche hochaktive Quellen werden gemeinsam in drei am Horizonte des Danielistollens befindlichen Reservoirs aufgefangen (130 m³, 72 m³ und 80 m³) und in einer für die Reservoire gemeinsamen 4325 m langen, im Danielistollen gelegten, aus Mannesmannröhren bestehenden Leitung mit natürlichem Druck der K. K. Kuranstalt zugeführt. Die nebenstehende Skizze gibt einen Überblick von der Lage der Reservoire im Bergwerk und von der Anlage der Heilwasserleitung.

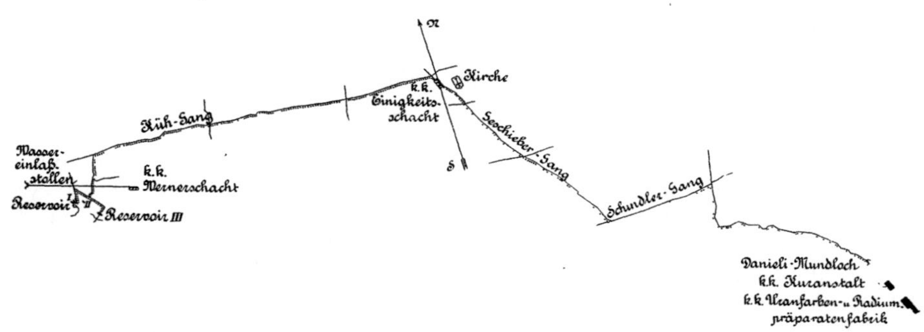

Fig. 71.

Die Temperatur des Heilwassers beträgt 10,5° C. Seine chemische Untersuchung, ausgeführt von der K. K. allgemeinen Untersuchungsanstalt für Lebensmittel (deutsche Universität) in Prag, ergab:

„In Ionenform ausgedrückt gestaltet sich die Zusammensetzung für 1000 g Wasser folgendermaßen:

Kationen:

Kalium-Ion	($\dot{K}$)	0,00291 g p. m
Natrium-Ion	($\dot{Na}$)	0,00835 „ „ „

Lithium-Ion	($Li^{\cdot}$)	0,00004 g p. m
Kalzium-Ion	($Ca^{\cdot\cdot}$)	0,02146 „ „ „
Magnesium-Ion	($Mg^{\cdot\cdot}$)	0,00589 „ „ „
Ferro-Ion	($Fe^{\cdot\cdot}$)	0,00022 „ „ „
Mangano-Ion	($Mn^{\cdot\cdot}$)	0,00036 „ „ „
Anionen:		
Chlor-Ion	(Cl')	0,00792 „ „ „
Sulfat-Ion	(SO_4'')	0,04883 „ „ „
Hydrokarbonat-Ion	(HCO_3')	0,05787 „ „ „
Freies Ion	(CO_2)	0,00325 „ „ „
Kieselsäure (meta)	(H_2SiO_3)	0,03942 „ „ „

Gutachten:

„Das vorliegende Wasser zeigt in seiner Zusammensetzung nicht das Bild eines ausgesprochenen Mineralwassers, da sowohl die fixen als auch die nicht fixen Bestandteile mit Ausnahme des Eisens die Menge gewöhnlicher Quellwässer nicht überschreiten.

Der Eisengehalt kommt in der Analyse nicht zum Ausdrucke, da unter den Verhältnissen zur Zeit der Wasserentnahme eine Eisenbestimmung an der Quelle selbst nicht möglich war. Zu der Annahme, daß dem Wasser ein höherer Eisengehalt eigen ist, berechtigen die reichlichen Eisenoxydhydratausscheidungen des Wassers.

Nach dem Gesagten kann das Wasser als ein Quellwasser mit höherem Eisengehalt angesehen werden. Erwähnenswert wäre noch das vorgefundene Strontium und Lithium."

Nach Durchfließen der Reservoire und der 4325 m langen Rohrleitung besitzt das Heilwasser in der K. K. Kuranstalt eine Aktivität von 600 M.-E. Da sich in der Literatur sehr viele Angaben finden, worin die Aktivität der St. Joachimstaler Quellen kurzweg mit 600 M.-E. — ich sehe ganz ab von der für die letzten Jahre ganz unrichtigen Angabe von 185 M.-E. — bezeichnet ist, erscheint es wichtig hervorzuheben, daß sich dieser Radioaktivitätswert auf das in der K. K. Kuranstalt vorhandene Heilwasser bezieht; es kommt also dieser Radiumemanationsgehalt ohne weitere Verluste zur therapeutischen Verwendung. Für den Arzt ist ja vor allem wichtig zu wissen, welchen Radioaktivitätswert ein Heilwasser an dem Orte besitzt, wo es für Heilzwecke verbraucht wird. Die Angabe der Radioaktivität einer Quelle an ihrem Ursprung ist für den Arzt von geringerer Bedeutung; denn in den meisten Badeorten ist der Quellursprung nicht identisch mit jener Stelle, wo das Heilwasser therapeutisch verwendet wird, sondern es muß das Wasser der Heilquelle in irgend einer Weise dahin geschafft werden. Damit ist aber bei den radioaktiven Quellen eine mehr oder weniger beträchtliche Abnahme ihres Radiumemanationsgehaltes verbunden. Nicht nur durch die in Fachzeitschriften, sondern auch in Tagesblättern wiederholt erscheinenden Berichte, worin diese Verhältnisse nicht berücksichtigt werden, kann der sich mit diesem Thema weniger beschäftigende praktische Arzt zu falschen Auffassungen gelangen.

Einrichtungen der Kuranstalt für Radiumtherapie.

In keinem anderen Etablissement steht bisher so hochaktives, natürliches Heilwasser zur Verfügung, wie in der K. K. Kuranstalt für Radiumtherapie in St. Joachimstal, deren **Einrichtungen** hier mit einigen Worten erwähnt werden sollen. Das an Radiumemanation so reiche Heilwasser dient zunächst zur Bereitung der Bäder. Die Zuleitung des Heilwassers in die Badewanne geschieht derart, daß von einer Standbatterie aus das Heilwasser ganz nahe am Wannenboden einströmt; hierbei gestattet ein am Fußende der Wanne angebrachter Apparat das hochaktive Quellwasser ohne Verlust an Radiumemanation erwärmt in die Wanne zu leiten und während der Dauer des Bades konstant ein den individuellen Verhältnissen entsprechend temperiertes Badewasser zuzuführen. Diese Anordnung bezweckt einerseits die bei den Thermen vorhandene Temperaturkonstanz des Badewassers zu erzielen und andererseits auch Emanationsverluste zu vermeiden. Hydroelektrische Badeeinrichtungen gestatten die Vornahme der Radiumiontophorese. Die in nebenstehender Skizze abgebildete Anordnung ermöglicht ein Radiumbad mit der Inhalation von Radiumemanation zu verbinden, sei es daß letztere während des Bades oder im Anschluß an dasselbe vorgenommen werden soll.

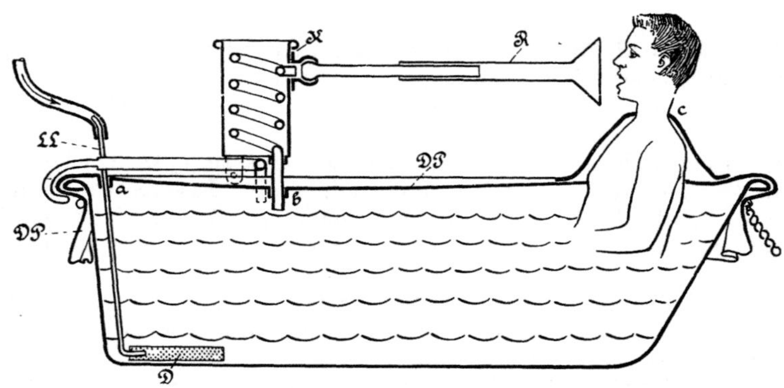

Fig. 72.

Erläuterungen zu Figur 72. Radiumbad mit Inhalation.

D = Diaphragma aus porösem Stein, wodurch die durch
LL = Luftleitungsrohr in das Badewasser eingeführte Druckluft fein verteilt wird, um am Ende des Bades die im Badewasser enthaltene Radiumemanation auszutreiben.
DP = Decke aus Pergamentpapier mit je einer Ausnehmung
a) für die Luftzuleitung,
b) für die Luftableitung,
c) für den Kopf des Patienten; die Decke schließt das Innere der Wanne von der Außenluft gasdicht ab.
K = Kühlgefäß für die aus dem Badewasser mit Radiumemanation beladen kommende Luft, die durch das in Schlangenwindungen laufende Rohr vor das Gesicht des Badenden gebracht wird. Die Schlangenwindungen sind so angeordnet, daß der kondensierte Wasserdampf in das Badewasser zurückfließt. Das Rohr R ist mittels Kugelgelenkes am Kühlgefäß befestigt.

Durch das Steindiaphragma erfolgt eine äußerst feine, hygienisch einwandfreie [1]) Verteilung der in das Badewasser eingeführten Druckluft, welche die im Badewasser angesammelte Emanation mit sich reißt. Die Badewanne ist mit einem gasdichten Überzuge abgedeckt, der drei Öffnungen besitzt; eine für den Hals des Badenden, eine für die Zuleitung der Druckluft und eine für die Ableitung der mit Emanation beladenen zur Inhalation bestimmten Luft; das Gefäß wirkt als Kondensator für die aus dem Badewasser mit der stark radioaktiven Luft entweichenden Wasserdämpfe.

[1]) Die Verwendung von Filz bei manchen für feine Luftverteilung im Badewasser bestimmten Vorrichtungen erscheint mir den hygienischen Anforderungen nicht zu entsprechen.

Diese Vorrichtung kann auch dazu verwendet werden, um die Kabinenluft mit großen Mengen von Radiumemanation anzureichern, die der nach dem Bade in der Kabine ruhende Patient einatmen kann.

Nach den Angaben des K. K. Badearztes Dr. F. Dautwitz ist diese Einrichtung von der Firma O. Neupert Nachfolger, Wien VIII. Bennoplatz, ausgeführt.

Eigene Räume sind bestimmt zur Vornahme der Emanationspackungen und der Teilbäder.

Um auch solchen Kurgästen, die temporär die K. K. Kuranstalt nicht besuchen können, vollwertiges hochaktives Heilwasser in ihre Wohnungen schaffen zu können, wurden zum Transport des Heilwassers eigene Gefäße konstruiert, deren Prinzip darauf beruht, daß das emanationshaltige Heilwasser mit inaktiver Luft oder inaktiven Wasser in keinerlei Berührung kommt. Sowohl die Füllung dieser Gefäße mit dem emanationshaltigen Wasser als auch die Entnahme des hochaktiven Quellwassers, sei es im ganzen oder in einzelnen tagsüber verteilten Portionen, erfolgt ohne den geringsten Emanationsverlust.

Als ein die Badewirkung unterstützender Kurbehelf dient die Inhalation von Radiumemanation, welche an Einzelapparaten oder im Inhalatorium für Quellemanation vorgenommen werden kann. Letzteres besteht aus drei Räumen, deren Situation und technische Anlage aus umstehender Skizze (s. Fig. 73 Seite 308) ersichtlich ist.

Hervorgehoben soll werden, daß bei dieser Anlage zum ersten Male das vollkommen gefahrlose Pneumatogen-Verfahren [1]) für diesen Zweck zur Anwendung kam. Denn die Benutzung von Bomben mit komprimierten Sauerstoff, wie sie beim Betriebe ähnlicher Anlagen geübt wird, erscheint wegen der damit verbundenen Zündungsgefahr des verdichteten Sauerstoffes [2]) wohl nicht zweckentsprechend.

Die Bestrahlungen mittels Radium werden in der K. K. Kuranstalt mit den von mir angefertigten St. Joachimstaler Radiumträgern [3]) vorgenommen. Dieselben zeichnen sich bei Vorhandensein aller für ihre therapeutische Verwendung nötigen Bedingungen vor allen anderen bis jetzt im Gebrauche befindlichen derartigen Apparaten dadurch aus, daß es bei ihrer Konstruktion gelungen ist, die vom Radiumsalz trotz der Einschließung abgegebenen Strahlen in einer bisher nicht gekannten Weise wirksam zu erhalten. Diese wirksame Strahlenmenge macht sich unter anderem geltend durch die starke Ozonbildung, welche die St. Joachimstaler Radiumträger hervorrufen; wir können sie erkennen an der kurzen, eine Reaktion im Gefolge habenden Bestrahlungsdauer (Bruchteile einer Minute), und sie kommt zum Ausdruck durch die erhebliche Verkürzung der Latenzzeit. Wenn letztere bei Anwendung der bisher gebräuchlichen Radiumbestrahlungsapparate Tage und Wochen gedauert hat, so beträgt sie bei nur nach Minuten zählender Bestrahlungsdauer mittels St. Joachimstaler Radiumträger nur wenige Stunden, und nach 3—4stündiger Applikationsdauer eines solchen Radiumträgers fehlt sie überhaupt, d. h. es sind im Moment des Abnehmens eines St. Joachimstaler Radiumträgers bereits die sicht- und fühlbaren Zeichen einer Dermatitis vorhanden.

---

[1]) Darstellung des Sauerstoffes unter gleichzeitiger Bindung der Kohlensäure: System der Herren Dr. M. Bamberger, Professor a. d. K. K. techn. Hochschule in Wien und Doz. Dr. F. Böck, Patent in allen Kulturstaaten.

[2]) Dr. H. Rasch, Die Zündung durch verdichteten Sauerstoff. Weimar 1904.

[3]) F. Dautwitz, Über St. Joachimstaler Radiumträger. Wien. klin. Wochenschr. Nr. 22. 1911. — Derselbe, Über St. Joachimstaler Radiumträger und einige ihrer Strahlenwirkungen. Ibidem. Nr. 3. 1912. — Derselbe, Die Herstellung der St. Joachimstaler Radiumträger. Ibidem Nr. 22. 1912.

Biologische Beobachtungen in St. Joachimstal.

Im vorhergehenden wurde gezeigt, in welch hohem, an anderen Orten bisher nicht beobachtetem Maße Erde, Luft und Wasser in St. Joachimstal

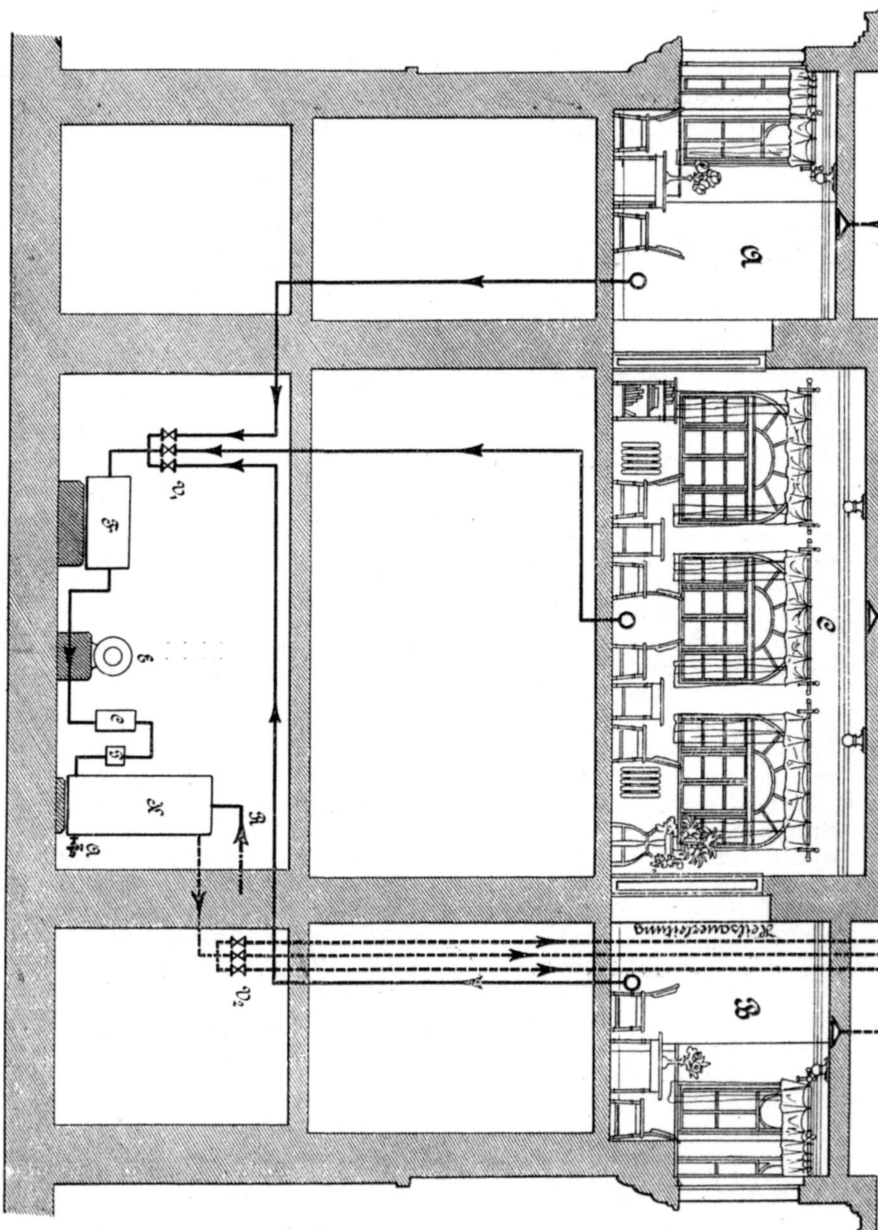

Fig. 73.

A, B, C = Inhalationsräume. ——— = die Luftleitungen aus diesen Räumen zum Entgaser des Heilwassers K. - - - - = die Luftleitungen vom Entgaser K zum Raum A, B, C. V_1 und V_2 = Absperrventile dieser Luftleitungen, die es ermöglichen in jedem der drei Räume einen verschieden hohen Gehalt der Luft an Radiumemanation zu erhalten. F = Luftfilteranlage, E = Elektromotor zum Betriebe des Kompressors C, P = Pneumatogenpatrone, R = Zuleitung des Heilwassers zum Entgaser, A = Ablauf des an Radiumemanation erschöpften Heilwassers.

radioaktiv sind. Macht sich nun eine **Wirkung dieser Radioaktivität auf die unter ihrem Einfluß stehenden Lebewesen** geltend? Sind für St. Joachimstal spezielle biologische Wirkungen beobachtet worden? Nachdem ja der Name

St. Joachimstal nicht nur mit dem Begriff „Radium" innig verknüpft bleibt, sondern auch von allen Anfang an in der Entwicklung der auf biologischen Beobachtungen aufgebauten Radiumemanationstherapie eine wichtige Rolle spielt, sollen diese Fragen etwas eingehender erörtert werden.

Als Quellen dieser Radioaktivität haben wir sowohl primär radioaktive Körper enthaltende Substanzen als auch die Radiumemanation, sowie die durch letztere bedingte induzierte Aktivität kennen gelernt. Manchmal tritt bei der biologischen Wirkung eine dieser Quellen besonders hervor, in sehr vielen Fällen ist aber der biologische Effekt als Radioaktivitätswirkung aller drei Momente aufzufassen.

Nachdem bis zum Jahre 1904 die Radiumemanation therapeutisch nur bei gewissen Formen von Hautkrankheiten und Tumoren, sowie bei chronischen Eiterungsprozessen von einigen Ärzten verwendet wurde, lenkte in diesem Jahre v. Neußer als erster durch seine Beobachtungen die Radiumemanationstherapie in andere bis heute eingehaltene Bahnen. Diese Untersuchungen v. Neußers wurden von mir fortgesetzt, und ich hatte Gelegenheit, in deren Verlaufe St. Joachimstal, der Hauptfundstätte des Uranpecherzes, meinen ersten Besuch (1905) abzustatten.

In der Umgebung St. Joachimstals sieht man an zahlreichen Stellen das ursprüngliche Terrain durch Bodenerhebungen verändert, bedingt durch das ehemalige Aufschütten von Schutthalden. Diese stammen aus jener Zeit, wo der in St. Joachimstal besonders auf Silbererze betriebene Bergbau blühte, der durch die meist oberflächliche Lage der Gänge sehr erleichtert wurde. Seit langer Zeit sind diese Halden mit Gras, Heidekraut, Fichten und Föhren kräftig bewachsen; nur die sogenannten Schweizerhalden aus der Mitte des XVI. Jahrhunderts stammend, und von zahlreichen Pingen, welche von alten verfallenen Schächten herrühren, durchsetzt, sind heute, trotz zahlreicher Aufforstungsversuche, noch kahl. Die jungen Nadelhölzer, welche auf diesen Halden wiederholt schon gepflanzt wurden, gehen nach 2—3 Jahren ein. Als Ursache ihres Absterbens wird angenommen, daß die in diesen Halden wahrscheinlich vorhandenen Verwitterungsprodukte von Arsenerzen das Wachstum der Pflanzen schädigen. Da aber Arsenerze in St. Joachimstal auch an anderen Orten in reicher Menge abgebaut wurden und auch in anderen derzeit von Pflanzenwuchs bedeckten Halden enthalten sein dürften, ist es schwer einzusehen, weshalb gerade dem Vorhandensein von Arsenerzen der mangelnde Pflanzenwuchs der Schweizerhalden zuzuschreiben ist.

Eine andere Erklärung, welche die Lage dieser Halden berücksichtigt, ist vielleicht für diese auffallende Erscheinung zutreffender. Die Schweizerhalden liegen nämlich über dem „Schweizergang", der bis jetzt das meiste Uranpecherz geliefert hat, und womit die alten jetzt als Pingen imponierenden Schächte in Verbindung stehen. Auf den enorm hohen Radiumemanationsgehalt der Grubenluft, welcher der die Grube durchziehende Wetterzug in mehr oder weniger hohem Grade fortwährend frische Luft zuführt, ist früher hingewiesen worden. Berücksichtigt man die in der Grubenluft trotz fortwährender Lufterneuerung vorhandene ganz außergewöhnlich hohe Radioaktivität, so müssen wir für die Bodenluft im eigentlichen Sinne noch viel höhere Werte annehmen. Nach meiner Auffassung ist dieser hohen Radioaktivität des Bodens die Störung des Pflanzenwachstums auf diesen Halden zuzuschreiben. Dafür spricht auch der Umstand, daß die Bäumchen nicht gleich nach dem Pflanzen, sondern erst dann zugrunde gehen, wenn ihre Wurzeln tiefer in den Boden eingedrungen sind, sobald sich also die in tieferen Bodenschichten angesammelte Emanation und die von ihr hervorgerufene induzierte Aktivität geltend macht. Einerseits wissen wir, daß ebenso wie der Mensch auch die Pflanze bei ihrer Ernährung auf die Mitarbeit von Bakterien angewiesen ist, und andererseits kennen wir den das Bakterienleben schädigenden Einfluß der Radiumstrahlen. Nicht direkt würde also die Radioaktivität des Bodens der Schweizerhalden das Pflanzenwachstum schädigen, sondern dadurch, daß sie eine Störung der Lebensvorgänge der zum Pflanzenleben nötigen Bakterien verursacht.

Hält man im Bergwerk Umschau nach etwaigen Einflüssen der Radioaktivität auf pflanzliche Organismen, so fällt auf, daß das von den in der Grube entspringenden Quellen berieselte Holz jahrzehntelang hält und vom Holzschwamm nicht angegriffen wird. Als Ursache dafür wird angenommen, daß die im Quellwasser gelösten Salze das Holz konservieren. Da aber die chemische Analyse des Quellwassers die Weichheit des Wassers besonders hervorhebt, ist es naheliegend, der starken Radioaktivität dieser Quellen die Konservierung des Holzes zuzuschreiben.

An vielen Stellen des Bergwerkes sind Holzstücke mit kleinen Schimmelpilzrasen überzogen. Vergeblich sucht man jedoch einen solchen in Sporifikation begriffenen Rasen anzutreffen. Diese auffallende Erscheinung findet ihre Erklärung darin, daß durch den hohen Radiumemanationsgehalt der Grubenluft die biologische Funktion (Sporifikation) der Schimmelpilze gehemmt wird. Es ist dies ein in der Natur vorhandener Beweis für meine seinerzeit experimentell gefundenen Resultate.

Wir sehen also, daß sich ebenso wie im Experiment auch in der freien Natur hohe Grade von Radiumemanationsgehalt der Luft durch ihren das Pflanzenleben schädigenden Einfluß geltend machen.

Bei meinem ersten Besuche St. Joachimstals wandte ich meine Aufmerksamkeit auch den im ärarischen Bergwerk beschäftigten Bergleuten zu, die ja jahrelang unter dem Einfluß ganz hervorragend starker Radioaktivität stehen. Auf der 77. Versammlung deutscher Naturforscher und Ärzte sagte ich [1]: „Bei dem Reichtum der Stollen an Uranpecherz, das stellenweise eine Mächtigkeit von 50 cm erreicht, dürfte auch die Luft in hohem Grade radioaktiv sein, obwohl Untersuchungen darüber noch ausstehen. Es war daher naheliegend, sich bei den Bergleuten zu erkundigen, ob nicht ein Einfluß dieser Atmosphäre auf ihren Organismus vorhanden ist; und da war es auffallend zu erfahren, daß unter ihnen Gicht, Rheumatismus und Neuralgien nicht vorkommen, obwohl sie oft starken Durchnässungen und Erkältungen in der Grube und im Freien ausgesetzt sind.“ Aus diesen Worten geht hervor, daß, während bereits früher Aschkinas und Caspari, sowie Saake die Radioaktivität der Luft für die im Hochgebirge beim Menschen eintretende außerordentliche Reizwirkung verantwortlich machten, ich als erster auf einen für ganz bestimmte Heilzwecke zu verwertenden Einfluß radioaktiver Luft hingewiesen habe. Meines Erachtens ist es wichtig dies zu betonen, weil beim Studium eines Teiles der einschlägigen Literatur der Eindruck erweckt werden könnte, daß diejenigen, welche sich zuerst mit dem biologischen Studium der Radiumemanation beschäftigten, und zu denen auch ich mich zu zählen für berechtigt halte, die biologische Wirksamkeit radioaktiver Luft ganz außer Acht gelassen hätten. Trotzdem mir also seinerzeit schon dieser Effekt radioaktiver Luft bekannt war, habe ich die biologische und auch therapeutische Wirksamkeit der St. Joachimstaler hochaktiven Wässer höher eingeschätzt als die der radioaktiven

[1] F. Dautwitz l. c.

Luft und halte an diesem Standpunkte im Gegensatz zu den Auffassungen der jüngsten Zeit auch jetz noch fest.

Ich hatte übrigens Gelegenheit, selbst auch die Schattenseite hohen Emanationsgehaltes der Luft zu beobachten. Nach meinem ersten ca. vierstündigen Aufenthalt im ärarischen Bergwerk stellten sich während der nächsten Stunden äußerst heftige Kopfschmerzen bis zum nächsten Tage, trotz Pyramidon andauernd, leichter Schwindel und starkes Nasenbluten ein. Diese Erscheinungen, welche bei mir sonst nicht auftreten, sind als Wirkungen großer Radiumemanationsmengen aufzufassen, denn ich hatte bei verschiedenen anderen, sowohl vorher als auch später vorgenommenen Bergwerksbesuchen (Salz, Kohle) niemals Gelegenheit, ähnliches an mir zu beobachten. In der Folgezeit reagierte der Organismus nicht mehr so heftig; es stellt sich jetzt nach einer Anfahrt im ärarischen Bergwerk nur Eingenommenheit des Kopfes und verminderte Arbeitsfähigkeit ein. Nicht unerwähnt soll bleiben, daß mein Blutdruck seit Jahren ohne nachweisbare Ursachen bei völligem Wohlbefinden dauernd erhöht ist.

Den Bergleuten war zu jener Zeit bereits eine Wirkung des hochaktiven Quellwassers bekannt, die sich beim Trinken desselben einstellt; im Bedarfsfalle machten sie davon ganz rationell Verwendung. Es ist bei ihnen eine alte Erfahrungstatsache, daß das Trinken mancher im Bergwerk entspringenden Quellwässer eine mächtige Förderung der Harn- und Stuhlentleerung veranlaßt. Bedingt sind diese Wirkungen durch den hohen Radiumemanationsgehalt dieser Quellen; die diuretische Wirkung der Radiumemanation hob bereits v. Neußer hervor und wurde dann von einer ganzen Reihe anderer Autoren bestätigt. Die stuhlbefördernde Wirkung des St. Joachimstaler Heilwassers hatte ich Gelegenheit in zahlreichen Fällen auch in Selbstversuchen zu beobachten. Wie mir Herr Prof. P. Lazarus persönlich mitteilte, konnte auch er die gleiche Wirkung höherer Radiumemanationsdosen feststellen.

Wir sehen somit, daß in St. Joachimstal eine ganze Reihe auch für die Radiumemanationstherapie wichtiger biologischer Beobachtungen gemacht werden konnte. Es sind dies ganz auffällige Radioaktivitätswirkungen, und ich bin überzeugt, daß sich bei genauem Zusehen und entsprechend langer Beobachtungsdauer dann noch weitere derartige nicht in dem Maße auffallende, aber nicht weniger interessante Befunde erheben lassen werden.

Im Folgenden soll noch eine kurze Übersicht der

klimatischen Verhältnisse St. Joachimstals

gegeben werden, soweit bisher darüber Aufzeichnungen vorhanden sind. Berücksichtigt muß werden, daß die angeführten Zahlen[1]) für den nördlich ca. 150—200 m höher als die K. K. Kuranstalt gelegenen Stadtteil von St. Joachimstal Geltung haben. Die Etablierung einer neuen im „Untertal" gelegenen meteorologischen Station ist für die nächste Zeit beabsichtigt.

Der über 1000 m hohe Erzgebirgskamm, welcher mit seinen reichbewaldeten bis 950 m hohen Ausläufern von Norden her halbkreisförmig St. Joachimstal umgibt, bildet eine natürliche Schutzmauer gegen die am Plateau des Erzgebirges und an seinem nordwestlichen Abhange vorhandenen rauhen Windströmungen, denen dieser Teil den Namen „sächsisches Sibirien" verdankt.

---

[1]) Herrn Direktor Jos. Michler bin ich für die Überlassung der Tabellen zu besonderem Danke verpflichtet.

Durchschnitts-Temperaturen in den Jahren 1903 bis 1911 in Graden nach Celsius.

Jahr	Monatsdurchschnitte												Jahres-durchschnitt
	Januar	Februar	März	April	Mai	Juni	Juli	August	September	Oktober	November	Dezember	
1903	—2,98°	+0,75°	+4,75°	+4,1°	+11,98°	+14,2°	+15,85°	+14,6°	+12,50°	+8,25°	+2,83°	—3,75°	+6,92°
1904	—3,95°	—0,93°	+2,33°	+8,8°	+12,94°	+15,48	+19,0°	+17,06°	+11,14°	+7,60°	+1,59°	+0,94°	+7,67°
1905	—4,93°	—0,3°	+3,7°	+4,47°	+12,5°	+17,63°	+18,74°	+16,67°	+12,28°	+2,62°	+2,2°	—2,37°	+7,1°
1906	—1,56°	—0,77°	+0,84°	+8,2°	+13,74°	+14,2°	+17,8°	+15,5°	+11,34°	+8,77°	+4,6°	—3,75°	+6,95°
1907	—3,23°	—2,52°	+0,90°	+4,75°	+14,07°	+15,38°	+14,5°	+15,56°	+12,05°	+10,52°	+1,78°	—0,51°	+6,93°
1908	—3,02°	—0,6°	+1,48°	+4,48°	+13,33°	+17,41°	+16,85°	+13,16°	+10,54°	+7,97°	—1,14°	—2,62°	+6,49°
1909	—3,87°	—3,93°	+2,24°	+7,54°	+9,6°	+13,65°	+14,3°	+13,26°	+12,66°	+9,12°	—1,14°	—0,29°	+6,04°
1910	—1,1°	—0,65°	+3,05°	+6,5°	+12,14°	+15,58°	+15,0°	+14,8°	+10,48°	+7,57°	+0,28°	+0,18°	+7,05°
1911	—3,07°	—0,74°	+2,4°	+5,98°	+11,6°	+11,95°	+18,86°	+18,49°	+13,96°	+7,64°	+3,41°	+0,68°	+7,49°

Neunjähriger Durchschnitt.

a) der Monatstemperaturen (°C)												b) der Jahrestemperaturen (°C)
Januar	Februar	März	April	Mai	Juni	Juli	August	September	Oktober	November	Dezember	
—3,06°	—0,94°	+2,41°	+6,14°	+12,4°	+15,05°	+16,67°	+15,5°	+11,9°	+7,78°	+1,8°	—1,35°	+6,96°

Aus folgender Zusammenstellung ist die Zahl der Schneetage und der Gewittertage ersichtlich.

Zahl der Gewittertage (kursiv) **und der Schneetage**[1] (gewöhnlich),

Jahr	Januar	Februar	März	April	Mai	Juni	Juli	August	September	Oktober	November	Dezember	Zusammen
1906	—	—	—	—	*11*	*2*	*3*	*3*	—	—	—	—	*19*
1907	—	—	—	—	*4*	*7*	*5*	*1*	*1*	—	—	—	*18*
1908	10	16	11, *1*	10, *1*	*7*	*1*	*1*	*3*	—	—	9	8	64, *14*
1909	12	17	8	4, *2*	2, *2*	*3*	*5*	*3*	*2*	—	20	13	76, *17*
1910	16	15	8	6	3, *5*	*6*	*7*	*1*	—	—	18	12	78, *19*
1911	15	18	12	6, *2*	*1*	*2*	*6*	*5*	*3*	—	1	4	56, *19*

Aus nebenstehender Tabelle, worin die Durchschnittstemperaturen der einzelnen Monate in den Jahren 1903—1911 verzeichnet sind, ist ersichtlich, daß in St. Joachimstal keineswegs ein so rauhes Klima herrscht, wie von vielen Seiten angenommen wird. Die Temperaturen im August und September werden bereits von den kühleren Nächten, jene im Mai und Oktober von den nicht selten auftretenden Nachtfrösten beeinflußt. Einerseits ist St. Joachimstal infolge seiner hohen Lage außerhalb jener Zone, welche die im Herbste das Egertal durchziehenden Nebel einnehmen, und andererseits reichen die am Plateau des Erzgebirges vorhandenen Nebelmassen nicht so weit herab. Das Klima St. Joachimstals ist ein erfrischendes, stärkendes und anregendes Gebirgsklima.

Die größten Niederschlagsmengen nach Angaben des städtischen Forstamtes betrugen:

Jahr	Datum	Menge	Jahr	Datum	Menge	Jahr	Datum	Menge
1908	10. IX.	15,6 mm	1909	26. VIII.	19,9 mm	1910	5. X.	14 mm
	7. VIII.	16,5 „		10. II.	22,3 „		29. III. u. 4. XI.	18 „
	23. VIII.	24,9 „		13. IX.	22,4 „		8. VII.	19 „
1909	20. IV.	14,5 „		9. X.	22,5 „		21. VIII.	25 „
	13. I.	15,0 „		5. I. u. 2. III.	22,8 „		19. IV.	29,4 „
	11. VII.	17,6 „		9. XI.	26,3 „			
	26. I.	18,0 „		29. XII.	27,7 „			
				12. XI.	33,9 „			

Nachdem der hohen Radioaktivität des Bodens, seiner Luft und des Wassers in St. Joachimstal Erwähnung getan wurde, und wir die biologischen Wirkungen dieser Faktoren kennen gelernt haben, könnte mit voller Berechtigung die Frage gestellt werden, ob sich denn nicht auch in der freien Atmosphäre, durch obengenannte Verhältnisse bedingt, irgendwelche von dem gewöhnlichen Maße abweichende radioaktive Einflüsse geltend machen. Ihr Vorhandensein würde das Elektroskop — und es ist dies auch tatsächlich der Fall — bei Bestimmung des „Normalverlustes“ anzeigen.

Emanationsgehalt der freien Atmosphäre in Joachimstal.

Da Mache und Meyer seinerzeit die Radioaktivitätsbestimmung der St. Joachimstaler Wasserproben in Karlsbad ausführten, konnten sie keine

[1]) Als Schneetage sind auch jene gezählt, welche selbst einen Bruchteil unter 1 mm Niederschlag brachten.

Beobachtung über die „natürliche Zerstreuung in St. Joachimstal anstellen. Stěp[1]), welcher in St. Joachimstal die ersten Radioaktivitätsmessungen ausführte, machte die Beobachtung, daß in St. Joachimstal der Emanationsgehalt der Luft erhöht ist. Als Normalverlust erhielt er bei seinen Messungen Werte bis 26 Volt in 15 Minuten. Der Raum, worin diese Bestimmungen erfolgten, war unbeeinflußt von der aus der Ansammlung größerer Mengen radioaktiver Körper ausgehenden durchdringenden Strahlung.

H. W. Schmidt l. c. s. S. 302 fand in dem unmittelbar beim „Edelleutstollen" gelegenen Wohnhaus eine natürliche Zerstreuung von 11 Millivolt per Sekunde, die ungefähr 25 mal so stark ist, als die, welche er vorher in Dresden und hinterher in Zwickau beobachten konnte. Während H. W. Schmidt diese Erscheinung dem Umstande zuschreibt, daß in der alten Halde, worauf dieses Haus, in das nie Pechblende hineingebracht wurde, steht, manches Stück des früher wertlosen Uranpecherzes enthalten ist, neige ich vielmehr der Auffassung zu, daß die in nächster Nähe dieses Wohnhauses angesammelten Uranpecherzvorräte für diese Erscheinung verantwortlich zu machen sind, die, mag die eine oder andere Erklärung dafür zutreffen, von der durchdringenden Strahlung radioaktiver Körper hervorgerufen wird.

Die gleiche Beobachtung läßt sich in St. Joachimstal in der Umgebung und in noch viel verstärkterem Maße im Innern aller jener Gebäude machen, wo größere Mengen von Uranpecherz oder Radiumpräparate angesammelt sind. Daß die Luft in der K. K. Kuranstalt schon allein durch das ununterbrochene Fließen der vier Trinkbrunnen, deren Heilwasser 600 M.-E. enthält in hohem Grade radioaktiv wird, braucht wohl nicht besonders hervorgehoben zu werden.

Diese Form erhöhter natürlicher Zerstreuung ist somit an bestimmte Örtlichkeiten und deren Umgebung in St. Joachimstal gebunden zum Unterschiede von der durch Stěp zuerst beschriebenen Erscheinung, die auf einen erhöhten Radiumemanationsgehalt der freien Atmosphäre zurückzuführen ist und sich nach meinen Untersuchungen im weiteren Umkreis St. Joachimstals geltend macht.

Während bei ca. 53,3 % meiner in Wien vorgenommenen Messungen für die natürliche Zerstreuung Werte von 10—20 Volt/Stunden erhalten wurden, schwanken hier, mit dem gleichen Apparat ermittelt, unbeeinflußt durch lokale Radioaktivitätswirkungen diese Werte in ungefähr 61,5 % der Messungen zwischen 100—200 Volt/Stunden; rund 15 % der Messungen in Wien ergaben Werte von 6—10 Volt/Stunden für die natürliche Zerstreuung, in St. Joachimstal hingegen 26 % der Messungen Werte von 80—100 Volt/Stunden; ca. 23 % der Wiener Meßresultate bei Bestimmung des Normalverlustes betrugen 20—30 Volt/Stunden und 20 % der St. Joachimstaler Messungen Werte von 200 bis 270 Volt/Stunden. Diese Beobachtungen gestatten die Annahme, daß die freie Atmosphäre in St. Joachimstal ungefähr 10 mal stärker radioaktiv ist als die Luft in Wien. Als Ursache dafür ist anzunehmen, daß die Radiumemanation Gelegenheit hat, nicht nur aus zahlreichen Stollenräumen, sondern auch aus der an Emanation reichen Grubenluft und Bodenluft in die Atmosphäre zu entweichen.

Wenngleich ich einerseits überzeugt bin, daß dieser Emanationsgehalt der Atmosphäre einen nicht zu unterschätzenden, mächtigen biologischen Einfluß auf das Allgemeinbefinden ausübt, so ist es andererseits doch Erfahrungs-

---

[1]) J. Stěp, Das Radium und seine Eigenschaften. St. Joachimstal 1907.

tatsache, daß diese Radioaktivität der Luft hier (geschweige denn geringere Werte anderen Orts) keine so weitgehende Wirkung im kranken Organismus hervorzurufen vermag, daß dadurch, wie von verschiedenen Seiten jetzt angegeben wird, die therapeutischen Radiumprozeduren überflüssig gemacht würden.

In einer Zeit, wo soviel „von hoher und höchster Radioaktivität" in den verschiedenen Orten die Rede ist und daraus die weitgehendsten Konklusionen in biologisch-therapeutischer Richtung abgeleitet werden, erscheint es wichtig, auf die ganz exzeptionell hohe Radioaktivität von drei Elementen: der Erde, des Wassers und der Luft in St. Joachimstal hinzuweisen, eine „radioaktive Trias", wie sie bisher nirgends beobachtet werden konnte, auf Grund welcher St. Joachimstal berufen ist, die ihm gebührende Stellung in der für die Zukunft zu schaffenden Gruppe „Radium-Kurorte" einzunehmen.

Kapitel XVI.

Aus der I. medizinischen Universitätsklinik in Wien.

Radium in der inneren Medizin.

Mit Anhang über Thorium X.

Von

C. von Noorden und **W. Falta**-Wien.

Die Anwendung des Radiums bei der Behandlung innerer Krankheiten ist noch zu jung, um die Bedeutung desselben vollständig übersehen zu lassen. Die Indikationen und Kontraindikationen dieser Behandlungsmethode sind noch sehr wenig abgegrenzt. In mancher Richtung ist eine Erweiterung der Indikationsstellung wahrscheinlich. Aber auch bei jenen Krankheitsgruppen, die heute schon sicher in das Indikationsgebiet derselben gehören, herrscht über die Erfolge, welche man im Einzelfalle erwarten kann, noch wenig Klarheit. Es liegt ferner auf der Hand, daß man sich bei der kurzen Zeit, welche seit Einführung der Radiumtherapie verstrichen ist, über die Dauer der erzielten Erfolge noch kein sicheres Urteil bilden konnte. Auch über die beste Applikationsart im einzelnen Falle und über die Dosierung haben sich die Ansichten noch nicht geklärt. Eine zusammenfassende Darstellung der mit der neuen Heilmethode erzielten Erfolge stößt daher auf große Schwierigkeiten, um so mehr als die bisher vorliegenden Publikationen durchwegs keine ausführlichen Krankengeschichten enthalten, sondern sich auf ganz allgemein gehaltene Statistiken beschränken. Wir sehen uns daher genötigt, in vielen Punkten uns auf die Erfahrungen, welche bei der Behandlung eines Materials von ca. 200 Fällen auf der ersten medizinischen Klinik in Wien gewonnen wurden, zu stützen.

Obwohl in diesem Werke die Applikationsweise und die biologischen Wirkungen der Radiumemanation in ausführlichen Kapiteln von anderer Seite behandelt werden, so möchten wir doch einige Bemerkungen über dieselben unserem eigentlichen Thema vorausschicken, soweit uns dies für das Verständnis und die Beurteilung der therapeutischen Erfolge bei inneren Krankheiten notwendig erscheint.

Applikationsweise und Dosierung.

Das Radium als solches, resp. die Radiumstrahlung wird bei der Behandlung innerer Krankheiten verhältnismäßig nur wenig angewandt. Bei der Verwendung von Packungen mit natürlichem aktivem Material, z. B. Pechblenderückständen (v. Neußer) oder künstlich aktiviertem Schlamm ist ein Teil der Wirkung auf den Gehalt an Radiumsalzen, also auf direkte Radiumstrahlung zurückzuführen.

In neuester Zeit werden von Kohlrausch, Meyer und von Schnée elektrische Bäder resp. Vierzellenbäder unter Zusatz von Radiumemanation empfohlen. Löwenthal verhält sich ablehnend demgegenüber. Wir wollen hier nur so viel sagen, daß auf diese Weise die bei der Emanationskur häufig zu beobachtenden Reaktionen in Fällen, in welchen das Vierzellenbad allein ohne jede Wirkung bleibt, auch bei guter Abdeckung der Wannen auftreten kann (Falta und Freund).

Daß die Radiumbäder in der Therapie innerer Krankheiten als wichtige Faktoren zu betrachten sind, geht aus den Heilerfolgen deutlich hervor, die man mit radioaktiven Quellen seit langem erzielte, längst bevor man den Radiumemanationsgehalt derselben kannte: Wir müssen auch hier noch zugeben, daß wir die Einzelheiten ihrer Wirkung noch nicht genügend abschätzen können.

Die Frage, ob die Trinkkur oder die Kur im Emanatorium vorzuziehen sei, ist in letzter Zeit viel diskutiert worden. Man muß dabei die Zirkulationsverhältnisse berücksichtigen, worauf Plesch zuerst hingewiesen hat. Bei der Trinkkur gelangt die Emanation vom Darm durch die Pfortader, Leber und Vena cava inferior, resp. den Ductus thoracicus und die Vena cava superior zum rechten Herzen und von da in die Lungen, wo ein großer Teil rasch exhaliert wird, da in emanationsfreie Luft geatmet wird. Hingegen dringt beim Aufenthalt im Emanatorium die Emanation direkt in das zum linken Herzen strömende Blut und kommt von da in den großen Kreislauf und an die Gewebe heran. Die Angaben, bei welcher von diesen beiden Applikationsweisen mehr Emanation in das arterielle Blut gelangt, differieren aber. Nach den Messungen von Gudzent reichert sich das arterielle Blut beim Aufenthalt im Emanatorium beträchtlich an. Spartz, Strasburger und P. Lazarus bestreiten dies. Die beiden ersterwähnten Autoren geben an, daß die nach dem Trinken in der Atemluft erscheinende Emanationsmenge wesentlich größer sei, als diejenige, welche während oder nach dem Aufenthalt im Emanatorium exhaliert wird. P. Lazarus hat besonders hohe Emanationsspannung des arteriellen Blutes dadurch erreicht, daß er durch ein Mundstück die Patienten in ein geschlossenes System atmen läßt, in welches von einer Sauerstoffbombe her dauernd Sauerstoff und Emanation einströmt. Für die Praxis scheint uns die Frage so zu liegen, daß beide Methoden nicht ohne weiteres zu vergleichen sind. Bei der Trinkkur ist wohl die Wirkung der Emanation auf die Leber eine intensivere, sicher ist aber, daß man durch die Trinkkur, besonders wenn man nach den Mahlzeiten mehrmals im Tage trinken läßt, auch auf die peripheren Organe einwirken kann. Dafür sprechen schon die guten Erfolge, die man mit der Trinkkur bei Gelenk- und Nervenerkrankungen erzielen kann. Andererseits muß aber angenommen werden, daß die Kur im Emanatorium der Trinkkur an Wirksamkeit besonders bei den Gelenkerkrankungen weit überlegen ist, da man beobachten kann, daß in Fällen, wo auch hoch dosierte Trinkkuren im Stiche lassen, die Emanatoriumskur noch einen vollen Erfolg herbeiführen kann.

Für die Behandlung schwer kranker Patienten bedienten wir uns auf der Klinik des sogenannten Bettemanatoriums der Neulengbacher Radiumwerke, das bei Verwendung sehr hoher Dosen einen verhältnismäßig geringen Verbrauch von Emanation ermöglicht.

Noch einige Worte über die Dosierung bei inneren Erkrankungen. Der Emanationsgehalt der natürlich aktiven Bäder schwankt in weiten Grenzen. Ein Bad von 200 l Wasser der stärksten Gasteiner Quelle enthält ca. 31 000 M.-E. In Joachimstal erreicht der Emanationsgehalt ca. 120 000 M.-E.; das dortige neue Radiumkurhaus garantiert für einen Gehalt von mindestens 90 000 M.-E. pro Bad. In neuester Zeit wurde in Brambach i. V. eine Quelle mit 2270 M.-E. pro Liter gefunden. Auf ein Bad mit 200 l kämen hier also 450 000 M.-E. Die künstlich aktivierten Bäder, die wir verwendeten, enthielten gewöhnlich 31 000—120 000 M.-E. Bei den vorhin erwähnten elektrischen Bädern verwendeten Kohlrausch und Meyer bis 500 000 M.-E. und eine Stromstärke von 5000—6000 M.-A. Schnee verwendete für das Vierzellenbad je 25 000 Einheiten (wahrscheinlich Volteinheiten) und einen Strom von 5—15 M.-A.

Bei der Trinkkur ist man früher meist nicht über 1000 M.-E. hinausgegangen (Straßer und Selka, Löwental, Gudzent), Gudzent empfiehlt dreimal täglich 330 M.-E., Kemen und Neumann, Janssen u. a. verwendeten aber schon höhere Dosen. Wir verwenden an der Klinik drei Kategorien der Trinkkur: 1. Niedere Dosen (dreimal 330 oder dreimal 1000 M.-E.) meist im Anfang. 2. Dreimal 5000 oder dreimal 10 000 (meist im weiteren Verlauf). 3. In einzelnen Fällen verwendeten wir auch dreimal 30 000 M.-E.

Was die Dosierung im Emanatorium anbelangt, so verwenden Löwenthal und Gudzent gewöhnlich 2—4 M.-E. per Liter Luft, eventuell auch etwas höhere Dosen. Wie wir in unserer Publikation angegeben haben, verwenden wir in der Mehrzahl der Fälle höhere Dosen. Wir beginnen in einzelnen Fällen zwar auch mit 4 M.-E. per Liter, in der Mehrzahl aber mit 22 M.-E. und steigen in besonderen Fällen auf 45 resp. 110, eventuell 220 M.-E. an. In manchen Fällen wurden sogar 440, in einzelnen sogar 660 M.-E. per Liter Luft verwendet. In neuester Zeit sind in einzelnen Fällen 1200 M.-E. per Liter Luft verwendet worden. Es wird bei der Besprechung der einzelnen Krankheiten mehrfach auf die Umstände, die die Anwendung höherer Dosen indizieren, eingegangen werden.

Gegen die Verwendung so hoher Dosen sind in neuerer Zeit, besonders von Benedikt mehrfache Einwände gemacht worden. Benedikt beruft sich auf die Mitteilung von Mesernitzki, der angibt, daß zu große Dosen von Emanation Schwindel, Kopfdruck, Mattigkeit, Abmagerung, Albuminurie, Blutungen etc. erzeugen. Es ist mehr als wahrscheinlich, daß hohe Dosen von Emanation direkt schädlich wirken können. Darauf weist schon das Tierexperiment hin; wir erinnern an die bekannten Experimente von Bouchard, Curie und Balthazard, die bei Mäusen und Meerschweinchen nach einem Aufenthalt von 4—9 Stunden in stark emanationshaltiger Luft (verwendet wurden Emanationsdosen von 50—15 Grammstunden; eine Grammstunde ist die Menge Emanation, die 1 g Radiumbromid in einer Stunde abgibt) den Tod unter hochgradiger Lungenstauung eintreten sahen. Das sind natürlich Dosen, die mit den von uns beim Menschen verwendeten gar nicht zu vergleichen sind. Von den Erscheinungen, die Mesernitzki beschreibt, haben wir bisher kaum etwas gesehen. Bei nervösen Personen kann es zu Erregungszuständen kommen, wie wir sie aber auch bei kleinen Dosen gesehen haben. Daß auch kleine Dosen in vielen Fällen sehr wirksam sind, soll durchaus nicht bestritten werden. Wir verweisen auf die Publikation von Falta und Freund, in der über systematische Untersuchungen mit allmählichen Ansteigen der Dose berichtet wird. Es ist aber ganz sicher, daß starke Dosen von Emanation viel stärkere physiologische Wirkungen auszuüben vermögen, wie die später zu besprechenden Wirkungen auf den Stoffwechsel und den Leukozytenapparat etc. zeigen, und daß man in vielen Fällen mit größeren Dosen therapeutische Erfolge erzielt, wo kleine Dosen im Stiche lassen. Darüber kann nur das Studium des Einzelfalles, nicht ganz allgemein gehaltene Statistiken, die Benedikt heranzieht, Klarheit geben.

Abgesehen von jenen Fällen, bei denen die Erfahrung bereits gelehrt hat, daß nur große Dosen zu einem befriedigenden Resultat führen, wie z. B. bei akutem Gelenkrheumatismus oder bei veralteten Fällen von Ischias, scheint es uns zweckmäßig, die Kur immer mit kleinen Dosen, eventuell mit einer schwachen

Trinkkur zu beginnen und erst allmählich anzusteigen, da man, wie schon erwähnt, auf diese Weise zu starke schmerzhafte Reaktionen vermeidet. Gudzent meint, daß überall da, wo möglich, die Emanationskur im Emanatorium anzuwenden sei. Wir möchten dem nicht ganz beistimmen, da man von der Trinkkur allein in manchen Fällen völlig befriedigende Resultate sehen kann. Auch würde es uns nicht gerechtfertigt erscheinen, wenn die Anwendung der Radiumbäder ganz durch die Trink- resp. Inhalationskur verdrängt würde, da ja die Geschichte der Therapie lehrt, daß die Radiumbäder wirksam sind.

Physiologische Wirkungen der Emanation.

Wir wollen uns hauptsächlich darauf beschränken, hier jene physiologischen Wirkungen zu besprechen, die man an den Patienten bei der Emanationskur eventuell beobachtet, um die Frage diskutieren zu können, wie man sich das Zustandekommen der therapeutischen Erfolge bei inneren Krankheiten vorstellen kann.

1. Die Emanation steigert bei vielen Personen den **Gaswechsel.** Zuerst hat Silbergleit derartige Untersuchungen mit dem Zuntzschen Apparat angestellt. In exakter Weise wurde die Frage von Kikkoji mit dem Jaquet-Stähelinschen Apparat behandelt. Kikkoji fand in neunstündigen Versuchen unter drei Versuchspersonen bei zweien eine deutliche Steigerung des Gaswechsels während der Emanationsperiode. Die Versuchspersonen nahmen während derselben dreimal 330 M.-E. per os. Die Erhöhung des Gaswechsels war besonders deutlich im nüchternen Zustand bei Beginn der Versuchsperiode. Der respiratorische Quotient fand sich manchmal gesteigert. Bernstein hat an der ersten medizinischen Klinik eine Reihe von Versuchen mit dem Zuntz-Geppertschen Respirationsapparat durchgeführt, indem er unter Innehaltung aller von N. Zuntz und A. Magnus-Levy vorgeschriebenen Kautelen, den Grundumsatz bei mehreren Personen vor und nach einem zweistündigen Aufenthalt im Emanatorium bei 110—440 M.-E. pro Liter Luft bestimmte. Wir lassen hier einige Analysen Bernsteins folgen.

Eunuchoid. 61 kg Körpergewicht.

Datum	Diät	CO_2 (in ccm bei 0° und 760 mm)	O_2 (in ccm bei 0° und 760 mm)	CO_2 (pro kg Körpergewicht)	O_2 (pro kg Körpergewicht)	RQ	Bemerkung
8. VII. 11.	Gemischte Kost	137,19	183,5	2,25	3,01	0,75	nüchtern
10. VII. 11.	„	**150,46**	**196,75**	**2,47**	**3,23**	**0,765**	nüchtern nach 2 stündigem Aufenthalt in Rad.-Eman. **(220 M.-E. p. l)**
12. VII. 11.	„	134,11	187,47	2,2	3,07	0,72	nüchtern
16. VII. 11.	„	**150,44**	**193,34**	**2,47**	**3,17**	**0,78**	nüchtern nach 2 stündigem Aufenthalt im Rad.-Eman. **(220 M.-E. p. l)**
19. VII. 11.	„	136,93	180,92	2,24	2,97	0,76	nüchtern
20. VII. 11.	„	**152,4**	**196,85**	**2,5**	**3,23**	**0,775**	nüchtern nach 2 stündigem Aufenthalt im Rad.-Eman. **(440 M.-E. p. l)**

Ergebnisse: 1. Steigerung des Grundumsatzes bei Radiumemanation um ca. 6,3 %. 2. Leichte Erhöhung des respiratorischen Quotienten.

41 jähr. Morb. Basedow. 70 kg Körpergewicht.

Datum	Diät	CO_2 in ccm auf 0° und 760 mm	O_2 in ccm auf 0° und 760 mm	RQ	CO_2 pro kg Körpergewicht	O_2 pro kg Körpergewicht	Bemerkung
23. XII. 11.	purinfreie Kost	237,6	289	0,804	3,32	4,13	nüchtern
27. XII. 11.	„	220,23	292,34	0,741	3,15	4,31	„
30. XII. 11.	„	230,1	296,5	0,78	3,29	4,24	„
31. XII. 11.	„	**275,9**	**331,6**	**0,831**	**3,85**	**4,63**	nüchtern nach 2 Stunden Rad.-Eman. **150 M.-E. p. 1**

Ergebnisse: 1. Der Grundumsatz ist bei diesem Patienten schon an sich gegenüber der Norm erhöht. 2. Bei Radium-Emanation weitere Steigerung des Grundumsatzes um 13,3 %. 3. R.-Q. bei Radium-Emanation gesteigert.

21 Jahre alt, echter Infantilismus, früher Tetanie, jetzt leichter Hyperthyreoidismus. Körpergewicht: 41 kg.

Datum	Diät	CO_2 in ccm bei 0° und 760 mm	O_2 in ccm bei 0° und 760 mm	CO_2 pro kg Körpergewicht	O_2 pro kg Körpergewicht	RQ	Bemerkung
19. XII. 11.	Gemischte Kost	182,2	229,1	4,44	5,59	0,796	nüchtern
5. I. 12.	„	180,2	227,43	4,4	5,55	0,793	„
10. I. 12.	„	185,6	222,14	4,53	5,71	0,835	„
12. I. 12.	„	**177,7**	**221,7**	**4,33**	**5,41**	**0,802**	nüchtern nach 2 Stunden Rad.-Eman. **110 M.-E. p. 1**
17. I. 12.	„	**177,24**	**219,44**	**4,32**	**5,23**	**0,8265**	nüchtern nach 1 Std. Rad.-Trinkpräparat **600 000 M.-E.**[1])

Ergebnisse: 1. Ziemlich beträchtliche endogene Umsatzsteigerung. 2. Keine Beeinflussung des Grundumsatzes weder im Emanatorium noch bei Trinkpräparaten. 3. Keine Beeinflussung des respiratorischen Quotienten.

Von den fünf untersuchten Fällen haben also vier eine deutliche Steigerung des Grundumsatzes nach dem Aufenthalt im Emanatorium gezeigt. Unter diesen vier Fällen befinden sich zwei mit vorher normalem Grundumsatz, zwei mit endogener Umsatzsteigerung. Bemerkenswert ist darunter der Fall M. mit schwerem progressivem Gelenkrheumatismus. Die Versuche eröffnen eine Perspektive für die Behandlung der Fettsucht mit endogener Herabsetzung des Grundumsatzes. Andererseits lassen sie die Emanationsbehandlung bei Zuständen des Hyperthyreoidismus und wohl auch bei schwerem Diabetes mellitus als nicht ratsam erscheinen.

Auch die Steigerung des R.-Q., welche von Kikkoji angegeben wird, findet sich in der Mehrzahl der mitgeteilten Versuche.

---

[1]) Subj. keine Beschwerden.

50 jähriger Patient mit chronischem Gelenkrheumatismus.
Körpergewicht; 57,30 kg. Größe: 166 cm.

Datum	Diät	CO_2 in ccm auf 0° und 760 mm	O_2 in ccm auf 0° und 760 mm	RQ	CO_2 pro kg Körpergewicht	O_2 pro kg Körpergewicht	Bemerkung
23. I. 12.	purinfreie Diät	207,85	286,2	0,73	3,63	4,99	nüchtern
24. I. 12.	"	215,45	292,57	0,73	3,90	5,25	"
25. I. 12.	"	209,12	286,83	0,73	3,84	5,00	"
26. I. 12.	"	**237,73**	**329,92**	**0,73**	**4,15**	**5,66**	**nüchtern** nach 2 Stunden Betteman. **220 M.-E. p. 1**
29. I. 12.[1]	"	**233,87**	**305,25**	**0,766**	**4,08**	**5,33**	**nüchtern** nach 2 Stunden Betteman. **110 M.-E. p. 1**
2. II. 12.	"	212,43	291,7	0,757	3,86	5,09	nüchtern

Ergebnisse: 1. Steigerung des O-Verbrauches gegenüber der Norm. 2. Steigerung des Grundumsatzes durch die Emanation um ca. 10% resp. bei schwacher Dosis um nicht ganz 5%. 3. Bei Fortsetzung der Kur später Nüchternversuch (ohne Emanation). Wert wie vor der Behandlung; es scheint die Wirkung bis zum nächsten Morgen abgeklungen zu sein. 4. R.-Q. steigt durch die Radiumemanation etwas an.

42 jähriger Patient mit chronischem Gelenkrheumatismus.
Körpergewicht: 74 kg. Größe: 176 cm.

Datum	Diät	CO_2 in ccm auf 0° und 760 mm	O_2 in ccm auf 0° und 760 mm	O_2 pro kg Körpergewicht	CO_2 pro kg Körpergewicht	RQ	Bemerkung
4. II. 12.	purinfreie Kost	173,96	229,04	3,09	2,35	0,77	nüchtern
5. II. 12.	"	179,84	236,2	3,19	2,43	0,76	"
6. II. 12.	"	183,52	248,6	3,36	2,48	0,737	"
7. II. 12.	"	**221,3**	**302,4**	**4,08**	**2,99**	**0,732**	**nüchtern nach 2 Stunden Eman. 220 M.-E. p. 1**

Ergebnisse: 1. Normaler Grundumsatz (dabei Temperaturen bis 37,2° C). 2. Steigerung um ca. 27% durch die Radium-Emanation. 3. Keine Beeinflussung des R.-Q.

2. Die Wirkung auf den **Eiweißumsatz** ist meist nicht so bedeutend um markant hervorzutreten, doch kann man in vielen der veröffentlichten Versuche eine Steigerung beobachten.

3. Auch eine Steigerung der **Zuckerverbrennung** scheint meistens einzutreten, wenigstens beobachteten Kikkoji und Bernstein in den Versuchen, in denen der Gaswechsel anstieg, meist auch Erhöhung des R.-Q.

4. Die Veränderungen im **Purinstoffwechsel.** Wir beschränken uns darauf, diejenigen Veränderungen, die man bei Nicht-Gichtkranken beobachten kann, anzuführen, und werden auf die bei Gichtkranken bei Besprechung dieser Krankheit zurückkommen. Gudzent und Löwenthal be-

[1]) Temperatur 37,2, sonst normal.

obachteten in längeren Perioden mit Behandlung im Emanatorium teils geringe Steigerung der Harnsäureausscheidung, teils geringe Herabsetzung des endogenen Faktors. Die Purinbasen zeigten ein wechselndes Verhalten. Ein deutlicher Ausschlag in der U-Ausscheidung findet sich nur bei einem Falle von Gicht. Ferner ist bemerkenswert, daß in Fällen (auch bei Nicht-Gichtkranken), bei denen nach Zulage purinhaltigen Materials die exogene Harnsäureausscheidung stark verschleppt war, durch die Emanationskur die Verschleppung beseitigt wurde. Vor ihnen hatte schon Wilke, sowie Krieg, eine Erhöhung der Harnsäureausscheidung gefunden. Kikkoji fand in einem seiner Fälle Steigerung der Harnsäureausscheidung um 95 %. Gudzent und Löwenthal nehmen an, daß durch die Emanation sowohl das U aufbauende, wie das U zerstörende Element verstärkt würde und je nach dem Überwiegen des einen oder des anderen Prozesses eine Steigerung oder eine Verminderung der Purinkörperausscheidung resultiere. Wir haben in unserer früheren Mitteilung Versuche angeführt, die Zehner und Kiazim bei Personen angestellt haben, welche mit hohen Dosen von Emanation behandelt wurden. Die Steigerung der Harnsäureausscheidung betrug in einigen Fällen über 100 %. Auch beim Purinstoffwechsel tritt die Erscheinung zutage, daß nicht alle Personen mit der gleichen Intensität, und manche gar nicht deutlich auf die Emanation reagieren. Wir finden hier eine Analogie

5. mit der Beeinflussung des **Blutbildes** durch die Emanation, auf die wir hier noch etwas genauer eingehen wollen. Wir haben über diese Versuche, die von Zehner und Kiazim begonnen und von Zehner an einem großen Material weiter geführt worden sind, bereits früher berichtet. Ihr Resultat läßt sich in folgendem zusammenfassen: Bei einer großen Anzahl der im Emanatorium behandelten Personen tritt eine mehr oder weniger hochgradige Hyperleukozytose auf. Auch vorher bestehende pathologische Hyperleukozytosen können hochgradig gesteigert werden. Die Steigerung kann mehr als 80 % betragen. Die Leukozytenformel kann dabei unbeeinflußt bleiben, meist tritt relative Vermehrung der mononukleären Zellen auf, in einzelnen Fällen kann dies auch extrem ausgesprochen sein. Auch bei der Trinkkur, besonders bei Verwendung stärkerer Dosen läßt sich diese Wirkung auf die Leukozyten oft beobachten. In den folgenden Sitzungen kann die Hyperleukozytose immer wieder von neuem auftreten, sie kann aber auch ausbleiben. Bei längerer Behandlung findet sich oft allmähliche Entwickelung einer Leukopenie mit besonderer Verminderung der neutrophilen Zellen.

Als Beispiel diene der folgende Fall: H. J., 30 Jahre, chronische progressive Polyarthritis und Psoriasis. Blutbefund: Leukozyten 10,500. Nach zweistündigen Aufenthalt im Emanatorium (100 M.-E. pro Liter). Leukozyten 19,180.

Ferner sei erwähnt, daß bestehende Hypereosinophilie oft unter der Emanationsbehandlung gesteigert wird.

6. Wirkt die Emanation oft **diuretisch?** Bekannt ist ja auch die diuresebefördernde Wirkung der Gasteiner Bäder.

Aus den angeführten Untersuchungen geht hervor, daß die Emanation bei vielen Personen eine intensive Wirkung auf nahezu alle Faktoren des Stoffwechsels ausübt. Wie weit eine Verstärkung der fermentativen Vorgänge die Ursache derselben ist und welche Rolle der Einfluß auf den Leukozytenapparat und die Erregung des vegetativen Nervensystems dabei spielt, läßt sich heute noch nicht überblicken. Auch die Tatsache, daß bedeutende individuelle Verschiedenheiten dabei hervortreten, müssen wir heute noch einfach registrieren, ohne eine befriedigende Erklärung hierfür zu finden.

Die Wirkungen der Emanation auf den Gefäßapparat und auf das Nervensystem werden von anderer Seite ausführlich behandelt.

7. Von klinischem Interesse sind noch einige Beobachtungen, die über die Wirkung der Emanation auf die **Keimdrüsen** vorliegen. Gottlieb beschrieb zuerst einen Fall, bei dem nach Gebrauch von Radiumbädern die durch sexuelle Exzesse hervorgerufene Impotenz verschwand. Straßer und Selka beobachteten bei einem Tabiker während einer Trinkkur Zunahme der Potenz. Auch Falta und Freund führen einige ältere männliche Patienten an, welche spontan angaben, während der Emanationskur eine Besserung der Potenz verspürt zu haben. Sie beobachteten ferner bei Patientinnen, bei denen sich die Menopause seit Monaten eingestellt hatte, daß nach den ersten Sitzungen im Emanatorium resp. nach den ersten Trinkdosen die Periode wieder auftrat. Wildbäder sind bekanntlich während des Klimakteriums nicht zu empfehlen. In einem Falle von Amenorrhoe bei einem 16jährigen Mädchen war die Periode seit drei Monaten ausgeblieben. Nach 14tägiger Trinkkur trat sie wieder auf. Bei Dysmenorrhoe beobachteten sie, wie schon vorher Straßer und Selka, Zunahme der Beschwerden. Ein gleiches sieht man ebenfalls bekanntlich häufig in Wildbädern.

Wir wenden uns nun der Besprechung der

therapeutischen Erfolge bei den einzelnen Erkrankungen

zu. Seit den ersten Mitteilungen von v. Neußer, E. Kraus, Dautwitz, Gottlieb und Löwenthal hat das Interesse an der Emanationsbehandlung stetig zugenommen. Auch die Mitteilung von Straßer und Selka hat hierzu beigetragen. Besonders waren es aber in den letzten Jahren die Mitteilungen aus der Hisschen Klinik, die die allgemeine Aufmerksamkeit der Internisten auf die Emanationstherapie lenkten.

Über die Behandlung akuter Infektionskrankheiten liegen bisher nur ganz vereinzelte Angaben in der Literatur vor.

Die **krupöse Pneumonie.** Auf der ersten medizinischen Klinik sind bisher drei Fälle von krupöser Pneumonie im Emanatorium behandelt worden. Es handelte sich um typische Fälle mit hoher Febris continua, und Hyperleukozytose. Bei allen diesen Fällen trat verfrühter lytischer Abfall der Temperatur und auffallend rasche Einschmelzung des Exsudates ein. Diebestehende Hyperleukozytose wurde vorübergehend während des Aufenthaltes im Emanatorium wesentlich gesteigert und sank dann in wenigen Tagen zur Norm ab. Das subjektive Befinden der Patienten wurde günstig beeinflußt. Die Patienten fühlten sich während und nach dem Aufenthalt im Emanatorium viel frischer und hatten weniger Atembeschwerden. Es wurden ca. 100 M.-E. pro Liter Luft angewandt, zum Teil aber handelte es sich um sehr protrahierten Aufenthalt (eventuell auch über Nacht). Die Zahl der Fälle ist noch viel zu gering, um irgend welche bindende Schlüsse zu erlauben (vgl. die Mitteilung von Falta und Freund).

Der **akute Gelenkrheumatismus** war bis zum Erscheinen unserer Mitteilung (medizinische Klinik) nicht mit Emanation behandelt worden. Wir fanden in der Literatur nur eine Angabe von v. Klecki, welcher in einem Falle, der mit Salizyl vorbehandelt war, ein gutes Resultat gesehen hat. Wir verfügen nun schon über zahlreiche Fälle, die in der großen Mehrzahl auf die Emanationsbehandlung ebenso gut reagierten, wie man dies bei der Salizylbehandlung zu sehen gewohnt ist. Die Entzündungserscheinungen an den Gelenken verschwanden oft schon in 1—2 Tagen, in wenigen Fällen war eine längere Behandlung notwendig, um die letzten Reste der Schwellungen zum Verschwinden zu bringen. Einzelne Fälle waren mit Salizyl mit gutem Erfolge vorbehandelt worden, erst die Rezidive wurden der Emanationsbehandlung unterzogen. Es zeigte sich dabei, daß diejenigen Fälle, die auf Salizyl prompt reagiert hatten, auch durch die Emanationsbehandlung günstig beeinflußt wurden. Andere

Fälle, die sich gegenüber hohen und zum Teil durch längere Zeit fortgesetzten Gaben von Salizyl refraktär verhalten hatten, wurden auch durch die Emanationsbehandlung nicht beeinflußt. Diese Fälle reagierten alle sehr gut auf größerer Gaben von Antipyrin. Als Beispiel hierfür diene folgender Fall.

Schw. H., 35 Jahre, zwei Wochen vor Aufnahme auf die Klinik Beginn eines typischen akuten Gelenkrheumatismus mit hohem Fieber und wandernden Schwellungen in den Gelenken der oberen und unteren Extremitäten. Hat bisher 34 g Natr. Salizyl ohne deutlichen Erfolg genommen. Bei Eintritt in die Klinik sind hauptsächlich die Hand- und Schultergelenke hochgradig geschwollen und gerötet. Es besteht hohes Fieber, manchmal abends 40° C erreichend. Die befallenen Gelenke sind äußerst schmerzhaft. Die Patientin wird durch eine Woche im Bettemanatorium (täglich zwei Stunden) behandelt. Die Dosen betrugen anfangs 110, in den letzten Tagen 1200 M.-E. per Liter. Das Fieber wurde nicht beeinflußt, die Schwellung und Schmerzhaftigkeit mancher Gelenke nahm zu. Nun wurde die Emanationsbehandlung ausgesetzt und täglich 5 g Antipyrin verabreicht. Schon am zweiten Tage stieg' das Fieber nicht über 37,5, die Schwellung in den befallenen Gelenken verschwand und die Beweglichkeit kehrte zurück. Später traten noch vereinzelte Temperatursteigerungen bis gegen 39° auf, die aber wahrscheinlich auf die komplizierende, leichte Endokarditis zu beziehen sind, da die Gelenke frei blieben.

Als ein Beispiel einer günstigen Beeinflussung durch die Emanationsbehandlung diene der folgende Fall.

17 Jahre alt, Beginn der Erkrankung vor acht Tagen mit Fieber und heftigen Schmerzen im Kreuz, später übergreifend auf das linke Fußgelenk, das rechte Knie und Handgelenk. Endokarditis leichteren Grades. Aufenthalt im Emanatorium von 4 Uhr p. m. bis 7 Uhr a. m. des nächsten Tages (220 M.-E. pro Liter). Am nächsten Tage nochmals vierstündiger Aufenthalt im Emanatorium. Am Tage nachher bereits vollständig entfiebert, Schwellung der Gelenke verschwunden, Beweglichkeit normal, während des Aufenthaltes im Emanatorium starke Schweiße. Besserung anhaltend.

In wenigen der günstig beeinflußten Fälle trat am ersten Tage der Behandlung eine heftige Reaktion auf. Die Hyperleukozytose wurde in allen Fällen zum Teil sehr deutlich, zum Teil wenig gesteigert, dann erfolgte rasches Absinken der Hyperleukozytose zur Norm. In den Fällen, in welchen die Harnsäureausscheidung (bei purinfreier Kost) bestimmt wurde, trat vorübergehend eine bisweilen recht deutliche Steigerung des an und für sich schon erhöhten endogenen Faktors ein. Die verwendeten Dosen von Emanation betrugen selten weniger als 220 M.-E. pro Liter, in manchen Fällen bedeutend mehr (bis 1200).

Die bisherigen Erfahrungen berechtigen wohl dazu, beim akuten Gelenkrheumatismus dort, wo ein Emanatorium zur Verfügung steht, einen Versuch mit der Emanationsbehandlung zu machen. Besonders indiziert ist die Behandlung wohl da, wo größere Mengen von Salizyl nicht vertragen werden. Wenn nicht schon in den ersten Tagen deutliche Besserung eintritt, dürfte der Erfolg unwahrscheinlich sein. Ein durchgreifender Erfolg ist wahrscheinlich nur bei Verwendung großer Dosen und nur bei Anwendung des Emanatoriums zu erwarten. Besonders zweckmäßig scheint fernerhin protrahierter Aufenthalt im Emanatorium. Komplizierende schwere Endokarditis resp. Perikarditis scheint eine Kontraindikation abzugeben.

Über die Behandlung des **sekundär chronischen Gelenkrheumatismus** nach akutem, sind in der bisherigen Literatur genauere Angaben nicht vorhanden. Auch unsere Erfahrungen sind bisher noch relativ spärlich. In Fällen, in denen der chronisch rezidivierende Gelenkprozeß auf im Körper vorhandenen Infektionsherden, z. B. auf einer chronischen Tonsillitis beruht, ist höchstens ein vorübergehender Erfolg erzielt worden. Hier ist, wenn möglich, die ätiologische Therapie, z. B. die Tonsillektomie einzuleiten. Nicht selten findet sich in solchen Fällen Milzschwellung und leichte Temperatursteigerung, weshalb sorgfältige Temperaturmessungen von vornherein wünschenswert sind. In anderen Fällen, in denen ein chronischer Infektionsherd nicht nachweisbar war, wurden bei der Emanationsbehandlung mit mittleren und größeren

Dosen (22—220 M.-E. pro Liter) manchmal recht gute Erfolge gesehen, besonders da, wo nach akutem Gelenkrheumatismus eine monartikuläre Schwellung zurückgeblieben war.

Ein Versuch ist in solchen Fällen daher wohl angezeigt, wofern nicht schwerere Veränderungen am Endokard vorhanden sind.

Die Scharlacharthritis wurde unseres Wissens nach noch nicht mit Radiumemanation behandelt.

Die gonorrhoische Arthritis. Die spärlichen Erfahrungen, die an der Klinik mit der Behandlung dieser Krankheit gemacht wurden, waren bisher nicht günstig. Allerdings wurde bisher nur die Behandlung im Emanatorium und mit Auflegepräparaten angewandt. Gudzent sah günstige Erfolge nach Injektion löslicher Radiumsalze in die Umgebung der erkrankten Gelenke. Da, wo bereits weiter vorgeschrittene Ankylosierung vorhanden ist, dürfte die Operation kaum zu umgehen sein; ob die Radiumbehandlung der Vakzinebehandlung überlegen ist, läßt sich nach den spärlichen Erfahrungen noch nicht beurteilen.

Tuberkulöse Erkrankung der Gelenke. In einigen Fällen von Ankylose auf tuberkulöser Basis trat, wie zu erwarten war, kein Erfolg auf. Fälle von fistulöser Karies der Gelenke wurden nicht behandelt. Gudzent weist darauf hin, daß Fälle von Arthritis, die sich gegen die Radiumbehandlung vollkommen refraktär verhielten, bisweilen später als Tuberkulose erkannt wurden.

Luetische Arthritis. In den Fällen, in denen die Radiumbehandlung bisher versucht wurde, war gar kein Erfolg zu sehen (Gudzent, Jansen).

Der primärchronische Gelenkrheumatismus. Über die Behandlung dieser Krankheit mit Radiumemanation liegen bereits zahlreiche Mitteilungen (Löwenthal, Straßer und Selka, His, Gudzent, Jansen, v. Klecki u. a.) vor. His stützt sich bereits auf ein Material von 100 Fällen. Ferner sei auf unsere eigene Mitteilung und die von Falta und Freund verwiesen.

Bei der Besprechung der chronischen Gelenkrheumatismen wollen wir uns im großen und ganzen der Einteilung, die Charcot, His, Hoffa und Wollenberg gegeben haben, bedienen. Freilich ist die Zahl der Übergangsformen nicht viel kleiner als die der typischen.

Primärchronische Polyarthritis exsudativa. In diese Kategorie gehören hauptsächlich die Fälle, in denen der Gelenkprozeß meist die kleinen Gelenke, besonders die Interphalangial- und Metakarpophalangialgelenke symmetrisch befällt, es kommt zu spindelförmigen Auftreibungen, die sehr schmerzhaft sind, sehr häufig zu leichter Rötung der darüberliegenden Haut, nicht selten zu deutlicher Fluktuation; häufig besteht allerdings von vornherein stärkere Verdickung der Synovialis und starke Kapselspannung. Der Beginn ist meist schleichend, eventuell kann man aber auch von vornherein eine schnellere Progredienz beobachten. Gar nicht so selten bestehen intermittierende Temperatursteigerungen leichteren Grades, oft besteht auffallende Abmagerung, obwohl die Patienten ziemlich bei Appetit sind und infolge der Beweglichkeitsbeschränkung sich ruhig halten müssen. Es weist dies auf eine endogene Steigerung des Grundumsatzes hin (vgl. den oben angeführten, von Bernstein untersuchten Fall M.). In manchen solchen Fällen entwickelt sich im Verlaufe von wenigen Jahren eine ausgesprochene Kachexie. Sehr häufig kommt es in solchen Fällen sehr rasch zu Muskelatrophie, die eventuell hohe Grade erreicht. Auch Hyperleukozytose leichteren Grades ist nicht selten, bisweilen aber auch, besonders in vorgeschrittenen Fällen, Leukopenie mit Mononukleose. In vielen Fällen kommt es im späteren Verlaufe auch zu stärkeren destruktiven Prozessen an den Gelenkknorpeln, zu Umformungen, Subluxationen etc.

Bei dieser Kategorie zugehörigen Fällen, besonders wenn sie frischer sind und wenn die Röntgenuntersuchung noch nicht weiter fortgeschrittene destruktive Prozesse ergibt, kann man, wie auch His betont, unter der Radiumemanationsbehandlung oft ganz auffallende Besserungen sehen, die an Heilung grenzen können. In einigen Fällen verschwinden eventuell bestehende, subfebrile Temperaturen schon in den ersten Tagen der Radiumbehandlung. Im weiteren Verlauf gehen die Schwellungen zurück, die Schmerzen hören auf, die Beweglichkeit kehrt zurück. Bemerkenswert ist in solchen Fällen auch die Besserung des Allgemeinbefindens, die überdies auch dann auftreten kann, wenn der Gelenkprozeß nicht so günstig beeinflußt wird.

Als ein Beispiel für eine leichtere Erkrankung dieser Art diene der folgende Fall.

Fall H. Vor fünf Jahren schleichender Beginn, jetzt spindelförmige Auftreibung der Interphalangial- und Metakarpophalangialgelenke, aber auch die großen Gelenke sind mitbeteiligt, besonders das rechte Schultergelenk, das linke Schultergelenk; das linke Hand- und Kniegelenk. Die befallenen Gelenke sind großenteils leicht gerötet, die Beweglichkeit ist hochgradig eingeschränkt, besonders in den beiden Schultern, so daß die Arme kaum vom Rumpf abgehoben werden können. Verschiedene Kuren mit Schwefelbädern, Umschlägen, Massage etc. waren bisher ohne jeden Erfolg. Die Patientin machte zuerst eine Trinkkur mit 15 000 M.-E., später eine mehrwöchentliche Kur im Emanatorium mit 22 M.-E. pro Liter. Die Schwellungen der Gelenke gingen allmählich zurück und die Beweglichkeit kam wieder, so daß die Patientin am Ende der Kur ohne Schmerzen größere Wege zurücklegen und sich wieder selbst frisieren konnte. Die Besserung hielt bis heute (nach drei Monaten) an.

Als ein Beispiel der schwereren Form diene der folgende Fall.

Fall M. 50 Jahre alt. Beginn vor sechs Jahren mit Iritis des linken Auges. Nachher allmählich Schwellung der beiden Fußgelenke und heftige Schmerzen, die sich wieder besserten. Nach einem halben Jahre Iritis des rechten Auges. Bald nachher heftige Schmerzen in der Wirbelsäule und Steifigkeit. Schwellung der Schultergelenke, Bewegungsbeschränkung. Die Erscheinungen verschwanden wieder. Frühjahr 1907 wieder Schwellung der Fußgelenke, seither immer wieder von neuem, besonders im Frühjahr Rezidiven. Kuren in Pystian brachten anfangs Besserung. Frühjahr 1911 Schwellung des rechten Knies. Allmählich zunehmende Abmagerung, Muskelatrophie, Schwäche, Zunahme der Bewegungsbeschränkung, so daß der Patient beim Eintritt in die Klinik völlig hilflos ist. Der rechte Arm kann von der Unterlage nicht gehoben werden, auch passiv ist die Beweglichkeit eine sehr geringe, rechtes Schultergelenk geschwollen, Ellenbogengelenk wenig geschwollen, aber wegen heftiger Schmerzen kaum abzubiegen. Hand- und Fingergelenke geschwollen, rechtes Schultergelenk freier, kann aber auch nur bis zur Horizontalen gehoben werden. Linkes Kniegelenk stark geschwollen. Starke Schmerzen, keine Abbiegung möglich. Auch im rechten Kniegelenk Beweglichkeit eingeschränkt. Fußgelenke sind jetzt nur wenig schmerzhaft. Die Wirbelgelenke sehr schmerzhaft. Aufsitzen und auf die Seite legen unmöglich. Herz verbreitert, Puls etwas beschleunigt, systolisches Geräusch an der Spitze. Hyperleukozytose (12 000—14 000), Grundumsatz gesteigert. Temperatur meist normal, nur hie und da kleine Steigerungen (37,2—37,5). Der Patient wird im Emanatorium täglich zwei Stunden zuerst mit Dosen von 110, später von 1200 M.-E. pro Liter behandelt. In den ersten zehn Tagen keine wesentliche Besserung, jetzt nach vier Wochen kann der rechte Arm vollständig, der linke Arm mit Unterstützung in die Höhe der Schulter. gehoben werden. Patient kann sich von selbst auf die Seite legen und bringt täglich eine Stunde außer Bett im Lehnstuhl zu. Die Gelenke sind abgeschwollen, mit Ausnahme des Kniegelenkes, doch hat auch dessen Umfang abgenommen. Die Behandlung ist noch nicht abgeschlossen, doch zeigt das Beispiel, daß auch in verzweifelten Fällen die Emanationskur wesentliche Besserung bringen kann.

Die meisten dieser exsudativen Fälle zeigen im Beginn der Radiumkur die bekannte Reaktion, bestehend in Steigerung der Schmerzen, die in einzelnen seltenen Fällen von quälendem Charakter sein können. In solchen Fällen kann man oft nicht umhin, kleine Dosen von Pyramidon oder Brom in den ersten Tagen besonders nachts zu geben. Es sind dies aber, wie schon erwähnt, nur Ausnahmen. Meist gibt eine deutliche Reaktion auch Aussicht auf Erfolg. Doch findet hier nicht ein völliges Parallelgehen statt. Wir führen folgendes Beispiel an.

Fall D. Vor zwei Jahren Erkrankung des linken Fußgelenkes, später des Knie- und Hüftgelenks. Erst seit sechs Monaten die kleinen Gelenke der Hände und Füße befallen. Bei der Aufnahme in die Klinik hauptsächlich Schmerzen in beiden Schultergelenken, Versteifung und mäßige Schwellung im rechten Handgelenk, Muskelatrophie der rechten oberen Extremität, Schwellung im Grundgelenk der rechten großen Zehe. Die Gelenke schlaff, knarrend; Schmerzen in der Halswirbelsäule, in den Schultern und Knien. Täglich zwei Stunden im Emanatorium zu 110 M.-E. pro Liter, dann zu 220, später auch Auflegepräparate. Nach der zweiten Sitzung erhöhte Schmerzen heftiger Natur in den Knien. Später nochmals eine Serie von Sitzungen. Wieder stark schmerzhafte Reaktion ohne jeden Erfolg. Die Leukozyten stiegen nach der ersten Sitzung von 7700 auf 12 300. Die Röntgenuntersuchung ergab in diesem Falle hochgradige Knorpelverschmälerung und Knochenatrophie in mehreren Gelenken.

Dosierung: Bei den Fällen, die der leichteren Form angehörten, wurde eine Anzahl mit Trinkkur und zwar oft mit recht gutem Erfolg behandelt. Die meisten Fälle wurden mit Dosen von 22 M.-E. pro Liter im Emanatorium behandelt. Diese Dosis genügte oft nicht, dann wurde von 110 auf 220 M.-E. angestiegen, in jüngster Zeit sind in manchen sehr schweren Fällen Dosen bis 1200 M.-E. pro Liter in Anwendung gekommen. Hier wurden oft noch überraschende Erfolge gesehen, die nach den früheren Erfahrungen kaum zu erwarten waren.

Indikation: Im allgemeinen läßt sich über den Erfolg der Radiumemanationsbehandlung nichts Sicheres voraussagen. Sehr wahrscheinlich ist die Besserung in frischen Fällen mit vorwiegender Beteiligung der kleinen Gelenke und leichter verschieblichen Exsudaten. In sehr schweren älteren Fällen mit Kachexie ist, wenn ausgedehnte destruktive Prozesse vorliegen, ein voller Erfolg natürlich nicht zu erwarten. Immerhin wurde aber, wie eben erwähnt, in jüngster Zeit auch in solchen Fällen unter Anwendung sehr hoher Dosen oft auffallende Besserung gesehen. Die anderen Behandlungsmethoden sind bei dieser Form des chronischen Gelenkrheumatismus durch die Emanationsbehandlung natürlich nicht überflüssig geworden. Es läßt sich aber wohl sagen, daß eine Reihe von Fällen, bei denen diese Methoden erschöpft worden waren, ohne zu einem einigermaßen befriedigenden Resultat zu führen, durch die Radiumbehandlung wirklich wesentlich gebessert wurde.

Ferner sei hier noch erwähnt, daß, wie Gudzent hervorhebt, die meist schwer beeinflußbaren Arthritiden im Kindesalter auf die Radiumbehandlung oft sehr günstig reagieren.

Primärchronische Arthritis sicca. Es handelt sich hier bekanntlich hauptsächlich um ältere Individuen, die von dieser Krankheit befallen werden, besonders Frauen im Beginne des Klimakteriums; doch ist auch die Erkrankung bei jüngeren Individuen im Alter von 30—45 Jahren nicht gerade selten. Meist findet sich Knarren in einzelnen größeren Gelenken, nicht selten kombiniert mit leichten Schwellungen in den Fingergelenken. An Händen und Füßen findet sich nicht selten Glanzhaut, die Schmerzen stehen meist im Vordergrund und kontrastieren nicht selten mit dem objektiven Befund. Dazu gesellen sich häufig Neuralgien mit typischen Druckpunkten, besonders im Plexus brachialis. Fälle von Anämie sind hier verhältnismäßig selten.

Als Beispiel diene der folgende Fall.

Fall S. Seit einem Jahre allmählich auftretende Parästhesien und Schmerzen in mehreren Gelenken, hauptsächlich in den Fingergelenken, ganz leichte Schwellung derselben. Später wurden auch die großen Gelenke befallen. Daselbst lautes Knarren, Glanzhaut an den Fingern. Bewegungsbeschränkung der befallenen Gelenke weniger deutlich. Trinkkur mit 7500 später mit 31 000 M.-E. pro Liter. Wesentliche Besserung, Schmerzen verschwinden.

Im allgemeinen läßt sich von diesen Fällen sagen, daß da, wo ausgesprochene schwere Veränderungen im Gelenke vorliegen, natürlich nur ein unwesentlicher Erfolg zu erwarten ist, ferner gilt dies von Fällen in sehr hohem Alter.

Dosierung: Bei dieser Form kann man eventuell mit der Trinkkur allein sehr gute Erfolge sehen. Doch ist man auch hier nicht selten gezwungen, zur Behandlung im Emanatorium, eventuell mit höheren Dosen überzugehen. Es scheint aber bei dieser Form mehr Vorsicht bei der Anwendung höherer Dosen geboten als bei den exsudativen Fällen, da man hier oft schwere schmerzhafte Reaktionen, besonders bei Kombination mit Neuralgie sehen kann.

Häufig tritt diese Form der primärchronischen Polyarthritis sicca besonders in einzelnen großen Gelenken auf. Wir meinen darunter nicht die Arthritis deformans sensu strictiore, als deren Paradigma das Malum coxae senile zu betrachten ist. In einzelnen dieser Fälle läßt sich mit der Emanationsbehandlung oft ein recht guter Erfolg erzielen, wie aus folgendem Beispiel zu ersehen ist.

Fall H. 39jährige Frau, früher häufig Anginen, seit ca. vier Jahren allmählich zunehmende Schmerzen in den Schultern und Bewegungsbeschränkung. Angeblich auch vorübergehend leichte Schwellungen. Seit einigen Monaten besonders viel Schmerzen. Trinkkur mit 1500 M.-E. pro die. Zuerst Reaktion, schon nach wenigen Tagen Nachlassen. der Schmerzen, nach ca. zehn Tagen wesentliche Besserung, nach weiteren zehn Tagen können die Arme hoch gehoben werden.

Auch bei dieser Form des primärchronischen trockenen Gelenkrheumatismus können unter Umständen schwere Reaktionen auftreten, ohne daß sich später ein günstiges Resultat einstellt. Es ist daher gerade hier zweckmäßig, immer mit einer Trinkkur zu beginnen und erst allmählich anzusteigen, resp. zur Emanatoriumsbehandlung überzugehen. Auch His weist darauf hin, daß diese Formen prognostisch am wenigsten günstig sind.

Fälle von Bechterewscher Krankheit sind bei Anwendung hoher Dosen besserungsfähig.

Wir wollen die Erfahrungen, die bisher bei der Behandlung des chronischen Gelenkrheumatismus gemacht worden sind, in folgenden Punkten resümieren.

1. Aus der Kenntnis des Falles und seines bisherigen Verlaufes läßt sich der Erfolg der Radiumbehandlung nicht sicher voraussagen, doch ist im allgemeinen die Prognose bei der exsudativen Form günstiger als bei der trockenen.

2. Die anderen physikalischen Behandlungsmethoden sind durch die Einführung der Radiumbehandlung nicht überflüssig geworden. Sicher aber gibt es Fälle, bei denen jene versagen, diese aber prompt wirkt.

3. Was die spezielle Technik anbelangt, so werden bei der trockenen Form (ähnlich wie bei den Neuralgien) Trinkkuren und niedrig dosierte Emanatoriumskuren wenigstens im Beginne vorzuziehen sein. Bei der exsudativen Form sind die großen Dosen meist wirkungsvoller.

Von den Stoffwechselerkrankungen ist die **Gicht** die Domäne der Emanationskur s. **S. 225 ff.** Schon Gottlieb erwähnt günstige Beeinflussung dieser Krankheit durch radiumhaltige Bäder. Eine neue Perspektive für die Gichtbehandlung eröffnen die Arbeiten auf der Hisschen Klinik. In der ersten Mitteilung berichtete His schon über eine größere Reihe von Beobachtungen, von denen fast alle eine wesentliche Besserung erfahren hatten. Bei einzelnen, die über ein Jahr beobachtet werden konnten, hielt die Besserung an. Die Untersuchung des Blutes auf Harnsäure ergab, daß unter länger durchgeführter Behandlung im Emanatorium das Blut meist harnsäurefrei wurde. Doch fand sich kein völliges Parallelgehen im Verhalten der Bluthamsäure und in den klinischen Veränderungen. Es wurde in einzelnen Fällen auch Besserung des Allgemeinbefindens, Rückgang der Schwellungen der Gelenke etc. beobachtet, ohne daß die Harnsäure aus dem Blute verschwand. Andererseits fanden sich Fälle, bei denen echte

Gichtknoten bestanden und selbst in Perioden häufiger Gichtanfälle das Blut keinen abnormen Harnsäuregehalt zeigte. In manchen Fällen konnte das Verschwinden von Ohrtophis während der Behandlung beobachtet werden. Sehr bemerkenswert ist für die Pathologie der Gicht, daß durch die systematische Blutuntersuchung festgestellt wurde, daß auch bisweilen in Fällen von Myalgien der Nacken-, Schulter- oder Lendenmuskulatur, ferner in Fällen mit streng symmetrischer schleichender Entzündung der kleinen Gelenke und endlich bei verschieden lokalisierten Neuralgien der Harnsäuregehalt des Blutes gesteigert sein kann, daß sich also solche Fälle als larvierte Gicht entpuppten. Gudzent berichtet neuerdings bereits über 100 Fälle von Gicht. Bei der Hälfte derselben konnte das Verhalten der Harnsäure im Blute während der Kur verfolgt werden. Von diesen haben über 70 % während der Kur im Emanatorium (2—4 M.-E. pro Liter) die Harnsäure aus dem Blute verloren. Von denen, die in dieser Hinsicht erfolglos behandelt waren, haben aber ein Viertel nur 24 Sitzungen absolviert, sind also anscheinend zu kurz behandelt worden. In einem großen Teil der Gichtfälle traten typische Anfälle während der Behandlung auf, in 3—4 Wochen kamen dann erst die subjektiven und objektiven Zeichen der Besserung: Verschwinden der Schmerzen, Zurückgehen der Gelenkschwellungen etc. In manchen Fällen konnte eine weitere Besserung durch Injektion von Radiumsalzen erzielt werden. In ganz veralteten Fällen warnen His und Gudzent vor der Emanationskur, da sie bei denselben häufig immer wieder von neuem auftretende schmerzhafte Reaktionen beobachteten. Auch Mandel hat mit der Kur im Emanatorium bei Gichtfällen gute Erfolge erzielt. Mandel sah in seinen Fällen zuerst erhöhte Schmerzhaftigkeit, dann Hebung des Allgemeinbefindens und Besserung der Gelenkserscheinungen.

Die Trinkkur scheint bei der Gicht überdies ebenfalls wirkungsvoll zu sein. So berichtet Jansen in Fällen von chronischer Arthritis urica, die durch das Vorhandensein von Tophi oder durch frühere typische Anfälle von Podagra als Gicht charakterisiert waren, mit der Trinkkur fast durchwegs wesentliche Besserung erzielt zu haben.

Für die Wirkung der Emanation bei der Gicht ist jedenfalls bedeutungsvoll, daß man gerade hier unter dem Einfluß der Emanation deutliche Steigerung der Harnsäureausscheidung auch bei verhältnismäßig niedriger Dosis zu beobachten pflegt. Dies geht schon aus den Beobachtungen von Gudzent und Löwenthal hervor, auch bei dem Gichtfalle von Kikkoji ist eine deutliche Steigerung vorhanden. Wahrscheinlich dürfte die unter der Emanationswirkung auftretende Hyperleukozytose bei der Aufsaugung von Harnsäuredepots und bei dem Absinken des Harnsäurespiegels im Blute mit eine Rolle spielen. Fofanow konnte konstatieren, daß bei Tieren experimentell erzeugte Harnsäuredepots unter der Emanationswirkung rascher resorbiert werden. Die Frage, ob diesen Vorgängen eine Aktivierung des urikolytischen Fermentes oder direkte Beeinflussung der Löslichkeit der Harnsäure (Gudzent) zugrunde liegen, scheint uns noch weiterer Studien zu bedürfen[1]).

Bei der Behandlung der Gicht mit Radiumemanation darf man nicht vergessen, daß dadurch die Schädlichkeiten, die zur Gicht führen, nicht ausgeschaltet werden. Die diätetische Behandlung der Gicht wird durch die Einführung der Emanationsbehandlung nicht an Bedeutung verlieren. Auch die verschiedenen anderen Kuren, die sich bei der Gicht vorher bewährt haben, werden dadurch nicht überflüssig gemacht. Damit soll aber der Wert der neuen Behandlungsmethode nicht geschmälert werden. Auch in Fällen ohne akute Erscheinungen wird eine intermittierende

[1]) Vergl. hierzu S. 96 (Neuberg) u. 225 bis 228 (Anm. des Herausgebers).

prophylaktische Behandlung mit Radiumemanation ratsam sein. Die bisher bei der Gicht verwendeten Dosen schwanken zwischen 2 und 12 M.-E. Große Dosen sind unseres Wissens nach noch nicht gegeben worden.

Der Diabetes mellitus. Die bisher vorliegenden Untersuchungen über den Einfluß der Emanation auf die Zuckerausscheidung beim Diabetes mellitus sind wenig ermutigend. Es liegen zwar einige Angaben über günstige Beeinflussung der Glykosurie vor. Damit stehen aber die Untersuchungen von Poulson und unsere eigenen Beobachtungen in Widerspruch. Poulson ließ die Emanation trinken, bei unseren Versuchen befanden sich die Patienten im Emanatorium, wobei teilweise kleinere, zum Teil auch sehr hohe Dosen von Emanation angewendet wurden. In einzelnen Fällen fand sich vorübergehend geringes Absinken der Zuckerausscheidung, meist war ein Einfluß nicht zu konstatieren, in einigen Fällen trat sogar Steigerung der Zuckerausscheidung oder des Azetons auf.

Hingegen scheint die **diabetische Neuritis** durch die Emanationskuren sehr günstig beeinflußt zu werden. Wir haben schon früher zwei Fälle mitgeteilt. In drei weiteren Fällen ist der Erfolg ebensogut gewesen.

Die Fettsucht. Die oben mitgeteilten Versuche über die Steigerung des Grundumsatzes durch die Emanation sind für die Behandlung der besonders auf endogenen Ursachen beruhenden Fettleibigkeit vielversprechend. Genaue Versuche stehen noch aus. Auch hier scheinen komplizierende neuritische Prozesse besonders günstig beeinflußt zu werden. So sahen wir in einem Falle von Fettleibigkeit mit Ischias, der während der Entfettungskur mit mittleren Dosen von Emanation im Emanatorium behandelt wurde, die Ischias in 14 Tagen verschwinden.

Blutkrankheiten. Die bei den biologischen Wirkungen eingangs geschilderte spezifische Wirkung der Emanation auf den Leukozytenapparat legt den Gedanken nahe, dieselbe bei verschiedenen Blutkrankheiten therapeutisch zu verwenden. In der Literatur haben wir bisher Angaben über diesen Gegenstand vermißt. Unsere eigenen Erfahrungen haben bisher nicht zu dem erwünschten Resultat geführt. Wir hatten gehofft, bei Leukämien durch länger fortgesetzte Kur im Emanatorium mit hohen Dosen eine Verminderung der weißen Blutkörperchen und eventuell Rückgang der leukämischen Infiltrate und Verkleinerung der Milz und Leber, ähnlich wie bei der Röntgenbehandlung, zu erzielen. Wir fanden in den bisher behandelten Fällen von myeloischer und lymphatischer Leukämie nur vorübergehend mächtige Steigerung der Leukozytenzahl. Eine wesentliche Verschiebung im Verhältnis der einzelnen Formen zueinander trat weder bei der lymphatischen noch bei der myeloischen Leukämie während dieser sprungweisen Steigerung der Leukozytenzahl auf. Auch bei wochenlang fortgesetzter Behandlung mit großen Dosen ließ sich weder eine Abnahme der Leukozytenzahl, noch eine Verkleinerung der erkrankten Organe konstatieren. Bei einem Falle von typischer Erythrämie, der im Emanatorium behandelt wurde, trat vorübergehend eine leichte Besserung der subjektiven Beschwerden (Kopfschmerz und Knochenschmerz) auf. Das Blutbild wurde nicht wesentlich beeinflußt.

Auch mehrere Fälle von Splenomegalie und Lymphdrüsentuberkulose sind bisher durch die Emanationsbehandlung nicht wesentlich beeinflußt worden.

Die länger dauernde Einwirkung großer Dosen von Emanation ist für den blutbildenden Apparat nicht gleichgültig. Bei Personen, die sich seit längerer Zeit mit dem Studium des Radiums resp. mit der Herstellung hochwertiger Präparate beschäftigten, haben wir Leukopenie mit Mononukleose, in einzelnen Fällen auch Hyperglobulie beschrieben, Veränderungen, die v. Jagič, Schwarz und von Siebenrock auch bei Röntgenologen gefunden haben.

Nochmals erwähnen möchten wir, daß sich in mehreren Fällen von **Asthma bronchiale** mit Hypereosinophilie während der Sitzung im Emanatorium eine deutliche Vermehrung der eosinophilen Zellen im Blute konstatieren ließ.

Die Behandlung innerer Krankheiten mit Radiumemanation ist noch zu jung, um gegenwärtig schon ein Urteil darüber zu gestatten, ob das Indikationsgebiet noch wesentlich erweitert werden kann, ob die bisher erzielten Erfolge noch wesentlich verbesserungsfähig sind und ob wir jemals in der Lage sein werden, in bestimmten Fällen mit größerer Sicherheit als bisher den Erfolg vorauszusagen. Eine gewisse, wenn auch nicht sichere Handhabe gibt uns hierin das Auftreten der schmerzhaften Reaktion in den kranken Organen. Besonders fehlt uns heute noch ein Urteil über die Dauer der erzielten Erfolge. Endlich scheinen uns noch viel mehr Erfahrungen nötig, um die Kontraindikationen präzisieren zu können.

Als die wichtigsten möchten wir anführen: Schwerere Endo- resp. Perikarditis, Debilitas cordis, schwere Neurasthenie und Hysterie (besonders in der Menopause), Neurosen des vegetativen Nervensystems, Dysmenorrhoe, hohes Alter, Verdacht auf Karies oder Karzinom der Wirbel und besonders Neigung zu Blutungen.

Ein komplizierender Lungenspitzenkatarrh mahnt immer zur Vorsicht, da mehrfach während der Emanationsbehandlung Hämoptysen beobachtet wurden.

Nachtrag.

In jüngster Zeit sind gleichzeitig an der Klinik v. Noorden in Wien und an der Klinik Kraus in Berlin Versuche über die **Behandlung der Leukämien mit Thorium X** angestellt worden. Zu diesen Versuchen wurde eine lösliche Verbindung des Thorium X verwendet, die diesen Kliniken von den Auerwerken in Berlin zur Verfügung gestellt worden war. Das Thorium X ist sehr kurzlebig, es hat eine Halbwertzeit von 3,64 Tagen, nur die reine Thoriumemanation eine solche von 54 Sekunden. An der Wiener Klinik wurde das Präparat subkutan oder intramuskulär, an der Berliner Klinik intravenös einverleibt. Schon die ersten Tierversuche von Falta, Kriser und Zehner[1]) ergaben, daß dem benützten Thoriumpräparat eine intensive Wirkung auf den Leukozytenapparat zukommt, dies gilt sowohl für die perorale wie für die subkutane oder intravenöse Applikation. Nach einem, meist nur kurz währenden Anstieg tritt ein rascher Abfall der Leukozytenzahl im strömenden Blut auf, bei nicht zu großen Dosen zeigen die Tiere sonst keine auffälligen Erscheinungen, bei sehr großen Dosen ist der Leukozytensturz ein rapider, die Leukozyten können vollständig aus dem kreisenden Blut verschwinden und die Tiere gehen unter Schwächeerscheinungen ein. Die mikroskopische Untersuchung ergibt in solchen Fällen hauptsächlich hochgradigen Schwund der Milzpulpa. Nach den Untersuchungen der Wiener Klinik liegt die tödliche Dosis für Kaninchen zwischen 0,6 bis 1,0 Millionen M.-E., bei Hunden von 6—8 kg ungefähr bei $1\frac{1}{2}$—2 Millionen. Zur Behandlung der Leukämie wurden Dosen von 15000 bis 800000, subkutan oder intramuskulär verwendet. Meist trat an der Injektionsstelle Rötung und Schwellung auf, die gewöhnlich nach einigen Tagen wieder verschwand. In den Fällen von myeloischer

[1]) Vergleiche die vorläufigen Mitteilungen von W. Falta, Kriser u. L. Zehner, Wien. klin. Wochenschr. Nr. 12, 1912 und Plesch, Berl. klin. Wochenschr. Nr. 16, 1912 und ferner die Mitteilungen auf dem Kongreß für innere Medizin Wiesbaden 1912. Es liegen auch bereits einzelne Angaben über die Beeinflussung anderer Krankheiten z. B. der Rheumatismen durch dieses Mittel vor. Diese Untersuchungen befinden sich gegenwärtig noch in den allerersten Stadien, wir wollen daher auf dieselben nicht weiter eingehen.

oder lymphatischer Leukämie nun, die durch einige Zeit mit Injektionen von Thorium X behandelt worden waren, trat regelmäßig ein Abfall der Leukozytenzahl auf, in den meisten Fällen konnte die Leukozytenzahl nach einigen Wochen bis zur Norm herabgedrückt werden. Die unreifen Formen im Blut gingen auch prozentisch stark herab. In allen Fällen ist die Milz kleiner und weicher geworden, der Leibesumfang nahm beträchtlich ab, und die Milzschmerzen hörten auf. Die Drüsenpakete wurden wesentlich kleiner oder verschwanden. In einigen Fällen, in denen früher deutliche leukämische Veränderungen des Augenhintergrundes vorhanden waren, konnte ein wesentlicher Rückgang, resp. Verschwinden derselben und deutliche Zunahme der Sehschärfe konstatiert werden. Das Körpergewicht ist in einigen Fällen trotz der enormen Einschmelzung von Gewebe nicht gesunken, in einzelnen Fällen sogar beträchtlich angestiegen. Auch die Zahl der Erythrozyten stieg in einigen Fällen an. Das subjektive Befinden besserte sich meist beträchtlich. Diese wenigen Angaben zeigen, daß man im Thorium ein neues, hochwertiges therapeutisches Mittel in der Hand hat, es braucht aber wohl kaum betont zu werden, daß die geschilderte Behandlungsmethode nach jeder Richtung hin erst noch auszuproben ist. Vor allem ist über die Dauer der erzielten Erfolge noch nichts bekannt, ferner ist noch ungewiß, wie lang man die Behandlung ohne Schädigung für den Organismus fortsetzen kann. Bemerkenswert ist, daß bei einigen weit vorgeschrittenen Fällen, bei denen die Röntgenbestrahlung vor Beginn der Thoriumbehandlung bereits erfolglos gewesen war, noch eine deutliche Wirkung erzielt werden konnte. Ferner sei hier erwähnt, daß in einzelnen Fällen von Lymphosarkom Verkleinerung der Drüsenpakete durch die Thoriumbehandlung eintrat. Es scheint also die Thoriumbehandlung hauptsächlich bei jenen Krankheiten, die gewöhnlich durch Röntgenbestrahlung günstig beeinflußt werden, zu wirken. Der Umstand, daß die Dosierung des Thorium X sehr genau ist und daß man bei dieser Behandlung von Schädigungen der Haut unabhängig ist, ist jedenfalls nicht zu unterschätzen.

Bei kleineren Dosen wird bisweilen ganz beträchtliches Ansteigen der Erythrozyten beobachtet. Falta, Kriser und Zehner haben auf dem Internistenkongreß über einen Fall von Lymphosarkom, bei dem die Erythrozytenzahl von 3 auf $5\frac{1}{2}$ Millionen anstieg, Kraus über einen ähnlichen Erfolg bei einem Falle von perniziöser Anämie berichtet.

Kapitel XVII.

Aus der II. medizinischen Universitätsklinik Berlin.

Einfluß der radioaktiven Stoffe auf Blut, Atmung und Kreislauf.

Von

J. **Plesch**-Berlin.

Mit 17 Abbildungen.

Die direkte Wirkung des **Radiums** resp. seiner Salze auf die Respirations- und Zirkulationsorgane, sowie auf deren Funktion ist noch sehr wenig bekannt.

Ich habe bei einem Kaninchen einen Versuch ausgeführt, um den direkten Einfluß des Radiums auf das Herz und Gefäßsystem zu studieren. Es wurde dem Kaninchen in die rechte Jugularis 1 ccm physiologische Kochsalzlösung gespritzt, in welcher 0,1 mg Radiumbromid gelöst war. Gleichzeitig wurde der Blutdruck der Karotis gemessen. Fig. 74 zeigt die Änderungen der Schlagfrequenz, des Druckes und der Herzkontraktion. An der Stelle, die mit „Fehlinjektion" bezeichnet ist, kam infolge eines Versuchsfehlers ein Tropfen der Lösung in die Blutbahn und wir können schon an dieser Stelle eine deutliche Abnahme der Bewegungsamplitude des Herzens wahrnehmen. Gleich nach Beginn der Injektion nimmt die systolische Kontraktion des Herzens ab und der Blutdruck sinkt. Allmählich verschwindet die Pulsdruckamplitude fast ganz und eine kurze Zeit lang wird kaum eine Herzbewegung registriert. Langsam erholt sich das Herz wieder und nur an den bezeichneten Stellen, wo die noch Ra. haltige Spritze mit Ringerlösung nachgespült wurde, sehen wir das beschriebene Phänomen sich in geringerem Grade wiederholen. Charakteristisch für diesen Versuch ist, daß sich das Warmblüterherz in verhältnismäßig kurzer Zeit erholt und daß weder der Druck, noch die Amplitude einen dauernden Schaden davon getragen hat. Das einzige, was im geringen Grade bestehn bleibt, ist die Abnahme der Pulsfrequenz.

Der ganze Versuch weist darauf hin, daß Radiumlösungen momentan auf das Herz einwirken, und daß die Wirkung proportional der angewandten Stärke des Präparates ist. Dies letztere beweist die starke Veränderung bei der ersten Injektion und die schwache Wirkung, bei schwächeren Aktivitätsmengen, außerdem wird dieser Satz dadurch bekräftigt, daß die Wirkung vorübergehend

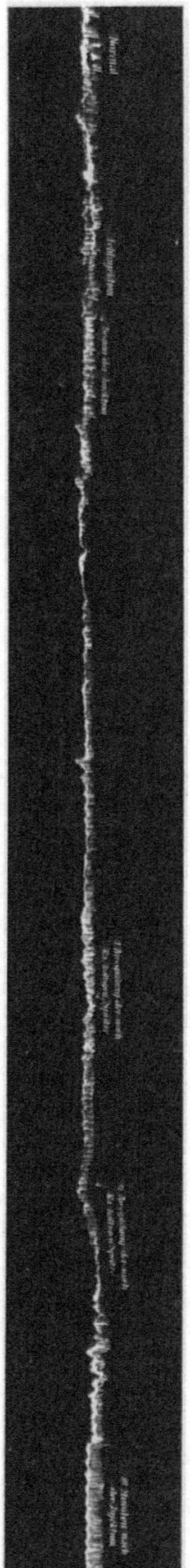

Fig. 74. Carotis Druckkurve eines Kaninchens bei intravenöser Injektion von 0,1 mg RaBr.

ist. Ob dies allein dadurch bedingt ist, daß die injizierte Menge sich im Gesamtblute verteilt und nunmehr in der Maßeinheit des Blutes schwächere Aktivitäten vorhanden sind, oder daß sich das Herz an die Einwirkung der radioaktiven Substanz gewöhnt, das ist schwer zu entscheiden. Gegen die letztere Annahme spricht die prompte Wirkung der Restflüssigkeit. Es könnte diese ganze Wirkung noch auf den Baryumgehalt des Radiumpräparates geschoben werden. Dieser Einwand ist aber hinfällig, weil das Präparat nur Mengen von Baryum enthalten konnte, die nicht in Betracht kommen, andererseits die Wirkungen des Baryums sich ganz anders geäußert hätten.

Bei dem Studium der Wirkung der **Radiumemanation** auf den Kreislauf und auf die Atmung ist besonders zu berücksichtigen, daß die Emanation ein Gas ist und als solches von dem Blute aufgenommen und nach den Organen getragen wird:

Es war zunächst also die **Frage** zu entscheiden, ob die Emanation eine spezielle **Affinität zu dem Blute** hat, oder ob wir hier nur mit den **normalen Absorptionsgesetzen** der Gase zu rechnen haben. Diese Frage ist von mir in einer speziellen Arbeit erläutert worden.

Zu diesem Zwecke habe ich zwei Proben von frischem defibrinierten Blut und eine Probe von derselben Menge Wasser benutzt.

Die Versuchsanordnung war dabei folgende: Wir schalteten sechs Erlenmeyersche Kölbchen mittels kurzer, gleich weiter Glasröhren durch Gummischläuche aneinander. Die Flaschen waren mit dreifach durchbohrten Gummistopfen verschlossen. Zwei Röhren mündeten direkt unter dem Stopfen, eine Röhre reichte bis zum Boden der Flaschen. Wenn wir in jede Flasche dieselbe Menge der zu untersuchenden Flüssigkeit gaben und einen Luftkreislauf herstellten, in welchem sich noch eine Flasche mit emanationshaltiger Flüssigkeit befand, so wird sich alsbald ein Emanationsgleichgewicht im ganzen System einstellen müssen. Zur Erhaltung der Luftzirkulation wurde ein Klysopomp angewendet. Es wurde der Luftstrom durch die lange Röhre, also durch die Flüssigkeit getrieben, und er entwich durch das kurze Röhrchen nach den hinter ihm geschalteten, gleich konstruierten Gefäßen. Auf diese Weise mußte im ganzen System die Spannung der Emanation ins Gleichgewicht kommen. Wenn wir jetzt die Flüssigkeiten gesondert untersuchten, so war zu erwarten, daß die Resultate uns die Emanationsaufnahmefähigkeit anzeigen würden. Um ganz sicher zu sein, daß Spannungsgleichgewicht zwischen den zu untersuchenden Flüssigkeiten eingetreten ist, haben wir vor der Untersuchung das emanationshaltige Gefäß ausgeschaltet und den zirkulierenden Luftstrom nur durch die zu untersuchenden Flüssigkeiten geleitet. Wir haben die Emanation in die Kannen des Phontaktoskops in der Weise gebracht, daß wir die zehn Liter fassenden Kannen mittels Wasserstrahlpumpe bis zu 50 mm negativen Druck ausgepumpt und dann mit den einzelnen Kölbchen verbunden haben. Durch langsames Öffnen des Quetschhahnes haben wir den negativen Druck in der Kanne durch die die Flüssigkeit des Kölbchens passierende Luft ausgleichen lassen. Wir brachten auf diese Weise die Emanation des Wassers und des unversehrten Blutes in die Kanne. Um zu entscheiden, ob durch die spezifische Bindung des Hämoglobins nicht etwa weniger Emanation vom Blute abgegeben worden sei, haben wir in einem dritten Kolben das Blut zerstört. Nach den gleichzeitigen Erfahrungen von Hüfner und Haldane werden die an das Hämoglobin gebundenen Gase aus dem vorerst mit Ammoniak lackfarben gemachten Blut durch Ferrizyankalium in Freiheit gesetzt. Wir haben also hier dieses Verfahren angewandt, um die oben geschilderte Frage zu entscheiden. Behufs dessen war, um jeden Luftzutritt oder Emanationsverlust zu vermeiden, eine dritte T-förmige Röhre an die Kolben angebracht. Diese T-Röhre reichte bis unter den Stopfen des Kolbens und hatte an beiden Armen je einen kleinen Gummibeutel, von denen der eine mit Ammoniak, der andere mit Ferrizyanid gefüllt war. Nach vollendeter Sättigung des Systems mit Emanation wurde die Blutprobe zuerst mit dem Ammoniak, dann mit dem Ferrizyanid beschickt und dann analysiert. Um den Einfluß der Reagentien auf die Emanationsabsorption auszuschließen, wurde auch zum Wasser Ammoniak und Ferrizyanid hinzugesetzt.

Schon diese Versuche zeigten, daß das Blut weniger Emanation aufgenommen hat als das Wasser. Daß es sich nicht um eine verminderte Abgabe, sondern nur um eine verminderte Aufnahme handelte, wurde dadurch bewiesen, daß wir dieselben Werte bei zerstörtem wie bei unversehrtem Blute erhalten hatten.

Versuch vom 15. Dezember 1910. Von sechs Kölbchen wurden drei mit je 60 ccm destilliertem Wasser beschickt, drei mit derselben Menge Rinderblut. Die Flüssigkeiten wurden von dem Emanationskölbchen aus, das 200 M.-E. enthielt, aktiviert. Kolben Nr. 1, 3 und 5 enthielten Blut, 2, 4 und 6 Wasser. Die Messung ergab, daß die Blutkölbchen zusammen nach der Entaktivierung 5 M.-E., die Wasserkölbchen zusammen 7,5 M.-E. in die Kanne abgaben.

Versuch vom 5. Februar 1911. Drei Kölbchen mit je 50 ccm Rinderblut und drei Kölbchen mit derselben Menge destilliertem Wasser werden vom siebenten Kölbchen aus, das diesmal 100 M.-E. enthielt, aktiviert. Die Entaktivierung geschah wie oben angegeben. Nr. 1, 2 und 3 waren die Blutkolben, 4, 5 und 6 die Wasserkolben. Die Kölbchen wurden diesmal allein gemessen. Es enthielt das Wasser 15,5 M.-E., das unzerstörte Blut 14,7 M.-E., das zerstörte Blut 14,7 M.-E.

Trotz oder eben wegen dieser Resultate trugen wir Bedenken, ob diese Versuchseinrichtung auch wirklich einwandfreie Resultate geliefert hat. Die Luftmenge, die sich über der Flüssigkeit im Kölbchen befand, war viel zu groß im Verhältnis zur Flüssigkeitsmenge. Wir haben deshalb den Versuch folgendermaßen, wie wir glauben, einwandfrei modifiziert, um zu denselben Resultaten zu gelangen wie bei der vorher geschilderten Versuchsanordnung.

Statt der Kölbchen nahmen wir eigens dazu angefertigte, etwa 80 ccm Flüssigkeit fassende Reagenzgläser, die aber nicht mehr mit der T-Röhre versehen waren. Die Schaltung und Sättigung blieb dieselbe wie bei dem vorher beschriebenen Versuch. Um ein Übertreten der Flüssigkeiten, die fast an den Gummistopfen reichten, zu verhindern, haben wir das Ableitungsrohr in eine kapillare Spitze ausgezogen und nach oben gebogen. Die Messung geschah nach der Aktivierung so, daß die einzelnen Reagenzgläser sofort dicht an der Mündung abgeklemmt und samt Stopfen, Klemmen und allem in die Untersuchungskannen geworfen wurden. Hier wurden sie durch Schütteln zertrümmert und damit zugleich aus der Flüssigkeit die Emanation ausgetrieben. Das Blut wurde in der Kanne mittels des später hinzugefügten Ammoniaks und Ferrizyankalium oder auch in einzelnen Fällen mit Schwefelsäure zerstört. Die so geschüttelten emanationshaltigen Kannen wurden luftdicht über eine Stunde lang aufbewahrt und, um Bestimmungsfehler möglichst auszuschalten, der Emanationsgehalt erst nach dieser Zeit bestimmt.

In zwei Versuchsreihen zeigte das eine Mal das zerstörte und unveränderte Blut 14,7 M.-E., das Wasser 15,5, im zweiten Falle das zerstörte und unzerstörte Blut 15,6, Harn dasselbe und Wasser 17,3 M.-E. Prozentualiter war also im Blute und im Harn 94,8 resp. 90,3 %, im Mittel 92,5 % der in Wasser enthaltenen Emanation vorhanden.

Wir sehen also, daß die ersten Resultate mit denen der zweiten Methode, im wesentlichen übereinstimmen.

Es fragt sich nun, wie die Resultate zu deuten sind.

Wir finden, daß Blut weniger Emanation aufnimmt als Wasser, und dadurch ist, wie wir meinen, festgelegt, daß eine spezifische Affinität des Hämoglobins zur Emanation nicht bestehen kann. Betrachten wir prozentualiter im Mittel das Verhältnis der Aufnahme der Emanation vom Blute zum Wasser, so finden wir, daß vom

Blute etwa um 10% weniger Emanation aufgenommen wird als vom Wasser.

Diese Tatsache ist nicht schwer mit den Erfahrungen, die bezüglich des Absorptionskoeffizienten indifferenter Gase im Blute in der Physiologie, besonders durch die Arbeit von Bohr, bekannt sind, in Einklang zu bringen. Im allgemeinen können wir die Regel aufstellen, daß die indifferenten Gase durch das Blut nur zu 90 % ihres Wasserabsorptionskoeffizienten absorbiert werden. Dasselbe finden wir hier, und wir deuten es als eine weitere Unterstützung für die Anschauung, daß die Emanation sich, wie schon betont, wie ein indifferentes Gas verhält.

Über den Absorptionskoeffizienten des Harns sind nur wenige Versuche bekannt, und es ist nach unserem Versuche wahrscheinlich, daß sich auch im Harne die indifferenten Gase wie im Blute verhalten. Wie aus unserer Versuchsanordnung ersichtlich ist, haben wir kein Gewicht darauf gelegt zu entscheiden, wie hoch absolut genommen der Absorptionskoeffizient der Emanation in einer Flüssigkeit [1]) resp. im Blute ist, sondern begnügen uns einfach mit der Feststellung des relativen Absorptionskoeffizienten bei einer gewissen bestehenden Tension. Denn darauf kommt es hier in physiologischer und therapeutischer Hinsicht hauptsächlich an.

Daß die absorbierten Mengen der Emanation sich proportional der Tension ändern, beweisen uns jedenfalls die oben angeführten Versuche, da wir in den verschiedenen Versuchen bei verschieden hohem Partialdruck der Emanation auch verschieden hohe Sättigungswerte erhielten.

Wir müssen also bei der Beurteilung der Wirkung der Emanation auf den Organismus stets an diese Tatsachen denken und wir können den Satz aufstellen: Je höher die Tension der Emanation in der Einatmungsluft ist, um so größer wird die von dem Blute absorbierte Menge sein.

Es ist selbstverständlich, daß bei der Struktur der Lungen und bei der kapillaren Schicht des Blutes in den Lungen die Absorption der Emanation aus der Einatmungsluft rasch erfolgen wird, und zwar entsprechend der Tension in einer Menge, die der Emanationsspannung in der Alveolarluft entspricht.

Weiter ist es selbstverständlich, daß das aus der Lunge nach den Geweben abfließende Blut seine Emanation im Körper abgeben wird und an Emanation verarmt wieder in die Lungen zurückkehrt, um sich frisch mit Emanation zu sättigen. Die Aufnahme der Emanation wird so lange erfolgen, bis sich Spannungsgleichgewicht zwischen der in der Gesamtkörperflüssigkeit absorbierten und der in der Einatmungsluft befindlichen Emanation eingestellt hat. Es bedarf weiterer Untersuchungen, festzustellen, ob sämtliche Gewebe des Körpers sich ähnlich wie das Blut verhalten, oder aber ob gewisse Gewebe mehr oder weniger Emanation zu absorbieren fähig sind, etwa in dem Sinne, wie gewisse Gewebe eine Affinität zum Stickstoff haben. Wissen wir doch, daß das lipoidreiche Gewebe im allgemeinen zehnmal so viel Stickstoff zu absorbieren imstande ist als andere Gewebe.

Die Aufnahme der Emanation und die Verteilung im Körper

wird also vom Blute aus erfolgen und ist von der zirkulierenden Blutmenge abhängig. Die Sättigungszeit des Körpers ließe sich berechnen aus dem absoluten Absorptionskoeffizienten der Emanation für die Gewebe, aus der umlaufenden Blutmenge und dem Irrigationskoeffizienten der einzelnen

[1]) Der Absorptionskoeffizient der Radiumemanation ist für Wasser bisher nur ziemlich grob bestimmt, er beträgt bei 20° 0,33 (Mache). Bei gleicher Temperatur wäre der Absorptionskoeffizient von Stickstoff 0,015; von Sauerstoff 0,030; von Kohlensäure 1,000.

Organe. Wir können nach unserer Erfahrung (3) und Berechnung für Stickstoff sagen, daß, je länger der Aufenthalt in emanationsreicher Luft dauert, um so gründlicher die Sättigung des Organismus mit Emanation sein wird. Und besonders werden dann auch diejenigen Organe in Emanationsspannungsgleichgewicht geraten, die, wie Gehirn, Rückenmark, Fettgewebe etc., eine geringere Durchblutung erfahren als die übrigen Körperorgane.

Was das Schicksal der Emanation im Organismus anbelangt, so können wir nach den bisherigen physikalischen Feststellungen bzw. der Eigenart der Emanation annehmen, daß sich die Lebensdauer der Emanation im Organismus wie in anderen Lösungsmitteln verhält. Da die Lebensdauer der Emanation eine längere ist, als sich die Abgabe der Emanation in emanationsfreie Luft sich vollzieht, so brauchten wir von diesem Gesichtspunkte aus nicht näher auf den Zerfall der Emanation resp. auf die Einwirkung der Zerfallsprodukte auf den Organismus einzugehen, wenn wir nicht anderseits bedenken müßten, daß die Emanation bei der Durchwanderung durch den Organismus sich allenthalben niederschlägt, vergleichbar etwa der induzierten Aktivität. Doch darüber können wir vorläufig nicht mehr wie Vermutungen anstellen.

Es erscheint uns viel wichtiger, in Erwägung zu ziehen, wie lange die Emanation nach erfolgter Einverleibung im Organismus verweilen kann. Was die Ausscheidung anbetrifft, so geschieht sie bei der Inhalationstherapie auf demselben Wege wie die Aufnahme, also es wird die Emanation aus dem Blute in die Lungen transportiert und hier wieder nach den Spannungsgesetzen abgegeben. Ich habe für die Caissonarbeiter zur Verhütung der Preßluftkrankheit gefordert, daß für ein vergrößertes Minutenblutvolumen Sorge getragen werden soll. Diese ist praktisch durch die Ausübung körperlicher Arbeit oder vertiefte Atmung leicht hervorzurufen. Die Dauer der Entgasung des Körpers steht im direkten Verhältnis zu der Zirkulationsgeschwindigkeit. Je ruhiger sich das Individuum verhält, um so länger muß also die Emanation in ihm verweilen, je mehr es sich bewegt, um so schneller wird es mit Emanation gesättigt werden und umgekehrt. Bei der Abgabe wird die Masse der freiwerdenden Emanation natürlich mit zunehmender Spannungserniedrigung sich ändern, muß also in einer asymptotischen Kurve verlaufen, wobei in der ersten Zeit am meisten und später immer weniger abgegeben wird.

Die wirksame Dosis der Emanation bzw. das Optimum für den Organismus ist noch nicht festgestellt. Da die größte Masse der Emanation in verhältnismäßig kurzer Zeit abgegeben wird, so ist therapeutisch in Erwägung zu ziehen, ob durch die Inhalation eine nachhaltige Wirkung erzielt werden kann oder nicht. Nach unseren Überlegungen müssen wir dies bezweifeln, da doch die Abgabe, wie gesagt, assymptotisch verläuft und somit der größte Teil der Emanation den Körper schon nach einigen wenigen Minuten verläßt. Wir müssen auch auf Grund unserer Studien bezweifeln, daß eine völlige Sättigung des Organismus während eines Aufenthaltes im Emanatorium von 1—2 Stunden Dauer erfolgen wird. Haben wir doch gesehen, daß die Gefahren der Caissonkrankheit mit der Aufenthaltsdauer in komprimierter Luft bis zu 6—7 Stunden wächst, das ist ein sicherer Beweis dafür, daß es so lange dauert, bis die Organe mit Stickstoff gesättigt sind. Bedenken wir, daß der Diffusionskoeffizient der Radium-Emanation $\frac{0{,}063\ \text{cm}^2}{\text{Tage}}$ (Wallstabe) beträgt und demgegenüber der Diffusionskoeffizient von Kohlensäure $\frac{1{,}36\ \text{cm}^2}{\text{Tage}}$ ist (Stefan), so müssen wir, bei dieser um vieles schwereren Diffusibilität der Emanation noch eine um vieles größere Zeit annehmen bis die Körpergewebe mit Radiumemanation gesättigt sind, wie dies z. B. beim Stickstoff nötig ist. Therapeutisch ist dies von allergrößter Bedeutung, handelte es sich doch bisher bei der Radiumemanationstherapie hauptsächlich um Krankheitsprozesse die sich in den Gelenken lokalisierten. Erwägen wir, daß die Blutdurchspülung der Knorpel die minimalste unter den Organen ist, so ist es sehr problematisch, ob bei einer kurzen Dauer der Emanationstherapie, nennenswerte Mengen in die Gelenke geraten können.

Der Nachweis der Emanation in der Ausatmungsluft kann noch sehr lange nach Verlassen des Emanatoriums geführt werden, aber das beweist nichts, da, wie wir gesehen haben, aus den weniger gut durchbluteten Organen die Emanation nur langsam entweichen wird. Bei der therapeutischen Wirkung der Emanation kommt es sicherlich auf die Quantität der Emanation an und es unterliegt keinem Zweifel, daß der größte Teil der Emanation den Organismus in kurzer Zeit verläßt und wir daher kaum auf eine nachhaltige Wirkung werden rechnen können. Um eine Emanationswirkung resp. Sättigung des Organismus zu erzielen, ist es nötig, das betreffende Individuum stundenlang im Emanatorium zu halten.

Ganz anders liegen die Verhältnisse bei der Trinkkur. Die getrunkenen Emanationsmengen bilden ein Depot, welches zwar viel langsamer und nicht so intensiv wie durch die Inhalation dem Körper Emanation zuführt, aber sicher eine länger andauernde Wirkung entfaltet. Wir hatten ausführlich dargelegt, daß die Diffusionsgesetze der Gase auch ihre Gültigkeit für die Emanation haben, und es unterliegt keinem Zweifel, daß die Emanation auch aus dem Darme in das Blut diffundieren wird. Die Frage ist nur, ob bei der fast direkten Verbindung des vom Darme abfließenden Blutes mit den Lungen die Verteilung der Emanation in den ganzen Organismus in so intensiver Weise erfolgen wird wie bei der Aufnahme durch die Lungen. Der Weg, den die dem Darm oder Magen einverleibte Emanation nehmen kann, ist entweder der Blut- oder der Lymphweg. Das eine Mal gelangt das Blut durch das Pfortadersystem in die Leber und von hier aus durch die V. cava inferior, das andere Mal durch den Ductus thoracicus durch die V. cava superior zum rechten Herzen. Also wie es auch sei, wird die größte Masse der aufgenommenen Emanation, ohne im Körper verteilt worden zu sein, zu den Lungen gelangen, wo sie, ohne in das arterielle System überzugehen, abgegeben wird. Nur ein Teil wird in die arterielle Blutbahn gelangen, da bei der Ausatmung eine gewisse Menge der ausgeschiedenen Emanation in der Alveolarluft zurückbleibt und wieder bei der Inspiration aufgenommen wird; bei dem minimalen Partialdruck der ausgeatmeten Emanation aber wird diese Menge verhältnismäßig gering sein. Wieviel von der durch Trinken aufgenommenen Emanationsmenge nach dem Arteriellen-System hinübertritt, ist von Strasburger studiert worden und wir kommen darauf noch weiter unten zurück. Sicher ist, daß die getrunkene Emanation mit voller Stärke auf das Blut resp. auf die im Blute enthaltenen Substanzen wirken wird und so die getrunkene Emanation genau dieselbe Wirkung auf die zirkulierende Harnsäure ausüben kann wie die eingeatmete, weil doch das gesamte Blut das Portasystem durchströmen muß und so doch zeitweilig das gesamte Blut unter der Einwirkung der Emanation stehen wird.

Was die Aufnahme der Emanation aus dem Magen-Darmkanal anbelangt, so ist weiterhin zu bedenken, daß die Diffusionsbedingungen im Darmkanal viel schlechtere sind als in den Lungenkapillaren, und es wird sicherlich die Aufnahme der Emanation nur langsam erfolgen können, weil doch nur diejenige Emanation aufgenommen werden kann resp. diffusionsfähig ist, die mit der Magen-Darmwand in Berührung ist. Die Aufnahme wird also, vermöge der mischenden Wirksamkeit der Peristaltik, stetig und, bei genügend langem Verweilen der Emanationsmenge im Digestionstraktus, auch vollkommen erfolgen. Mit dieser Überlegung steht die Erfahrung in Einklang, nach welcher die durch Trinken einverleibte Emanation in der Exspirationsluft stundenlang nachgewiesen werden kann.

Wir glauben deshalb auf Grund dieser Erwägungen die kombinierte Inhalations-Trinkkur empfehlen zu müssen, um praktisch eine intensive und lang andauernde Wirkung erzielen zu können, bei abermaliger Betonung, daß wir durch die Inhalation den ganzen Körper gleichmäßig der Wirkung der Emanation aussetzen und bei der Trinkkur am stärksten auf Blut, Leber und Lunge wirken.

Den beschriebenen Befunden gegenüber bezw. der Absorption des Emanationsgases im Blute ist Gudzent bei seinen Untersuchungen im Lebenden zu Resultate gekommen, die unseren Resultaten widersprechen und die er in folgender Tabelle zusammengefaßt hat (4).

Tabelle 1.

Injektion 2000 M.-E.		Trinken 333 M.-E.		Inhalation		
nach Stunde	im Liter Blut M.-E.	nach Stunde	im Liter Blut M.-E.	nach Stunde	im Blute M.-E.	in der Luft d. Emanatoriums M.-E.
1	62	1/2	1,5	Kaninchen 1/4	83	108
2	46	2 1/2	—	Mensch I 1/4	19,5	30,7
3 1/2	10,2	3	—	„ II 3/4	8,3	0,72

Die Schlußfolgerungen aus diesen experimentellen Ergebnissen faßte er in folgende Sätze zusammen.

1. Durch Einatmung, Trinken und Injektion gelangt eine mehr oder weniger große Menge von Emanation in das Blut.

2. Die vom Magen-Darmtraktus (Trinken, Klysma) und mittelst Injektion ins Blut gelangende Emanation wird verhältnismäßig schnell ausgeschieden, so daß nach zwei bzw. vier Stunden Emanation im Blute nichts mehr nachzuweisen ist.

3. Bei der Einatmung von Emanation im geschlossenen Raume reichert sich die Emanationsmenge im Blute an, so daß in 100 g Blut nach einer Viertelstunde etwa die gleiche Menge zu finden ist, wie in einem Liter Luft, nach zwei Stunden die etwa vier- bis fünffache, nach drei Stunden die sechs- bis siebenfache Menge.

4. Aus dieser neu aufgefundenen Tatsache ergeben sich für das Verständnis der therapeutischen Wirkungen und für die Anwendungsformen der Emanation eine Reihe Anhaltspunkte.

Eine Erklärung für dieses differente Verhalten der Emanation im Lebenden gegenüber meinen Versuchen in Vitro mit defibriniertem Rinderblute hat Gudzent bisher nicht gegeben. Gegen seine Versuchsergebnisse lassen sich zunächst theoretische und rechnerische Einwände erheben.

Die Gudzentschen Zahlen scheinen zu zeigen, daß sich die Emanation im Blute anders verhält wie ein anderes, einfach absorbiertes indifferentes Gas. Zur Erklärung der Gudzentschen Versuchsergebnisse reichen unsere bisherigen Vorstellungen und Kenntnisse über das Verhalten der indifferenten Gase gegenüber dem Blute nicht aus. Man könnte vielleicht an eine Analogie denken, mit der von anderer Seite gefundene Anreicherung der Emanation in Aufschwemmungen von Kieselgur. Die Versuchsergebnisse von Gudzent hätten selbst dann, wenn sie sich bestätigt hätten, praktisch gar keine Bedeutung, denn es liegt doch in der Hand des Arztes durch entsprechende Erhöhung der Emanationsmenge die wirksame Dosis zuzuführen. Die Frage ist also lediglich von theoretischer Bedeutung, verdient aber unser vollstes Interesse.

Zunächst läßt sich gegen die Versuchsanordnung Gudzents einiges, wie mir scheint, Gewichtiges einwenden. Er sammelte nähmlich das Blut in evakuierten Gefäßen. Das Blut konnte also, um das Aufschäumen zu vermeiden, nur sehr langsam in das Gefäß eingelassen werden und es floß deshalb sehr viel Blut an der Nadelmündung vorbei. Die absorbierten und diffusiblen Gase des vorbeiströmenden Blutes konnten durch den, im evakuierten Gefäß herrschenden negativen Druck angesaugt werden, so daß die gemessene Emanation nicht nur von dem im Gefäße befindlichen Blute, sondern auch von dem die Nadel passierenden Blute entstammen konnte. Ich habe also empfohlen, den Versuch so zu wiederholen, daß bei der Blutentnahme kein nennenswerter negativer Druck herrschen soll. Daß dieser Einwand stichhaltig war, konnte ich in Versuchen, die ich mit P. Lazarus gemeinsam ausführte, beweisen. Meine Versuchsanordnung war folgende: Ich nahm eine T-Röhre, die an einem Schenkel mit einer Venenpunktionsnadel in Verbindung stand, und an den restlichen zwei Schenkeln, mit je einer 50 ccm fassenden Pipette verbunden war. Die eine Pipette war mit Quecksilber gefüllt und kommunizierte mit einem Quecksilberniveaugefäß. Durch geringes Senken des Niveaugefäßes konnte also bei entsprechender Stellung des Dreiweghahnes, mit den minimalsten negativen Druck Blut schnell angesaugt und die Pipette vollgefüllt werden. In der anderen Pipette wurde ein Toricellisches Vakuum hergestellt, wodurch in die Pipette, bei vorsichtigem Einstellen des Dreiweghahnes das Blut langsam angesaugt werden konnte. Dieser Versuch erlaubte aus derselben Vene fast gleichzeitig unter denselben Versuchsbedingungen beide Gefäße mit Blut zu füllen. Das Ergebnis war, daß das ohne großen negativen Druck angesaugte Blut um vieles geringere Mengen Emanation enthielt, als das, welches in das evakuierte Gefäß eingesaugt wurde; ja es zeigte sich bei der Wiederholung des Versuches, mit zwei evakuierten Gefäßen, daß je langsamer wir das Blut einlaufen ließen, d. h. je mehr Blut an der Nadel vorbeifließen konnte, um so größer wurde der Emanationsgehalt.

Auch die Versuche von Gudzent haben ergeben, daß die Emanation im Blute als Gas enthalten ist, sonst hätte die Emanation, wie die Tabelle 1 zeigt, nicht nach einer Stunde, nach Verlassen des Emanatoriums, den Körper verlassen können. Die Anreicherung des Blutes auf eine Affinität im alten Sinne des Wortes zurückzuführen, ist nicht angängig. Wäre dies der Fall, so hätte Gudzent in seinem ersten Versuche, wo er das Blut der Carotis untersucht hatte, keine zunehmende Anreicherung finden können, denn bei einer gleichbleibenden Emanationstension in der Einatmungsluft mußte das arterielle Blut, falls eine Affinität bestünde, sofort den höchsten Sättigungsspiegel zeigen. Übrigens spricht gegen eine stärkere Bindung der Emanation durch das Blut der Umstand, daß die Emanation nach dem Verlassen des Emanatoriums schnell wieder verschwindet. Die Zerfallsprodukte kommen hierbei auch nicht in Betracht, denn erstens ist die Versuchszeit zur Bildung von nennenswerten Mengen der Zerfallsprodukte zu kurz, zweitens wäre das rasche Verschwinden der Emanation dann völlig unverständlich.

Wenn wir die Gudzentschen Zahlen bezüglich der Injektionsmethode des näheren betrachten, so könnten wir darin eine Unterstützung seiner Versuchsergebnisse bezüglich der Anreicherung des Blutes an Emanation finden, wenn nicht andere Überlegungen, die aus seinen Zahlen zu gewinnen sind, dagegen sprechen würden. Gudzent fand, wie aus der Tabelle ersichtlich ist bei einer Injektion von 2000 M.-E. in einer Stunde und in einem Liter Blut 62 M.-E. Da Gudzent die Injektion nicht intravenös, sondern in das Kniegelenk gegeben hatte, so ist es klar, daß die Emanation durch das Blut im Körper verteilt wurde. Nehmen wir an, wie es üblich ist, daß im ganzen Körper von 70 kg Körpergewicht das Gas sich, wie in 70 Liter Flüssigkeit gleichmäßig entsprechend den Absorptionsgesetzen verteilt, so würden 62 M.-E. im Liter Blut zirka 4200 M.-E. im Körper ausmachen. Laut der Abgabekurve Gudzents mußte diese Menge in einer Stunde den Körper verlassen. Demgegenüber findet er nach einer Stunde noch 46 M.-E. pro Liter, also auf 70 kg ca. 3200 M.-E. und in weiteren $1\frac{1}{2}$ Stunden 10,2, also noch 700 M.-E. im Körper vorhanden. Insgesamt würde dies bei ungünstigster Berechnung eine Abgabe von ca. 8000 M.-E. ausmachen, gegenüber einer Einfuhr von nur 2000 M.-E. Es mußte also hier ein Versuchsfehler vorliegen.

Wenn wir weiter die Gudzentschen Zahlen, die die Trinkkur betreffen, einer kritischen Würdigung unterziehen, so kann man ihm auch darin nicht zustimmen. Die getrunkene Emanation verhält sich nach den Versuchen vieler Autoren Eichholz (5), P. Lazarus (6), Straßburger (7) etc. ebenfalls wie ein Gas, d. h. die Emanation wird auch durch die Darmwand ins Blut diffundieren. Denn die Ausatmungsluft enthält ja nach Trinken emanationshaltiger Wässer Emanation. Den Blutweg, den die Emanation nimmt und worauf ich zum ersten Male hingewiesen habe, und was von allen Autoren, auch von Gudzent, anerkannt wurde, habe ich bereits geschildert. Wie viel von der per os einverleibten Emanation das zum rechten Herzen strömende Blut mit sich führt, könnte also nur dann ermittelt werden, wenn das vom Darme kommende Blut, bevor es die Lungen passiert hat, untersucht worden wäre. Die in der Tabelle von Gudzent verzeichneten 1,5 M.-E. pro Liter Blut, die er nach getrunkenen 333 M.-E. nach einer Stunde und im Armvenenblut gefunden hat, können unmöglich ein richtiger Ausdruck für die tatsächliche Wirksamkeit der per os aufgenommenen Emanation sein. Aus diesen Erörterungen erhellt vielmehr, daß die Trinkkur eine sehr bequeme Anwendungsart der Emanationstherapie ist, in Fällen, wo wir auf den Darm, auf das Blut, auf die Leber oder auf die Lungen wirken wollen.

Diese theoretischen Bedenken gegen die Emanationsanreicherung des Blutes wurden durch die experimentellen Arbeiten mehrerer Forscher gerechtfertigt. Bisher sind die Angaben Gudzents noch nicht bestätigt worden, sondern es liegen eine Anzahl von Arbeiten vor, die gegen eine solche Anreicherung sprechen, so fand mit einer geschickten Versuchsanordnung Saubermann keine Anreicherung des Blutes an Radiumemanation.

Ein Kaninchen (3,1 kg schwer) verblieb vier Stunden in einer Emanationskammer die eine Aktivität von 1,47 M.-E. pro Liter enthielt, wobei sich das Blut sicherlich bis zur Grenze seiner Absorptionsfähigkeit mit Emanation gesättigt haben mußte. Das Tier wurde hierauf im Emanatorium betäubt, sodann ein arterielles subkutanes Nacken- und Rückenhämatom angelegt, in das sich das Tier verblutete. Sofort darauf wurde das tote Tier eine halbe Stunde im Autoklaven bei 105° C gesotten, dann wurde mittels einer eigenen Vorrichtung jede Spur von Luft und Dampf mittels siedenden Wassers in die Meßkanne unter siedendes Wasser hinübergepreßt. Da ergab die Messung, daß das 3,1 kg schwere Tier einen

Emanationsgehalt von etwa 0,5 M.-E. gehabt hatte, was, auf etwa 2 l diffusible Körpersubstanz verteilt, einen Gehalt von etwa 0,25 pro Liter ergäbe, somit kaum ein Fünftel der Aktivität der Emanatoriumsluft pro Liter. Das Tier kochte noch zwei weitere Stunden in demselben Autoklaven, aber weder im Dampfe, noch im Wasser war auch eine Spur von Emanation nachzuweisen. Hingegen schien das zerkochte Blutkoagulum noch schwach aktiv, was sich aber bei der Verfolgung der Aktivitätskurve als eine Meßanomalie herausstellte. Während die durch 5½ Stunden fortgesetzte Beobachtung der Autoklavenluft den Charakter des allmählichen Ansteigens und Abklingens der Radiumemanation erkennen ließ, sank bei der Hämatommessung der anfangs gefundene Wert rapid auf ungefähr 0. Dieser Befund steht im Einklang mit meinen Versuchen und beweist ebenfalls, daß das eingeatmete Emanationsgas entsprechend seinen Absorptionskoeffizienten im Organismus gelöst wird.

Tabelle 2.

Emanations-Trinkmethode. 1. Beim Tier.

1000 bezw. 2000 M.-E. per Sonde verabreicht. Im Arterienblut nach der letzten Dosis):

Nr. 1. Kaninchen: 34 (Femoralis) Mache-Einheiten.
„ 2. Hund: 84 (Arteria pancreatica) Mache-Einheiten.
„ 98 (Pankreas reseziert.) „

2. Beim Kranken.

Nr.	Dosis (M.-E.) einzeln	total	Std.	Venenblut pro l	Expir.-luft	
1	100	860	5	8,3—9,4	0,7	Mache-Einheiten
2	250	500	1	5,9–6,9	0,1	„
3	250	1000	2	19—19	0,2	„
4	150	1500	3	11,4		„
5	200	2000	3	21—31*)	0,44	*) Im gekochten Blut 15 M.-E.
6	4000	8000	0,4	53—50		
7		20000	½	20,7–23,7 unmittelbar nach dem Trinken venaeseziert	10,2*) 10,4	*) 20 Minuten nach dem Trinken

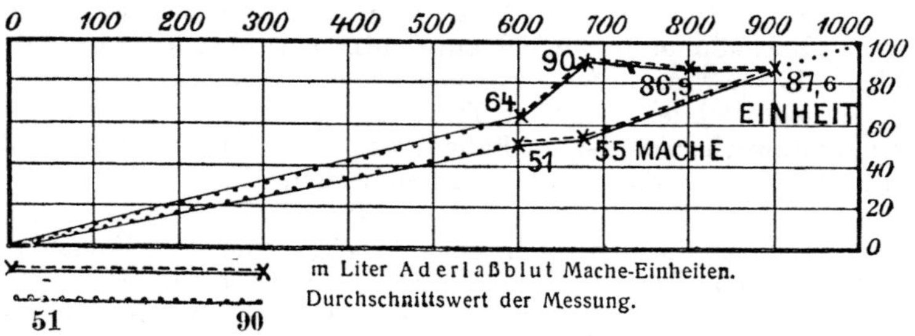

Fig. 75.

Emanationsgehalt von Körperflüssigkeiten nach 1 Stunde Atmung 100—1000 M.-E. per Liter. (RaEm.-O_2-Kreislauf).

Was die durch Trinken aufgenommenen Emanationsmengen anbelangt, haben Versuche von P. Lazarus gezeigt, daß bei Verabreichung genügend großer Dosen auch durch Trinken ganz erhebliche Mengen von Emanation sich ansammeln können. Aus der Tabelle 2 Fig. 75 und Tabelle 3 von P. Lazarus ist ersichtlich, daß die Darreichung der Emanation per os keine ökonomische ist, weil im Blute immer nur geringe Bruchteile der verabreichten Emanation vorhanden sind, die doch durch die Ausatmungsluft abgegeben werden. Der große Vorteil der Trinkkur gegenüber der Inhalation ist, daß der Körper einer, wenn auch relativ schwächeren, doch sehr protrahierten Emanationswirkung ausgesetzt wird, gegenüber der Inhalationskur, wobei doch die Emanation sehr bald den Körper außerhalb des Emanatoriums verläßt.

Tabelle 3.

Versuche mit Einatmung der Emanation.

Versuchsnummer	Emanationsgehalt in M.-E. im Liter Atemluft	Menge des entnommenen Aortablutes in ccm	Emanationsgehalt in M.-E. auf 1 Liter Blut berechnet a) nach der Entnahme, b) 4 Std. später	Prozentgehalt des Blutes an Emanation im Vergleich zu dem Emanationsgehalt der Atemluft. 1) Als Maximalwert berechnet, 2) als Minimalwert berechnet, 3) wahrscheinlicher Wert	
I	1) 3,9 2) 13,5[1]) 3) 6,0	40	a) 1,75 b) 1,81	1) 46,4 2 (13)[1]) 29,1	3) 29,1
II	1) 16,0 2) 18,1 3) 25,9	45	a) 6,68 b) 4,11[2])	1) 41,7 2) 15,8	3) 25,8
III	1) 87,3 2) 61,8 3) 43,0	40	a) 19,86 b) 28,56	1) 66,4 2) 22,7	3) 46,2 oder niedriger
IV	1) 58,9 2) 52,9 3) 45,2	40	a) 7,3 b) 20,4	1) 45,1 2) 12,4	3) 16,2 oder höher
V	1) 114,4 2) 111,8 3) 122,5	30	a) 39,7 b) 57,6	1) 51,5 2) 32,4	3) 32,4
VI	1) 103,0 2) 107,0 3) —[3])	40	a) 30,4 b) 48,1	1) 46,7 2) 28,1	3) 28,1
VII	1) 167,7 2) 178,6 3) 242,5	50	a) 60,7 b) 94,4	1) 56,3 2) 25,0	3) 25,0 oder höher

Indirekte Beweise für die Aufnahme der Emanation in das Blut vom Digestionstraktus aus haben außer P. Lazarus zahlreiche Autoren (Strasburger, Eichholz, Kemen und Neumann u. a. m.) dadurch erbracht, daß sie nach Trinken von emanationshaltiger Wässer die Aktivität der Ausatmungsluft nachweisen konnten.

Die Eichholzschen Versuche (l, c.) haben ergeben, daß

1. Die Resorption verzögert und der Verbleib im Körper verlängert wird: a) durch den gefüllten Magen, b) durch kleine Wassermengen (20—100 g).
2. Umgekehrt wird die Resorption beschleunigt und der Verbleib im Körper verkürzt durch die Leere des Magens und größere Wassermengen (500—1000 g).

Mit diesen Wahrnehmungen sind unsere theoretischen Vorstellungen über die Aufnahme von Gasen durch die Darmwand sehr gut in Einklang zu bringen. Die Diffusion der Gase durch Flüssigkeiten ist sehr schwer; es werden damit hauptsächlich nur diejenigen Mengen zur Resorption gelangen die an der Darmwand liegen. Bei größeren Ingesta-Massen wird die Durchmischung länger dauern, wie bei geringen Mengen. Verabreichen wir also in kleinen Flüssigkeitsmengen große Aktivitäten, so wird die Resorption schneller vor sich gehen. Dieselben Verhältnisse konnte Eichholz bei der Applikation von Dauerklystieren beobachten. Die Permeabilität des Magens und des Darmes konnte übrigens Lazarus direkt am Rindermagen nachweisen, und zwar betrug dieser Durchtritt beim leeren Kavum 10 % in der Stunde.

Die Versuche Strasburgers haben bei Einführung der Radiumemanation in das Duodenum des Kaninchens zu folgenden Resultaten geführt.

Tabelle 4.

Versuche mit Einführung der Emanation in das Duodenum.

Versuchsnummer	Aufgewendete Emanation in M.-E.	Menge des entnommenen Blutes aus		Emanationsgehalt in M.-E. auf 1 Liter Blut berechnet a) nach der Entnahne, b) 4 Stunden später		Resorptionszeit der Emanation in Minuten	Gewicht des Kaninchens in Gramm
		Aorta	Pulmonalis	Aorta	Pulmonalis		
I	715	49		a) 23,67 b) 28,41		18	2400
II	650	50		a) 10,90 b) 13,22		32,5	2100
III	611	50		a) 3,71 b) 4,41		45	2700
IV	650	40		a) 1,45 b) 1,45		60	1850
V	650	36		a) 0,97 b) 0,97 } ?		120	2000
VI	1430	38		a) 57,08 b) 72,65		18,5	1550
VII	650 langsam im Verlauf v. 7 Minuten injiziert	45		a) 42,53 b) 48,98		18,5 (vom Beginn der Injektion gerechnet)	2300
VIII	5 mal 260 in Abständen v. 10 Min.	52		a) 38,59 b) 44,39		47,5	2050
IX	390	40	8	a) 13,05 b) 15,66	b) 43,50	12,5	2200
X	520		28		a) 106,89 b) 134,64	15	1600
XI	1430	36	38	b) 17,4	b) 42,49	26 bzw. 30	2950
XII	975	18	22	b) 4,51	b) 14,89	36 bzw. 40	2050
XIII	1430	43 (Carotis)	35	b) 11,87	b) 29,75	30	4600

Die Kurve Fig. 76 zeigt vollkommen das gleiche Aussehen wie die Kurven des Emanationsgehaltes der Atmungsluft nach einmaligem Trinken einer Portion Emanationswassers. Wir kennen solche Kurven aus den Untersuchungen von Kemen und Neumann sowie von Spartz. Es findet sich auch in der Strasburger'schen Kurve ein rascher Abfall im Verlauf der ersten halben Stunde, dann eine viel langsamere Senkung mit asymptotischem Verlauf. Nach zwei Stunden sind nur noch eben nachweisbare Mengen von Emanation im arteriellen Blut. Da wir aus den erwähnten Untersuchungen der Atemluft wissen, daß beim Trinken von Emanation im venösen Blut bereits nach 5—10 Minuten das Maximum an Emanation vorhanden ist, so unterliegt es keinem Zweifel, daß Strasburger bei frühzeitigerer Entnahme des arteriellen Blutes auch hier noch erheblich größere Mengen gefunden hatte. Man braucht sich nur die Kurve in entsprechend steilerer Richtung nach oben fortgesetzt zu denken.

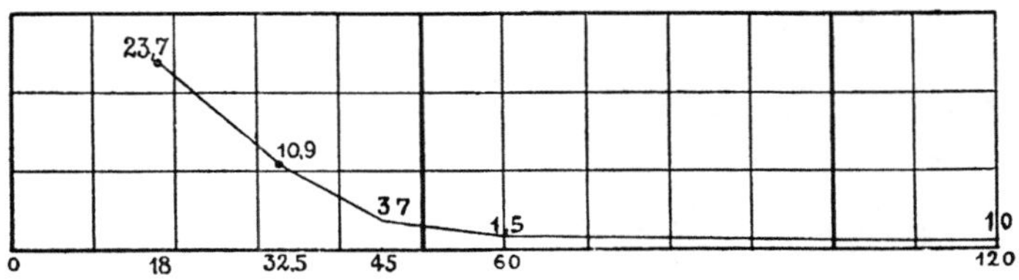

Fig. 76.

Emanationsgehalt des arteriellen Blutes nach einmaliger Einführung der gleichen Menge Emanation in das Duodenum. Die Abszisse gibt die Zeit in Minuten, die Ordinate den Emanationsgehalt des Blutes in M.-E. an. Die Kurve ist aus fünf Einzelversuchen konstruiert.

Aus dem Vergleich des Emanationsgehaltes von Pulmonalis- und Aortablut ergeben sich die in Tabelle 5 von Strasburger erhobenen Werte für den Emanationsverlust in den Lungen.

Tabelle 5.

Emanationsverlust durch die Lungen.

Versuchsnummer aus Tabelle 2	Emanationsgehalt in M.-E. auf 1 l Blut berechnet		Emanationsverlust
	Pulmonalis	Aorta	pCt.
IX	43,5	15,66	64,0
XI	42,42	17,4	59,5
XII	14,87	4,51	69,7
XIII	29,70	11,87 (Carotis)	60,0

Auf Grund dieser Untersuchungen kommt Strasburger zu folgendem Schluß:

Bei einmaliger Injektion von Emanationswasser ins Duodenum der Versuchstiere sind nach $^1/_4$ Stunde erhebliche, nach $^3/_4$ Stunden noch sehr deutliche Mengen von Emanation im arteriellen Blute nachweisbar. Die Zeitkurve des Emanationsgehaltes im Blute ist dabei im Prinzip die gleiche wie in der Atmungsluft: Der höchste Stand ist sehr rasch erreicht, alsdann folgt erst ein steiler, allmählich ein immer langsamerer Abfall. Nach zwei Stunden sind nur noch Spuren im arteriellen Blute nachweisbar. Durch verteilte Dosen in Abständen von etwa zehn Minuten läßt sich der Emanationsgehalt des arteriellen Blutes beliebig lange auf etwa gleichmäßiger Höhe erhalten. Aus dem Vergleich zwischen Aorta- (bzw. Karotis-) Blut und Pulmonalisblut ergibt sich, daß beim Kaninchen im Mittel **63,3%** der Emanation beim Durchgang durch die Lungen verloren gehen, daß also etwas

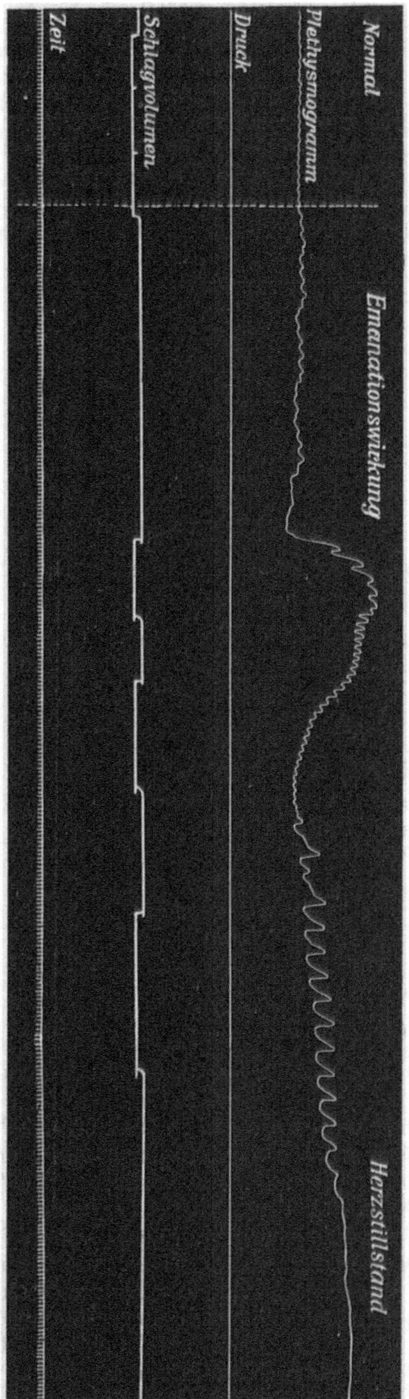

Fig. 77. Pletysmogramm eines isolierten Froschherzens bei Einwirkung von Radium-Emanation. Schneller diastolischer Herzstillstand.

mehr als ein Drittel in den großen Kreislauf hinübergelangt.

Schätzungsweise läßt sich sagen, daß beim Menschen durch Trinken von 1000 Macheeinheiten in kleinen Einzelportionen für die Zeit von 70 Minuten der Emanationsspiegel des arteriellen Blutes auf der Höhe von beinahe zwei Macheeinheiten erhalten werden kann. Um für eine bestimmte Zeitdauer dem arteriellen Blut gleich viel Emanation zuzuführen, braucht man bei Inhalation der erforderlichen Luftmenge etwa das Doppelte an Emanation, im Emanationsraum noch mehr, da hier die Luft nicht voll ausgenutzt wird.

Was die

Wirkungen der Radiumemanation auf das Herz

betrifft, so liegen hier ausführliche Experimente von Maaß vor. Maaß hat mit radioaktiver Ringerlösung das isolierte Froschherz nach der Methode von Jakobi behandelt.

Fig. 77 zeigt einen derartigen Versuch. Kaum hatte das Herz die emanationshaltige Lösung empfangen, so begann es sich immer weiter zu dehnen, die Frequenz wurde eine geringere, die Systole zusehends unvollkommener um schon nach Verlauf weniger Minuten völlig auszubleiben d. h. es war Herzstillstand in höchster Diastole eingetreten.

Eine Auswaschung des Herzens mit frischer Ringerlösung, war meist von dem Erfolg begleitet, daß das Herz wieder zu seiner normalen Leistung gebracht werden konnte. In Fig. 5 sehen wir einen Versuch, in welchem das Herz bereits dreimal der Emanatiouswirkung ausgesetzt war und immer wieder durch Ausspülung mit Ringerlösung die normale Herzfunktion hergestellt wurde. Nach der auf der Kurve sichtbaren vierten Emanationsdarreichung wurden die Kontraktionen seltener und kleiner, das Herz erleidet schließlich eine extremste diastolische Dehnung und die Kontraktionen werden irregulär. Bemerkens-

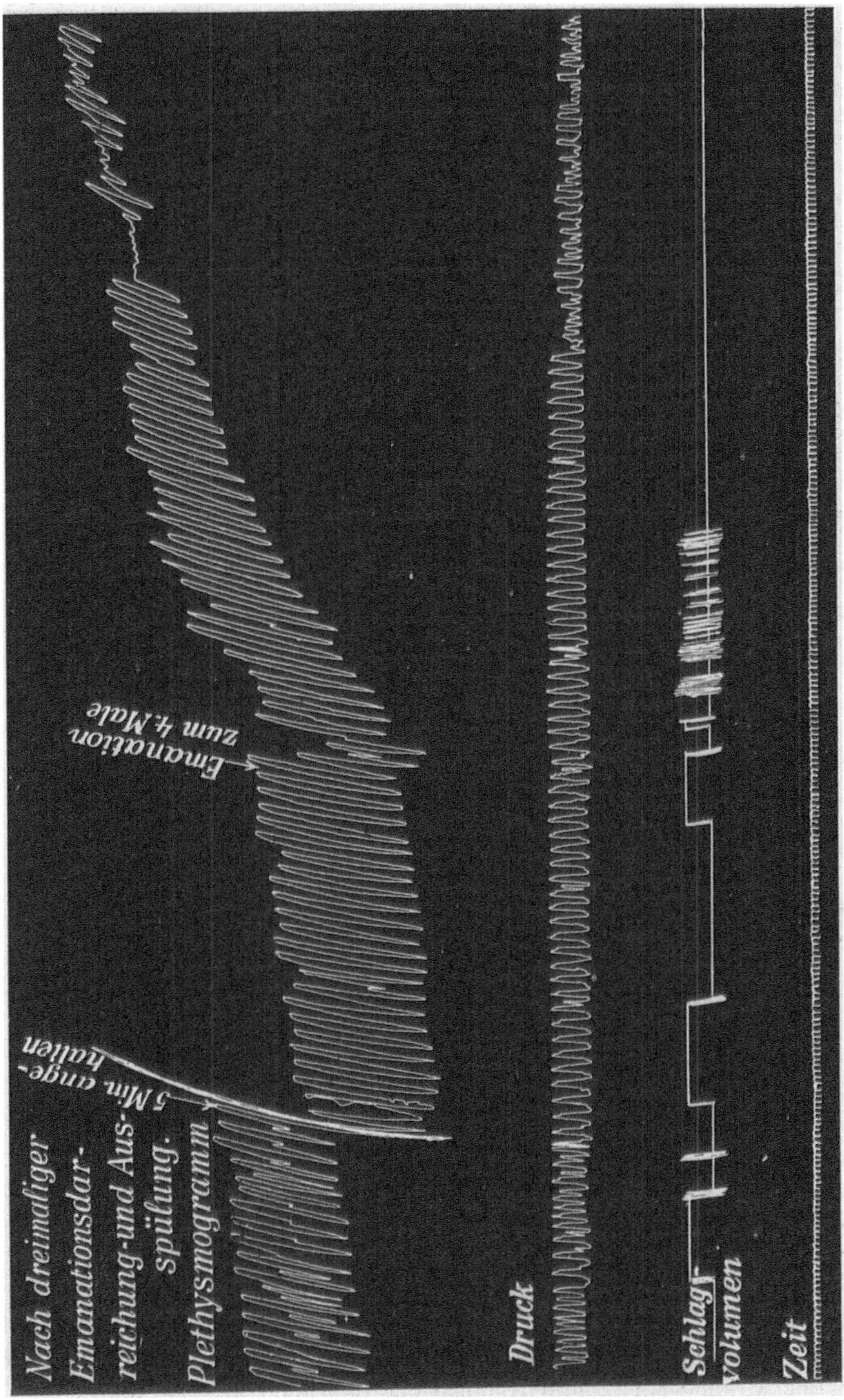

Fig. 78. Thorium X-Wirkung auf das isolierte dreimal vorbehandelte Froschherz.

wert bei diesen Versuchen ist, daß die beschriebene Wirkung nur bei Winterfröschen (es wurden Eskulenten verwendet) auftrat. Wurde das Herz von Frühjahrs- und Sommereskulenten der Wirkung der emanationshaltigen Lösung ausgesetzt, so war stets, allerdings in verschieden hohem Grade, eine Verlangsamung der Herztätigkeit, welche häufig vom Auftreten einer Unregelmäßigkeit der Aktion begleitet war, zu beobachten, die bis zu einer vollkommen unkoordinierten Tätigkeit ausarten konnte (Fig. 79). Das Plethysmogramm des Herzens zeigte stets ein mehr oder minder starkes Anwachsen im Sinne der erhöhten Diastole das sich auf den Kurven durch Vergrößerung der Ausschläge des Volumschreibers und Anstieg der Kurve ausdrückte. Trotz dieser vergrößerten Dehnung des Herzens ist aber die von ihm pro Systole geförderte Flüssigkeitsmenge keineswegs größer, sondern bestenfalls ebensogroß, als die unter normalen Verhältnissen geförderte, so daß das Minutenvolumen eine starke Verringerung zeigt.

Die Tabelle 5 zeigt diese Verhältnisse sehr eklatant. Wir sehen auch gleichzeitig, daß die Folgen der Emanation fast stets durch Auswaschen mit normaler Ringerlösung zum Verschwinden gebracht werden konnte.

Tabelle 6.

Versuch		Schlagfrequenz	Minuten-Volumen	Puls-Volumen
I	Ringer	37	2,7	0,073
	Emanation	37	2,7	0,073
	Emanation	—	1,0	—
	Ringer	36	3,0	0,083
	Emanation	17	1,0	0,059
	Ringer	32	2,6	0,081
II	Ringer	33	2,0	0,067
	Emanation	17	1,0	0,059
	Ringer	34	1,3	0,068
	Emanation	24	1,3	0,054
III	Ringer	36	1,0	0,028
	Emanation	18	0,5	0,078
	Ringer	21	0,67	0,032
IV	Ringer	39	1,4	0,036
	Emanation	20	0,7	0,035
V	Ringer	34	1,0	0,029
	Emanation	30	2,7	0,090
	Ringer	26	1,0	0,038
	Emanation	21	0,4	0,019

Bisweilen zeigte sich allerdings, daß bei wiederholter Vergiftung mit Emanation, das durch dazwischen geschaltete Ringerauswaschungen scheinbar völlig zur Norm zurückgekehrte Herz, auf die späteren Vergiftungen wesentlich stärker reagierte als auf die ersten (Fig. 78). Eine wesentliche Änderung der Hubhöhe der Wassersäule des Manometers wurde in den Versuchen, in denen der Hauptwert auf reichliche Durchspülungen des Herzens gelegt wurde, nicht beobachtet. Mußte das Herz gegen höheren Druck arbeiten, so war unter der Emanationswirkung ein rapides Abfallen der Steighöhe wahrzunehmen. Bei äußerst schwachen Emanationsstärken reagieren manche Herzen gar nicht, manche von Anfang an mit einer Dehnung. Bei der Einwirkung der Radiumemanation auf das suspendierte Froschherz (Fig. 80) war außer der Frequenzverlangsammung nichts Besonderes wahrzunehmen. Bei der plethysmographischen

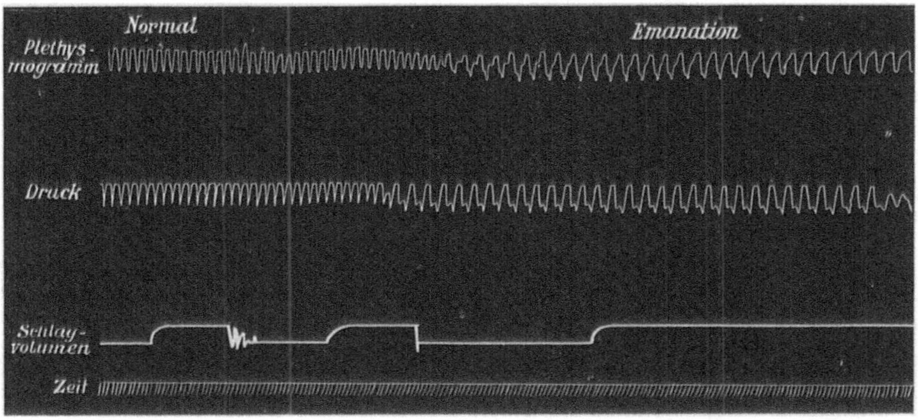

Fig. 79.
Verlangsamung und Zunahme der Diastole bei Ra-Emanationswirkung auf das isolierte Froschherz. Normal 33 Systolen pro Min. Während Emanationswirkung 20 Systolen pro Min. Nach Ausspülung 30 Systolen pro Min.

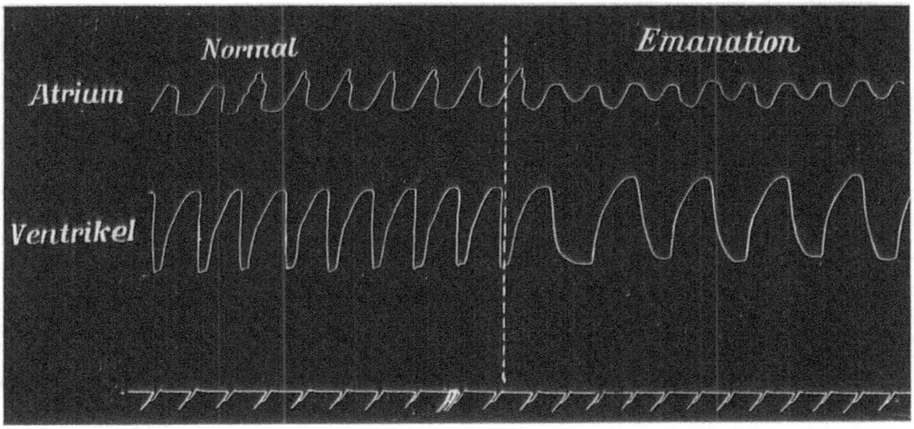

Fig. 80.
Wirkung der Radium-Emanation auf das isolierte Froschherz. Suspensionsversuch.

Aufnahme ist deutlich der Alternansrhythmus und die Vergrößerung der Atriumpulse zu sehen.

Wie die Radium-Emanation auf den **Blutdruck** des Hundes wirkt, sehen wir aus den Versuchen Loewys, welche er mit einen Emanationsinhalator, der 1000 M.-E. in 24 Stunden lieferte angestellt hat und die in der Tab. 77 zusammengestellt sind.

Tabelle 7.

Nr.	Vor Emanationsatmung Blutdruck mm Hg				Während Emanationsatmung Blutdruck mm Hg				Dauer der Emanationsatmung	Bemerkungen
	Max.	Min.	Amplitude	Mittel	Max.	Min.	Amplitude	Mittel		
1	176,0	143,0	33,0	160,0	163,0	128,0	35,0	145,0	$^1/_2$ Min.	Urethanversuch (Hirnplethysmogr.).
					152,5	101,0	51,0	127,0	3 Min.	
					163,0	110,0	53,0	136,5	4 Min. 25 Sek. Ende	—
					155,0	113,0	43,0	134,0	—	5 Min. nach Schluß der Emanationsatmung.
2 a	134,0	125,0	9,0	129,5	126,0	115,0	11,0	120,5	$1^1/_2$ M.	Curareversuch (Hirn). Blutdruck beginnt $^1/_2$ Min. nach Beginn d. Emanat.-Atmung zu sinken.
					112,0	93,5	19,5	103,0	9 Min. 25 Sek. Ende	
b	124,3	99,0	25,0	111,5	114,4	85,2	29,2	99,8	3 Min.	—
3 a	99,0	85,5	13,5	92,0	99,0	78,0	21,0	88,5	2 Min.	Curareversuch (Hirn). Blutdruck beginnt $^1/_2$ Min. nach Beginn d. Emanat.-Atmung zu sinken. — Nach 1 Min. 25 Sek. keine Änderung mehr bis zum Ende der Atmung.
b	103,5	81,5	22,0	92,5	105,0	77,0	28,0	91,0	3 Min.	—
4 a	133,0	88,0	45,0	110,0	143,0	88,0	55,0	115,0	$8^3/_4$ M.	Urethanversuch (Lungenonkometrie).
b	143,0	88,0	55,0	115,0	126,0	55,0	71,0	99,0	—	Injekt. von 1 ccm Radiumlösung. Diastol. Senkg. beginnt nach 7 Sek. Maxim. der Wirkung nach 30 Sekunden.
	vor der Injektion				nach der Injektion					
5	187,0	121,0	66,0	154,0	187,0	99,0	88,0	143,0	2 Min.	Urethanversuch (Lungenonkometrie). Nach längerem Aussetzen der künstl Atmung beginnt Blutdruck spont. stark z. sinken (Narkosewirkung).
6 a	165,0	142,0	23,0	153,5	165,0	136,0	29,0	150,5	$5^3/_4$ M.	Curareversuch (Lunge). Blutdruck beginnt erst nach 3 Min. zu sinken.
b	148,5	127,5	21,0	138,0	143,0	127,5	15,5	135,0	2 Min.	—

Im Versuch 4b wurde eine Radiumlösung von 1000 M.-E. intravenös gegeben. Wir sehen, daß der Effekt wechselt. Der systolische Druck ist einmal erhöht, viermal gleich geblieben und viermal erniedrigt. Der diastolische Druck ist siebenmal erniedrigt und zweimal ungeändert.

Weitere Versuche Loewys haben gezeigt, daß sich beim Hunde stets plethysmographisch eine Änderung des Hirns und des Lungenvolumens, bei der Einverleibung der Emanation nachweisen läßt.

Diese Verhältnisse demonstrieren die Fig. 81 und 82. Aus den Kurven ist deutlich zu entnehmen, daß durch die Einwirkung der Emanation das Hirnvolumen eine deutliche Zu-, und das Lungenvolumen eine Abnahme zeigt.

So wie die Verhältnisse liegen, können wir uns aber den Ausführungen Loewys nicht anschließen, daß die soeben angeführten Versuchsergebnisse auf eine direkte Vasomotorenwirkung zurückzuführen seien. Unsere anderweitigen Versuche scheinen auf einen viel komplizierteren Vorgang hinzuweisen.

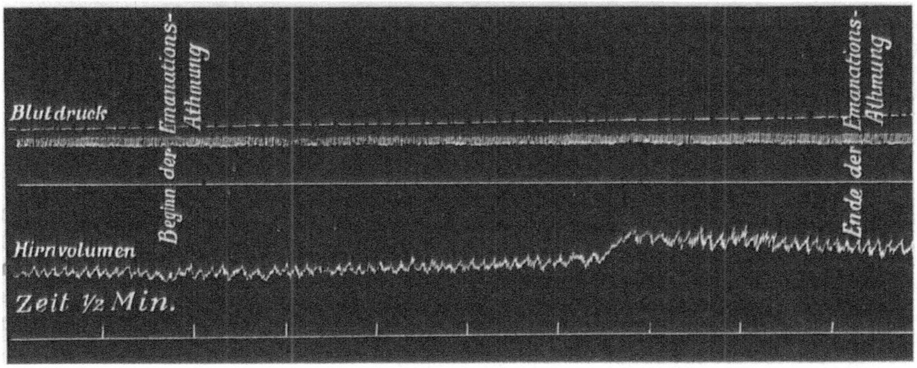

Fig. 81. Verhalten des Hirnvolumens bei Ra.-Emanationsatmung. (Hundeversuch).

Die Wirkung der **Emanation auf die Zirkulation beim gesunden und kranken Menschen** habe ich gemeinschaftlich mit Loewy eruiert.

Die Versuche wurden derart ausgeführt, daß der Gaswechsel, der Hämoglobingehalt, die Ausnutzung des arteriellen Sauerstoffes, ferner der Blutdruck, das Minutenvolum, die Umlaufsgeschwindigkeit und die Herzarbeit zunächst in der Norm, danach in einem Radiumemanatorium bestimmt wurden. Diese verschiedenen Etappen der Untersuchung waren nötig, um die Hämodynamischen Verhältnisse nach der Methode, wie ich sie angegeben habe, feststellen zu können. Wir benutzten das in der II. medizinischen Universitätsklinik befindliche, von der Radiogen-Gesellschaft eingerichtete Emanatorium. Der Emanationsgehalt der Kammer betrug ca. 20 000 Macheeinheiten auf einen Raum von ca. 2500 Liter.

Wir trugen Bedenken, ob nicht die Luft in dem abgeschlossenen Raum des Emanatoriums sich allmählich verschlechterte und durch die abnorme Zusammensetzung an sich schon Änderungen der Respiration und Zirkulation bewirkt würden, obgleich die im Emanatorium angebrachte Zirkulationsventilation derart wirksam sein sollte, daß die gebildete Kohlensäure sowie der Wasserdampf absorbiert und genügend Sauerstoff aus einer Sauerstoffbombe der Zimmerluft beigemischt werden sollten.

Wir haben zur Kontrolle Analysen der Kammerluft vorgenommen, nachdem mehrere Personen sich zirka eine Stunde in ihr aufgehalten hatten. Es ergab sich, daß die Vorrichtungen de facto genügten, um die Luft in normaler Zusammensetzung zu erhalten; der Kohlensäuregehalt betrug nur 0,05 %; der Sauerstoffgehalt entsprach dem der freien Atmosphäre. —

Unsere Versuche betreffen zunächst eine Bestimmung des Gaswechsels bei einem gesunden Menschen im nüchternen Zustande außerhalb des Emanatoriums, der sofort eine zweite Bestimmung im Emanatorium bei denselben Versuchsbedingungen folgte. Die Ergebnisse dieses Versuches sind in folgender Tabelle 8 zusammengestellt.

Tabelle 8.

	Außerhalb	im Emanatorium
Atemvolumen reduziert pro Min. ccm	4867	4899
CO_2-Ausscheidung pro Minute	165,0	159,6
CO_2-Ausscheidung pro Kilogramm Körpergewicht	2,66	2,57
O_2-Verbrauch pro Minute	217,60	206,40
O_2-Verbrauch pro Kilogramm Körpergewicht	3,50	3,30
Respiratorischer Quotient	0,76	0,70
Atemfrequenz	13,0	14,0

Einen Einfluß der Emanation auf den Gaswechsel aus den vorstehenden Zahlen eines Versuches anzunehmen, ist nicht angängig. Eine größere Reihe von Versuchen könnte erst Schlußfolgerungen zulassen. — Ein Einfluß auf den Hämoglobingehalt bezw. die Sauerstoffkapazität des Blutes, gemessen mit dem Pleschschen Kolbenkeilhämometer, war nicht erkennbar, denn es betrug die

Tabelle 9.

Nr.		Außerhalb	Im Emanatorium
1	Sauerstoffkapazität des Blutes in Volumprozent	16,4	16,6
2	Sauerstoffspannung des Arterienblutes in mm Hg	83,25	76,35
3	O_2-Gehalt des Arterienblutes in Volumprozent	14,92	14,78
4	O_2-Gehalt des Arterienblutes in Prozent der O_2-Kapazität	91,0	89,0
5	CO_2-Spannung des venösen Blutes in mm Hg	41,17	38,32
6	O_2-Spannung des venösen Blutes in mm Hg	41,17	40,67
7	O_2-Gehalt des venösen Blutes in Prozent der O_2-Kapazität	68,0	68,0
8	O_2-Gehalt des venösen Blutes in Volumprozent	11,15	11,29
9	O_2-Ausnutzung in Prozent der O_2-Kapazität	23,0	21,0
10	Ausnutzung des arteriellen Sauerstoffes in Volumprozent	3,77	3,49

Sauerstoffkapazität außerhalb 16,4 Volumprozent O_2, im Emanatorium 16,6 Volumprozent O_2. Dasselbe negative Ergebnis hatte die Feststellung der prozentischen Ausnutzung des arteriellen Sauerstoffes von seiten der Gewebe sowie des in den Venen vorhandenen Kohlensäurezuwachses. Wir bestimmten diese beiden Werte nach der Pleschschen Sackmethode, bei welcher es sich bekanntlich darum handelt, den Sauerstoff- und Kohlensäuregehalt des Lungenarterienblutes, das uns den mittleren Zustand des Körpervenenblutes anzeigt, zu ermitteln, und diese Werte in Beziehung zu setzen zu denen des Gasgehaltes des arteriellen Blutes. Letztere lassen sich berechnen aus den Gasspannungen der respirierenden Lungenalveolen. Da die Gasspannungen in den Lungenalveolen der Ausdruck sind für die Gasspannungen des Blutes, einer bestimmten Gasspannung des Blutes, aber ein bestimmter, im Einzelfall zwar wechselnder, jedoch bei gleichbleibender Beschaffenheit des Blutes gleichbleibender Gehalt an Gas zukommt, so lassen sich aus der Kenntnis der Lungengasspannungen die Gasmengen des Blutes feststellen, und zwar aus den Gasmengen der respirierenden Lunge die des arteriellen Blutes und nach den in dem Pleschschen Sackversuch gewonnenen die des venösen Blutes. Die Differenzen zwischen beiden Werten ergeben die Änderungen im Gasgehalt, die beim Durchgang durch die Kapillaren erfolgt sind.

Die so ermittelten Werte s. unter Tabelle 9.

Die Sauerstoffkapazität des Blutes liegt an der unteren Grenze der Norm; mit ihr harmoniert jedoch die Tatsache, daß bei der betreffenden Versuchsperson wiederholte Untersuchungen der letzten Jahre stets nur einen Hämoglobingehalt von 75% (nach Sahli und Miescher-Fleischl) ergeben haben. Ein Unterschied gegenüber der O_2-Kapazität bei 1¼ stündigem Aufenthalt im Emanatorium ist kaum festzustellen. Sie betrug 16,6 Volumprozent O_2 drinnen gegen 16,4 Volumprozent draussen.

Der Sauerstoffgehalt des arteriellen Blutes berechnet sich entsprechend der niedrigen alveolaren Sauerstoffspannung von 83,25 resp. 76,35 mm Hg zu 14,92 Volumprozent außerhalb und 14,78 Volumprozent im Emanatorium, das sind 91 resp. 89% der maximalen Sauerstoffbindung.

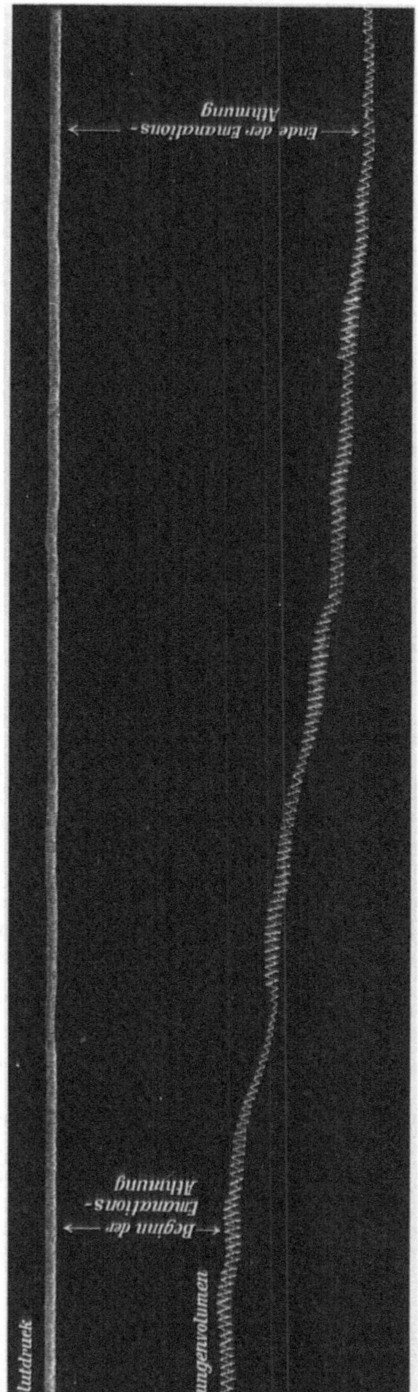

Fig. 82. Verhalten des Lungenvolumens bei Radium-Emanationsatmung (Hundeversuch). Zu Versuch 6/a der Tabelle Nr. 7. Dauer der Inhalation 5 Min. 6 Sek.

Im venösen Blute betrug unter Berücksichtigung der vorhandenen Kohlensäuretension (vergl. Zeile 5 der Tabelle 9) von 41 bezw. 38 mm Hg die Sauerstoffspannung 41,17 bezw. im Emanatorium 40,67 mm Hg. Das sind auf Grund der Dissoziationskurve 68 % der maximalgebundenen Sauerstoffmenge. Daraus ergibt sich ein Sauerstoffgehalt des venösen Blutes von 11,15 bezw. 11,29 Volumprozent.

Verglichen mit dem Sauerstoffgehalt des arteriellen Blutes ergibt sich demnach die Ausnutzung des Sauerstoffs in den Kapillaren 3,77 bezw. 3,49 Volumprozent, das sind 25 bezw. 23 % des vorhandenen Sauerstoffs. Wie man sieht, stimmen die unter Wirkung der Radiumemanation gewonnenen Werte so vollkommen mit den unter normalen Verhältnissen gewonnenen überein, wie dies bei mehreren nacheinander durchgeführten Normalversuchen auch nicht überein stimmender gefunden werden kann.

Die Emanation hat also auf die bisher betrachteten Faktoren, also sowohl auf den respiratorischen Stoffwechsel, wie auf den Sauerstoffgehalt des arteriellen und venösen Blutes keinerlei Einfluß. —

Aus den bisher für die Zirkulation gewonnenen Werten haben wir unter Berücksichtigung der in Tabelle 8 enthaltenen Gaswechselwerte das pro Minute aus dem Herzen ausgeworfene Blutvolumen (Minutenvolumen) und weiter unter Berücksichtigung der Pulsfrequenz das mit jeder Systole entleerte Blutvolumen (Herzschlagvolumen) berechnet. Indem wir die Art der Berechnung als bekannt voraussetzen, geben wir nur die Endwerte. Das normale Minutenvolumen beträgt 5,765 l, das im Emanatorium 5,903 l. Das Herzschlagvolumen stellt sich auf 65,41 bezw. 67,07 ccm.

Daß diese Werte vollkommen übereinstimmen müssen, ergibt sich aus der Gleichheit derjenigen Werte, aus denen sie berechnet wurden, ohne weiteres. Im übrigen entsprechen die gefundenen Zahlen für Minuten- und Schlagvolumen durchaus den normalen Werten.

Für die Berechnung der Herzarbeit war noch die Bestimmung des Blutdrucks erforderlich. Wir führten diese Bestimmung mittelst des Uskoffschen Apparates aus, der bekanntlich den minimalen und maximalen Druck an einer Kurve direkt ablesen läßt.

Bei diesen Druckbestimmungen ergaben sich nun an unserer Versuchsperson deutliche Differenzen zwischen dem Aufenthalt außerhalb und innerhalb des Emanatoriums; Differenzen, die uns veranlaßten, dieser Frage weiter nachzugehen und nicht nur an dieser einen Person mehrere Versuchsreihen über den Einfluß der Radiumemanation auf den Blutdruck auszuführen, sondern auch noch an 9 weiteren Personen diese Frage zu studieren. Die zahlreichen Einzelversuche, die alle mit demselben Apparat unter gleichen Bedingungen durchgeführt wurden, haben wir auf der folgenden Tabelle 9 zusammengestellt.

Aus der Tabelle ergibt sich, daß die Emanation auf den Blutdruck zweier Personen, und zwar zweier gesunder (2 und 6) ohne Einfluß gewesen ist.

Bei einer dritten gesunden Person (4) ist der Minimumdruck nicht beeinflußt, der Maximumdruck nur wenig herabgesetzt. Ebenso ist bei 3, 5 und 7 der Minimumdruck nicht herabgesetzt, dagegen zeigt sich der Maximaldruck stärker verändert im Sinne einer Herabsetzung. Endlich finden wir bei den übrigen vier Personen den Maximal- und den Minimaldruck verändert, und zwar sind beide im Emanatorium niedriger als außerhalb desselben.

In der Majorität der Fälle, nämlich bei acht von zehn Personen, ist also der Maximaldruck unter der Einwirkung der Radiumemanation gesunken, bei vieren zugleich auch der Minimaldruck. — Eine Steigerung der Druckwerte wurde in keinem Fall gefunden.

Tabelle 10.

Laufende Nummer	Name und Versuchsnummer	Vor dem Aufenthalt im Emanatorium Blutdruck mm Hg			Im Emanatorium			
		Maximum	Minimum	Mittel	Seit Minuten	Blutdruck mm Hg Maximum	Minimum	Mittel
1	L. 1	158	104		80	138	96	
		150	104			132	94	115
		158	106	130				
	2					132	86	
						128	100	
						130	96	
						132	98	113
	3	140	90	115	5	118	88	
					20	124	96	
					22	118	94	
					37	124	94	
					39	116	84	105
2	Pl. 1	134	88					
		138	84					
	2	134	86		9	138	86	
		126	84	109	11	136	86	
					25	132	88	
					42	124	82	
					44	128	86	108
3	W. 1	168	82	125	17	150	94	
					20	146	84	
					25	148	86	
					48	158	86	119
4	Th. 1	154	84	119	10	162	92	
					30	156	88	
					32	151	84	
					52	146	84	
					56	148	82	119
5	K. 1	120	84	102	12	128	86	
					37	—	84	
					39	118	84	
					44	116	88	
					58	108	84	
					60	111	86	99,4
	2	132	90	111	15	104	86	
					18	106	86	
					59	108	82	
					62	118	86	97,0
6	O. 1	156	100		13	148	100	
		144	96		15	146	102	
		150	100	124	17	146	100	
					30	156	104	
					32	144	100	
					33	150	96	124

Laufende Nummer	Name und Versuchsnummer	Vor dem Aufenthalt im Emanatorium Blutdruck mm Hg			Im Emanatorium			
		Maximum	Minimum	Mittel	Seit Minuten	Blutdruck mm Hg Maximum	Minimum	Mittel
7	Schül. 1	224	132		13	204	128	
		228	132	179	24	198	140	
					38	202	130	
					48	206	134	
					60	198	130	
					63	202	144 (?)	
					70	190	136	167
8	Schall 1	152	100		17	148	90	
		150	98	125	30	136	90	
					35	150	88	
					55	136	80	
					76	140	80	114
9	Bll. 1	208	124	166	9	202	124	
					17	202	126	
					25	194	124	
					34	194	108	
					42	202	128	
					47	200	114	
					52	194	116	
					57	202	128	159
10	B. 1	224	150	187	13	202	132	
					19	216	138	
					30	212	130	
					38	208	114	
					45	220	145	
					50	232	138	
					55	230	122	
					59	212	122	173

Die Veränderungen des Druckes, die sich so ergeben haben, sind natürlich von Bedeutung für den Umfang der Herzarbeit. Da wir bei der Berechnung der Herzarbeit von einem Mitteldruck ausgehen, haben wir aus unseren Werten die Mitteldrucke berechnet und geben auf vorstehender Tabelle 10 eine Übersicht des Mittels derselben für die einzelnen Versuchspersonen.

Bei sieben unter zehn Personen zeigt sich auch der Mitteldruck mehr oder weniger stark erniedrigt. Diese Herabsetzung ist von Bedeutung für die Beurteilung der Frage, wie sich die Zirkulation unter der Einwirkung der Radiumemanation ändert.

Die Leistung des Herzens setzt sich zusammen aus der Menge des ausgeworfenen Blutes und dem Druck, unter welchem diese ausgeworfen wird. Von der quantitativ sehr geringen Strömungsarbeit können wir hier absehen. Ist in unseren Fällen die ausgeworfene Blutmenge konstant geblieben, so kommt für eine Änderung der Herzarbeit nur eine Änderung des Mitteldruckes in Betracht. Nimmt der Mitteldruck ab, muß dementsprechend auch die Herzarbeit sich verringern. So war es bei uns in 70 % der Fälle, während in 30 % keine Änderung unter der Wirkung der Emanation eintrat.

Tabelle 11.

Nr.	Person	Mittlerer Blutdruck in mm Hg außerhalb des Emanatoriums	innerhalb des Emanatoriums
1	L.	122	111
2	Pl.	109	108
3	W.	125	119
4	Th.	119	119
5	K.	106	98
6	O.	124	124
7	Sch.	179	167
8	Sch.	125	114
9	B.	166	159
10	B.	187	173

Berechnen wir für die Versuchsperson 1 (L.), für die vorstehend die vom Herzen ausgeworfenen Blutmengen angegeben sind, vermittelst der Mitteldruckwerte die Herzarbeit innerhalb und außerhalb des Emanatoriums, so ergeben sich folgende Arbeitsleistungen (Tabelle 12):

Tabelle 12.

	Außerhalb des Emanatoriums	Im Emanatorium
Arbeit des linken Ventrikels in mkg	10,15	8,80
Arbeit beider Ventrikel in mkg	14,20	12,32
Gesamtherzarbeit pro kg Körpergewicht in mkg . .	0,23	0,20
Arbeit pro Systole in gm	161	140

Ich habe es noch unternommen, die Wirkungen der R.-Emanation auf das Menschenherz mittelst des Elektrokardiogramms zu kontrollieren. Selbst bei der Inhalation von 50000 M.-E. konnte ich keine Änderung des elektrokardiographischen Bildes feststellen.

Die Wirkung des Thorium X auf Atmung und Kreislauf.

Die Untersuchungen bezüglich der Thorium-X-Wirkung auf die Atmung und auf die Zirkulation habe ich gemeinsam mit meinen Mitarbeitern, den Herrn Karczag, Keetmann, Maaß und Pappenheim, ausgeführt.

Wir haben in unseren Versuchen fast ausnahmslos das Thorium-X intravenös angewendet, bei einer anderen Anwendungsart ist dies stets verzeichnet.

Die **Atmung** wird bei Gesunden durch das Thorium-X in kaum nennenswerter Weise beeinflußt. Manches Mal tritt eine geringe Beschleunigung auf, aber dies ist durchaus nicht immer der Fall. Ebenso haben wir keine Änderungen in der Atemtiefe konstatieren können. Sehr auffallend war demgegenüber die Änderung des Atemtyps und der Atemtiefe bei kardialer Dyspnoe (Fig. 83) und bei der Pneumonie.

Ob es sich hierbei um eine direkte Vaguswirkung, um eine Vermehrung der Tätigkeit des rechten Herzens, oder eine allgemeine bessere Zirkulation oder sogar um eine Abnahme des Lungenblutvolums, ähnlich wie dies die angeführten Hundeversuche (Fig. 8) gezeigt haben, handelt, ist schwer zu sagen. Die pathologisch-anatomischen Befunde geben uns auch keine genügende Aufklärung. Daß das Thorium auf das Lungenorgan in besonderer Weise wirkt, können wir sowohl aus den makroskopischen, wie mikroskopischen Präparaten folgern. Die mit Thorium vergifteten Tiere zeigen fast ausnahmslos eine Vergrößerung des Lungenvolumens. Das mikroskopische Bild ist auch recht auffallend wie wir dies mit Pappenheim beim Kaninchen nachweisen konnten.

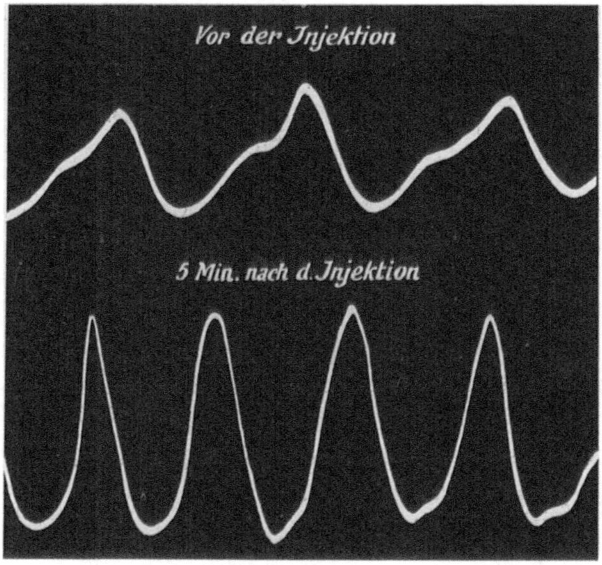

Fig. 83.

Kurve 1. Wirkung des Thorium x auf die Atmung bei kardialer Dyspnoë.

Die Lungen zeigen unter dem Mikroskop im Gegensatz zu den plethysmographischen Ra.-Emanations-Versuchen Loewys eine kolossale Kongestionierung und eine emphysemähnliche Blähung. An der Kongestionierung nehmen hauptsächlich die Gefäße der Lungenarterie teil, deren kleinste Kapillaren sich prall gefüllt in das Lumen der Lungenbläschen wölben. Blutungen konnten wir weder in den Lungen noch in der Pleura nachweisen. Die Pleura war auch sonst unbeschädigt.

Wenn wir die Änderungen der Lungenvolumina mittels des spirometrischen Verfahrens und der Residualluftbestimmung unter dem Einfluß des Thoriums studieren, so fällt uns zunächst die Vergrößerung des Residualluftvolumens auf (Tab. 12). Es scheint also, daß auch beim Menschen gewissermaßen ein Volumen pulmoum auctum zustande kommt, wie wir dies beim Kaninchen sehen konnten. Die Reserveluft nimmt besonders in dem Versuch I. wesentlich ab, doch nicht in dem Maße, als die Residualluft zunimmt, so daß wir noch immer eine nicht unbedeutende Zunahme der respiratorischen Mittellage verzeichnen konnten. Ich konnte in einer speziellen Arbeit den Beweis erbringen, daß die Erhöhung der respiratorischen Mittellage ein zirkulatorischer Reflex ist und zwar wird durch eine höhere Mittellage der Dondersssche negative intrakardiale Druck ceteris paribus erhöht und durch die so bedingte größere Saugwirkung der Rückfluß des venösen Blutes zum rechten Herzen erleichtert. Aus den spirometrischen Versuchen ist es trotz dieser Überlegung nicht möglich die Entscheidung zu treffen, ob es sich bei der erhöhten Mittellage auch de facto um eine Vergrößerung des Dondersschen Druckes handelt, weil es uns nicht ausgeschlossen scheint, daß unter dem Einfluß des Thoriums sich allenthalben Veränderungen der Elastizität in der Textur der Lunge einstellen und daß die Mittellage nur die verminderte Elastizität in dem Grade kompensiert, daß der normale Donderssche Druck erhalten bleibt. Wenn wir aber die klinisch und graphisch (Fig. 83) nachgewiesene Erleichterung der Atmung berücksichtigen, so ist es mit großer Wahrscheinlichkeit anzunehmen, daß es sich in unseren Fällen um eine Erhöhung des intrathorakalen Druckes mit konsekutiver Verbesserung der Zirkulation im kleinen Kreislauf handelt.

Tabelle 13.

Lungenvolumina

	I		II	
	vor der Injektion	nach der Injektion	vor der Injektion	nach der Injektion
Atemvolumen	567	318	454	340
Residualluft	753	1640	227	346
Reserveluft	1022	575	364	363
Komplementär-Luft	454	817	454	567
Vitalkapizität	1476	1392	818	930
Mittelkapazität	1775	2215	591	709
Totalkaplzität	2229	3032	1045	1276

Viel schwerer ist die Zunahme der Totalkapazität zu erklären, die in beiden Versuchen 20 bis 30 % beträgt. Dieses Phänomen mit einer Zunahme der Dehnbarkeit der Lunge zu erklären, oder gar dadurch, daß wir eine Beeinflussung der nervösen Hemmung der Atmung annehmen, dazu reicht unser Versuchsmaterial nicht aus und es bleibt weiteren Studien vorbethalten diese Verhältnisse aufzuklären.

Die Wirkungen des Thoriums auf das **Froschherz** habe ich mit Maaß bearbeitet.

Unsere Untersuchungen haben wir am isolierten Froschherz ausgeführt und als Durchspülungsflüssigkeit Ringerlösung verwendet, der wir dann die Thorium X-Lösung in der an den Kurven verzeichneten Stärke zugegeben haben. Von den verschiedenen Methoden der Froschherzdurchblutung erschien als geeignetste die von Jakobi angegebene, die im Prinzip darauf beruht, daß man dem Herzen die Nährflüssigkeit durch eine Vene unter sehr geringem Überdruck zufließen läßt und in den aus dem Bulbus arteriosus abgeleiteten Abfluß einen veränderlichen Widerstand einfügt, der das Gefäßsystem ersetzen soll. Die Präparation des Froschherzens gestaltet sich derart, daß man nach Halsmarkdurchschneidung die Bauchdecken aufklappt, die zu Tage tretende große Bauchvene abbindet, die Lungen nahe am Hilus unterbindet und entfernt. Dann wird das Perikard gespalten und in die mit einiger Vorsicht in genügender Ausdehnung freilegbare obere linke Hohlvene eine möglichst weite Kanüle eingeführt, bis ins Atrium vorgeschoben und durch eine Ligatur an der Vene befestigt. Nun werden die zu den Bauchorganen ziehenden großen Gefäßstämme ziemlich nahe am Herzen en masse unterbunden und die gesamten Bauchorgane nahe unter der Ligatur entfernt. Wird jetzt die vorher mit

Ringerlösung gefüllte und in der Vene liegende Kanüle mit einer ebenfalls Ringerlösung enthaltenden Spritze verbunden, so gelingt eine sehr gute Auswaschung des Herzens und des noch bestehenden Kreislaufs, ein Punkt, der für das Gelingen des Versuchs bei der hohen Gerinnungsfähigkeit des Froschblutes von Bedeutung ist. Jetzt wird durch die linke Aorta nach der leicht auszuführenden Zerstörung der Spiralklappen eine Kanüle in den Bulbus arteriosus ev. bis in den Ventrikel vorgeschoben, die noch bestehende Gefäßverbindung des Herzens mit dem Körper, unterbunden und durchtrennt und das Herz herausgeschnitten. Nachdem die Einstellung erfolgt ist, beginnt die Durchspülung mit der Ringerlösung von folgender Zusammenstellung: NaCl 0,7; $NaCl_2$ 0,02; KCl 0,01 und $NaHCO_3$ 0,01 dialysiertes Gummiarabicum 3,0 auf 100 Wasser. Registriert werden die Ausschläge des Quecksilbermanometers, die volumetrisch übertragenen Schwankungen der vom Herzen geförderten „Auswurfsvolumen", das Plethysmogramm des Herzens, das natürlich, da doch Vorhof und Ventrikel an seinem Zustandekommen gleichzeitig beteiligt sind, nur einen relativen Wert gibt.

Fig. 84 betrifft einen Versuch, bei welchem wir das Herz ohne Widerstand arbeiten ließen, und verschieden hohe Aktivitäten der Durchspülungsflüssigkeit zugesetzt haben. Wir sehen bei den schwachen Aktivitäten von 2180

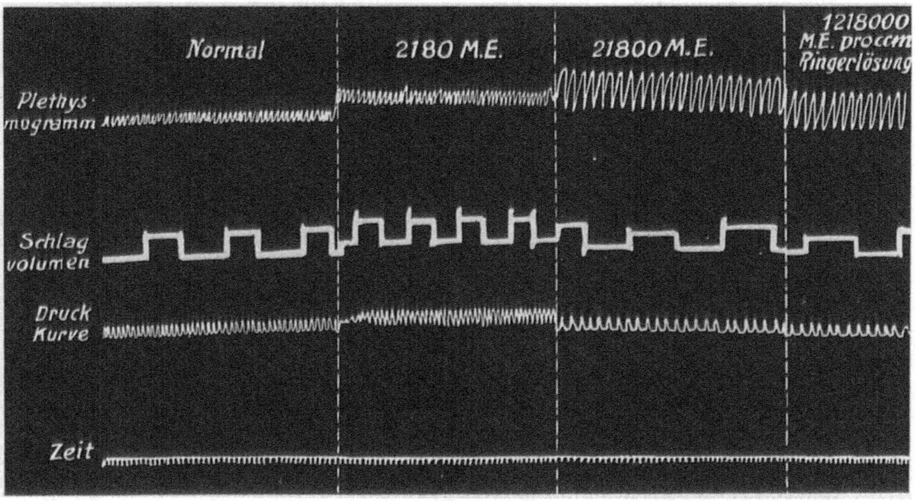

Fig. 84.
Wirkung des Thoriums x auf das isolierte Froschherz (Druck = 0).

M.-E. zunächst eine Verschiebung der Füllungsmittellage des Herzens nach der Diastole zu. Die Größe der Kontraktionen haben um ein geringes und dementsprechend hat auch das Schlagvolumen zugenommen. Bei 21 800 M.-E. sehen wir eine deutliche Abnahme der Schlagfrequenz und eine weitere Dehnung des Herzens. Die Kontraktionen sind groß. Daß sie auch kräftig sind beweist, daß trotz der sehr erheblichen Abnahme der Schlagfrequenz das Schlagvolumen gegenüber der Norm keine Änderung zeigt. Desgleichen sehen wir bei der Aktivitätsstärke von 1 218 000 M.-E.

Ganz andere Bilder der Herzaktion erhielten wir, wenn wir das Herz gegen einen großen Druck arbeiten ließen. Auf Fig. 85 ist ein derartiger Versuch wiedergegeben. Die Normalkurve verläuft ganz regelmäßig. Kaum wird aber das Thorium X der Durchspülungsflüssigkeit beigemengt, so dehnt sich das Herz ad Maximum und befördert kaum mehr Flüssigkeit. Wir haben jetzt das Herz in diesem Stadium ausgespült und es ist aus der Kurve ersichtlich, daß sich das Herz gut erholt hat. Bei der abermaligen Darreichung von Thorium X tritt sofort wieder eine Lähmung auf und es dauerte nicht lange, so trat Herzstill-

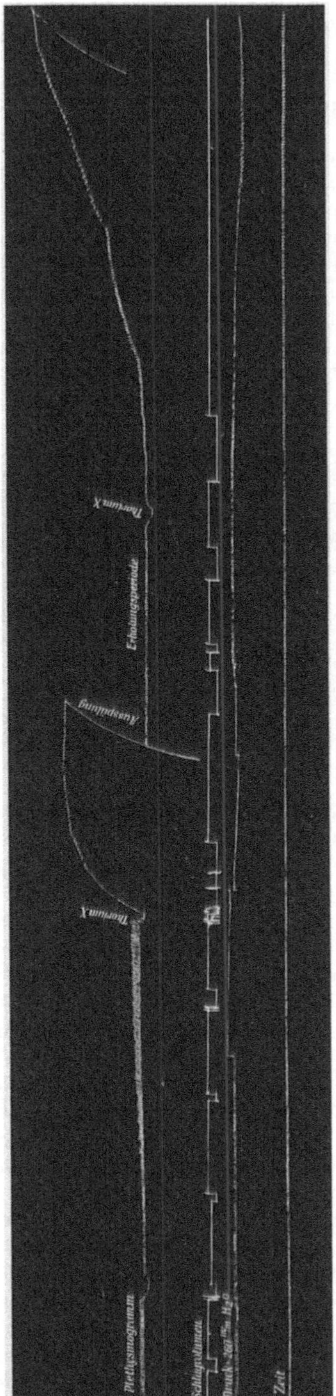

Fig. 85. Deutliche diastolische Wirkung des Thoriums X bei einem isolierten Froschherzen, welches gegen 260 mm H_2O Druck arbeiten mußte.

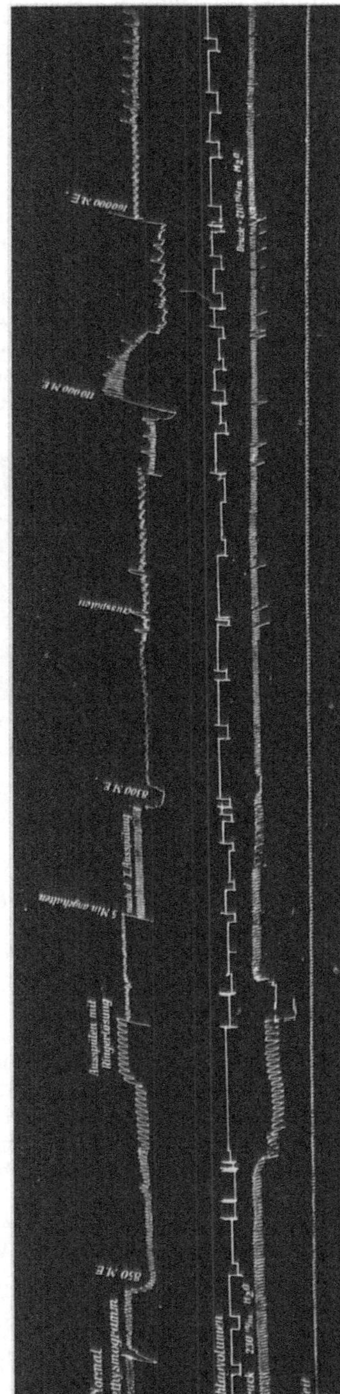

Fig. 86. Wirkung des Thorium X von verschiedenen Aktivitätstärken auf das gegen 230 mm H_2O Druck arbeitende isolierte Froschherz.

stand in der exstremsten Diastole ein. Es sei hier nochmals betont, daß das Herz bei diesem Versuch gegen einen Druck von 260 mm H_2O zu arbeiten hatte. Daß dieser Versuch nicht typisch ist, beweist die Fig. 86. Auch hier haben wir das Herz mit Thorium X-Lösungen beschickt und erholen lassen, aber die extreme diastolische Dehnung war hier nicht zu finden. Das Herz zeigt hier je nach der angewendeten Aktivitätsstärke recht bemerkenswerte Unterschiede. Bei 850 M.-E. und bei einem Drucke von 230 mm H_2O wird nach einer Weile die Schlagfrequenz sehr gering, die Kontraktionsmittellage des Herzens ist nach der Diastole zu verschoben.

Es wird sodann das Herz mit der Ringerlösung ausgespült, die Kontraktionen wie auch das Schlagvolumen werden normal. Kaum haben wir der Spülflüssigkeit 8500 M.-E. zugefügt, so stellen sich ganz kleine Herzkontrakt tionen ein, es treten Irregularitäten auf und auch das Schlagvolumen wird ca. um die Hälfte kleiner. Bei einer weiteren Ausspülung kehrt nicht mehr die normale Herzfunktion zurück, sondern es treten zeitweilig stärkere Kontraktionen auf, das Schlagvolumen bleibt klein. Sehr bemerkenswert ist die

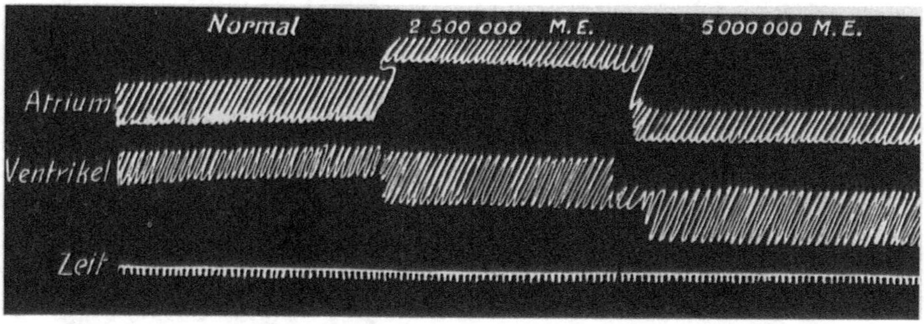

Fig. 87.
Kurve 23. Wirkung des Thorium x auf das isolierte Froschherz-Suspensionsregistrierung.

Änderung, die bei 110 000 M.-E. eintritt. Die diastolische Dehnung übertrifft die bisherige, die Bewegungen des Herzens sind nicht nur größer wie in der Norm, sondern auch vieles ausgiebiger, denn das Schlagvolumen wird jetzt zweimal so groß wie es bei den noch unbehandelten normalen Herzen war. In dieser Arbeitsperiode des Herzens bleiben die vorher erwähnten größeren irregulären Kontraktionen bestehen. Langsam sehen wir dann das Herz zu der normalen Mittellage zurückkehren, ohne daß das Schlagvolumen abnimmt, es bleibt auf seiner früheren Größe, d. h. zweimal so groß wie in der Norm. Bei 160 000 M.-E. arbeitet das Herz weiter tüchtig, die diastolische Dehnung ist nicht mehr sehr auffallend, die große irrgeluäre Herzkontraktion tritt periodisch auf. Wenn wir im vorigen Versuch (Fig. 86) von einer Schädigung des Herzens sprechen konnten, so ist dies in diesem Versuch sicher nicht der Fall, im Gegenteil ist hier zu beobachten, daß bei größeren Dosen die Herzkraft entschieden gebessert wurde.

Ein Experiment, wobei die Wirkung des Thorium X auf das Herz mit dem Engelmannschen Suspensionsverfahren untersucht wurde, sehen wir in Fig. 87. Bei einer viertel Million M.-E. werden zwar die Exkursionen des Atriums geringer, aber umso stärker zieht sich der Ventrikel zusammen und gesteigert wird dieser Effekt bei einer Aktivität der Spülflüssigkeit von einer halben Million M.-E.

Wie sehr die Mittellage des Herzens nach der diastolischen Seite zu verschoben wird ist aus Fig. 88 zu ersehen. Hier haben wir das direkte Herzplethysmogramm registriert. Maas spaltet das Perikard des Frosches und steckt in das Loch einen mit einer Mulde versehenen kleinen passenden Trichter, der mit einem Volumschreiber verbunden ist. Es wird auf diese Weise ein direktes Plethysmogramm geschrieben und aus unserem Versuch ist erstens ersichtlich wie sehr das Herz gedehnt wird, zweitens wie die Kontraktionen seltener und größer werden.

Die Versuche beim Säugetier sind nicht so eklatant, wie beim Kaltblüterherzen. In Fig. 89 ist der Karotispuls eines Hundes registriert, den wir mit Karczag in der Jugularis an den bezeichneten Stellen die Thorium X-Injektionen gemacht haben. Mit der angewendeten Stärke des Präparates werden die Herzkontraktionen proportional größer, der Druck ändert sich

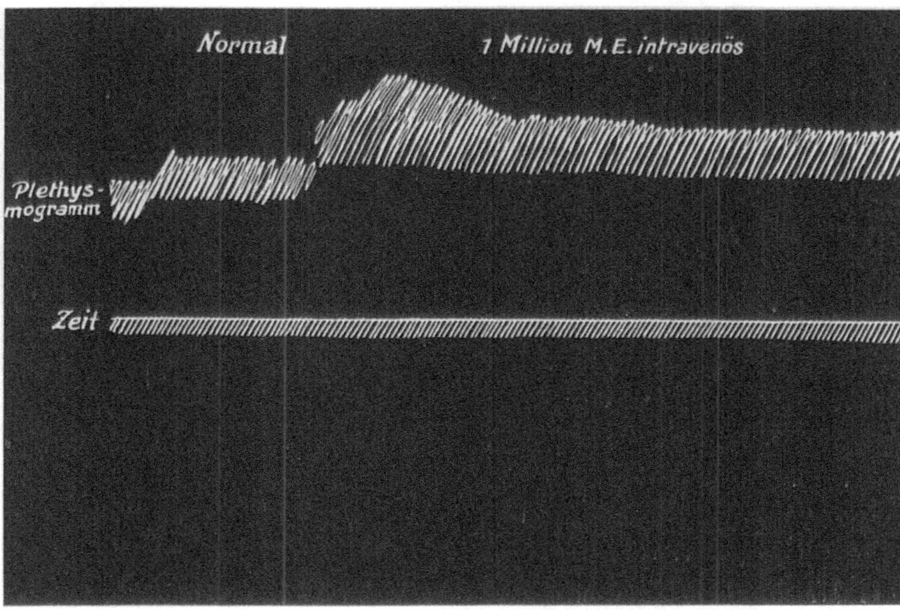

Fig. 88.

Kurve 24. Plethysmogramm eines isolierten Froschherzens bei Einwirkung von Thorium x.

nicht, sondern es bleibt der Mitteldruck immer derselbe und auch die diastolische Dehnung, die wir beim Kaltblüterherzen gesehen haben, fehlt hier.

Beim Menschen haben wir die Fig. 90 mit dem Uskoffschen Apparat gewonnen. Wir registrierten den Puls mit der Manschette bei mittlerem Blutdruck, während einer intravenösen Injektion von einer halben Million M.-E. Sofort nach der Injektion sehen wir ein Sinken der Kurve, aber schon nach 8 Herzschlägen ist wieder alles so wie vor der Injektion.

Mit Karczag habe ich auch den Einfluß des Thoriums X resp. der Thoriumemation auf den **Blutdruck** untersucht, und gefunden

1. daß die einmal eingetretene Blutdrucksenkung längere Zeit anhält,

2. die Blutdrucksenkung eine viel größere ist, wie bei der Radiumemanation,

3. sich einzelne Personen refraktär gegenüber den Thorium X verhalten, genau so wie wir es beim Radium auch gesehen haben (s. S. 349).

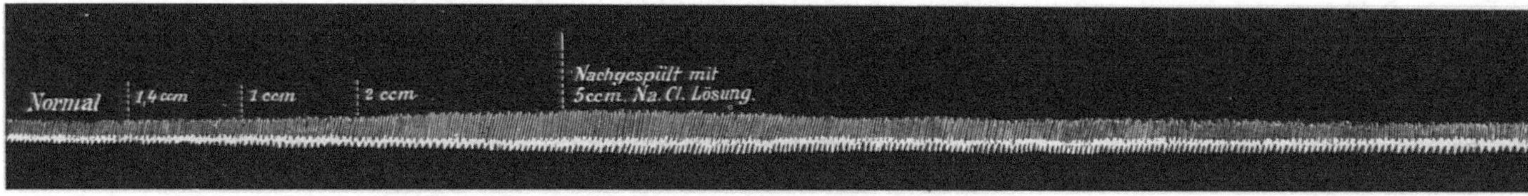

Fig. 89. Wirkung des Thorium X auf den Blutdruck des Hundes. Carotis Druckkurve. 1 ccm = 1.400.000 M. E.

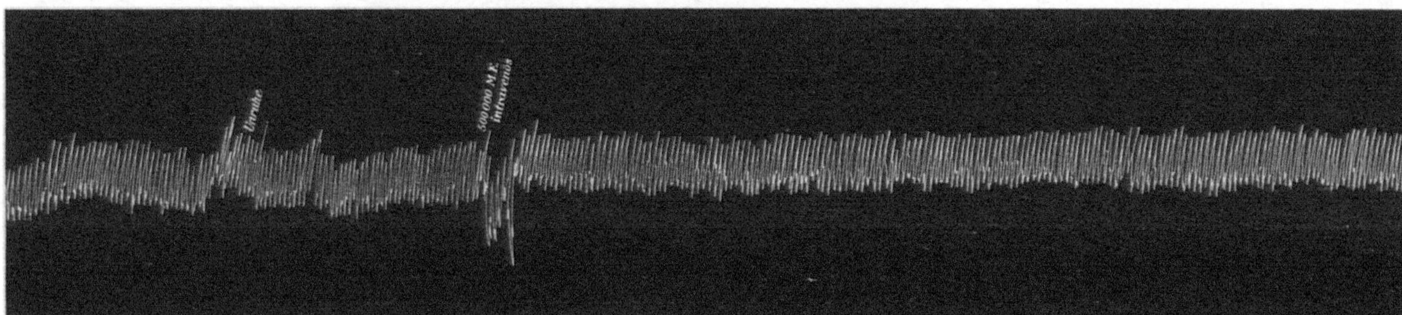

Fig. 90. Thorium X-Wirkung auf das Sphygmogramm des Menschen.

Konnte ich mit Loewy bei den Radiumemanationsversuchen niemals eine Blutdrucksteigerung beobachten, so werden wir jetzt in unseren Versuchsreihen einzelne Fälle finden, wo eine vorübergehende wenn auch nicht hochgradige Blutdrucksteigerung zu verzeichnen war.

Tabelle 14.

Blutdruckversuche bei Inhalation von Thoriumemanation.

Nr.	Inhalations-Versuche	Blutdruck Maximum	Blutdruck Minimum	mittlerer Blutdruck	Druckamplitude
I Herr M. Spitzen TB.	vor der Atmung	156	98	127	58
	5 Minuten geatmet	150	96	123	54
	nach 12 Minuten Pause 5 Min. geatmet	160	112	136	48
	nach 11 Min. Pause 5 Min. geatmet	164	112	136	48
	nach 9 Min. Pause 60 Min. geatmet	144	100	122	44
	am nächsten Tag vor d. Atmung	138	94	116	44
	nach 8 Minuten Atmung	146	100	123	46
	am nächsten Tag vor d. Atmung	134	94	114	40
	nach 11 Minuten Atmung	128	94	111	34
	nach 21 Minuten Atmung	120	86	103	34
	nach 36 Minuten Atmung	126	88	107	38
II Herr W. Spitzen TB.	vor der Atmung	142	82	112	60
	nach 15 Minuten Atmung	158	88	123	70
	nach 25 Minuten Pause	150	84	117	66
	nach 5 Minuten Atmung	144	80	112	64
	nach 9 Minuten Pause	146	96	121	50
	nach 60 Minuten Pause	144	100	122	44
	am nächsten Tag vor d. Atmung	138	70	104	68
	nach 13 Minuten Atmung	126	74	100	52
	nach 29 Minuten Atmung	128	78	103	50
	nach 41 Minuten Atmung	128	74	101	54
	nach 50 Minuten Atmung	124	74	99	50
	nach 25 Minuten Pause	128	76	102	52
III Herr L. Spitzen TB.	vor der Atmung	132	86	109	46
	nach 9 Minuten Atmung	120	74	97	46
	nach 19 Minuten Atmung	120	78	99	42
	nach 36 Minuten Atmung	128	76	102	52
	nach 47 Minuten Atmung	124	76	100	48
	am nächsten Tag vor der Atmung	128	82	105	46
	nach 12 Minuten Atmung	124	82	103	42
	nach 24 Minuten Atmung	124	84	104	40
	nach 38 Minuten Atmung	128	82	105	46
	nach 50 Minuten Atmung	128	82	105	46

Wir haben an drei Patienten in größeren Zeitabständen zwei bis drei Reihen von Versuchen angestellt um die Wirkung der Thoriumemanation auf den Blutdruck zu untersuchen.

Bei dem Versuch I wurde der Blutdruck gemessen, nachdem der Patient 5 Minuten geatmet und dazwischen Pausen von 10—12 Minuten gemacht hat. Vor der Atmung war der Druck 156 Max. und 98 Min., der Pulsdruck 58 Min. Nach Beendigung des Versuches sank der Blutdruck nach insgesamt 15 Minuten langem Einatmen von 1,200,000 M.-E. auf 144 Max. 100 Min. und 44 mm Pulsdruck.

Nach 3 Tagen war das Blutdruckmaximum auf 138 mm gefallen und stieg nach 8 Minuten Atmung auf 146. Diese Blutdrucksteigerung hielt aber nicht an, sondern fiel bis auf 134 Max. und 94 Min. und konnte durch erneuerte Atmung derselben Thoriumradioaktivität wie in Versuchsreihe I nach einer Stunde bis auf 126 Max. und 88 Min. heruntergedrückt werden. Der Pulsdruck sank von 58 bis auf 38 mm während der Mitteldruck von 127 mm auf 107 mm fiel.

Bei dem Versuch II liegen die Verhältnisse ähnlich, auch hier sehen wir nach den ersten Einatmungen sowohl den Maximum- wie Minimumdruck mäßig ansteigen um dann wieder bei einer länger dauernden Einatmung noch im Laufe des Versuches zur Norm zurückzukehren.

Vor dem zweiten Versuche sehen wir aber schon, daß der Blutdruck tiefer ist als vor der allerersten Behandlung mit Thoriumemanation, und wir konnten nach insgesamt 50 Minuten lang dauernder Einatmung den Blutdruck auf 70 resp. 124 mm Hg (= 50 mm Pulsdruck = 99 Mitteldruck) herunterdrücken.

Im Versuch III sind die Ergebnisse ähnlich wie in den beiden zwei Versuchen, wenn auch nicht so prägnant wie dort.

Um einen Vergleich bezüglich der Wirkung des Thoriums bei den verschiedenen Applikationsmethoden anzustellen, haben wir den Blutdruck bei denselben Versuchsindividuen auch nach intravenöser Injektion von Thorium-X-Lösung untersucht. Dabei stellte es sich heraus, daß die Einwirkung des Mittels eine schnellere und auch intensivere ist wenn wir es auf dem Blutwege dem Körper einverleiben. Wir vermochten bei der Versuchsperson I den Blutdruck bis auf 98—122 mm herunterzudrücken.

Bei der Versuchsperosn II und III war die Blutdrucksenkung ebenfalls schon nach wenigen Minuten auf das Individualminimum heruntergedrückt.

Es läßt sich aus diesen Versuchen sagen, daß wir sowohl durch die Emanation wie durch das Thorium X eine blutdrucksenkende Wirkung hervorrufen können. Es ist schwer zu sagen, ob das Thorium X als solches die Wirkung hervorruft oder aber dies eine spezielle Wirkung der Thoriumemanation resp. der Thoriumemanationsumwandlungsprodukte darstellt. Diese Frage wird sehr schwer zu entscheiden sein da die Thorium-X-Lösung niemals emanationsfrei appliziert werden kann. Sicher ist aus diesen Versuchen nur das zu schließen, daß die Thoriumemanation blutdruckerniedrigend wirkt und daß diese Wirkung von den Zerfallsprodukten der Thoriumemanation unterstützt und unterhalten wird. Inwiefern hier eine Analogie mit der Radiumemanationswirkung besteht ist nach dem bisher in der Literatur niedergelegten Versuchsmaterial schwer zu sagen, da die Versuche im Radiumemanatorium mit viel zu schwachen Aktivitäten und verhältnismäßig sehr kurzer Versuchsdauer ausgeführt worden sind. Die Radiumemanation wird ja wegen ihrer verhältnismäßig langen Lebensdauer so schnell ausgeschieden, daß nur ein geringer Teil der Zerfallsprodukte im Organismus zurückbleibt. Durch diesen Umstand wird sich teilweise die vorübergehende Wirkung der Radiumemanation erklären lassen. Demgegenüber zerfällt die eingeatmete Thoriumemanation während der Dauer eines Kreislaufes, so daß die Zerfallsprodukte im Körper verbleiben und eine intensive Wirkung entfalten können. Unsere Versuche zeigen, daß die Wirkung eine konstante ist und daß die Blutdruckerniedrigung auch dann bestehen bleibt, wenn sowohl die Emanation, wie die Zerfallsprodukte schon ausgeschieden sind.

Tabelle 14.

Blutdruckversuche bei intravenöser Thorium-X-Darreichung.

Versuchs-Nummer		Blutdruck Maxi-mum	Blutdruck Mini-mum	Pulsdruck Amplitude	Mittlerer Blutdruck	Bemerkung
1	vor der Injektion	144	98	46	121	Herr M. Spitzen-Tuberkulose, Rheumatismus.
	10 Min. nach der Injektion	130	106	24	118	
	25 Min. nach der Injektion	140	98	42	119	
	70 Min. nach der Injektion	122	98	24	110	
2	vor der Injektion	156	90	66	123	Herr L. Spitzen-Tuberkulose, Rheumatismus.
	5 Min. nach der Injektion	126	80	46	103	
	45 Min. nach der Injektion	120	80	40	100	
	90 Min. nach der Injektion	126	80	46	103	
3	vor der Injektion	130	80	50	105	Herr W. Spitzen-Tuberkulose. Nebenhöhlen-eiterung.
	55 Min. nach der Injektion	132	82	50	107	
	105 Min. nach der Injektion	128	90	38	109	
4	27. I. 1⁰⁰ vor der Injektion	204	86	118	145	Frau B. Angina Tonsill.
	1 Stunde nach der Injektion	198	90	102	147	
	28. I. 10³⁰	198	96	102	147	
		200	84	122	146	
	29. I. 8⁰⁰	198	84	114	141	
	30. I. 7³⁰	170	80	90	125	
5	29. I. 12¹⁰ vor der Injektion	130	86	44	108	Frln. Chr. Epilepsie, Rheumatismus.
	40 Min. nach der Injektion	138	90	48	114	
	60 Min. nach der Injektion	132	88	44	110	
	90 Min. nach der Injektion	136	90	46	113	
	8 Stunden nach der Injektion	136	88	48	112	
6	30. I. 12³⁰ vor der Injektion	152	98	54	125	Frln. G. Rheumatismus.
	10 Min. nach der Injektion	148	96	52	122	
	60 Min. nach der Injektion	170	96	80	136	
	1. II. 4³⁰	162	92	70	127	
	5. II. vor der zweiten Injektion	166	96	70	131	
	15 Min. nach der Injektion	152	92	60	122	
	30 Min. nach der Injektion	142	92	50	117	
	45 Min. nach der Injektion	150	94	56	122	
	60 Min. nach der Injektion	148	90	58	119	
	7 Stunden nach der Injektion	146	90	56	118	
	6. II. 8⁰⁰	166	86	80	126	
7	31. I. 12⁴⁵ vor der Injektion	180	98	82	139	Herr Kr. Gicht.
	15 Min. nach der Injektion	174	98	76	136	
	30 Min. nach der Injektion	170	98	72	134	
8	7. II. 12⁴⁰ vor der Injektion	176	98	78	137	Frln. Mi. Pneumonie.
	5 Min. nach der Injektion	166	92	74	129	
	15 Min. nach der Injektion	154	86	68	120	
	1 Stunde nach der Injektion	160	84	76	122	
	4 Stunden nach der Injektion	180	94	86	137	
	8. II. 1¹⁵	164	100	64	132	
9	9. II. vor der Injektion	234	108	126	171	Herr. L. Fettsucht, Arteriosklerose
	10. II. 15 Min. nach d. Injekt.	166	106	60	136	
	30 Min. nach der Injektion	152	102	50	128	
	60 Min. nach der Injektion	168	106	60	136	
	14. II. vor der Injektion	150	90	60	120	

Versuchs-Nummer		Blutdruck Maximum	Blutdruck Minimum	Pulsdruck-Amplitude	Mittlerer Blutdruck	Bemerkung
	20 Minuten nach der Injektion	152	94	58	122	
	40 Min. nach der Injektion	150	90	60	120	
	60 Min. nach der Injektion	162	98	64	120	
	20. II. vor der Injektion	132	86	48	110	
	45 Min. nach der Injektion	130	86	46	109	
10	12. II. vor der Injektion	158	84	74	121	Herr O. Myeloische Leukämie.
	nach der Injektion	150	84	66	117	
	18. III.	138	90	48	114	
11	25. I. vor der Injektion	202	104	72	153	Frau R. Carc. ventr. sec. Anämie.
	10 Min. nach der Injektion	160	102	58	131	
	5 Stunden nach der Injektion	198	100	98	149	
	26. I.	212	105	107	158	
	27. I.	204	108	96	156	
	29. I.	210	98	112	154	
12	3. II. vor der Injektion	212	120	92	166	Herr Dr. R. Angina pect.
	nach der Injektion	186	100	86	143	
	20 Min. nach der Injektion	174	94	80	134	
	5. II.	168	96	72	132	
	7. II.	170	100	70	135	
	15. II.	150	106	44	128	
13	24. I. vor der Injektion	146	76	70	111	
	nach der Injektion	156	80	76	118	Frau Spl. Nephritis, Luetica.
	6 Stunden nach der Injektion	156	86	70	121	
	25. I.	154	88	66	121	
	26. I.	156	94	62	125	
	27. I.	154	92	62	123	
	29. I. vor der Injektion	150	86	64	118	
	nach der Injektion	150	86	64	118	
	8 Stunden nach der Injektion	146	84	62	115	
14	22. I. vor der Injektion	140	98	42	119	Herr Sch. Chron. Rheumatismus.
	nach der Injektion	146	96	50	121	
	23. I.	122	88	43	105	
	24. I.	138	91	47	114	
	25. I.	122	94	28	108	
	29. I. vor der Injektion	126	86	40	126	
	nach der Injektion	132	80	52	106	
	30. I.	130	86	44	108	
	I. II.	122	88	34	105	
15	9. II. vor der Injektion	136	100	36	115	Herr Schl. Angina pector.
	nach der Injektion	126	96	30	111	
16	25. I. vor der Injektion	198	128	70	163	Frau St. Angina pectoris
	nach der Injektion	188	124	64	156	
	5 Stunden nach der Injektion	196	108	88	152	
	26. I.	180	122	58	151	
	27. I.	206	120	86	164	
	29. I.	200	124	76	162	
17	9. II. vor der Injektion	160	108	52	134	Herr Zsch. Angina pectoris.
	5 Min. nach der Injektion	134	92	42	113	

Bei den in Frage kommenden Versuchspersonen ist die Ausscheidung resp. der Verbleib der radioaktiven Substanz im Organismus ebenfalls verfolgt worden und wir fanden ein Bestehen der Blutdrucksenkung noch lange nachdem wir in den Exkrementen keine Aktivität nachweisen konnten.

Es sind Fälle wie z. B. der Fall 5, keine Reaktion zeigten. Der Fall 5 betraf eine an mittelmäßig schwere Epilepsie leidende Patientin mit nicht sehr ausgeprägten vasoneurotischen Symptomen. Die in der Norm unter denselben Versuchsbedingungen aufgetretenen Blutdruckuntersuchungen zeigen an verschiedenen Tagen Schwankungen zwischen 126 und 140 mm. — Weder die sofort, noch die nach Stunden aufgenommenen Bestimmungen zeigen irgend welche Veränderungen bezüglich der Höhe und Amplitude des Blutdrucks. Die geringen Schwankungen liegen innerhalb der Fehlergrenzen der Besteigungsmethode.

Außer diesem Fall sehen wir mit Ausnahme des Falles 3, 13, 16, stets eine Erniedrigung des Blutdruckes. Es läßt sich im allgemeinen der Satz aufstellen, daß je höher der Blutdruck umso größer der Sturz, und daß dieser Sturz wieder von der Größe der angewendeten Aktivitätsmengen abhängt. Die schweren Arteriosklerosen zeigten die größten Blutdrucksabnahmen. Wir finden bei dem Fall 12 ein Herabsinken des maximalen Blutdruckes von 212 mm Hg auf 174 mm Hg und des Minimumdruckes von 120 auf 94 mm Hg bereits nach 20 Minuten nach der Einverleibung des Thorium X. Der Mitteldruck von 166 mm Hg war am 3. Tage nach der Einspritzung 132, am 5. Tage 135 und am 13. Tag noch immer auf 128 mm Hg gesunken.

Diesem Falle ähnlich ist der Versuch Nr. 9. Hier fiel während einer Stunde, wie aus der Tabelle ersichtlich, ganz allmählich der mittlere Druck von 171 auf 136. Im weiteren Verlaufe fiel der Blutdruck und zwar 4 Tage nach der Injektion bis zu einem Mitteldruck von 120 mm. In unmittelbarer Folge der zweiten Injektion war keine Wirkung auf den Blutdruck zu verzeichnen. Bis zum 12ten Tage nach der Injektion fiel der Blutdruck auf 132—86 mm . Hg. Eine weitere Injektion konnte nicht den Blutdruck zu tieferer Senkung bringen.

Ähnliche blutdrucksenkende Wirkung weist der Fall 4 auf, bei welchem der Blutdruck von 204—86 mm also von 145 Mitteldruck in vier Tagen auf 170—80 gesunken ist.

Der Fall 15 zeigte eine Blutdrucksenkung von 136—100 auf 126—96; dann der Fall 17, ein Sinken des Blutdrucks von 160 auf 134.

Ein vollkommen negatives Resultat unter den Arteriosklerotischen fanden wir im Falle 16, wo trotz der großen Hypertonie unter Besserung der anginösen Beschwerden der Blutdruck kaum geändert wurde.

Die rheumatischen Kranken, die wir auch bezüglich des Blutdruckes untersuchten, zeigten teilweise eine Erniedrigung des Blutdruckes, teilweise gar keine Beeinflussung. So ist z. B. im Versuch 14 der Blutdruck nach der Injektion von 140—98 während 3 Tagen auf 122—94 gefallen. Nach einer weiteren Injektion wurde der Blutdruck gar nicht beeinflußt und der niedrige Blutdruck hält auch in der Folgezeit an.

Bei dem mit Gicht behafteten Fall 7 fanden wir eine geringe Beeinflussung des Maximaldruckes und Gleichbleiben des Minimumdruckes.

Eine Steigerung des Maximumblutdruckes können wir im Fall 6 und 11 beobachten; wir sehen nach 5 Tagen den Blutdruck im Fall 11 von 202—104 mm auf 210—98 steigen. Auffallend ist aber, daß in diesem Falle unmittelbar nach der Injektion der Maximaldruck ca. um 40 mm abnahm aber schon nach 3 Stunden seine Individualgröße wieder erreicht hat.

Unter unseren Fällen ist noch bei dem Falle 8 mit Pneumonie eine Blutdrucksenkung von 176—78 auf 164—100 und bei dem Leukämischen (Fall 10) von 158—84 auf 138—90 in 6 Tagen nach der Injektion zu verzeichnen, während im Fall 13, der an einer syphilitischen Nephritis erkrankt war, gar keine Veränderung zu bemerken war.

Wenn wir nach den Ursachen der Blutdruckerniedrigung fragen, so dürfen wir diese allein nicht in irgend einer Veränderung des Herzens und des Gefäßsystems suchen. Es werden gewiß eine ganze Reihe von Veränderungen zu der Erniedrigung des Blutdruckes beitragen. Die Veränderungen werden selbstverständlich nur die hydraulischen Druckbedingungen beeinflussen, da die hydrostatischen Verhältnisse durch die Einverleibung des Mittels in keiner Weise geändert werden können.

Die angeführten Untersuchungen am isolierten Herzen lassen bis zu einem gewissen Grade die Annahme zu, daß eine größere Dehnbarkeit der Gefäße unter dem Einfluß des Thoriums eintritt. Der Tonus des Herzens scheint in den erwähnten Versuchen doch in der Richtung abgenommen zu haben, daß die diastolische Dehnbarkeit, ohne die systolische Kontraktionsfähigkeit dadurch zu beeinträchtigen, eine vollkommenere wird.

Wenn wir eine ähnliche Beeinflussung des Gefäßsystems annehmen, so ist durch die Abnahme des Gefäßtonus eine teilweise Erklärung für die Senkung des Blutdruckes gegeben. Wohl verstanden denken wir dabei nicht an eine vasodilatatorische Wirkung, sondern nur an eine Abnahme des Gefäßtonus. Gegen die vasodilatatorische Wirkung spricht, daß die Änderung sich hauptsächlich nur auf die Senkung des Maximumdruckes beschränkt, während der Minimumdruck fast in allen Fällen unverändert und manchmal erniedrigt, ja sogar manchmal erhöht gefunden wurde. Von einer Herabsetzung des peripheren Widerstandes, im Sinne einer Vasodilatation, kann also nur schwer die Rede sein. Es würde eine pletysmographische Untersuchung diese Frage nicht zur Entscheidung bringen können, da wir eine plethysmographische positive Änderung nicht als vasodilatatorisch auffassen dürfen, weil doch die Möglichkeit nicht auszuschließen ist, daß eine größere Blutfülle des onkometrisch registrierten Organs auch durch eine Verminderung des Gefäßtonus hervorgerufen werden kann. Unsere klinische Erfahrung scheint auf eine Abnahme des arteriellen Gefäßtonus hinzuweisen. Die natürliche Folge einer erschlafften Arterienwandung ist, daß bei gleichbleibendem Minimaldruck im Arteriensystem die Blutmenge vermehrt wird. Eine weitere Folge dieser Blutverschiebung ist, daß dadurch das venöse System entlastet wird. Dieser Entlastung entsprechend, haben wir den Umstand, daß bei kardialer Dyspnoe die Atmung leichter und regulärer wurde, als einen Ausdruck für die Besserung der zirkulatorischen Verhältnisse im kleinen Kreislauf angesehen. Es ist also der Gleichgewichtszustand zwischen der Füllung des Arterien- und Venensystems zugunsten der venösen Füllung derart geändert, daß im Venensystem also dort, wo eine Stauung des Blutes möglich ist, die Blutmenge verringert wird. So könnte man die prompte Wirkung auf die Atmung erklären.

Daß die radioaktiven Stoffe im allgemeinen die gleiche Wirkung haben, geht schon aus den bisherigen Versuchen die teilweise mit Radiumaktivität und teilweise mit Thoriumaktivität angestellt wurden — hervor. Wenn also Loewy bei seinen plethysmographischen Versuchen an Hunden bei der Einwirkung der Radiumemanation eine verschiedene Füllung des Gehirns und der Lungen beobachtet hat, so können wir nach unserer Überlegung mit Loewy nicht darin übereinstimmen, daß es sich, wie er annimmt, hier um verschiedene vasomotorische Wirkungen in den einzelnen Gefäßgebieten handelt, sondern wir werden vielmehr die Volumenzunahme des Gehirns bei der Einwirkung von Radiumemanation darauf zurückführen, daß der Tonus der Gehirnarterien abgenommen hat, und somit eine bessere Füllung derselben zustande kommen mußte, während die Abnahme des Lungenvolumens darauf hinzuweisen scheint, daß die Blutmenge des kleinen Kreislaufes teilweise zu einer besseren Füllung des Arteriensystems verwandt wurde. Es wäre eine onkometrische Messung der Leber, wo sich die venösen Blutmassen noch am meisten stauen, sehr interessant. — Selbstverständlich wird bei einer besseren Füllung der Arterien die Strömungsgeschwindigkeit eine geringere werden, und man könnte vielleicht auf tachographischem Wege die Frage lösen, ob es sich um eine vasomotorische oder aber um ein Mittel handelt, welches nur dadurch blutdruckerniedrigend wirkt, daß es den Tonus der Arterienwände herabsetzt.

Es wäre noch zu untersuchen, ob die Konsistenz des Blutes durch die Thoriumeinwirkung eine Veränderung erfährt, und ob auch dadurch die Blutdrucksenkung mit beeinflußt wird. — Es gibt keinen Anhaltspunkt dafür, daß durch die Einverleibung der radioaktiven Substanz die Gesamtblutmenge abnimmt; wenigstens sind die momentan auftretenden Blutdrucksenkungen kaum durch die Massenveränderung des Blutes zu erklären. Es ist aber dieser Einfluß bei der Spätwirkung des Thoriums auf den Blutdruck nicht ohne weiteres von der Hand zu weisen, da wir doch fast in allen Fällen eine starke Zunahme der Diurese und auch eine entsprechende Gewichtsabnahme beobachten konnten.

Wir haben die hämodynamischen Verhältnisse beim Menschen unter dem Einfluß des Thorium X nach der von uns publizierten Methode untersucht und kamen zu dem in der Tabelle 16 zusammengestellten Resultat.

Tabelle 16.

	Vor der Injektion	Nach der Injektion
O_2-Verbrauch des Körpers pro Minute in ccm	302	352,0
O_2-Kapazität des Blutes in Vol.-Proz.	14,2	14,2
CO_2-Spannung in mm Hg im venösen Blut	38,3	40,8
O_2-Spannung in mm Hg im venösen Blut	28,9	34,0
Proz. O_2-Sättigung des venösen Blutes	50	58
O_2 im arteriellen Blut in Vol.-Proz.	7,1	5,85
Pulsfrequenz	82	76
Druck Maximum	152	136
Druck Minimum	98	96
Mittlerer Blutdruck	125	116
Minuten-Blut-Volumen in ccm	4326	6000
Herzschlag-Volumen in ccm	52,7	79,0
Gesamte Herzarbeit pro Minute in mkg	10,2	13,4

Wir wissen, daß die Schlagfrequenz einen nicht zu unterschätzenden Einfluß auf den Blutdruck ausüben kann. Je schneller der Pulsschlag, um so höher muß bei sonst gleichbleibenden Bedingungen der Blutdruck werden während die Verminderung der Schlagfrequenz eine Blutdrucksenkung hervorrufen muß. Wir haben, wie aus unserer Tabelle ersichtlich ist, sowohl bei der Atmung, von Thoriumemanation wie nach intravenöser Einverleibung des Thorium X in vielen Fällen eine beträchtliche Abnahme der Pulsfrequenz sehen können. In manchen Fällen sehen wir z. B. nach 1 ½ Stunden eine Erniedrigung von 62 auf 54, die aber dann nach 4 Stunden wieder bis 68 ansteigt. In anderen Fällen wieder ist keine Beeinflussung zu konstatieren. Experimentell konnte aber die Verlangsamung des Herzschlages, besonders beim Kaltblüterherzen stets konstatiert werden.

Der Sauerstoffverbrauch hat sich nicht nur in dem hier angeführten Versuch vermehrt, wir fanden vielmehr in den Stoffwechselversuchen, die wir ebenfalls mit Karczag ausgeführt hatten, daß der Stoffwechsel in der Mehrzahl der Fälle ansteigt. Interessant ist, daß nach der Anwendung des Thorium das venöse Blut mit einem höheren Prozentgehalt an Sauerstoff zu dem Herzen zurückkehrt als vorher. Es weist dies bei einem höheren Sauerstoffverbrauch auf eine größere Strömungsgeschwindigkeit des Blutes hin. Auf die Konzentration resp. O_2-Kapazität des Blutes scheint das Thorium X keinen Einfluß zu haben. Aus diesen Daten resultiert für unseren Fall eine Zunahme der vom Herzen in einer Minute umgetriebenen Blutmenge von 4326 auf 6000 ccm. Das Herzschlagvolumen ist von 52 auf 79 ccm gestiegen. Daß die Arbeitsleistung des Herzens nicht proportional dieser gesteigerten Blutbeförderung gestiegen ist (10,2 : 13,4) findet seine Ursache in der Abnahme des mittleren Blutdruckes.

Das angeführte Versuchsmaterial läßt schon einige therapeutische Schlußfolgerungen zu. Es braucht nicht an diesem Orte besonders betont zu werden, daß diese Experimente noch nicht als völlig abgeschlossen gelten können, aber die Richtung, in welcher wir für die Therapie der Respirations- und Zirkulationsorgane etwas erhoffen können, ist gegeben. Wenn wir den ersten Grundsatz der Therapie „nil nocere“ ins Auge fassen, so kann ich auf Grund meiner vielfachen klinischen Erfahrung sagen, daß ich niemals eine Schädigung der Lungen, des Herzens oder Gefäßsystems nach dem Gebrauch des Thorium X beobachtet habe. Einen besonderen Nutzen der radioaktiven Therapie bei den Lungenkrankheiten kann ich nicht verzeichnen. In zwei Fällen von Pneumonie ist die Krisis am 3. resp. 5. Tag eingetreten. Die Lösung war normal. Ob zu diesem günstigen Verlauf der Krankheit das Thorium X beigetragen hat, werden erst weitere Erfahrungen lehren. Ganz negativ war das Resultat bei der Lungentuberkulose. Wir haben das Thorium X in kleinen und großen Dosen intravenös, per os und durch Inhalation, allerdings bei schweren Fällen von Tuberkulose, gegeben und außer einer geringen und vorübergehenden Temperaturerniedrigung konnten wir gar keinen Einfluß auf den Krankheitsprozeß konstatieren.

Viel aussichtsreicher ist die Anwendung der radioaktiven Stoffe bei Herz- und Gefäßkrankheiten. In Fällen von Asystolie hat das Thorium X uns schon gute Dienste geleistet. Bei Stauungen konnten wir in vielen Fällen eine Diurese erzielen, wo die üblichen diuretischen Mittel nur mehr schwach gewirkt haben. Die quälende kardiale Dyspnoe konnten wir selbst in den schwersten Fällen und dort, wo die üblichen Cardiotonica uns im Stiche ließen, stets günstig beeinflussen. Unverkennbar war auch der günstige Einfluß auf die Angina pectorisanfälle.

In schweren Fällen blieben die Anfälle lange aus, und wenn sie später aufgetreten sind, waren sie um vieles schwächer. Es wird auch die radioaktive Therapie bei dem krankhaft erhöhten Blutdruck seine Anwendung finden. Wir haben besonders vom Thorium X gesehen, daß es nicht nur den Blutdruck sehr herabzusetzen fähig ist, sondern, daß diese Wirkung auch eine anhaltende ist. Die experimentellen Versuche, die Zunahme des Schlagvolumens etc. weisen darauf hin, daß das Thorium X in angemessener Dosis die Herztätigkeit bessert und es unterliegt keinem Zweifel, daß wir bei weiterer Erforschung der Dosierung zu noch günstigeren Resultaten gelangen werden, als wir es jetzt noch verzeichnen können.

Kapitel XVIII.

Aus der medizinischen Universitätspoliklinik Breslau.

Radiumtherapie bei Erkrankungen des Nervensystems.

Von

J. Strasburger-Breslau.

A. Radium.

I. Wirkungen.

Durch Versuche an kleinen Tieren wurde erforscht, in welcher Weise sich der zerstörende Einfluß der Radiumstrahlen auf das Zentralnervensystem geltend macht. Obersteiner brachte Mäuse für je 24, 48, 72 und 96 Stunden in kleine Kästen, in denen sie sich nur wenig bewegen konnten und befestigte an einem dem Kopf und der Wirbelsäule entsprechenden Ausschnitt eine Kapsel mit 10 bzw. mit 50 mg Radiumbromid. Die Tiere gingen zugrunde unter verschiedenartigen, durch Läsion des Gehirns erzeugten Reiz- und Lähmungserscheinungen; ferner fanden sich Ataxie und trophische Störungen. Ob sensible Ausfälle bestanden war nicht mit Sicherheit nachzuweisen. Ähnlich waren die Ergebnisse bei Meerschweinchen. Anatomisch fanden sich Hyperämie und Blutungen in die Meningen, das Gehirn und Rückenmark, Erweichungsherde, Rundzelleninfiltration in den Meningen und längs der Basalgefäße. In den Ganglienzellen zeigten sich überall die endozellulären Kanälchen erweitert, es fand sich Verfettung der Spinalganglienzellen und der Gefäßendothelien. Die Nervenfasern waren überall verhältnismäßig intakt. Wie Obersteiner hervorhebt, sind die gefundenen Veränderungen nicht eigentlich spezifisch, sondern der Ausdruck einer Störung der Zirkulation und des Stoffwechsels.

Daß eine besondere Empfindlichkeit des Zentralnervensystems gegen Radiumbestrahlung bestände, wie vielfach geschlossen wird, geht aus den genannten Versuchen wohl kaum hervor. Schon die erheblichen Veränderungen der Haut, die sich an den bestrahlten Stellen ausgebildet hatten, erbrachten den Beleg dafür, daß es sich um intensive und langdauernde Einwirkungen gehandelt hatte. Neuerdings wurde von V. Horsley und S. Finzi die Wirkung filtrierter Radiumstrahlen bei direkter Einwirkung auf das Gehirn von Affen geprüft. Mit einem starken Präparat, 27,7 mg reinen Radiums entsprechend, wurde bei mehreren Affen das Gehirn an verschiedenen Stellen für einige Stunden bestrahlt, wobei dünne Platinfilter die α- und die weniger penetrierenden β-Strahlen zurückhielten. In verschiedenen Zeitabständen bis zu 6 Wochen nach der Bestrahlung wurden die Tiere getötet. Ebensowenig wie sich zu deren Lebzeiten Störungen im Bereich des Nervensystems hatten erkennen lassen, ergab die anatomische Untersuchung irgend eine Veränderung am Nervengewebe. Nur bei einigen kleinen Blutgefäßen, die im Bereiche der Strahlen gelegen hatten, zeigten sich Hämorrhagien und Thrombosen.

Hatten schon die Versuche von Obersteiner eine entschiedene Resistenz der Nervenfasern gegen die Radiumstrahlen gezeigt, so bestätigte sich dies weiter in einer Arbeit seines Schülers Okada, die das periphere Nervensystem betraf. In 3 von 16 Versuchen fand sich Verfettung der bestrahlten Rückenmuskeln, aber die Nerven insbesondere der Ischiadikus waren immer intakt. Dies fand sich auch bei Kaninchen, deren Ischiadikus direkt bestrahlt wurde. Selbst die Hautnerven in den Partien, welche eine entzündliche Veränderung aufwiesen, zeigten nichts Abnormes.

Bedeutsam ist der Einfluß der Radiumstrahlen auf die Erregbarkeit des Nervensystems und damit im Zusammenhang auf die Sensibilität. Schoukowski legte bei einem Hunde die motorischen Zentren der Hirnrinde frei, stellte unter Anwendung eines Schlitteninduktoriums deren Erregbarkeit fest, berieselte die bloßgelegte Hirnpartie mit 37° warmer physiologischer Kochsalzlösung, bestrahlte dann mit 10 mg Radiumbromid und untersuchte in verschiedenen Abständen wieder die Erregbarkeit. Es zeigte sich, daß in den ersten 15—20 Minuten die Erregbarkeit zunahm, dann aber regelmäßig und allmählich unter die Norm sank. Wurde, wie das in Versuchen von Becq der Fall war, bei Meerschweinchen der Nervus ischiadicus ½—3 Stunden lang mit 10 mg Radium bestrahlt, so ergab die elektrische Prüfung auf Schmerz in den meisten Fällen ein völliges Erlöschen oder wenigstens eine starke Herabsetzung der Sensibilität. Es stellten sich aber in der Folge keine degenerativen Erscheinungen am Nerven ein, sondern nach wenigen Tagen war das Gefühl wieder zur Norm zurückgekehrt.

II. Therapeutische Anwendung.

Mit den zuletzt genannten Tierversuchen in guter Übereinstimmung steht die durch klinische Beobachtung an Menschen gewonnene Erfahrung von der schmerzlindernden Wirkung der Radiumstrahlen bei örtlicher Applikation. Schon seit alten Zeiten haben die Bewohner von Joachimsthal in Böhmen die Uranpechblende zur Stillung von Schmerzen benutzt. In Ledersäckchen gebunden diente sie als wirksames Kopfwehmittel. Im Jahre 1903 berichtete Darier über die schmerzlindernde Wirkung bei verschiedenen Affektionen des Auges und bei Orbitalneuralgie. Foveau de Courmelles, Raymond und Zimmern u. a. zumeist französische Autoren wurden auf die analgesierende Wirkung des Radiums bei verschiedenen Formen von Neuralgie wie Ischias, Interkostalneuralgie, Hauthyperästhesie nach Herpes zoster (Wickham und Degrais) aufmerksam und berichteten über günstige Erfolge bei lanzinierenden Schmerzen, Gürtelgefühl und gastrischen Krisen der Tabiker. Die auffallenden Erfolge bei heftigem Juckreiz seien an dieser Stelle nur gestreift. Auch Wichmann in Hamburg hatte bei Neuralgien ermutigende Ergebnisse, und das gleiche berichtet in letzter Zeit Buxbaum aus Wien. Des letzteren Erfahrungen betreffen 4 Fälle von Trigeminusneuralgie, 5 Fälle von Ischias, 1 Fall von Interkostalneuralgie. Durch nur wenigemale nacheinander wiederholte Bestrahlungen wurde selbst in älteren Fällen und bei heftigen Schmerzen mehrfach Heilung bzw. Besserung erreicht.

Die Technik der Behandlung von Neuralgien und anderen schmerzhaften Affektionen verdanken wir in erster Linie Wickham. Die Art der Behandlung ist verschieden, je nachdem man oberflächliche oder in der Tiefe gelegene Schmerzen erreichen will. Handelt es sich um oberflächlich gelegene ausgedehnte Flächen, so benutzt man hauptsächlich große kräftig wirkende Apparate, mit denen man wiederholte kurze, je nach der Menge des zur Verfügung stehenden Radiums, eventuell nur wenige Minuten währende Sitzungen vornimmt, ohne Filtration der Strahlen. Sitzt die Läsion weiter in der Tiefe, so werden durch mittlere Filter die α- und die weichen β-Strahlen abgehalten, und längere Sitzungen verwendet. Bei sehr tief gelegenem Schmerz braucht man starke Filter und dehnt die Sitzungen sehr lange aus. Das wirksame sind hier hauptsächlich die γ-Strahlen. Um die Haut zu schonen und Verbrennungen zu vermeiden, müssen die Applikationsstellen des Radiumapparates gewechselt werden, man versucht aber dabei die Strahlen nach der gleichen Stelle in die Tiefe zu richten, um dort die Wirkung zu kumulieren (Methode des „Kreuzfeuers“ von Wickham und Degrais). Es gelingt dies besonders bei gewölbten Körperpartien.

Außer der heilsamen Wirkung örtlicher Radiumapplikationen bei schmerzhaften Leiden des Nervensystems ergibt sich eine weitere, wenn auch bis jetzt viel weniger gesicherte therapeutische Indikation aus der zerstörenden oder auch entwickelungshemmenden Wirkung des Radiums. Mit ihr wird es in Zusammenhang gebracht, wenn über Erfolge bei Syringomyelie berichtet wird. Fabre und Touchard behandelten 5 Fälle von Syringomyelie, indem sie den Radiumapparat auf die Stelle der Wirbelsäule applizierten, wo sie die Läsion im Rückenmark annahmen. Sie bestrahlten täglich abwechselnd rechts und links von den Dornfortsätzen, während dzr Dauer von 10 Minuten bis $1\frac{1}{2}$ Stunden. Die Autoren geben an, daß sämtliche Fälle gebessert worden seien, drei davon sogar in sehr auffallender Weise. Der Erfolg sei bereits nach 3 bis 4 Sitzungen bemerklich geworden. Die Verfasser nehmen an, daß durch die Bestrahlung ein Stillstand in der pathologischen Zellentwickelung im Rückenmark erreicht werden könne und daß demgemäß auch der Erfolg bei frischen Fällen besser sei als bei älteren.

Sogar bei multipler Sklerose ist Bestrahlung der Wirbelsäule angeblich mit Erfolg versucht worden. Marinescu berichtet das von 2 Fällen, während in einem dritten keine Wirkung zu finden gewesen sei. Die Besserung habe sich auf Sprache, Schrift, Zittern und Gang erstreckt.

B. Radiumemanation.

I. Allgemeine Wirkungen.

Die meisten Personen, denen Radiumemanation in irgend einer Form zugeführt wird, verspüren keine, oder wenigstens keine sichere Einwirkung allgemeiner Art, auf das Nervensystem. Immerhin rühmen eine Anzahl Kranke, besonders bei Anwendung der Emanationsbäder deren erfrischende und wohltuende Wirkung. So berichtet Kemen, er habe bei älteren nicht suggestiblen Kranken verschiedene Male, ohne Vorwissen der Patienten, an Stelle der Emanationsbäder gewöhnliche Süßwasserbäder gesetzt, worauf ihm prompt das Ausbleiben des Wohlbefindens angegeben worden sei.

Neben dem erfrischenden kommt auch ein sedativer Einfluß in Betracht. Fürstenberg und andere sprechen von günstiger Beeinflussung der Schlaflosigkeit, die sich besonders bei und nach Sitzungen im Emanatorium vielfach bemerkbar macht. Determann hat allerdings eine schlafbefördernde

Wirkung des Radiums nicht gefunden. Aber auch Bardet ist der Ansicht, daß radioaktive Quellen beim Bädergebrauch beruhigend wirken. Überhaupt ist es ja eine alte Erfahrungstatsache, daß Wildbädern eine ausgesprochene sedative Wirkung zukommt. Nur enthalten bekanntlich durchaus nicht alle Wildbäder größere Mengen von Emanation, manche sogar auffallend wenig, und es darf nicht vergessen werden, daß warme Bäder an sich in hohem Maße beruhigend wirken.

Bei Anwendung starker Emanationsbäder fühlen sich die Patienten nicht selten ermüdet und angegriffen. Nach Engelmann eignet sich für die Behandlung mit Bädern am besten die Stärke von 12000 ME. Versuchte der Autor Bäder von der doppelten Stärke, so fühlten sich auch kräftige Personen, die vorher Bäder von 12000 M.E. und einer Stunde Dauer gut vertragen hatten, derart ermüdet und angegriffen, daß sie eine Wiederholung ablehnten.

Gilt dies schon, wenn auch immerhin nur in einem Teil der Fälle, für Nervengesunde, so zeigt eine Anzahl Beobachtungen, daß bei nervösen und schwächlichen Personen Vorsicht in Anwendung und Dosierung der Emanation durchaus geboten ist. So berichtete mir u. a. eine Dame mit labilem Nervensystem, die wegen einer Affektion des Kniegelenks eine Emanationstrinkkur mittlerer Stärke gebraucht hatte, sie habe sich während der ganzen Dauer der Kur so matt und abgeschlagen gefühlt, daß sie kaum irgend einer Tätigkeit nachgehen konnte. Auch Gudzent mahnt, auf Grund der Erfahrungen an der I. Medizinischen Klinik zu Berlin, zu großer Vorsicht in der Dosierung der Emanation bei Kranken mit nervöser Komponente, da die Patienten schon bei Anwendung der üblichen Dosen mit leichten Aufregungszuständen, Schlaflosigkeit und allerhand anderen unangenehmen Sensationen zu reagieren pflegten.

Vereinzelt werden auch bei nicht nervösen Personen Erregungs- und Reizzustände verschiedener Art beobachtet wie Schwindel, Kopfschmerz etc. Mannes und Wellmann sahen einmal bei stärkeren Bädern Schwindel und Stern beobachtete in einem Fall allgemeines Unwohlsein, Kopfschmerz und Brechreiz, die erst nach 2—3 Tagen wieder verschwanden. Der Autor meint freilich, daß Suggestion in diesem Fall nicht ausgeschlossen gewesen sei. Man wird sich überhaupt naturgemäß jedesmal die Frage vorlegen müssen, welcher Anteil diesem Faktor beim Auftreten von Allgemeinerscheinungen seitens des Nervensystems zukommt. Indessen würde es entschieden zuweit gehen, die hier genannten Fälle der Suggestion allein zuschreiben zu wollen.

Ob man die allgemeinen Beeinflussungen des Nervensystems bei Emanationsgebrauch durch eine direkte Einwirkung erklären, oder etwa indirekt als Folge von Veränderungen des Blutdrucks oder des Gesamtstoffwechsels ansehen soll, ist noch nicht entschieden. Indessen ist nicht einzusehen, warum die der Emanation inne wohnende Reizwirkung sich nicht auch auf das Nervensystem direkt erstrecken sollte.

Löwenthal legte sich die Frage vor, ob nicht der in Badeorten bisweilen beobachtete Brunnenrausch als eine Wirkung der Emanation zu betrachten sei, gelangte indessen zu einem ablehnenden Standpunkte. Er beruft sich darauf, daß moderne zuverlässige Ärzte in Baden-Baden, Gastein und anderen radiumhaltigen Thermen auf seine Anfrage hin nichts von Brunnenrausch berichten konnten, ferner daß weder Löwenthal selbst noch andere Beobachter, auch bei Anwendung großer Emanationsdosen, rauschartige Zustände gesehen hätten. Der Brunnenrausch sei hingegen eine spezifische Erscheinung bei stark kohlensäurehaltigen Bade- und Trinkwässern. Es ist immerhin zu bemerken, daß gerade in letzter Zeit die Beobachtungen sich gemehrt haben, wonach bei nervösen Personen sich unter Emanationskuren Erregungszustände einstellen können. Man dürfte daher wohl daran zu denken haben, daß unter verschiedenartigen Bedingungen Zustände entstehen können, die man landläufig unter der Bezeichnung „Brunnenrausch" zusammenfaßt.

Durch die Messungen Geitels in Wolfenbüttel wurde bekannt, daß der Gehalt der atmosphärischen Luft an Radiumemanation an den einzelnen Orten des Kontinents verschieden ist und besonders von der Meeresküste nach dem Binnenland zunimmt, am höchsten im Gebirge ist; Saake-Schöningen in Arosa fand, daß der Emanationsgehalt der Luft im Hochgebirge etwa dreimal so groß als in der Ebene, neunmal so groß als an der Küste ist. Es lag daher nahe in dem hohen Emanationsgehalt einen wesentlichen Faktor des Höhenklimas zu erblicken und dessen exzitierende Wirkung auf das Nervensystem mit der Radioaktivität in Zusammenhang zu bringen. Die Tatsache, daß nervöse Personen im Hochgebirge Anfangs oft an Schlaflosigkeit leiden, kleine Kinder unruhig werden und Nachts schreien, anscheinend vermehrte Schmerzen beim Zahnen haben etc. würde ein Analogon in dem Verhalten nervöser Personen in Emanatorien bilden. Nur darf natürlich nicht vergessen werden, daß im Hochgebirge noch viele andere Faktoren mitwirken und das Nervensystem zu beeinflussen in der Lage sind.

Einen weiteren Schritt tat Grabley, indem er den verschiedenen Emanationsgehalt der Atmosphäre eines bestimmten Ortes registrierte und in ursächliche Beziehungen zu dem jeweiligen Befinden rheumatischer und nervöser Personen zu setzen suchte. Er liefert damit einen Beitrag zu dem viel erörterten Kapitel der Wettervorhersage, des Wetterfühlens, dessen klinische Bedeutung noch vor kurzem Farkas unter Mitteilung einer Anzahl gut beobachteter Fälle hervorhob. Was die Beobachtungen an nervösen Personen betrifft, die leicht an Erregungszuständen, Herzpalpitationen, vasomotorischen Störungen, Schlaflosigkeit litten, so fand Grabley in der Tat (bei Rheumatikern und Gichtikern war es ebenso) einen bemerkenswerten Zusammenhang. An den sogenannten „kritischen" Tagen der Patienten überschritten die Aktivierungszahlen der Luft fast ausnahmslos das Monatsmittel und zwar wie man aus den Kurven des Autors ersieht, meist in ziemlich erheblichen Grade. Auffällig waren ferner die nervösen Störungen, die sich einstellten, wenn man die betreffenden Personen, mittels einer Influenzmaschine negativ elektrisch auflud und dadurch die Bildung eines radioaktiven Niederschlages auf den Körper begünstigte. In Kontrollversuchen wurde, ohne Wissen der Patienten, der Isolierschemel durch einen Draht mit dem Erdboden verbunden, derart, daß eine elektrische Ladung nicht erfolgen konnte. Grabley erklärt auch den Umstand, daß viele Personen sich vor Ausbruch eines Gewitters unbehaglich fühlen, durch die ihnen vom Erdboden aus erteilte negative elektrische Ladung und demgemäß stärkere Beeinflußbarkeit durch Emanation. Diese entsteigt, infolge des niedrigen Luftdruckes, in größeren Mengen als sonst dem Boden; mit dem Einsetzen des Regens werden aber die Poren der Erde verstopft, die Emanation wird zurückgehalten und die Wirkung hört auf. Das größte Unbehagen fühlen die Patienten daher bei den sogenannten trockenen Gewittern. Daß es nicht die elektrischen Spannungsdifferenzen allein sind, die den unbehaglichen Zustand erzeugen, begründet Grabley damit, daß die elektrische Spannung zwischen Erde und Atmosphäre bekanntlich an sich großen Schwankungen unterworfen ist, ohne daß es deshalb zu Gewitterbildung zu kommen braucht, das Gefühl von Unbehagen aber im Wesentlichen mit der Gewitterbildung zusammenhängt.

Eine andere Erklärung für den Einfluß der Witterung auf rheumatische und nervöse Personen gibt Steffens. Er geht auch von den Wirkungen der Radiumemanation aus, schließt aber weiter, daß nicht die Emanation an sich das Wirksame sei, sondern die durch ihre α- und β-Strahlen hervorgerufene Ionisierung der Luft. Außer der Emanation sind nun aber auch verschiedenerlei andere Faktoren von Bedeutung für den Gehalt der Luft an negativen und positiven Ionen und es ergeben sich folgende Beziehungen: In den Monaten Juni bis Oktober größere Wärme, weniger Dunst und Nebel, stärkerer Gehalt der Luft an Ionen, besonders negativen, demgemäß geringeres Auftreten von Beschwerden bei empfindlichen Kranken. In allen genannten Punkten das Gegenteil findet sich in den Monaten November bis Mai. Steffens sieht also die Ursachen der Beschwerden in dem Heruntergehen der Ionenzahl der Luft, insbesondere dem Mangel an negativen Ionen. Die Heilwirkung der radioaktiven Bäder erblickt er (wenigstens zum Teil) darin, daß in einem an Ionen weit reicheren Medium als die Atmosphäre, ein Teil der negativen Ionen (β-Strahlen) in den Körper eindringt. Eine Konsequenz dieser Anschauung ist die von Steffens inaugurierte Behandlung mit negativen Ionen, die auf elektrischem Wege frisch erzeugt werden (Anionenbehandlung). In den hierbei erzielten Heilerfolgen sieht er wiederum die Bestätigung für die Richtigkeit seiner Annahme, daß es die freien negativen Ionen seien, welche in der Atmosphäre wie in den radioaktiven Bädern wirken.

II. Örtliche Wirkungen.

Eine örtliche Einwirkung der Radiumemanation auf intakte Nerven läßt sich nicht feststellen. Wenn trotzdem bei einer Anzahl lokaler Erkrankungen des Nervensystems Heilerfolge erzielt werden, so hängt dies einesteils mit der allgemeinen entzündungswidrigen und die Resorption befördernden Eigenschaft der Emanation zusammen; soweit es sich um gichtische Affektionen handelt, ist es die spezifische Einwirkung der Emanation auf die Gicht als solche. Außerdem darf man aber wohl sagen, daß bei gesteigerter Empfindlichkeit der Nerven, infolge irgend welcher krankhaften Prozesse direkte Reizwirkungen erkennbar werden. Denn verhältnismäßig häufig hört man von seiten der Kranken die Angabe, daß schon kurz nach Auflegen eines Emanationsumschlages oder nach Einsteigen in ein Emanationsbad ziehende Schmerzen oder unangenehme Sensationen in den erkrankten Teilen auftreten. Es erfolgt das so rasch, daß an eine Beeinflussung der entzündlichen Vorgänge während dieser Zeit nicht wohl gedacht werden kann. Es macht sich wohl auch weiterhin eine analgesierende Wirkung der Emanation geltend, wie das für das Radium in Substanz experimentell gefunden ist. Sehr erheblich dürfte die Wirkung indessen nicht sein, da bei reinen Neuralgien therapeutisch mit Emanation nicht allzuviel erreicht wird. In solchen Fällen werden die Erfolge besser sein, wenn wir uns, was bisher noch wenig geschehen ist, auch in Deutschland die Erfahrungen der französischen Ärzte mit örtlicher Anwendung von Radium in Substanz zunutze machen. Ebenso wie bei den rheumatischen Affektionen der Muskeln und Gelenke sieht man auch bei Erkrankungen der Nerven in den ersten Tagen der Behandlung Reaktionen in Form erhöhter Schmerzen, offenbar durch eine anfängliche Steigerung der chronischen Entzündung im Bereich bzw. der Umgebung der Nerven hervorgerufen.

III. Therapeutische Anwendung.

Die allgemeinen Wirkungen der Emanation auf das Nervensystem finden bis jetzt keine wesentliche therapeutische Anwendung.

Das Hauptanwendungsgebiet bieten örtliche Affektionen des Nervensystems und zwar die chronischen Neuritiden und Neuralgien. Die meisten Beobachtungen betreffen hier Fälle von Ischias. Die Resultate sind recht wechselnd. In Anbetracht der sehr verschiedenartigen Ursachen und anatomischen Veränderungen, die dabei in Betracht kommen, erscheint dies nicht merkwürdig. Hier müssen uns vor allem noch sorgfältige klinische Einzel-Beobachtungen, unter genauer Berücksichtigung des Befundes und der zugrunde liegenden Ursachen weiter bringen, und uns zeigen, welche Fälle besonders Aussicht auf Erfolg versprechen. Leider ist gerade bei Neuralgien und Neuritiden oft nichts Zuverlässiges nach dieser Richtung zu eruieren und oft genug ist nicht zu entscheiden, ob eine einfache funktionell bedingte Neuralgie oder eine organische Erkrankung des Nerven vorliegt. Nach den bisherigen Erfahrungen ist bei funktionellen Zuständen wohl von der Emanationsbehandlung am wenigsten zu erwarten. So viel steht fest, daß man neben vielen dürftigen Erfolgen zeitweise ganz auffällige Besserungen beobachtet, auch da wo viele anderen Mittel versagt haben. Nach meinen bisherigen Erfahrungen gab, soweit nicht gichtische Grundlage in Frage kommt, örtliche Behandlung der erkrankten Partien mit stark aktiven Umschlägen die besten Resultate. Man wendet aber auch vielfach Bäder oder Aufenthalt in Emanatorien an. Eine Übersicht von Sommer aus dem Jahre 1910 besagt, daß von 73 Ischiaskranken 40 geheilt, 23 gebessert, 10 nicht gebessert wurden. Kemen gibt an, unter 70 bis jetzt von ihm behandelten Ischiasfällen 38 Heilungen, 26 Besserungen, 12 mal keinen Erfolg gesehen zu haben. Verhältnismäßig häufig wird bei Ischias das Auftreten einer Reaktion verzeichnet. Man darf, wenn der Erfolg ausbleibt bis zu hohen Emanationsdosen ansteigen. So berichten von Noorden und Falta, unter Anwendung von 112,5 M.-E. pro Liter Luft im Emanatorium zwei Ischiasfälle mit eklatantem Erfolge behandelt zu haben. Es wird wohl überhaupt so sein, daß, wenn man weiterhin zu größeren Dosen als bisher üblich übergeht, die Zahl der Erfolge größer sein wird. Jedoch möchte ich davor warnen, mit großen Dosen zu beginnen; man soll sich erst von der Empfindlichkeit und Reaktionsfähigkeit eines jeden Kranken überzeugen.

Über anderweitige Fälle von Neuritis oder Neuralgie ist bis jetzt nicht viel publiziert worden. Auch hier wurden durch hohe Dosen im Emanationsraum besonders günstige Erfolge erzielt, so verloren nach von Noorden und Falta zwei Fälle von Neuralgie bei Diabetes mellitus schnell ihre Schmerzen.

Von den verschiedensten Seiten, so Strasser und Selka, Stern, von Noorden und Falta wird ein günstiger Einfluß der Emanationsbehandlung auf die lanzinierenden Schmerzen bei Tabes berichtet. Von Noorden und Falta sahen unter 9 Fällen 5 mal die lanzinierenden Schmerzen bzw. tabischen Krisen verschwinden. Nach der Übersicht von Sommer wurden unter 13 Fällen von Tabes bei 5 die Schmerzen gebessert. Wie auffallend die Erfolge sein können zeigt der eine Fall Strassers mit Trinkkur bzw. Bädern: Ein Patient litt seit 11 Jahren an typischer doloroser Tabes mit geringer Ataxie und etwas erhaltener Pupillenreaktion und verbrachte die letzten Jahre in qualvoller Weise, mußte täglich 1—1,5 g Pyramidon etc. oder Morphium nehmen. Der Kranke brauchte bereits vom zweiten Tage der Emanationskur ab keine Medikamente mehr und war endlich, soweit die Beobachtung reichte, seit mehreren Monaten völlig schmerzfrei. Er gab auch an, daß seine Potenz besser geworden sei.

Im übrigen herrscht Übereinstimmung darin, daß anderweitige Symptome der Tabes, Ataxie, Blasenstörungen etc. nicht beeinflußt werden und daß natürlich von einer eigentlichen Heilung keine Rede sein kann. Der Umstand, daß gerade die Schmerzen bzw. andere Reizerscheinungen so auffallend der Beeinflussung zugänglich sind und nur diese, spricht vielleicht dafür, daß hier entzündliche Prozesse, eventuell Kompression der hinteren Wurzeln durch meningitische Veränderungen, neben den Degenerationen eine größere Rolle spielen, wenn auch die Neuropathologen sich dafür entschieden haben, die Reizerscheinungen in der Hauptsache auf primär degenerative Veränderungen in den hinteren Wurzeln zurückzuführen.

Nur der Vollständigkeit halber sei angeführt, daß auch einzelne Fälle von Kinderlähmung, Paralysis agitans usw. mit Emanation behandelt wurden, ohne daß ein Erfolg bemerkbar wurde. In einem Fall von zerebraler apoplektischer Lähmung soll nach etwa 20 Bädern eine auffallende Besserung erreicht worden sein.

Kapitel XIX.

Aus der Kgl. Universitätsklinik für Augenkrankheiten im Charité-Krankenhause Berlin.

Radium in der Ophthalmologie.

Von

R. Greeff-Berlin.

I. Physiologische Wirkungen der Radiumstrahlen auf das Auge.

Alle Radiumverbindungen haben bekanntlich die merkwürdige Eigenschaft, selbstleuchtend zu sein. Die Strahlen werden ohne weiteres von unserem Auge im Dunkeln wahrgenommen. Es ist bemerkenswert, daß diese Leuchtkraft mit der Zeit keine Abnahme zeigt. Besonders stark leuchten die Halogenverbindungen. Beim Radiumbromid geht dieses Leuchten nicht unmittelbar von dem Körper selbst aus, sondern von der ihn umgebenden Luft. Walter hat dann später nachgewiesen, daß dasselbe der Fall ist bei Radiotellur (Polonium).

Sind dem Radium andere Stoffe beigemengt, so kommt das Leuchten dadurch zustande, daß das aktive Salz diese Stoffe zur Fluoreszenz bringt. Sehr intensiv ist die Fluoreszenz des kristallinischen Zinksulfats der sogenannten Sidotschen Blende (Curie und Debienne).

Die Radiumstrahlen rufen ferner eine Fluoreszenz der Augenmedien hervor (im Gegensatz zu den Röntgenstrahlen), was sicher die Sichtbarkeit dieser Strahlen erhöht.

Nach Versuchen von Curie und Javal schien es, als wenn die Radiumstrahlen zu diagnostischen Zwecken an Augenkranken verwendet werden könnten, eine Hoffnung, die sich nicht erfüllt hat. Noch weniger ist es geglückt, wie E. S. London es annahm, diese Strahlen zum Blindenunterricht zu verwenden.

Javal und Curie konnten schon an Patienten, die an Sehnervenatrophie oder Glaukom erblindet waren, keine Lichtempfindung in den Augen durch Radium hervorrufen.

London in seiner Schrift „Eine Hoffnung für Blinde", glaubte bei Patienten, bei denen die Netzhaut noch in Ordnung ist, aber durch Trübungen der brechenden Medien der Lichteinfall behindert ist, durch eine Art Transparenz und Schattengebilde darauf den so erblindeten Vorstellungen von Buchstaben und Zeichen geben zu können. Er rief durch Radium die Fluoreszenz eines Schirmes von Barium-Platin-Zyanür hervor.

Wenn man einen solchen Schirm in gewisser Entfernung vom Radium hält, leuchtet er in metallgelb grüner Fluoreszenz. Schattengebilde auf dem Schirm wurden hervorgebracht durch Anbringung metallner Gegenstände auf der hinteren Fläche des Schirmes oder durch Anbringen von Figuren aus undurchsichtigem Material. Die Unterscheidung gelang durch die Differenz von Licht und Dunkelheit. Auf diesem Wege gelang es, dem lichtempfindlichen, aber nicht genau sehenden Auge Sehvorstellungen beizubringen. Größere Gegenstände, Schlüssel, Kreuze, Quadrate etc. wurden so wahrgenommen.

Die Versuche sind nachgeprüft worden von Dr. Holzknecht und Gottwald Schwarz. Sie haben ergeben, was für den Fachmann von vornherein unzweifelhaft war. Die matte Platte, welche von London von hinten her durch Radium zur Beleuchtung gebracht wurde, strömte durch ihre Fluoreszenz ein ganz gewöhnliches Licht aus, das das noch nicht ganz erblindete Auge eben wahrnahm. Grobe Gegenstände ließen sich in den Schattenumrissen erkennen. Es läßt sich aber ganz dasselbe erzielen, wenn man eine gewöhnliche Mattscheibe nimmt und eine Petroleumlampe dahinter setzt.

Nach den eingangs erwähnten Untersuchungen läßt sich sogar behaupten, daß, wenn Radiumstrahlen direkt auf das Auge wirken, ohne das Medium der Mattscheibe, nicht einmal diese Wirkung hervorgerufen wird. Heimstedt und Nagel fanden eben, daß verschieden geformte Ausschnitte einer Bleiplatte bei Radiumstrahlen nicht einmal die Umrisse der Form wiederspiegelten, sondern stets die gleiche diffuse Helligkeit im Auge gaben.

Die von S. London ausgesprochenen Hoffnungen müssen wir deshalb zu Grabe tragen.

II. Pathologische Wirkung der Radiumstrahlen auf das Auge.

Die Experimente von Birch-Hirschfeld haben gezeigt, daß durch intensive Bestrahlung des Auges mit Radium Schädigungen der Gewebe des Auges hervorgerufen werden können.

Bei Kaninchen, denen 20 mg Radiumbromid mehrere Stunden auf die geschlossenen Lider befestigt wurden, traten nach kürzerer oder längerer Latenz Konjunktivitis, Iritis und oberflächliche Hornhauttrübung ein und in der Haut der Lider schwer heilende Ulzera.

Die Hornhautveränderungen glichen denjenigen nach Röntgenbestrahlung. Sie boten das Bild der interstitiellen Keratitis. Die Iris war in einzelnen Fällen hyperämisch, ihre Struktur verwaschen. Mehrmals fanden sich Präzipitate an der Innenseite der Kornea.

Diese entzündlichen Erscheinungen bildeten sich nach mehreren Tagen oder Wochen zurück, während im Augenspiegelbild in drei von fünf Fällen Optikusatrophie hervortrat.

Die anatomische Untersuchung zeigte große Übereinstimmung mit den durch Röntgenbestrahlung am Auge hervorgerufenen Veränderungen, sowohl am Hornhautepithel und an den Gefäßwänden, als an den Nervenzellen der Netzhaut und am Sehnerven.

Als Greeff mit seinen Assistenten daran ging, im Auftrage des Ministeriums, die von E. S. London für Blinde ausgesprochenen Hoffnungen nachzuprüfen, gingen diese anfangs sehr vorsichtig um, da man nicht wissen konnte, wie auch das Radium die Netzhaut zu schädigen imstande sei. Es ist aber niemals auch nur eine vorübergehende Reizung am Auge eingetreten, geschweige denn eine bleibende Schädigung. Allerdings handelte es sich hier nur um kurze Bestrahlungsdauern und viel schwächere Dosen. Diese Unschädlichkeit des Radiums für das menschliche Auge bei kurzen Sitzungen hat sich nun vielfach erwiesen. Es liegt nur eine einzige klinische Mitteilung von Grunmach vor, der nach Arbeiten mit Radium Reizerscheinungen der Retina beobachtet haben will. Er empfand mehrere Stunden nachher noch ein Flimmern im Auge. Da weder über eine ophthalmoskopische Untersuchung noch über eine Sehprüfung etwas mitgeteilt ist, liegt der Verdacht nahe, daß es sich gar nicht um eine organische Läsion der Netzhaut oder des Sehnerven gehandelt hat.

Wir selbst sind bei unseren Versuchen mit Radium am Auge anfangs sehr vorsichtig und zaghaft vorgegangen, haben uns jedoch bald überzeugt, zuerst am eigenen Auge, daß die uns zur Verfügung stehenden Präparate nicht schädlich wirkten, auch nicht vorübergehend.

III. Therapeutische Wirkung des Radiums auf das Auge.

Das Radium ist vielfach und bei gewissen Formen mit dem besten Erfolg als Heilmittel bei Augenkrankheiten angewendet worden. Wir selbst haben in der Augenklinik der Charité bereits weit über hundert Fälle derartig behandelt. Die Fälle sind meist in der Behandlung meines damaligen Assistenten Stabsarzt Dr. Flemming gewesen, der auch die Resultate veröffentlicht hat.

a) Auf Tumoren.

Am unbestrittensten ist die Wirkung der Radiumstrahlen auf benigne und maligne Tumoren. So sind sie denn auch mit Glück vielfach schon angewendet bei Tumoren in der Umgebung des Augapfels, besonders solcher in der Haut der Lider.

Wie die Röntgenstrahlen führen die Radiumstrahlen nach kürzerer oder längerer Latenzzeit teils zu entzündlichen, teils zu degenerativen Veränderungen.

An der Haut kommt es nach einigen Stunden bis Tagen zu einem Erythem (Exner und Holzknecht, Scholtz und Straßmann), dann im Zentrum des Bestrahlungsgebietes zur Abhebung der Epidermis und Ausfall der Haare (2. Grad des Radiumdermatitis). Nach stärkerer Bestrahlung entsteht durch Nekrose der oberen Kutis eine Ulzeration, die langsam unter Bildung einer weißen Narbe, welche oft von einem pigmentierten Hof und einem Kranz kleiner erweiterter Gefäße umgeben ist, abheilt (3. Grad der Radiumdermatitis). Die genauere Untersuchung der diesen Vorgang zugrunde liegenden Veränderungen (Halkin, Thies) ergab, daß die Radiumstrahlen zu gleicher Zeit auf Epithelien, Gefäße und Bindegewebszellen einwirken. Als primäre Veränderung konnte Thies bereits eine Stunde nach der Bestrahlung eine erhebliche Auswanderung von eosinophilen Zellen und Lymphozyten noch vor Eintritt der Gefäßdilatation und der Epithelveränderungen beobachten.

Auch bei den Radiumstrahlen beruht ihre therapeutische Verwendbarkeit in erster Linie auf einer elektiven Wirkung auf bestimmte Zellarten, besonders solcher, die reich an Lezithin sind (Epithelien, embryonale Zellen, lymphoide Gewebe, Tumorzellen, Zellen bestimmter Organe, Ovarien, Hoden).

Die zerstörende Wirkung auf Tumorzellen hat sich bei Epitheliomen der Lider vielfach erwiesen, so in Fällen von Perthes, Altmann, Salmon, Braunstein, Darier, Valude, Mackenzie, Davidson, Steiner, Kirchner und anderen.

Das Präparat wird in Glasröhrchen eingeschlossen, oder in Ebonitkapseln, die durch Glimmerplättchen abgeschlossen sind, direkt auf das Auge aufgelegt.

Flemming hat die uns zu Versuchszwecken von der Regierung zur Verfügung gestellte 10 mg Radium, in der Absicht, möglichst die α-Strahlen zu verwenden, zu einem Präparat zusammenfügen lassen, das auch zwischen Konjunktiva und Bulbus eingeschoben werden kann.

Flemming berichtet über ein Kankroid der Augenlider aus der Charité-Augenklinik, das vor mehr als vier Jahren entstand und allmählich solche Zerstörungen herbeiführte, daß der Augapfel vollständig durch Neubildung und Wiederzerfall vollkommen verdeckt wurde. Beim Eintritt in unsere Behandlung war der Bulbus nicht mit Sicherheit nachzuweisen. Das Auge ist dann in Sitzungen von 1—4½ Stunden, im ganzen 16¼ Stunden, mit 4,5 mg Radiumbromid bestrahlt. Zwölf Tage nach der ersten Sitzung begann das Geschwür sich zu reinigen und abzuheilen, nach drei Wochen wurde eine Lidspalte deutlich, die wenigen durch die Bestrahlung ausgefallenen Wimpern wuchsen wieder, eine normale Hornhaut kam zum Vorschein. Nach einem Vierteljahr können die Lider soweit voneinander entfernt werden, daß die ganze Hornhaut sichtbar wird. Lichtprojektion bei bestehender Cataracta senilis fast wird sicher angegeben, so daß einer Operation, die der Erblindeten das Sehen wieder ermöglicht, nur die enge Lidspalte und eine geringe wässerige Absonderung Bedenken entgegenstellt: Ein Resultat, wie es durch keine andere Behandlung hätte erreicht werden können.

Allerdings darf man nicht außer Acht lassen, daß ebenso wie bei den Röntgenstrahlen die Tiefenwirkung der Radiumstrahlen nicht allzu groß ist. Beim Karzinom wird sie von Werner, Hirschel, Petuzen etc. nur auf einige Millimeter, sicher nicht über 1 cm geschätzt. Rezidive oder ein Weiterkriechen der Massen in der Tiefe sind deshalb nicht ausgeschlossen. Man hat deshalb schon versucht, das Radium mittelst kleinen lanzettenförmigen Behältern in das Innere der Geschwülste einzuführen, oder Radiumlösungen zu injizieren, um die Tiefenwirkungen zu erhöhen.

b) Auf die Hornhaut.

Bei Hornhauterkrankungen ist ebenfalls das Radium mehrfach erprobt worden.

Zuerst hat es Darier mit gutem Erfolg bei Keratitis parenchymatosa angewendet.

Flemming hat mit unserem Präparat von 10 mg in dieser Hinsicht experimentiert. Es sagt darüber Folgendes:

„Nach dieser Orientierung habe ich dann begonnen, die Kornea zu bestrahlen, zunächst am Versuchstier, dann an gesunden und erkrankten Hornhäuten des Menschen. Dabei trat bald eine großer Unterschied insofern ein, als man auf der gesunden Hornhaut eine Wirkung nicht sah. Ich habe ein Kaninchen zwei Stunden bestrahlt, habe das Präparat unter das Lid eingenäht, es trat nicht die geringste Wirkung ein. Ich habe beim Menschen in einem Falle von Sarkom der Konjunktiva das Auge über eine Stunde bestrahlt. Auch hier zeigte sich auf der Hornhaut keinerlei Wirkung. Es traten auch keine subjektiven Erscheinungen ein. Ganz anders bei Erkrankungen der Hornhaut. Hier stellte sich schon sehr bald, eine Stunde nach der Bestrahlung, besseres Befinden ein, die Schmerzen hörten auf, die Lichtscheu wurde geringer, das Tränen ließ nach. Die subjektiven Momente stehen zunächst im Vordergrunde. Etwas langsamer gehen die objektiven Erscheinungen vor sich. Fast bei allen Geschwüren der Hornhaut haben wir ein günstiges Resultat erreichen können.

Ich möchte Ihnen einen Fall zeigen, der die Behandlung demonstriert (Lichtbild). Es handelt sich um eine Patientin, die Anfang November an einer

Entzündung des linken Auges erkrankt war. Sie kam Mitte November in unsere Behandlung und wurde 14 Tage klinisch mit allen möglichen Mitteln behandelt. Das Hornhautgeschwür dehnte sich trotz der Behandlung immer weiter aus. Es waren tiefe, auch nach der Seite ausgedehnte Zerstörungen. Wir begannen am 3. Dezember das Geschwür zu bestrahlen, dann am 7., 8. und 12. Dezember je fünf Minuten. Schon am ersten Tage der Bestrahlung waren die Schmerzen geringer, desgleichen die bestehende Reizung. Am 5. Dezember begann sich das Geschwür zu reinigen, am 7. war die Geschwürstasche in der Hornhaut verschwunden. Es wurden aber jetzt nur Handbewegungen erkannt, während vorher, als wir mit der Radiumbestrahlung begannen, noch $^1/_{50}$ gesehen wurde. Am 8. Januar war das Geschwür überall epithelisiert, am 12. wurden Finger erkannt, am 19. war die Sehschärfe $^1/_{15}$, am 24. Januar $^5/_{25}$ (Demonstration der Patientin). Man sieht äußerlich kaum etwas. Nur geringe Trübung und Astigmatismus sind zurückgeblieben. Es ist eine außergewöhnliche Aufhellung der Hornhaut erfolgt.

Wenn man sowohl der Tiefe wie der Breite nach so ausgedehnte Geschwüre derartig prompt und sichtbar auf die Behandlung reagieren sieht, nachdem vorher jede andere Behandlung erfolglos war, so ist das gewiß bemerkenswert. Immerhin lassen sich aus diesem einen Fall bestimmte allgemeine Schlüsse noch nicht ziehen. Wir haben aber die Wirkung des Radiumpräparates auch in vielen anderen Fällen in derselben Weise beobachten können. Ich glaube deshalb, vor allzu großem Optimismus bewahrt zu sein. Der günstige Einfluß des Radiums auf Hornhauterkrankungen ist meines Erachtens nicht zu leugnen. Ganz auffällig ist besonders die Verminderung der Schmerzhaftigkeit und die Abnahme des Reizzustandes schon wenige Stunden nach der Bestrahlung. Kranke, die vordem heftige Schmerzen hatten, z. B. auch bei Iritis und Keratitis interstitialis, die bisher nachts kaum geschlafen hatten, konnten die nächste Nacht nach der Bestrahlung ruhig verbringen und klagten nicht mehr über Schmerzen. Etwas länger ließen die sichtbaren und objektiven Veränderungen auf sich warten. Immerhin ging die Besserung schneller als bei anderen Methoden vor sich.“

Bei Ulcus serpens war dagegen kein eklatanter Erfolg zu verzeichnen. Wir haben bald doch noch kauterisieren müssen.

Darier sah günstige Erfolge der Radiumbestrahlung bei Lupus, Ulcus durum, Narbenkeloid und Chalazion.

Einen Fall von Frühjahrskatarrh (Conjunctivitis venalis) haben Mc. Kenzie, Davidson und Arnold mit 44 mg in acht Sitzungen von je 8—15 Minuten Dauer geheilt und zwar dauernd bei einer Beobachtung von zwei Jahren.

Auch von einer günstigen Wirkung der Strahlen bei Iritis und Iridochorioiditis wird mehrfach berichtet. Namentlich wird hervorgehoben, daß die Schmerzhaftigkeit bald nach der Bestrahlung nachläßt.

c) Auf Trachom.

Am wenigsten sicher ist heute noch die heilende Wirkung der radioaktiven Strahlen bei Trachom. Die Resultate der verschiedenen Autoren widersprechen sich noch sehr.

Die ersten Versuche wurden 1904 von H. Cohn in Breslau gemacht. Er hatte zur Verfügung 1 mg Radium, das in ein Glasröhrchen eingeschmolzen war, bestrahlte damit jedes einzelne Korn und konnte schnelles Schwinden der Körner beobachten.

Darier behandelte drei Fälle von Granulose, jedoch berichtet er, daß sich die Bestrahlten nicht wieder vorstellten.

Von glänzenden Erfolgen berichtet Selenkowsky. Ihm standen sieben Fälle zur Verfügung. Bereits nach 8—14 Sitzungen von je 5—10 Minuten (1—10 mg Radium) waren fünf endgültig geheilt und zwei auf dem besten Wege dazu. Die Trachomkörner waren verschwunden.

Auch Falta, Thielemann und Dingen berichten über günstige Erfolge.

Neuschüler, Steiner und Meckhelow sahen nur Besserungen, keine definitiven Heilungen.

Diesen günstigen Erfolgen stehen Berichte anderer Autoren gegenüber, die entweder nur eine vorübergehende Besserung, oder gar keine Erfolge bei Trachom sahen.

Sehr bemerkenswert sind die kritischen und gründlichen Beobachtungen von Birch-Hirschfeld.

Birch-Hirschfeld bestrahlte zehn Fälle mit einem stark wirksamen Präparat von 10 mg. Die bestrahlten Follikel flachten sich frühestens sieben Stunden nach der Bestrahlung ab und sanken in das Niveau der Umgebung. Mikroskopisch zeigten die lymphoiden Zellen des Follikels deutliche Zerfalls- und Schrumpfungserscheinungen. Daneben fanden sich Haufen von dicht aneinandergedrängten Kernen, die an Riesenzellen erinnerten. Mitosen waren wesentlich spärlicher als im nicht bestrahlten Trachomfollikel anzutreffen.

In allen Fällen — bis auf einen — hielt jedoch die Wirkung der Bestrahlung nur wenige Tage der Wochen vor, dann sah man neue Follikel an den bestrahlten Stellen entstehen. Der Trachomfollikel bietet hiernach die gleichen Erscheinungen, wie das normale lymphoide Gewebe nach Einwirkung von Radium- oder Röntgenstrahlen.

Auch bei diesem sah Heineke hochgradige Zerfallserscheinungen, aber bald danach Regeneration der Lymphzellen.

Birch-Hirschfeld wird durch das Resultat seiner Versuche zu dem Schluß geführt, daß eine günstige Einwirkung der Radiumstrahlen auf das Trachom durch Rückbildung der Follikel zwar nicht zweifelhaft sei, daß aber von einer Dauerheilung — in seinen Fällen — nicht gesprochen werden könne.

„Daß wir in dem Radium ein spezifisches den Erreger schädigendes Agens nicht besitzen, lehren der ganze Verlauf der Behandlung, die Rezidive und vor allem die experimentell gewonnene bakteriologische Erfahrung, daß, um bakterizide Wirkungen auch nur an der Oberfläche zu erzielen, Strahlungsintensitäten erforderlich sind, die sich am Auge von selbst verbieten.“

Ebenso sah Jacoby nicht ein Zurückgehen der Follikel, aber ein baldiges Auftreten von Rezidiven. Er sagt zum Schluß: „Daß wir in dem Radium ein spezifisches den Erreger schädigendes Agens nicht besitzen, lehren der ganze Verlauf der Behandlung, die Rezidive und vor allem die experimentell gewonnene bakteriologische Erfahrung, daß, um bakterizide Wirkungen auch nur an der Oberfläche zu erzielen, Strahlungsintensitäten erforderlich sind, die sich am Auge von selbst verbieten.“

Neuschüler, Steiner und Meckhelow konstatierten eine besonders günstige Wirkung auf den Pannus, während Selenkowsky gerade bei Pannus das Radium sehr wenig wirksam fand.

Wir selbst haben ausgedehnte und durch Jahre fortgesetzte Versuche über die Heilwirkung des Radiums bei Trachom angestellt. Etwa 20 Fälle von altem Trachom mit Pannus und Narben und etwa 50 frische Fälle kamen zur Beobachtung. Sie wurden meist behandelt von meinem Assistenten Stabsarzt Dr. Flemming und Kreisarzt Dr. Menicke in Znin in Posen. Als Präparate kamen zur Verwendung 2 mg Radium und 12 mg Mesotorium. Die Fälle wurden meist ein halbes Jahr lang behandelt, zweimal wöchentlich bestellt und je zehn Minuten lang bestrahlt. Leider müssen wir verzeichnen, daß das Resultat dieser schweren und umständlichen Kur im großen und ganzen ein negatives ist. Wohl kommen vorübergehende Besserungen vor, jedoch haben wir dauernde Heilungen durch diese Behandlung nicht erzielen können. Eine ausführliche Publikation der Fälle (Flemming und Menicke) steht noch aus.

d) Auf Tuberkulose im Auge.

Flemming und Krusius prüften experimentell die Einwirkung der Radiumstrahlen auf die experimentelle Tuberkulose des Auges.

Die Tuberkuloseimpfungen selbst erfolgten in die vordere Kammer von Kaninchen oder intrakorneal. Verwandt wurde eine Emulsion einer trocken gepreßten Perlsucht-Bouillonkultur mit physiologischer Kochsalzlösung.

Die von dem Radium und seinen Verwandten ausgehenden Strahlenenergien zerfallen bekanntlich in verschiedenen Gruppen, die sich durch unterschiedliche physikalisch-chemische Wirkungen und biologische Eigenschaften wesentlich trennen lassen. Es war zu erwarten, daß bei Vorderkammerimpfung ein großer Teil der leicht absorbierbaren Strahlen nicht zur Geltung kam, und so wurde in anderen Reihen mit Erfolg von der intrakornealen Impfung Gebrauch gemacht, bei der die Bazillen im Gewebe und durch dünne Korneallamellen von der Fläche mit Radiumbromid getrennt waren.

Es wurde in allen Reihen isoliert untersucht: 1. die Wirkung der strahlenden Energie auf die emulgierten Bakterien und das Ergebnis der nachherigen Infektion, 2. die Wirkungen der strahlenden Energie auf das noch nicht geimpfte Auge und der Verlauf einer nachherigen Impfung; bei dieser Versuchsanordnung mußte entsprechend der Inkubationszeiten die Wirkung der strahlenden Energie und der Injektion sich relativ gleichzeitig zeigen, 3. die Wirkung der strahlenden Energie auf die schon verimpften Bakterien im Auge im Inkubationsstadium der Krankheit, gewissermaßen eine prophylaktische Versuchsanordnung, 4. die Wirkung der strahlenden Energie auf die verimpften Bakterien im Auge nach dem klinischen Ausbruch der Krankheit, gewissermaßen als therapeutische Versuchsanordnung im engeren Sinne.

Gearbeitet wurde mit einer mehr als zehnfach überschwellwertigen, quantitativen Tuberkuloseinfektion. Die Beurteilung erfolgte nach der Dauer der Inkubationszeit und nach der Dauer des klinischen Verlaufes bis zur Perforation des Bulbus.

Die Ergebnisse waren in kurzer Zusammenfassung folgende:

1. Wirkung strahlender Energie auf die isolierten Bakterien:

a) bei Radium-Bestrahlung: Perforationszeit bis auf drei Wochsn verlängert, Inkubationszeit unverändert. ($<$ 15 Min.-Bestrahlung.)

b) bei Mesothorium-Bestrahlung: ($<$ 2,40 St.) Inkubationszeit verlängert.

c) Tief-Sonnenwirkung: (15 Min.) Inkubationszeit auf das Dopppelte verlängert, Inkubationszeit $= \infty$ ($>$ $^1/_2$ Std.-Bestrahlung.)

d) Hoch-Sonnenwirkung: ($<$ 5 Min.-Bestrahlung.) Inkubationszeit $= \infty$, ($=$ Absolute bakterizide Wirkung.)

2. Wirkung strahlender Energie auf das Auge vor der Infektion.

a) Radium: b) Mesothorium: Perforationszeit verlängert um mehrere Wochen, Inkubationszeit unverändert; c) Sonne: Perforationszeit verlängert, Inkubationszeit unverändert.

3. Wirkung strahlender Energie unmittelbar nach der Infektion noch im Inkubationsstadium:

a) Radium (5—15 Min.), Perforationszeit verlängert um 4 Wochen, Inkubationszeit unverändert. b) Mesothorium, Perforationszeit verlängert (bei mehr als 15 Min.-

Bestrahlung), Inkubationszeit verlängert (bei mehr als eine Stunge Bestrahlung. c) Sonne: Perforationszeit verlängert (bei mehr als 10 Min.), Inkubationszeit verlängert (bei mehr als 10 M.)

4. Wirkung strahlender Energie auf das klinisch erkrankte Auge.

a) Radium, b) Mesothorium, c) Sonne: verlängerte Perforationszeit (mehrere Bestrahlungen in kleiner Dosis).

Die quantiven Angaben der obigen Zusammenstellung beziehen sich bei Radium auf 2,6 mg, bei Mesothorium auf 12 mg, bei der Tiefland-Sonnenwirkung auf Sonnentemperaturen von > 50 Grad und bei Höhensonne auf solche von 42,5 Grad, gemessen am Schwarzkugelthermometer.

Es war zwischen der Quelle der strahlenden Energie und dem Auge vorhanden nur eine Aluminiumschicht von 0,02 mm beim Radium und von 0,1 mm beim Mesothorium, außerdem dünnste Guttapercha.

Radium und Mesothorium waren, in Lösung gleichmäßig verteilt, aufgetrocknet auf eine Fläche von 1,3 : 1,4 cm beim Radium und von 1 : 2 cm beim Mesothorium.

Als praktisch wichtigste Sehlußfolgerung läßt die Zusammenstellung der Ergebnisse folgende Sätze aufstellen;

Die untersuchten Strahlenenergien sind sämtlich nicht ohne Einfluß sowohl auf die Infektionserreger als auch auf den infizierten Organismus. Insbesondere kann auch nach erfolgter Infektion durch Bestrahlung eine Abschwächung des Krankheitsverlaufes sicher festgestellt werden.

Im Vergleiche zu den Sonnenstrahlen ist die bakterizide Wirkung der radioaktiven Strahlen bei Radium und Mesothorium allerdings gering, eine Vernichtung der Keime konnte durch diese auch bei stundenlanger Einwirkung nicht erzielt werden, wohl aber deutliche Abschwächung.

Kapitel XX.

Aus dem Institut für Radiographie und Radiotherapie in Wien.

Radiumtherapie der Hautkrankheiten[1]).

Von

Eduard Schiff-Wien.

Die Radiumbehandlung der Hautkrankheiten hat mehr als irgend eine andere therapeutische Verwendung der Radiumstrahlen nicht bloß auf das Erreichen des Zieles, also auf die Beseitigung der Hautaffektion hinzuarbeiten, sondern sie muß mit außerordentlicher Sorgfalt das Entstehen von Radiumschädigungen zu vermeiden suchen; sie muß nicht bloß helfen und heilen, sondern sie muß jenen Inkonvenienzen der Behandlung, welche in anderen Disziplinen der Medizin als notwendiges Übel mitgenommen werden, um so mehr aus dem Wege gehen, als sie bei geeigneter Technik wirklich auszuschalten sind. Es genügt eben nicht, nur auf die kranke Hautstelle eine Radiumkapsel aufzulegen; man muß wissen, ein wie starkes Präparat man in Händen hat, und welche Arten von Strahlen man für den zu behandelnden Fall verwenden soll.

Nur dort, wo ganz oberflächliche Affektionen vorliegen, darf eine Radiumkapsel, in welcher das Radiumsalz bloß durch ein dünnes Glimmerblättchen bedeckt ist, zur Verwendung kommen; dabei darf man aber nicht vergessen, daß in diesem Falle eine große Menge von α-Strahlen und die sogenannten weichen β-Strahlen zur Aktion gelangen, und daß deshalb die Radiumeinwirkung nur ganz kurze Zeit erfolgen darf, wenn nicht eine Nekrose der Haut die Folge unseres Handelns sein soll.

Manchmal ist es nun freilich erwünscht und liegt in unserem therapeutischen Plane, daß wir eine Zerstörung vornehmen; wo wir sonst mit dem Lapisstift oder dem Thermokauter oder der elektrolytischen Nadel zu arbeiten gewohnt waren, dort können wir ruhig die α-Strahlen wirken lassen.

Ich möchte hier die Frage kurz besprechen, ob das bei der Röntgenbehandlung übliche Verfahren, die Haut vor der Röntgenbestrahlung durch Anämisierung zu desensibilisieren, auch für die Radiumtherapie zu ver-

---

[1]) Angiome. Hautepitheliome und Keloide, welche eigentlich in dieses Kapitel gehören, sind in diesem Handbuch in einem besonderen Abschnitt von Wickham und Degrais behandelt.

werten ist. Nach meinen Erfahrungen ist eine solche Desensibilisierung mittels der von F. Winkler empfohlenen elektrolytischen Adrenalineinführung oder der Franklinisation, welche nach seinen Untersuchungen[1]) eminent anämisierend wirkt, leicht durchführbar. Die von Müller[2]) zur Desensibilisierung bei der Röntgentherapie empfohlene Hochfrequenzbehandlung darf für die Radiumtherapie nicht verwendet werden, da Müller selbst wegen der Gefahr der Hautverbrennungen davor warnt.

Also, kurz gesagt, bei jeder Verwendung des Radiums in der Dermatologie müssen wir uns vor Augen halten, daß wir oberflächlich wirkende und tief wirkende Strahlen zu unterscheiden haben; die oberflächlich wirkenden sind die eminent zerstörenden; ihnen sind die Radiumverbrennungen zuzuschreiben, welche die ganze Verwendung des Radiums zu dermotherapeutischen Zwecken zu diskreditieren drohen; die tiefer wirkenden Strahlen, nämlich die sogenannten „harten" β-Strahlen und die γ-Strahlen kommen erst dann zur Wirkung, wenn die oberflächlich wirkenden Strahlen durch Metallfilter ausgeschaltet sind.

Als Beispiele der verschiedenen Indikationsstellung möge einerseits das Ekzem und andererseits der Nävus angeführt werden; beim Ekzem wollen wir die α-Strahlen verwenden, aber beim Nävus die anderen Strahlengattungen wirksam werden lassen; da aber das Radium sehr viele α-Strahlen aussendet und relativ wenig von den anderen Strahlen abgibt, so unterscheidet sich die Applikation auch hinsichtlich der Zeit; die Ekzemtherapie erfordert sehr kurze Sitzungen, die Nävusbehandlung sehr lange Einwirkungen. Dazu kommt noch, daß rasch aufeinanderfolgende Sitzungen eine Kumulation der Wirkung bedingen; trotz der kurzen Applikationsdauer würde eine gehäufte Zahl von Sitzungen beim Ekzem den Erfolg stören; wir müssen deshalb die Sitzungen nicht bloß kurz gestalten, sondern auch zeitlich weit auseinanderlegen; beim Nävus aber muß, nach Abfiltrierung der oberflächlich wirkenden Strahlen durch Metallblättchen, die Geringfügigkeit der Strahlenintensität durch lange Dauer der Applikationen und rasche Aufeinanderfolge der Sitzungen wettgemacht werden.

Leider aber ist diese Vorsicht noch nicht genügend; man sieht nicht selten, trotz der Verwendung von Metallfiltern, besonders bei längerer und öfterer Bestrahlung, eine Reizung der Hautoberfläche auftreten; es entstehen nämlich beim Auftreffen der Radiumstrahlen auf metallische Körper neue Strahlen, die Sekundärstrahlen, welche auf die unterliegende Haut derart einwirken, daß sich bleibende Pigmentierungen bilden; um diese Strahlen abzuleiten, hat Sagnac empfohlen, schwarzes Papier zu benutzen, das er in mehreren Lagen — bis zwanzig und dreißig Lagen — zwischen das Metallfilter und die Haut legt.

Trotzdem sieht man nach wiederholter längerer Bestrahlung eine oberflächliche Reizwirkung auftreten, und es empfiehlt sich deshalb, das Verfahren von E. Heuß[3]) zu verwenden, der als Filter nicht ein einzelnes dickes Metallblättchen benützt, sondern die erforderliche Dicke durch Übereinanderlegen mehrerer dünner Metallfilter herstellt, welche voneinander durch einige Lagen Papier getrennt sind. Statt eines Metallfilters von 2,5 mm Dicke, welche durch mehr als 20 Papierlagen von der Haut getrennt sein müßte, legt man fünf Metallblättchen von 0,5 mm Dicke, und zwischen je zwei Blättchen drei

[1]) Experimentelle Studien über den Einfluß der elektrostatischen Behandlung auf die Vasomotoren der Haut. Mon. f. prakt. Dermat. 1907. Bd. 45. S. 63.

[2]) Münch. med. Wochenschr. 1910. Nr. 28.

[3]) E. Heuß, Über moderne Radiumtherapie. Dermat. Studien. Hamburg 1910. Leopold Voß. XXI. Band. S. 261. (Festschr. f. Unna. II. Teil.)

bis vier Papierlagen. So erzielen wir eine Absorption der gebildeten Sekundärstrahlen durch die interponierten Papierlagen. Aber auch trotz dieser Vorsichtsmaßregel beobachtet man leichte Reizerscheinungen in der Haut; Heuß sucht deren Erklärung darin, daß beim Eindringen von Radiumstrahlen in der Haut selbst Sekundärstrahlen gebildet werden.

Jedenfalls muß man sich bei Anwendung der Radiumtherapie an die Bemerkung von Dominici[1]) erinnern, daß das Radium einem vervollkommneten Kaustikum gleiche, welches die neoplastischen Elemente töte und die normalen Elemente bis zu einem gewissen Grade schütze.

Für unser dermotherapeutisches Handeln ist eine zweckentsprechende richtige Applikation des Radiums von nicht zu unterschätzender Wichtigkeit; mit dem Auflegen einer Radiumkapsel, wie sie im Handel vorkommt, ist es nicht getan; man muß, um gute Wirkungen zu erzielen, auch über gute Applikationsmethoden verfügen. Heuß hat mit einer kleinen knopfförmigen Metallkapsel von 1,2 cm Durchmesser, welche 100 mg Radiumbromid enthielt, trotz Abblenden mit dicken Bleiplatten und trotz kurzer Applikationsdauer sehr heftige Reizerscheinungen hervorgerufen, die jede weitere Anwendung verboten.

Am besten eigenen sich Metallplatten oder derbe Leinwandstreifen, auf welchen mittels eines besonderen Lackes das Radiumsalz aufgestrichen ist. Besonders sind die Leinwandstreifen für die dermatologische Behandlung zu empfehlen; neben ihnen dürfte sich auch der radioaktive Schlamm, den besonders Octave Claude[2]) empfiehlt, für dermotherapeutische Zwecke bewähren. Nach den Ausführungen von Claude handelt es sich bei dessen Verwendung um schwache Dosen von wenig penetrierenden Strahlen, die durch lange Zeit einwirken und eine erregende Wirkung auf die Gewebe ausüben. Der Schlamm wird in Autoklaven sterilisiert und in einer Dicke von 1 cm aufgelegt. Wie die Mitteilungen von Danlos zeigen, darf man den Schlamm nicht in eine Umhüllung legen, da sonst die Wirkung ausbleibt.

Für manche Fälle dürften auch Umschläge mit emanationshaltigem Wasser als zweckmäßig erscheinen, da nach den Untersuchungen von W. Engelmann[3]) die Radiumemanation von der Haut aufgenommen wird. So berichtet Crocker[4]) über günstige Beeinflussung von Hauterkrankungen durch lokale und durch subkutane Applikation von Radiumemanation und führt Heilungen von chronischem Ekzem der Finger, Mykosis fungoides, Psoriasis und Erythrodermia persitans an.

Die Vorteile von subkutanen Radiuminjektionen gegenüber der Bestrahlung haben Wickham und Degrais[5]) dargetan, indem sie einen Lupus erythematodes, der auf beiden Seiten des Gesichtes verteilt war, auf der einen Seite mit Radiumstrahlen und auf der anderen Seite mit Radiuminjektionen behandelten; für die Injektionen wurde eine wässerige Radiumlösung (radiofere Injektion) benützt, die in einem Liter ein Milligramm Radiumbromid enthielt; die Injektionen lieferten das bessere Resultat. Es ist aber nicht nötig, eine wirkliche Radiumlösung zu den Injektionen zu verwenden; es genügt die Versetzung des Wassers mit einem unlöslichen Radiumsalz (radiogene Injektion), das also nicht verloren geht.

Die Methode, mit Hilfe des elektrischen Stroms das Radium in die Haut einzuführen — Versuche, deren Durchführbarkeit von Haret[6])

[1]) XI. Congr. franç. de médecine. Paris. Oct. 1910.
[2]) Arch. génér. de méd. Juli. 1909.
[3]) Zeitschr. f. Röntgenkunde. XII. 1910. S. 201.
[4]) Journ. de radiol. V. April 1911.
[5]) Lancet, 21. Mai 1910. S. 1400.
[6]) Zitiert bei Friedrich, Über Radiumemanation. Zeitschr. f. Röntgenkunde. XII. 1910. S. 316.

experimentell sichergestellt wurden — ist zwar bei Neoplasmen mit gutem Erfolge angewendet, aber in der Dermatologie noch nicht soweit geprüft, daß über ihre Resultate berichtet werden könnte; hier möge nur festgehalten werden, daß das Radium gegen die Kathode hin wandert, und daß auf diese Weise auch außerordentlich kleine Radiummengen therapeutisch dienstbar gemacht werden können. Man benützt eine negative Elektrode aus Zinn und eine positive aus Kohle, die mit einer in Radiumbromidwasser getränkten Kompresse umgeben ist, und läßt die Stromstärke bis zu 30 Milliampère anwachsen. Auf diese Weise dringt das Radium unabhängig vom Blutstrom, tief in die Gewebe — im Tierversuche mindestens bis zu einer Tiefe von 9 cm —, während es beim einfachen Auflegen der Kompresse in den oberflächlichsten Schichten der Haut bleibt.

Gegenwärtig muß die dermatologische Therapie noch in der Verwendung der Radiumlackplatten und der Radiumleinwand die besten Applikationsmethoden sehen; man befestigt sie durch kreuzweise übereinander gelegte Leukoplaststreifen und sucht durch geeignete Lagerung die beste Wirkung zu erzielen.

Bei größeren Behandlungsstellen werden mehrere Platten oder mehrere Leinwandstreifen nebeneinander appliziert, so daß gleichzeitig eine beträchtliche Hautpartie der Behandlung unterzogen wird; bei kleinen tiefgreifenden Prozessen wird die von Wickham empfohlene Kreuzfeuermethode (Feu croisé) benutzt, indem etwa zu beiden Seiten eines halbkugelig vorspringenden Nävus seitlich an der Geschwulst zwei oder mehrere Radiumlackplatten aufgelegt werden; dann kommen die oberflächlich wirkenden Strahlen jeder Platte nur an dem Applikationsorte einzeln zur Wirkung, während sich die tiefwirkenden Strahlen in der Tiefe der Geschwulst treffen und kreuzen, sich also in ihrer Wirkung summieren; es wird somit eine bedeutende Intensität in der Tiefe bei gleichbleibender Oberflächenwirkung erzielt. Bei einem Lupus tumidus pflege ich in der Weise vorzugehen, daß ich schmale Streifen an den Seiten und einen breiteren Streifen auf die Oberfläche des Lupus auflege und so die ganze lupöse Partie der Radiumwirkung aussetze; die Eigenart dieser Anordnung bringt es mit sich, daß das Innere der lupösen Hervorragung ganz besonders von den Radiumstrahlen getroffen wird.

Ich stimme mit Heuß in der Wertschätzung dieser Kreuzfeuermethode überein, da durch diese Methode die Tiefenbestrahlung ermöglicht und damit auch die Wirkung in die Tiefe bedeutend erhöht wird, ohne daß die Applikationsdauer der Platten über Gebühr verlängert werden muß.

Unter Umständen kombiniere ich die Radiumlackplatten mit der Verwendung von Radiumleinwand; so lasse ich bei Lupus faciei, bei dem fast immer auch die Schleimhaut der Nase mitaffiziert ist, auf die Hautoberfläche der Wange die Radiumlackplatte einwirken, während ich in die Nase die Radiumleinwand einführe und sie durch Watte an die erkrankte Stelle andrücke; selbstverständlich schütze ich die Leinwand dadurch, daß ich sie in dünnen Kondomgummi einhülle, wie ich überhaupt gewohnt bin, meine Radiumleinwand in Gummiüberzügen aufzubewahren.

Wer über eine Anzahl von Radiumleinenstreifen verfügt, kann die Streifen übereinander legen und dadurch ihre Wirkung hinsichtlich der tiefgehenden Strahlen vermehren, oder man kann auf die Leinwandstreifen noch eine Radiumlackplatte legen.

Sind die Radiumlackplatten oder die Radiumleinenstreifen in ihrer Größe der zu behandelnden Hautstelle nicht gleich, so hilft man sich, wie oben bemerkt, in dem einen Falle durch Nebeneinanderlagerung mehrerer Radiumpräparate, während in dem anderen Falle die Umgebung der kranken Stelle durch einen Schutzfirnis gedeckt werden muß; als Schutzstoff verwendet man Wismut, am besten als Wismutfilmogen, einer

Suspension von 25 % Bismutum carbonicum in Filmogen, einer Auflösung von Zelloidin in Azeton, die ich vor einer langen Reihe von Jahren als Firnis in die dermatologische Therapie eingeführt habe. Auch Heuß bedient sich des Wismutfilmogens; er benützt eine Suspension von 20—30 % Bismutum subnitricum in Filmogen und gibt an, daß sie sich ihm dort bewährt habe, wo nur die Resorption von α-Strahlen und von weichen β-Strahlen, z. B. bei Radiumstoffen, in Betracht kommt und wo die Applikationsdauer kurz ist.

Neben dem Wismutfilmogen hat sich mir auch die Aufpinselung einer Paragummilösung in der Umgebung der kranken Stelle als Schutzfirnis bewährt.

Eine andere Methode, die Haut in der Umgebung der zu behandelnden Stelle vor unerwünschter Radiumwirkung zu schützen, liegt in der Verwendung von Metallrahmen. Wir legen zunächst auf die kranke Stelle ein Pauspapier und zeichnen uns die Grenzen der betreffenden Partie auf; dann schneiden wir aus einem dünnen Bleibleche einen Rahmen aus, welcher der angefertigten Zeichnung entspricht, kleben an die Unterseite des Rahmens einige gleichartig ausgeschnittene Papierleisten und legen den Rahmen um die kranke Stelle derart, daß die Papierleisten das Metall von der Haut trennen; mittels Pflasterstreifen wird der Rahmen um die kranke Stelle fixiert, und ebenfalls mittels Pflasterstreifen das Radiumpräparat an dem Rahmen befestigt.

Sollen Metallblättchen als Filter benutzt werden, so empfiehlt es sich nicht, die Blättchen vor Aufsetzen des Radiumpräparates auf dem Rahmen zu befestigen, sondern umgekehrt, es ist nötig, die Blättchen an dem Radiumpräparat selbst zu fixieren; dabei muß man darauf achten, daß die Lackschichte von dem Metallblättchen durch eine dünne Lage von Kondomgummi oder Guttaperchapapier getrennt sei; die Fixierung der Blättchen und des Radiumpräparates an dem Metallrahmen erfolgt wiederum mittels Leukoplaststreifen. So gelingt es, die Radiumwirkung genau auf die kranken Stellen zu beschränken.

Selbstverständlich müssen die zu behandelnden Stellen rein sein; sie müssen nicht bloß von eingetrocknetem Blut und Eiter, von Borken und etwa früher appliziertem Verbandmaterial, besonders von Wundstreupulver, befreit sein, sie sollen auch rein von Salben sein.

Hinsichtlich der Dauer der Einzelsitzung ist darauf Rücksicht zu nehmen, daß die Intensität der Radiumwirkung nach den Erfahrungen von Wickham nicht allein von der Applikationszeit, sondern auch von der Häufigkeit der Applikationen abhängt; die Wirkung verstärkt sich, wie schon oben bemerkt, allmählich, es tritt eine Art von Summationswirkung ein, das Gewebe wird für Radium empfindlicher.

Heuß[1]) sah, daß eine früher bei stundenlangem Aufliegen beschwerdelos ertragene Radiumplatte später unter gleichen Bedingungen schon nach wenigen Minuten heftige Beschwerden, Brennen, unausstehliches und tagelang andauerndes Jucken immer und immer wieder auslöste, so daß mit der weiteren Radiumapplikation definitiv sistiert werden mußte; das Gewebe war gegenüber dem Radium geradezu idiosynkrasisch, überempfindlich geworden. Nicht so selten ist aber auch das Umgekehrte der Fall; die Gewebe werden immer resistenter, immer weniger radiumempfindlich und gewöhnen sich allmählich bis zu einem gewissen Grade an die Radiumstrahlung.

Neben der Reaktion, mit welcher die gesunde Haut auf die Radiumstrahlen reagiert — Erythem, Blasenbildung, Nekrose — sehen wir, daß manche Affektionen, schon bei verhältnismäßig kleinen Radiumdosen, welche auf die normale Haut noch keinen Einfluß üben, eine spezifische Beeinflussung in dem Sinne zeigen, daß sie ohne entzündliche Erscheinungen und besonders ohne Nekrose eine Rückbildung erfahren; es handelt sich nach dem Ausdruck von Heuß um eine insensible Umwandlung des pathologischen Gewebes in ein nor-

[1]) Heuß l. c.

males, wobei embryonales Gewebe gleichsam als Zwischenglied, als Übergangsform, dient.

Ich möchte mich der Ansicht von Heuß anschließen, daß nur solche Affektionen mit Radium behandelt werden sollen, gegenüber welchen sich unsere bisherigen therapeutischen Maßnahmen als ungenügend erwiesen haben; gewöhnliche Ekzeme, Akne, Impetigines etc. mit Radium zu behandeln, hat natürlich keinen besonderen Wert.

Nach meinen Erfahrungen ist die Radiumtherapie heute unersetzlich in der Behandlung des Lupus vulgaris und mancher torpider Geschwüre, bei der Therapie der Pigmentgeschwülste der Haut und in der Behandlung des Pruritus, besonders der lokalen Pruritusformen und oberflächlichen Hautneuralgien, namentlich der Neuralgien bei Herpes zoster. Ich kann mich auch entschieden dafür aussprechen, daß chronische, besonders keratotische Ekzeme und die mit Lichenifikation einhergehenden Ekzeme in das Gebiet der Radiumtherapie gehören; auch bei alter Psoriasis sind die Erfolge sehr befriedigend.

Bei drei Fällen von immer wieder rezidivierendem Herpes genitalis sah Heuß einen günstigen Dauererfolg, ebenfalls bei einem Fall von benigner Sarkoidgeschwulst der Haut; die Radiumbehandlung der Sykosis coccogenes war ihm einigemale, doch nicht immer erfolgreich, ebenso brachte er einen Fall von Rhinophyma, das zehn Jahre nach der Operation wiedergekehrt war, zur Heilung.

Die günstige Wirkung, welche die Radiumtherapie auf Hautaffektionen ausübt, läßt sich besonders bei der Behandlung des chronischen Ekzems studieren. Dabei muß man sich erinnern, daß gewisse Hautpartien, so die Innenseite der Oberschenkel, die Skrotalhaut und die Axillarhaut, gegenüber den Radiumstrahlen reaktionsfähiger sind als andere Hautpartien. Dementsprechend müssen wir an verschiedenen Hautstellen verschiedene Zeitdauer für die Applikation und verschiedene Filter wählen.

Im großen und ganzen genügen sehr dünne Metallblättchen und einige Lagen von Papier oder von Kondomgummi; die Applikationen sollen kurz sein, aber rasch aufeinanderfolgen. Meist ist man schon nach drei Tagen, wenn jeden Tag die Radiumwirkung fünf Minuten hindurch erfolgte, in der Lage, eine wesentliche Änderung des Prozesses zu konstatieren; als erste Wirkung fällt dem Patienten das Aufhören des Juckens auf; bald nimmt die Infiltration der Haut ab, und die Lichenifikation verwischt sich.

Bei der Ekzembehandlung an behaarten Stellen ist übrigens bei einer Gesamtbestrahlung von 15 Minuten eine bleibende Depilation nicht zu besorgen; wenn man manchmal auch einen vorübergehenden Haarausfall sieht, so kann man doch regelmäßig auf eine rasche Restitution der Haare rechnen; freilich bei längeren und öfters wiederholten Sitzungen kann der Haarausfall bleibend werden.

Die Grundregel bei der Ekzembehandlung ist die Verwendung kurzer Sitzungen; man lasse sich nicht verleiten, eine einzige Sitzung von 10—15 Minuten zu gestatten; man könnte sehr unliebsame Hautreizungen als Folge davon sehen. Öfters ist es nötig, nach den drei ersten Sitzungen eine neue Reihe von Sitzungen vorzunehmen; aber auch dann hüte man sich, die neue Serie rasch auf die erste folgen zu lassen; ein Zwischenraum von 3—4 Wochen ist unbedingt nötig.

Bayet[1]) macht darauf aufmerksam, daß man den Pigmentierungen, welche manchmal auf die Radiumbestrahlungen folgen, durch Absiebung der

[1]) A. Bayet, Das Radium. Deutsche Übertragung von E. Schiff. Wien 1911. Moritz Perles. S. 46.

weichen β-Strahlen aus dem Wege geht: dies erfolgt am leichtesten durch Verwendung von dünnen Aluminiumblättchen. Fernerhin kann man durch Abkürzung der einzelnen Radiumapplikationen die Bildung der Pigmentierungen vermeiden. Nach den Erfahrungen, die Belot[1]) gemacht hat, kann man übrigens durch Elektrolyse mittels des negativen Pols die sich einstellenden Teleangiektasien beseitigen; nach Axmann schwinden sie auch unter der Einwirkung von ultraviolettem Lichte.

Ich habe keine Form des chronischenEkzems gesehen, welche der Radiumwirkung Widerstand geleistet hätte, und ich kann Bayet beipflichten, wenn er es für unbestreitbar hält, daß kein anderes therapeutisches Mittel so viele günstige Resultate liefert. Das Ekzema chronicum faciei der Kinder ist ebenso leicht zu behandeln wie das Ekzema anaemicum an den Wangen junger Mädchen und das Ekzem der Mundwinkel; nach Bayet heilt auch das Ekzema exfoliativum labiorum der anämischen Mädchen sehr rasch unter Radiumbestrahlung. Auch die chronischen Ekzeme der Ohrmuschel erweisen sich, so hartnäckig sie gegenüber der üblichen Therapie sind, durch die Radiumtherapie als leicht beeinflußbar.

Die überraschendsten Erfolge erzielt man mit der Radiumtherapie des Ekzema genitalium sowie des Ekzema perinei und des Ekzema circumanale; die quälenden Juckanfälle weichen schon nach wenigen Sitzungen, und der chronische Prozeß heilt ab.

Die verschiedenartigen Formen des Ekzema manuum et pedum, besonders das Ekzema tyloticum der Handteller und der Fußsohlen, werden durch Radium in sehr befriedigender Weise geändert; bei den Gewerbeekzemen hat das Radium einen sehr günstigen Einfluß, und bei dem Ekzem der Gelenkbeugen kenne ich kein Mittel, welches in so rascher Frist einen vollen Erfolg herbeiführt.

Hieran schließt sich der erstaunliche Erfolg, welchen das Radium bei dem Ekzema varicosum cruris herbeiführt; die Verdickung der Haut bildet sich zurück, die Schuppenbildung schwindet, und die Neigung zu Unterschenkelgeschwüren sistiert.

Ein sehr wichtiges Gebiet der Radiumbestrahlung ist das Ekzem der Brustwarze; die Bekämpfung desselben ist um so wichtiger, weil sich an dieses Ekzem bekanntlich jene Epitheliomform anschließt, welche unter dem Namen der Pagetschen Krankheit bekannt ist, undderen Entstehung durch die rasche Beseitigung des Brustwarzenekzems verhindert wird.

Ebenso wie die chronischen Ekzemformen unter der Einwirkung von Radiumstrahlen verschwinden, so übt diese Behandlung auch auf veraltete Psoriasis sehr günstigen Einfluß aus. Namentlich die psoriatischen Plaques des Ellbogens und des Knies, sowie die Psoriasis der behaarten Kopfhaut sind dankbare Objekte für die Radiumtherapie. Drei Sitzungen zu je fünf Minuten genügen; als Filter benützt man meist Kondomgummi; bei der Behandlung von Psoriasis im Gesichte empfiehlt Bayet[2]) zur Vermeidung von Pigmentierungen statt des Kautschuks lieber Aluminiumfilter von $^3/_{100}$ mm Dicke zu verwenden; für die Behandlung des Gesichtes und der behaarten Kopfhaut dehnt er übrigens jede Sitzung nicht über vier Minuten aus. Die Erfolge treten aber schnell ein, schon am Ende des zweiten Tages nach der letzten Sitzung fallen die Schuppen ab, die Flecke werden blaß, und am Ende des zehnten Tages ist an der Stelle der Psoriasisplaques nur mehr eine bräunliche Stelle zu sehen, welche ebenfalls rasch schwindet. So günstig das Resultat der Radiumtherapie bei alter Psoriasis ist, so wenig befriedigt übrigens ihr Ergebnis bei frischen Fällen; womit diese

[1]) Soc. de Derm. 6. Juli 1911.

[2]) l. c. S. 63.

Erscheinung zusammenhängt, ist vorderhand nicht zu entscheiden, da uns das Wesen der Psoriasis leider noch unklar ist; ich stehe aber mit dieser Beobachtung nicht vereinzelt da; auch Bayet [1]) fühlt sich zur Bemerkung veranlaßt, daß die akuten Fälle eine viel größere Resistenz gegenüber der Radiumstrahlung zeigen als ältere Affektionen.

Die ganz hervorragende Wirkung, welche der Radiumtherapie hinsichtlich des Juckens beim Ekzem zukommt, fehlt auch nicht bei jenen Formen von Pruritus localis, bei welchen nicht eine Erkrankung des Hautorganes an sich besteht, sondern bei denen eine Toxämie und infolge derselben eine Reizung der oberflächlichsten Nervenendigungen anzunehmen ist, und die in der Pathologie des Juckens eine besondere Gruppe bilden, wie das Jucken bei Diabetes und bei Ikterus; die Erleichterung, welche die Radiumbehandlung diesen armen gequälten Kranken gibt, gehört zu den schönsten Leistungen moderner Heilbestrebungen.

Die Natur des Juckens, welche nach den Feststellungen von F. Winkler [2]) auf einer Erkrankung der epithelialen Nervenendigungen beruht, macht es nötig, daß wir jene Strahlen in Aktion bringen, welche in den oberflächlichsten Schichten des Hautorganes zur Wirkung kommen; es sind dies die α-Strahlen. Da aber diesen Strahlen eine zerstörende Wirkung zukommt, so muß die Radiumtherapie mit großer Vorsicht geübt werden; bei Verwendung von Radiumsalzen sieht man nicht selten, daß in den ersten Stunden der Radiumtherapie eine Vermehrung des Juckens zustande kommt — offenbar eine Irritationswirkung der α-Strahlen auf die ohnedies erkrankten Epithelnerven — und daß erst nach einigen Sitzungen, vielleicht wenn die erkrankten Nervenendigungen zerstört sind, das Jucken wesentlich nachläßt. In solchen Fällen hat es natürlich keinen Zweck, mit Strahlenfiltern zu arbeiten; man würde ja gerade jene Strahlen, denen die Wirkung zukommt, von der Heilwirkung ausschließen. Um aber eine Destruktion der Haut zu vermeiden, müssen die Sitzungen sehr kurz sein. Daneben ist es offenbar zweckmäßig, mit radioaktivem Schlamm oder mit Emanationswasser zu arbeiten, weil die hier zur Wirkung gelangenden α-Strahlen viel milder sind, und weil die geringe Kraft der emittierten Strahlen eine längere Applikationsdauer ermöglicht. Insbesondere empfiehlt sich die Verwendung des radioaktiven Schlammes bei Pruritus scrotalis und bei Pruritus vulvae, also bei jenen Affektionen, die schon Kaposi als Crux medicorum bezeichnete. Keine Therapie leistet bei dieser Affektion soviel wie die richtig verwendete Radiumbehandlung.

Bayet [3]) teilt mit, daß er unter zwölf Fällen von Pruritus analis neun Heilungen, unter sieben Fällen von Pruritus vulvae vier Heilungen und zwei Besserungen, und unter fünf Fällen von Pruritus scrotalis fünf Heilungen verzeichnen konnte. Die Behandlung bestand in der Applikation von Radiumplättchen, dreimal zu je fünf Minuten.

Ebenso wie das Hautjucken sind auch andere Sensibilitätsneurosen der Haut durch die Radiumtherapie heilbar. Besonders zeigt sich die analgetische Wirkung der Radiumtherapie in der Behandlung des Herpes zoster, bei dem wir den Schmerzen gegenüber bisher ziemlich machtlos waren. Bayet [4]) berichtet über fünf Fälle mit sehr heftigen Schmerzen, bei denen sich in vier Fällen die Radiumbehandlung nutzbringend erwies. In einem Falle von Zoster

---

[1]) l. c. S. 65.

[2]) F. Winkler, Studien über das Zustandekommen der Juckempfindung. Arch. f. Dermat. 1909. Bd. XCIX.

[3]) Bayet, siehe S. 60.

[4]) Siehe S. 61.

ophthalmicus war eine so heftige Hyperästhesie vorhanden gewesen, daß der Kontakt der Haut mit dem Radiumplättchen anfangs fast unerträglich war; schon drei Tage nach Beginn der Radiumbehandlung konnte er die erkrankte Partie drücken, ohne Schmerzen hervorzurufen. Bayet empfiehlt, die Radiumwirkung an den Druckpunkten der erkrankten Nerven einsetzen zu lassen; er legt nur ein gering wirkendes Filter an, etwa ein Bleiplättchen von $^2/_{10}$ mm Dicke und läßt die Radiumstrahlung an drei aufeinanderfolgenden Tagen durch je zwei Stunden einwirken; desgleichen appliziert er dreimal hineinander das Radium während der ganzen Nacht, versehen mit sehr dickem Filter, etwa einem Bleiplättchen von $1\frac{1}{2}$ mm Dicke, die Tagesbehandlung soll auf die oberflächlichen, die Nachtbehandlung auf die tiefen Nerven wirken.

Neben der lokalen Applikation des Radiums an der erkrankten Haut setze ich auch das Spinalganglion der erkrankten Nerven der Radiumwirkung aus; mit Berücksichtigung der Blaschkoschen Untersuchungen ist es verhältnismäßig leicht, das bezügliche Hautsegment aufzufinden und hier eine Radiumkapsel mit dickem Bleifilter zu applizieren; die mit den Herpesbläschen bedeckte Haut behandle ich übrigens lieber mit radioaktivem Schlamme oder mit lokalen Emanationsbädern.

Ein sehr wichtiges Gebiet der Radiumtherapie bildet die Hauttuberkulose und der Lupus vulgaris.

Ich habe häufig Lupus vulgaris mit Radium erfolgreich behandelt und befinde mich hier im Gegensatze zu Bayet, der gerade beim Lupus vulgaris nicht jene Vorteile der Radiumbehandlung gesehen hat, welche er bei anderen Dermatosen konstatieren konnte. Vielleicht liegt es in der Methodik; er verwendet sein Radium ohne Filter durch zwei Stunden; ich aber übe mildere Methoden und bin damit sehr zufrieden. Barcat [1]) hat in einem Fall von Lupus vulgaris der äußeren Nase durch 24 Stunden die ultrapenetrierenden Strahlen angewendet und ein rasches Zurückgehen der infiltrierten Nasenflügel erzielt; die Lupusknötchen blieben zunächst unverändert; erst als durch 48 Stunden die Radiumstrahlung mit einem viel dünneren Filter (Bleifilter von $^1/_{10}$ mm Dicke) verwendet wurde, entstand eine Ulzeration, die zur Heilung führte.

Octave Claude [2]) führt auch die Tuberkulosis verrucosa cutis und das Skrofuloderma unter denjenigen Affektionen an, welche sich für die Radiumtherapie eignen. Danlos [3]) rechnet ebenso wie Bayet auch den Lupus erythematodes hinzu; nach Esdra [4]) sind die Resultate bei Lupus erythematodes geradezu brillant; doch bleiben Narben und Pigmentierungen zurück.

Wie die Versuche von Wickham und Degrais [5]) zeigen, ist die Radiumtherapie sowohl bei Lupus vulgaris wie auch bei Lupus erythematodes erfolgreicher, wenn man subkutane Injektionen mit Radiumlösungen und mit radioaktivem Wasser anwendet als bei der bloßen Bestrahlung. So wurde Lupus vulgaris innerhalb zweier Monate durch 40 Injektionen geheilt.

Nach Wichmann [6]) gibt für die Radiumtherapie des Lupus vulgaris die Erfahrung den Ausschlag, daß die disseminierten, in Narbengewebe eingebetteten Lupusknötchen, also kleine Herde in schwieriger Lokalisation der Radiumbehandlung zugänglich sind. Er führt als ersten, der sich mit therapeutischen Studien über Radiumwirkung bei Lupus beschäftigte, Danlos

[1]) Bulletin de la Soc. franç. de Derm. et Syph. 1910. Nr. 9.
[2]) Arch. génér. de Méd. Juli 1909.
[3]) Soc. franç. de Derm. Nov. 1901.
[4]) Giorn. Ital. delle mal. ven. e della pelle. 1909.
[5]) Lancet. 21. Mai 1910.
[6]) P. Wichmann, Radium in der Heilkunde. Hamburg 1911. Leopold Voß. Seite 35.

an, der seine Arbeit 1900 publizierte; in demselben Jahre publizierte auch Strebel seine Erfahrungen. Seither haben sich eine große Zahl von Publikationen mit der Lupusfrage beschäftigt, und Wichmann hat gewiß recht, daß im ganzen mehrere hundert Fälle eine abgeschlossene Behandlung erfahren haben dürften. Allerdings — bemerkt Wichmann [1]) — liegt eine größere Statistik, die von Dauererfolgen mehrerer Jahre berichtet, zurzeit noch nicht vor, auch fehlt es nicht an Publikationen, die über Mißerfolge berichten. Wichmann selbst verfügt über 30 Fälle, von denen vier mehr als vier Jahre, acht mehr als drei Jahre, sechs mehr als zwei Jahre rückfallfrei blieben. Er stellt die Indikation dahin, daß die Radiumbehandlung bei Lupus überall da angezeigt ist, wo eine tiefgreifende, im Gesunden zu umgrenzende Exzision aus technischen, kosmetischen und äußeren Gründen nicht ausführbar erscheint.

Barcat [2]) hat einen Fall von Lupus der Nase und der Wangen in zwei Monaten nach einer einzigen Radiumapplikation heilen gesehen. W. J. Morton [3]) hat eine seit vielen Jahren bestehende Erkrankung innerhalb von sieben Wochen zur Heilung gebracht, indem er während dieser Zeit viermal je neun Stunden lang Radium auflegte; er erklärt die Radiumbehandlung als die beste und die kürzeste unter den modernen Methoden der Lupustherapie. Fabre [4]) teilt die Heilung eines Falles von Lupus vulgaris bei einem 48jährigen Manne mit, der seit 32 Jahren bestand und sich jeder Therapie widersetzte; innerhalb von fünf Monaten war die ausgebreitete Erkrankung ohne Narbe und ohne Pigmentierung unter der Radiumapplikation verschwunden.

Im Anschlusse daran soll die günstige Wirkung angeführt werden, welche die Radiumtherapie bei Leukoplakia linguae gibt; man behandelt sie nach dem Vorgehen von Bayet in der Weise, daß man kleine Radiumträger unter Zwischenschaltung von $^1/_{10}$ mm dicken Bleiplättchen täglich eine Stunde, sechsmal hintereinander auflegt.

Aus der Reihe von Hauterkrankungen, welche Esdra [5]) mit Radium in befriedigender Weise behandelt hat, seien das chronische Ekzem, Psoriasis, Lichen ruber planus, Seborrhoe, Acne rosacea, Rhinosklerom und Follikulitis angeführt.

Dabei ist zu bemerken, daß nach den Untersuchungen von Guyot [6]) das Radium auf die Talgdrüsen in hyperplastischem Sinne wirkt.

Ferner sei der gute Einfluß erwähnt, den nach de Beurmann [7]) das Radium auf Leprome nimmt; die Leprome bildeten sich zurück, die Schmerzen verschwanden und die Sensibilität kehrte wieder. Auch die sklerosierten Narben bei Syphilis sind nach Wickham und Degrais durch Radium zu erweichen, und torpide Geschwüre, wie das Pendinsche Geschwür, sollen nach E. S. London [8]) zur Heilung kommen. Octave Claude und Levy-Fränkel [9]) empfehlen die Behandlung von hartnäckigen Ulcera cruris mit sterilisiertem Radiumschlamm.

Nahmacher [10]) hat einen Dekubitus der Ferse, der durch ein halbes Jahr jeder Behandlung trotzte, durch wiederholte Radiumbestrahlung von $1\frac{1}{2}$—2 Stunden Dauer, sowie ein Ulcus cruris durch Bestrahlung von 20

[1]) l. c. S. 84.
[2]) Soc. franç. de Derm. et de Syph. Dec. 1910.
[3]) Congr. f. Physiotherapie. Rom 1908.
[4]) II. Congr. de l'Association franç. Dijon 1911.
[5]) Giorn. ital. delle malattie veneree e della pelle 1909.
[6]) Journ. des maladies cutanées 1909.
[7]) Rivista internazionale di terapia fisica 1909.
[8]) Radium in der Heilkunde. Petersburg 1911.
[9]) Soc. de Derm. 24. April 1911.
[10]) Fortschritt auf dem Gebiete der Röntgenstrahlen. 1910.

Minuten binnen sechs Tagen geheilt. Haupt [1]) hat eine eiterig sezernierende Wunde mit Emanationswasser zur Heilung gebracht. Esdra [2]) und Kahler [3]) sahen eine Rückbildung von Rhinosklerom durch Radium. Ich selbst [4]) habe einen Fall von Aleppobeule geheilt. Wickham und Degrais haben mit Erfolg Ichthyosis in den Bereich der Radiumtherapie gezogen. Balzer und Barcat berichten über die Heilung des Adenoma sebaceum [5]) und von Verrucae planae [6]) durch Radiumapplikation; auch Hudelo-Darbois und Gallet [7]) teilen gute Resultate über die Erfolge der Radiumtherapie bei Adenoma sebaceum mit.

Zu den Dermatosen, welche durch Radium beeinflußbar sind, gehört auch der Lichen ruber; wie ich einer mündlichen Mitteilung von F. Winkler entnehme, ist das Schwinden des quälenden Juckreizes schon nach den ersten Sitzungen prägnant, und die Effloreszenzen bilden sich bald zurück.

Barcat [8]) hat in einigen Fällen von Keratoma senile die Radiumtherapie verwendet und sich davon überzeugt, daß die am geringsten penetrierenden Strahlen die stärkste Wirkung entfalten, während die ultrapenetrierenden Strahlen, die nach Dominici kleine Hautepitheliome sehr günstig beeinflussen, ohne Wirkung auf die Affektion bleiben.

Wickham und Degrais [9]) empfehlen die Radiumtherapie ebenso wie Heuss als ausgezeichnetes Mittel zur Behandlung des Rhinophymas; ihre Technik besteht darin, daß sie Bleifilter von $^1/_{10}$—$^5/_{10}$ mm benützten und die oben beschriebene Methode des Feu croisé anwenden.

Die Radiumtherapie der Hautkrankheiten, über deren gegenwärtigen Stand im Vorhergehenden eine Übersicht gegeben ist, steht wohl erst im Anfange ihrer Entwickelung, aber überraschend sind ihre Leistungen und vielversprechend ist ihre Zukunft. Wir werden schon in der nächsten Zeit in ihren Bereich nicht bloß Radium, sondern auch andere — billigere — radioaktive Präparate, namentlich Thorium und seine Derivate, ziehen, und die Strahlentherapie wird zu einem allgemein zugänglichen Heilfaktor werden, der unserem Heilschatze unentbehrlich sein wird.

[1]) Deutsche Ärzte-Ztg. 1909.
[2]) Giorn. ital. delle malattie veneree e della pelle 1908.
[3]) Wiener klin. Wochenschr. 1905.
[4]) Bayet, Das Radium. Übersetzt von Schiff.
[5]) Soc. franç. de Derm. 1910.
[6]) Soc. franç. de Derm. Juli 1910.
[7]) Soc. de Derm. 9. Nov. 1911.
[8]) Presse médicale 1909. Nr. 67.
[9]) Soc. de Derm. 6. Juli 1911.

Kapitel XXI.

Aus dem Hôpital St. Lazare und dem Laboratoire Biologique du Radium in Paris[1]).

Die Verwendung des Radiums bei der Behandlung der Hautepitheliome, der Angiome und der Keloïde.

Von

Louis Wickham und **Degrais**.

(Deutsche Übertragung von Prof. E. Schiff-Wien.)

Mit 37 Abb. im Text.

Der interessanteste Gesichtspunkt der ganzen Radiumtherapie liegt unserer Erfahrung nach in der Wirkung des Radiums auf das Krebsgewebe, die bösartigen Tumoren im allgemeinen und gewisse ihrer Formen im besonderen, die ihrer Natur und ihrem Sitze nach sehr ernst sind.

Aber das Interesse, welches die Radiumtherapie in ihrer Anwendung bei verschiedenen (krebsartigen und anderen) Läsionen darbietet, basiert auf zwei unerläßlichen Bedingungen.

1. Das Radium muß mit Hilfe eines ausreichenden und genau studierten Arsenals von Apparaten verwendet werden, das eine eigene Konstruktion und eine bedeutend größere Menge Radium erfordert, als die, welche gewöhnlich gebraucht wird.

---

[1]) Dieses Laboratorium, welches Abteilungen für Physik, Chemie und Physiologie, sowie eine Klinik besitzt, ist das erste wissenschaftliche Zentrum, das eigens für das geregelte Studium der therapeutischen Wirkung des Radiums geschaffen wurde. Es begann seine Tätigkeit anfangs 1906. Dr. Dominici wurde mit der Leitung der Forschungen auf dem Gebiete der internen Pathologie betraut, Dr. Wickham übernahm die Forschungen auf dem Gebiete der externen Pathologie. Die Resultate, welche an dieser Schule dank einem eigenen Arsenal von Apparaten und den dort ersonnenen Techniken und Methoden erzielt worden sind, haben die unmittelbare Ursache jenes kühnen Aufschwunges gebildet, den die Radiumtherapie in der neuesten Zeit genommen hat.

Siehe die bemerkenswerte Aufsätze des Herrn Dr. Dominici in der „Revue générale de Médecine", 1909; in den „Archives de Médecine expérimentale" und in der „Presse Médicale", 1909—1911, Paris.

2. Man muß sich der Apparate richtig zu bedienen verstehen.

Das letztere ist eine wesentliche Bedingung, die häufig nicht erfüllt wird, weil die anscheinende Leichtigkeit der Handhabung der Apparate oftmals trügt.

Es soll hier aber ein für allemal gesagt werden, daß man sich des Radiums unmöglich bedienen kann, ohne durch lange Erfahrung mit allen Feinheiten und allen Indikationen vertraut zu sein, welche die diversen Methoden und Techniken erfordern. Wenn man mit großen Quantitäten Radium alle Fälle in Angriff nimmt, die sich gerade darbieten, ohne eine verständige Auswahl zu treffen; wenn man nicht erst nach reiflicher Überlegung den in jedem einzelnen Falle erforderlichen Filter, die geeignete Dosis nimmt, so arbeitet man direkt auf Mißerfolge, auf Verbrennungen und auf den Mißkredit der Methode hin.

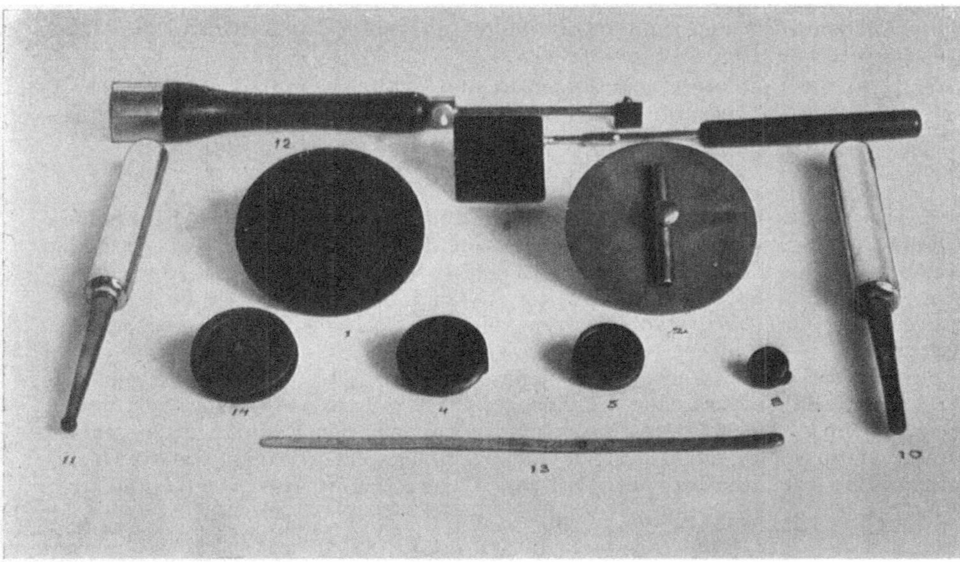

Fig. 90.
Apparate mit Radiumfirnis; $^2/_3$ ihrer natürlichen Größe. Die viereckigen Plaques Nr. 3 und Nr. 12 lassen sich auf dem Handgriff nach verschiedenen Seiten hin neigen. Nr. 10 = zylinderförmiger Apparat. Nr. 13 = flache, dünne Platte, bequem unter das Augenlid zu schieben etc.

Kurz, das Radium ist ein heikles und feines therapeutisches Mittel, das die große Geschicklichkeit des Klinikers, verbunden mit der reichen Erfahrung des Radiumtherapeuten, verlangt.

Es werden also die Resultate stets der angewendeten Technik und der dabei gezeigten Sachkenntnis entsprechen.

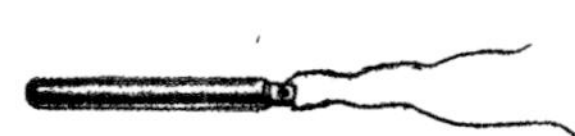

Fig. 91.
Radiumröhrchen mit Platinwänden, 2 cg reines Radiumsulfat enthaltend. Natürliche Größe.

Darum müssen wir, um die von uns erzielten Resultate verständlich zu machen, diesem Artikel ein kurzes Exposé unserer Methoden[1]) vorausschicken, welches zugleich für den von uns in diesem Handbuch verfaßten Artikel über die Gynäkologie gelten soll.

[1]) Die Details unserer Techniken und unserer Theorien siehe „Radiumtherapie" von Wickham und Degrais. 2. Auflage. Verlag von Baillière. 1912. Paris. S. 23—118.

Instrumentarium.

Die Industrie stellt uns einesteils Apparate zur Verfügung, welche direkt die Emanation des Radiums verwerten (emanifere Methoden) und andererseits Apparate, welche direkt die Strahlen verwerten (Strahlungsmethoden). Und diese letzteren allein verwenden wir bei der Behandlung der Läsionen, von denen dieses Kapitel handelt.

Radifere Apparate.

Die Figuren 90 und 91 zeigen einige Apparatformen, die wir verwenden. Die Bilder und die sie begleitenden Erläuterungen werden uns die langatmige Erklärung im Texte ersparen.

Wenn man diese Apparate in ihrer Gesamtheit betrachtet, so stellen sie sich als zwei große Gruppen dar:

a) die röhrenförmigen Apparate und
b) die flachen Apparate mit Radiumfirnis.

a) Die Radiumröhrchen. (Fig. 91.)

Die Radiumröhrchen sind von größtem Vorteil bei der Behandlung schwerer subkutaner Krebse und unentbehrlich bei allen krebsartigen oder anderen Läsionen, die tief in den Schleimhäuten des Mastdarmes, der Speiseröhre, des Kehlkopfes, der Harnblase etc. und insbesondere der Gebärmutter sitzen, wie wir in dem Kapitel „Gynäkologie", noch ausdrücklich hervorheben werden.

Aber bei den Läsionen, die uns hier beschäftigen, treten sie nur gelegentlich in Aktion. Sie erweisen sich nützlich, sobald es gilt, in das Innere der kranken Gewebe einzudringen, wenn es sich darum handelt, das Radium in eine Hautfalte, in eine Spalte, eine Fistel, in einen ziemlich spitzen Winkel wie die Genionasalfurche oder die Temporo-Aurikular-Furche, in die Nase, den Mund, den Gehörgang etc. einzuführen.

b) Flache, mit Radiumfirnis überzogene Apparate.

Für die Behandlung der oberflächlich stark ausgebreiteten Affektionen sind Apparate notwendig, die folgende Eigenschaften vereinigen:

1. sie müssen bei jeder Bestrahlung eine genügend große Fläche bedecken;
2. so viel Strahlen als möglich, sogar einige schwächer penetrierende (wie die α- und die weichen β-Strahlen) durchlassen;
3. eine homogene radioaktive Leistung darbieten, da jeder Teil der aktiven Oberfläche eines Apparates denselben radioaktiven Wert haben muß wie jeder andere gleiche Teil desselben Apparates;
4. müssen sie der zerstörenden Wirkung des Radiums genügend Widerstand leisten können.

Diese Eigenschaften darzubieten, ist der Zweck der Apparate, die mit Radiumfirnis überzogen sind. Die Fläche, auf welche der radiumhaltige Firnis aufgetragen wird, ist in der Regel starr, metallisch, aber sie kann auch weich und schmiegsam sein. Dies ist bei der Radiumleinwand der Fall, welche den Vorteil besitzt, daß sie sich den Unebenheiten der zu behandelnden Flächen anpaßt.

Die Radiummischung.

Gewöhnlich handelt es sich um Radiumsulfat. Die Quantität ebenso wie die Qualität des Radiums schwankt je nach den therapeutischen Erfordernissen. Man berechnet und nimmt gewöhnlich ein Zentigramm Salz für einen Quadratzentimeter Oberfläche. Dieses Verhältnis scheint die beste Leistung zu liefern.

Das Radiumsalz kann in reinem Zustande oder, in verschiedenen Verhältnissen mit Baryumsulfat gemischt, verwendet werden. Wenn wir nicht reines Radium verwenden, so benützen wir hauptsächlich folgende Mischungstypen: das halbreine Salz (Aktivität 1 000 000), das viertelreine (Aktivität 500 000), das zwanzigstelreine (Aktivität 100 000), das vierzigstelreine (Aktivität 50 000).

Methoden.

Das Filtrieren.

Die Filtriertheorie basiert auf dem sehr verschiedenen Penetrationsvermögen der Strahlen. Die α-Strahlen werden schnell absorbiert, die γ-Strahlen sind sehr stark penetrierend und die β-Strahlen halten die Mitte zwischen den α- und den γ-Strahlen, von den leicht absorbierbaren weichen β- bis zu den mittleren β- und den harten β-Strahlen, welch letztere ziemlich stark penetrierend sind.

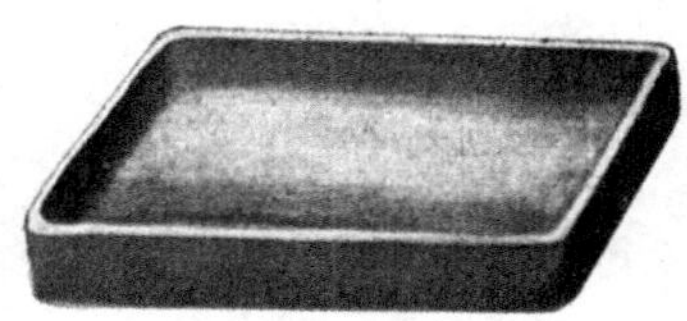

Fig. 92.
2 mm dicker Silberfilter, in den man entweder einen rechtwinkeligen Apparat oder eine Reihe nebeneinandergelegter Röhrchen einsetzen kann.

Die praktische Anwendung des Filtrierverfahrens, welches wir im Jahre 1905 eingeführt haben, besteht darin, daß man zwischen die zu behandelnden Gewebe und die Apparate Plättchen oder Filter aus Metall (Aluminium, Blei, Platin, Silber etc.) schiebt, deren Dicke je nach der Art der Strahlung variiert, die man zu verwenden wünscht. Zweck dieser Methode ist, sowohl den quantitativen als auch den qualitativen Wert der einem Apparate entströmenden Strahlungen zu modifizieren und auf diese Art die in Verwendung kommende Strahlungsdosis zu variieren.

Bei einem gegebenen Apparate wird ein dünner, wenig absorbierender Filter, wie z. B. ein $^5/_{10}$ mm dickes Aluminiumplättchen eine quantitativ sehr wertvolle Strahlung durchlassen, welche alle Strahlen der primitiven Strahlung enthalten, wird mit Ausnahme derjenigen, die absorbiert worden sind, z. B. der α- und der weichen β-Strahlen.

Dagegen wird ein dicker und stark absorbierender Filter, wie z. B. eine 2 mm dicke Silber- oder Bleiplaque (Fig. 92) eine quantitativ schwache Strahlung durchlassen, die bloß aus den nicht absorbierten Strahlen, wie der großen Mehrheit der γ- und einigen harten β-Strahlen besteht.

Zu bemerken ist, daß solche durch Filtration getrennte Strahlen, welche imstande waren, eine Metallschichte von 2 mm zu durchdringen, von da an schwer absorbierbar sein werden, so daß ein weiterer Millimeter die Strahlung nicht mehr stark beeinflussen wird. Infolgedessen bilden solche Strahlen, welche wir „ultrapenetrierende Strahlen“ benannt haben, Strahlungen, die tief in die Gewebe eindringen, ohne auf die oberen Schichten eine wesentlich schärfere Wirkung als auf die tiefer liegenden auszuüben, woraus sich eine größere Gleichförmigkeit der Wirkung ergibt, die uns gestattet, Strahlenbündel dieser Gattung ziemlich lange auf dieselbe Stelle wirken zu lassen, ohne daß die Gefahr einer Verbrennung zu befürchten wäre. Das hat auch unser Freund und Kollege, Herr Dr. Dominici, sehr wohl eingesehen und dargelegt. („Ultrapenetrierende Strahlung".)

Aus dem Gesagten geht also hervor,

1. daß man die Zusammensetzung einer Strahlung durch Filtrierung nicht modifizieren kann, ohne ihren quantitativen Wert zu vermindern, — eine Verminderung, die sich in erster Linie auf die schwach penetrierenden Strahlen erstreckt;
2. daß, je mehr eine Strahlung durch das Filtrieren reduziert wird, desto größer ihr Penetrationsvermögen und die Möglichkeit ist, auf eine tiefer liegende, stark infiltrierte Läsion einzuwirken, wie wir bei der Behandlung der subkutanen Angiome sehen werden.

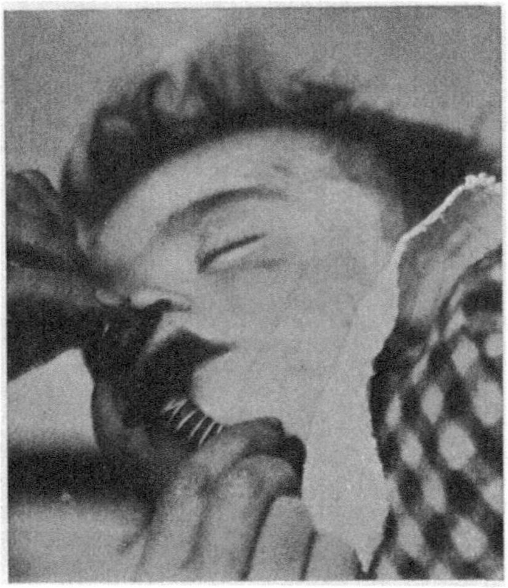

Fig. 93.
Behandlung eines Angioms an der Lippe mittels des Kreuzfeuerverfahrens. — Man beachte, daß der natürliche Schlaf des Kindes benützt wird, um die Bestrahlung an ihm vorzunehmen.

Man wird nun begreifen, daß man, wenn man nur einen einzigen Apparat besitzt, seine Wirkungen nicht nur je nach Dauer und Anwendungsart variieren kann, sondern daß man auch dank den Filtriermethoden ein Mittel in der Hand hat, um die Strahlung wesentlich zu verändern und dadurch die Verwendungsmöglichkeiten des besagten Apparates zu vermehren. Wenn man oberflächlich, und daher mit einer Mehrheit von nicht stark penetrierenden Strahlen einwirken will, so verwendet man diesen Apparat ohne Filter. Will man tiefergehende Wirkungen erzielen, so nimmt man einen Filter, der so dick ist, daß er eine kleine Anzahl stärker penetrierender Strahlen passieren läßt. Um die geringe Anzahl dieser Strahlen zu kompensieren, wird es genügen, die solcher Art mit Filtern bedeckten Apparate längere Zeit auf derselben Stelle zu belassen. Das ist das Allgemeinprinzip; aber seine Anwendung ist in allen Einzelheiten außerordentlich subtil.

Kreuzfeuerverfahren.

Apparate, die einander an den entgegengesetzten Punkten einer Läsion gegenübergestellt sind. (Siehe Figur 93.)

Wir können uns hier nicht über dieses Verfahren, das wir eingeführt haben, verbreiten. Aber es steht fest, daß wir es bei der Behandlung bösartiger Tumoren sehr nützlich finden, vorausgesetzt natürlich, daß man die Apparate an zwei Seiten der Tumoren einander gegenüber anbringen kann. Es bewährt sich z. B. auch bei der Behandlung von Gebärmutterfibromen, wie wir in dem Kapitel „Gynäkologie" zeigen werden. Aber in dem vorliegenden Kapitel kommt unsere Methode nur für abstehende Angiome oder für solche in Betracht, die ihren Sitz an Körperstellen haben, welche sich für die Anbringung der einander gegenübergestellten Apparate eignen, z. B. die Finger, die Lippe, die

Ohren, die Nase etc. Zweck dieser Methode ist, eine gleichmäßigere und in den tiefer liegenden Partien intensivere Wirkung hervorzurufen [1]).

Resultate.

Allgemeine Betrachtungen über die Reaktionen.

Je nach den verschiedenen, einzeln oder kombiniert angewendeten Methoden sind die erzielten Wirkungen sehr verschieden. Sie variieren auch je nach der Dosis, der an der Oberfläche der Gewebe oder in deren Tiefe absorbierten Strahlen. Schließlich schwanken sie auch je nach der Beschaffenheit der Gewebe, von denen manche sehr empfindlich für die Strahlen sind und sich leicht verändern, während andere sich der Bestrahlung gegenüber sehr widerstandsfähig und widerspenstig verhalten.

Demgemäß liegt der Schlüssel des ganzen radiumtherapeutischen Mechanismus und der erzeugten Reaktionen in der Kombination folgender Hauptfaktoren:

1. Die größere oder geringere Resistenz der Läsionen;
2. die längere oder kürzere Dauer der Bestrahlungen;
3. die radioaktive Kraft der verwendeten Apparate;
4. die Beschaffenheit und Dicke der Filter;
5. schließlich die verschiedenen Operationsmodalitäten.

Nun kann jeder dieser Faktoren ins Unendliche variieren und jede Variation kann eine andere Wirkung erzeugen. Man kann sich also vorstellen, wie kompliziert die Radiumtherapie ist, wenn sie ordentlich ausgeübt und gründlich erfaßt werden soll.

Die diversen Kombinationen, die man anwendet, führen von seiten der Gewebe zu zwei vom rein klinischen Standpunkte aus sehr verschiedenen Arten der Reaktion, zwischen denen es wieder eine ganze Reihe von Zwischenstufen gibt.

Diese beiden Hauptreaktionen sind:

1. Die entzündliche, ulzerierende oder ulzerierend-schorfbildende Reaktion;
2. die elektive Reaktion.

Die erstgenannte Reaktion entspricht dem, was man landläufig Verbrennung nennt. Doch muß man wissen, daß es eine therapeutische Verbrennung gibt, die für gewisse Läsionen, wie z. B. manche oberflächliche Epitheliome außerordentlich nützlich und von besonderer Heilkraft ist. Bei den meisten anderen Läsionen der Haut, wo die Frage der Ästhetik die Situation beherrscht, muß man sie um jeden Preis vermeiden, weil sie Teleangiektasien hinterläßt.

Die elektive Reaktion besteht in einer einfachen Veränderung der kranken Gewebe, ohne daß dieselben im Verlaufe ihrer Rückbildung eines der klinischen Merkmale einer Ätzung aufweisen.

Diese beiden Arten der Reaktion hängen nicht mit einer speziellen Eigenschaft der verschiedenen Strahlen zusammen. (Isolierte γ-Strahlen oder Strahlungen aus filterlosen Apparaten.) Sie rühren vielmehr von den absorbierten Dosen und von einem Unterschiede in der Widerstandsfähigkeit der die Gewebe bildenden Elemente her, oder von ihrer größeren oder geringeren Empfindlichkeit.

Andererseits wird, wenn man es mit einem empfindlichen Gewebe zu tun hat, je nach der absorbierten Dosis, gleichgültig ob diese aus isolierten γ-Strahlen oder aus allen Strahlen gebildet ist, eine Entzündung, Revulsion oder Ver-

[1]) Siehe die Abhandlung über Radiumtherapie, S. 77.

brennung entstehen, sobald die Dosis das Maß überschreitet, welches genügt hätte, um die elektive Reaktion hervorzurufen [1]).

Man kann also nur bei genauer Kenntnis der Dosen und der Empfindlichkeit der Gewebe das Resultat, das man erzielen wird, voraussagen.

Wenn alle wie immer gearteten Gewebe zur Entzündung und Verbrennung gebracht werden können (denn es genügt, falls sie widerstehen, die Dosen zu erhöhen), so gibt es dagegen einige spezielle Gewebe, welche die erforderliche Empfindlichkeit besitzen, um nach der elektiven Methode zu reagieren, und die drei Affektionen, mit denen wir uns zu beschäftigen haben werden, gehören gerade zu denen, die dem Radium gegenüber am empfindlichsten sind.

Hautepitheliome.

Sobald man Radium in Händen hatte, (Danlos 1900) versuchte man seine Wirkung auf die kleinen Epitheliome der Haut und die Resultate waren ausgezeichnet.

Aber man hielt sich mehrere Jahre hindurch an die kleinen, gutartigen, bedeutungslosen Epitheliome, die man auf viele verschiedene Weisen heilen kann, und das Radium, das unter solchen Bedingungen angewendet wurde, galt daher auch mehr für eine interessante Kuriosität als für ein therapeutisches Mittel, das dazu berufen sein sollte, auf diesem Gebiete sehr wichtige praktische Dienste zu leisten.

Wir haben seit dem Jahre 1905 das Studium dieser Frage bezüglich der Verwendung des Radiums bei Hautepitheliomen verfolgt und sind zu den hier folgenden Anschauungen gelangt, welche sich auf die Beobachtung von mehr als 1000 Fällen stützen.

1. Das Radium wirkt nicht nur auf die kleinen, torpiden, gutartigen, leicht heilbaren Epitheliome des Gesichtes, wie man vor unseren ersten Studien annahm.

Es sind uns tatsächlich Formen von Epithelialkrebsen der Haut untergekommen, die den anderen Behandlungen widerstanden und schlimme Rückfälle erlitten hatten, Formen mit bösartigen Symptomen (schnelle Weiterbildung, Zerstörung der Gewebe, steile Wundränder, entzündete Peripherie und Basis, große oberflächliche Ausdehnung), kurz, außergewöhnlich schwere und nicht operierbare Formen, deren Heilung uns mittels des Radiums gelungen ist.

2. Bei den Hautepitheliomen im allgemeinen sind die Resultate im großen und ganzen durchaus günstig. Sie gehen in der Regel zurück, verschwinden häufig ganz und selbst bei den schweren Fällen ist der Rückgang, da die Läsionen meistens lokalisiert sind, oft gleichbedeutend mit einer Heilung. Treten Rezidiven ein, so lassen sie sich ebenfalls bekämpfen. Das Radium kann eine große Anzahl von Fällen, die anderen Mitteln getrotzt haben, zum Stillstand und Rückgang bringen. Daher sind wir von der Superiorität des Radiums für diese Gruppe von Epitheliomen vollständig überzeugt, wobei wir, wohlverstanden, immer von der Voraussetzung ausgehen, daß es richtig gehandhabt und den Eigentümlichkeiten jedes einzelnen Falles genau angepaßt wird.

---

[1]) Bezüglich der Frage der Messungen der absorbierten Strahlungen und der Dosierungen siehe „Radiumtherapie“, „loco citato“, Seite 46.

Die Werte 1000 U. oder 500 000 U. etc., wie wir sie im weiteren Verlaufe dieses Kapitels anführen werden, drücken den Grad des Ionisierungsvermögens aus, welchen diese oder jene Strahlungen im Verhältnis zu der gleichen Kraft derselben Menge Uranium besitzen, da das Ionisierungsvermögen des Uraniums, mit 1 berechnet, als Maßeinheit angenommen wird.

Natürlich unterliegt das Radium genau so wie die anderen therapeutischen Mittel (Chirurgie, Auskratzung, X-Strahlen, Kauterisation, Fulguration etc.) den Vorbehalten, die wir in allgemeinen Umrissen angedeutet haben, und gewisse Fälle widerstehen ihm immerhin.

Die Superiorität, die wir dem Radium zuerkennen, ist also nur eine relative und man muß sich bei der Bewertung der Tatsachen wohl vor absoluten Behauptungen und gar zu kühnen Verallgemeinerungen hüten.

Die Fälle, bei denen sich das Radium nicht bewährt hat, sind zunächst diejenigen, die Anzeichen von Bösartigkeit aufweisen und deren Sitz sich schlecht für die Anbringung der Radiumapparate eignet. Aber die hartnäckigste Resistenz ist vor allem da beobachtet worden, wo eine periphere Lymphangioitis vorhanden war, wo es sich um eine Rezidive mitten im Narbengewebe handelte, was eine schlimme Vorbedingung für eine neuerliche Vernarbung ist, oder wo man es mit einer Rezidive unmittelbar an der Peripherie einer Radiodermitis (hervorgerufen durch X-Strahlen oder durch Radium), oder schließlich mit einem Epitheliom zu tun hatte, dessen Unterlagsgewebe zu dünn war.

3. Die Wahl der Dosen ist sehr schwierig, da verschiedene Techniken bisweilen gleiche Resultate herbeiführen können, aber jede Technik in diesem oder jenem gegebenen Falle ihre Vorteile haben kann.

Wie dem auch sei — wir unterscheiden zwei Hauptgruppen, die zwei entgegengesetzten Techniken entsprechen. In die erste Gruppe werden wir die sogenannten gutartigen Fälle einreihen.

Zur zweiten Gruppe werden wir die hartnäckigen Fälle zählen, von denen wir im vorangehenden Absatz gesprochen haben.

Für die erste Gruppe eignen sich vorzugsweise die starken, sehr intensiven Dosen, die aus einer großen Anzahl von mittelstark penetrierenden Strahlen bestehen und den Zweck verfolgen, rasch eine Zerstörung der Gewebe herbeizuführen. Die Apparate müssen also ohne Filter oder mit dünnen Filtern ($^1/_{100}$—$^4/_{100}$ mm Aluminium) appliziert werden. Die Bestrahlungsdauer ist in diesen Fällen eine kurze, durchschnittlich 3—6 Stunden, vorzugsweise auf mehrere Tage verteilt oder auf einmal.

Bei der zweiten Gruppe, wo es gilt, die Veränderungen des Zellengewebes nicht zu überhasten, muß man die besondere Empfänglichkeit der Krebszellen dem Radium gegenüber benützen und ihren Rückgang durch sogenannte elektive Dosen herbeiführen.

Diese Bedingung läßt sich dadurch erfüllen, daß man kurze Sitzungen oft wiederholt. Sie läßt sich auch sehr gut verwirklichen und oftmals bequemer verwerten durch die Methode der langdauernden Bestrahlungen mit $^5/_{10}$—1 mm dicken Bleifiltern, wobei stark penetrierende Strahlungen von geringem quantitativem Werte in nicht revulsiven Dosen verwendet werden.

Zwischen diesen beiden Hauptgruppen gibt es noch eine ganze Reihe von Mittelfällen, für welche mittlere Techniken in Betracht kommen. Das sind die Fälle, denen man am häufigsten begegnet und welche die genaueste Beurteilung erfordern. Für solche haben wir am liebsten $^1/_{10}$—$^2/_{10}$ mm dicke Bleiplättchen verwendet.

Aber es handelt sich hier nicht um absolute Regeln. Wir werden uns wohl hüten zu behaupten, daß diese oder jene Dosierungen und diese oder jene Techniken sich allein für bestimmte Fälle eignen. Wir wissen aus Erfahrung, daß wir uns damit einer gerechtfertigten Kritik aussetzen würden.

Es ist uns oft passiert, daß wir durch die Anwendung zerstörender Dosen mit hauptsächlicher Verwertung der mittleren β-Strahlen endlich eine endgültige

Heilung erzielt haben, nachdem wir, solange wir aus prinzipiellen Gründen nach der elektiven Methode vorgegangen waren, keinerlei Resultat erzielt hatten.

Andererseits muß man bei der Wahl der Techniken gewissen Bedingungen, welche durch die persönlichen Wünsche der Patienten und durch die Praxis gegeben sind, weitgehend Rechnung tragen. Die Geschicklichkeit, die Erfahrung und der richtige Blick für die Dinge sind in der Radiumtherapie von nicht geringerer Wichtigkeit als in jeder anderen Therapeutik.

4. Der ästhetische Wert der Narben ist wohl zu berücksichtigen. Es entstehen in der Regel weder Schrumpfungen noch Senkungen, oder abstehende Wülste, wenn die Dosierungen korrekt waren, und darin liegt ein schätzbarer Vorteil bei der Behandlung von Ulzerationen in unmittelbarer Nachbarschaft

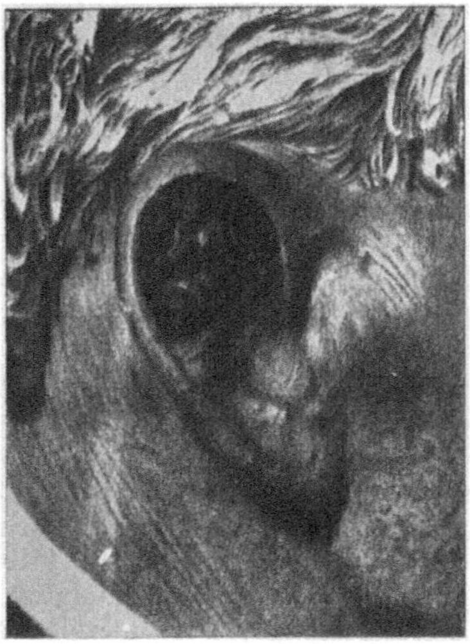

Fig. 94.
Wucherndes Epitheliom.

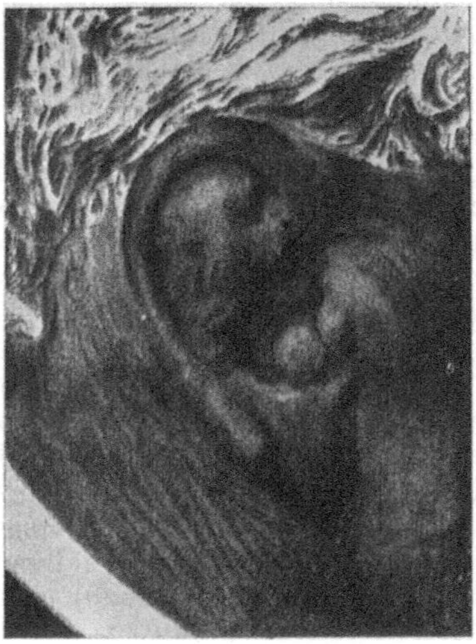

Fig. 95.
Heilung sieben Monate nach Beginn der Behandlung.

von Körperöffnungen und insbesondere von solchen, die ihren Sitz an den Augenlidern haben.

Die Narben sind meistens glatt, flach, schmiegsam und unterscheiden sich oft von den benachbarten gesunden Geweben nur durch eine hellere Färbung.

Nur selten treten Pigmentierungen oder in späterer Zeit Teleangiektasien auf. In mehreren Fällen schwinden sie schließlich ganz.

5. Die Bequemlichkeit der Applikationen, die Schmerzlosigkeit sind wertvolle materielle Vorteile dieser Behandlung der Epitheliome, bei der es sich meistens um alte Leute handelt.

Wir wollen jetzt rasch einige Fälle betrachten, die wir als Beispiele unter denjenigen ausgewählt haben, die uns am hartnäckigsten schienen und welche die schwierigste Behandlung erforderten.

Wucherndes Epitheliom des Ohres. (Figg. 94 und 95.)

Die in Figur 5 dargestellte Läsion besteht bereits seit langer Zeit, ist auf verschiedene Arten behandelt worden und hat niemals weichen wollen. Wir griffen sie also mit Radium an und zwar wählten wir das Verfahren der entzündlichen, ulzerierend-schorfbildenden Reaktion mittels schwach penetrierender

Strahlen. Der hierbei verwendete Apparat ist flach, mit Firnis überzogen, folgt genau der Form der Läsion und wird auf die bloße Haut ohne Filter aufgelegt. Er enthält $2\frac{1}{2}$ cg Radiumsalz mit einer Aktivität von 500 000 U. und

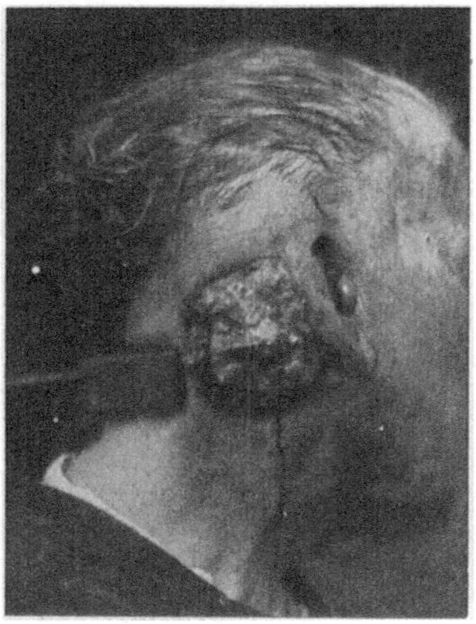

Fig. 96.
Wucherndes Epitheliom, welches anderen Behandlungen getrotzt hat.

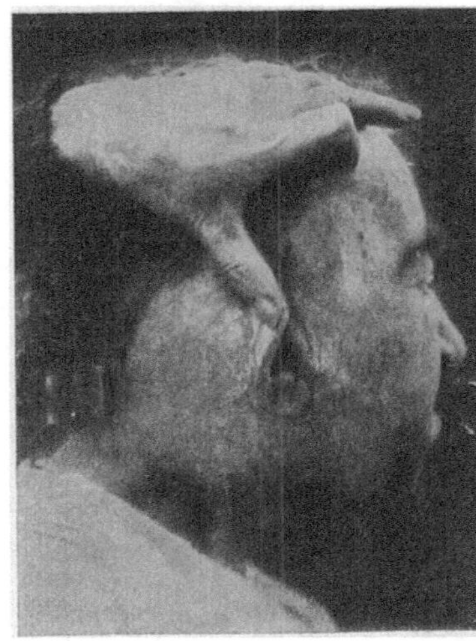

Fig. 97.
Heilung des Epithelioms acht Wochen nach Beginn der Behandlung.

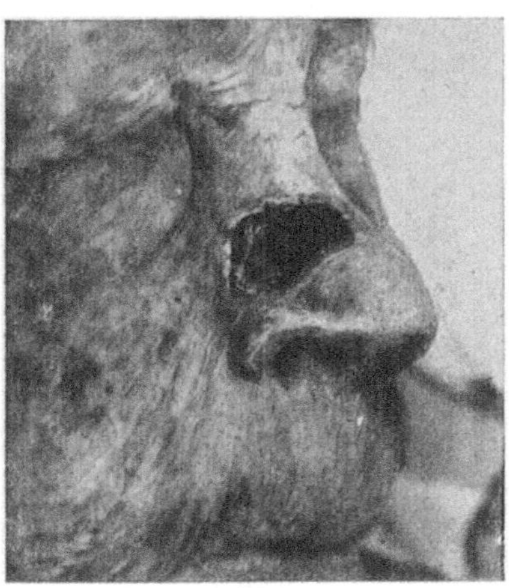

Fig. 98.
Bösartiges, in die Tiefe greifendes Kankroid, das allen anderen Behandlungen gegenüber hartnäckig geblieben ist.

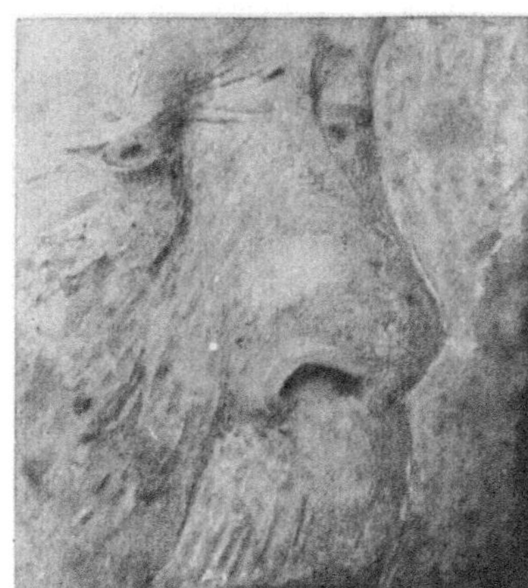

Fig. 99.
Heilung des Kankroids.

emittiert außerhalb des Firnisses eine Aktivität von ungefähr 40 000 U., die zum größten Teile aus β-Strahlen besteht. Diese Nutzaktivität bleibt an sechs aufeinanderfolgenden Tagen je eine Stunde in Berührung mit dem Epitheliom. Doch war diese Dosis viel zu hoch gegriffen [1]); drei Stunden hätten genügt.

[1]) Dieser Fall ist einer unserer ältesten; unsere Technik war damals noch nicht vollkommen ausgestaltet.

Es trat eine sehr heftige Entzündung mit erysipelatösem Ödem des Gesichtes ein. Aber alles kam dann wieder in Ordnung. Das Epitheliom vernarbte

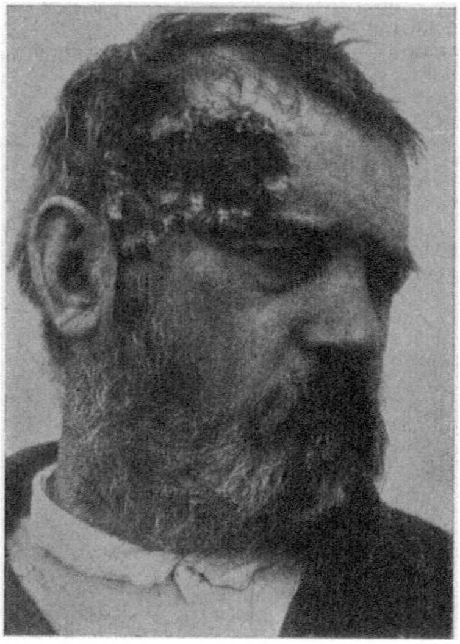

Fig. 100.
Tief ulzeriertes und von epitheliomatösen Inseln umrandetes Epitheliom der Schläfe. Schlechtes Allgemeinbefinden.

Fig. 101.
Zustand im siebten Monat nach Beginn der Behandlung. — Der Patient hat um 30 kg zugenommen.

Fig. 102.
Ulzeriertes Epitheliom.

Fig. 103.
Heilung des Epithelioms.

endgültig und hinterließ Narbengewebe, das der normalen Haut außerordentlich ähnlich war.

Wenn es sich jedoch um sehr starke Wucherungen handelt, so kann man sich die Anwendung sehr starker Dosen erlauben. Hier ein Beispiel dafür:

Wucherndes Epitheliom, von einer Drüse ausgehend. (Figg. 96 und 97.)

In dem in Figur 96 dargestellten Falle haben wir ohne Filter sechs Stunden nacheinander einen runden Firnisapparat benützt, der 20 cg Radiumsalz enthielt und außerhalb des Firnisses eine Nutzaktivität von 700 000 U. ausstrahlte, die zum weitaus größten Teile aus β-Strahlen bestand.

Diese intensive Dosis hat in acht Wochen das vollständige Verschwinden des Tumors zuwege gebracht. Das Narbengewebe hat sich in der Folge sehr widerstandsfähig gezeigt.

In die Tiefe greifendes Kankroid. (Figg. 98 und 99.)

Wir führen diesen Fall an, weil er verschiedenen anderen Mitteln (unter anderem auch den X-Strahlen) Trotz geboten hat, dagegen durch das Radium

Fig. 104.
Epitheliom, mittels elektiver Reaktionsmethode behandelt und geheilt.

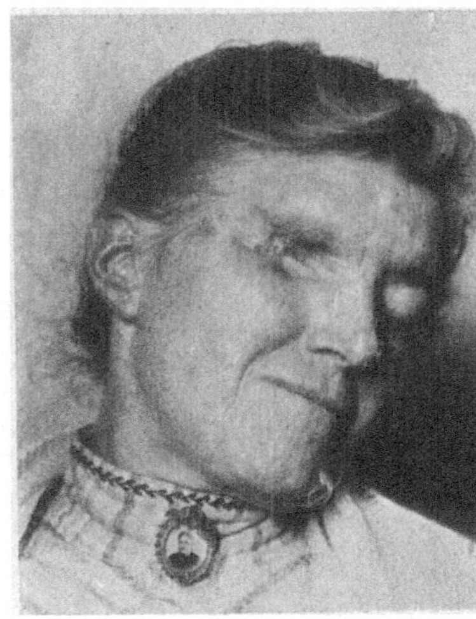

Fig. 105.
Gegenwärtiger Zustand.

geheilt worden ist. Es handelte sich um eine sehr tiefe, steilkantige Ulzeration mit entzündeter Peripherie, einen jener sehr reizbaren Fälle, deren bloße Berührung gefährlich ist — ein wahres „Noli me tangere".

Es wurden zehn einstündige Bestrahlungen mit regelmäßigen Intervallen auf einen Monat verteilt. Der angewendete Apparat war derselbe, den wir bei unserer ersten Beobachtung geschildert haben und wurde in derselben Weise (ohne Filter) appliziert.

Die Oberfläche hat sich verändert und mit einem Reaktionsschorf bedeckt. Dann ist diese Kruste abgefallen und hat eine sehr schöne, glatte, ebene Fläche zurückgelassen, die sich drei Jahre hindurch so erhielt, bis die hochbetagte Patientin an einer Bronchopneumonie starb.

Tief ulzeriertes Epitheliom der Schläfe. (Figg. 100 u. 101.)

Von dicken epitheliomatösen Inseln umrandet, 15 cm lang und 8 cm breit. Drei Serien von Bestrahlungen mit je zwei Monaten Intervall. Zwei Firnisapparate, von denen der eine 700 000 U. und der andere 450 000 U. Nutzaktivität hat, werden sechs Stunden lang ohne Filter auf jeden Punkt des Geschwüres appliziert.

Dieses ganz besonders schwere Epitheliom, das bis dahin verschiedenen Behandlungsmethoden getrotzt hatte, war im siebenten Monat nach dem Beginn der Radiumbehandlung gänzlich vernarbt. Das Allgemeinbefinden des Patienten hat sich in auffallender Weise gebessert und derselbe hat um 30 kg zugenommen.

Geschwüriges, mit Krusten bedecktes Epitheliom der Stirne. (Figg. 102 und 103.)

Auf diese tief infiltrierte Ulzeration, deren Basis mit dem Periost des Stirnbeines verwachsen zu sein scheint, applizieren wir die Dosis von 700 000 U. fünf Tage nacheinander je eine Stunde lang, wie wir es bei der zweiten Beobachtung geschildert haben. Infolge dieser Behandlung hat sich nach ungefähr 14 Tagen eine sehr dicke krustige Reaktion gezeigt. Die dicke Kruste fiel erst

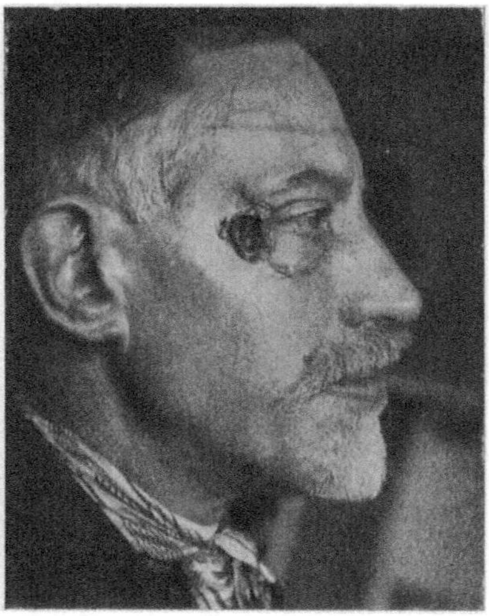

Fig. 106.
Epitheliom, gegen die Augenhöhlenscheidewand zu und im unteren Augenlide tief infiltriert.

Fig. 107.
Zustand vier Monate nach Beginn der Behandlung.

gegen den 25. Tag ab, um einer zweiten, weniger dicken Kruste von geringerem Umfange Platz zu machen. 14 Tage nachher trocknete auch diese ab und die Heilung war vollendet. Heute, wo wir mehr Erfahrung gesammelt haben, würden wir einen solchen Fall wegen der Nähe des Knochens lieber mit der elektiven Methode behandeln.

Rezidiviertes Epitheliom auf der postoperativen Narbe nach einer Enukleation des Auges und einer Auslöffelung behufs Behandlung eines dort sitzenden Krebses. (Figg. 104 und 105.)

Mit Rücksicht auf die narbige Grundlage dieses Epithelioms, die eine Kontraindikation gegen das Verfahren mit entzündlicher Reaktion ist, verwenden wir die elektive Reaktionsmethode; und da die Läsionen tief sind, wählen wir zu diesem Behufe die stark penetrierenden Strahlungen, welche von den übrigen Strahlen durch Filter isoliert sind.

Flacher Apparat mit 3 mm dickem Bleifilter, dessen Nutzaktivität von 2000 U. ausschließlich aus solchen γ-Strahlen besteht, die 3 mm Blei zu durchdringen imstande waren. Dieser Apparat wurde 50 Stunden lang appliziert.

Nach einer zweimonatlichen Ruhepause erfolgte eine neuerliche Serie von 50 Stunden. Die Vernarbung ist ohne entzündliche Reaktion vor sich gegangen.

Mit demselben Verfahren haben wir das in Figur 106 dargestellte Epitheliom behandelt.

Es handelte sich um einen Fall, der wegen der tiefen Infiltration des unteren Augenlides inoperabel war. (Eine Sonde konnte in dieser Richtung $1\frac{1}{2}$ cm tief unter der Haut parallel mit der Oberfläche des Augenlides vordringen.)

Die mit einem Schorf bedeckte Ulzeration erstreckte sich auch bis zur Scheidewand der Augenhöhle, die in Mitleidenschaft gezogen war.

Nach vier Monaten, in deren Verlauf zwei Serien von Bestrahlungen vorgenommen worden waren, waren die Läsionen (diejenigen des Augenlides mitinbegriffen) vernarbt, ohne daß sich die Haut entzündet hätte.

Fig. 108.
Stark entwickeltes Epitheliom der Wange.

Fig. 109.
Zustand sechs Monate nach Beginn der Behandlung.

Epithelialkrebs der Wangen-Ohrspeicheldrüsen-Gegend. (Figg. 108 und 109.)

Der Tumor bedeckte fast die ganze Wange. Er maß seitlich 11 cm, vertikal gemessen 9 cm und bildete eine Erhebung von 5 cm. Er war von harter Konsistenz und saß fest auf seiner Basis. Die Haut, die ihn bedeckte, war entzündet, aber nur an der Stelle der höchsten Erhebung war eine Kontinuitätstrennung. Dieser Tumor wurde im September 1908 durch Einführung von Radiumröhrchen und durch äußere Bestrahlungen gleichzeitig an verschiedenen Stellen behandelt (Kreuzfeuerverfahren). Er wurde also mit dosierten Strahlen förmlich überschwemmt, die so angeordnet waren, daß die entzündete Haut geschützt blieb.

Der Tumor nahm rapid ab; an der Oberfläche der Ulzeration trat eine reichliche Sekretion ein. Nach und nach konstatierte man eine Lockerung von der Basis.

Gegen den zweiten Monat war der Tumor deutlich beweglich geworden. Im fünften Monat war die Niveauerhebung beseitigt.

Wir haben diesen Fall der Société médicale des Hôpitaux und der Association française pour le cancer vorgestellt. Es waren nur zwei kleine harte Knötchen, vermutlich Überbleibsel der fibrösen Umwandlung, zurückgeblieben.

Dieser scheinbar gute Zustand dauerte sieben Monate. Dann trat eine Rezidive ein, die wir jetzt noch mit Radium behandeln.

Inoperables Epitheliom der Submaxillargegend. (Figg. 110 und 111.)

Hier haben wir einen Fall, der mit geradezu kapitaler Deutlichkeit beweist, wie nützlich das Radium ist und wie vorteilhaft es oftmals ist, chirurgische Eingriffe mit radiumtherapeutischen Applikationen zu verbinden.

Figur 110 zeigt nur eine Partie des Tumors, welcher die Haut affiziert und tief in die Halsgegend hineinreicht. Er hindert die seitlichen Bewegungen des Halses und begreift in sich alle großen Gefäße dieser Gegend. Das Messer

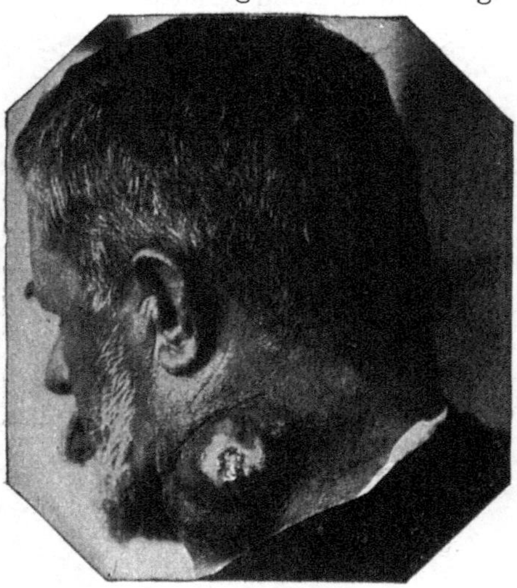

Fig. 110.
Inoperables Epitheliom.

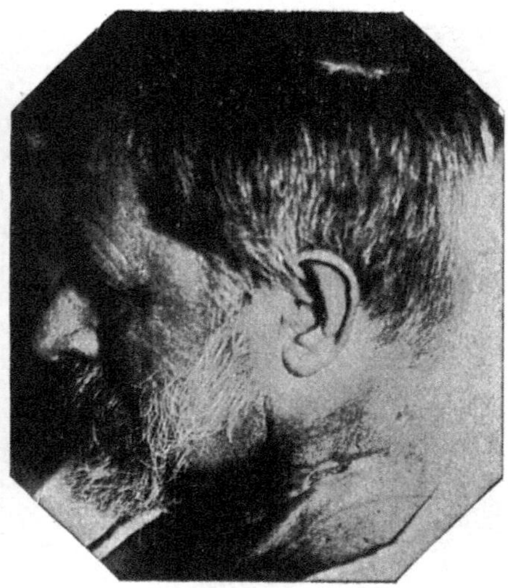

Fig. 111.
Zustand ein Jahr nach der Behandlung mittels der Methode der radiumtherapeutischen Chirurgie.

des Chirurgen konnte unmöglich alle Elemente des Krebses zwischen den Gefäßen herausholen. Wir haben die folgende Technik angewendet: auf unser Betreiben hat Herr Dr. Banzet alles wegoperiert, was er konnte. Bei den großen Gefäßen mußte er halt machen; aber im Innern der großen klaffenden Wunde konstatierte man noch das Vorhandensein eines dicken Krebsherdes. Hätte man die Wunde damals sich selbst überlassen, so wäre in einem Monat alles wieder so geworden wie früher und zwei oder drei Monate später wäre der Patient gestorben.

Nun, heute sind acht Monate seit der Operation verflossen und der Patient ist in erträglichem Zustand, wie die Photographie, Figur 111, zeigt. Er kann nicht nur leicht den Kopf bewegen, sondern die Wunde ist auch normal vernarbt.

Dieses Resultat haben wir auf folgende Weise erzielt: als die Wunde klaffte, haben wir Radiumröhrchen (immer nach gegebenen Dosen) in die Tiefe der Wunde eingeführt und auf die inneren und äußeren Wundränder stark wirkende Apparate gelegt. Das wurde in mehreren Serien von Sitzungen wiederholt. Die Reaktion erfolgte nach der elektiven Methode.

Inoperables, tief ulzeriertes und brandiges Epitheliom der Wange. (Figg. 112 und 113.)

Es handelt sich um den Großvater eines unseres Kollegen, der seit mehreren Monaten an einer fressenden Ulzeration der Wange litt.

Das Geschwür hatte sich lange Zeit hindurch sehr langsam entwickelt. Der Patient war bejahrt, geschwächt, so daß die Läsion anfangs ein wenig vernachlässigt wurde. Aber das Epitheliom wurde so tief und schmerzhaft, daß man einen Entschluß fassen mußte.

Man versuchte es zuerst mit den X-Strahlen. Eine Reihe von Bestrahlungen wurde vorgenommen, blieb aber resultatlos. Unser Kollege wußte nicht recht, was er tun sollte. Da verfiel er endlich wegen der Bequemlichkeit des Verfahrens und hauptsächlich, von moralischen Impulsen

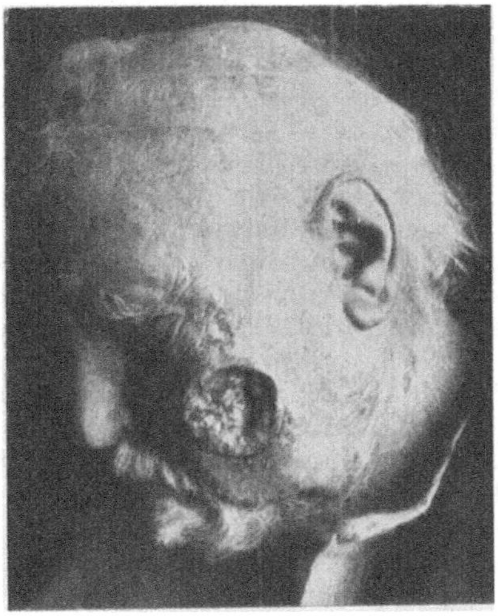

Fig. 112.
Bösartiges, tief ulzeriertes und brandiges Epitheliom der Wange.

Fig. 113.
Heilung des Epithelioms.

getrieben, auf das Radium, obgleich er nicht einen Augenblick an die Möglichkeit einer Heilung dachte.

Als uns der Patient zum ersten Male vorgestellt wurde, befand er sich in einem bejammernswerten Zustand. Ein widerlicher Geruch machte seine Nähe unerträglich. Das Bild, Figur 112, zeigt nur eine einfache Ulzeration an der Wange, aber die Symptome der Bösartigkeit waren in Wirklichkeit höchst ungünstig.

Rings um das Geschwür war eine ungefähr 2 cm breite entzündliche Zone und das Gesamtbild der Läsion stellte eine aufgedunsene, dicke, blutunterlaufene Masse dar. Der Boden des Geschwüres, wie ihn Figur 112 zeigt, bestand aus brandigen Fetzen, die sich in der Folge ablösten und eine Höhlung, ja einen Krater von unerwarteter Tiefe, bloßlegten. Die Palpation der entsprechenden Wangenschleimhaut ergab eine deutlich akzentuierte Verhärtung, infolge der Nähe der Geschwürsbasis.

Die Wunde hatte, von Rand zu Rand gemessen, einen Durchmesser von ungefähr 6 cm.

Diese Läsion bot eine Reihe schwerer Symptome: die Ausdehnung, die Tiefe, die Infektion (Zersetzung und Brand), die entzündete Umgebung, das hohe Alter und die Schwäche des Kranken. (Die Drüsen waren nicht angegriffen.)

Angesichts des Mißerfolges der X-Strahlen und trotz sehr glücklicher Resultate, die wir schon bei schweren Hautkrebsen erzielt hatten, wäre es damals ziemlich verwegen gewesen, wenn man daran gedacht hätte, mehr als ein wenig Erleichterung zu erreichen. Aber die Resultate übertrafen jede Voraussicht. Unter dem Einflusse unserer Methode verschwanden nach und nach der üble Geruch und die Entzündung, das tiefe Geschwür füllte sich aus und vernarbte gänzlich, ohne viele Spuren zurückzulassen.

Die Behandlung, die im Mai 1909 begonnen worden war, endete mit diesem Resultat im Oktober 1910. Seitdem lebt der Patient in normaler Weise und erfreut sich eines vorzüglichen Allgemeinbefindens.

Anfangs wurde die Behandlung dieser Läsion mit dem Apparate Nr. 1 (Fig. 90) unternommen, welcher sich der Form des Geschwürs sehr genau anpaßte[1]).

Wir legen einen besonderen Wert auf die genaue Anpassung des Apparates an die Läsion behufs Erreichung eines günstigen Resultates. Die Gleichmäßigkeit der Wirkung an der Oberfläche sowohl als in der Tiefe ist sehr nützlich. Wenn nun die Form oder die Ausdehnung einer Ulzeration so beschaffen ist, daß man die Applikationsstellen wechseln muß, so ist die Gleichmäßigkeit schwerer zu erzielen und die Resultate gestalten sich weniger günstig.

Der Apparat ist, mit einer 3 mm dicken Bleihülle bedeckt, gebraucht worden. Er ist in Serien von zehn aufeinander folgenden Nächten (also jedesmal zwölf Stunden lang) appliziert worden. Es wurden drei Serien mit zweimonatlichen Ruhepausen angewendet.

Die Behandlung wurde in der Wohnung des Patienten durchgeführt, wodurch ihm viel Peinliches erspart blieb. Die Bestrahlung war schmerzlos und in jeder Beziehung mit dem hohen Alter des Patienten vereinbar. Der Apparat wurde abends aufgelegt und morgens abgenommen.

Gegen das Ende der ersten Ruheperiode sah der Boden des Geschwürs recht gut aus und begann zu granulieren. Wir hatten die elektive Reaktionsmethode gewählt. Es trat keinerlei weitere Entzündung hinzu und allmählich vernarbte die Wunde gänzlich. Die gänzliche Vernarbung vollzog sich sehr langsam, aber schon nach dem zweiten Monat war jede Besorgnis geschwunden.

Die verschiedenen Beispiele, die wir hier kurz vorgeführt haben, beweisen ohne Zweifel, daß das Radium als ein höchst nützliches therapeutisches Mittel zur Bekämpfung der Hautepitheliome betrachtet werden kann.

Angiome.

Naevi vasculares plani. Erektile Tumoren. Subkutane Tumoren.

Als wir im März 1905 unsere ersten Untersuchungen unternahmen, wurde das Radium als nicht geeignet für die Behandlung der Angiome betrachtet und in der Röntgen-Therapie waren wenige Experimente versucht worden. Zu jener Zeit war die Therapie gegen eine große Anzahl dieser Läsionen gewissermaßen wehrlos. Einige flache Male von geringer Ausdehnung und einige erektile Tumoren konnten auf elektrolytischem Wege operiert werden. Aber diese Operationen waren schmerzhaft und mußten häufig wiederholt werden.

Andere Angiome, insbesondere diejenigen, die ihren Sitz am Stamme haben und Erhebungen bilden, konnten auf chirurgischem Wege entfernt oder mittels des galvanokaustischen Verfahrens zerstört werden. Aber man konnte

[1]) Das ist derselbe Apparat, dessen wir uns bei der zweiten in diesem Artikel verzeichneten Beobachtung bedient haben.

damals nur wenig gegen die großen Muttermale tun, welche die Hälfte des Gesichtes bedecken, die Wange durchdringen und sogar die Schleimhaut des Mundes dunkler färben, oder gegen die großen Naevi vasculares, die sich auf den Schleimhäuten der Nase, des Mundes, der Bindehaut bilden und die ihren Sitz unter der Haut und in tiefer liegenden Organen haben.

Wir haben bis heute mehr als 1000 Fälle von Angiomen behandelt, von denen die ältesten auf sechs Jahre zurückdatieren, und indem wir stets die Dosierungen den zu behandelnden Fällen anpaßten — denn, wir wiederholen es, die Hauptsache ist, „das Radium zu gebrauchen wissen" — ist uns in den meisten Fällen die Beseitigung dieser Affektionen gelungen.

Wir können hier nicht die meisten dieser Fälle vorführen, aber wir wollen aus jeder der Hauptvarietäten von Angiomen, die wir schematisch auf drei reduzieren können, eines der markantesten Beispiele herausheben. Es handelt sich um Fälle, die bisher so gut wie unheilbar waren.

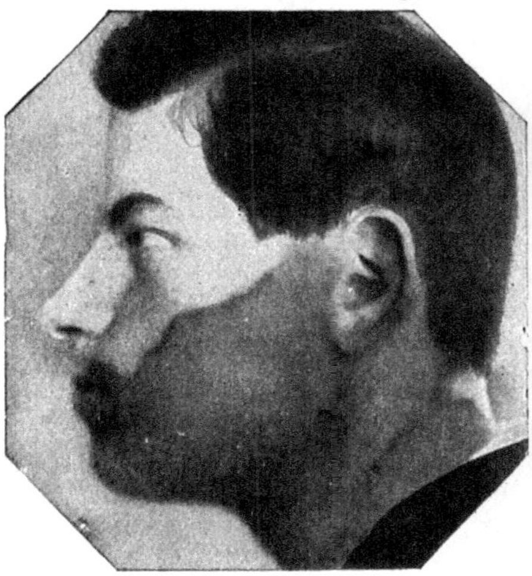

Fig. 114.
Flaches, dunkel gefärbtes, tief infiltriertes Angiom.

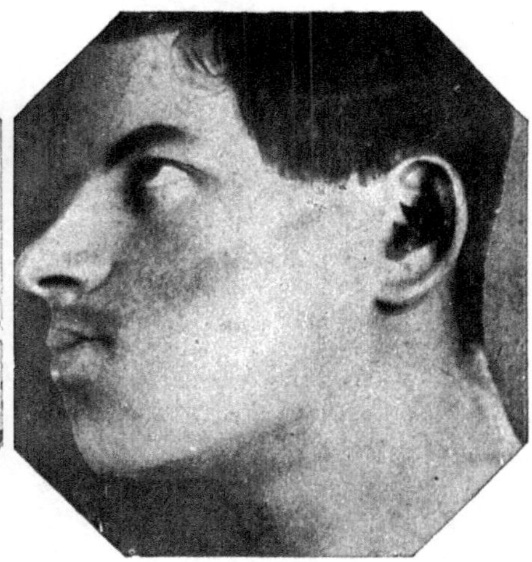

Fig. 115.
Dasselbe Angiom durch die elektive Reaktionsmethode ohne Entzündung geheilt.

a) Flaches, dunkel gefärbtes und tief infiltriertes Muttermal. (Figg. 114 und 115.)

Ein 21jähriger junger Mann hat an der linken Seite des Gesichtes ein dunkelviolettes Muttermal. Dieses Mal bedeckt die unteren drei Viertel der ganzen Wange; es erstreckt sich von der Nase bis hinter das Ohr und geht durch die Wange hindurch bis auf die Schleimhaut des Mundes. Durch Fingerdruck schwindet die Färbung nicht.

Durch das Verfahren, das wir angewendet haben (Gebrauch der Radiumleinwand mit schwacher Radioaktivität, Nutzaktivität 50 000 U., in fünfstündigen Serien mit Intervallen von zwei Monaten), ist der Fleck nach und nach verblaßt. Gegenwärtig ist der junge Mann vollständig von dieser Verunstaltung befreit und dies ist zuwege gebracht worden, ohne daß die Haut auch nur einen Moment irritiert worden wäre. Es ist in diesen Fällen tatsächlich von größter Bedeutung, Irritationen zu vermeiden, da solche Pigmentierungen oder Teleangiektasien zur Folge haben können.

b) Komplex von sehr entstellenden erhabenen subkutanen Tumoren und Naevi plani auf den Schleimhäuten; früher als unheilbar betrachtet. (Figg. 116, 117 und 118.)

Es handelt sich hier um einen Säugling, dessen Leben durch das Vorhandensein ungeheurer Tumoren gefährdet war, da dieselben Nase und Mund verstopften und sowohl Atmung als Saugtätigkeit behinderten. Auch können Leute, die das Kind vor der Behandlung mit all den fürchterlich entstellenden angiomatösen Auswüchsen gesehen haben, gar nicht glauben, daß es dasselbe Kind sei, das man ihnen jetzt zeigt.

Hier in wenigen Worten die Krankengeschichte:

Bei einem acht Monate alten Kinde, das uns im Oktober 1907 gebracht wird, ist das rechte Auge vollständig durch die Augenlider geschlossen, welche

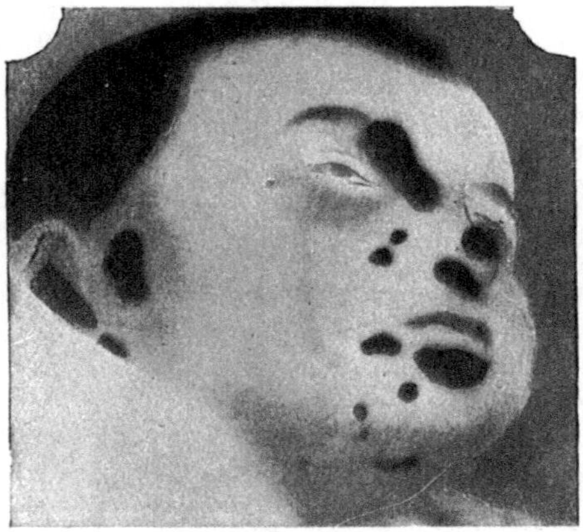

Fig. 116.
Multiple Angiome unter der Haut und unter der Schleimhaut.

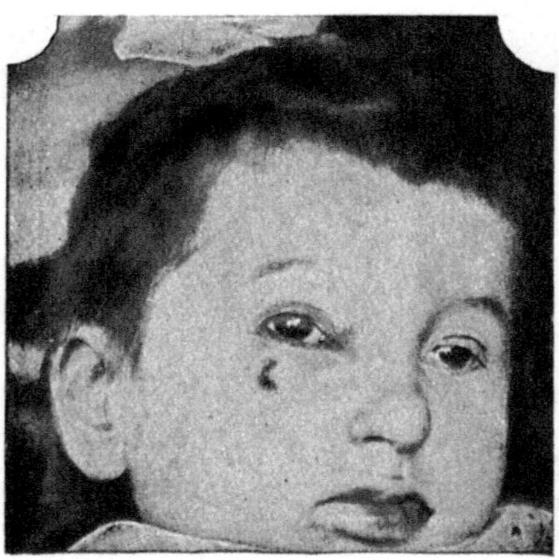

Fig. 117.
Zustand nach einem Jahre.

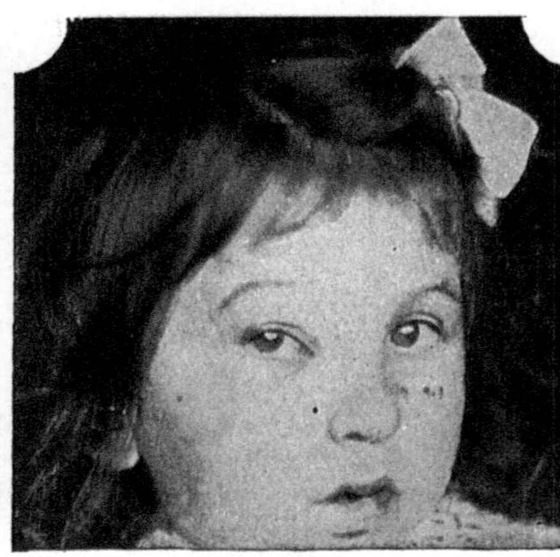

Fig. 118.
Zustand nach drei Jahren.

durch Angiome unter der inneren Augenliderhaut verdickt und angeschwollen sind.

Der innere Augenwinkel ist der Sitz einer erhabenen Masse, die einen Auswuchs der Geschwüre unter dem Augenlid darstellt.

Beim Öffnen der Augenlider tritt hernienartig eine angiomatöse bläulichrote Masse hervor, die man mit den Fingern zurückschieben muß, um die Lider wieder zu schließen.

Die Wange zeigt in der Nähe der Nasogenialfurche zwei Gefäßnävi. Die Nasenspitze ist durch einen erektilen Tumor entstellt und auf dem mittleren Teil der Oberlippe befindet sich ein stark abstehendes, bläuliches Angiom, das sich bis in die Nasenlöcher hinein erstreckt und sie verstopft. Die Unterlippe ist — von einem Mundwinkel zum anderen — der Sitz eines großen, bläulichroten, unregelmäßigen Tumors, der ihren Umfang verdreifacht, sie umbiegt und bis auf das Kinn herabzieht. Die Innenfläche der rechten Wange zeigt ein großes, erhabenes Angiom, welches das Kind oft mit den beiden Kiefern blutig beißt.

Am Kinn und in der Regio subhyoidea befinden sich in der Medianlinie einige leicht erhabene Nävi in der Ausdehnung von 4 cm^2. Vor dem Ohre ist ein großer subkutaner Tumor, der in der Mitte eine 2,5 cm hohe Ausbuchtung besitzt. Der Gehörgang ist durch mehrere kleine Tumores vasculares verstopft.

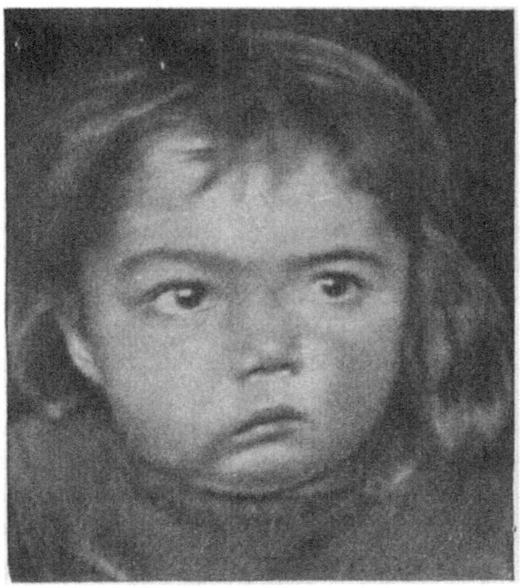

Fig. 119.
Tumor vascularis subcutanus ohne Mitleidenschaft der Haut.

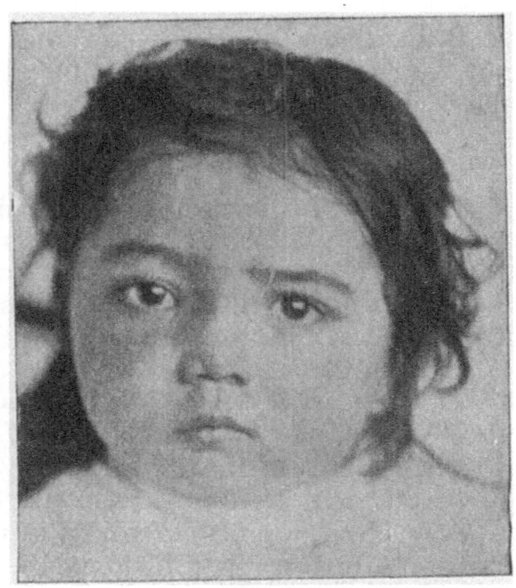

Fig. 120.
Zerstörung des Tumors mittels des Kreuzfeuerverfahrens und unter Anwendung der elektiven Reaktionsmethode.

Die retro-aurikulare Furche weist einen dicken angiomatösen Wulst von violetter Färbung auf. Mehrere von diesen Angiomen pulsieren. Das Kind ist kränklich, schwächlich, kann sich nicht entwickeln und zeigt ein sehr schlechtes Allgemeinbefinden. Dieser Zustand verschlimmert sich von Tag zu Tag, denn die Tumoren wachsen und schleunige Hilfe tut not.

Nach dieser Beschreibung wird man begreifen, welchen materiellen Schwierigkeiten wir uns gegenüber sahen. Nichtsdestoweniger haben wir dank der ausschließlich radiumtherapeutischen Behandlung, die wir im Oktober 1907 einleiteten, im Verlaufe der ersten Monate des Jahres 1908 die Rückbildung und Verblassung der meisten dieser Angiome erreicht. Die Nase, der Gehörgang haben ihre natürliche Form wiedererlangt und sind nicht mehr verstopft. Die Nävi sind verblaßt und haben sich meist verflacht. Die Unterlippe hat sich stark verändert. Das Angiom der Wangenschleimhaut ist sehr leicht zurückgegangen. Die Behandlung der Bindehäute war besonders schwierig. Sobald man die Augenlider hob, wölbte sich die angiomatöse Schleimhaut vor und an diesen Stellen konnte man die Apparate, während das Kind schlief — allerdings immer nur sehr kurze Zeit — auflegen. Diesen Applikationen, verbunden mit einer äußeren Bestrahlung der Augenlider, gelang es ziemlich bald, das wuchernde Gewebe zu zerstören.

Allmählich ließ die Hyperämie nach, die Geschwulst fiel, das Auge bekam seine normale Form und die Augenlider konnten wieder normal funktionieren.

Figur 117 zeigt den Zustand des Kindes ein Jahr nach Beginn der Behandlung; Figur 118 seinen Zustand nach drei Jahren. Gegenwärtig, nach mehr als vier Jahren, sind Physiognomie und Befinden des Kindes durchaus normal.

c) Subkutaner Tumor vascularis. (Figg. 119 und 120.)

Ein Kind hatte eine stark hervorgewölbte rechte Wange, die es eigentümlich entstellte (siehe Figur 119). Die Färbung der Haut war normal. Das Angiom erfüllte die inneren Gewebe der Wange; man spürte daselbst einen weichen, eindrückbaren Tumor. Indem man die Apparate nach der ,,Kreuzfeuermethode" ansetzte und zwar die einen auf der Schleimhaut, die anderen auf der Haut, mit Dosierungen, die keine Entzündung der Oberflächen hervorrufen konnten, brachte man die Geschwulst zum allmählichen Rückgang, bis sie schließlich ganz verschwand.

Allgemeine Bemerkungen.

Die drei Beobachtungen, die wir als Typen bieten, haben ihre Geltung für eine ganze Reihe anderer nicht minder interessanter Fälle, in denen das Radium den Patienten hervorragende Dienste geleistet hat.

Auf die Einzelheiten der Techniken und Dosierungen können wir hier nicht eingehen. Folgende Hauptgrundsätze kommen in Betracht:

a) Bei den Naevi plani niemals irritierende Dosen geben, mit Geduld und langsam nach der elektiven Reaktionsmethode vorgehen!

Für die ganz oberflächlichen Läsionen schwach penetrierende Strahlen wählen! (Radiumleinwand mit 1 cg Salz von 50 000 U. Aktivität per cm^2. 3—4 Stunden liegen lassen; erst nach ein paar Wochen wiederholen.)

Für die flachen, aber dickere Gewebeschichten einnehmenden Läsionen denselben Apparat, aber mit einem $^3/_{10}$—$^5/_{10}$ mm dicken Aluminiumfilter und zehn Blatt dünnen Papiers, um mit Strahlen von mittlerer Penetrationskraft zu wirken. Serien von 4—5 Stunden.

Gerade unter diesen Naevi plani, die weitaus am schwierigsten zu behandeln sind, finden wir Mißerfolge, herbeigeführt durch Unzulänglichkeit oder Unregelmäßigkeit der Dekoloration. In diesen Fällen bedienen wir uns mit Erfolg der Kromayerschen Quecksilberlampe. Auch der Kohlensäureschnee erweist sich als nützlich, wenn einzelne Stellen pigmentiert bleiben.

b) Bei den erektilen Angiomen verwenden wir leichte Filter (z. B. $^1/_{10}$ mm Blei) und Dosen, die bis zur Reizung gehen, ohne eine ulzerative Entzündung herbeizuführen; aber hier kann man energisch vorgehen, die Behandlung ist leicht.

So oft ein Tumor genügend erhaben ist oder die Region es zuläßt, verwenden wir das sehr wirksame Kreuzfeuerverfahren. Figur 93 ist ein Beispiel für die Behandlung eines Angioms der Lippe mittels Kreuzfeuer.

c) Bei den subkutanen Tumoren darf man nur γ-Strahlen und zwar in nicht irritierenden Dosen anwenden, indem man kräftige Apparate mit 2—3 mm dicken Bleifiltern gebraucht und die Dauer der Bestrahlungen dem Resultate, das man erzielen will, genau anpaßt.

Ausnahmsweise haben wir in angiomatöse Tumoren mit Erfolg Radiumröhrchen eingeführt. Aber die Operation ist gefährlich und wir ziehen bei sehr großen Tumoren anfangs die äußere Bestrahlung vor. Erst wenn sie eine hinreichende fibröse Umwandlung durchgemacht haben, führen wir Röhrchen ein, falls nicht der Chirurg den umgewandelten Tumor exstirpieren kann.

Als Erläuterung dazu zeigt Figur 121 ein bläuliches Angiom von kolossaler Ausdehnung. Die Chirurgen hatten erklärt, daß dieser Fall nicht operiert werden könne, hauptsächlich, weil an der Mundseite der Wange ein ebenso großer Tumor vorhanden war. Figur 122 zeigt, was man mittels des Radiums nach einem Jahre erreicht hatte, in dessen Verlauf vier Serien von Bestrahlungen vorgenommen worden waren. Der Tumor ist lichter, grau, hart, nicht eindrückbar und jetzt geeignet zur Operation. Das ist ein Beispiel für die Hilfe, welche das Radium der Chirurgie leisten kann.

Ausnahmsweise haben wir auch tief liegende Tumoren zu behandeln gehabt, z. B. am Penis; indem wir zu gleicher Zeit von außen und in der Urethra durch Röhrchen einwirkten, haben wir ein sehr schönes Resultat erzielt. Herr Tuffier beschreibt einen ähnlichen Fall. Kurz, die meisten Gefäßtumoren, die tief liegen, können dank der großen Penetrationskraft der γ-Strahlen oder der besonderen Handlichkeit der kleinen Radiumröhrchen durch Radium beeinflußt werden.

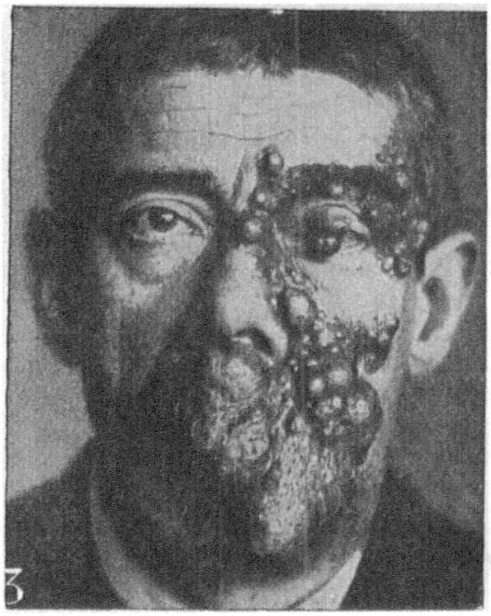

Fig. 121.
Ungeheures, dunkel gefärbtes Angiom, welches die Wange innen und außen infiltriert.

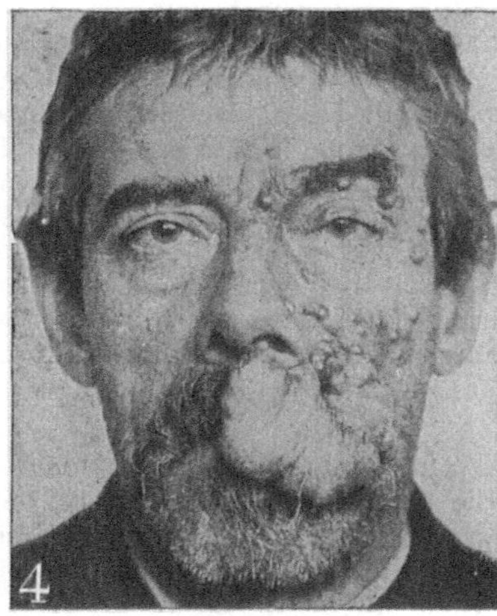

Fig. 122.
Zustand nach einem Jahre.

In mehreren Fällen von kirsoiden Aneurysmen haben wir eine Besserung herbeigeführt.

Die Bequemlichkeit der Behandlung ist sehr groß. Sie kann durchgeführt werden, ohne den Patienten zu belästigen, schmerzlos, und oft sogar während die Kinder schlafen (siehe Figur 93). Darin liegt ein schätzenswerter Vorteil, der uns erlaubt, bis unter die Augenlider und in die Orifizien vorzudringen und sorgfältige und wohl angepaßte Bestrahlungen vorzunehmen.

Alles in allem genommen, ist es unbestreitbar, daß das Radium einen großen Fortschritt in der Behandlung der Angiome bedeutet, vorausgesetzt, daß man die von uns eingeführten Technik verwendet.

Keloïde.

Es kommt nur zu häufig vor, daß infolge der Vernarbung skrofulöser Ulzerationen am Halse, nach Aknepusteln am Nacken, nach Verbrennungen, nach zufälligen Verletzungen, nach chirurgischen Operationen, kurz, als Folgeerscheinung nach allen Wunden und bisweilen sogar nach Wunden, die so klein sind, daß sie unbemerkt bleiben und sich dann spontan entwickelt zu haben scheinen, es kommt, wie gesagt vor, daß sich weißliche oder rosenfarbige, harte, von einer gespannten, glatten und glänzenden Haut bedeckte, manchesmal schmerzhafte Tumoren bilden, welche die Regionen, wo sie entstehen, verunstalten.

Das sind die Keloide oder Narbenkeloide und die Aknekeloide. Die Chirurgen wissen, wie schwer es ist, diese Tumoren zu beseitigen.

Wenn man sie mit dem Messer exstirpiert, wachsen sie nach und werden oft noch größer als vorher. Die Elektrolyse und die Skarifikation, mit denen man es versucht hat, beseitigen manche von ihnen hie und da; in allen Fällen aber erst nach einer sehr langwierigen und schmerzhaften Behandlung. Kurz, die medizinische Wissenschaft war solchen Läsionen gegenüber ziemlich schlecht ausgerüstet, als wir im Mai 1908 der Académie de Médecine eine Reihe von Tatsachen vorlegten, welche die besonders günstige therapeutische Wirkung des Radiums auf das Keloidgewebe bewiesen, zumal die ersten Heilungen aus dem Jahre 1905 datierten und die Keloide seit damals nicht rezidiviert hatten.

Wir haben in einem Falle die Art und Weise, wie die Rückbildung vor sich geht, mit Herrn Dr. Gaud mikroskopisch festgestellt, und das Resultat unserer Forschung dem Kongreß für Physiotherapie in Paris (März 1910) vorgelegt. In der Tiefe des Tumors sind in diesem Falle die ersten Heilungselemente in Form von embryonalen Zellen aufgetaucht, welche in das Keloidgewebe eindrangen und es in ein neues Gewebe umwandelten. Klinisch betrachtet, verschwindet bei der Behandlung der Keloide der vorspringende Wulst, die verhärtete Basis wird weich. Das neue Gewebe ist nicht normal; es ist glatt und eben, glänzend, aber hat nicht den Charakter einer echten Narbe.

Wenn es sich um schrumpfende und entstellende Narbenkeloide handelt, sind die Resultate bemerkenswert, denn sie mildern die Entstellung zum Teil und gewähren den bis dahin gehinderten Bewegungen etwas mehr Freiheit.

Es folgt nun die Geschichte einiger mit Radium behandelter Keloide.

Eine junge Frau hatte ein Keloid auf der Haut über dem vierten Interkostalraum, 6 cm links vom Brustbeinrande. Es hatte die Größe einer Bohne und besaß einen Durchmesser von 1 cm. Seine Basis schien nicht tief zu liegen, man konnte es leicht fassen und zwischen Daumen und Zeigefinger hin- und herrollen. Es war von harter Konsistenz; seine Oberfläche war glatt, eben und rosiger gefärbt als die umgebende Haut. Es war infolge der Auflegung einer Thapsia aufgetreten. Dieses Keloid bot einem von uns (Wickham) Gelegenheit, im April 1905 zum ersten Male die Wirkungen des Radiums auf diese Art von Neubildung auszuprobieren.

Vierzehn Tage nach Beginn der Behandlung war der Tumor kleiner geworden und erschien weniger hart. Die Oberfläche wurde leicht erythematös, aber es trat keine Schuppung ein. In den folgenden Wochen wurde der Rückgang noch deutlicher und im dritten Monat war von dem Keloid gar nichts mehr übrig als eine leichte Pigmentierung. Die Gewebe hatten an dieser Stelle ihre ganze Geschmeidigkeit zurückgewonnen und die Epidermis faltete sich ungehindert. In der Folge verschwand sogar die Pigmentierung und die Stelle bekam wieder ihr normales Aussehen.

Von diesem Falle her datiert unsere Überzeugung von der elektiven Wirkung des Radiums auf die Keloide. Dieser Fall bietet ein Beispiel für die vollständige Wiederherstellung normal aussehender Gewebe und ist seit mehr als sechs Jahren ohne Rückfall geblieben.

Es folgt nun ein Keloid, welches die Folge einer Verbrennung war. Wir bringen die Photographien davon. Die eine wurde vor der Behandlung, die zweite im Laufe der Behandlung aufgenommen (Figg. 123 und 124). Ein fünfjähriges Mädchen hatte sich vor einem Jahre am Halse mit heißem Fett verbrannt. Es ist davon ein 1 cm breites, 8 mm hohes Keloid zurückgeblieben, wie Figur 123 zeigt. Dank der Anwendung des Radiums ist diese Erhebung beseitigt. Die einzige Erhabenheit, die, wie Figur 124 zeigt, zurückgeblieben war, ist in der Folge gleichfalls beseitigt worden.

Die Aknekeloide am Nacken, die den diversen Behandlungsweisen so hartnäckig trotzen, weichen dem Radium leicht.

Ein 43jähriger Arbeiter hatte zu beiden Seiten des Nackens ein großes Aknekeloid, das vor drei Jahren entstanden ist (Figg. 125 und 126). Es wurden

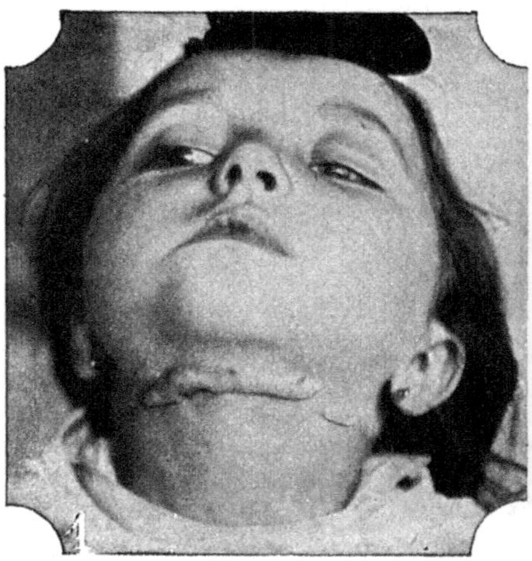

Fig. 123.
Keloid am Halse infolge einer Verbrennung.

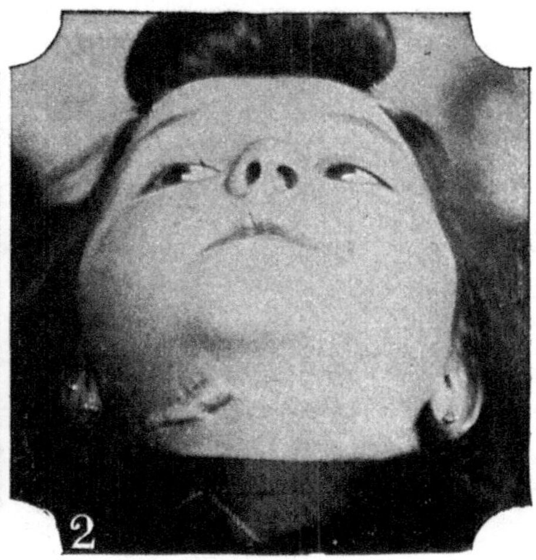

Fig. 124.
Zustand drei Monate nach Beginn der Behandlung.

früher zahlreiche Skarifikationen vorgenommen, ohne eine dauernde Besserung herbeizuführen. Endlich wird das Radium vorgeschlagen und versucht. Einen Monat später sind die Keloide um die Hälfte zurückgegangen; sie sind viel weniger schmerzhaft und störend geworden. Die Aknetumoren sind zum größten Teile verschwunden. Nun wird die Behandlung abermals aufgenommen und mit je einem einmonatlichen Intervall noch zweimal fortgesetzt. Kurz, die keloidischen Läsionen sind total verschwunden; die Gewebe sind in den tieferliegenden Partien geschmeidig, die Haut ist lichter, glatter und glänzender als die normale Haut. Die Akneknötchen, welche sich immer wieder bildeten, traten unter dem Einflusse des Radiums nicht mehr auf und darin äußert sich die besonders günstige Wirkung dieses Mittels.

Wir haben beobachtet, daß manchesmal Entstellungen, welche durch Keloide hervorgerufen sind, gebessert werden können. Hier ein Beispiel dafür:

Infolge einer Verbrennung der unteren Gesichtshälfte senkten sich die Mundwinkel eines jungen Mädchens, so oft es sprach oder gar lachte, so, daß das Gesicht im Momente, wo es lachen wollte, den Ausdruck der Verzweiflung zeigte. Durch die Radiumbehandlung sind die Narben geschmeidiger geworden, so daß der Gesichtsausdruck, wenn auch nicht ganz normal geworden ist, sich doch bedeutend gebessert hat.

Ebenso kann man Finger, deren Oberfläche durch Verbrennung keloidisch geworden ist, wieder geschmeidig machen.

Mit einem Worte, die Beobachtung einer großen Anzahl von Fällen, die mit Radium behandelt worden sind, hat uns gezeigt, daß der Einfluß der Strahlen im Keloidgewebe ein besonders günstiges Terrain findet, da sich dieses Gewebe resorbieren läßt, ohne daß es nötig wäre, eine nennenswerte zerstörende Reizung hervorzurufen.

Die Zahl der Mißerfolge ist gering. Es handelt sich eher um Resultate, die vom ästhetischen Standpunkte aus geringer bewertet werden müssen als die gewöhnlich erzielten — aber nicht um eigentliche Mißerfolge.

Wo hartnäckige Affektionen in Frage kommen, muß man die Behandlung lange Zeit hindurch fortsetzen und sie nach eingeschobenen Ruhepausen mit mehreren Serien von Bestrahlungen wieder aufnehmen.

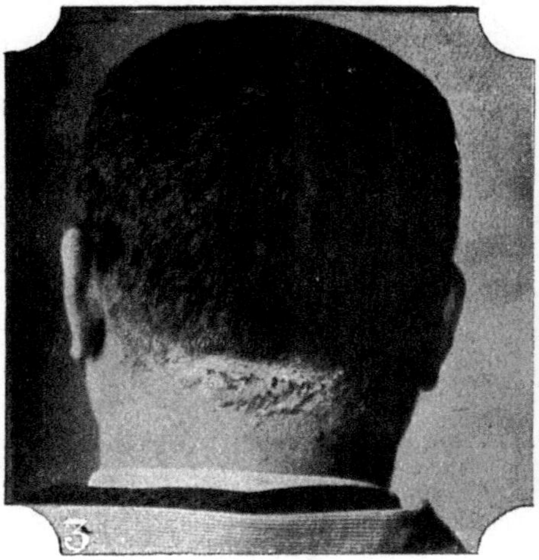

Fig. 125.
Aknekeloid am Nacken.

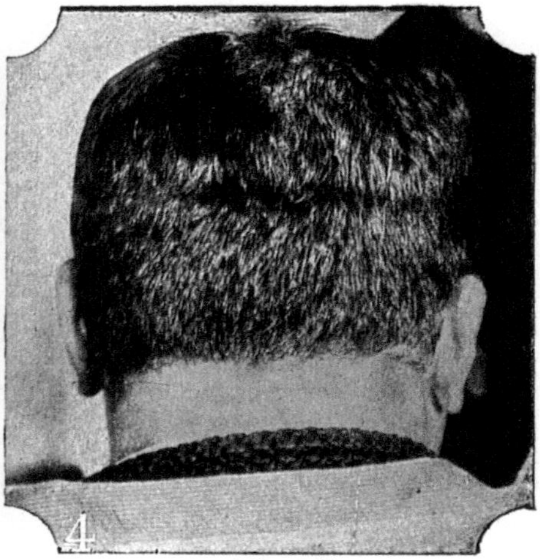

Fig. 126.
Heilung des Keloids.

Die jungen Keloide lassen sich leichter zerstören, als die alten und die echten Keloide leichter als die Narbenkeloide. Ja, die bösartigen Narben lassen sich überhaupt nur insoweit vom Radium beeinflussen, als sie Keloidgewebe enthalten.

Aus dem Vorhergesagten geht hervor, daß das Radium, richtig gehandhabt, für die Keloide ein sehr wertvolles therapeutisches Hilfsmittel bedeutet.

Um spätere Teleangiektasien und Pigmentierungen hintanzuhalten, ist es von größter Wichtigkeit, irritierende Dosen immer zu vermeiden. Man muß daher seine Zuflucht zur elektiven Reaktionsmethode nehmen und der Gebrauch der isolierten γ-Strahlen ist für diesen Zweck sehr bequem. Mit diesem Mittel wirkt man besser, als wenn man die Gesamtstrahlung in kurz dauernden, häufig wiederholten Sitzungen anwendet.

Also: kräftige Apparate, 2—3 mm dicke Bleifilter, lange Bestrahlungen. Serien nach zweimonatlicher Ruhepause wiederholen; alles so anordnen und dosieren, daß keine Entzündung entsteht.

Kapitel XXII.

Aus dem Hôpital St. Lazare und dem Laboratoire Biologique du Radium in Paris.

Die Anwendung des Radiums in der Gynäkologie[1]).

Von

Louis Wickham.

Mit 3 Abbildungen im Text.

(Ins Deutsche übertragen von Prof. E. Schiff-Wien.)

Das Radium kann bei verschiedenen Erkrankungen der Gebärmutter wichtige Dienste leisten. Die Resultate, welche von mehreren Beobachtern erzielt worden sind, und diejenigen, die wir im Laufe der letzten sieben Jahre gesammelt haben und welche zunächst die Gebärmutterentzündungen, ferner den Krebs und schließlich die Fibrome betreffen, beweisen es auf untrügliche Art. Durch den Fortschritt und die Verbesserung der Technik, welche eine Ausnutzung der verschiedenen therapeutischen Eigenschaften der Radiumstrahlen gestattet, besitzt die Gynäkologie ohne jeden Zweifel einen außerordentlich wirksamen therapeutischen Faktor.

Es ist natürlich, daß sich die Radiumtherapie frühzeitig und besonders eingehend mit den Läsionen der Gebärmutter beschäftigt hat; denn die diversen Eigenschaften der Radiumstrahlen entsprechen den Anforderungen der Behandlung dieser Läsionen ganz vortrefflich. Die schmerzlindernde, blutstillende, die Kongestion herabsetzende Wirkung der Radioaktivität, die zerstörende oder einfach umwandelnde Reaktion, welche die Strahlen je nach der angewendeten Technik oder Dosierung auf die krankhaften Gewebezellen ausüben, die Möglichkeit, nach Belieben auf die Oberfläche der Gewebe oder durch die oberflächlichen Gewebe hindurch auf die tiefer liegenden Partien zu wirken, ohne eine entzündliche Reaktion, d. h. eine Verbrennung der Oberfläche hervorzurufen — alles das sind Eigenschaften, welche, einzeln oder kombiniert, in der Gynäkologie häufig Verwertung finden müssen.

Andererseits eignen sich auch die Instrumente großartig für die vaginouterine Behandlung. Die Radiumröhrchen sind besonders bequem und können,

---

[1]) Der Leser wird gebeten, die allgemeinen Erklärungen der Technik, wie sie im Laboratoire Biologique du Radium in Paris angewendet wird, in dem von den Herren Wickham und Degrais verfaßten Kapitel dieses Buches, „Die Verwendung des Radiums bei der Behandlung der Hautepitheliome, der Angiome und der Keloide", nachzulesen.
Ausführliche Erklärungen siehe in dem Werke über „Radiumtherapie", 2. Aufl., 1912, von Wickham und Degrais. Verlag von Baillière, Paris.

wenn die Filter richtig angepaßt und berechnet sind, lange Zeit an derselben Stelle bleiben, ohne die Patientinnen zu belästigen.

Diese Therapie verspricht viel bessere Erfolge als alle anderen physiotherapeutischen Mittel. Trotzdem wurde in der Literatur bezüglich der gynäkologischen Radiumtherapie nur eine einzige Notiz des Herrn Dr. Abbe (1905) über den Gebärmutterkrebs angeführt, ehe im Jahre 1906 die Herren Dr. Oudin und Verchère der Académie des Sciences die sehr bemerkenswerte Mitteilung von der Wirkung des Radiums bei Gebärmutterfibromen, Gebärmutterentzündungen und blennorrhoischen Harnröhrenentzündungen machten.

In letzterer Zeit sind sehr interessante Studien unter Anleitung des Herrn Dr. Tuffier gemacht worden. Endlich haben die Forschungen von Dr. Dominici, Chéron, Jacobs, Fabre dieses Problem wesentlich gefördert, dem auch ich in Gemeinschaft mit Herrn Dr. Degrais nähergetreten bin.

Die Technik variiert je nach der Natur der Läsionen. Wir wollen die Resultate verzeichnen, die man bei jeder einzelnen dieser Läsionen erzielen kann, und zugleich die Technik beschreiben.

I. Gebärmutterkrebs.

Das Radium spielt beim Gebärmutterkrebs zum Mindesten als Palliativmittel eine ungemein wichtige Rolle. Wenn es uns auch vergönnt ist, bedeutende Besserungen und eine wesentliche Verlängerung der Lebensdauer in ganz verzweifelten Fällen zu verzeichnen, so muß man doch hier mehr als irgendwo anders der Vorbehalte eingedenk bleiben, welche die Wissenschaft auferlegt, und die günstigen Tatsachen kaltblütig betrachten, und sie nicht in unvernünftiger Weise verallgemeinern. Auch darf man sich nicht durch ein Übermaß von Optimismus dazu verleiten lassen, die chirurgische Intervention zu vernachlässigen oder zu verzögern.

Vom technischen Standpunkte aus liegt das Interesse der Radiumtherapie des Gebärmutterkrebses hauptsächlich in ihrer operativen Handlichkeit, d. h. in der Leichtigkeit der Einführung und langdauernden Fixierung stark wirkender, bequemer, sehr kleiner flacher oder zylinderförmiger Apparate im Hals und im Kanal der Gebärmutter, in das vordere und hintere Laquear und sogar im Neoplasma selbst.

Dieses Interesse basiert auch auf der Verwertung jener Methode, welche wir „radiumtherapeutische Chirurgie" genannt haben. In der Tat kommt es — einige spezielle Fälle ausgenommen — sehr selten vor, daß das Radium allein, ohne Hilfe der Chirurgie wirklich nützen kann.

Endlich können die Gebärmutterkrebse einzig und allein durch das Radium einer intensiven und vollständigen Bestrahlung unterworfen werden, da die X-Strahlen in dieser Körperregion keine so kräftige Wirksamkeit entfalten können.

Technik. Die Radiumleinwand oder die starren Firnisapparate müssen vollständig von einer hermetisch verschlossenen Filterhülse aus Blei eingehüllt sein. Die Dicke der Wände dieser Hülse wird je nach dem erforderlichen Filter variieren. Hierauf überziehen wir die Hülse mit einem dünnen Kautschukgewebe [1]).

---

[1]) Die Papierblätter, die man gewöhnlich noch außerdem zwischen die Bleihülse und das Kautschukgewebe einschiebt, haben nur dann einen Zweck, wenn es sich darum handelt, rezidivierte Knötchen unter der Schleimhaut zu bestrahlen, weil es in diesem Falle darauf ankommt, die Schleimhaut vor den sekundären Strahlen zu schützen, und weil diese sekundären Strahlen durch das Papier aufgehalten werden.

Mittels Klappen kann man in die Vagina Apparate einführen, die samt Filtern und Hülsen bis zu 12 cm^2 Flächeninhalt haben. Sobald diese Apparate einmal an den Gebärmutterhals angebracht sind, lassen sie sich leicht aufrichten, in die geeignete Stellung bringen und mittels Wattetamponade mit den zu bestrahlenden Partien in Berührung bringen.

Es empfiehlt sich dabei, die stärksten radioaktiven Apparate zu wählen.

Wir bedienen uns dieser Apparate hauptsächlich, um auf oberflächlich sitzende Neubildungen, sei es an einem wuchernden oder ulzerierten Gebärmutterhalse, sei es in das vordere oder hintere Laquear einzuwirken.

In anderen Fällen haben wir diese Apparate auch an Stellen angewendet, die nach einer Auskratzung oder partiellen Exstirpation des Halses bluteten, oder an Rezidivstellen nach einer Hysterektomie.

Was die zylinderförmigen Apparate, die Radiumröhrchen anbelangt, die, wie man nicht genug oft wiederholen kann, wegen ihres geringen Volumens, ihrer starken Radioaktivität und der Bequemlichkeit ihrer Handhabung sehr nützlich sind, so dienen sie zu Einführungen in den Gebärmutterhalskanal oder in die Tumoren selbst oder um auf den Grund des Laquear einzuwirken.

Die Radiumröhre wird in Jodtinktur getaucht und, wenn die Passage eng ist, ohne Hülle eingeführt; im entgegengesetzten Fall umwickelt man sie mit Gaze oder führt sie mittels einer Hohlsonde ein. Wenn diese Röhrchen in das Innere der Gewebe und sogar in den ulzerierten oder wuchernden oder nach einer Auskratzung befindlichen Gebärmutterkanal eingeführt sind, muß man sie mit so wenig Filter als möglich, d. h. mit der geringsten Dicke der Wände gebrauchen. In diesem Falle kann die Bestrahlung lange dauern, da man die Häufung sehr starker Dosen nicht zu befürchten hat. Eine Röhre mit einer $1/2$ mm dicken Silberwand, welche 5 cg reines Radium enthält, kann, je nachdem es der Fall erheischt, 24—48 Stunden an derselben Stelle belassen werden.

Die Anwendung der flachen Apparate und der Röhrchen läßt sich auch gut kombinieren, indem der flache Apparat, sobald die Röhre in den Cervicalkanal eingeführt ist, an den Cervix angelegt wird und dadurch das Herausrutschen des Röhrchens verhindert. Eine ordentliche Tamponade — alles natürlich streng aseptisch ausgeführt — hält die Apparate fest.

Dann entsteht in einem Teile des Halses eine Kreuzung von Strahlen. Wenn der Tumor umfangreich ist, können mehrere Röhrchen gleichzeitig eingeführt werden. Endlich kann man gleichzeitig, um unser „Kreuzfeuerverfahren“ anzuwenden, wenn der Tumor von der Unterleibsseite her palpierbar ist, auf den Unterleib während längerer Zeit kräftige Apparate nach der später angegebenen Technik für die Fibrome legen.

Resultate.

Bevor wir uns zu den klinischen Resultaten wenden, wird es angezeigt sein, einige der histologischen Veränderungen vorzuführen, welche das Radium bei gewissen Epitheliomen hervorruft.

Wir wählen den Fall eines würfelförmigen Epithelioms und verweisen den Leser auf die Abbildungstexte, welche die Veränderungen erläutern werden. (Siehe Figg. 127, 128 und 129.)

Was die klinischen Resultate betrifft, so wollen wir unter den Neubildungen des Uterus, mit denen wir uns beschäftigt haben — unser erster Fall datiert aus dem Monat Mai des Jahres 1907 — einige typische Fälle hervorheben, die als Beispiele dienen können und die Resultate zeigen, die zu erzielen man hoffen darf.

Hier folgt z. B. ein Fall, der obgleich er leicht zu operieren gewesen wäre, vor dem chirurgischen Eingriffe bestrahlt wurde. Wir halten diesen Vorgang oft für nützlich. Die vorherige Bestrahlung verzögert die Operation bloß um

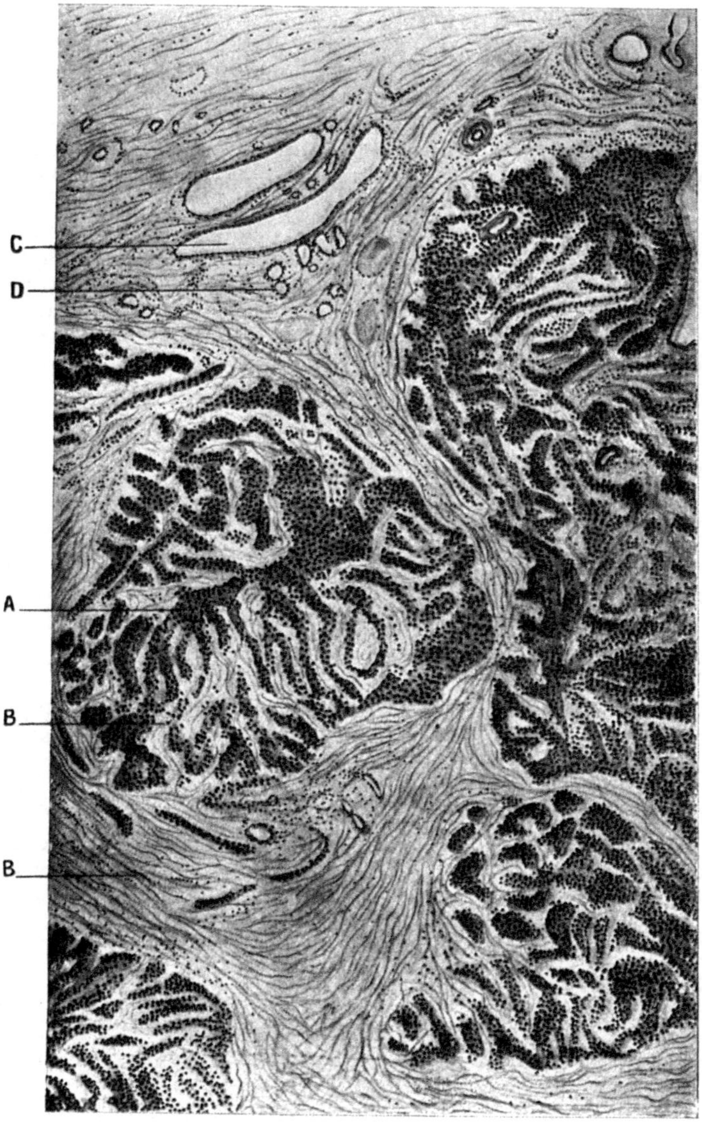

Fig. 127.
Epitheliom (Durchschnitt in 97facher Vergrößerung) vor der Bestrahlung.

14—20 Tage und beeinflußt das Operationsfeld insoferne günstig, als die malignen Zellenelemente zur Zeit der Operation bereits im Rückgange begriffen sind. Zweck der vorherigen Bestrahlung ist also mit einem Worte, die Bösartigkeit zu verringern.

Ein am Collum uteri lokalisierter und wuchernder Krebs, welcher die Wand der Vagina noch gar nicht ergriffen hat und dessen Beginn auf einen Monat zurückzureichen scheint, wird 90 Stunden lang mit einem flachen, runden, firnisüberzogenen Apparat von 2 cm Durchmesser, 1 cg reinen Radiums enthaltend,

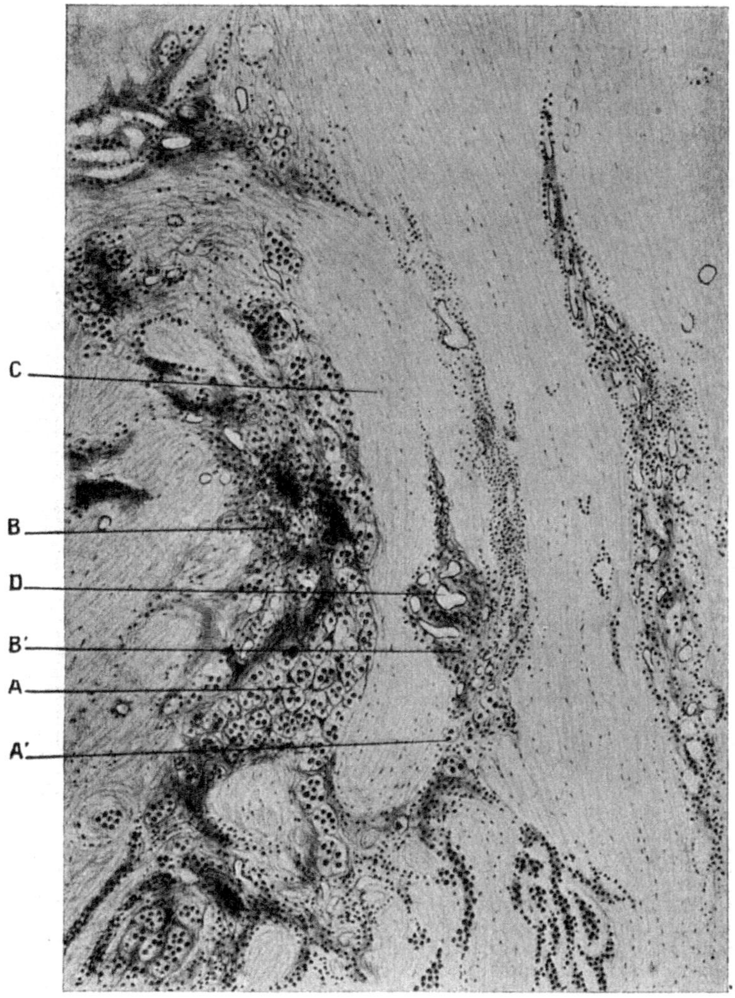

Fig. 128.

Dasselbe Epitheliom 16 Tage nach 48stündiger Bestrahlung mit 19 cg reinem Radium (Derselbe Durchschnitt in 97facher Vergrößerung.)

B und C. Die Lappen sind von einem frischen Bindegewebe durchsetzt, welches nach und nach die Stelle der degenerierten epitheliomatösen Zellen einnehmen wird. A und A'. Die epitheliomatösen Zellen sind vergrößert, degeneriert.

bestrahlt. Dieser Apparat ist mit einem 2 mm dicken Bleifilter bedeckt. Die Nutzstrahlung (außerhalb des Filters) beträgt 2700 U. und besteht zum größeren Teile aus γ-Strahlen, nebst einigen harten β-Strahlen.

Die Auskratzung der neoplastischen Gewebe erfolgte 14 Tage nachher und war von neuerlichen Bestrahlungen in wiederholten Serien von je 60 Stunden mit einer zweimonatlichen Ruhepause gefolgt. Dabei wurden stets derselbe Apparat und derselbe Filter verwendet. Bis heute (1½ Jahre später) konstatiert man noch keine Rezidive.

Wir bieten diese Beobachtung nicht wegen des Resultates, das man ja auch häufig durch die Auskratzung allein erzielt, sondern wegen der dabei

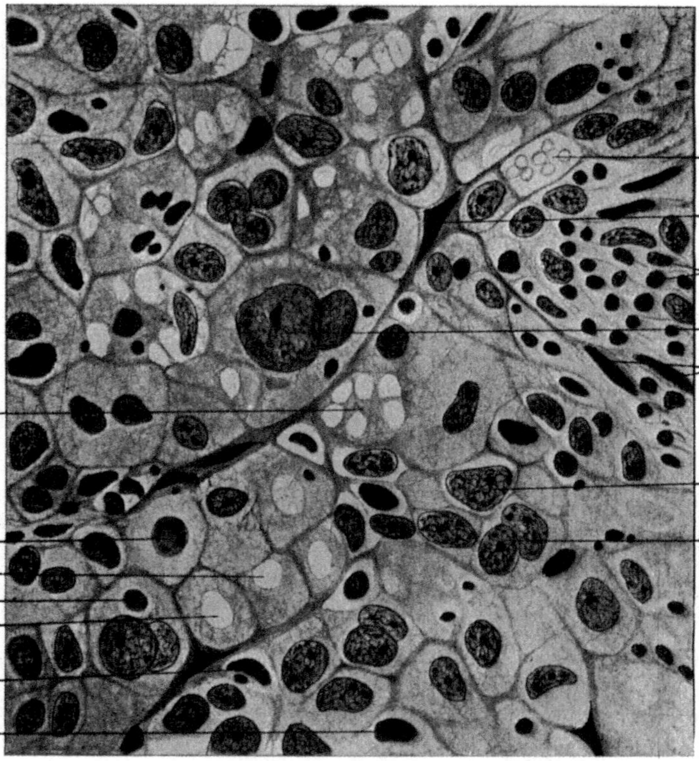

Fig. 129.

Eine Stelle aus Fig. 2, in 800facher Vergrößerung die Zerstörung des Zellengewebes zeigend.

A = stark hypertrophische epitheliomatöse Zelle mit riesigem lappenförmigem Kerne;
A' = Elemente mit multiplen Kernen;
B = neugebildetes Kapillargefäß am äussersten Ende eines wuchernden Knotens;
CC' = pseudo-parasitische Körper;
DD' = verdickte Kerne mit kompakten und homogenem Chromatin;
E = sternförmige Bindegewebszelle, die sich durch langgestreckte Protoplasmafortsätze mit ihren Nachbarzellen in Verbindung setzt;
F = junge Keimfasern des infiltrierten Bindegewebes.
G = einkernige mononukleare Leukozyten;
B—G—F = sind die Elemente eines Bindegewebsfortsatzes, welcher in den Epitheliallappen eindringt.
H = Vakuole im Stadium der Zytolyse;
H' = kernlose Zelle (Karyolyse).

befolgten Technik. Die praktische Erfahrung lehrt uns, daß Karzinome, welche auf diese Art behandelt worden sind, seltener rezidivieren.

Wenn die Neubildung schwer zu bestrahlen ist, so darf man in keinem Falle die Operation aufschieben.

In einem Falle, wo wir die Anwendung des Radiums verweigert hatten, entdeckte man nach der Hysterektomie, daß der krebsige Knoten an einer Stelle des Gebärmuttergrundes saß, wo man ihn unmöglich mit Erfolg hätte bestrahlen können und wo die Anwendung des Radiums der Kranken geschadet haben würde, weil er einen Zeitverlust bedeutet hätte. Wir zitieren dieses Beispiel einfach um zu zeigen, wie vorsichtig und zurückhaltend man bei der Verwendung des Radiums sein muß.

Schwer operierbare Neoplasmen des Gebärmutterhalses. (Chirurgisch-radiumtherapeutische Kombination.)

In Fällen, wo der Chirurg zögert, ein schwer operierbares Neoplasma anzugreifen, ist unserer Meinung nach die Anwendung des Radiums von außerordentlichem Nutzen. Hier ein Beipsiel dafür:

Eine Patientin des Herrn Monod leidet an einem Krebse des Gebärmutterhalses; die Schleimhaut der Vagina ist gleichfalls in Mitleidenschaft gezogen, was die Operation heikel gestaltet. Der Hals ist hart, blutet, nicht sehr beweglich und die Verhärtung erstreckt sich auf das hintere Laquear zwei oder drei Zentimeter über der Wand der Vagina.

Herr Monod ersucht uns zu intervenieren, um die Wirkung des Radiums mit der Chirurgie zu verbinden. Mit dem Thermokauter zerstört er, soviel er von den wuchernden und ulzerierten Partien loslösen kann; hierauf führen wir, noch während die Patientin anästhesiert ist, in den Zervikalkanal eine Radiumröhre mit $\frac{1}{2}$ mm dicker Silberwand, 2 cg reines Radium enthaltend (Nutzaktivität 8000 U.) ein und legen auf die frische Wunde mitten im Krebsgewebe zwei aufeinandergeschichtete Stücke Radiumleinwand, die von 2 mm Blei umhüllt sind und je 1 cg reines Radium enthalten.

Diese Apparate bleiben zweimal 48 Stunden hintereinander liegen. Zwei Monate später sehen wir die Patientin wieder. Sie klagt über keinerlei Schmerzen, keinerlei Beschwerden mehr und fühlt sich sehr wohl. Die kranke Stelle bietet ein durchaus günstiges Bild. Keine Spur mehr von Blutung oder Sekretion. Die Verhärtung hat sehr abgenommen und das Neoplasma ist um die Hälfte kleiner geworden; man konstatiert weder Ulzeration noch Wucherung mehr.

Es wird eine abermalige Serie von Bestrahlungen gleich der ersten vorgenommen. Drei Monate später ist die Besserung eine so deutlich ausgesprochene, daß man mit Hinblick auf das Allgemein- und das Lokalbefinden — wenn man in punkto Krebs berechtigt wäre, so zu reden — das Wort „Heilung" aussprechen dürfte. Trotzdem beschließen wir, vorsichtshalber noch eine Reihe von Bestrahlungen vorzunehmen. Aber es ist schwer, die Röhre einzuführen, weil sich die sichtbare Oberfläche des Uterus zusammengezogen hat und von der Scheidenschleimhaut bedeckt erscheint.

Mit einem Trokar macht Herr Monod einen Durchstich, welcher ihn in den Überrest der ehemaligen Gebärmutterhöhle führt. Das Radiumröhrchen wird hineinversenkt. Ein Tampon wird eingeführt, um die Röhre während 24 Stunden an derselben Stelle zu erhalten. Die Stücke Radiumleinwand werden darauf gelegt und 48 Stunden auf demselben Flecke belassen.

Diese Behandlung wurde im November 1910 begonnen und seit damals haben wir konstante Fortschritte zu verzeichnen. Die Patientin lebt wieder vollkommen normal. Der Fall ist zu frisch, um eine Diagnose für die Zukunft zu gestatten. Aber so, wie er sich bis heute darstellt, bildet er ein überzeugendes Exempel für die Nützlichkeit des Radiums.

Nicht operierbare, durch das Radium operierbare gewordene Neoplasmen.

Hier als Beispiel — unter vielen anderen — zwei Fälle (der eine ein Epitheliom, der andere ein Sarkom), die anfangs nach Ausspruch der Chirurgen nicht operierbar und folglich aufgegeben waren, nach der Behandlung mit Radium jedoch als operierbar erkannt wurden. Der Zustand der Patienten blieb noch lange nach der Operation ein vorzüglicher.

a) Epitheliom. Es handelt sich um eine 56jährige Frau, die seit mehreren Monaten an einem Gebärmutter-Epitheliom leidet. Der Hals ist voller Wucherungen und Ulzerationen, der Körper unbeweglich. Kurz, die Läsionen sind solcher Art, daß Herr Tuffier, der bezüglich der chirurgischen Exstirpation zu Rate gezogen wird, die Operation für unmöglich hält.

Am 29. Mai 1908 wird zum ersten Male eine Radiumleinwand appliziert, welche $1\frac{1}{2}$ cg reines Radium enthält und mit einer 1 mm dicken Bleihülle nebst einem Kautschukgewebe umwickelt ist. Dieser Apparat wird auf die Wucherungen des Gebärmutterhalses gelegt, die er genau bedeckt. Er wird mit Wattetampons fixiert und dann 13 Stunden an dieser Stelle belassen. Am 2., 11., 19. und 30. Juni neuerliche 13stündige Bestrahlungen.

Nun sind alle neoplastischen Wucherungen am Grunde der Vagina vollständig verschwunden. Herr Tuffier konstatiert, daß der Uterus viel beweglicher und nicht mehr im kleinen Becken fixiert ist. Die Blutverluste haben aufgehört, doch wird noch jauchige Flüssigkeit ausgeschieden. Nunmehr führen wir in den Kanal des Uterus eine zylinderförmige Röhre ein, die eine schwache Quantität Radiumsalz (500 000 U. Aktivität) enthält und von drei Hüllen aus Kautschukleinwand umgeben ist. Der Apparat bleibt 16 Stunden an Ort und Stelle und die Bestrahlung wird vom 6. auf den 7. Juli wiederholt.

Jetzt ist der Grund der Vagina rot, die Wucherungen sind total verschwunden.

Anfangs Oktober läßt sich die Patientin wieder ansehen. Da der Tumor noch weiter zurückgegangen ist, hält Herr Tuffier die Operation nunmehr für möglich und nimmt eine vollständige Hysterektomie vor. Die Wunde ist prächtig vernarbt; sie ist jetzt vollständig.

Die Anwendung des Radiums hat also in diesem Falle außerordentlich rasch einen Rückgang des Tumors bewirkt und eine radikale Operation ermöglicht, die anfänglich für undurchführbar gehalten worden war und der eine Auskratzung nutzlos vorausgegangen war. Gegenwärtig, nach mehr als drei Jahren seit der Operation dauert das günstige Allgemein- und Lokalbefinden an.

b) Adenosarkome mit Polypenwucherung. Vor einem Jahre haben wir einen Tumor der Gebärmutter operierbar gemacht, der von den Chirurgen für nicht operierbar gehalten wurde und sich in Form eines großen, weichen, intravaginalen Polypen mit Verwachsungen und Unbeweglichkeit des Gebärmuttergrundes darstellte. Nach intensiver Bestrahlung mittels flacher, einander gegenüber plazierter Apparate hatte der Uterus seine gewöhnliche Mobilität im zweiten Monate wiedererlangt und konnte durch vaginale Hysterektomie exstirpiert werden. Die Operation wurde von Herrn Tuffier ausgeführt. Die histologische Untersuchung hat gezeigt, daß die Basis des Polypen aus adenosarkomatösem Gewebe bestand, das nicht tief hinunterreichte, und daß eine einfache Perimetritis vorhanden war. Die gewöhnlichen histologischen Anzeichen der Rückbildung des bestrahlten neoplastischen Gewebes wurden konstatiert. Es scheint also wohl, daß die Bestrahlung sich in diesem Falle dadurch nützlich erwiesen hat, daß sie das Terrain günstig beeinflußte und ein gewisses Abflauen der Perimetritis, welche den Uterus unbeweglich gemacht hatte, bewirkte. Seit der Operation sind Allgemein- und Lokalbefinden der Patientin ausgezeichnet.

Nicht operierbare Neoplasmen.

Von den beiden folgenden Fällen war der erste durch Blutungen und übelriechende Sekretionen und der zweite hauptsächlich durch unerträgliche Schmerzen charakterisiert. In beiden Fällen hat sich das Radium sehr nützlich erwiesen, indem es eine merkliche Linderung und Verlängerung des Lebens bewirkte.

Im ersten Falle waren die Blutungen und das Allgemeinbefinden derartig, daß man von einem Tag zum anderen darauf vorbereitet war, die Kranke erliegen zu sehen.

Es handelte sich um die Frau eines Kollegen und dieser bat uns, nur aus moralischen Gründen zu intervenieren, „um doch irgend etwas zu tun". Aber schon nach der dritten Nacht, in der wir (ebenso wie in den zwei vorhergehenden Nächten) einen mit Firnis überzogenen Apparat, der 1 cg reines Radium enthielt und mit 1 mm Blei bedeckt war, appliziert hatten, ließen Blutungen und übelriechende Sekretionen bedeutend nach. Am Ende der zweiten Woche hatte sich das Allgemeinbefinden wesentlich gebessert.

Nach mehreren Serien von Bestrahlungen mittels Radiumröhrchen gab es weder Blutverluste noch üblen Geruch mehr und die Kranke lebte auf diese Weise noch ein Jahr. Schließlich ging sie an Krebskachexie zugrunde.

In dem zweiten Falle konnten die unerträglichen Schmerzen, nur durch Injektionen von Morphin gelindert werden, welches bis zu 12 cg in 24 Stunden genommen wurde. Nach und nach konnte dank der Bestrahlung die Anzahl der Injektionen verringert werden. Im zweiten Monat waren keine Injektionen mehr nötig. Seither sind die Schmerzen gänzlich geschwunden. Appetit und Schlaf sind wiedergekehrt und das Allgemeinbefinden hat sich gebessert.

Diese wenigen Fälle, die aus einer ganzen Reihe analoger Tatsachen herausgehoben sind, zeigen die Vorzüge der Radiumtherapie. Diese werden noch wertvoller sein, wenn man, wie wir es jetzt immer tun, stärker wirkende Radiumröhrchen als die in den vorangehenden Beobachtungen angeführten, anwenden werden. Die Wucherungen schwinden, die Blutungen und die Sekretionen hören auf, der üble Geruch läßt nach und verschwindet, die Schmerzen werden bedeutend gemildert. Das sind die Wirkungen, die man in der Regel erzielt und zu denen sich noch die Rückbildung der tiefsten Partien des Neoplasmas gesellt.

Das Radium ist also, der Chirurgie ziemlich oft zu Hilfe gekommen; bald nach einer Auskratzung oder partiellen Exstirpation oder vollständigen Hysterektomie, bald vor der Operation, um einen Tumor, der gar nicht oder nur schwer operierbar ist, operierbar zu machen.

Jedenfalls kann das Radium intervenieren, um den Kranken Erleichterung zu verschaffen und ihr Leben unter erträglicheren Bedingungen zu verlängern, selbst wenn die Fälle verzweifelt, von häufigen Blutungen oder unerträglichen Schmerzen begleitet sind. In einem der letzteren Fälle hat sich der Gesundheitszustand der Patientin so weit gebessert, daß sich ihre Menstruation wieder regelmäßig eingestellt hat.

Man kann also, wie man sieht, in dem Radium eine große Hilfe für die Behandlung der Gebärmutterkrebse finden. Aber wir können aus Vorsicht nicht genug oft wiederholen, daß alle wie immer gearteten radiumtherapeutischen Interventionen erst gemacht werden dürfen, nachdem man sich mit dem Chirurgen ins Einvernehmen gesetzt hat, und nachdem man eine große Erfahrung bezüglich der Dosierungen und des Wertes der Strahlenabsorption gesammelt hat, was eine lange Studienperiode erfordert.

Wir haben Gelegenheit gehabt, mehrere wuchernde Epitheliome der Vulva zu behandeln und durch die Verwendung des Radiums einen Rückgang der Wucherungen sowie eine sehr deutlich fühlbare Abnahme der Verhärtung der Basis herbeizuführen, mit einem Worte, die Entwickelung des Neoplasmas aufzuhalten, es zu einem Stillstand zu bringen, was ja schon ein wichtiges Resultat bedeutet. Aber wir würden uns, unserer Gewohnheit folgend, sobald wir von der Radiumtherapie des Krebses sprechen, wohl hüten, das Wort „Heilung" zu gebrauchen.

Summa summarum haben wir die feste, auf eine große Anzahl von Beobachtungen gestützte Überzeugung, daß das Radium, vorausgesetzt, daß man es zu verwenden versteht[1]), nicht nur eine sehr nützliche Waffe zur Bekämpfung des Gebärmutterkrebses ist, sondern daß diese Waffe sogar, wenn sie sich, wie es sein soll, mit der Chirurgie verbindet, das beste und wichtigste, ja bisweilen selbst das einzige Palliativ bildet.

II. Fibrome.

Die therapeutischen Resultate, die man mit dem Radium in gewissen Fällen von Fibromen und bei den sie begleitenden Blutungen erzielt, sind solcherart, daß heutigen Tages kein Gynäkologe angesichts eines zu behandelnden Fibroms einen endgültigen Beschluß bezüglich der Wahl seiner Therapeutik fassen darf, ohne zuvor die Möglichkeit der Anwendung des Radiums erwogen und diskutiert zu haben. Und das nicht allein wegen der vorzüglichen Resultate, die man manchesmal erzielen kann, sondern auch weil man sich hier — einige seltene Fälle ausgenommen — nicht der dringenden Notwendigkeit einer chirurgischen Operation gegenübersieht. Man kann in den meisten Fällen zuwarten und diese Wartezeit ausnützen. Folglich ist jeder Versuch, dem Kranken mit Umgehung des unmittelbaren chirurgischen Eingriffes Erleichterung zu verschaffen, vollkommen berechtigt.

In Anbetracht der Resultate, die man mit den X-Strahlen erzielt, hat ein Versuch mit dem Radium noch mehr Berechtigung, denn wenn die X-Strahlen Resultate erzielen, indem sie durch die Wandungen des Unterleibes hindurch wirken und dabei die Fibrome nur an ihrer abdominalen Oberfläche bestrahlen, so wird das Radium umso nutzbringender sein.

In der Tat kann das Radium zugleich vom Abdomen her und vom Uterus aus wirken und zwar kräftiger und ganz anders als die X-Strahlen. Kräftiger in dem Sinne, daß die γ-Strahlen eine viel größere Penetrationsstärke haben als die X-Strahlen, außerdem auch, weil man dank der Kleinheit und besonderen Handlichkeit der Röhren eine große radioaktive Kraft in den Uterus selbst bringen und die Tumoren von dieser Seite her angreifen kann und schließlich, weil die Kombinierung der inneren und der äußeren Bestrahlung gleichbedeutend ist mit dem Kreuzfeuerverfahren, den Wert der Bestrahlung bedeutend erhöht. Man kann auch die Wirkung der X-Strahlen durch die Bauchdecke mit der Wirkung des Radiums durch den Uterus kombinieren.

Die Herren Oudin und Verchère (1905—1906) und Herr Chéron[2]) (1909—1910) haben ihre Namen mit den ersten erfolgreichen Versuchen in dieser Richtung und mit der Entwickelung dieser Frage verknüpft. Unser erstes Experiment datiert aus dem Jahre 1908 und in diesem ersten Falle haben wir,

[1]) Näheres darüber siehe zu Beginn unseres ersten Artikels in diesem Handbuch „Über die Hautepitheliome".

[2]) Chéron, Congrés de Physiothérapie de Bruxelles 1911 in Compte-rendes im Journal de Radiologie belge.

wie Oudin und Verchère angeben, das Aufhören der Blutungen und eine Hebung des Allgemeinbefindens der Patientin erzielt.

Seither sind wir zu einer gewissen Anzahl von Schlußfolgerungen gelangt, die, verbunden mit den von verschiedenen anderen Autoren beigesteuerten Konklusionen gestatten, einige Regeln für die Radiumtherapie der Fibrome aufzustellen.

Anwendungsweise.

Für die intra-uterinen Bestrahlungen eignen sich einzig und allein die röhrenförmigen Apparate wegen ihrer außerordentlich bequemen Handhabung. Diese Röhrchen werden gründlich desinfiziert, und mit einem Kautschuküberzug versehen, je nach dem Sitz und der Form des Fibroms entweder nur in den Zervikalkanal, oder wenn möglich, mit oder ohne vorherige Erweiterung in den Körper der Gebärmutter eingeführt.

Oft, wenn man tief genug eindringen kann, wie in einem Falle, wo wir eine Tiefe von 13 cm vor uns hatten, ziehen wir dem Gebrauch eines einzigen langen, 0,05 reines Radium enthaltenden Röhrchens die Aneinanderreihung mehrerer kleiner 1—2 cg reines Radium enthaltenden Röhrchen in einer Hohlsonde mit möglichst kleinem Durchmesser vor. Die Passage in die Tiefe durch den mit Knoten besetzten, deformierten Gebärmutterhals wird durch die Beweglichkeit der Segmente dieser Kette von Röhrchen erleichtert.

Wenn der Durchmesser des Kanals es erlaubt, verstärken wir den durch die eigene Wand der Röhrchen gebildeten Filter (diese Wand besteht gewöhnlich aus $^5/_{10}$ mm Silber oder Platin) indem wir diese Röhrchen in ein zweites Röhrchen aus 1 oder 2 mm dickem Blei stecken.

Die Dauer der Bestrahlungen schwankt je nach den allgemeinen Filtriergesetzen, nach den Dosen, die man anwenden will, und je nachdem, ob man die Stellung der Apparate mehr oder weniger variieren kann. Wenn nur eine Stelle, wie z. B. der Gebärmutterhals zu bestrahlen ist, so wird diese kürzer sein müssen. Wenn man den Apparat bewegen und verschieben kann, wird er viel länger in Anwendung bleiben können. Kurz, die Erfahrung allein wird die nötigen Dosierungen kennen lehren, welche den Zweck haben, möglichst viele γ-Strahlen eindringen zu lassen, ohne eine Entzündung der Gewebe hervorzurufen, und man wird die Apparate entweder in ununterbrochener Dauer oder in mehreren, auf 2—3 Wochen verteilten Sitzungen 48—200 Stunden an Ort und Stelle belassen.

Z. B. wird ein Röhrchen mit $^5/_{10}$ mm dicker Silberwand, welche 2 cg reines Radium enthält, nicht länger als 24 Stunden ununterbrochen auf derselben Stelle bleiben dürfen. Nach zwei Tagen kann man die Sache wiederholen.

Für Bestrahlungen der Bauchdecke eignen sich die stark radioaktiven flachen Apparate mit Firnisüberzug weitaus am besten.

Auch hier muß man starke Dosen Radium anwenden.

Da man nämlich, um die hier einzig zweckmäßigen γ-Strahlen zu isolieren, die Apparate mit sehr dicken Filtern (3 mm dickes Blei) bedecken muß und dadurch das Bündel der γ-Strahlen auf einen relativ sehr geringen quantitativen Wert reduziert[1]), muß man, um den Verlust zu kompensieren, eine große Menge Radium verwenden.

Wir gebrauchen im allgemeinen gleichzeitig zwei Apparate, von denen der eine 0,06, der andere 0,05 reines Radium enthält. Aber man kann die erforderliche Kompensation auch auf zwei andere Arten zuwege bringen, zwei

[1]) Siehe „Technik" und „allgemeine Bemerkungen" zu Beginn des vorangehenden Kapitels von Wickham und Degrais über „Hautepitheliome, Angiome und Keloide".

Verfahren, die nur in der Radiumtherapie durchgeführt werden können und die daher außerhalb des Bereiches der Röntgentherapie liegen.

Diese zwei Verfahren sind:

a) die Möglichkeit, die Bestrahlungen außerordentlich lange dauern zu lassen, und

b) die Anwendung des „Kreuzfeuerverfahrens".

a) Außerordentlich verlängerte Bestrahlungsseiten oder ununterbrochene Bestrahlungen. In Anbetracht der großen Oberfläche, welche die abdominale Wandung bietet (eine Oberfläche, welche gestattet, daß der Apparat, ehe die Bestrahlung eine Irritation der Haut erzeugen kann, an eine andere Stelle gebracht wird), in Anbetracht der Leichtigkeit, mit welcher die auf der Haut angebrachten Apparate von dem Patienten ertragen werden, ohne ihn im geringsten in seinen gewöhnlichen Beschäftigungen zu stören, kann man die Radiumbestrahlung sogar 10—15 Tage nacheinander (und zwar Tag und Nacht hindurch) fortsetzen. Man wird z. B. jeden Morgen den Apparat an eine andere Stelle rücken und die Bestrahlungen so einrichten, daß jede Stelle im Verlaufe von 15—20 Tagen nicht mehr als dreimal 24 Stunden mit den vorerwähnten Apparaten und den angegebenen Filtern bestrahlt werde, die ihrerseits wieder mit Papierblättern oder Gaze bedeckt sind, um die sekundären Strahlen aufzuhalten. Eine länger dauernde Bestrahlung würde die Haut zu lebhaft reizen.

Man wird begreifen, daß auf diese Art, wenn auch in den jeweiligen Zeitabschnitte bedeutend weniger Strahlen eindringen als bei Verwendung der Röntgentherapie, dafür die Tatsache, daß man die Bestrahlung bequem um vieles länger dauern lassen darf, eine vollwertige Kompensation bedeutet, und dabei darf man nicht vergessen, daß die eindringenden Strahlen die sehr stark penetrierenden γ-Strahlen sind.

Aber noch größeren Wert legen wir auf die folgende Kompensation.

b) Das „Kreuzfeuerverfahren"[1]). Nirgends bietet die Methode, die wir unter diesem Titel geschildert haben, ein größeres praktisches Interesse, als bei der Behandlung gewisser Fibrome.

Es ist hier nicht der Ort, die Vorteile dieser Methode auseinanderzusetzen, Vorteile, deren Wert sich überall, ohne Ausnahme, erweist, wo ihre Anwendung möglich ist und wo es zweckmäßig erscheint, mit starken Dosen auf die tiefer liegenden Partien zu wirken, ohne die Oberfläche zu irritieren, wie z. B. bei der Behandlung bösartiger Tumoren.

Mit einem Worte, dieses Verfahren besteht darin, daß von zwei oder mehreren Seiten zugleich eingewirkt wird (multiple Angriffspunkte) und daß auf die tief gelegenen Partien die stark penetrierenden Strahlen in großer Zahl konzentriert werden, während die Strahlenwirkung an der Oberfläche abgeschwächt wird.

Auf diese Weise überflutet man den Tumor mit γ-Strahlen und hat dabei den Vorteil, den Tumor in kürzerer Zeit heftiger anzugreifen, was manchesmal von wesentlicher Bedeutung ist.

Indem man bei der Behandlung der Fibrome die so bequeme Bestrahlung durch die Bauchdecke mit der nicht minder bequemen und praktischen Bestrahlung auf internem Wege verbindet, verwirklicht man unter ausgezeichneten Bedingungen das „Kreuzfeuerverfahren" und nützt die Vorteile, die es bietet, ganz vortrefflich aus.

---

[1]) „Radiumtherapie" von Wickham und Degrais. Baillières Verlag. Paris 1912. S. 77.

Resultate.

Die Forschungen, die ich mit Dr. Degrais von 1905—1907 bezüglich der Wirkung des Radiums auf die Angiome betrieben habe, zeigen deutlich, welchen Einfluß die Radiumstrahlen auf die blutreichen Gewebe ausüben.

Da nun die Entwickelung der Fibrome und ihre Gefährlichkeit in das Kapitel der Vaskularisierung der Gebärmutterschleimhaut und der daselbst stattfindenden Blutungen gehört, so ist es natürlich, daß das Radium dazu berufen scheint, bei der Behandlung der Fibrome und der Metrorrhagien eine Rolle zu spielen.

Das sahen auch Oudin und Verchère ein, als sie zum ersten Male (im Jahre 1905) das Radium gegen Fibrome anzuwenden versuchten. Oudin ist auch der erste, der im Oktober 1907 die blutstillende Wirkung des Radiums bei Affektionen des Uterus deutlich bewiesen hat.

Aber wenn das Radium einerseits diese blutstillende Eigenschaft besitzt, so haben wir durch seinen hervorragenden Einfluß auf die Keloide (1906) auch gezeigt, daß es andererseits auch direkt auf das fibröse oder zu mindest keloidische Gewebe wirkt. Wir glauben also fest daran, daß das Radium nicht nur und in erster Linie auf die Vaskular-Gewebe und auf die Entzündungen wirkt, welche die Fibrome begleiten, sondern auch ganz unabhängig davon auf die Fibrome selbst.

In Anbetracht dieser sehr wertvollen Eigenschaft des Radiums und der oft ganz vorzüglichen Resultate, welche man bei umfänglichen, von der Bauchdecke aus leicht zugänglichen Fibromen mittels der X-Strahlen erzielt, scheint es, als ob das Radium speziell für die kleinen, von der Bauchdecke aus schwer zugänglichen Fibrome vorbehalten bleiben sollte.

Es gelte überhaupt als Allgemeinprinzip, das Radium nur dann zur Hilfeleistung heranzuziehen, wenn ihm eine höhere Rolle zuerteilt werden soll als allen anderen Mitteln.

Immerhin glauben wir, daß die Gynäkologen, welche Radium besitzen, wegen der tiefgehenden Wirkung der γ-Strahlen selbst bei den großen Fibromen, auf die wir vorhin angespielt haben und die sie bloß mit den X-Strahlen behandeln könnten, zugleich mit den X-Strahlen doch auch die interne und externe Wirkung des Radiums verwenden sollen.

Nach dem Vorhergesagten sollten auch die meisten anderen kleinen und mittelgroßen Beckenfibrome versuchsweise einer radiumtherapeutischen Behandlung unterworfen werden.

Zu den hauptsächlichen Kontraindikationen der Radiumtherapie kann man nach Chéron zählen:

1. jene Fälle, wo die Frauen durch starke Blutungen sehr geschwächt sind oder wo ein radikaler Eingriff dringendst geboten ist;
2. die fibrösen Polypen, welche einen starken Druck auf die benachbarten Organe ausüben;
3. Fibrome mit einer hartnäckigen Salpingitis kombiniert;
4. Fibrome, die mit einem Eierstockszystoid einhergehen;
5. Fibrome, die sich trotz einer ordentlich durchgeführten ersten radiumtherapeutischen Behandlung weiterentwickeln;
6. Fibrome mit maligner Entartung, die aber trotzdem noch operierbar sind;
7. die Fälle, wo die Fibrome die Patientin in Wirklichkeit weniger belästigen als die Ernährungsstörungen und die nervösen Zustände, an denen sie leidet;

8. endlich jene Fälle, welche von Gebärmutterentzündungen begleitet sind und bei denen man, ehe man an die Verwendung des Radiums schreitet, erst die Entzündung zu dämpfen suchen muß.

In den meisten anderen Fällen erlangt man mehr oder minder ausgesprochene vorzügliche Resultate.

Die Blutungen lassen nach und hören auf. Dann konstatiert man die fortschreitende Abnahme des Tumors; das Allgemeinbefinden hebt sich, und wenn es gelingt, die Menstruation endgültig aufzuheben, was oft genug geschieht, wenn die bestrahlte Patientin 40—45 Jahre alt ist, so braucht man in der Regel keine zweite Serie von Bestrahlungen vorzunehmen. Der zurückgegangene Tumor nimmt nicht mehr zu und entwickelt sich nicht weiter, sondern verharrt gewissermaßen in dem Stadium, in welchem er nach der ersten Serie von Radiumbestrahlungen geblieben ist. Und wenn er in diesem Stadium keinerlei Beschwerde mehr verursacht und die Patientin keines der Symptome mehr wahrnimmt, die sie früher belästigt hatten, so kann sie sich als geheilt betrachten.

Ist das Individuum jünger und die gänzliche Aufhebung der Menstruation nicht gelungen, so muß man eben die Bestrahlungen in weiten Intervallen fortsetzen und eine mögliche, ja wahrscheinliche spätere Wiederentwickelung des Tumors sorgfältig beobachten.

Ich lasse hier eine Beobachtung folgen, die aus vielen anderen herausgegriffen und typisch ist. Wir verdanken sie den Herren Oudin und Verchère.

Eine 36jährige Frau mit einem Ödem der Extremitäten war infolge beständigen Scheidenflusses und starker wiederholter Blutungen infolge eines Gebärmutterfibromes sehr geschwächt.

Der Tumor war von der Bauchdecke aus fühlbar und ließ sich vier fingerbreit oberhalb der Symphyse genau abgrenzen.

In den beiden Parametrien fühlte man zwei Klumpen in der Größe einer Mandarine. Das Ganze bildete einen unbeweglichen Block, dessen Rand sich durch die Palpation nicht deutlich abgrenzen ließ.

Die 15 Minuten dauernde Einführung eines Röhrchens, welches 2,5 Radiumbromür mit 70% reinem Radium enthielt, hatte noch am selben Tage eine Abnahme der Sekretionen und am nächsten Tage ihr vollständiges Aufhören zur Folge. 9 Tage und 21 Tage nach dieser ersten Bestrahlung wurden ähnliche Einführungen vorgenommen, die von einer Abnahme des Tumors und von leichterer Beweglichkeit gefolgt waren.

Als die Patientin vier Monate nach dem Beginn der Behandlung wieder untersucht wurde, war ihr Allgemeinzustand vorzüglich. Der Tumor war beweglicher und viel kleiner. Fluß und Blutung hatten aufgehört.

Auch wir haben ähnliche Resultate bei noch umfangreicheren Fibromen beobachtet. Es waren dies teils interstitielle Fibrome bei Anteversion der Gebärmutter, teils schwierigere, bei Retroversion der Gebärmutter oder subperitonale Fibrome. Aber wir mußten höhere Dosen anwenden und die Bestrahlung des Abdomens mit der intrauterinen Bestrahlung kombinieren. Auf diese Weise haben nicht nur die Sekretionen nachgelassen, sondern es hat auch der Tumor selbst merklich abgenommen.

Diese Resultate sind überaus wichtig. Man darf sich nicht auf den Standpunkt stellen, daß das Radium das einzige und sicherste Mittel gegen Fibrome darstellt, sondern man muß es als wichtiges Hilfsmittel bei der Behandlung betrachten.

Dank dem Radium kann man das Individuum in einen ausgezeichneten Zustand bringen, welcher die Operation ertragen hilft. Das Allgemeinbefinden, welches durch die Stillung der Blutungen gebessert ist, die Abnahme der peripheren Entzündungen, die wiederhergestellte Beweglichkeit des Gebärmuttergrundes, all das begünstigt und erleichtert vielfach und in hohem Maße die Arbeit des Chirurgen und die Folgen der Operation.

Es gibt übrigens noch einen anderen Zustand, bei dem das Radium eine sehr interessante Rolle spielt: das sind starke und gefährliche Blutungen ohne nachweisbare fibromatösen Wucherungen. In diesem Falle zögert man oft mit dem chirurgischen Eingriff und weiß nicht recht, was man tun soll. Das Radium gestattet, diese Blutungen zu vermindern, ja bisweilen sie zu stillen, und bringt den Patientinnen auf diese Weise wirklich Hilfe.

III. Metritiden.

Die Fälle von hartnäckigen, chronischen, katarrhalischen Metritiden, die wir behandelt haben, sind zahlreich genug, um uns zu einigen Schlüssen bezüglich des Wertes der Radiumtherapie zu berechtigen. Die verschiedenen Beobachter sind alle einer Meinung und die günstige Wirkung des Radiums auf solche Metritiden ist nicht zu verkennen. Unter dem Einflusse der Strahlen geht das Ektropium zurück, die Blutungen nehmen ab und die Schmerzen hören meistens auf.

Mehrere schwere Fälle von Metritis schienen 4—6 Wochen nach dem Ende der Bestrahlungen vollständig geheilt und das Hysterometer hat in diesen Fällen gezeigt, daß keine Atresie des Gebärmutterhalses eingetreten war.

Unter den Metritiden, welche wir am Hôpital Saint-Lazare behandelt haben, wollen wir eine Beobachtung hervorheben, die uns beweiskräftig scheint.

Es handelte sich um einen außergewöhnlich ausgebreiteten Fall (Körper und Hals der Gebärmutter) einer hartnäckigen, tief infiltrierten, blutenden und eiternden Entzündung mit beträchtlichem Ektropium und stark verdicktem und hartem Halse. Die ganze Schleimhaut blutete leicht und reichlich. Das Hysterometer drang mehr als 7 cm tief ein. Die Vaginalausbuchtungen waren von schleimigem Eiter überströmt und aus dem Orificium uteri floßen reichliche eiterige und jauchige Schleimmassen. Die Patientin klagte über Schmerzen im Unterleib und außerordentliche Beschwerden während der Menstruation. Angeblich datierten diese Läsionen seit mehr als einem Jahre.

Wir haben hier einen jener besonders hartnäckigen ungünstigen Fälle vor uns, welche eine Auskratzung dringend fordern.

Trotzdem beschließen wir jeden chirurgischen Eingriff hinauszuschieben und zuerst versuchsweise die Wirkungen des Radiums auszuprobieren.

Wir besaßen damals (es war vor der Eröffnung des Laboratoire du Radium) einen Apparat mit zylinderförmigem 2 cm langem Handgriff, der mit 1 cg reines Radium enthaltendem Radiumlack überzogen war. Dieser Apparat, welcher stark aktiv war und die Mehrheit der β-Strahlen durchließ, wurde mehr oder minder tief in den Gebärmutterkanal eingeführt, so daß er die entzündete Schleimhaut in ihrer ganzen Ausdehnung bestrahlen konnte.

Um auf das Ektropium zu wirken, hatten wir einen flachen, viereckigen, firnisüberzogenen Apparat mit 1 cg reinem Radiumsalz.

Am 14. und am 19. Juni wird der erste Apparat 20 Minuten lang appliziert. Die 20 Minuten dauernden Bestrahlungen mit dem zweiten viereckigen Apparate werden am 21. Juni begonnen. Zu dieser Zeit ist das Ektropium bereits abgeblaßt; es hat sich zusammengezogen und ist etwas zurückgegangen. Das Aussehen des Halses ist verändert. Er blutet viel weniger. Am 21. und 26. Juni nimmt man nochmals während 20 Minuten die doppelte Bestrahlung des Kanales und Halses vor. Am 28. Juni erscheint an der Oberfläche des wesentlich reduzierten Ektropiums eine leicht ablösbare falsche weißliche Membran. Am

11. August ist die Wucherung an der oberen Lippe vollständig verschwunden. Die Schleimhaut des Muttermundes erscheint an dieser Stelle gesund. Das Hysterometer läßt sich leicht einführen, ohne eine Blutung zu erzeugen. Im übrigen sieht der Hals vollständig verändert aus; er hat eine fast normale Geschmeidigkeit und Form erlangt. Seit einem Monat war keine Blutung mehr; der Fluß hat nicht vollständig aufgehört, aber sein Charakter ist verändert. Er ist schleimig, klar und nicht sehr reichlich. Bei einer zwei Monate später vorgenommenen Untersuchung befindet sich die Patientin ganz vorzüglich. Das Aussehen des Gebärmutterhalses ist normal; der Fluß hat aufgehört, Schmerzen und Beschwerden sind geschwunden.

Wir halten diese Resultate aus verschiedenen Gründen für ganz hervorragend.

Die die Hyperämie herabsetzende, sowie die blutstillende und schmerzlindernde Wirkung ist bei allen von uns beobachteten Fällen klar zutage getreten.

Die Radiumröhrchen entsprechen vollständig den verschiedenen notwendigen Bedingungen der Metritisbehandlung. Wenn ein Ektropium vorhanden ist, lassen sich die flachen Apparate sehr bequem auf den Gebärmutterhals applizieren.

Die Vorteile, welche diese Apparate bieten, sind einleuchtend; aber die Wahl der zu verwendenden radioaktiven Intensitäten gestaltet sich schwierig. Man muß einen ganz ähnlichen Weg einschlagen wie den, der bei der Behandlung der Ekzeme in Betracht kam; es heißt nämlich einwirken, ohne die Schleimhaut zu reizen, oder wenigstens nur leichte Irritationen erzeugen, indem man mit Hilfe eines schwachen Filters oder durch vollständige Weglassung des Filters schwach penetrierende Strahlen und folglich eine große Menge von Strahlen auf einmal verwendet.

Wir finden, daß der richtige Gebrauch des Radiums mit oder ohne Auskratzung bei der Metritis — diesen Affektionen, denen wir nur zu oft wehrlos gegenüberstehen — durchaus angezeigt ist, wenn die anderen therapeutischen Mittel versagt haben.

Wir wollen endlich noch hinzufügen, daß wir in einigen Fällen von Dysmenorrhöen eine bedeutende Stillung der Schmerzen erzielt haben.

Chronische Urethritiden und andere Krankheiten der Sexualorgane.

Die Resultate, die wir hier erzielt haben, waren ungleich. Man muß stark aktive und schwach penetrierende Strahlen aber nur sehr kurze Zeit verwenden (nach dem Typus der Technik, welche wir für die Ekzeme angegeben haben). Verlängerte Bestrahlungen irritieren die Schleimhaut. Ein stark radioaktiver, mit Radiumfirnis überzogener Apparat, der von einer Hülle aus Kautschukleinwand umgeben ist und den man 2—3 Minuten per Tag 5—6 mal mit je einem Tag Intervall an Ort und Stelle läßt, dürfte den günstigsten technischen Bedingungen entsprechen.

Man wird ein Radiumröhrchen mit $^5/_{10}$ mm dicken Silberwänden, 5 cg reines Radium enthaltend, mehrmals an jeder Stelle 30 Minuten lang belassen und die Bestrahlung erst dann wiederholen, wenn eine etwaige Irritation verschwunden sein wird.

Die chronische Urethritis ist manchesmal so hartnäckig und so schwer durch die gewöhnlichen therapeutischen Verfahren zu heilen, daß radiumtherapeutische Versuche berechtigt sind, und wir haben in mehreren Fällen, speziell wenn ein Ektropium der Harnröhrenschleimhaut vorhanden war, sehr schöne Resultate erzielt.

Bei anderen Affektionen des Genital- und des Urethralsystems, bei denen wir das Radium angewendet haben, sind interessante Resultate erzielt worden.

Es handelte sich unter anderem um die Resorption von Vegetationen die ihren Sitz im hinteren Laquear hatten. Diese Gewächse lösen sich sehr leicht unter dem Einflusse des Radiums und bei mehreren Fällen von Gewächsen der Vulva. In der Gegend der Clitoris haben wir sehr schöne Erfolge erzielt.

In einem Falle, wo die Patientin schwanger war — was bekanntlich eine Kontraindikation für einen chirurgischen Eingriff bildet — ist es mit Hilfe des Radiums auf sehr einfache Weise gelungen, diese Tumoren zu beseitigen, ohne die Patientin dabei im geringsten zu schädigen.

Wir haben einen Fall von Lupus vulvae behandelt, welcher eine deutliche Besserung zeigte, nachdem er verschiedenen anderen Behandlungen getrotzt hat; ferner einen Fall von chronischer gewöhnlicher Ulzeration, wahrscheinlich blennorrhoischen Ursprunges, der sich ebenfalls bedeutend gebessert hat.

Bei den Kongestionen und Entzündungen der Adnexe hat (nach Chéron) eine interne und externe Radiumbehandlung, die zu gleicher Zeit von der Vagina und von der Bauchdecke aus durchgeführt wird, in einigen Fällen wertvolle Resultate geliefert, vorausgesetzt, daß man große Flächen entweder mit großen Stücken Radiumleinwand bedeckte oder kräftige Apparate, deren Applikation häufig verändert wurde, oder endlich Radiumschlamm zur Verwendung brachte. Aber die bisher beobachteten Tatsachen scheinen uns nicht klar genug, um uns zu Schlußfolgerungen zu berechtigen. Nichtsdestoweniger glauben wir mit Hinblick auf die bereits erzielten Resultate sagen zu dürfen, daß, sobald Indikationen und Dosierungen deutlicher formuliert sein werden, das Radium seine Stellung in der Therapeutik dieser Läsionen einnehmen wird.

Der Pruritus vulvae verdient ganz spezielle Erwähnung. Die anzuwendende Technik ist dieselbe, die wir für das Ekzem aufgestellt haben. Flacher, firnisüberzogener Apparat ohne Filter, mit sehr starker Radioaktivität (500000 U.) Dauer der Bestrahlung: drei Tage nacheinander je drei Minuten. Die Serie wird dreimal mit einwöchentlichen Intervallen wiederholt.

In sehr hartnäckigen und schmerzhaften Fällen haben wir den Patientinnen vollständige Erleichterung und Heilung bringen können.

Es geht also, in Kürze gesagt, aus all den angeführten Tatsachen hervor, daß die richtig erfaßte Radiumtherapie in der Gynäkologie ihren Wert hinlänglich bewiesen hat, um sehr ernsthafte Beachtung beanspruchen zu dürfen.

Kapitel XXIII.

Aus dem Imperial Cancer Rescarch Fund, London.

Die Wirkung des Radiums auf transplantierte Tumoren.

Von

E. F. Bashford-London.

(Mit 2 Abbildungen im Text.)

Trotzdem die Rückbildung von bösartigen Geschwülsten unter dem Einfluß von Radium nun schon seit zehn Jahren bekannt ist, so liegen bisher nur sehr wenige eingehende Untersuchungen über die Natur dieses Vorgangs vor.

Die ersten ausführlichen Untersuchungen stammen von Exner, welcher menschliche Tumoren, die sich unter dem Einfluß von Radium zurückgebildet hatten, histologisch untersuchte. Er beobachtete in solchen Tumoren eine eklatante Neubildung von Bindegewebe, durch welche die Geschwulst in kleinere Alveolen gespalten wurde. Die Tumorzellen zeigten zum Teil Vakuolisierung und wurden schließlich resorbiert, aber Exner wies bereits darauf hin, daß die Bindegewebswucherung schon zu einer Zeit auftrat, wenn die Tumorzellen noch keine Veränderung zeigten, und anscheinend normal waren.

Es ist klar, daß bei Beobachtungen an menschlichem Material nur Spätstadien der Radiumbehandlung zur Untersuchung kommen können, und daß ein besseres Verständnis des Vorganges durch Versuche mit experimentellen Tiergeschwülsten ermöglicht wird. Solche Versuche wurden zuerst von Apolant und von Cramer ausgeführt.

Apolant bestrahlte transplantierte Mäusekarzinome wiederholt mit Radium, wobei in einer Anzahl von Fällen Rückbildung eintrat. Bei der histologischen Untersuchung fand er im wesentlichen das gleiche Bild, welches auch Exner beschrieben hatte. Eine Beziehung zwischen der Häufigkeit und der Dauer der Bestrahlung einerseits und der Stärke der Wirkung andererseits ließ sich nicht erkennen.

Es sei hier noch bemerkt, daß die Versuchsanordnung wiederholte Bestrahlung einer Geschwulst zur Folge hatte, so daß die verschiedenen Stadien der Radiumwirkung nicht auseinander gehalten werden konnten. Tatsächlich stellten die Befunde von Apolant die Spätstadien der Radiumwirkung dar.

Cramer behandelte transplantierte Mäusekarzinome (Stamm Jensen) sowohl durch Bestrahlung mit festem Radiumbromid, als auch durch Injektion von physiologischer Kochsalzlösung, welche durch tagelange Bestrahlung mit Radium radioaktiv gemacht worden war, sowie durch Injektion verschiedener von Sir William Ramsay dargestellten wässerigen Lösungen von Radiumemanation. Mit allen drei Methoden wurde Rückbildung in einer Anzahl von Fällen erzielt. Nach Injektion einer besonders starken Emanationslösung starben die Tiere. Die Nekropsie ergab Enteritis, Lungenblutung und Nierenblutung.

Die histologische Untersuchung der Geschwülste, die wiederholt mit Radium behandelt worden waren, ergab im wesentlichen das von Exner und Apolant beschriebene Bild: eine lebhafte Wucherung des Bindegewebes, ohne daß dafür eine augenscheinliche Ursache gefunden werden konnte. Die Tumorzellen, abgesehen von einem Vorkommen von epithelialen Riesenzellen, zeigen ein normales Aussehen und weisen Zellteilung auf, während die Bindegewebswucherung schon im vollsten Gang ist. Morphologische Veränderungen der Tumorzellen, wie Vakuolisierung und Nekrosis, welche auf eine selektive Wirkung des Radiums auf die Tumorzellen schließen lassen würden, treten erst in den späteren Stadien auf und lassen sich dann ungezwungen durch Abschneiden der Blutzufuhr und Druck infolge der Narbenbildung erklären.

Zur weiteren Erforschung des Vorganges untersuchte Cramer die Frühstadien der Radiumwirkung, indem er die Geschwülste nur einmal bestrahlte, resp. mit Emanation oder radioaktiver Kochsalzlösung behandelte, und in den ersten sechs Tagen nach der Bestrahlung histologisch untersuchte. Es fanden sich in den ersten vier Tagen, als erste augenscheinliche Wirkung der Behandlung, Blutextravasate, die nicht nur auf das Stroma der Geschwulst beschränkt blieben, sondern auch auf selbst gesunde Geschwulst-Alveolen übergriffen. Tumoren, welche vom vierten bis sechsten Tage nach der Behandlung untersucht wurden, zeigten lebhafte Neubildung eines zellreichen Bindegewebes dessen große protoplasmareiche Zellen phagozytisch tätig waren. Zugleich trat eine lebhafte Neubildung von Kapillaren auf. Auf diese beiden Stadien, die hier kurzweg als „Frühstadium" der Radiumbehandlung zusammengefaßt werden sollen, folgte dann als „Spätstadium" das oben beschriebene charakteristische Bild der Rückbildung. Veränderungen an den Geschwulstzellen selbst konnten in den Frühstadien nicht gefunden werden.

Bei der Behandlung durch Injektion einer Lösung von Radiumemanation oder von radioaktiver Kochsalzlösung war die Reaktion mehr über den ganzen Tumor verbreitet und die Blutgefäße zeigten eine starke Hyperämie, während nach der Bestrahlung mit festem Radiumbromid die Reaktion lokalisiert war. Diese Lokalisierung entsprach aber durchaus nicht genau dem Teil des Tumors, der tatsächlich bestrahlt worden war.

Der ganze Vorgang der Rückbildung unter der Wirkung des Radiums weist also im wesentlichen die Züge einer entzündlichen Reaktion mit stark ausgesprochener reparativer Bindegewebsneubildung auf. Der ganze Vorgang einschließlich des Vorkommens von epithelialen Riesenzellen ist von den Vorgängen der Spontanheilung morphologisch nicht zu unterscheiden.

Um die Bedeutung der Blutextravasate für die Rückbildung der Geschwülste zu erforschen, versuchte Cramer durch Einspritzung relativ großer Mengen von Adrenalin Blutungen in den Tumor zu erzeugen. Er stellte sich dabei vor, daß die feinen Kapillaren der Geschwulst, welche weder vasomotorische Nerven noch Muskelfasern haben und daher von der allgemeinen Gefäßverengerung ausgeschlossen sind, infolge der starken Blutdruckerhöhung zerreißen würden. Die meisten der so behandelten Tiere starben in den ersten zwei Tagen nach der Injektion an Lungenblutung. Die Untersuchung der Tumoren zeigte das Vorhandensein von Blutungen in das Tumorgewebe. Bei den Überlebenden wurde Rückbildung der Geschwulst beobachtet und die histologische Untersuchung zeigte im wesentlichen das Bild der Rückbildung nach Behandlung mit Radium. Die Rückbildung von experimentellen Tiergeschwülsten nach Injektion von Adrenalin ist mehrere Jahre später von Reicher bestätigt worden.

Ferner fand Cramer, daß Tumoren des Jensenschen Stammes, welche in vivo mit Radium bestrahlt worden sind, ohne der Rückbildung zu unterliegen, sich mit Erfolg weiter transplantieren lassen, ohne bleibende morphologische oder biologische Veränderungen, wie sie Marie, Clunet und Raulot-Lapointe später bei einem Sarkom beobachtet haben, und daß Tiere, bei welchen eine Rückbildung der Geschwulst infolge von Radiumbehandlung stattgefunden hat, gegen weitere Transplantationen resistent sind.

Miß Menten unterwarf drei verschiedene Tumorstämme der Bestrahlung mit Radiumbromid, nämlich ein Rattenkarzinom, ein Mausspindelzellensarkom (Ehrlich) und das Jensensche Mäusekarzinom. Die ersten beiden Tumorstämme wurden durch die Behandlung nicht im geringsten beeinflußt und zeigten ein ungestörtes Wachstum, während die über den Tumoren liegende, vom Radium bestrahlte Haut, heftig ulzerierte. Nur die Tumoren des Jensenschen Stammes konnten durch Radiumbestrahlung rückgebildet werden. Der Vorgang der Rückbildung wurde von Miß Menten nicht weiter untersucht.

Sehr interessant sind die Befunde von Marie und Clunet und Raulot-Lapointe über die Wirkung von X-Strahlen, die eine in vieler Beziehung dem Radium ähnliche Wirkung haben, auf ein Mäusesarkom. Diese Forscher beobachteten nicht eine Rückbildung, sondern eine morphologische Veränderung der Zellen, welche sich während mehrfacher darauffolgender Transplantationen erhielt.

Wenn noch die Beobachtung von Haaland angeführt wird, daß mit Radium in vitro genügend lange bestrahlte Geschwulstzellen nach der Impfung nicht wachsen und resorbiert werden, aber nach der Resorption nicht den Zustand der Resistenz (Immunität) gegen eine darauf folgende Transplantation herbeiführen, welcher durch Impfung mit nicht bestrahlten Zellen herbeigeführt werden kann, und welcher auch nach der spontanen Heilung von Tumoren oder nach deren Rückbildung unter dem Einfluß der Radiumbehandlung in Erscheinung tritt, so sind damit im wesentlichen die Beobachtungen über die Wirkung des Radiums auf experimentelle Geschwülste erschöpft[1]).

Wenn man versucht, für den Vorgang der Rückbildung von bösartigen Geschwülsten unter dem Einfluß der Radiumwirkung eine Erklärung zu finden, so liegt die Annahme am nächsten, daß das Radium eine selektive schädigende Wirkung auf die Geschwulstzellen hat und sie abtötet, während die normalen Zellen des Wirtstieres der schädigenden Wirkung des Radiums weniger zugänglich sind. Eine solche Annahme ist nun auch tatsächlich von vielen Autoren, welche die Rückbildung von Tumoren unter der Einwirkung des Radiums beobachtet haben, ohne die Einzelheiten des Vorganges selbst weiter zu studieren, gemacht worden, indem sie für die Krebszellen gewisse spezifische Eigenschaften postulierten, durch welche sich die Krebszellen vor den normalen Zellen auszeichnen sollen und auf welche das Radium wirken soll. So nahm z. B. Werner an, daß das Radium besonders auf das Lezithin wirken soll, an welchem Krebszellen besonders reich sein sollen. Das Lezithin wirkt nach Werner wie „ein Akkumulator der biologischen Wirkungen der Radiumstrahlen“. Diese Anschauung stützte Werner durch Versuche, in welchen er durch Einführung

[1]) Die während der Korrektur erschienene Arbeit von Wedd und Ruß über die Wirkung der Radium- und X-Strahlen auf Mäusekarzinom konnte nicht mehr im Texte aufgenommen werden.

von mit Radium bestrahlten Lezithin Tumoren zur Rückbildung führte. Hierzu ist zu bemerken, daß eine solche Rückbildung auch durch Einführung von mit Radium bestrahlter physiologischer Kochsalzlösung erzielt werden kann, und daher einfach auf die Radioaktivität einer sonst neutralen Substanz zurückzuführen ist. Ferner ist der angebliche Lezithinreichtum von Krebszellen noch nicht erwiesen, während die Versuche von Obersteiner und Okada und von Cramer zeigen, daß besonders lezithinreiche normale Gewebe, wie das Nervengewebe, der Wirkung des Radiums nicht leicht zugänglich sind.

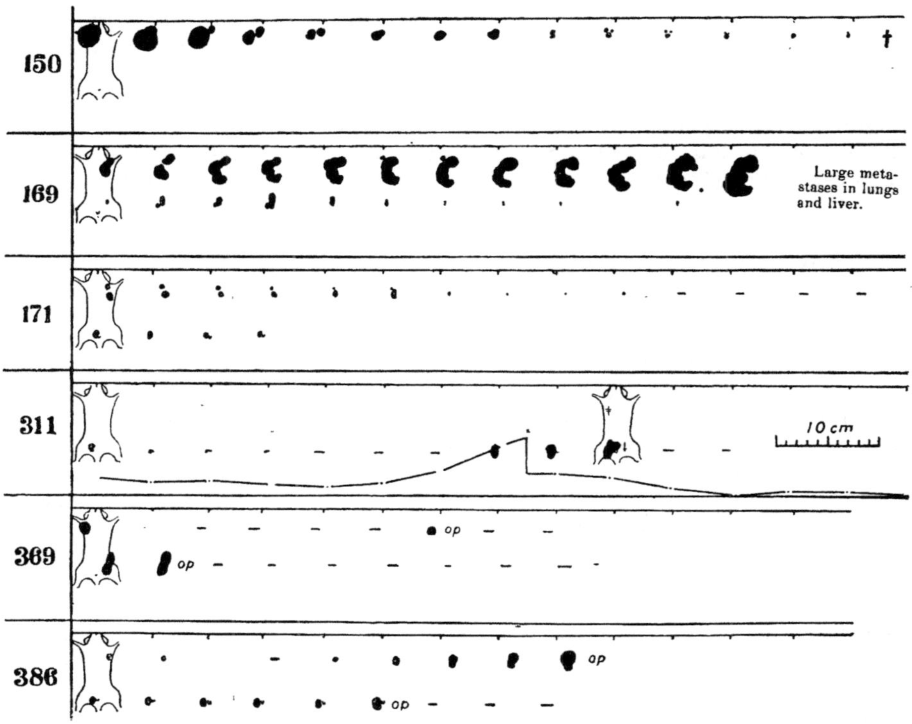

Fig. 130.

Graphische Darstellung des klinischen Verlaufs von spontanen Mammageschwülsten bei 5 Mäusen, bei denen Absorption des Spontantumors zu beobachten war. Die schwarzen Silhouetten stellen die Tumoren dar, wie sie in Intervallen von einer Woche beobachtet wurden (bezüglich der Größe vergleiche die Skala 311). Bei Maus 171 wurden 3 Tumorknoten vollständig absorbiert, deren genaue Natur ist jedoch nicht zu bestimmen gewesen. Bei den anderen 5 Fällen war eine mikroskopische Untersuchung möglich. Im Falle 311, 369 und 386 war die Absorption nur vorübergehend und später von erneutem Wachstum gefolgt. Zu beachten ist die Absorption der Inguinaltumoren bei Maus 169, während der Achseltumor dauernd weiterwuchs und Metastasen der Lunge und Leber machte. (Aus den Experimenten von Dr. Haaland).

Neuberg nahm zur Erklärung der Radiumwirkung an, daß die autolytischen Fermente, an welchen die Krebszellen besonders reich sein sollen, vom Radium in ihrer Tätigkeit nicht beeinflußt werden, während die anderen Zellfermente durch das Radium geschädigt werden, so daß also durch das Radium eine Autolyse der Krebszellen in vivo herbeigeführt wird. Nun ist aber, wie aus der oben gegebenen Beschreibung der Rückbildung von Tumoren hervorgeht, der tatsächliche Vorgang durchaus verschieden von dem einer Autolyse.

Ferner ist ja die Vorstellung, daß das Leben der Zelle abhängt von einem Gleichgewichtszustand zwischen der Tätigkeit von autolytischen Fermenten einerseits und von den anderen Zellfermenten andererseits ganz hypothetisch, und schließlich ist die angebliche hemmende Wirkung des Radiums auf nicht autolytische Fermente nicht allgemein bestätigt worden, wie aus den Versuchen von Schmidt-Nielsen mit Chymosin hervorgeht. Auch haben die Versuche von Bickel und seinem Schüler Minami über das Thorium und seine Zerfallsprodukte, welche eine dem Radium und seinen Zerfallsprodukten sehr ähnliche, biologische Wirkung ausüben, gezeigt, daß die Verhältnisse durchaus nicht so einfach liegen. Diese Forscher fanden nämlich, daß die β- und γ-Strahlen des Mesothoriums auf die Autolyse der Hundeleber sowie menschlicher Sarkome und Karzinome keinen begünstigenden Einfluß hat und auch nicht-autolytische Fermente, wie die Verdauungsfermente, in ihrer Wirkung kaum beeinflußt. Dagegen sind es gerade diese Strahlen, welche bei der Anwendung auf lebende Gewebe sehr intensive Wirkungen auslösen, welche sich in regressiven und produktiven Zellengängen äussern; und bei der Behandlung des Hautkrebses soll sich gerade die Bestrahlung mit den β- und γ-Strahlen des Mesothoriums bewährt haben.

Durch Thorium X und Emanation, welche beide α-Strahlen aussenden, wird die Autolyse in den ersten 24 Stunden beschleunigt. Bei weiterer Einwirkung verschwindet diese günstige Beeinflussung der Autolyse und kann sogar in Hemmung umschlagen.

Auf nicht-autolytische Fermente wie die Verdauungsfermente wirkt das Thorium X und die Emanation in ganz unregelmäßiger Weise. Die Wirkung des Pepsins wird begünstigt, die des Trypsins gehemmt, während die Diastasewirkung zuerst gehemmt und dann beschleunigt wird.

Einige Forscher haben aus Versuchen mit befruchteten Eiern und mit Embryonen, in welchen Bestrahlung mit Radium Wachstumsstörungen hervorruft, gefolgert, daß das Radium die Zellteilung hemmt und haben die Rückbildung von Tumoren auf diese Weise gedeutet. Die schönen Arbeiten von Hertwig über die Radiumkrankheit der Keimzellen haben ja auch gezeigt, daß das Radium das Chromatin der Zellen beeinflußt, und die Vorstellung, daß das Radium auf diese Art die Rückbildung von Tumoren bewerkstelligt, hat in der Tat viel für sich. In ähnlicher Weise könnte man auch die bleibende morphologische Veränderung, die Marie und Clunet und Raulot-Lapointe beobachtet haben, deuten. Denn bei der Bestrahlung von normalen Tieren sind es gerade Zellen, wie die männlichen Geschlechtszellen und (nach Heinicke) auch Lymphozyten — das heißt Zellen, welche einer lebhaften Kernteilung unterliegen, — welche vom Radium angegriffen werden. Aber selbst diese Anschauung der Radiumheilung von Tumoren kann bei näherer Betrachtung nicht aufrecht erhalten werden, jedenfalls nicht in ihrem vollen Umfange.

Einmal muß man bedenken, daß, unter der Annahme einer direkten Wirkung der Radiumstrahlen auf die Tumorzellen, bei einer mäßig großen Geschwulst jedenfalls nur eine verhältnismäßig geringe Anzahl von der direkten Wirkung der Radiumstrahlen betroffen werden kann. Selbst wenn man eine Wachstumshemmung dieser wenigen durch Radium direkt geschädigten Tumorzellen zugestehen würde, so würde dies die Rückbildung der Tumoren nicht genügend erklären; selbst ein Abtöten der Tumorzellen würde keine hinreichende Erklärung dafür bieten. Denn es gibt Tumoren, die zum größten Teile nekrotisch sind und sich doch nicht zurückbilden. Ferner wäre es schwer zu verstehen, warum das Radium das Wachstum der Tumorzellen so sehr hemmen soll, während es das Wachstum des Bindegewebes so mächtig anregt, und zwar ist diese Wachstumsteigerung des Bindegewebes die erste sichtbare Folge der

Radiumwirkung. Irgend ein morphologischer oder experimenteller Beweis dafür, daß die Zellen einer sich rückbildenden Geschwulst in ihrem Wachstum gehemmt sind, ist auch noch nicht erbracht worden. Die histologische Untersuchung solcher Tumoren zeigt vielmehr häufig Tumorzellen, die sich in lebhafter Zellteilung befinden, und mit Radium in vivo bestrahlte Tumoren können mit Erfolg weiter transplantiert werden. Man dürfte auch erwarten, daß dann eine Beziehung zwischen der Dauer der Bestrahlung und der Stärke der Radiumwirkung bestehen würde, was jedoch nicht der Fall ist. Schließlich ist die von Miß Menten und vielfach im hiesigen Institut gemachte Beobachtung, daß einige Tumorstämme der Radiumwirkung unzugänglich sind, während zu gleicher Zeit die normalen Zellen der Haut stark geschädigt werden, mit der hier kritisierten Anschauung unvereinbar. Die bisher besprochenen Erklärungsversuche gehen auf derartige Ergebnisse der experimentellen Krebsforschung überhaupt nicht ein und begnügen sich damit, die grobe Tatsache des Verschwindens von Tumoren unter dem Einfluß von Radium zu erklären, ohne dabei die tatsächlichen Vorgänge, welche sich bei der Rückbildung abspielen, zu berücksichtigen. Es ist jedoch klar, daß jeder Versuch, die Radiumwirkung zu erklären, den tatsächlichen Verlauf der Rückbildung mit in Betracht ziehen muß, und es ist bemerkenswert, daß gerade die Forscher, welche den Verlauf der Rückbildung eingehend studiert haben, sich sehr vorsichtig über die Art der Radiumwirkung aussprechen.

So hält es Exner für zweifelhaft, ob die Krebszellen bei der Radiumbestrahlung eine Schädigung erfahren, welche ihre Wachstumsfähigkeit vermindert, und er kommt zu dem Schluß, daß die physiologischen Beziehungen zwischen den Krebszellen einerseits und dem Bindegewebe andererseits gestört sind, so daß die Wachstumsfähigkeit des Bindegewebes diejenige der Krebszellen übertrifft.

Apolant, der ebenfalls eine Schädigung der Krebszellen als Folge der Radiumbestrahlung nicht nachweisen konnte, nimmt trotzdem eine selektive Wirkung des Radiums auf die Krebszellen an, und glaubt, daß dadurch ein sekundärer Reiz auf das Bindegewebe ausgelöst wird, welcher dasselbe zu vermehrter Wucherung anregt.

Cramer weist auf die große Ähnlichkeit hin zwischen der Rückbildung unter dem Einfluß von Radium und der spontanen Heilung von Tumoren. Eine solche spontane Rückbildung tritt beim experimentellen Tierkrebs bei gewissen Tumorstämmen häufig auf, und zwar kann dieser Vorgang die ganze Geschwulst mit in sich beziehen, oder auch auf einen Teil des Tumors beschränkt sein. Da nun nicht alle transplantierten Tumoren der Radiumwirkung in gleichem Maße zugänglich sind, so schließt Cramer aus der Ähnlichkeit zwischen der Spontanheilung und der Radiumheilung, daß die letztere durch die Ausdehnung und Förderung eines lokalisierten, spontanen Vorganges zustande kommt. Eine solche spontane Rückbildung tritt auch, wenn auch sehr selten, beim menschlichen Krebs ein und ist am sichersten für Chorionepitheliom festgestellt und ausführlich von Risel und Teacher beschrieben worden. Beim spontanen Mammakrebs der Maus haben sorgfältigste Beobachtung und Untersuchung von über 700 Fällen erwiesen, daß natürliche Heilung in weniger als 1% eintritt. Bei spontanem Mäusekrebs ist bis jetzt eine Rückbildung unter dem Einfluß von Radium noch nicht beobachtet worden.

Wodurch wird nun dieser Vorgang ausgelöst? Cramer glaubt, daß einerseits in dem Zustand der Krebszellen, andererseits in den Hämorrhagien, welche als Folge der Radiumwirkung auftreten, die wesentlichen Faktoren zu sehen sind. Die Bedeutung der Hämorrhagien geht aus verschiedenen Tatsachen hervor. Einmal führen experimentell durch Adrenalininjektionen erzeugte Hämorrhagien zu ganz ähnlichen Bildern und Resultaten wie die Radiumbehandlung. Ferner weisen gewisse hämorrhagische Tumorstämme ganz besonders häufig Spontanheilung auf. Diese Anschauung ist bestätigt worden durch die Untersuchungen von Teacher über die Heilung von Chorion-

Exp. 199/30 A. Alle Mäuse in die rechte Axilla inokuliert mit 0,02 C. C. (14. 6. 11).

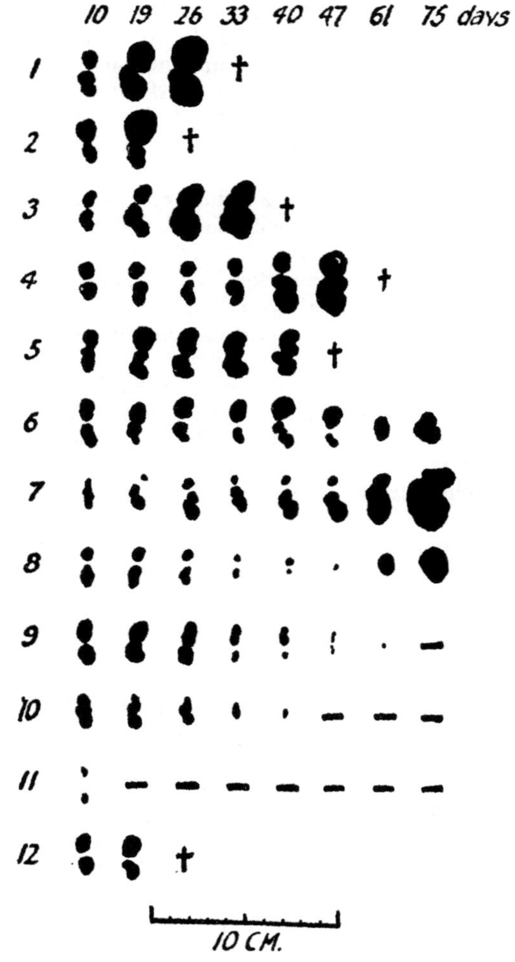

Fig. 131.
Die verschiedenen Wachstumstypen desselben Tumorgewebes bei einer Serie von Versuchstieren. Bemerkenswert erscheint das gleichzeitige Verschwinden eines Tumors und das Wachstum des anderen (Mäuse 6 u. 8).

epithelioma beim Menschen, wobei nach Angabe dieses Forschers Hämorrhagien ebenfalls eine wesentliche Rolle spielen.

Auf welche Weise diese Hämorrhagien ihre Wirkung ausüben, ist vorläufig noch nicht geklärt. Man könnte sich vorstellen, daß durch dieselben einerseits die Tumorzellen geschädigt werden, andererseits das Bindegewebe zur Wucherung angeregt wird. Gegen die Annahme, daß durch die Resorption des extravasierten Blutes ein Zustand der Immunität herbeigeführt wird, ist zu bemerken, daß durch normales, sowie auch durch Tumorgewebe eine Immunität gegen eigene Spontantumoren bis jetzt bei Mäusen nicht erreicht worden ist. Ferner ist auch eigenes Normalgewebe nicht imstande, eine Maus gegen fremde Tumoren zu immunisieren. Eher könnte man schon daran denken, daß durch die stattfindende Resorption der durch die Hämorrhagien geschädigten Tumorzellen ein Zustand der Immunität eingeleitet wird. Die Radiumbehandlung würde dann einen Zustand herbeiführen ähnlich dem, der oft spontan nach der Transplantation von Tumoren infolge der gleichzeitigen Resorption eines Teiles der eingeführten Zellen eintritt und in den Arbeiten aus dem hiesigen Institut als „konkomitierende Immunisation" beschrieben worden ist. Dieses Phänomen äußert sich darin, daß nach einem anfänglichen Wachstum der transplantierten Geschwulst eine Hemmung, manchmal auch eine vollkommene Rückbildung eintritt.

Jedenfalls ist kaum anzunehmen, daß die Hämorrhagien das einzige wesentliche Moment für die Auslösung der Rückbildung sind. Der Jensensche Stamm, an welchem die meisten Untersuchungen über die Radiumwirkung ausgeführt sind, zeigt besonders deutlich zyklische Schwankungen in dem Zustand der Tumorzellen, welche unter anderem in dem Verhalten bei der Transplantation, in der Wachstumsgeschwindigkeit, in der wechselnden Empfindlichkeit gegen die Radiumwirkung, und, was die vorliegende Frage betrifft, in der Neigung zur spontanen Rückbildung zum Ausdrucke kommen.

Bei den späteren Stadien dieser Spontanrückbildung spielt eine aktive Autoimmunisation eine bedeutende, vielleicht entscheidende Rolle, aber die Neigung zur Spontanheilung ist wohl so zu erklären, daß die außerordentlich feine Wechselbeziehung zwischen den Tumorzellen und dem Bindegewebe des Wirtstieres, welche sich so deutlich in der Spezifität der Stromareaktion für die verschiedenen Tumorstämme offenbart, mit den zyklischen Schwankungen in dem Zustande der Tumorzellen sich ändert.

Aus den beigefügten Figuren geht deutlich hervor, daß sowohl bei Spontantumoren wie auch bei transplantierten Tumoren lokale resp. intrazelluläre Zustände eine entscheidende Rolle bei der Rückbildung spielen. Sonst wäre es nicht zu erklären, warum, während ein Tumor weiter progressiv wächst, ein zweiter Tumor im selben Tier zur Resorption kommt.

Jedenfalls ist klar, daß für die spontane Rückbildung der Zustand der Tumorzellen von Bedeutung ist, und aus der oben eingehend besprochenen Beziehung der Radiumheilung zur spontanen Heilung folgt, daß dies auch für die Radiumwirkung gelten muß. Ob die Radiumwirkung dazu beiträgt, die Tumorzellen in diesen Zustand zu versetzen, muß vorläufig noch eine offene Frage bleiben.

Kapitel XXIV.

Aus dem Samariterhause in Heidelberg.

Radiumwirkung auf Karzinome und Sarkome.

Von

V. Czerny und **A. Caan.**

Mit 16 Abbildungen im Text.

Wenn wir von einer Radiumwirkung auf Karzinome und Sarkome sprechen, so denken wir dabei in erster Linie an die inoperablen Tumoren, d. h. an diejenigen, welche nicht auf blutigem Wege entfernt werden können. Die Literatur weist jedoch auch eine Reihe von Fällen auf, bei denen operable Tumoren mit radioaktiven Substanzen mehr oder minder erfolgreich in Angriff genommen wurden. Bahnbrechend sind hier die französischen Radiotherapeuten Wickham und Degrais gewesen. Aber auch sie haben den Wert des Radiums richtig einzuschätzen gewußt, indem sie betonen, daß das Radium nur begrenzte und zugängliche Neubildungen, nicht aber die Metastasierung beeinflußt[1]). Ist die Geschwulst bereits verallgemeinert, so kann das Radium nur die ursprüngliche Neubildung verkleinern, Blutung und Absonderung einschränken und den Schmerz vermindern. Ist ein Krebs begrenzt und zugänglich, aber inoperabel, so kann Radium ihn ausnahmsweise und bestenfalls operabel machen. Je weniger zugänglich die Geschwulst wird, um so geringer wird die Radiumwirkung sein. Gewisse Gewebe, wie die Schleimhaut des Mundes, sind besonders ungeeignet für die Radiumbehandlung. Hautkrebse, die begrenzt und oberflächlich sind, werden durch Radium ebensogut geheilt wie durch das Messer und durch Röntgenstrahlen.

Strebel[2]) gehörte wohl zu den ersten, die auf den Gedanken kamen, das Radium bei tiefgehenden Tumoren therapeutisch auszunutzen, er gab schon im Jahre 1903 ein Verfahren an, die Wirksamkeit für tiefergelegene pathologische Prozesse ganz bedeutend zu steigern, ohne die Haut selbst schädlich zu beeinflussen (durch intratumorale Applikation, indem die Radiumsubstanz in die ausgebohrte Spitze eines Aluminiumstäbchens eingeschlossen, mit Hilfe eines vorher eingestochenen Troikarts direkt in das Zentrum des Tumors eingeführt wird). Ein weiterer Vorschlag Strebels basierte auf der induzierten Radioaktivität, d. h. der Eigenschaft des Radiums, eine Reihe

[1]) L. Wickham, Brit. med. Journ. 1909. 18. Dez.
[2]) Deutsche Medizinalztg. 1903. Nr. 103.

von Körpern, wie Zink, Blei usw. für eine gewisse Zeit (etwa 24 Stunden) strahlenausscheidend zu machen. Nach und nach erfuhr die Technik der Tiefenbestrahlung wesentliche Besserungen, so daß wir heute nicht mehr auf dem Standpunkt Béclères[1]) stehen, der die therapeutische Verwendung der Radiumstrahlen nur für sehr oberflächliche Affektionen geboten hielt und das Radium mit Rücksicht darauf, daß seine Strahlen zum großen Teil aus solchen bestehen, die sehr weichen Röntgenstrahlen entsprechen und deshalb sehr wenig in die Tiefe dringen, „eine Taschenausgabe einer außerordentlich kleinen und weichen Röntgenröhre" nannte.

Um eine möglichst nutzbringende Wirkung des Radiums auf Karzinome und Sarkome zu erzielen, sind mehrere Momente (vgl. Finzi[2]), The Radium treatment of cancer, experiences of over 100 cases) notwendig: der Tumor muß möglichst intensiv unter Verwendung von passenden Filtern bestrahlt werden, die Radiummenge soll so groß wie möglich sein und die Bestrahlungszeiten sollen maximale sein, d. h. möglichst lange ohne Schädigung des gesunden Gewebes ausgedehnt werden.

Damit sind wir auf ein Gebiet gekommen, welches nach unserer Ansicht für den Praktiker bei der Behandlung der Frage von der Radiumwirkung auf maligne Tumoren außerordentlich wichtig ist, die Technik der Behandlung.

Technik.

In erster Linie kommt wohl bei der Behandlung maligner Tumoren mit Radium die lokale äußere Applikation in Frage. Diese geschieht in der Regel mittels Firnisplatten, Kapseln, Glas- oder Metallröhrchen, welche das Radium nicht in reinem Zustand, sondern in Verbindung mit Salzen enthalten. Es genügt nun nicht, die Menge des Radiumsalzes zu wissen, sondern es ist unerläßlich, bei Verwendung von Radiumapparaten die Werte seiner Gesamtstrahlung und reiner Teilstrahlung zu kennen und eine Kurve seiner Absorption durch Metallschirme zu besitzen. Die heute tonangebende Methode der lokalen äußeren Applikation basiert auf der Strahlenmessung, wie sie in dem Buche über Radiumtherapie von Wickham und Degrais sowie in den Arbeiten von Dominici angegeben ist, und damit ist das Verfahren des abgestuften Filtrierens verbunden, das es ermöglicht, aus der Gesamtstrahlung des Radiums diejenigen Strahlen auszuwählen, die man anwenden will (Bayet[3])).

Von den in Betracht kommenden α-, β-, γ- und Sekundärstrahlen werden die α-Strahlen, welche ca. $^9/_{10}$ der Gesamtstrahlung ausmachen, mit Ausnahme der stärksten α-Strahlen, schon durch Papier und Gummi nahezu ganz zurückgehalten. Bayet empfiehlt, die stark reizend wirkenden α-Strahlen ein für allemal auszuschalten und sich an die anderen Strahlen zu halten, besonders an die weichen und mittleren β-Strahlen. Die harten β-Strahlen und die γ-Strahlen zusammen bilden die sogenannten ultrapenetrierenden Strahlen, die lange angewendet werden können, ohne daß sie eine Reizwirkung ausüben. Auf die bei dem Gebrauch von Metallfiltern entstehenden, wenig penetranten (1 cm Watte beispielsweise genügt, um sie zu absorbieren) aber stark reizenden Sekundärstrahlen soll hier nicht näher eingegangen werden.

Die mehr oder minder starken Umhüllungen der Kapseln, Röhrchen, Firnißslatten usw. absorbieren natürlich einen Teil der Strahlen, so daß diese

---

[1]) Sur l'emploi thérapeutique des sels de Radium. Le Radium, 2. Jahrg. Heft 2.

[2]) Lancet, 20. Mai 1911.

[3]) Bayet, Einige Einzelheiten über die Anwendung von Radium zwecks Bestrahlung. Radium im Biol. u. Heilk. Bd. 1. Nr. 8.

außerhalb des Apparates quantitativ und qualitativ nicht der wirklichen Ausstrahlung des Salzgemisches entsprechen.

Bayet verwirft die Applikation des Radiumsalzes mittels einer mit einer Glimmerplatte verschlossenen Kapsel (Kautschuk bzw. Metallkapsel) und begründet seine Anschauung damit, daß durch die freie Bewegung des Salzes innerhalb der Kapsel eine ungleichmäßige Verteilung entsteht. Wir glauben, diese Fehlerquelle insofern beseitigt zu haben, als wir dafür Sorge getragen haben, das Radiumsalz nach Fixation mittels eines Klebstoffes möglichst gleichmäßig zu verteilen. Bayet verwendet für starke Bestrahlungen rechteckige bzw. viereckige oder abgerundete Platten, auf welchen das in dünner Schicht ausgebreitete Salz durch eine der Wärme und den antiseptischen Mitteln widerstehende Lackschicht befestigt ist, während bei den für schwächere Bestrahlungen dienenden radiumhaltigen Geweben die Radiummischung durch eine sehr dünne Lackschicht fixiert ist [1]).

Sieber[2]) überzieht dünne Zelluloidplatten durch Eintauchen in eine dünne Radiumlösung in Amylacetat mit einer sehr dünnen Radiumschicht, die mit einem außerordentlich feinen Kollodiumhäutchen gegen Verletzungen geschützt wird. Auf diese Weise hat er eine große radioaktive Fläche, die auch reichlich Emanation erzeugt.

Die von Wickham[3]) benützten Apparate bestehen aus Metallplatten verschiedener Form, welche mit einem radiumhaltigen Firnis versehen sind und zwar so, daß 1 cg Radiumsalz auf 1 qcm der Oberfläche des Apparates verteilt ist. Außerdem werden kleine Röhrchen aus Silber oder Platin benutzt, welche Radiumsalze enthalten, und zur Einführung in Geschwülste bestimmt sind. Zum Zwecke der Einführung werden die Geschwülste mit einem Troikart perforiert. Exner[4]) hat schon 1903 160 mg Radiumbromid (Braunschweiger Chininfabrik) teils in Originalkapseln mit Glimmerplattenverschluß verwandt, teils mit Lack vermischt über ein Hartgummiplättchen von 1,5 cm Seitenlänge verteilt, um eine größere Fläche bestrahlen zu können, während Mühsam[5]), um die nicht erkrankten Teile (u. a. bei Mastdarm und Scheide) möglichst vor der Einwirkung der Radiumstrahlen zu schützen und die Strahlen selbst nur auf die erkrankten Teile gelangen zu lassen, das Radium in einer auf einer Seite offenen bzw. mit Marienglasfenster versehenen Bleikapsel fixiert und mit Hilfe dieser Kapsel die radiäre Wirkung nach allen Seiten ausschalten will.

Dominici und de Martel[6]) führen radiumhaltige, geschlossene Röhrchen

---

[1]) H. Farjas und A. Jeboin (Paris) stellen radiumsalzhaltige Gewebe bzw. Tücher auf folgende, patentierte Weise her: die für Heilzwecke bestimmten Tücher oder Fäden werden durch bekannte Mittel sorgfältig gereinigt und dann ohne oder mit künstlichen Mitteln getrocknet, danach in 10%iger Tanninlösung oder konzentrierter Alaunlösung gebeizt und wiederum getrocknet, dann in 2% Ammoniaklösung von 22° R oder in Wasser und schließlich in einer, der beabsichtigten Strahlungsfähigkeit entsprechend starken Bariumsalzlösung getränkt und endgültig getrocknet; z. B. Nähfäden aus Catgut in einer Lösung von 0,00002 g Radiumbromid auf 1 ccm Wasser; Seide, Wolle oder Baumwolle in stärkerer eine halbe Stunde lang. Die Befestigung der radioaktiven Stoffe auf den Fasern in genau bestimmbarer Menge wird dagegen zweckmäßig in der Weise ausgeführt, daß man die sorgfältig gereinigten Fasern in eine angemessene Lösung von Barium-Radiumchromat in Chromsäure taucht, aus dieser Lösung dann durch tropfenweisen Zusatz von essigsaurem Natron das Chromat fällt und auf den Fasern festhaftend niederschlägt, wonach es noch durch Eintauchen in 1 bis 10%ige Schwefelsäurelösung in Sulfat übergeführt werden kann (E. Schneckenberg).

[2]) Arch. of the Roentgen ray.

[3]) Wickham, L., Das Radium und der bösartige Krebs. Arch. f. Dermat. u. Syph. 1912.

[4]) Sitzungsber. d. kaiserl. Akad. d. Wissensch. Wien. 1903. Bd. 112.

[5]) Berl. klin. Wochenschr. 1904. Nr. 26.

[6]) Dominici et de Martel, Radiumthérapie du cancer de la langue. La presse méd. 1910. Nr. 18.

in die Substanz der Geschwulst: es wird eine dicke Hohlnadel in die Geschwulst eingestochen, durch dieselbe mittels eines Fadens das 3—5 cg reines schwefelsaures Radium enthaltende Röhrchen durchgezogen und in der Neubildung liegen gelassen, oder es wird eine hohle Schraube angewendet, die das Radiumröhrchen enthält und durch eine einfache, einen angeblich schmerzlosen Eingriff darstellende Drehbewegung in die Geschwulst eingeführt wird. Diese Methoden sind von uns bisher nicht nachgeprüft worden: wir haben uns bisher darauf beschränkt, nach der Radikaloperation eines Tumors ein Radiumröhrchen prophylaktisch 6—24 Stunden in das Wundbett einzulegen und es alsdann mittels eines an einer kleinen, am Röhrchen befindlichen Öse befestigten Fadens herauszuziehen, oder aber das Röhrchen wurde nach unvollkommenen operativen Eingriffen (auf blutigem Wege, mittels Kaltkaustik, Thermokoagulation usw.) in die restierenden Geschwulstmassen eingebettet.

Wir erwähnten bereits, daß die Umhüllungen der Kapseln, Röhrchen usw. einen Teil der Strahlen zurückhalten, d. h. als Filter wirken. Ebenso verhält es sich, allerdings nicht in dem weitgehenden Maße, mit dem Lack, welcher das Radium auf dem Metallhalter oder auf dem Gewebe festhält. Je nachdem man Oberflächen- oder Tiefenwirkung zu erzielen beabsichtigt, kann man durch Anwendung absorbierender Filter die stärker penetrierenden von den schwächer penetrierenden Strahlen trennen. Die durch die Anwendung der Filter resultierende Abschwächung der Strahlen kann wieder ausgeglichen werden durch Verlängerung der Bestrahlungszeit, durch Verwendung sehr starker radioaktiver Präparate, durch die Bestrahlung von verschiedenen Angriffspunkten aus (Methode des „Kreuzfeuers").

Die meist gebräuchlichen Filter sind $^1/_2$ mm dünne Gummiplatten, $^1/_{100}$—$^1/_{10}$ mm dicke Aluminiumplatten, $^1/_{10}$, $^2/_{10}$, $^5/_{10}$, 1 mm und 2 mm dicke Bleiplatten, Watte und Mattpapier. Der Gummi ist schon aus antiseptischen Gründen gut, er läßt β- und γ-Strahlen und einen Bruchteil von α-Strahlen durch. Die Aluminiumplatten haben den Nachteil, daß sie eine große Menge von Sekundärstrahlen bilden, die leicht eine Pigmentierung der Haut hervorrufen. Um sie zu absorbieren, bringt man zweckmäßig 20 Blatt Papier bzw. 1 cm Watte zwischen Organ und untersten Teil des Filters an. Gleichzeitig werden dadurch die α-Strahlen ausgeschaltet. Die Bleifilter gestatten die ausschließliche Benutzung der ultrapenetrierenden Strahlen (harte β- und γ-Strahlen), da die α- und weichen β-Strahlen gänzlich absorbiert werden.

Je nach der Art der in Anwendung kommenden Filter unterscheidet man eine leichte, mittlere und starke Filtration. Es ist natürlich nicht möglich, alle Variationen anzuführen, es sei hier nur an die Verwendung einer Bleischachtel erinnert, welche nach Bayet das Anlegen des Apparates und der Filter erleichtert und den Zweck hat, die seitlichen Strahlen, die von den Rändern der Radiumplatten ausgehen und die die benachbarten Teile reizen könnten, zurückzuhalten. Bei Bestrahlung kleinerer Knötchen, deren Größe nicht der Oberfläche des Präparates entspricht, bedient man sich am besten einer Bleiplatte von 1—2 mm Dicke, die mit einer Öffnung von der Größe und Form der Affektion versehen ist, und mittels eines Streifen Heftpflasters auf die Haut befestigt wird (Bayet). Je tiefer das zu behandelnde Gewebe unter der Haut liegt, desto stärkere Filtrationen müssen angewandt werden, und je stärker die Filtration ist, je länger muß die Anwendung sein, d. h. bei oberflächlichen Epitheliomen, die eine Tiefe von weniger als 1 cm haben, werden wir mit Radiumbestrahlung ohne Filter oder mit leichterem Filter (während mehrerer Stunden) eine starke, zerstörende Wirkung ausüben, während bei der Tiefenbestrahlung nur harte β- und γ-Strahlen zur Verwendung kommen sollen, die nicht so zahlreich sind wie die α-Strahlen und eine Anwendungsdauer bis zu 200 Stunden gestatten (Bayet).

Es handelt sich demnach in der Hauptsache darum, daß jede Reizwirkung vermieden wird. Die Mißerfolge bei der Behandlung maligner Tumoren sind zum Teil auf die ungenügende Bestrahlung zurückzuführen. Bayet erachtet bei der Behandlung maligner Tumoren als notwendig: einen Satz starker Instrumente, bestehend aus Platten, die mit Salzen von $\frac{1}{4}$ cg pro qcm bedeckt sind, und einen Satz schwacher Instru-

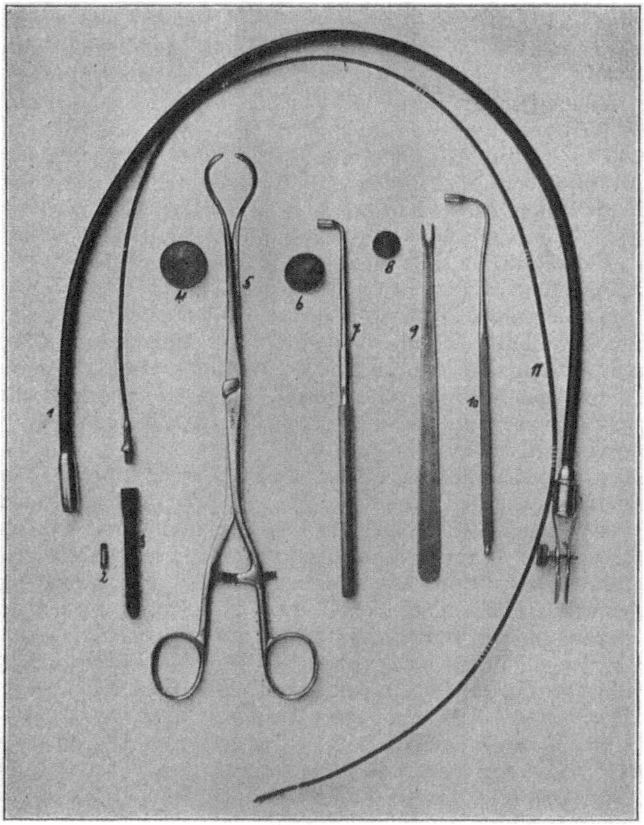

Fig 132.
1. Sonde, 11 dazu gehöriger graduierter Mandrin (für die Behandlung des Ösophaguskarzinoms). 2. Silbertube (30 mg Mesothorium enthaltend). 3. Celluloidhülle (an die Sonde aufschraubbar und für die Aufnahme von 2 bestimmt). 4. Messingkapsel mit Glimmerverschluß (50 mg Mesothorium enthaltend). 6 und 8 Silberplättchen (je 20 mg Mesothorium enthaltend). 5, 7, 9, 10 Instrumente zur Applikation der Radium- bzw. Mesothorium-Instrumente an schwer zugänglichen Partien (9 ist aus dem Wichmannschen Instrumentarium).

mente, bestehend aus radiumhaltigen Geweben, die 10 mal weniger stark sind, und er kommt mit zwei Methoden der Radiumbehandlung von malignen Tumoren aus: mit der schnellen Methode = 7—8 stündiger Applikation der β- und γ-Strahlen und mit der langsamen Methode (Absorption der α- und β-Strahlen, Verwendung der γ-Strahlen ausschließlich während 48—200 Stunden). Das Wichmannsche[1]) Instrumentarium mit einer runden größeren und einer

[1]) Instrumentarium zur externen therapeutischen Anwendung von hochaktiven Radium- und Mesothoriumpräparaten. Radium in Biol. u. Heilk. Bd. 1. Heft 7.

ovalen kleineren Kapsel sowie mit Filtern verschiedener Art scheint uns im großen und ganzen diesen Anforderungen zu genügen. Die radioaktive Substanz (bei unserem Instrumentarium handelt es sich um Mesothoriumbromid) gelangt in feinster gleichmäßiger Verteilung fixiert zur Wirkung; die Behälter bewahren die radioaktive Substanz vor allen äußeren schädigenden Einflüssen, sind leicht applizierbar, ermöglichen die leichte Anbringung einer Skala von Filtern und gewährleisten in ihren Wandungen einen hinreichenden Schutz gegenüber der Umgebung des Bestrahlungsfeldes.

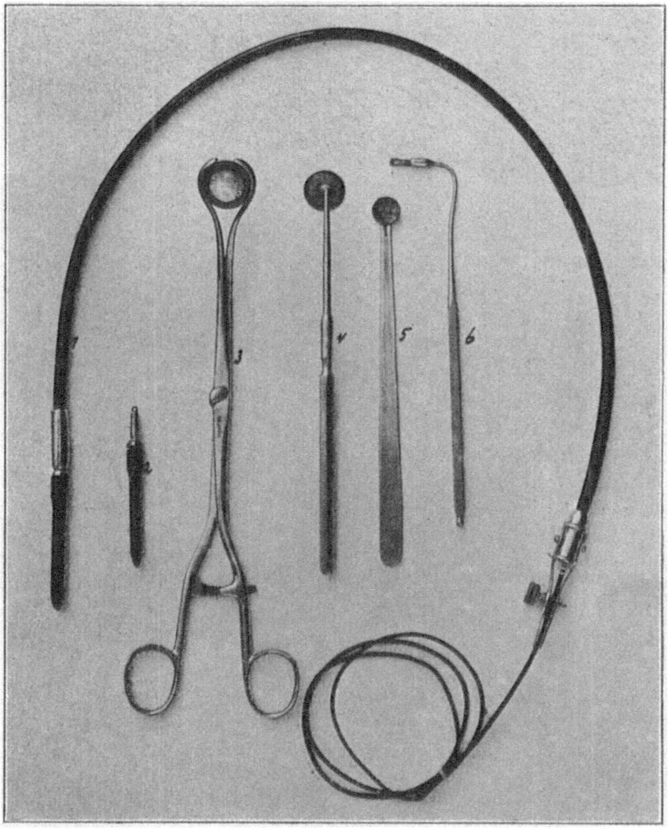

Fig. 133.
Das Radium- bzw. Mesothoriumpräparat wird an den verschiedenen Instrumenten montiert. 1. Ösophagussonde. 2. Celluloidhülle, welche mit einem aufschraubbaren Verschluß versehen ist und zur Aufnahme eines Radium- bzw. Mesothoriumpräparates dient. 3, 4, 5, 6 mit Radium bzw. Mesothorium montierte Instrumente.

Es ist unter Umständen vorteilhaft, den Radiumträgern eine dem zu behandelnden Organ entsprechende Form zu geben, bzw. Instrumente zu verwenden, mit denen es möglich ist, an sonst unzugänglichen Stellen die Strahlen einwirken zu lassen. Exner[1]) hat schon 1903 einen olivenförmigen Körper aus Hartgummi mit Radiumlack überzogen und zum Anschrauben an geeignete Handgriffe eingerichtet. Die mit Radium bedeckte Fläche war bei diesen

[1]) Sitzungsber. d. kaiserl. Akad. d. Wissensch. Wien. 1903. Bd. 112.

kleinen Geräten mit dünnsten Hartgummiplättchen gegen äußere Einwirkungen geschützt. Die Kapseln wurden, wo es ging, durch Heftpflaster auf die äußere Haut fixiert. Einhorn[1]) konstruierte Radiumbehälter für den Magen, Ösophagus und das Rektum, welche aus einer auseinanderschraubbaren Kapsel aus Glas, Aluminium oder Hartgummi bestehen, deren Deckel mit einem zur Aufnahme eines Seidenfadens bestimmten, das Lumen nicht berührenden Kanale versehen ist. In die Kapsel wird das Radiumfläschchen hineingetan, dasselbe zugeschraubt, dann die Seidenschnur eingefädelt und fest zugeknotet.

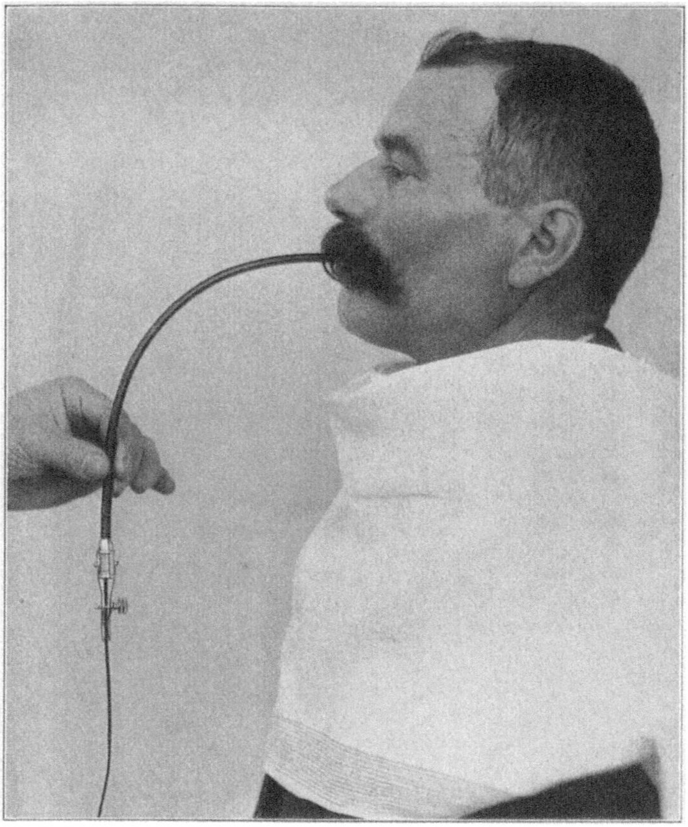

Fig. 134.
Einführung der Ösophagussonde mit einem Mandrin, an dessen unterem Ende eine das Radiumpräparat enthaltende Zelluloidhülse aufgeschraubt ist.

Diese Kapsel wird nach Art des Mageneimerchens verschluckt. An bestimmten Stellen der Seidenschnur angebrachte Knoten zeigen, an welchem Ort sich die Kapsel jeweils befindet. Für Speiseröhre und Rektum sind die Radiumbehälter mit Bougie oder mit einem mit Mandrin versehenen Schlauch armiert. Exner[2]) nahm bei Ösophaguskarzinomen jeden zweiten Tag eine 20 minutenlange oder auch täglich eine halbstündige Bestrahlung der Stenose vor. Die Stenose wurde durch offensichtlichen Zerfall des Krebsgewebes weiter, wodurch

[1]) Berl. klin. Wochenschr. 1904. Nr. 16.
[2]) Wien. klin. Wochenschr. 1904. Nr. 4.

selbstverständlich die Schluckbeschwerden beseitigt wurden. Er wies auf die Gefahr der Perforation hin. Je nach Sitz und Enge der Stenose muß die Form und die Stärke der zur Verwendung gelangenden Radiumbougies verschieden sein. Das von uns angegebene Instrument[1]) zur lokalen Bestrahlung von Ösophaguskrebsen besteht aus einer mit einer Skala versehenen Magensonde, durch welche ein ebenfalls graduierter, 2 mm Durchmesser besitzender Mandrin hindurchgezogen werden kann. An der Spitze des Mandrins, welcher doppelt so lang wie die Hohlsonde ist, findet sich eine abschraubbare, etwa 4 cm lange

Fig. 135.
Die Ösophagussonde ist entfernt worden, der Mandrin mit dem Radiumpräparat bleibt liegen.

und 6—9 mm breite, nach unten sich verjüngende Zelluloidkapsel, welche zur Aufnahme des Radiums bzw. Mesothoriums bestimmt ist (s. Abb. 134 und 135). Der Vorgang bei der Bougierung ist folgender: Magensonde mit Mandrin und Zelluloidtube werden eingeführt. Nachdem das Hindernis erreicht ist, wird die Tube vorsichtig (!) durch Tast- und Drehbewegungen möglichst tief in die Stenose hineingeführt. Die Hohlsonde wird über den Mandrin zurück-

[1]) Das Instrument ist bei der Firma Friedrich Dröll, Heidelberg, Bergheimerstraße 15, erhältlich.

gezogen, der zum Fixieren und später zum Zurückziehen des Radiumapparates dient (vgl. Abb. 134 und 135). Das Instrument kann bis zu 2 Stunden liegen bleiben, ohne daß es stärkere Reizerscheinungen macht. Die Einführung wird in Intervallen von 3—4 Tagen (zur Verhütung einer Mediastinitis) vorgenommen.

Eine weitere Art der Anwendung bilden die sogenannten Radiumkompressen sowie eine Reihe von Präparaten, welche lediglich Emanation und induzierte Aktivität oder aber auch neben Emanation und induzierter Aktivität radiumhaltige Substanz selbst enthalten. Es gehört nicht in den Rahmen dieser Arbeit, alle diese Präparate, welche mehr bei inneren Krankheiten (Gicht, Rheumatismus usw.), weniger bei der Geschwulstbehandlung gebraucht werden, ausführlicher zu beschreiben. Nach Verwendung von Radium- bzw. Uranolkompressen (aus radiumhaltiger Erde) sehen wir bei lang dauernder Applikation auf die Tumoren gelegentlich subjektive und auch objektive Besserung (Kleinerwerden der Geschwülste). Bei ulzerierenden Karzinomen tun Radiumsalbe und Radiumpulver bisweilen gute Dienste, zweckmäßig jedoch im Verein mit Antiseptitis (Borsäure usw.), da die radioaktive Substanz bei diesen Präparaten nicht imstande ist, eine Bakterienentwickelung zu verhindern. Überhaupt handelt es sich bei allen diesen Präparaten[1]) (und so auch bei den Radiumsuppositorien, -vaginalkugeln, -schlamm usw.) um äußerst schwache radioaktive Körper, die mit den vorher beschriebenen Radiumpräparaten (dort handelte es sich um sehr hochwertige Radiumsalze = Radiumbromid, Radiumchlorid) gar nicht in Vergleich gezogen werden dürfen und bei der Geschwulstbehandlung, wenn überhaupt, meist nur eine subjektive Besserung erzielen.

Ähnlich verhält es sich mit den Radiumpräparaten, welche zu Trinkkuren (bei Ösophagus-, Magen- und Darmkarzinomen), zu Spülungen (Harn-

[1]) Von diesen Präparaten seien hier genannt:

1. Radiumpräparate der Austriaapotheke (Wien): radioaktives Bimssteinpulver als Badezusatz, radioaktives Trinkwasser in Fläschchen zu 10 und 20 g.
2. Präparate der Radiumheilgesellschaft, Charlottenburg. Radium-Heil-Trink-Emanatoren, Inhalationsapparate, Radiumtücher, Kompressen usw.
3. Radiogenapparate (Charlottenburger Radiogengesellschaft): Radiogenwasser zu Trinkkuren, Radiogenmoor, Radiogenschlamm, Radiogenkompressen sowie Karbo-Radiogenpräparate nach Sticker und Falk (Über Ferment und Radiofermenttherapie. Berl. klin. Wochenschr. 1910. Nr. 23), Karbo-Radiogenpulver, Karbo-Radiogenstäbchen, -kugeln, -suppositorien, -salbe.
4. Radiolpräparate (Dr. Aschoff, Bad Kreuznach): Radiolpulver, Radioldauerkompressen, Globuli Radioli, Suppositoria Radioli, Radiolgelatineverband, Ungt. Radioli, Linimentum Radioli, Radiolgaze usw., Emanationswasser (aus den Neumannschen Aktivatoren oder aus den Aschoffschen Radiolatoren).
5. Präparate der Radiumgesellschaft Richard Keil, Dresden: Radium-Keil-Tabletten für Bäder, Trink-, Inhalationskuren, Radium-Keil-Dauerkompressen, Radium-Keil-Fango usw.
6. Präparate der allegemeinen Radium-Aktien-Gesellschaft (Berlin): Allradiumlösung zum Trinken, Baden, Allradiumschlamm, -Kompressen.
7. Joachimsthaler Pechblendenrückstände in Form von Säckchen zur Dauerbestrahlung.
8. Kompressen, welche mit hochwertigen radioaktiven Substanzen (L. Marcus, Berlin) imprägniert sind.
9. Fango, ein vulkanischer, nach Kohlrausch und Nagelschmidt radioaktiver Quellschlamm.
10. Emanosaltabletten der Höchster Farbwerke zu Bade-, Trink- und Inhalationszwecken.
11. Präparate der Radiumzentrale (Berlin): Radiozontabletten, Radiozonwasser usw.
12. Präparate der deutschen Radiumgesellschaft „Hannover“: Radio-Lith-Heil-Kompressen, -Pulver usw.
13. Radiovis-Präparate (O. Braemer), z. B. radioaktives Wismut in Pulverform.

blase, Vagina mit emanationshaltigem Wasser) oder zu Bädern verwandt werden. Aber gerade bei der Geschwulstbehandlung haben wir sowohl von hochdosierten Trink- wie auch von Badekuren (am besten eignet sich naturgemäß dazu der Aufenthalt der Patienten an einem Badeort mit radiumhaltigen Quellen usw.) nicht ganz zu unterschätzende Wirkungen gesehen, welche, wenn sie auch nur vorübergehend waren und vorzugsweise eine subjektive Besserung hervorbrachten, so doch den Effekt der lokalen äußeren Applikation zu heben schienen. Neuerdings verwenden wir auf Veranlassung von Herrn Prof. Dr. Werner eine von pulverisierter Kieselsäure absorbierte Thor-X-Lösung[1]) als Brei, der, mit Zucker angerührt, bei Krebsen des Magendarmtraktus per os gereicht und gern genommen wird. Auch Pasten und Plomben für Zerfallshöhlen in Tumoren, Wunden und Ulzerationen lassen sich aus mit Thor-X radioaktiviertem Kieselsäurepulver darstellen.

Ungleich wertvoller für die Radiumtherapie der Geschwülste ist die Einverleibung der radioaktiven Substanz in Form der Injektion, vor allem der intratumoralen Applikation, welche entweder mit gelöster oder aber emulgierter radioaktiver Substanz erfolgt. Wir dürfen natürlich auch hier nicht die Resultate erwarten, wie sie bei der lokalen äußeren Applikation der stärksten Radium- bzw. Mesothoriumpräparate zutage treten. Immerhin haben wir bei unserem großen Material eine Reihe von Fällen gesehen, bei denen auffallende, in der Regel aber nur vorübergehende Besserungen auftraten. Während wir anfangs Radiol (eine Ampulle enthielt 1 ccm einer Mischung von Radiol 10,0, Gelatine 1,0, NaCl 0,8 auf 100 ccm H_2O), Radiogenol (2 ccm einer 2%igen Emulsion von Radiumbariumkarbonat in Paraffinum liquidum mit Bismutum subnitricum als Schwemmmittel), Radium Keil (1 Ampulle = 1 ccm gelöstes Radiumbaryumchlorid mit einer Aktivität bis zu 1000 000 VA.) verwandten und dabei, wie schon erwähnt, vereinzelte vorübergehende Erfolge sahen, sind wir in der letzten Zeit dazu übergegangen, sehr hochwertiges Thorium X intratumoral sowohl wie intravenös einzuspritzen. Es ist uns nicht bekannt, ob bisher bei Tumoren auf intravenösem Wege eine radioaktive Substanz einverleibt worden ist, soviel ist jedoch sicher, daß diese Einspritzungen im großen und ganzen gut vertragen werden, daß sie vor allem in einer Reihe von Fällen (und auch bei sonst nicht erreichbaren Tumoren) einen nicht zu verkennenden günstigen Einfluß gezeigt haben. Während über die Technik der intratumoralen radioaktiven Injektionen nur soviel zu sagen ist, daß die Lösungen unverdünnt, möglichst verteilt, in das maligne Gewebe[2]) gebracht werden sollen (wegen der gewöhnlich auftretenden Reaktionen = Schmerz, Rötung, Schwellung in Intervallen von 2 bis 3 Tagen, bei Thorium X sogar von 8 Tagen), sind bei der intravenösen Applikation einige Winke unerläßlich. Vor allem soll das Thorium X nur in verdünnter Lösung injiziert werden, am besten 1,0 Thorium X-Lösung (Aktivität in der Regel gleich 1000000 M.-E.) auf 10,0 physiologische Kochsalzlösung. Am Tage der Injektion soll der Patient sich möglichst ruhig verhalten und in den nächsten 3 bis 4 Tagen dafür Sorge tragen, daß der Dickdarm möglichst

[1]) Das Thorium X, welches uns von der deutschen Gasglühlichtgesellschaft in Berlin gütigst zur Verfügung gestellt wird, kommt in der Regel in gelöstem Zustande (in physiologischer Kochsalzlösung) zur Verwendung; 1 ccm dieser Lösung enthält nach Angabe der Auergesellschaft eine minimale Menge des Elementes Thorium X, schätzungsweise $^1/_{100000}$ mg, und besitzt eine Aktivität von durchschnittlich einer Million M.-E. (1 M.-E. entsprechend ungefähr 80 Volt Abfall pro Stunde im Engler-Sievekingschen Fontaktoskop bei einer Kapazität des Instrumentes = 12,4 cm). Die starke Wirkung des Präparates gründet sich offenbar darauf, daß unmittelbar aus dem Thorium X die Thoriumemanation entsteht, welche sich durch Diffusion etwas von dem Orte des Depots entfernt und selbst bei ihrem Zerfall sehr kräftig strahlt sowie kräftig strahlende Produkte schafft.

[2]) Es empfiehlt sich, bei scirrhösen Tumoren den Stempel der gefüllten Spritze ganz langsam vorzuschieben, da es nur so möglich ist, die Flüssigkeit auch wirklich intratumoral einzuverleiben.

entleert ist[1]) (durch milde Laxantia bzw. Klystiere). In keinem Falle soll die zweite intravenöse Injektion vor Ablauf von 8 Tagen gemacht werden. Erst nach dieser Zeit darf man wohl annehmen, daß der Organismus sich von den Folgen der stark wirkenden (die Patienten klagen in den ersten Tagen post injectionem oft über Brechreiz, Appetitlosigkeit, Mattigkeit usw.) intravenösen Thorium X-Injektion erholt hat.

Die intratumoralen Aktiniuminjektionen[2]) sollen einen Ersatz bilden für die intratumoralen Radiuminjektionen, ihre Aktivität und Wirkung ist ihnen nahezu gleichwertig. Das feinkörnige, bräunlich-rote, in der Chininfabrik Braunschweig erhältliche Pulver wird in ein Gefäß mit physiologischer Kochsalzlösung gebracht (beispielsweise 0,5 g Aktinium in 10,0 NaCl) und auch in dieser unlöslichen Form angewandt. Um die Einspritzung dieser radioaktiven Substanz zu ermöglichen, wird das Gefäß kräftig geschüttelt, so daß eine Emulsion entsteht. Sodann wird eine Rekordspritze mit einer breiten Kanüle (0,6 bis 0,8 mm Durchmesser) gefüllt, deren gleichmäßig verteilter Inhalt möglichst sofort injiziert wird. Das Aktinium bleibt am Ort der Injektion als radioaktives Depot liegen und zwar in der Regel längere Zeit, wie durch Röntgenphotographie nachgewiesen werden kann.

Sticker und Falk verwenden Karbo-Radiogenol (Charlottenburger Radiogengesellschaft) zur parenchymatösen bzw. intratumoralen Injektion. Karbo-Radiogenol besteht aus fermenthaltiger Kohle (Karbenzym) und einem unlöslichen Radiumsalz. Sie verreiben den Inhalt sorgfältig in sterilem Mörser mit 0,6%iger Sodalösung und injizieren mit einer Spritze, welche eine nicht zu enge Nadel führt, die Masse in die Geschwulstknoten, in 5tägigen Intervallen. Auch wir haben Versuche mit radioaktiven Fermentpräparaten angestellt und zwar mit solchen, die unter allen Kautelen von Dr. Aschoff in Bad Kreuznach in Verbindung mit dem Kreuznacher Radiol hergestellt waren. Bei einem Patienten kam es nach der zweiten Injektion von Karbo-Radiogenol zu einer stürmischen, ad exitum verlaufenden Tetanusinfektion, deren Ursache nicht aufgeklärt werden konnte. Obwohl wir keinen Grund haben, das Sticker-Falksche Präparat für dieses traurige Ereignis verantwortlich zu machen (das Karbo-Radiogenol soll übrigens nach Angabe der Autoren bei einer Reihe von malignen Tumoren gute Dienste tun), so lag es für uns dennoch nahe, von weiteren Versuchen mit dem Präparat abzusehen, so daß wir nicht in der Lage sind, dieses Präparat nach seiner therapeutischen Eigenschaft bei Geschwülsten zu beurteilen (Literatur: Sticker und Falk, Über Ferment und Radiumfermenttherapie. Berl. klin. Wochenschr. 1910. Nr. 23. — Laubenheimer und Caan, Über eine Tetanusinfektion nach subkutaner Einverleibung von Radiolkarbenzym. Münch. med. Wochenschrift 1911. Nr. 17. — Sticker und Falk, Zur Radiofermenttherapie. Münch. med. Wochenschr. 1911. Nr. 29. — Laubenheimer und Caan, Zur Radiumfermenttherapie. Münch. med. Wochenschr. 1911. Nr. 33.)

---

[1]) Das intravenös einverleibte, aber auch das intratumoral injizierte (dieses weniger) Thorium X greift auffallenderweise die Schleimhaut des Darmes, vor allem aber des Dickdarmes an, und die beständige gründliche Entleerung soll verhindern, daß das im Kot ausgeschiedene Thorium X bei der Passage durch den Darm an einer Stelle längere Zeit liegen bleibt und hier reizend wirken könnte.

[2]) Das im Jahre 1899 in den Rückständen des Uranpecherzes von Debierne gefundene Aktinium ist identisch mit dem Gieselschen Emanium. Seine Emanation beseitzt ein sehr kurze Lebensdauer (nach 3,9 Sekunden ist das Strahlungsvermögen der Aktiniumemanation auf den halben Wert gefallen). Ähnlich wie das Radium entsenden auch die Aktiniumpräparate im Zustande radioaktiven Gleichgewichtes α-, β- und γ-Strahlen, von denen sich die γ- und β-Strahlen in mehrfacher Hinsicht von den gleichnamigen Strahlen des Radiums unterscheiden. Unter anderem werden dort die β-Teilchen sämtlich mit gleicher Geschwindigkeit fortgeschleudert, während bei dem Radium die Geschwindigkeit der von dieser Substanz emittierten β-Teilchen zwischen weiten Grenzen variiert.

Die subkutane oder intramuskuläre Injektion von Radiumpräparaten am Ort der Wahl ist weniger wirksam und deshalb für eine Behandlung maligner Tumoren nicht empfehlenswert.

Es sind nun auch noch andere Methoden angegeben worden, mit denen bösartige Geschwülste angeblich erfolgreich bekämpft werden können. So beschreibt Béclère[1]) einen Fall von Schulterblattsarkom, bei dem ein elektrolytisches Verfahren (nach Haret, Danne et Jaboin[2])) angewandt wurde. Die positive Elektrode in Gestalt einer mit 10 Mikrogramm gelösten Radiumbromids imprägnierten Kompresse wurde 3 mal wöchentlich auf die kranke Stelle aufgelegt und ein Strom von 10 MA. ½ Stunde lang hindurchgeschickt. Das Radium soll hierbei in die Gewebe durch Ionisation dringen, d. h. also ohne Gewebstrennung in die Tiefe gehen. Das Auflegen einer radiumhaltigen Kompresse genügt nicht, während die Durchdringungsfähigkeit des Radiumions sich auf eine beträchtliche Tiefe erstreckt. Normales Gewebe wird nicht geschädigt, dagegen hat das Radium auch in dieser Form der Applikation die Eigenschaft, bei malignen Tumoren Veränderungen regressiver Art hervorzubringen. Die Fr. Neumannsche perkutane Einverleibung der Emanation geht gleichfalls auf elektrolytischem Wege vor sich.

Es erübrigt, noch kurz auf die Technik der direkten Pyloruskarzinombestrahlung einzugehen, wie sie von Gaultier und Labey[3]) ausgeübt wurde. Sie hefteten bei Gelegenheit der Gastroenterostomie den Magen an, öffneten ihn und führten durch diese Öffnung ein Radiumpräparat ein. Gleichzeitig bestrahlten sie von außen, so daß die Geschwulst in eine Art von Kreuzfeuer genommen werden konnte. Die Autoren gaben seinerzeit an, eine Verkleinerung des Tumors erzielt zu haben.

Von Interesse sind weiter die Versuche Dominicis, Petits und Jaboins[4]), welche eine beständige Radioaktivität des Körpers durch Injektion von unlöslichem Radium erzielten und auf dieser Basis eine Radiumserumtherapie aufbauen wollten. Sie injizierten einem sehr alten Pferd 1 mg Radiumsulfat und fanden 8 Monate bzw. 1 Jahr (nach der zweiten Injektion von 1 mg Radiumsulfat!) später im Blut des Versuchstieres einen Bestand an Radiumsulfat. Zuerst trat eine rasche, nachher eine langsame Abnahme des zirkulierenden Radiums ein unter Besserung des Allgemeinzustandes (Gewichtsvermehrung, Zunahme der Menge der roten Blutkörperchen). Versuche mit dem Serum von dem zweimal injizierten Pferde bei gewissen Infektionskrankheiten zeigten Abnahme bzw. deutlichen Stillstand derselben. Die Verfasser haben inzwischen interessante Ergebnisse erhalten, die sie später zur Behandlung gewisser krebsiger Erkrankungen herausbringen wollen.

Histologie.

Die Vorstellungen über die histologischen Verhältnisse bei der Radiumwirkung auf Karzinome und Sarkome waren lange Zeit verworren, und es ist

---

[1]) Béclere, Un nouveau mode d'applikation du radium. Acad. de méd. 1900.

[2]) Haret, Danne et Jaboin, Sur une nouvelle méthode d'introduction du radium dans les tissus. Compt. rend. de l'acad. de science Nr. 14 und Dominici, Haret et Jaboin, Sur les modifications des tissus consécutives à l'introduction du radium par l'électrolyse dans l'organisme vivant. Compt. rend. de soc. de biol. Nr. 11.

[3]) Gaultier, René et Labey., Essai de traitement d'un néoplasme du pylore par l'application du radium sur la tumeur grâce à une fistule gastrique permamente. Gaz. des hôpitaux 1910. Nr. 16.

[4]) H. Dominici, G. Petit et A. Jaboin, Akademie der Wissenschaften. Paris, 26. Dez. 1912.

ein Verdienst Exners und später Wickhams und Degrais, hier Klarheit geschaffen zu haben.

Exner[1]) hat die histologischen Vorgänge bei der Radiumbestrahlung subkutan gelegener Mammakarzinomrezidivknötchen ausführlich beschrieben: „eine Woche nach ½ stündiger Bestrahlung eines Karzinomknotens fanden sich nekrotische Herde in der Epidermis und zahlreiche kleine Blutungen in der Kutis. Letztere waren in dem in den tiefen Schichten der Kutis liegenden Karzinomherd zu sehen, in welchem zum Unterschied von einem nicht bestrahlten Karzinomknoten die einzelnen Zellverbände nicht mehr nahe aneinander lagen, sondern durch ein keimreiches Bindegewebe voneinander getrennt erschienen. Die Struktur der Karzinomzellen war scheinbar nicht verändert. Viel auffallender waren die Veränderungen zwei Wochen nach der Bestrahlung. Die Nekrose der Epidermis war kaum größer als bei dem früher beschriebenen Präparate. Der auch wieder in den tiefen Partien der Kutis liegende Krebsherd war in zahlreiche Inseln gesprengt, von denen jede aus 2 bis 20 Zellen bestand. In einzelnen Zellen fand sich ausgesprochene Vakuolenbildung. In Präparaten, die von einem vor 3 Wochen bestrahlten Knoten stammten, bestanden die einzelnen, ziemlich spärlichen Zellnester aus 3 bis 6 teilweise vakuolisierten Karzinomzellen, welche von reichlichem, neugebildetem, kernreichem Bindegewebe umgeben waren. Am Rande der nekrotischen Epidermis begann die Neubildung der Epithelzellen. Die Blutungen in der Kutis waren gering. 5 Wochen nach der Bestrahlung war die Neubildung des oberflächlichen Epithels bedeutend vorgeschritten, in den tieferen Schichten der Kutis lagen, umgeben von ziemlich kernreichem Bindegewebe, einzelne verstreute große Zellen, die als Karzinomzellen kaum noch zu erkennen waren. Ihre Kerne waren gequollen und nicht scharf konturiert. Das Protoplasma war spärlich, fein granuliert und unscharf begrenzt. Nach 7 Wochen war die Epidermisierung so weit vorgeschritten, daß nur eine kleine epithellose Hautstelle zu sehen war. Karzinomzellen ließen sich in dem bestrahlten Gebiete nicht erkennen. Wohl waren noch sehr wenige, einzelliegende Zellen zu sehen, die eventuell als Reste von Karzinomzellen gedeutet werden konnten, doch waren die Kerne stark gequollen und das Protoplasma war äußerst spärlich. Eine Charakterisierung dieser wenigen Zellen war unmöglich. Das kernreiche Bindegewebe enthielt sehr zahlreiche, neugebildete Kapillaren, deren Endothel in lebhafter Proliferation war. Bemerkenswert war, daß das neugebildete Bindegewebe bereits derber wurde und so den Eindruck einer jungen Narbe machte."

Es kommt also bereits 1 Woche nach der Bestrahlung zur Neubildung von Bindegewebe, während zu dieser Zeit an den Karzinomzellen noch keine merklichen Veränderungen zu sehen sind. Diese Bindegewebsneubildung wird im weiteren Verlauf immer auffallender, sie ist überhaupt das hervorstechendste Merkmal der Wirkung der Bestrahlung, wie wir dies auf Grund unserer eigenen Erfahrungen bestätigen können. In dem neugebildeten Bindegewebe finden sich auch zahlreiche neugebildete Kapillaren. Die Veränderungen an den Karzinomzellen (Vakuolenbildung) sind erst 14 Tage nach der Bestrahlung sichtbar.

Das rasch wachsende Bindegwebe scheint den Karzinomknoten in zahlreiche kleine Zellgruppen zu zersprengen, die immer weiter durch dazwischenwachsendes Bindegewebe geteilt werden und schließlich zugrunde gehen. Wenn man bedenkt, daß 1 Woche nach der Bestrahlung an den Karzinomzellen noch keine Degenerationserscheinungen nachweisbar sind, die Bindegewebsneu-

[1]) Alfred Exner, Über die Art der Rückbildung von Karzinommetastasen unter der Einwirkung der Radiumstrahlen. Wien. klin. Wochenschr. 1904. Nr. 7 (nach Sticker im Löwenthalschen Grundriß d. Radiumtherap. u. d. biol. Radiumforsch.).

bildung jedoch sehr deutlich ausgesprochen ist, so kann man vermuten, daß durch das rasch wachsende Bindegewebe auch eine mechanische Schädigung der Karzinomzellen stattfindet.

Auch Finzi[1]) nimmt im großen und ganzen diesen Standpunkt ein: er sieht nach der Bestrahlung und zwar hauptsächlich mit β-Strahlen Rundzelleninfiltration der Neubildung, eine sehr deutliche Proliferation der Endothelzellen der Blutgefäße und eine Vermehrung des fibrösen Gewebes, die nicht nur auf Zerstörung der Parenchymzellen, sondern auf eine aktive Vermehrung zurückzuführen ist.

London[2]) dagegen beschreibt einen schon 6 Tage nach der Radiumbestrahlung (1 mg) auftretenden völligen Schwund der krebsartigen Zellen in einer das Radium umgebenden 5 mm dicken Schicht. „Einzelne Zellen und zusammenhängende Zellanhäufungen in Form von Streifen und Kugeln sind trotz starker Veränderung noch erkenntlich. Die Kerne färben sich dabei schlecht, zum Teil fehlen sie überhaupt, und die Lage der Zellen wird bloß durch ihre Grenzen gekennzeichnet. Die obigen Zellenhaufen sind von einer großen Menge Leukozyten umgeben, welche nicht nur in die Zwischenräume zwischen den Zellen eindringen, sondern in die Zellen selbst, so daß man in einigen davon bis zu 20 zählen kann; endlich, 3,5 mm vom Radium entfernt, sieht man das Krebsgewebe mit seiner typischen Struktur. Im Bezirk jedoch, in dem die krebsartigen Zellen zerstört sind, ist Erweiterung der Kapillaren, Hyperämie, Infiltration des Gewebes mit zahlreichen runden Zellen und Bildung von Bindegewebe zu verzeichnen."

Die Leukozyteninfiltration scheint hier eine größere Rolle zu spielen als die Bindegewebsneubildung, eine Beobachtung, welche wir nur vereinzelt[3]) und zwar vornehmlich bei der intratumoralen Einverleibung von Radiumpräparaten gemacht haben. Im übrigen decken sich unsere Erfahrungen auch hier im großen und ganzen mit den Anschauungen Exners. In einigen Fällen haben wir scharf umgrenzte, den Einstichstellen entsprechende Nekrosen des Tumors gefunden, in der Umgebung der Stichkanäle hier und da stärkere hämorrhagische Infiltration. Ob die auch von uns beschriebene, nach Injektionen radioaktiver Substanzen beobachtete Vakuolenbildung in dem Protoplasma der Tumorzellen auf die Radiumwirkung zurückzuführen ist, läßt sich nicht mit Sicherheit entscheiden (Kunstprodukt?).

Die histologischen Veränderungen nach Mesothoriumbestrahlung (und auch nach Aktinium- und Thorium X-Einverleibung) weisen keine bemerkenswerten Differenzen gegenüber den Radiumwirkungen auf. Unsere Erfahrungen sind allerdings noch zu geringe, als daß wir heute bereits ein sicheres Urteil abzugeben imstande sind. Es sei übrigens hier erwähnt, daß die Radiumwirkung auf die Sarkome im histologischen Bild ungefähr derjenigen auf die Karzinome mit geringen Einschränkungen gleichkommt.

Im folgenden seien einige Abbildungen[4]) histologischer Präparate wiedergegeben, die, wie wir annehmen, am klarsten über die mikroskopischen Verhältnisse Aufschluß geben.

---

[1]) Finzi, The radium treatment of cancer, experiences of over 100 cases. Lancet, 20. Mai 1911.

[2]) London, Das Radium in der Biologie und Medizin. Leipzig 1911.

[3]) Wichmann hat 2 Tage nach der Injektion von 1 ccm Radiumbromidlösung (enthaltend $^1/_{20}$ mg Radiumbromid höchster Aktivität) Plasmazellen auftreten sehen. Nach 5 Wochen trat die überaus starke Anhäufung von Plasmazellen neben dem Ödem und der Leukozytenvermehrung in den Vordergrund.

[4]) Abb. 5 und 6 entstammen mit freundlicher Erlaubnis der Verfasser dem vortrefflichen Radiumbuch von Louis Wickham und Paul Degrais (Radiumtherapie. Deuxième Edition, J.-B. Baillière und Fils, Paris 1912). Bezüglich der Radiumwirkung auf Karzinome (Epitheliome) vergl. die Abbildungen im Wickhamschen Abschnitt.

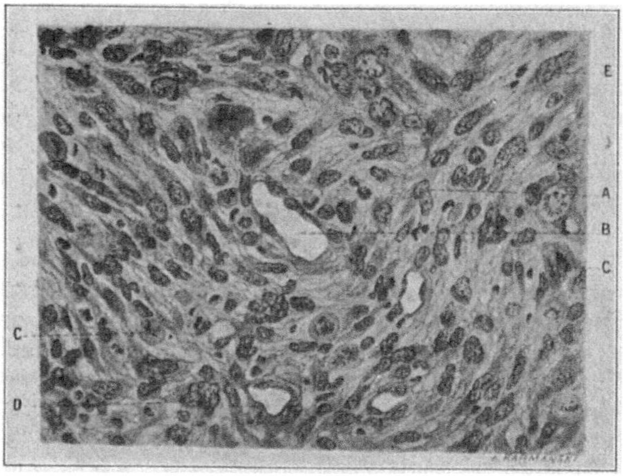

Fig. 136.

Polymorphzelliges Sarkom mit Vorherrschen des spindelzelligen Charakters („Sarcome polymorphe à prédominance de cellules fusiformes). Sehr protoplasmareiche, dichtstehende Zellen mit ganz geringem Bindegewebsstroma.

A = Spindelzellen,
B = Gefäß mitten im Sarkom, umsäumt von Sarkomzellen,
C = Zellen mit atypischer Mitose,
D = Plasmodien (vielkernige Zellen).

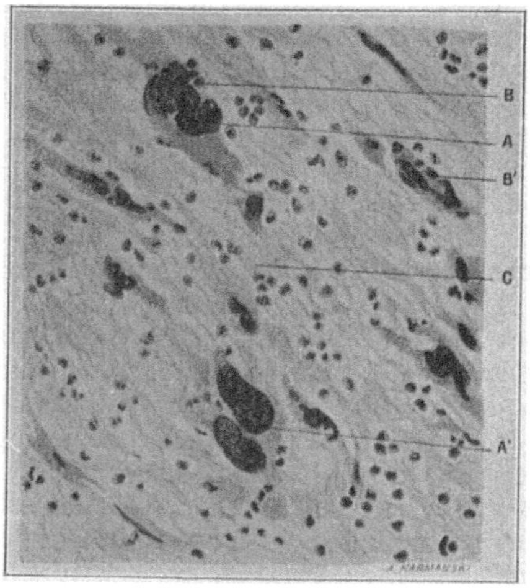

Fig. 137.

Das gleiche polymorphkernige Sarkom nach Bestrahlung. Eine Stelle in der Gegend des Buchstaben B der vorhergehenden Figur bei starker Vergrößerung. Die Abbildung zeigt die enorme Volumenzunahme und die fremdartigsten Formen sowie die Rarefizierung der Zellen unter dem Einfluß der Bestrahlung.

AA_1 = Sarkomzellen mit starker Volumenzunahme, vielen und großen Kernen mit azidophilem Protoplasma.
BB_1 = polynukleäre, neutrophile, in den degenerierten Sarkomzellen eingeschlossene Leukozyten.
C = mit Leukozyten infiltriertes fibrilläres Stroma.

Aus den vorgeführten Abbildungen gewinnt man den Eindruck, daß es unter dem Einfluß der Bestrahlung zu einer Schädigung des spezifischen Parenchyms kommt. Dieselbe macht sich geltend in Form der Nekrose, der Erweichung, Zytolyse. Durch eine schädigende Wirkung auf feine Kapillaren sind vielleicht die in der Abbildung 143 demonstrierten Hämorrhagien zu erklären. Gleichzeitig, wahrscheinlich aber erst später, kommt es zu einer Reaktion des Stromas (spärlich im Sarkom, mehr oder minder reichlich im Karzinom). Das erste wird dabei eine leukozytäre bzw. lymphozytäre Infiltration sein,

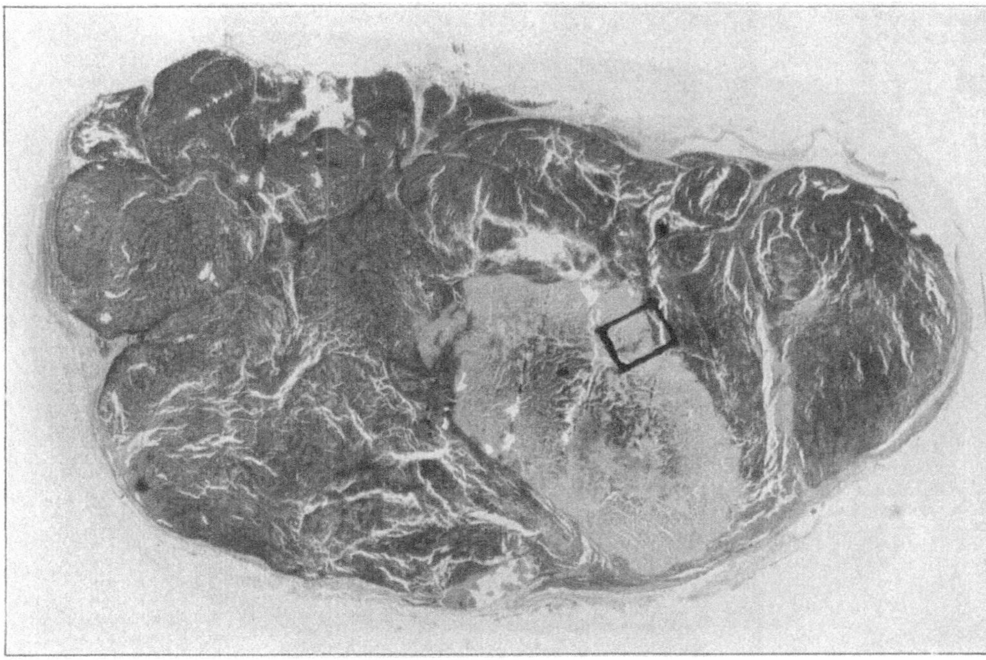

Fig. 138.

Gliomrezidiv des Auges. Schwächste Vergrößerung (nach 6stündiger Bestrahlung mit Mesothoriumbromid (20 mg) ohne Filter). Im allgemeinen ein aus gleichartigen Zellen mit rundlichen Kernen zusammengesetztes Blastom, in dem eine Zusammenfügung von Zellen in Gruppen nicht zu erkennen ist, da spärliche Bindegewebszüge hier und dort ziemlich große Gruppen von Zellen umsäumen; während auf dem Schnitt c $^3/_4$ des Präparates gut gefärbt erscheint, hebt sich etwas links von der Mitte ein auf dem Schnitt ovalär, ziemlich scharf begrenzter Komplex durch seine helle Farbe ab. Es handelt sich hier um eine Partie, in der fast alle Zellkerne die Färbbarkeit verloren haben, mit dem deutlichen Ausdruck der Nekrose.

die dann abgelöst und schließlich ersetzt wird durch eine Proliferation der Bindegewebszellen und die ihren Abschluß findet durch die Umwandelung dieses zellreichen, mehr oder minder auch schon chronisch entzündlich infiltrierten jungen Bindegewebes in ein ausgewachsenes derbes fibrilläres Bindegewebe. Das Ganze stellt eine Umwandelung eines markigen, an energisch wachsenden Parenchymzellen reichen, stromarmen Blastoms in ein derbes, weil stromareiches Blastom mit an Zahl und Lebensenergie reduzierten Parenchymzellen, in allen Graden der Abstufung bis zum völligen Verschwinden des Parenchyms selbst. Leider wird das Ideal nicht immer erreicht, das Endstadium des völligen Verschwindens des Parenchyms und Alleinherrschens des Bindegewebes, sondern

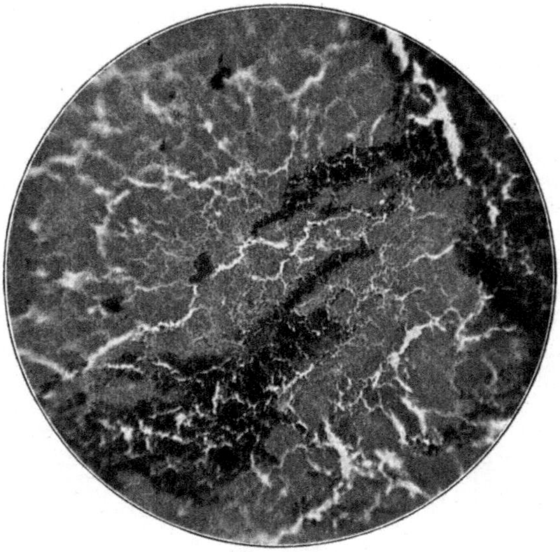

Fig. 139.

Stelle aus dem Rand des nekrotischen Bezirks (in Abb. 7 mittels eines Quadrates angedeutet). Ein Blick in diese Zone bei stärkerer Vergrößerung zeigt deutlich, daß hier, von kleinen Zellzügen abgesehen, die Hauptmasse völlig nekrotisch geworden ist (blasse Farbe). Wohl findet sich auch in dem bei der ersten Abbildung dunkel tingierten größeren Bezirk des Blastoms eine ziemlich große Anzahl von nekrotischen Partien. Gerade die Vergrößerung aber beweist, daß es sich nicht um einen großen, zusammenhängend nekrotischen Bezirk handelt, vielmehr um kleinste, nekrotische Herde, die im Gegensatz zu dem erst erwähnten großen Herd bei schwacher Vergrößerung optisch gar nicht hervortreten.

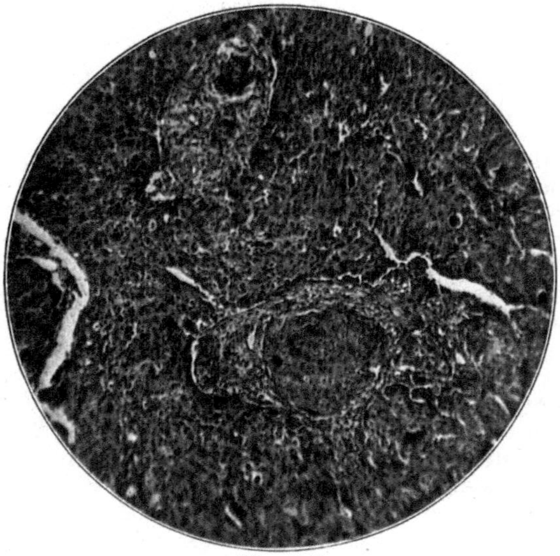

Fig. 140.

Großalveoläres Plattenepithelkarzinom ohne deutliche Verhornung mit ganz geringem Stroma (vor der Bestrahlung). Große Alveolen aus peripher kubischen, zentralwärts mehr rundlichen, sich abplattenden Zellen bestehend, liegen so dicht beieinander, daß nur spärliche Stromazüge dazwischen sichtbar sind.

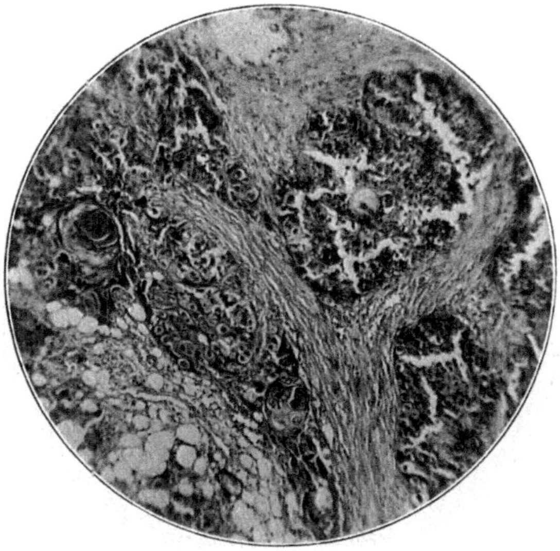

Fig. 141.

Dasselbe Plattenepithelkarzinom nach der Bestrahlung (2 Stunden mit 20 mg Mesothoriumbromid). Man sieht im Gegensatz zu der ersten Abbildung einen breiten, sich gabelnden Bindegewebszug zwischen dem Krebsparenchym. An dem einen Quadranten des Präparats finden sich Lücken, die wohl auf einen Ausfall (artefiziell?) der Krebsalveolen zurückzuführen sind. Ganz geringgradige, kleinzellige Infiltration im Bindegewebszug.

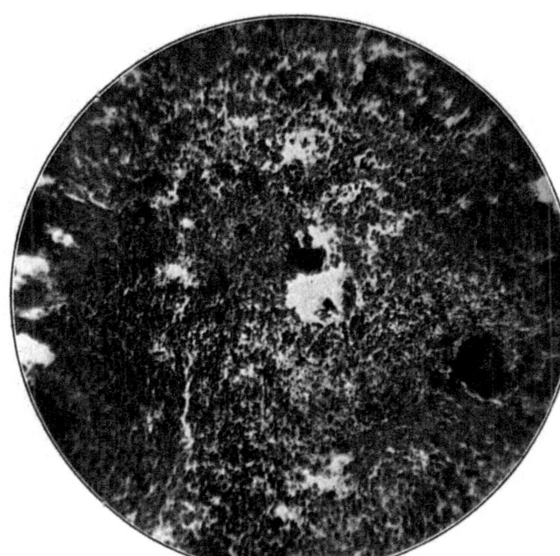

Fig. 142.

Stelle, wo die Krebsalveolen noch relativ dicht stehen, jedoch deutlich die Erscheinungen regressiver Metamorphose zeigen im Sinne schlechter Färbbarkeit der Kerne: Nekrose, Erweichung, daher beim Schneiden Ausfallen der Zellen (Vakuolenbildung?).

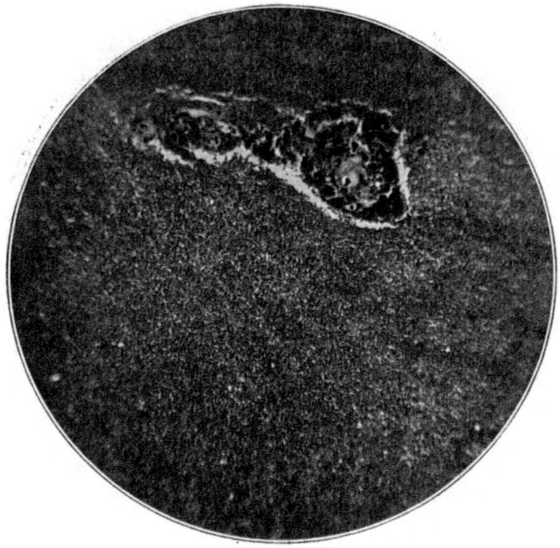

Fig. 143.

Plattenepithelkarzinom des Ösophagus (metastatischer, supraklavikulärer Drüsentumor). Vor der Exstirpation 2 mal intratumorale Injektion von Thorium X. Seitlich im Präparat eine längliche Krebsalveole, sonst im Gesichtsfeld reichlich rote Blutkörperchen in einem offenbar bindegewebigen Stratum.

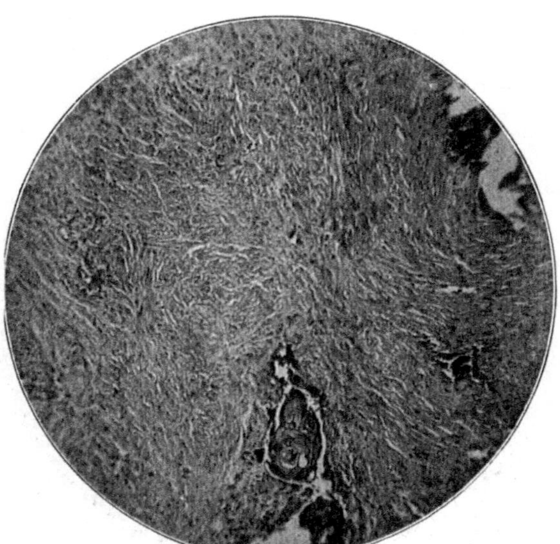

Fig. 144.

Dasselbe Plattenepithelkarzinom. In diesem Gesichtsfeld sieht man nur am Rand vereinzelte Krebsalveolen, sonst ist das ganze Gesichtsfeld ausgefüllt von wenig zellreichem, derbem Bindegewebe.

die regressiven Veränderungen am Parenchym und die vikariierende Proliferation des Bindegewebes können früher oder später zur Ruhe kommen, ja es kann bisweilen nur zu einer geringgradigen lymphoiden Reaktion im Zwischengewebe kommen.

Bei dieser Gelegenheit möchten wir kurz auf die Vorstellungen zu sprechen kommen, die man sich nach den neueren Forschungen über das Zustandekommen der Radiumwirkung auf die Körperzellen gebildet hat. Durch die Untersuchungen von Schwarz, Werner, Mesernitzky und Orlow wurde gezeigt, daß die Strahlen, insbesondere die α-Strahlen des Radiums imstande sind, Lipoide in vitro wie auch im Hühnerei (in letzterem auch nach Ausschaltung der Fermente durch Kochen) zu zerstören. Andererseits haben eine Reihe von Untersuchern wie Schmidt-Nielsen, Neuberg u. a. dargetan, daß die Fermente ebenfalls von den Strahlen beeinflußt werden können, zum Teile

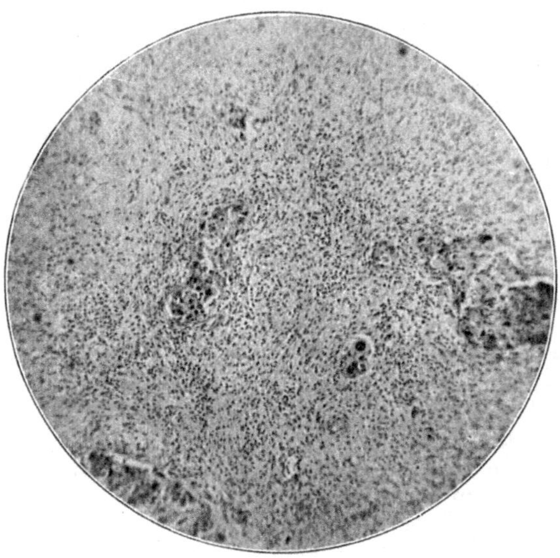

Fig. 145.
Die Krebsalveolen sind hier durch reichlich kleinzellig infiltriertes Bindegewebe auseinander gedrängt, so daß Krebsparenchym und Stroma ungefähr im Verhältnis wie 1 : 8 bzw. 10 stehen. Das Präparat zeigt deutlich die enorme Proliferation des Bindegewebes.

im Sinne einer Förderung, zum Teile im Sinne einer Schwächung ihrer Wirkung. Von den Zersetzungsprodukten des Lezithins ist es besonders das Cholin, welches als Base wie auch als Salz in Verbindung mit schwachen Säuren imstande ist, den Komplex der biologischen Strahlenwirkung nachzumachen (Imitation der Strahlenwirkung nach Werner). Man muß annehmen, daß die Strahlen an verschiedenen Punkten der Zelle angreifen, an den Lipoiden sowohl wie auch an den Fermenten, vielleicht auch noch andere uns bisher unbekannte Primärläsionen verursachen. Letztere dürften insbesondere nach schwachen Bestrahlungen an und für sich sehr geringfügig sein, stehen aber zueinander im Verhältnis eines Circulus vitiosus, in dem z. B. Zersetzungsprodukte der Lipoide die Zellen angreifen und die Autolyse fördern, während andererseits die Auslösung der letzteren durch Beeinflussung der autolytischen Fermente die Lipoidzersetzung steigert. Auf diese Weise kann man sich erklären, daß gerade nach schwachen Bestrahlungen erst nach langer Latenzzeit die Schädigung an den Zellen so stark wird, daß sie deutlich in Erscheinung tritt. Die einfachen und einseitigen Erklärungsversuche für die biologische Strahlenwirkung erscheinen als unzureichend.

Klinik.

Um die Frage von der Radiumwirkung auf Karzinome und Sarkome zu beurteilen, lohnt es sich nach unserer Ansicht nicht, die Kasuistik der einschlägigen Literatur in ausführlicher Weise wiederzugeben. Einmal läßt sich auf Grund der mitgeteilten Fälle kein Gesetz für die Behandlung aufstellen: jeder einzelne Fall unterscheidet sich wesentlich von dem anderen und bedarf einer individuellen Behandlung, einer Behandlung, die nur zum geringen Teile auf den Erfahrungen bewährter Radiumtherapeuten, zum weitaus größeren Teile aber auf der eigenen empirischen Erfahrung basieren kann und soll. Betrachten wir weiterhin die einzelnen Fälle genauer, so sehen wir zwar in der Mehrzahl eine günstige Beeinflussung der malignen Tumoren von seiten des Radiums (einige Autoren sprechen von „Heilungen"), verfolgen wir jedoch das Schicksal dieser Kranken, so finden wird bald, daß die meisten schon nach kurzer Zeit an Rezidiven wieder erkrankt, ja manche überhaupt nicht mehr am Leben sind. Es ist da natürlich schwer, mit der Kritik einzusetzen. Wir haben uns deshalb auch entschlossen, nur solche Fälle aus der Literatur zu erwähnen, welche uns möglichst einwandfrei erschienen, und im Anschluß daran kurz über unsere eigenen Erfahrungen zu berichten.

A. Karzinome.

Heinatz[1]) erzielte in einem Fall von inoperablem Karzinom der Zunge nach Radiumbestrahlung lediglich eine Reinigung des Geschwürs, während er bei Lippenkrebs Ausheilung und bei Rachenkrebs zweimal eine wesentliche Abflachung der Geschwulst beobachtete. Bei zwei Fällen von Peniskarzinom wurden krebsige Infiltrationen nahezu vollständig resorbiert. Uteruskrebse reagierten so gut wie nicht (einmal hörten die Blutungen auf und die Schmerzen wurden geringer). Bei 11 Fällen von Mammakarzinom bzw. Mammakarzinomrezidiv konnten lokale oberflächliche Rezidive (Knötchen an der Haut) zum Verschwinden gebracht werden, unter den Muscul. pectorales gelegene Metastasen sowie solche in den Supraklavikulardrüsen und in den inneren Organen wurden dagegen nicht beeinflußt.

Morton[2]) behandelte zwei Fälle von Zungenkarzinom, von denen das eine seit 9 Monaten bestand und ausgedehnte Drüsenschwellungen aufwies. Der Tumor selbst wurde täglich eine Stunde direkt und acht Stunden mit einer zwischenliegenden Bleiplatte von $^1/_{10}$ mm Dicke bestrahlt, die Drüsen im ganzen ca. 60 Stunden unter Verwendung von Bleiplatten von $^1/_{10}$ mm — 1 mm Dicke. Sämtliche Drüsen gingen bis zu Erbsgröße und bei einer zweiten Kur vollständig zurück. Das Geschwür der Zunge ging ebenfalls völlig zurück. Sechs Monate später ergab die Untersuchung kein Nachwachsen sowie keine Metastase. Der andere Fall wurde dagegen nicht beeinflußt.

Nahmmacher[3]) erwähnte in der Sitzung vom 21. November 1908 der Dresdener Gesellschaft für Natur- und Heilkunde einen Fall von Heilung eines Beckenkarzinoms mit Radium. Es handelte sich um einen Mastdarmkrebs mit

[1]) Wratschebnaja Gaz. 1907, Nr. 36 u. Russki Wratsch 1907, Nr. 10 (Ref.).
[2]) Brit. med. Journ. 1911. S. 429.
[3]) Außerdem in Med. Klinik 1910, Nr. 32 und 1911 Nr. 41.

Durchbruch in die Scheide. Der Tumor wurde 12 Wochen täglich 18—20 Stunden mit 10 mg Radiumbromid von der Scheide und vom Mastdarm aus bestrahlt. Nach fünf Wochen wurde nochmals drei Wochen lang täglich dieselbe Behandlung prophylaktisch vorgenommen. Die Perforation war bis auf eine Haarfistel geschlossen, die nachher auch noch schwand. Der Sphinkter ani war völlig funktionsfähig. Die Drüsen wurden im Wachstum beschränkt, jedoch nicht beseitigt. Bei Magenkarzinomen konnte er nur vorübergehende Besserungen, bei Rektumkarzinomen (6 mal) sowie bei Uteruskarzinomrezidiven längerandauernde Erfolge (hier Beseitigung der Blutungen und Jauchungen, Gewichtszunahme, Beseitigung von Narbenrezidiven nach Exstirpation des karzinomatösen Uterus) erreichen, während er Hautrezidive bei Mammakarzinom nach intensiver Bestrahlung vollständig zur Ausheilung brachte. Auf der internationalen Vereinigung für Krebsforschung am 7. und 8. August 1911 in Dresden stellte er 7 Patienten vor, an welchen er die ausgezeichnete Wirkung der Radiumbestrahlung demonstrieren konnte, zwei Kranke mit Kankroid der Stirn, je einen mit Kankroid der Wange und des Augenlids, zwei Kranke mit Uteruskarzinom (bei einer Radikaloperierten mit Vaginalrezidiv und Darmfistel wurde nach neunwöchentlicher Bestrahlung Fistelverschluß und Rückbildung des Tumors erreicht) und endlich eine Kranke mit inoperablen Rektumkarzinom, bei welcher nach Bestrahlung vollständiger Verschluß einer Rektovaginalfistel und eine Gewichtszunahme von 69 Pfund erreicht wurde.

Einhorn[1]) berichtete schon im Jahre 1905 über günstige Erfolge nach Radiumbehandlung bei 7 Fällen von Speiseröhrenkarzinom. Er hatte sich eine bestimmte Ösophagussonde konstruiert, die an ihrer Spitze einen Radiumbehälter trug, der so angebracht war, daß er gerade in die Striktur hineinpaßte. 5 Patienten konnten besser schlucken, drei, bei denen die Permeabilität der Striktur erreicht wurde, vermochten sogar halbflüssige und feste Speisen zu sich zu nehmen. Eine Schmerzlinderung konnte nahezu immer konstatiert werden. Auch zwei Fälle von Kardiakarzinom wurden günstig beeinflußt (mit 75 mg Radiumbromid).

Rems und Salmon[2]) sahen bei echten Oberflächenkrebsen nach zwei bis drei Monaten schöne lokale Erfolge, ohne daß ein Auftreten von Lymphdrüsenmetastasen verhindert werden konnte. Zwei Fälle von Lippen- bzw. Hautkrebs des Nasenflügels wurden nach 73 Tagen geheilt.

Dominici, Barcat und de Martel[2]) berichteten über günstige Beeinflussung bzw. Heilung von Zungenkarzinomen nach Radiumbestrahlung sowie über Dauerheilungen bei verschiedenartigen und verschieden gelagerten Neubildungen der Haut und Schleimhäute.

Leser erwähnte auf dem 35. Kongreß der deutschen Gesellschaft für Chirurgie ein im Anschluß an eine Psoriasis buccalis und lingualis entstandenes karzinomatöses Ulkus des Mundbodens, welches innerhalb von 7 Monaten trotz energischster Exstirpationen viermal schnell nacheinander rezidivierte. Leser nahm „gleichsam in Verzweiflung über die Schnelligkeit der Rezidive seine Zuflucht zum Radium" und erzielte in 7—9 Wochen eine gleichmäßige, schmerzlose Narbe (5 mg Radiumbromid täglich anfangs 10 Minuten, später bis zu ½ Stunde.)

Auch Weidenfeld[3]) sah nach Radiumbehandlung eines Zungenkarzinoms „erfreuliche Veränderungen" und ebenso Bayet[4]), der bei Zungen- und auch

[1]) Berl. klin. Wochenschr. Nr. 16. Zeitschr. f. Krebsforsch. 3. Bd. Heft 1. Med. Rec. N. J. 1904, Bd. 65. 399. Zeitschr. f. phys. u. diät. Therapie 1911. Bd. 15.

[2]) Compt. rend. de l'acad. d. Scienc. Tom. 140. Nr. 26 u. Le Radium Jahrg. 2. Nr. 7.

[3]) Arch. d'électr. méd. Nr. 247 u. La presse méd. 1910. Nr. 18.

[4]) Kongr. d. deutsch. dermatol. Gesellsch. in Sarajevo 1903. Ref. in den Fortschr. a. d. Geb. d. Röntgenstr. Bd. 7.

Lippenkarzinomen Erfolge aufweisen konnte, während bei Karzinomrezidiven die Erfolge zu wünschen übrig ließen.

Exner[1]) konnte schon im Jahre 1903 über eine günstige Beeinflussung der malignen Tumoren nach Radiumbestrahlung berichten (beispielsweise verschwand bei einem Mammakarzinom eine Hautmetastase nach einmaliger Bestrahlung von 20 Minuten); besonders gute Resultate erzielte er in 6 Fällen von karzinomatöser Speiseröhrenverengerung, bei denen er die Radiumbehandlung mittels eines Bougies versuchte, an dessen unterem Ende sich eine Radium enthaltende Kapsel befand. Auch Bulkley[2]) (New-York) verwandte Radium bei inoperablen Geschwülsten von Hohlräumen (Mund, Ösophagus) mit Erfolg.

London[3]) führte bei einem an Blinddarmkrebs Erkrankten durch einen Anus praeternaturalis ein Glasrohr mit 10 mg Radiumbromid ein und hielt damit fünf Sitzungen von je 24 Stunden Dauer ab. Der Tumor verkleinerte sich, und kräftige Granulationsbildung führte zum schnellen Verschluß des Afters.

Butcher[4]) brachte Hautkrebse durch Radium völlig zur Ausheilung. Gleichzeitig mit der Behandlung der Geschwülste ließ er die Drüsen mit Röntgenstrahlen behandeln und zwar motivierte er dieses Verfahren damit, daß durch die Röntgenbestrahlung die von den Drüsen hergestellten Antitoxine schneller in Tätigkeit gesetzt würden (?), während durch die Exstirpation der Drüsen der Organismus dieser Schutzkräfte beraubt würde.

Finzi[5]) berichtete über die Radiumbehandlung von 117 malignen Tumoren und erwähnte ein komplettes lokales Verschwinden der Neubildung in 12 % (alle waren inoperabel), Besserung in 62 % der Fälle, im übrigen keine Änderung. Einige der Fälle, wo der Tumor lokal verschwand, starben später an inneren Metastasen.

Rubens-Duval[6]) bestrahlten neun inoperable Uteruskarzinome, von denen sieben operabel wurden, und bewiesen auf Grund der Ergebnisse ihrer Untersuchungen, daß inoperable Krebse durch vorhergehende Radiumbehandlung wieder operabel werden können, bzw. daß sich in einer Anzahl von Fällen eine vollständige Zerstörung der Krebszellen erreichen läßt.

Wickham und Degrais[7]) verfügen wohl über die größte Erfahrung, und wenn sie auch in ihrem großzügig angelegten, ein Standartwerk der Radiumtherapie bildenden Buche, eine Reihe von Fällen anführen, wo eine günstige Beeinflussung der Tumoren, ja sogar völlige Ausheilung derselben stattfand so zeigen sie gerade, was das Wort „Heilung“ betrifft, eine erfreuliche Skepsis. Es ist hier nicht möglich, auch nur einen Teil der Wickham-Degraisschen Kasuistik wiederzugeben; wir können aber ein Nachlesen des Kapitels „Cancer“ nur auf das nachdrücklichste empfehlen. S. auch Kapitel XXI u. XXII dieses Handbuches.

Von Interesse war eine von der Redaktion der „Medizinischen Klinik“ im Jahre 1905 veranstaltete Umfrage über die Behandlung des Krebses mit Radium. Perthes-Leipzig hatte nur bei kleinen Kankroiden Erfolge, während er solche bei Ösophagus-, inoperablen Rektum- und Zungenkarzinomen nicht sah. Wichmann-Hamburg sah Heilungserfolge nur bei flachen Hautkrebsen,

---

1) Journ. de Radiol. 1908. Nr. 11.

2) Sitzungsber. d. kaiserl. Akademie d. Wissensch. in Wien. Okt. 1903, Bd. 112 u. Wien. klin. Wochenschr. 1904. Nr. 4.

3) Journ. of the amer. med. assoc. 1904.

4) „Contribution à l'étude de l'application thérapeutique du radium“, Le Radium.

5) Arch. of. the Roentgen ray.

6) The Radium treatment of cancer, experienc. of over 100 Cases, Lancet, 20. Mai 1911.

7) L'action du rayonnement ultrapénétrant du radium sur les cancers inopérables du col de l'utérus (Soc. méd. des hôp. 28. Juli. Ref. Sem. méd. 1911. Nr. 31).

8) Wickham, L. et Degrais, P., Radiumthérapie, deuxième édition, J.-B. Baillière et Fils, Paris 1912, im übrigen siehe unter Literatur.

ebenso Klingmüller (Neißersche Klinik Breslau), Blauel - Tübingen und Werner - Heidelberg (hier war nur bei zwei ganz oberflächlichen Epitheliomen des Gesichts eine eklatante Heilwirkung zu konstatieren.) Dagegen erwähnte Exner die Heilung eines ausgedehnten Karzinoms der Wangenschleimhaut, während Hildebrand - Berlin die Radiumbehandlung bei regionären Hautmetastasen ohne Erfolg versuchte.

Auf dem Pariser Kongreß für Chirurgie im Juni 1910 betonten Wickham und Degrais bei Gelegenheit der Radiumdebatte, daß bösartige Neubildungen nach Radiumbestrahlung kleiner würden, daß wirkliche Heilung selten und das Messer des Chirurgen nicht zu entbehren wäre. Segond, der das Radium mit Erfolg bei Krebs der Zunge, des Gesichts, der Brust, und der Gebärmutter anwandte, trat dafür ein, daß das Radium bei inoperablen Geschwülsten das vorzuziehende Mittel sei. Ebenso Tuffier, Schwarz, Nélaton, welche bedeutende Besserungen, bei manchen Fällen schon monatelang anhaltende Heilungen aufweisen konnten. Ricard erzielte bei Uteruskarzinom durch Einführung der Radiumröhre in den Mutterhals Abfallen der Wucherungen und Aufhören der Blutungen und Jauchung. Routier und Guinard dagegen sprachen von anfänglichen Besserungen und von einer bald nachfolgenden Allgemeinverbreitung des Krebses.

Von Autoren, die bei der Radiumbehandlung der Karzinome schlechte bzw. überhaupt keine Resultate erzielten, möchten wir u. a. Selig[1]) erwähnen, der bei 6 Fällen von inoperablen Karzinomen (4 Magenkarzinome, ein Karzinom im Ductus cysticus und eins im Ductus choledochus) keine Heilung, dagegen eine starke Radiumverbrennung der Haut (Technik!!) sah. Die Tumoren waren, wie die Autopsie ergab, zum Teil nekrotisch zerfallen (!). Plimmer[2]) behandelte 17 Krebskranke des Krebs-Hospitales in London mit 30 mg Radiumbromid ohne wesentlichen Nutzen, desgleich James H. Sequeira,[3]) der bei Zungen-, Lippen- und Pharynxkarzinomen ohne jeden Erfolg arbeitete. Finzi und Straed[4]) brachten zwar bei einem Fall von mit Röntgenstrahlen vorbehandelt gewesenem Mammakarzinom den Tumor und die Drüsen zum völligen Verschwinden, sie erhielten jedoch an Stelle des Tumors ein fibröses Gewebe, welches mit Karzinomzellen durchsetzt war. Und Butlins Resultate[5]) dürfen vollends nicht verschwiegen bleiben: sie waren anfangs günstig, doch starben alle Patienten kürzer oder etwas länger danach an Rezidiven. Auch Meidner[6]) und Monod[7]) berichteten über die sehr wenig befriedigenden Resultate bei der Geschwulsttherapie und betonten, daß das Radium nicht imstande wäre, die Ausbreitung, Metastasen und Rezidive zu verhüten.

Was die Behandlung der Karzinome mit den schwächeren radioaktiven Präparaten (per os, per injectionem, cf. Technik) bzw. mit Radiumemanation betrifft, so können wir uns hier kurz fassen. Braunstein[8]) erzielte seinerzeit mit Schluckenlassen von Bissen radioaktiven Wismuts bei Ösophagus- bzw.

---

[1]) Die Behandlung inoperabler Geschwülste mit Radium. Med. Klinik 1908. Nr. 30.

[2]) On the treatment of cancer with radiumbromide, Lancet 1904.

[3]) Treatment of cancer by Radiotherapy and by Radium. Intern. Chir.-Kongr. Brüssel 1908. Ref. in Fortschr. a. d. Geb. d. Röntgenstr.

[4]) Fall von Mammakarzinom, der mit Radium behandelt wurde. Zentralbl. f. Röntgenstr. Rad. u. verw. Geb. 1910. Nr. 2.

[5]) Radium in der Behandlung des Krebses und einiger verwandter Zustände. Berl. klin. Wochenschr. 1909. Nr. 49.

[6]) Die Behandlung bösartiger Geschwülste mit radioaktiven Substanzen. Therap. d. Gegenwart 1912. Bd. 14. S. 63.

[7]) Gaz. d. hôp. 1910. Nr. 69.

[8]) Wirkung der Radiumemanation auf bösartige Tumoren. Therap. d. Gegenwart 1904. S. 412.

Kardiakarzinomen Besserungen. Sticker[1]) konnte bei einem 40jährigen Mann mit ausgebreitetem, stenosierendem Karzinom mit der von ihm und Falk angegebenen kombinierten Anwendung enzymatischer und radioaktiver Substanzen, d. h. durch Einverleibung von radiumhaltigen Fermentpräparaten (Karboradiogensuppositorien), Radiogenkompressen und Trinkkuren heftige Schmerzen und profuse Blutungen zum Verschwinden bringen und während der nächsten 6 Monate subjektives Wohlbefinden beobachten. In einem anderen Fall von Mastdarmkarzinom erzielte er auf ähnliche Weise vollständige Schmerzfreiheit und Zunahme des Körpergewichts um 5 Pfund. Bei inoperablen Uteruskarzinomen bewirkten nach Sticker Aufpudern des Karboradiogenpulvers auf die jauchenden und zerfallenen Karzinome, Einführung von Karboradiogen in Form von Vaginalkugeln und Radiumtrinkkuren Gewichtszunahme der Erkrankten, Sistierung der Jauchung und Blutungen, Stillstand des Geschwulstwachstums.

E. Arendt verwandte durch ein besonderes Reinigungs- und Konzentrierungsverfahren[2]) geeignet gemachte Uran-Pechblende bei inoperablen Uteruskarzinomen und verfuhr dabei folgendermassen: er exkochleierte zunächst die karzinomatösen Massen, brannte mit glühendem Weißlicht aus und legte Gazestreifen mit 30 % Chlorzinklösung ein. Nach 2—3 Tagen führte er dann Kondomfingerlinge mit Uranpechblende ein. 6 Fälle kamen bald in einen guten Allgemeinzustand, 3 Fälle zeigten eine an Heilung grenzende Besserung.

Radiumemanation als therapeutisches Agens bei der Behandlung bösartiger Tumoren kommt nach Wickham und Degrais[3]) sowie auch nach unserer Erfahrung kaum mehr in Frage. Wir können uns des Eindrucks nicht erwehren, daß die oft erzielten Erfolge (günstige Beeinflussung der Tumoren, der Schmerzen usw.) nach Anwendung von schwachen Radiumpräparaten (s. Technik), Emanation usw. zum großen Teil nur als subjektive Besserungen anzusehen sind. Gute Erfolge hat man bisher nur mit großen Radium- (Mesothor-) mengen bei langdauernder, konsequenter Anwendung erzielt.

B. Sarkome bzw. Lymphosarkome.

Béclère[4]) bestrahlte ein inoperables Schulterblattsarkom, das nach zuerst wirksamer Röntgenbestrahlung stationär geblieben war, und erzielte damit einen ausgezeichneten Erfolg.

Ein Fall von Osteosarkom des Oberkiefers wurde von Freudenthal[5]) geheilt, ebenso ein Rundzellensarkom der rechten Tonsille, welches in kurzer Zeit abheilte (nachträgliche Beobachtungszeit 4 Jahre). Ein Lymphosarkom des Nasenrachenraumes rezidivierte nach anfänglicher bedeutender Besserung.

Boston[6]) berichtete über einen mit „ausgezeichnetem Erfolg behandelten Fall von Sarkom des Humerus (Einführung von Radiumbromid in Aluminiumröhrchen und Zelluloidkapseln). R. Abbe[7]) erwähnte 11 Fälle von ausgebreitetem

[1]) Die Behandlung des inoperablen Krebses mit radioaktiven Fermenten. Karboradiogen und Karboradiogenol. Congr. intern. obstétr. et de Gyn. 1910 u. Monatsschr. f. Geburtsh. u. Gyn. 1910. 32. Bd.

[2]) Deutsche med. Woch. 1911, S. 78 und Berl. klin. Woch. 1911, Nr. 8.

[3]) Journ. de Radiol. belge, Mai 1910. Ref. in Radium in Biol. u. Heilk.

[4]) Un nouveau mode d'application du radium. Presse méd. 1900.

[5]) Über die Behandlung maligner Tumoren der oberen Luftwege mittels Radium. Arch. f. Laryngol. u. Rhinol. 1911. Bd. 25.

[6]) Radium for the treatment of cancer and lupus. Zeitschr. f. med. Elektrol. 1909. S. 372.

[7]) The specific action of radium as a unique form in therapeutics. New-York med. record. 1907; Radium als Spezifikum in der Behandlung von Riesenzellensarkomen. Zentralbl. f. Röntgenstr. u. Rad. 1910. Nr. 2; Radium in surgery. Arch. of the Röntgen Ray, 1910; Action du Radium sur quelques tumeurs particulières, Le Radium, II. Jahrg. Nr. 2; Medical Record, New-York, Jan. 1910.

inoperablem Riesenzellensarkom, welche alle ausheilten (Einbettung eines Radiumröhrchens in die Geschwulstmasse für eine Zeit von 10 bis zu 53 Stunden je nach Größe und Ausdehnung der Geschwulst). Er beschrieb des weiteren ein kleines Rundzellensarkom am unteren Augenlid, das nach Radiumbestrahlung zum Verschwinden gebracht sowie ein Parotissarkom, welches auf dieselbe Weise gebessert wurde. Bei einem Sarkom des Kiefers verschwand das Tumorgewebe völlig (Rezidivfreiheit = 7 Jahre); bei einem Riesenzellensarkom des Unterkiefers erreichte Abbe Verkleinerung des Tumors und wieder Festwerden der gelockerten Zähne, nach Schluß der Behandlung konnten aber auch noch Riesenzellen nachgewiesen werden (hier wurde eine in einem Glasrohr befindliche Radiummenge mittels Einschnitts eingeführt). Monod und Segond[1]) behandelten einen Fall von Unterschenkelsarkom, der siebenmal rezidiviert war, mit gutem Erfolg (rezidivfrei 10 Monate). Exner[2]) berichtete über einen Fall von Melanosarkom des Oberarms, bei dem alle über 20 Minuten (160 mg) bestrahlten metastatischen Knötchen dauernd verschwanden. Finzi[3]) beobachtete Besserung eines nach operativer Entfernung häufig rezidivierenden Sarkoms des Ohres und der Gegend des Processus mastoideus, Finzi und Hill[4]) berichteten über einen günstigen Erfolg bei Endothelsarkom des Ösophagus (nach 5 Bestrahlungen) sowie über eine durch innere wie äußere Radiumbestrahlung herbeigeführte bedeutende Besserung eines sich bis zum Processus mastoideus erstreckenden endothelialen Sarkoms des Kieferwinkels.

Unsere eigenen Erfahrungen über die Radiumbehandlung maligner Tumoren stützen sich auf ein Material von über 600 Fällen. Es paßt natürlich nicht in den Rahmen dieser Arbeit, Details unserer Kasuistik zu bringen, welche übrigens zum großen Teile in unseren bisherigen Publikationen[5]) enthalten sind, wir begnügen uns vielmehr damit, über die von uns erzielten Radiumwirkungen auf Karzinome und Sarkome in Form einer kurzen Übersicht zu berichten.

Wir arbeiteten zunächst mit 10 mg reinen Radiumbromids (zur lokalen äußeren Applikation), einer äußerst geringen Menge im Vergleich zu den Hunderten von mg, mit denen die französischen und englischen Radiotherapeuten seit langer Zeit operierten. Außerdem standen uns schwache Radiumpräparate (relativ zu nehmen!) zur subkutanen bzw. intratumoralen Injektion (Radiol, Radiogenol, Radium Keil), zu Trinkkuren (Radiogenwasser, Radiolemanations-

---

[1]) Über die Radiumbehandlung des Karzinoms. Klin. therap. Wochenschr. 1910. Nr. 31.

[2]) Bericht über die bisher gemachten Erfahrungen bei der Behandlung von Karzinomen und Sarkomen mit Radium. Wien. Akad. d. Wissensch. Abt. 3. 1903.

[3]) Sarkome of the ear and mastoid region under radium treatment. Proc. Roy. Soc. Med. 1910.

[4]) A case of oesophageal growth under treatment by radium. Proc. Roy. Soc. med. 1910 u. Malignant growth in neck treated with radium, with recurrence in mediastinum. Proc. Roy. Soc. Med. 1910.

[5]) Czerny, Über den Gebrauch der Fulguration und der Kreuznacher Radiolpräparate bei der Behandlung der Krebse. Arch. f. klin. Chir. 1909. Bd. 90. Heft 1. Czerny, Die im Samariterhaus in Heidelberg geübten Methoden der Krebsbehandlung. Münch. med. Wochenschr. Nr. 17. 1910. Czerny, Bemerkungen über die Injektion von Radiumpräparaten bei malignen Tumoren. Deutsche med. Wochenschr. 1909. Nr. 51. Czerny und Caan, Über die Behandlung bösartiger Geschwülste mit radioaktiven Substanzen, speziell mit Aktinium. Münch. med. Wochenschr. 1911. Nr. 58. Czerny u. Caan, Über die Behandlung bösartiger Geschwülste mit Mesothorium und Thorium X. Münch. med. Wochenschr. 1912. Nr. 14. Caan, Über Radiumbehandlung der bösartigen Geschwülste. Münch. med. Wochenschr. 1906. Nr. 42. Caan, Über Radiumwirkung auf maligne Tumoren Beitr. z. klin. Chir. 1909. Bd. 65. Heft 3. Caan, Über Radiumbehandlung der bösartigen Geschwülste. Verhandl. d. Gesellsch. deutsch. Naturf. u. Ärzte 1909. Caan, Traitement des tumeurs malignes inopérables au Samariterhaus de Heidelberg, Travaux de la deuxième conférence internat. pour l'étude du cancer, tenue à Paris du prémier au 5. Oct. 1910. Paris, Librairie Félix-Alcan.

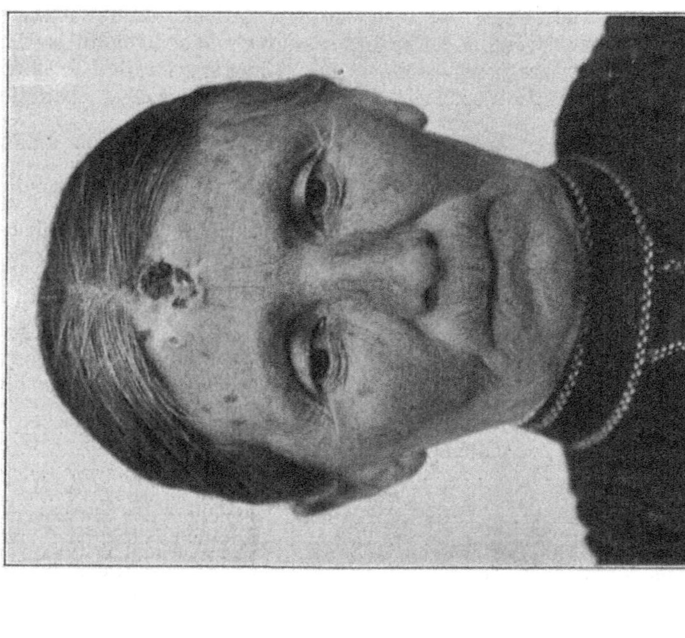

Fig. 146.
Fall von Karzinom der Stirn. Vor der Mesothoriumbestrahlung.

Fig. 147.
Derselbe Fall. Nach der Mesothoriumbestrahlung (i. g. ca. 12 Stunden ohne Filter).

Fig. 148.
Fall von Lippenkarzinom. Vor der Mesothoriumbestrahlung.

Fig. 149.
Derselbe Fall. Nach der Mesothoriumbestrahlung (i. g. ca. 20 Stunden ohne Filter).

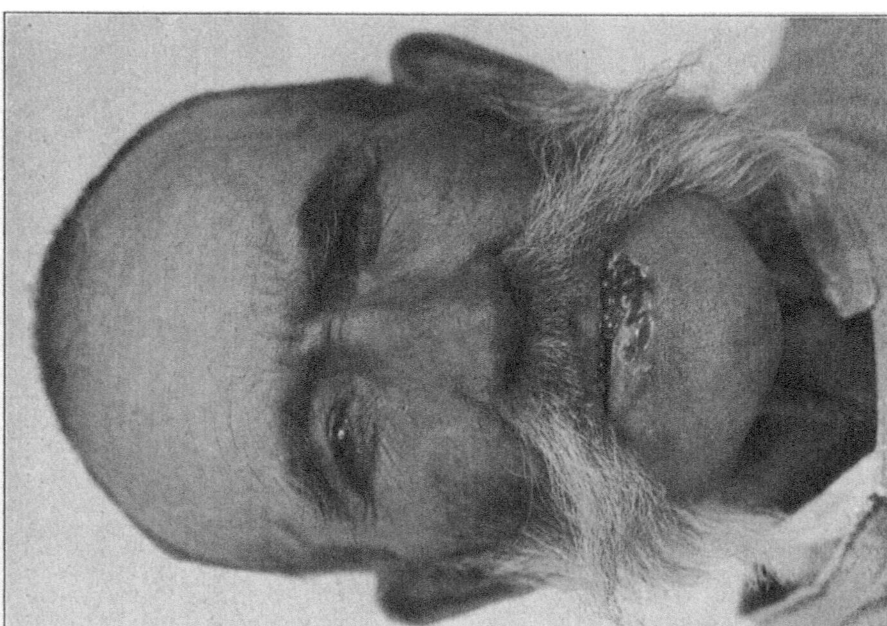

Fig. 150.
Fall von Lippenkarzinom. Vor der Bestrahlung.

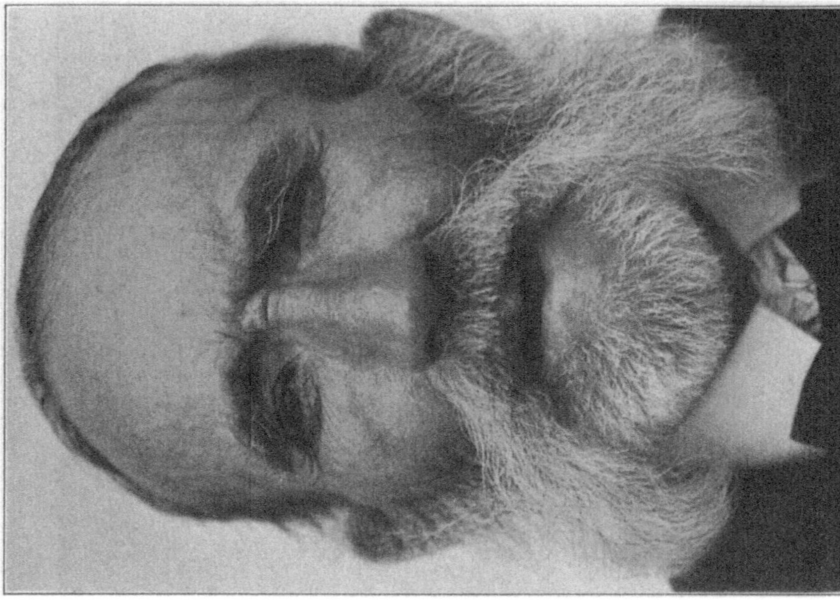

Fig. 151.
Derselbe Fall. Nach der Bestrahlung (i. g. ca. 24 Stunden ohne Filter).

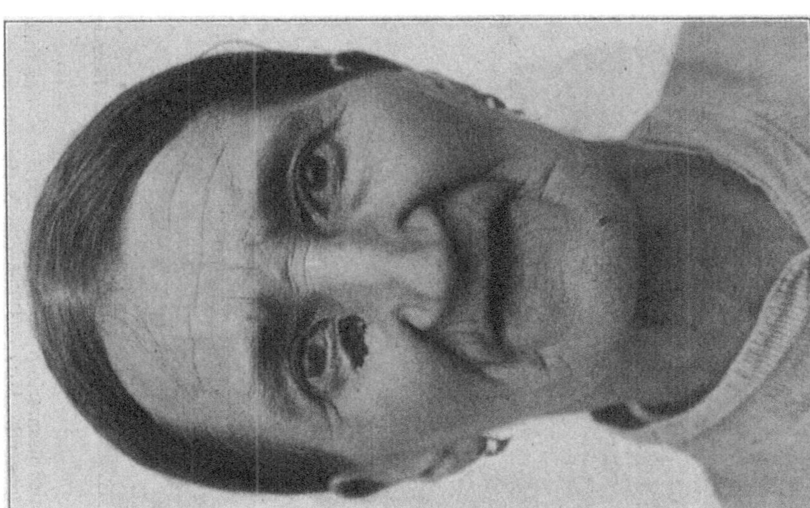

Fig. 152.
Fall von Basalzellenkarzinom am rechten unteren Augenlid. Vor der Mesotoriumbestrahlung.

Fig. 153.
Derselbe Fall. Nach der Mesothoriumbestrahlung (i. g. ca. 12 Stunden ohne Filter).

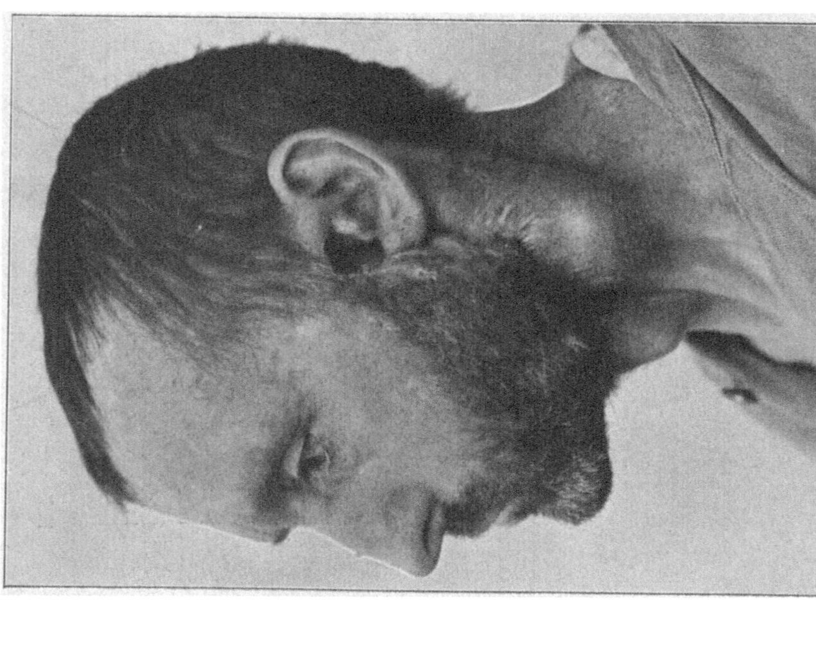

Fig. 154.
Fall von Halsdrüsenrezidio nach einem Karzinom der linken Parotisgegend. Vor der Thorium X-Behandlung.

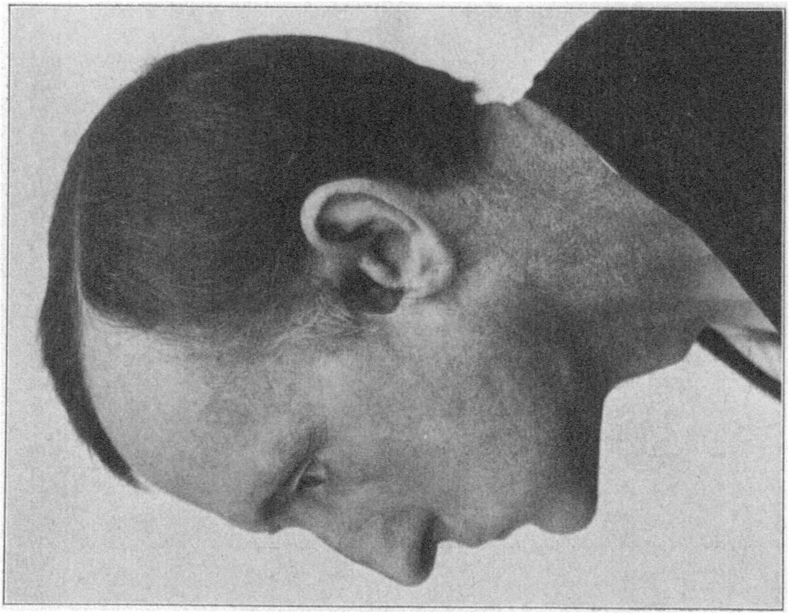

Fig. 155.
Derselbe Fall. Nach der Thorium X-Behandlung (3 intravenöse Injektionen von je 1000000 M.E. Thorium X.)

wasser), zur Bestreuung von krebsartigen Wundflächen (Radiolpulver), zur langdauernden äußeren Applikation (Radiolkompressen, Uranolkissen etc.) zur Verfügung. Und mit diesem dürftigen Arsenal gelang es uns, selbst bei malignen Tumoren vereinzelt Erfolge zu erzielen: bei Mammakarzinomrezidiven verschwanden bis zu erbsengroße metastatische Hautknötchen nach lokaler äußerer Applikation, bis zu kleinfaustgroße Rezidivtumoren wurden nach Auflegen von Radiolkompressen kleiner bzw. verschwanden bisweilen gänzlich, karzinomatöse Pleuraexsudate, welche in Intervallen von 14 Tagen punktiert werden mußten, konnten nach intrapleuraler (!) Radiuminjektion in größeren Zeitabständen punktiert werden bzw. gingen schließlich gänzlich zurück. Bei Ösophaguskarzinomen wurden die Schluckbeschwerden nach Einverleibung von Radiumwasser per os geringer, die Patienten fühlten sich wohler, nahmen an Gewicht zu usw. Subjektive Besserungen konnten auch bei Magenkarzinomkranken nach Anwendung der Radiolkompressen und Radiumtrinkkuren verzeichnet werden. Bei inoperablen Uteruskarzinomen konnte nach Applikation von Radiolkugeln, Injektionen von radioaktiven Substanzen, Auflegen von Radiumkompressen Schrumpfung der Geschwulst, Sistierung der Blutungen und der Jauchung etc. beobachtet werden. Und wenn wir diese Erfolge nicht im einzelnen registrieren, so geschieht das namentlich aus dem Grunde, weil es sich durchweg um vorübergehende Erfolge handelte. Eine vorübergehende Besserung bei der Therapie inoperabler Geschwülste ist auch als ein gewisser Fortschritt anzusehen, und es rechtfertigt sich schon aus dieser Erwägung heraus, auch fernerhin die bösartigen Geschwülste mit hochwertigen Radiumpräparaten zu behandeln.

Später fanden wir in dem Aktinium einen Ersatz für die eben genannten radioaktiven Präparate und erzielten auch mit diesem Mittel bei einer Reihe von Geschwülsten (bei Karzinomen und auch Sarkomen) vorübergehende Erfolge.

Erst nachdem uns durch das liebenswürdige Entgegenkommen der Kaiser-Wilhelms-Akademie der Wissenschaften, der deutschen Gasglühlicht-Aktiengesellschaft (Auergesellschaft Berlin) sowie der Firma Dr. O. Knöfler u. Co., Plötzensee bei Berlin größere Mengen hochwertiger radioaktiver Substanzen (Mesothoriumbromid[1]) im ganzen etwa entsprechend einer Menge von 250 mg (!) Radiumbromid sowie Thorium X in großen Quantitäten überlassen worden waren, konnten wir daran denken, inoperable maligne Tumoren mit besseren Aussichten auf Dauererfolge therapeutisch anzugreifen. Seit etwa $3/4$ Jahren sind diese Mesothorium- bzw. Thorium X-Präparate bei uns im Gebrauch[2]).

[1]) Das von Otto Hahn entdeckte Mesothorium hat ähnliche chemische Eigenschaften wie das Radium. Es handelt sich nach ihm bekanntlich um das erste Umwandlungsprodukt des Thoriums und die Muttersubstanz des schon länger bekannten Radiothors. Die Strahlen des Mesothoriums und des Radiums sind nun verschieden, so ist z. B. die Durchdringbarkeit der β-Strahlen des Mesothoriums im Durchschnitt etwas geringer als die der β-Strahlen des Radiums bzw. seiner Zerfallsprodukte, sodann findet sich im Mesothor neben den eigentlichen schnellen β-Strahlen noch eine Gruppe sehr leicht absorbierbarer β-Strahlen, die beim Radium fehlt. Der relativ große Gehalt an weichen β-Strahlen des Mesothoriums im Vergleich zum Radium führt begreiflicherweise zu Differenzen in biologischer und auch therapeutischer Beziehung zwischen beiden Präparaten. Im großen und ganzen aber verhalten sich die Strahlen der technisch hergestellten Mesothorpräparate in therapeutischer Hinsicht und zwar bei der lokalen äußeren Applikation ähnlich wie die reiner Radiumsalze. Das technisch hergestellte Mesothorium, dessen Ausgangspunkt der in Brasilien vorkommende Monazitsand ist, enthält übrigens fast immer Radium in einem bestimmten Prozentsatz, der sich nach dem Urangehalt des Ausgangsmaterials richtet. In den aus diesem Ausgangsmaterial technisch hergestellten Mesothorpräparaten ergibt sich das Verhältnis von Mesothor zum Radium zu etwa 3: 1. Was das Thorium X betrifft, so siehe Anm. 1, S. 461.

[2]) Die Literatur über Mesothorium bzw. Thorium X-Therapie bei malignen Tumoren ist bisher recht spärlich geblieben, ein Umstand, der bei der kurzen Zeit seit der Anwendung

Während dieser Zeit hatten wir Gelegenheit, eine ganze Reihe von Fällen zu beobachten, bei denen sowohl das Mesothorium wie auch das Thorium X[1]) in überaus günstiger Weise auf die malignen Tumoren einwirkten. Die hier wiedergegebenen Abbildungen, denen ein erklärender Text beigefügt ist, sprechen für sich selbst. Immerhin ist die Beobachtungsdauer eine zu kurze (3/4 Jahre!), als daß wir heute schon von Dauererfolgen reden dürften. Jedenfalls möchten wir bei dieser Gelegenheit nicht verfehlen, darauf hinzuweisen, daß wir in der Kombination von lokaler äußerer Applikation des Mesothoriums, intratumoraler und intravenöser Thorium X-Einverleibung offenbar die Mittel und Wege zu einer wirksamen Beeinflussung maligner Tumoren gefunden zu haben glauben.

Es ist uns u. a. mehrfach gelungen, bei Ösophagusstenosen auf karzinomatöser Basis die Permeabilität der Speiseröhre nach Bougierung mit der Mesothoriumsonde (s. Technik) soweit herzustellen, daß selbst die Zufuhr fester Speisen möglich wurde, mit der eine Gewichtszunahme und Besserung des Allgemeinbefindens verbunden war. Bei Mammakarzinomrezidiven verschwanden nicht nur oberflächlich gelegene Hautknötchen, sondern auch bis walnußgroße subkutan liegende karzinomatöse Knoten; karzinomatöse Pleuraexsudate nahmen ab, und während das Befinden der Patienten während der Behandlungsperiode sehr zu wünschen übrig ließ, kam es einige Wochen nach Beendigung der Bestrahlungs- und Injektionsserie zu einem seit langer Zeit nicht mehr vorhanden gewesenen Wohlbefinden. Selbst die schwer zugänglichen inoperablen Pharynxtumoren zeigten nach dieser Behandlungsmethode bisweilen eine auffallende Besserung, während die in der Radiotherapie an und für sich schon wenig erfreulichen Wangenschleimhauttumoren und überhaupt die malignen Tumoren der Mund- und Rachenschleimhäute sich in der Regel refraktär zeigten, ja bisweilen unter dem Einfluß der Mesothorium- und Thorium X-Behandlung wild zu werden und eine vorher nicht dagewesene äußerst maligne Form anzunehmen schienen. Aus den vorher angegebenen Gründen, vor allem aber auch schon wegen der kurzen Beobachtungsdauer, müssen wir davon absehen, an dieser Stelle Details der Kasuistik etc. zu bringen.

Die Radium-, Mesothorium-, Aktinium- bzw. Thorium X-Behandlung soll, was wir zum Schlusse nochmals betonen wollen, in der Hauptsache als Ergänzung bei operablen und als selbständige Behandlungsmethode bei inoperablen Erkrankungen dienen, nicht aber soll sie das Messer des Chirurgen verdrängen: es kommt wie aus der Literatur sowohl wie aus unserer eigenen Erfahrung hervorgeht, bei einigermassen operablen Fällen der blutige Eingriff bzw. die Ignioperation in erster Linie in Frage. Die Behandlung mit radioaktiven Substanzen aber sollte weiterhin im Anschlusse an alle chirurgisch behandelten Fälle angewandt werden und alsdann keine konkurrierende, sondern eine unbedingt notwendige ergänzende Methode der Radikaloperation bilden. Auf diese Weise und im Verein mit anderen Behandlungsmethoden (Röntgenbestrahlung, elektrochirurgischen Operationen, Cholininjektionen etc.) wird sie zweifellos in der Hand des erfahrenen Radiotherapeuten für die erfolgreiche Bekämpfung des größten Feindes der Menschheit, des Krebses, ein wirksames Unterstützungsmittel bilden

---

dieser Präparate auch nicht weiter Wunder nimmt. Baumm (Berl. klin. Wochenschr. 1911. Nr. 35), Wichmann (Ärztl. Ver. Hamburg 25. Okt. 1911), Pinkus (Berl. klin. Wochenschr. 1912. Nr. 20), Friedländer (Berl. klin. Wochenschr. 1912. Nr. 15) berichten über günstige Erfolge vorwiegend bei oberflächlichen Hautkrebsen. Über Thorium X-Wirkung auf maligne Tumoren hat außer uns unseres Wissens nur Pinkus (s. o.), dieser in ablehnender Form, geschrieben.

[1]) In ca. 50 % der behandelten Fälle haben wir bisher eine deutliche Beeinflussung, zum Teil recht günstiger Art, beobachten können.

Gesamt-Literaturverzeichnis

(umfaßt über 1000 Arbeiten aus dem Gebiete der Radiumbiologie und Therapie.)
Zusammengestellt vom Herausgeber.

Abbe, Action du Radium sur quelques tumeurs partieulières. Le Radium, II. Jahrgang Nr. 2.

Derselbe, Radium in therapeutics. Boston med. and surg. Journ. 1904. Vol. 150. Nr. 2. p. 53.

Derselbe, Radium in der Chirurgie. Journ. of Amer. Assoc. 1906. Nr. 3. Ref. Deutsche med. Wochenschr. Nr. 37.

Derselbe, Illustrating the penetrating power of radium. Arch. of Röntgenray 1907.

Derselbe, The specific actions of radium as a unique form in therapeutics. Med. Record. New York. 1907. Nr. 15.

Derselbe, Radium in Surgery. Journ. of Amer. Med. Assoc. 1909. Vol. 67. Nr. 30. Arch. of the Röntgenray 1910. 115.

Derselbe, Radium als Spezifikum in der Behandlung von Riesenzellensarkomen. Zentralbl. f. Rönt. u. Rad. 1910. Nr. 2.

Akerblom, Krebsbehandlung mit Radium. Versamml. d. nord. chir. Vereins in Helsingsfors. 19.—21. Aug. 1909.

Albanus, Methodik der Radiumbestrahlung in der Nasen-, Mund-, Rachenhöhle usw. Deutsche med. Wochenschr. 1912. Nr. 17.

Almann, Über die Behandlung des Karzinoms mittels Radium. Wjestnik Ofthalmologii. 1908. Bd. 25.

Altmann, Lokale Behandlung der Prostatahypertrophie mit den radioaktiven Thermen von Gastein. Wien. klin. Wochenschr. Nr. 49.

Apolant, H. Dr., Über die Rückbildung der Mäusekarzinome unter dem Einfluß der Radiumstrahlen. Deutsche med. Wochenschr. 1904. Nr. 31. S. 1126.

Derselbe, Über die Einwirkung von Radiumstrahlen auf das Karzinom der Mäuse. Deutsche med. Wochenschr. 1904. Nr. 13. S. 455.

Arendt, Wirkung der Radiumstrahlen auf inoperable Uteruskarzinome. Berl. klin. Wochenschr. 1911. Nr. 33 u. Deutsche med. Wochenschr. 1911. Bd. 37. S. 1478.

Arleninoff, Radiumtherapie bei bösartigen Geschwülsten. Inaug.-Diss. Berlin 1912.

Armstrong, W., Radium Water Therapy. Brit. med. Journ. 29. April 1911. S. 992.

Arronet, Über Schlammbäder und Radioaktivität. Petersb. med. Wochenschr. 1905. Nr. 42/43.

Artmann, P. und Fiedler, K., Radioaktivitätsmessungen an Quellen im Gebiete der städtischen Wasserleitung Reichenberg. Zeitschr. f. Balneol. 1910. Nr. 1.

Artmann, P., Über radioaktive Quellwässer und deren Messung. Korrespondenzbl. d. Vereinig. deutsch. Ärzte in Reichenberg. 1910. Nr. 5.

Derselbe, Radioaktives Trinkwasser. Umschau. Frankfurt a. M. 1910. Nr. 20.

Derselbe, Studie über Thermalemanatorien mit besonderer Berücksichtigung der Einrichtung in Bad Teplitz-Schönau. Zeitschr. f. Balneol. 4. Jahrg. 1911. Nr. 3.

Derselbe, Über das Verhalten von radioaktivem Wasser beim Stehen in geschlossenen Gefäßen. Zeitschr. f. Balneol. 3. Jahrg. 1911. Nr. 4.

Aschkinass, C. und Caspari, W., Über den Einfluß dissoziierender Strahlen auf organisierte Substanzen, insbesondere über die bakterienschädigende Wirkung der Becquerelstrahlen. Pflügers Arch. f. d. ges. Phys. 1901. Bd. 86. S. 603.

Aschkinass, Bakterientötende Kraft der Radiumstrahlen. 76. Naturforscher-Versamml. Sektion f. Dermatol. u. Syphilis. 1904.

Dieselben, Berl. med. Gesellsch. 9. Dez. 1903, Berl. klin. Wochenschr. 1903. S. 1180. Dermatol. Zeitschr. 1904. Bd. 11. S. 738.

Aschkinass, Die Wirkung der Becquerelstrahlen auf Bakterien. 73. Versamml. deutscher Naturf. u. Ärzte. Hamburg. Sept. 1901.

Aschoff, Karl, Kreuznach, Die radioaktiven Heilmittel des Radium-Solbades Kreuznach. Frühjahr 1910.

Derselbe, Die Radioaktivität der Kreuznacher Solquellen und die therapeutische Verwendung der aus denselben gewonnenen radioaktiven Substanzen. Med. Klin. 1908. Nr. 27 und Bad Kreuznacher Berichte, Voigtländer 1908; Zeitschr. f. Balneol. usw. 4. Jahrg. 1911/12. Nr. 22.

Derselbe, Das Vorkommen von Radium in den Kreuznacher Solquellen. Münch. med. Wochenschr. 1905. S. 517.

Derselbe, Dosierbare Radium-Emanations-Therapie. Zeitschr. f. Balneol. usw. 2. Jahrg. 1909. Nr. 6.

Derselbe, Die Radioaktivität der Heilquellen. Leipzig, bei Nemmich.

Aubertin und Delamosse, Wirkung des Radiums auf das Blut. Deutsche med. Wochenschrift 1908. Nr. 47; Zentralbl. f. inn. Med. 1908. Nr. 42.

Auerbach, N., Diskussion in d. Berl. med. Gesellsch. 18. Jan. 1911.

Augustin, B. und A. v. Szendeffy, Die bakterizide Eigenschaft radioaktiver Substanzen. Vorl. Mitteil. Pest. med. chirurg. Presse 1910. Nr. 23.

Autoctini et Delamarre, Action du radium sur le sang. Compt. rend. de Soc. de Biol. Vol. 69.

Axmann, Hans, Beseitigung der durch Radium-Strahlen bewirkten Gefäßerweiterungen. Münch. med. Wochenschr. 1907. Nr. 38.

Derselbe, Über ein neues Radiumpräparat. Versamml. deutsch. Ärzte u. Naturf. in Meran vom 24.—30. Sept. 1905.

Derselbe, Über Radioaktivität und einen neuen Radiumapparat (Radiophor). Deutsche med. Wochenschr. 1905.

Baeger, Über die physiologische Wirkung der Becquerelstrahlen. Zeitschr. f. allg. Physiol. 1904. Bd. 4.

Bagge, Ivar de Gothembourg, Suède, Traitement du cancer par une méthode radiobiologique combinée. Congr. intern. de Radiol. Bruxelles 1910.

Balthazard, Etude physiologique et thérapeutique des radiations émises par les corps radio-actifs et leurs émanations. Arch. d'élect. médicale. Nr. 191. Juni 1906.

Barcat, 2 Fälle von ausgeheiltem Epithelioma. Berl. klin. Wochenschr. 1910. Nr. 4.

Barcat et Delamarre, Le radium dans le traitement des névralgies et des névrites. Arch. d'électr. méd. 1908. p. 243.

Barcat, Bull. de la Soc. franç. de dermat. 1910. Nr. 3.

Derselbe, Traitement d'un naevus vasculaire plan par le radium. La Presse méd. 1909. p. 175.

Bardach, Radioaktive Bestandteile der Kreuznacher Solquellen. Verhandl. d. 79. Versamml. deutsch. Naturf. u. Ärzte Dresden 1907.

Bardet, Die Radioaktivität der Mineralquellen. 3. Congr. de physiothérapie. Paris 1910. Bull. gén. de thérap. 1910/18.

Barduzzi, Sul valore terapeutico della radioattività di talune acque termominerali ed in particolare di quelle sangiulianesi. Il Policlinico 1906. Nr. 4.

Bartels, O., Über die Behandlung der eitrigen Kiefer- und Stirnhöhlen-Katarrhe mit Radiogen-Wasser. Zeitschr. f. neu. physik. Med. 1907. Nr. 4.

Bashford, Murray and Bowen, Third Scientific Report of Imperial Cancer Research Fund 1908. p. 276 u. 298.

Baumm, G., Vorläufige Mitteilungen über die therapeutische Verwendbarkeit des Mesothoriums. Berl. klin. Wochenschr. 1911. S. 1594. Nr. 35.

v. Bayer, Über die physiologische Wirkung der Becquerelstrahlen. Zeitschr. f. allg. Physiol. 1904. Bd. 4. S. 7.

Bayet, A., Das Radium, seine therapeutischen Wirkungen. Übers. von E. Schiff, Wien 1912, bei Perles.

Derselbe, Le Radium. Les effets thérap. Bruxelles 1910.

Derselbe, Le traitement des névrodermites par le radium. Journ. méd. de Bruxelles. 19010/12.

Derselbe, Ein. Einzelheiten üb. die Anw. von Radium zwecks Bestrahlung. Rad. in Biol. Bd. I. S. 8. 1912, ferner Journal de Radiologie 1908. Nr. 11.

Derselbe, Penetrationsvermögen der γ-Strahlen des Radiums. Soc. royale des sciences méd. Bruxelles, Bulletin juin 1910.

Bechold und Ziegler, Vorstudien über Gicht. Biochem. Zeitschr. Bd. 20. S. 189. und 1910. Bd. 24. S. 146.

Dieselben, Radium-Emanation und Gicht. Berl. klin. Wochenschr. 1910. Nr. 16. S. 712.

Becker, Mit Radium geheiltes Epitheliom des Gesichtes. Deutsche med. Wochenschr. 1907. S. 1622.
Becker, A., Ein neuer Emanationsmeßapparat (Emanometer). Zeitschr. f. Balneol. 1910. III. Nr. 12. S. 331.
Beclére, Le dosage pour radiothérapie. La Presse méd. 1904. p. 75.
Derselbe, Notes sur l'emploi thérapeutique des sels de radium. Arch. d'élect. méd. 1905. 162. p. 214 u. Le Radium. II. Jahrg. H. 2.
Derselbe, Note sur les phénomènes dits de préréaction consécutifs à l'exposition de la peau aux rayons de Röntgen ou aux rayonnements des sels de radium. Arch. d'électr. méd. 1907. p. 443; ferner Ref. la presse med. 1911. Nr. 23.
Derselbe, Un nouveau mode d'application de Radium (Acad. de méd. 9./16. Mai 1911). Progrès méd. Nr. 21 u. Sem. méd. Nr. 20 u. Presse medic. 1900.
Becq, Bull. de l'Acad. d. sciences de Cracovie 1905. Cit. nach London. Nr. 63.
Becquerel, La luminescence émise spontanément par certains sels d'uranium. C. r. l'Acad. 1904. Vol. 138. p. 184. Rayons, Comptes rendus de l'Acad. d. scienc. 1896.
Derselbe, Recherches sur une propriété nouvelle de la matière. Memoires d. l'Acad. des sciences de France 1905.
Derselbe, Recherches sur la radioactivité végétale. Comptes rendus de l'acad. des sc. 7. CXL. Nr. 1. p. 54.
Derselbe, L'analyse du rayonnement des corps radioactifs. Arch. d'électr. méd. 1905. Nr. 177. Nov.
Benedickt, W., Zur Frage der Anwendung großer oder kleiner Dosen von Radium-Emanation. Med. Klinik. 1912. S. 143.
Bennewitz, Meßmethoden der Radioaktivität, Radium in Biologie etc. 1911.
Benczúr, J. v., Nach Gebrauch einer Radiumemanationskur wesentlich gebesserter Fall von Sklerodermie. Deutsche med. Wochenschr. 1911. Bd. 37. S. 1029.
Derselbe, Heilerfolge mit Radium-Emanationskuren. Berl. klin. Wochenschr. 1912. Nr. 3.
Berbango, Radio e le sue applicazioni. La med. ital. 1904.
Berg und Welker, Journ. of biolog. chemistry 1906. I.
Bergell, Über Emanation. Deutsche med. Wochenschr. 1905. Nr. 35.
Derselbe, und Bickel, A., Experimentelle Untersuchungen über die physiologische Bedeutung der Radioaktivität der Mineralwässer. Zeitschr. f. klin. Med. 1906. Nr. 58 und 1906. Nr. 50. Verh. d. Kongr. f. inn. Med. 1905.
Derselbe und Braunstein, Über den Einfluß der Radiumsalze auf der fermentalen Eiweißabbau. Med. Klinik 1905. Nr. 13.
Derselbe, Die Radioaktivität. Zeitschr. f. Balneologie, Klimatologie und Kurorthygiene 1908. Nr. 9.
Bergonié, Extraction du radium. Arch. d'élect. médic. 1903. Nr. 132. p. 753.
Derselbe, Le radium au point de vue médical. Arch. d'électr. méd. 1904. Nr. 136.
Bergwitz, K., Die Strahlung des Erdkörpers etc. Habilitationsschr. Braunschweig 1910.
Derselbe, Die chemische Zerlegung des Wassers durch die Strahlen des Polon. Physik. Zeitschr. 11. Jahrg. 273.
Bernheim und Dieupart, Traitement de la tuberculose par le Jodmenthol radioactif. Bullet. général re therapeutique Tom, CLXI, Liore 21 u. la Revue internat. de la Tuberculose 1911. S. 321.
Bertier, Les étuves locales radioactives dites Bertholett à Aix les Bains. Ref. Progr. medic. 1911. Nr. 17.
Besson, Radium und Radioaktivität. Übersetzung von Rüsiger, Barth, Leipzig 1905.
Berthelot, Emanations et radiations. Acad. des sciences 20. Juillet 1904.
Derselbe, Untersuchungen über die natürliche und künstliche Färbung einiger seltener Steine unter dem Einflusse radioaktiver Einflüsse. Comptes rendus 1906. 143. S. 477.
Bertier, 3 Congr. d. Physiothérap. Paris 1910.
Beuren, F. van und Zinßer, H., American Med. 1903. p. 1021.
De Beurmann, Journ. d. mal. cut. 1909.
Derselbe, Action thérapeutique du radium. Le Semaine méd. 1907. Nr. 43. p. 514.
De Beurmann, Dominici et Rubens Duval, Action du radium sur un cas de mycosis (à type lymphosarcomateux). Arch. d'élect. méd. 1907. Nr. 225.
De Beurmann, Wickham et Degrais, Emploi du radium dans le prurit et certaines dermatoses rebelles; Communication au II. Congrès intern. d. Physiothérapie tenu à Rome. Arch. d'électr. méd. 1907. Vol. 15. p. 832.
Bickel (und Minnami), Über die biologische Wirkung des Mesothoriums. Strahlenwirkung und Autolyse. Berl. klin. Wochenschr. 1911. S. 1413 u. 1798.
Derselbe, Über die biologische Wirkung des Mesothoriums; Emanationswirkung. Berl. klin. Wochenschr. 1911. S. 2107. Nr. 47.
Derselbe, Zur Thorium X behandlung des pernic. Anämie. Berl. klin. Wochenschr. 1912. Nr. 28. S. 1322.

Derselbe, Über Mesothorium, Thorium X und Thorium-Emanationstherapie. Berl. klin. Wochenschr. 1912. Nr. 20. S. 930.
Derselbe und Engelmann, Demonstration eines transportablen Inhalationsapparates für Radiumemanation mit kontinuierlich regulierbarer Emanationspeisung. Berl. klin. Wochenschr. 1911. S. 447.
Derselbe, und King, Einfluß großer Thorium X-Dosen auf die Entwickelung von Planzensamen. 1912. S. 1665.
Birand, Erfolge der Behandlung von 18 Epitheliomen. Zeitschr. f. Röntgen- u. Radiumtherapie.
Birch - Hirschfeld, Die Wirkung der Röntgen- und Radiumstrahlen auf das Auge. Arch. f. Ophth. 1904. Bd. 59.
Derselbe, Über die Wirkung des Radiums auf die trachomatöse Bindehaut. Kl. Monatsbl. f. Augenheilk. Bd. 11. III. 12.
Derselbe, Recherches anatomiques et cliniques relatives à l'action du radium au trachome. Klin. Monatsh. f. Augenheilk. 1905. Bd. 43. p. 497. 513.
Bjalobjeski (Le Radium 1910. 56).
Blanc, Sur la radioactivité des sources minérales. Phys. Zeitschr. 1905.
Bland, Experimentelle Untersuchungen über Radiumwirkung. Beitr. z. klin. Chir. 1905.
Blandamour, Traitement du lupus par le radium. Thése 1902. Paris.
Blaschko, Krebsumfrage. Med. Klinik 1905. Nr. 13.
Derselbe, Erfahrungen mit Radiumbehandlung. Deutsche med. Wochenschr. 1906. Nr. 6 u. Berl. klin. Wochenschr. 1906 Nr. 8.
Blandamour, Traitement du lupus par le radium. Thèse 1902. Paris.
Derselbe, Untersuchungen über Radiumwirkungen. Beitr. zur klin. Chir. 1905. 45. 1.
Blauel, Experimentelle Untersuchungen über Radium. Beitr. klin. Chir. Bruns. 1905. Nr. 95.
Derselbe, Rundfrage der med. Klinik. 1905. I. 13.
Derselbe, Experimentelle Untersuchungen über Radium. Deutsche med. Wochenschr. 1905. Nr. 10.
Bockow, Über Radiumbehandlung eines Kankroids des rechten unteren Augenlids. Journ. de mal. cut. 1905. X.
Boden, Über Radium. Münch. med. Wochenschr. 1904. Nr. 19. S. 857.
Derselbe, Apparat zum Sammeln der von Radium ausgehenden Emanation. Münch. med. Wochenschr. 1904. S. 1531.
Bogroff, Zur Kenntnis der Radiumwirkung auf den tierischen Organismus. Russki Journ. koschnich bolesniej 1903.
Bohn, Influence du radium sur les animaux en voie de croissance sur les oeufs vierges et fécondes et sur les premiers stades de développement. Presse méd. 31. Mai 1903.
Derselbe, Comparaison entre les effets nerveux des rayons de Becquerel et ceux des rayons lumineux. C. r. l'Acad. des Scienc. 1903. Vol. 37.
Derselbe, Action des rayons du radium sur les téguments. C. r. de Soc. de Biolog. 1903. Vol. 55. Nr. 33.
Derselbe, A propos de l'action toxique de l'émanation du radium. C. r. de Soc. de Biol. 1903. Vol. 55. Nr. 37.
Derselbe, Über Radium, radioaktive Substanzen, Radiumwirkung und Radiumtherapie. Prager med. Wochenschr. 1905.
Bojkoff, Die negative Seite der Radiumtherapie. Russki Journ. koschnich boleznicj 1905.
Derselbe, Die Radiumtherapie des Kankroids des unteren Augenlides. Russki Journ. koschnich bolezniej 1905.
v. Bolton, Einige biologische Wirkungen des radioaktiven Thoriummetalls. Zeitschr. f. Elektrochemie Sept. 1911.
Bonnet, Epithelioma vegetans du nez guéri par la radiothérapie. Zentralbl. f. Röntgen-Strahlen u. Radium. Nr. 5. 6. S. 160. Soc. d. scienc. méd, de Lyon 1909.
Borgmann, Radioactivity of Russian Muds. The Nature 1904.
v. d. Borne, G., Untersuchung über die Abhängigkeit der Radioaktivität der Bodenluft vom geologischen Faktor. Habilitationsschr. Breslau 1905.
Boston, W., Radium for the treatment of cancer and lupus. Zeitschr. f. med. Elektrol. 1909. S. 372.
Botey, Le radium en oto-rhinolaryngologie. La Presse méd. 1906.
Bouchard, Curie et Balthazard, Action physiologique de l'émanation du radium. C. r. de l'Acad. des Scienc. 1904. Vol. 138 u. 1906. Vol. 142. p. 819.
Bouchard et Balthazard, Action de l'émanation du radium sur les bactéries chromogénes. Ibid. 1906.
Dieselben, Action toxique et localisation de l'émanation du radium. Comptes rendus des séances de l'Acad. des sc. 13 Juillet 1906. Bd. 142. p. 819.
Bouveyron, Première note sur le traitement du lupus par les radiations uraniques de Becquerel. Gaz. des hop. 1904. Nr. 77.

Bragg, W. H., The lessons of radio-activity, Chem. news. 1910. Bd. 101.
Derselbe, Die Radioaktivität als eine kinetische Theorie eines vierten Zustandes der Materie. Arch. of the Röntgen Ray 1911. Heft 129 S. 402.
Braunstein, Wirkung der Radiumemanation auf bösartige Tumoren. Therap. d. Gegenw. 1904. S. 412.
Derselbe, Bedeutung der Radium-Emanation etc. Deutsche med. Wochenschr. 1905. Nr. 17 u. Verh. d. Kongr. f. innere Med. 1905. S. 162 ff. Therap. d. Gegenw. 1905. Mai.
Brien, O., The present positions of radium in therapeutics. Brit. med. Journ. 1904. Nr. 2273.
Brill O. u. Zehner, L., Über die Wirkung von Injektionen löslicher Radiumsalze auf das Blutbild. Berl. klin. Wochenschr. 1912. Nr. 27. S. 1261.
Brochet, A., Radioactivité de quelques sources sauvages des Vosges. Compt. rend. 1910. p. 291.
de Broglie, M., Electrisation de l'air par la flamme de l'oxyde de carbone et par les rayons de radium; comparaison des mobilités des ions présents. C. r. hebdom. des séances de l'academ. des scienc. 1910. Vol. 150.
Brokaw, Presentation of specimen of radium, with suggestions as to ils therapeutic value incancer and other malignant diseases. St. Louis. M. Rev. 1903. 45. 415—417.
Brugsch, Diagnose, Wesen u. Behandlung der Gicht. Berl. klin. Wochenschr. 1912. Nr. 34.
Bruxeau, de Laborie, Jonisation du Radium. La presse médicale 1911. 80.
Buggl, Strahlungserscheinungen und Radioaktivität. Leipzig 1910 bei Reclam.
Bunzl, L., Okklusion der Radium-Emanation durch feste Körper. Sitzungsber. d. Akad. d. Wissensch. Wien. Bd. 115. Januar 1906.
Bulling, Beitrag zur Emanationstherapie. Berl. klin. Wochenschr. 1909. Nr. 3.
Burke, Radium and vitality. The Nature 1905. Lancet 24. June 1905.
Burke, John, Butler, Compt. rend. du premier congr. internat. pour l'étude de la radiologie et de l'ionisation. Liège 1905. Biol. Section Engl. p. 1.
Butcher, The action of the radium in malignent neoplasmes. Arch. of Röntgenrays 1906. Nr. 75. 78.
Butcher, W. Deane, L'action thérapeutique du radium. Communication au II. Congrés intern. de Physiothérapie tenu à Rome. Arch. d'électr. méd. 1907. Vol. 15. p. 806.
Dieselben, The therapeutic action of Radum. Fortschr. auf. d. Geb. d. Röntgenstrahlen 1909/10. S. 70. XIV. I.
Butlin, Henry, Radium in der Behandlug des Krebses und einiger verwandter Zustände. Berl. klin. Wochenschr. 1909. Nr. 49. The Lancet 1909. Vol. 177.
Derselbe, Über 2 Fälle, die durch lange dauernde Bestrahlung gestorben sind. Zentralbl. f. Röntgen, Radium u. verw. Geb. 1910. Nr. 2.
Buxbaum, B., Therap. der Neuralgien mit Radium. Zeitschr. f. phys. u. diätet. Therapie 1912. 16. Bd. S. 257.
Caan, Albert, (s. auch sub Czerny), Über Radiumbehandlung der bösartigen Geschwülste. Münch. med. Wochenschr. 1909. Nr. 42. S. 2147. Verh. der Gesellsch. deutsch. Naturforscher u. Ärzte 1909.
Derselbe, Über Radiumwirkung auf maligne Tumoren. Beitr. z. klin. Chir. 1909. Bd. 65. Heft 3.
Derselbe, Erfahrungen, welche mit der Radiotherapie im Samariterhaus in Heidelberg gemacht wurden. Diskuss. a. d. Krebskonf. 1910. Paris.
Derselbe und Ramsauer, C., Über Radiumausscheidung im Urin. Münch. med. Wochenschr. 1910. Nr. 27.
Derselbe, Über die Fähigkeit menschlicher Organe, die Luft für Elektrizität leitend zu machen etc. (Radioaktivität?) Münch. med. Wochenschr. 1911. Nr. 21.
Derselbe, Über Radioaktivität menschlicher Organe. Heidelberg 1911.
Derselbe und Werner, L., Elektro- und Radiochirurgie etc. Münch. med. Wochenschr. 1911. Nr. 23.
Calabrese, Sull' azione del radio sul virus rabico. Riforma med. 1906. Nr. 2. p. 34. Ref. Zentralbl. f. Bakt. 1908. I. Abt. Bd. 41 S. 703.
Derselbe, Zur Behandlung der Tollwut mit Radium. Ann. de l'Instit. Past. 1907.
Cantas, Radiumtherapie bei der Behandlung narbiger Stenosen vom Kehlkopf und Trachea. Lyon Chir. 1. Juli 1910.
Caspary, Bedeutung der Röntgen- und der Radiumstrahlen für die Medizin. Zeitschr. f. diät. u. phys. Therapie 1905. Bd. 8. Heft 1.
Derselbe, Die Bedeutung des Radiums für die Biologie. Ber. d. Gesellsch. naturf. Freunde in Berlin 1906. S. 197.
Ceresoli, G., Bolletino dell' ordine dei medici della cithà e provinzia di Venezia 1904. (Ref. Zentralbl. f. Bakt. 1906. I. Abt. Bd. 39. S. 607.)
Charters Symonds, J., Rodent ulcer treated by radium. Proc. Roy. Soc. med. 3. 7. 1910. Clinical Section.

Chéron, H. Dr., Du traitement des salpingoovarites, des fibromes utérins et scleroses utérines par le rayonnement ultra-pénétrant du radium. Obstétr. nov. 1909. u. Journ. de Radiol. Sept. 1910, ferner Journ. de méd. de Paris 1911. Nr. 49.

Chesney, Use of thorium and radium in some disease of the pharynx and larynx. Proc. 1909. II. August p. 233.

Chevrier, Traitement préventif par le radium des récidives des épithéliomes muqueux et glandulaires après extirpation chirurgicale. Arch. d'électr. méd. 1910. p. 328.

Derselbe, Behandlung des gonorrhoischen Rheumatismus durch intraartikuläre Injektionen von unlöslichem Radiumsalz. Gaz. des hop. 1910. S. 51.

Chuiton u. Aubineau, Erfolg der Röntgen- und Radiumtherapie bei einem Falle von Mickuliczscher Krankheit. Arch. d'Electr. méd. 1912. Nr. 333.

Churchward, A., Treatment of rodent ulcer by Calcio phosphate of Uranium. Lancet 1911. Bd. 180. S. 660.

Cleaves, Radium with a preliminary note of radium-rays in the treatment of cancer. New York med. Record. Oct. 17. 1903. New York 64. Bd. 601—606.

Cohn, Hermann, Die Heilung des Trachoms durch Radium. Berl. klin. Wochenschr. 1905. Nr. 4.

Derselbe, Weitere Beiträge zur Behandlung des Trachoms mit Radium. Berl. klin. Wochenschr. 1905. 8.

Cohn, S., Bedeutung des Natriums und Kaliums für die Entstehung und Heilung der Gicht, mit Berücksichtigung des Radiums. Berl. klin. Wochenschr. 1912. S. 12.

Costiniu, Radiumtherapie bei Kehlkopfkrebs. Monatsschrift für Ohrenheilk. und Laryngol. 1911.

Courtin et Bergonié, Epithéliome lingual et radium. Gaz. hébdom. des Scienc. méd. 1904. 7. févr.

Cramer, Second Scientific Report of Imperial Cancer Research Fund. Part. II. 1905 p. 56. (Hier eingehende Literaturangabe.)

Crocker, The therapeutic effect of radium-emanations. The Lancet 1909. 22. V.

Curie, Sur le dégagement de chaleur spontane du radium. Soc. franç. de physique 3. VII. 1903.

Curie, Mme., Untersuchungen über die radioaktiven Substanzen, Übers. v. Kaufmann 1904. Braunschweig.

Derselbe, Radiumwirkung. Compt. rend. de l'Acad. des Scienc. 1898, 1902.

Derselbe, Bouchard, Balthazard, Action physiologique des émanations du radium. Comptes rendus de l'acad. des Scienc. 1904.

Curie, P. et Debierne, H., Über das metallische Radium. Compt. rend. 1910. Bd. 151. S. 523.

Derselbe et Laborde, Sur la radioactivité des gaz, qui se dégagent de l'eau des sources thermales. C. r. de l'Acad. des sciences 1904. Vol. 138. Nr. 19. p. 1150.

Curie, P., Die Entwickelung des Radiums. Leipzig 1912. Akad. Verlagsgesellsch.

Derselbe,, Sklodowska, Recherches sur les substances radioactives. Paris 1904.

Curupi, C., Experimentelle Untersuchungen über das Verhalten der Radioaktivität der Dorner Mineralquellen. Zeitschr. f. Balneol. III. 15. Nov. 1910. Nr. 16 u. Balneol. Zeitschr. 1912. Nr. 8. S. 123.

Czerny, L'action du radium sur les tissus vivants. Congr. franç. de chir. 22. Oct. 1904.

Derselbe, Bemerkungen über die Injektion von Radiumpräparaten bei malignen Tumoren. Deutsche med. Wochenschr. 1909. Nr. 51.

Derselbe, Über den Gebrauch der Fulguration oder Kreuznacher Radiolpräparate bei der Behandlung der Krebse. Arch. f. klin. Chir. 1909. Bd. 90. Heft 1.

Derselbe, Zur Eröffnung der II. Intern. Konferenz für Krebsforschung in Paris. Münch. med. Wochenschr. 1910. Nr. 44.

Czerny, V., u. Caan, A., Behandlung bösartiger Geschwülste mit radioaktiven Substanzen speziell mit Aktinium. Münchn. med. Wochenschr. 1911. Bd. 58. Behandlung bösartiger Geschwülste mit Mesothorium und Thorium X. Münchn. med. Wochenschr. 1912. Nr. 14.

Czrellitzer, Becquerelstrahlen und Blindheit. Berl. klin. Wochenschr. 1903. Nr. 18 u. 28. S. 650.

Dalsaux, Radium bei Ösophaguskarzinom. Presse oto-laryngol. 1903.

Danlos, Traitement du lupus érythémateux per le clorure de radium. Soc. franç. de dermat. et de syphiligraphie 1901. 7. Nov.

Derselbe et Bloch, Note sur le traitement du lupus par le radium. Ann. de Derm. et Syph. 1901. 986.

Derselbe, Sur l'action physiologique du radium. Bull. d. soc. pharm. févr. 1904.

Derselbe, Le traitement par le radium. Soc. med. des hôp. séances févr. 1905.

Derselbe et Zimmern, Action du radium. Revue de thérapeutique. 15. Juin 1905.

Derselbe, Sur le traitement des dermatoses par le radium. Soc. méd. des hôp. 10. Févr. 1906. Bull. méd. Nr. 12. p. 136.

Danne, Sur un nouveau minéral radifère. Comptes rendus Tom. 140. Nr. 4.
Danysz, L'action du radium sur les différents tissus. Compt. rend. de l'Acad. des Scienc. 1903. Vol. 136. p. 461 u. Vol. 137. Nr. 26. p. 1296.
Derselbe, De l'action pathogène des rayons et des émanations émis par le radium sur différents tissus et différents organismes. C. r. de l'Acad. des Scienc. 1904. Vol. 138. Nr. 7. p. 461.
Derselbe, De l'action du radium sur le virus rabique. Ann. de l'Institut Pasteuer 1906.
Darier, Application thérapeutique du radium dans quelques affections nerveuses. La Semaine méd. 1903. Nr. 40. p. 330. 1904. p. 51.
Derselbe, Action analgésiante du radium. La Semaine méd. 1903. Nr. 40. p. 330.
Derselbe, Rayons X et radium en thérapeutique oculaire. La Clinique ophthalmol. 1903. p. 315.
Derselbe, Le traitement par le radium. Revue de thérapeutique médico-chirurgicale 1904. Nr. 20.
Derselbe, Valade, Terson, Traitement de l'épithélioma par le radium. Presse méd. 8. Juillet 1905;
Derselbe, Behandlung eines Epithelioms mit Radium. Wien. klin. Wochenschr. 1906. Nr. 17.
Derselbe, Des applications médicales du radium. Congrés d'ophthalmol. Bull. méd. Nr. 35. p. 406.
Darms, H., Radium und sein Einfluß auf die Körpertemperatur des Menschen. Inaug.-Diss. Berlin 1911.
Dauphin, Influence des rayons du radium sur le développement es la croissance des champignons inférieurs. C. r. de l'Acad. des Scienc. 1904. Vol. 138. Nr. 3. p. 154.
Dautwitz, Beitrag zur biologischen Wirkung der radioaktiven Uranpecherzrückstände aus Joachimsthal in Böhmen. Zeitschr. f. Heilk. 1906. Bd. 2. 27. S. 81.
Derselbe, Über St. Joachimsthaler Radiumträger. Wien. klin. Wochenschr. 1911. Nr. 22. und 1912. Nr. 3.
Derselbe, St. Joachimsthal (herausgeg. vom Minist. f. öffentl. Arb.) Bergverw. Joachimsthal 1911.
Davidsohn, Radiumemanation als Heilfaktor. Deutsche med. Wochenschr. 1908. S. 1633.
Davidson, Ophthalm. soc. 3. Mai 1906. Ref. Wien. med. Wochenschr. Nr. 38.
Davison, J., Radium and some of its physical and therapeutic properties. Bristol med.-chir. Journ. März 1910. Vol. 23.
Dawson, Turner, Bemerkungen über die Wirkung und den Gebrauch von Radium. Zentralbl. f. Röntgen u. Radium u. verw. Geb. 1910. Nr. 5—6. The Lancet 1909. Bd. 177.
Derselbe, Nature and physiological action of radium emanation and rays. The Brit. med. Journ. 1904. Nr. 2241.
Debove, Ein Fall von vereiterter gonorrhoischer Gelenkentzündung durch Radium geheilt. Journ. médical. français 1910. Nr. 6. 15. VI.
Defoses, Le radium en thérapeutique. Presse méd. 1905. Nr. 16.
Delbet, Paris, Behandlung der bösartigen Tumoren mit Radium. Münch. med. Wochenschr. 1909.
Delsaux, Note préliminaire sur le traitement des prèmieres voies aëriennes par le radium. La presse oto-laryngologique belge 1903. Nr. 8.
Dessauer, Die Radioaktivität und ihre Beziehung zu den Heilquellen. 13. Jahresvers. d. balneol. Gesellsch. 1906.
Derselbe, Heilende Strahlen 1908. Würzburg bei C. Kabitzsch.
Desnos, Radium bei Prostatahypertrophie. Bullet. médical. 1909. Nr. 95. S. 1088—89.
Deutmann, L., Radium und Stoffwechsel. München 1910. O. Gmelin.
Dewar et Curie, Examen des gaz occl. ou dégagés par le brom. du radium. C. r. de l'Acad. des sciences 1907.
Diaz Menéndez, Epitheliomas cutaneos curados par el radium. Revista de Medicina y Cirugia prachicas de Madrid 1910. Nr. 1.
Diffenbach, Application pratique du radium à l'usage thérapeutique. Arch. d'élect. méd. 25. Sept. 1906.
Dinger, Beiträge zur Behandlung des Trachoms mit Radium. Berl. klin. Wochenschr. 1906. Nr. 40.
Dixon, H. H. and Wigham, J. T., Note on the action of radium on some organisms. The Dubl. Journ. of med. sc. 1904. Aug. Bd. 117. p. 161.
Dominici, Le radium du point de vue physiologique et thérapeutique. La Presse méd. 1906. Nr. 62.
Derselbe, Technik und Resultate der Radiumtherapie. Journ. méd. franç. 1910. Nr. 6. 15. VI.

Dominici, Des modifications histologiques déterminées par le rayonnement du radium; Communication au IXe Congrès de médecine tenu à Paris. Arch. d'électr. méd. 1907. Tom. 15. p. 835.
Derselbe, De l'application du radium à la thérapeutique interne. Arch. d'élect. méd. 1907. Nr. 225. Journ. de Physiothérapie 1908. Nr. 63.
Derselbe, et Barcat, Arch. gén. d. méd. juillet 1909. p. 414.
Derselbe, et Bovy, Epithéliome de la lèvre inférieur traité par les rayons du radium. Presse méd. 1908. p. 165.
Derselbe, Du traitement des tumeurs malignes par le rayonnement ultra-pénétrant du radium. Bull. de l'assoc. franç. du cancer. 1908. Nr. 4 et Progrès med. 1911. Nr. 14 und Acad. de méd. Paris 25. III. 1910.
Derselbe, et Barcat, Sur le processus histologique de la régression des tumeurs malignes sous l'influence du rayonnement γ du radium. C. r. soc. biol. 13 juin 1908.
Derselbe, et Barcat et Beaudoin, Vergleich der Röntgen, und Radiumstrahlen. Arch. d'Electricité médicale 1911. Nr. 19.
Derselbe, Über Radiumtherapie der inoperablen Geschwülste. Berl klin. Wochenschr. 1909. Nr. 31.
Derselbe, Physique médicale du radium; traitement des cancers par le radium. Arch. gén. de méd. juillet 1909.
Derselbe et Faure-Beaulieu, Régression d'un sarcome de la gencive sous l'influence du radium. Presse méd. 1909. Nr. 9.
Derselbe, Radiumbehandlung eines Sarkoms. Zeitschr. f. med. Elektrol. 1909. S. 373.
Derselbe, Des sels de radium insolubles en thérapeutique. Presse méd. 1910. Nr. 22.
Derselbe, Traitement des tumeurs malignes par le radium. La Gazette des hôpitaux 9 août. 1910.
Derselbe und Warden, A., The technique and results of radium therapy in maligrant disease. Churchill London 1912.
Derselbe, Chéron et Barbarin, Guérison d'un Hémo-Lymphangiome profond des régions cervicale et sus-claviculaire gauches par le radium. Bull. et Mém. Soc. méd. des Hôpit. de Paris. (Séance du 13 mai 1910.)
Derselbe und Chéron, Über Radiumbehandlung. Zentralbl. f. Röntgen, Radium u. verw. Geb. 1910. Nr. 5—6 u. Journ. de Radiol. 1910. Nr. 86, s. auch Journ. de Physiother. 1910. Nr. 86.
Derselbe et Faure-Beaulieu, M., Arrêt et séjour prolongé du sulfate de radium dans les tissus vivants pendant une durée exédant une année. C. r. Soc. Biol. 15 janvier 1910.
Derselbe, Haret, P., Jaboin, A., Sur les modifications des tissus consécutives à l'introduction des radium par l'electrolyse dans l'organisme vivant. Compt. rend. de Soc. de biolog. 1911. Nr. 11.
Derselbe, Petit et Jaboin, Sur la radioactivité persistante de l'organisme résultant de l'injection intraveneuse d'un sel de radium. C. r. de l'acad. des sciences. Paris 1910.
Derselbe, et De Martel, Radiumthérapie du cancer de la langue. La Presse médicale 1910. Nr. 18.
Donald, M. und Roß, I., Radium bei bösartigen Erkrankungen und varik. Geschwüren. Brit. med. Journ. 1912. Nr. 2658. S. 1529.
Derselbe and Warden, Brit. med. Journ. Aug. 27. 1910.
Dorn, E., Baumann, E., Valentiner, G., Einwirkung der Radiumemanation auf Bakterien. Zeitschr. f. Hygiene 1905. Bd. 51. S. 328.
Dubois, R., Cultures minérales: eobes et radiobes. Rapp. Congrès de Radiol. à Liège. 1905. Biol. Sect. Franz. S. 59.
Duglas Rudge, Action of radium salts on gelatine. The Nature. 1905.
Ebler, E., Über die Radioaktivität der Mineralquellen. Zeitschr. f. Baln. II. 1909. S. 480. Nr. 13. Radium, Handwörterb. der Naturwiss. I. 1912.
Derselbe, Über Adsorption radioaktiver Stoffe durch kolloidale Kieselsäure. Zeitschr. f. Balneol. 1911/12. Bd. 4.
Derselbe und Fellner, M., Über die Adsorption radioaktiver Substanzen durch Kolloide. Zeitschr. f. anorgan. Chemie 1911. Nr. 73.
Derselbe, Über die Bestimmung des Radiums in Mineralien und Gesteinen. Zeitschr. f. Elektrochemie 1912. Nr. 13.
Eckmann, G., Über die Vorgänge in emanationshaltiger Luft mit Rücksicht auf ihre medizinische Anwendung. Zeitschr. f. Balneol. 1912. Nr. 3.
Eckstein, Über Radiumbehandlung. Verein deutscher Ärzte. Prag 1904. Ref.: Fortschritte VIII. S. 285.
Derselbe, Behandlung einer angeborenen Teleangiektasie mit Radiumbromid. Deutsche med. Wochenschr. 1904. Nr. 35. S. 1314.
Ehrlich, S., Radiumemanation als Heilfaktor. Inaug.-Diss. Berlin.

Eichholz, Kreuznach, Die Literatur der letzten Jahre über Radium und Radiumtherapie. Berl. klin. Wochenschr. 1910. Nr. 23. S. 1068.
Derselbe, Über Aufnahme und Ausscheidung der Radium-Emanation. Inhalation oder Trinkkur? Kongr. f. innere Med. 1911 u. Berl. klin. Wochenschr. 1911. S. 1683.
Derselbe, Sammelreferat über die Radiumtherapie (1911). Zeitschr. f. Balneol. 1912. Nr. 22. S. 629.
Einhorn, M., Observation on Radium. New York med. Record. July 30. 1904.
Derselbe, Über den Wert der Radiumbehandlung beim Krebs des Verdauungstraktes. Zeitschr. f. phys. u. diätet. Therapie 1911. S. 728.
Derselbe, Radiumbehälter für Magen, Ösophagus und Rektum. Berl. klin. Wochenschr. 1904. Nr. 18 und Med. Rec New York 1904. 65. Bd. 399 (Referat).
Derselbe, Beobachtung. über Radium. Zeitschr. f. Krebsf. 1905. Bd. 3. S. 34.
Derselbe, Über die Radiumbehandlung des Ösophaguskrebses. Berl. klin. Wochenschr. 1905. Nr. 44.
Elster und Geitel, Radioaktive Substanz, deren Emanation in der Bodenluft und der Atmosphäre enthalten ist. Phys. Zeitschr. 1903 und 1904.
Derselbe, Aufnahme von Radiumemanation durch den menschlichen Körper. Phys. Zeitschr. 1904. V. Nr. 22. S. 729.
Emsmann, Über die biologischen Wirkungen des Mesothoriums. Berl. klin. Wochenschr. 1911. Nr. 47. S. 2108.
Engelken, Über die Art der Rückbildung der Karzinommetastasen unter dem Einflusse der Radiumstrahlen. Berl. klin. Wochenschr. 1904. 7.
Derselbe, Über die bisherigen Dauerresultate nach Radiumbehandlung von Karzinom. Zeitschr. f. Chir. 1904. Bd. 75. 379.
Engelmann, Med. Klinik 1909. Nr. 22. Radiol. Mitteil. (Bad Kreuznach) Jahrg. 1—4.
Derselbe, Wird Radiumemanation durch die Haut aufgenommen. Zeitschr. f. Röntgenkunde 1910. Bd. 12.
Derselbe, und Wohlgemuth, Diskussionsbemerkung. Balneologenkongreß 1901.
Derselbe, Hat Radiumemanationswasser bei der Trinkkur einen Einfluß auf experimentell erzeugte Harnsäuredepots? Internat. Beitr. z. Path. u. Therapie d. Ernährungsstörungen. 1911. Bd. 3. Heft 2.
Derselbe, Über den Emanationsgehalt des Blutes nach Trinken von Emanationswasser. Berl. klin. Wochenschr. 1912. Nr. 22. S. 1036.
Derselbe, Über die Gewinnung radioaktiver Substanzen aus den Rückständen der Kreuznacher Quellen und ihre therapeutische Bedeutung. Med. Klinik 1909. Nr. 22.
Engler, Zur Kenntnis der Radioaktivität der Mineralquellen und deren Sedimente. Zeitschr. f. anorgan. Chemie. Bd. 53.
Derselbe, Beiträge zur Kenntnis der Radioaktivität der Mineralquellen. Karlsruhe 1906.
Derselbe und Sieveking, Radium und Radioaktivität der Mineral- und Thermalquellen. Bäderalmanach. Berlin 1907.
Dieselben, Zur Radioaktivität der Mineralquellen. Rad. in Biol. u. Heilk. 1912. H. 10 u. 11.
Derselbe, Die Radioaktivität der Mineralquellen. Chemiker-Ztg. 1907. 60.
Esdra, Soc. Laurisiana, Roma May 24. 1906. Wien. med. Wochenschr. Nr. 35.
Derselbe, Un caso di endotelioma cutis curati con la radiumtherapia. Il Policlinico. 1906. Nr. 15. p. 490.
Derselbe, Au di un cono limitore per l'applicazione del radio. Il Policlinico 1906. Nr. 29.
Derselbe, Sur l'état actuel de nos connaissances sur le radium. Arch. d'éléctr. méd. 1907. p. 808.
Derselbe, Radiumtherapie. Bull. de l'Acad. royale de méd. de Rome 1909.
Eve, On the radioactive matter present in the atmosphere. Philosoph. mag. LX. X. 1905.
Ewald, Die Wirkung des Radiums auf das Labyrinth. Zentralbl. f. Physiol. 1905. Bd. 19. S. 297 u. Münch. med. Wochenschr. 1905. Nr. 39.
Exner, S., Einige Beobachtungen über die durch Radiumstrahlen in den tierischen Geweben erzeugte Phosphoreszenz. Zentralbl. f. Phys. 1903. Bd. 17. Nr. 7. S. 177.
Exner, A., Behandlung von Neubildungen mit Radiumstrahlen. Münch. med. Wochenschr. 1903. Nr. 28. S. 1237.
Derselbe und Holzknecht, Pathologie der Radiumdermatitis Akad. d. Wissensch. Wien. Juli 1903.
Derselbe, Bericht über die bisher gemachten Erfahrungen bei der Behandlung von Karzinomen und Sarkomen mit Radium. Wien. Akad. d. Wissensch. Abt. III. 1903. S. 305.
Derselbe, Radiumbehandlung von Karzinom des Mundes und von Melanosarkom. Wien. klin. Wochenschr. 1903. Nr. 27. S. 804.
Derselbe, Über die bisherigen Dauerresultate nach Radiumbehandlung von Karzinomen. Deutsche Zeitschr. f. Chir. 1904. 75. Bd. Umfrage der medizin. Klinik 1905.
Derselbe, Zur Behandlung der flachen Teleangiektasien mit Radiumstrahlen. Wien. klin. Wochenschr. 1906. XIX. 23.

Derselbe, Zur Kenntnis der biologischen Wirksamkeit der durch den Magneten ablenkbaren und nicht ablenkbaren Radiumstrahlen. Sitzungsber. d. K. Akad. d. Wissenschaft. Wien. Math.-naturw. Klasse. Bd. 113. Mai 1904. Abt. III.
Derselbe, Über die Behandlung von Ösophagus-Karzinomen mit Radium. Wien. klin. Wochenschr. 1904. Nr. 4. S. 96.
Derselbe, Über die Art der Rückbildung von Karzinommetastasen unter der Einwirkung der Radiumstrahlen. Wien. klin. Wochenschr. 1904. Nr. 7. S. 181.
Derselbe, Radiumstrahlen und Karzinom. Wien. med. Wochenschr. 1904. Nr. 22.
Derselbe, Über Dauerheilungen von Karzinomen nach Radiumbestrahlung. Münch. med. Wochenschr. 1910. Nr. 47.
Derselbe und Sywek, Cholin. Deutsche Zeitschr. f. Chir. 1905. S. 521.
Derselbe und Zdarek, Cholin. Wien. klin. Wochenschr. 1905. Nr. 4.
Fabre et Toulard, Les boues radioact. etc. Arch. général. d. méd. 1909. p. 898. Progr. med. 1909 S. 51.
Dieselben, 2. Kongreß f. Radiumforsch. Brüssel. 1910.
Fabre, Frau und Bender, M., Die gynäkologische Radiumtherapie. Journ. de Radiol. Sept. 1910.
Fabre, S., Radiumtherapie in der Gynäkologie. Fortschr. a. d. Geb. d. Röntgenstrahlen. Bd. 16. Heft 5.
Fabre, S. und Fabre, M. G., Technik und Werkzeuge in der Radiumtherapie. Arch. d'Electricité médicale. 1911. Bd. 19. S. 113.
Fabre, Frau und Fabre, G., Radiumwirkung auf Mikroben. Journ. de Radiol. Sept. 1910.
Dieselbe und Ostrowsky, Die Wirkung des Radiums auf Toxine. Ibid. Dez. 1910.
Fabre, G., Action de radium sur les organismes végétaux. Compt. rend. de Soc. de biol. 1911. Nr. 11.
Fabre, Comidérations générales sur le radiumtherapie en gynecologie. Arch. général. de Méd. 1910. Arch. of the Röntgen Ray Nr. 123.
Falta, Radium in der Trachomtherapie. Wien. med. Wochenschr. 1905. Nr. 31.
Derselbe und Freund, Über die Behandlung innerer Krankheiten mit Radiumemanation. Münch. med. Wochenschr. 1912. Nr. 14.
Derselbe, Kriser und Zehner, Über die Behandlung der Leukämie mit Thorium X. Wien. klin. Wochenschr. 1912. S. 440.
Dieselben, Therapeutische Versuche mit Thorium X. Verhandl. d. Kongr. f. innere Med. 1912 u. Medizin. Klinik Nr. 37. 1912 S. 1504 (Lymphdrüsentumor.-Behandl.).
Derselbe nad Schwarz, Wachstumsbeförderung durch Radiumemanation. Berl. klin. Wochenschr. 1911/14.
Farkas, Zeitschr. f. phys. u. diätet. Therap. 1911. S. 65 u. 161.
Faulhaber, Der gegenwärtige Stand der Radiumtherapie. Deutsche med. Wochenschr. 1909. Nr. 47.
Ferrori, Das Radium in der Therapie des Larynx. Arch. intern. de laryng. 1907. Heft 6.
Finzi, N. S., Sarcoma of the Ear and mastoid region under radium Treatement. Proc. Roy. Soc. med. 3. 7. 1910. Clinical Section.
Derselbe, Radium in der Behandlung maligner Geschwülste. Z. B. f. Röntgen, Rad. u. verw. Gebiete. Nr. 2. 1910 u. The Lancet 1911. 1. VII. S. 1911.
Derselbe and Hill, W., Malignant grownt in neck treated with radium, with recurrence in mediastinum. Proc. Roy. Soc. med. 3. 7. 1910. Clin. Section. 159—160.
Derselbe, A case of oesophageal growth under treatment by radium. Proc. Roy. Soc. med. 3. 7. 1910.
Derselbe und Straed, E. H., Fall von Mammakarzinom, der mit Radium behandelt wurde. Zentralbl. f. Röntgenk., Rad. u. verw. Geb. 1910. Nr. 2 u. Proc. Roy. Soc. Med. III. 1909.
Flemming, Zur Einwirkung strahlender Energie auf die experimentelle Tuberkulose des Auges. Deutsche med. Wochenschr. 1911. Nr. 35.
Derselbe, Radiumtherapie bei Augenerkrankungen. Charité-Ann. 1911.
Fofanow, L. L. Kasan, Zur Frage vom Einfluß der Radiumemanation auf das harnsaure Natrium im tierischen Organismus. Russki Wratsch 1910. Nr. 28 u. Zeitschr. f. klin. Med. 1911. 71. Bd. 5 u. 6.
Fonk, Radium und Nervensystem. Diss. Leipzig 1906.
Forsell, G., Stockholm, Quelques observations de radiumthérapie des tumeurs cancereuses. Zeitschr. f. Röntgenk. u. Radiumforsch. 1911. Bd. 13.
Foveau de Courmelles, Le radium en thérapeutique nerveuse. La Semaine méd. 1904. Nr. 32. p. 314.
Fraga, E., Radioaktivität der Heilquellen Chile's. Leipzig 1912 (Thieme).
Fränkel, Emanation und Emanations-Therapie. Ärztl. Rundsch. 1909. Nr. 31.
Franke, Über den Einfluß der Röntgenstrahlen auf den Verlauf der Leukämie. Wien. klin. Wochenschr. 1905. Nr. 33.

Frankenhäuser, Unsere Wildbäder und ihre Wirkung. Zeitschr. f. Balneol. usw. I. 1908. Nr. 9.
Freudenthal, A., A case of leucoplakia treated by radium. Arch. of phys. ther. 1906. IV.
Derselbe, Radium in diseases of the throat and nose. Journ. of Advanced Therapeutics 1906. June.
Derselbe, Behandl. maligner Tumoren der oberen Luftwege mittelst Radium. Arch. f. Laryng. u. Rhinol. 1911. Bd. 25.
Freund, Grundriß der gesamten Radiotherapie für praktische Ärzte. Wien 1903. S. 284 ff.
Derselbe, L'état actuel de nos connaissances sur le radium. Arch. d'électr. méd. 1907. p. 807, ferner Zeitschr. f. med. Elektrol. u. Röntgenkunde 1908. Heft 10.
Friedländer, W., Über lokale Mesothoriumtherapie. Berl. klin. Wochenschr. 1912. S. 696.
Friedrich, Über Radiumemanation. Zeitschr. f. Röntgenkunde und Radiumforschung. Deutsche med. Wochenschr. 1908. Nr. 52.
Fürstenberg, A., Über die Behandlung mit Radiumemanation. Deutsche med. Wochenschr. 1908. Nr. 52, ferner Verh. des Balneol. Kongr. 1912.
Derselbe. Weitere Beiträge zur Behandlung mit Radiumemanation. Med. Klinik 1911. Nr. 21.
Derselbe, Über Wirkung der emanationshaltigen Wässer. Berl. klin. Wochenschr. 1909. Nr. 52.
Derselbe. Wiss. Grundlage d. Radiumtherap. Zeitschr. f. Balneol. usw. 1912. Nr. 22.
Funke, Einwirkung von Radium auf maligne Tumoren. Wien. med. Wochenschr. 37. Vers. d. Deutsch. Gesellsch. f. Chir. Berlin 1908.
Gaultier, René et Labey, Georges, Behandlung eines Pylorus-Tumors mit Radium durch eine permanente Magenfistel. Z. B. f. Röntgenstrahlen, Radium u. verw. Geb. 1910. Nr. 7. Gazelle des hopitaux 1910. Nr. 16.
Gehlhoff, Über die Radioaktivität und Emanation einiger Quellen. Arch. f. phys. Med. S. 21.
Geigel, R., Die neuen Strahlen in der Therapie. Würzb. Abhandl. 1905. 5. Bd. 7. Heft.
Geiger, H., Neuere Forschung über die α-Strahlen. Zusammenfass. Ber. Phys. Zeitschr. Bd. 11. S. 676.
Geinatz, Traitement de l'ulcus rodens par le radium. Wratsch. Ref. Arch. d'élect. méd. 1906. Nr. 199.
Derselbe, Über die Messung der Strahlenmenge des Radiums zu therapeutischen Zwecken. Wratschebnaja Gaz. 1906. Nr. 22.
Gerald, A case of rodent ulcer treated with radium. Brit. med. Journ. 1904. Nr. 2247 p. 182.
Giesel, Über radioaktive Stoffe. Berichte d. deutsch. chem. Gesellsch. Bd. 32. S. 19.
Derselbe, Über radioaktive Substanzen und deren Strahlen. 1902. Stuttgart bei Enke.
Gimmel, R. u. Z., Quelques faits relatifs à l'action thérapeutique du radium. Bull. de l'acad. de méd. 1904.
Derselbe, Le radium en biologie et en médicine. Med. Obozr. Moskau. 1904. Bd. 61.
Giovanni, Interno alla radioattività dei fanghi e delle acque di Albano. Gaz. degli ospedali 1904.
Glaessgen, I., Quellemanat. und natürliche Radiumsolbäder. Rad. in Biol. u. Heilk. 1911. Bd. 1. S. 65.
Gockel, Radioaktive Emanation im Quellgas von Tarasp. Chemiker-Ztg. 1905. 23.
Derselbe, Neueres über Radioaktivität von Luft und Boden. Med. Klinik 1910. Nr. 44.
Goodwin und Tomkinson, Radium in Dermatology. The Glasgow med. Journ. Juni 1909.
Görner, Über die Anwendung von Radium bei rheumatischen Erkrankungen. Münch. med. Wochenschr. 1910. Nr. 27. S. 1448.
Goldberg und London, Zur Frage der Beziehungen zwischen Becquerelstrahlen und Hautaffektionen. Dermat. Zeitschr. 1903. Bd. 10. Heft 5.
Goldberg, Die Anwendung der Becquerelstrahlen zur Heilung des Ulcus rodens. Russ. Arch. f. Chirurg. 1903.
Derselbe, Zur Lehre von der physiologischen Wirkung der Becquerelstrahlen. Diss. St. Petersburg militärärztl. Akad. 1904.
Gottlieb, Die Joachimsthaler radioaktiven Wässer in der Therapie. Wien med. Wochenschr. 1910. Nr. 18.
Derselbe, Die Wirkung und Anwendung der Joachimsthaler radioaktiven Grubenwässer. Zentralbl. f. d. ges. Therap. 1907. 4. Prager med. Wochenschr. 1908. Nr. 15.
Derselbe, Radiumbad St. Joachimsthal. Wien u. Leipzig. Braumüller 1911.
Grabley, Über den wechselnden Gehalt der Atmosphäre an Radiumemanation. Ein Beitrag zur Erklärung klimatischer Einflüsse auf biologische Vorgänge. Zeitschr. f. klin. Med. Bd. 71. Heft 3—6. S. 338.
Derselbe, Radiumbehandlung der Karzinome der inneren Organe. Jahresber. 1908 üb. 1. Kurhaus Woltersdorfer Schleuse.

Graetz, Über neue physikalische Strahlungsforschungen. Becquerel- und N-Strahlen. Münch. med. Wochenschr. 1904. Nr. 14.
Graham, Radium and its medical uses. Arch. of the Röntgenray. July 1907.
Gray, R. W. and Ramsay, W., London, The Half-life Period of Radium; a Correction. Journ. of Chem. Soc. 1910. Bd. 97.
Greeff, Über Radiumstrahlen und ihre Wirkung auf das gesunde und das blinde Auge. Deutsche med. Wochenschr. 1904.
Green, Note of two cases of rodent ulcer treated by radium. Lancet March 19. 1904.
Derselbe, A note on the action of radium on microorganismus. Proceedings of the r. soc. of London 1904. Nr. 494. S. 375.
Greinacher, H., Radium. 1907. München-Gmelin.
Derselbe, Die Messung der Radium- und Röntgenstrahlen. Naturwissensch. Wochenschr. 1910. Nr. 42.
Derselbe, H., Die radioaktiven Elemente und ihre Konstanten. Zeitschr. f. Physik. u. diätet. Ther. 1910. Heft 3. S. 138.
Derselbe, Die Apparate zur Bestimmung der Radiumemanation in Wässern. Zeitschr. f. Balneol. 1910. Bd. 3. Nr. 2.
Grin, Radiumemanation als Diuretikum. Münch. med. Wochenschr. 1911. Nr. 52.
Grünbaum, A. und H., Über Veränderungen normaler Gewebe durch Radiumwirkung 1910.
Gruner, P., Lehrbuch der Radioaktivität. 1911. Bern.
Grünhut, L., Was ist ein Mineralwasser. Zeitschr. f. Balneol. etc. 1911/12. Bd. 4. Nr. 16 und 17.
Gudzent, F., Zur Frage der Vergiftung mit Thorium X. Berl. klin. Wochenschr. 1912. S. 933.
Derselbe, Der Einfluß von Radium auf harnsaure Salze. Deutsche med. Wochenschr. 1909. Nr. 21 u. Verhandl. d. Kongr. f. innere Med. 1910.
Derselbe, Kritische Bemerkungen zu der Arbeit: „Vorstudien über Gicht" von Bechold und Ziegler. Bioch. Zeitschr. 1909. Bd. 23. S. 273.
Derselbe, Med. Klinik 1909. Nr. 37 u. über den gegenwärtigen Stand der Radiumemanationstherapie. Therap. d. Gegenw. Dez. 1910.
Derselbe, Überd en Gehalt von Radiumemanation im Blute bei verschiedenen Anwendungsformen etc. Radium in Biol. u. Heilk. 1911. Heft 3. S. 79. Verhandl. d. Berl. Phys. Gesellsch. 1911. S. 52. (Med. Klinik.)
Derselbe, Klinische Beobachtungen über den Einfluß der Radiumemanation bei Gicht und Rheumatismus. Radium in Biol. u. Heilk. 1911 Heft 5. u. Berl. klin. Wochenschr. 1911. Nr. 47. S. 2098 u. Zeitschr. f. ärztl Fortbild. 1910. Nr. 7.
Derselbe und Löwenthal, Über den Einfluß der Radiumemanation auf den Purinstoffwechsel. Zeitschr. f. klin. Med. 1911. Bd. 71. Heft 3—6.
Derselbe, Chemische und biologische Versuche mit Thorium und seinen Zerfallsprodukten. Verh. d. Kongr. f. innere Med. 1912.
Derselbe, Einiges über die biologischen Eigenschaften der Radiumemanation und ihre Anwendung bei Krankheiten. Radium in Biol. u. Heilk. 1911. Nr. 1. S. 14.
Derselbe, Diskussionsbemerkungen (zum Bickelschen Inhalationsapparat). Berl. klin. Wochenschr. 1911. S. 447.
Derselbe, Radium und Stoffwechsel. Med. Klinik 1910. Nr. 6. S. 1647.
Guilleminot, La quantité du radium dans lemonde. Arch. d'électr. méd. 1907. Nr. 228.
Derselbe, Action du radium sur la graine et le développement des plantes. Arch. d'électr. méd. 1907.
Derselbe, Effets de rayons x et des rayons du radium sur la cellule vegétale. Journ. de physiol. et de path. 1908. Nr. 1. S. 10.
Derselbe, Action biologique comparée des radiations du radium et de radiations de Röntgen. Arch. d'électr. médic. 1910.
Derselbe, Radiométric fluoroscopique, bei Steinheil. Paris 1910. p. 176.
Derselbe, Die biochemische Wirkung verschiedener Strahlungen. Arch. of the Röntgen. Ray 1910. Bd. 15. S. 90.
Guyenot, Radium and Radioactivity, abstract of an adress. Lancet 1910. Okt.
Guyot, G., Bologna, Wirkung des Radiums auf das Hautgewebe. Arch. f. Derm. u. Syph. 97. 2 u. 3.
Haaland, Proceedings Royal Society B. 1910. Tom. 82. p. 293.
Hahn, O., Verhandl. d. deutsch. physik. Gesellsch. 1910. Bd. 12.
Derselbe, Der Zerfall der radioaktiven Substanzen. Beihefte z. med. Klinik 1907. Heft 2.
Derselbe, Über Mesothorium und Radiothorium. Phys. Zeitschr. 1911. Bd. 12. S. 148.
Halberstaedter, Die Einwirkung der Röntgenstrahlen auf Ovarien. Berl. klin. Wochenschr. 1905. Nr. 3.
Halkin, Arch. f. Derm. Bd. 65. S. 201.

Derselbe, Über den Einfluß der Becquerelstrahlen auf die Haut. Arch. f. Dermat. u. Syph. Bd. 65. S. 201.
Hallopeau et Gaudaud, Sur les résultats du traitement par le radium d'un lupus verruqueux. Ann. d. dermat. et de syph. 1902. p. 720.
Hammer, Die Radioaktivität der Stebener Stahlquellen. Münch. med. Wochenschr. 1907.
Hammond, The use of radium in a case of rodent ulcer. Brit. med. Journ. April 23. 1904.
Hampson, Radium Explainer 1905. London (bei Jack).
Hardy, W. B. Proc. Physiol. Soc. 16. Mai 1903.
Derselbe, The action of radium upon globuline. Journ. of physiol. Vol. 39. 4—5.
Derselbe, and Anderson, On the sensation of light produced by radium rays and its relation to the visual purple. Proceed. of the r. society 1903. Vol. 72.
Haret, Radiumtherapie der Gicht und verschwundenem Rheumatismus. Journ. de Physiotherap. 1912. p. 112.
Derselbe, Danne und Jaboin, Nouvelle methode de l'introduction du radium dans les tissus. Journ. de Radiol. 1911. Bd. 5 u. Compt. rend. de l'Acad. de sciences 1911. Nr. 12.
Hartigan, The Treatment of port wine-neavus by radiumbromide. The Brit. journ. of dermat. 1904. p. 452.
Derselbe, Treatment of naevi and carcinom by radium. Brit. Journ. of Dermat. 1905.
Haupt, F. W., Über einige Erfolge der Radiumtherapie. Deutsche Ärzteztg. 1909. Heft 14.
Hauser, Die Radioaktivität der Teplitz-Schönauer Urquelle. Wien. klin. Wochenschr. 1907. Nr. 2.
Heath, Rodent ulcus of the nose. Lancet 1911. 14. Jan.
Hébert, A. et Kling, A., De l'influence des radiations du radium sur les fonctions chlorophylliene et respiratoire chez les végétaux. Comptes rendus des séances dé l'Acad. des Scienc. 1909. Tom. 149.
Heile, Zur Kenntnis der Wirkung der Radiumstrahlen auf tierische Gewebe. Münch. med. Wochenschr. 1904. 31.
Heinatz, W. N., Über die Behandlung der karzinomatösen Geschwülste mit Radium. Zwei Fälle von Karzinom des Penis mit Radium behandelt. Wratschebnaja Gaz. 1907. Nr. 36.
Derselbe, Über die Behandlung des Karzinoms mit Radium. Russki Wratsch 1907. Nr. 10.
Heinecke, Über die Einwirkung der Röntgenstrahlen auf Tiere. Münch. med. Wochenschr. 1903. S. 2090.
Derselbe, Zur Kenntnis der Wirkung der Radiumstrahlen auf tierische Gewebe. Münch. med. Wochenschr. 1904. Nr. 31. S. 1382, ferner s. Mitteil. a. d. Grenzgeb. d. Med. u. Chir. 1904. S. 21.
Henrich, F., Untersuchungen über die Thermalquellen von Wiesbaden und deren Radioaktivität. Phys. Zeitschr. 1904. 8. Jahrg.
Derselbe, F. u. Glaser, F., Über die gebräuchlichen Apparate zur Bestimmung der Radioaktivität der Wässer. Zeitschr. f. angewandte Chem. 1912. Bd. 25. S. 17.
Derselbe und Bugge, G., Beiträge zur Kenntnis der Quellenabsätze (Sinter) der Wiesbadener Thermalquellen. Chemikerztg. 1912. Bd. 33. S. 473.
Henry, Victor et Mayer, André, Action des radiations du radium sur les globules rouges etc. C. r. de la Soc. de Biolog. 1903.
Dieselben, Action des radiations du radium sur les colloïdes. C. r. de la Soc. Biol. 1903. S. 229.
Dieselben, Action des radiations du radium sur les ferments solubles. Soc. de Biolog. 1904. Tom. 56. Nr. 6. p. 230.
Dieselben, Quelques influences physiologiques des radiations du radium. Soc. de biol. 13. II. 1904.
Hermann, Zentralbl. f. prakt. Augenheilk. 1905.
Derselbe und Pesendorfer, Radioaktivität der Karlsbader Thermen. Wien. klin. Wochenschr. Nr. 28.
Hertwig, O., Die Radiumkrankheit tierischer Keimzellen. Arch. f. mikrosk. Anatom. Bd. 72. 2. Abt. S. 1—95. Ferner Hertwig G. Seeigeleibestrahl. ibidem. Bd. 79. S. 201.
Hertwig, O., Die Radiumstrahlen in ihrer Wirkung auf die Entwickelung tierischer Eier. Preuss. Akad. d. Wissensch. 1910. Bd. 11. S. 221, ferner 1912. Bd. XXXI. S. 554.
Derselbe, Das Radium als Hilfsmittel für entwickelungsphysiologische Experimente. Deutsche med. Wochenschr. 1911. Nr. 48.
Derselbe, Mesothorium-Versuche an tierischen Keimzellen. Sitzungsber. d. Kgl. Preuß. Akad. d. Wissensch. Nr. 40. S. 844.
Derselbe, Arch. f. mikr. Anat. 1911. Bd. 76.
Herzl, Physikalische Blutstillungsmittel in der Gynäkologie. Zeitschr. f. phys. u. diätet. Therap. 1910. Bd. 13. S. 245.

Derselbe, Radioaktivität und Konstitution der Materie. Freiburg u. Leipzig 1906 (bei Speyer).
Hildebrand, Krebsumfrage. Med. Klinik 1905. Nr. 13.
Hill, William, Behandlung maligner Erkrankungen mit Radium. Zentralbl. f. Röntgenstrahlen, Radium u. verw. Geb. 1910. Nr. 2.
Himstedt, F. u. Nagel, W. A., Über die Einwirkung der Becquerel- und der Röntgenstrahlen auf das Auge. Berichte d. Naturforschergesellsch. Freiburg 1901. S. 139.
Himstedt, F., Radioaktive Emanationen der Wasser- und Ölquellen. Chem. Zentralbl. 1904. S. 980.
Hirsch, M., Kritische Bemerkungen über die Bedeutung der Radioaktivität in den Heilquellen. Allgem. Deutsche Bäderztg. 1912.
Hirsch, Über kombinierte Röntgen-Badiumbehandlung bei Lidkarzinom (klin. Monatsb. f. Augenheilk. 1911. Bd. 22. S. 201).
Hirschfeld, Wirkung des Radiums auf trachomatöse Bindehaut. Klin. Monatsbl. f. Augenkrankh. Bd. 14. S. 12.
Hirz, Injektionen mit natürlichem radioaktivem Thermalwasser. 6. Kongr. d. Balneol. Österr. Münch. med. Wochenschr. 1911. Nr. 2. S. 86.
His, W., Die Behandlung von Gicht und Rheumatismus mit Radiumemanation. Berl. klin. Wochenschr. 1911. Nr. 5.
Derselbe, Studien über Radiumemanation. Med. Klinik 1910. Nr. 16. S. 613.
Hofgastein, Führer, herausgegeb. von der Kurkommission Hofgastein 1894 u. 1909.
Hoffmann, W., Über die Wirkung der Radiumstrahlen auf Bakterien. Hygienische Rundschau 1903. S. 914.
Derselbe und Schultz, Zur Wirkungsweise der Röntgenstrahlen. Wien klin. Wochenschr. 1905. S. 114.
Holzknecht, Über Radiumstrahlen. Münch. med. Wochenschr. 1903. Nr. 27.
Derselbe, Ein Instrumentarium zur Applikation der Radiumstrahlen auf die Haut. Verhandl. d. 8. Kongr. d. deutsch. derm. Gesellsch. Sarajewo 1903.
Derselbe, Wirkung der Radiumstrahlung. Kais. Akad. d. Wissensch. Wien 1903.
Derselbe, Diskussion über die Radiumdermatitis und Röntgenschädigungen. K. K. Gesellsch. der Ärzte in Wien. 26. Juni 1903 u. 11. März 1904.
Derselbe und Schwarz, Über Radiumstrahlen mit besonderer Berücksichtigung der vorläufigen Mitteilung von E. S. London. Wien. klin. Wochenschr. 1903. Nr. 25.
Horand, K., Perméabilité moindre de la peau de négre aux rayons X et aux radiations des sels de radium. Lyon méd. 1909. p. 21.
Horsley und Finzi, Brit. med. Journ. 14. X. 1911.
Hovorka und Kronfeld, Vergleichende Volksmedizin. Stuttgart 1908.
Hugel, Über natürliche Radiumbäder. Münch. med. Wochenschr. 1910. S. 1309.
Jaboin, Pharmakologie des Radiums. Journ. de Radiol. Dez. 1910.
Jacobi, Zur Radiumbehandl. d. Trachoms mit Radium. Deutsch. med. Wochenschr. 1906.
Jagan, Über die Wirkung der Radiumstrahlen auf die Agglutinine. Rußki Wratsch 1903. Nr. 49. (Ref. Münch. med. Wochenschr. 1904. S. 359.)
Jagie, v. G., Schwarz und Siebenrock, L. v., Blutbefunde bei Röntgenologen. Berl. klin. Wochenschr. 1911. Nr. 27.
v. Jaksch, Über Radium und Radiumtherapie usw. Prager med. Wochenschr. 1910. Nr. 33.
Jansen, H., Untersuchungen über die bakterielle Wirkung der Radium-Emanation. Zeitschr. f. Hygiene und Infektionskrankh. 1910. Bd. 67.
Derselbe, Behandling med Radiumemanation saerlig ved gigtiske Lidelser. Ugeskr. for Laeger. 1910.
Derselbe, Radium und Rheumatismus. Ugeskrifl. vor Laeger 1910. Cit. Zentralbl. f. Röntgen- u. Radiumeman. 1911. Nr. 8. S. 297.
Derselbe und Strandberg, O., Beruht die Bakterizidität der Radium-Emanation auf Ozonbildung. Hospitalstid. 1912. Nr. 3.
Javal et Curle, Aveugles. Bull. de l'Acad. de Méd. 1903. p. 433 et 748.
Jentzsch, Die Radioaktivität der Kissinger Heilquellen. Physikal. Zeitschr. 8. Jahrg. S. 887 u. 9. Jahrg. S. 120.
Derselbe, Kompressen aus radioaktiven Stoffen. Arch. f. physik. Med. 3. Bd. Heft 1.
Jessen, F., Münch. med. Wochenschr. 1905. S. 1675.
Jjrnoff, Der Einfluß des Radium auf Rabies. Rußki Wratsch 1905. S. 1032.
Jodlbauer, Über die Wirkung photodynamischer Stoffe auf Paramäzien und Enzyme bei Röntgen- und Radiumstrahlen. Deutsch. Arch. f. klin. Med. 1904. Bd. 80. S. 488.
Derselbe und Tappeiner, Wirkung der fluoreszierenden Stoffe auf Spalt- und Fadenpilze. Ibid. 1904. Bd. 84.
Jordan, A. C., On the use of radium for locae applicat. within the body Lancet 1907. 1. 12.
Jornow, Nouvelles recherches sur les effets antrabiques du radium. Wratsch 1905. 33.
Joukovsky, Action du radium sur l'excitabilité de l'écorce cérébrale. Arch. d'élect. méd. 1904. 12. Nr. 136.

Iredell, C. E. und Minett, E. P., Effect of radium in relation tomy pathogenic and non pathogenic bacteria. Lancet 1909. Bd. 1. p. 1445. 22. 5.
Isitani, D. und Manabi, K., Über Radiumemanation einer Geiserquelle in Japan. Zentralblatt f. Röntgenstrahlen 1911. Bd. 2. S. 81.
Jones, On the treatment of naevus by radium. Brit. med. Journ. 1909. 21. Aug.
Jumon, Le Radium. Propriétés phys. et thérapeut. Rev. de thérapeutique 1903.
Jungmann, Sitzung d. K. K. Gesellsch. d. Ärzte. 17. März 1911.
Justus, L., Erfahrungen mit Radium. Orvosi Hetilap 1908. Nr. 34. Zeitschr. f. phys. u. diätet. Therap. 1908/09. 12.
Immelmann, Über Londons neue Versuche mit Radium. Berl. med. Gesellsch. 13. Juni 1904.
Iwanoff, Über die Wirkung des Radiums auf die gesunde Menschenhaut. Rußki Journ. Koschnich i weneritscheskich bolezniej. 1906. Bd. XI. S. 17.
Kahler, O., Zur Radiumbehandlung des Skleroms. Wien. klin. Wochenschr. 1905. Bd. 18. S. 32.
Kalmann, Beitrag zur Kenntnis der Radiumwirkung der Heilquellen. Wien. klin. Wochenschr. 1906. Nr. 22.
Derselbe, Wirkung der radioaktiven Mineralwässer auf Bakterien. Wien. klin. Wochenschr. 1905. S. 565.
Derselbe, Trinkversuch mit radioaktivem Gasteiner Thermalwasser. Zeitschr. f. physik. u. diätet. Therap. 1907. Juli.
Kantas, Radiumtherapie bei Trachealstenosen. Wien. med. Wochenschr. 1912. 24.
Kaplan, A., Über den Einfluß der alkalischen und radiumhaltigen alkalischen Wässer auf den Stickstoffwechsel beim Gesunden und beim Gichtiker. Veröffentl. d. Zentralstelle f. Balneol. 1912. Berlin. Inaug.-Diss. Berlin 1912.
Kardo-Sysoeff, Das Radium bei verschiedenen Trachomformen. Rußki Wratsch 1906.
Kauffmann, H., Das Radium 1910 bei Strecker in Stuttgart.
De Keating-Hart, Association des rayons X, du radium et des courants de haute fréquence dans le traitment du cancer. Revue de thérap. 1906.
Keetman u. Mayer, Zur Messung und Dosierung von Thorium X-Präparaten. Berl. klin. Wochenschr. 1912. Nr. 27. S. 1275.
Kemen, J., Erfolge mit Kreuznacher Radiumemanationsbädern und lokal angewandten Radiolpräparaten. Monatsschr. f. d. phys. diätet. Heilmeth. 1910. März. Therap. d. Gegenw. 1909. Heft 11.
Derselbe, Radium-Inhalations- und Trinkmethode. Zentralbl. f. innere Med. 1912. N. 13.
Derselbe und Mesernitzky, P., Über Purinstoffwechsel bei Gichtkranken und Radium-Emanationsbehandlung. Therap. d. Gegenw. 1910. Nov.
Derselbe und Neumann, Über die Aufnahme der Radiumemanation bei verschiedenen Anwendungsformen. Zeitschr. f. Balneol. 1. Dez. 1910. Nr. 17. 3. Jahrg. S. 471. Zeitschr. für neuere phys. Med. 2. Jahrg. Nr. 22, 23. Radiol. Mitteil. Bad Kreuznach. Jahrg. 1—4 (1912).
Kenji-Kojo, Biologische Wirkungen des Mesothors. Berl. klin. Wochenschr. 1912. Nr. 17. S. 779.
Kerb, J. und Lazarus, P., Zur Frage des Abbaues von Mononatriumurat unter dem Einfluß von Radiumemanation bzw. Radium D. Biochem. Zeitschr. 1912. 42. Bd. 1. Heft u. Berl. klin. Wochenschr. 1912. Sitzungsber. d. Berl. med. Gesellsch. vom 15. II. u. 6. III. 1912 u. Berl. klin. Wochenschr. vom 18. März u. 1. April 1912.
Kienböck, Robert, Radiotherapie. Stuttgart 1907.
Kirchner, Die kosmetischen Vorzüge der Heilung von Lidkrebsen durch Radiumstrahlung und die Methode der Behandlung. Ophthalmolog. Klinik. 1905. Nr. 10.
Kikkoji, T., Über den Einfluß von Radiumemanation auf den Gesamtstoffwechsel im Organismus. Radium in Biol. u. Heilk. 1911. Bd. 1. Heft 3.
Kionka, Das Radium vom biologischen Standpunkte. Med. Klinik 1911. Nr. 18.
Derselbe, Radioaktivität der Mineralwässer. Deutsche med. Wochenschr. 1911. Nr. 17.
Derselbe, Über Resorption und Elimination der Emanation. Deutsche med. Wochenschr. 1912. Kreuznacher radiol. Mitteil. 1912. Balneol. Zeitschr. 1912. Nr. 7.
Kisch, H., Die Radioaktivität in der Balneotherapie. Prager med. Wochenschr. 1912. Nr. 24.
Klauber, Umfrage über Behandlung des Krebses mit Radium. Med. Klinik 1. Jahrg. Nr. 13.
Klecki, Karl von, Klinische Versuche mit Radiumemanation. Wien. klin. Wochenschr. 1910. Nr. 15. S. 539.
Klemperer, G., Jetz. Stand d. Thor. X-Therapie mit eig. Beob. bei Leukämie u. Anämie Ther. des Gegw. 1912. Bd. VIII.
Klingmüller, Umfrage über die Behandlung des Krebses mit Radium. Med. Klinik 1905. Nr. 13.

Derselbe und Bering, F. R., Kiel, Zur Verwendung der Wärmedurchstrahlung (Thermopenetration). Berl. klin. Wochenschr. 1909. Nr. 39.
Klug, Radioaktivität v. Johannisbad. Prag. med. Woch. 1912. Nr. 33.
Knaffl-Lenz, E. v., und Wicchowski, W., Über die Wirkung von Radiumemanation auf Mononatriumurat. Sitzungsber. d. Kais. Akad. d. Wissensch. in Wien 1912. Bd. 121. Wiener klin. Wochenschr. 1912. Nr. 12. S. 441. Hoppe-Seyler, Zeitschr. f. physiol. Chemie 1912. Bd. 77. Heft 5.
Knett, J., Indirekter Nachweis von Radium in den Karlsbader Thermen. Sitzber. d. kais. Akad. d. Wiss. Wien Bd. 113. Juni 1904.
Körnicke, Die Wirkung der Radiumstrahlung auf die Keimung und das Wachstum der Pflanzen. Ber. d. deutsch. botan. Gesellsch. 1904. Bd. 22. S. 155.
Kohlrausch, F., Verhandl. d. D. Physik. Gesellsch. 1903. 5. S. 261.
Derselbe und Henning, Verhandl. d. deutsch. Phys. Gesellsch. 1904. 6. S. 144.
Derselbe, Untersuchungen über die Radioaktivität von Quellen. Zeitschr. f. phys. u. diät. Therap. 1908. Bd. 12.
Derselbe und Mayer, Über Radium-Kataphorese. Berl. klin. Wochenschr. 1909. N. 4.
Derselbe und Nagelschmidt, Physikalische Grundlagen der Radiumemanationstherapie Zeitschr. f. phys. u. diätet. Therap. 1908. Bd. 12. S. 474, 549, 601.
Derselbe und Plate, Über die Aufnahme und Ausscheidung von Radium-Emanation. Biochem. Zeitschr. Bd. 20. 1. u. 2. Heft.
Konwerski, S., Zur Frage von der Radioaktivität. Wratschebnaja Gaz. 1909. Nr. 21. Ref. Zentralbl. f. Röntg. u. Rad. 1910. Nr. 5 u. 6.
Körvesy, v., Radioaktivität und Fermentwirkung. Arch. f. d. gesamte Physiol. 1911. Bd. 137.
Kraus, F., Deutsches Bäderbuch. Klinischer Teil. Berlin 1907, ferner Berl. klin. Woch. 1912 (Disk. S. 613 u. S. 1682) u. Verh. d. Kongr. f. inn. Med. 1912 (Diskussion).
Kraus (Teplitz), Kongr. f. innere Med. zu Wiesbaden 1907. Therap. Wirk. der radioaktiven Uranpecherzrückst. bei chron. u. akutem Gelenkrheum.
Kreuznacher Radiologische Mitteil. Jahrg. 1—4. (1912.)
Krieg, F., Über die physiologische Wirkung radiumhaltigerKochsalzquellen. Med. Klinik 1910. Nr. 29.
Derselbe, Versuche über die Wirkung der Büttquelle in Baden-Baden. Ärztl. Mitteil. aus Bad. 1909. Heft 6 u. 7.
Kromayer, Die Behandlung der roten Muttermale mit Licht und Radium nach Erfahrungen an 40 Fällen. Deutsche med. Wochenschr. 1910. Nr. 7. S. 299.
Krüger, W., Radium und Radiumtherapie. Therap. Rundschau 1908. S. 179.
Kryloff, Wratschebnaja Gaz. 1904. (Ruß.)
Kuhn, E., Beitrag zur Karzinombehandlung mit Pankreatin, Radium- und Röntgenstrahlen. Zeitschr. f. klin. Med. 1907. Bd. 63.
Kurz, Der Radiumvorrat der Natur. München 1911 (bei Gmelin).
Laborde, Application de l'émanation du radium aux mesures de radioactivité. Le radium 1905. Nr. 12.
Laborderic, Tumor der Brust behandelt durch elektrolytische Einführung von Radium. Arch. d'Elektricité med. 1912. Nr. 332.
Lachmann, Balneologischer Kongreß 1911.
Derselbe, Neuere Untersuchungen über die Radiumemanation. Vortrag auf dem 38. schles. Bädertage 1909.
Derselbe, Die Bedeutung der hochradioaktiven Quellen im Lichte der modernen Emanationstherapie. Med. Klinik 1911. Nr. 33.
Derselbe, Beiträge zur Messung der Radiumemanation. 32. Balneol. Kongr. März 1911.
Lauder Brunton and Lewis G. Glowen, Ein mit Radiumemanation behandelter Fall von bösartiger Geschwulst des Wurmfortsatzes. Lancet Nr. 4511. 12. Febr. 1910.
Laqueur, A., Über die therapeutische Verwendung etc. Deutsch. Zentralkomitee f. ärztl. Studienreise 1909.
Derselbe, Über künstliche radiumemanationshaltige Bäder. Berl. klin. Wochenschr. 1907. Nr. 23. S. 719 und Nr. 27 S. 871.
Derselbe und Bergwitz, Ist die durch Trinken aufgenommene Emanation im Urin nachweisbar? Zeitschr. f. experim. Path. u. Therap. 6. Bd.
Derselbe und Löwenthal, S., Über die Aufnahme von Radiumemanation bei Bade- und Trinkkuren. Ref. Münch. med. Wochenschr. 1907. S. 2162.
Laqueur, B., Über ein Verfahren die Radioaktivität der Wiesbadener Thermalquellen ärztlich nutzbar zu machen. Ther. d. Gegenw. 1912. Nr. 3.
Laquerièrre, Ergebnisse der Anwendung der Radium Elektrolyse nach Hares in der Gynäkologie. Compt. rend. hebd. des seances de l'acad. des scienc. 1912. Nr. 14 u. Journ. de Physiotherap. 1912. Nr. 112.

Lars, Poling, Sur un cas de sarcome de soixante-treize ans traité par les rayons X et le radium. Arch. d'électr. méd. 1910. p. 325.
Laska, A., Beiträge zur Radiumemanationstherapie. Inaug.-Diss. Berlin 1909.
Dieselbe, Physiologisches Verhalten der Radiumemanation. Biochem. Zeitschr. 1910. Bd. 24.
Dieselbe, Zeitschr. f. exper. Path. u. Therap. Bd. 6.
Lassar, Über die therapeutische Wirkung des Radiums. Berl. klin. Wochenschr. 1904.
Derselbe, Über Wirkung des Radiums. Deutsche med. Wochenschr. 1905. Nr. 29.
Derselbe, Der jetzige Stand der Radiumtherapie. Berl. med. Gesell. Sitz. v. 9. I. 1907.
Derselbe, Zum Stande der Krebstherapie. Zeitschr. f. Krebsforschung 1905. III. Bd.
Laubenheimer und Caan, Über eine Tetanusinfektion nach subkutaner Einverleibung von Radiolkarbenzym. Münch. med. Wochenschr. 1911. Nr. 17.
Dieselben, Zur Radiofermenttherapie. Münch. med. Wochenschr. 1911. Nr. 33.
Lauper, Über Behandlung eines Ösophagus-Karzinoms mit Radium. Verh. d. Deutsch. Gesellsch. f. Chir. 37. Kongr. 1908. 22. April.
Laveran, A., und Mesnil, H., Trypanosomes et Trypanosomiases. Paris 1904.
Lawrence, Radium treatment. Intercolonial med. Journ. of Australia. März 1909.
Lawson, A. und Davidson, D., Radium in der Augenheilkunde. Münch. med. Wochenschr. 1909.
Lazarus, Paul, Radiumemanation. Verhandl. d. Kongr. f. innere Med. Wiesbaden 1911.
Derselbe, Therapeutische Methodik der Radium-Emanation. Vortr. im Ver. f. innere Med. Berlin 17. VII. 1911. Deutsche med. Wochenschr. 1912. Nr. 8.
Derselbe, Moderne Radiumtherapie. Vortr. in d. Berl. med. Gesellsch. 14. II. 1912. Berl. klin. Wochenschr. 1912. Nr. 14.
Derselbe, Schlußwort zur Radiumdiskussion. Verhandl. d. Berl. med. Gesellsch. 6. III 1912. Berl. klin. Wochenschr. 1912. Nr. 12.
Derselbe, Blutanreicherung mit Radiumemanation und Meßmethodik. Berl. klin. Wochenschr. 1912. Nr. 25.
Derselbe, Radiumemanation und Brunnengeist. Med. Klinik 1912. Nr. 28.
Derselbe, Experimentelle Grundlagen der Radiumtherapie. Verhandl. d. Kongr. f. innere Med. 1912. Wiesbaden.
Derselbe, Jahresbericht über die Anwendung physikalischer Heilmethoden in der I. med. Klinik. Charité Ann. Berichtsjahr 1905/1906. 31. Bd.
Derselbe und J. Kerb, s. sub Kerb. Biochem. Zeitschr. 1912. 42. Bd. 1. Heft.
Lazarus-Barlow, W., Radioaktivity and carcinoma. The Lancet. June 26. 1909.
Derselbe, The croonian Lectures on radio-activity and carcinoma an experimental inquiry. The Lancet June 26, 1909.
Leckt, Die Wirkung der X- und Radiumstrahlen auf die Pflanze. Naturw. Wochenschr. 1906. Nr. 24.
Ledoux-Lebard, Über Einspritzungen von unlöslichem Radiumsulfat bei inoperablen Krebsen. Arch. d'Elektricité med. 1912. S. 332.
Leduc, S., Emploi thérapeutique des émanations radioaktives. Arch. d'électr. méd. 1904. p. 283.
Derselbe, Action du radium sur l'oeil. Arch. d'électr. méd. 1904.
Lehmann, Essai sur l'action thérapeutique du radium. Arch. gén. de méd. 1905.
Derselbe, Recherches sur l'action thérapeutique du radium. Thèse de Paris 1905.
Lejars, Inoperabler Mammakarzinom, erfolgreich durch Radiumbestrahlung behandelt. Presse méd. Nr. 97. 1904.
Lenkei, W. D., Beiträge zur Methode der Bestimmung des Radiumemanationsgehaltes etc. Zeitschr. f. phys. u. diät. Therap. Bd. 14. Heft 4. S. 193 u. 268.
Leoda, Max, Further observations on the therapeutic value of radium and thor. The Brit. Journ. 1904. 11. VI.
Leser, Radiumwirkung bei rezidivir. Karzinom. Verh. d. Deutsch. Gesellsch. f. Chirurgie 35. Kongr. 1906.
Levy, M., Veränderungen weißer Blutkörperchen nach Injektion therapeutischer Dosis löslicher Radiumsalze. Radium in Biol. u. Heilk. 1912. Heft 9.
Liebenow, La quantité de radium sur la terre. Eclairage électrique 1905.
Lieber, A new and possible improved method of using radium. Arch. of the Röntgenray 1905. p. 53—57.
Derselbe, Das Radiumkleid. Therapeut. Monatsheft Nr. 6. 1905. Americ. med. Vol. 9. Nr. 2.
Linser und Helber, Über die Einwirkung der Röntgenstrahlen auf das Blut. Bemerkungen über die Einwirkung von Radium und ultraviolettem Licht. Arch. f. klin. Med. 1905. Bd. 83. S. 479.
Derselbe und Sick, Über das Verhalten der Harnsäure und Purinbasen im Urin und Blut nach Röntgenbestrahlungen. Deutsch. Arch. f. klin. Med. Bd. 89. 1907.
Lion, Über Radium und seine Emanation. Inaug.-Diss. 1908. Leipzig.

Loewenthal, S., Die Einwirkung von Radiumemanation auf den menschlichen Körper. Phys. Zeitschr. Jahrg. 7. Nr. 16.
Derselbe, Über die Einwirkung von Radiumemanation auf Neubildungen. Berl. klin. Wochenschr. 1908. Nr. 3.
Derselbe, Umschau 1908. Nr. 1. Mineralquellenztg. Wien 1908. Nr. 181.
Derselbe, Demonstrationen zur Emanationstherapie. Med. Klinik 1910. Nr. 16. S. 629.
Derselbe, Über die Wirkung der Radiumemanation auf den menschlichen Körper. Berl. klin. Wochenschr. 1906. Nr. 46. 1907. Nr. 35. 1908. Nr. 3 u. 1910 Nr. 7.
Derselbe, Über den Brunnenrausch. Med. Klinik 1908. Nr. 14.
Derselbe, Über Bestimmung der Quellenemanation. Verhandl. d. deutsch. Naturf. u. Ärzte. Dresden 1907.
Derselbe, Über Meßmethoden und Einheiten in der biologischen Radiumforschung. Phys. Zeitschr. 1911. Nr. 4.
Derselbe, Über die Wertschätzung von Heilquellen auf Grund ihrer Radioaktivität. Zeitschr. f. Balneol. 1908. Nr. 3.
Derselbe und Edelstein, Beeinflussung der Autolyse durch Radiumemanation. Biochem. Zeitschr. 1908. Bd. 14. S. 484.
Derselbe und Wohlgemuth, Einfluß der Radiumemanation auf die Diastase. Biochem. Zeitschr. 1909. Bd. 21. S. 1476.
Derselbe, Grundriß der Radiumtherapie. Wiesbaden, Bergmann 1912.
Löhe, H., Toxikol. Beob. über Thorinm X bei Mensch und Tier, Virchows Arch. 1912, Bd. 209, H. 1 und 2.
London, Einwirkung der Radiumstrahlen. Berl. klin. Wochenschr. 1903. Nr. 23. Zentralbl. f. Phys. 1904. Bd. 18. S. 185.
Derselbe, Radium in der Biologie und Medizin. Leipzig 1911. (Daselbst umfangreiches Literaturverzeichnis.)
Derselbe, Action des rayons du radium sur les sens de la vue. Arch. d'élect. méd. 1904.
Derselbe, Application du radium dans un case de tumeur cancéreuse e l'intestin. Arch. d'élect. méd. Nr. 197 und „Le Radium".
Derselbe, Zur Lehre von den Becquerelstrahlen und ihrer physiologisch-pathologischen Bedeutung. Berl. klin. Wochenschr. 1903.
Derselbe, Über das Verhalten der Radiumstrahlen auf dem Gebiete des Sehens. v. Graefes Arch. f. Ophthal. 1903. Bd. 57.
Derselbe und Goldberg, Zur Frage der Beziehungen zwischen Becquerelstrahlen und Hautaffektionen. Dermat. Zeitschr. 1903. Bd. 1. S. 31.
Derselbe, Etudes sur la valeur physiologique et pathologique de l'émanation du radium. Arch. d'électr. méd. 1904.
Derselbe, L'action physiologique et pathologique des produits du radium. Arch. d'élect. méd. 1904. p. 614.
Derselbe, Weitere Untersuchungen über Radiumwirkung. Berl. klin. Wochenschr. 1905 Nr. 42.
Derselbe, Action physiologique de la radioactivité très faible. Arch. d'électr. méd. 1906. Nr. 183. p. 94.
Lossen, J., Die biologischen Wirkungen der Röntgen- und Becquerelstrahlen. Wien. Klinik. Februar-April 1907. Urban und Schwarzenberg.
Loewy, A., Versuche über die Wirkung der Radiumemanation auf das Blutgefäßsystem. Berl. klin. Wochenschr. 1912. Nr. 3.
Derselbe, und Plesch, I., Über den Einfluß der Radiumemanation auf den Gaswechsel und die Blutzirkulation der Menschen. Berl. klin. Wochenschr. 1911. Nr. 14.
Lusby, S. G., Einige Experimente über die Ionisation in getrockneter Luft. Proc. Cambridge Phyl. Soc. Bd. 15. p. 450—464.
Maass, Th. A., Über die Herzwirkung der Radiumemanation. Berl. phys. Gesellsch. 1911. 23. Juni. Med. Klinik.
Mache, Über die Radioaktivität der Thermen von Wildbad. K. k. Gesellsch. d. Ärzte in Wien. 27. Jan. 1905.
Derselbe und Meyer, Über die Radioaktivität österreichischer Thermen. Phys. Zeitschr. 6. Jahrg. Nr. 21 u. Sitzungsber. d. kais. Akad. d. Wissensch. in Wien Februar 1905. Bd. 114.
Dieselben, Über Radiumnormalmasse. Phys. Zeitschr. 1912. 13. Jahrg.
Macintyre, Radium and its therapeutic effects. Brit. med. Journ. 1903.
Mackenzie-Davidson, Wirkung des Radiumbromids. Brit. med. Journ. 1904.
Makower, W., Phil. Magaz. 1905.
Manabe, K. und Isitani, D., Tokio, Radioaktivität und ihre therapeutische Wirkung; Bemerkungen über einige radioaktive Präparate. Mitteil. d. med. Gesellsch. zu Tokio 1910. 24. Bd. Heft 6.
Mandel, H., Arthritis urica unter Radiumemanation. Radium in Biologie u. Heilk. 1911. 1. Bd. S. 163.

Mannes und Wellmann, Klinische Erfahrungen in der Behandlung mit Radium-Trink- und Badekuren. Zeitschr. f. phys. u. diät. Therap. 1910. 14. Bd. 6. Heft S. 321.
Marckwald, H., Das Radium vom chemisch-physikalischen Standpunkt. 32. Balneol. Kongr. 1911. März.
Derselbe, Einiges aus dem Gebiete der radioaktiven Erscheinungen. Radium in Biol. u. Heilk. 1911. Nr. 1.
Derselbe, Technik des Nachweises der Anreicherung der Radiumemanation im Blute bei deren Einatmung. Berl. klin. Wochenschr. 1911. S. 943.
Marinescu, Arch. d. elektr. med. expér. et clin. 1909. p. 263. (Ref. Neurol. Zentralbl.)
Marie, Clunet et Raulot-Lapointe, Bull. de l'Assoc. Franc. pour. l'Edute du cancer 1911. Nr. 166.
Marotti, Rèsult. éloignés du traitement par le radium. Bull. de la soc. française de Dermatologie 1909.
Derselbe, Naevus pigmentaire traité par le radium. La Presse méd. 1908.
Marqués, Le Radium et les corps radioactifs; propriétés physicales et biologiques. Montpellier méd. 8 et 15 Juin 1905.
Marx, Einwirkung der Radiumstrahlen auf das Labyrinthorgan. Münch. med. Wochenschr. 1908.
Maseby, Treatment of ulcus rodens by radiumbromide. The Brit. Med. Journ. 1905.
Matsuoka, Radiumverbrennung der Haut. Deutsche Zeitschr. f. Chir. Bd. 92.
Mauders, The relief of rheumatic pains by thoriumsalts. Arch. of the Röntgen-ray 1905.
Mayer, C., Radiumtherapie in der Praxis. Radium-Biologie Bd. 1. H. 12. 1912.
Meidner, S., Die Behandlung bösartiger Geschwülste mit radioakt. Substanzen. (Ther. d. Gegenwart 1912, Bd. 14. S. 63.)
Meier, Behandlung eines Epithelioms mit Radium. Wien. med. Wochenschr. 1906. Nr. 17.
Meitner, Einige neuere Ergebnisse auf dem Gebiete der Radioaktivität. Ergebn. d. wissensch. Med. 1911. 2. Jahrg. Heft 5. S. 188.
Memby, Radium bei Ulcus rodens. Brit. med. Journ. 1905.
Mendel, F., Die Emanationstherapie mittelst intramuskulärer Injektionen etc. Deutsch. med. Wochenschr. 1911. Nr. 3.
Mendelsohn, Action du-radium sur la torpille. La Presse méd. 1905.
Menten, Maud L., Experiments on the Influence of Radium Bromide on a Carcinomatous Tumour of the Rat. Monographs, Rockef. Inst. for Med. Research. 1910. Nr. 1. S. 73.
Mesernitzky, P. G., Zur Frage der Einwirkung der Radiumstrahlen auf das Lezithin. Russki Wratsch 1910. Nr. 12.
Derselbe und Kemen, J., Über Purinstoffwechsel bei Gichtkranken unter Radiumemanationsbehandlung. Therap. d. Gegenw. Nov. 1910.
Derselbe, Schädigung des Organismus durch hohe Dosen von Radiumemanation. Arch. f. phys. Med. u. med. Technik 1911. Bd. 6. Heft 1.
Derselbe, Über den zerstörenden Einfluß der Radiumemanation auf die Haut. Münch. med. Wochenschr. 1912. Nr. 6.
Derselbe, Contribution a l'etude de Decomposition des purines par l'action de l'emanation du radium. Compt. rend. 1912. t. 154. p. 770 u. Le Radium April 1912, u. Deutsche med. Wochenschr. 1912.
Metzenbaum, Radium and its known medical value. Med. Record 1906.
Derselbe, Radium its value in the treatment of lupus, rodent ulcer and epithelioma, with reports of cases. Arch. intern. de Chir. 1905. II. 4.
Meyer, F., Beitrag zur Radiumbehandlung des Karzinoms. Zeitschr. f. Krebsforsch. 1904. Bd. II.
Meyer, N. Radiumanwendung in der inneren Medizin. Allgem. med. Zentralztg. 1911. 28.
Meyer, St. und Heß, V., Zur Definition der Wiener Radiumstandardpräparate. Sitzungsber. d. kais. Akad. d. Wissensch. 1912. Bd. 121.
Milchner und Mosse, Zur Frage der Behandlung der Blutkrankheit mit Röntgenstrahlen. Berl. klin. Wochenschr. 1904.
Milroy, An risponse of the developing retina to light and to radium. Journ. of physiol. Sept. 1905.
Derselbe, Action des rayons du radium sur l'oeil du poulet pendant l'incubation. Journ. of physiol. 1905. Vol. 34.
Minet, E. P., Erfahrungen mit Radium. Berl. klin. Wochenschr. 1909. Nr. 25.
Minnami, Über die biologische Wirkung des Mesothoriums. Wirkung der Thoriumsemanation auf Verdauungsfermente und Autolyse. Berl. klin. Wochenschr. 1912. Nr. 17.
Monod et Segond, Über die Radiumbehandlung des Karzinoms. Klin. Therap. Wochenschr. 1910. Nr. 31.
Montefusco, Dell' azione del radio sui microorganismi. Giornale int. delle science mediche. 1904.

Morestin, Traitement du cancer de la peau. II. Internat. Chir.-Kongr. in Brüssel 1908.
Morton, R., Treatment of malignant disease by Röntgen and Radiumrays. Brit. med. Journ. 1911. April 23.
Morton, Ch. J., Radium in Cancer. Brit. med. Journ. 1911. S. 2617, 429.
Morton, W., Le radium employé comme traitement du cancer et du lupus. Arch. d'électr. méd. 1907. Tom. 15. p. 805.
Derselbe, Behandlung von Krebs und Lupus mit Radium. Med. Record. 9. Nov. 1907. Arch. of the Röntgen Ray.
Derselbe, Radium in the treatment of cancer and lupus. Zeitschr. f. med. Elektrol. 1909.
Moullin, Mansell C. The treatment of malignant growths by radium. The Lancet 1911. 1. VII.
Mühsam, Ein neuer Radiumbehälter für Mastdarm- und Scheidenbehandlung. Berl. klin. Wochenschr. 1904.
Müller Einige Beobachtungen über die radioaktive Substanz im Fango. Phys. Zeitschr. 1904. Nr. 13.
Derselbe, Phys. Zeitschr. 1910.
Muggia und Ohaunessian, Ref. Deutsche med. Wochenschr. 1906. S. 1209.
Nagelschmidt und Kohlrausch s. u. letzterem.
Derselbe, Die therapeutische Verwendung von Radiumemanation. Berl. klin. Wochenschr. 1908. Nr. 11 u. Klin. therap. Wochenschr. Bd. 16. Nr. 12.
Nahmmacher Über Radiumanwendung. Münch. med. Wochenschr. 1904.
Derselbe, Über Radium und Radiumtherapie. Münch. med. Wochenschr. 1908. S. 140. Klin. therap. Wochenschr. 1908. Nr. 34, 35, 36.
Derselbe, Radiumtherapie bei bösartigen Erkrankungen. Med. Klinik 1910. Nr. 32 u. 1911. Nr. 41. Intern. Verein f. Krebsforschung am 7. u. 8. VIII. 1911 in Dresden.
Derselbe, Demonstration über Radium. Wien. med. Wochenschr. 1909.
Derselbe, Kurze Statistik der mit Radium behandelten Fälle. Fortschr. a. d. Geb. d. Röntgenstrahlen 1910. S. 69.
Derselbe, Heilung eines Beckenkarzinoms mit Radium. Gesellsch. f. Natur- u. Heilkunde 1908. 21. XI.
Nenadowicz, Die Bedeutung der radioaktiven Gasquelle von Franzensbad für den Internisten. Therap. Monatshefte 1911. Bd. 25. S. 361.
Neuberg, C., Chemisches zur Karzinomfrage. Zeitschr. f. Krebsforsch. 1904. 2.
Derselbe, Verhandlungen d. deutsch. path. Gesellsch. 1904. S. 157.
Derselbe, Die Wirkungsweise der Radiumstrahlen beim Karzinom. Zeitschr. f. Krebsforsch. II. Bd. H. 1/2. 1904.
Neumann, Percutane Einverleibung der Radiumemanation durch den elektrischen Strom. Monatsschr. f. d. phys. Heilmeth. Juni 1909.
Neußer, Die Radioaktivität der Thermen von Wildbad Gastein. K. K. Gesellsch. d. Ärzte Wien. Wien. klin. Wochenschr. 1905.
Newcomet et Kroll, La radiothérapie du trachome. La Semaine méd. 1905.
Noorden v. und Falta, W., Klinische Beobachtungen über die physiologische und therapeutische Wirkung großer Dosen von Radiumemanation. Med. Klinik. 1911. Nr. 39.
Novi, J., Rendiconto delle sessioni della R. Accad. delle Scienc. de l'instit. de Bologna N. S. 1906. Vol. 10. p. 10.
Okada, E., Über den Einfluß der Radiumstrahlen auf Muskel und periphere Nerven. Arb. a. d. neurol. Instit. in Wien 1905. Bd. 12.
Obersteiner, Die Wirkung der Radiumstrahlen auf das Nervensystem. Wien. klin. Wochenschr. 1904. S. 1049. Arb. a. d. neurol. Instit. d. Wien. Universität 1905. S. 86.
Omeliansky, Ref. in London. Radium in Biologie u. Med. l. c.
Omeliansky, W. L., Einwirkung der Radiumstrahlen auf die leuchtenden Bakterien. Zeitschr. f. Balneol. 1912. 15.
Orgelbrand, Znacenie radu w leczentu radu w leczeniu wodami mineralnemi. Medyzyna i Kronika lekarska 1909. Nr. 8.
Ormea, G., Radiumterapia. Il Policlinico 1906. p. 385.
Derselbe, Contributo alle ricerche sull' azione battericida dei Raggi Becquerel. Journ. de phys. et de path. génér. 1907. p. 525.
Orlow, N. A., Journal russkawo fysiko-chimitscheskawo Obtschestwa. Ber. d. ruß. phys.-chem. Gesellsch. 1906—1909.
Orth, Demonstration von Leichenteilen einer an Mesothoriumeinspritzung gestorbenen Frau und experimentelle Organveränderungen am Hunde durch dieselbe Noxe. Berl. med. Gesellsch. 29. IV. 1912. Berl. klin. Wochenschr. 1912. Nr. 19. S. 912.
Oudin et Verchère, Du radium en gynécologie. Bull. méd. 1906. Nr. 54.
Oudin, Der gegenwärtige Stand der Radiumtherapie. III. Internat. Kongr. für med. Elektrologie und Radiologie, Mailand 1906.
Derselbe, Du radium en gynécologie. Bull. gén. de thérapeutique 1907.
Derselbe, Action hémostatique du radium. Arch. d'électr. méd. 1907. Compt. rend. hebd. des seances de l'academ. des scienc. 1906. Tom. 153.

Pacinotti und Parcelli, Bakterien und Radium. Gaz. degli ospedali 1899 (Ref. in Freund, Grundriß der gesamten Radiotherapie. Berlin u. Wien 1903. S. 284 ff.
Papius, Das Radium. Berlin (Schmidt) 1906.
Pappenheim, A. und Plesch, J., Die histologische Veränderung bei Thorium X-Versuchen. Verhandl. d. Berl. med. Gesellsch. 26. VI. 1912. Berl. klin. Wochenschr. u. Folia Haemologica 1912. Bd. XIV.
Paschkis, Die Radiumbehandlung eines Prostatasarkoms. Wien. klin. Wochenschr. 1910. Nr. 40.
Paschkis, R. und Pittinger, W., Erfolgreiche Behandlung eines Spindelzellensarkoms. Wien. klin. Wochenschr. 1910. Nr. 48.
Pässler, Über den Ersatz der sog. indifferenten Thermalbäder durch Inhalation ihrer Radiumemanation bei rheumatischen Krankheiten. Münch. med. Wochenschr. 1910. Nr. 36.
Perthes, Krebsumfrage, Behandlung mit Radium. Med. Klinik 1905.
Derselbe, Versuch über den Einfluß der Röntgenstrahlen und Radiumstrahlen auf die Zellteilung. Deutsche med. Wochenschr. 1904. Nr. 17, 18. S. 632.
Perugia, Carcinoma del palato duro guarito col radio. Gazz. degli ospedali, gennaio 1905.
Petersen, Therapeutische Versuche mit Radium. Münch. med. Wochenschr. 1904. S. 446.
Pfeiffer und Friedberger, Über die bakterientötende Wirkung der Radiumstrahlen. Berl. klin. Wochenschr. 1903. S. 641, 700.
Philipps, Experiments with radium-emanations. Med. News Aug. 19. 1905.
Physalix, Influence de l'émanation du radium sur la toxicité du venin de vipére. C. r. de séances de l'Acad. des sciences 1904. Bd. 138. p. 526. u. 1905. Bd. 140. p. 600.
Pinkus, A., Mesothorium-Therapie bei Krebskranken. Deutsch. med. Wochenschr. 1912. S. 681 und S. 1777 u. Berl. klin. Wochenschr. 1912. Nr. 20. S. 935.
Pisareff, L'action des radiations nouvelles (rayons de Röntgen et Becquerel) sur les êtres vivants. Thèse de Paris 1903.
Plate, Erscheinungen der Radioaktivität und ihre Anwendung in der inneren Medizin. Hamburger Ärzte-Korresp. 1912. Nr. 3.
Plesch, J., Zur biologischen Wirkung der Radiumemanation. Deutsche med. Wochenschr. 1911. Nr. 11.
Derselbe, Fälle von perniziöser Anämie und Leukämie mit Thorium X behandelt. Berl. klin. Wochenschr. 1912. Nr. 20. S. 930.
Derselbe, Zur Prophylaxe und Therapie der Caissonkrankheit. Kongr. f. innere Med. 1910. Wiesbaden.
Derselbe, Hämodynamische Studien. Berlin 1909. Hirschwald.
Derselbe und Karczag, L., Über Thorium Xwirkung. Kongr. f. innere Med. Wiesbaden 1912 u. Münch. med. Wochenschr. 1912.
Derselbe und Pappenheim s. sub. Pappenheim.
Derselbe, Zur biologischen Wirkung des Thoriums. Verhandl. d. Berl. med. Gesellsch. 1912. 13. III. Berl. klin. Wochenschr. 1912 Nr. 16.
Derselbe, Diskussionsbemerkung über den Gehalt der Radiumemanation im Blute des Lebenden. Phys. Gesellschaft. Sitz. v. 23. VI. 1911. Berlin. Med. Klinik 1911. Nr. 29.
Plimmer, H. G., On the treatment of cancer with radiumbromide. The Lancet 1904.
Poehl und Tarchanoff, Die Kombination der Radiotherapie mit der Organotherapie. Berl. klin. Wochenschr. 1905. S. 457.
Poincaré, Les propriétés du radium. C. r. des séances de l'Acad. des scie. 1906. p. 989.
Polland, Rudolf, Therapeutische Versuche mit Radium und sensibilisierenden Substanzen. Wien. klin. Wochenschr. 1904. Nr. 44.
Polyak, Intralaryngeale Radiumbehandlung der Kehlkopfpapillome. Monatsschr. f. Ohrenheilkunde u. Laryngol. 1912. H. 3.
Poulsson, Zur Frage über die Wirkung der Radiumemanation. Arch. f. exp. Path. u. Pharm. 1908. Festschr. Prof. O. Schmiedeberg. S. 443.
Pozzi, S. et Zimmern, A., Note sur l'emploi du radium dans le traitement du cancer. Bull. gén. de Thér. Juin 23. 1904.
Prado, Tagle E., Zur Kenntnis der durch Radiothorium erzeugten Gewebsveränderungen. Berl. klin. Wochenschr. 1912. Nr. 33.
Derselbe, Über Gewebsveränderungen nach subkutanen Depots von Bleisalz u. Radiumbleiverbindungen, Zerfallprodukten der Radiumemanation. Berl. klin. Wochenschr. 1912. Nr. 33.
Prescott, S. C., Science V. S. 1904. Bd. 20. S. 246.
Radcliffe, Crocker, The therapeutic effects of radiumemanat. The Lancet 22. V. 1909.
Raden und Wilkinsohn, Radioactivity a property of the Droisnisk brine baths. The Lancet 1904. p. 1010.
Radiologische Mitteilungen. Kreuznach. Jahrg. 1—4 bei Voigtländer (1909—1912).

Ramsauer, Karl, Heidelberg, Über Kreuznacher Aktivatorkonstruktionen. Münch. med. Wochenschr. 1910. Nr. 28.

Ramsauer und Caan, Über Radiumausscheidung im Urin. Münch. med. Wochenschr. 1910. Nr. 27.

Ramsay, Emanation du radium, ses propriétés et ses changements. C. r. des séances de l'Acad. des sciences 1904. p. 1388.

Derselbe und Soddy, F., Nature, 16. Juli 1903 und Proc. Roy. Society 1903 und 1904.

Raveau, Exposé des recherches récentes sur les transformations des corps radioactifs. Arch. d'électr. méd. 1907. p. 237.

Raymond et Zimmern, Quelques faits relatifs à l'action thérapeutique du radium. Bull. de l'Acad. de méd. 1904. Tom. 52. p. 180.

Dieselben, Compt. r. d. séanc. etc. Oct.—Decembre 1904.

Derselbe, Note sur quelques actions du radium. C. r. des séances de la Soc. de Biol. 1904. p. 206. 1905. Bd. 57. p. 491.

Derselbe, Traitement du cancer cutané par le radium. C. r. T. 1905.

Derselbe, Sur quelques effets du radium. Soc. de biolog. 24 mars 1905.

Reichau, Die Radioaktivität der schlesischen Heilquellen. Inaug.-Diss. Halle 1908.

Reicher, K. und Lenz, E., Weitere Mitteilungen zur Verwendung der Adrenalinanämie als Hautschutz in der Röntgen- und Radiumtherapie. Deutsch. med. Wochenschr. 1912. S. 9.

Reinwald, Le Radium. 1904. p. 61.

Reiter, H., Einfluß der Radiumemanation auf die Phagozytose. Zentralbl. f. Röntgen u. Radium 1910. Heft 8.

Rems et Salmon, Traitement du cancers cutané par le radium. Compt. rend de l'acad. des sciences T. 140. Nr. 26. — Le Radium, Jahrg. II. Bull. med. 1904.

Renault, Un nouveau moyen de traitement des rheumatisme blenorrhagique. Bullet. général therapeut. 23. VI. 1910.

Renon, L. et Marie, Essai critique sur leradiumthérapie des infections aiguës par les injections de sulfate de radium. Arch. d'électr. médic. 1910. p. 326.

Répin, Nouvelles recherches sur la radioact. d. sources goitrigénes. Compt. rend. 1908. 147. p. 387 u. p. 703.

Repmann, Die Behandlung krebsiger Affektionen mittelst Radium. Russki Wratsch. 1904.

Reschetillo, D. R., Das Radium und seine Anwendung zur Behandlung von Hautkrankheiten, bösartigen Neubildungen und einigen inneren Krankheiten. St. Petersburg 1910. (Russisch.)

Rheinboldt, M., Zur bakteriziden Wirkung radioaktiver Mineralwassers. Arb. a. d. path. Inst. zu Berlin 1907. Berl. klin. Wochenschr. 1906. Nr. 20. S. 636.

Ribardeau-Dumas, et Albert Weil, Un cas d'hypertrophie du thymus traiteé par la radiumther. Gazelle des hopitaux 1912. 39.

Richet, Einfluß der Radiumemanation auf die Milchsäuregärung. Biochem. Zeitschr. 1908. 13. 136.

Derselbe, Influence de l'émanation du radium sur la fermentation lactique. Arch. internat. de Phys. 1905. Tom. 3. p. 131.

Richter, Paul, Einfluß der Röntgenstrahlen auf Fermente. Berl. klin. Wochenschr. 1908.

Riedel, Messungen von Radiumemanation. Zeitschr. f. exp. Path. u. Therap. 1909. Bd. 6.

Derselbe, Untersuchungen über die künstliche Radiumemanation. Med. Klinik 1908. Bd. 12.

Risel, Lubarsch-Ostertags Ergebnisse der Pathologie und Anatomie 1907. Jahrg. 11. Abt. 11, S. 975.

Robarts, Hbr., Practical radium. The causation of cancer and its curability with radium. The practical uses of radium in the treatment of the obstinate forms of disease. Saint-Louis, Missouri (United States) 1908.

Rollins, W., Some principles involved in the therapy applied of radioactivity. The Brit. med. Journ. 1903. u. Bost. med. Journ.

Roß, R., British Med. Journ. 1906. Tom. 1. p. 798.

Rößler, O., Wissenschaftliches über die Thermen von Baden-Baden. Ärztl. Rundschau 1909. Nr. 4.

Derselbe, Ein Beitrag zur Kenntnis der radioaktiven Thermen. Deutsche med. Wochenschr. 1908.

Rovsing, Prof., Kopenhagen, „La thérapeutique non chirurgicale".

Rubens-Duval, L'action du rayonnement ultrapénétrant du radium sur les cancers inopérables du col de l'utérus (Soc. mèd. des hôp. 28. VII. ref. Sem. méd. 1911. p. 311.

Rudge, W. A. D., Action du radium et de certains autres sels sur la gélatine. Journ. de phys. théorique et appliqué et 1908. Rudge und Douglas, Nature 1905.

Rudolph, Die Erklärung der Radioaktivität aus dem chemischen Zerfall der Atome. Zeitschr. f. Balneol. Bd. II. 1909. Nr. 12 u. 13.
Ruhemann, Verhandlungen der balneol. Gesellsch. 1911.
Rusch, L'action physiologique exercée par le radium sur la peau saine. La Presse méd. 1904.
Rutherford, E., Radiumnormalmasse. Leipzig 1911. Deusch v. Finkelstein).
Derselbe, Die Radioaktivität. Deutsch v. E. Aschkinaß. Berlin 1907. Springer.
Derselbe, Radioaktive Umwandlungen. Deutsch v. M. Levin. Braunschweig 1907. Vieweg.
Saake, Münch. med. Wochenschr. 1904. Nr. 1.
Derselbe, Kritische Bemerkungen zur Arbeit von Riedel etc. Zeitschr. f. neuere phys. Med. 1908. Nr. 10.
Salmon et Rehns, Influence du radium sur le psoriasis. C. r. des séances de la Soc. de Biologie 1905.
Salomonsen, C. J., et Dreyer, G., Recherches sur les effets physiologiques du radium. C. r. séances de l'Acad. des scienc. 1904. Tom. 138. p. 1543.
Dieselben, Sur l'effet hémolytique des rayons de Becquerel. La Semaine méd. 1907. p. 250.
Salzmann, Dr., Die Anwendung des Radiums bei tuberkulösen Erkrankungen. Zeitschr. f. Tuberk. 1910. Bd. 16. Heft 3.
Satterly, J., Über den Betrag der Radiumemanation in der unteren Atmosphäre und seine Veränderung mit dem Wetter Phil. Magazine [6]. Bd. 20. S. 1—36.
Saubermann, S., Radiumemanation and Physiological Processes. Arch. of the Röntgen Ray Jan. 1912 u. Berl. klin. Wochenschr. Nr. 11. 1912. Verh. der Berl. med. Gesellsch.
Schade, H., Von der Katalyse, ihre Beziehungen zu der Medizin. Med. Klinik 1909.
Schaper, A., Experimentelle Untersuchungen über die Wirkung des Radiums auf embryonale und regenerative Entwickelungsvorgänge. Deutsche med. Wochenschr. 1904. Nr. 39. 40.
Schiff, Röntgenstrahlen und Radium bei Epitheliom. Münch. med. Wochenschr. 1906. Nr. 6 S. 267. Radium u. Med. Monatsschr. f. d. phys.-diät. Heilmethode. März 1909.
Schiffner, C., Radioaktive Wässer in Sachsen. Freiburg i. S. 1908.
Schill, Gewinnung und Verwertung des Radium im Königreich Sachsen. Zeitschr. f. Balneol. etc. II. Bd. 1909. Nr. 3.
Schindler, Xanthelasmen, Radiumbeeinflussung. Zeitschr. f. Augenheilk. 1911. Bd. 25 u. Zentr. f. Augenheilk. 1910. Bd. 34.
Schlachta, Zur chemischen Imitation der biologischen Strahlenwirkungen. Münch. med. Wochenschr. 1905. Nr. 19.
Schlegel, M., Über Radiumtherapie. Berl. homöopath. Zeitschr. 1912. Heft 1.
Schmidt, H. E., Experimentelle Untersuchungen über die Wirkung kleiner und großer Röntgenstrahlenmengen auf junge Zellen. Berl. klin. Wochenschr. 1910. Nr. 21.
Derselbe, Über bleibende Hautveränderung nach Radiumstrahlen. Deutsche med. Wochenschr. 1905. Nr. 44.
Schmidt, H. W. und Cermak, P., Zur Frage über den Einfluß der Temperatur auf die Umwandlung radioaktiver Substanzen. Phys. Zeitschr. Bd. 11. S. 793—800.
Derselbe und Kurz, K., Radioaktivität von Quellen im Großherzogtum Hessen. Phys. Zeitschr. 7. Jahrg. Nr. 7.
Derselbe, Über den Radiumgehalt der Sole von Bad Soden, Werra. Balneol. Zeitschr. 1910. Nr. 4.
Schmidt-Nielsen, Wirkung der Radiumstrahlen auf Chymosin. Hofmeisters Beiträge 1904. Bd. 5. S. 398.
Schnée, Vorläufige Mitteilungen über Kataphorese etc. Zeitschr. f. phys. u. diät. Ther. 1909. Bd. 13. 7. 1910 u. 1911 u. Zeitschr. f. med. Elektrologie 1912. Bd. 14. S. 23.
Derselbe, H., Über Emanationskuren und deren Kombination unter bes. Berücksichtigung der Emanation Inhalationen. Zeitschr. f. phys. u. diät. Therap. 1911. 9. Heft S. 513.
Scholz, W., Über die physiologische Wirkung der Radiumstrahlen und ihre therapeutische Verwendung. Deutsche med. Wochenschr. 1904. Nr. 3 u. Nr. 25. Zentralbl. f. ges. Therap. 1904.
Schücking, Zur Wirkung der Radiumstrahlen auf inoperable Karzinom. Zentralbl. f. Gynäk. 1906. Nr. 9. S. 273.
Schüler, Th., Die moderne Lichtbehandlung. Homöop. Rundschau 1908. Nr. 6.
Schulz, Frank, Radiotherapie. Berlin 1910 (bei Springer).
Schünemann, I., Untersuchungen über den elektrischen Zustand der Luft in Höhlen und Kellern. Inaug.-Diss. Göttingen 1910.
Schukowski, Über den Einfluß der Radiumstrahlen auf die Erregbarkeit der psychomotorischen Zentren. Obozrenie psychiatrij 1903. Nr. 11. S. 801.

Schütze, A., Über den Einfluß des Radiums auf die Produktion von Antikörpern im tierischen Organismus. Med. Klinik 1911. Nr. 45.
Schwarz, Über die Wirkung der Radiumstrahlen. Arch. f. d. ges. Phys. 1903. Bd. 100 u. Wien. med. Presse 1904. Nr. 23.
Derselbe und Zehner, Über biochemische Strahlungsreaktionen, Thor. X. Deutsche med. Woch. 1912. Nr. 38.
Schweitzer, H., Über die Radioaktivität der Schweizer Mineralquellen. Arch. sc. phys. et natur. Genève 1912. Bd. 30. S. 46- 66.
Derselbe, Über Desensibilisierung gegen Röntgen- und Radiumstrahlen. Münch. med. Wochenschr. 1909. 24.
Schwenkenbecher, A., Das Absorptionsvermögen der Haut. Habilitationsschr. 1904. Leipzig.
Schott, Über radioaktive Substanzen der Nauheimer Quellen. Münch. med. Wochenschr. 1904.
Seldin, Über die Wirkung der Röntgen- und Radiumstrahlen auf innere Organe und den Gesamtorganismus der Tiere. Diss. Königsberg 1904.
Selenkovsky, Zur Frage über die Behandlung des Trachoms mittelst Radium. Russki Wratsch 1908. S. 295.
Selig, A., Die Behandlung inoperabler Geschwülste mit Radium. Med. Klinik 1908. Nr. 30.
Derselbe, Verein deutsch. Ärzte. Prag. 20. März 1908.
Sella, A. und Pochettino, Über die elektrische Leitfähigkeit etc. Rend. Linc. 1902. 1. Ser. 527.
Sequeira, James, H., London, Treatment of Cancer by Radiotherapy and by Radium. Intern. Chir.-Kongr. Brüssel 1908.
Sereni, S., Azione del radium sul pus vaccinico. Il. Policlinico 1908. Ref. Berl. klin. Wochenschr. 1908. p. 1105.
Sharp, Two cases of lung treated with the emanation from thorium. Brit. med. Journ. 1904. p. 654.
Shirnoff, Die Wirkung des Radiums auf das Lyssagift. Russki Wratsch 1905. Ref. in London l. c. und Russki Wratsch 1909. Nr. 8. (Ref. Zentralbl. f. Bakt. 1909. 1. Abt. Bd. 44. S. 15).
Shober, H., Emanation of radium absorbed and retained by cacoanut Charcoal. Journ. of the Amer. med. Assoc. IV. 1909.
Sichel, G., A case of rodent ulcer treated by radium. The Brit. med. Journ. 1904.
Sieveking, Die Radioaktivität der Mineralquellen. Berl. klin. Wochenschr. 1906.
Silbergleit, H., Über den Einfluß von Radiumemanation auf den Gesamtstoffwechsel des Menschen. Berl. klin. Wochenschr. 1909. Nr. 26.
Derselbe, Über den Einfluß radiumemanationshaltiger Bäder auf den Gaswechsel der Menschen. Berl. klin. Wochenschr. 1908. S. 13.
Smith, Bellingham E., Verteilung und Ausscheidung von Radium und seiner Emanation bei intern. Anwendungen. Quart Journ. of Med. 1912. Tom. 5. p. 20.
Soddy, Behandlung der Phthise mit Radium- und Thoriumstrahlen. Brit. med. Jour. 1903.
Derselbe, Radium in Medicine. Med. News 1903. p. 1176.
Soddy, Die Natur des Radiums. 1909. Deutsch v. Siebert (Leipzig bei Barth).
Derselbe, Die Chemie der Radioelemente. Deutsch v. Iklé, Leipzig 1912 bei Barth.
Sohlern v., Über die Gicht und die Kissinger Trinkkur. Med. Klinik 1910. Nr. 12.
Sommer, E., Radium und Radioaktivität. München 1906. Gmelin.
Derselbe, Beitrag zur Kenntnis der Radioaktivität und ihrer therapeutischen Wirkung. Ann. d. schweiz. balneol. Gesellsch. 1908. Heft 4. S. 36.
Derselbe, Über Radium und die Radioaktivität schweizerischer Heilquellen. Jahrb. über Leistung. u. Fortschr. a. d. Geb. d. phys. Med. Leipzig 1908.
Derselbe, Über Emanation und Emanationstherapie. München 1908 bei O. Gmelin.
Derselbe, Über eine neue Art der therapeutischen Anwendung der Umsetzungsprodukte der Radioelemente, in erster Linie der Radiumemanation. Zeitschr. f. exp. Path. u. Therap. 1909. Bd. 6. S. 890.
Derselbe, Zeitschr. f. phys. u. diät. Therap. 1911. Bd. 15. S. 321.
Derselbe, Über die Radioaktivitätsverhältnisse der natürlichen Heilquellen des deutsches Sprachgebiets. 1910 bei Gmelin (München).
Soupault, Soc. méd. des hôpit. 28 Oct. 1905.
Derselbe, Sur le traitement de quelques affections articulaires par les émanations du radium. Bull. méd. 1904. Nr. 49.
Spartz, Vergleich. Untersuchungen über Aufnahme von Radiumemanation im Blut durch Trinken u. Inhalieren. Zeitschr. f. Röntgenk. 1911. 13. Bd. S. 381.
Spiegel, L., Über Radium. Wien. klin. Rundschau 1905. Nr. 47 u. 48.

Stähelin, R. und Maasel, Einfluß alkalischer und radiumhaltiger alkalischer Wässer auf den Stoff- und Kraftwechsel des Menschen. Veröffentl. d. Zentralstelle f. Balneol. 1912.
Stannley, Note on two cases of rodent ulcer treated by radium. Lancet 1903.
Stefko, W., Anatomische und physiologische Einwirkung der Radiumemanation auf die Leber und Nieren der Tiere. Zentralbl. f. Röntgenstrahlen. Radium 1912. Heft 6. S. 211.
Steffens, P., Witterungswechsel und Rheumatismus. Wirk. radioakt. Bäder 1910. Anionenbehandlung bei Nemnich, Leipzig.
Derselbe, Radioaktiv und Anionenbehdl. Rad. in Biolog. Bd. 1. H. 4. s. 105.
Stegmann, R. und Just, G., Die Wirkungen der Bad.-Badener Thermen vom Standpunkt ihrer Radioaktivität. Wien. klin. Wochenschr. 1906. Nr. 25.
Stein, A. E., Über die perkulare Anwendung radioaktiver Substanzen speziell des Aktiniums. Zentralbl. f. Röntgenstrahlen, Radium 1912. Heft 5. S. 167 u. Berl. klin. Wochenschr. 1912. Nr. 17.
Stern, Über Radiumemanation. Gyogyaszat 1908. Nr. 36. Cit. nach Mesernitzky radiol. Mitteil. 3. Jahrg.
Sternthal, A., Über eine neue Röntgenröhre nebst Bemerkungen über Radiumwirkung. Berl. klin. Wochenschr. 1901.
Sticker, Anton, Über Radiumtherapie. II. Intern. Chir. Kongr. Wien. klin. Wochenschr. 1908. Nr. 51.
Derselbe, Die Behandlung des inoperablen Krebses mit radioaktiven Fermenten, Karboradiogen und Karboradiogenol. Cong. Intern. Obstétrique et de Gyn. 1910 ferner Berl. klin. Wochenschr. 1912.
Derselbe, Über die Behandlung des inoperablen Krebses mit radioaktiven Fermenten. Monatsschr. f. Geburtsh. u. Gynäk. 1910. 33. Bd.
Derselbe und Falk, Über Ferment und Radiofermenttherapie. Berl. klin. Wochenschr. 1910. Nr. 23. Münch. med. Wochenschr. 1911. Nr. 23.
Derselbe, II. Intern. Konf. f. Krebsforsch. zu Paris v. 1.—5. Oktober 1910.
Strasburger, Über Behandlung mit Radiumemanation. Münch. med. Wochenschr. 1911. Nr. 15. S. 782.
Derselbe (mit Schrader, und Piper), Über den Emanationsgehalt des arteriellen Blutes bei Einatmung von Radiumemanation und bei Einführung derselben in den Darm. Berl. klin. Wochenschr. 1912. S. 387.
Derselbe, Über die Wirkung der Emanationstrinkkur bei Gicht. Kreuznacher radiol. Mitteil. 1912 (bei Voigtländer).
Strasser und Selka, Versuche mit Radiumemanation. Bl. f. klin. Hydrotherap. 1908. Nr. 45 u. Med. Klinik 1908. Nr. 28.
Derselbe, Über Kuren mit Radiumemanation. Monatsschr. f. phys. diät. Heilmethode. März 1909.
Straßmann, K., Klinische, bakteriologische, mikroskopische Befunde bei Verwendung des Radiumbromids in der Therapie der Hautkrankheiten. Arch. f. Dermat. u. Syphilis. Bd. 71. S. 419.
Strebel, K., Zur Frage der lichttherapeutischen Leistungsfähigkeit des Induktionsfunkenlichtes nebst Angabe einiger Versuche über die bakterienfeindliche Wirkung der Becquerelstrahlen. Fortschr. a. d. Geb. d. Röntgenstrahlen 1900. Bd. 4. S. 125.
Derselbe, Über Radiumanwendung. Deutsche Medizinalztg. 1903. Nr. 103.
Derselbe, Fortschritte a. d. Geb. d. Röntgenstrahlen Bd. 4. S. 125.
Derselbe, Kathodenstrahlen als therapeutische Konkurrenz der Röntgenstrahlen. Deutsche med. Wochenschr. 1904. S. 557.
Derselbe, Intratumorelle Bestrahlung der Krebsgeschwülste. Münch. med. Wochenschr. 1907. II.
Derselbe, Etat actuel de nos connaissances sur le radium. Arch. d'électr. méd. 1907. Nr. 224.
Derselbe, Der gegenwärtige Stand der Radiumforschung. Zeitschr. f. neuere phys. Med. 1908. S. 180.
Derselbe, Über die Wirkung der Becquerelstrahlen auf Bakterien. Fortschr. a. d. Geb. d. Röntgenstrahlen. Bd. 4. S. 125.
Strutt, Sur les rayons très pénétrants du radium. Revue générale des sc. Oct. 1903.
Sueß, E., Über den Einfluß der Radiumemanation auf Tuberkelbazillen und experimentelle Tuberkulose. Zeitschr. f. Tuberkuloseforsch. 1908. Bd. 12. Heft 6. S. 480. (Ref. Zentralbl. f. Bakt. 1908. 1. Abt. Bd. 43. S. 137.
Sury, Über die Radioaktivität einiger schweizerischer Mineralquellen. Inaug.-Diss. Freiburg (Schweiz) 1908 bei Fragnière verlegt.
Derselbe, Der gegenwärtige Stand der Radiumforschung. Zeitschr. f. neuere phys. Med. 1908. S. 80.

Szendeffy und Augustin, Die bakterizide Eigenschaft radioaktiver Substanzen. Pester med. chir. Presse. 1910. Nr. 23.
Szilard, B., Über einen Apparat zur Messung der Radioaktivität. Chemikerztg. Bd. 35. S. 539.
Tappeiner, Über die Wirkung fluoreszierender Stoffe auf Diphtherietoxin und Tetanustoxin. Münch. med. Wochenschr. 1904. S. 737.
Teacher, Jour. of Path. and Bacteriology 1907. Tom. 12. p. 487.
Thaler, Über die feineren Veränderungen im Hodengewebe der Ratte nach Einwirkung der Radiumstrahlen. Jahresber. a. d. II. chir. Klinik z. Wien 1906.
Derselbe, Feinere Veränderungen im Hodengewebe der Ratte nach Einwirkung der Radiumstrahlen. Zeitschr. f. Chir. Bd. 89. Nr. 4—6.
Thiébault, Notes, et observations sur l'emploi du radium (épithéliomas, sclérites, Trachome). Clin. ophthal. Par. 1906. XII. S. 347—381.
Thies, A., Wirkung der Radiumstrahlen auf verschiedene Gewebe und Organe. Deutsche med. Wochenschr. 1905. Nr. 35 u. Mitteil a. d. Grenzgeb. d. Med. u. Chir. 1905.
Tizzoni e Bongiovanni, L'azione dei raggi del radio sul virus rabido in vitro e nell' animale. Accademie di Bologna 1904.
Dieselben, De l'action du radium sur le virus rabique. Ann. de l'Institut Pasteur 1906. p. 682.
Dieselben, Intorno al mecanismo dell' azione del virus rabido. La riforma medica 1906. p. 511.
Dieselben, Über einige Bedingungen, welche zur Zersetzung des Wutvirus mittelst Radiums in vitro erforderlich sind. Zentralbl. f. Bakt. 1907. S. 27. Bd. 43. S. 353. 713.
Dieselben, Die Wirkung der Radiumstrahlen auf das Virus rabiei in vitro und im tierischen Organismus. Zentralbl. f. Bakt. Bd. 39 S. 187. 1905. Bd. 40. S. 745 u. 1906. Bd. 42. S. 80, 161.
Dieselben, Die Behandlung der Wut mittelst Radiumstrahlen. Zentralbl. f. Bakt. 1905. Bd. 39. S. 473.
Tomkinson, Radium in Dermatology. Glasgow med. Journ. Juni 1909.
Touchard et Fabre, La Radiumthérapie dans la syringomyélie et la sciatique. La Presse méd. 1909. Nr. 38.
Tracy, Le Radium 1904. p. 24. Radium, induced radio-activity and its therapeutics possibilities. New York med. journ. and Philad. med. journ. 9. I. 1904.
Derselbe, Thorium. A radio activite substance withe therapeutica possibilities. New York med. rec. 23. I. 1904.
Trautwein, Das Radium in seiner Eigenschaft als Heilfaktor der Kreuznacher Solquellen. München 1909 (Gmelin).
Trémoliéres, Le radium, application au traitement du lupus. Presse méd. 1903. 13. Dec.
Treves, Frederick, Radium in der Chirurgie. Münch. med. Wochenschr. 1909.
Tripold, Die Radioaktivität der Thermen vom Warmbad Villach und die Bedeutung der Piszinen für die Wirksamkeit radioaktiver Bäder. Zeitschr. f. Balneol. etc. 1911. 4. Bd. Nr. 2.
Troppauer, K., Verwertbarkeit radiumemanationshaltiger Präparate für die Dermatologie nebst experimentellen Untersuchung und die Wirkung der Stoffe auf die Immunsubstanzen des tierischen Organismus. Inaug.-Diss. Breslau 1912.
Trousseau, Les épithéliomas des paupières, opération ou radiothérapie. Ann. d. oculist. 1906.
Tufier, Über Radiumwirkung bei Karzinomen. Ref. Wien. med. Wochenschr. 1909. Nr. 51. II. Intern. Chir.-Kongr.
Tur, J., Sur les malformations obtenues par l'action du radium sur les oeufs de la poule. C. r. des séances de la Soc. de Biol. 1904. p. 236.
Turner, On the nature and physiological action of radium emanations and rays with observations of other rays. Brit. med. Journ. 1903. Dec. 12 u. the Lancet 25. XII. 1909.
Unna, W., Die Erscheinung der Radioaktivität und ihre Anwendung in der inneren Med. Berl. klin. Wochenschr. 1912. S. 17.
Urbain und Feige, Zit. bei Octava Claude. Arch. gén. d. méd. 1905. p. 503.
Usher, F. L., Journ. chem. soc. 1910. 97. 389.
Velden, van den, Wirkung der Radiumemanation. Münch. med. Wochenschr. 1911. Nr. 24. (Vortr. in der 23. Versamml. d. „Rhein.-westfäl. Gesellsch. f. innere Med.“.
Veneziani, Effetti del radio siu protozoi del genere Paramecium. Accad. med. chir. di Ferrara. 1904 Gazzetta degli ospedali. Zentralbl. für Physiol. 1904. Bd. 18. S. 131.
Derselbe, Verhandlungen des Deutschen Kongreß für innere Medizin 1911.
Vicentini, G. und Alpago, R., Studio sulla radio attivita etc. Atti del reale istit. Venet. 1904/05.
Wachsmann, S., S., New York, Med. Journ. 1910. Oct. 15.
Walker, Behandlung des Lupus mit Uranium. Scott. med. and surg. Journ. Sept. 1904.

Walkhoff, Radiumwirkung. Photogr. Rundschau 1900. Oktober.
Walch, Radium bei der Behandlung eines Rachenkrebses. Med. Presse 1904. 17. Febr.
Warden, Dominici und Charles, Über Radiumbehandlung von Lymphstauungen bei einem Filariakranken. The Lancet 24. VII. 1909.
Weber, Unsere heutige Kenntnis der Radioaktivität. Deutsche med. Wochenschr. 1904.
Weidenfeld, Karzinom der Zunge durch Radiumbehandlung günstig beeinflußt. Kongr. d. Deutsch. Dermat.-Gesellsch. Sarajewo 1903. Wien. med. Wochenschr. 1904. Nr. 19.
Weidenfeld, J., Diabetes mell. Verh. Deutsch. Kongr. f. innere Med. 1912. S. 627.
Weidig, M., Radioaktive Quellen bei Brambach. Zeitschr. f. öffentl. Chemie 1911. Heft 12.
Weil (Paris), Le traitement de l'hypertrichose par la Radiotherapie. Journ. de Physiolthérapie 1910. Nr. 91.
Weinberg, Zur Radiumtherapie der Naevi vascul. Diss. Zürich 1910.
Weisz, E., Ungeregelte Verhältnisse bei Bestimmung und Bewertung der Radiumemanation. Med. Klinik 1910. Nr. 16. S. 629.
Werner, R., Experimentelle Untersuchungen über die Wirkung der Radiumstrahlen auf tierische Gewebe und die Rolle des Lezithin in derselben. Zentralbl. f. Chir. 1904. Nr. 43. S. 1233.
Derselbe, Biologische und therapeutische Wirkung der Radiumstrahlung. Brunssche Beitr. z. klin. Chir. Bd. 70, außerdem Zentralbl. f. Chir. 1905. 45.
Derselbe, Über die Radiumwirkung auf Infektion und infizierte Gewebe. Münch. med. Wochenschr. 1905. S. 1625.
Derselbe, Zur lokalen Sensibilisierung und Immunisierung der Gewebe gegen die Wirkung der Radiumstrahlen. Deutsche med. Wochenschr. 1905. Nr. 27 u. 28.
Derselbe, Vergleichende Studien zur Frage der biologischen und therapeutischen Wirkung der Radiumstrahlen. Klin. Chirurgie 1906. Bd. 52.
Derselbe, Zur chemischen Imitation der biologischen Strahlenwirkung. Münch. med. Wochenschrift 1905. Nr. 15.
Derselbe, Zur biologischen Wirkung der Radiumstrahlen. Münch. med. Wochenschr. 1910. Nr. 37.
Derselbe, Erfahrungen über die Behandlung von Tumoren mit Röntgen-, Radiumstrahlen und Cholininjektion. Mitteil. a. d. Grenzgeb. d. Med. u. Chir. 1909. 20. Bd. Umfrage Med. Klinik 1905.
Derselbe, Zur Kenntnis und Verwertung der Rolle des Lezithins bei der biologischen Wirkung der Radium- und Röntgenstrahlen. Deutsche med. Wochenschr. 1905. Nr. 2 u. 27.
Derselbe, Über Radiumwirkung auf Infektionserreger. Münch. med. Wochenschr. 1905. Nr. 34.
Derselbe und Hirschel, Georg, Erfahrungen über therapeutische Erfolge mit Radiumstrahlen. Deutsche med. Wochenschr. 1904. Nr. 42.
Werden, A. A., Dominici, H., und Sir Havelock, Charles, Bemerkungen über die Radiumbehandlung von Lymphstauung bei einem Filariakranken. Berl. klin. Wochenschr. 1909. Nr. 34.
Wessely, K., Über das Verhalten von Ureden in der vorderen Augenkammer unter der Einwirkung von Radiumemanation und ohne dieselbe. Verh. d. Kongr. f. innere Med. 1912.
Wetterer, Jos., Die Radiumtherapie im Handb. d. Röntgentherapie 1908. (Otto Nemnich, Leipzig.)
Wertenstein, L., Sur le parcours des projections radioactives. Über das Ionisierungsbereich des Radiums B.) Compt. rend. hebdomad. des séanc. de l'académie des sc. 1910. To. 150.
Wichmann, Paul, Radium in der Heilkunde. 1911. (Leop. Voß, Hamburg.)
Derselbe, Wirkungsweise und Anwendbarkeit der Radiumstrahlung und Radioaktivität auf die Haut, mit besonderer Berücksichtigung des Lupus. Deutsche med. Wochenschr. 1906. Bd. 32. Nr. 13, ferner Umfrage Med. Klinik 1905.
Derselbe, Die Behandlung des Lupus mit Radium. Deutsche med. Wochenschr. 1910. S. 1161.
Derselbe, Erfahrungen mit Radium und Mesothorium in der Lupusbehandlung. Verh. der III. Sitz. d. Lupusausschusses d. deutsch. Zentralkomit. zur Bekämpf. d. Tuberkul. Berl. 1911.
Wick, L., Die warmen Quellen. Gasteins IV. Aufl. Braumüller Wien u. Leipzig 1907.
Derselbe, Die Bäder v. Hofgastein. Wien 1883. W. Braumüller.
Wick, Die Beziehung der Radiumemanation in den Gasteiner Thermen zu deren Heilkraft. Berl. klin. Wochenschr. 1906 u. Wiener klin. Woch. 1906. (Disc.).
Wickham, Quelques notes sur l'emploi du radium en thérapeutique. Ann. de dermatol. et de syphilis. 1906. Tom. 7. p. 817.
Derselbe et Degrais, Naevus vasculaire chez un nourrisson traité par le radium. La presse méd. 1906. p. 806.

Dieselben, Emploi du radium dans le traitement des cancers épithéliomateux de la peau et des muqueuses. La Presse méd. 1908. p. 726.
Dieselben, Radiothérapie et épithélioma cutanée. Presse méd. 1907. Nr. 71. p. 565.
Dieselben, Considérations générales sur l'emploi du radium en dermatologie. Dosage et valeur des tissus de restitution. Arch. d'électr. méd. 1907. Nr. 225.
Derselbe, Einige Bemerkungen über die therapeutische Anwendung des Radiums. Berl. klin. Wochenschr. 1907. S. 32.
Dieselben, Application du radium au traitement des cancers épithéliaux. Bull. de l'assoc. franç. du cancer. 1908. Nr. 4.
Derselbe, Presse méd. 1908. Nr. 100.
Dieselben, Traitement des angiomes par le radium. Revue de méd. 1908. p. 567.
Derselbe, Über Radiumfilter. Berl. klin. Wochenschr. 1909. Nr. 38.
Derselbe, Über die Behandlung von Hautkrankheiten mit Radium. Berl. klin. Wochenschr. 1909. 40.
Derselbe, Traitement des cheloïdes par le radium. Arch. d'électr. med. 1910. p. 327.
Dieselben, Über Behandlung des Krebses mit Radium. Fortschr. a. d. Geb. d. Röntgenstrahlen 1910. Bd. 16.
Dieselben, Über die Behandlung der Epulis mit Radium. Klin. therap. Wochenschr. 1910. Nr. 37.
Dieselben et Degrais, Radiumtherapie. 1910. Berlin. J. Springer.
Dieselben, Radiumthérapie, Cancer, Cheloïdes, Naevi, Lupus, Prurits, Nevrodermites, Eccémas, Applicat. gynécologiques. II. Aufl. Paris 1912 bei Baillière.
Wiechowski, W., S. sub. Knaffl Lenz u. Wiechowski.
Wieprecht, H., Die radioaktiven Eigenschaften einiger Solquellen etc. Inaug.-Dissert. Halle 1909.
Wilke, A., Über den Einfluß einiger physikalischer Heilmethoden auf die Harnsäureausscheidung. Zeitschr. f. phys. u. diät. Therap. 1909. Bd 13.
Willcock, The action of the rays from radium upon some simple forms of animal life. Journ. of Phys. 1904. p. 440.
Derselbe, The action of radium-rays on tyrosinase. Journ. of Phys. 1906. Vol. 34. 3. p. 206.
Williams, F., Production of the Gamma Rays from the Beta Rays of Radium; use of Radium in some diseases of the Eye. Med. News 1904.
Derselbe, Some of the physical properties and medical uses of radium salts. Med. News 1904. p. 241..
Derselbe, Early treatment of some superficial cancers, especially epitheliomas, by pure radium bromid rather than operation or X-rays. Journ. amer. med. Assoc. Vol. 51. p. 894. Sept. 12. 1908.
Wilson, Uranium salts in cancer. The Lancet 1905. p. 387.
Winterbert, M. P., Influence d'une faible quantité d'émanation du radium sur le développement et la métamorphose des batraciens. Compt. rend. des séances de l'Acad. des sc. 1906. p. 1259.
Winternitz, H., Emanationsverlust bei Radiumbädern. Naturf.-Versamml. 1909. Ref. Med. Klinik 1909. Nr. 49. Einfluß der R. Em. auf die Sekretion und Motilität des Magens, Int. Beitr. z. Path. u. Ther. der Ernährungsstör. Bd. 2 H. 4.
Wohlgemuth, J., Verhandl. d. deutsch. pathol. Gesellsch. 1904. S. 158.
Derselbe, Physiologische Wirkung des Radiums. Berl. klin. Wochenschr. 1901 u. 1904. Nr. 28.
Wolff, Radiumbehandlung bei Schwindsüchtigen. Vortr. a. d. Versamml. d. frei. Ver. f. inn. Med. im Königr. Sachsen. Dresden 1. Mai 1910.
Wolff, Hans, Über Eiweißzerfall in einem Mammakarzinom unter dem Einfluß von Radium. Zeitschr. f. Krebsforschung Bd. II. H. 3. 1904.
Wulf, Th., Ein neues Elektrometer für stationäre Ladungen. Phys. Zeitschr. 8. Jahrg. Nr. 8 u. 16. 10. Jahrg. Nr. 8.
Derselbe, Über die Radioaktivität als allgemeine Eigenschaften der Körper. Phys. Zeitschr. Bd. 12. S. 497.
Zelenkowski, Recherches sur la valeur de la Radiumthérapie du trachome à la période granuleuse. Rev. de thérapeut. Mai 1906.
Zelenkowski, Contribution à l'étude de l'application des rayons de Becquerel dans le traitement des maladies des yeux. Traitement du trachome. Ronoski Wratsch 1906. Nr. 7.
Zimmern, Le radium. La Presse méd. 1904.
Derselbe und Raymond, Radiotherapie bei Neurosen. Münch. Wochenschr. 1905.
Derselbe, und Fabre, Pénetration diadermique des princips radioactifs des boues actinifères par le courant continu. Arch. d'electr. méd. 19. Jahrg. 1911.
Zlobicki, L'influence du radium sur la conduction électrolytique des solutions colloïdales. Bull. int. de Cracovie. 1907. p. 1009.

Zuelzer, Über die Wirkung der Radiumstrahlen auf Protozoa. Arch. f. Protistenkunde 1905. Bd. 5. S. 358.

a) Physikalische Bücher.

Rutherford, E., Die Radioaktivität. Deutsch von Prof. E. Aschkinaß. Berlin. J. Springer 1907.
Derselbe, Radioaktive Umwandlungen, übers. v. M. Levin. Vieweg 1907. Braunschweig.
Curie, Mme, Die Radioaktivität. Deutsch von B. Finkelstein. Leipzig. Akad. Verlagsanstalt 1911.
Battelli, Occhialini u. Chella, Die Radioaktivität. Deutsch von Max Iklé. Leipzig. J. A. Barth 1910.
Soddy, F., Die Natur des Radiums. Leipzig 1909 (Barth), übers. v. Siebert.
Derselbe, Die Chemie der Radioelemente. Deutsch von Iklé. Leipzig 1912 (Barth).

b) Physikalische Zeitschriften.

Physikalische Zeitschrift. Leipzig. S. Hirzel.
Le Radium. Paris. Masson et Cie.
Jahrbuch der Radioaktivität und Elektronik. Leipzig. S. Hirzel.
Journal de Radiologie. Paris.

c) Medizinische Bücher.

Wichmann, P., Radium in der Heilkunde. Hamburg u. Leipzig. L. Voß 1911.
London, E. S., Das Radium in der Biologie und Medizin. Leipzig . Akad. Verlagsgesellsch. 1911.
Lossen, J., Die biologischen Wirkungen der Röntgen- und Becquerelstrahlen. Urban und Schwarzenberg 1907.
Löwenthal, S., Grundriß der Radiumtherapie 1912. Wiesbaden.
Wetterer, J., Handbuch der Röntgentherapie nebst Anhang. Radiumtherapie. Nemnich. Leipzig 1908.
Wickham und Degrais, Radiumtherapie. Deutsch von Max Winkler. Berlin. J. Springer 1910 und II. franz. Aufl. Paris 1912. Baillère u. Fils.
Congrès international de Radiologie et d'Electricitè. 1910. Comptes rendus. Tom. I. Sciences Physiques. Tom. II. Sciences Biologiques. Radiologie medical. Bruxelles, L. Severeyns 1911.

d) Medizinische Zeitschriften.

Zentralblatt für Röntgenstrahlen, Radium und verwandte Gebiete. Wiesbaden. J. F. Bergmann.
Zeitschrift für Röntgenkunde und Radiumforschung. Leipzig. Barth.
Fortschritte auf dem Gebiete der Röntgenstrahlen. Hamburg. Lucas Graef u. Sielem.
Radium in Biologie und Heilkunde. Leipzig. J. A. Barth.
Archiv für physikalische Medizin und medizinische Technik. Leipzig. Nemnich.
Archiv of the Röntgenray. London. Rebman-Limited.
Strahlentherapie. Berlin. Urban u. Schwarzenberg.
Zeitschrift für diätetische und physikalische Therapie. Leipzig. Thieme.
Zeitschrift für Balneologie, Klimatologie und Kurorthygiene. Berlin. H. Simion.
Journal de Physiothérapie. Paris.
Archive d'Electricité médicale. Paris.

Sachregister.

I.

K.

L.

M.

T.

U.

Die Methodik der Stoffwechseluntersuchungen.

Von

Prof. **Dr. L. Mohr** und Oberarzt **Dr. H. Beuttenmüller**
in Halle a. S.

Mit 20 Abbildungen. Preis Mk. 4.40, gebunden Mk. 5.40.

M. u. B. haben die dankenswerte Aufgabe übernommen, die mannigfachen, bei Stoffwechseluntersuchungen gebräuchlichen Arbeitsmethoden in einem kurzgefassten Nachschlagebuche zusammenzustellen. Vorzugsweise solche Methoden haben Aufnahme in das Buch gefunden, die „unbeschadet ihrer Exaktheit möglichst einfach sind und an die technischen Fertigkeiten des Untersuchers und die Ausstattung des Laboratoriums möglichst geringe Anforderung stellen". Berücksichtigt sind die Methoden von Stoffwechseluntersuchungen jeglicher Art (Gas-, Eiweiss, Salz- und Wasserstoffwechsel), die Methoden der Analyse des Harns und der Fäces, der Nahrung, des Blutes. Ausserdem sind dem Buche wertvolle Übersichtstabellen über die Zusammensetzung verschiedener Nahrungsmittel, Verbrennungswerte usw. beigegeben. Das hübsch ausgestattete Buch, das auch einige erläuternde Abbildungen enthält, dürfte sich, zumal bei der elementaren Fassung des Textes, bald viele Freunde erwerben.

Schmidts Jahrbücher der Medizin.

Die

Funktionsprüfung des Magens nach Probekost

mit besonderer Berücksichtigung

ihrer diagnostischen Verwertbarkeit auf Grund klinischer und experimenteller Untersuchungen

von

Dr. G. **Lefmann** in Heidelberg.

Preis Mk. 2.40.

Bei der heute so vorgeschrittenen Methodik und verallgemeinerten Anwendung der Funktionsprüfung des Magens ist es gewiss beachtenswert, in einem anscheinend hinreichend bekannten Gebiet neue Wege zu gehen und die Versuchsergebnisse der angewandten Funktionsprüfnngen zu mehrfach neuen Schlussfolgerungen für Diagnose, Prognose und Therapie zusammenfassen.

Es ist dies nur möglich durch eine langjährige objektive Beobachtung und einheitliche Versuchsanordnung bei einem grossen Materiale und so sind die Ausführungen Lefmanns wegen der vortrefflichen kritischen Verwertung aller in Betracht kommenden Faktoren sehr lesenswert und anregend. Besonders hervorzuheben wäre das Kapitel über die Differentialdiagnose zwischen organischen und funktionellen Erkrankungen des Magens auf Grund der Ergebnisse der Probemahlzeit, und die Ausführungen und experimentelle Versuche des Autors über die Motilität des Magens.

Prager medizin. Wochenschrift.

GPSR Compliance

The European Union's (EU) General Product Safety Regulation (GPSR) is a set of rules that requires consumer products to be safe and our obligations to ensure this.

If you have any concerns about our products, you can contact us on ProductSafety@springernature.com

In case Publisher is established outside the EU, the EU authorized representative is:

Springer Nature Customer Service Center GmbH
Europaplatz 3
69115 Heidelberg, Germany

Batch number: 10683525

Printed by Printforce, the Netherlands